普通高等教育“十一五”国家级规划教材

工程细胞生物学

主编　陈志南

科学出版社

北京

内 容 简 介

工程细胞生物学是细胞生物学的重要分支学科，是细胞生物学和细胞工程学的新兴交叉边缘学科。它以细胞生物学的理论和技术体系为基础，以细胞工程学中工程细胞为对象，在分子、细胞等不同层面上，揭示工程细胞的各种生命活动规律，以期按照人们的意图对工程细胞的遗传物质、细胞组分及遗传表型进行重组改造，从而获得有重要应用价值的新型工程细胞表达产物(产品)。可以说，工程细胞生物学是细胞生物学的应用和拓展，同时又为细胞工程学的发展提供重要的理论和技术支撑。因此，工程细胞生物学不仅涉及细胞生物学的基本内容，如生长分化、增殖调控、运输分泌、信号转导和衰老凋亡等基本生命现象，又涵盖细胞工程相关内容，如工程细胞改造及筛选、高密度培养条件、培养体系微环境中的代谢变化等。

本书着重介绍工程细胞生物学基本概念、主要内容、研究方法和技术以及应用现状，并拓展介绍了部分重点实验操作和工程知识。书中设计了部分知识拓展框，以丰富学科进展方面的内容。

本书可作为生命科学、基础医学相关专业本科生、研究生教材，也可供其他相关领域工作人员参考使用。

图书在版编目(CIP)数据

工程细胞生物学/陈志南主编. —北京:科学出版社，2011
普通高等教育“十一五”国家级规划教材
ISBN 978-7-03-033302-5

Ⅰ. ①工… Ⅱ. ①陈… Ⅲ. ①细胞生物学-高等学校-教材 Ⅳ. ①Q2

中国版本图书馆 CIP 数据核字(2011)第 281969 号

责任编辑:刘 畅 / 责任校对:钟 洋
责任印制:徐晓晨 / 封面设计:迷底书装

科 学 出 版 社 出版
北京东黄城根北街 16 号
邮政编码: 100717
http://www.sciencep.com

北京九州迅驰传媒文化有限公司 印刷
科学出版社发行 各地新华书店经销
*
2013 年 2 月第 一 版 开本:787×1092 1/16
2019 年 1 月第二次印刷 印张:47 1/2
字数:1 192 000

定价: 149.00 元

(如有印装质量问题，我社负责调换)

编写人员名单

主　编　陈志南

副主编　边惠洁　邢金良　蒋建利　刘宏颀

编　委（按姓名汉语拼音排序）

边惠洁　陈妍柯　陈志南　冯　浩　冯　强
蒋建利　李　玲　李　郁　刘宏颀　米　力
屈　颖　宋　斐　唐　浩　王　彬　尉　丁
吴　佼　邢金良　杨向民

前　言

人类已跨入21世纪，当前科学技术迅猛发展、知识经济初显端倪，以生命科学、信息科学、纳米科学、空间科学和能源与环境科学等为代表的学科领域所取得的巨大进步，在很大程度上决定着21世纪科学技术的发展方向，并将带来人类生产和生活方式的又一次重大飞跃。科学技术对于人类社会文明进步的革命性作用也必将更加突出地显示出来。

生命科学作为新世纪科学技术领域的带头学科之一，在20世纪取得了辉煌的业绩。从1900年兰德斯坦纳等发现人类ABO血型，到人类基因组计划的成功完成，期间不断有举世瞩目的重大研究成果问世。特别是随着基因工程、细胞工程、酶工程、发酵工程等为基础的生物工程技术的快速发展，生物技术领域产业化得以成功实现，全世界已有数十亿人受益，直接带动了国家和地区经济效益的强劲增长。各国竞相投入巨资予以重点支持，生物技术公司如雨后春笋般层出不穷。

生物工程技术的发展与工程细胞的功能和作用密切相关。工程细胞，包括动物细胞、植物细胞和微生物细胞等，要实现在体外大规模扩增与生长，同样表现出分裂增殖、分化发育、信号转导、衰老凋亡等生命活动现象，就要多层次渗透融合基础细胞生物学研究的进展和成果。此外，工程细胞生物学还涉及工程细胞的筛选和鉴定、构建和改良、高密度培养条件下工程细胞的代谢变化以及物质代谢工程等主要内容。但目前国内外以工程细胞为对象，全面论述工程细胞生物学基础和工程细胞工程的教材尚缺乏。鉴于国内各高校和科研单位在工程细胞生物学科学研究及人才培养方面的迫切需求，我们在完成编写出版“普通高等教育‘十五’国家级规划教材”《细胞工程》的基础上，经过充分查阅文献资料，结合细胞工程发展趋势，组织力量编写了“普通高等教育‘十一五’国家级规划教材”《工程细胞生物学》。

本教材的编写是一种全新的尝试，力图全面体现细胞工程和细胞生物学两大分支学科的最新进展。教材的名称之所以选定《工程细胞生物学》主要基于两点考虑，其一，区别于细胞工程和细胞生物学同类教材；其二，涵盖细胞工程和细胞生物学两个领域的核心内容。换句话说，本教材既可以看成是关于工程细胞的细胞生物学，也可以认为本书采用了融细胞工程和细胞生物学基础与应用两方面内容于一体、强调理论与技术相结合的新颖结构。

本教材在内容上分为三个部分，第一部分从总体上介绍工程细胞研究涉及的各种技术；第二部分着重阐述与工程细胞紧密相关的基础知识；第三部分系统论述细胞工程的实际操作和应用技术。本书力图体现的特色是：其一，基础知识与实际应用紧密结合；其二，基本知识与研究进展有机整合；其三，多学科、多层面的系统融合。因此可以说，本教材既体现了生命科学迅猛发展的现实要求，又显示出编写者在理论和技术体系创新上的积极探索。教学过程中，可依据教学对象和学时要求选择相关内容。同时，本书详细的技术规程、操作程序及关键环节参数控制等内容，也可作为相关研究人员手边的工作指南。书中部分研究成果也反映了编者所在单位，在基础和应用研究以及“863”计划等国家课题支持下，在细胞大规模培养技术体系建立方面的研究工作进展。

由于本书涉及的内容较为广泛，又缺乏国内外同类教材可资借鉴，疏漏和不妥之处在所难免，诚望广大读者提出宝贵意见，以便在日后修订时进一步完善。

编　者

2012年10月

前 言

总 目 录

目 录

第三章 工程细胞生物学基础

第四章 工程细胞生物学

第一章　绪　　论

1.1　工程细胞生物学的基本概念

工程细胞生物学是细胞生物学的重要分支学科，是细胞生物学和细胞工程学的新兴交叉边缘学科。工程细胞生物学的研究内容不仅涉及细胞生物学的基本内容，如细胞的生长分化、增殖调控、运输分泌、信号转导和衰老凋亡等基本生命现象；同时又涵盖细胞工程相关内容，如工程细胞的改造及筛选、高密度培养条件及优化、培养体系微环境中的代谢变化及调节等。

1.1.1　细胞工程和工程细胞的基本概念和分类

1.1.1.1　细胞工程的概念和研究范畴

细胞是包含了全部生命信息和体现生命所有基本特点的独立生命单位，对细胞结构和活动的研究是一切生命科学的重要基础。20世纪70年代末至80年代初，随着细胞生物学和分子生物学突飞猛进的发展，人类已经可以在探索细胞生命活动规律的基础上，在细胞和基因的水平上干预和改造生物的遗传性状，从而依照人类的意愿，设计出新的生物基因蓝图，然后据此制造出新的生命体。正如德国著名哲学家尤根·米特斯特拉斯所指出的："我们的科学知识正在把我们逐渐推到一种不仅能够知道我们的(生物)本质，而且还能加以改变的位置上。"细胞工程就是这样一门新型学科。

细胞工程，是指应用现代细胞生物学、分子生物学、遗传和发育生物学等理论与方法，通过类似工程学的步骤，在细胞整体水平和细胞器水平上进行遗传操作，重组细胞的结构和内含物，按照人们的意愿改变生物的结构和功能，即通过细胞融合、核质移植、染色体或基因移植以及组织、细胞培养等方法，快速繁殖和培养出人们所需要的新物种、新产品的生物工程技术。通俗地讲，细胞工程是在细胞水平上做手术，也称细胞操作技术。例如，细胞融合技术避免了分离、提纯、剪切、拼接等基因操作，只需将细胞遗传物质直接转移到受体细胞中，就能形成杂交细胞，因而能提高基因转移效率。

目前细胞工程的主要研究领域包括：①动、植物细胞和组织培养；②细胞融合育种与单克隆抗体；③细胞核移植与克隆；④染色体工程育种；⑤发育基因调控与人体器官培养技术等。细胞工程涉及的技术领域是对细胞不同结构层次的改造，包括细胞整体层次，如细胞培养、细胞融合等；细胞器层次，如核移植、细胞拆合、染色体倍性或组成改变等；分子层次，如基因操作技术等。随着基因工程技术、基因转移技术和干细胞工程技术的发展，细胞工程在理论和应用两方面获得了快速发展。

根据细胞类型的不同，细胞工程具体分为动物细胞工程、植物细胞工程和微生物细胞工程。首先，动物细胞与植物细胞相比，在遗传和生理特性等方面都有很大的不同：①动物细胞没有叶绿体和细胞壁，其物质与能量代谢途径与植物细胞不同；②高等动物的细胞在动物体内生长时，既相互依赖又相互制约，在神经及体液调节下形成了一种非常复杂的内环境，动物细胞在体内受整体调节制约的程度和复杂度，都是植物细胞不能相比的；③动物细胞分化的程度和类别也比植物细胞更高、更复杂，脱分化非常困难；④与植物细胞不同，动物细胞除卵细胞外，都只有遗传上的全能性而没有细胞上的全能性；⑤在体外培养时，除癌细胞和血细胞外，正常的动物细胞都有贴附于支持物生长的特性，并且发生接触抑制，而停止分裂和增殖；⑥所有高等动物细胞都是有寿限的，细胞分裂最多不能超过50代次分化，而植物细胞没有寿限。随着细胞生物学、分子生物学和细胞遗传学研究的日益深入及相关技术的长足发展，动物细胞工程得到了迅速发展，并且在医学研究和实践应用中应用日益广泛。当今，动物细胞工程对提高人类的生活质量和健康水平，发挥着越来越重要的作用。

微生物作为可以独立存在的个体，其生长代谢的特点与植物、动物有着显著的区别，可由其自身完成其基本功能。微生物细胞工程以微生物细胞为研究对象，利用微生物发酵作用，通过现代工程技术手段来生产有用物质，或者把微生物直接应用于生物反应器技术。此外，对微生物细胞的改造也属于微生物细胞工程的研究内容，在遗传育种、微生物发酵、环境保护和农药生产工业上具有重要意义。其应用从人们日常饮用的酒、乳酸、调味的醋、酱油，到抗生素、激素、疫苗等，无一不是微生物发酵的产物；在农业和环境保护方面，用于土壤改良，减少土壤里的残毒，增加土壤肥力和制造对人无毒副作用的微生物农药、微生物肥料和微生物饲料；在农药生产方面，利用细菌、病毒、真菌等病原微生物防治作物的病虫害本身就是一种无污染的新兴生物农药。

1.1.1.2 细胞工程的主要研究内容

细胞工程依遗传操作的不同，可分为细胞融合工程、基因工程、细胞拆合工程、染色体及染色体组工程；依培养技术的不同，可分为大规模细胞培养技术和干细胞工程。

1）细胞融合工程

细胞融合(cell fusion)又称细胞杂交(cell hybridization)。它是指在自然条件下或用人工方法(生物的、物理的、化学的)，使两种或两种以上的体细胞合并形成一个细胞，这是一种不经过有性生殖过程而得到杂种细胞的方法。在多细胞生物中，它是一种基本的发育与生理活动。

自发的动物细胞融合概率很低，1962年日本学者冈田善雄发现灭活的仙台病毒可诱导小鼠艾氏腹水癌细胞彼此融合。20世纪60年代后期，研究人员发明了只让杂种细胞存活并传代的技术，该技术使未发生融合的亲本细胞及非两亲本融合的细胞在传代过程中被淘汰。1975年，Milstein和Kohler将小鼠骨髓瘤细胞与羊红细胞免疫过的小鼠淋巴细胞融合，形成杂种细胞，能分泌抗羊红细胞抗体，用于制备单克隆抗体。细胞融合可实现任意细胞间的融合而不受亲缘关系的限制，这就拓宽了遗传变异的范围。细胞融合技术具有巨大的应用潜力，如医学上的单克隆抗体的生产和植物界新物种的培育等。尽管细胞融合的重要性如此之大，但细胞的融合过程是如何在基因控制下发生和发展的，人们一直没有搞清楚。

2）基因工程

基因工程即重组DNA技术，是从基因水平改造生物遗传组成，进而改变细胞的表型，所以将其纳入细胞工程的范畴。它是一种按照人类的意愿，定向改变生物遗传性状的技术工程，即采用类似工程设计的方法，按照预先设计将不同来源的目的基因在体外切割、拼接和重新组合，形成重组基因，然后通过运载体导入宿主细胞，使其在宿主细胞内复制和表达以获得新生物产品、改变生物原有的遗传特性或创造出具有新遗传性状的生物新品种。

3）染色体工程和染色体组工程

染色体工程是按照预先的设计，添加、消除或替代同种或异种染色体的全部或一部分，从而达到定向改变生物遗传性状或选育新品种的目的。它是从染色体水平改变细胞遗传组成的细胞工程技术，主要分为动物染色体工程和植物染色体工程两种。动物染色体工程主要采用对细胞进行显微操作的方法来达到转移基因的目的；而植物染色体工程目前主要是利用传统的杂交、回交等方法来达到改变染色体的目的。染色体工程目前主要应用于植物遗传育种领域。

染色体组工程是在人为设计的技术路线下添加、消除同种或异种染色体组以达到定向改变生物遗传性状的目的。

4）细胞拆合工程

细胞拆合工程又称细胞质工程，研究真核细胞的核、质相互关系，以及细胞器，细胞胞质基因的转移等细胞拆合的技术。该技术主要研究内容是进行细胞组分的分离和融合，研究细胞质和细胞器的添加和替代。具体操作方法是通过物理或化学方法将细胞质与细胞核分开，再进行不同细胞间核质的重新组合，重建成新细胞。常用的技术就是细胞核移植、胞质体（去核细胞）与完整细胞的融合、细胞器导入完整细胞及大分子直接导入细胞等。其目的是创造出细胞质与细胞核的杂种细胞，这种杂种细胞便有可能出现遗传的变异，出现胞质遗传与胞核遗传的重新组合。细胞拆合最成功的例子是克隆羊“多莉”的诞生。它是通过无性繁殖制备与母体在遗传上一致的克隆动物，即将其母体体细胞的核与去核卵子的细胞质人工重组，借助于卵子的发育能力，制造成的高等动物克隆。

5）干细胞工程

干细胞工程是在细胞培养技术的基础上发展起来的一项新的细胞工程。它是利用干细胞的增殖特性、多分化潜能及其增殖分化的高度有序性，通过体外培养干细胞、诱导干细胞定向分化或利用转基因技术处理干细胞改变其特性的方法，以达到利用干细胞为人类服务的目的。

其主要研究内容，一方面，胚胎干细胞的研究，如建立胚胎干细胞（embryonic stem cell，ES）系，并利用 ES 细胞的发育多能性即环境因素对细胞分化发育的影响，定向诱导细胞分化为特定的细胞，如肌细胞、神经细胞等，作为细胞移植的新来源。另一方面，成体干细胞的研究主要包括：成体组织干细胞的分离培养和植入体内，更新机体病变的组织器官恢复正常功能；成体组织干细胞作为基因治疗的靶细胞；研究体内有效激活成体组织干细胞的方法，增强其功能。

6）大规模细胞培养技术

大规模细胞培养技术是细胞工程中重要的组成部分，是在人工条件下高密度大规模培养动、植物细胞，用来生产生物技术产品的技术。如今这一技术已广泛应用于现代生物制药的研究和生产中。它的应用大大减少了用于疾病预防、治疗和诊断的实验动物，为生产疫苗、细胞因子、生物产品乃至人造组织等产品提供了强有力的工具。

根据细胞的生长特性，可分为贴壁细胞和悬浮细胞。就其培养方法而言可概括为悬浮培养和固定化培养。就操作方式而言，可分为分批式、补料-分批或流加式、半连续式、连续灌流式 4 种操作方式。大规模培养技术的建立，使各种生物制品，如单抗、红细胞生成素、疫苗和病毒杀虫剂等的生产得到了很大的发展。

1.1.1.3 工程细胞的概念和分类

经典意义上,工程细胞即基因工程细胞,是经过改造并被转入了基因的细胞。具体地讲,是指采用基因工程技术或细胞融合技术对宿主细胞的遗传物质进行修饰改造或重组,获得具有稳定遗传的独特性状的细胞系。通过改造的工程细胞获得或提高了重组蛋白类药物表达的产量和质量。从细胞工程这个大的概念上讲,凡是由细胞工程技术包括细胞融合工程、基因工程、细胞拆合工程和染色体工程构建的细胞,或用于细胞工程培养技术如干细胞工程、大规模培养技术的细胞均属于工程细胞的概念范畴。在本书中,工程细胞主要指后者,即用于大规模培养技术制备生物技术药物的动物细胞。

工程细胞依据组织器官来源包括原核细胞、动物细胞、植物细胞、酵母细胞、昆虫细胞和干细胞等;依据构建方法和应用分为基因工程细胞、组织工程细胞等;依据生长方式可分为贴壁细胞和悬浮细胞;依据生存期分为有限细胞系和永生化细胞系。

尽管近年来工程细胞的构建取得了重大进展,但目前工程细胞的构建都沿袭经验的方法。例如,在工业生物制药领域普遍采用的工程细胞系构建策略仍然需要费时费力的克隆筛选,常常耗时几个月。更为主要的是,没有可靠的预测或模拟克隆株在大规模生物反应器条件下细胞生长特性和产物分泌能力的办法,致使筛选的克隆株在大规模生产条件下难以再现小规模实验条件下相同的细胞生长和产物分泌能力。因而,这些策略都存在很大程度的可变性和不稳定性。究其根本原因在于,缺乏对哺乳动物细胞培养过程变化最本质的理解,缺乏对细胞遗传学机制的理解,缺乏对工程细胞的生物学和生理学行为的理解,特别是缺乏对如何获得能够分泌高产率、高质量蛋白质的工程细胞的细胞与分子生物学机制的理解。

分泌抗体或重组蛋白的工程细胞不同于自然来源的体内细胞,含有有意识的人为的改造,因而其表型及其应用均具有定向性和目的性。另外,工程细胞的获得也是有一定的选择性的。其筛选条件是多种多样的,除了细胞本身的改造以适应细胞的高密度、高产率培养外,还包括培养条件、培养规模、生产和市场需求等。因此随着细胞工程的不断发展,工程细胞的基础和应用研究也不断扩展和深入。因而,对工程细胞生物学行为研究的需求也日益迫切。

1.1.2 工程细胞生物学的概念、内涵和研究范畴

1.1.2.1 工程细胞生物学的概念和内涵

工程细胞生物学以细胞生物学的理论和技术体系为基础,以细胞工程学中的工程细胞为对象,在分子、细胞等不同层面上,揭示工程细胞的各种生命活动规律,以期按照人们的意图对工程细胞的遗传物质、细胞组分及遗传表型进行重组改造,从而获得有重要应用价值的新型工程细胞表达产物(产品)。可以说,工程细胞生物学是细胞生物学的应用和拓展,同时又为细胞工程学的发展提供重要的理论和技术支撑。目前,工程细胞生物学这一领域所涉及的研究内容已成为国外细胞工程及生物制药尤其是抗体制药领域的重要发展方向和趋势。

1.1.2.2 工程细胞生物学研究范畴

工程细胞生物学主要对于工程细胞在体外长期培养条件下的生物学行为的适应与调控机制进行研究。

(1) 研究工程细胞在体外规模化培养条件下的细胞生长代谢等分子细胞生物学行为的改变

及其调节机制，包括：工程细胞的永生化，工程细胞的葡萄糖转运及代谢、脂代谢及其调节，细胞的氨基酸代谢调节与细胞生长凋亡的关系，无血清培养条件下的细胞体积变大、液泡出现等适应性改变、细胞抵抗"失巢"而黏附聚集成团，以及细胞高密度生长代谢的营养需求等规模化培养中的关键问题。阐明这些现象本质与分子机制，为工程细胞的规模化培养提供全面性、系统性、新颖性和可操作性的理论指导。

(2) 研究工程细胞在体外规模化培养条件下的蛋白质合成分泌生物学行为的改变及其调控机制。体外培养条件下的工程细胞其重组蛋白、抗体等合成分泌的生物学行为不同于自然来源的体内B淋巴细胞等，有其特殊性，如体外长期培养和高产率分泌常常导致产物发生质与量的改变，尤其是在进行生物反应器培养时，各种理化参数，如搅拌通气、工艺放大，以及不同培养批次间细胞培养环境及生物反应器操作条件的改变可对抗体的分泌量、分泌抗体的质量均产生重要的影响。阐明这些现象本质与分子机制，为提高工程细胞抗体分泌量及产率提供重要的理论指导。

1.2 工程细胞学与细胞生物学的联系和发展

由于工程细胞生物学是细胞生物学的重要分支学科，是细胞生物学和细胞工程学的新兴交叉边缘学科，因而，细胞生物学和细胞工程学的历史发展即生动展现了工程细胞生物学的历史发展。在其各自的历史发展中，二者交互影响，相互推动，最终形成了一门新兴学科——工程细胞生物学。

1.2.1 细胞生物学的历史发展

从研究内容来看细胞生物学的发展可分为3个层次，即显微水平、超微水平和分子水平。从时间纵轴来看细胞生物学的历史大致可以划分为4个主要的阶段。

第一阶段：细胞的发现及细胞学说的创立。从16世纪后期到19世纪30年代，是细胞发现和细胞知识的积累阶段。通过对大量动、植物的观察，人们逐渐意识到不同的生物都是由形形色色的细胞构成的。

第二阶段：实验细胞学(experimental cytology)时期。从19世纪30年代到20世纪初期，细胞学说形成后，开辟了一个新的研究领域，在显微水平研究细胞的结构与功能是这一时期的主要特点。形态学、胚胎学和染色体知识的积累，使人们认识了细胞在生命活动中的重要作用。细胞学的发展主要是采用实验的手段研究细胞学的问题，其特点是从形态结构的观察深入到生理功能、生物化学、遗传发育机理的研究。由于实验研究不断同相邻学科结合、相互渗透，导致了一些重要分支学科的建立和发展：细胞遗传学(cytogenetics)、细胞生理学(cytophysiology)、细胞化学(cytochemistry)。1893年Hertwig的专著《细胞与组织》(*Die Zelle und die Gewebe*)出版，标志着细胞学的诞生。其后1896年哥伦比亚大学Wilson编著的《发育与遗传学中的细胞》(*The Cell in Development and Heredity*)、1920年墨尔本大学Agar编著的《细胞学》(*Cytology*)都是这一领域最早的教科书。

第三阶段：细胞生物学的诞生。20世纪30～70年代，电子显微镜技术出现后，把细胞学带入了第三个发展时期，这短短40年间不仅发现了细胞的各类超微结构，而且也认识了细胞膜、线粒体、叶绿体等不同结构的功能，使细胞学发展为细胞生物学。Robertis等1924年出版的《普通细胞学》(*General Cytology*)在1965年第四版的时候定名为《细胞生物学》(*Cell Biology*)，这是最早的细胞生物学教材之一。

第四阶段:分子细胞生物学时期。从 20 世纪 70 年代基因重组技术的出现到当前,细胞生物学与分子生物学的结合越来越紧密,研究细胞的分子结构及其在生命活动中的作用成为主要任务,基因调控、信号转导、肿瘤生物学、细胞分化和凋亡是当代分子细胞生物学的研究热点。

1.2.1.1　显微镜的发明与细胞的发现

没有显微镜就不可能有细胞学诞生。

(1) 1590 年,荷兰眼镜制造商 J. Janssen 和 Z. Janssen 父子制作了第一台复式显微镜。

(2) 1665 年,英国人 Hook 首次描述了植物细胞(木栓),命名 cella。

(3) 1680 年,荷兰人 Leeuwenhoek 当选为英国皇家学会会员,他一生中制作了 200 多台显微镜和 400 多个镜头,用设计较好的显微镜观察了许多动植物的活细胞与原生动物。

(4) 1752 年,英国人 Dollond 发明消色差显微镜。

(5) 1812 年,苏格兰人 Brewster 发明油浸物镜,改进了体视显微镜。

(6) 1886 年,德国人 Abbe 发明复消差显微镜,并改进了油浸物镜,至此普通光学显微镜技术基本成熟。

(7) 1932 年,荷兰籍德国人 Zernike 成功设计了相差显微镜(phase contrast microscope),并因此获 1953 年度诺贝尔物理学奖。

(8) 1932 年,德国人 Knoll 和 Ruska 发明电子显微镜,1940 年,美国、德国制造出分辨力为 0.2nm 的商品电子显微镜。

(9) 1981 年,瑞士人 Binnig 和 Rohrer 在 IBM 苏黎世实验中心(Zurich Research Center)发明了扫描隧道显微镜而与电子显微镜发明者 Ruska 同获 1986 年度的诺贝尔物理学奖。

1.2.1.2　细胞学说

(1) 1809 年,法国人 Lamark 提出:“一切生物体都是由细胞构成的。只有具有细胞的机体,才有生命。”

(2) 1802 年,法国植物学家 Brisseau Milbel 指出:“植物的每一部分都有细胞存在。”

(3) 1824 年,法国生理学家 Dutrochet 进一步描述了细胞的原理。

(4) 1838 年,德国植物学教授 Schleiden 发表“植物发生论”,认为无论怎样复杂的植物都由形形色色的细胞构成。

(5) 1838 年,德国解剖学教授 Schwann 通过研究 Schleiden 的细胞形成学说,提出了“细胞学说”(cell theory)这个术语;并于 1939 年发表了“关于动植物结构和生长一致性的显微研究”。Schwann 提出:有机体是由细胞构成的;细胞是构成有机体的基本单位。

(6) 1855 年,德国人 Virchow 提出“一切细胞来源于细胞”的著名论断,进一步完善了细胞学说。把细胞作为生命的一般单位,以及作为动、植物界生命现象的共同基础的这种概念立即得到了普遍的接受。

1.2.1.3　细胞学的发展

(1) 1839 年,捷克人 Pukinye 用 protoplasm 这一术语描述细胞物质,“Protoplast”为神学用语,指人类始祖亚当。

(2) 1879 年,德国人 Flemming 观察了蝾螈细胞的有丝分裂,于 1882 年提出了 mitosis 这一术语。德国人 Strasburger(1876～1880 年)在植物细胞中发现有丝分裂。

(3) 1883 年,比利时人 van Beneden 发现马蛔虫 *Ascaris megalocephala* 的减数分裂现象。

(4) 1871 年,德国人 Miescher 从脓细胞中分离出核酸。

(5) 1928 年,英国微生物学家 Griffith 发表著名的肺炎双球菌转化试验。

(6) 1944 年,美国人 Avery、Macleod 和 McCarthy 等通过微生物转化试验证明 DNA 是遗传物质。

(7) 1953 年,美国人 Watson 和英国人 Crick 提出 DNA 双螺旋模型。

(8) 1956 年,蒋有兴(美籍华人)利用徐道觉发明的低渗处理技术证实了人染色体的 $2n$ 为 46 条,而不是 48 条。

(9) 1961 年,英国人 Mitchell 提出线粒体氧化磷酸化偶联的化学渗透学说,获 1978 年度诺贝尔化学奖。

(10) 1961～1964 年,美国人 Nirenberg 破译 DNA 遗传密码。

(11) 1968 年,瑞士人 Arber 从细菌中发现 DNA 限制性内切核酸酶。

(12) 1970 年,美国人 Baltimore、Dulbecco 和 Temin 由于发现反转录酶而共享诺贝尔生理学或医学奖。

(13) 1973 年,美国人 Cohen 和 Boyer 将外源基因拼接在质粒中,在大肠杆菌中表达,揭开基因工程的序幕。

(14) 1975 年,英国人 Sanger 设计出 DNA 测序的双脱氧法,1980 年获诺贝尔化学奖。此外 Sanger 还由于 1953 年测定了牛胰岛素的一级结构而获得 1958 年度诺贝尔化学奖。

(15) 1975 年,德国人 Kohler、阿根廷人 Milstein 和丹麦科学家 Jerne 发展了单克隆抗体技术,荣获 1984 年度诺贝尔生理学或医学奖。

(16) 1981 年,美国首次发现艾滋病,1983 年,法国巴斯德研究所的 Montagbier 发现 AIDS 病毒。艾滋病的全称为 acquired immune deficiency syndrome,由人类免疫缺陷病毒 HIV 引起。20 年来全球共有约 5800 万人受到艾滋病病毒感染,2200 万人死于艾滋病。我国于 1985 年发现艾滋病。

(17) 1982 年,美国人 Prusiner 在患羊瘙痒病的羊体内发现蛋白质感染因子(prion)。更新了医学感染的概念,获 1997 年度诺贝尔生理学或医学奖。

(18) 1983 年,美国人 Mullis 发明 PCR 仪,于 1993 年获诺贝尔化学奖。1988 年美国 Cetus 公司获 PCR 技术专利,1990 年其诊断试剂盒和仪器的销售额达 2600 万美元。

(19) 1990 年,美国国会正式批准了"人类基因组计划"(Human Genome Project),计划在 15 年内投入 30 亿美元以上的资金进行人类基因组分析。我国于 1993 年加入该计划,承担其中 1%的任务,即人类 3 号染色体短臂上约 30Mb 的测序任务。2000 年 6 月 28 日人类基因组工作草图完成。

(20) 1990 年,美国国立卫生研究院,给一名患有先天性重度联合免疫缺陷病的 4 岁女孩实施了首例基因治疗。这种疾病因腺苷脱氨酶(ADA)基因变异引起。1991 年 12 月,复旦大学遗传学研究所薛京伦主持对一例血友病患者进行了基因治疗试验,并获得成功。

(21) 1996 年 7 月 5 日,世界上第一只克隆羊"多莉"在英国苏格兰卢斯林研究所的试验基地诞生。成为 20 世纪末的重大新闻。

(22) 2001 年,美国人 Hartwell,英国人 Nurse、Hunt 因对细胞周期调控机理的研究而获诺贝尔生理学或医学奖。2002 年,英国人 Brenner、美国人 Horvitz 和英国人 Sulston,因在器官发育的遗传调控和细胞程序性死亡方面的研究获诺贝尔生理学或医学奖。2003 年,美国科学家 Agre 和 MacKinnon,分别因对细胞膜水通道,离子通道结构和机理研究而获诺贝尔化学奖。

(23) 2010 年 5 月,美国基因学家温特尔制造出世界上第一个合成细胞,在医学科技上迈出重要的一步。

1.2.2 细胞工程的历史发展

细胞工程的历史相当悠久。以细胞融合为例,1838 年 Muller 最早报道了脊椎动物肿瘤细胞中的多核现象。1849 年 Lobing 在骨髓中也发现了细胞多核现象的存在。1855~1858 年,科学家们在肺组织和各种正常组织,即发炎和坏死部位都发现了多核细胞。

在植物学界,早在 1902 年德国的植物学家 Haberlandt 就预言了植物细胞的全能性。1934 年荷兰的植物学家 Went 发现生长素,并证实了对植物细胞培养的作用。1937 年,法国科学家 Gautherete 和 Nobecourt 几乎同时离体培养了胡萝卜组织,并使细胞增殖,这是植物组织与细胞培养的首次成功。1960 年,英国诺丁汉大学 Cocking 教授创造性地应用酶解的方法,首次成功地从番茄幼苗的根部制备到大量的原生质体。在此基础上,1972 年美国的 Carlson 等用 $NaNO_3$ 作为融合诱导剂,将两个来自不同种的烟草原生质体进行融合,获得了世界上第一个体细胞杂种植株。

在动物学界,1907 年,美国生物学家 Harrison 采用盖玻璃片悬滴培养蛙胚神经组织,存活数周,而且观察到细胞生长现象,从而开创了动物细胞培养的先河。1965 年 Harris 和 Watkins 证明了灭活的病毒在控制的条件下可以用来诱导动物细胞的融合。至此,细胞融合作为一个重要的研究领域已经引起人们的浓厚兴趣。

在细胞培养方面,1913 年,Carrel 采用严格的无菌技术致使细胞长期培养可达 34 年之久,揭示离体的动物细胞在适当的培养条件下具有近于无限的生长和繁殖能力。1916 年,Roux 和 Jones 采用胰蛋白酶消化组织基质,形成游离的细胞,以后又用于贴壁细胞的传代培养。1923 年,Carrel 创制了一种 Carrel 瓶,可以方便地进行无菌传代培养,此瓶成为细胞培养瓶的鼻祖。1940 年左右,青霉素、链霉素等抗生素相继被发现并被引入细胞培养过程,有助于常规保持培养基无菌和减少污染。1948 年,Earle 分离出小鼠 L 成纤维细胞,从单细胞形成克隆,建立了 L 细胞系。1952 年,Gey 从人的子宫癌建成一株称为 HeLa 细胞的连续细胞系。1961 年,Hayflick 和 Moorhead 分离一株人成纤维细胞 WI-38,并证明它在细胞培养中有一定的寿命。1965 年,Harris 和 Watkins 用病毒使人和小鼠细胞融合。1975 年,Kohler 和 Milstein 报道了第一株能分泌单克隆抗体的杂交瘤细胞,使细胞工程进入了一个崭新的阶段。

动物细胞培养技术的发展,源自建立了长期生存的细胞株和细胞系;而合成培养基的发展则为细胞培养奠定了基础。1955 年,Eagle 在研究不同细胞的营养要求时,提出第一个被广泛采用的合成培养基。1965 年,Ham 引入了第一个无血清培养基。1978 年,Sato 用激素和生长因子的混合配方形成了开发无血清培养基的基础配方。

在动物细胞制备产品方面,1949 年脊髓灰质炎病毒在体外培养的细胞上增殖成功,1950 年左右形成了用猴肾或睾丸细胞培养生产脊髓灰质炎疫苗的工艺。随后,利用培养的鸡或灵长类动物胚胎细胞陆续生产了流行性腮腺炎(1951 年)、麻疹(1958 年)、腺病毒(1958 年)。进入 20 世纪 80 年代,随着基因工程技术的发展,利用培养的动物细胞生产的重组蛋白产生了重大的效益。1982 年,人胰岛素成为第一个获准作为治疗药物的重组蛋白。1987 年用重组动物细胞生产的组织型纤溶酶原激活剂成为商品。1996~2004 年已有 37 个由哺乳动物细胞培养生产的治疗和诊断产品成功上市。

在动物克隆技术方面,人们可以借助细胞工程技术把生命像积木那样组装起来,进行细胞水平上的生命组合。例如,美国耶鲁大学研究人员利用黑毛鼠、白毛鼠、黄毛鼠和受精卵"组装"成一只全身披着黄、白、黑三种不同颜色皮毛的"组装鼠"。除组装鼠外,美国和英国还组装成功了绵羊和山羊的嵌合体——绵山羊。细胞工程技术还在试管植物、试管动物、克隆动物、转基因生物反应器等方面取得了令人瞩目的成就。1977 年,英国利用胚胎工程技术成功培育出世界首例试管婴儿;1997 年,英国利用成体动物细胞首次克隆出绵羊"多莉";2001 年,英国又宣布成功培育出世界首批转基因克隆猪。

1.2.3 工程细胞生物学的提出

工程细胞生物学的提出源自细胞工程技术的发展需要,尤其是动物细胞规模化制备抗体、重组蛋白等生物技术药物的产业化发展的需要。

自 20 世纪杂交瘤融合技术和基因重组技术建立以来,细胞培养过程的实践证明,哺乳动物工程细胞的培养技术取得了长足的进展。构建的高效表达工程细胞株在大规模生物反应器实现了较高培养密度,获得较高产量。细胞体外放大培养的时间已经从 7 天延长到 10～12 天,细胞密度从 3×10^6 个细胞/mL 增加到 $1.5\times10^7\sim2\times10^7$ 个细胞/mL,表达水平从 100mg/L 提高到了 5g/L 的水平(图 1.2.1)。

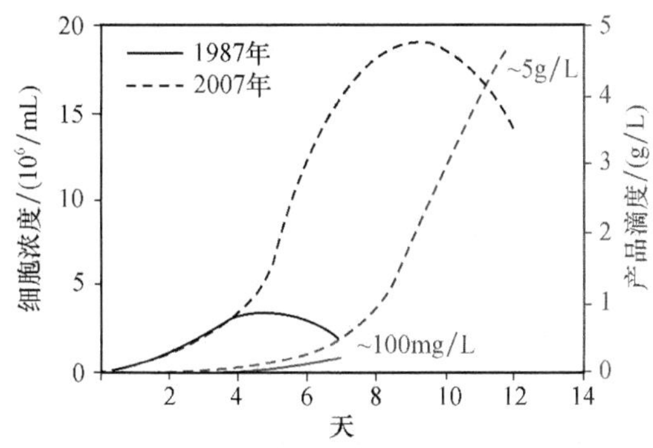

图 1.2.1 经典的细胞生长和产品产率曲线

(摘自 Jayapal K P, Wlaschin K F, Hu W S, et al. 2007. Recombinant Protein Therapeutics from CHO Cells-20 Years and Counting. CHO Consortium SBE Special Section: 40-47)

目前,规模化制备抗体重组蛋白技术已渐趋于成熟,并且仍在快速地发展着。2006 年全球生物技术药物的市场销售额增长近 30%,远高于化学药物(6%)。在不远的未来,生物技术药物产生的社会经济效益将会超过抗生素。以抗体药物为例,尤其是治疗用重组抗体的销售额呈急剧增长的趋势,2009 年全球抗体药物的销售额超过 300 亿美元,其市场份额占据全部生物技术药物的 1/3(图 1.2.2)。专家预测,未来 20 年,蛋白质、抗体和多肽药物的巨大需求将扑面而来,其制备技术也将受到巨大的挑战。研究数据表明,全球对于抗体药物的需求>6000kg/年,而全球实际的生产能力只有 4000kg/年,迫切需要提升现有生产能力,进一步提高动物细胞培养的技术水平,特别需要进一步提高生物技术产品的产量,提升现有产品的质量。

正如 20 世纪 50 年代青霉素发酵技术的突破一样,要对现有细胞培养技术进行重大的突破,蛋白产量获得重大突破,达到>10g/L,必须对基因工程细胞的细胞生物学、生理学、代谢途径、

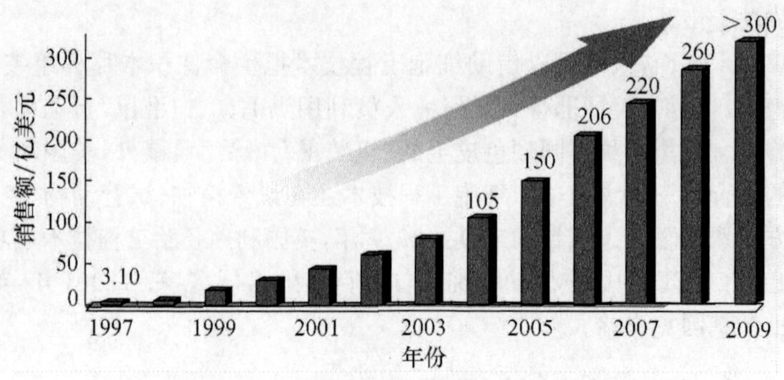

图 1.2.2 全球抗体药物的市场发展

遗传学突变及筛选方法、生化工程、过程控制和反应器等多方面进行深入研究。青霉素早期的临床应用十分成功，可遇到了供应不足的问题。虽然 20 世纪 50 年代就实现了青霉素的化学合成，但这一过程非常困难。当时，发酵过程面临的典型问题是：以非常低的水平生产高价值的产品。首先，单位体积内青霉素的生产速率很低。在 1939 年，青霉素发酵液的终浓度大约是 0.001g/L，比海水中的黄金含量都低，这就需要非常大而效率低的反应器；此外，青霉素是一种脆弱、不稳定的产品，加之低的产品浓度使得其提取和纯化方法受到了严重的限制。然而，在微生物学家和工程师近 50 年不懈的共同努力下，由于对菌株、培养基和其他过程控制的不断深入研究和改进，现今发酵液中青霉素浓度已经增加至 50g/L，提高了 50 000 倍。

显然，细胞规模培养制备技术的进一步发展，单凭细胞生物学家或生化工程师也难以胜任。比当年抗生素发酵工艺研发人员幸运的是，今天的研究人员可以利用当今的基因组学和细胞工程研究成果。近年来，随着基因组、蛋白质组学的发展，越来越多的工程学家将研究的目标与方向转向细胞生物学领域，这为工程细胞生物学的研究指引了方向，同时提供了可借鉴的思路。这些最新的基因组和蛋白质组研究工具将使我们更容易的发现并鉴定某些关键的基因或蛋白质、甚至 miRNA，这些基因或蛋白质、甚至 miRNA 赋予一个理想工程细胞应具备的生长增殖和产物分泌特性。例如，采用比较基因组杂交与定量 PCR 技术在细胞的整体基因组水平分析细胞在长期培养条件下蛋白质表达的变异与稳定性；采用 DNA 芯片技术识别体外培养细胞中与细胞生长与蛋白质分泌相关通路中的关键基因与蛋白；采用 RNAi 技术进行细胞周期、细胞凋亡、内质网应激等现象中单个基因或蛋白质对于细胞生长或抗体分泌影响的功能研究；采用二维电泳及质谱分析 CHO、NSO 细胞不同株系、不同培养条件下的蛋白质表达谱特征与变化。为更好地推进工程细胞表达制备生物技术药物的产业化进程，2006 年 2 月 Hu 等在国际上成立了 CHO 学基因组协会(Consortium for Chinese Hamster Ovary Cell Genomics)，研究并获得了 CHO 细胞的基因组数据，以期未来更好地改造优化 CHO 细胞(图 1.2.3)。之前，在 2001 年 7 月，研究人员就已构建了第一代 CHO EST 文库；2003 年 1 月，制作了第一代 CHO cDNA 芯片(4300 序列)。目前，该协会已构建并测序了第四代 CHO EST 文库，研发了第二代 CHO Affymetrix 芯片。

因而，这一新的靶向宿主细胞基因组以提高其增殖或表达水平的研究方法，将可能通过改变细胞的生物学、生理学、代谢途径等获得蛋白质产率更高的高效表达细胞株，制定更加合理的培养工艺策略，使细胞培养过程更加稳定、高效、可控。这些研究方法与思路是采用细胞生物学的最新进展研究解决工程细胞实际应用中的问题，实质上是进行了工程细胞生物学的研究。关于工程细胞生物学这一名称，是在 2005 年国际工程大会(Engineering Conferences International,

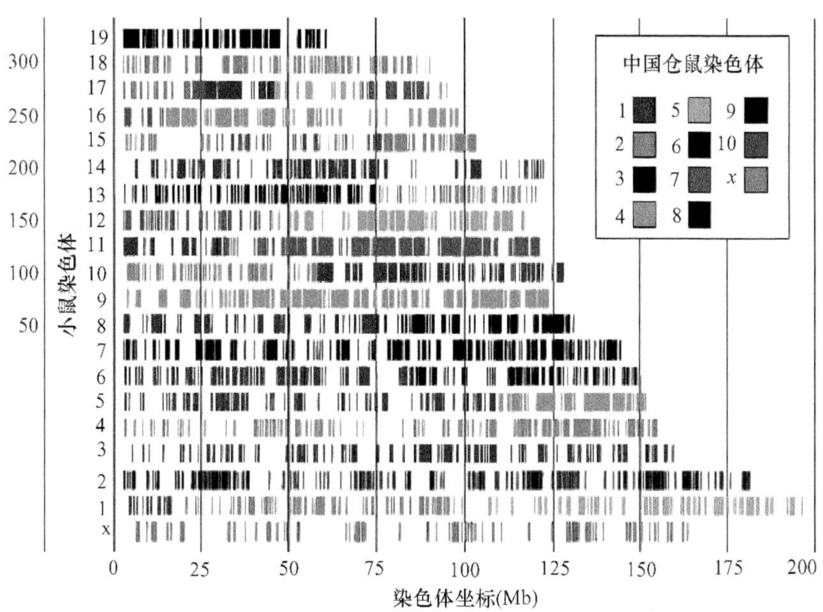

图 1.2.3 已经完成测序的 CHO 细胞基因组图谱

ECI)以“Engineering Cell Biology-The Cell in Context”为主题的会议上，工程细胞生物学的名称首次被提出。随后，在 2007 年和 2009 年，ECI 分别召开了第二次和第三次工程细胞生物学的专题会议。

1.3 工程细胞生物学研究及应用现状

为了获得大量治疗性蛋白而进行的动物细胞大规模培养大致分为三个步骤：外源基因（目的基因）的获取，真核细胞表达外源基因系统（细胞株）的建立，重组动物细胞的大规模培养，即产业化。其中涉及的层面很多，包括治疗性蛋白序列的测定，目的基因的提纯、序列测定、人工合成，宿主细胞的选择，外源基因与载体共同导入宿主细胞并与其染色体的整合，重组细胞的大规模培养等。这其中的任何一步都不能有差错，否则将直接影响下一步的操作，其中确保重组工程细胞的多代增殖和目的基因的高效表达则最为关键。确保重组细胞的多代增殖除了要保证细胞分裂增殖的环境营养充足、洁净无菌等外因之外，还需面对细胞自身的衰老凋亡问题。近年来，细胞衰老凋亡的形态学特征和分子机制已得到初步认识，学术界认为细胞凋亡的途径主要有三条，一条是通过胞外信号激活细胞内的凋亡酶 Caspase，另一条是通过线粒体释放凋亡酶激活因子激活 Caspase。这些活化的 Caspase 可将细胞内的重要蛋白质降解，引起细胞凋亡。还有一条是在工程细胞高效表达蛋白质时，由于非蛋白折叠反应而出现内质网应激所致的凋亡。至于目的基因的高效表达，则与目的基因在宿主染色体上的位置以及宿主染色体的自我复制和表达调控有关，其中的机制有待深入研究。

工程细胞生物学主要解决工程细胞放大培养中的问题与瓶颈，最大化提高治疗性蛋白的产量。因此，必须考虑两个方面的问题：①提高细胞特异性产率和活细胞密度；②在细胞培养制备产物的生产期间保持稳定的产物分泌。研究体外培养条件下抗体合成分泌的分子机制，各种培养条件对抗体分子糖基化修饰的影响及分子机制，以代谢工程方法调控抗体工程细胞生理状态的稳定性以及其产物糖基化修饰的分子通路，将有助于抗体分泌过程的优化控制，对提高分泌抗体的产量和质量具有重要意义。

该领域的研究热点包括以下几个方面。

(1) 体外培养条件下细胞增殖与凋亡发生的分子机制研究，尤其是增殖控制条件下蛋白质产率提高的分子动力学调节的机制仍未阐明。

(2) 在各种应激如高渗、低温、搅拌、无血清及悬浮培养等条件下细胞适应的分子机制，包括细胞生长速率与线粒体的相关性、内质网的应激反应、细胞悬浮适应与细胞黏附及细胞骨架间的联系等的信号分子通路调控；以及细胞内离子通道蛋白、代谢相关酶类的调控机制。

(3) 研究血清或营养物质氨基酸促进细胞增殖的信号分子通路，优化细胞培养基配方，研制细胞株特异的化学限定培养基。

(4) 抗体工程细胞内调控蛋白质合成与分泌稳定性的分子机制的研究，主要包括3个层次：载体、质粒与染色体环境，mRNA稳定性与加工，抗体翻译与分泌。①载体质粒与染色体环境：研究如核骨架基质结合区(S/MAR)、遍在染色质开放表达元件(UCOE)、延伸因子-1α等对外源基因表达的转录调控机制；外源基因插入位点周围染色质环境、拷贝数对外源基因表达稳定性影响的研究。②mRNA稳定性与转录后加工：研究细胞培养环境对特异性mRNA表达的调控机制，尤其是特异性mRNA如X盒结合蛋白-1(X-box binding protein，XBP-1)的剪切异构体XBP-1(S)的转录加工机制对细胞特异性产率的影响机制及调节是目前在mRNA水平对外源基因表达调节机制研究的热点之一。③抗体翻译与分泌：目前，提高抗体分泌细胞在体外长期培养条件下有效性与稳定性的研究策略有两个方面：其一是优化宿主细胞染色质环境，其二是基因工程化修饰抗体分泌通路中的关键分子。因此，首要的是进行外源基因翻译分泌机制调控研究，采用蛋白质组、转录组、代谢组及RNA干涉技术识别鉴定影响抗体基因表达的蛋白质翻译分泌通路中的关键分子，已经鉴定的分子包括内质网腔分子伴侣，如免疫球蛋白结合蛋白和蛋白二硫键异构酶。

小结

工程细胞生物学是细胞生物学的重要分支学科，是细胞生物学和细胞工程学的新兴交叉边缘学科。它以细胞生物学的理论和技术体系为基础，以细胞工程学中工程细胞为对象，在分子、细胞等不同层面上，揭示工程细胞的各种生命活动规律，以期按照人们的意图对工程细胞的遗传物质、细胞组分及遗传表型进行重组改造，从而获得有重要应用价值的新型工程细胞表达产物(产品)。可以说，工程细胞生物学是细胞生物学的应用和拓展，同时又为细胞工程学的发展提供重要的理论和技术支撑。因此，工程细胞生物学不仅涉及细胞生物学的基本内容，如生长分化、增殖调控、运输分泌、信号转导和衰老凋亡等基本生命现象，又涵盖细胞工程相关内容，如工程细胞改造及筛选、高密度培养条件及优化、培养体系微环境中的代谢变化及调节等。

(陈志南　李　玲)

思考题

1. 试述工程细胞生物学与工程细胞的概念和研究范畴。
2. 细胞生物学和细胞工程的发展史能使我们获得哪些有益的启示？

3. 简述工程细胞生物学与细胞工程的内在联系。
4. 什么是工程细胞？工程细胞主要包括哪些类型？
5. 工程细胞生物学的主要研究内容与现状？
6. 工程细胞大规模培养有哪些主要的研究热点问题？
7. 你怎样看待抗体工程产业的发展前景？

参考文献

胡显文，肖成祖. 2001. 细胞工程在生物制药工业中的地位. 生物技术通讯，12：117-122

林福玉，陈昭烈，刘红，等. 1999. 大规模动物细胞培养的问题及对策. 生物技术通报，1：32-35

Allison D，Aboytes K，Johnson T，et al. 2007. Using genomic tools for the identification of important signaling pathways in order to facilitate cell culture medium development. In：Smith R. Cell Technology for Cell Products. London：Springer：591-593

Barnes L M，Bentley C M，Dickson A J. 2003. Stability of protein production from recombinant mammalian cells. Biotechnol Bioeng，81：631-639

Barnes L M，Dickson A J. 2006. Mammalian cell factories for efficient and stable protein expression. Current Opinion in Biotechnology，17：381-386

Brewer J W，Hendershot L M. 2005. Building an antibody factory：a job for the unfolded protein response. Nat Immunol，6：23-29

Butler M. 2005. Animal cell cultures：recent achievements and perspectives in the production of biopharmaceuticals. Appl Microbiol Biotechnol，68：283-291

Chu L，Robinson D K. 2001. Industrial choices for protein production by large-scale cell culture. Curr Opin Biol，12：180-187

Hu W S，Aunins J G. 1997. Large-scale mammalian cell culture. Curr Opin Biol，8：148-153

Ifandi V，Al-Rubeai M. 2007. Engineering of cell proliferation via myc modulation. Systems Biology Cell Engineering，5：157-183

Jiang Z，Huang Y，Sharfstein S T. 2006. Regulation of recombinant monoclonal antibody production in chinese hamster ovary cells：a comparative study of gene copy number，mRNA level，and protein expression. Biotechnol Prog，22：313-318

Khooa S H G，Al-Rubeaib M. 2009. Metabolic characterization of a hyper-productive state in an antibody producing NS0 myeloma cell line. Metabolic Engineering，11：199-211

Kim J M，Kim J S，Park D H，et al. 2004. Improved recombinant gene expression in CHO cells using matrix attachment regions. J Biotechnol，107：95-105

Kretzmer G. 2002. Industrial processes with animal cells. Appl Microbiol Biotechnol，59：135-142

Kwaks T H J，Otte A P. 2006. Employing epigenetics to augment the expression of therapeutic proteins in mammalian cells. Trends Biotechnol，24：137-142

Meleady P. 2007. Proteomic profiling of recombinant cells from large-scale mammalian cell culture processes. Cytotechnology，53：23-31

Moran E B，McGowan S T，McGuire J M，et al. 2000. A systematic approach to the validation of process parameters for monoclonal antibody production in fed-batch culture of a murine myeloma. Biotechnol Bioeng，69：242-255

Otto D D, Rudolf B. 1999. Quality control and assurance from the development to the production of biopharmaceuticals. Trends Biotechnol, 17: 266-271

Ritzka A, Sosnitza P, Ulber R, et al. 1997. Fermentation monitoring and process control. Curr Opin Biol, 8: 160-164

Smales C M, Dinnis D M, Stansfield S H, et al. 1997. Comparative proteomic analysis of GS-NS0 murine myeloma cell lines with varying recombinant monoclonal antibody process control. Curr Opin Biol, 8: 160-164

Smales C M, Dinnis D M, Stansfield S H, et al. 2004. Comparative proteomic analysis of GS-NS0 murine myeloma cell lines with varying recombinant monoclonal antibody production rate. Biotechnology and Bioengineering, 88: 474-488

Swiderek H, Al-Rubeai M. 2007. Functional genome-wide analysis of antibody producing NS0 cell line cultivated at different temperatures. Biotechnology and Bioengineering, 98(3): 616-630

Wlaschin K F, Seth G, Hu W S. 2006. Toward genomic cell culture engineering. Cytotechnology, 50: 121-140

Wu M H, Dimopoulos G, Mantalaris A, et al. 2005. Effect of osmotic pressure on GS-NS0 expression system. Animal Cell Technology Meets Genomics ESACT Proceedings, 2: 3-13

Wurm F M. 2004. Production of recombinant protein therapeutics in cultivated mammalian cells. Nat Biotechnol, 22: 1393-1398

Yoshida H, Oku M, Suzuki M, et al. 2006. pXBP1(U) encoded in XBP1 pre-mRNA negatively regulates unfolded protein response activator pXBP1(S) in mammalian ER stress response. J Cell Biol, 172: 565-575

第二章　工程细胞生物学的研究方法和技术

2.1　细胞形态学观察技术

细胞是生物的形态结构和生命活动的基本单位，生命从细胞开始。当罗伯特·胡克(1633～1703年)用其改进的显微镜对软木片进行观察时，发现了一个个像蜂窝一样排列的巢房，他把这些小室称为细胞。细胞的发现对随后300多年的医学以及生物科学的发展产生了深远的影响。如今，普通光学显微镜以及在其基础上衍生发展起来的倒置相差显微镜、荧光显微镜和电子显微镜等，都已广泛地应用于医学及生物科学的各个领域，在观察细胞显微及亚显微结构的形态学变化中发挥了巨大作用。

早在公元前1世纪，人们就已发现通过球形透明物体去观察微小物体时，可以使其放大成像。后来逐渐对球形玻璃表面能使物体放大成像的规律有了认识。1610年前后，意大利的伽利略和德国的开普勒在研究望远镜的过程中，改变物镜和目镜之间的距离，得出合理的显微镜光路结构。17世纪中叶，英国的胡克和荷兰的列文·胡克，都对显微镜的发展作出了卓越的贡献。1665年前后，胡克在显微镜中加入了粗动和微动调焦装置以及照明系统和承载标本片的工作台，这些部件经过不断改进，成为现代显微镜的基本组成部分。胡克和列文·胡克利用自制的显微镜，在动、植物机体微观结构的研究方面取得了杰出的成就。

古典的光学显微镜只是光学元件和精密机械元件的组合，它以人眼作为接收器来观察放大的像。后来在显微镜中加入了摄影装置，以感光胶片作为可以记录和存储的接收器。现代又普遍采用光电元件、电视摄像管和电荷耦合器等作为显微镜的接收器，配以微型计算机构成了完整的图像信息采集和处理系统。

2.1.1　普通光学显微镜技术

2.1.1.1　主要组成部分和基本原理

普通光学显微镜(light microscopy)的构造主要分为三部分：机械部分、照明部分和光学部分(图2.1.1)。

(1) 机械部分，主要保证光学系统的配置稳定以及控制灵活，包括镜座、镜臂、镜筒、镜台(载物台)、物镜转换器(旋转器)和调节器(包括粗调节器和细调节器)。

(2) 照明系统，主要包括光源、折光镜和聚光镜，有时另加各种滤光片以控制光的波长范围。

(3) 光学放大系统，为两组玻璃透镜，即目镜和物镜。

显微镜总放大倍率为物镜放大倍率乘以目镜放大倍率。对于任意一种显微镜来说，最重要的性能参数是分辨率，而不是放大倍数。显微镜的分辨率(resolution，R)是指能被显微镜清晰区分的两个物点的最小间距。根据衍射理论，显微镜的分辨率为

$$R = 0.61\lambda/n \cdot \sin\theta$$

式中，λ为所用光波的波长；n为物体所在空间的折射率，物体在空气中时$n=1$；θ为孔径角，即从

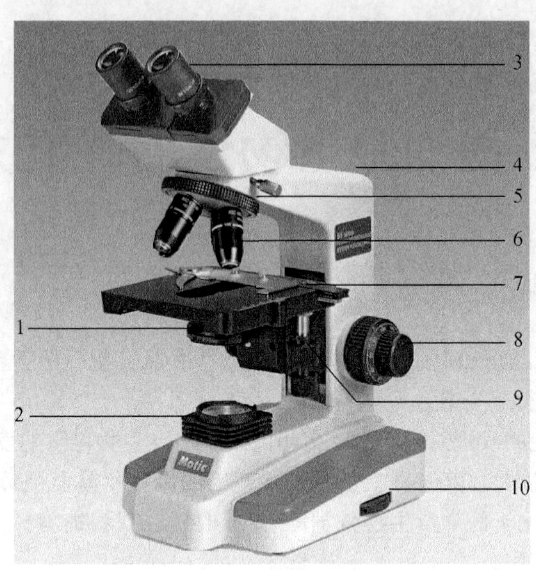

图 2.1.1 光学显微镜的基本结构

1. 聚光镜;2. 照明系统;3. 目镜;4. 镜臂;5. 转换器;6. 物镜;
7. 机械移动载物台;8. 调焦机构;9. 推片器;10. 电源开关

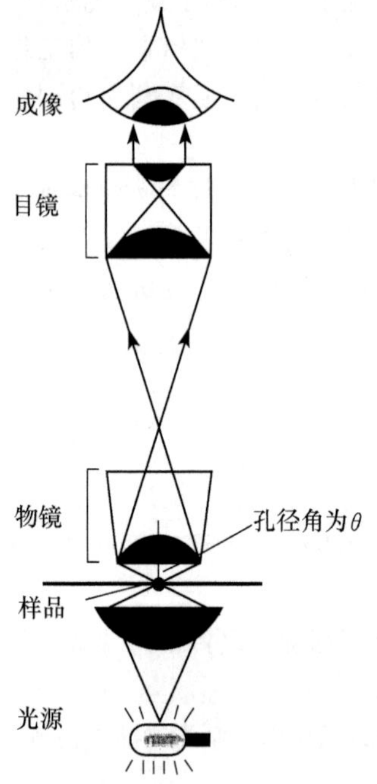

图 2.1.2 普通光学显微镜光路图

物点发出能进入物镜成像的光线锥的锥顶角的半角(图 2.1.2);$n \cdot \sin\theta$ 称为数值孔径。当波长 λ 一定时,分辨率取决于数值孔径的大小。数值孔径越大则能分辨的结构越细,即分辨率越高。数值孔径是显微物镜的一个重要性能指标,通常与放大倍率一起标注在物镜镜筒外壳上。例如,40×0.65 表示物镜的放大倍率为 40 倍,数值孔径为 0.65。

分辨率和放大倍率是两个不同的但又互有联系的概念。当选用的物镜数值孔径不够大,即分辨率不够高时,显微镜不能分清物体的微细结构,此时即使过度地增大放大倍率,得到的也只能是一个轮廓虽大但细节不清的图像。这种过度的放大倍率称为无效放大倍率。反之如果分辨率已满足要求而放大倍率不足,则显微镜虽已具备分辨的潜在能力,但因图像太小而仍然不能被人眼清晰可见。为了充分发挥显微镜的分辨能力,应使数值孔径与显微镜总放大倍率合理匹配,以满足下列条件:

$$500n \cdot \sin\theta < \text{总放大倍率} < 1000n \cdot \sin\theta$$

在此范围内的放大倍率称为有效放大倍率。由于 $\sin\theta$ 永远小于 1,聚光镜和物镜之间介质的折射率 n 最高约为 1.5,$n \cdot \sin\theta$ 不可能大于 1.5,故以可见光为光源的普通光学显微镜的分辨率为 0.2μm,有效放大倍率一般不超过 1500 倍。

提高分辨率的途径是:采用较短波长的光波或增大孔径角 θ 值,或是提高物体所在空间的折射率 n。例如,在物体所在空间填充折射率为 1.5 的液体,以这种方式工作的物镜称为浸液物镜。而电子显微镜正是利用波长极短的特性,在提高分辨率方面取得了重大突破。

2.1.1.2 标本制作方法

在实际操作过程中，普通光学显微镜制片也是影响观察效果的因素之一。首先，要尽量保持生物材料的天然状态，避免赝像、变形和失真，因此须将生物材料做固定处理。制片必须薄而透明，才能在光学显微镜下成像，除将材料切成薄片或通过轻压或其他手段使之分散外，还需采用其他方法使它透明和染色，以便更好地观察到结构的细节。最常用的染色方法是苏木精(hematoxylin)和伊红(eosin)染色，简称为H&E染色。苏木精对负电荷分子有亲和性，能显示出细胞内核酸的分布，呈蓝色；伊红可使细胞质染色，呈红色(图2.1.3)。需长期保存的制片，还应进行脱水和封固。显微制片法一般包括切片法、整体封片法、涂片法和压片法4类。

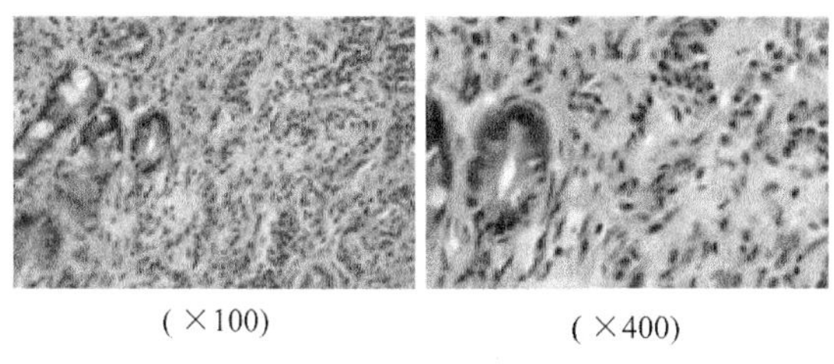

图2.1.3 人胃癌组织的H&E染色

(1) 切片法：光学显微镜的切片厚度为2～25μm，一般动、植物材料的切片以厚10μm左右为宜。切片法根据包埋剂的不同分为：石蜡切片法、棉胶切片法、冰冻切片法和乙二醇甲基丙烯酸酯法(简称GMA法)。其中石蜡切片法最为常用，包括固定、包埋、切片、染色、脱水和封固等步骤。关键是把生物材料用石蜡包埋，以石蜡为支持物，把浸在蜡块中的生物材料切成理想的薄片。操作过程为：固定→水洗→从低浓度逐级到高浓度乙醇脱水→二甲苯透明→浸蜡→包埋→切片→贴片→二甲苯脱蜡→逐级从高浓度到低浓度乙醇处理，最后过渡到水→染色→逐级从低浓度到高浓度乙醇脱水→二甲苯透明→树脂胶封固。操作过程中的基本步骤在各种制片技术中都是相同的。

(2) 整体封片法：用于单细胞、微小生物体或分散器官的整装制片方法。此法也需要经过固定、染色、脱水、透明和封固各个步骤。草履虫和昆虫口器制片即用此法。

(3) 涂片法：把易于分散的生物标本涂布在载玻片上的制片方法。血液涂片便是一例。

(4) 压片法：将天然的、易于分散的组织或经过处理后易于分散的组织，如动物的精母细胞、根尖细胞等放在载玻片上、再加盖玻片，用力压碎组织，使细胞或细胞内的结构铺展成一层的制片方法。压片法常用于观察染色体，通常用乙酸洋红、地衣红和苯酚复红染色。

2.1.1.3 光学显微镜的研究进展

2006年，德国马克斯—普朗克学会生物物理化学研究所所长施特芬·黑尔等发明的受激发射损耗荧光显微镜(stimulated emission depletion fluorescence microscope，STED)利用荧光饱和和激发态荧光受激损耗的非线性关系，通过限制损耗区域，可突破远场光学显微术的衍射极限分辨力并实现三维成像，从而较大幅度地将分辨率提高到50～70nm，且理论上还能提高数倍。其特殊的性质使它能用于广泛观察蛋白质分子。STED显微镜首次被用来分辨哺乳动物中枢神经系统中单次联会中的各个联会囊。对神经传输物质的释放至关重要的联会囊循环已被深入研究了30多年，但仍有一个大问题没有回答：它们的构成成分是在胞质膜上扩散，还是仍然聚集在一起？STED显微镜的观测结果显示，至少一个主要成分，即突触结合蛋白-1(synaptotagmin-1)，在胞外分泌之后仍然聚集在一起，是被整体循环的。

2.1.2　倒置相差显微镜技术

1940年荷兰学者Zernik巧妙地应用光的衍射和干涉原理以提高标本微细结构折光率的差异，创造了相差显微镜(phase contrast microscope)。如果将光源和聚光镜装在载物台的上方，相差物镜装在载物台的下方，则称为倒置相差显微镜(inverted phase contrast microscope)。倒置相差显微镜是实验室观察体外培养的未经固定和染色的活细胞的必备仪器。

2.1.2.1　基本原理

光波有振幅(亮度)、波长(颜色)及相位(指在某一时间上光的波动所能达到的位置)的不同。当光通过物体时，如波长和振幅发生变化，人们的眼睛才能观察到，这就是普通显微镜下能够观察到染色标本的道理。而活细胞和未经染色的生物标本，因细胞各部分微细结构的折射率和厚度略有不同，光波通过时，波长和振幅并不发生变化，仅相位有变化(相应发生的差异即相差)，而这种微小的变化，人眼是无法加以鉴别的，故在普通显微镜下难以观察到。相差显微镜能够改变直射光或衍射光的相位，并且利用光的衍射和干涉现象，把相差变成振幅差(明暗差)，同时它还吸收部分直射光线，以增大其明暗的反差(图2.1.4)，因此可用以观察活细胞或未染色的标本。

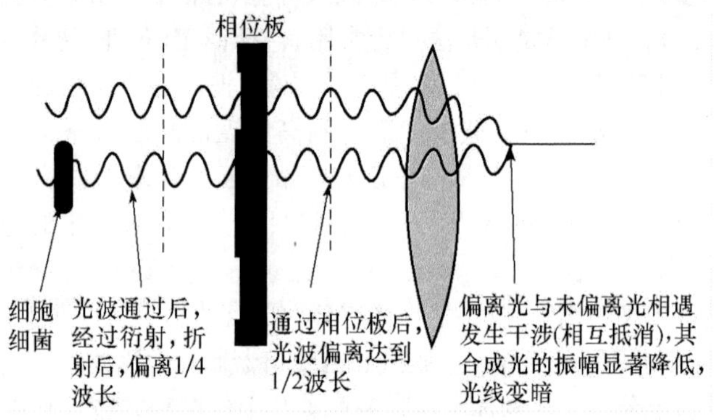

图2.1.4　相差显微镜成像原理

2.1.2.2　主要组成部分和基本功能

相差显微镜的关键性部件为环状光阑(anular diaphragm)、相位板(phase plate)和合轴望远目镜(centring telescope)。

1）环状光阑

环状光阑是在玻璃片上喷涂金属薄膜借以挡光，只留下环形透光窄缝的光阑。它能使来自反光镜的直射光只能从环状部分通过，形成一个空心圆筒状的光柱，经聚光器并照射到标本以后，就产生两部分光，一部分是直射光，另一部分是经过标本后产生的衍射光，这两部分光经物镜内相板的作用而改变了光的相位和振幅。

2）相位板

相位板安装在物镜的后焦平面上，带有相位板的物镜称为相差物镜。相位板上有一灰色的环状圈，称为共轭面。面上涂有吸光物质，直射光从这部分通过，吸收了约80％的直射光，以降低它的透光度。共轭面的内、外侧部分称为补偿面，面上涂有减速物质，使衍射光的相面发生改变，因此这两者相结合就能分别改变直射光和衍射光的振幅和相位。

3）合轴望远目镜

合轴望远目镜又称为对焦望远镜或校正望远目镜。其调焦原理类似一种望远镜，用于在显微镜中对上述两种装置的焦点调节，其长度可以通过手工改变。

相差显微镜与普通显微镜的主要不同之处是：用环状光阑代替可变光阑，用带相位板的物镜（通常标有PH的标记）代替普通物镜（图2.1.5），并带有一个合轴用的望远镜。环状光阑是由大小不同的环状孔形成的光阑，它们的直径和孔宽是与不同的物镜相匹配的。其作用是将直射光所形成的像从一些衍射旁像中分出来。相板装有吸收光线的吸收膜和推迟相位的相位膜，它除能推迟直射光线或衍射光的相位以外，还有吸收光使亮度发生变化的作用。

相差显微镜在使用时，聚光镜下面环状光阑的中心与物镜光轴要完全在一直线上，必须调节光阑的亮环和相板的环状圈重合对齐，才能发挥相差显微镜的效能。否则直射光或衍射光的光路紊乱，应被吸收的光不能吸收，该推迟相位的光波不能推迟，就失去了相差显微镜的作用。

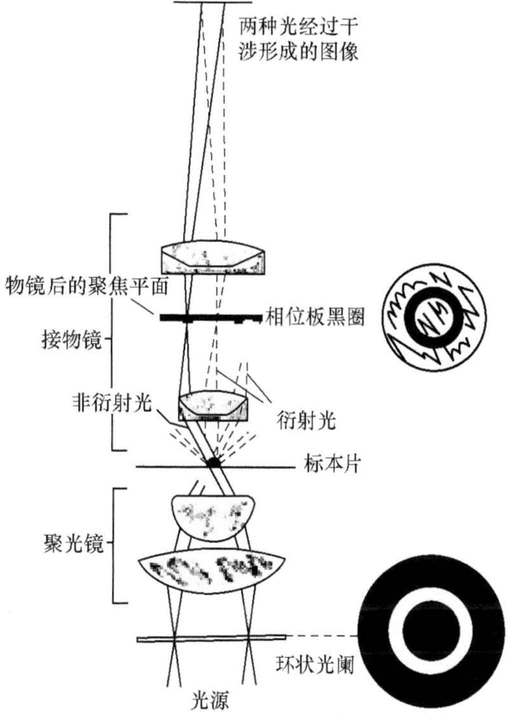

图2.1.5　相差显微镜的光路图
（引自朱晓辉，朱忠勇.2000.相差显微镜的原理、结构和临床应用）

2.1.3　显微电影摄影术

显微电影摄影术（microcinematogrgphy）是指在光学显微镜下，用电影胶卷对生物体的动态变化进行拍摄，然后再放映出来进行分析的方法。根据不同目的可以采用低速或高速等时间推移电影摄影术（time-lapse cinematography）。

2.1.3.1　显微电影摄影术所用到的仪器

显微摄影是使目镜中的影像投射出来，射在照相底片上，使底片感光而记录下视野中影像的方法。最简单的显微摄影装置包括光学显微镜（一般为相差显微镜）、照相机或电影摄影机及取景器。作用在照相底板上的有效光学影像一般是由显微镜的全部光学系统（物镜＋目镜）形成。而照相机则与一般照相机不同，它们是专为显微照相设计的，没有照相机透镜，可直接装在显微镜镜筒上。此外,借助于照相接筒可以把照相机与镜筒连接起来用于显微照相。一般在接筒上有一个带长方形取景框和聚焦目镜,合称取景器,用来取景、调焦、调整像的宽度。选用合适的曝光时间,有的还可以连接自动曝光装置,以便更准确地确定曝光时间。

2.1.3.2　显微电影摄影术的应用

显微电影摄影术主要应用于活细胞的动态分析。一般拍摄细胞分裂中染色体的行为以及卵细胞的发生等可采用低速摄影法(图 2.1.6),而拍摄原生质的流动以及肌肉纤维的收缩等可采用高速摄影法。它在科学研究中,尤其是医学、生物学研究领域中已成为一项常规的、而又不可缺少的研究技术之一。

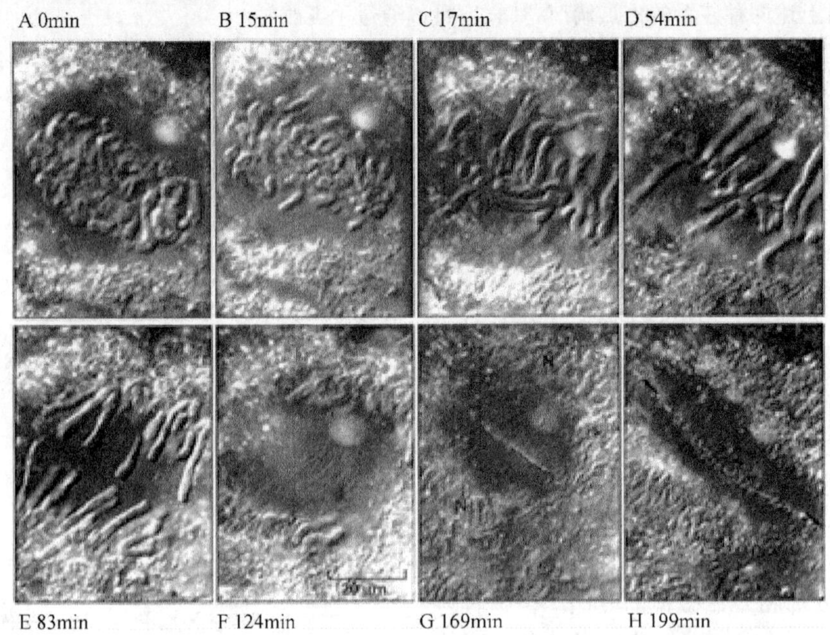

图 2.1.6　显微电影摄影术显示染色体分裂的动态变化

2.1.4　荧光显微镜技术

1941 年,Coons 将抗体加上荧光染料用以检测细胞抗原,这是荧光显微镜(fluorescent microscope)的最早雏形。近年来,由于免疫荧光在医学研究、诊断领域的广泛应用,荧光原位杂交(FISH)、绿色荧光蛋白技术分别在基因组学、蛋白质组学研究方面的推广以及显微照相、数字 CCD(charge coupled device)成像技术的辅助驱动,赋予荧光显微镜技术更新的应用价值和生命力。

2.1.4.1　荧光发生的基本原理

荧光发光机理可按量子理论通俗解释:光具有波动、粒子二重性,光波越短,其光子能量越强;反之波长越长其能量越弱。某些物质受到紫外线或较短波长光照射,吸收了全部或部分光能量,使其分子的能级升高而处于亚稳定状态,当恢复到稳定的基态时,这些分子就会立即释放多余的能量,其中一部分化为热量而消失。但对某些物质而言,向基态跃迁时是以"光"形式释放,因为有部分能量被消耗,所以重新发出的光能量总比吸收的能量要小。由于能量越小,光波越长,所以物质所激发的荧光总比照射它的光波要长,从而与照射光产生差别。

荧光的产生包含了激发(excitation)和发射(emission)两个过程,激发光谱短于发射光谱,故光色不同。而不同的荧光物质或荧光色素有其最敏感而有效地激发波长,因此选择合适的激发/发射光谱以获得最佳的荧光镜像质量是实验中首先考虑的问题。

2.1.4.2 荧光类型

荧光可分为自发荧光和继发荧光两种。

自发荧光:又称"固有荧光",是指经照射后,就能发出荧光的物质,此类物质的化学特征是发光分子具有共轭双键,π 电子活动性大。绿色荧光蛋白(green fluorescent protein,GFP),是由日本学者于 1962 年在一种学名为 *Aequorea victoria* 的水母中发现的,其在蓝色波长范围的光线激发下,会发出绿色荧光,具有自发荧光的特性。*GFP* 基因常被用作为一个报告基因(reporter gene)用于细胞生物学和分子生物学领域的研究。

继发荧光:物质经照射后不能或只能部分发生微弱的荧光,这样就需先用诱导剂诱导或荧光色素(或称荧光染料、荧光探针)标记处理,通过诱导剂等化学作用使组织细胞发出荧光,称为诱导荧光,如甲醛蒸气处理可诱发细胞和组织中的单胺类物质产生荧光;将荧光色素标记结合插入到不发光的活性分子中去,再经照射才能发生荧光,称为染色荧光,如免疫荧光技术。荧光色素应具备的基本条件是能与不发光分子的某个区域有特异性的牢固结合,同时不会影响被结合分子的结构和特性。目前可供选择的荧光染料很多,如吖啶橙可以对细胞内 DNA 和 RNA 同时染色,DNA 呈绿色荧光,RNA 呈橙色荧光;荧光黄(fluorescein)和罗丹明(rhodamine)是两种常用于与抗体结合的荧光染料,这两种荧光染料标记的抗体再和细胞或细胞间质中相应的抗原结合形成抗原抗体复合物,经过荧光激发(荧光黄用蓝光,罗丹明用黄绿光),就可以同时显示两种抗原在组织中的分布和数量。

2.1.4.3 荧光显微镜的主要组成部分和基本功能

近代荧光显微镜是在复式显微镜的结构上安装荧光装置集合而成。荧光装置包括荧光光源、激发光光路、激发/发射滤光片组件等器件(图 2.1.7)。荧光显微镜装置有透射式和落射式两种类型。近代荧光显微镜多采用落射式,即激发光是从物镜照射到样品,样品受激发后发出的发射光再经物镜聚光投射到观测光路。落射式荧光显微镜操作简单、视场均匀、高倍明亮、低倍暗。

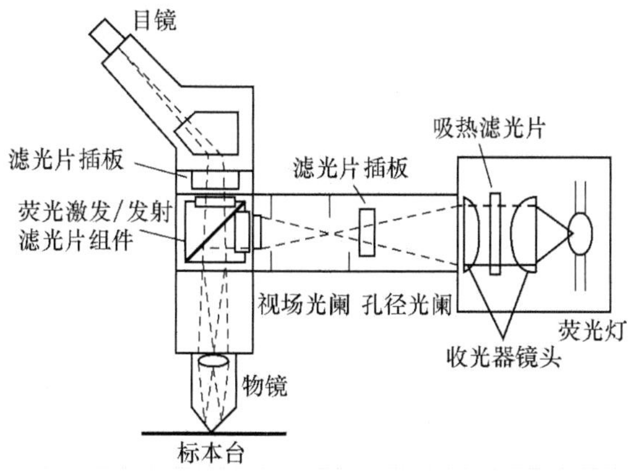

图 2.1.7 落射式荧光显微镜光路图

(引自崔泽实,郭德伦. 2000. 荧光显微镜的功能配置及应用要点)

(1) 荧光光源：提供特定激发光波长范围及其光效能量的光源，以保证检测样品得到足够的激发而发出强的荧光。一般荧光显微镜多采用汞灯做光源，能够在常用激发光波长范围内提供不连续的光谱，在几处常用的光谱线(365nm、405nm、449nm、550nm、600nm)处表现有较强的光效能；如果荧光仅限于可见光范围内激发[如免疫荧光常用的异硫氰酸荧光素(FITC)，436～490nm]，也可考虑采用卤素灯光源；如追求紫外光激发效能的连续稳定性也可采取带状光谱特征的氙灯光源(细胞内 Ca^{2+} 的测定)。

(2) 荧光光路：或称荧光照明器，主要部件是一组聚光透镜，装有光路对焦调节。在光路中还设有孔径光阑和视场光阑调节器件、ND 滤光片插槽(板)、激发光分光或处理镜件等。

(3) 激发/发射滤光片组件：是一组具有一定通带宽度和带通、把激发/发射光谱选择性地限定在某一特定波宽内或带通的光学滤镜器件。目前多数厂家是把激发和发射光滤光片组合在一个立方体状结构里，安装在多位盘状转换器上调置于激发/发射光路中(物镜与目镜间的镜筒)，在两光路的垂直位呈 45°角置一片称之为双色分光(dichroic beam splitter)的滤光片以选择性地透过或截止激发光和发射光。依据荧光样品的激发和发射光谱不同生产有不同宽窄带宽、长短带通组合的激发/发射滤光片组件。

2.1.4.4 荧光显微镜的主要生物学应用

荧光显微镜技术主要用于观察细胞表面或细胞内部的被荧光标记或具有固有荧光的生物分子。免疫荧光技术就属于一种常用的检测分子的方法，它是利用抗原抗体能进行特异性结合的免疫化学特性，以荧光素标记的已知抗体(或抗原)作为试剂，借助于荧光显微镜观察抗原抗体复合物的荧光现象来检测未知的抗原(或抗体)，从而对抗原或抗体进行定性和定位观察。此技术已被广泛地应用于医学和生物学多种领域中，并在标准化、定量化、自动化三方面达到较先进水平。免疫荧光也称为荧光抗体法，它在 1950 年由美国生物学家 Coons 试验成功，并获得诺贝尔奖。几十年来在细菌学、病毒学、免疫学、免疫病理学、寄生虫学、肿瘤学方面得到广泛的应用。

2.1.4.5 荧光显微镜的研究进展

荧光寿命成像显微镜(fluorescence lifetime imaging microscope)能追踪观察 1～10ns 荧光寿命的荧光团。用这种显微镜产生的影像是基于被测荧光的寿命，而不是荧光的浓度或强度，因此其产生的荧光寿命图像反映的是活细胞内随时间变化的动态反应而非静态变化。荧光的寿命对于物理或化学因子比较敏感，所以这种技术适合于 pH、氧、阳离子等的测量。其与激光扫描共聚焦显微镜的联合应用，大大改进了传统共聚焦成像的图像质量。

2.1.5 共聚焦激光扫描显微镜技术

1957 年，Minsky 在他的专利中首次阐明了共聚焦激光扫描显微镜技术(confocal laser scanning microscope，CLSM)的基本原理。10 年后，Egger 第一次成功地用共聚焦显微镜产生了一个光学横断面，所用的共聚焦显微镜的核心是尼普科夫盘(Nipkow disk)，此盘位于光源和针孔之后，从盘射出的光束以连续的光点在盘旋转时照到物体上，但该技术尚不完善。1970 年，Sheppard 和 Wilson 共同推荐了一种新型的共聚焦扫描显微镜，同时首次描述了光与被照明物体的原子之间的非线性关系和激光扫描器的拉曼光谱学。1978 年，Brankenhof 发明了高数值孔径的透镜。1979 年，Koester 设计了一种共聚焦扫描狭缝器，获得美国专利。1985 年，Wiijanedts 第一次成功地用共聚焦激光显微镜演示了用荧光探针标记的生物材料的光学横断面，至此，共聚焦激光扫描显微镜的关键技术已基本成熟。

2.1.5.1 主要组成部分和基本原理

共聚焦激光扫描显微镜的组成除光学显微镜部分之外,主要由激光发射器、扫描装置、光检测器、计算机系统(包括数据采集、处理、转换和应用软件)、图像输出设备、光学装置和共聚焦系统组成。

CLSM 利用放置在光源后的照明针孔(source aperture)和放置在检测器前的探测针孔(detector aperture)实现点照明和点探测。激光扫描束经照明针孔形成点光源,经分光镜(beam splitter)反射后,通过物镜在样品聚焦。对标本内焦平面上的每一点进行扫描,标本上的被照射点所发射的荧光沿同一光路进入物镜,穿过分光镜后在探测针孔处成像,该点以外的任何发射光均被探测针孔阻挡。然后经探测针孔后的光电倍增管(PMT)或冷电感耦合器件(cCCD)逐点或逐线接收,迅速在计算机监视器屏幕上形成荧光图像(图 2.1.8)。

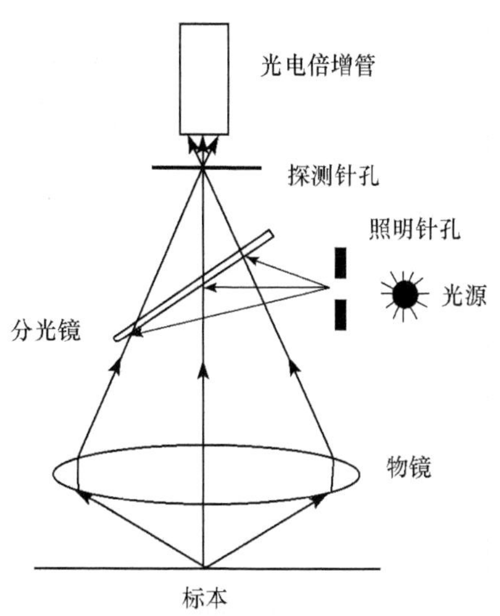

图 2.1.8 共聚焦激光扫描显微镜的工作原理

共聚焦是指光路(激发和发射)在两个位置上聚焦。在共聚焦扫描装置中,照明针孔与探测针孔相对于物镜焦平面是共轭的,激发光聚焦在标本上而发射光聚焦在针孔上。另外,还可通过计算机控制显微镜载物台上的微量步进马达使显微镜上下步进移动,从而实现对细胞或组织切片进行类似 CT 断层扫描的无损伤连续光学切片,然后经过计算机的三维重构,从而从任意角度观察标本的三维剖面或整体结构。

在对生物样品的观察,共聚焦激光扫描显微镜具有如下优越性:①对活细胞和组织或细胞切片进行连续扫描,可获得精细的细胞骨架、染色体、细胞器和细胞膜系统的三维图像;②对细胞内离子进行荧光标记(单标记或多标记),检测细胞内如 pH 和钠、钙、镁等离子浓度比率及动态变化;③荧光标记的探针可以观察活细胞或切片标本的活性物质、免疫物质、免疫反应、受体或配体和核酸等;可以在同一张样品上同时进行多重物质标记,同时观察;④对细胞检测具有无损伤、精确、准确、可靠和优良重复性的特点;数据图像可及时输出或长期储存。

2.1.5.2 共聚焦激光扫描显微镜的主要生物学应用

共聚焦激光扫描显微镜适用于细胞生物学、生物化学、生理学、神经生物学、药理学、遗传学和病理学等几乎所有涉及细胞研究的医学和生命科学研究领域。

1) 组织和细胞中荧光标记的分子或结构的定位、定量分析

共聚焦激光扫描显微镜可以对用免疫荧光组织/细胞化学法、荧光蛋白标记分子法、荧光细胞染料标记法等做单标记或双标记的细胞及组织标本的共聚焦荧光进行定量分析,同时还可以利用沿纵轴上移动标本进行多个光学切片的叠加形成组织或细胞中荧光标记结构的总体图像,以显示荧光在形态结构上的精确定位,可以用于观察切片和一些表面不平的标本,特别是研究

具有长突起的神经元时更有使用价值(图 2.1.9)。

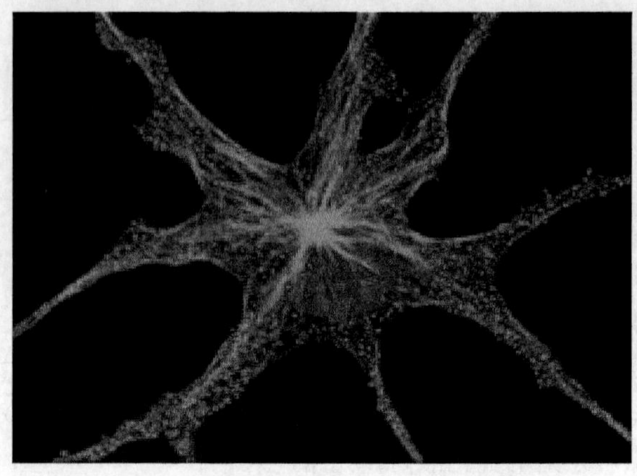

图 2.1.9 共聚焦激光扫描显微镜显示的神经元

2) Ca^{2+}、pH 及其他细胞内离子浓度及变化的实时定量测定

利用荧光探针可以测量单个细胞内 pH 和多种离子(Ca^{2+}、K^{+}、Na^{+}、Mg^{2+})在活细胞内的浓度及变化。共聚焦激光扫描显微镜可以提供较好的亚细胞结构中钙离子浓度动态变化的图像,对于研究钙等离子细胞内的动力学有重要意义。

3) 三维图像重建

共聚焦激光扫描显微镜通过薄层光学切片功能,可获得标本真正意义上的三维数据,经计算机图像处理及三维重建软件,沿 x、y 和 z 轴或其他任意角度来观察标本的外形及剖面,并得到其三维立体结构,从而能十分灵活、直观地进行形态学观察,并揭示亚细胞结构的空间关系。

4) 荧光光漂白及恢复技术

利用高能量激光束将细胞内某一部分选定靶区域的某种荧光猝灭,然后观察邻近相同的荧光标记物重新扩散入该区域的速度和方式,从而分析细胞内蛋白质运输、受体在细胞膜上的流动和大分子组装等细胞生物学过程。

5) 长时程观察细胞迁移和生长

共聚焦激光扫描显微镜的软件一般均可自动控制地进行定时和定方式的激光扫描,而且由于新一代共聚焦激光扫描显微镜的探测效率的提高,只需要很小的激光能量就可以达到较好的图像质量,从而减小了每次扫描时激光束对细胞的损伤,因此,可以用于数小时的长时程定时扫描,记录细胞迁移和生长等细胞生物学现象。

鉴于以上的生物学用途,共聚焦激光扫描显微镜在以下领域具有广泛的应用。

(1) 细胞生物学:细胞结构、细胞骨架、细胞膜结构、膜流动性、受体、细胞器结构和分布变化、细胞凋亡;

(2) 生物化学:酶、核酸、受体分析;

(3) 药理学:药物对细胞的作用及其动力学;

(4) 生理学:膜受体、离子通道、离子含量、分布、动态;

(5) 遗传学和组胚学:细胞生长、分化、成熟变化、细胞的三维结构、染色体分析、基因表达、基因诊断;

(6) 神经生物学:神经细胞结构、神经递质的成分、运输和传递。

2.1.5.3　共聚焦激光扫描显微镜的研究进展

共聚焦激光扫描显微镜是20世纪80年代发展起来的分子细胞生物学分析仪器,它是随着激光、视频、计算机等技术的飞速发展而诞生的新一代显微镜。较传统显微镜有着不可比拟的优势,如高空间分辨率、非介入无损伤连续光学切片、三维图像、实时动态等细胞结构和功能的分析检测,这项技术从问世至今一直处于不断发展进步中。

1) 视频型共聚焦激光显微镜

共聚焦显微镜的扫描方式几经发展,出现了台阶扫描,即光束不动载物台移动,特点是光学系统稳定,成像质量好,但扫描速度慢,不适于实时动态观察。目前使用最广泛的是镜扫描,即移动光束而样本台不动,特点是扫描速度快但成像质量不如台阶扫描。为了提高扫描速度,同时保持高分辨率和宽广的视野,增强传统CLSM的功能,不断有新的显微镜技术或相关技术与共聚焦探测方法联合应用,出现了几种视频CLSM,这类CLSM可至少以15～30Hz的速率扫描大于480帧的图像,其采取的改进措施有:①双向扫描(台阶扫描与镜扫描结合);②狭缝式共聚焦孔径;③声光调制装置(AOD);④共鸣检流计。

2) 双光子共聚焦激光显微镜

双光子方法就是利用相对复杂和昂贵的激光束产生超短期(毫微微秒)、高强度的照射,以一种非线性方式激发标本内荧光探针,使足够密度的光子到达样本的焦平面上,双光子共聚焦激光扫描显微镜的主要优势在于活细胞结构和功能的实时动态变化过程的分析检测。

3) 4Pi共聚焦激光显微镜

4Pi显微镜的出现大大增强了共聚焦显微镜的分辨率,它是在双光子显微镜的基础上在一般的共聚焦光路上引入1个或2个高数值孔径物镜,以增加光线收集器的角口径。改进后的显微镜与传统的CLSM相比,其空间分辨率大大增加,可达到100～140nm,是普通共聚焦显微镜分辨率的3～7倍。

4) 多焦点多光子共聚焦激光显微镜

多焦点多光子显微镜(multifocal multiphoton microscope),其设计新颖的分光镜系统可以产生多重高穿透性的激光束,从而产生多个焦点。不同的焦点互不干扰,因为不同的激光束之间有一个短暂的时间延搁。与以前的单焦点成像相比,利用这种技术能够同时扫描视野中的多个点,克服了双光子显微镜逐点扫描的缺点,大大提高了检测速度。

以上是近年来陆续出现的新型共聚焦激光显微镜,尽管共聚焦激光显微镜的出现仅有二十余年,但由于其独特的激光扫描成像方式及精确的计算机测量定位系统,使其在各个学科领域被广泛使用。因此,了解此项技术的基本知识在以后的研究工作中具有重要的意义。

2.1.6 原子力显微镜技术

原子力显微镜(atomic force microscopy,AFM)是在20世纪80年代初问世的扫描隧道显微镜(scanning tunneling microscope,STM)的基础上发展起来的,其目的是为了使非导体也可以采用STM进行观测。1986年,Binnig和Rohrer因STM的发明获诺贝尔物理学奖,Binnig又进一步发展了AFM。AFM可以提供液态或气态条件下生物样品的三维图像,其纳米级的高分辨率不但可以观察细胞表面的精细结构,而且直接观察物质的分子和原子,如DNA、蛋白质吸收和晶体生长等,这为人类对微观世界的进一步探索提供了理想的工具。

2.1.6.1 原理

AFM利用原子之间的范德华力作用来呈现样品的表面特性。假设两个原子中,一个是在悬臂(cantilever)的探针尖端,另一个是在样本的表面,它们之间的作用力会随距离的改变而变化,当原子与原子很接近时,彼此电子云斥力的作用大于原子核与电子云之间的吸引力作用,所以整个合力表现为斥力的作用;反之若两原子分开有一定距离时,其电子云斥力的作用小于彼此原子核与电子云之间的吸引力作用,故整个合力表现为引力的作用。因此,AFM利用斥力与吸引力的方式发展出两种操作模式:

(1) 利用原子斥力的变化而产生表面轮廓为接触式原子力显微镜(contact AFM),探针与试片的距离约数埃(Å)。

(2) 利用原子吸引力的变化而产生表面轮廓为非接触式原子力显微镜(non-contact AFM),探针与试片的距离约数十到数百埃。

2.1.6.2 硬件结构

AFM的硬件系统分为三个部分:力检测部分、位置检测部分和反馈系统(图2.1.10)。AFM探针被置于一个弹性系数很小的微悬臂(micro cantilever)的一端,微悬臂的另一端固定。微悬臂通常由一个一般100～500μm长和500nm～5μm厚的硅片或氮化硅片制成。微悬臂顶端有一个尖锐针尖,用来检测样品和针尖间的相互作用力。探针尖和样品之间有了交互作用之后,会使得微悬臂摆动,经过光学透镜准直和聚焦后投射在微悬臂背面的一束激光及其监测器能将这种微弱的摆动转换为电流的变化,以供控制器作信号处理。通过移动样品平台使探针在被检测样品的表面逐点快速扫描,样品表面的微细结构特征的三维坐标数据就被转换为图像信息并准确地呈现在屏幕上。

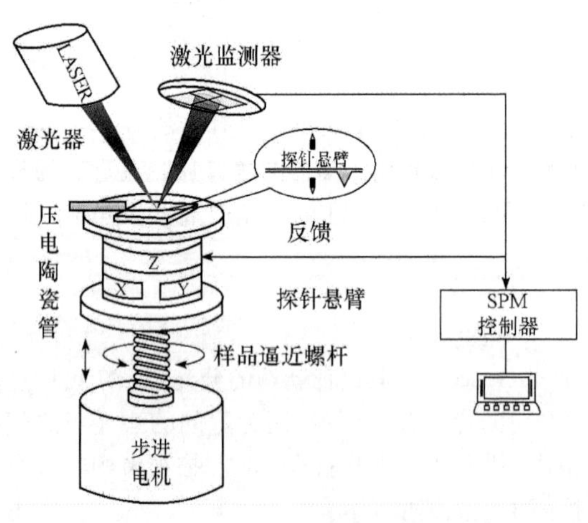

图2.1.10 原子力显微镜的系统结构

2.1.6.3 特点

AFM具有的原子级高分辨率、观察活的生命样品以及加工样品的能力使其在生物学研究中得以迅速发展。其具有以下的特点:①AFM技术的样品制备简单,无需对样品进行特殊处理,因此,其破坏性较电子显微镜技术要小得多;②AFM可以在三态(固态、气态和液态)状态下工作,生物分子可在生理条件下直接成像,也可对活细胞进行实时动态观察;③AFM能提供生物分子和生物表面的分子/亚分子分辨率的三维图像;④AFM能以纳米尺度的分辨率观察局部的电荷密度和物理特性,测量分子间(如受体和配体)的相互作用力;⑤AFM能对单个生物分子进行操纵;⑥AFM还具有对标本的分子或原子进行加工的能力。例如,AFM可搬移原子、切割染色体、在细胞膜上打孔等等。

2.1.6.4 在细胞生物学中的应用

AFM是细胞生物学研究的有效工具,它可以在生理条件下以极高的分辨率对活细胞进行表面成像和细胞表面受体定位,考察细胞膜结构的皱褶、纤毛、鞭毛和微绒毛等细胞特化结构,同时用AFM可以研究细胞骨架的变化、细胞的生物学行为和细胞间的相互作用。此外,AFM还具有对标本进行加工的力学行为,可实现原子的搬移、染色体的切割、细胞膜的打孔等一系列纳米级操纵。

在气体介质中,通过AFM可清楚地观察到红细胞静止状态下的大小和形状,同时红细胞的各种量化参数均可被测算;用AFM观察血小板的活化,可看到微丝结构、颗粒向细胞皮质方向的运输以及细胞活化时细胞内成分的再分配;用AFM可对迁移的上皮细胞的质膜进行实时成像,在Ca^{2+}存在下,动态地观察到膜内陷;当Ca^{2+}浓度降低时,膜内陷停止。在活的肾上皮细胞中,也观察到当Ca^{2+}浓度下调时,形成的30nm的脂质孔道消失。用免疫金标记细胞膜,可以得到高分辨率的细胞表面抗原表达谱。用AFM研究野生型小鼠胚胎瘤F9细胞和纽蛋白(vinculin)缺陷的F9细胞的弹性谱,发现只有转染了全长纽蛋白才能恢复细胞的黏弹性。用AFM技术比较观察硬皮病患者和健康志愿者的皮肤成纤维细胞,发现前者成纤维细胞的弹性常数(elastic constant)降低,可能导致成纤维细胞对机械性刺激的非正常反应从而引起硬皮病。AFM还可以成功地显示蛋白质分子和其他小分子物质,如胶原的亚单位、肌动蛋白、血纤维蛋白原、免疫球蛋白等游离蛋白质分子等易被观察到。例如,对肌动蛋白的观察,早期用AFM获得的图像中可看到5nm高隆起的肌动蛋白分子结构,随探针技术的不断改进观测到了肌动蛋白分子的螺旋构造,现今用轻敲模式不仅观测到70nm长的D带区,就连区内的亚结构也能观察。通过AFM对肌动蛋白聚合、解聚、破裂、弹性系数变化等过程的观察,进一步证实了肌动蛋白的网络结构对活细胞稳定性的决定作用。

2.1.7 电子显微镜技术

电子显微镜(electron microscope)简称电镜,它是在显微镜分辨率理论、波粒二重性假说以及电磁透射理论的基础上发展的。由于显微镜的分辨率和入射光源的波长成反比,因此光学显微镜的分辨本领只能达到0.2μm。而运动着的电子可以看做是一种电子波,电子运动的速度越快,电子波的波长越短。具有轴对称性的磁场对电子束来说起着透镜的作用。以电子束为光源、电磁场为透镜,1933年德国Knoll和Ruska制成了第一台电镜,Ruska也因此获得了1986年度的诺贝尔物理奖。1939年德国西门子公司制造出第一台商品电镜。目前电镜的分辨率可达到0.2nm,放大倍数达100万~150万倍。

电镜分为透射电镜(transmission electron microscope,TEM)和扫描电镜(scanning electron microscope,SEM),前者注重组织和细胞内的超微结构,如细胞膜、细胞核、线粒体、高尔基体、核糖体和中心粒等细胞器(图 2.1.11),后者则用于观察组织和细胞的表面形貌(图 2.1.12)。

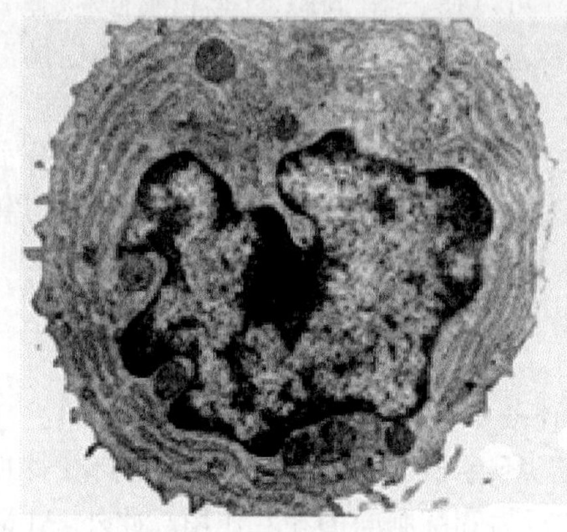

图 2.1.11 透射电子显微镜显示淋巴细胞的超微结构

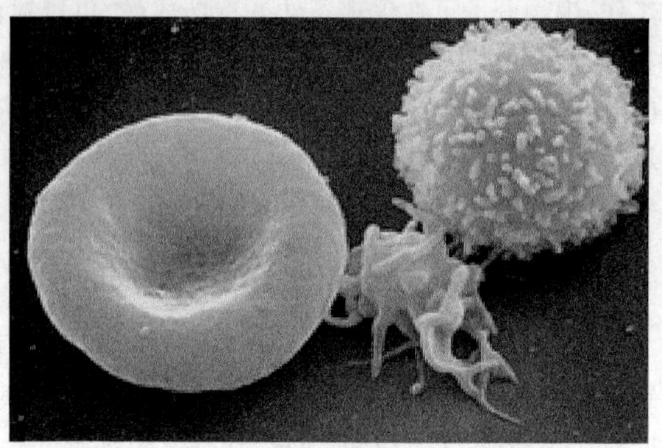

图 2.1.12 扫描电子显微镜从左至右依次显示红细胞、树突形血小板和白细胞的概貌

2.1.7.1 透射电子显微镜

透射电子显微镜由电子束照明系统、样品室、成像系统、记录系统、真空系统和电源供应系统组成。电镜和光镜的主要区别在于照明成像系统,该部分由电子枪和电磁聚光镜组成。发射电子包括阴极、栅极、阳极,阴极发射的电子通过栅极上的小孔形成射线束,经阳极电压加速后射向聚光镜,调节电子枪灯丝的阳极和阴极之间的加速电压可以升高或降低电子束的穿透能力。电子枪的下方是数组磁场组成的电磁透镜系统,用以会聚电子束,使样品成像。通过调节各个电磁透镜的激磁电流可以改变透镜系统的焦距,获得不同的放大倍数。由于电子束本身的穿透能力很弱,为了防止电子在行进过程中受到气体分子的干扰,电镜使用真空系统以保证电子束的高速运动。此外,电源系统的高稳定度也是保证图像质量的重要因素。

用于透射电子显微镜观察的生物样本制备过程比较精细和复杂,主要过程包括超薄切片和电子染色。通常采用戊二醛和锇酸双重固定,乙醇或丙酮脱水,环氧树脂包埋,然后用超薄切片机切成 50～100nm 厚度的切片,再经重金属如锇、铀、铅进行染色以增加微细结构的反差。

2.1.7.2 扫描电子显微镜

扫描电子显微镜是利用从电子枪阴极发出的电子束,受到阴阳极之间加速电压的作用,射向镜筒,经过聚光镜及物镜的会聚作用,缩小成直径约几纳米的电子探针。在物镜上部的扫描线圈的作用下,电子探针在样品表面作光栅状扫描并且激发出多种电子信号。这些电子信号被相应的检测器检测,经过放大、转换,变成电压信号,最后被送到显像管的栅极上并且调制显像管的亮度。显像管中的电子束在荧光屏上也作光栅状扫描,并且这种扫描运动与样品表面的电子束的扫描运动严格同步,这样即获得衬度与所接收信号强度相对应的扫描电子像,这种图像反映了样品表面的形貌特征。扫描电镜具有景深大、图像立体感强、放大倍数范围大、连续可调、分辨率高、样品室空间大以及样品制作简单等特点。大多数生物样品都含有水分,而且比较柔软,因此,在进行扫描电镜观察前,要对样品做相应的处理。扫描电镜样品制备的主要要求是:尽可能使样品的表面结构保存好,没有变形和污染,样品干燥并且有良好导电性能。

将扫描电镜技术和免疫化学技术相结合,是在超微结构水平研究和观察细胞或组织表面抗原、抗体结合定位的一种方法学,称为免疫电镜。利用带有特殊标记的抗体与相应抗原相结合,在电子显微镜下观察,由于标准物形成一定的电子密度而指示出相应抗原所在的部位。免疫电镜的应用,使得抗原和抗体定位的研究进入到亚细胞的水平,另外可将形态、功能和结构的研究融为一体,有利于了解同一组织细胞内不同分子间的相互关系。

2.1.7.3 电镜的应用

由于肿瘤组织形态的多样性和间变性,用光镜观察受其分辨率的限制,对一部分肿瘤主要是分化差的恶性肿瘤难以作出诊断和分类、分型。因此,透射电镜在这类肿瘤的诊断中起到了支持和证实作用。特别是在一些小细胞恶性肿瘤的诊断中,由于其有一定的诊断性超微结构的存在,透射电镜观察具有决定性作用。例如,横纹肌肉瘤的粗细肌丝,尤其是 Z 带和肌节;神经内分泌癌的神经内分泌颗粒,无黑色素性黑色素瘤的前黑色素小体等都是相应小细胞恶性肿瘤的特征超微结构。透射电镜的另一个意义在于鉴别诊断。恶性间皮瘤的超微结构特别是具有细长毛发样的微绒毛,借此和小细胞的低分化腺癌相区别。骨肉瘤和 Ewing's 肉瘤最常见且光镜下难鉴别,而在透射电镜下骨肉瘤细胞器多于 Ewing's 肉瘤;前者细胞表面有小突起,后者细胞平直增厚呈并指状;特征性鉴别是骨肉瘤含高电子密度羟基磷灰颗粒骨基质及靶样小体和小致密体,而 Ewing's 肉瘤则在胞质内含大量糖原。

扫描电镜作为肿瘤研究的工具,近年来也迅速发展起来,特别是在肿瘤细胞的体外培养试验中,SEM 可以使研究工作者清楚地认识肿瘤的体外生长情况及生长特性。例如,在肿瘤细胞侵袭性体外检测的 SEM 观察中,以新剥离的羊膜作为支架,可见癌细胞贴在羊膜上皮生长,从单个细胞到细胞团,并伸出伪足固定在羊膜上皮间隙或在上皮脱落空隙,而在羊膜断面上多数癌细胞浸润,癌细胞体积较上皮细胞大,呈椭圆形,表面有稀疏的颗粒状绒毛,随后的几天内可见癌细胞在羊膜上的退化脱落。而有些肿瘤可直接通过体外培养后的表面超微结构的变化,作为抗肿瘤药物一个细胞毒性定性标准。

小结

细胞形态学技术是认识细胞、从事细胞生物学相关研究的必备技术。普通光学显微镜,以及在此基础上发展而来的倒置相差显微镜、荧光显微镜和激光共聚焦扫描显微镜,极大促进了细胞微观领域的科学研究。

普通光学显微镜是我们常用的观察仪器,其分辨率受到光线的传播介质的制约,与光线在显微镜中的孔径角有密切的关系。

倒置相差显微镜与普通光学显微镜相比,多设了一块相差板,用于观察未经染色的活细胞,通过入射光线的相位差异,使标本的结构和介质之间出现明暗反差,使细胞的形态清晰可见。

显微电影摄影术是在显微镜下观察活细胞的动态变化,通过控制曝光时间,拍摄一部微观世界纪录片的技术。

在普通光学显微镜的基础上增加一套荧光激发系统就构成了荧光显微镜。通过荧光标记,我们可以在荧光显微镜的帮助下,对特定的细胞内物质或抗原进行定性和定位的分析,从而了解其分布情况。

共聚焦激光扫描显微镜是一台计算机自控的激光扫描仪,它是在通用显微镜的基础上配置了激光光源、逐点扫描系统、共轭聚焦装置和检测系统而成。可以通过计算机的三维重建显示样品的立体结构。

原子力显微镜通过分析探针尖和样品之间的原子间作用力来获取所观察表面的微观信息，可以在三态下工作，其纳米级的高分辨率不但可以观察细胞表面的精细结构，而且直接观察物质的分子和原子。

电子显微镜是用于研究细胞亚显微结构的技术。分为扫描电子显微镜和透射电子显微镜，前者能显示生物样品的表面形貌，后者用于观察组织细胞的内部微细结构。电子显微镜的分辨率比光镜提高了3个数量级。

（冯 浩 边惠洁）

思考题

1. 光学显微镜标本制作有哪些基本的方法？
2. 倒置相差显微镜与相差显微镜主要有哪些不同？
3. 简单论述一下免疫荧光技术的基本原理。
4. 结合光路图简单介绍共聚焦激光扫描显微镜成像的基本原理。
5. 简述扫描电镜和透射电镜的应用。

参考文献

李楠，尹岭，苏振伦. 1997. 激光扫描共聚焦显微镜术. 北京：人民军医出版社

宋今丹. 2004. 医学细胞生物学. 第3版. 北京：人民卫生出版社

杨广烈. 2001. 荧光与荧光显微镜. 光学仪器. 23：18-29

杨恬. 2005. 细胞生物学. 北京：人民卫生出版社

翟中和，王喜忠，丁明孝. 2000. 细胞生物学. 北京：高等教育出版社

Alberts B, Johnson A, Lewis J, et al. 2002. Molecular Biology of the Cell. 4th ed. New York: Garland Science

Reich A, Meurer M, Eckes B, et al. 2008. Surface morphology and mechanical properties of fibroblasts from scleroderma patients. J Cell Mol Med, Jun 27

Shahin V, Barrera N P. 2008. Providing unique insight into cell biology via atomic force microscopy. Int Rev Cytol, 265: 227-252

2.2 免疫细胞化学技术

在细胞生物学研究中，有时候不仅需要对细胞形态结构进行观察，同时还需要对细胞中某些大分子物质，如某种特定蛋白质进行观察，了解其是否在特定的细胞或组织中存在、存在的位置、出现的时间以及随着细胞周期或者细胞内外环境变化而变化的情况。这个时候，就需要通过免疫细胞/组织化学方法对其进行染色和标记，再通过普通光学显微镜、荧光显微镜、共聚焦激光扫描显微镜或者电子显微镜进行观察。在免疫细胞/组织化学技术的基础上，结合激光技术、计算机技术和流体力学产生的流式细胞术，可以对细胞群中某个或者多个参数进行测量分析，并且根据测量结果对细胞群中的细胞进行分选。而免疫磁珠技术，同样也是利用与免疫细胞/组织化学方法相似的原理，采用抗体包被的磁珠，通过磁场来对含有特殊标记的细胞甚至是

核酸、蛋白质等大分子物质进行快速分选。上述这些方法是建立在免疫学基础上，并且目前已经成为细胞生物学研究中最常用和最重要的方法。因此在本章中主要对这三种免疫细胞化学技术进行介绍。

2.2.1 免疫细胞/组织化学技术

免疫细胞化学技术（immunocytochemistry，ICC）和免疫组织化学技术（immunohistochemistry，IHC），是指带显色剂标记的特殊抗体在组织原位通过抗原抗体反应和化学的呈色反应，用普通光学显微镜、荧光显微镜或电子显微镜以及其他一系列设备和软件对相应的抗原进行定性、定位和定量测定的技术。它将免疫反应的特异性与化学显色的可见性结合起来，实现了在细胞和亚细胞水平对多种抗原位置进行检测和标定。凡是能作抗原、半抗原的物质，如蛋白质、多肽、核酸、酶、激素、磷脂、多糖、受体及病原体等都可用相应的特异性抗体在细胞、组织内将其用免疫细胞/组织化学技术进行检测和研究。

免疫细胞/组织化学技术相对于其他的检测观察手段有其自身的优点：①具有高度的特异性。抗原抗体的结合反应是特异性最强的反应之一，免疫细胞/组织化学技术所用的抗体是针对相应抗原的多克隆或单克隆抗体，对相应抗原特异性高，这是其他细胞/组织化学难以达到的。②敏感性高。该技术在尽可能地保持待检物质抗原性的同时，还采用高敏感、高亲和力的抗体，并且通过一定的级联放大效应，最大限度地检出细胞内微量的抗原成分，再通过各种显微镜技术观察结果，因此可以在细胞，亚细胞甚至分子水平对相应抗原进行精确定位。③能将细胞的形态、机能和代谢密切结合，不但可以观察到特定抗原分子在细胞中的分布，而且可以观察其在不同细胞周期以及不同机能、代谢状态下的分布、含量的改变，因此是一种将形态、机能和代谢密切结合，将定性、定位及定量相结合的研究和检测技术。

免疫细胞/组织化学技术于20世纪50年代由Coons和同事建立起来的，最早是通过荧光素标记的抗体来检测组织切片中的相应抗原成分，随后在60年代发展了酶标记抗体示踪技术。70年代发展的免疫胶体金法使得免疫细胞/组织化学技术可以同时进行电子显微镜和光学显微镜检测。通过几十年的发展，目前已经发展出了多种类型的标记物以及实验方法，同时在高倍电镜、图像分析、流式细胞仪和共聚焦激光扫描显微镜等相关技术的快速发展推动下，把原位定性、定位和定量技术提高到了新的水平。目前，免疫细胞/组织化学技术已经成为了包括细胞生物学在内的生物医学实验研究中的一项关键技术和方法。本章中按照标记物不同，将免疫细胞/组织化学技术分成了免疫酶标记细胞/组织化学技术、免疫荧光标记细胞/组织化学技术和量子点标记抗体示踪技术三部分，同时在最后一节中对免疫细胞/组织化学技术中常用的实验方法进行了介绍。

2.2.1.1 免疫酶标记细胞/组织化学技术

免疫酶标记细胞/组织化学技术是通过共价键将酶与抗体连接，当抗体与其相应的抗原结合后，酶可以对特定的底物进行催化反应，使其在结合复合物周围产生颜色和一定电子密度的沉淀，从而指示抗原所在的位置以及相对的含量。这些有色沉淀或有特定电子密度沉淀可以通过普通光学显微镜或电子显微镜观察到。酶标记抗体示踪技术除了具有操作简便、灵敏度高以外，同时标本容易保存，并且在必要情况下可以进行复染。另外酶标记法可以使用普通光学显微镜即可观察，而不需相对昂贵的荧光显微镜，并且由于所产生的沉淀通常也具有一定的电子密度，因此同样可以通过电子显微镜进行观察，这样就进一步提高了灵敏度。但因为酶标技术是通过在目标复合物周围产生沉淀来标识位置的，故其分辨率较荧光素标记的方法低，并且由于细胞内源酶活性的干扰可能有一定的背景显色。

原则上无毒并且能与一定底物发生显色反应的酶都可以作为标记所用的酶，但是作为标记抗体所用的酶，Sternbenger 等认为需要满足下列条件：①催化的底物必须是特异的，而且容易被显示。②酶反应的终产物必须稳定，不能从酶活性部位向周围组织弥散，而影响组织学定位。③较易获得，容易纯化。④在中性 pH 条件下酶性质稳定。⑤在酶标过程中，酶连接在抗体上，不能影响二者的活性。⑥被检组织中，不应存在与标记酶相同的内源性酶或类似的物质。

目前在免疫酶技术中最常用的酶有辣根过氧化物酶（horseradish peroxidase，HRP）和碱性磷酸酶（alkaline phosphatase，AP），其次还有葡萄糖氧化酶（glucose oxidase，GOD）、β-半乳糖苷酶（β-galactosidase，BG）、溶菌酶（lysozyme，LZM）和苹果酸脱氢酶（malic dehydrogenase，MD）等。

HRP 是植物中研究得最深入的一种过氧化物酶，早在 20 世纪 30 年代就有人着手从辣根中分离此酶。HRP 是一种含亚铁血红素的蛋白质，广泛分布于植物界，它是由无色的酶蛋白和棕色的铁卟啉结合而成的糖蛋白，糖含量 18%。HRP 由多个同工酶组成，相对分子质量在 40 000 左右，等电点 7.2，溶于水，溶解度为 5%（m/V），溶液呈棕红色，透明。酶催化的最适 pH 因供氢体不同而稍有差异，但多在 pH 5 左右。酶溶于水和 58%以下的硫酸铵溶液，而 62%以上的硫酸铵溶液则不溶。在室温下，HRP 几周内稳定，加热到 63℃，在 15min 内稳定。HRP 的辅基和酶蛋白最大吸收光谱分别为 403nm 和 275nm，一般以 OD_{403nm}/OD_{275nm} 的值 RZ 表示酶的纯度。标记酶的 RZ 值为 3.0 左右，不应<2.8，RZ 值越小，酶的纯度越差，对于纯度低的酶，需经纯化后才能使用。HRP 常见的作用底物包括二氨基联苯胺（DAB）、氯萘酚和氨乙基咔唑（AEC）。其中 DAB 是 HRP 最敏感、最常用的作用底物，可以产生强烈的棕色沉淀，并且这种沉淀不溶于水和醇。例如，在 DAB 中加入金属离子，如钴或镍，则 HRP 对其敏感性可以更高，并且形成黑色或者蓝灰色的不溶于水和醇的沉淀。氯萘酚和 AEC 的敏感性均低于 DAB，但是可以分别生成蓝黑色和红色的沉淀，其沉淀均可溶于醇中，用于需要改变沉淀颜色的情况下使用。

AP 是一种磷酸酶的水解酶，可以水解多种有机磷酸酯，生成醇和磷酸盐离子。该酶在许多人体组织或动物组织中有分布，如肝、胎盘、白细胞、肾、小肠等。AP 的相对分子质量为 80 000，最适 pH 为 9.8，其活性受底物及其浓度、缓冲液及其离子浓度等因素影响，如用二乙醇胺缓冲液（1mol/L，pH 9.8），则具有活化作用，而用甘氨酸-NaOH 缓冲液，则对其有抑制作用。AP 的活化剂有镁和锰离子，Mg^{2+} 的适应浓度为 10mol/L。甘氨酸、柠檬酸盐、EDTA 等对 AP 有抑制作用。AP 对温度具有较高的敏感性，从 25℃增加到 35℃，其催化反应速度增加 1.5 倍。当选用不同的底物时，AP 可催化形成不同颜色的终产物。常见的作用底物有 BCIP/NBT（生产黑紫色沉淀）、萘酚 AS-MX、固蓝（fast blue）（生成蓝色沉淀）、固红（fast red）（生产红色沉淀）。由于内源性 AP 较易清除，可以较好地避免内源性酶的干扰，使其具备了某些独特的优点而日益备受重视。

目前用于免疫酶细胞/组织化学技术种类多样，除了最初的直接法和间接法外，近年来还发展出了如酶桥法、PAP 法、ABC 法、S-P 法、CSA 法和多聚螯合物酶法。

1）直接法

直接法是直接将酶与抗体相连接，然后将标记抗体直接与待检测样品中的抗原相结合，抗体上结合的酶再与底物相互作用形成有色产物，沉淀在抗原抗体复合物周围，实现对相关抗原分子的定性、定位甚至定量（图 2.2.1）。直接法的特异性强，操作简便快速，非特异性背景低，但其缺点也很明显，首先针对不同的抗原，需要制备不同的标记抗体；其次因为没有信号放大效应，其敏感性低，因此自间接法出现后，直接法已经很少被应用。

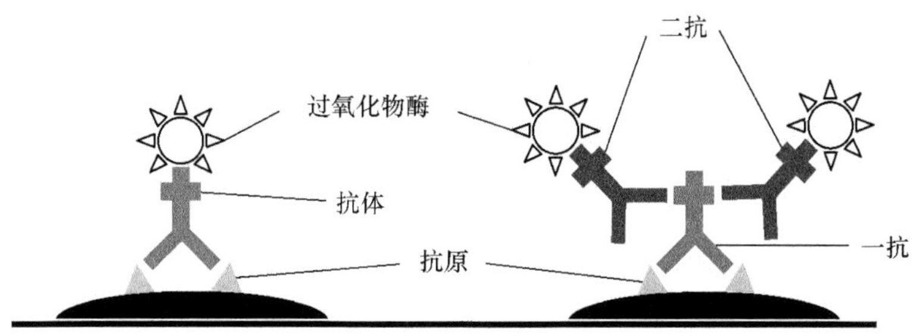

图 2.2.1 直接法(左)与间接法(右)示意图

2) 间接法

间接法首先通过特异性抗体[一抗(primary antibody)]结合相应的抗原，然后再通过标记有酶的能够结合一抗的抗体[二抗(secondary antibody)]与之相结合，来间接地标记出抗原的位置，达到对抗原检测的目的。相对直接法，间接法因为有信号放大效应(二抗往往可以结合一抗的多个部位)，因此其敏感性要强于直接法。同时，使用一种酶标记二抗，就可以与多种特异性的一抗配合使用来检测多种抗原，因此更加经济方便。

3) PAP 法

PAP 法(peroxidase anti-peroxidase method)是一种非标记抗体酶法。PAP 法首先用酶免疫动物(该动物须为制备一抗的同一种系动物)，制备特异性强的抗酶抗体。然后将酶和抗酶抗体制备为复合物，该复合物中含有二抗能识别的 IgG 以及酶分子。当一抗结合抗原后，加入二抗，二抗在与一抗结合的同时，也能与 PAP 复合物中的 IgG 分子结合，这样，二抗就充当了连接一抗和 PAP 复合物的桥梁作用(称为桥抗)，通过该方法，同样可以间接地标识出抗原(图 2.2.2)。

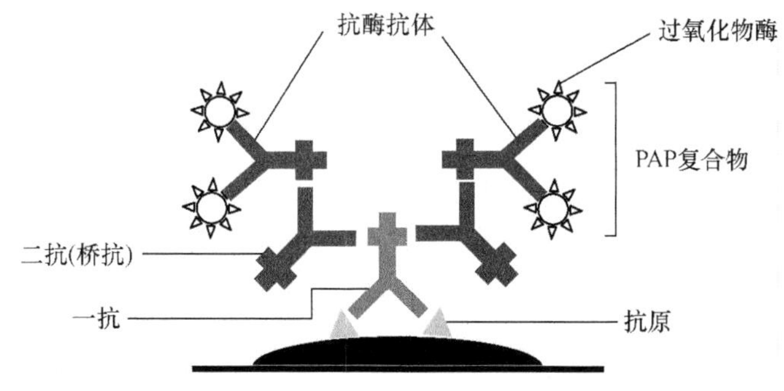

图 2.2.2 PAP 法

与前述的间接法相比，PAP 法具有明显的优势。①在整个反应体系中，没有标记抗体，这就避免了因为通过共价键将抗体与酶连接时对抗体活性的影响。②因为 PAP 复合物是一个由三个酶与两个抗酶抗体分子所形成的环形分子，结构异常稳定，一旦结合不易从抗体上脱落，因此其敏感性要远高于直接法和间接法。较间接法可以提高 100～1000 倍。③PAP 法的背景水平低。在 PAP 法中，即使部分结合一抗的抗体中存在非特异性抗体，因其不是抗 IgG 的抗体，故不能与 PAP 复合物结合，而如果 PAP 复合物内也存在非 HRP 特异性抗体，虽然这部分抗体能够与桥抗体及组织成分相结合，但因其不是抗 HRP 抗体，所以不能与 HRP 结合。④因为 PAP 法敏感性高，所以允许一抗分子在更低浓度水平被检测出，也可以进一步减少非特异性结合，因此 PAP 法的背景水平低。背景越淡，越有利于结果的判断。

4）亲和素-生物素-过氧化物酶复合物

该技术又称为 ABC 法（avidin-biotin peroxidase complex method），是 1981 年由许世明在 LAB 和 BRAB 法基础上改良建立，是一种广泛运用于免疫组织化学染色的常用方法。

亲和素（avidin）又称为抗生物素（antibiotin），是一种大分子糖蛋白，对生物素具有很强的亲和力，比抗原抗体间的亲和力要高出 100 万倍。它由 4 个亚基组成，每个亚基都有生物素的结合位点。生物素（biotin）又称为维生素 H，是一种小分子维生素。可以与包括抗体在内的多种生物分子连接。无论生物素还是亲和素均能与过氧化物酶结合并且不影响酶的活性，这样就将亲和化学和免疫细胞/组织化学结合起来而形成亲和素-生物素免疫染色技术。

具体方法是先将过氧化物酶结合在生物素上，再将其与过量的亲和素反应，制备成亲和素-生物素-过氧化物酶复合物（ABC 复合物），从而保证亲和素有游离的结合位点与生物素偶联的抗体结合。由于一个亲和素分子具有 4 个生物素结合位点，其中一部分可与生物素标记的过氧化物酶结合，另一部分可与生物素标记的免疫球蛋白结合，生物素通过氨基与抗体或过氧化物酶分子相结合，一个过氧化物酶或免疫球蛋白可以结合多个生物素分子，从而增强了免疫球蛋白或过氧化物酶结合亲和素的能力，这样亲和素就可以把生物素抗体结合物及生物素酶结合物连接起来，并且这种相互作用的连接能形成一种较大的类似晶体的复合物，从而大大提高了酶染色的灵敏度。

较其他方法，ABC 法具有以下优点。

（1）敏感性强。ABC 法与 PAP 法相比其敏感性高 20～40 倍。

（2）特异性强。由于敏感性提高，第一抗体和第二抗体都可被稀释至尽可能低的浓度，减少了非特异性染色。

（3）方法简便，节约时间。可由 PAP 法所需的 2 天缩短至几个小时。

（4）由于生物素和亲和素具有和多种示踪物高度亲和的能力，可用于双重或多重免疫染色。

其他的亲和素-生物素标记免疫细胞/组织化学技术有以下几种形式：

（1）标记亲和素-生物素（labeled avidin-biotin，LAB）技术，是利用生物素标记的一抗与抗原结合，再加入酶和亲和素复合物，利用生物素和亲和素的结合来标示抗原。

（2）桥式亲和素-生物素（bridged avidin-biotin，BRAB）技术，是利用亲和素作为桥梁，连接生物素偶联的抗体和生物素与过氧化酶结合物，而显示于抗原物质。

但上述两种方法均须以生物素标记第一抗体（即特异性抗体），应用有一定的困难和局限，目前已经很少运用。

5）链亲和素-生物素标记法

链亲和素-生物素标记法（labeled streptavidin biotin method，LSAB）又称为 S-P 法，或者 LSAB 法。该方法是用链亲和素代替 ABC 法中的亲和素，链亲和素是最近发明的一种用于替代亲和素的物质，链亲和素分子相对于动物组织基本不带有电荷（pI＝6），不同于亲和素（pI＝10），这样就消除了通过静电作用同组织非特异性结合的现象。同时，链亲和素不含任何糖基，而亲和素含有10%的糖基,糖基可能与组织中的外源凝集素结合导致一些非特异性的结合,使背景显色。因此采用链亲和素后,LSAB法的敏感性较ABC法提高了5~10倍。

该方法的操作过程同标准的ABC法相似,只是用链亲和素与酶的结合物替代生物素-亲和素-酶复合物,用于与结合有生物素的二抗结合。

6) 催化信号放大系统

催化信号放大系统(catalyzed signal amplification system,CSA),又称为酪胺信号放大(tyramine signal amplification system, TSA)或催化报告分子沉积(catalyzed reporter deposition, CARD)。最早用于免疫酶联吸附试验和蛋白电泳转移膜的检测,1992年由Adams等将该方法应用在免疫组织化学的检测中。

其主要原理是HRP在H_2O_2存在下催化酪胺盐,形成共价键结合位点,所生成的产物能与周围的蛋白质残基(包括色氨酸、组氨酸和酪氨酸残基)结合,故在反应体系中加入生物素酪胺酰胺衍生物后,就能在抗原-抗体复合物周围沉积大量的生物素,与随后加入的链霉亲和素-HRP结合,如经几次这样的循环放大,可以网络大量的酶分子,最后通过DAB显色反应,其敏感性得到几何级放大,且较常规LSAB法要高近1000倍,特别适用于石蜡切片和较难检出结果的组织切片。

另外还有一种不含生物素的CSAII系统,在其中用荧光素酪胺酰胺衍生物替代生物素酪胺酰胺衍生物,用抗荧光素-HRP复合物代替链霉亲和素-HRP,这样在整个反应体系中就没有生物素,可以避免因为生物素同组织标本中其他分子非特异性结合引起的背景显色。

2.2.1.2 荧光标记抗体示踪

免疫荧光标记细胞/组织技术与免疫酶细胞/组织化学技术的不同在于不是通过酶促反应生成有色沉淀来标识抗原分子,而是通过荧光染料标记。荧光素可以在一定波长光波激发,产生特定波长的发射光,通过荧光显微镜观察激发光位置就可以检测相应抗原。

免疫荧光细胞/组织技术与免疫酶细胞/组织技术各有优缺点,荧光标记分辨率高,可以通过采用不同的染料对活细胞染色,或者进行双标,也可以通过流式细胞分选技术进行细胞分选。

可以用作免疫荧光标记的荧光素种类很多,使用时可以根据具体情况选择,目前常用细胞荧光染料有下列几种。

(1) 异硫氰酸荧光素(FITC)。最大吸收光谱为490~495nm,最大发射光谱为520~530nm,呈翠绿色荧光。易溶于水和乙醇。在碱性条件下,FITC的异硫氰酸基在水溶液中与Ig的自由氨基形成共价键,成为标记的荧光抗体。一个IgG分子上最多能标记15~20个FITC分子。

(2) 四甲基异硫氰酸罗丹明(TRITC)。最大吸收光谱550nm,最大发射光谱620nm,呈红色荧光。与蛋白质结合的方式同FITC。

(3) 四乙基罗丹明(RB200)。最大吸收光谱为570nm,最大发射光谱为595~600nm,呈橙红色荧光。不溶于水,易溶于乙醇和丙酮。RB200在五氯化磷(PCl_5)作用下转变成磺酰氯(SO_2Cl),在碱性条件下,易与蛋白质的赖氨酸e氨基反应而标记在蛋白质分子上。

(4) 得克萨斯红(Texas red)。最大吸收光谱为590~595nm,最大发射光谱为620~630mm,呈红色荧光。得克萨斯红是一种褐色粉末状,易溶于有机溶剂,性质稳定,在4℃下能保存2年以上。

(5) 碘化丙锭(PI)。PI与DNA复合物的最大吸收光谱为535nm,最大发射光谱为615nm。PI是一种溴化乙锭的类似物,是常用的DNA荧光标记探针,它在嵌入双链DNA后释放红色荧光。对碱基无特异性选择。PI不能通过活细胞膜,但却能穿过破损的细胞膜而对核染色。

(6) 4′,6-二脒基-2-苯基吲哚(DAPI)。与双链DNA结合时最大吸收光谱为358nm,最大发射光谱为461nm,呈蓝色荧光。与RNA结合时,最大发射光谱为400nm左右。DAPI是常用的DNA染料,可以穿透细胞膜与细胞核中的双链DNA结合而发挥标记的作用,可以产生比DAPI自身强20多倍的荧光,固定过和没有固定过的活细胞均可用DAPI染色。

免疫荧光组化方法同免疫酶细胞组化法大致相同,有以下几种。

(1) 直接法。同免疫酶细胞组化中的直接法相同,只是采用荧光素标记抗体,通过荧光显微镜观察。其优缺点与免疫酶细胞组化法相同。

(2) 间接法。间接法是目前运用较多的一种免疫荧光组化方法,也同免疫酶细胞组化方法中的间接法相同,不同的是采用荧光素标记的二抗与一抗结合,用来对抗原进行检测。较直接法相比,间接法检测更为灵敏。

(3) 补体法。补体法可以分为直接法和间接法,是利用补体能够非特异性地与抗原抗体复合物结合而不单独与抗原相结合的特性而建立的。①直接法是用抗补体C3的荧光标记抗体直接作用于组织切片,与其中结合在抗原抗体复合物上的补体相作用,形成抗原-抗体-补体-抗补体-荧光素复合物,通过荧光显微镜检测抗原。②间接法是用新鲜抗体与针对抗原的特异性抗体混合后加入待检测样本切片上,经过37℃孵育,再用抗补体的荧光标记的抗体结合用来检测抗原。这种方法的好处是只需要一种荧光抗体,就可以对不同种属来源的第一抗体进行检测。

(4) 双重免疫荧光组织化学标记法。当同一样本上有两种需要检测的抗原时,可以通过采用分别标记有不同颜色激发光的荧光素的、针对不同抗原的抗体,混合后同时与样本孵育,这样就可以同时通过不用颜色的激发光来直接检测同一样本中的不同抗原。也可以采用两套不同种属的检测试剂,如针对不同抗原,分别采用多克隆羊抗体和多克隆兔抗体来分别结合不同抗原,再通过标记不同荧光素的分别针对羊IgG和兔IgG分子的抗体来检测。在这一检测方法中,二抗最好能够采用两种一抗相对的动物制备的二抗,如上例中的二抗分别采用标记的兔抗羊IgG抗体和羊抗兔IgG抗体,这样可以有效地避免交叉反应(因同一动物血清中不会存在针对自身的抗体)。

2.2.1.3 量子点标记抗体示踪

如前所述,传统的免疫荧光细胞/组织化学技术中用于标记抗体的都是有机荧光染料,但是这些染料也有其固有的特点,首先是容易发生光漂白现象,也就是随着激发光照射时间的延长,所产生的荧光强度快速地衰减,严重影响观察实验的操作和结果。其次,常用的荧光染料颜色品种较少,而且需要不同波长的激发光进行激发,使得同时在同一视野下观察多个抗原变得十分困难。另外,目前常用的有机荧光染料部分不能在活细胞中使用,即使能用于活细胞染色,也常常由于代谢而很快被清除,或者具有一定的毒性而影响细胞正常活动。有机染料这些缺点严重限制了其在活细胞/组织中的运用。

随着20世纪末纳米科技进步出现的量子点(quantum dot,QD)荧光染料很好地解决了有机荧光染料的不足。量子点又称为半导体纳米晶体(semiconductor nanocrystal),是一种直径1～

10nm 的球状晶体，为 II-VI 族或者 III-V 族元素组成的纳米颗粒。与传统有机染料相比，量子点荧光染料具有下列明显优势：①量子点荧光染料具有稳定的光化学特性，可以忍受长时间大强度的激发光照射，通常可以持续数小时，相比有机染料的仅仅数分钟而言优势明显；②量子点可以通过改变所形成球体直径大小而产生不同波长的发射光，也就是说，可以仅仅通过改变量子点的大小，就可以产生不同颜色的染料(图 2.2.3)；③量子点的激发光可以被同一波长激发光激发而发出不同波长的发生光，并且所产生的发生光强度大，是普通有机荧光染料的 1000 倍；④目前所用的量子点荧光染料通常对细胞没有毒性，并且在体内不容易被代谢分解，可以长期在体内稳定发光，在注入动物模型体内 7 天后仍然可以检测到，从而可以长时间地追踪目标细胞。

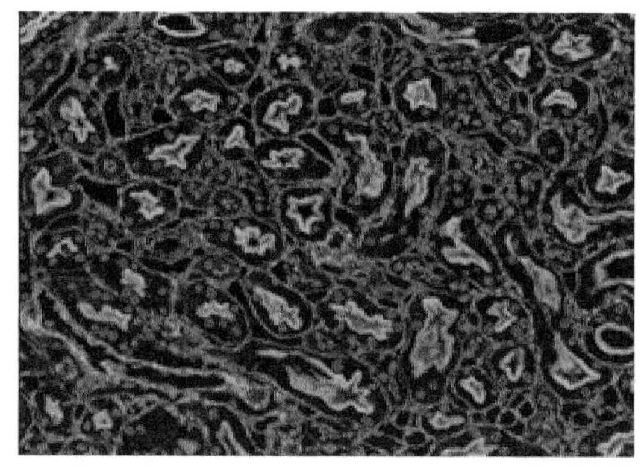

图 2.2.3 小鼠肾脏剖面量子点荧光标记
(Deerinck，美国加利福尼亚大学国家显微镜图像学研究中心)

量子点技术自 1998 年由 Alivisatos 和 Nie 等首先运用于生命科学研究以来，目前已经用于分子标记、活体成像和生物分析检测等领域。尤其是作为一种新兴的生物标记物，可以同多种生物大分子物质，如抗体、蛋白质、亲和素及寡核苷酸链结合形成探针，通过多种方式进入细胞内或者与细胞相应成分结合，实现对细胞或者特定分子的标记并进行长时间的示踪。目前国内已有多种量子点结合不同分子的商品化试剂出售。

由于量子点荧光染料出现的时间比较短，目前这一技术相较于传统的有机荧光染料来说还不太成熟，还缺乏大量的实践证明和广泛的实际运用，因此今后还需要大量细致的工作来进一步完善，使其成为一种稳定、高效、可信度高、操作简便的实验技术。

2.2.1.4 免疫细胞/组织化学技术实验操作

免疫细胞/组织化学技术根据所检测的对象不同分为免疫细胞化学技术和免疫组织化学技术。免疫细胞/组织化学技术可以分为三个步骤：①样本的制备；②样本的固定；③抗体的结合和检测。本节中将分别按照细胞染色和组织染色两部分，以间接法为例讲述免疫细胞/组织化学技术的实验操作步骤和注意事项。

1) 免疫细胞化学技术

免疫细胞化学技术又称为免疫细胞染色，主要是针对体外培养的贴壁或悬浮细胞，在亚细胞水平检测特定蛋白质在细胞中的定位以及变化。

A. 细胞标本的制备

体外培养的细胞如果是贴壁生长的细胞，可以将其接种于载玻片、盖玻片、多孔板或培养皿中。其中，因玻璃光学性能好、化学稳定性良好，适用于所有的染色操作，可以作为首选。可以直接将细胞接种于无菌干燥载玻片上，置于培养皿中培养。或者将无菌干燥的盖玻片置于培养皿或直接置于多孔培养板中再将细胞接种于其上培养；也可以直接将细胞接种于多孔培养板或培养皿中，但是需要注意塑料材料光学性能差，容易产生划痕，有时候甚至可以被某些实验操作中的有机溶剂所溶解，因此仅用于对于精度要求不高的实验中。

接种时一般要求细胞密度比较低，因为细胞接种后一般要继续培养 24h 再进行下一步实验。细胞接种密度过大容易导致细胞之间过于紧密，妨碍对抗原的定位以及其他实验操作。如果用于接种的细胞数目较少，也可以将细胞悬液直接滴加于玻片上，静置培养 4h 待其贴壁后再补加培养液。

如果采用的是悬浮生长细胞，可以通过甩片机将悬浮细胞甩至玻片上，或利用化学黏合剂(如多聚赖氨酸)将其黏附在玻片上。

B. 细胞标本的固定

固定的目的是保持生理状态下的细胞形态，防止细胞内的酶将蛋白质分解。然后加入渗透剂透化细胞，使抗体容易进入细胞内，但同时尽量保持抗原与抗体结合的能力。

固定剂可以分为两类：有机溶剂和交联剂。有机溶剂(如乙醇、丙酮)能去除脂类，使细胞脱水，蛋白质沉淀在细胞结构上。交联剂(如多聚甲醛)则是将细胞蛋白质成分通过化学键与其他分子桥接起来，形成互相交联的抗原网。不管哪种方式均可以使抗原物质维持原位，但也都可以导致抗原性状发生一定的改变。两种方式的选择没有具体的依据，多是依靠经验来做选择，在实验时可以试用两种方法进行固定，然后再做选择。

C. 抗体的结合和检测

首先，根据实验目的、需要检测抗原的性质以及不同实验方法的优缺点，明确要采取的实验方法(直接法、间接法)、抗体的类型(单克隆抗体、多克隆抗体或混合单克隆抗体)和标记抗体的方式(荧光标记抗体、酶标记抗体)等。其次，需要严格设立对照组。对照组的设置，一般针对每一组抗体，需要设置一组阴性对照，如采用间接法，就需要对一抗及二抗分别设置两个阴性对照，阴性对照应该采用同一动物免疫前血清或者同一种属非免疫血清；对于酶标抗体实验，还应该设置空白对照组，用于检测内源性酶是否存在。

2) 免疫组织化学技术

免疫组织化学主要是检测组织或器官在生理状态下抗原的定位，在多细胞中标记的特殊细胞类型定位或检测疾病组织中某些抗原的呈现。

A. 样本的准备

免疫组织化学中样本可以通过 4 种方式获得：冷冻组织切片、石蜡包埋组织切片、灌流动物组织切片和细胞涂片。但无论哪种方式，最后都要把标本固定在载玻片上与抗体结合，因此要求尽量保持组织结构完整。

冰冻组织切片：是使小块组织样本(通常为 1cm×1cm×0.4cm 大小)通过不同方法如液氮法或干冰-丙酮法迅速冻结成块，然后在冰冻切片机上切成薄片。切片干燥后再采用多聚甲醛固定或丙酮固定后进行染色观察。冷冻组织切片对于组织结构和抗原的保持是最好的，因此目前对哺乳动物组织的免疫染色常采用冷冻切片。但是冷冻组织切片标本的保存需要冷冻保存，并且需要特殊的冰冻切片机，因此也限制了其应用。

石蜡包埋组织切片：是将小块组织块(通常为 1cm×1cm×0.4cm 大小)先置于固定液中(通常为 4%多聚甲醛)固定，然后再用石蜡包埋组织块后在切片机上切成连续薄片，并且将薄片置于载玻片上，通过二甲苯脱蜡后再用一系列浓度乙醇溶液水化后进行染色观察。目前大部分的组织研究都采用多聚甲醛固定石蜡包埋切片，而且对于大部分的组织，石蜡包埋切片组织结构保存良好，能够切连续薄片，抗原定位准确。但须注意的是用于免疫组化的石蜡包埋切片同常规制片不同，其脱水、透明的过程应该在 4℃进行以减少抗原损失。

灌流动物组织切片:是在实验动物中,为了保持组织及细胞结构,常在原位用灌流液进行组织灌流,这一技术尤其是对于软组织特别有效。经过灌流的组织再通过冰冻切片或石蜡包埋切片进行染色和观察。灌流的方法,可以根据不同的器官以及实验目的而不同。

细胞涂片多用于临床组织活检,如针穿刺活检、组织刮片。该方法是将细胞固着在载玻片上,并尽量涂成单层细胞,细胞涂片虽然无法保持组织结构,但是可以证明标本的病理学改变。

其他切片方法包括振动切片、塑料切片、碳蜡切片等,目前一般实验中较少运用,故不做介绍。

B. 抗体的结合与检测

免疫组化中抗体的结合与检测所用的原理和步骤同免疫细胞组化法基本相同。

2.2.2 流式细胞术

流式细胞术(flow cytometry)是在免疫荧光细胞化学技术以及激光技术、计算机技术、流体力学等多个学科基础上,于20世纪70年代建立起来的一种对细胞物理化学性质(如细胞大小、结构、DNA/RNA含量和构成、特定蛋白质和抗原、细胞表面受体等)进行快速测量分析的技术。通过流式细胞仪,可以对大量细胞的多个参数进行测量并进行统计学分析;并且能够根据得到的数据对细胞群体的各个亚群进行分选。流式细胞仪自80年代引进我国以来,已经大量运用于基础和临床研究,成为目前细胞生物学研究中的一项基本手段。

2.2.2.1 流式细胞仪原理

流式细胞仪(flow cytometer,FCM)是利用流式细胞术对细胞样品进行快速分析、数据收集分析以及分选的仪器。流式细胞仪可以由4个部分组成:液流系统、光学系统、数据收集分析系统和细胞分选系统。

1)液流系统

其作用是将已经制备好的细胞悬液以单个细胞快速通过毛细管以方便检测。液流系统要解决的关键问题是,使细胞悬液快速稳定地通过毛细管而又不阻塞毛细管或小孔。这一问题是通过引进层流鞘液加以解决的(图2.2.4)。细胞悬液在通过独立管道以一定速度进入流动室后,即被周围的鞘液所包裹,形成一股较细的、稳定的液流从喷口喷出,通过检测光束。通常为了保持液流的稳定,喷口液流的速度通常限制在10m/s以下。

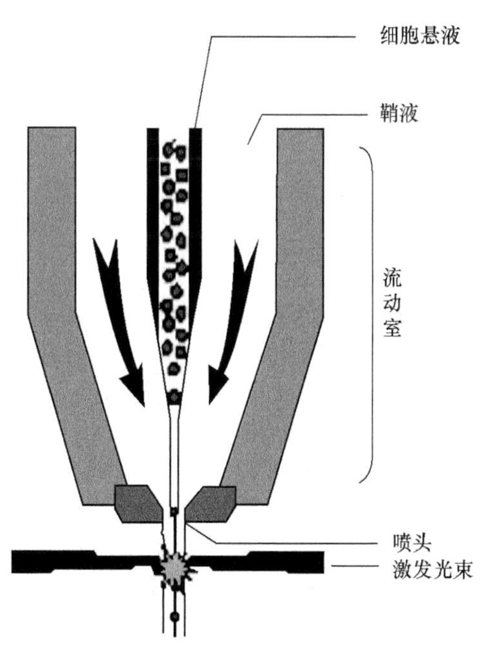

图2.2.4 流式细胞仪流动室

2)光学系统

其可以分为两部分,一部分是光源及其光路,目前的流式细胞仪一般为氩离子激光器,用于照射细胞液流,产生散射光束以及激发荧光染料发出特定荧光。另一部分是用于探测散射光和激发荧光的光电倍增管或硅光电管以及一系列滤光片，由小孔、半透半反镜等组成，主要是收集光源照射到细胞后形成的散射光线以及所激发的不同波长的发生光，并将这些光信号转变成为电信号。

被检测细胞受到光束照射后，向四周发出散射光，散射光与细胞的大小、形状、质膜以及内部折光率有关，可以在没有染色的情况下对细胞进行分析或者分选。通常流式细胞仪收集前向角散射光(FSC)和侧向散射(SSC)。一般来说，前向角散射光强度和细胞大小有关，而侧向散射光则对细胞膜、胞质中颗粒、核膜的折射率更为敏感。

如果细胞通过荧光染料标记，再受到一定波长激发光照射则会产生特定波长的荧光，荧光在通过特定的滤光片后除去干扰光束或者无关荧光后，被光电倍增管探测并输出信号。通过设置不同波长的滤光片，就可以同时分析多个荧光信号。

3) 数据收集分析系统

主要是将由光探测器所产生的信号加以补偿、放大、收集、存储和分析，输出所得的结果。通常由微型计算机及相关软硬件构成。

4) 细胞分选系统

目前大部分流式细胞仪均有分选功能。细胞分选器的功能就是将特定的细胞从细胞群中分离出来，流式细胞仪所测的任何参数应该都可以作为流式细胞分选器分选细胞的依据，并且分选所得的细胞均一性也应与相关参数有关。细胞分选器在流动室上的压电晶体产生数万赫兹的振动，该振动可以使液流在通过喷口后经过一段距离破坏形成水滴。由于频率较高，形成水滴的数目远多于同一时间通过喷头的细胞数，故大部分水滴中不含有细胞，只有少部分水滴含有单个细胞。

细胞的性质是在进入液滴以前已经被测定了的。如果其特性与被选定要进行分选的细胞特性相符，则仪器在这个被选定的细胞刚形成液滴时给整个液柱充以指定的电荷。这样，当被选定的细胞形成液滴时就带有特定的电荷，未被选定的细胞形成的细胞液滴及不包含细胞的空白液滴不被充电，也不带电荷。带有电荷的液滴向下落入偏转板的高压静电场时，依所带电荷的极性向左偏转或向右偏转，落入指定的收集器内，从而完成了细胞分选。

2.2.2.2　流式细胞仪操作及结果分析

1) 流式细胞术常用荧光染料

流式细胞术可以测量细胞多项参量，分为内部参量和外部参量。内部参量是指不需要任何染料就可以测量的细胞数据，包括细胞的大小、形态、细胞质中颗粒物质的多少和色素含量等。外部参量则是指需要通过荧光探针标记才能够测得的细胞参量，通过不同的荧光探针，可以对包括DNA/RNA含量、碱基比例、总蛋白、细胞表面受体、细胞质/线粒体膜电位、膜结合/细胞质钙离子、细胞内pH以及某些特异性的蛋白质或分子进行测量。

目前流式细胞术中常用的染料包括以下几种(表2.2.1)。

(1) 核酸荧光探针。这类探针可以通过识别特异的碱基，嵌入DNA双链中或者通过静电作用与DNA/RNA结合，通过这类探针可以指示细胞中DNA/RNA含量、碱基比例或染色质结构。常见的这类染料如表2.2.1所示。

表 2.2.1 核酸荧光探针

荧光染料名称	结合方式	碱基特异性	激发光波长/nm	发射光波长/nm
碘化丙锭(PI)	嵌入		493	630
Hoechst33342	非嵌入	AT	343	480
Hoechst33258	非嵌入	AT	343	483
DAPI	非嵌入	AT	345	455
放线菌素 D(7-AAD)	嵌入	GC	540	655
吖啶橙(AO)	嵌入(ds),静电(ss)		492	530(ds),640(ss)

(2) 蛋白结合荧光探针。最常见的是异硫氰基荧光素(FITC),能以共价键结合于带有正电荷的氨基酸残基上,在蓝色激发光下发出绿色荧光。

(3) 荧光素标记的抗体或其他配体。这类探针是用荧光素标记的能够同细胞内某些蛋白分子、寡核苷酸、脂类或其他物质特异性结合的抗体或配体。通过这一类探针,可以对大量的细胞内参量进行测量。用于标记的荧光素除了前述的 FITC 之外,还有如藻红蛋白、藻青蛋白、得克萨斯红和四甲基异硫氰酸罗丹明(TRITC)等,可以根据实验目的,选择适当标记的抗体对样本进行单标或多标。

另外还有 pH 荧光探针、结合细胞内钙离子的荧光探针等。

2) 流式细胞术的样本制备

流式细胞术分析的对象是单个细胞悬液或者单个细胞核悬液,在制备样本的过程中要尽可能地避免细胞成团聚集。其样本准备包括:单层细胞制备单细胞悬液、组织块制备单细胞悬液、组织块制备细胞核悬液以及石蜡包埋组织制备细胞核悬液。

单层培养细胞制备单细胞悬液方法简单,只需采用胰蛋白酶将贴壁细胞消化,经过不含 Ca^{2+} 和 Mg^{2+} 的 PBS 溶液洗涤后,用 70%乙醇 4℃固定即可。

实体组织制备单细胞悬液方法比较复杂,并且要求制备过程中尽可能地减少细胞数损失、维持细胞正常的功能和形态,尽可能地使得到的细胞群保持与原位组织的相似性,而不造成某一种类细胞群的丢失。

通常制备单细胞悬液的方法分为机械法、酶消化法和化学试剂处理法。这些方法各有其优缺点和适用组织范围,可以单独运用,但多数情况下联合运用效果较好。

(1) 机械法:使用剪刀等将组织剪碎后,再经过匀浆机或专门的组织细胞分离器匀浆,或者用过细针头反复抽吸,最后再通过尼龙网或钢网过滤。单纯机械法所获得的活细胞比率低,细胞数较少,因此一般都联合其他方法使用。

(2) 酶消化法:酶消化法是目前主要使用的方法,目前常用的酶有胰蛋白酶、胶原酶、木瓜蛋白酶、链酶蛋白酶、胃蛋白酶、中性蛋白酶、透明质酸酶、弹性蛋白酶和溶菌酶等,每种酶都针对细胞间或者细胞内不同组分发挥作用,因此需要根据具体的组织器官选用不同的酶,但是常常联合几种酶以提高效率,避免单独某一种酶消化作用的局限性。

(3) 化学试剂处理法:EDTA、EGTA 可以结合二价阳离子,如 Ca^{2+} 和 Mg^{2+},而这两种离子对于维持细胞膜完整性和维持细胞间基质结构起着重要作用,因此 EDTA 和 EGTA 可以促进组织的分散。

另外,流式细胞术也可以分析细胞核悬液,只对细胞核内的化学成分单独分析,这时可以利用表面活性剂(如 NP-40 或 Triton X100)配制细胞核分离液,从组织标本中制备细胞核悬液,或将石蜡标本进行脱蜡后,采用胃蛋白酶或胰蛋白酶消化液制备细胞核悬液。将制备好的细胞悬液/细胞核悬液进行荧光探针标记后,就可以上机分析。

3) 数据的分析

流式细胞仪中的光电管或光电倍增器得到的光信号转化成电信号后,再通过一定设备转换成数字信号被计算机存储,这些数据可以实时分析,也可以存储后通过相关软件进行分析。因此,如何从所得到的大量数据中分析获得所需要的有意义的信息成为流式细胞术的关键。

通常,流式细胞仪将所得的数据以 list mode 的形式加以存储,事实上这是一种列表(矩阵)的形式,将每一个被测细胞的所有参数加以存储,虽然包含的信息全面,但是却不直观。因此,计算机也会根据这些数据绘制一组图形来表示,这样就更加直观。目前常见的图形包括单参数直方图、二维散点图、二维等高图和假三维图。

A. 单参数直方图

可以用来做定性或定量分析,其横坐标表示荧光信号或者散射光信号的相对值,可以是线性,也可以是对数,其单位为“道”(channel)。纵坐标则一般是细胞频率或相对细胞数,有时也可以是绝对细胞数(图 2.2.5)。采用 DNA 染料对细胞进行标记,其荧光强度与 DNA 含量成正比,这样,就可以根据细胞内 DNA 含量的多少来区分处于不同细胞周期细胞数目的相对多少。因为处于 G_2 期和 M 期的细胞 DNA 含量是处于 G_1 期和 G_0 期 DNA 含量的 2 倍,因此图中最左边的峰是由 G_1 期和 G_0 期细胞组成,最右边的是由 G_2 期和 M 期的细胞组成,中间较平坦的矮小峰是由 S 期细胞组成。

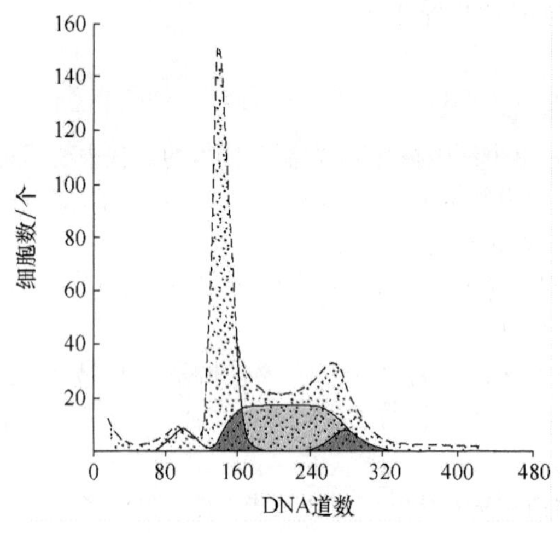

图 2.2.5　一维直方图

B. 二维散点图

一维直方图只能表明一个参数与细胞数量之间的关系,因此当需要研究两个或多个参数与细胞数之间的关系时,仅用一张一维直方图是无法完成的,因此引入了二维散点图(图 2.2.6)。散点图在横轴和纵轴上分别表示两个参量,而图上的每一个点就代表一个细胞,这样在一张图上能同时反应两个参量与细胞数的关系。但是散点图上的每一个点都代表一个细胞,如果细胞在某处聚集,则在该处细胞可能融合成片,因此无法精确描述细胞数目之间的差异,这样单凭散点图是无法判断在该处分布的特征的,因此又引入了二维等高图。

C. 二维等高图和假三维图

二维等高图类似于地图上描述不同地形所用的等高线图,只是等高线依据的不是海拔的不同,而是细胞数目的不同,因此可以根据等高线的不同来区分不同区域细胞数目的不同(图 2.2.7)。

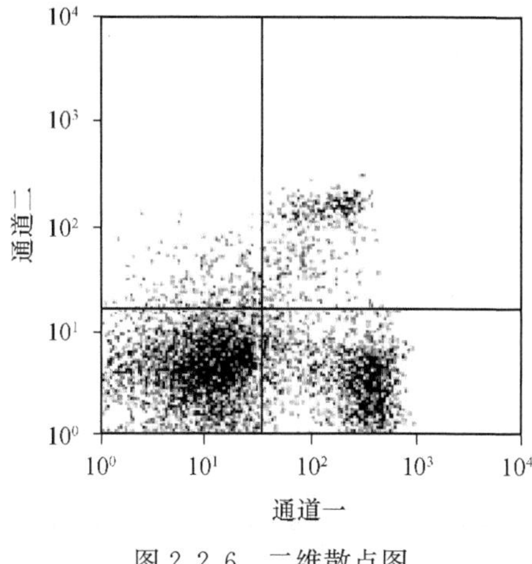

图 2.2.6 二维散点图

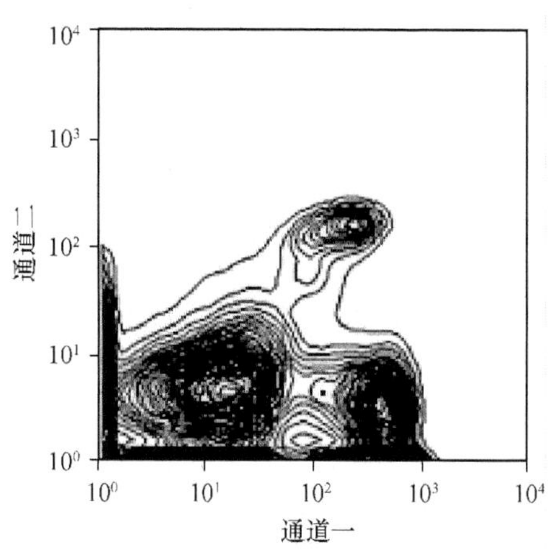

图 2.2.7 二维等高图

二维等高图虽然可以区分不同区块细胞数目直接的差异，但是这种绘图方式对于非专业人员来说，仍然不够直观，因此就在二维等高图的基础上，依据不同等高线数值的不同，绘制出直观的三维图像。但是因为等高线所反应的数值不是单独的参数，而是细胞的数目，因此严格说来，仍然是一种二维图像，因此被称为假三维图。

但实际研究中，有时候单靠一张二维图也不能完全获得所需要的信息。例如，同时显示 4 个参数与细胞数之间的关系，就无法只靠三维空间来显示，这个时候，就要依靠多个直方图和二维图来描述。在实际工作中，可以在了解实验背景的前提下，有目的地划定一个范围(设门)。例如，在二维图上设门，调出该门内的一维直方图，或者在一维直方图上设门，调出门内的二维图或者假三维图。这些方法也即所谓的“二调一”或者“一调二”。利用这个方法，可以将 3 个以上的参数与细胞数目之间联系起来得到相关的数据(图 2.2.8)。

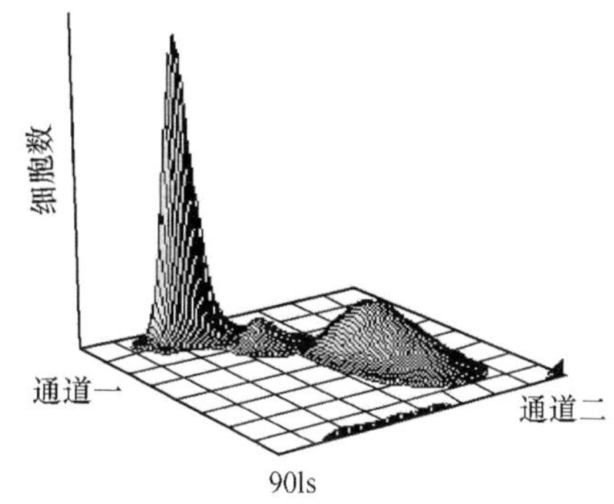

图 2.2.8 假三维图

2.2.3 免疫磁珠细胞分离技术

免疫磁珠细胞分离技术(MACS)是目前常用的一种简便、高效的细胞分离方法。其基本原理仍然是利用含有特殊标记的抗体/配体与特异的细胞表面抗原结合，来实现对含有特定抗原的细胞进行分离的技术。但是与之前的免疫细胞/组织化学技术中不同的是，标记抗体采用的不是荧光素或者过氧化物酶，而是磁珠(即用抗体来包被磁珠)。当这种结合在磁珠上的抗体与细胞表面的抗原结合后，在通过磁场时，被标记细胞(阳性细胞)就会被吸附而停止流动，没有结合磁珠的细胞(阴性细胞)不受影响继续流动，通过收集不同的细胞，就可以达到对阳性细胞和阴性细胞的分离。

采用免疫磁珠分离系统所分离的细胞纯度可以达到 80%～99%，得率为 60%～90%，与通过流式细胞仪分选所得的纯度和得率相近，但与流式细胞仪细胞分选技术相比，MACS 所需设备简单廉价、操作简便、耗时短，因此目前这一方法受到广泛的应用。MACS 也可用做流式细胞术分选前的预分离，以减少流式细胞术所用时间。另外，连续两次过柱分选可进一步提高分选细胞的纯度，通常可达 95%～99%。

免疫磁珠分离细胞技术的操作过程所需设备简单，主要有磁架和分选柱，另外还有包被了特定抗体或亲和素的磁珠。目前所用的磁珠包括大小两种不同的类型，小磁珠直径一般在 50nm 左右，大磁珠一般为 1000～4500nm。大小磁珠各有优缺点，小磁珠对细胞的生理功能无明显影响，不会激活细胞或影响细胞的功能和活力，不影响分离细胞的后续培养，同时因为磁珠小(相当于病毒颗粒大小)，可以直接在流式细胞仪上检测，不会影响散射光。但其成本高，分离过程中需要分离柱和强磁场，分离速度也较慢。大磁珠则相反，其成本低，可以使用普通的试管分离，但是由于磁珠体积较大，容易对细胞生物学活性产生影响，同时在流式细胞仪上检测时容易阻塞喷头。

检测时，也可以分为两种类型，一种是直接法，即将包被磁珠的抗体直接与抗原结合，分离时将磁珠加入细胞悬液孵育；另一种是间接法，是先将针对抗原的特异性抗体与细胞孵育，孵育结束后用大量细胞孵育液洗涤细胞除去一抗，然后加入用针对一抗的二抗包被的磁珠进行孵育。这两种方法所得的细胞悬液加入到分离柱，然后置于磁场中，靠重力让悬液缓缓流下，若要收集阳性细胞，待液体流尽后，除去磁场，再在分离柱中加入一定量孵育液，将阳性细胞洗脱即可。如果要收集阴性细胞，则直接收集留下液体即可。通常为了提高得率，可以将所得细胞重悬，反复过柱分离。

应用免疫磁珠分离法时需要注意以下几点：①进行分选的细胞量，以及孵育的时间和温度应该根据具体产品的说明进行调整，避免细胞数过多影响分选的效率，同时过长的孵育时间和过高的温度也容易导致非特异性结合的增加；②分选的细胞中如果有贴壁细胞，则应该提高孵育液中 EDTA 的浓度；③上分离柱前应该尽量混悬细胞，避免存在细胞团块；④加入细胞悬液时，应该从管底开始加样，避免管壁上残留未分选细胞，同时每次洗柱都要待前一次液体彻底流尽以后，再添加新的洗液；⑤分选前应该去除细胞悬液中的死细胞，因为磁珠对死细胞常有非特异性结合。

阳性选择后，如需用第二种表面标志物继续分离，可以用剪切酶剪切下与细胞结合的磁珠和一抗，再次进行下一轮分选。如需进行细胞功能分析，也可经培养 12～24h，使结合的磁珠脱落后进一步使用阳性细胞做研究。

小结

免疫细胞化学技术是细胞生物学研究中重要的和常用的实验技术和方法，免疫细胞/组织细胞化学技术、流式细胞术以及免疫磁珠细胞分离技术都是建立在免疫学中抗原与抗体或者配体与受体特异性结合的基础上，通过对抗体或者配体采用不同的标记物进行标记示踪，并且通过不同的方法跟踪监测标记物，来达到对抗原分子的定性、定位和定量检测。或者通过对不同标记物的识别，来对具有某种特定抗原的细胞进行分选。免疫细胞化学技术目前有多种标记物和实验方法可供选择，每一种标记物或者实验方法都具有不同的特点和适用范围，因此在选择时，除了要熟悉不同标记物和实验方法的优缺点外，也要结合以往的文献总结、实验具体的目的、实验室具体条件进行选择，必要时可以通过预实验来对其进行选择，或者采用多种标记物或者方法联合使用来避免采用单一标记物或者实验方法的不足。随着细胞生物学以及其他相关学科的快速发展，今后将会有越来越多的实验材料、实验方法和检测用仪器设备出现，使得免疫细胞化学技术成为一种更加简便、高效、有效的细胞生物学研究工具，为细胞生物学及其相关学科的发展作出更大的贡献。

（尉　丁　边惠洁）

思考题

1. 免疫细胞/组织化学技术的基本原理是什么？
2. 免疫酶细胞/组织化学技术和免疫荧光细胞/组织化学技术常见的标记物有哪些？两种标记的方法各有什么优缺点？
3. 免疫细胞/组织化学技术通常的操作步骤有哪些，为什么要求在实验中严格设立对照组？
4. 量子点荧光标记技术相较目前常用的有机荧光标签有什么特点和优势？
5. 流式细胞仪由几部分组成，各部分的主要功能是什么？在样品制备过程中需要注意哪些问题？
6. 流式细胞仪表示分析结果常用的图表有哪些类型？各有什么不同的特点？
7. 免疫磁珠细胞分离技术与目前常用的流式细胞仪分选有哪些优势？试验操作的大致过程有哪些？可以通过哪些方法提高分离细胞的纯度？

参考文献

宋平根，李素文. 1992. 流式细胞术的原理和应用. 北京：北京师范大学出版社

Alberts B, Johnson A, Lewis J, et al. 2002. Molecular Biology of the Cell. 4th ed. New York: Garland Science

Harlow E, Lane D. 1999. Using Antibody: A Laboratory Manual. Woodbury: Cold Spring Harbor Laboratory Press

Jaiswal J K, Mattoussi H, Mauro J M, et al. 2003. Long-term multiple color imaging of live cells using quantum dot bioconjugates. Nat Biotechnol, 21(1): 32-33

2.3 细胞的分离与培养技术

2.3.1 细胞分离技术

分离和培养细胞是细胞学实验中的基本技术之一。细胞分离是根据细胞的大小、密度、电荷、表面标志、荧光以及细胞对介质的吸附作用等性质的差异来分离获得具有同一性状的细胞群。根据不同目的和要求选择适宜的分离方法，以获得高活力、高纯度、高收获量的细胞。本节介绍几种常用的细胞分离技术。

2.3.1.1 离心技术

离心技术（centrifugation）是生物学实验中常用的技术之一。细胞培养物为血液、羊水、腹水和胸水等细胞悬液时，可采用低速离心法分离，一般用 500～1000g，离心 5～10min 即可。如果悬液量大，离心时间可适当延长，但离心速度过大和时间太长，易压挤细胞使其受损或死亡。

1）密度梯度离心

用一定的介质在离心管内形成一连续或不连续的密度梯度，将细胞混悬液或匀浆置于介质的顶部，通过重力或离心力场的作用使细胞分层、分离。这类分离又可分为速度沉降和等密度沉降两种。密度梯度离心（density gradient centrifugation）常用的介质为氯化铯、蔗糖和多聚蔗糖。分离活细胞的介质要求具备以下条件：①能产生密度梯度，且密度高时，黏度不高；②pH 中

性或易调为中性；③浓度大时渗透压不大；④对细胞无毒。

(1) 速度沉降分离法。速度沉降分离法主要根据细胞大小分离细胞。细胞大小不同，沉降速度不同，细胞越大沉降越快。在分离过程中，为了稳定沉降细胞，需要使用适当的分离介质。为了防止细胞聚集，分散细胞要彻底，或将细胞悬液用 300 目的尼龙网过滤后再上样，否则会影响分离细胞的纯度和产量；对细胞周期短的细胞，最好在 4℃环境下操作，操作要迅速。

(2) 等密度沉降分离法(isopycnic sedimentation)。该法主要是根据细胞密度差异分离细胞。细胞在连续密度梯度分离介质中，受离心力作用到达与其密度相同的分离介质层面，并能保持平衡；在非连续密度梯度中，分离细胞主要集中于介于其自身密度的两种密度介质交界面上，从而达到分离细胞的目的。

目前常用的密度沉降法的介质主要有白蛋白、Ficoll、Percoll 和 Metrizamide。此外，还可用离心法制备密度梯度，即将密度为 1.085g/mL 的 Percoll 加入离心管中，以 20 000g 离心 1h；或将两种密度的 Percoll 分别加入梯度混合仪的两个液槽中混合，即可制备成连续的密度梯度。

2) 密度沉降法

在需用大量白细胞进行培养情况下，可采用密度沉降法分离。人红细胞密度为 1.092g/mL，淋巴细胞和大单核等白细胞密度为 1.070g/mL，淋巴分层液适用于分离血中淋巴细胞。如果用动物血(如小鼠)，白细胞的相对密度与人不同，需用相应密度的分层液。

2.3.1.2　流式细胞仪分离法

流式细胞术是对单细胞定量分析和分选的新技术。它能够根据每个细胞的光散射和荧光特征，将特定的细胞从细胞群体中分选出来。其分离细胞的原理如图 2.3.1 所示。当经荧光标记的单细胞悬液放入样品室后被高压压入流动室。流动室内充满鞘液，在鞘液的包裹和推动下，细胞被排成单列，以一定速度从流动室喷口喷出。在流动室的喷嘴上装备有一个超声振荡压晶体片，这个振荡装置使自喷嘴射出的液束破碎成千万个小滴，流动的细胞就被分散在这些小水滴中。这时给液流一个电脉冲信号，使小水滴就全部带上电荷。当带有不同电荷的细胞液流经一对带正、负几千伏恒定静电电场的偏转板时，带电的小水滴就根据自身所带的电荷性质产生偏转，落入各自的收集容器中，不带电荷的水滴就进入中间的废液容器中，从而实现了细胞的分选。

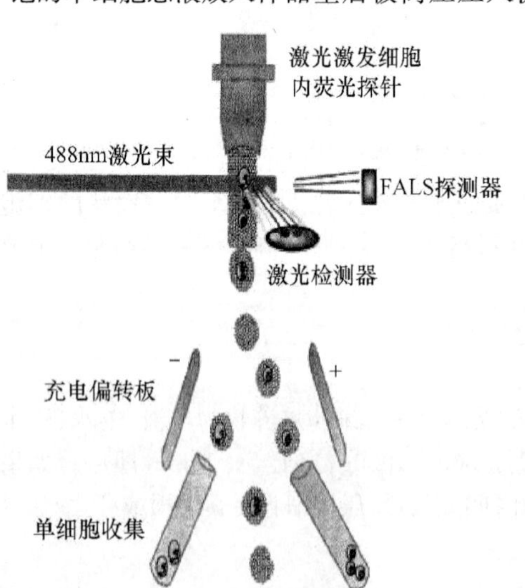

图 2.3.1　流式细胞仪分离细胞的原理示意图

流式细胞分选精确度高(99%以上)，速度快。可以同时进行多个 Marker 分选，正选负选同时进行。不仅仅限于表面抗原，流式细胞仪可以根据任何能检测到的发光度(如细胞体积)或荧光(如 DNA、RNA 或蛋白质含量，酶活性，特异抗原)散射度差异来分离细胞。分选后的细胞可用于进一步的培养。

2.3.1.3 免疫磁珠分离法

免疫磁珠法分离细胞的原理如图 2.3.2 所示。免疫磁珠法分离细胞是基于细胞表面抗原能与结合在磁珠上的特异性单抗相结合,在外加磁场作用下,分选柱的基质中形成一个高强度磁场。被磁性标记的细胞滞留在柱里而未被标记的细胞则流出。当分选柱移出磁场后,滞留柱内的磁性标记细胞就可以被洗脱出来,这样就完全可以获得标记和未标记的两个细胞组分。免疫磁珠分离法分为正选法和负选法。用正选法分离与磁珠结合的细胞就是所要分离获得的细胞;用负选法分离,与磁珠结合的是不需要的细胞,游离于上清液的细胞为所需细胞。一般而言,负选法比正选法的磁珠用量大。

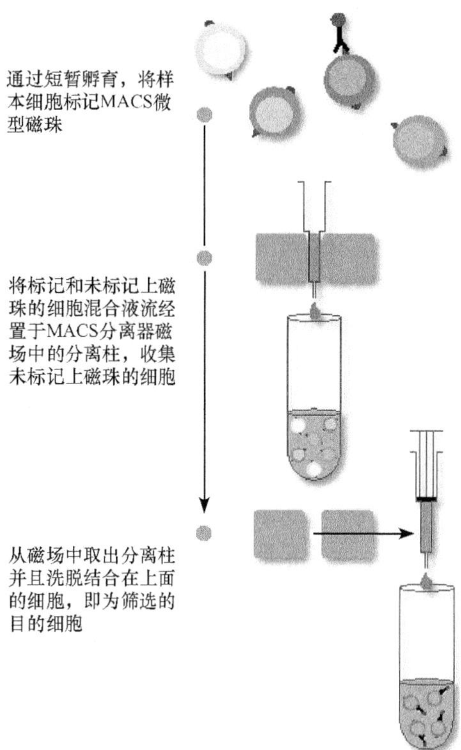

图 2.3.2 免疫磁珠法分离细胞的原理

用免疫磁珠分离法可分离的细胞包括:T 细胞、B 细胞、NK 细胞、单核细胞、树突细胞、干细胞、基质细胞和癌细胞等。通过这种温和无害的分离方法,在几分钟内可以从复杂的细胞混合物中分离出高纯度的细胞,甚至能达到 99%的纯度,目标细胞的生存率也较高。

2.3.1.4 细胞电泳

在一定 pH 下细胞表面带有净的正或负电荷,能在外加电场的作用下发生泳动,这种现象称为细胞电泳(cell electrophoresis)。引起细胞电泳的电位值称为 ξ 电位。各种细胞或处于不同生理状态的同种细胞荷电量有所不同,故在一定的电场中的泳动速度不同。在恒定的电场条件下,同种细胞的电泳速度相当稳定,因而可通过测定电泳速度来推算出细胞的 ξ 电位。ξ 电位常因细胞生理状态和病理状态而异,因此在诊断疾病上有一定价值。此外由于不同类型的细胞在电场中的泳动速度不同,细胞电泳尚可用来分离不同种类的细胞,如可把淋巴样细胞与造血细胞分开。

2.3.2 亚细胞分离技术

亚细胞的分离指细胞器的分离。细胞器是一种动态的结构,如内质网、细胞核和高尔基体等,运用蛋白质组学方法对亚细胞组分进行研究是目前的研究热点。亚细胞结构分离纯化技术是细胞生物学研究中的重要方法。它常常是研究某一细胞器超微结构、生化组成以及特定功能的前提和基础。在体外功能研究中,分离纯化得到的亚细胞器是否具有生物学活性是实验的关键。只有获得有活性的亚细胞结构才能成功构建无细胞体系,从而在体外对一些复杂的生物学过程进行模拟研究。现在已成功构建一些无细胞体系,用于研究包括 DNA 复制和转录、蛋白质转运、纺锤体组装、蛋白质合成等复杂的生物机制。在蛋白质组学的研究中,建立相应的亚细胞器蛋白质组数据库就要确保用于电泳或色谱分离的亚细胞器具有相当的纯度。

过去的几十年里，由于电镜技术和超速离心技术的广泛使用，亚细胞组分分离方法得到了充分的发展。研究的重点在于如何获得高纯度、高得率的亚细胞组分及如何省时几个方面。接下来是亚细胞组分的分离，主要是针对细胞器的不同理化性质对其进行分离，方法有差速离心、密度梯度离心、自由流电泳(FFE)、高分辨率密度梯度电泳(DGE)、免疫学分离、免疫自由流电泳(IFFE)等。由于细胞器在细胞内结构上与许多其他亚细胞组分相关联，和细胞器组成的动态性，所以分离得到的细胞器很难达到100%的纯度。这也是亚细胞蛋白质组研究所面临的一个很大的挑战。现在已经有一些研究策略来解决这一难点问题。例如，Schirmer 等提出的差减蛋白质组学方法来解决核膜的内质网污染问题；Andersen 等提出的蛋白质校正谱图分析法(protein correlation profiling，PCP)来分析可能定位于中心体的蛋白质；Jiang 运用 ICAT 技术和生物信息学手段的方法来确证线粒体蛋白质，排除污染蛋白质。现在随着一些亚细胞器分离技术的成熟和发展，几乎所有的亚细胞组分的蛋白质表达谱都有报道。

密度梯度离心是传统的亚细胞器分离纯化的方式，通过密度梯度离心可以一次性分离大量样品，但由于仅依据细胞器的物理特性所分离出来的样品的纯度有限。亚细胞器分离纯化方法是亲和纯化，尤其是近年来发展的免疫磁珠纯化分离方法，通过抗原抗体的特异反应，可以分离得到纯度非常高的亚细胞器，但亲和纯化一次性所能分离的样品量较少。因此将两种提取方法有机结合，将可能同时满足产量、纯度等方面的要求。

2.3.2.1　离心分离纯化法

利用离心法提取和纯化亚细胞器是最传统的，也是最常用的实验手段。根据亚细胞器的大小、密度、形状、沉降系数等物理特性，通过一系列的差速离心结合各种形式的密度梯度离心可以分离和纯化各种亚细胞器。在选用合理的方法对细胞或组织进行破碎后，首先通过差速离心，将各种亚细胞组分和各种颗粒分离开来。

1) 差速离心

差速离心(differential centrifugation)是指在密度均一的介质中由低速到高速逐级离心，用于分离不同大小的细胞和细胞器。在差速离心中细胞器沉降的顺序依次为核、线粒体、溶酶体与过氧化物酶体、内质网与高基体、最后为核蛋白体。各细胞器典型的差速离心顺序见表2.3.1。由于各种细胞器在大小和密度上相互重叠，而且某些慢沉降颗粒常常被快沉降颗粒裹到沉淀块中，一般重复2次或3次效果会好一些。

表 2.3.1　差速离心亚细胞器各沉淀的组分

沉　淀	离心力(g)×时间(min)	沉淀成分
P1	1 000×10	核，重线粒体，质膜大片
P2	3 000×10	重线粒体，质膜片
P3	6 000×10	线粒体，溶酶体，过氧化物酶体，高尔基体
P4	10 000×10	线粒体，溶酶体，过氧化物酶体，高尔基体膜
P5	20 000×10	溶酶体，过氧化物酶体，高尔基体膜，粗面内质网
P6	100 000×10	内质网囊泡，质膜，高尔基体，内涵体

2）密度梯度离心

将差速离心得到的沉淀再进一步用密度梯度离心分离。密度梯度可分为速率区带离心和等密度离心。在速率区带离心中，由于不同组分“颗粒”在梯度液中沉降速率的差别，而在离心时形成数个含有单一组分颗粒的区带。样品在离心后与梯度液一起收集，用常规技术去除梯度液后就得到某个较纯的成分。与速率区带离心法不同的是，等密度离心是依赖于样品颗粒的不同密度来进行离心分离的。混合样品可以铺在梯度液之上，也可以置于梯度液之下，甚至和梯度液混在一起。在离心过程中由于样品各单一成分向各自的等密度区靠拢即达到了分离纯化的目的。现在有多种介质可用作密度梯度材料，如蔗糖、Ficoll、Percoll、Nycodenz 等。尽管蔗糖在高密度（40%～60%，m/V）时黏性系数较大，但对于大多数密度梯度离心，蔗糖是比较合适的梯度材料。不过由于蔗糖在各种密度时有较高的渗透性，分离一些对渗透性敏感的生物组分时需要选择其他梯度材料。密度梯度的制备，有自形成和预形成两种方式。对于自形成梯度，可以将被分离的样品和梯度材料混合在一起离心，梯度材料在离心过程中形成密度梯度，而样品中不同组分则沉降（或上浮）到它们自己的等密度区。这种方式有较大的样品容积。预形成梯度可以是连续的，也可以是不连续的。预形成梯度方法的优点是离心时间较短，但相对自形成梯度而言，被分离样品的容积较小。分离纯化各种亚细胞器推荐使用的密度梯度介质以及离心条件见表 2.3.2。

表 2.3.2 亚细胞器分离推荐使用的密度梯度和离心条件

细胞器	差速离心沉淀	离心力(g)×时间	密度梯度	可能的污染
细胞核	P1	100 000×60min	60%蔗糖	无
	P1/匀浆液	15 000×60min	20%～50%不连续 Nycodenz	无
质膜大片	P1	160 000×3h	37%/60%蔗糖	线粒体
	P2	3 000×10min	无	核
线粒体	P2+P3+P4	50 000×2h	20%～40%不连续 Nycodenz	过氧化物酶体
	匀浆液	37 000×30s	20%～52%连续 Percoll	过氧化物酶体
溶酶体	P4+P5	50 000×2h	10%～50%不连续 Nycodenz	质膜
	P4+P5	37 000×30min	10%～55%连续 Percoll	线粒体
过氧化物酶体	P4+P5	95 000×2h	23%～47%不连续 Nycodenz	线粒体
高尔基体	P4+P5	160 000×1h	10%～44%不连续蔗糖	质膜、内质网
	P4+P5	50 000×1h	10%～50%不连续 Nycodenz	溶酶体
内质网	P6	150 000×1h	20%/45%蔗糖	质膜、内涵体
核膜	P1	100 000×1h	10%～44%不连续蔗糖	无
线粒体外膜	P2	115 000×1h	23%～43%不连续蔗糖	内膜

利用离心法分离纯化亚细胞器的一个突出优点是可以一次性对大量的细胞或组织粗提液进行分离纯化，并将其富集浓缩成较小的体积以适应后续的分析研究。但由于离心分离法仅仅依靠各细胞器的大小，密度或沉降系数等物理特性来达到分离纯化的目的，因而具有一定的局限性。无法将具有相似密度、大小的不同细胞器分离开来，如微粒体和过氧化物酶体等。因而通过密度梯度离心得到的某些亚细胞器可能只具有中等纯度，若要进行生化分析，还需进一步的纯化。对于异质型细胞器（即具有不同密度大小的同一类细胞器）无法兼顾，只能选择收集某一密度范围的成分，对于其他密度的只能丢掉。而在某些疾病的研究中，由于生理状态的改变

常常会使同一种细胞器在大小和密度上有所差异，那么利用离心分离法就无法收集到所有的这一类细胞器。此外，使用离心法分离纯化亚细胞器是一项非常费时、费力的工作，并且需要所在实验室同时具备低速、高速、超速离心机以及相匹配的转子，还有测定梯度介质折光系数的折射计，梯度形成以及梯度收集装置。这些对于一个小型的实验室来说可能并不容易达到。

2.3.2.2 亲和纯化免疫磁珠纯化分离法

在生物体内，许多大分子具有与某些相对应的专一分子可逆结合的特性，两个进行专一结合的分子互称为对方的配基，如抗原和抗体、酶和底物及辅酶、激素和受体、RNA 和其互补的 DNA 等。生物分子之间这种特异的结合能力称为亲和力，亲和纯化就是利用这种配基之间的亲和吸附和解吸附原理，最终实现细胞器的分离。随着越来越多的亚细胞器的标志性蛋白质的发现，亲和纯化技术逐渐得到广泛的应用。许多高分子材料，如琼脂糖凝胶等，以及与这些高分子骨架相结合的磁性纳米材料（磁性微球）可作为亲和纯化的固相介质。免疫磁珠作为亲和纯化固相介质具有其独特的优点。它具有超顺磁性，可通过抗体与靶细胞器特异性结合。将免疫磁珠与待分离的混合物共同孵育，免疫磁珠就可通过抗原抗体反应选择性地与靶细胞器物质结合，当此复合物通过一个磁场装置时，与免疫磁珠结合的靶细胞器就会被磁场滞留，从而与其他复杂物质分离开来。

磁珠与其他用于免疫学实验的固相支持物（如琼脂糖凝胶或琼脂糖等）相比，具有大小、形状和表面特性都非常均一的特点，因此可以提供最佳的反应动力学，使得抗体与磁珠能够进行快速而有效的结合。它具有稳定、光滑、低疏水性的表面，可有效地降低非特异性的结合。用于细胞分离的免疫磁性微球应具备以下条件：化学性能稳定，不产生凝聚；不与细胞发生非特异性的结合；磁性微球与抗体的结合牢固；磁性微球的大小均匀，磁响应性好，磁性纳米材料的含量均匀一致；磁性微球大小适当。分离较小的细胞器宜选择较大的磁珠，以确保两者之间的相互作用更为牢固。迄今为止，利用免疫磁珠进行亚细胞器的纯化的方法已经被许多研究者广泛采用，这些被纯化的亚细胞器包括高尔基体、线粒体、过氧化物酶体、囊泡等。

亚细胞组分分离首先涉及细胞的破碎，“理想”的匀浆条件既能保证各个亚细胞组分的完整性，又能使细胞尽可能破碎，达到高得率。对于免疫磁珠分离来说，细胞粗提液的质量非常重要。如果在细胞破碎的同时，核也破裂，DNA 就会被释放出来引起细胞器的凝集，这可能会使免疫分离很难进行。因此，破碎细胞应尽量防止核破裂。

在大部分的亚细胞器分离中，最好先将一种连接型二抗与磁珠结合。这有利于特异性一抗的正确定位。尽管有多种类型的二抗可供选择，但最好使用 Fe 结合的抗体，如抗小鼠 IgG 的单克隆或多克隆抗体。二抗必须经过亲和纯化，不包含任何稳定剂（如蔗糖）和可与珠子相结合的蛋白质。一抗若是多克隆抗体，必须经过亲和纯化以确保珠子表面结合的特异性抗体的密度。对于免疫分离技术来说，特异性抗体的选择非常关键。抗体必须能够特异识别并且能够到达位于靶细胞器上的抗原表位。如果抗原表位被包埋在细胞器的内部，则与磁珠相结合的抗体就可能很难与之接触。因而免疫分离细胞器亚单位具有直接和间接两种方法。

若抗原表位位于靶细胞器的表面，通常采用直接法，即将特异性抗体直接与磁珠或包被有二抗的磁珠相结合，然后再加入待分离的细胞粗提物进行亲和纯化。直接法的分离速度和效率相对来说较好。如果抗原表位被包埋在细胞器内部，则适于选择间接法，即特异性抗体先与待纯化的细胞粗提物混合，然后再加入包被有二抗的磁珠，将抗体-靶细胞器复合物进行免疫分离。在间接法中有一点很重要，即抗体与靶细胞器结合后，要通过密度梯度离心或其他手段将过量的抗体去除，否则游离的抗体会占据磁珠上的很多位点，从而对分离效率产生较大的影响。当磁珠-靶细胞器复合物形成后，只需要将小管放在磁铁上，在几秒钟内复合物被吸到靠近磁铁的管壁上，然后将上清液吸掉即可，而不需要进行离心或过柱，因而如此轻柔的操作，足以保持亚细胞器的生物学活性。通过免疫磁珠分离得到的细胞器可用于化学、放射标记、酶学分析或SDS-PAGE分析等。

相对而言，免疫磁珠分离具有操作简便、分离迅速完全、细胞纯度高等优点，与传统的密度梯度离心方法相比，免疫磁珠分离技术具有两个突出的优点恰好弥补密度梯度离心法分离的缺陷，即对于分离相似密度的不同细胞器，免疫磁珠分离依据的是各细胞器的免疫学特性，因而很容易将不同的细胞器分离开来；免疫磁珠还可以实现对异质型细胞器的分离。所谓异质型只是大小、密度等物理特性的差别，只要具有相同的免疫学特性，即相同的抗原表位，就可以收集得到所有的同类细胞器。特异性抗原的选择对于免疫磁珠分离是十分重要的，所选择的抗原必须对细胞器是特异的，并且在细胞质中不存在相应的可溶性蛋白，否则必须先将细胞质中的可溶性蛋白去掉，才能达到预期的分离效果。

但利用免疫磁珠分离亚细胞器也有不足之处，即一次分离纯化所得到的样品的体积较小，需要特异性抗体的量较大。如果特异性抗原表位被包埋在内部，尽管在分离过程中可采用间接法，但最终的分离效率可能会降低。那些未与靶细胞器相结合的抗体的去除必须借助密度梯度离心或其他的手段。

2.3.2.3 亚细胞蛋白质的鉴定

亚细胞蛋白质组研究常用两种不同的技术策略对蛋白质进行鉴定：一是基于胶体系的蛋白质鉴定策略；二是非胶体系的蛋白质鉴定技术路线，即多维色谱鉴定技术（MudTIP）。基于胶体系的蛋白质鉴定策略又可以分成两种，第一种是双向电泳（2DGE）结合基质辅助激光解吸离子化质谱仪（MALDI-TOF）技术策略。样品采用双向电泳进行分离，胶上酶解后肽段用MALDI-TOF进行鉴定。该策略的优点是可以同时提供蛋白质的等电点和分子质量的信息，对研究蛋白质的翻译后修饰和剪切有提示作用。这是其他方法所无法比拟的，缺点在于难以分离极酸、极碱及疏水性蛋白质。第二种是十二烷基磺酸钠-聚丙烯酰胺凝胶电泳（SDS-PAGE）结合色谱-串联质谱（LC-MS/MS）技术策略，该技术路线避免了双向电泳分离的局限性。SDS作为一种离子型去垢剂具有两个特点，一是可以有效地溶解膜蛋白；二是可以将所有溶解的蛋白质包被，使得这些蛋白质按照分子质量大小分离。MudTIP技术属于非胶体系的蛋白质鉴定技术路线，其流程包括在蛋白质水平上进行全溶液酶切，然后在肽段水平上进行二维色谱分离，一般是强阳离子交换（SCX）色谱接反向色谱（RP），最后进行串联质谱分析。

2.3.3 细胞培养技术

高等生物是由多细胞构成的整体，在整体条件下要研究单个细胞或某一群细胞在体内（*in vivo*）的功能活动是十分困难的。但是如果把活细胞拿到体外（*in vitro*）培养进行观察和研究，则要方便得多。活细胞离体后要在一定的生理条件下才能存活和进行生理活动，特别是高等动植物细胞要求的生存条件极其严格，稍有不适就要死亡。所以细胞培养技术（cell culture）就是选用最佳生存条件对活细胞进行培养和研究的技术。

2.3.3.1 植物细胞培养

植物细胞培养主要有如下几种技术。

(1) 组织培养:诱发产生愈伤组织,如果条件适宜,可培养出再生植株。用于研究植物的生长发育、分化和遗传变异;进行无性繁殖;制取代谢产物。

(2) 悬浮细胞培养:在愈伤组织培养技术基础上发展起来的一种培养技术。适合于进行产业化大规模细胞培养,制取植物代谢产物。

(3) 原生质体培养:脱壁后的植物细胞称为原生质体(protoplast),其特点是:①比较容易摄取外来的遗传物质,如DNA;②便于进行细胞融合,形成杂交细胞;③与完整细胞一样具有全能性,仍可产生细胞壁,经诱导分化成完整植株。

(4) 单倍体培养:通过花药或花粉培养可获得单倍体植株,经人为加倍后可得到完全纯合的个体。

2.3.3.2　动物细胞培养

动物细胞的生存环境与植物细胞差别很大,因而二者的培养方法很不相同。动物细胞培养方式主要有两种:一种是群体培养(mass culture),将含有一定数量细胞的悬液置于培养瓶中,让细胞贴壁生长,汇合(confluence)后形成均匀的单细胞层;另一种是克隆培养(clonal culture),将高度稀释的游离细胞悬液加入培养瓶中,各个细胞贴壁后,彼此距离较远,经过生长增殖每一个细胞形成一个细胞集落,称为克隆(clone)。一个细胞克隆中的所有细胞均来源于同一个祖先细胞。此外,为了制取细胞产品而设计了转鼓培养法,使用大容量的圆培养瓶,在培养过程中不断地转动,使培养的细胞始终处于悬浮状态之中而不贴壁。

1) 细胞培养的基本操作技术和要求

防止污染是细胞培养过程中时刻要注意的事项,在操作过程中,要最大可能的保证无菌。

培养前要做好充分的准备工作:在开始实验前要制订实验计划和操作流程,准备好所需的器材和物品并将其放置在培养室内。

(1) 培养室和超净台的消毒:培养室每天都要用0.2%的新洁尔灭擦拭,紫外线照射消毒30～50min,超净工作台台面每次实验前要用75%的乙醇擦拭,然后用紫外线照射消毒30min。操作前要洗手,进入超净台后手要用75%乙醇或0.2%新洁尔灭擦拭。试剂瓶也要擦拭。

(2) 无菌培养操作:自取材开始,保持所有组织细胞处于无菌条件。点燃酒精灯,操作在火焰附近进行,耐热物品要在火焰上烧灼,金属器械烧灼时间不能太长,以免退火,并冷却后才能夹取组织,吸取过营养液的用具不能再烧灼,以免烧焦形成碳膜。操作动作要准确敏捷,但又不能太快,以防空气流动,增加污染机会。工作台面上用品要布局合理,不能用手触已消毒器皿的工作部分。吸管等不能混用,不能触及瓶口以防止污染。

2) 细胞原代培养

将动物机体的各种组织从机体中取出,经各种酶(常用胰蛋白酶)、螯合剂(常用EDTA)或机械方法处理,分散成单细胞,置合适的培养基中培养,使细胞得以生存、生长和繁殖,这一过程称原代培养。

A. 取材

取材时应保持无菌操作,为减少污染,可用500～1000U/mL的青霉素或链霉素BSS液漂洗5～10min。用锋利的手术刀切碎组织,尽可能减少对细胞的机械损伤。组织样本最好尽快培养,因故不能及时培养,可以放置于4℃暂时保存,但不应超过24h。

B. 组织材料的分离

分散组织的方法有机械法和化学法两种，根据组织种类和培养要求，宜采用相应的手段。

(1) 机械分散法。体内取出的各种组织均由众多细胞和纤维成分组成，结合十分紧密。为获取多量生长良好的细胞，必须把组织细胞分散开，使细胞解离出来，同时使细胞不受伤害，细胞能很好生长。在进行组织块培养时，可采用剪切法，一般剪切成 $1mm^3$ 大小的块。无菌切取 $1cm^3$ 组织一块，置入青霉素瓶或小烧杯中，左手斜持容器，右手持眼科尖剪或弯剪(剪柄较长为好)伸入容器中，反复剪切组织至 $1mm^3$ 大小为止(呈糊状)。然后用吸管吸取 Hank's 液把附着在剪刀上的组织小块冲下，并再补加 3～5mL Hank's 液后，用吸管反复轻轻吸吹冲打片刻，低速离心，去上清，余下组织块即可用于培养。剪切法可能对组织有一定损伤，但操作比较方便。另外，亦可用手术刀反复切割，把组织块放在培养皿中，两手各持一把手术刀，交错反复切割。手术刀切割法对组织损伤较小，但在空气中暴露时间较长，污染机会大些。某些软组织如脑、胚胎以及一些肿瘤组织等，可采用挤压机械法进行分散。常用有两种方法：①把组织放入注射器针管中压挤法；②组织置于不锈钢纱网中用钝物压取法。不论用哪一种方法，都应把组织块先剪成小块后再处理。机械纱网压挤滤过法简便易行，节省时间，但对组织可能有一定损伤。纱网网眼越小，所需压力越大，组织受损越重，故本法仅适用于处理软组织，对较硬组织和纤维性组织效果不好。

(2) 消化分离法。组织消化法是在把组织剪切成较小体积的基础上，应用生化和化学手段进一步分散组织的方法。最后使被处理的组织分散成细胞团或单个细胞，然后加入培养液制成细胞悬液。各种消化剂的作用机制各不相同，根据组织的不同，可选用适宜的消化手段。①胰蛋白酶消化法。胰蛋白酶是广泛应用的消化物。胰蛋白酶适于消化细胞间质较少的软组织，如胚胎组织、羊膜、上皮组织、肝、肾等，用于消化纤维性组织或较硬的癌组织则较差。Ca^{2+} 和 Mg^{2+} 对胰蛋白酶的活性有一定抑制作用，故需用不含这些离子的 BSS 溶液配制胰蛋白酶消化液。血清有抑制胰蛋白酶活性的作用，因此可用含血清的培养基终止消化反应。胰蛋白酶的消化作用与 pH、温度、组织块的大小、组织的硬度以及胰蛋白酶的浓度都有关系。胰蛋白酶应用浓度为 0.01%～0.5%，常用浓度为 0.25%，最适 pH 8～9，37℃消化 $5mm^3$ 大小的胚胎类软组织，20～30min 即可。组织块大或较硬，可延长至数小时。胰蛋白酶置于 4℃时，仍有缓慢消化作用。胰蛋白酶浓度过大或消化时间太长，细胞也可被消化掉。在 37℃下用胰蛋白酶长时间(1h 以上)消化纤维性组织时，组织块表层细胞可随时从纤维网架中脱落下来。因此每隔 20～30min，需用不锈钢网(20～50μm)滤过一次，离心，收集这些细胞，以免它们被消化过度而受破坏。如采用冷消化，在从 4℃中取出已部分消化的组织后，应先过滤一次，收集已游离下来的细胞，再向消化容器中补足新胰蛋白酶液，并再重置入 37℃温箱中，继续温消化剩余组织 20～30min，这样效果可能更好。上述方法主要适用于消化大量组织的原代培养，如消化传代培养细胞，胰蛋白酶多与 EDTA 混合使用。②胶原酶(collagenase)消化法。胶原酶对胶原有很强的消化作用，适于消化纤维性组织、上皮组织以及癌组织等。上皮细胞本身对胶原酶有一定耐性，但胶原酶对细胞间质有好的消化作用，可使上皮细胞与胶原成分脱离而不受伤害。胶原酶在钙离子和镁离子存在情况下仍有活性，故可用培养基配制。常用剂量为 200U/mL 或 0.1～0.3mg/mL。此酶消化作用缓和，且无需机械振荡。胰蛋白酶(0.1mg/mL)和胶原酶(0.25mg/mL)也可协同使用。由于上皮细胞对酶有耐受性，可能有一些上皮细胞团尚未被完全消化开。成小团的上皮细胞比分散的单个上皮细胞更易生长，因此不必要再做进一步消化处理。胶原酶与胰蛋白酶并用时，尚可外加透明质酸酶。透明质酸酶对细胞表面糖基有作用。胶原酶与胰蛋白酶两者结合使用，对分散大鼠和兔肝等组织非常有效。除上述两种最常用的消化酶外，其他具有消化作用的酶还很多，如链霉蛋白酶、黏蛋白酶、蜗牛酶等，可根据各种酶作用的特点和组织成分的不同分别选用。③EDTA 消化法。一些组织，尤其是上皮组织，在生存中需要 Ca^{2+} 和 Mg^{2+} 才能维持组织的完整性，EDTA 能从这些组织生存环境中结合这些离子，形成螯合物，促进细胞相互分离。EDTA 是一种非酶性消化物，用不含 Ca^{2+} 和 Mg^{2+} 的 BSS 配成 0.02%的工作液。EDTA 作用比胰蛋白酶温和，很少单独用于消化新鲜组织，一般与胰蛋白酶混合使用(1∶1 或 2∶1)消化传代细胞。

3）细胞传代培养

细胞在培养瓶长成致密单层后，已基本上饱和，为使细胞能继续生长，同时也将细胞数量扩大，就必须进行传代。传代培养也是一种将细胞种保存下去的方法。同时也是利用培养细胞进行各种实验的必经过程。悬浮型细胞直接分瓶就可以，而贴壁细胞需经消化后才能分瓶。

EDTA 和胰蛋白酶混合消化法传代的过程如下所述。

(1) 吸出培养瓶内营养液，注入 EDTA(0.02%)和胰蛋白酶(0.25%)混合液(1∶1)，注入量以能覆盖细胞为度，置 37℃温箱或室温中作用 3～5min。在消化过程中，要在显微镜下随时观察细胞状态，当见到细胞胞质回缩，胞体趋于变圆，细胞相互间缝隙变大时，便立即终止消化。如消化过度则细胞能完全从瓶壁脱落，这时需要做离心分离以防细胞丢失。

(2) 吸出消化液，加入适量培养液洗一两次，注意加液时要缓慢，以避免把细胞从瓶壁上冲下来，然后手持培养瓶轻轻晃动，让液体在细胞面上来回流动，以洗掉残余的消化液，不要用力过猛，否则能把附着不牢的细胞冲掉，减少细胞数量。

(3) 吸出液体，加入适量含血清的细胞培养液终止消化反应，用吸管反复轻轻吹打瓶壁上细胞，使之脱落入培养液中形成细胞悬液。将此细胞悬液分入另一培养瓶，进行传代培养。

4）肿瘤细胞培养

肿瘤细胞在组织培养中占有核心的位置，肿瘤细胞培养是研究癌变机制、抗癌药检测、癌分子生物学极其重要的手段。

A. 体外培养的肿瘤细胞的特征

肿瘤细胞与体内正常细胞相比，不论在体内或在体外，在形态、生长增殖、遗传性状等方面都有显著的不同。生长在体内的肿瘤细胞和在体外培养的肿瘤细胞，其差异较小，但也并非完全相同。培养中的肿瘤细胞具以下突出特点。

(1) 形态和性状特异。培养中癌细胞无光学显微镜下特异形态，大多数肿瘤细胞镜下观察比二倍体细胞清晰，核膜、核仁轮廓明显，核糖体颗粒丰富。电镜观察癌细胞表面的微绒毛多而细密，微丝走行不如正常细胞规则，可能与肿瘤细胞具有不定向运动和锚着不依赖性有关。

(2) 增殖能力强。肿瘤细胞在体内具有不受控增殖性，在体外培养中仍如此。正常二倍体细胞在体外培养中不加血清不能增殖，是因血清中含有很多细胞增殖生长的因子，而癌细胞在低血清中(2%～5%)仍能生长，证明肿瘤细胞有自泌或内泌性产生促增殖因子能力。正常细胞发生转化后，出现能在低血清培养基中生长的现象，已成为检测细胞恶变的一个指标。癌细胞或培养中发生恶性转化后的单个细胞培养时，形成集落(克隆)的能力比正常细胞强。另外癌细胞增殖数量增多扩展时，接触抑制消除，细胞能相互重叠向三维空间发展，形成堆积物。

(3) 永生性。永生性也称不死性,在体外培养中表现为细胞可无限传代而不凋亡(apoptosis)。体外培养中的肿瘤细胞系或细胞株都表现有这种性状。从近年建立细胞系或株的过程说明,如果永生性是体内肿瘤细胞所固有的,肿瘤细胞应易于培养。事实上,多数肿瘤细胞原代培养时并不那么容易,生长增殖并不旺盛,经过纯化成单一化瘤细胞后,也大多增殖若干代后,出现类似二倍体细胞培养中的停滞期。过此阶段后才获得永生性,顺利传代生长下去。

(4) 浸润性。浸润性是肿瘤细胞扩张性增殖行为,培养癌细胞仍持有这种性状。在与正常组织混合培养时,能浸润入其他组织细胞中,并有穿透人工隔膜生长的能力。

(5) 异质性。所有肿瘤都是由有增殖能力、遗传性、起源、周期状态等性状不同的细胞组成。异质性构成同一肿瘤内细胞的活力有差别的瘤组织;处于瘤体周边区的细胞获得血液供应多,增殖旺盛,中心区有的细胞衰老退化,有的处于周期阻滞状态。

(6) 细胞遗传改变。大多数肿瘤细胞有遗传学改变,如失去二倍体核型、呈异倍体或多倍体等。肿瘤细胞群常由多个细胞群组成,有干细胞系和数个亚系,并不断进行着适应性演变。

B. 肿瘤细胞的培养方法

肿瘤细胞培养成功的关键在于取材、成纤维细胞的排除、选用适宜的培养液和培养底物等几个方面。在具体培养方法方面,肿瘤细胞培养与正常组织细胞培养并无原则差别,原代培养应用组织块和消化培养法均可。

(1) 取材。人肿瘤细胞来自外科手术或活检瘤组织。取材部位非常重要,体积较大的肿瘤组织中有退变或坏死区,取材时尽量避免用退变组织,要挑选活力较好的部位。癌性转移淋巴结或胸腹水是好的培养材料。取材后宜尽快进行培养,如因故不能立即培养,可储存于 4℃中,但不宜超过 24h。

(2) 培养基的选择。肿瘤细胞对培养基的要求不如正常细胞严格,一般常用的 RPMI1640、DMEM、Mc-Coy5A 等培养基皆可用于肿瘤细胞培养。肿瘤细胞对血清的需求比正常细胞低,正常细胞培养不加血清不能生长,肿瘤细胞在低血清培养基中也能生长。肿瘤细胞对培养环境适应性较大,是因肿瘤细胞有自泌(autocrine)性产生促生长物质之故。但这并不说明肿瘤细胞完全不需要这些成分。按不同细胞需要不同的生长因子;肿瘤细胞与正常细胞之间、肿瘤细胞与肿瘤细胞之间对生长因子的需求都存在着差异。但大多数肿瘤细胞培养中仍需要生长因子。有的还需特异性生长因子(如乳腺癌细胞等)。总之培养肿瘤细胞仍需加血清和相关生长因子培养。

(3) 成纤维细胞的排除。成纤维细胞常与肿瘤细胞同时混杂生长,以致难以纯化肿瘤细胞。而且成纤维细胞常比肿瘤细胞生长得快,最终能压制肿瘤细胞的生长。因此排除成纤维细胞成为肿瘤细胞培养中的关键。成纤维细胞排除方法主要有以下几种。①机械刮除法。用不锈钢丝末端插有橡胶刮头(用胶塞剪成三角形插以不锈钢丝)、或裹少许脱脂棉制成,装入试管中高压灭菌后备用(也可用特制电热烧灼器刮除)。镜下观察,用不脱色笔在培养瓶皿的背面圈下生长肿瘤细胞的部位;弃掉培养液,把无菌胶刮伸入瓶皿中,肉眼或显微镜下,刮除无标记空间;用 Hank's 液冲洗一两次,洗除被刮掉的细胞;注入培养液继续培养,如发现仍有成纤维细胞残留,可重复刮除至完全除掉为止。②反复贴壁法。根据肿瘤细胞比成纤维细胞贴壁速度慢的特点,并结合使用不加血清的营养液,把含有两类细胞的细胞悬液反复贴壁,使两类细胞相互分离,操作方法与传代相同。待细胞生长达一定数量后,倒出旧培养液,用胰酶消化后,用 Hank's 液冲洗两次,加入不含血清的培养液,吹打制成细胞悬液;取编号为此 A、B、C 三个培养瓶;首先把悬液接种入 A 培养瓶中。置温箱中静止培养 5～20min 后，轻轻倾斜培养瓶，让液体集中瓶角后慢慢吸出全部培养液，再接种入 B 培养瓶中后；向 A 瓶中补充少许完全培养液置温箱中继续培养；培养 B 瓶中细胞 5～20min 后，接处理 A 的方法，把培养液注入 C 培养瓶中；再向 B 瓶中补加完全培养液。当三个瓶内都含有培养液后，均在温箱中继续培养。如操作成功，次日观察可见 A 瓶主要为成纤维细胞，B 瓶两类细胞相杂，C 瓶可能主要为癌细胞。必要时可反复处理多次，直至癌细胞纯化为止。③消化排除法。此法曾用于乳癌细胞的培养，具体程序是：先用 0.5%胰蛋白酶和 0.02%EDTA(1∶1)混合液漂洗培养细胞一次，然后再换成新的混合液继续消化，并在倒置显微镜下观察和不时摇动培养瓶，到半数细胞脱落下来后，便立即停止消化；把消化液吸入离心管中，离心去上清，吸入另一瓶中，加培养液置温箱中培养；向原瓶内也补加新的培养液继续培养。用此法处理后，成纤维细胞比肿瘤细胞易先脱落。经过几次反复处理，可能把成纤维细胞除净。④胶原酶消化法。本法是利用成纤维细胞对胶原酶较为敏感的特点，通过消化进行选择。可用 0.5mg/mL 的胶原酶消化处理，边消化边在倒置显微镜下观察，当发现成纤维细胞被除掉后，即终止消化；用 Hank's 液洗涤处理一次后，更换新培养液，继续培养，可获纯净肿瘤细胞，如成纤维细胞未被除净，可再次重复。⑤其他方法。有人发现聚丙烯酰胺有抑制成纤维细胞生长的作用；也有人用聚蔗糖制备成相对密度 1.025～1.085 的密度梯度离心液，加入细胞悬液后，在 23℃ 800g 离心 10min。在相对密度 1.025～1.050 层为成纤维细胞，在相对密度 1.050～1.085 层为上皮细胞，再经过分离进行培养。最近也有人应用特殊化学物如 SOD 抑制成纤维细胞生长的方法。

(4) 提高肿瘤细胞培养存活率和生长率措施。当肿瘤组织或细胞原代接种培养后，常出现以下几种情况：完全无细胞游出或移动；有细胞移动和游出，但无细胞增殖，细胞长时间处于停滞状态以致难以传代；有细胞增殖，传若干代后停止生长或衰退死亡；传数代后细胞增殖缓慢，经过一段停滞期后，才又呈旺盛生长状态，形成稳定生长的肿瘤传代细胞系。以上现象说明肿瘤细胞对体外生存条件有一定的要求，并要经过对新环境的适应才能生长，因此欲获得好的培养效果，还得采用一些特殊的措施。例如，把经过纯化的细胞接种在不同的底物上，如鼠尾胶原底层、饲细胞层等；应用促细胞生长因子，向培养液中增加一种或几种促细胞生长因子，根据细胞种类不同选用不同的促生长物，常用有胰岛素、氢化可的松、雌激素以及其他生长因子；为提高肿瘤细胞对体外培养环境的适应力和增加有活力癌细胞(干细胞)的数量，可采用动物体转嫁接种成瘤后，再从动物体内取出进行培养，能提高体外培养的成功率。受体动物以裸鼠最好。

(5) 体外培养肿瘤细胞生物学检测。一旦培养的肿瘤细胞生长成形态上单一的细胞群体或细胞系(或株)后，不论用于实验研究还是建立细胞系，都需要做一系列的细胞生物学测定，主要的目的在于证明：所培养的细胞系的确来源于原体内具有恶性的细胞，而非正常细胞或其他细胞。均具有瘤种特异性。阐明一般生物学性状。测定项目数量无明确规定，根据需要而定，以下为常做的项目和要点。①形态观察：主要观察细胞的一般形态，如大体形态、核浆比例、染色质和核仁大小、多少等以及细胞骨架微丝微管的排列状态等。②细胞生长增殖：检测细胞生长曲线、细胞分裂指数、倍增时间、细胞周期时间。③细胞核型分析：检测核型特点，染色体数量、标记染色体的有无、带型等。④凝集试验：检测凝集力。⑤软琼脂培养：检测集落形成能力。⑥异体动物接种：向异体动物体内(皮下)接种细胞悬液，观察成瘤能力。⑦其他：除上述项目外，根据需要还可做同位素标记、组织化学成分分析，荧光显微镜观察等。

(6) 对肿瘤细胞系或细胞株的评价。已建成的各种肿瘤细胞系或细胞株，无疑都是可用的实验对象。近年我国已建成的肿瘤细胞系已非常多,并获得越来越广泛的应用。但根据研究者的经验,在使用这些细胞系时,应持特别审慎态度,主要是应考虑到这些细胞在长期传代中有否发生遗传性改变的可能。众所周知,长期传代细胞系染色体核型常是不稳定的。另外也可能发生如基因突变、基因易位或缺失等变化。其结果可能导致细胞产生生物学性状上的变动。

5) 细胞系或细胞株的建立

A. 概念

(1) 细胞系(cell line):原代培养物经首次传代成功即成细胞系,由原先存在于原代培养物中的细胞世系(lineage of cell)所组成。

(2) 细胞株(cell strain):通过选择法或克隆形成法从原代培养物或细胞系中获得的具有特殊性质或标志物的培养物称为细胞株。细胞株的特殊性质或标志必须在整个培养期间始终存在。如果不能继续传代或传代数有限,称为有限细胞株(finite cell strain);如果可以连续传代,称为连续细胞株(continuous cell strain)。对于人类肿瘤细胞,在体外培养半年以上,生长稳定,并连续传代的即可称为连续性株或系。

B. 建立细胞系(或株)的要求

什么样的体外培养群可被认可为已鉴定的细胞,视具体情况而定,无统一规定。对于用作原代培养的细胞只要供体均一,取材部位及组织种类等条件稳定即可,如用做长期培养,特别是反复传代的细胞,常需做如下说明:

(1) 组织来源:细胞供体所属物种,来自人体或者动物;个体性别、年龄;取材的器官或组织。如系肿瘤组织,应说明临床和病理诊断,以及病历号等。

(2) 细胞生物学检测:了解细胞一般和特殊的生物学性状,如细胞一般形态,特异结构,细胞生长曲线和分裂指数,倍增时间,接种率等。如果为肿瘤细胞,为说明来源于原肿瘤组织并保持恶性,须做软琼脂培养,异体接种致瘤和对正常组织浸润力等实验。

(3) 培养条件和方法:应说明细胞系(或株)适应的生存环境,即指明使用的培养基、血清种类、用量及适宜 pH。

6) 细胞冻存与复苏

细胞冻存是细胞保存的主要方法之一。利用冻存技术将细胞置于−196℃液氮中低温保存,可以使细胞暂时脱离生长状态,在需要的时候再复苏细胞用于实验,也可以防止因细胞被污染或其他意外事件而使细胞丢种,起到了细胞保种的作用。

如果不加保护剂直接冻存细胞,细胞内、外环境中的水会形成冰晶,导致细胞内发生机械损伤、电解质升高、渗透压改变、脱水、pH 改变、蛋白质变性等,引起细胞死亡。向培养液加入保护剂,可使冰点降低。在缓慢的冻结条件下,能使细胞内水分在冻结前透出细胞。储存在−130℃以下的低温中能减少冰晶的形成。目前常用的保护剂为二甲基亚砜(DMSO)和甘油,它们对细胞无毒性,分子质量小,溶解度大,易穿透细胞。细胞冻存时向培养基中加入终浓度 5%~15%的甘油或二甲基亚砜(DMSO)。标准冷冻速度开始为 2℃/min,当温度低于−25℃时可加速,到−80℃之后可直接投入液氮内(−196℃)。采用"慢冻快融"的方法能较好地保证细胞存活。复苏细胞时则直接将装有细胞的冻存管投入 37℃热水中迅速解冻。细胞复苏时速度要快,使之迅速通过细胞最易受损的−5~0℃,细胞仍能生长,活力受损不大。

2.3.4 细胞内分子示踪技术

细胞内分子示踪技术是指利用同位素、荧光染料、酶、报告基因等标记细胞以观察其运动、迁移、细胞通信、信号转导、代谢、分化及发育等活动，借此对细胞器官和机体的结构，功能进行追踪观察。细胞内分子示踪技术已被广泛地应用于多个研究领域，如神经再生与发育、干细胞移植、肿瘤发生及转移等。

目前广泛应用的细胞内示踪剂主要有以下几种。

2.3.4.1 酶

辣根过氧化物酶(HRP)是神经细胞示踪常用的示踪剂，HRP可以形成稳定的反应产物，有助于对标记细胞进行电子显微镜以及免疫细胞化学观察。其缺点是相对分子质量大(约4万)，用于神经细胞示踪影响记录电极的记录效果。

2.3.4.2 荧光染料

荧光染料已广泛用于活体和固定组织及细胞的神经元逆行性和顺行性示踪。亲脂性二烷基碳菁类染料(dialkylcarbocyanine，Dia)及其类似物标记对细胞活性、发育或其他基本的生理特性无明显影响。运动神经元用DiI标记后，在细胞培养体系中可存活4个星期，而在体内存活长达1年之久。这些染料通过在细胞膜内的侧向扩散对神经元进行均一性标记，并且不会从标记细胞扩散到非标记细胞，避免了交叉染色。然而，由切片导致的细胞膜破损可能会引起染料的非特异性扩散。DiI和DiO的荧光最大激发与发射波长相差65nm，因此两者可组合进行双色标记。DiO的染色强度通常弱于DiI，在固定的组织中有时会完全阴性。

荧光染料lucifer yellow(LY)在神经细胞的标记中也常被使用。LY分子质量小(457Da)，很容易通过高阻抗微电极泳进入细胞内，在实验过程中或记录观察后，不需任何组织化学处理就可以进行形态学分析，其缺点是荧光容易消退。虽然通过光氧化反应可以把LY转变为稳定的DAB反应物，LY抗体的应用也可以克服其易消退的缺点，但其标记效果不能令人满意。近年来，一种新型细胞内示踪剂Biocytin问世且应用越来越广泛。Biocytin兼有HRP和LY的优点，即分子质量小，对记录电极本身的电学特性以及记录神经元的电生理活动影响很小；经过简单的组织化学理，可以形成稳定的终产物，可以进行电镜分析，从标记效果来看，Biocytin显示的锥体细胞和颗粒细胞与Golgi染色相似；其所标记的中间神经元，特别是轴突及其终末，则明显优于Golgi染色，也是HRP和LY结果所不能比拟的。

2.3.4.3 超顺磁性氧化铁颗粒

超顺磁性氧化铁(superparamagnetic iron oxide，SPIO)是一种颗粒物质，用于磁共振细胞内对比剂。作为超顺磁性核磁共振对比剂，它可以影响局部磁场均匀性，同时产生磁化率效应(susceptibility effect)，从而加速共振质子的失相位，使T2弛豫时间显著缩短。SPIO是由晶体氧化铁作为颗粒核心，用稳定剂如右旋糖酐(又名葡聚糖)或羧葡聚糖膜所包裹。根据其颗粒的直径大小分为2种：小SPIO(直径50～150nm)及超微SPIO(USPIO)(直径<50nm)，这2种颗粒的磁特异性是相同的。SPIO经静脉注入体内后，与血浆蛋白结合，并在调理素作用下被主要位于肝脏的Kupfer细胞的网状内皮系统吞噬、降解(铁离子游离)，从血液中清除。SPIO在血管内的半衰期只有8～10min；而USPIO颗粒则可在血管内循环较长时间，其半衰期可达200min。

此外,USPIO不仅被肝脾清除,还可被骨髓和淋巴结清除。由于它们对肝的特异性亲和力,SPIO制剂最初只是作为肝脏对比剂应用于临床。近10年来,随着分子影像学的发展,有人将磁性粒子与抗体或受体结合,通过细胞表面相应的受体使磁性粒子与细胞结合并进入细胞内;还可将磁性氧化铁粒子制成特定的标记物,通过哺乳类动物细胞非特异性膜表面吸收过程进入细胞内。由此,开拓了MR对比剂SPIO的临床应用范围。近年来,干细胞移植治疗疾病日益受到重视,并迅速发展,部分研究已经进入初期临床试验。与动物实验不同,干细胞移植后组织取材、体外检测不适于人体。如何在活体监测干细胞的成活、分化乃至是否成瘤是学者面临的一个共同问题。Orlic等(2002)在体外将磁共振增强剂导入到干细胞或前体细胞中,依赖核磁共振(MRI)检测增强剂发出的信号反映干细胞的存在和迁移,取得了一定进展。但如果干细胞在体内死亡、裂解,释放出的增强剂粒子将造成假阳性显像;此外,这样做不能监测移植后干细胞的增殖、分化。

用SPIO颗粒标记细胞的方法主要通过以下3种机制。

(1) 直接胞吞作用:将被葡聚糖包被的SPIO直接放入培养基中,与细胞共同培养,标记细胞。

(2) 受体介导的胞吞作用:在已进行的研究中,超顺磁性氧化铁颗粒多与转铁蛋白共价结合,结合后的复合物放入培养基中和细胞共同培养。它首先和细胞膜上的转铁蛋白受体特异性结合,引起局部细胞膜内陷,进而形成内吞泡,将受体、转铁蛋白、氧化铁颗粒转运入细胞内,受体与转铁蛋白、氧化铁颗粒分离后,返回细胞膜,而将转铁蛋白一氧化铁颗粒留在细胞内,完成细胞标记。

(3) 转染试剂介导的胞吞作用:包括阳离子物质转染后介导的胞吞作用和脂质体介导的胞吞作用。①阳离子物质转染后介导的胞吞作用:常用的转染试剂有多聚左旋赖氨酸(PLL)、硫酸鱼精蛋白等。通过静电相互作用,带负电荷的SPIO与带正电荷的转染试剂结合形成复合物刺激细胞膜内吞作用,从而将铁颗粒转运至细胞内。②脂质体介导的胞吞作用:由于带有负电荷,氧化铁颗粒能被带正电荷的脂质体包围。2~4个脂质体与1个单个的对比剂分子或颗粒结合。然后这种脂质复合物与细胞胞质膜融合,将对比剂转运至细胞液中。

2.3.4.4 荧光蛋白标记

传统的影像技术由于成像机制的限制,对肿瘤的早期阶段很难进行明确的诊断。在癌症研究的过程中,由于荧光蛋白的出现使得科学家们能够观测到肿瘤细胞的具体活动,比如肿瘤细胞的成长、入侵、转移和新生,这为研究肿瘤转移提供了一种可追踪的研究方法。在活体小动物身上无创、活体观察绿色荧光蛋白也是近几年伴随着分子影像学这一新学科的诞生而出现的。活体动物体内光学成像(optical *in vivo* imaging)主要采用生物发光(bioluminescence)与荧光(fluorescence)两种技术。生物发光是用荧光素酶(luciferase)基因标记细胞或DNA,而荧光技术则采用荧光报告基因(*GFP*、*RFP*、*Cyt*及*dyes*等)进行标记。在肿瘤细胞接种小鼠一周后,应用荧光活体成像仪即可检测到肿瘤的存在。通过这个系统,可以观测活体动物体内肿瘤的生长及转移、感染性疾病发展过程、特定基因的表达等生物学过程。传统的动物实验方法需要在不同的时间点宰杀实验动物以获得数据,得到多个时间点的实验结果。相比之下,可见光体内成像通过对同一组实验对象在不同时间点进行记录,跟踪同一观察目标(标记细胞及基因)的移动及变化,所得的数据更加真实可信。另外,这一技术对肿瘤微小转移灶的检测灵敏度极高,不涉及放射性物质和方法,非常安全。因其操作极其简单、所得结果直观、灵敏度高等特点,在刚刚发展起来的几年时间内,已广泛应用于生命科学、医学研究及药物开发等方面。

2.3.4.5　放射性核素标记

各种组织或细胞都有特异或相对特异的分子标志物，利用适当的放射性核素标记与这些标志物特异结合配基作为探针，能够在活体显示组织、细胞的存在和状态。因核素示踪的靶分子是细胞的内源性标志物，特异性强，具有较高的灵敏度。根据标志物与探针的不同，核医学显像可以分为代谢显像、抗体显像、受体显像、报告基因显像和反义显像。

1）代谢显像

作为探针的分子是组织和细胞的代谢底物或类似物。例如，最常用的 F 标记脱氧葡萄糖（^{18}F-FDG）是已糖激酶的底物，其在体内的浓聚主要反映该酶在体内的表达。

2）抗体显像

抗体显像是将抗体作为探针，利用抗原抗体的特异结合，检测细胞表面抗原的存在。该方法起源于核素放射免疫治疗，由于抗原抗体的特异性结合，核素标记的肿瘤特异性抗原曾被誉为治疗肿瘤的“魔弹”。但获得同源性抗体较困难，利用异源抗体容易引起机体免疫反应；此外，抗体分子质量较大，不适于颅内显像，血液内大分子物质清除速度慢，导致显像本底高，图像质量差。基因重组抗体的出现一定程度上弥补了这些不足。

3）受体显像

受体显像在核医学显像中占有重要地位。利用神经受体显像剂，对中枢和周围神经系统疾病的诊断、鉴别诊断、疗效监控和药物的作用机制及副作用的研究有着不可替代的作用，有些受体显像剂已进入临床应用。一般以受体亲和力高的拮抗剂或拮抗剂衍生物作为受体显像的探针，其体内稳定性好、免疫原性低。

4）报告基因显像

将能够表达可测表型（酶、受体、转运体等）的特定核苷酸序列（报告基因）与靶基因偶联，通过测定表型蛋白间接反映靶基因的表达为报告基因显像。报告基因与靶基因偶联的方法有数种：①将两者的编码序列直接融合在同一可读框内；②在两个基因间插入 IRES（内部核蛋白体进入位点）序列，两个基因被同一个启动子转录成一个单一的 mRNA，但 IRES 的存在使其翻译成两个不同的蛋白质；③同一载体内两个基因，两种启动子的偶联表达；④报告基因和靶基因分别装载于两个载体内，启动子类型相同；⑤同一基因双向转录成两个 mRNA，翻译成两种蛋白质。无论哪种方法，两种基因的表达都有良好的相关性，通过其中容易检测的基因（报告基因）反映另一种难以直接检测的基因（感兴趣基因或靶基因）的表达。与其他显像方法相比，报告基因显像不用针对每一靶分子研发一种显像剂，一种报告基因可以与多种靶基因偶联，一个报告基因系统能用于多种基因显像。缺点是：必须在体外将报告基因和靶基因偶联，然后用载体导入体内；或将转有报告基因的细胞移植入体内。所以，目前报告基因显像主要应用在转基因治疗领域。

5）反义显像

与其他显像技术相比，反义显像起步晚，技术要求高，所以进展缓慢。反义显像的基本原理是:通过螯合剂将金属核素与反义寡核苷酸(一般为15～20个碱基)连接,在细胞内与靶基因的mRNA互补结合显像。应用这种核素标记的寡核苷酸探针显示内源性基因表达的方法具有广泛性,寡核苷酸内的碱基经排列组合,理论上可以将所有基因作为靶显像。但是,该技术存在几个障碍:体内稳定性差,血液、组织间隙内存在很多针对核苷酸的核酸酶,不允许外源性遗传物质进入细胞,因此作为探针的寡聚核苷酸将很快被分解;寡核苷酸为低脂溶性,跨细胞膜转运困难,并有形成二级结构的倾向,影响探针与靶的互补结合。此外,寡核苷酸与预期以外的分子结合严重影响了显像的特异性;现有的核素显像设备的灵敏性不足以检测到转录水平较低的基因表达。用肽核酸代替寡核苷酸,并对寡核苷酸进行化学修饰等方法基本上解决了反义探针在体内外的稳定性差的问题;而将寡核苷酸装载在阳离子脂质体或病毒等载体上,一定程度上增加了探针的细胞膜穿透能力。

小结

分离和培养技术是细胞生物学实验中的基本技术之一。细胞分离是根据细胞的大小、密度、电荷、表面标志、荧光以及细胞对介质的吸附作用等某些性质的差异来分离获得具有同一性状的细胞群。根据不同目的和要求选择适宜的分离方法,以获得高活力、高纯度、高收获量的细胞。

常用的细胞分离技术包括离心技术(centrifugation)、流式细胞仪分离法、免疫磁珠分离法和细胞电泳(cell electrophoresis)等。离心技术又包括密度梯度离心(density gradient centrifugation)、密度沉降法等。亚细胞结构分离纯化技术是细胞生物学研究中的重要方法,它常常是研究某一细胞器超微结构、生化组成以及特定功能的前提和基础。方法有差速离心、密度梯度离心、自由流电泳(FFE)、高分辨率密度梯度电泳(DGE)、免疫学分离、免疫自由流电泳(IFFE)等。亚细胞蛋白质组研究常用两种不同的技术策略对蛋白质进行鉴定:一是基于胶体系的蛋白质鉴定策略;二是非胶体系的蛋白质鉴定技术路线,即多维色谱鉴定技术(MudTIP)。

细胞培养技术(cell culture)就是选用最佳生存条件对活细胞进行培养和研究的技术。植物细胞培养通常包括组织培养、悬浮细胞培养、原生质体培养和单倍体培养等。动物细胞培养方式主要有两种:群体培养(mass culture)和克隆培养(clonal culture)。

肿瘤细胞在组织培养中占有核心的位置,肿瘤细胞培养是研究癌变机理、抗癌药检测、癌分子生物学极其重要的手段。细胞系(cell line)指原代培养物经首次传代成功即成细胞系,由原先存在于原代培养物中的细胞世系(lineage of cell)所组成。细胞株(cell strain)指通过选择法或克隆形成法从原代培养物或细胞系中获得的具有特殊性质或标志物的培养物称为细胞株。细胞冻存是细胞保存的主要方法之一。利用冻存技术将细胞置于−196℃液氮中低温保存,可以使细胞暂时脱离生长状态,在需要的时候再复苏细胞用于实验,也可以防止因细胞被污染或其他意外事件而使细胞丢种,起到细胞保种的作用。细胞内分子示踪技术是指利用同位素、荧光染料、酶、报告基因等标记细胞以观察其运动、迁移、细胞通信、信号转导、代谢、分化及发育等活动,借此对细胞器官和机体的结构,功能进行追踪观察。各种组织或细胞都有特异或相对特异的分子标志物,利用适当的放射性核素标记与这些标志物特异结合配基作为探针,能够在活体显示组织、细胞的存在和状态。因核素示踪的靶分子是细胞的内源性标志物,特异性强,具有较高的灵敏度。根据标志物与探针的不同,核医学显像可以分为代谢显像、抗体显像、受体显像、报告基因显像和反义显像。

(陈妍柯　邢金良)

思考题

1. 简述细胞分离的方法有哪些?
2. 细胞培养过程中如何保持无菌操作?
3. 如何获得高纯度的亚细胞结构?
4. 简述细胞示踪技术的方法及应用。

参考文献

蔡文琴. 2003. 现代实用细胞与分子生物学实验技术. 北京:人民军医出版社

陈国良,陈志宏. 1992. 细胞培养工程. 上海:华东工程学院出版社

刘鼎新,吕证宝. 1990. 细胞生物学研究方法与技术. 北京:北京医科大学,北京协和医科大学联合出版社

吕国蔚. 2002. 实验神经生物学. 北京:科学出版社

司徒镇强,吴军正. 2004. 细胞培养. 西安:世界图书出版社

Arbab A S, Yocum G T, Kalish H, et al. 2004. Eficient magnetic cell labeling with protamine sulfate complexed to ferumoxides for celulac MRI. Blood, 104: 1217-1223

Blonder J, Goshe M B, Moore R J, et al. 2002. Enrichment of integral membrane proteins for proteomic analysis using liquid chromatographytandem mass spectrometry. J Proteome Res, 1(4): 351-360

Buhe J W, Douglas T, Witwer B, et al. 2001. Magnetodendrimers allow endosomal magnetic labeling and in vivo tracking of stem cels. Nat Biotechnol, 19: 1141-1147

Croze E M, Morre D J. 1984. Isolation of plasma membrane, Golgi apparatus, and endoplasmic reticulum fractions from single homogenates of mouse liver. J Cell Physiol, 119(1): 46-57

Gaucher S P, Taylor S W, Fahy E, et al. 2004. Expanded coverage of the human heart mitochondrial proteome using multidimensional liquid chromatography coupled with tandem mass spectrometry. J Proteome Res, 3(3): 495-505

Hamilton R L, Morehouse A, Lear S R, et al. 1999. A rapid calcium precipitation method of recovering large amounts of highly pure hepatocyte rough endoplasmic reticulum. J Lipid Res, 40(6): 1140-1147

Hoehn M, Kustermann E, Blank J, et al. 2002. Monitoring of implanted stem cell migration in vivo: a hishly resolved in vivo magnetic resonan ce imaging investigation of experimental stroke in rat. Proc Natl Acad Sci USA, 99: 16267-16272

Jendelova P, Herynek V, Urdzikova L, et al. 2004. Magnetic resonance tracking of trailsplanted bone marrow and embryonic stem cels labeled by iron oxide nanoparticles in rat brain and spinal cord. J Neurosci Res, 76: 232-243

Moore A, Basilion J P, Chiocca E A, et al. 1998. Measuring transferring receptor gene expression by NMR imaging. Biochim Biophys Acta, 1402: 239-249

Orlic D, Hill J M, Arai A E. 2002. Stem Cells for Myocardial Regeneration. Circulation Research, 91: 1092-1102

Schirmer E C, Florens L, Guan T, et al. 2003. Nuclearmembrane proteins with potential disease links found by subtractive proteomics. Science,301(5638):1380-1382

Taupin P,Gage F H. 2002. Adult neurogenesis and neural stem cells of the central nervous system in mammals(Review). J Neumsci Res,69:745-749

Taylor S W,Fahy E,Zhang B,et al. 2003. Characterization of the human heart mitochondrial proteome. Nat Biotechnol,21(3):281-286

2.4 工程细胞的构建技术

2.4.1 细胞融合技术

细胞融合现象最初是在动物细胞发现的。通过培养和诱导，两个或多个细胞合并成一个双核或多核细胞的过程称为细胞融合(cell fusion)或细胞杂交(cell hybridization)。基因型相同的细胞融合成的杂交细胞称为同核体(homokaryon)；来自不同基因型的杂交细胞则称为异核体(heterokaryon)。同种细胞在培养时2个靠在一起的细胞自发合并，称自发融合；异种间的细胞必须经诱导剂处理才能融合，称诱发融合。

细胞膜的流动性是动物细胞融合的生物学基础。许多环境因素如温度、pH、极性基团、酶、离子强度、金属离子、电场和(或)电脉冲等，均可对膜的流动性产生影响。动物细胞融合技术即是利用细胞膜的这一特性，通过对参与融合的细胞施加化学和物理诱导因素，使细胞膜的脂类分子的有序排列发生改变；当诱导因素解除后，细胞膜恢复原有的有序结构，在恢复过程中便可诱导相接触的细胞发生融合(图2.4.1)。目前，诱导细胞融合的方法包括病毒、聚乙二醇(polyethylene glycol,PEG)、电脉冲和激光4种。其中，PEG诱导细胞融合和电诱导细胞融合是诱导动物细胞融合的常用方法。

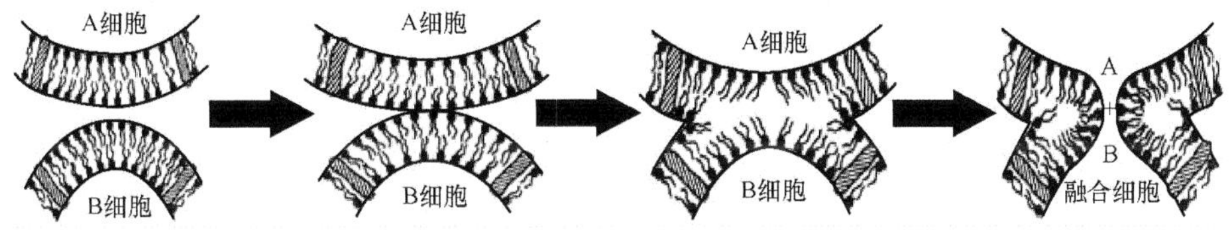

图2.4.1 细胞融合过程中细胞膜融合部位脂类双层结构变化示意图

2.4.1.1 病毒诱导细胞融合

许多病毒都具有凝集动物细胞并促使凝集的动物细胞发生融合的能力，如疱疹病毒、牛痘病毒、新城鸡瘟病毒和仙台病毒等。其中最常用的病毒是经紫外线照射灭活的仙台病毒。仙台病毒也称日本血凝病毒，属黏液病毒科副黏病毒属，由单链RNA及包含血凝素、神经氨酸酶的脂蛋白包膜组成的球形颗粒，直径约为150nm。仙台病毒介导细胞融合的效应成分与病毒被膜上的磷脂成分有关，而与病毒内核酸的活性无关。当病毒位于两个细胞之间，病毒表面的神经氨酸酶降解细胞膜上的糖蛋白，使细胞膜局部凝集在病毒颗粒的周围，在高pH和钙离子条件下，局部细胞膜发生融合。

仙台病毒诱导细胞融合的基本过程为：在4℃条件下，首先是足够数量的病毒颗粒吸附在细胞膜上的相应受体位点上起搭桥作用，使细胞紧密靠近、黏附成团，但不发生融合；在37℃的作用条件下，黏结部位的细胞膜的脂类分子的有序排列发生改变，形成通道，细胞质相互渗透并融汇，两个细胞合并、变圆，发生融合。由于许多动物细胞均能因仙台病毒的存在而发生融合，灭活的仙台病毒仍保留促进细胞融合的作用，所以仙台病毒曾一度成为动物细胞融合中的标准融合剂。

2.4.1.2　PEG诱导细胞融合

PEG是一种多聚化合物，分子式为 $HOCH_2(CH_2OCH_2)_nCH_2OH$。实验室使用的PEG平均相对分子质量为200～20 000，一般相对分子质量在1000以下的PEG为液体，相对分子质量高于1000以上者为固体。

PEG诱导细胞融合的效率比用仙台病毒高100～300倍。平均相对分子质量为400～6000的各种PEG在10%～60%的浓度都能使细胞发生融合。但融合效率因PEG分子质量和浓度的不同而有差别。平均相对分子质量为1000～4000的PEG，在浓度为30%～50%时，均可获得较佳的融合效果。PEG诱导动物细胞融合具有操作方法简单、不需要特殊的仪器设备、融合效率高而且稳定的优点。同时，商品化的PEG来源方便、质量可靠、细胞毒性小，PEG诱导动物细胞融合已取代病毒融合法，广泛用于诱导动物细胞融合。

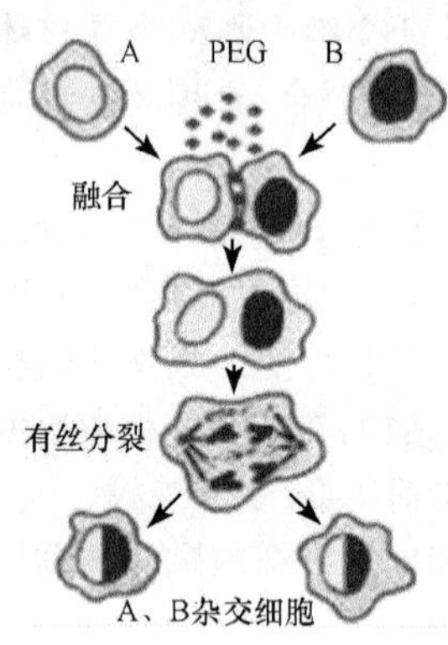

图 2.4.2　PEG介导A、B两细胞相互融合的过程

PEG诱导细胞融合的机制尚不十分清楚。当前普遍认为，带有大量负电荷的PEG分子和细胞膜表面的负电荷在钙离子的介导下形成静电键，促使参与融合的细胞形成紧密接触。当PEG的浓度增加到50%时，PEG可能与邻近细胞膜周围的水分子结合，由此降低细胞表面的极性，使细胞之间接触点处的膜脂类分子发生侧向流动和重排。由于细胞膜接触部位双分子层质膜的相互亲和以及彼此的表面张力作用，使细胞发生融合（图 2.4.2）。

2.4.1.3　电诱导细胞融合

电诱导细胞融合简称电融合（electrical mediated cell fusion or electrofusion），是20世纪80年代发展起来的细胞融合技术。细胞电融合技术包含非特异性细胞电融合技术和特异性细胞电融合技术两种方法。非特异性电融合技术，是指在施行细胞电融合时，细胞间的相互接触是随机的。这种无选择性的随机接触，是由于细胞在交变电场中极化形成串珠状排列的结果。特异性细胞电融合，是利用生物素-抗生物素-抗原-抗体的特异性桥联作用，使分泌特异性抗体的B淋巴细胞（B细胞）和骨髓瘤细胞特异地、有选择地接触，然后施加高压电脉冲使其融合。

电诱导细胞融合的过程包含以下两个阶段：参与融合的细胞首先在交变电场中极化成偶极子，并沿电力线排列成串，形成细胞间的紧密连接；然后在高强度、短时程的直流电脉冲的作用下，细胞膜表面的氧化还原电位发生改变，破坏细胞膜脂类分了原有的有序排列，细胞膜发生瞬间破裂，继而破裂的细胞膜恢复原有的脂类分子排列，接触部位的细胞膜开始连接，直到重新闭合成完整的细胞膜，形成融合细胞。

与PEG诱导细胞融合相比，电融合法具有融合率高、细胞的需要量相对较少、重复性强、对细胞损伤小、操作简便、诱导过程的可控性强并可在显微镜下观察或录像细胞融合过程等优点。

但由于参与融合的细胞的电穿孔条件可能不同，如在杂交瘤细胞系的建立中，往往较大的骨髓瘤细胞在较低的电脉冲下已发生破裂，而较小的淋巴细胞尚未达到融合所需的电压。另外，电融合参数和最佳融合条件因不同的细胞而异，难于形成普遍适用的标准化操作程序，限制了电诱导细胞融合的推广使用。

2.4.2 基因克隆技术

基因克隆技术又称为重组 DNA 技术，是按着人们的科研或生产需要，在分子水平上，用人工方法提取或合成不同生物的遗传物质（DNA 片段），在体外切割，拼接形成重组 DNA，然后将重组 DNA 与载体的遗传物质重新组合，再将其引入到没有该 DNA 的受体细胞中，进行复制和表达，生产出符合人类需要的产品或创造出生物的新性状，并使之稳定地遗传给下一代。

基因克隆技术的基本步骤包括：①制备目的基因；②将目的基因与载体用限制性内切核酸酶切割和连接，制成 DNA 重组体；③将 DNA 重组体导入宿主细胞；④筛选、鉴定阳性克隆并进行扩增和表达。

2.4.2.1 目的基因的获取途径

目的基因是指准备导入受体细胞内的外源基因。目前获得目的基因主要有 4 条途径。

(1) 从生物基因组群体中分离目的基因。原核生物基因组较小，基因容易定位，可以用限制性内切核酸酶将基因组切成若干段后，用带有标记的核酸探针，从中选出目的基因。真核生物一般通过基因组文库的方法获得目的基因。

(2) 人工合成目的基因 DNA 片段。人工合成目的基因 DNA 片段有化学合成和酶促合成法两条途径。一般是采用 DNA 合成仪来合成长度不是很大的 DNA 片段。

(3) 如果对目的基因的序列已知，可以通过 PCR 技术获取所需要的目的基因。

(4) 从 mRNA 反转录成 cDNA 获得目的基因。cDNA 的合成和克隆已成为当今真核分子生物学的基本手段。从真核生物的组织或细胞中提取 mRNA，通过酶促反应反转录合成 cDNA 的第一链和第二链，将双链 cDNA 和载体连接，然后转化扩增，即可获得 cDNA 克隆。目前 cDNA 合成试剂已商品化。cDNA 合成及克隆的基本步骤包括用反转录酶合成 cDNA 第一链，聚合酶合成 cDNA 第二链，加入合成接头以及将双链 DNA 克隆到于适当载体（噬菌体或质粒）。

2.4.2.2 DNA 重组体的制备

1) 载体

目的 DNA 片段通过重组 DNA 技术导入受体细胞中进行扩增和表达的工具称为载体（vector）。细菌质粒是重组 DNA 技术中常用的载体。质粒（plasmid）是一种染色体外的稳定遗传因子，大小为 1～200kb，为双链、闭环的 DNA 分子，并以超螺旋状态存在于宿主细胞中。质粒主要发现于细菌、放线菌和真菌细胞中，它具有自主复制和转录能力，能在子代细胞中保持恒定的拷贝数，表达所携带的遗传信息。质粒的复制和转录要依赖于宿主细胞编码的某些酶和蛋白质，如离开宿主细胞则不能存活，而宿主即使没有它们也可以正常存活。质粒的存在使宿主具有一些额外的特性，如对抗生素的抗性等。F 质粒（又称为 F 因子或性质粒）、R 质粒（抗药性因子）和

Col 质粒(产大肠杆菌素因子)等都是常见的天然质粒。质粒通常含有编码某些酶的基因,其表型包括对抗生素的抗性,产生某些抗生素,降解复杂有机物,产生大肠杆菌素和肠毒素及某些限制性内切核酸酶与修饰酶等。

质粒载体是在天然质粒的基础上为适应实验室操作而进行人工构建的。与天然质粒相比,质粒载体通常带有一个或一个以上的选择性标记基因(如抗生素抗性基因)和一个人工合成的含有多个限制性内切核酸酶识别位点的多克隆位点序列,并去掉了大部分非必需序列,使分子质量尽可能减少,以便于基因工程操作。大多数质粒载体带有一些多用途的辅助序列,这些用途包括通过组织化学方法肉眼鉴定重组克隆、产生用于序列测定的单链 DNA、体外转录外源 DNA 序列、鉴定片段的插入方向、外源基因的大量表达等。一个理想的克隆载体大致应有下列一些特性:①分子质量小、多拷贝、松弛控制型;②具有多种常用的限制性内切核酸酶的单切点;③能插入较大外源 DNA 片段;④具有容易操作的检测表型。

从细菌中分离质粒 DNA 的方法主要包括 3 个步骤:培养细菌使质粒扩增;收集和裂解细胞;分离和纯化质粒 DNA。提取质粒的方法包括煮沸法、碱裂法、吸附柱法。现在有许多商品化的提取质粒的试剂盒可供研究者选择。这些方法共同特点是简便、快速,且能同时处理大量样品,可以获得具有一定纯度 DNA,该 DNA 能够满足限制酶切割、电泳分析的需要。采用溶菌酶可以破坏菌体细胞壁,十二烷基磺酸钠(SDS)和 Triton X-100 可使细胞膜裂解。经溶菌酶和 SDS 或 Triton X-100 处理后,细菌染色体 DNA 会缠绕附着在细胞碎片上,同时由于细菌染色体 DNA 比质粒大得多,易受机械力和核酸酶等的作用而被切断成不同大小的线性片段。当用强热或酸、碱处理时,细菌的线性染色体 DNA 变性,而共价闭合环状 DNA(covalently closed circular DNA,cccDNA)的两条链不会相互分开,当外界条件恢复正常时,线状染色体 DNA 片段难以复性,而是与变性的蛋白质和细胞碎片缠绕在一起,而质粒 DNA 双链又恢复原状,重新形成天然的超螺旋分子,并以溶解状态存在于液相中。在细菌细胞内,共价闭环质粒以超螺旋形式存在。在提取质粒过程中,除了超螺旋 DNA 外,还会产生其他形式的质粒 DNA。如果质粒 DNA 两条链中有一条链发生一处或多处断裂,分子发生旋转而消除链的张力,形成松弛型的环状分子,称开环 DNA(open circular DNA,ocDNA);如果质粒 DNA 的两条链在同一处断裂,则形成线状 DNA(linear DNA)。当提取的质粒 DNA 电泳时,同一质粒 DNA 其超螺旋形式的泳动速度要比开环和线状分子的泳动速度快。

2) DNA 限制性内切核酸酶酶切

限制性内切核酸酶能特异地结合于一段 DNA 序列之内或其附近的特异位点上(被称为限制性酶识别序列)并切割双链 DNA。它可分为三类,其中Ⅱ类中的限制性内切核酸酶在分子克隆中得到了广泛应用,它们是重组 DNA 的基础。绝大多数Ⅱ类限制酶识别长度为 4～6 个核苷酸的回文对称特异核苷酸序列,有少数酶识别简并序列或更长的序列。Ⅱ类酶的切割位点一般在识别序列中,有的在对称轴处切割,产生平末端的 DNA 片段(如 *Sma* Ⅰ:5′-CCC↓GGG-3′);有的切割位点在对称轴一侧,产生带有单链突出末端的 DNA 片段称黏性末端,如 EcoRⅠ切割识别序列后产生两个互补的黏性末端。DNA 纯度、缓冲液、温度条件及限制性内切核酸酶自身都会影响限制性内切核酸酶的活性。微量污染物进入限制性内切核酸酶储存液中会影响其进一步使用,因此在吸取限制性内切核酸酶时,每次需用新的吸管头。如果采用两种限制性内切核酸酶,必须要注意分别提供各自的最适盐浓度。若两者可用同一缓冲液,则可同时水解。若需要不同的盐浓度,则低盐浓度的限制性内切核酸酶必须首先使用,随后调节盐浓度,再用高盐浓度的限制性内切核酸酶水解。也可在第一个酶切反应完成后，用等体积酚/氯仿抽提，加 0.1 倍体积 3mol/L NaAc 和 2 倍体积无水乙醇，混匀后置 70℃低温冰箱 30min，离心、干燥并重新溶于缓冲液后进行第二个酶切反应。

3）凝胶电泳

琼脂糖或聚丙烯酰胺凝胶电泳是分离鉴定和纯化 DNA 片段的标准方法。当用低浓度的荧光嵌入染料染色，如溴化乙锭（ethidium bromide，EB），在紫外光激发下至少可以检出 1～10ng 的 DNA 条带，从而确定 DNA 片段在凝胶中的位置。此外，还可以从电泳后的凝胶中回收特定的 DNA 条带，用于后续的克隆操作。

琼脂糖和聚丙烯酰胺可以制成各种形状、大小和孔隙度。琼脂糖凝胶电泳分离 DNA 片段大小范围较广，不同浓度琼脂糖凝胶可分离 DNA 片度长度从 200bp 至近 50kb 的 DNA 片段。琼脂糖通常用水平装置在强度和方向恒定的电场下电泳。聚丙烯酰胺电泳分离小片段 DNA（5～500bp）效果较好，其分辨力极高，甚至相差 1bp 的 DNA 片段也能分开。聚丙烯酰胺凝胶采用垂直装置进行电泳且电泳很快，可容纳相对大量的 DNA，但制备和操作比琼脂糖凝胶困难。实验室多用琼脂糖水平平板凝胶电泳装置进行 DNA 电泳。

4）连接反应

外源 DNA 片段和质粒载体的连接反应策略有以下几种。

（1）带有非互补突出端的片段：用两种不同的限制性内切核酸酶进行消化可以产生带有非互补的黏性末端。这也是最容易克隆的 DNA 片段，一般情况下，常用质粒载体均带有多个不同限制酶的识别序列组成的多克隆位点，因而几乎总能找到与外源 DNA 片段末端匹配的限制酶切位点的载体，从而将外源片段定向地克隆到载体上。也可在 PCR 扩增时，在 DNA 片段两端人为加上不同酶切位点以便与载体相连。

（2）带有相同的黏性末端：用相同的酶或同尾酶处理可得到这样的末端。由于质粒载体也必须用同一种酶消化，亦得到同样的两个相同黏性末端，因此在连接反应中外源片段和质粒载体 DNA 均可能发生自身环化或几个分子串联形成寡聚物，而且正反两种连接方向都可能有。通过调整连接反应中外源 DNA 片段和载体 DNA 的浓度比例，尽量减少载体的自身环化，同时采用载体去磷酸化来最大限度地降低载体的自身环化。

（3）带有平末端：是由产生平末端的限制酶或外切核酸酶消化产生，或由 DNA 聚合酶补平所致。由于平端的连接效率比黏性末端要低得多，故在其连接反应中，T4 DNA 连接酶的浓度和外源 DNA 及载体 DNA 浓度均要高得多。通常还需加入低浓度的聚乙二醇（PEG 8000）以促进 DNA 分子凝聚成聚集体的物质以提高转化效率。特殊情况下，外源 DNA 分子的末端与所用的载体末端无法相互匹配，则可以在线状质粒载体末端或外源 DNA 片段末端接上合适的接头（linker）或衔接头（adapter）使其匹配，也可以有控制的使用 *E. coli* DNA 聚合酶 Ⅰ 的 Klenow 大片段部分填平 3′凹端，使不相匹配的末端转变为互补末端或转为平末端后再进行连接。

2.4.2.3 转化

在自然条件下，很多质粒都可通过细菌接合作用转移到新的宿主内，但在人工构建的质粒载体中，一般缺乏此种转移所必需的 *mob* 基因，因此不能自行完成从一个细胞到另一个细胞的接合转移。如需将质粒载体转移进受体细菌，需诱导受体细菌产生一种短暂的感受态以摄取外源 DNA。受体细胞经过一些特殊方法(如电击法,$CaCl_2$ 等化学试剂法)的处理后,细胞膜的通透性发生了暂时性的改变,成为能允许外源 DNA 分子进入的感受态细胞(component cell)。目前常用的感受态细胞制备方法有 $CaCl_2$ 和 RbCl(KCl)法,RbCl(KCl)法制备的感受态细胞转化效率较高,但 $CaCl_2$ 法简便易行,且其转化效率完全可以满足一般实验的要求,制备出的感受态细胞暂时不用时,可加入占总体积 15%的无菌甘油于－70℃保存(半年),因此 $CaCl_2$ 法使用更广泛。

转化(transformation)是将外源 DNA 分子引入受体细胞,使之获得新的遗传性状的一种手段。转化效率与外源 DNA 的浓度在一定范围内成正比,但当加入的外源 DNA 的量过多或体积过大时,转化效率就会降低。一般情况下,DNA 溶液的体积不应超过感受态细胞体积的 5%。

2.4.2.4　筛选、鉴定阳性克隆并进行扩增和表达

鉴定阳性克隆有许多方法,如插入失活法、抗性筛选、蓝白筛选、杂交筛选、免疫学筛选、酶切图谱鉴定、PCR 鉴定等。

2.4.3　基因导入技术

目前已经建立了多种方法可将重组载体导入宿主细胞,这些方法基本上可分为三大类,即通过生物化学方法、物理学方法和病毒介导的转导方法等。具体选择某种方法取决于受体细胞的型别。以下介绍几种常用的方法。

2.4.3.1　磷酸钙或 DEAE-葡聚糖介导的 DNA 转染

DNA 与磷酸钙共沉淀是应用最早的方法之一,目前仍是最为常用的方法之一。虽然对其机制仍不清楚,推测转染的 DNA 是通过内吞作用进入细胞质,然后进入细胞核。该方法对多种成纤维细胞系的转染效率很高(如小鼠 L 细胞、HeLa 细胞)。依细胞类型的不同,一次最高者多达 20%的培养细胞可获得转染。因为由磷酸钙或 DEAE-葡聚糖介导的转染效率高且稳定,需要在大量细胞中短时表达外源基因时常作为首选。本方法也可建立带有整合外源 DNA 的细胞系,其中 DNA 常以首尾相接的串联形式存在。线性化 DNA 的转染效率低于环状 DNA,推测是由于磷酸钙-DNA 共沉淀形成过慢,致使 DNA 长时间暴露于细胞核酸酶。

DEAE-葡聚糖聚合物可能与 DNA 结合从而在某种程度上促进 DNA 的内吞作用。DEAE-葡聚糖介导的转染与磷酸钙共沉淀的不同点在于:①通常只用于克隆化基因的短时表达,而不用于细胞的稳定转化;②它对 CV-1 和 COS 细胞及一些磷酸钙介导的转染方法效果不好的淋巴细胞系效果较好,但对许多其他细胞类型却不令人满意;③转染时所用 DNA 剂量比磷酸钙共沉淀法少。

2.4.3.2　脂质体介导的转染法

脂质体转染是一组用于介导外源 DNA 进入培养的宿主细胞技术的总称。脂质体转染试剂基本上分为两类,即阴离子脂质体和阳离子脂质体。目前已开发出许多不同的方法,它们均遵循一个共同原则,即被转染的 DNA 由脂质体包裹,脂质膜直接与细胞膜相互作用,或由非受体介导的内吞作用被摄入细胞。一般情况下,脂质体转染 DNA 的效率高于磷酸钙共沉淀,而花费低于电穿孔。脂质体转染对许多标准方法效果不佳者可获得满意的效果。例如,脂质体可转化许多原代培养细胞和已分化的细胞,或转导大分子质量的 DNA 分子进入标准细胞系,因而脂质

体转染是已分化细胞和其他方法难以完成的 DNA 转移的最佳选择。

影响脂质体转染效率的因素有:①培养细胞的密度,一般来说,单层细胞最佳时相为对数中期,为 50%～75%满底;②每培养板中加入 DNA 的量,根据目的基因的浓度,可能需要 50ng～40μg 的 DNA,可使报告基因达最高表达;③培养细胞所用的培养液和血清;④细胞与阳离子脂质体-DNA 复合物作用的时间;⑤DNA 的纯度,应尽可能使 DNA 溶于水,避免用含 EDTA 的缓冲液。脂质体转染用的 DNA 应无细菌内毒素,最好是阴离子交换层析或氯化铯离心纯化。在实际应用中对每一种脂质体制剂和特定的细胞系,都应对整个实验体系进行优化,才能获得最佳转染效率。

2.4.3.3 基因的电穿孔转移法

电穿孔是一项颇受欢迎的技术,它是给培养细胞施加短暂、高压的脉冲电流,结果在细胞膜上形成纳米大小的可复性微孔,DNA 直接进入细胞质中,最终可被运至细胞核。电穿孔的方法极其简单,而且可广泛应用于多种类型的细胞,既可用于短时表达,又可建立整合有外源基因的细胞系。

与其他转染方式相比,电穿孔的主要优点是靶细胞谱较宽,包括用其他方法难以奏效的细胞;但对某些特定细胞也非最有效的方法,如 COS 细胞利用 DEAE-葡聚糖复合物法最为有效。为了确定电穿孔法是否为特定细胞最有效的方法,就必须摸索不同的电场强度、脉冲长度以产生最大数量的转化子,最好对同一细胞以不同的场强和时间常数来处理(50～200ms)。对每一场强,测定表达转化的报告基因的细胞数(10～40μg/mL 线性化质粒 DNA)和电击后细胞存活的比例。应注意的是,电穿孔后细胞膜可允许染料通过达 1～2h,利用染料排斥检测细胞存活比例有时不能准确真实地反映细胞状态。

2.4.3.4 其他基因转移方法

此外,其他基因转移方法包括:①DNA 直接微注射入细胞核。与磷酸钙介导的转染相比,这种方法较少引起 DNA 损伤,缺点是微注射样本量不能很大。因此一般并不用于短时表达,但它仍是一种用来建立整合有外源 DNA 拷贝的细胞系的有用方法。②多聚阳离子,几种多聚阳离子包括 1,5-二甲基-1,5-二氮十一亚甲基聚甲溴化物(polybrene),多聚鸟氨酸等可使小分子质量 DNA(质粒 DNA 等)导入对其他方法不敏感的细胞系。DMSO 可提高其转染效率,对于 CHO 细胞和角质细胞转染质粒 DNA,其效率是磷酸钙共沉淀法的 15 倍,但对大分子 DNA 的转染效率没有优势。③近年来,利用 DNA 包被金属粒子/基因枪进行基因转移在某些特定的细胞、组织、细胞内细胞器等获得了较满意的效果,特别是植物细胞的基因转移,世界上大多数转基因农作物均是使用这一技术完成的。

2.4.4 基因表达技术

随着基因克隆技术的成熟,越来越多的外源基因,特别是哺乳动物来源的基因,需要在体外表达以满足临床需要。虽然有些基因可以在大肠杆菌中高效表达并仍保持天然的生物学活性,但对大多数哺乳动物蛋白质来说,翻译后修饰如糖基化、磷酸化和乙酰化等,是保持其生物学活性、稳定性及抗原性的必需条件。在细菌中合成的复杂真核蛋白,由于存在折叠方式不正确,缺乏翻译后加工修饰等固有缺陷,难以获得具有天然生物活性的蛋白质和多肽产物。已建立的多种哺乳动物细胞蛋白质表达系统,较好地解决了这些问题。根据表达外源基因目的的不同,可选择不同的表达系统。例如,进行基因表达调控的研究,大量生产自然条件下难以获取的某些生物活性蛋白等。虽然病毒启动子/增强子能够在多种类型的细胞中正常工作,但并非所有的哺乳动物细胞都能有效进行DNA转染,选用哺乳动物细胞表达系统,还应考虑选用的表达载体与宿主细胞的种属及型别是否匹配。为了获得高水平重组蛋白表达,可通过目的基因扩增和(或)使用病毒复制系统来增加外源基因的拷贝数。

2.4.4.1　哺乳动物细胞基因表达控制元件

要在哺乳动物细胞中表达蛋白,就必须了解一系列有关直接的或间接的与基因表达相关的顺式DNA调控元件的结构、功能及影响因素。多数情况下,一个基因的表达不仅取决于启动子,而与之相匹配的增强子、剪接信号、多聚腺苷酸[poly(A)]信号,以及决定mRNA半衰期的信号等均在基因表达调控中起重要作用。自然状态下,这些元件通常以细胞类型特异性的形式发挥作用。也可在实验室进行重组,构成新的重组基因表达调控元件,表现出新的生物学行为。应该注意的是,启动子、增强子、剪接信号和其他顺式作用元件并非完全各自独立,多数情况下,基因在适当的时间和组织特异性表达依赖于表达元件优化的装配,即理想的增强子和启动子、启动子与剪接信号、mRNA降解信号等的匹配。在一个重组的顺反子中选择合适的顺式作用元件及合理布局,是获得理想基因表达的关键。因此在基因转导之前,必须努力熟悉所用表达系统中这些元件及其结构功能特性,以提高实验的成功率,否则有可能得到难以解释的结果而浪费时间和资源。

目前已有许多真核表达载体,广泛应用于实验室研究和大规模生产中,因而对其结构、功能特性已有很深入的了解。例如,基于SV40的载体可用于建立稳定的细胞系,但更常用于在COS细胞系中的短时表达。另外一些用于产生高拷贝数并获得外源蛋白高表达的载体是扩增载体系统,如*dhfr*共扩增系统。这类载体已成功用于中国仓鼠卵巢(CHO)细胞系。以反转录病毒和腺病毒为基础的特异性载体,主要用于基因治疗中的基因转移系统。

A. SV40载体

很多广泛应用的真核载体,都是基于猿空泡病毒40(SV40)建立的。SV40病毒基因组为5243bp的共价闭环双链DNA分子,按其功能可分为早期区和晚期区,两者分别在两种DNA链上并向互为相反的方向进行转录。早期区在裂解周期中自始至终都被转录,并通过不同的剪接方式产生分别编码大T和小T抗原的两种mRNA。晚期区仅在DNA复制全面开始后才进行转录,其mRNA经过剪接,可编码病毒的衣壳蛋白。

SV40的载体的基本特性包括:①可以在多种哺乳动物细胞中获得从低水平到中等水平的表达,转染COS细胞可获较高水平的表达;②既可表达基因组DNA,也可表达cDNA,对允许插入的外源性DNA的大小没有限制;③一般作为短时表达系统,但如果表达系统中带有或者通过共转染导入选择标记基因,也可以分离到低水平表达目的基因的细胞系;④这类载体一般含有SV40复制起点、宿主范围广泛的启动子(如SV40早期启动子),以及poly(A)信号(几乎总是来自SV40);⑤这类载体中多数还带有剪接供体和受体信号(通常采用SV40小T抗原基因的内含子)。

B. 牛乳头瘤病毒(BPV)载体

细胞基因组被整合入外源DNA的转染体中,转染DNA是不稳定的,可以以不同的拷贝数存在,并趋于重排。因此在不同的转化体中,转录活性并不相同。以病毒为基础的载体的基因组,通常在许可细胞的核内以附加体的形式存在。这种带有附加体的载体有的一个优点,就是它们通常以多拷贝形式存在。由于它们并不整合入宿主细胞基因组内，所以不受任何位置效应的影响。受 BPV 转化的啮齿动物培养细胞，可有 20～100 个拷贝的病毒 DNA 作为染色体外 DNA 而持续存在。BPV DNA 这种以附加体形式进行复制的能力，既可用以构建表达载体，也可借以研究基因调控(图 2.4.3)。

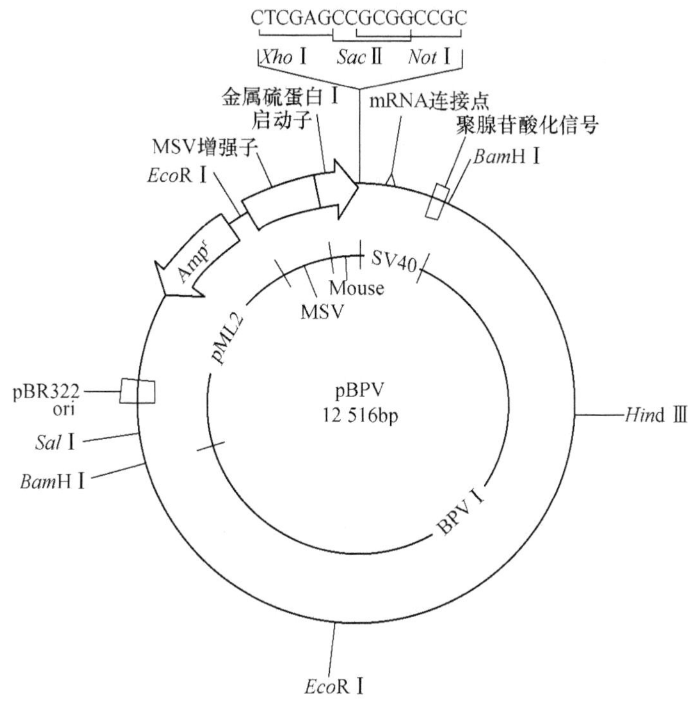

图 2.4.3 pBPV 附加体哺乳动物细胞表达载体

BPV 载体通常结合有细菌复制子，含有转化功能和形成附加体功能。这一载体的主要优点有：①pBPV 载体不整合入宿主基因组，因而目的基因不受位置效应的影响；②质粒含有 pBR322 和 BPV 的复制起点，使 BPV 成为真正的穿梭载体；③pBPV 转化细胞有明显的形态学改变并失去生长控制，产生显性选择标记。应用 BPV 载体已建立了许多外源蛋白稳定表达细胞系，包括人生长激素、人干扰素和人组织纤溶酶原活化物等。目前已经能合成正确翻译后加工的活性蛋白，α-、β-和 γ-干扰素能被正确表达和分泌，且证实 IFN-γ 能被正确糖基化。由于 C127 细胞缺乏必需的酶，胰岛素 mRNA 虽能正确翻译为前胰岛素原并加工为胰岛素原，但不能进一步转化为成熟胰岛素，释放入培养液中。BPV 表达载体的基本特性有以下六点。

(1) 所有克隆入 BPV 的真核基因，要么在自身启动子的控制之下，要么在异源启动子的控制下进行表达，并不在 BPV 启动子元件的控制下。

(2) BPV 载体对允许插入的外源 DNA 的大小没有限制，既可表达基因组 DNA，也可表达 cDNA 序列。

(3) 一般不用作短时表达系统，而是用于建立稳定的细胞系。

(4) 除启动子之外，这些载体一般都带有来自 SV40 的 poly(A)信号、SV40 小 T 抗原剪接/供体/和(或)受体信号以及能使载体在大肠杆菌中增殖的质粒序列。

(5) BPV载体也可带有显性选择标记基因,这一基因能使宿主范围扩大到可以支持附加体复制但并不出现转化表型的细胞。

(6) BPV载体常用的选择标记为Ⅰ型单纯疱疹病毒(HSV)胸苷激酶基因(tk),它可使TK^-的细胞系,如小鼠L细胞及BHK21细胞、大鼠Rat2及人143细胞发生转化。其他选择标记包括来源于大肠杆菌的黄嘌呤-鸟嘌呤磷酸核糖转移酶(gpt)基因和来源于细菌转座子Tn5的氨基糖苷3′-磷酸核糖转移酶(aph)基因。gpt可使细胞获得在HAT培养液上生长的能力。aph可产生对卡那霉素的抗性,如果是在真核启动子的控制下,则会产生对G148的抗性。

利用BPV作为表达载体可能相当复杂,载体/基因重构体的附加体本质仍不可预测。病毒DNA可以附加体单体、附加体多连体、连接体、整合的连接体或多整合单体的形式存在,目前对这一复杂行为的解释仍是不得要领。推测可能是病毒和插入的顺式作用表达/复制元件之间的相互作用,因而对于构建BPV载体高效表达外源蛋白,仍需要反复试验才能确定。

C. EBV载体

Epstein-Barr病毒(EBV)是人类嗜淋巴细胞性双链DNA疱疹病毒,基因组为172Kb,可以感染静止状态的人B细胞并转化使其永生化。与SV40及BPV载体不同,EBV载体有着更广泛的宿主范围。EBV载体对外源DNA的大小没有限制,既可表达基因组DNA,又可表达cDNA,以及可作为短时表达系统,在各种细胞系中可获得从低水平到中等水平的表达。转染效率和质粒的稳定性取决于细胞的类型,HeLa细胞转染含EBNA基因及SV40增强子的载体后,可稳定表达完整的附加体,但同样的载体导入A431细胞后,只形成含有部分附加体的转染体,并通常发生重排且拷贝数很低,说明宿主细胞学特性而不是载体的序列决定了EBV载体的多样性特征。因此在应用EBV表达载体时,应充分考虑载体和宿主细胞间的相互作用。

2.4.4.2　选择与基因扩增

1) 瞬时/稳定表达

瞬时表达是一种在培养细胞中获得转移基因高效表达的较好的方法,其表达效率仅次于携带扩增标记、并经过共选择后基因拷贝数高度放大的稳定表达系统。由于外源基因的表达发生在目的基因导入宿主细胞后的12～72h,质粒载体并不整合入宿主细胞基因组,当需要大量产物蛋白质时不作为首选,仅需要少量蛋白质作为分析之用时常常选用。瞬时表达的目的,在于短期内获得大量的爆发式的基因表达,随即收获培养物,而不需要维持培养。最常用的表达载体是溶细胞性的,无法建立稳定表达。因为制备和维持稳定表达费时费力、代价大,特别是要处理大量样本时更是如此,因而当大量DNA样本在短期内需要检测时,瞬时表达就成为最好的选择。瞬时表达的主要缺点在于转染的宿主细胞被裂解,或不能整合入宿主细胞基因组以稳定表达外源基因。外源基因表达发生在短期内,即快速爆发式表达,迅即消失,要维持试验所需目的蛋白质,则必须通过反复转染培养的宿主细胞来实现。克隆化基因的短时表达也被广泛用于基因表达的调控研究。检测mRNA或蛋白质,能为研究基因表达中各调控元素的作用提供有用的信息。

如果不需要短期内处理大量样本,稳定表达是外源基因获得适度表达水平的最佳方法。结合选择性基因扩增标记时,也是在大规模连续培养下获得高水平表达的最好方法。一般来说,建立稳定的转化细胞的概率与短时表达相比约低两个数量级(亦取决于不同的细胞系)。稳定表达时转染DNA需整合入宿主细胞染色体,DNA分子进入细胞后,一些转染的核酸从胞质进入胞核,根据不同的细胞类型,大约80%的转染细胞为短时表达,转染后的最初数小时内,进入细胞的DNA,在某些点上经历一系列非同源分子间重组和连接,形成大的串联状结构,最终整合进细胞染色质。每个转染细胞通常仅包含一个这样的结构(大小可跨越2Mb)。当重组DNA分子上带有药物选择标记或共转染带有药物选择标记的DNA分子,在实验中实施药物选择,经数周、数月甚至更长时间,就可分离出携带目的基因的稳定细胞系。其转化率因细胞类型不同而异,最佳条件下,稳定表达细胞的频数约为1/1000。

2)选择标记

不同基因转移方法效率差异很大,重组反转录病毒感染技术几乎可使100%的培养细胞转染,而其他所有的稳定转染效率较低,只有很小一部分培养细胞可能摄取外源DNA,而进入细胞的DNA能够稳定维持下去的,更是微乎其微。为了分离稳定携带目的基因的细胞,通常在转染方案中包含编码显性可选择标记的基因。

一般来说,基本选择方案是:①基因转染16h后,加入新鲜无选择培养液;②24～48h后,以1∶5分开培养物,加入培养液,应注意的是,基因转移后不能马上加入选择培养液,应给予细胞充分的时间使选择标记得以表达;③每3天添加新鲜选择培养液,同时显微镜下观察细胞生长情况,确定选择效率。

一些选择标记基因,如单纯疱疹病毒胸苷激酶基因(*tk*),次黄嘌呤鸟嘌呤磷酸核糖基转移酶(hgprt)和腺嘌呤-磷酸核糖基转移酶(aprt)基因等,可分别用于TK、HGPRT和APRT缺陷细胞系。抗代谢物抗性是二氢叶酸还原酶(dhfr)和黄嘌呤-鸟嘌呤磷酸核糖转移酶(gpt)选择标记的基础。而新霉素(neo)和潮霉素(hygro)为显性作用的药物,可用于非突变细胞株的选择标记。由细菌转座子Tn5和Tn601编码的两种不同的氨基糖苷磷酸转移酶(APH),均可产生对氨基糖苷类抗生素的抗性,包括卡那霉素、新霉素和G418(geneticin)等。*aph*基因可被用作显性选择标记,如pSV2neo和pRSV2neo等广泛用于共转染实验的载体,这类载体特别有用的另一主要原因,是*Tn5 neo*基因在真核和原核细胞中都可产生氨基糖苷类抗生素抗性。其主要的缺陷是大剂量的G418在哺乳动物细胞才能奏效。缺失二氢叶酸还原酶的CHO细胞突变株不能合成四氢叶酸,而只能在含胸苷、甘氨酸和嘌呤的培养液上生长。给这种细胞转染*dhfr*基因,即可得到在不含上述添加剂的培养液上也能生长的细胞克隆。DHFR可被氨甲蝶呤(methotrexate,MTX)所抑制,当不断提高氨甲蝶呤的浓度,进行性选择抗氨甲蝶呤细胞系,除了可选择阳性克隆外,结果还将导致*dhfr*基因大量扩增(见基因扩增)。

2.4.4.3 扩增系统

一般基因的扩增方案是:①用带有靶基因和可扩增性基因的质粒转染细胞,或者用靶基因质粒和扩增性基因质粒以10∶1的比例共转染细胞,转染持续16h后换维持培养液,孵育24h;置转染细胞于维持培养液,其密度相当于100%满底细胞作1∶15的稀释,传代培养。②孵育24h后,换选择培养液,随后每3～4天换液一次,直至稳定克隆集落形成。③基因扩增,置混合的稳定转染集落或挑单个集落,在扩增培养液中以(1∶6)～(1∶15)传代培养,持续培养至抗性细胞群形成。每一选择步骤需2～3周,将培养物置于亚最高浓度的选择培养液中连续扩增。④在扩增过程中,每一步抗性细胞群或克隆都应检测表达情况并冻存,以防丢失。

2.4.4.4 常用的选择/扩增标记及试剂

(1) 胸苷激酶(TK):胸苷激酶由细胞、HSV、或痘病毒的*tk*基因所编码,当转入TK^-细胞系，其基因产物可使宿主细胞获得对 HAT 培养液的抗性。值得注意的是，在 HAT 培养液中选择 TK^+ 细胞克隆后，细胞恢复到无选择培养液之前，应经过 HT 培养液，使得 TK^+ 细胞逐渐从 HAT 培养液过渡到无选择培养液。

(2) 腺苷磷酸核糖转移酶(APRT)：腺苷磷酸核糖转移酶由 *APRT* 基因所编码，当转入 $APRT^-$ 细胞($CHOaa^r7$、Ltk^- $aprt^-$ 和 LS-24-b)时，细胞可获得对重氮丝氨酸(azaserine)、腺嘌呤和丙氨菌素(alanosine)抗性。

(3) 氨基糖苷磷酸转移酶(APH)：氨基糖苷磷酸转移酶由 *aph* 基因编码，细胞谱较宽，几乎可转入任何宿主细胞，这一显性选择标记可赋予细胞对氨基糖苷类抗生素抗性。G418 是一种氨基糖苷类抗菌素，其结构与新霉素、庆大霉素和卡那霉素相似，是实验室稳定表达系统最常用的选择剂。G418 及其类似物通过干扰核糖体功能阻断蛋白质合成，携带在细菌转座子序列 Tn5 上的氨基糖苷磷酸转移酶可将 G418 转化为无毒形式。由于不同的真核细胞对 G418 敏感性各异，杀死未转染细胞所需的最佳剂量，对每一种新的细胞株或稳定转染的细胞株来说需依赖于经验。加之商品化 G418 活性抗生素浓度批间差较大，对每一批试剂和新的细胞株都需要滴定，以获得最佳选择效果。

(4) 潮霉素 B 磷酸转移酶(HPH)：潮霉素 B 磷酸转移酶由 *hph* 基因编码，该基因的细胞谱较宽，几乎可转入任何类型的细胞，阳性细胞则可获得潮霉素 B 抗性。潮霉素 B 是一种氨基环多醇抗生素，其作用机制是在体内和(或)体外通过干扰翻译过程，抑制原核和真核细胞蛋白合成。该基因编码 341 个氨基酸残基的潮霉素 B 磷酸转移酶，可抑制潮霉素的活性。该基因已用于大肠杆菌、酵母、哺乳动物细胞和昆虫细胞表达系统的显性选择标记。

(5) 二氢叶酸还原酶(DHFR)：二氢叶酸还原酶由 *dhfr* 基因编码。突变的 *dhfr* 可作为显性选择标记。当野生型 *dhfr* 基因转入 $DHFR^-$ 细胞，或者 *dhfr* 突变体转入几乎所有类型的细胞，这一选择标记使细胞对含 10%透析 FCS 的 α-MEM 抵抗。当使用突变的 *dhfr* 基因作为显性选择标记，则加入氨甲蝶呤为选择剂。氨甲蝶呤是二氢叶酸类似物，是强有力的二氢叶酸还原酶抑制剂，该酶为嘌呤生物合成所必需。除了作为选择标记外，*dhfr* 基因还是极有效地用于目的基因扩增的共转染基因。基因扩增时采用 DHFR 缺陷型 CHO 细胞。DHFR 能够催化二氢叶酸转变为四氢叶酸，四氢叶酸与丝氨酸一起合成甘氨酸，参与嘌呤碱的生物合成。缺失 *dhfr* 的 CHO 细胞不能合成四氢叶酸，只能在添加胸苷、甘氨酸和嘌呤的培养液上生长。转染 *dhfr* 基因的缺陷型 CHO 细胞可在不含胸苷、甘氨酸和嘌呤的培养液上生长。增加氨甲蝶呤的浓度，可增加 DHFR 编码基因的扩增，可使 *dhfr* 基因扩增，*dhfr* 基因侧翼区域(1～1000kb)也随之扩增，从而提高与 *dhfr* 基因相连的外源基因的表达水平。

(6) 谷氨酰胺合成酶(glutamine synthetase，GS)：谷氨酰胺合成酶由 *gs* 基因编码，也可用作基因扩增系统的筛选标记，GS 是细胞内一种普遍存在的代谢酶，在 ATP 提供能量的情况下，利用细胞内的氨和谷氨酸合成谷氨酰胺。MSX 是谷氨酰胺和甲硫氨酸的类似物，可以和 GS 发生非可逆结合，是 GS 特异性抑制剂。与 DHFR 相似，除作为显性选择标记外，还具有基因扩增效应。

2.4.4.5 表达系统

1) 杆状病毒-昆虫表达系统

杆状病毒是一种无脊椎动物种属特异性的病原体。目前已经从包括鳞翅目、膜翅目和双翅目等几种昆虫中分离出相应的病毒。近年来，杆状病毒独特的结构特点和生命周期促使它成为重组 DNA 技术中高水平表达外源基因的载体，杆状病毒表达系统已被广泛地用于表达异源基因。与原核、酵母及其他真核表达系统相比，杆状病毒表达系统具有许多优点：第一，杆状病毒具有高度特异性的宿主范围，对人、畜和植物是安全的。长期观察证明，NPV 不能复制，对微生物、非昆虫性无脊椎动物细胞系、脊椎动物细胞系、脊椎动物、植物和非节肢无脊椎动物无致病性；第二，杆状病毒有庞大的基因组，外源基因的插入容量较大，重组病毒能在昆虫的幼虫或培养的昆虫细胞中正常繁殖；第三，在多角体和 *p*10 基因启动子调控下，可以高水平合成外源蛋白（>100mg/L）。这些极晚期基因表达的结果是，感染性病毒颗粒成熟完成的同时，外源蛋白也得到最大限度合成，因此，即使重组蛋白具有细胞毒性，外源蛋白的产量会有所下降，总体上对重组体产量的影响不大。最后，也是最重要的一点，昆虫细胞易于生长，细胞可单层或悬浮生长，培养液的供应已经商品化，允许一次数十升甚至上百升的大规模生产，除了一些蛋白质的糖基化外，一般都能保证外源蛋白的忠实合成。由杆状病毒载体表达的外源蛋白，不仅在表达量上高于其他真核表达系统，而且在抗原性，免疫原性和功能上都与天然蛋白相似。因此得到人们高度重视和广泛应用。

利用某一表达系统生产重组蛋白，高产固然重要，但人们最为关心的问题仍是重组产物是否完全具有天然蛋白的结构和功能。在杆状病毒-昆虫细胞表达系统中，外源蛋白可以获得充分的糖基化、分泌、蛋白酶体裂解、磷酸化、肉豆蔻化、甘油软脂化、C 端乙酰化以及组装成 3 级或 4 级结构。最典型的例子是利用杆状病毒表达系统制备缺少 5′非编码序列的脊髓灰质炎病毒基因组，形成无感染能力的脊灰炎病毒样颗粒，而目前对以人乳头瘤病毒主要衣壳蛋白为免疫原的预防性疫苗的制备，也是利用其产物可形成具有天然 HPV 病毒的空间结构和免疫原性的病毒样颗粒的特点。杆状病毒-昆虫表达系统唯一的缺陷，就是加在糖蛋白的碳水化合物侧链短于相应的脊椎动物，聚丙烯酰胺凝胶电泳时造成表达产物的分子质量明显低于相应的天然蛋白。详细研究流感病毒 HA 的寡糖侧链时发现，这些侧链糖蛋白大部分是截短性的，说明杆状病毒感染昆虫细胞后，可以将聚糖修剪成 3-甘露糖核心。在一些情况下也可添加海藻糖，目前还不明了这一差别究竟对蛋白质生物功能有多大的影响，但大多数在昆虫细胞中表达的外源基因重组产物确能显示完整的生物活性。在一些研究中，利用杆状病毒表达蛋白质作为免疫原时，蛋白质可以激发很好的保护性免疫应答。目前，已报道利用杆状病毒-昆虫表达系统生产的疫苗有 III 型复流感病毒、人呼吸道合胞病毒、流感病毒、HIV、HBV 和 HPV 等。

另外，很可能在杆状病毒极晚期基因表达时相，被感染的昆虫细胞很难加工结构复杂的糖蛋白。自然状态下，病毒这一阶段在细胞核内形成多角体而无需分泌系统。设计表达载体时，应考虑外源蛋白在极晚期基因表达之前表达；在这类表达载体中，使用病毒的碱性蛋白和 *gp*67 基因启动子较为合适。

改进杆状病毒表达系统的关键，是加速对病毒本身的分子生物学研究。本领域最近就杆状病毒如何调节晚期和极晚期基因表达已显出诱人的结果，使得能够确定为什么极晚期基因如此高效表达。由此可开发病毒复制早期阶段的高效表达载体，以提高外源蛋白的表达量。其中 LEF 蛋白在控制从晚期基因向极晚期基因表达切换中的作用和病毒诱导的 RNA 聚合酶的本质是这一问题的中心。无血清培养液和适应性细胞系的出现，使得杆状病毒表达系统成为有价值的大规模生产重组蛋白的工具。今后的发展可能包括开发其他杆状病毒和细胞系，建立更有效的外源重组蛋白生产体系。

2）果蝇细胞表达系统

虽然重组杆状病毒-昆虫表达系统已被广泛地用于高效表达外源蛋白，但是对于分泌型蛋白、膜蛋白及高尔基体驻留蛋白的表达量却很低，可能由于病毒蛋白对感染细胞分泌通路的调控所致，也可能影响高尔基体驻留蛋白的表达。最近，黑腹果蝇（*Drosophila melanogaster* Schneider2，DS-2）细胞越来越多的用于表达外源蛋白，利用这一系统成功地稳定表达了多种不同类型的外源蛋白。果蝇细胞还被用于对与基因调节和细胞黏附有关的蛋白质的功能分析。

翻译后及共翻译修饰结果显示，果蝇细胞所表达的分泌性蛋白和膜蛋白的 *N*-糖基化效率很高，表达的分泌性蛋白 rGH12 至少是单糖基化。表达的大部分穿膜蛋白 VIP36 不能被内切糖苷酶 Endo H 消化。内切糖苷酶 Endo H 只切割高甘露糖型 *N*-聚糖而不能切割经高尔基复合体修饰过的 *N*-聚糖（修饰甘露糖并且附加上 GlcNAc）。这一结果说明，VIP36 蛋白的 *N*-聚糖已经被修饰成一种杂合或复合体形式。此外，果蝇细胞表达的蛋白质还能够肉豆蔻酸化和棕榈酰化等脂类修饰。

利用果蝇表达重组蛋白是极具吸引力的，尤其对于分泌性蛋白、GPI-锚定蛋白和膜蛋白。蛋白质表达可在转染果蝇细胞后检测到，2～3 天内即可获得大量的表达产物。但是对毒性蛋白如 VIP1 则不能有效表达，可能是由于金属硫蛋白启动子驱动的结构性表达的缘故。

2.4.5　基因突变技术

基因突变是生物界普遍存在的现象，是导致生物有机体变异和生物进化以及某些疾病发病的基础。从总体上来看，基因突变属于基因变异的一种类型。基因变异包括基因结构变异和基因表达异常两种情况。基因结构变异包括 DNA 点突变、基因融合、染色体移位、大片段 DNA 缺失、基因扩增、基因插入及基因的多态性等。基因表达水平的变化，则使某些功能基因的表达水平升高或降低，进而导致表达产物的生物学活性受到影响。基因突变的类型包括转换、颠换、缺失、插入、易位、倒位、重排以及碱基的异常修饰等。例如，根据遗传信息的改变方式又可以划分为错义突变、无义突变、同义突变和移码突变等。有一些错义突变发生在蛋白质的非必需区，结果并不影响蛋白质的活性，也不表现出明显的形状变化，这种突变称为中性突变。反之，如突变影响到蛋白质活性乃至使蛋白质失活，进而影响表型，若该基因是必需基因，则会产生致死突变。

体外定点突变技术是研究蛋白质结构和功能之间的复杂关系的有力工具，也是我们在实验室中改造/优化基因常用的手段。定点突变技术的潜在应用领域很广，如研究蛋白质相互作用位点的结构、改造酶的不同活性或者动力学特性，改造启动子或者 DNA 作用元件，提高蛋白的抗原性或者是稳定性、活性、研究蛋白的晶体结构、药物研发、基因治疗等方面。

Site-directed Mutagenesis kit，通过巧妙设计，将质粒定点突变技术变得简单有效。设计一对包含突变位点的引物（正向、反向）和模板退火后用 DNA 聚合酶循环延伸。所谓的循环延伸是指聚合酶按照模板延伸引物，一圈后回到引物 5′端终止，再经过反复加热退火延伸的循环，这个反应区别于滚环扩增，不会形成多个串联拷贝。此时需要选用高保真的 DNA 聚合酶（如 Pfu 聚合酶）能够有效避免延伸过程中不需要的错配。正反向引物的延伸产物退火后配对成为带缺刻的开环质粒。*Dpn*I 酶切延伸产物，*Dpn*I 识别序列为甲基化的 GATC，GATC 在几乎各种质粒中都会出现，而且不止一次。由于原来的模板质粒来源于常规大肠杆菌，是经 dam 甲基化修饰的，对 *Dpn*I 敏感而被切碎，而体外合成的带突变序列的质粒由于没有甲基化而不被切开，因此在随后的转化中得以成功转化，即可得到突变质粒的克隆。这个试剂盒非常巧妙地利用甲基化的模板质粒对 *Dpn*I 敏感，而合成的突变质粒对 *Dpn*I 酶切不敏感，利用酶切除去模板质粒，得到突变质粒，使得操作简单有效。试剂盒采用的是低次数的循环延伸而非 PCR，有助于减少无意错配。这个试剂盒适用于质粒大小不超过 8kb 的质粒。针对大于 8kb 质粒的定点突变可以选用 QuikChange XL site-directed mutagenesis kit，通过优化试剂特别是其感受态细胞（XL10-

Gold),使得较大的质粒的定点突变得以实现。此外,还可选用 Transformer Site-Directed Mutagenesis kit,需要根据准备突变的质粒自行设计两条引物(同一方向,对同一单链模板),一条包含计划定点突变的序列,另一条引物包含质粒上某一个单酶切位点,不过在单酶切位点中引入突变,这样两条引物除了所包含的突变位点,其他序列和质粒上对应位置的序列完全一致,退火后和质粒模板结合,通过 T4 DNA 聚合酶延伸,延伸反应持续直到碰到另一条引物停止,两段包含突变位点的延伸产物经 T4 连接成环,和模板链组成杂和环,带有两处错配。单酶切反应产物,直接转化 *E. coli* BMH 71-18 mutS(错配修复缺陷株)。原来的双链质粒模板被切开而不能转化,而杂和质粒由于一条链上单酶切位点引入突变而不被切开,保持环状质粒得以转化。转化子的杂和双链在 *E. coli* 的复制过程中分开,再经过一轮提质粒、单酶切、转化,最后得到纯合的突变质粒。这个试剂盒则是利用改造单酶切位点使得新合成的突变质粒不被切开从而除去原来的模板质粒。

有的时候研究可能需要多个位点的定点突变,比如改造酶的活性或者动力学特性,研究蛋白之间的相互作用位点等,单点突变不能满足实验的需要,重复进行单点突变也非常浪费时间。此时可以 QuikChange Multi Site-Directed Mutagenesis kit,最多一次实验可以引入 5 个定点突变。这个试剂盒的原理如下:准备多个带突变的引物(同方向,对同一单链模板),退火后全部突变引物(不超过 5 个)都结合在同一环状单链模板,PfuTurbo 聚合酶延伸,碰到下一个引物就停止,各片段经连接成环,和单链模板组成杂和环,DpnI 消化双链模板,也消化杂和环中的模板,只留下新合成的带多个突变的单链环(mutant ssDNA),得以转化 *E. coli*,形成双链质粒。有数据显示,引入 3 个定点突变的效率为 60%,5 个定点突变的效率为 30%,得到的其他质粒是带有较少定点突变的质粒。以引入 3 个定点突变为例,因为存在 1 个或 2 个引物结合模板延伸形成单链环的可能,40%左右的转化质粒是带有 1 个或 2 个不同定点突变的质粒。这样,一次实验可以得到不同数目突变的质粒,对于研究蛋白质结构和功能的关系也是有用的。

此外,通过改变 PCR 条件提高 PCR 过程中的随机出错的随机突变,适用于未知蛋白质的研究。作全局性分析,所以有人称为饱和突变(saturation mutagenesis)。不过这种方法由于没有目的性,分析操作相当繁琐,并且不会出现一个位点 2 个以上碱基突变,因而应用上有局限性。定点突变适用于蛋白结构已有初步了解的基因,比 PCR 随机突变更有目的性,也更为精确,简单,同时改造基因更加"随心所欲"。

2.4.6 基因敲除技术

2.4.6.1 概述

基因敲除(gene knockout)是自 20 世纪 80 年代末以来发展起来的一种新型分子生物学技术,是通过一定的途径使机体特定的基因失活或缺失的技术。通常意义上的基因敲除主要是应用 DNA 同源重组原理,用设计的同源片段替代靶基因片段,从而达到基因敲除的目的。随着基因敲除技术的发展,除了同源重组外,新的原理和技术也逐渐被应用,比较成功的有基因的插入突变和 iRNA,它们同样可以达到基因敲除的目的。

2.4.6.2 实现基因敲除的多种原理和方法

1) 利用基因同源重组进行基因敲除

基因敲除是 20 世纪 80 年代后半期应用 DNA 同源重组原理发展起来的。80 年代初,胚胎干细胞(ES 细胞)分离和体外培养的成功奠定了基因敲除的技术基础。1987 年,Thompsson 首次建立了完整的ES细胞基因敲除的小鼠模型。直到现在,运用基因同源重组进行基因敲除依然是构建基因敲除动物模型中最普遍的使用方法。利用同源重组构建基因敲除动物模型的基本流程如图2.4.4所示。

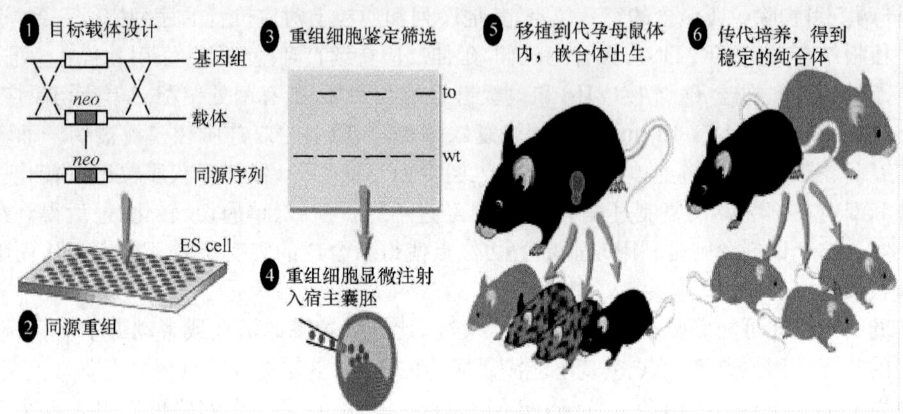

图2.4.4　基因同源重组法敲除靶基因的步骤

(1) 基因载体的构建:把目的基因和与细胞内靶基因特异片段同源的DNA分子都重组到带有标记基因(如*neo*基因、*TK*基因等)的载体上,成为重组载体。基因敲除是为了使某一基因失去其生理功能,所以一般设计为替换型载体。

(2) ES细胞的获得:现在基因敲除一般采用是胚胎干细胞,最常用的是鼠,而兔、猪、鸡等的胚胎干细胞也有使用。常用的鼠的种系是129及其杂合体,因为这类小鼠具有自发突变形成畸胎瘤和畸胎肉瘤的倾向,是基因敲除的理想实验动物。而其他遗传背景的胚胎干细胞系也逐渐被发展应用。

(3) 同源重组:将重组载体通过一定的方式(电穿孔法或显微注射)导入同源的胚胎干细胞(ES cell)中,使外源DNA与胚胎干细胞基因组中相应部分发生同源重组,将重组载体中的DNA序列整合到内源基因组中,从而得以表达。一般地,显微注射命中率较高,但技术难度较大,电穿孔命中率比显微注射低,但便于使用。

(4) 选择筛选已击中的细胞:由于基因转移的同源重组自然发生率极低,动物的重组概率为$10^{-5}\sim10^{-2}$,植物的概率为$10^{-5}\sim10^{-4}$。因此如何从众多细胞中筛出真正发生了同源重组的胚胎干细胞非常重要。目前常用的方法是正负筛选法(PNS法),标记基因的特异位点表达法以及PCR法。其中应用最多的是PNS法。

(5) 表型研究:通过观察嵌和体小鼠的生物学形状的变化进而了解目的基因变化前后对小鼠的生物学形状的改变,达到研究目的基因的目的。

(6) 得到纯合体:由于同源重组常常发生在一对染色体中一条染色体上,所以如果要得到稳定遗传的纯合体基因敲除模型,需要至少遗传两代(图2.4.5)。

2) 条件性基因敲除法

条件性基因敲除法指将某个基因的修饰限制于小鼠某些特定类型的细胞或发育的某一特定阶段的一种特殊的基因敲除方法。它实际上是在常规的基因敲除的基础上,利用重组酶Cre介导的位点特异性重组技术,在对小鼠基因修饰的时空范围上设置一个可调控的"按钮",从而使对小鼠基因组的修饰的范围和时间处于一种可控状态。

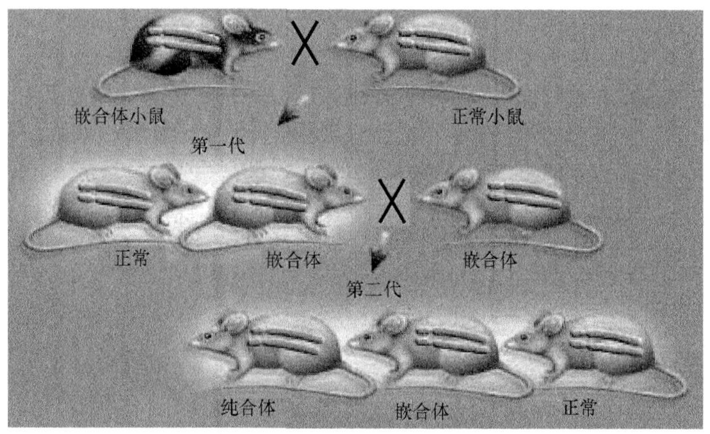

图 2.4.5 由嵌合体得到基因敲除的纯合体小鼠

利用 Cre/loxP 和来自酵母的 FLP-frt 系统可以研究特定组织器官或特定细胞中靶基因灭活所导致的表型。通过常规基因打靶在基因组的靶位点上装上两个同向排列的 loxP，并以此 ES 细胞产生"loxP floxed"小鼠，然后，通过将"loxP floxed"小鼠与 Cre 转基因鼠杂交(也可以其他方式向小鼠中引入 Cre 重组酶)，产生靶基因发生特定方式(如特定的组织特异性)修饰的条件性突变小鼠。在"loxP floxed"小鼠，虽然靶基因的两侧已各装上了一个 loxP，但靶基因并没有发生其他的变化，故"loxP noxed"小鼠表型仍同野生型的一样。但当它与 Cre 转基因小鼠杂交时，产生的子代中将同时带有"loxP floxed"靶基因和 *Cre* 基因。*Cre* 基因表达产生的 Cre 重组酶就会介导靶基因两侧的 loxP 间发生切除反应，结果将一个 loxP 和靶基因切除。这样，靶基因的修饰(切除)是以 Cre 的表达为前提的。Cre 的表达特性决定了靶基因的切除，即 Cre 在哪一种组织细胞中表达，靶基因的切除就发生在哪种组织细胞；而 Cre 的表达水平将影响靶基因在此种组织细胞中进行修饰的效率。所以只要控制 Cre 的表达特异性和表达水平就可实现对小鼠中靶基因修饰的特异性和程度(图 2.4.6)。

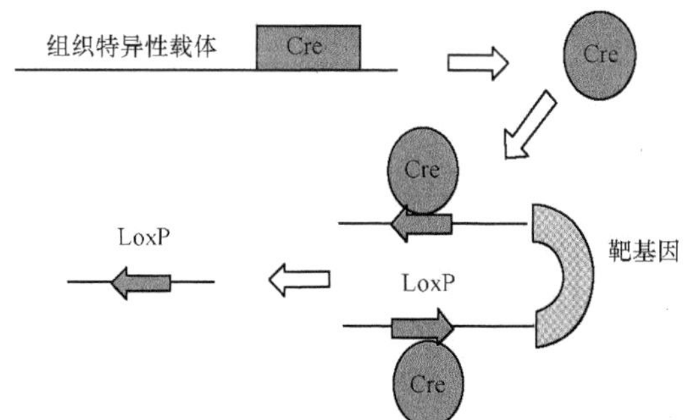

LoxP位点 ATAACTTCGTATAGCATACATTATACGAAGTTAT Cre重组酶
FRT位点 GAAGTTCCTATTCTCTAGAAAGTATAGGAACTTC Flp重组酶

图 2.4.6 利用 Cre/loxP 实现靶基因的切除原理

3) 诱导性基因敲除法

诱导性基因敲除也是以 Cre/loxP 系统为基础，但却是利用控制 Cre 表达的启动子的活性或所表达的 Cre 酶活性具有可诱导的特点，通过对诱导剂给予时间的控制或利用 *Cre* 基因定位表达系统中载体的宿主细胞特异性和将该表达系统转移到动物体内的过程在时间上的可控性，从而在 loxP 动物的一定发育阶段和一定组织细胞中实现对特定基因进行遗传修饰之目的的基因敲除技术。人们可以通过对诱导剂给予时间的预先设计的方式来对动物基因突变的时空特异性进行人为控制、以避免出现死胎或动物出生后不久即死亡的现象。常见的几种诱导性类型如下:四环素诱导型;干扰素诱导型;激素诱导型;腺病毒介导型。诱导性基因敲除优点:①诱导基因突变的时间可人为控制;②可避免因基因突变而致死胎的问题;③在 2 个 loxP 位点之间的重组率较高;④如用病毒或配体/DNA 复合物等基因转移系统来介导 Cre 的表达,则可省去建立携带 Cre 的转基因动物的过程。

4) 利用随机插入突变进行基因敲除

此法利用某些能随机插入基因序列的病毒,细菌或其他基因载体,在目标细胞基因组中进行随机插入突变,建立一个携带随机插入突变的细胞库,然后通过相应的标记进行筛选获得相应的基因敲除细胞。根据细胞的不同,插入载体的选择也有所不同。逆转率病毒可用于动植物细胞的插入;对于植物细胞而言农杆菌介导的 T-DNA 转化和转座子比较常用;噬菌体可用于细菌基因敲除。

A. 基因捕获法

a. 基因捕获法的原理

基因捕获法是最近发展起来的利用 Cre/loxP 实现靶基因的切除原理示意图 2.4.7。通常基因捕获载体还包括一个无启动子的报道基因,通常是 *neo* 基因,*neo* 基因插入到 ES 细胞染色体组中,并利用捕获基因的转录调控元件实现表达的 ES 克隆可以很容易地在含 G418 的选择培养基中筛选出来,从理论上讲,在选择培养基中存活的克隆应该 100%地含有中靶基因。中靶基因的信息可以通过筛选标记基因侧翼 cDNA 或染色体组序列分析来获得。

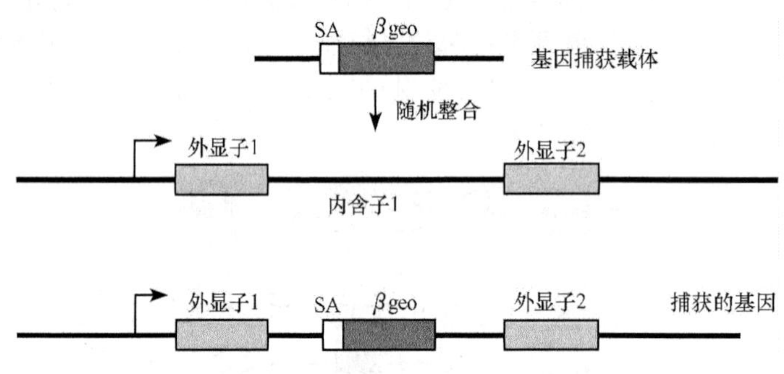

图 2.4.7 基因捕获法敲除靶基因的原理

b. 基因捕获法的优缺点

用常规方法进行基因敲除研究需耗费大量的时间和人力,研究者必须针对靶位点在染色体组文库中筛选相关的染色体组克隆,绘制相应的物理图谱,构建特异性的基因敲除载体以及筛选中靶 ES 细胞等,通常一个基因剔除纯合子小鼠的获得需要一年或更长的时间。面对人类基因组计划产生出来的巨大的功能未知的遗传信息,传统的基因敲除方法显得有些力不从心。因此,基因捕获法应运而生,利用基因捕获可以建立一个携带随机插入突变的 ES 细胞库,节省大量筛选染色体组文库以及构建特异打靶载体的工作及费用,更有效和更迅速地进行小鼠染色体组的功能分析。此方法的缺点是只能剔除在 ES 细胞中表达的基因。单种的细胞类型中表达的基因数目约为 10^4,现在的基因捕获载体从理论上来讲应能剔除所有在 ES 细胞表达的基因,因此,在 ES 细胞中进行基因捕获还是大有可为的。用基因捕获法进行基因剔除的另一个缺点是无法对基因进行精细的遗传修饰。

B. 利用 RNAi 实现基因敲除

内源或外源的 dsRNA(double strand RNA,dsRNA)导入细胞后,通过特异性结合互补链,介导转录后基因沉默(post transcriptional gene silencing),从而抑制靶基因表达的一种细胞反应过程,称为 RNAi。由于少量的双链 RNA 就能阻断基因的表达,并且这种效应可以传递到子代细胞中,所以 RNAi 的反应过程也可以用于基因敲除。近年来,越来越多的基因敲除采用了 RNAi 这种更为简单方便的方法。

a. RNAi 阻断基因表达的机理

双链 RNA 进入细胞后,能够在 Dicer 酶的作用下被裂解成 siRNA,而另一方面双链 RNA 还能在 RdRP(以 RNA 为模板指导 RNA 合成的聚合酶 RNA-directed RNA polymerase,RdRP)的作用下自身扩增后,再被 Dicer 酶裂解成 siRNA。siRNA 的双链解开变成单链,并和某些蛋白形成复合物,Argonaute2 是目前唯一已知的参与复合物形成的蛋白。此复合物同 siRNA 互补的 mRNA 结合,一方面使 mRNA 被 RNA 酶裂解,另一方面以 siRNA 作为引物,以 mRNA 为模板,在 RdRP 作用下合成出 mRNA 的互补链。结果 mRNA 也变成了双链 RNA,它在 Dicer 酶的作用下也被裂解成 siRNA。这些新生成的 siRNA 也具有诱发 RNAi 的作用,通过这个聚合酶链式反应,细胞内的 siRNA 大大增加,显著增加了对基因表达的抑制。从 21～23 个核苷酸的 siRNA 到几百个核苷酸的双链 RNA 都能诱发 RNAi,但长的双链 RNA 阻断基因表达的效果明显强于短的双链 RNA。

b. RNAi 基因敲除的优缺点及应用

RNAi 基因敲除的优点:①比用同源重组法更加简便,周期大大缩短;②对于哺乳动物,如对一些敲除后小鼠在胚胎时就会死亡的基因,可以在体外培养的细胞中利用 RNAi 技术研究它的功能;③由于 RNAi 能高效特异的阻断基因的表达,它成为研究信号转导通路的良好工具。④RNAi 还被用来研究在发育过程中起作用的基因,如可用 RNAi 来阻断某些基因的表达,来研究他们是否在胚胎干细胞的增殖和分化过程中其起着关键作用。RNAi 基因敲除的缺点:①阻断表达的时间较短,不是长期效应,但现在也有一些载体介导的 RNAi 效应,可以在细胞水平使这种沉默达到半年以上;②不能达到完全的基因敲除(gene knockout)水平,对哺乳动物细胞中有些表达异常高的基因不能有效阻断。

2.4.6.3 基因敲除技术的应用及前景

细菌的基因工程技术是 21 世纪分子生物学史上的一个重大突破,而基因敲除技术则可能是遗传工程中的另一重大飞跃。它为定向改造生物,培育新型生物提供了重要的技术支持。基因敲除技术自问世以来被广泛应用到生物学和医学研究的多个领域,如下所述。

(1) 建立生物模型。在基因功能,代谢途径等研究中模型生物的建立非常重要。基因敲除技术就常常用于建立某种特定基因缺失的生物模型,从而进行相关的研究。这些模型可以是细胞,也可以是完整的动植物或微生物个体。最常见的是小鼠,家兔、猪、线虫、酵母和拟南芥等的基因敲除模型也常见于报道。

(2) 疾病的分子机理研究和疾病的基因治疗。通过基因敲除技术可以确定特定基因的性质以及研究它对机体的影响。这无论是对了解疾病的根源或者是寻找基因治疗的靶目标都有重大的意义。

(3) 提供廉价的异种移植器官。器官来源稀少往往是人体器官移植的一大制约因素,而大量廉价的异种生物如猪等的器官却不能用于人体。这是因为异源生物的基因会产生一些能引起人体强烈免疫排斥的异源分子，如果能将产生这些异源分子的基因敲除，那么动物的器官将能用于人体的疾病治疗，这将为患者带来巨大的福音。PPL Therapeutics 公司于 1999 年已成功地在猪的体细胞中用基因敲除技术敲除了 *α-1 3GT* 基因。使每只猪都缺乏产生 α-1-3 半乳糖基转移酶的基因的 2 个拷贝。这些酶在细胞表面产生一种糖分子，人体的免疫系统可以立即辨认出这种糖分子为异源性，从而引发超急性免疫排斥反应。在缺乏这种酶的情况下，超急性排斥反应即不会再发生。

(4) 免疫学中的应用。同异源器官移植相似，异源的抗体用于人体时或多或少会有一定的免疫排斥，使得人用抗体类药物的生产和应用受阻。而如果将动物免疫分子基因敲除，换以人的相应基因，那么将产生人的抗体，从而解决人源抗体的生产问题。

(5) 改造生物、培育新的生物品种。

2.4.6.4　基因敲除技术的缺陷

随着基因敲除技术的发展，早期技术中的许多不足和缺陷都已经解决，但基因敲除技术始终存在着一个难以克服的缺点，即敲掉一个基因并不一定就能获知该基因的功能，其原因包括：一方面，许多基因在功能上是冗余的，敲掉一个在功能上冗余的基因，并不能造成容易识别的表型，因为基因家族的其他成员可以提供同样的功能；另一方面，对于某些必需基因，敲除后会造成细胞的致死性，也就无法对这些必需基因进行相应的研究了。

小结

工程细胞构建技术是科研或是生产中常用的手段之一。具体包括：细胞融合技术、基因克隆技术、基因导入技术、基因表达技术、基因突变技术、基因敲除技术等。根据研究目的不同，通过以上多种技术的联合使用，可以构建出基因特异性表达的载体，这对于疾病研究、机制研究，还是生物制药等多个领域都有着重要的意义。

（陈妍柯　邢金良）

思考题

1. 什么是细胞融合？动物细胞融合的主要方法有哪些？
2. 怎样对融合后获得的杂交细胞进行筛选？
3. 单克隆和 MAb 的制备原理和过程是什么？
4. 什么是基因克隆？如何实现基因克隆？
5. 重组体导入宿主细胞的常用方法及其各自的特点是什么？
6. 重组哺乳动物细胞产量不稳定性的可能原因及解决方案。
7. 如何实现基因定点突变？
8. 如何实现基因敲除？基因敲除可用于哪些研究？

参考文献

陈志南，刘民培. 2002. 抗体分子与肿瘤. 北京：人民军医出版社

陈志南. 2005. 细胞工程. 北京:科学出版社

冯伯森,王秋雨,胡玉兴. 2000. 动物细胞工程原理与实践. 北京:科学出版社

韩贻仁. 2001. 分子细胞生物学. 2 版. 北京:科学出版社

李志勇. 2003. 细胞工程. 北京:科学出版社

萨姆布鲁克 J,拉塞尔 D W. 2005. 分子克隆实验指南. 3 版. 北京:科学出版社

汪和睦,谢廷栋. 2000. 细胞电穿孔电融合电刺激原理技术及应用. 天津:天津科学技术出版社

Andrew Holmes. Targeted gene mutation approaches to the study of anxiety-like behavior in mice Neuroscience and Biobehavioral. Reviews,25(2001):261-273

Baer A,Bode J. 2001. Coping with kinetic and thermodynamic barriers:RMCE,an efficient strategy for the targeted integration of transgenes. Curr Opin Biotechnol,12(5):473-480

Barnes L M,Bentley C M,Dickson A J. 2000. Advances in animal cell recombinant protein production:GS-NSO expression system. Cytotechnology,32(2):109-123

Barnes L M,Bentley C M,Dickson A J. 2001. Characterization of the stability of recombinant protein production in the GS-NSO expression system. Biotechnol Bioeng,73(3):261-270

Benting J,Lecat S,Simons K. 2000. Protein expression in drosophila schneider cells analytical. Biochemistry,278(1):59-68

Bode J,Schlake T,Iber M,et al. 2000. The transgeneticist's toolbox:novel methods for the targeted modification of eukaryotic genomes. Biol Chem,381 (9-10):801-813

Fann C H,Guirgis F,Chen G,et al. 2000. Limitations to the am-plification and stability of human tissue-type plasminogen activator expression by Chinese hamster ovary cells. Biotechnol Bioeng,69 (2):204-214

Feng Y Q,Seibler J,Alami R,et al. 1999. Site-specific chromosomal integration in mammalian cells:highly efficient CRE recombinase-mediated cassette exchange. J Mol Biol,292(4):779-785

Georg M,Marc H,Lan C,et al. 2002. Spatial and temporal 'knock down' of gene expression by electroporation of double-stranded RNA and morpholinos into early postimplantation mouse embryos. Mechanisms of Development,118(1-2):57-63

Hammill L,Welles J,Carson G R. 2000. The gel microdrop secretion assay:identification of a low productivity subpopulation arising during the production of human antibody in CHO cells. Cytotechnology,34(1):27-37

Joel S. Bedford,Howard L. Liber Applications of RNA interference for studies in DNA damage processing,genome stability,mutagenesis,and cancer Seminars in Cancer Biology. 13(2003) 301-308

Kim S J,Lee G M. 1999. Cytogenetic analysis of chimeric antibogy-producing CHO cells in the course of dihydrofolate redustase-mediated gene amplification and their stability in the absence of selective pressure. Biotechnol Bioeng,64(6):741-749

Ledermann B. 2000. Embryonic stem cells and gene targeting. Exp-Physiol,85(6):603-613

Li Q,Harju S,Peterson K R. 1999. Locus control regions coming of age at a decade plus. Trends Genet,15(10):403-408

Muller U. 1999. Ten years of gene targeting:targeted mouse mutants,from vector design to phenotype analysis. Mech-Dev,82(1-2):3-21

Nelson R J,Young K A. 1998. Behavior in mice with targeted disruption of single genes. Neurosci Biobehav Rev,22:453-462

Ramachandran A,Jain A,Arora P,et al. 2001. Novel Sp family-like transcription factors are presentin adult insect cells and are involved in transcription from the polyhedrin gene initiator promoter. J Biol Chem,276(26):23440-23449

Siamon G. 1994. The legacy of Cell Fusion. New York:Oxford University Press:153-166

Yoshikawa T,Nakanishi F,Itami S,et al. 2000a. Evaluation of stable and highly productive gene amplified CHO cell line based on the location of amplified genes. Cytotechnology,33(1):37-46

2.5　细胞的三维培养技术

体外培养技术(*in vitro* culture technique)就是将活的细胞、组织、器官或者微小个体放在一个不易被其他生物污染的培养器皿内,并且提供一定的微环境维持其生存、生长的人工培养技术。由于培养对象、培养器皿及维持生存与生长方法的不同,体外培养方法不同。1907 年,Harrison 创立了悬滴培养法,经过不断改进,发展到现代的培养瓶培养法、旋转管培养法、灌注小室培养法、克隆培养法、中空纤维培养法、微载体培养法,以及微囊培养法等不同的组织培养技术。

细胞培养系统主要由细胞和培养支持物组成。传统二维(2D)细胞培养技术能够给培养物提供的是一种有限的二维的生长空间。在科学研究中,二维细胞培养技术只能提供在二维平面上对细胞进行分子以及基因水平研究的平台。而在体内环境中,细胞是在一种三维空间中生长代谢的,因此二维细胞培养技术提供的研究平台无法了解体外细胞在三维空间中生长和分化的状况,从而了解特定分子和基因改变对细胞生物学行为的影响。动物模型尽管能更为准确地反映肿瘤发生的形态学特点,但难以进行大规模分子水平上的研究。三维细胞培养(three-dimensional cell culture,TDCC)模型结合了二维细胞培养和动物模型的优点,在体外构建与模拟体内的细胞发育结构系统,在保留体内细胞微环境的物质及结构基础的同时具有细胞培养的直观性及条件可控制性的优势。三维细胞培养技术自 20 世纪初以来已广泛运用到生物医学科研的各个领域。

2.5.1　三维细胞培养概念

三维细胞培养是将细胞、生长因子与人造基质骨架共培养,以模拟体内细胞生长的微环境。现已明确体外细胞培养的一个重要原则是尽可能的模拟再现体内细胞生长环境。该模拟系统的核心因素是细胞与培养环境之间的相互作用,如细胞在三维支架上生长、分化所需最适宜的细胞密度、培养基的条件、生长因子的参与和其他培养条件参数等。

2.5.2　三维细胞培养技术

三维细胞培养技术的先行者之一 Bissell 等运用 Matrigel 胶成功地构建了乳腺癌上皮细胞培养模型,并利用该模型在乳腺癌的研究中取得重大进展。Bissell 等创建的三维细胞培养技术的主要路线是:首先对细胞进行常规二维培养,待细胞长满单层后用胰蛋白酶消化获得培养细胞悬液,然后将一定量细胞悬液加入铺有 Ⅰ 型胶原或富含层黏连蛋白的基质胶(matrigel)细胞培养板内，加入细胞生长液后使细胞在这种模拟体内的微环境中生长。

如图 2.5.1 所示：在三维细胞培养体系中，正常乳腺上皮细胞生长具有极性，细胞团外层细胞向外定向生长，内层细胞团凋亡形成内腔，最终发育为腺泡样结构。正常乳腺上皮细胞转染了 *her2/neu* 基因后逐渐形成了无内腔的不具有细胞克隆极性的多腺泡样结构。上述这些正常组织细胞和癌变细胞在 Matrigel 胶中形成的细胞表型在传统的二维细胞培养条件下是观察不到的。

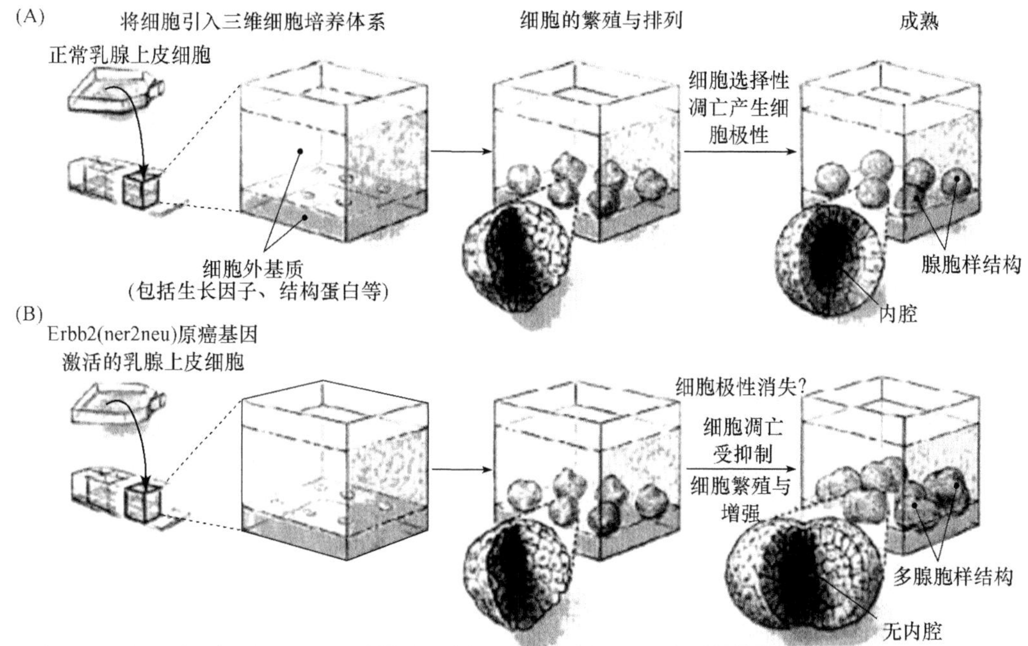

图 2.5.1 Bissell 建立的三维细胞培养流程图

(A) 正常乳腺上皮细胞三维培养；(B) *her2/neu* 基因激活的乳腺上皮细胞三维培养

2.5.3 三维培养介质

可以运用到三维细胞培养技术中的细胞外基质蛋白包括很多种，如Ⅰ型胶原蛋白(collagen Ⅰ)、Ⅲ型胶原蛋白(collagen Ⅲ)、Ⅳ型胶原蛋白(collagen Ⅳ)以及层黏连蛋白(Laminin，LN)。早在 1983 年，Hynda Kleinman 等从 Engelbreth-Holm-Swarm(EHS)小鼠肉瘤组织中提取到一种富含层黏连蛋白的细胞外基质蛋白，这种再造细胞外基质后来被 John Hassell 命名为 Matrigel。Matrigel 胶的主要成分是层黏连蛋白，此外还包含少量的Ⅳ型胶原蛋白、硫酸乙酰肝素蛋白聚糖(heparan sulfate proteoglycan)、内功素(entactin)以及巢蛋白(nidogen)。Matrigel 在 −20℃时呈黄色固体，而在高于 0℃时呈粉红色固体，只有在 0℃时呈现为粉红色黏稠液体，因此，使用 Matrigel 时需冰浴操作。Matrigel 胶比较适合培养存在生长极性的细胞(如上皮细胞)，这种再造细胞外基质蛋白可以促进多种细胞的分化，如肝细胞、乳腺上皮细胞、内皮细胞、平滑肌细胞和神经元细胞等。

2.5.4 三维培养应用

近年来三维细胞培养技术已经广泛应用于组织工程、人造器官等领域，目前在肿瘤生物学研究、血管生成、体内基因表达和剪切的模拟、实验组织建模、胚胎发育等方面也得到了快速发展。

2.5.4.1 三维细胞培养技术在肿瘤研究中的应用

20世纪70～80年代，科学家们开始认识到肿瘤细胞所生长的微环境对肿瘤表型形成起着非常重要的作用。细胞外微环境主要成分包括：间质细胞如淋巴细胞（lymphocyte，Lym）、巨噬细胞（macrophage，MP）和肥大细胞（mast cell，MC）等炎症细胞以及成纤维细胞（fibroblast，fb）、细胞外基质（ECM）以及一些可溶性的细胞因子。在细胞外微环境中，仅仅一种基因的突变都可以导致肿瘤细胞编程性死亡和增殖速度的改变，此外还可以改变细胞的表型、促进肿瘤新生血管的生成、募集炎症细胞、重建ECM以及加速成纤维细胞的增殖。因此，肿瘤生长所处的微环境中任何一种成分的变化都可能对肿瘤的发生发展造成巨大的影响。

很多研究发现正常组织细胞以及肿瘤细胞在传统的二维培养模型中细胞的一些特定的表型消失了，这种表型的消失进而影响到肿瘤的发生发展以及肿瘤细胞的功能。1974年Brinster发现，在小鼠皮下接种鼠胚胎肿瘤细胞会形成胚胎癌，但若将肿瘤细胞接种于孕鼠的胚胎囊中则可形成新生小鼠，肿瘤细胞接种部位微环境的差异决定了是否发生肿瘤。在这些认识的基础上，提出运用再造细胞外基质（extracellular matrix，ECM）建立三维细胞培养模型的观点。

Bissell等利用该技术成功地构建了乳腺癌上皮细胞培养模型，并在乳腺癌的研究中取得重大进展研究。他们的研究发现细胞外基质及其整联蛋白家族受体决定了乳腺上皮细胞的表型，这种作用超过了细胞的基因型对细胞表型的影响。来源于同一种系的正常乳腺上皮细胞S-1和成瘤细胞T4-2在二维培养条件下两种细胞在形态和生长速度上差别不大，然而在三维再造基底膜上培养时，S1细胞呈现完整的腺泡样结构，而T4-2细胞则形成巨大的、排列松散、紊乱的侵袭性克隆。产生这种差异可能的原因是S-1和T4-2细胞表面的整合素蛋白家族受体分布不同，S1细胞形成腺泡的基底侧分布有β1-整合素蛋白、β4-整合素蛋白、α6-整合素蛋白，在底侧面分布有α3-整合素蛋白，这与腺泡结构的极性表型相一致。相反，这些整合素蛋白在T4-2细胞克隆群中的分布却是杂乱无章的。当对T4-2细胞克隆群进行β1-整合素蛋白抗体干预实验，发现T4-2细胞克隆恶性表型被完全逆转，而且这种表型变化是可逆的。由此可见，细胞微环境对细胞生长极性起重要作用。

虽然动物模型可以反映体内生理环境，但是动物模型存在较多不足，难以满足科学研究和生物制药领域研究开发工作的需要。三维细胞培养系统在生命科学的研究中可以逐步替代动物模型。另外，三维细胞培养系统作为传统体外细胞培养和动物成瘤实验的补充，为大量筛选不同基因、在细胞与细胞、细胞与细胞外基质间的信号传递提供了一种有效的研究方案，以及为认识细胞信号传递与细胞恶性转化时的组织形态改变提供新的研究方法。

随着生物制药领域的发展，针对肿瘤微环境的药物设计将代表未来肿瘤药物治疗的新方向。三维细胞培养技术能模拟体内细胞与细胞间以及细胞与细胞外基质间信号传递的微环境，还可以通过技术的改进实现多种细胞的共培养及其与细胞外基质的联系。因此，三维细胞培养模型能辅助判断和选择特定抑制剂及其组合以最有效地抑制特定分型的肿瘤细胞的生长，可应用于肿瘤特异性化疗药物的设计，以达到有效杀死癌细胞阻止肿瘤的进展的目的。

2.5.4.2 三维细胞培养技术在组织工程中的应用

目前，在原始三维培养基础上已衍生出一些组织工程范畴内的三维培养技术，如微重力三维培养技术、微载体技术等。这些技术旨在采用高通量的方法在体外模拟体内组织、细胞生长微环境，以研究和开发生物学替代物，用以修复或重建组织、器官的结构，维持或改善组织器官的功能。

组织工程中往往用前体细胞作为种子细胞，因此培养环境可在诱导前体细胞生长和分化两方面起到重要作用。此外，在体内组织中应力与细胞的生长、分化密切相关，细胞可在应力的诱导下产生胞内信号，改变某种表型或表达更多的表型结构来承担应力，以使自己能够黏附、定位。组织工程技术已在医学研究和治疗领域大量应用，而三维细胞培养技术是组织工程技术应用的前提条件。三维细胞培养技术的快速发展，将为组织工程技术的应用奠定良好的基础。

小结

细胞三维培养技术是在常规二维培养的基础上发展起来的一种新的细胞体外培养技术。该技术具有能够更好地模拟体内生长环境的优势，因而拓展了细胞体外培养的应用范围，在生命科学特别是医学研究中得到越来越广泛的应用，发挥着其他细胞培养技术所不可替代的作用。

思考题

1. 什么是细胞的三维培养？与二维培养相比有何不同？
2. 简述细胞三维培养模型的用途。

参考文献

Freyria A M, Cortial D, Ronziere M C, et al. 2004. Influence of medium composition, static and stirred conditions on the proliferation of and matrix protein expression of bovine articular chondrocytes cultured in a 3-D collagen scaffold. Biomaterials, 25(4): 687-697

Friedrich M J. 2003. Studying cancer in 3 dimensions: 3-D models foster new insights into tumorigenesis. JAMA, 290(15): 1977-1979

Kim J B, Stein R, O'Hare M J. 2004. Three-dimensional in vitro tissue culture models of breast cancer. Breast Cancer Research and Treatment, 85(3): 281-291

Kim J B. 2005. Three-dimensional tissue culture models in cancer biology: review article. Semin Cancer Biol, 15(5): 365-377

Li W J, Tuli R, Huang X, et al. 2005. Multilineage differentiation of human mesenchymal stem cells in a three-dimensional nanofibrous scaffold. Biomaterials, 26(25): 5158-5166

Wang F, Hansen R K, Radisky D, et al. 2002. Phenotypic reversion or death of cancer cells by altering signaling pathways in three-dimensional contexts. J Natl Cancer Inst, 94(19): 1494-1503

Weaver V M, Howlett A R, Langton W, et al. 1995. The development of a functionally relevant cell culture model of progressive human breast cancer. Cancer Biol, 6(3): 175-184

Weaver V M, Petersen O W, Wang F, et al. 1997. Reversion of the malignant phenotype of human breast cells in three-dimensional culture and in vivo by integrin blocking antibodies. J Cell Biol, 137(1): 231-245

2.6　工程细胞无血清悬浮培养技术

哺乳动物体外细胞培养技术是生命科学基础理论研究和生物产业化领域中广泛应用的关键技术之一。动物细胞表达的产品由于具有活性高、稳定性好等优点已被生物制药行业广泛使用。其广泛使用的动物细胞有 CHO、SP2/0、HEK293、Vero 和 BHK 等。大多数动物细胞采用含血清培养基进行体外培养。但血清等动物来源成分存在成分不明确、批次不稳定、价格昂贵等不足，这些缺点将影响实验的重复性、可靠性及生产稳定性、可控性。因此，随着全球生物技术的发展，尤其是基因工程药物、单克隆抗体和基因工程抗体等蛋白质药物产业的发展工程细胞无血清悬浮培养技术——悬浮培养技术、无血清培养技术等相关技术，是生物产业化发展的关键性技术。

工程细胞无血清悬浮培养技术是采用已知人源、动物源或重组蛋白或激素无机离子、植物水解物等物质替代血清的一种细胞培养技术。一般通过无血清培养基的更换、建立及优化和细胞株的无血清悬浮驯化两个途径来实现。它包括两个主要的方面：无血清培养基的优化和细胞株驯化。在大规模培养过程中，无血清悬浮培养技术有利于提高培养规模、简化培养工艺和纯化工艺。在生产中，能够实现细胞的高密度培养和目标产物的高表达；降低生产成本；避免动物源成分的干扰，提高生产的稳定性。

工程细胞无血清悬浮培养技术包括细胞的无血清培养、无血清培养基更换、建立、筛选及优化、无血清驯化化技术、无血清克隆化技术及无血清冻存复苏技术等几个方面。1990 年后，我国在抗体药物的研制和产业化方面取得了有目共睹的成绩，但是整体水平与西方先进国家相比还有很大差距。

本节将以工程细胞无血清悬浮培养技术及其新进展进行阐述。

2.6.1　无血清培养基

血清的不足已引起生物产业界的关注，因此，许多科学家从 20 世纪 50 年代起就开始无血清培养基的研究与开发。2003 年 4 月 5～7 日，Vera Baumans 和 jan vail der Valk 组织召开了题为“改进体外培养技术方法，替换胎牛血清”的会议，对于 FBS 的使用问题进行了讨论，并在全球范围内号召减少 FBS 使用。同时建议建立有关各种细胞株的无血清培养基的相关信息数据库。有关无血清培养基的研制和开发得到了迅速发展，推动了基因工程产品及其产业的发展。

动物细胞无血清培养基的研究开发是细胞工程重要领域之一。无血清培养基的研究方法主要包括三个部分：培养过程分析、分子生物学技术和统计学方法。

(1) 培养过程分析：细胞代谢方面的基础研究为培养基的设计开发提供最基本的理论与数据参考。在开发一个新的培养基配方时，设计合理的培养方案和产物高效表达方案是非常重要的两个方面。培养过程分析可以进行实时检测也可以间隔一定时间进行，其分析得到的各种参数将反应细胞生长代谢的变化，为培养基开发优化提供设计或者调整的依据。目前细胞培养基分析的项目有氨基酸、微量元素、维生素、脂肪酸、糖类，以及用酶学方法分析培养基中葡萄糖、乳酸、谷氨酰胺、谷氨酸的含量等。动物细胞培养过程中各种代谢底物和中间物或辅助类物质的变化对细胞生长代谢和产物表达有较大的影响。细胞培养过程中细胞增殖或者目的产物表达效率不仅可以从细胞的生长代谢特征上表现出来，也可以由培养微环境中代谢底物的消耗或者代谢产物的堆积上表现出来。可见，培养的微环境对细胞生长代谢的影响显著地。培养微环境主要媒介就是培养基。因此，培养基中各种物质变化和检测就显得十分重要。一般，培养基中的物质变化可以通过仪器来计量，如高压液相等色谱技术、质谱技术等。细胞生长和活力变化常通过台盼蓝染色及血球计数板统计细胞的生长曲线变化。运用 MIT 还原反应检测细胞活性是目前广泛选用的方法。另外一种方法是应用刃天青的氧化-还原反应来测定细胞活性，刃天青的氧化-还原反应不影响细胞的代谢，而且对细胞的密度测量范围比较广，对于细胞培养条件的研究有一定的推动作用。

(2) 分子生物学技术：基因组技术和蛋白质组技术是近几年来用于细胞培养研究的新工具。在分子水平对细胞培养过程进行跟各位深入的研究可以更准确了解和判断细胞的生长和代谢变化。其中常用的基因组技术包括有基因芯片技术、定量 PCR 技术、蛋白质组技术有抗体芯片和双向凝胶电泳分离技术。随着基因技术的应用，研究人员可以在 mRNA 和蛋白质水平上了解和掌握细胞培养过程的变化，并预测细胞培养过程中可能出现的反应。调节培养基的添加组分，研究细胞生长代谢的变化，分析宿主细胞的核中及胞浆中的分子影响机制，筛选适宜细胞培养的添加组分。另外可以通过抗体芯片遴选细胞培养调控过程中细胞表面的受体分布、黏附分子及信号通路相关生物分子。运用收集的细胞生理代谢信息确定培养基中添加组分或者其他的生物分子，实现对细胞增殖、凋亡、分化、黏附及外援基因表达等的调控。分子生物技术方法是一种高通量、可再现的技术工具，目前有许多商业研究机构已大量运用基因组技术和蛋白质组技术，在细胞培养基的设计与改进方面做了许多工作。

(3) 统计学方法：该法在化学工业的过程开发中已得到广泛应用，近几年的微生物培养和过程优化中也广泛运用统计学实验设计方法，动物细胞培养研究也有运用统计学实验方法并取得明显效果的文献报道。Liu 等(2001)运用统计学设计及优化方法研制 CHO NTHUl08 细胞的无血清培养基，该培养基的成功开发，明确了培养过程中培养基的各种组分，并且与商业化培养基相比较，该无血清培养基对细胞的生长代谢及产品表达并没有显著影响，同时该培养基的蛋白含量很低，更适于表达蛋白的后期纯化。统计学实验设计方法强调在培养基的设计、优化和数据结果分析方面运用统计学工具，用比较经济的人力、物力和时间，得到可靠的结果，准确地控制和估计误差的大小，减少试验中的不可控因素。

2.6.2 无血清培养基的组成及其主要补充因子

无血清培养基的成分十分复杂，一般主要有两部分组成，即基础培养基和血清替代物两大部分。

2.6.2.1 基础培养基

早期用于细胞培养的基础培养基有血浆凝块、淋巴液、大豆蛋白胨和胚胎浸膏等天然培养基。1950 年 Morgan 等在前人的研究基础上研究出 199 培养基，使动物细胞培养基发展到一个崭新的阶段，即合成培养基阶段。合成培养基是按细胞生长需要将一定比例的氨基酸、维生素、无机盐、葡萄糖等组合成的基础培养基。目前市场上已经有上百种的合成培养基商品。在众多的合成培养基中 M EM、DM EM、RPM I1640、F12 和 TC100 的使用最为广泛。基础培养基的成分是完全已知的，因此在对不同的细胞株进行培养时可以对基础培养基的某些组分进行相应的调整，以更好地符合细胞株的营养要求或提高目的蛋白的表达量。刘文献等在对产 HB sAg 的 CHO 细胞进行无血清培养研究时，对细胞培养前后 DM EM 基础培养基中添加的 17 种氨基酸含量进行测定分析，认为 C28 细胞株对天冬氨酸(Asp)、丝氨酸(Ser)、谷氨酰胺(Glu)和酪氨酸(Tyr)的需求量较大，而培养基中上述 4 种氨基酸的含量相对不足，予以适量补充，而对半胱氨酸(Cys)的利用较少,予以适量减少,由此调整 DMEM 基础培养基的配方,实现无血清培养基的初步优化。

同样是为了优化基础培养基中添加的氨基酸种类和浓度,胡雪梅等采用了正交试验法来考察 CHO 细胞无血清培养基中 15 种氨基酸及其浓度对细胞培养的影响。结果表明添加的精氨酸、亮氨酸、脯氨酸及甲硫氨酸对细胞生长有明显的促进作用,而高浓度的丝氨酸、色氨酸对细胞生长有明显的抑制作用,而其他几种氨基酸在细胞不同生长时期所起的作用不同。

基础培养基中的葡萄糖是细胞生长增殖以及产物表达过程中的重要能量来源。对于基因重组蛋白表达细胞来说,存在一个使目的蛋白得到最大量表达的葡萄糖浓度。孙祥明等使用表达重组 EPO 蛋白的 CHO 细胞进行批培养,将葡萄糖的浓度从 89mmol/L 增加到 496mmol/L,发现活细胞密度没有出现明显差异,而 EPO 的累积浓度首先随着起始葡萄糖浓度的增加(89~179mmol/L)而增加,而后又随着葡萄糖浓度的增加(179~496mmol/L)而下降,表明存在一最适葡萄糖浓度,在此浓度下重组 CHO 细胞表达 EPO 量最大。

2.6.2.2 补充因子

补充因子是无血清培养基中各种血清替代成分的总称。补充因子的种类繁多,主要有生物大分子、小分子和微量元素等。补充因子又可归类为必需补充因子和特殊补充因子。

2.6.2.3 必需补充因子

胰岛素、转铁蛋白和亚硒酸钠是几乎所有的细胞株在无血清培养基中生长时都需要的,即为必需补充因子。

(1) 胰岛素:细胞无血清培养中,胰岛素的使用浓度为 0.1~10mg/L。胰岛素可以促进 RNA、蛋白质和脂肪酸的合成,抑制细胞凋亡,是重要的细胞存活因子,Jan 等认为在批式培养中胰岛素迅速耗尽是细胞比生长速率下降的主要原因。

(2) 转铁蛋白:大多数哺乳动物细胞上存在特定的转铁蛋白受体,受体与转铁蛋白 Fe^{3+} 复合物结合是细胞获取必需的微量元素铁的主要来源,此外转铁蛋白还具有生长因子的性质并能与其他微量元素结合,如钒等。转铁蛋白的使用浓度为 0.5~100mg/L,亦有研究报告指出,无血清培养基中必须要有转铁蛋白至少 5mg/L,胰岛素才能起作用。也有资料证实转铁蛋白在无血清培养基中的作用可以为某些铁盐所代替,如柠檬酸铁、二甲胂酸铁、葡糖酸铁等。

(3) 亚硒酸钠:Hew lett 在 1991 年曾指出硒在任何一种细胞,特别是人体细胞的生长过程中确实具有明显作用,微量元素硒参与谷胱甘肽过氧化物酶和过氧化物歧化酶的作用过程,消除氧化物酶和氧自由基对细胞的伤害。亚硒酸钠的最适添加浓度是 30~60nmol/L。

2.6.2.4 特殊添加因子

1) 生长因子

生长因子是维持体外培养细胞生长代谢、增殖及分化所必需的添加成分。按化学性质可分为多肽类生长因子和甾类生长因子。无血清培养基中添加的生长因子主要是多肽类生长因子。目前,已鉴定的多肽类生长 20~30 种,其中半数以上都可以通过基因重组的手段获得相应的重组生长因子。无血清培养基较常用的生长因子有表皮生长因子、成纤维细胞生长因子等。

Papeleu 等在 2004 年用无血清培养基培养鼠肝细胞时发现,添加 50mg/L 表皮生长因子能刺激细胞增殖。在添加表皮生长因子后,细胞在培养 48h 后开始 DNA 合成,顺利地通过了分裂

原依赖的细胞周期 G_1 期、G_1/S 期和 S 期的限制点。

2）激素

除了胰岛素外，大多数的哺乳动物细胞体外培养还需要添加一定量的其他激素，如多肽类激素中的生长激素、胰高血糖素、甲状腺素等和甾体类激素中的孕酮、氢化可的松、雌二醇等。不同细胞株对激素的种类和数量要求有所不同。

黄斌等在对表达乙肝表面抗原的 rCHO 细胞进行无血清培养时，加入了氢化可的松，发现细胞的结团现象没有明显好转，细胞的比生长速率未增加，但细胞的光泽明显变好，显得更为透亮。

3）贴壁因子

绝大多数的真核细胞在体外生长时需要固着在适宜的基底上。细胞固着作用是一个复杂的过程，包括贴壁因子吸附于器皿或载体的表面，细胞与贴壁因子的结合等。无血清培养中常用的贴壁因子有细胞间质和血清中的成分，如纤黏连蛋白、胶原、昆布氨酸和多聚赖氨酸。

昆布氨酸和多聚赖氨酸除具有促进细胞贴附伸展的作用外，还有影响增殖分化的作用但刘文献等为了避免细胞无血清培养后大量脱落，加入了胶原蛋白、多聚赖氨酸等促贴壁成分，效果不明显。

4）其他补充因子

（1）白蛋白：白蛋白也是无血清培养基中常用的添加因子。它通过与维生素、脂类、激素、金属离子和生长因子等物质结合，实现维持和调节该物质在无血清培养基中的功能，同时，白蛋白还具有结合毒素和减轻蛋白酶对细胞的影响的作用。

（2）低分子质量营养因子：一些细胞系的无血清培养还需要补充某些低分子质量的化学物质，如微量元素、维生素、脂类等。维生素 B 主要以辅酶的形式参与细胞代谢，维生素 C 和维生素 E 具有抗氧化作用。丁二胺和亚油酸、油酸等提供细胞膜合成所需的脂质和细胞生长所需的水溶性脂质。

2.6.3 无血清克隆化技术

生物制药行业中筛选获得稳定表达目标产物的动物细胞株是关键环节之一。通常我们采用融合技术或转染技术获得表达目标产物的动物细胞系，采用传统克隆化方法筛选获得生长代谢、产物表达稳定的细胞株。传统克隆化方法通常采用动物血清、饲养细胞等动物来源成分进行。动物来源成分的不足已经引起人们的关注。所以，相应的无血清克隆化技术就显得尤为重要。

无血清克隆化技术主要是采用生长因子、激素、微量元素及相关的辅助因子等添加物质替代血清和饲养细胞的功能实现细胞在单细胞和无血清条件下的生长代谢和产物表达，以此实现细胞株在无血清条件下的筛选和建立。

其中，无血清克隆化技术必须提供一个在无血清条件下满足单细胞生长的培养基，因此，根据各个细胞生长代谢的差异，需要对克隆化培养基进行筛选优化。无血清克隆化培养基所需的添加成分与无血清培养基中的添加成分基本一致，但是在用量和相互的搭配比例尚有较大的差别。工程细胞在无血清条件下对生长环境特别是培养基的选择都有一定的特异性，所以根据不同的细胞系，无血清克隆化的添加成分都需要进一步优化。

2.6.4 无血清悬浮驯化技术

无血清悬浮驯化技术目前在生物制药行业中得到广泛的使用。一方面，是为了获得能够满足生产要求的无血清细胞株；另一方面，是为了获得无血清悬浮生长的宿主细胞，为后续细胞株的开发奠定基础，常用的宿主细胞，如 CHO 细胞、鼠骨髓瘤细胞。

无血清悬浮培养能引起细胞生长模式和蛋白结构特征的改变。一般情况下，随着血清浓度降低和(或)细胞黏附基质的改变，细胞活性和生长率降低。这种变化主要是由于细胞周期中进入 S 期的进程发生了变化。在无血清悬浮培养过程中，细胞还可能出现细胞凋亡的现象，甚至表达的蛋白结果发生改变，最后，导致细胞出现生长危机，也就是说细胞生长和活性的明显下降。同时，在细胞驯化的过程中，可能还会出现非表达目标产物的细胞过度生长，它们的生长速率、细胞产量及细胞生长的最高密度等发生显著的变化。因此，在细胞驯化过程中，要对细胞的生长代谢参数和目标蛋白的结构和功能进行实时监测。

2.6.4.1 无血清培养基的配方

目前，无血清培养基已经有商品化的产品，直接购买即可使用。然而，无血清培养基与细胞株之间具有一定的特异性，所以在采用商品化无血清培养基时，需根据 CHO、BHK 和杂交瘤细胞等自身的特点选择不同的商品化无血清培养基，对于一些特殊的细胞株，我们还需要进行无血清培养基的优化，获得更加满足该细胞株生长代谢和产物表达的无血清培养基。研究者除了能够选择商品化无血清培养基外，还可自行开发适合特定细胞株的无血清培养基，此时，相关的专利和文献将提供一些可以参考的数据。

除了购买商品化的无血清培养基外，研究者也可以自行研究开发适用于特定细胞系的无血清培养基，此时应参考已有的文献和专利，选择合适的参考数据。

据文献报道，无血清培养基一般是在基础培养基的基础上添加血清替代物实现的。其中基础培养基包括 DMEM、MEM、RPMI-1640 等，均可用于无血清培养基研制的基础。添加成分一般包括生长因子类、微量元素等，这些添加物的浓度与细胞类型有一定的关系，需要针对不同的细胞系进行筛选和优化。据文献报道，重组 CHO 细胞一般采用 DME：F12(1：1)为基础培养基，添加 L-Glu(2～4mmol/L)、重组人胰岛素(10mg/L)、氢化可的松(0.072mg/L)、腐胺(2.0mg/L)、亚硒酸钠(0.010mg/L)，硫酸亚铁(0.091mg/L)和聚乙烯乙醇表面活性剂(2.4mg/mL)组成重组 CHO 细胞的无血清培养基。然而，重组 CHO 细胞经过高密度条件等多种压力驯化筛选后，所需要的营养物质需要进一步进行优化，特别是高密度培养的工程细胞对营养物质如氨基酸、生长因子、葡萄糖、谷氨酰胺等需求将增加，此时需要针对不同的细胞密度进行营养成分浓度的调整。另外，工程细胞在常规培养的过程中，需要连续添加筛选压力如 MTX、G418 等，确保细胞系的目标基因拷贝数和表达产物在驯化过程中未发生改变。

2.6.4.2 工程细胞无血清悬浮培养设备

工程细胞在生物工程领域被广泛使用。细胞培养瓶和培养板一般进行贴壁细胞和悬浮细胞的日常培养和实验。在准备进行生产放大的过程中，通常采用体积逐步增加的摇瓶(50mL、100mL、500mL 和适当的工作体积)进行初步放大，同时在该过程中也可以进行生产工艺的初步探索。除了摇瓶外，还可以采用摇床进行悬浮细胞的培养。

无论是摇瓶还是摇床用来培养悬浮细胞需要给细胞提供一个合适的生长环境，其中包括合适的湿度，温度和 CO_2 等。该环境一般由二氧化碳培养箱实现。后续放大培养过程中生物反应器的相关内容见后续章节。

2.6.4.3　工程细胞驯化方法

工程细胞的驯化主要是为了实现细胞在悬浮、无血清及各种压力条件下能够正常生长代谢和产物表达。在驯化的过程中，为了保证细胞生长模式——生长率、细胞活性和细胞产量等各个方面不发生显著变化，需采用各种方法降低生长模式对细胞各个参数的影响。

工程细胞驯化方法最好采取两个阶段的驯化过程，第一步使细胞适应悬浮培养，第二步适应无血清培养条件。并且，在每一个过程建议采用逐步驯化的方法进行。在每一步驯化过程中，需要保证细胞处于指数生长期。

2.6.4.4　悬浮驯化

悬浮驯化开始于在含有 FBS 的基础培养液中生长的单层细胞。该细胞以贴壁生长的方式在培养器皿中增殖。通常每 2～4 天用胰酶消化，之后加入含 FBS 的培养液终止消化并重悬细胞。此时获得的细胞悬液可用来进行常规细胞培养（$1\times10^4\sim3\times10^4 cm^{-2}$），或作为起始悬浮培养的种子细胞。

细胞悬液采用 1200r/min 离心 5min，将沉淀物重新悬浮在含 FBS 的培养液中，用细胞计数器计细胞数，采用台盼蓝拒染法检测细胞活性。若细胞活力大于 90%，则此细胞可以适应在 50～100mL 的摇瓶中生长，细胞接种密度一般以 $1\times10^5\sim3\times10^5$ 个/mL。如果细胞黏附性较强或者为了避免细胞与摇瓶壁的黏附，可以将摇瓶提前用硅溶液预处理。

摇瓶培养细胞所需要的生长环境与贴壁培养一致，主要是合适的温度、湿度和 CO_2。每 2～3 天对细胞进行计数，并且采用新培养液将细胞密度调整到 $1\times10^5\sim3\times10^5$ 个/mL。假如细胞的生长缓慢，达不到 4∶1 的稀释率，则将细胞离心，重新悬浮在新培养液中继续培养。

在悬浮驯化的前几周，需要随时对细胞的生长速率和细胞活性进行检测。因为驯化初期，会出现细胞生长缓慢和(或)细胞活性下降的现象。经过几周的体外培养，细胞度过生长危机后就开始恢复良好的生长状态。对于重组 CHO 细胞在含 FBS 的培养液中进行悬浮培养时未发现对细胞的生长模式产生显著影响。

2.6.4.5　无血清驯化

(1) 悬浮培养稳定后，接下来应对细胞进行无血清的驯化步骤。这是一个降低血清并且逐步撤除血清的过程。

(2) 无血清驯化可以采用直接撤除血清和逐步撤除血清两个方法。细胞状态较好时，可以采用直接撤除血清的方法进行。将细胞直接转化到无血清培养基中进行培养。如果细胞状态不佳或者细胞对环境变化较为敏感时，采用逐步撤除血清的方法进行。含血清培养基与无血清培养基按照 1∶1→1∶4→1∶8→0 的过程逐步降低血清。并且，每一个血清梯度需传代 3 次，保证细胞已经完全适应相应的环境。

细胞完全在无血清培养基中连续传代三次后，检测细胞的生长代谢和产物表达水平，确保细胞已经完全适应无血清培养。

2.6.5 无血清冻存与复苏

细胞冻存是长时间保存细胞的主要方法之一。冻存技术是将细胞置于－196℃液氮中低温保存,可以使细胞暂时脱离生长状态并将其细胞特性保存起来。在需要的时候复苏细胞即可用于生产和实验。

工程细胞是生产和实验的原材料,保质、保量且有效的冻存一定量的细胞,可以防止因正在培养的细胞被污染或其他意外事件而使细胞丢种,起到了细胞保种的作用。同时,有效的冻存细胞可以使生产的稳定性、连续性、重现性及可控性等得到保证。除此之外,还可以利用细胞冻存的形式来购买、寄赠、交换和运送某些细胞。

目前细胞冻存常规方法采用胎牛血清、基础培养基和二甲基亚砜组成的冻存液进行细胞冻存。细胞冻存时向培养基中加入保护剂——终浓度5%～15%的甘油或二甲基亚砜(DMSO),可使溶液冰点降低。冻存过程一般采取逐步降温的过程,在缓慢冻结条件下,细胞内水分透出,甘油或二甲基亚砜可有效地减少冰晶形成,从而避免细胞损伤,起到保护细胞的作用。

胎牛血清是常用于细胞库中的低温保护剂,但是含血清培养系统在抗体与疫苗的大规模生产中逐渐被淘汰。血清存在动物源性污染、批次不稳定等众多不足,因此工程细胞推荐采用无血清冻存的方式。

无血清冻存方法中采用酶促水解产物类(如大豆水解物、植物水解物)、蛋白质类(如牛血清白蛋白 BSA)、非蛋白质类(如聚醚、甲基纤维素)、惰性小分子等低温保护剂。低温保护剂、培养基与二甲基亚砜组成的冻存液进行工程细胞的无血清冻存。其中大豆水解物、植物水解物等低温保护剂均已商品化。无血清低温保护剂根据细胞类型的不同需要进行一定的筛选,确定最佳使用浓度和组合后才能用于细胞冻存。

工程细胞的无血清冻存一般采用逐步降温的方法进行,该方法能够保证复苏后的细胞活性。标准冷冻速度开始为－2～－1℃/min,当温度低于－25℃时可加速,到－80℃之后可直接投入液氮内(－196℃)。

细胞无血清冻存过程对细胞密度有着较严格的要求,一般要求细胞密度要高,约为 1×10^7 个/mL。细胞密度过低时,复苏后细胞的活性较低,不利于后续的培养工作。

复苏细胞一般采用快速溶解的方法进行。直接将装有细胞的冻存管投入37℃热水中迅速融解。概括起来说,冻存复苏过程一般以“慢冻速融”的方式进行,该方式能够较好的保证细胞活性。

实现了在无血清条件下工程细胞的冻存,再结合上述的无血清克隆化、无血清悬浮驯化技术等即可实现在无血清条件下筛选建立获得直接可用于生产的工程细胞株。

小结

工程细胞的无血清悬浮培养技术包括无血清悬浮驯化技术、无血清克隆化技术、无血清冻存技术等几个方面,这些技术的建立可以在一定程度上解决我国哺乳细胞大规模培养过程中的瓶颈技术问题,提高我国在该领域的技术水平。

无血清条件下,细胞株与培养基和培养环境之间具有一定的特异性,因此,对于每一个特定的细胞株仍需进行营养成分的优化。同时,无血清悬浮培养技术避免了血清的使用、简化了细胞建株后的无血清驯化,延长了工程细胞的稳定期、简化了后续纯化工艺等。

工程细胞的无血清悬浮培养技术使细胞株稳定性、生产工艺、生产过程和产品质量的可控性、重复性、稳定性得到了有效的保证。工程细胞的无血清悬浮培养技术的建立改变了生物制药领域产量低、成本高、难以产业化、规模化的局面，促进了中国生物制药行业的发展。

（屈 颖）

思考题

1. 工程细胞无血清悬浮培养技术产生的必要性?
2. 无血清悬浮培养技术包括哪几个方面?
3. 检索工程细胞无血清悬浮培养技术的进展，了解工程细胞无血清悬浮培养技术建立的过程。

参考文献

陈昭烈，肖成祖. 1994. 动物细胞无血清培养基及其应用. 生物工程进展，14(5)：23-27

胡雪梅，张元兴. 1996. 氨基酸对中华仓鼠卵巢(CHO)细胞在无血清培养基中的作用. 华东理工大学学报，22(6)：283-285

黄斌，牛红星，朱明龙，等. 2004. rCHO 细胞无血清适应及悬浮培养. 华东理工大学学报，30(1)：38-42

刘文献，贾茜，谭丽霞. 2002. 产 HBsAg CHO 细胞无血清培养研究. 中国生物工程杂志，22(4)：93-96

孙祥明，张元兴. 2001. 葡萄糖对重组 CHO 细胞生长代谢及 EPO 表达的影响. 生物工程学报，17(6)：211-213

徐永华. 2000. 动物细胞工程. 北京：化学工业出版社：20-21

薛庆善. 2001. 体外培养的原理与技术. 北京：北京科学技术出版社，162-164

Glassy M C，Tharakan J P，Chau P C. 1998. Serum-free media in hybridoma culture and monoclonal antibody p roduction. Biotechnol Bioeng，2(8)：1015-1028

Gong X，Fang Q，Li X，et al. 2005. A high-throughput end-point assay for viable mammalian cell estimation. Cytotechnology，49(1)：51-58

Han M J，Lee S Y. 2003. Proteome profiling and its use in metabolic and cellular engineering. Proteomics，3(12)：2317-2324

Jenkins N. 1991. Growth factors. *In*：Bulter M. Mammalian Cell Biotechnology：A Pratical Approach. Oxford University Press，Oxford，U. K. ：27

Ljunggren J，Häggström L. 1995. Specific growth rate as a parameter for tracing growth-limiting substances in animal cell cultures. J Biotechnlogy，42(2)：163-175

Liu C，Chu I，Hwang S. 2001. Factorial designs combined with the steepest ascent method to optimize serum-free media for CHO cells. Enzyme Microb Technol，28(4-5)：314-321

Mandl E W，Jahr H，Koevoet J L，et al. 2004. Fibroblast growth factor-2 in serum—free medium is a potentmitogen and reduces dedifferentiation of human ear chondrocytes in monolayer culture. Matrix Biology，23(4)：231-241

Papeleu P，Loyer P，V anhaecke T，et al. 2004. Proliferation of epidermal growth factor—stimulated hepatocytes in a hormonally defined serum-free medium. Altern Lab Anim，32(Supp 1)：

57-64

Ozturk S S, Hu W S. 2006. Cell Culture Technology for Phamaceutical and Cellular Therapies. New York: Taylor & Francia. 25

Scow T K, Korke R, Liang R C, et al. 2001. Proteomic Investigation of metabolic shift in mammalian cell culture. Biotechnol Prog, 17(6): 1137-1144

Van der Valk J, Mellor D, Brands R, et al. 2004. The humane collection of fetal bovine serum and possibilities for serum-free cell and tissue culture. Toxicol In Vitro, 18(1): 1-12

Zhang X, Pennec G, Steffen R, et al. 2004. Application of a MTT assay for screening nutritional factors in growth media of primary sponge cell culture. Biotechnol Prog, 20(1): 151-155

第三章 工程细胞生物学基础

3.1 细胞的基本概念

人类对生命的认识走过了漫长的发展历程。对个体的认识是基础，并由此向宏观和微观两个方向推进。研究技术手段的进步，以及相关学科的发展和不同学科间的相互渗透融合，使人类能够在新的层面不断揭示新的生命现象及其活动规律，并逐步从描述性的科学向实验性的科学迈进。特别是随着遗传学、分子生物学等学科的飞速进步，也使对于细胞的认识不断加深，乃至推进到目标明确地对自然进化过程的干预。这既体现了人类认识自然规律的基本方式，也表明了人类不断探索和创新的能力。

3.1.1 细胞是认识生命的一个重要层次

3.1.1.1 对细胞的基本认识

生命有机体种类繁多，形态各异，要了解和掌握生命活动的基本规律，必须从分子、细胞、个体乃至群体等多层次进行全面探索，显微镜的发明和使用，为生物学家对生命体的结构和功能的认识提升到细胞层次创造了条件。此后，人们的目光就超越了个体和群体的水平而向细胞聚焦，各种细胞器相继被发现，随着遗传学、生物化学、分子生物学等相关学科与细胞学的相互渗透融合，以及电子显微镜、染色示踪、超速离心、细胞培养、X 射线晶体衍射等技术的广泛应用，生命现象诸如遗传、变异、生长、发育、增殖、分裂、分化、衰老、死亡等都不同程度在细胞层面获得了全新的认识。因此，早在 1925 年生物学家 Wilson 就提出："一切生命的关键问题都要到细胞中去寻找。"

图 3.1.1 罗伯特・胡克使用的显微镜和观察到的木栓细胞
(Karp,2002)

罗伯特・胡克是最早使用显微镜观察细胞并为细胞定名的人，遗憾的是他所观察到的细胞是已经死亡的木栓细胞(图 3.1.1)，他所提出的 cell 一词，代表小室的意思，尽管他后来也指出小室中含有汁液(juice)，但毕竟把更多的注意力集中在了细胞壁上。而真正对细胞建立全面认识的基础，则应归功于荷兰科学家列文・虎克，他不仅改进了显微镜，进一步提高了放大倍数，更对多种生物进行了全面观察描述，其中许多观察记录在今天看来都是十分准确的。但毕竟受到认识水平的限制，在胡克发现细胞后的 200 年间，跨越了漫长的中世纪，直到 19 世纪 30 年代对细胞各种结构的认识才获得了突飞猛进的进步，并且导致德国两位生物学家施莱登和施旺在总结大量观察结果的基础上，提出了与进化论和能量守恒定律齐名的 19 世纪自然科学三大发现之一——细胞学说。细胞学说提出的 19 年后，1855 年维尔啸又补充了"一切细胞来自细胞"的观点，自此，细胞学说臻于完善。概括起来，细胞学说的主要内容包括：其一，一切生物，从低等的单细胞生物到高等的动植物都是由细胞构成的；其二，细胞是生物体形态结构和功能活动的基本单位；其三，一切细胞来自细胞，即每个细胞都是由原先存在的细胞分裂形成。这就从细胞层次论述了生物界的统一性和共同起源，因而具有划时代的科学意义。此外，分子生物学中提出的中心法则从分子层面概括了遗传信息复制、表达和翻译的共同规律，达尔文提出的生物进化论又从个体乃至群体的水平系统总结了物种遗传、变异和进化的普遍规律，这就为现代生命科学的发展奠定了坚实的理论基础。

细胞共有的结构包括细胞膜、细胞质和细胞核三部分，这三部分也统称为原生质体。对动物细胞来说，细胞与原生质体是一致的，对植物细胞而言原生质体指的是细胞壁以内的部分。原生质体的结构形式通常划分为两种基本类型，即原核细胞和真核细胞。顾名思义，这种划分基于对细胞进化过程的认识。原核细胞没有真正意义上的细胞核，形体上要比真核细胞小，通常大小为 1～10μm，主要包括蓝藻和细菌，遗传物质为环状 DNA，分布于一定的区域——拟核区，细胞器的种类比较少，核糖体沉降系数为 70S，尚未出现具有膜性结构包裹的细胞器，但细胞中也出现了由质膜内折延伸形成的复杂的可进行能量转换的膜片层结构，同时也具有以肽聚糖(peptidoglycan)为主要成分的细胞壁。有的还具有核外 DNA，存在于称为质粒的结构中，同时近年来在原核细胞中还发现存在类似于真核细胞细胞骨架蛋白的类似物，并且这些结构蛋白影响细胞的形状并参与细胞的分裂过程。真核细胞种类比原核细胞要多，大小范围较宽，通常在 3～100μm，细胞核被核膜包被，细胞质中具有线粒体、叶绿体、内质网、高尔基复合体、溶酶体等膜性结构细胞器，具有细胞骨架结构，核糖体沉降系数为 80S，植物的细胞壁主要由纤维素成分组成，也含有半纤维素、果胶质，核外 DNA 结构包括具有半自主性的线粒体和叶绿体，细胞分裂除了有丝分裂，还出现了减数分裂，从分子生物学角度看，原核细胞不存在核膜，RNA 没有内含子，转录和翻译都在细胞质中完成，而真核细胞 RNA 具有内含子和外显子，转录在细胞核中进行，翻译在细胞质中的内质网上完成。地球上现存的有记载的生物种类大约 800 多万种，还有许许多多种生物没有被发现，没有发现的生物数目可能要比已经发现的多 10 倍，更何况已经绝灭的生物比现存的还要多得多。据估计，曾在地球上生活过的生物种数可能多达 5 亿～10 亿。这么多的生物从无到有，从少到多，从简单到复杂，从低等到高等，一批又一批地"踏上"地球，又"远离"地球走向灭亡，进行着自然界的"新陈代谢"，这就是生物的进化。19 世纪，达尔文提出的以自然选择学说为核心的生物进化论，依然有其历史局限性，任何理论通常都要随着知识的增加而改进，随着遗传学和生态学等现代生物科学的发展和深入到生物进化理论的研究，使达尔文进化理论不断完善和发展，形成了以自然选择学说为基础的现代生物进化理论。

细胞为人类认识生命活动提供了一个新的维度，随着各种细胞类型的发现，人们发现细胞的形态结构是与其所执行的功能是一致的，扁平的表皮细胞有利于形成体表的保护层，双凹盘状的红细胞便于携带氧气，具有细长突起的神经细胞体现出在传导神经信号上的功能，而长形梭状肌细胞与细胞的伸缩运动有关。处于组织中的细胞表现各种不同的形态，而游离的细胞则多为圆形或椭圆形。培养的动物细胞必须贴壁生长才能表现出特定形态，而在非贴壁状态下就会变圆或趋向死亡。研究发现，细胞骨架是决定细胞形态的重要因素，而细胞骨架的动态变化特性赋予细胞一定的可塑性。所谓细胞生命活动，本质上就是通过各种生物大分子组成细胞的各种结构，通过细胞分裂不断扩大细胞的数量，通过细胞分化产生各种细胞类型，不断实现物种遗传信息的准确传递，通过各种细胞接触连接和信号转导以适应内外环境的变化，保证各种代谢活动的正常进行，在这些过程中，各种细胞器和超分子体系履行特定的功能，同时也不断进行着个体发育和系统发育的生命现象。

人类认识生命现象具有不同的分辨能力，而不同结构的观察都需要借助一定的仪器设备才能实现。一般来说，肉眼可以分辨 100μm 以上的对象，光学显微镜的分辨能力为 10～100μm，这正是一般细胞的大小范围，1～200nm 大小用普通显微镜是无法分辨的，必须借助电子显微镜才能观察到细微结构。

细胞生物学的发展，既依赖于自然科学相关学科不断进步以及与细胞生物学的相互渗透和融合，同时也带动了相关学科的发展，并且产生了许多新的学科分支，如细胞化学、细胞生理学、细胞遗传学，尤其是已经从描述性的学科，推进到实验性学科，从单纯认识细胞这个独特的生命世界上升为能动地改造细胞的崭新阶段，细胞工程学就是其中一个突出的代表。借助细胞体外培养手段，已经用动物细胞融合技术发展出了单克隆抗体技术，用植物细胞融合培育了种间杂种，突破了不同物种间杂交不亲和的瓶颈，发展了大规模培养技术，实现了借助体细胞核移植培育克隆动物的目标，证实了植物细胞的全能性和动物细胞核的全能性。由此可见，对于细胞生命活动规律掌握得越深入，人类才越能更好地利用自然进化所馈赠的独特的细胞资源，不断提高人类的发展潜能和生存质量，去创造更加美好的未来。

3.1.1.2 细胞的分子组成

从目前对细胞的认识水平综合分析，细胞具有三大结构体系，即细胞膜结构体系，细胞骨架体系和遗传信息的复制表达体系。如果从分子类型来看，细胞膜体系主要有脂类和蛋白质及少量糖类组成；细胞骨架则主要是一些特殊的蛋白质构成；遗传信息复制表达体系主要涉及核酸(DNA、RNA)、蛋白质(包括多种酶)两类生物大分子。从构成细胞的主要元素来看主要包括 C、H、O、N、P、S、Ca 等，它们占生物体的 99%以上，此外 Na、K、Mg、Cl、Fe 等与细胞的功能活动关系密切，而一些微量元素如 I、Mn、Cu、Zn、Co、Mo、Se、B、Si 等也具有一定的功能调节作用。就分子类型来看，水是细胞中比例最大的组分，占 70%的比例，由其构成代谢反应的基本环境并发挥溶剂分子的作用。蛋白质一般占 15%，是细胞功能特性的主要体现者。核酸占 7%左右，是遗传信息的重要载体。脂类占 2%左右，是构成细胞质膜和胞内膜性结构的主要成分。而糖类占到约 3%，主要是提供能量和发挥信号识别作用(在植物中比例较高，是光合作用的产物)。蛋白质、核酸、糖类和脂类是细胞的四种最重要的大分子物质，其中蛋白质、核酸和多糖都是由单体聚合而成的多聚体。

蛋白质由 20 种氨基酸构成(图 3.1.2)，包括结构蛋白和起催化作用的酶(enzyme)，其中部分结构蛋白为细胞基本生命活动所必需，其余的结构蛋白则是在细胞分化中形成并体现细胞的特定功能活动。氨基酸则分属脂肪族氨基酸(Gly、Ala、Val、Leu、Ile、Pro)、芳香族氨基酸(Phe、Tyr、Trp)、含硫氨基酸(Met、Cys)、醇类氨基酸(Ser、Thr)、酸性氨基酸(Asp、Glu)、碱性氨基酸(His、Lys、Arg)及酰胺类氨基酸(Asn、Gln)。氨基酸通过肽键共价连接，几个氨基酸就形成几肽，蛋白质就是多肽，它可以为一条多肽链，也可以由一条以上的多肽链共同组成，其中每一条多肽链被称为亚单位，前者如胰岛素，后者如整合素。蛋白质不仅表现氨基酸的顺序，同时测定氨基酸顺序的方法已经成功建立。蛋白质还能被水解而释放出氨基酸分子，蛋白质的水解途径包括两类：溶酶体途径和蛋白酶体途径。每一种蛋白质必须在细胞内通过正确折叠形成特定的三维构象才能表现生物活性，有时蛋白质的正确折叠需要伴侣分子的参与。蛋白质具有四级结构，肽链的氨基酸顺序就是蛋白质的一级结构；二级结构则是指多肽链的卷曲和折叠，包括 α 螺旋和 β 折叠，这两种构象由氢键维持；二级结构的进一步折叠并形成特定的空间构象就构成蛋白质的三级结构；如果蛋白质具有两条或者两条以上的多肽链，则共同组成多聚体，这就是蛋白质的四级结构。氢键、离子作用力、范德华力和疏水效应以及二硫键共同决定了蛋白质四级结构的稳定性。在细胞进化过程中，许多结构和功能相似的蛋白质共同组成蛋白质超家族，如免疫球蛋白超家族。此外，许多蛋白质还要经过糖基化、乙酰化等修饰后才能发挥特定功能。

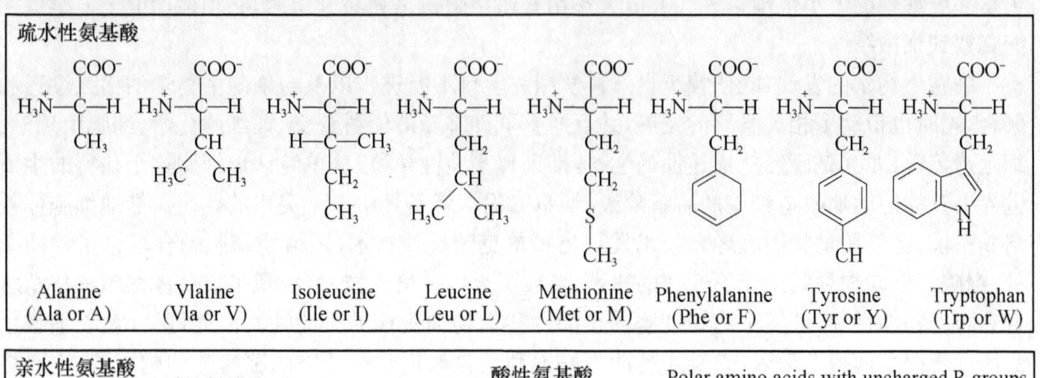

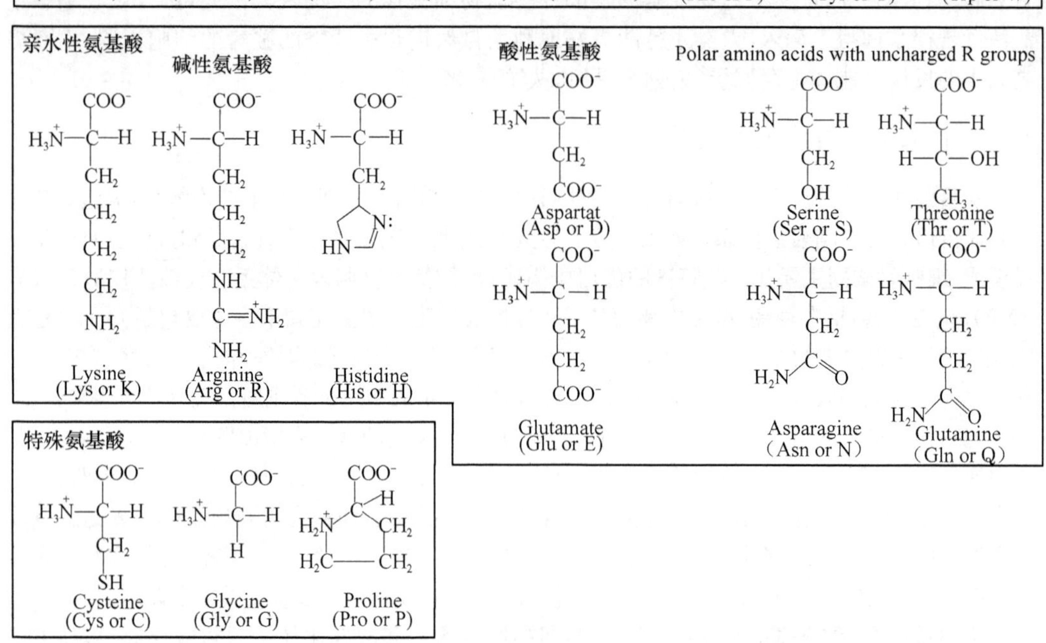

图 3.1.2　20 种常见氨基酸的分子结构

（改自 Karp，2002）

核酸分为脱氧核糖核酸（DNA）和核糖核酸（RNA）两类，它们均由核苷酸单体连接形成，每个核苷酸则由戊糖、磷酸和含氮碱基各一分子组成，而碱基有双环分子嘌呤碱基和单环分子嘧啶碱基两类，碱基则有两种嘌呤，即腺嘌呤（adenine，A）和鸟嘌呤（guanine，G）与三种嘧啶，即胸腺嘧啶（thymine，T）、胞嘧啶（cytosine，C）和尿嘧啶（uracil，U）（图 3.1.3）。组成 DNA 的碱基是 ATCG，组成 RNA 的碱基是 AUCG。构成核酸的是磷酸二酯键，它是由一个核苷酸戊糖第 5′位碳的磷酸和另一个核苷酸戊糖第 3′位的碳相连形成，按此方式重复形成核酸链的磷酸戊糖骨架，而碱基则与骨架上戊糖第 1′位的碳连接，由于 3′位与 5′位的聚合反应是从 5′端向 3′端延伸进行的，因此决定了复制和翻译时的方向性。通过对 DNA 结构的 X 射线晶体衍射分析解析，沃森和克里克 1953 年发表了 DNA 分子是由两条脱氧核糖核苷酸长链组成的双螺旋结构的著名论文，从此揭开了分子生物学的序幕，为 20 世纪生命科学树立了一座新的里程碑。通过 DNA

双螺旋模型(图 3.1.4)可以获知,两条链都是右手螺旋,但方向相反并绕一个共同的虚拟轴盘绕,螺旋的平均直径为 2nm,碱基位于螺旋内并与虚拟轴垂直,相邻碱基之间的距离为 0.34nm,沿螺旋长轴每一圈共有 10 个碱基,螺距为 3.4nm,螺旋表面还存在间距不等的大沟和小沟,前者距离为 2.2nm,后者为 1.2nm,碱基对之间通过氢键相连接,AT 间形成两个氢键,GC 间形成三个氢键。两条长链的碱基是互补的,可以依据一条链的碱基顺序互补形成另一条链。核酸分子中碱基排列的顺序决定蛋白质的翻译,隐含着细胞的遗传信息,而其中碱基三个一组构成一个密码子。核酸碱基排列顺序也已经建立了成熟的测定方法。不过核酸碱基排列顺序和蛋白质氨基酸排列顺序测定方法均由英国分子生物学家桑格确立,他本人也因此两度获得诺贝尔奖,这成为了生命科学界的一段佳话。RNA 有三种类型,即单链线性的信使(messenger)RNA(mRNA)与核糖体(ribosome)RNA(rRNA)及“三叶草形”的转移(transfer)RNA(tRNA)。

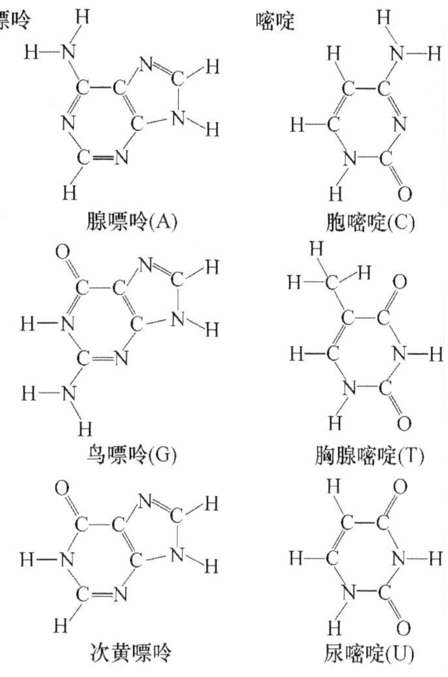

图 3.1.3 6 种碱基的分子结构

(Karp,2002)

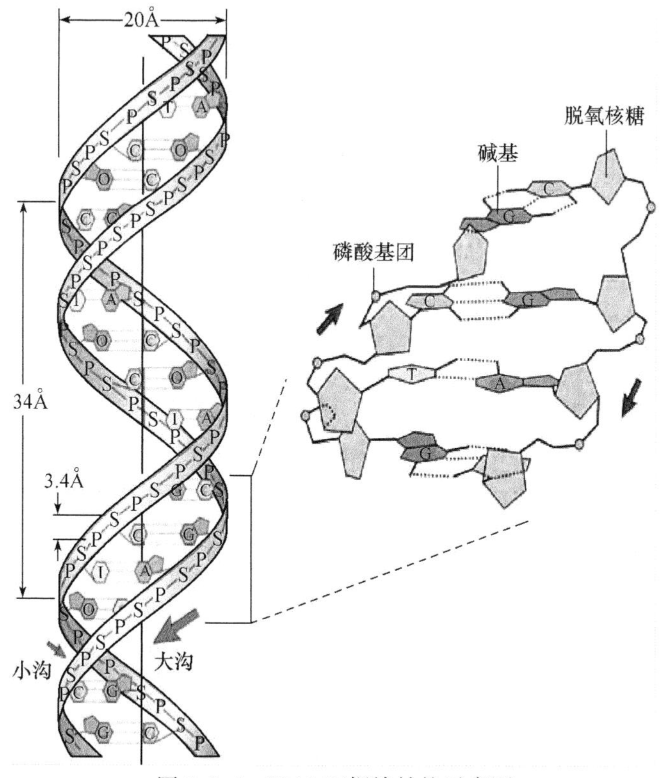

图 3.1.4 DNA 双螺旋结构示意图

(Karp,2002)

多糖是由数百甚至数千个单糖脱水缩合形成的大分子多聚体,存在的方式多样,包括淀粉、纤维素、糖原、几丁质等。例如,糖原就是由 D-葡萄糖组成的链状多聚体分子,一般存在于动物的肝脏和肌细胞中,作为能量储存物质之一。由一个单糖分子的第 1 位碳原子和另一个单糖第 4 位碳原子聚合后脱去一分子水形成糖苷键,同时单糖还有 D 型与 L 型两种互为镜像的分子构型。关于多糖功能的研究与蛋白质和核酸相比相对起步较晚,难度也较大,关键在于多糖中单糖排列顺序的测定方法和有无生物学意义还没有建立起来,因此,关于细胞内多糖的研究将是一个值得关注的研究领域。

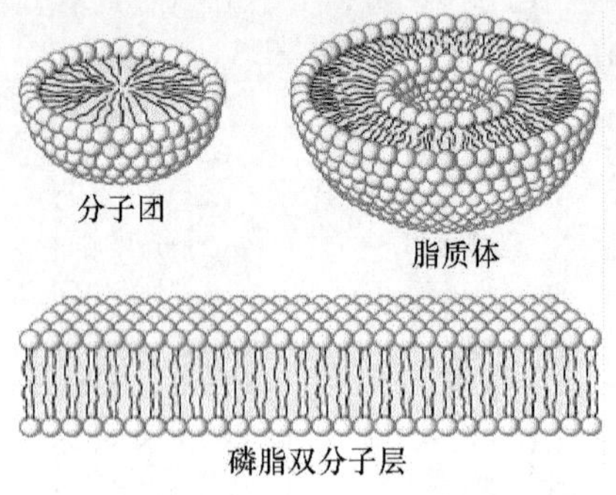

图 3.1.5　脂类构成的不同结构示意图 (Karp,2002)

脂类是脂肪酸和醇结合形成的酯及其衍生物,是细胞代谢的重要储能物质。脂类的类型包括磷脂、类固醇、糖脂、部分脂溶性维生素等,可以形成单层脂类组成的分子团、双层脂类组成的球形的脂质体和双层脂类组成的片层状结构(图 3.1.5)。磷脂是生物膜的主要成分,不仅为细胞提供天然屏障,也为各种胞内生命活动提供了分隔的空间,并从一个侧面表现了细胞功能的分子基础和细胞的进化。类固醇不仅参与细胞膜的形成,同时也是动物雌性和雄性激素的前体物质,类固醇的代表胆固醇既是细胞膜和神经髓鞘的重要成分,同时其在血液中的含量与高胆固醇血症及动脉粥样硬化等疾病的发生密切相关。脂类是一种双亲媒性分子,一端具有亲水性的头部,另一端为疏水性的脂肪酸尾部,因而在形成膜性结构时常以一种脂类双分子层的形式出现。如果长的脂肪酸链存在不饱和脂肪酸,就会在烃类双键处发生扭曲弯折,就会使细胞膜的流动性增加。

3.1.1.3　细胞的类型

生物与构成生物的各种细胞经历了几亿年漫长的进化历程,但是这些不同种类的生物与细胞在进化上都相互联系,它们都是由共同的祖先——原始细胞经过长期的进化与演变而来的。大约在 30 亿年前,产生了原始细胞,从此宣告了生命的诞生。真核细胞由于其结构和功能的复杂性和完善性,可以推断是由原核细胞进化而来。原核细胞与真核细胞的亲缘关系应该表现在它们所共有的结构体系与功能体系。既然真核细胞是由原核细胞进化而来,那么真核细胞的一系列重要细胞器是如何起源和演化的问题就必须作出回答。1970 年 Margulis 在分析了大量资料的基础上提出了"内共生假说"(endosymbiotic hypothesis),认为真核细胞的祖先是一种体积较大的,具有吞噬能力的细胞。而线粒体的祖先——原线粒体是一种革兰氏阴性菌,它们不仅能进行糖酵解,而且能利用氧气,把糖酵解的产物丙酮酸进一步分解获得更多能量。当这种细菌通过吞噬作用进入真核细胞后,不仅没有被降解,反而利用这种细菌(原线粒体)充分供给能量,原线粒体也更多的依赖宿主细胞获得更多的原料,形成了一种互利的共生关系,原线粒体逐渐地失去了原有的一些特征,关闭与丢失了很多基因,但也保留了很多祖先的特征。而叶绿体是起源于蓝藻类的原核细胞,最早被原始的真核细胞吞噬进细胞内后,也与宿主长期共生,以后分别演化成为具能量代谢和光合作用的重要细胞器。近年来由于在线粒体与叶绿体中均发现存在类似真核细胞的骨架蛋白类似物,并且行使部分与骨架相类似的功能,这就为"内共生假说"提供了新的佐证。

真核细胞可以动物细胞和植物细胞作为代表。动物细胞不具有细胞壁,但具有明显的中心体结构,细胞质分裂通过收缩环的缢缩完成。植物细胞具有细胞壁,还具有特殊的细胞器——

叶绿体,通常在细胞的生长发育过程中会有中央大液泡的出现,细胞器还包括动物细胞中不存在的乙醛酸循环体(glyoxysome),以及细胞质分裂通过成膜体的形成完成等。多细胞生物由不同类型细胞形成组织器官,细胞之间产生了间隙连接、紧密连接、桥粒、半桥粒、黏着带、黏着斑、化学突触等多种细胞连接方式,而植物细胞间则通过胞间连丝(plasmodesma)相互联系。

病毒具有生命特征,不具有细胞结构,个体微小,结构简单,仅由蛋白质外壳包裹遗传物质DNA或RNA构成,但这并不与细胞学说相冲突,因为病毒的繁殖离不开细胞,必须借助宿主细胞进行复制增殖,其遗传物质以线状或环状形式存在,组成单链或双链,有的RNA病毒还是反转录病毒,可以RNA为模板合成互补的DNA。病毒感染细胞后只是遗传物质进入宿主细胞,蛋白质衣壳并不进入,接着利用宿主细胞的复制表达体系完成自身的遗传物质复制表达,并且在宿主细胞之中翻译形成衣壳蛋白质,接着组装完成子代病毒结构,破毁宿主细胞后再行感染新的宿主细胞。病毒为人类认识遗传物质提供了良好的实验对象,但病毒在系统进化上的地位还有待进一步明确。

3.1.2 细胞生物学的研究进展

细胞生物学走过了细胞学的最初阶段,已经迈入了分子细胞生物学的发展轨道,成为了21世纪生命科学的带头学科之一。其突出特征就体现在新的研究成果不断涌现,尤其是近半个世纪以来,伴随着研究手段的日益现代化,许多长期困惑人们的问题得以从不同侧面得到阐明。回顾近半个世纪以来的诺贝尔奖,就可以清楚地折射出这一点。其中最具代表性的重大进展包括人类基因组计划的实施和完成、克隆动物的问世、细胞增殖周期调控的新认识、端粒结构的阐明、细胞程序性死亡的发现、干细胞研究领域的发展尤其是诱导性多能干细胞的获得及其应用、细胞内蛋白质合成及运输的"信号学说"的提出、细胞内泛素介导的蛋白质降解机制的揭示等。诸多研究成果在理论上的贡献和实际应用上的探索,也大大加速了细胞工程、组织工程、细胞治疗等应用研究的步伐,进而极大地促进了生物技术产业的发展,并催生了生物信息学、系统生物学等新兴学科的诞生。可以说,细胞生物学业已呈现出前所未有的蓬勃态势和发展前景,也从认识论和伦理学等方面提出了更多需要解决的问题。从更为深入的角度来看,在对脂筏结构及其功能、细胞死亡的类型、原核细胞是否存在细胞骨架、细胞信号转导途径、细胞内蛋白质折叠、核酶与脱氧核酶、基因转录与蛋白质翻译调控、细胞衰老机制、新生血管形成、上皮间质转化、细胞定向诱导分化、干细胞生长微环境及细胞稳态(homeostasis)维持机理等问题的研究方面,都进一步开阔了研究的视野,也预示着细胞生物学广阔而美好的发展未来。以对肿瘤的研究为例,实验已经证实某些肿瘤细胞可以被维A酸、二甲基亚砜等药物诱导分化,并失去恶性表型;蛋白酶体抑制剂已经成为肿瘤治疗新靶点并且已经开始在临床得到应用;对肿瘤细胞增殖分化、侵袭转移及凋亡机制、炎症与癌变的关系及肿瘤干细胞等研究,为人类攻克肿瘤提供了许多新的思路。对细胞死亡的研究,阐明了细胞凋亡与细胞坏死的区别,使该研究领域重新焕发出生机,而新的细胞死亡方式(如类凋亡、入胞死亡、脱落凋亡等)的发现使人们从新的角度得以重新认识这一重要的生命现象,同时对自噬在细胞死亡中的作用也有了新的认识。对线粒体细胞凋亡途径的认识,进一步加深了线粒体功能的了解。对原核细胞存在真核细胞骨架类似物的发现,为探索细胞骨架的起源与进化并进而重新评价"内共生假说"提供了新的证据。对microRNA、RNA干涉、核酶、反转录及端粒酶的研究,为人为干涉基因的表达过程创造了新的手段,显示出良好的应用前景,同时也在不断完善着对"中心法则"的认识。对细胞内蛋白质降解途径的研究,明确了除溶酶体途径外,还存在着依赖ATP的泛素-蛋白酶体途径,而且该途径在蛋白质降解中的作用甚至要比溶酶体途径更为有效。蛋白酶体不仅分布于细胞质中，在细胞核内也存在。泛素-蛋白酶体途径与抗原提呈、细胞增殖、细胞凋亡、基因表达调控等诸多生命活动过程有着十分密切的联系，使该领域研究成为生命科学新的研究热点之一。对诱导性多能干细胞的研究过程中，形成了细胞重编程的全新概念，为再生医学器官移植和人为调控细胞分化进程提供了更大的想象和活动空间。

知识拓展框　全基因组关联研究

全基因组关联研究（genome-wide association study，GWAS）是人类基因组计划完成后，实施的一种对复杂性疾病，包括对肿瘤、心血管病、糖尿病、肥胖症、精神等疾病的一种成套DNA和全基因组测序和扫描的计划，试图通过测定疾病的基因变异和单核苷酸多态性，建立世界资源共享的相关疾病的基因变异数据库，研究确定疾病发病易感区域和相关基因，寻找疾病的标记物，进行早期诊断和最有效的个体化治疗，开发新药物和新的特异性防治措施。为此，美国国家癌症研究所联合了世界上十几个国家，组建了国际癌基因组研究团队（ICGC），制订了“癌基因组计划”，计划对肺癌、卵巢癌、脑癌等十几种常见肿瘤，25 000个样本实施全基因组序列和SNP分析，期望在5～10年内鉴定出人类各种重要疾病的主要基因及其变异类型。

计划自2005年实施以来，已经陆续报道和公布了视网膜黄斑、乳腺癌、前列腺癌、白血病、冠心病、肥胖症、糖尿病、精神分裂症、风湿性关节炎等几十种疾病全基因组关联研究的结果，确定了一系列疾病发病的致病基因、相关基因、易感区域和单核苷酸多态性（SNP）的变异，取得了突出成绩。我国也获得了银屑病全基因组分析的结果。在这一计划的推动下，还发展了一系列高效、快速、价廉的全基因测序和分析的新方法，将人类基因组研究推向一个新阶段。

随着国际学术交流的日益广泛，我国的细胞生物学研究已实现与国际接轨的目标，一大批优秀的细胞生物学家正在不断做出受到普遍关注的重要成果，每年都有相当数量的有影响的学术论文发表在国际顶尖学术期刊上，国家也在不断加大对科学研究的经费支持力度，在细胞生物学前沿领域中国也占有了一席之地，正在实现从跟踪到创新的历史跨越。中国细胞生物学工作者正在成为国际细胞生物学研究领域一支不容忽视的力量，这一点从多项国际重大研究计划都有中国的参与就可略见一斑。过去一般认为基因调控、信号转导、细胞骨架、细胞分化和凋亡是细胞生物学的研究热点，现在来看，尽管这些热点领域依然存在，但范围已大大拓展了，新的研究方法和手段的应用以及更为完善的技术平台和研究团队的建立，已使细胞生物学呈现出热点多样化的总体态势，除了上述热点外，干细胞、细胞重编程、生物大分子修饰调控及结构功能研究、细胞运动、非编码RNA基因、生物信息学、蛋白质组学、蛋白质折叠与运输、神经发育、免疫应答、细胞代谢、细胞起源与进化、细胞骨架与分子马达、细胞增殖、囊泡运输、细胞外基质、细胞应激、自噬、细胞衰老、细胞工程等领域都在一定程度上属于热点领域的范畴，此外细胞结构体系装配、细胞内的调控网络、蛋白质间的相互作用以及重大疾病的细胞生物学基础等也一直被研究者所关注。热点领域多，重要成果不断涌现，挑战竞争日趋激烈，显示出细胞生物学正处于酝酿突破的前夜，令人鼓舞也值得期待。

小结

对于细胞的研究经历了从细胞学到细胞生物学的发展过程。其间所遵循的指导思想也从以描述为主，继而引入了实验的手段，随着细胞超微结构研究的深入，特别是20世纪70年代以来分子生物学概念和技术向细胞学领域的渗透融合，一个从分子、细胞、个体三个层次全面探索生命活动规律的学科——细胞生物学就取代了细胞学，而成为生命科学最具代表性的重要学科之一。人类探索生命的步伐从未停止过，也不会仅限于对生命现象的客观认识，更具生命力的方向就是，利用已经掌握的对于规律的认识，人为干预自然进化过程，按照人们的意愿改造物种特性，实现由自然王国向自由王国的飞跃。工程细胞生物学就是以细胞生物学及其相关学科的理论和技术为基础，运用细胞工程中建立的细胞及原生质体培养、细胞融合、细胞质工程、染色体工程、转基因技术等细胞工程和基因工程手段，重组细胞的结构，认为调控特定基因的表达，改变物种特性，生产有用的代谢产物或获得有重要药用价值的蛋白质，并在体外控制的条件下，进一步深入研究核质关系、基因复制表达规律、细胞增殖分化机制和衰老死亡机制，为不断丰富人类知识宝库和提高人类生存质量服务。

细胞生物学的热点领域广泛，重要成果层出不穷，已成为21世纪生命科学的带头学科之一，细胞生物学的快速发展，也为人类更深入地了解生命活动规律，征服严重威胁人类健康与安全的重大疾病和发展难题，展现出美好的前景。

（刘宏颀）

思考题

1. 如何理解“一切生命的关键问题都要到细胞中去寻找”这句话的含义？
2. 请比较真核细胞和原核细胞以及动植物细胞的异同点。
3. 如何从分子、细胞和个体三个层次把握生物界的统一性？
4. 病毒的生命类型是否与细胞学说不相符合？
5. 蛋白质有四级结构，一级结构能否决定四级结构？为什么？
6. 请举例说明细胞形态结构与功能的相关性。
7. 怎样理解生命活动及其规律？
8. 举例说明从细胞学发展成为细胞生物学进程中，技术手段的进步和学科间的相互渗透融合的意义和作用。

参考文献

查锡良. 2002. 医学分子生物学. 北京：人民卫生出版社
陈诗书. 1999. 医学细胞与分子生物学. 上海：上海医科大学出版社
韩贻仁. 2001. 分子细胞生物学. 2版. 北京：科学出版社
凌怡萍. 2001. 细胞生物学. 北京：人民卫生出版社
汪堃仁. 1998. 细胞生物学. 2版. 北京：北京师范大学出版社
翟中和. 1997. 细胞生物学动态. 1卷. 北京：北京师范大学出版社
翟中和. 1998. 细胞生物学动态. 2卷. 北京：北京师范大学出版社
翟中和. 1999. 细胞生物学动态. 3卷. 北京：北京师范大学出版社
翟中和. 2000. 北京：高等教育出版社
郑国锠. 1992. 细胞生物学. 2版. 北京：高等教育出版社
Bruce Alberts et al. 2002. Molecular Biology of the Cell. 4th ed. Garland Science

Harvey L, et al. 1999. Molecular Cell Biology. 4th ed. W. H. Freeman and Company
Karp G. 2002. Cell and Molecular Biology: Concepts and Experiments. 3rd ed. Wiley & Sons

3.2　细胞核与遗传信息传递

细胞核是细胞生命活动的控制中心，除了哺乳动物红细胞等少数细胞类型在细胞核退化后仍能维持一段时间的生命活动以外，绝大多数细胞一旦细胞核退化或被人为移除，细胞很快就会死亡。细胞的大小和形状因物种、细胞类型和生理条件的不同而不同，表现出一定的多样性。细胞核由核膜、染色质和核仁三部分组成，核膜的有无是划分原核生物和真核生物的主要依据，染色质是基因的载体，而核仁则是蛋白质合成所需超分子结构——核糖体大小亚基装配的场所，由此不难看出细胞核不仅控制着遗传信息的流动，也操纵着细胞的分裂、分化、代谢、衰老和死亡，甚至对具有核外遗传物质的线粒体和叶绿体也具有相当的掌控能力，因而一直是细胞生物学研究的重点对象，更是分子生物学研究的核心，在一定程度上可以说，人类基因组计划就是针对细胞核所开展的一项浩大工程，正因为如此，决定了分子水平的研究必须以细胞为出发点和归宿。

3.2.1　细胞核的结构与组成

细胞核是细胞内最大的细胞器，是物种基因存在、复制和转录的场所，也是细胞生命活动的控制中心（图 3.2.1）。显微镜发明后，用显微镜发现细胞核就只是时间上的早晚问题，但许多早期科学家的贡献依然不能低估。1831 年罗伯特·布朗首先在兰科植物的表皮细胞中发现了细胞核，两年后，施莱登就观察到核仁的存在。福莱明首先改进了细胞的固定和染色技术，随后又详细描述了细胞的有丝分裂。1905 年法莫、穆尔和斯特拉斯伯格等观察和定义了细胞的减数分裂，可以说从 19 世纪 30 年代到 20 世纪初这 70 多年的时间是细胞核研究的第一个黄金时期。以后随着进一步证实遗传物质存在于核内的染色体上，特别是分子生物学的兴起，迎来了细胞核研究的第二个黄金时期。

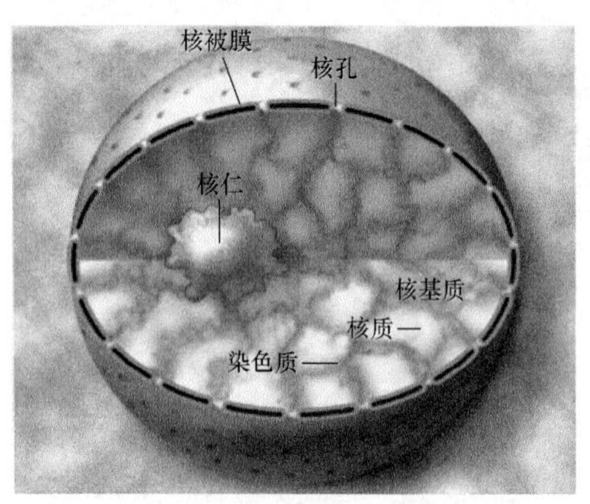

图 3.2.1　细胞核的结构示意图
(http: //bbs. ccit. edu. cn/)

生物个体通常每个细胞只具有一个细胞核，但有时也见到有两个或更多个细胞核的存在。而哺乳动物的红细胞在成熟后，细胞核会消失，单细胞依然能够有 120 天左右的生命活动。此外，细胞核的大小因生物种类不同而差别很大。高等动物的细胞核直径一般为 5～10μm，高等植物的为 5～20μm，而低等植物的细胞核直径则为 1～4μm。同时，细胞核的形态尽管多为圆形和椭圆形，但也存在如血液粒性白细胞的多叶形细胞核。而许多纤毛虫具有大核和小核，大核为营养核，进行无丝分裂；小核为生殖核，进行有丝分裂。

显微镜下观察，细胞核由核膜、染色质和核仁三部分组成（图 3.2.2）。在电子显微镜下观察，发现核膜上具有核孔复合体（nuclear pore complex），核膜由两层单位膜组成，厚度约为 7.5nm，外膜上常附着有大量的核糖体，通常与细胞质中的内质网相连通，两层单位膜间的距离为 20～40nm，称为核周池（perinuclear cisterae）或膜间腔（intermembrane lumen），内膜下具有一层电子密度较高的蛋白质层，称为核纤层（nuclear lamina），目前认为核纤层是核骨架的重要成员(图 3.2.3)。染色质是细胞核内能被碱性染料着色的物质，随着细胞周期进程分别以解聚状态的染色质和聚合状态的染色体两种形式存在。染色质包括常染色质(euchromatin)和异染色质(heterochromatin)，前者具有弱的嗜碱性，后者具有强的嗜碱性，现在已经知道，常染色质是包装松散的具有转录活性的染色质部分，而异染色质则是松散程度较低的转录不活跃的染色质部分。核仁的大小和数量与细胞的类型和功能状态有关，一般为 1～2 个，也可以是多个。在电子显微镜下，核仁不具有被膜，由三个特征性区域组成：其一，纤维中心(fibrillar center，FC)，具有密集的纤维成分包围的浅染的低电子密度区；其二，致密纤维成分(dense fibrillar component，DFC)，电子密度高，染色深，围绕纤维中心，也由致密的纤维组成；其三，颗粒成分(granular component，GC)，具有电子密度高的颗粒，被认为是处于加工阶段的核糖体亚单位颗粒。与核仁相联系的染色质也被划分为两种类型，一类是包围在核仁周围的染色质，称为核仁周边染色质(perinucleolar chromatin)；另一类是深入到核仁内的染色质，称为核仁内染色质(intranucleolar chromatin)。此外核仁还包括无定形的核仁基质(nucleolar matrix)。

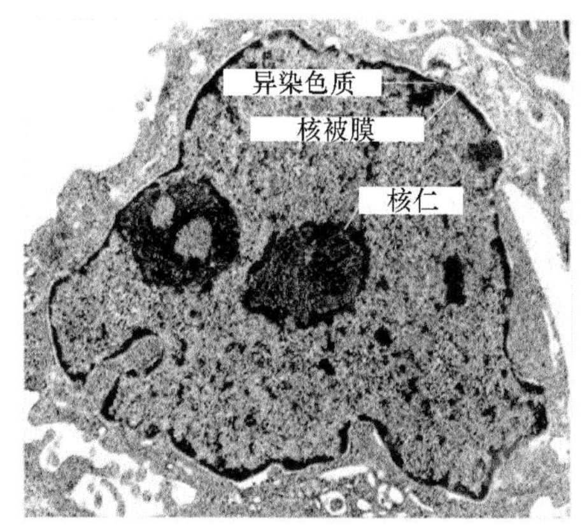

图 3.2.2　细胞核的结构组成
(Karp，2002)

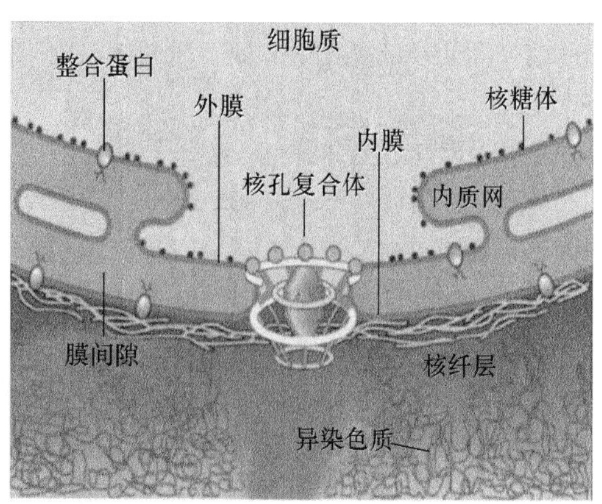

图 3.2.3　核膜的结构示意图
(Karp，2002)

核被膜上具有规律性排列的核孔(nuclear pore)，是内外两层核被膜局部融合的结果，它是核质与胞质进行物质沟通交流的重要通道，在细胞生命活动中发挥着重要的调节作用。核孔的数量既与细胞类型有关，也与细胞所处的生理功能状态有关，可从一个侧面反映细胞的转录活性高低。非洲爪蟾卵母细胞核孔数达 60 个/μm^2，而成熟的红细胞则仅为 3 个/μm^2。典型的哺乳动物细胞的核膜上有 3000～4000 个核孔。

关于核孔复合体的结构主要有两种模型，一个是 1970 年弗兰克提出的模型，另一个是 1992 年戈登伯格提出的模型。弗兰克模型对核孔复合体的描述是：核孔的周缘沿内外膜各有 8 个对称分布的圆形小体，每个小体直径约为 15nm，核孔中央有一个独立的圆形小体，对 RNA 酶和蛋白酶敏感。小体之间有细纤维相互联系。戈登伯格对弗兰克模型进行了补充，认为核孔复合体由三部分组成，包括形成核孔壁的柱状成分；环状成分，向核孔中央伸出 8 个圆锥形的辐条(spoke)，呈辐射对称；由大的跨膜糖蛋白组成的腔成分，核孔中央有一中央栓存在。复合体的胞质侧和核质侧向外伸出细纤维，核质侧细纤维交汇形成篮样结构，称为核篮(图 3.2.4)。

核孔是细胞内胞质与核质间物质交流的一个重要通道，具有选择性，一般来说，相对分子质量 5000 以下的分子可以自由通过核孔，相对分子质量大于 60 000 的蛋白质几乎无法进入核内。例如，胞质中成熟的核糖体太大不能通过核孔，从而保证了蛋白质的合成只能在胞质中完成。

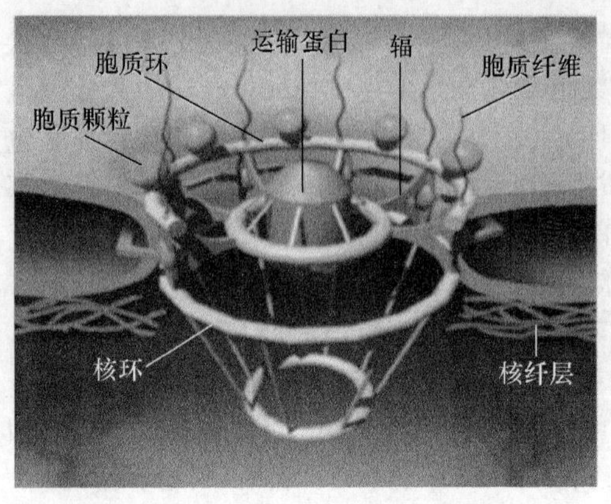

图 3.2.4　核孔复合体结构示意图
(引自 http://202.116.160.98:8000/并修改)

另外,核不均一性核糖核酸(hnRNA)不能通过核孔输送到胞质中,必须经过剪接加工成为 mRNA 后才能通过,因此,在细胞质中没有 hnRNA 的存在。尽管核孔的直径为 70～75nm,但核孔中央水性通道的直径仅为 9nm,那么,细胞核是如何完成对新合成的核糖体亚单位及一些大分子的核内外转运的呢?目前认为,核孔复合体上具有可识别这些分子的相应受体,转运的过程是一种消耗能量的主动运输,由核孔复合体上分布的 Mg^{2+}-ATP 酶提供能量,才能保证一些较大的分子如核糖体亚单位通过核孔运输。而另外一些大分子则通过分子变形为细长形才能通过核孔,如在细胞质中合成的 DNA 和 RNA 聚合酶,分子质量为 100～200kDa,向核内运输时分子变形为长杆状以利于通过核孔。

核孔的选择性还表现在对分子特定结构信号的识别,这涉及两种信号,一种是内输信号——核定位信号(nuclear location signal,NLS),另一种是核外输信号(nuclear exporting signal,NES)。通过对亲核蛋白质氨基酸序列的分析表明,这些分子都具有一段特殊的氨基酸序列,称之为核定位信号,如一种 T 抗原病毒蛋白的 NLS,其定位信号氨基酸序列为:Pro—Pro—Lys—Lys—Lys—Arg—Lys—Val,当其中一个氨基酸改变时,向核内的转移就被阻断。而将其 NLS 序列连接到非亲核蛋白上,非亲核蛋白也能运输到核内。尽管大量的研究已经证实,NLS 一般为 4～8 个氨基酸短链组成,并且富含带正电荷的 Lys、Arg 及 Pro,但尚未发现共有的特征序列存在。此外,研究还发现,核孔的直径能够受调控而改变,如核质蛋白包被金颗粒用电子显微镜追踪观察,核孔通道直径可扩大到 26nm。另外一些研究也证明,存在 NLS 特异性结合蛋白(NLS binding protein,NBP)可能作为一种接头分子(adaptor molecule)参与核孔复合体的主动运输过程。推测 NBP 或者是核孔复合体的组分之一,或是作为一种锚定受体(docking receptor),但也可能是一种穿梭受体,在将核质蛋白运送到核内后,能够重新返回胞质中继续发挥作用,可见其功能还有待进一步证实。

核运输是过去若干年非常活跃的研究领域之一,这主要归因于建立了几种体外研究系统,运用这些系统研究者已经识别了一个蛋白质家族,称之为 karyopherin,它们在功能上作为运输受体,使大分子通过核膜。其中内输蛋白(improtein)把大分子从胞质移到核中,而外输蛋白(exprotein)的运输方向与之相反。例如,具有典型 NLS 的核质蛋白,其内输开始于含有核定位信号的载体蛋白与可溶性的核定位信号受体——一种异二聚体,即内输蛋白 α/β 的结合,核定位信号运输受体将载体蛋白护送到细胞核的外表面,在那里把运输蛋白与从核孔复合体外环外展的胞质纤维锚接在一起,然后胞质纤维弯向核,把受体载体复合物递送到核孔复合体的特定结合位点,通过运输装置的构象变化使蛋白载体通过核孔复合体,而运输装置就是位于核孔复合体中央的大的塞状结构。

另一个重要的核运输参与者是 G 蛋白家族的 Ran,已经知道在核内 Ran-GTP 的浓度高,而胞质内其浓度低,这种跨越核膜的浓度梯度差是通过某些辅助蛋白来维持的。其中之一就是定位于胞质中的 Ran-GAP1,它可以促进 Ran-GTP 转换为 Ran-GDP,从而降低了胞质中 Ran-GTP

的浓度。其中之二是 RCC1，它位于核内，促进 Ran-GDP 向 Ran-GTP 转换，从而保持了核内 Ran-GTP 的高水平，这一浓度差在决定特殊的载体分子运输方向上发挥着关键作用。当内输蛋白-载体复合物到达核内后，即与 Ran-GTP 结合，使复合体解聚，内输的载体释放到核质中，而核定位信号的一部分即内输蛋白 β 亚单位与结合的 Ran-GTP 返回到细胞质中，随后与 Ran 结合的 GTP 分子被水解，使 Ran-GDP 从内输蛋白释放出来，而后 Ran-GDP 又返回到核内，转变为 GTP 的结合状态供下一轮结合使用，内输蛋白 α 亚单位则通过一种外输蛋白返回到细胞质中(图 3.2.5)。

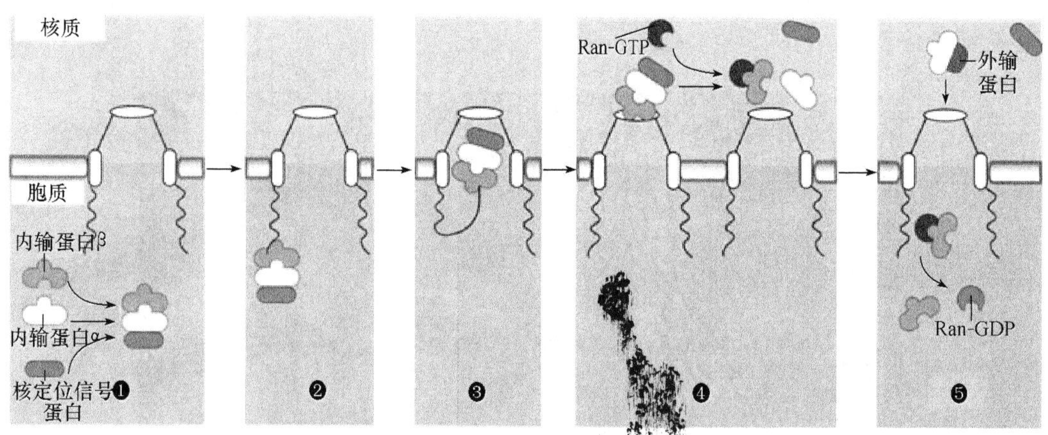

图 3.2.5　G 蛋白家族 Ran 参与核物质运输示意图
(Karp,2002)

目前已经认识到，在大多数情况下，核内形成的各种 RNA 都是以核糖核蛋白(ribonucleoprotein,RNP)的形式被运送到胞质中的，RNP 携带有被称为核外输信号(nuclear export signal, NES)的氨基酸序列，能够被运输受体(外输蛋白)所识别，携带 RNP 通过核膜进入细胞质。研究还表明，只有成熟的 mRNA 具有核外输能力，如果剪接未完成则会保留在核内。Ran-GTP 不仅诱导内输复合体解聚，而且促进外输复合体的组装，就 mRNA 而言，它以一种 mRNA-hnRNA-exportin-Ran-GTP 复合物的形式离开细胞核，一旦进入胞质内，GTP 被水解，释放出 mRNA，而 hnRNA，Ran-GDP，exportin 即返回到核内参与下一轮运输过程。

核纤层位于核被膜的内膜之下，为一层高电子密度的蛋白层，与核内膜紧密结合，存在于所有真核细胞中，厚度一般为 30～100nm。以脊椎动物为例，核纤层含有三种核纤层蛋白(lamin)，分别是 laminA、laminB 和 laminC，分子质量均为 60～80kDa。核纤层构成一种纤维网络，核纤层纤维的直径 10nm 左右，其中也包括构成核孔复合体的部分蛋白质。核纤层的一面与包埋在核内膜中的特殊蛋白相结合，另一面则与染色质上的特殊位点相结合。研究发现，核纤层蛋白磷酸化时核被膜将崩解，去磷酸化又可见核被膜重建。同时核纤层还与维持核孔的位置有关。核纤层还为间期的染色质提供锚定位点。研究表明，核纤层蛋白与细胞骨架的一种即中间纤维存在共同的抗原决定簇，并且在结构上相互联系，而 laminA 和 laminC 在多肽一级结构中有一段长度为 350 个氨基酸残基的序列与中间纤维高度保守的 α 螺旋区存在很高的同源性，即 28%的氨基酸是一致的。此外核纤层蛋白还与属于中间纤维的波形蛋白也存在很高的同源性，核纤层蛋白也可在体外自我装配成直径 10nm 的纤维，与中间纤维也类似，这些研究表明，核纤层蛋白是中间纤维蛋白家族的成员之一。

3.2.2　染色质与染色体

染色质和染色体是在细胞周期不同时相作为遗传信息载体所表现的不同形态，间期呈弥散的网状分布，表现为染色质形态，进入分裂期后，逐步浓缩折叠并盘曲成条状或棒状的特定形态，表现为染色体形态，并且在分裂中期最为明显(图 3.2.6)。染色体的数目是物种的特性之一，从化学组分上来看，染色质由 DNA、组蛋白、非组蛋白及少量 RNA 等组成。从分子生物学角度来看，每条染色体由一条线型 DNA 分子形成，人的基因组(genome)含有 3×10^9 个核苷酸对，由 24 种不同的 DNA 分子组成 24 条染色体，其中 22 条为常染色体、2 条为性染色体，与个体的性别决定有关。

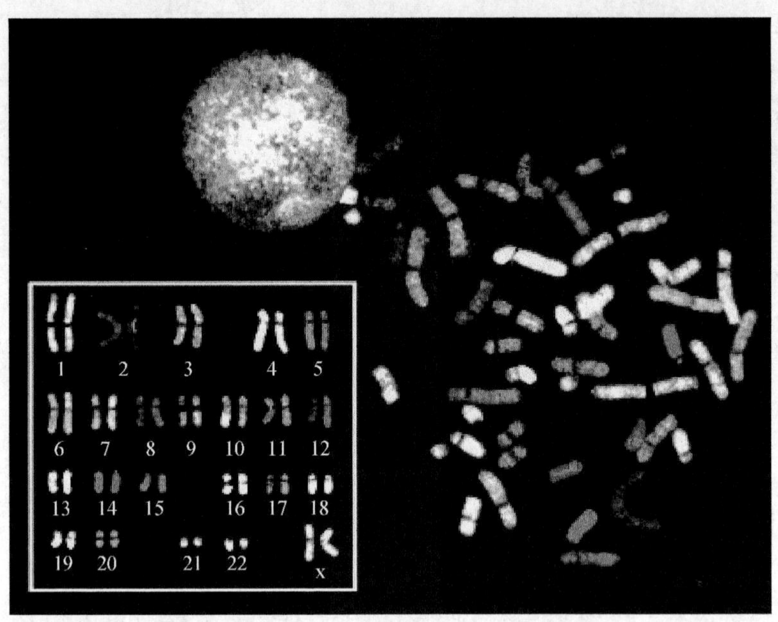

图 3.2.6　人体细胞中期染色体形态及核型

一个细胞核中全部染色体的 DNA 连接起来的长度近 2m，要容纳在只有几个微米的细胞核内，必然要靠形成特殊的结构才能实现。在自然进化过程中，染色体经过自然选择采取了折叠、螺旋和包装的方式，构成了染色体的高级结构，其中核小体是基本结构单位，经过螺线管、超螺线管等中间阶段，最后被包裹成染色体。

核小体模型由 Kornberg 和 Klug 于 1981 年提出，同时又由 Chai 和 Sanberg 进一步完善，他们认为核小体一般包括 200bp 的 DNA，组蛋白 H1、H2A、H2B、H3、H4，H1 把 H2A、H2B、H3、H4 各两分子组成的八聚体核小体核心连接在一起，DNA 围绕在八聚体的外圈(图 3.2.7)。有的学者认为核小体结构不包括 H1，有的认为应当包括，而有的则把包括 H1 在内的核小体另称为染色小体。核小体为盘状颗粒，直径 11nm，高约 5.7nm。而电镜下大多数染色质为直径 30nm 的纤维，由 10nm 的染色质纤维螺旋化并缠绕成 30nm 的纤维，这就是染色体的二级结构——螺线管，螺线管外径 30nm，内径 10nm，相邻螺距 11nm，每一周包含 6 个核小体，从螺线管顶面观，组蛋白 H1 位于螺线管的内侧，相当于螺线管的内侧管壁。30nm 的螺线管进一步螺旋化，就形成直径为 0.2～0.4μm 的圆筒状结构，即超螺线管，这就是染色体的三级结构，超螺线管进一步螺旋，进而形成长度为 2～10μm 的染色单体，所以染色单体是染色体的四级结构。这种经过核小体、螺线管、超螺线管和染色单体而完成染色体组装的模型就是染色体的多级螺旋模型(multiple coiling model)(图 3.2.8)。让我们再分析一下 DNA 长度的压缩情况：首先，DNA

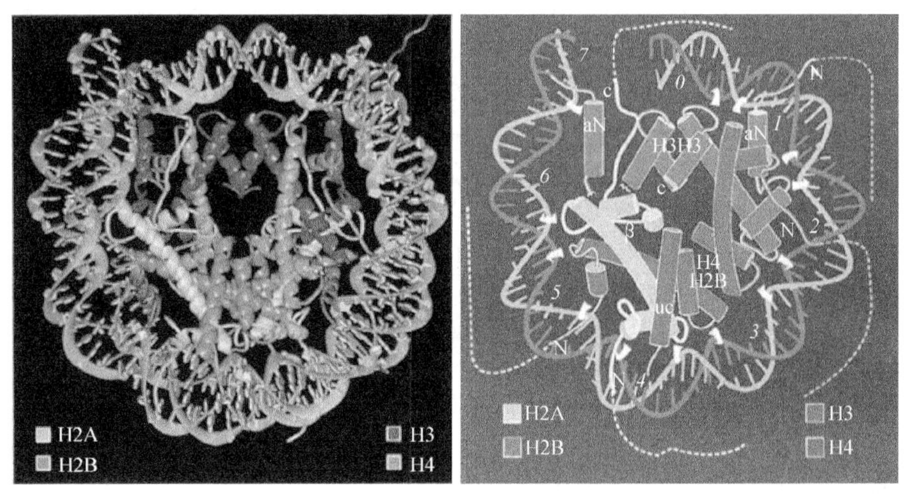

图 3.2.7 八聚体核小体核心结构顶面观分子结构两种模型
(Karp,2002)

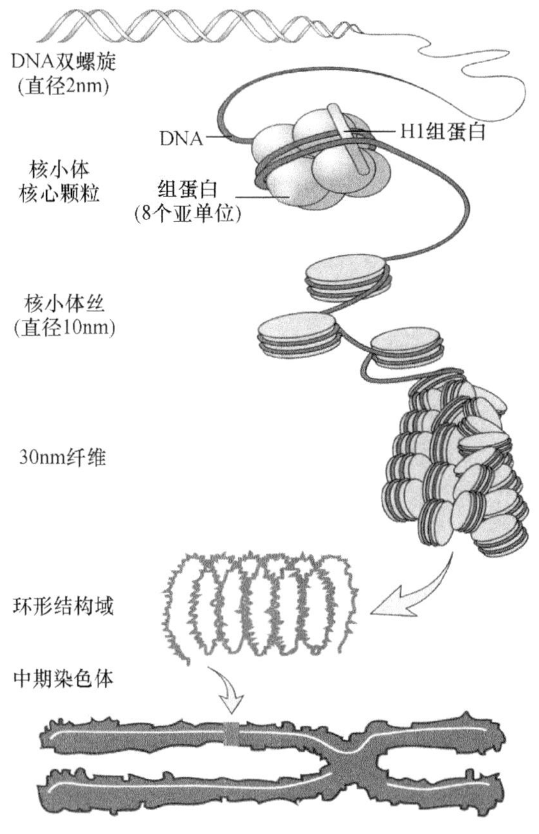

图 3.2.8 多级螺旋模型示意图
(Karp,2002)

缠绕在核小体核心颗粒上，长度压缩 7 倍，形成螺线管时长度又被压缩 6 倍，形成超螺线管长度压缩比例最大，达到 40 倍，到染色单体形成时，长度还要被压缩 5 倍，所以一条 DNA 分子形成为染色单体长度一共被压缩 8000～10 000 倍。关于染色体的结构还有一种结构模型，这就是 Laemmli 等提出的染色体支架——放射环模型（scaffold-radial loop structure model）。该模型认同多级螺旋模型前三级结构，但认为螺线管折叠成环状，沿染色体纵轴由中央向四周伸出，形成为放射环，支架由非组蛋白构成，它们形成了染色体的纵轴。以后 Pienta 和 Coffey（1984）对该模型进行了进一步研究，认为每 18 个放射环成一个平面排列，结合在细胞核骨架上，构成一个微带（miniband），约 10^6 个微带沿纵轴构建成染色单体。

细胞分裂中期的染色体由两条染色单体（chromatid）组成，通过着丝粒（centromere）相连接，由于是从一个 DNA 分子复制而来，称为姐妹染色单体。着丝粒处显示一个向内凹陷的缢痕，称为主缢痕（primary contraction），主缢痕处还有与着丝粒并列存在的动粒（kinetochore），此外，染色体还具有次缢痕、随体等结构，而由主缢痕可把一条染色体划分出长短臂。根据着丝粒在染色体上的位置，可将染色体分成为 4 种类型（图 3.2.9）：中央着丝粒染色体；近中着丝粒染色体；近端着丝粒染色体和端着丝粒染色体。在人类染色体中缺少端着丝粒染色体。着丝粒区是中期染色体的主要功能区，至少包括 3 个功能结构域：一是沿着丝粒表面分布的动粒结构域；二是中央结构域；三是位于着丝粒内表面的配对结构域。动粒结构域（kinetochore domain）具 3 层盘状结构，即内板（inner plate）、中间间隙（middle space ）和外板（out plate）。内板与中心结构域相连，中间间隙为半透明区，外板上覆盖有纤维冠（fibrous corona），由微管蛋白组成。动粒的三层结构是由主缢痕处伸出的染色质袢环所组成，染色质袢环深入内、中两层，到达动粒外层时，平行排列于外板的平面上。中央结构域位于动粒的内面，是染色体的主体，含有高度重复的 DNA 序列。配对结构域位于着丝粒内层，是中期姐妹染色单体相互作用的位点。其中存在两种蛋白质，一种是内部着丝粒蛋白（inner centromere protein，INCENP），另一种是染色单体连接蛋白（chromatid linking protein，CLP）。这些蛋白质或沿着配对结构与的表面分布，或沿着连接两条染色单体的动粒纤维分布，在有丝分裂后期，姐妹染色单体分离时，INCENP 移至赤道面上，而 CLP 则消失，这表明两种蛋白质与染色单体的分离有一定关系。鉴于动粒和着丝粒不仅在空间上靠近，而且在组分、结构和功能上也构成一个不可分割的整体，故也把主缢痕区称为着丝粒-动粒复合体（centromere-kinetochore complex）。目前在人类细胞中已经发现了五种动粒蛋白，即 CENP-A、CENP-B、CENP-C、CENP-D、CENP-E。CENP-A 是着丝粒区域的特殊蛋白质，CENP-B 与着丝粒和动粒的结构有关，CENP-C75 位和 732 位氨基酸残基可能是 cdc2 激酶磷酸化的位点和微管结合激酶的作用位点，CENP-D 在染色体凝集中发挥重要作用，CENP-E 则在细胞周期

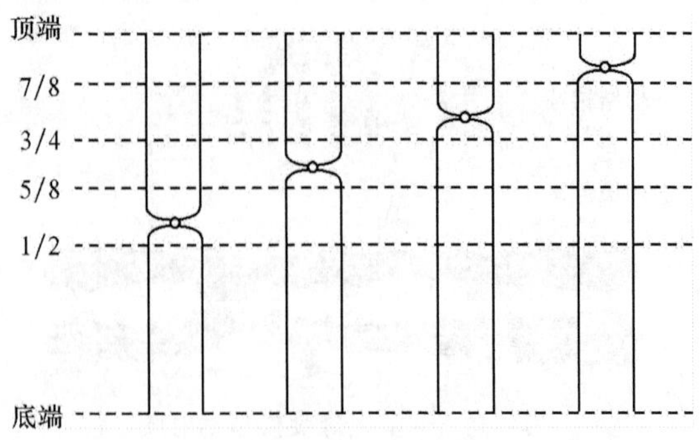

图 3.2.9 染色体类型划分依据示意图

由中期向后期转变过程中发挥作用。次缢痕仅为某些染色体所特有,因而可作为染色体鉴别的特征之一。

除上述结构外,在染色体的末端还存在着一个特殊的结构,这就是端粒(telomere)。端粒DNA是一种特殊的核苷酸序列,主要由5′TTAGGG3′重复片段构成,该链比其互补链在3′端多出12～16个核苷酸,并且呈分子内简单折叠结构,以G═G配对方式连接,以增加稳定性。端粒DNA常常与非组蛋白结合,但不具有编码蛋白质的功能。非组蛋白可使端粒结构保持稳定,使端粒免受酶和化学试剂的影响而降解。端粒通常情况下会随着细胞分裂的进程而逐渐缩短,但在某些肿瘤细胞中,由于与端粒复制相关的端粒酶的活性较高,而通过特殊的机制防止端粒的缩短,有的学者认为,端粒的长度与生物的寿命有一定的关系。

随体(satellite)一般是球形小体,在人类染色体中位于13号、14号、15号、21号和22号染色体近端着丝粒染色体短臂上,含有高度重复的DNA序列。特别是核仁组织者区(nucleolus organizer region,NOR)就定位于随体染色体的次缢痕上,该区包含编码18S和28S rRNA的基因。

按照染色体的形态特点和大小依次排队,分组排列,就构成某个有机体特有的核型。以人为例,染色体共分为7组,即ABCDEFG,A组染色体最大,G组染色体最小,A组包括1～3号染色体,B组包括4～5号染色体,C组包括6～12号染色体以及X染色体,D组包括13～15号染色体,E组包括16～18号染色体,F组包括19～20号染色体,G组包括21～22号染色体以及Y染色体。通常用p表示染色体短臂,用q表示染色体长臂。染色体的特征以细胞分裂中期的染色体最为明显,将一个染色体组的全部染色体,通过绘图或摄影分别记录下来,再按照长短、形态等特征排列起来,就构成一个物种的染色体核型(karyotype)。染色体的识别主要依靠上述形态结构特征,但这远远是不够的,为此,还必须借助染色体的其他特征。染色体由于非组蛋白和DNA碱基对分布包装的不均一性,经过某些染料染色或经过一定的处理程序后,会显示出一系列特征性的带纹,被称为带型(band type)。用荧光染料喹吖因染色,再用紫外光照射显示的带型称为Q带,经胰酶处理后用Giemsa染色显示的带型称为G带(图3.2.10),而经热处理后用Giemsa染色显示的带型称为R带,用银染显示的为NOR带,而C带显示的是结构异染色质,N带显示的为染色体核仁组织者区,此外还有Cd带和T带等。但一般显带技术只能显示320～554条带,有时尚不能够满足染色体鉴定的需要,后来又进一步发展出了高分辨显带(high resolution banding)技术,经过特殊处理后,前中期一个染色体组可显示555～842条带,晚前期为843～1256条带,G_2期或早前期甚至可达到3000～10 000条带,这就为基因的染色体定位研究、远缘杂种鉴定、物种进化分析等提供了一个重要的手段。染色体带的表示方法是,以着丝粒、端粒和特殊的染色体带作为界标,这些界标把染色体的臂分成为若干区,每一条染色体的区和带从着丝粒向外沿着染色体的臂依次编号,当标明一条特定的带时,应依次写出染色体的号数、臂的符号、区的号码及带的号数,中间不留间隙,也不加标点符号,如14q24就代表14号染色体长臂2区4带。亚带也是从着丝粒向端粒

图3.2.10 人类染色体G带图

依次编号,亚带的描述是在带的数字后面加一小数点,在小数点后再写上亚带的数字,如14q24.3就表示14号染色体2区4带3亚带,其余可类推。

原位杂交(*in situ* hybridization)技术是一种分子水平和染色体水平相结合对基因进行定位的方法,常以标记了放射性核素、生物素或荧光染料的待定位基因的特定DNA序列或RNA分为探针,直接与变性后的中期染色体进行原位杂交,探针就会同染色体DNA中与其互补的序列结合成双链,通过放射自显影或显色技术,就可以确定探针在染色体上的结合位置,达到基因定位的目的。目前发展较快的是荧光原位杂交(fluorescence *in situ* hybridization,FISH)技术,通过一系列处理过程后显色观察,可以清楚地显示出荧光点分布于第几号染色体上,甚至可分辨出分布于哪个区带。

根据核蛋白的螺旋程度及其功能状态的不同,染色质可分为常染色质(euchromatin)和异染色质(heterochromatin)。常染色质一般位于细胞核中央位置,部分则介于异染色质之间,核仁相随染色质中,部分常染色质伸入核仁内。电镜下是一种直径约为3nm的螺旋化较疏松的原纤维结构。在间期核中,常染色质的DNA参与RNA及蛋白质的合成。异染色质一般分布于核基质内,常紧贴于核纤层内面,称为周围染色质(peripheral chromatin),还有一部分与核仁结合,构成核仁相随染色质的一部分。电子显微镜下异染色质形成10～25nm高度缠绕的纤维丝。异染色质在间期不活跃,其中大部分为高度重复的DNA,不转录或极少转录,但近年来也发现异染色质也能合成5S rRNA和tRNA。异染色质可进一步分为结构异染色质(constitutive heterochromatin)和兼性异染色质(facultative heterochromatin)两类。结构异染色质在所有细胞中呈永久浓缩状态,常位于染色体近着丝粒处和端粒处,包含高度重复的DNA序列,也称随体DNA(satellite DNA)。兼性异染色质仅在某些类型的细胞或发育的特殊阶段呈浓缩状态,如人类女性体细胞成对的X染色体中,一个保持活性呈常染色体状态,另一个则无活性,在间期核中浓缩,称为X小体或巴氏小体(barr body)。但应当注意到,在受精卵早期,两条X染色体均有活性,一直要到发育的16～18d,其中一条才失活,其原因还有待探讨。研究者发现,凡专一性程度越高的细胞,核内常以致密的异染色质为主,如精子细胞核中异染色质的比例达90%～100%,但神经细胞是例外;而增殖较快的细胞,如胚胎细胞、骨髓细胞和肿瘤细胞等,细胞核中常染色质的比例较高,但浆细胞是例外。这表明,常染色质和异染色质在一定条件下可以相互转化,本质上可能与组蛋白的分布比例不同有关,用一定量的组蛋白与常染色质结合,可使之变为异染色质。

3.2.3　核仁的结构和功能

前边部分已经介绍了核仁的超微结构由致密纤维组分、纤维中心和颗粒组分三部分组成。致密纤维组分染色深,环形或半月形包围着纤维中心,纤维的直径为4～10nm,被认为是rDNA活跃地进行rRNA合成的区域。而纤维中心实际上是由数条染色体上伸出的DNA袢环组成,即rDNA,但处于无转录活性状态。颗粒组分由直径为15～20nm的核糖体蛋白颗粒组成,分布于致密纤维组分的外侧直至核仁边缘,这些颗粒实际上就是核糖体亚单位的前体颗粒,即处于不同加工、成熟阶段的rRNA基因转录产物。紧靠核仁外的染色质称为核仁相随染色质,其中一部分围绕在核仁周边,称为核仁周边染色质或核仁外染色质,由100nm的纤维组成,主要是不活跃的异染色质;另一部分深入到核仁内,称为核仁内染色质,为细环状染色质丝,由含rDNA的脱氧核蛋白复合物组成。主要是常染色质。核仁内还有较大的近球形空间,称为核仁液泡或核仁空隙(nucleolar interstice),无膜性结构包裹,常可见到有类似核糖体前体颗粒和纤维等内含物,可能与核糖体前体的储存和运输有关。用DNase和RNase处理核仁,电子显微镜下可见到存在残余结构，主要由蛋白质构成，称之为核仁基质（nucleolar matrix）或核仁骨架（nucleolar skeleton）。在细胞分裂周期中，核仁呈现出一种高度动态的周期变化，这与核仁组织区有关。核仁组织区一般定位于核仁染色体的次缢痕部位，把具有核仁组织区的染色体称为核仁染色体（nucleolar chromosome），实际上核仁就是由核仁组织区延伸的 DNA 环形成的。目前已经明确，真核生物中的 4 种 rRNA，除 5S rRNA 在核仁外染色体上合成外，其余 3 种均在核仁内合成，而 70 多种核糖体蛋白在细胞质中合成后都要转移到核仁中，在核仁中组装成核糖体亚基，然后再通过核孔复合体转运到细胞质中行使其功能。

核仁首先是细胞核中 rRNA 合成的中心。几乎在所有的细胞中，均含有多拷贝编码 rRNA 的基因。rRNA 基因是一种高度串联重复排列的 DNA 分子，每个 rRNA 基因可同时进行 rRNA 分子的转录合成，每个基因拷贝之间被一段不转录的间隔 DNA 所隔开，沿 rDNA 有一系列新生的 RNA 链从 DNA 长轴垂直伸展出来，并且从一端到另一端呈现有规律地增长，靠近转录起始端处较短，沿转录方向逐渐增长，电镜下可见为箭头状，每个箭头结构单位代表一个 rDNA 基因或一个 rRNA 的转录单位。在专一性的 RNA 聚合酶Ⅰ参与下，转录形成大小不同的前体 rRNA 分子。人类的 rRNA 前体为 45S，约含 13 000 个核苷酸，然后经过一系列加工修饰，最终被切成 28S、18S 和 5.8S 三个片段，剩余的 6000 个核苷酸在核内降解，经过加工过程后，成熟的 rRNA 仅为 45S rRNA 初始转录本的约一半，全部加工过程在核仁中完成。而 5S rRNA 基因并不定位在核仁上，转录过程需要 RNA 聚合酶Ⅲ参与，但转录后经过适当加工，也被运送到核仁中，参与核糖体大亚基的组装。

rRNA 前体的加工并不是以游离的 rRNA 方式进行的，而是以与蛋白质结合的核糖体蛋白形式进行加工成熟。人类 45S rRNA 与蛋白质结合后形成 80S 的核糖核蛋白复合体。一般在核仁中首先完成组装的是核糖体小亚基，随后才有核糖体大亚基的组装完成。成熟的核糖体大小亚基通过核孔被运到细胞质中，参与蛋白质的翻译合成。核仁随着细胞周期进程，也出现一系列结构和功能的周期性变化，如消失和重新形成，称之为核仁周期（nucleolar cycle）。

3.2.4　遗传信息的复制

遗传信息的传递依赖于 DNA 的复制，而整个复制过程需要多种酶的催化和多种蛋白质的参与，同时还受到精密严格的调控，从而保证复制的准确性。以原核细胞大肠杆菌 *E. coli* 为例，复制过程涉及三种 DNA 聚合酶，即 DNA 聚合酶Ⅰ、DNA 聚合酶Ⅱ、DNA 聚合酶Ⅲ。

DNA 聚合酶Ⅰ相对分子质量 109 000，是由 poly(A)基因编码的单一多肽链，主要参与 DNA 损伤修复和协助进行半保留复制。该酶除了具有聚合酶的活性外，还具有 3′和 5′外切核酸酶的活性，因而是一种多功能酶。蛋白水解酶可将该酶切成具有独立功能的两段，一段称为 klenow 片段，这是相对分子质量为 76 000 的 C 端片段，具有聚合酶活性和 3′外切核酸酶活性，两个活性中心相距 3nm，相当于 8 个核苷酸的距离。而含有 N 端的片段只具有 5′外切核酸酶的活性。DNA 聚合酶Ⅰ的功能包括：①5′→3′聚合酶活性，按照碱基互补原则依次在 3′-OH 端添加核苷酸。②3′→5′校对作用，校对读码方向刚好与 DNA 合成方向相反。如果碱基添加的位点出错，该酶就可将错配的核苷酸切除，保证复制的忠实性。③5′→3′切除修复作用，主要切除由于紫外线等造成的 DNA 损伤及修补复制过程中切除 RNA 引物后遗留的空缺。

DNA 聚合酶Ⅱ是 *E. coli* poly(B)基因编码的产物，相对分子质量 120 000，该酶也具有催化 5′→3′聚合作用，但活性仅为 DNA 聚合酶Ⅰ的 5%，同时也具有 3′→5′外切核酸酶活性，作用可能也与修复紫外线等对 DNA 的损伤有关。

DNA 聚合酶Ⅲ是 *E. coli* poly(C)编码的基因产物，相对分子质量为 900 000，是由多种蛋白质组成的复合物，具有 10 种 22 个亚基。

真核细胞中则有 5 种不同的 DNA 聚合酶，核内四种为 α、β、δ 和 ε，而 γ 则存在于线粒体中。DNA 聚合酶 α 只有聚合酶活性而缺少外切核酸酶活性，可与引物酶结合成为复合物；DNA 聚合酶 δ 既具有聚合酶活性，也具有 3′→5′外切核酸酶活性，DNA 聚合酶 β 和 ε 可能与 DNA 的损伤修复有关，而 DNA 聚合酶 γ 主要负责线粒体 DNA 的复制。DNA 在复制起始时要首先合成一段 RNA 片段，该片段含有游离的 3′-OH，DNA 聚合酶利用游离的 3′-OH 催化合成新的 DNA 链，这一 RNA 片段被称为引物(primer)，而催化引物合成的酶是引物酶。DNA 在复制过程中，碱基间的氢键首先断裂，双螺旋解旋并分离，分开的两条链分别作为模板合成新链，由于按照碱基互补原则进行新链的合成，所以每个子代分子的一条链来自亲代 DNA，另一条链则是新合成的，这种复制方式称为半保留复制。

DNA 双螺旋的解旋由解旋酶完成，并且需要 ATP 提供能量。在大肠杆菌中发现，每解开一对碱基，需消耗 2 分子 ATP。此外还需要拓扑异构酶(topoisomerase)的参与，拓扑异构酶可将线状、环状、单链和双链 DNA 进行拓扑变换。拓扑异构酶分两种，其中Ⅰ型酶能将 DNA 双链中的一条切断，另一条链通过切口把切断的两端连接起来，但只对负超螺旋起作用，而对正超螺旋不起作用。而Ⅱ型酶既能松弛负超螺旋，也能松弛正超螺旋。拓扑异构酶具有 ATP 酶活力，每次水解 1 分子 ATP 可将 1 个 DNA 双链切断，而使另 1 个双链区域通过切口并将断端重新连接起来。拓扑异构酶Ⅱ还具有环连、解环连和打结、解结功能。DNA 解链成单链后，一方面容易受到内切核酸酶的攻击，另一方面又有重新形成双链的趋势，要保持单链状态，以利于新链的合成，需要单链结合蛋白(single stranded DNA-binding protein，SSB)的参与，该蛋白无酶活性，也无序列专一性，在复制进程中，SSB 随 DNA 双螺旋的解链不断从单链轮流解离，再移向前方与单链重新结合，可反复循环行使其功能。在 DNA 解旋酶、拓扑异构酶协助下解开双螺旋结构，SSB 结合在单链 DNA 分子上，形成叉子状的复制起始点，称为复制叉，由于复制的单位为复制子(replicon)，复制子相距 5～300kb，而一个复制子只含一个复制起点，故真核细胞复制时可同时在多个复制起始点进行双向复制，说明真核细胞有多个复制子，而病毒、细菌和线粒体则一般只有一个复制子。

DNA 双链的两条链是反向平行的，所以复制叉解开的 DNA 链一条是 5′→3′方向，另一条是 3′→5′方向，而 DNA 聚合酶的合成方向都是 5′→3′方向，那么可以想见只有一条链可以连续合成的，而另一条链又是如何完成复制的呢？1968 年日本学者冈崎通过实验证实，3′→5′方向的链的复制是不连续的，而是先分段复制，每一段称为一个冈崎片段，复制的完成还需要 DNA 连接酶的参与，连接酶可把冈崎片段连接起来，形成完整的 DNA 新链。把能够连续复制的链称为先导链，把通过连接冈崎片段形成的链称为后随链，后随链的合成方式称为半不连续合成。复制的终止一般不需要特定的终止信号，但由于 DNA 聚合酶在合成 DNA 时不能拷贝线性 DNA 端部，就在端粒区保留下一个小的不能复制的区域，端粒酶则弥补了这一缺憾。端粒酶 RNA 组分有 150～190 个核苷酸，可被认为是一种特殊的携带模板的反转录酶其作用包括三个步骤：第一步，对已有的末端进行识别结合；第二步，根据端粒酶内含的 RNA 模板添加互补的核苷酸并聚合；第三步，通过移位使端粒重复序列得以连续复制。端粒酶能够对端粒 DNA 富含 G 的链进行加尾延长，接着通过 G-C 配对使终端形成回折，从而可补齐新链 5′端的缺失。DNA 新链合成后，立即组装成核小体。DNA 复制的形式包括 θ 复制、滚环复制和 D 环复制等。

3.2.5 基因的转录与转录后加工

DNA 作为模板直接指导 RNA 分子的生物合成的过程称为转录(transcription),而生物基因组中的结构基因所携带的遗传信息,经过转录、翻译等一系列过程,合成特定的蛋白质,进而发挥其特定的生物学功能的全过程称为基因表达(gene expression),对于 rRNA 和 tRNA 编码基因来说,基因表达就是转录生成 RNA 的过程(图 3.2.11)。

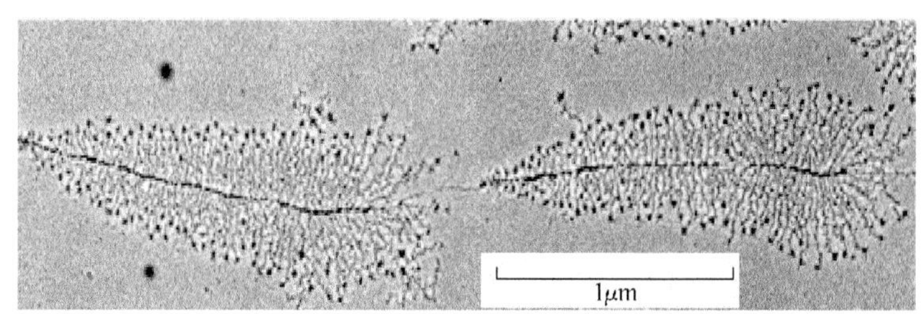

图 3.2.11 电子显微镜下可见两个基因同时进行转录
(Alberts et al. ,2002)

转录后经过加工形成多种具有不同功能的 RNA(表 3.2.1),以原核生物基因表达为例,转录过程包括 4 个步骤:转录起始;RNA 延伸;转录终止及转录后的加工。转录起始过程中,RNA 聚合酶中的 σ 因子识别基因或操纵子中的启动子,RNA 聚合酶全酶与启动子结合形成复合物,此时 DNA 仍是闭合的双链形式,因此把此复合物称为闭合的启动子复合物(closed promoter complex)。随后在 RNA 聚合酶作用下,局部 DNA 构象发生改变,双链打开至约 17 个碱基对,展示出 DNA 模板链,闭合的启动子复合物转变成开放的启动子复合物(open promoter complex),RNA 聚合酶仍继续保持在启动子部位,催化 RNA 合成反应。转录起始不需要引物,第一个添加的核苷酸多为 GTP 或 ATP,这样继续加入 NTP,使 RNA 链延长至约 10 个核苷酸。然后 RNA 聚合酶释放 σ 因子,RNA 聚合酶离开启动子区,沿 DNA 模板链移动,进入到 RNA 延伸阶段。RNA 聚合酶释放 σ 因子后的复合物被称为核心酶(core enzyme),由 4 个亚基组成,沿模板链的 $3'\rightarrow5'$ 方向滑行,一边使双股 DNA 解链,一边催化 NTP 按模板链互补核苷酸序列逐一连接,使 RNA 按 $5'\rightarrow3'$ 方向不断延伸,此时,转录形成的 RNA 暂时与 DNA 模板链形成 DNA-RNA 杂交体,当 RNA 链长度超过 12 个碱基时,其 $3'$ 端仍与 DNA 形成杂交体,但 $5'$ 端则脱离,于是被转录过的 DNA 区段重新形成双螺旋。一般 mRNA 延长的速度约为每秒 45 个核苷酸,rRNA 延长速度则为其 2 倍。当 RNA 聚合酶行进到基因或操纵子终止子部位时,由于终止子存在 GC 富集区组成的反向重复序列,转录生成的 RNA 可以形成发夹(hairpin)结构,使 RNA 聚合酶停止作用,新合成的 RNA 链首先从 DNA 模板链解离出来,继而与核心酶分离,随后核心酶又与双链 DNA 解离,此时,σ 因子又能与核心酶聚合,进入下一轮循环。终止子分为两类,一类依赖于 ρ 因子,一类则不依赖于 ρ 因子。转录生成的 RNA 称为初级转录产物,必须经过加工修饰过程,才能形成成熟的 RNA 分子。新生的、无活性的初级转录产物变成活性的、成熟的 RNA 的过程称为转录后加工(post-transcriptional processing)。原核生物如果转录产物是 mRNA,一般不需要加工,在转录过程结束前就可以作为模板指导蛋白质的合成。

表 3.2.1　细胞内产生的 RNA 的主要类型

RNA 类型	主要功能
mRNA	信使核糖核酸，编码蛋白质
rRNA	核糖体 RNA，形成核糖体结构，催化蛋白质合成
tRNA	转移 RNA，在 mRNA 与氨基酸之间作为衔接子
snRNA	核内小 RNA，参与前 mRNA 剪接等许多核内加工
snoRNA	核仁小 RNA，参与 rRNA 加工与化学修饰
scaRNA	cajal 小 RNA，参与 snRNA 和 snoRNA 的修饰
miRNA	微小 RNA，通过阻断选择性的 mRNA 翻译调节基因表达
siRNA	小的干扰 RNA，通过指导选择性 mRNA 降解和染色体压缩使基因表达关闭
其他非编码 RNA	在端粒合成、X 染色体激活、蛋白质向内质网转移等许多细胞过程中发挥功能

资料来源：B. Alberts *Molecular Biology of the Cell*-第五版。

而真核生物则必须经过加工，然后运输到细胞质中并通过核糖体大亚基结合到内质网上后才发挥作用。但原核生物与真核生物 tRNA 和 rRNA 都需要进行转录后加工。前边已经介绍了 rRNA 的加工过程，这里主要介绍真核生物 mRNA 和 tRNA 的加工。真核生物的 mRNA 加工包括 5′端加帽、3′端加尾、剪接及编辑等。所谓 5′端加帽实际上就是添加鸟苷酸，然后在甲基转移酶催化下在鸟嘌呤的 N-7 上发生甲基化，使 5′端成为 m7GpppNp-的结构。3′端加尾需要断裂与多聚腺苷酸化特异性因子(cleavage and polyadenylation specificity factor，CPSF)和断裂刺激因子(cleavage stimulation factor，CstF)的介入，CPSF 能够识别并结合 AAUAAA 信号，CstF 结合于 GU 丰富区，两个因子协同作用形成稳定的复合物，此外 mRNA 的断裂还需要两个断裂因子 CFⅠ和 CFⅡ以及 poly(A)聚合酶的参与。上述因子与 mRNA 结合后，在 AAUAAA 下游 10～30 个核苷酸处将 mRNA 切断，poly(A)聚合酶以 ATP 为底物，在 mRNA 3′端催化形成 poly(A)，其长度一般为 100～200 个核苷酸。

知识拓展框　核酶与脱氧核酶

核酶(ribozyme)是具有催化功能的 RNA 分子。1982 年，Cech 等研究原生动物四膜虫 rRNA 时，首次发现 rRNA 基因转录产物的Ⅰ型内含子剪切和外显子拼接过程可在无任何蛋白质存在的情况下发生，证明了 RNA 具有催化功能。为区别于传统的蛋白质催化剂，Cech 给这种具有催化活性的 RNA 定名为核酶。1983 年 Altman 等在研究细菌 RNase P 时发现，当约 400 个核苷酸的 RNA 单独存在时，也具有完成切割 rRNA 前体的功能，并证明了此 RNA 分子具有全酶的活性。自然界中已发现多种核酶，目前主要有四种核酶能用于反式切割靶 RNA：四膜虫自身剪接内含子、大肠杆菌 RNase P、锤头状核酶和发夹状核酶。

核酶的发现为在生命起源上阐明自然界先有核酸还是先有蛋白质提供了一个重要的线索，而在实际应用上，由于核酶具有内切酶活性且切割位点高度特异，这就为基因功能研究、病毒感染、肿瘤治疗及基因治疗开辟了一条新的途径。

脱氧核酶(deoxyribozyme)是利用体外分子进化技术合成的一种具有催化功能的单链 DNA 片段，具有高效的催化活性和结构识别能力。1994 年，Joyce 等报道了一个人工合成的 35bp 的多聚脱氧核糖核苷酸能够催化特定的核糖核苷酸或脱氧核糖核苷酸形成的磷酸二酯键，并将这一具有催化活性的 DNA 称为脱氧核酶或 DNA 酶(DNA enzyme)。1995 年，Cuenoud 等在 *Nature* 报道了一个具有连接酶活性的 DNA，能够催化与它互补的两个 DNA 片段之间形成的磷酸二酯键。迄今已经发现了数十种脱氧核酶。

尽管到目前为止，还未发现自然界中存在天然的脱氧核酶，但脱氧核酶的发现仍然使人类对于酶的认识又产生了一次重大飞跃，是继核酶发现后又一次对生物催化剂知识的补充。这将有助于了解生命如何由RNA世界演化为以DNA和蛋白质为基础的细胞形式，同时也揭示出RNA转变为DNA过程的演化路径可能也存在于其他与核酸相似的物质中，有助于了解生命的进化过程。

结构基因转录后形成的前体RNA称为核不均一RNA(hnRNA)，还要经过剪接以去除内含子序列，并将外显子序列连接成为有功能的mRNA分子。剪接在加帽和加尾后进行，过程是非编码区(内含子)先弯成套索状，由特异的RNA酶把编码区和非编码区的磷酸二酯键水解，从而使编码区连接起来，成为成熟的mRNA。剪接在剪接体(spliceosome)中完成，剪接体由多种核内小RNA(small nuclear RNA)和几十种蛋白质组成。剪接部位在内含子末端特定位点，即5′↓GVAG↓3′。

前体tRNA的加工主要包括切除多余序列、形成CCA的3′端和核苷酸修饰等(图3.2.12)。RNaseP是由20kDa的蛋白质和375个核苷酸的RNA两部分组成的内切核酸酶，可以将前体tRNA 5′端前导序列或基因的间隔序列切除，使每个tRNA分子分开。而RNaseD或Q则负责将前体tRNA 3′端多余的核苷酸切除。tRNA前体常见的碱基修饰主要有：还原反应，使某些尿

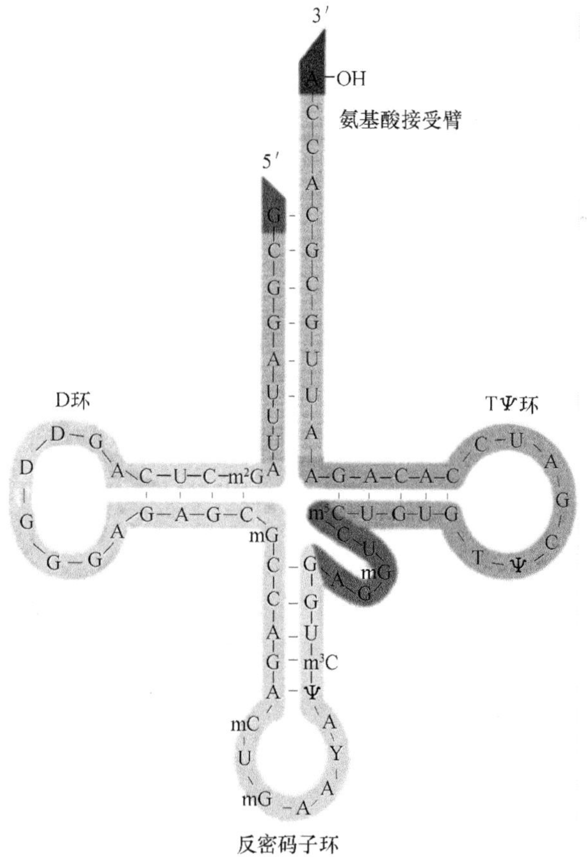

图3.2.12 tRNA的分子结构示意图
(Karp,2002)

嘧啶还原生成二氢尿嘧啶;转位反应,使尿嘧啶核苷变为假尿嘧啶核苷;脱氨反应,如使腺苷酸生成次黄嘌呤核苷酸;甲基化反应,使某些嘌呤碱基变为甲基嘌呤;CCA-OH 3′端的形成,在核苷酸转移酶的作用下,以 CTP 和 ATP 为原料,逐个接上 CCA 顺序。

3.2.6 遗传信息的翻译及加工

翻译就是指将 RNA 分子上的核苷酸序列信息转变为蛋白质分子中的氨基酸序列的过程(图 3.2.13)。翻译也要经过起始、延长和终止三个阶段,翻译完成后还要进行翻译后的加工。真核生物翻译的起始因子是 eIF(eukaryotic initiation factor),至少有 9 种起始因子参与翻译起始过程。eIF-2 是一种 GTP 结合蛋白,它们和 Met-tRNA 共同组成三元复合物,该复合物可以和核糖体 40S 亚单位结合,形成起始复合物前体,然后与 mRNA 结合形成起始复合物。随后起始复合物就沿 mRNA 向 3′端方向滑动,当遇到起始密码子 AUG 时,携带甲硫氨酸的 tRNA 的反密码子就与之结合而停止滑动,此过程需要 ATP 提供能量,接着 60S 核糖体亚基又与先前的起始复合物结合,形成 80S 起始复合体,这时各种起始因子从核糖体上解离下来。以后根据 mRNA 上的密码子顺序,与密码子相应的氨基酰-tRNA 运到核糖体的 A 位上,再接着形成肽链,核糖体沿 mRNA 5′→3′方向不断移位使肽链不断延长,整个过程涉及进位、转肽和移位三个步骤。进位指特异的氨基酰-tRNA 进入 A 位,此过程需要 GTP、Mg^{2+} 和延长因子参与;转肽指 P 位肽酰-tRNA 上的酰基与 A 位氨基酰-tRNA 上的氨基缩合形成肽键,P 位上 tRNA 卸下肽链,此过程需要核糖体大亚基上的转肽酶催化以及 Mg^{2+}、K^+ 的参与;移位是指在延长因子和 GTP 供能的前提下,核糖体沿 mRNA 5′→3′方向移动一个密码子的距离,同时肽酰-tRNA 由 A 位移到已经空出的 P 位,使空出的 A 位继续接受新的氨基酰-tRNA。上述过程不断循环,肽链就不断延长,当 mRNA 的终止信号 UAA、UAG、UGA 中任何一种进入 A 位,这时只有释放因子能够识别该信号。

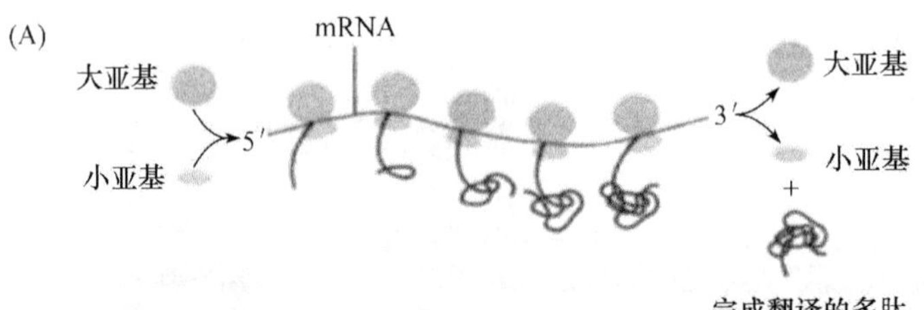

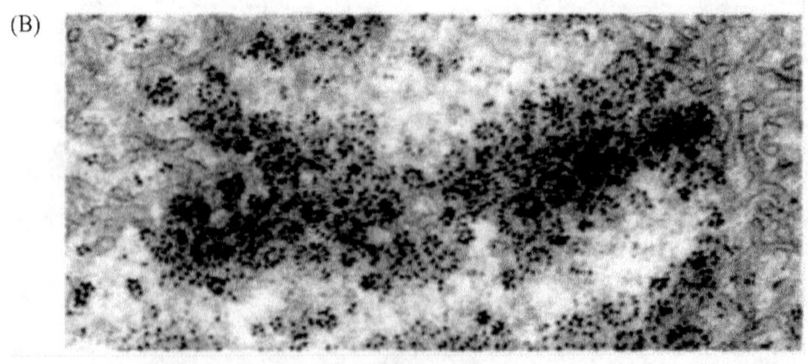

图 3.2.13 翻译过程示意图(A)与电镜照片(B)

(Karp,2002)

知识拓展框 MicroRNA

MicroRNA也可以写作miRNA，是一种21～25nt长的单链小分子RNA。它广泛存在于真核生物中，是一组不编码蛋白质的短序列RNA，其本身不具有可读框(ORF)。成熟的miRNA，5′端有一个磷酸基团，3′端为羟基。编码miRNA的基因最初产生一个长的pri-RNA分子，这种初期分子还必须被剪切成70～90个碱基大小、具发夹结构单链RNA前体(pre-miRNA)并经过Dicer酶加工后生成。成熟的miRNA 5′端的磷酸基团和3′端羟基则是它与相同长度的功能RNA降解片段的区分标志。

miRNA的研究起始于时序调控小RNA(stRNA)。1993年，Lee等在秀丽新小杆线虫(*Caenorhabditis elegan*)中发现了第一个定时调控胚胎后期发育的基因*lin-4*，2002年，Reinhart等又在线虫*C. elegan*中发现第二个异时性开关基因*let-7*，2001年10月*Science*报道了三个实验室从线虫、果蝇和人体克隆的几十个类似*C. elegan*的*lin-4*的小RNA基因，称为microRNA。随后多个研究小组在包括人类、果蝇、植物等多种生物物种中鉴别出数百个miRNA，并且发现它与多种重要的生命过程有关。

miRNA能够与那些和它的序列互补的mRNA分子相结合，有时候甚至可以与特定的DNA片段结合。这种结合的结果就是导致基因的沉默。据推测，miRNA调节着人类约1/3的基因。miRNA基因是一类高度保守的基因家族，按其作用模式不同可分为三种：第一种以线虫*lin-4*为代表，作用时与靶标基因不完全互补结合，进而抑制翻译而不影响mRNA的稳定性(不改变mRNA丰度)，这种miRNA是目前发现最多的种类；第二种以拟南芥miR-171为代表，作用时与靶标基因完全互补结合，作用方式和功能与siRNA非常类似，最后切割靶mRNA；第三种以*let-7*为代表，它具有以上两种作用模式，当与靶标基因完全互补结合时，直接靶向切割mRNA；当与靶标基因不完全互补结合时，起调节基因表达的作用，抑制调节基因的翻译。

研究表明miRNA在物种间具有高度的保守性、时序性和组织特异性——在特定的时间、组织才会表达。miRNA表达的时序性和组织特异性提示miRNA的分布可能决定组织和细胞的功能特异性，也可能参与了复杂的基因调控，在组织的发育中起重要作用。

释放因子的结合改变了核糖体上转肽酶的分子构象，使其具有水解酶活性，并使P位上的tRNA与肽链间酯键水解，导致肽链脱落。随后大小亚基解聚，重新进入循环(图3.2.14)。真核生物只有一种释放因子，而原核生物具有三种释放因子。上面描述的仅仅是单个核糖体上的翻译过程，实际上在胞内蛋白质合成过程中，一条mRNA链可以同时结合多个核糖体，可以同时进行多条同种多肽链的合成，使翻译速度明显加快，也提高了mRNA利用效率。由此核糖体可以形成多聚核糖体，一般在mRNA上每80个核苷酸长度可结合一个核糖体，核糖体间的距离5～15nm。

从核糖体释放出来的多肽链尚不具有生物活性，还需进行翻译后加工，加工包括切割和修饰两种方式。切割就是将N端的甲硫氨酸去除以及将信号肽和部分肽段切除。前者在真核生物中，当肽链延伸至15～30个氨基酸残基时，氨基肽酶水解掉N端的甲硫氨酸或相连的若干残基；后者的信号肽通常也由15～30个氨基酸残基组成，由信号肽引导，分泌蛋白在粗面内质网上合成过程中，可穿过内质网膜进入内质网腔中，被腔内的信号肽酶将信号肽切除。同时许多分泌性蛋白还必须去掉部分肽段才具有生物活性，如胰岛素的前体是胰岛素原，由86个氨基酸构成，加工过程中，现在A、B两段间形成二硫键，再切除C肽段，才能形成51个氨基酸构成的具

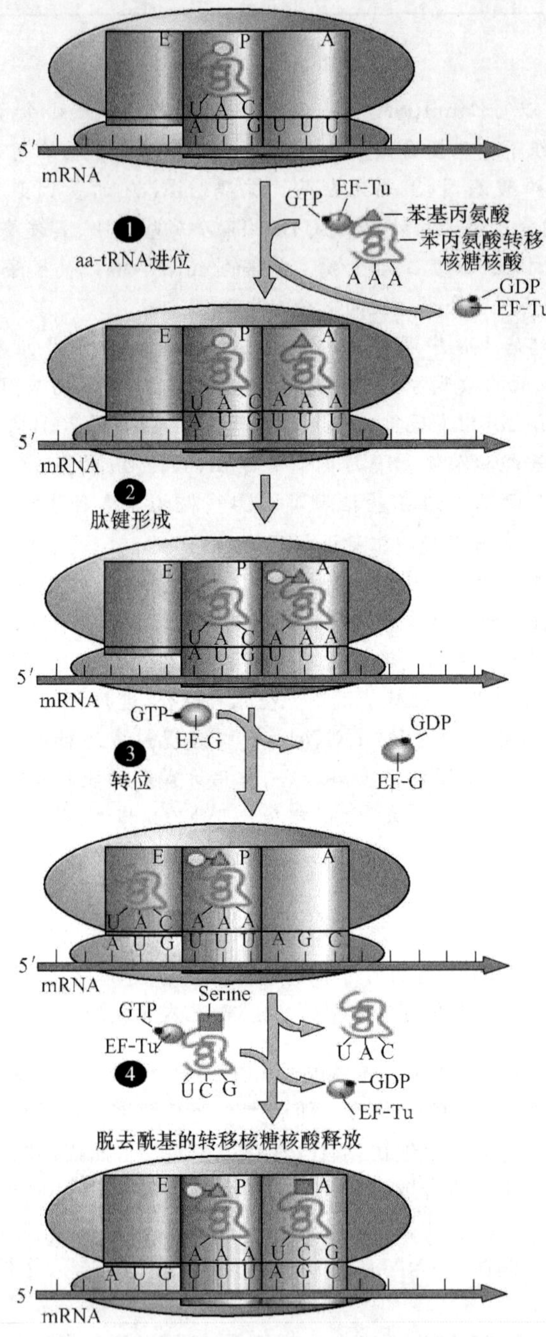

图 3.2.14　翻译过程位点变化示意图

(Karp,2002)

有生物活性的胰岛素。在实际工作中,有时为了使合成的蛋白质能够从细胞中分泌到细胞外,以有利于提取分离和纯化,可反其道而行,在非分泌蛋白基因上连接上一段信号肽核苷酸序列。翻译后的修饰包括二硫键的形成;辅助因子的连接和亚基聚合以及个别氨基酸的修饰。二硫键的形成对维持蛋白质空间构象的稳定具有重要意义,而二硫键一般都是在肽链合成后才形成的。许多蛋白质为结合蛋白,其四级结构的蛋白质只有与某些辅助因子如脂、糖、血红蛋白等结合才具有生物活性。而个别氨基酸的修饰常指对氨基酸残基的 R 基进行的磷酸化、羟基化、乙酰化、甲基化等修饰。

3.2.7 基因表达调控

尽管基因表达在转录、翻译及其前后都存在调控机制,但转录水平的调控则是最为关键的。原核生物基因组为多顺反子结构,由几个功能相关的基因串联在一起,构成一个转录单位,因而常常受到同一调控区的调节,而调控的方式已经于 1961 年被法国分子生物学家 Jacob 和 Monod 阐明,这就是著名的操纵子学说(operon theory)。操纵子由一组结构基因和其上游的调控区组成,调控区包括启动子(promoter,P)和操纵子(operator,O),结构基因的表达产物通常为一组功能相关的蛋白质,如同一代谢途径的几种酶,而调控区一般无转录产物。在调控区上游较远处,还有阻遏物基因(inhibitor gene,I)或称为调节基因(regulatory gene),编码阻遏蛋白(repressor),也称为调节蛋白。位于启动子和结构基因之间的操纵基因是结合阻遏蛋白的部位,转录能否起始取决于结合在 P 区的 RNA 聚合酶能否通过 O 区到达结构基因部位,而当阻遏蛋白结合于 O 区时,聚合酶就不能通过,把这种通过阻遏蛋白的抑制作用调控基因转录的方式称为负调控(negative regulation)。

负调控又分为诱导型和阻遏型两种,前者如乳糖操纵子、半乳糖操纵子、阿拉伯糖操纵子等,后者如色氨酸操纵子和组氨酸操纵子等(图 3.2.15)。对前者来说,在通常情况下,*I* 基因的产物阻遏蛋白结合于 O 区,从而抑制了结构基因的转录,但代谢底物可诱导基因开放,而后者由于阻遏蛋白无活性,不能与操纵基因结合,因而在正常情况下都是开放的,只有当代谢终产物过剩时,代谢终产物才作为辅阻遏物(corepressor)与无活性的阻遏蛋白结合,使之变构激活,与操纵基因结合,导致操纵子关闭。但乳糖操纵子除了有起主要作用的负调控作用外,有时也发挥正调控作用,以使细菌能够更好地适应复杂环境条件的变化。就乳糖操纵子负调控作用而言,如当大肠杆菌在含有乳糖的培养基上生长时,能够产生 β-半乳糖苷酶,使乳糖分解为半乳糖和葡萄糖,也产生半乳糖苷通透酶,促进乳糖转运进细菌,还能产生 β-半乳糖苷乙酰基转移酶,把乙酰辅酶 A(CoA)的乙酰基转移到 β-硫代半乳糖苷 6 位碳的羟基上,而决定这三种酶的是 3 个连续基因 *Z*、*Y*、*A*。当没有乳糖时,阻遏物基因编码的由 4 个相对分子质量为 38 000 的亚基聚合而成的阻遏蛋白就结合到操纵基因上,抑制 RNA 聚合酶通过 O 区,使结构基因无法进行转录,但当存在乳糖时,乳糖及其异构体半乳糖与阻遏蛋白结合导致其变构,失去与 O 区结合的能力,操纵子基因开放,RNA 聚合酶通过 O 区到达结构基因,转录出可以利用乳糖的三种酶。就乳糖操纵子正调控而言,当培养基中有葡萄糖时,细菌首先利用葡萄糖作为碳源,而当葡萄糖被耗尽时,cAMP 浓度升高,可与降解物激活蛋白(catabolite activator protein,CAP)结合并使后者变构激活,该复合物与操纵子启动子上游 CAP 位点结合后,就推动 RNA 聚合酶向结构基因方向移动,从而促进转录。

在基因表达调控方面,真核生物要比原核生物复杂得多,这与真核基因组较大,结构较为复杂及转录翻译过程在不同时间和地点进行等有直接关系。目前未在真核生物中发现任何类似于原核生物操纵子结构的调控模式。在 DNA 水平的调控就涉及基因丢失、基因扩增、基因重排、组蛋白的抑制作用及甲基化修饰等,而转录水平的调控是真核生物基因调控的主要形式,包括顺式作用元件(*cis*-acting element)和反式作用因子等。基因丢失目前仅见于某些原生动物和昆虫,高等生物中尚未发现有基因丢失现象。基因扩增是基因活性调控的一种方式,是指某些

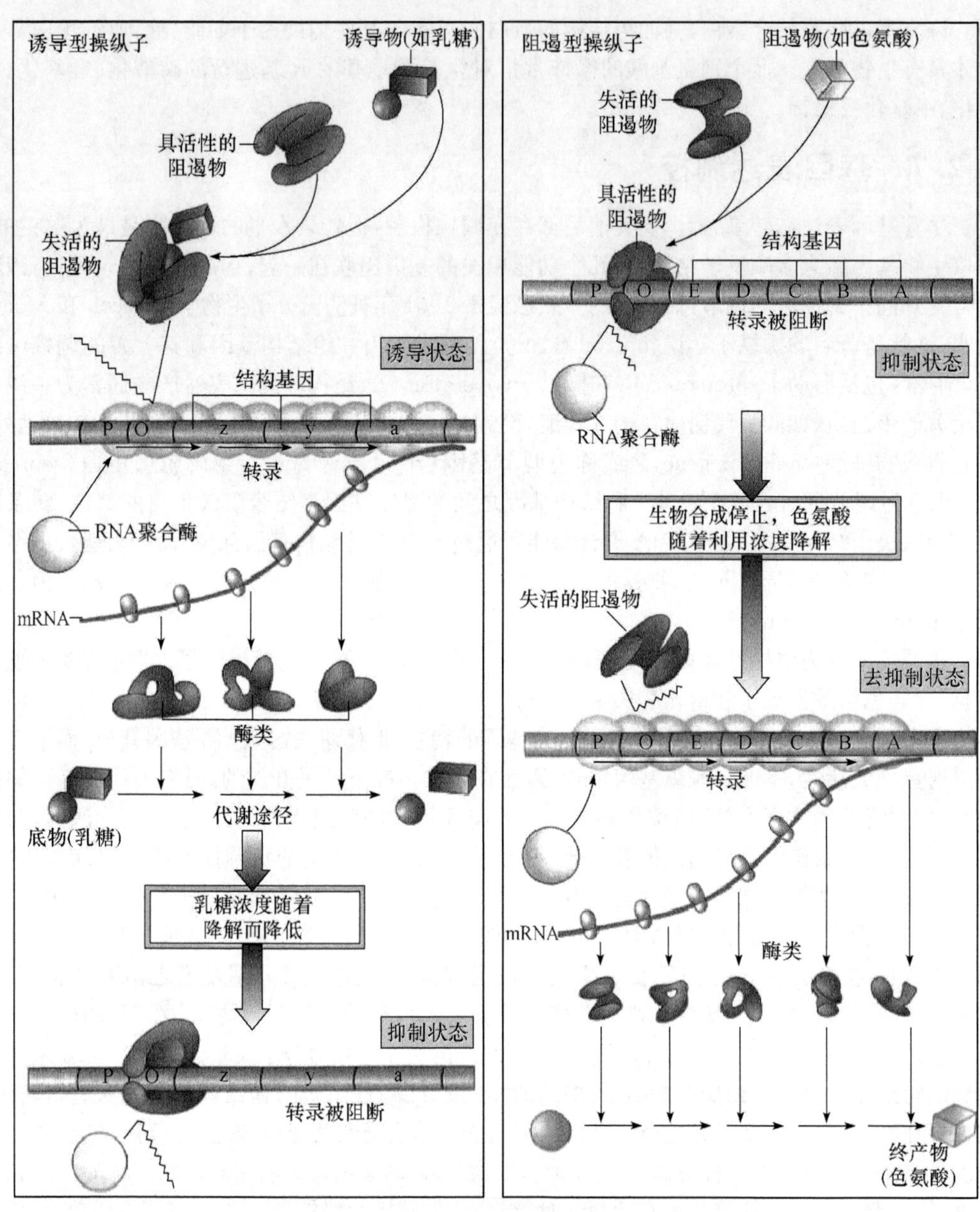

图 3.2.15　原核生物两种类型操纵子功能示意图

(Karp,2002)

基因的拷贝数呈现专一性大量增加的现象，如非洲爪蟾卵母细胞在发育过程中，会出现 rRNA 基因在细胞分裂前扩增约 4000 倍，以满足大量合成蛋白质的需要。基因重排是指某些基因片段改变原来存在顺序，通过调整有关基因片段的衔接顺序，重排称为一个完整的转录单位，如免疫球蛋白基因在 B 淋巴细胞分化和浆细胞生成过程中发生的重排，这奠定了免疫球蛋白分子多样性的基础。

组蛋白与 DNA 的结合与解离是真核基因表达调控的重要机制之一。其主要调控方式有：其一，基因转录激活因子可从启动子区除去组蛋白，并阻断组蛋白与 DNA 重新结合，促进基因的转录；其二，组蛋白乙酰化也能解除组蛋白对基因表达的抑制作用。一般认为，DNA 甲基化在真核基因表达调控中发挥着重要作用，甚至认为存在反比关系。例如，在各种组织细胞都表达的持家基因，其调控区甲基化程度很低，而在组织中不表达基因一般甲基化程度都很高。DNA 甲基化一方面可直接改变基因的构型，影响基因特异顺序与转录因子的结合，另一方面又可通过使基因 5′端调控序列甲基化后与核内甲基化 CG 序列结合，间接阻止了转录因子与基因形成复合物。研究还发现，DNA 去甲基化常常与 DNase Ⅰ 高敏感区同时出现，而一般认为，后者的出现是基因活化的标志之一。在基因转录起始阶段，通用转录因子可协助 RNA 聚合酶与启动子结合，但因作用较弱而不能高效启动转录，只有在反式作用因子的帮助下，RNA 聚合酶 Ⅱ 才能有效地形成转录起始复合物。当反式作用因子处于无活性状态时，与之相应的基因就不能表达，处于活性状态时，通过与顺式作用元件结合，就可以促进转录起始复合物的形成。反式作用因子的调控为细胞外信号通过信号转导途径所控制。反式作用因子有以下几种激活方式。①表达式调节：只在需要时才合成，合成后即具有活性，发挥作用后即通过蛋白水解迅速降解；②共价修饰：合成后可在细胞内持续存在，多为磷蛋白，主要通过磷酸化和去磷酸化作用进行调节，也可通过糖基化修饰来调节，如细胞内许多转录因子都属于糖蛋白。由于磷酸化位点和糖基化位点均为丝氨酸与苏氨酸残基的羟基，故这两种修饰存在竞争性排斥；③配体结合：许多激素也是反式作用因子，本身对基因转录无调节功能，但一旦与受体结合后，才能结合于 DNA 并调节基因表达；④蛋白质之间的相互作用：有时反式作用因子要和其他蛋白形成复合物才具有调节活性，如 c-myc 蛋白，结合靶 DNA 的效率很低，需要与其配对蛋白 max 构成异二聚体才能调节基因表达。每一种反式作用因子与顺式作用元件结合后虽然可以起调节作用，但常常不是由单一因子完成的，而需要几种因子组合在一起发挥特定作用，称之为组合式基因调控（combinational gene regulation）。基因的复制、转录和翻译构成从 DNA 到蛋白质的遗传信息流（图 3.2.16），如果再加上从 RNA 到 DNA 的反转录，就是由 DNA 双螺旋结构发现者之一克里克提出并经过以后进一步完善的中心法则的完整内容。在某些病毒中发现的 RNA 自我复制（如烟

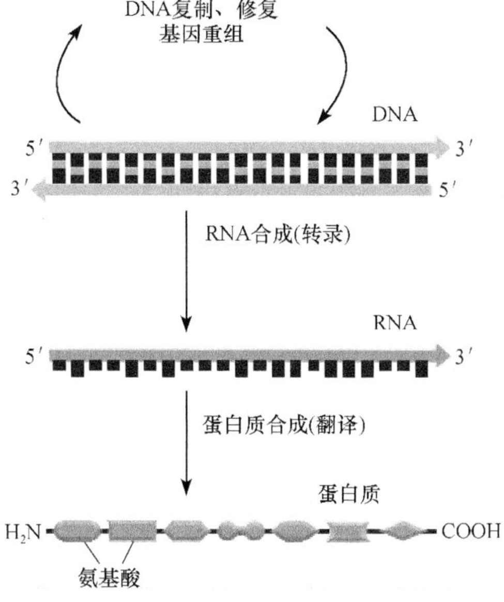

图 3.2.16 从 DNA 到蛋白质的遗传信息流
（Alberts et al.，2002）

草花叶病毒等)和某些病毒中存在能以 RNA 为模板反转录成 DNA 的过程(某些致癌病毒)是对中心法则的补充。

RNA 的自我复制和反转录过程,在病毒单独存在时是不能进行的,只有寄生到宿主细胞中后才发生。反转录酶在基因工程中是一种很重要的酶,它能以已知的 mRNA 为模板合成目的基因。现在已经明确,遗传物质可以是 DNA,也可以是 RNA。细胞的遗传物质都是 DNA,只有一些病毒的遗传物质是 RNA。这种以 RNA 为遗传物质的病毒称为反转录病毒(retrovirus),在这种病毒的感染周期中,单链的 RNA 分子在反转录酶(reverse transcriptase)的作用下,可以反转录成单链的 DNA,然后再以单链的 DNA 为模板生成双链 DNA。双链 DNA 可以成为宿主细胞基因组的一部分,并同宿主细胞的基因组一起传递给子细胞。在反转录酶催化下,RNA 分子产生与其序列互补的 DNA 分子,这种 DNA 分子称为互补 DNA(complementary DNA),简写为 cDNA,这个过程即为反转录(reverse transcription)。

由此可见,遗传信息并不一定是从 DNA 单向地流向 RNA,RNA 携带的遗传信息同样也可以流向 DNA,遗传信息可以在 DNA 与 RNA 之间相向流动。一直以来人们普遍认同,DNA 和 RNA 中包含的遗传信息只是单向地流向蛋白质,但对病原体朊病毒(prion)的功能的认识对中心法则提出了挑战。朊病毒是一种蛋白质传染颗粒,可导致羊发生一种慢性神经系统疾病——瘙痒病。1935 年法国研究人员通过接种发现,这种病可在羊群中传染,意味着这种病原体是能在宿主动物体内自行复制的感染因子。朊病毒同时又是人类的中枢神经系统退化性疾病,如库鲁病(Kuru)和克-杰氏综合征(Creutzfeldt-Jacob disease,CJD)的致病源,也可引起疯牛病即牛脑的海绵状病变(bovine spongiform encephalopathy,BSE)。以后的研究证明,这种不含 DNA 或 RNA 的蛋白质分子能在受感染的宿主细胞内产生与自身相同的分子,而引起相同的疾病,这是否意味着这种蛋白质分子也是负载和传递遗传信息的物质？进一步研究证明,朊病毒确实是不含 DNA 和 RNA 的蛋白质颗粒,但它不是传递遗传信息的载体,也不能自我复制,而仍是由基因编码产生的一种正常蛋白质的异构体。哺乳动物细胞里的基因编码产生一种糖蛋白 PrP(prion protein)。人的 PrP 基因位于 20 号染色体短臂,PrP 由 253 个氨基酸残基组成,在氨基端有 22 个氨基酸组成的信号肽。在正常脑组织中的 PrP 称为 PrP^{c},相对分子质量为 33 000～35 000,对蛋白酶敏感。在病变脑组织中的 PrP 称为 PrP^{sc},相对分子质量为 27 000～30 000,是 PrP^{c} 中的一段,蛋白酶对其不起作用。现在知道,PrP^{c} 和 PrP^{sc} 是 PrP 的两种异构体,氨基酸组分和线性排列次序相同,但是三维构象不同。PrP^{c} 的结构中。螺旋占 42%,β 片层占 30%;PrP^{sc} 则是螺旋占 30%,β 片层占 43%。PrP^{c} 的 4 条螺旋可以排列成一个致密的球状结构,这个结构的随机涨落(stochastic fluctuation)会长成部分折叠的单体 PrP^{*},这是一种中间体,即 PrP^{*} 可以生成 PrP^{c},也可以生成 PrP^{sc}。一般情况下,PrP^{*} 的含量极少,所以生成的 PrP^{sc} 极少。可是外源的 PrP^{sc} 可以促使 PrP^{*} 变成 PrP^{sc}。PrP^{sc} 的不溶性使生成 PrP^{sc} 过程不可逆转。PrP^{sc} 在神经细胞里大量沉积,引起神经细胞的病变,破坏了神经细胞功能。因此,PrP^{sc} 感染正常细胞后,可以促使细胞内生成更多的 PrP^{sc},PrP^{sc} 逐渐积累,需要有一个时间过程才会引发疾病,这也就是这种神经退化性疾病有一个很长的潜伏期的原因。所以说,PrP^{sc} 进入宿主细胞并不是自我复制,而是将细胞内基因编码产生的 PrP^{c} 变成 PrP^{sc}。

小结

细胞核由三部分显微镜下可见的结构组成,染色质和染色体是遗传物质核酸与组蛋白和非组蛋白共同构成的,但在不同的条件下表现为不同的存在形式,其基本结构单位是核小体。核小体普遍用多级螺旋和袢环两种模型来解释,且都有实验证据支持。染色体具有特定的结构,其形态、数目和通过特殊染色处理后显示的带型,为物种鉴别和基因定位奠定了基础。核膜具双层单位膜,膜上分布有核孔复合体结构,这是核质间物质交流的通道,对物质的运输具有选择性,从超微结构观察和组分分析推断是一种核篮样结构。内膜下具有核纤层,同时核基质也构成特殊的核骨架,发挥重要的作用。而核仁表现周期性消失和重建,并且在功能上作为核糖体大小亚基装配的场所,在电子显微镜下由三部分组成。掌握遗传信息的复制、转录及蛋白质的翻译,就必须以经过完善的中心法则作为指导,从而对各过程涉及的重要分子、重要事件以及调控因素从知识的不同层面进行定位,这样就可以对细胞核这个细胞内最大的细胞器形成完整系统的认识。

(刘宏颀)

思考题

1. 为什么通常把细胞核称为细胞内最大的细胞器?
2. 核仁的超微结构包括哪几个部分,与核仁的功能有何联系?
3. 请论述核孔复合体的结构。
4. 染色质分为哪些类型,其分布和生物学功能有何不同?
5. 染色体在细胞核内是如何进行组装的? 组蛋白与非组蛋白分别发挥什么作用?
6. 着丝粒与动粒是否是同一个概念的不同表述,为什么?
7. 染色体类型划分的标准是什么?
8. 染色体主缢痕与次缢痕有何差别?
9. 请举例说明染色体分带的意义。
10. 原核细胞基因表达调控有哪些类型,各自的特点是什么?
11. 真核细胞基因表达调控有何特点?
12. 基因在复制和转录上各有哪些特点?
13. 细胞核内能够产生哪些 RNA 类型,各有什么作用?
14. 转录后与翻译后各有哪些加工修饰方式?
15. 人类染色体分为几组,其依据是什么?

参考文献

查锡良. 2002. 医学分子生物学. 北京:人民卫生出版社

宋今丹. 2003. 医学细胞分子生物学. 北京:人民卫生出版社

Alberts B et al. 2002. Molecular Biology of the Cell. 4th ed. Garland Science

Karp G. 2002. Cell and Molecular Biology:Concepts and Experiments. 3rd ed. Wiley & Sons

3.3 核糖体与蛋白质的生物合成

"中心法则"关于遗传信息的标准流程大致可以这样描述:"DNA 制造 RNA,RNA 制造蛋白质,蛋白质反过来协助前两项流程,并协助 DNA 自我复制"。RNA 制造蛋白质的过程就是翻译,即蛋白质分子生物合成的过程,在此过程中,基因先被从 DNA 转录为对应的 RNA 模板,即信使 RNA(mRNA)。接下来在核糖体和转移 RNA(tRNA)以及一些酶的作用下,由该 RNA 模板转译成为氨基酸组成的链(多肽),然后经过转译后修饰形成蛋白质(图 3.3.1)。

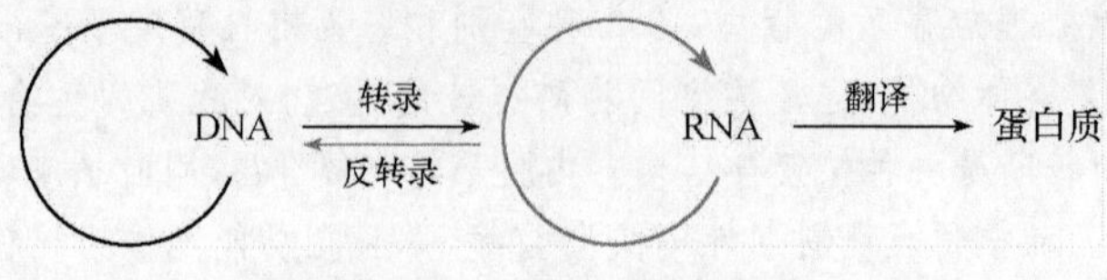

图 3.3.1　中心法则图示

3.3.1　蛋白质生物合成体系

蛋白质生物合成过程中需要多种生物分子参加,其中包括核糖体、mRNA、tRNA、氨基酸及多种蛋白质因子。自然界由 mRNA 编码的氨基酸共有 20 种,只有这些氨基酸能够作为蛋白质生物合成的直接原料。某些蛋白质分子还含有羟脯氨酸、羟赖氨酸、γ-羧基谷氨酸等,这些特殊氨基酸是在肽链合成后的加工修饰过程中形成的。

3.3.1.1　遗传密码与翻译模板 mRNA

自从发现了 DNA 的结构,科学家便开始致力研究有关制造蛋白质的秘密。伽莫夫指出需要以三个核酸一组才能为 20 个氨基酸编码。1961 年,美国国立卫生研究院的 Matthaei 与马歇尔·沃伦·尼伦伯格在无细胞系统(cell-free system)环境下,把一条只由尿嘧啶(U)组成的 RNA 转释成一条只有苯丙氨酸(Phe)的多肽,由此破解了首个密码子(UUU→Phe)。随后哈尔·葛宾·科拉纳破解了其他密码子,接着罗伯特·W·霍利发现了负责转录过程的 tRNA。1968 年,科拉纳、霍利和尼伦伯格分享了诺贝尔生理学或医学奖。

遗传密码是一组规则,将 DNA 或 RNA 序列以三个核苷酸为一组的密码子转译为蛋白质的氨基酸序列,以用于蛋白质合成。几乎所有的生物都使用同样的遗传密码,称为标准遗传密码;即使是非细胞结构的病毒,它们也是使用标准遗传密码。但是也有少数生物使用一些稍微不同的遗传密码。

因为密码子由三个核苷酸组成,所以一共有 $4^3=64$ 种密码子。例如,RNA 序列 UAGCAAUCC 包含了三个密码子:UAG、CAA 和 UCC。这段 RNA 编码了代表了长度为 3 个氨基酸的一段蛋白质序列。密码子不仅保存了物种的遗传信息,同时也通过碱基突变实现着物种的系统进化。而每一代通过信息的转录,又指导着蛋白质的合成,成为生命得以延续的基础。

遗传密码具有以下几种特点。

1) 起始码与终止码

蛋白质的翻译从初始化密码子(起始密码子,initiation codon)开始,但亦需要适当的初始化序列和起始因子才能使 mRNA 和核糖体结合。最常见的起始密码子为 AUG(同时编码了甲硫氨酸),但在个别情况其他一些密码子也具有起始的功能。

在经典遗传学中,终止密码子(termination codon)各有名称:UAG 为琥珀(amber),UGA 为蛋白石(opal),UAA 为赭石(ochre)。这些名称来源于最初发现的这些终止密码子的基因的名称。终止密码子使核糖体和释放因子结合,使多肽从核糖体分离而结束转译的程序。

2) 简并性

一种氨基酸有几组密码子,或者几组密码子代表一种氨基酸的现象称为密码子的简并性。简并的密码子通常只有第三位碱基不同。例如,GAA 和 GAG 都编码谷氨酰胺。如果不管密码子的第三位为哪种核苷酸,都编码同一种氨基酸,则称之为四重简并;如果第三位有 4 种可能的核苷酸之中的两种,而且编码同一种氨基酸,则称之为二重简并,一般第三位上两种等价的核苷酸同为嘌呤(A/G)或者嘧啶(C/T)。只有两种氨基酸仅由一个密码子编码,一个是甲硫氨酸,由 AUG 编码,同时也是起始密码子;另一个是色氨酸,由 UGG 编码。

遗传密码的这些性质可使基因更加耐受点突变。例如,四重简并密码子可以容忍密码子第三位的任何变异;二重简并密码子使 1/3 可能的第三位的变异不影响蛋白质序列。由于转换变异(嘌呤变为嘌呤或者嘧啶变为嘧啶)比颠换变异(嘌呤变为嘧啶或者嘧啶变为嘌呤)的可能性更大,因此二重简并密码子也具有很强的对抗突变的能力。不影响氨基酸序列的突变称为沉默突变。

简并性的出现是由于 tRNA 反密码子的第一位碱基可以和 mRNA 构成摆动碱基对,常见的情况为反密码子上的次黄嘌呤(I),以及和密码子形成非标准的 U-G 配对。

另一种有助对抗点突变的情况,是 NUN(N 代表任何核苷酸)倾向于代表疏水性氨基酸,故此即使出现突变,仍有较大机会维持蛋白质的亲水度,减低致命破坏的可能。

3) 密码无标点符号

两个密码子之间没有任何核苷酸隔开,因此从起始码 AUG 开始,三个碱基代有一个氨基酸,这就构成了一个连续不断的读框,直至终止码。如果在读框中间插入或缺失一个碱基就会造成移码突变,引起突变位点下游氨基排列的错误。

4) 密码的通用性

大量的事实证明生命世界从低等到高等,都使用一套密码,也就是说遗传密码在很长的进化时期中保持不变。因此这张密码表是生物界通用的。但是,真核生物线粒体的密码子有许多不同于通用密码。例如,人线粒体中,UGA 不是终止码,而是色氨酸的密码子,AGA、AGG 不是精氨酸的密码子,而是终止密码子,加上通用密码中的 UAA 和 UAG,线粒体中共有 4 组终止码。内部甲硫氨酸密码子有两个,即 AUG 和 AUA;而起始甲硫氨酸密码子有 4 组,即 AUN。

mRNA 为 messenger RNA 的简称,或称为信使 RNA。mRNA 是由 DNA 经由转录而来,带着相应的遗传信息,为下一步转译成蛋白质提供所需的信息。在细胞中,mRNA 从合成到被降解,经过了数个步骤。在转录的过程中,二型 RNA 聚合酶(RNA polymerase II)从 DNA 中复制出一段遗传信息到 mRNA 前体 pre-mRNA(尚未经过修饰或是部分经过修饰的 mRNA,称为 pre-messenger RNA,pre-mRNA,或 heterogeneous nuclear RNA,hnRNA)上。在原核生物中,除了 5′加帽之外 mRNA 并未被进一步处理,经常是边转录边转译。在真核生物中,转录跟转译发生在细胞的不同位置,转录发生在储存 DNA 的细胞核中,而转译是发生在细胞质中。在真核生物中,mRNA 在准备好转译前需要经过多个处理步骤:

首先 pre-mRNA 需要加上一个 5′端帽(capping)——经过甲基化(methylation)修饰的鸟嘌呤被加到 mRNA 的 5′端。这个 5′端帽对于 mRNA 运输到细胞质并与之后接到适当的核糖体,以及 mRNA 本身的稳定是相当重要的。mRNA 如果缺乏 5′端帽,则很容易就被降解掉。而 mRNA 由 5′到 3′的降解也是由移除 5′端帽开始。

mRNA 剪接(mRNA splicing),即 mRNA 前体去除掉内含子而保留外显子的修饰过程。通常 mRNA 前体能经由数种不同的剪接方式,产生不同组态/形式的 mRNA,使一段基因在不同的组织或发育过程中能经过转录—剪接—转译后产生不同形式的蛋白质,进而拥有不同的作用,或是产生出稳定性差的 mRNA 达到调控基因表达的目的。这种剪接形态称为选择性剪接。

除了 mRNA 之外,有些 RNA 分子也有能力催化自身的修剪。例如,核酸酶会做自我切除,而第 I 型或第 II 型外显子在特殊环境下可以不借由蛋白质酵素的作用而进行剪接,称为自剪接作用。

多聚腺苷酸化(polyadenylation),由多聚腺苷酸聚合酶[poly(A)+polymerase]在 mRNA 前体的 3′端上加上了一段数个腺嘌呤序列(通常是数百个),这项修饰并不会出现在原核生物中。这段多聚腺苷酸尾链在转录的时候,会因为 mRNA 上一段特殊的信息,AAUAAA,而在 mRNA 后方特定位置上加上多聚腺苷酸尾链。多聚腺苷酸尾链会被多聚腺苷酸结合蛋白[poly(A)+tail-binding protein,PABP]辨识并保护住。

多聚腺苷酸化能增加转录的半衰期,使得 mRNA 在细胞中的存在时间能延长得久一些,因此能再转译出更多的蛋白质。

成熟的真核 mRNA 的结构。一个完整的 mRNA 包括有 5′端帽、5′非转译区、编码区、3′非转译区和 poly(A)尾链(图 3.3.2)。

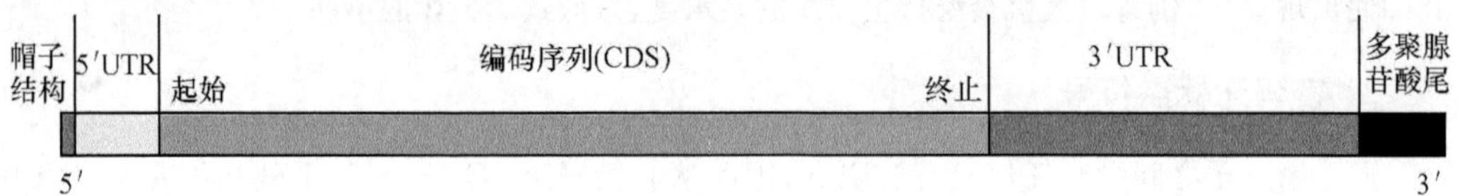

图 3.3.2　编码蛋白质的 mRNA 典型结构

(Originally from en. wikipedia)

在 RNA 起始密码子(start codon)之前,与终止密码子(stop codon)之后,各有一段非编码区,各被称为 5′UTR 与 3′UTR,(5′与 3′非编码区,因为 DNA 与 RNA 分子都是由 5′端到 3′端,也就是说这些区域是在 RNA 分子的两端)是属于不转译出蛋白质的序列。然而,这些区域的重要性在于它们的序列有可能借由这些区域与不同的 RNA 结合蛋白(RNA-binding protein)结合,进而改变在细胞中的位置、决定 mRNA 的稳定性/半衰期,以及对细胞受到刺激时的反应而生的转译调控。这些都是与细胞调控本身的活性有关。在 UTR 上的某些蛋白质复合物不仅能影响 RNA 的稳定度,也能促进转译效率或是抑制转译,这多是依据位在 UTR 上的序列而定。

一些包含在 UTR 的功能性序列,常能形成一些有特性的二级结构,这些造成二级结构也牵扯到调节 mRNA 本身。某些序列,像是 SECIS,是蛋白质结合区[来源请求]。其中一类的 mRNA 元素,riboswitches,能直接结合上小分子,改变了 mRNA 自身的折叠结构,也影响了转录或是转译作用。另外,有些 mRNA 的 3′UTR 含有 AU-rich elemnet(ARE),能影响到 mRNA 的半衰期。换句话说,mRNA 分子可以进行自我调控。

3.3.1.2　转运 RNA

转运 RNA(tRNA)为 transfer RNA 的简称,又称转运 RNA、转移 RNA,是小 RNA 分子,能够在转译时,携带特定的氨基酸到正在加上氨基酸的多肽链(polypeptide chain)的 ribosomal site 上。tRNA 能认得特定的密码子,有个能使氨基酸接附在其上的位置。借由反密码子使得每个 tRNA 能辨识的密码子均不同(反密码子包含一段与 mRNA 上一段互补的序列)。每个 tRNA 分子理论上只能与一种氨基酸接附,但是遗传密码有简并性(degenerate),使得有多于一个以上的 tRNA 可以跟一种氨基酸接附。

tRNA 为 74～95 个碱基的小片段 RNA 链,会折叠成苜蓿叶状的二级结构。tRNA 有一级结构(5′到 3′的核苷酸方向)、二级结构(通常显示为三叶草结构)和四级结构(所有的 tRNA 具有类似 L-形的三维结构,允许它们与核糖体的 P、A 位点结合)。

tRNA分子中还有一个反密码环，此环上的三个反密码子的作用是与mRNA分子中的密码子靠碱基配对原则而形成氢键，达到相互识别的目的。但在密码子与反密码子结合时具有一定摆动性，即密码子的第3位碱基与反密码子的第1位碱基酸对时并不严格。配对摆动性完全是由tRNA反密码子的空间结构所决定的。反密码的第1位碱基常出现次黄嘌呤I(图3.3.3)，与A、C、U之间皆可形成氢键而结合，这是最常见的摆动现象。这种摆动现象使得一个tRNA所携带的氨基酸可排列在2～3个不同的密码子上，因此当密码子的第3位碱基发生一定程度的突变时，并不影响tRNA带入正确的氨基酸。

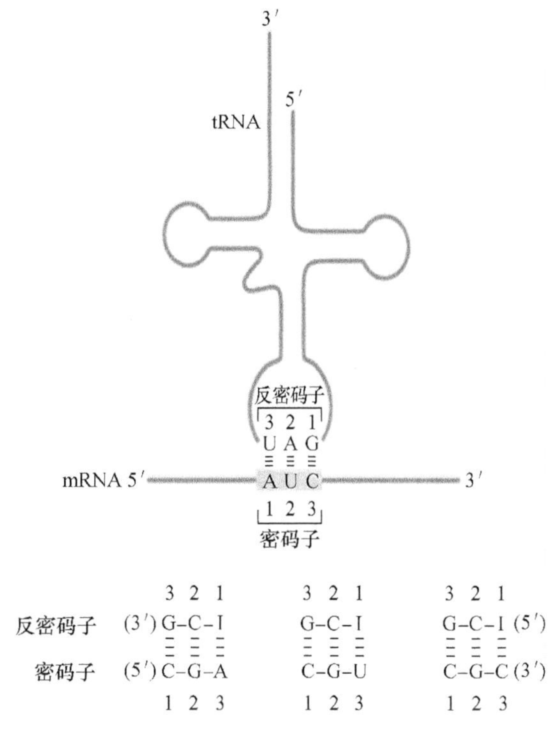

	3 2 1	3 2 1	3 2 1
反密码子	(3′) G–C–I	G–C–I	G–C–I (5′)
密码子	(5′) C–G–A	C–G–U	C–G–C (3′)
	1 2 3	1 2 3	1 2 3

图3.3.3 tRNA反密码环识别密码子

在蛋白质生物合成过程中，特异识别mRNA上起始密码子的tRNA被称为起始tRNA，它们参加多肽链合成的起始，其他在多肽链延伸中运载氨基酸的tRNA，统称为延伸tRNA。

3.3.1.3 核蛋白体

核蛋白体是由rRNA和几十种蛋白质组成的亚细胞颗粒，由大、小两个亚基组成。主要由蛋白质(40%)和RNA(60%)构成。核糖体按沉降系数分为两类，一类(70S)存在于线粒体、叶绿体以及细菌中，另一类(80S)存在于真核细胞的细胞质中。核糖体是高度复杂的体系，它的任何个别组分或局部组分都不能起整体的作用，因此必须研究核糖体中蛋白质和RNA的空间结构和位置，才能更完全地了解蛋白质合成的具体过程。过去一直认为rRNA主要起着结构上的作用，蛋白质发挥催化功能，但现在认为rRNA与蛋白质共同的构成的核糖体功能区是核蛋白体表现功能的重要部位，如GTP酶功能区，转肽酶功能区以及mRNA功能区等。核蛋白体作为蛋白质的合成场所具有以下结构特点和作用：

(1) 具有mRNA结合位点。位于30S小亚基头部，此处有几种蛋白质构成一个以上的结构域，负责与 mRNA 的结合，特别是 16S rRNA 3′端与 mRNA AUG 之前的一段序列互补是这种结合必不可少的。

(2) 具有 P 位点(peptidyl tRNA site)，又称为肽酰基-tRNA 位或 P 位。它大部分位于小亚基，小部分位于大亚基，它是结合起始 tRNA 并向 A 位给出氨基酸的位置。

(3) 具有 A 位点(aminoacyl-tRNA site)，又称为氨基酰-tRNA 位或受位。它大部分位于大亚基而小部分位于小亚基，它是结合一个新进入的氨基酰-tRNA 的位置。

(4) 具有转肽酶活性部位。转肽酶活性部位位于 P 位和 A 位的连接处，催化肽键的形成。

(5) 结合参与蛋白质合成的因子。例如，起始因子(initiation factor，IF)、延长因子(elengation factor，EF)和终止因子或释放因子(release factor，RF)。

3.3.2　蛋白质生物合成过程

蛋白质生物合成可分为 5 个阶段，氨基酸的活化、多肽链合成的起始、肽链的延长、肽链的终止和释放、蛋白质合成后的加工修饰。

3.3.2.1　氨基酸的活化

在进行合成多肽链之前，必须先经过活化，然后再与其特异的 tRNA 结合，带到 mRNA 相应的位置上，这个过程靠氨基酰-tRNA 合成酶催化，对于一种氨基酸而言，尽管可能有多种 tRNA 和多种反密码子，但是通常只有一种氨酰-tRNA 合成酶。在氨基酰-tRNA 合成酶催化下，利用 ATP 供能，在氨基酸羧基上进行活化，形成氨基酰-AMP，再与氨基酰-tRNA 合成酶结合形成三联复合物，此复合物再与特异的 tRNA 作用，将氨基酰转移到 tRNA 的氨基酸臂(3′端 CCA-OH)上(图 3.3.4)。

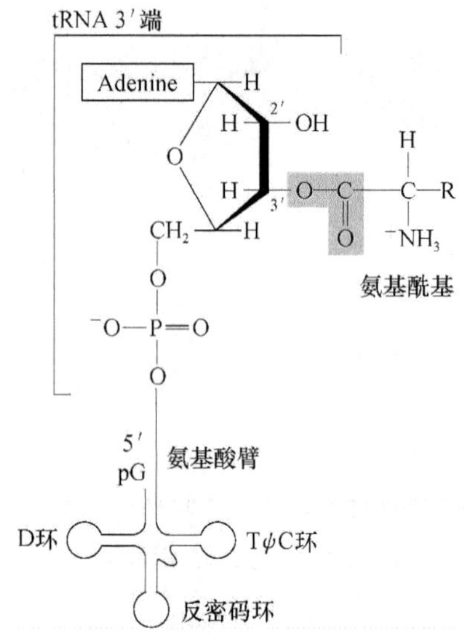

图 3.3.4　氨基酸的活化

原核细胞中起始氨基酸活化后，还要甲酰化，形成甲酰甲硫氨酸 tRNA，由 N10 甲酰四氢叶酸提供甲酰基。而真核细胞没有此过程。

氨基酰-tRNA 合成酶是如何选择正确的氨基酸和 tRNA 呢？按照一般原理，酶和底物的正确结合是由二者相嵌的几何形状所决定的，只有适合的氨基酸和适合的 tRNA 进入合成酶的相应位点，才能合成正确的氨酰基-tRNA。现在已经知道合成酶与 L 形 tRNA 的内侧面结合，结合点包括接近臂，DHU 臂和反密码子臂。

反应：氨基酸＋ATP ⟶ 氨基酰-AMP＋PPi

氨基酰-AMP＋tRNA ⟶ 氨基酰-tRNA＋AMP

3.3.2.2　多肽链合成的起始

核蛋白体大小亚基、mRNA、起始 tRNA 和起始因子共同参与肽链合成的起始。

下面以大肠杆菌细胞翻译起始复合物形成的过程为例说明如下。

(1) 核糖体 30S 小亚基附着于 mRNA 起始信号部位：原核生物中每一个 mRNA 都具有其核

糖体结合位点，它是位于 AUG 上游 8～13 个核苷酸处的一个短片段称为 SD 序列(图 3.3.5)。这段序列正好与 30S 小亚基中的 16S rRNA 3′端一部分序列互补，因此 SD 序列也称为核糖体结合序列，这种互补就意味着核糖体能选择 mRNA 上 AUG 的正确位置来起始肽链的合成，该结合反应由起始因子 3(IF-3)介导，另外 IF-1 促进 IF-3 与小亚基的结合，故先形成 IF3-30S 亚基-mRNA 三元复合物(图 3.3.6)。

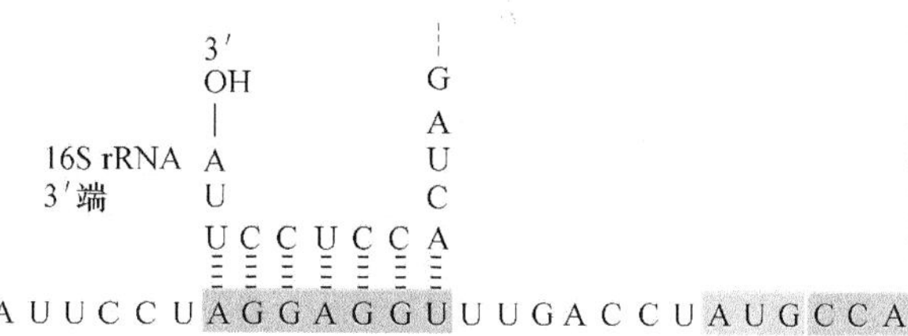

图 3.3.5 原核生物 mRNA SD 序列

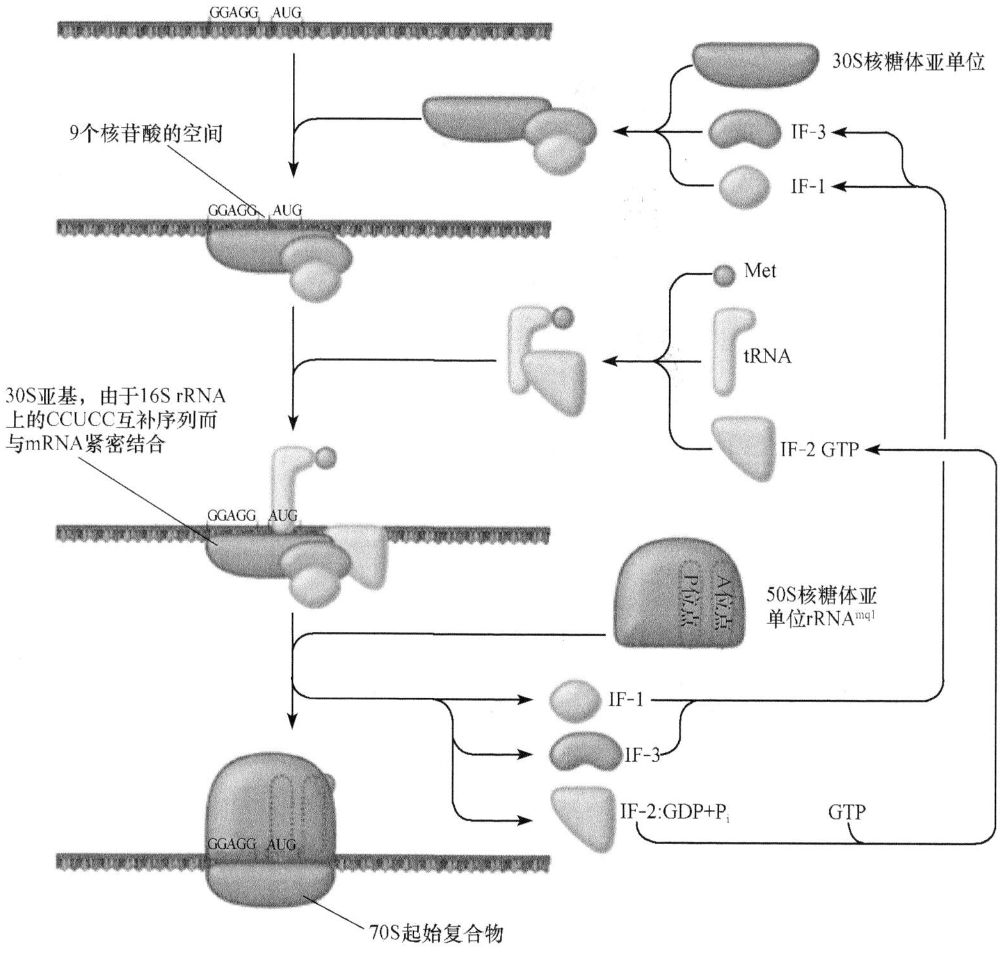

图 3.3.6 IF3-30S 亚基-mRNA 三元复合物的形成

[Richard Wheeler(Zephyris), 2005]

(2) 30S前起始复合物的形成：在起始因子2作用下，甲硫氨酸起始tRNA与mRNA分子中的AUG相结合，即密码子与反密码子配对，同时IF3从三元复合物中脱落，形成30S前起始复合物，即IF2-3S亚基-mRNA-fMet-$tRNA_f^{Met}$复合物，此步需要GTP和Mg^{2+}参与。

(3) 70S起始复合物的形成：50S亚基上述的30S前起始复合物结合，同时IF2脱落，形成70S起始复合物，即30S亚基-mRNA-50S亚基-mRNA-fMet-$tRNA_f^{Met}$复合物。此时fMet-$tRNA_f^{Met}$占据着50S亚基的肽酰位。而A位则空着有待于对应mRNA中第二个密码的相应氨基酰-tRNA进入，从而进入延长阶段。

3.3.2.3　真核细胞蛋白质合成的起始

真核细胞蛋白质合成起始复合物的形成中需要更多的起始因子参与，因此起始过程也更复杂。

(1) 需要特异的起始tRNA，即-$tRNA_i^{Met}$，并且不需要N端甲酰化。已发现的真核起始因子(eukaryote initiation factor，eIF)有近10种。

(2) 起始复合物形成在mRNA 5′端AUG上游的帽子结构(除某些病毒mRNA外)。

(3) ATP水解为ADP供给mRNA结合所需要的能量。真核细胞起始复合物的形成过程是：翻译起始也是由eIF-3结合在40S小亚基上而促进80S核糖体解离出60S大亚基开始，同时eIF-2在辅eIF-2作用下，与Met-$tRNA_i^{Met}$及GTP结合，再通过eIF-3及eIF-4C的作用，先结合到40S小亚基，然后再与mRNA结合。mRNA结合到40S小亚基时，除了eIF-3参加外，还需要eIF-1、eIF-4E及eIF-4G并由ATP水解为ADP及P_i来供能，通过帽结合因子与mRNA的帽结合而转移到小亚基上。但是在mRNA5′端并未发现能与小亚基18S RNA配对的S-D序列。目前认为通过帽结合后，mRNA在小亚基上向下游移动而进行扫描，可使mRNA上的起始密码AUG在Met-$tRNA_i^{Met}$的反密码位置固定下来，进行翻译起始(图3.3.7)。

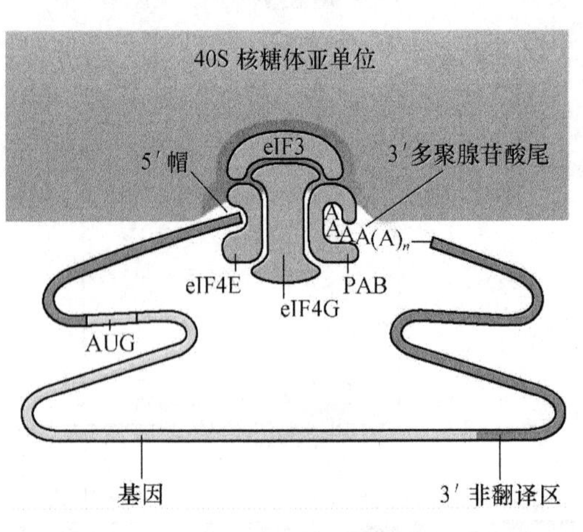

图3.3.7　真核细胞起始复合物形成过程

通过eIF-5的作用，可使结合Met-$tRNA_i^{Met}$ · GTP、mRNA及40S小亚基与60S大亚基结合，形成80S复合物。eIF-5具有GTP酶活性，催化GTP水解为GDP及P_i，并有利于其他起始因子从40S小亚基表面脱落，从而有利于40S与60S两个亚基结合起来，最后经eIF-4D激活而成为具有活性的80S Met-$tRNA_i^{Met}$ · mRNA起始复合物。

真核细胞翻译起始复合物的生成见图3.3.8。

3.3.2.4　多肽链的延长

在多肽链上每增加一个氨基酸都需要经过进位、转肽和移位三个步骤。

1) 进位

为密码子所特定的氨基酸tRNA结合到核蛋白体的A位，称为进位。氨基酰-tRNA在进位前需要有三种延长因子的作用，即热不稳定的EF(unstable temperature EF，EF-Tu)，热稳定的

EF(stable temperature EF, EF-Ts)以及依赖 GTP 的转位因子。EF-Tu 首先与 GTP 结合,然后再与氨基酰-tRNA 结合成三元复合物,这样的三元复合物才能进入 A 位。此时 GTP 水解成 GDP,EF-Tu 和 GDP 与结合在 A 位上的氨基酰-tRNA 分离(图 3.3.9)。

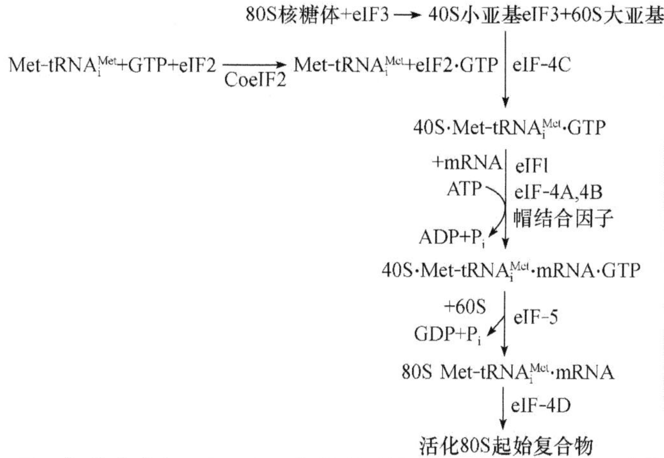

图 3.3.8 真核细胞翻译起始复合物的生成过程

[引自 Richard Wheeler (Zephyris) 2005]

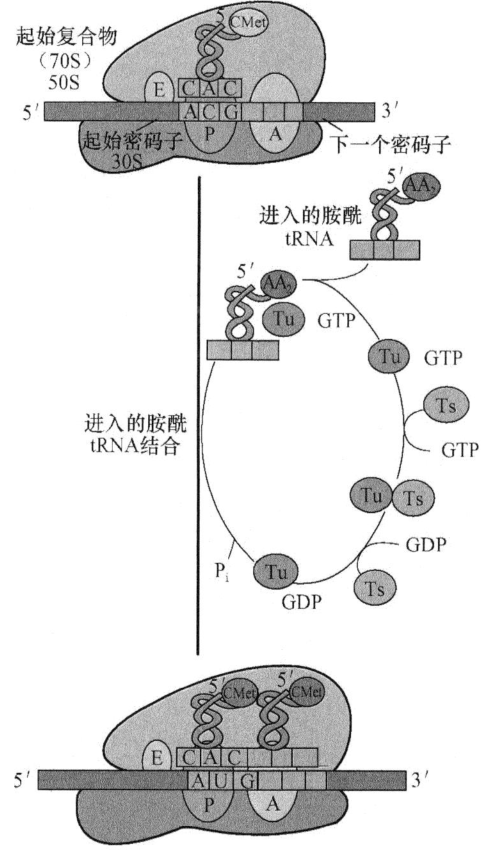

图 3.3.9 进位示意图

2）转肽——肽键的形成(peptide bond formation)

在70S起始复合物形成过程中，核糖核蛋白体的P位上已结合了起始型甲酰甲硫氨酸tRNA，当进位后，P位和A位上各结合了一个氨基酰-tRNA，两个氨基酸之间在核糖体转肽酶作用下，P位上的氨基酸提供α-COOH基，与A位上的氨基酸的α-NH_2形成肽键，从而使P位上的氨基酸连接到A位氨基酸的氨基上，这就是转肽。转肽后，在A位上形成了一个二肽酰-tRNA(图3.3.10)。

3）移位(translocation)

转肽作用发生后，氨基酸都位于A位，P位上无负荷氨基酸的tRNA就此脱落，核蛋白体沿着mRNA向3′端方向移动一组密码子，使得原来结合二肽酰-tRNA的A位转变成了P位，而A位空出，可以接受下一个新的氨基酰-tRNA进入，移位过程需要EF-2，GTP和Mg^{2+}的参加(图3.3.11)。

3.3.2.5　翻译的终止及多肽链的释放

无论原核生物还是真核生物都有三种终止密码子UAG、UAA和UGA。没有一个tRNA能够与终止密码子作用，而是靠特殊的蛋白质因子促成终止作用。这类蛋白质因子叫做释放因子，原核生物有三种释放因子：RF1、RF2和RF3。RF1识别UAA和UAG，RF2识别UAA和UGA。RF3的作用还不明确。真核生物中只有一种释放因子eRF，它可以识别三种终止密码子(图3.3.12)。

不管原核生物还是真核生物，释放因子都作用于A位点，使转肽酶活性变为水介酶活性，将肽链从结合在核糖体上的tRNA的CCA末端上水解下来，然后mRNA与核糖体分离，最后一个tRNA脱落，核糖体在IF-3作用下，解离出大、小亚基。解离后的大、小亚基又重新参加新的肽链的合成，循环往复，所以多肽链在核糖体上的合成过程又称核糖体循环(ribosome cycle)。

3.3.2.6　多核糖体循环

上述只是单个核糖体的翻译过程，事实上在细胞内一条mRNA链上结合着多个核糖体，甚至可多到几百个。蛋白质开始合成时，第一个核糖体在mRNA的起始部位结合，引入第一个甲硫氨酸，然后核糖体向mRNA的3′端移动一定距离后，第二个核糖体又在mRNA的起始部位结合，现向前移动一定的距离后，在起始部位又结合第三个核糖体，依次下去，直至终止。两个核糖体之间有一定的长度间隔，每个核糖体都独立完成一条多肽链的合成，所以这种多核糖体可以在一条mRNA链上同时合成多条相同的多肽链，这就大大提高了翻译的效率(图3.3.13)。

多聚核糖体的核糖体个数，与模板mRNA的长度有关。例如，血红蛋白的多肽链mNRA编码区有450个核苷酸组成，长约150nm。上面串联有5～6个核糖核蛋白体形成多核糖体。而肌凝蛋白的重链mRNA由5400个核苷酸组成，它由60多个核糖体构成多核糖体完成多肽链的合成。

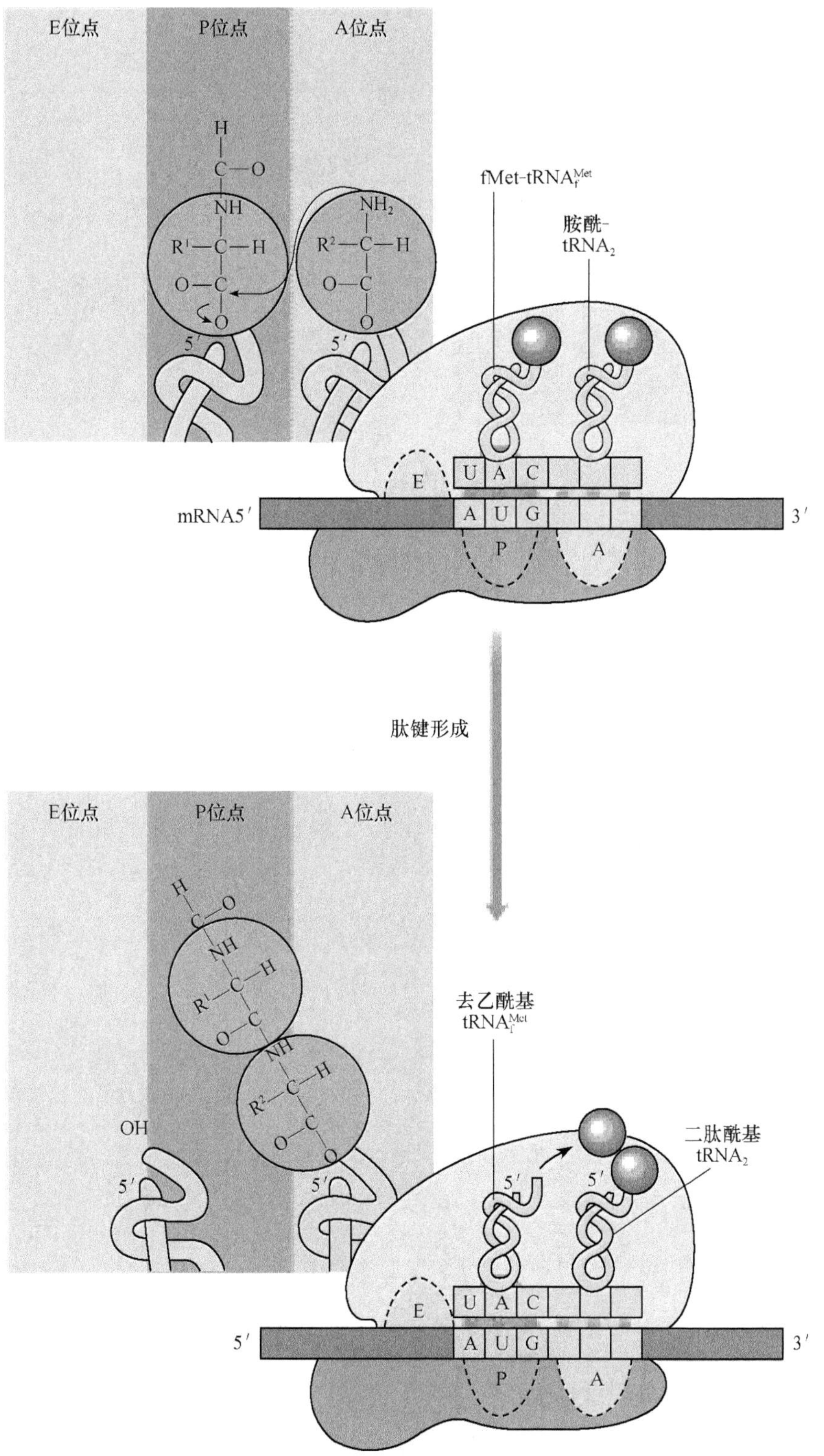

图 3.3.10 转肽——肽键形成示意图

E位点
P位点
A位点
去乙酰基
tRNA$_f^{Met}$
二肽酰基
tRNA$_2$
5′
3′
转位
EF-G — GTP
EF-G ＋GDP＋P$_i$
胺酰-tRNA$_3$
核糖体运动方向

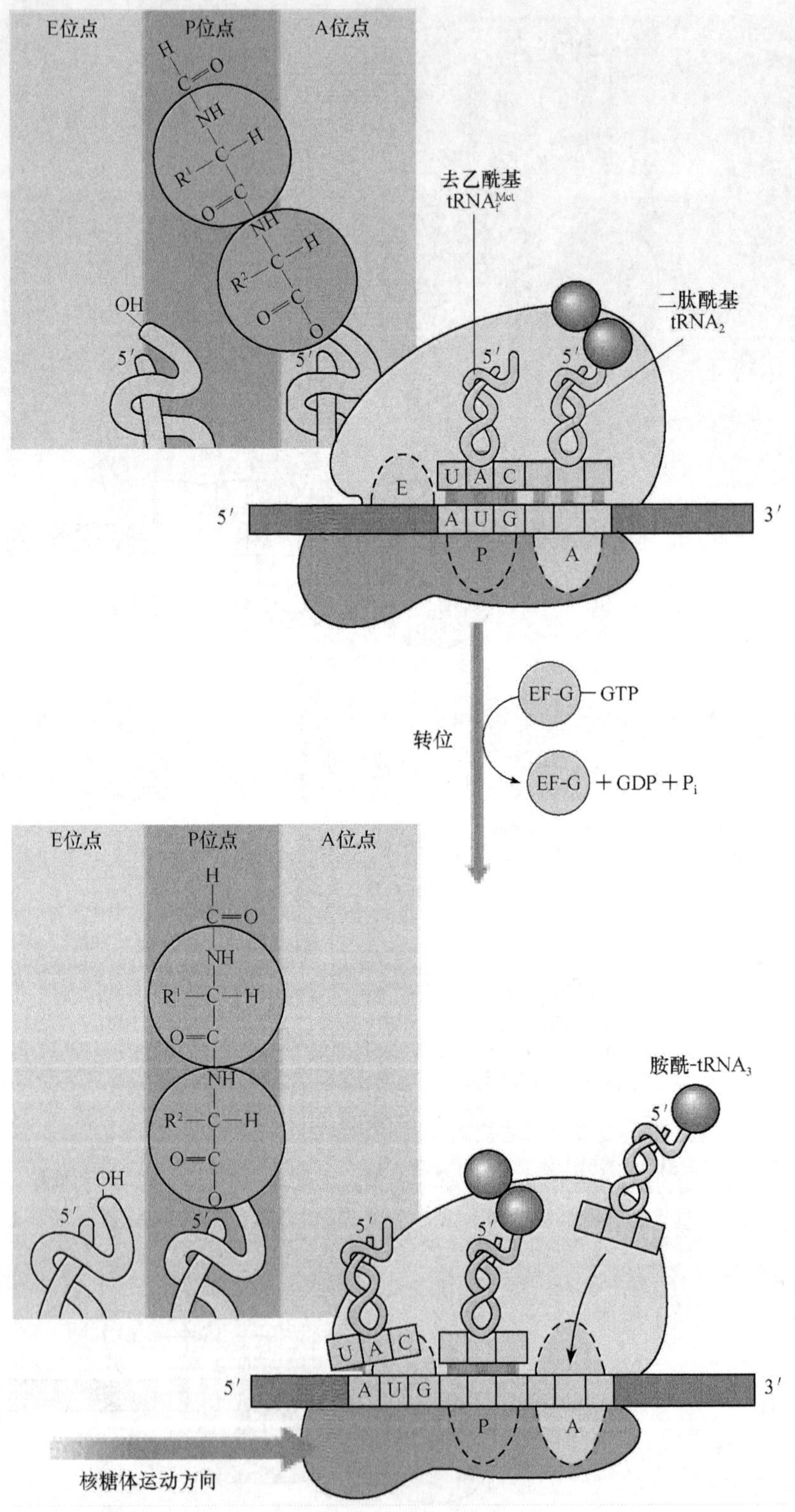

图 3.3.11　移位示意图

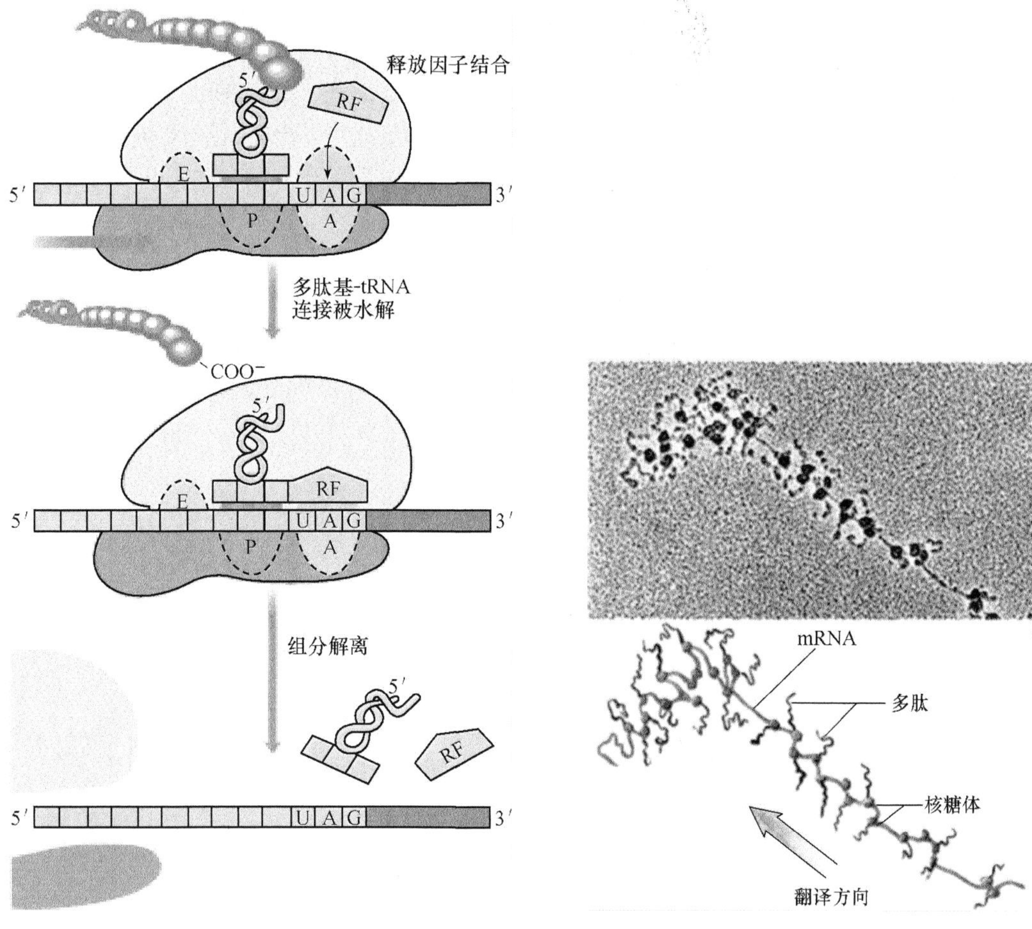

图 3.3.12 翻译的终止及多肽链的释放

图 3.3.13 多核糖体循环

3.3.3 蛋白质合成后的分泌及加工修饰

不论是原核还是真核生物，在细胞浆内合成的蛋白质需定位于细胞特定的区域，有些蛋白质合成后要分泌到细胞外，这些蛋白质叫做分泌蛋白。在细菌细胞内起作用的蛋白质一般靠扩散作用而分布到它们的目的地。例如，内膜含有参与能量代谢和营养物质转运的蛋白质；外膜含有促进离子和营养物质进入细胞的蛋白质；在内膜与外膜之间的间隙称为周质，其中含有各种水解酶以及营养物质结合蛋白。

真核生物细胞结构更为复杂，而且有多种不同的细胞器，它们又具有各不相同的膜结构，因此合成好的蛋白质还要面临跨越不同的膜而到达细胞器，有些蛋白质在翻译完成后还要经过多种共价修饰，这个过程称为翻译后处理。

3.3.3.1 真核生物蛋白质的分泌

真核生物不但有细胞核、细胞质和细胞膜，而且还有许多膜性结构的细胞器，在细胞质内合成的蛋白质怎样的到达细胞的不同部位呢？了解比较清楚的是分泌性蛋白质的转运。像原核细胞一样，真核细胞合成的蛋白质 N 端也有信号肽，也能形成两个 α 螺旋的发夹结构，这个结构可插入到内质网的膜中，将正在合成中的多肽链带和内质网内腔。20 世纪 80 年代中期在胞质中发现一种由小分子 RNA 和蛋白质共同组成的复合物,它能特异地与信号肽识别而命名为信号肽识别颗粒。它的作用是识别信号肽与核糖体结合并暂时阻断多肽链的合成。内质网外膜上的 SRP 受体,当 ARP 与受体结合后,信号肽就可插入内质网进入内腔,被内质网内膜壁上的信号肽酶水解除去 SRP 与受体结合后,信号肽就可插入内质网进入内腔,被内质网内腔壁上的信号肽酶水解除去,SRP 与受体解离并进入新的循环,而信号肽后序肽段也进入内质网内腔,并开始继续合成多肽链(图 3.3.14)。

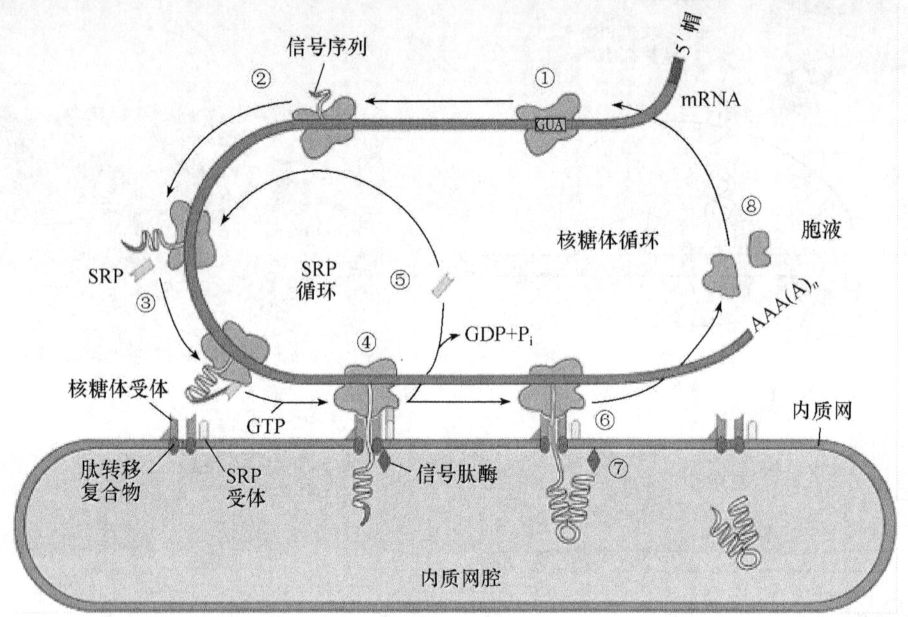

图 3.3.14　信号肽引导新生肽链进入内质网腔

SRP 对翻译阶段作用的重要生理意义在于:分泌性蛋白及早进入细胞的膜性细胞,能够正确的折叠、进行必要的后期加工与修饰并顺利分泌出细胞。

现以哺乳动物的胰岛素为例说明这种分泌过程。胰岛素由 51 个氨基酸残基组成,但胰岛素 mRNA 的翻译产和在兔网织红细胞无细胞翻译体系中为 86 个氨基酸残基,称为胰岛素原,在麦胚无细胞翻译系统中为 110 个氨基酸残基组成的前胰岛素原,后来证明,在前胰岛素原的 N 端有一段富含疏水氨基酸的肽段作为信号肽,使前胰岛素原能穿越内质网膜进入内质网内腔,在内腔壁上信号肽被水解。所以在哺乳动物细胞内,当多肽链合成完成时,前胰岛素原已成为胰岛素原。然后胰岛素原被运到高尔基复合体,切去 C 肽成为成熟的胰岛素,最终排出胞外。像真核细胞的前清蛋白,免疫球白轻链,催乳素等都有相似的分泌方式。

3.3.3.2　蛋白质翻译后加工修饰

从核糖体上释放出来的多肽链,按照一级结构中氨基酸侧链的性质,自主卷曲,形成一定的空间结构,过去一直认为,蛋白质空间结构的形成靠是其一级结构决定的,不需要另外的信息。近些年来发现许多细胞内蛋白质正确装配都需要一类称作“分子伴侣”的蛋白质帮助才能完成,这一概念的提出并未否定“氨基酸顺序决定蛋白质空间结构”这一原则。而是对这一理论的补充,分子伴侣这一类蛋白质能介导其他蛋白质正确装配成有功能活性的空间结构,而它本身并不参与最终装配产物的组成。目前认为“分子伴侣”蛋白质有两类，第一类是一些酶，如蛋白质二硫键异构酶可以识别和水解非正确配对的二硫键，使它们在正确的半胱氨酸残基位置上重新形成二硫键；第二类是一些蛋白质分子，它们可以和部分折叠或没有折叠的蛋白质分子结合，稳定它们的构象，免遭其他酶的水解或都促进蛋白质折叠成正确的空间结构。总之“分子伴侣”蛋白质合成后折叠成正确空间结构中起重要作用，对于大多数蛋白质来说多肽链翻译后还要进行下列不同方式的加工修饰才具有生理功能。

1）氨基端和羧基端的修饰

在原核生物中几乎所有蛋白质都是从 *N*-甲酰甲硫氨酸开始，真核生物从甲硫氨酸开始。甲酰基经酶水解而除去，甲硫氨酸或者氨基端的一些氨基酸残基常由氨肽酶催化而水解除去。包括除去信号肽序列。因此，成熟的蛋白质分子 N 端没有甲酰基，或没有甲硫氨酸。同时，某些蛋白质分子氨基端要进行乙酰化在羧基端也要进行修饰。

2）共价修饰

许多的蛋白质可以进行不同的类型化学基团的共价修饰，修饰后可以表现为激活状态，也可以表现为失活状态。

(1) 磷酸化。磷酸化多发生在多肽链丝氨酸，苏氨酸的羟基上，偶尔也发生在酪氨酸残基上(磷酸化分子式，图 3.3.15)，这种磷酸化的过程受细胞内一种蛋白激酶催化，磷酸化后的蛋白质可以增加或降低它们的活性。例如，促进糖原分解的磷酸化酶，无活性的磷酸化酶 b 经磷酸化以后，便为有活性的磷酸化酶 a。而有活性的糖原合成酶 I 经磷酸化以后变成无活性的糖原合成酶 D，共同调节糖原的合成与分解。

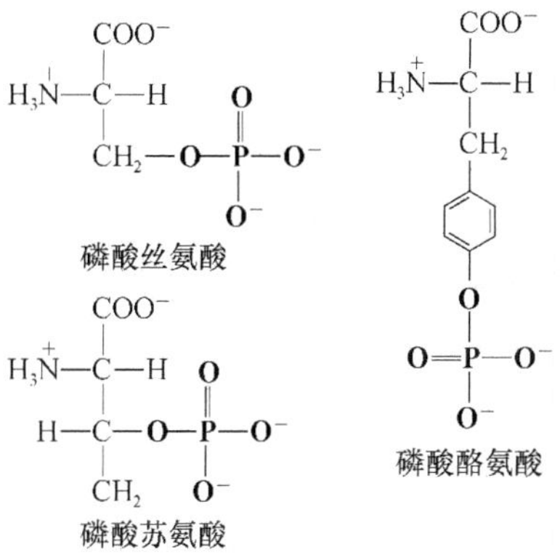

图 3.3.15 氨基酸磷酸化位点

(2) 糖基化。质膜蛋白质和许多分泌性蛋白质都具有糖链，这些寡糖链结合在丝氨酸或苏氨酸的羟基上，如红细胞膜上的 ABO 血型决定簇，也可以与天冬酰胺连接。这些寡糖链是在内质网或高尔基氏体中加入的(图 3.3.16)。

(3) 羟基化。胶原蛋白前 α 链上的脯氨酸和赖氨酸残基在内质网中受羟化酶、分子氧和维生素 C 作用产生羟脯氨酸和羟赖氨酸，如果此过程受障碍胶原纤维不能进行交联，极大地降低了它的张力强度。

(4) 二硫键的形成。mRNA 上没有胱氨酸的密码子，多肽链中的二硫键，是在肽链合成后，通过两个半胱氨酸的硫基氧化而形成的，二硫键的形成对于许多酶和蛋白质的活性是必需的。

3）亚基的聚合

有许多蛋白质是由两个以上亚基构成的，这就需这些多肽链通过非共价键聚合成多聚体才能表现生物活性。例如，成人血红蛋白由 2 条 α 链、2 条 β 链及 4 分子血红素所组成，大致过程如下：α 链在多聚核糖体合成后自行释下，并与尚未从多聚核糖体上释下的 β 链相连，然后一并从多聚核糖体上脱下来，变成 αβ 二聚体。此二聚体再与线粒体内生成的两个血红素结合，最后形成一个由 4 条肽链和 4 个血红素构成的有功能的血红蛋白分子。

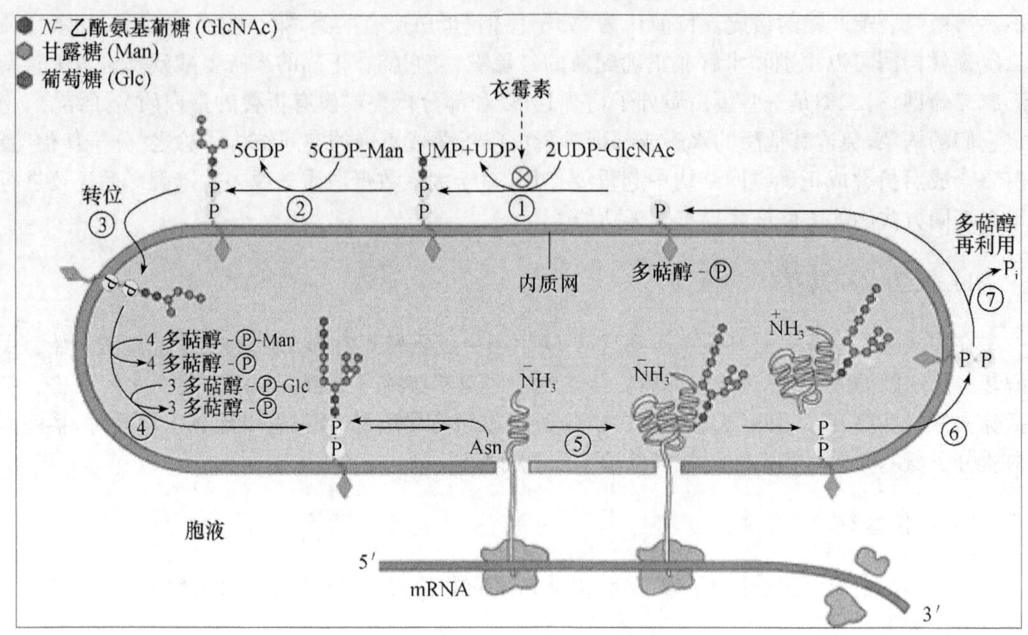

图 3.3.16　新生肽链糖基化

4）水解断链

一般真核细胞中一个基因对应一个 mRNA，一个 mRNA 对应一条多肽链，但也有少数的情况，即一种翻译后的多肽链经水解后产生几种不同的蛋白质或多肽。例如，哺乳动物的鸦片样促黑皮激素原初翻译产物为 265 个氨基酸，它在脑下垂体前叶细胞中，POMC 初切割成为 N 端片段和 C 端片段的 β-促脂解激素。然后 N 端片段又被切割成较小的 N 端片段和 39 肽的促肾上腺皮质激素。而在脑下垂体中叶细胞中，β-促脂解激素再次被切割产生 β-内啡肽；ACTH 也被切割产生 13 肽的促黑激素（α-melanotropin）。

小结

蛋白质分子是由一个个氨基酸通过肽键连接起来的，在细胞内这种连接必须依靠核蛋白体循环来完成。mRNA 携带合成蛋白质分子中氨基酸排列顺序遗传的信息。这是由每 3 个碱基组成一个密码来体现的，遗传密码共有 64 个密码子。UAA、UAG、UGA 代表终止信号，AUG 不仅代表起始信号，还代表甲硫氨酸。tRNA 携带特异的氨基酸，同时它的反密码子可识别 mRNA 上的密码子，核糖体上受位和给位结合的氨基酸在转肽酶的作用下形成肽键。

合成蛋白质分子的每个氨基酸首先要在特异的氨基酰-tRNA 合成的酶的作用下，与特异的 tRNA 结合，形成氨基酰-tRNA，这就是氨基酸的活化。核蛋白循环过程中的启动阶段，首先要形成由起始因子，GTP、mRNA 和大、小亚基构成的 70S 起始复合物，肽链延长时，每进入一个氨基酸，就按进位、转肽、脱落、移位重复这 4 个步骤。终止时，在终止因子参与下，转肽酶将合成的肽链水解离开核糖体，核蛋白体也从 mRNA 脱落，重新进入又一个循环，蛋白质合成时，在一条 mRNA 链上，同时结合着多个核糖体，同时合成相同的多条肽链。

蛋白质合成也有许多加工修饰过程，剪切一部分肽段，加入糖、脂，进行磷酸化、羟化等。多聚体构成的蛋白质还要经过聚合过程。

蛋白质合成的阻断剂很多，作用部位也各不相同，利用这些理论，对于研制各种抗生素有重要意义。

思考题

1. 什么是遗传密码？其具有什么特点？
2. 遗传密码是如何被逐步破译的？
3. RNA 主要分为哪三类？其各自的特点是什么？
4. 核蛋白体具有什么特点？
5. 比较原核生物与真核生物蛋白质的合成过程。

参考文献

查锡良. 2002. 医学分子生物学. 北京：人民卫生出版社
陈誉华. 2009. 医学细胞生物学. 北京：人民卫生出版社
周爱儒. 2004. 生物化学. 北京：人民卫生出版社
D. M. ,M. D. Vasudevan, Sreekumari, M. D. S. , Kannan, M. D. Vaidyanathan, Textbook of Biochemistry for Medical Students, 2010|ISBN-10：9350250160|ISBN-13：978-9350250167|Edition：6, Jaypee brothers medical publishers(P) Ltd. New Delhi
Harvey, Richard A. Lippincott's Illustrated Reviews：Biochemistry. 2010. 5th edition. ISBN：1609139984 9781609139988. Philadelphia. Lippincott Williams and Wilkins

3.4　细胞物质的代谢

所谓代谢(metabolism)，是指生物体内所发生的用于维持生命的一系列化学反应的总称。这些反应进程使得生物体能够生长和繁殖、保持它们的结构以及对外界环境做出反应。体内的代谢途径主要分为两类：一类是由大分子(多糖、蛋白、脂类等)不断降解为小分子(如 CO_2、NH_3、H_2O)的过程称之为分解代谢(catabolism)；另一类是由小分子(如氨基酸等)生成大分子(如蛋白质)的过程称之为合成代谢(anabolism)。代谢可以被认为是生物体不断进行物质和能量交换的过程，一旦物质和能量的交换停止，生物体的结构和系统就会解体。

糖、蛋白质、脂类、核酸是细胞构成和产生生理功能的基本物质。细胞的代谢主要指这四种物质的代谢。细胞获得这 4 种物质的方式是对食物的消化和吸收。食物中主要含有蛋白质、脂肪、碳水化合物(多糖)和核酸，这些大分子多聚体不能很快被细胞所吸收，需要先被分解为小分子单体然后才能被用于细胞代谢。在多种消化性酶的作用下，蛋白质降解为多肽片断或氨基酸，多糖分解为单糖，脂肪分解为甘油和脂肪酸，核酸分解为碱基、戊糖和磷酸，这些小分子被吸收入细胞中进行进一步代谢(图 3.4.1)。

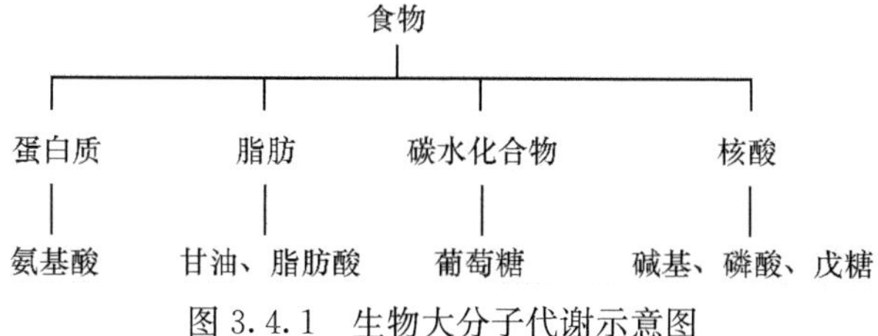

图 3.4.1　生物大分子代谢示意图

3.4.1　糖代谢

糖是动物机体中主要的能源和碳源，机体70%的能源供应来自于糖，在缺氧条件下，糖可以通过糖酵解不完全分解，生成少量能量；在有氧条件下，糖可以通过三羧酸循环完全分解成CO_2和H_2O，释放大量的能量。

3.4.1.1　糖的分解代谢

1）糖酵解

糖酵解(glycolysis)是唯一一条现代生物都具有的代谢途径，最早可能出现在35亿年前第一个原核生物中。

糖酵解是在无氧或缺氧的条件下，葡萄糖或糖原分解成乳酸并且有能量(ATP)释放的过程。糖酵解在细胞的细胞质中进行。葡萄糖首先分解为丙酮酸(pyruvate)，有氧条件下丙酮酸可进一步氧化分解生成乙酰CoA进入三羧酸循环，生成CO_2和H_2O，而在缺氧条件下丙酮酸被还原为乳酸(lactate)。

总反应式为：$C_6H_{12}O_6+2ADP+2P_i \longrightarrow 2CH_3CHOHCOOH+2ATP+2H_2O$

糖酵解的基本过程如图3.4.2所示。在该过程中，一分子葡萄糖会经过十步酶促反应转变成两分子丙酮酸，同时生成2分子ATP，在缺氧条件下，丙酮酸可以经过乳酸脱氢酶变成乳酸而排出细胞外。

糖酵解是生物界普遍存在的供能途径，是机体在无氧或供氧不充分的情况下通过分解葡萄糖或糖原获得部分能量的重要方式。在一般生理情况下，大多数组织有足够的氧以供有氧氧化之需，很少进行糖酵解，但少数组织，如视网膜、睾丸、肾髓质和红细胞等组织细胞，即使在有氧条件下，仍需从糖酵解获得能量。其中成熟的红细胞完全依靠葡萄糖的酵解以获得能量。在某些情况下，糖酵解有特殊的生理意义。例如，剧烈运动时，能量需求增加，糖分解加速，此时即使呼吸和循环加快以增加氧的供应量，仍不能满足体内糖完全氧化所需要的能量，这时肌肉处于相对缺氧状态，必须通过糖酵解过程，以补充所需的能量。在剧烈运动后，可见血中乳酸浓度成倍地升高，这是糖酵解加强的结果。又如人们从平原地区进入高原的初期，由于缺氧，组织细胞也往往通过增强糖酵解获得能量。在某些病理情况下，严重贫血、大量失血、呼吸障碍、肺及心血管疾患所致缺氧、肿瘤组织等，细胞也需通过糖酵解来获取能量。如果糖酵解过度，可因乳酸产生过多，而导致酸中毒。

2）有氧氧化

有氧氧化(aerobic oxidation)是指在有氧条件下，葡萄糖彻底氧化生成CO_2和H_2O，并伴有能量释放的过程。

总反应式为：$C_6H_{12}O_6+6O_2 \longrightarrow 6CO_2+6H_2O+$能量

有氧氧化的过程分为三个阶段。

A. 葡萄糖⟶2丙酮酸

这一步骤与无氧酵解相同，在细胞胞液中进行。

B. 丙酮酸的氧化

这一过程在线粒体内完成。丙酮酸的分子质量只有90Da而线粒体外膜对于1000Da以下的分子是通透的，所以胞液中的丙酮酸首先通过自由扩散进入线粒体内外膜间隙中，接着，在氢

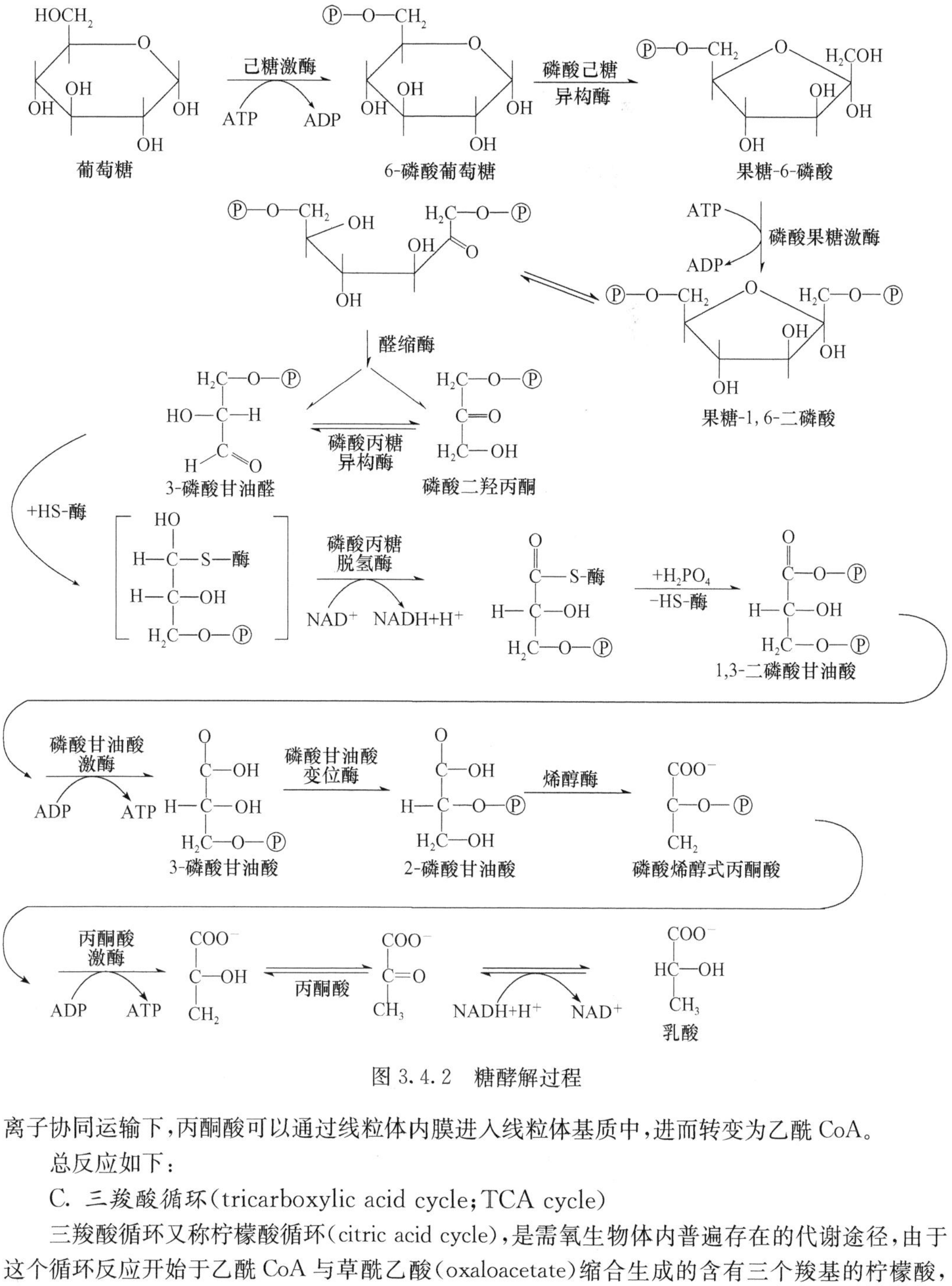

图 3.4.2 糖酵解过程

离子协同运输下，丙酮酸可以通过线粒体内膜进入线粒体基质中，进而转变为乙酰 CoA。

总反应如下：

C. 三羧酸循环(tricarboxylic acid cycle；TCA cycle)

三羧酸循环又称柠檬酸循环(citric acid cycle)，是需氧生物体内普遍存在的代谢途径，由于这个循环反应开始于乙酰 CoA 与草酰乙酸(oxaloacetate)缩合生成的含有三个羧基的柠檬酸，因此称之为三羧酸循环或柠檬酸循环(citric acid cycle)。这一学说是由 Krebs 正式提出，故又称为 Krebs 循环(Krebs cycle)。乙酰 CoA 相当于活化了的乙酸。乙酰基团(CH_3CO-基团)与 CoA 的半胱氨酸残基的 SH-基团相连形成高能的硫酯键，乙酰 CoA 与草酰乙酸缩合为柠檬酸。此反应为三羧酸循环的关键反应之一，是由柠檬酸合成酶催化的不可逆反应，所需能量来自乙酰 CoA 的高能硫酯键水解供应。三羧酸循环的具体过程见图 3.4.3。其总反应如下：

$$CH_3COCoA + 3NAD^+ + FAD + GDP + P_i + 3H_2O \longrightarrow CoA\text{-}SH + 3NADH + 3H^+ + FADH_2 + GTP + 2CO_2$$

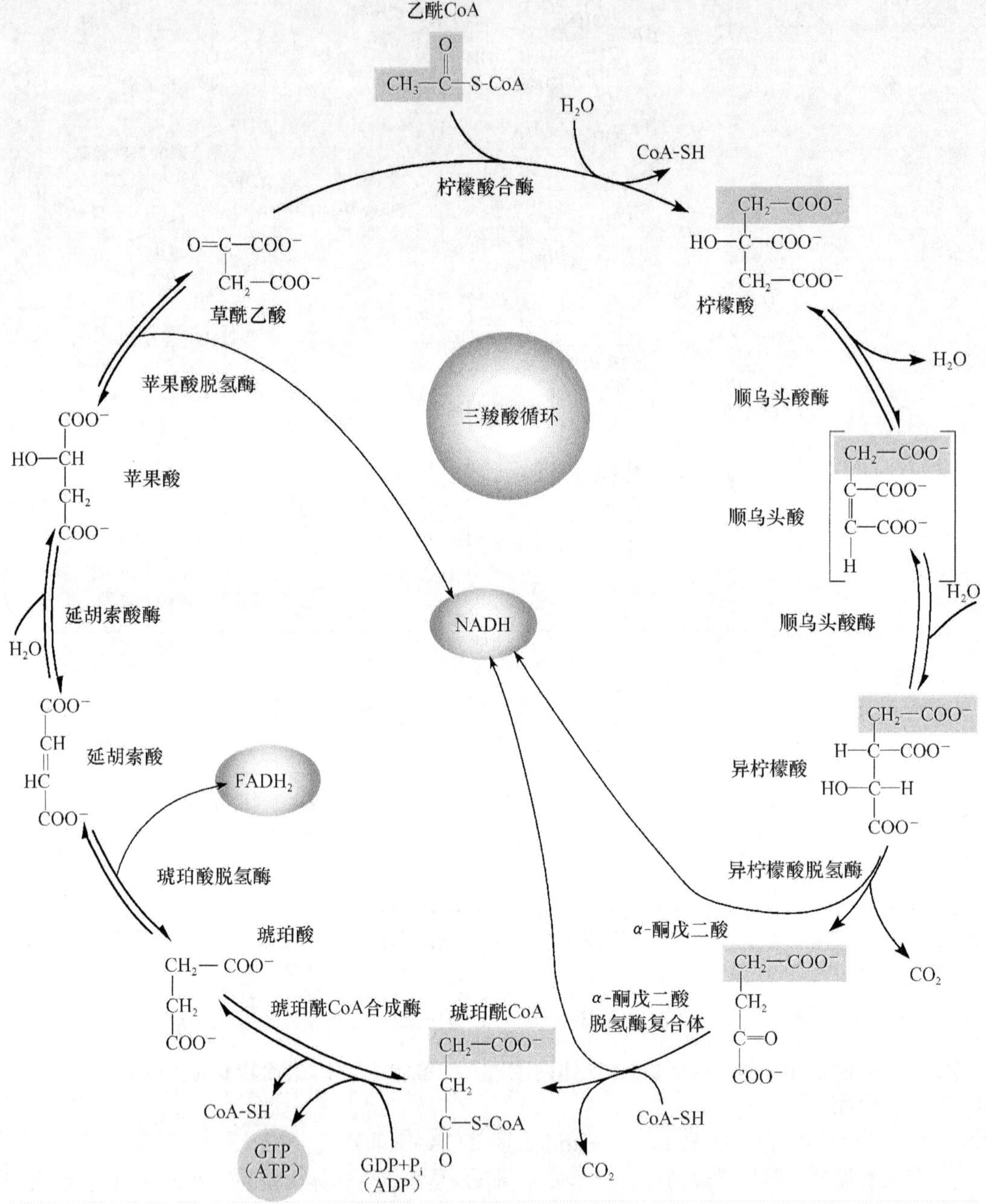

图 3.4.3 三羧酸循环示意图

每循环一周，1 分子的乙酰 CoA 被氧化，三羧酸循环直接消耗的底物是乙酰基。循环中有两次脱羧和四次脱氢反应，乙酰 CoA 中乙酰基含有 2 个碳原子，乙酰 CoA 进入循环后，与四碳受体分子草酰乙酸缩合，生成六碳的柠檬酸，在三羧酸循环中有二次脱羧生成 2 分子 CO_2，与进入循环的二碳乙酰基的碳原子数相等，但是，以 CO_2 方式失去的碳并非来自乙酰基的两个碳原子，而是来自草酰乙酸。在三羧酸循环中只生成少量的 GTP（和 ATP 一样，是细胞的能量货币），大量的能量储存在 4 次脱氢反应的氢载体（$NADH+H^+$ 和 $FADH_2$）中，有三次由 NAD^+ 接受共生成 3 分子 $NADH+H^+$，有一次由 FAD 接受生成 1 分子 $FADH_2$。每个 $NADH+H^+$ 能够经氧化磷酸化产生 3 个 ATP 共 9 个 ATP，每个 $FADH_2$ 经氧化磷酸化产生 2 个 ATP 共 2 个 ATP，循环一周以此种方式可生成 11 分子 ATP；加上一次底物磷酸化生成的 GTP，三羧酸循环一周共可生成 12 分子 ATP，这样，1 个葡萄糖分子彻底分解成 CO_2 和 H_2O 能生成 38 分子 ATP。

糖的有氧氧化是动物获得能量的主要方式，是三大营养素（糖类、脂类、氨基酸）的最终代谢通路，又是糖类、脂类、氨基酸代谢联系的枢纽。糖的有氧氧化途径为嘌呤、嘧啶、尿素的合成提供碳源，也是大自然碳循环的重要组成部分。

3）磷酸戊糖途径

磷酸戊糖途径（pentose phosphate pathway）也称为磷酸戊糖旁路（pentose phosphate pathway，PPP），又称己糖单磷酸旁路（hexose monophosphate shut，HMS）。反应场所在细胞胞液中，是一种葡萄糖代谢途径。此途径由 6-磷酸葡萄糖开始生成具有重要生理功能的 NADPH 和 5-磷酸核糖。5-磷酸核糖经转换后可以参与糖酵解或者是核酸的生物合成。与其他两条糖分解途径不同，磷酸戊糖途径不是糖的供能途径。其主要发生在肝脏、脂肪组织、哺乳期的乳腺、肾上腺皮质、性腺、骨髓和红细胞等中。

磷酸戊糖旁路可分为氧化与非氧化两个阶段（图 3.4.4）。

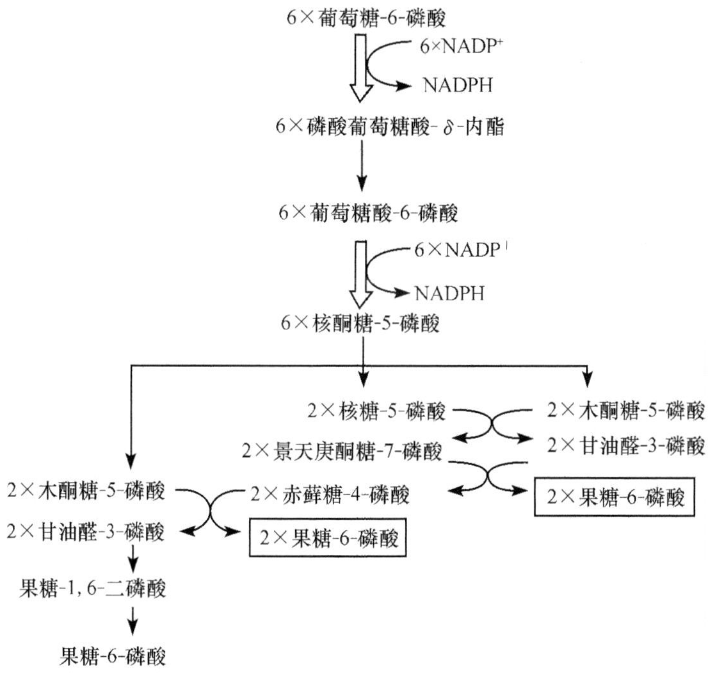

图 3.4.4 磷酸戊糖途径

A. 氧化阶段

在氧化阶段，6-磷酸葡萄糖在 6-磷酸葡萄糖脱氢酶和 6-磷酸葡萄糖酸脱氢酶等催化下经氧化脱羧生成 $NADPH+H^+$、CO_2 和 5-磷酸核酮糖。

B. 非氧化阶段

在非氧化阶段,5-磷酸核酮糖在转酮基酶(TPP 为辅酶)和转硫基酶催化下使部分碳链进行相互转换,经三碳、四碳、七碳和磷酸酯等,最终生成 6-磷酸果糖,它们可转变为 6-磷酸葡萄糖继续进行磷酸戊糖途径,也可以进入糖有氧氧化或糖酵解途径。

5-磷酸核糖是合成核苷酸辅酶及核酸的主要原料。磷酸戊糖途径是葡萄糖在体内生成 5-磷酸核糖的唯一途径,体内需要的 5-磷酸核糖主要由磷酸戊糖通路的氧化阶段不可逆反应过程生成,也可经非氧化阶段的可逆反应过程生成。

NADPH 与 NADH 不同,它携带的氢不是通过呼吸链氧化磷酸化生成 ATP,而是作为供氢体参与许多代谢反应,此途径中脱氢生成的 NADPH 一般不进入线粒体呼吸链氧化磷酸化生成 ATP,而是作为供氢体参与许多代谢反应。主要表现在:①作为供氢体,参与体内多种生物合成反应。脂肪酸、胆固醇和类固醇激素的生物合成,都需要大量的 NADPH,因此磷酸戊糖途径在合成脂肪及固醇类化合物的肝、肾上腺、性腺等组织中特别旺盛。②NADPH 是谷胱甘肽还原酶的辅酶,对维持还原型谷胱甘肽(GSH)的正常含量有重要作用。而 GSH 可维持巯基酶等的还原状态、保护红细胞膜免受氧化损伤。③NADPH+H^+ 参与肝脏生物转化反应,肝细胞内质网含有以 NADPH+H^+ 为供氢体的加单氧酶体系,参与激素、药物、毒物的生物转化过程。

3.4.1.2 糖的异生作用

糖异生(gluconeogenesis)又称糖质新生,指的是非糖化合物(乳酸、甘油、生糖氨基酸等)转变为葡萄糖或糖原的过程。糖异生保证了机体的血糖水平处于正常水平。糖异生的主要器官是肝。肾在正常情况下糖异生能力只有肝的 1/10,但长期饥饿时肾糖异生能力可大为增强。

糖异生的途径基本上是糖酵解或糖有氧氧化的逆过程,但是这种转变不是糖分解代谢的简单逆转,糖酵解途径中己糖激酶、磷酸果糖激酶和丙酮酸激酶三个限速酶催化的三个反应过程,都有相当大的能量变化,因为己糖激酶(包括葡萄糖激酶)和磷酸果糖激酶所催化的反应都要消耗 ATP 而释放能量,丙酮酸激酶催化的反应使磷酸烯醇式丙酮酸转移其能量及磷酸基生成 ATP,这些反应的逆过程就需要吸收相等量的能量,因而构成“能障”,异生过程必须设法“绕过”这三个反应。

1) 由丙酮酸激酶催化的逆反应是由两步反应来完成的

首先由丙酮酸羧化酶催化,将丙酮酸转变为草酰乙酸,然后再由磷酸烯醇式丙酮酸羧激酶催化,由草酰乙酸生成磷酸烯醇式丙酮酸。

$$\text{丙酮酸}\xrightarrow[\text{丙酮酸羧化}]{\text{ATP}\ \rightarrow\ \text{ADP}+P_i}\text{草酰乙酸}\xrightarrow[\text{磷酸烯醇丙酮酸羧基激酶}]{\text{ATP}\ \rightarrow\ \text{ADP}+P_i}\text{磷酸烯醇式丙酮酸}$$

2) 由己糖激酶催化的反应的逆行过程

果糖-1,6-二磷酸酶催化 1,6-二磷酸果糖生成 6-磷酸果糖。

$$1,6\text{-二磷酸果糖}+H_2O\xrightarrow{\text{果糖-1,6-二磷酸酶}}\text{果糖-6-磷酸}+P_i$$

3) 由磷酸果糖激酶催化的反应的逆行过程

葡萄糖-6-磷酸酶催化 6-磷酸葡萄糖生成葡萄糖

$$\text{葡萄糖-6-磷酸} + H_2O \xrightarrow{\text{葡萄糖-6-磷酸酶}} \text{葡萄糖} + P_i$$

除上述几步反应以外，糖异生反应就是糖酵解途径的逆反应过程。

在糖的来源不足时，如饥饿、禁食等情况下，异生作用是维持机体血糖水平的重要手段，对神经组织、大脑、胎儿尤其重要。肝脏在氧化来自肌糖原酵解生成的乳酸同时，还可将其转变为葡萄糖或肝糖原，实现对乳酸的再利用，称为 Coris 循环(图 3.4.5)。此外，进食蛋白质后，肝中糖原含量增加；禁食晚期、糖尿病或皮质醇过多时，由于组织蛋白质分解，血浆氨基酸增多，糖的异生作用增强，因而氨基酸成糖可能是氨基酸代谢的主要途径。

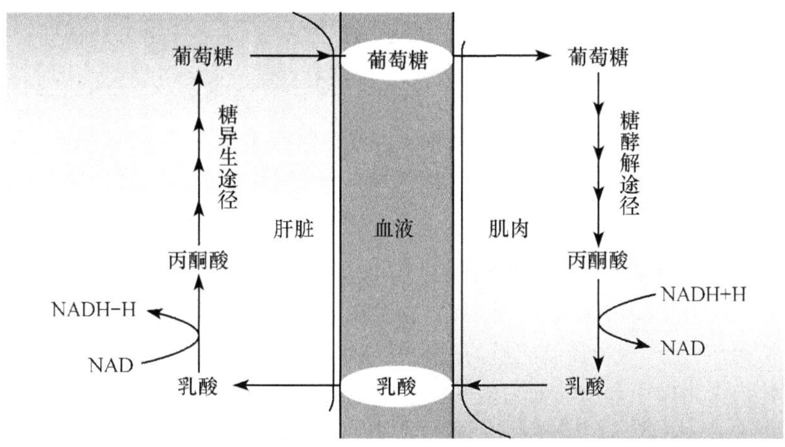

图 3.4.5　Coris 循环示意图

3.4.1.3　糖原的合成与分解

糖原(glycogen)又称作肝糖，是一类多糖，由葡萄糖失水缩合作用而成。结构与支链淀粉相似，由 α-1,4-糖苷键和支链连接处的 α-1,6-糖苷键连接而成(图 3.4.6)。与支链淀粉在结构上的主要区别在于，糖原的支链多为 8～12 个葡萄糖就有一个分支(支链淀粉一般是每隔 24～30 个葡萄糖才有一个分支)且分支有 12～18 个葡萄糖分子。主要生物学功能是作为动物和细菌的能量储存物质。人体主要储存在肝脏和肌肉中。肌糖原分解为肌肉自身收缩供给能量，肝糖原分解主要维持血糖浓度。

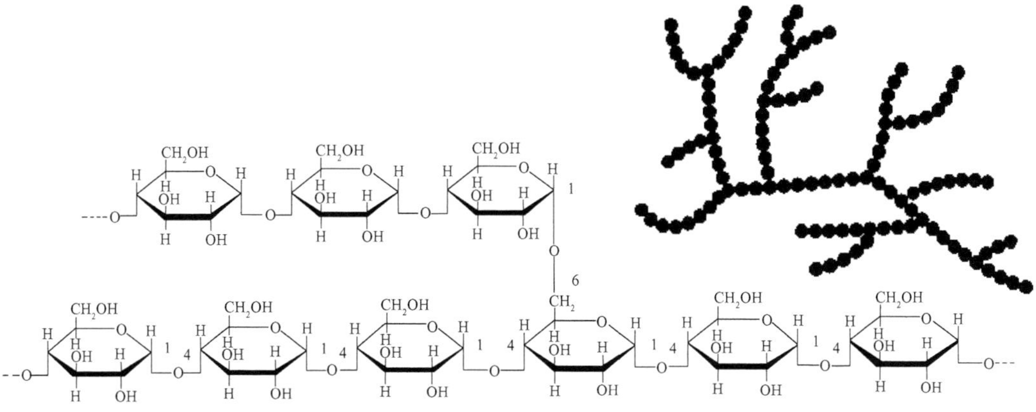

图 3.4.6　糖原的分子结构

1) 糖原的合成

过多摄入的葡萄糖可以通过合成糖原储存在肝和肌肉中。但是每个葡萄糖分子都首先要磷酸化成为葡萄糖-6-磷酸，再异构成 1-P-葡萄糖，后着再进一步活化为尿苷二磷酸葡萄糖(UDPG)。再在糖原引物的非还原端逐个加上葡萄糖基，同时释放出 UDP，糖原合成酶是这个反应的关键酶。糖原的分支由分支酶催化形成。

合成反应包括以下几个步骤。

A. 葡萄糖磷酸化生成葡萄糖-6-磷酸

$$\text{葡萄糖} + \text{ATP} \xrightarrow[\text{Mg}^{2+}]{\text{己糖激酶或葡萄糖激酶}} \text{葡萄糖-6-磷酸} + \text{ADP}$$

B. 生成葡萄糖-1-磷酸

葡萄糖-6-磷酸在磷酸葡萄糖变位酶催化下生成葡萄糖-1-磷酸，反应式如下：

$$\text{葡萄糖-6-磷酸} \xrightleftharpoons{\text{磷酸葡萄糖变位酶}} \text{葡萄糖-1-磷酸}$$

C. 生成 UDP-葡萄糖(UDPG)

葡萄糖-1-磷酸在 UDP-葡萄糖焦磷酸化酶的催化下与尿苷三磷酸(uridine triphosphate, UTP)作用，生成尿苷二磷酸葡萄糖，即 UDP-葡萄糖(UDPG)，同时释放焦磷酸(PP_i)。PP_i 迅速被水解为无机磷酸分子，这个释放能量的过程使整个反应不可逆。形成的 UDPG 可看作“活性葡萄糖”，在体内作为糖原合成的葡萄糖供体。该过程反应如下：

$$\text{葡萄糖-1-磷酸} + \text{UTP} \xrightarrow{\text{UDP-葡萄糖焦磷酸化}} \text{UDP-葡萄糖} + PP_i$$

UDP-葡萄糖作为糖原合成过程中糖基的供体，最早是由 Luis Leloir 等 1953 年发现的，1959 年他又提出糖原生成机理，因这一贡献，他获得 1970 年诺贝尔化学奖。

D. 合成糖原

在糖原合酶的催化下，UDP-葡萄糖中的葡萄糖残基被转移到细胞内原有的糖原(引物)末端 C4 的羟基上，形成 α-1,4-糖苷键，使原有的糖原增加了一个葡萄糖残基。上述反应反复进行，可使糖链不断延长。

$$\text{UDPG} + \text{糖原}(G_n) \xrightarrow{\text{糖原合成酶}} \text{UDP} + \text{糖原}(G_{n+1})$$

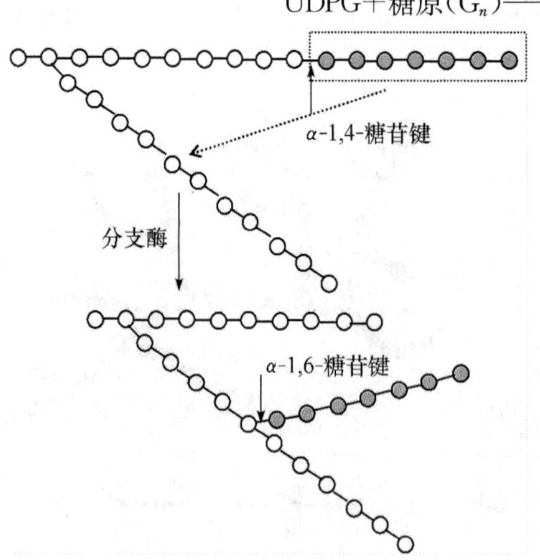

图 3.4.7　糖原支链的形成

E. 分支的形成

糖原分支的形成需要糖原分支酶催化。糖原分支酶的作用包括断开α-1,4-糖苷键和形成 α-1,6-糖苷键。其过程是：将糖原分子中处于直链状态的葡萄糖残基，在某个 α-1,4-糖苷键处切断，然后转移到同一个或其他糖原分子上形成 α-1,6-糖苷键(图 3.4.7)。

2) 糖原的分解

糖原分解(glycogenolysis)是指糖原分解为葡萄糖的过程。其过程如下。

A. 糖原磷酸解生成葡萄糖-1-磷酸

这个反应由糖原磷酸化酶(glycogen phosphorylase)催化,产物是葡萄糖-1-磷酸和少一个葡萄糖残基的糖原分子,催化位点是糖原的非还原性末端葡萄糖残基的 α-1,4-糖苷键。

$$糖原(G_n)+P_i \xrightarrow{糖原磷酸化酶} 葡萄糖\text{-}1\text{-}磷酸+糖原(G_{n-1})$$

B. 葡萄糖-6-磷酸的生成

$$葡萄糖\text{-}1\text{-}磷酸 \xrightleftharpoons{磷酸葡萄糖变位酶} 葡萄糖\text{-}6\text{-}磷酸$$

C. 葡萄糖的生成

$$葡萄糖\text{-}6\text{-}磷酸+H_2O \xrightarrow{葡萄糖\text{-}6\text{-}磷酸酶} 葡萄糖+P_i$$

葡萄糖-6-磷酸酶(glucose-6-phosphatase)仅存在于肝脏和肾脏,肌肉中没有此酶。此反应不可逆。由于磷酸化的葡萄糖不能扩散到细胞外,因此肌细胞生成的葡萄糖-6-磷酸主要在肌肉中分解能量;而肝细胞可利用此酶生成葡萄糖以维持血糖的相对稳定。

上述 3 步反应循环进行,可使糖链不断缩短。但是糖原磷酸化酶只作用于糖原上的 α-1,4-糖苷键,并且催化至距 α-1,6-糖苷键 4 个葡萄糖残基时就不再起作用,残留的高度分支的糖原分子称为极限糊精。

D. 脱支酶的催化作用

脱支酶是一种双功能酶:一种是糖基转移酶活性;另一种是葡萄糖 α-1,6-糖苷键水解酶活性。当某个分支剩下最后 4 个葡萄糖残基时,磷酸化酶的作用停止,脱支酶开始起催化作用。首先在脱支酶的糖基转移酶活性作用下,将 3 个葡萄糖残基转移到另一个分支的非还原性末端的葡萄糖残基上,或者转移到糖原的核心链上。然后,在脱支酶的葡萄糖 α-1,6-糖苷键水解酶活性催化下,水解暴露出的 α-1,6-糖苷键,将分支点消除,生成游离的葡萄糖。

3.4.1.4 糖代谢的调节

糖代谢的调节主要依靠激素、底物浓度和细胞的能量水平。当糖的摄入增加时,血糖浓度增高,胰岛素分泌增高,并通过促进糖的分解代谢,抑制糖异生、促进糖原合成而达到降低血糖的作用,在饥饿或是运动等情况下,糖分解加快,血糖浓度降低,胰高血糖素、肾上腺素和糖皮质激素等通过逆向的反应促进糖的合成,此时糖原的合成变慢,糖异生作用加强。糖代谢各个途径中关键酶的活性在相当程度上受到细胞能量水平(细胞中 ATP 和 ADP、AMP 的相对比例)的影响,这些核苷酸常是这些关键酶的变构调节剂。细胞能量水平的提高,ATP 通过抑制肌肉磷酸己糖激酶的活性降低酵解途径的活性,这种有氧氧化抑制酵解途径称为巴斯德效应;磷酸戊糖途径中的葡萄糖-6-磷酸(作为一种竞争性抑制剂)可以抑制磷酸己糖异构酶,从而抑制酵解和有氧氧化途径。

3.4.2 脂类代谢

脂类是脂肪(fat)和类脂(lipid)的总称,其不溶于水而溶于有机溶剂,在水中可相互聚集形成内部疏水的聚集体。脂肪即三酰甘油,是由 1 分子甘油与 3 个分子脂肪酸通过酯键相结合而成。脂肪最重要的生理功能是储存和供给能量。1g 脂肪在体内完全氧化时可释放出 38kJ(9.3kcal)能量,比 1g 糖原或蛋白质所放出的能量多 2 倍以上。类脂包括磷脂(phospholipid)、糖脂(glycolipid)和胆固醇及其酯(cholesterol and cholesterol ester)三大类。类脂是生物膜的主要组成成分,构成疏水性的"屏障",分隔细胞水溶性成分和细胞器,维持细胞正常结构与功能。

食物中的脂类 90%以上是三酰甘油,此外还有少量的磷脂、胆固醇等。脂类消化及吸收主要在小肠中进行，由于脂类不溶于水，必须在小肠的蠕动下，经胆汁中胆汁酸盐的作用，乳化并分散成细小的微团后，才能被消化酶消化。食物中的脂肪乳化后，被胰脂肪酶催化，水解三酰甘油的1位和3位上的脂肪酸，生成2-单酰甘油和脂肪酸。食物中的磷脂被磷脂酶A2催化，在第2位上水解生成溶血磷脂和脂肪酸。食物中的胆固醇酯被胆固醇酯酶水解，生成胆固醇及脂肪酸。脂类经上述胰液中酶类消化后，生成单酰甘油、脂肪酸、胆固醇及溶血磷脂等，这些产物极性明显增强，与胆汁乳化成混合微团(mixed micelle)。这种微团体积很小(直径20nm)，极性较强，可被肠黏膜细胞吸收。

脂类的消化产物主要在十二指肠下段和空肠上端吸收。甘油及中短链脂肪酸(≤10C)，无需混合微团协助，直接吸收入小肠黏膜细胞后，通过门静脉进入血循环。长链脂肪酸(12～26C)及其他脂类消化产物随微团吸收入小肠黏膜细胞。长链脂肪酸在脂酰CoA合成酶(fattyacyl CoA synthetase)催化下，生成脂酰CoA，脂酰CoA可在转酰基酶(acyltransferase)作用下，将单酰甘油、溶血磷脂和胆固醇合成为相应的三酰甘油、磷脂和胆固醇酯。三酰甘油、磷脂、胆固醇酯及少量胆固醇，与细胞内合成的载脂蛋白(apolipoprotein)构成乳糜微粒(chylomicron)，通过淋巴最终进入血循环，被其他细胞所利用。

3.4.2.1 三酰甘油代谢

三酰甘油是机体储存能量的形式，人体内含量最多的脂类，大部分组织均可以利用三酰甘油分解产物供给能量，同时肝脏、脂肪等组织还可以进行三酰甘油的合成，在脂肪组织中储存。

1) 三酰甘油的分解代谢

A. 脂动员

脂肪组织中的三酰甘油在一系列脂肪酶的作用下，分解生成甘油和脂肪酸，并释放入血供其他组织利用的过程，称为脂动员(图3.4.8)。

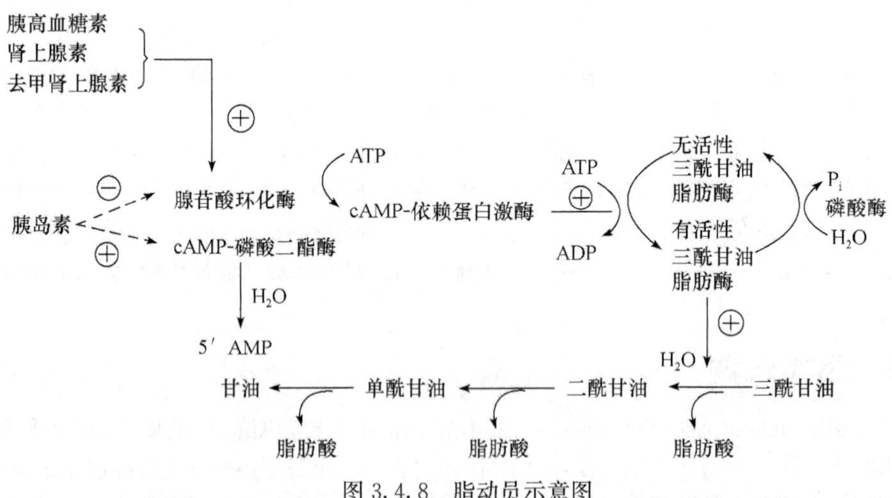

图3.4.8 脂动员示意图

在这一系列的水解过程中，催化由三酰甘油水解生成二酰甘油的三酰甘油脂肪酶是脂动员的限速酶，其活性受许多激素的调节称为激素敏感脂肪酶(hormone sensitive lipase, HSL)。胰高血糖素、肾上腺素和去甲肾上腺素与脂肪细胞膜受体作用，激活腺苷酸环化酶，使细胞内cAMP水平升高，进而激活cAMP依赖蛋白激酶，将HSL磷酸化而活化之，促进三酰甘油水解，这些可以促进脂动员的激素称为脂解激素(lipolytic hormone)。胰岛素和前列腺素等与上述激素作用相反,可抑制脂动员,称为抗脂解激素(antilipolytic hormone)。

脂动员生成的脂肪酸可释放入血,与白蛋白结合形成脂酸白蛋白运输至其他组织被利用。但是,脑及神经组织和红细胞等不能利用脂肪酸,甘油被运输到肝脏,被甘油激酶催化生成3-磷酸甘油,进入糖酵解途径分解或用于糖异生。脂肪和肌肉组织中缺乏甘油激酶而不能利用甘油。

B. 脂肪酸代谢

脂肪酸在有充足氧供给的情况下,可氧化分解为 CO_2 和 H_2O,释放大量能量,因此脂肪酸是机体主要能量来源之一。

a. 脂肪酸的 β-氧化过程

肝和肌肉是进行脂肪酸氧化最活跃的组织,其最主要的氧化形式是 β-氧化。此过程可分为活化,转移,β-氧化共三个阶段。

(1) 脂肪酸的活化。与葡萄糖一样,脂肪酸参加代谢前也先要活化。其活化形式是硫酯——脂肪酰CoA,催化脂肪酸活化的酶是脂酰CoA合成酶(acyl CoA synthetase)。

活化后生成的脂酰CoA极性增强,易溶于水;分子中有高能键、性质活泼;是酶的特异底物,与酶的亲和力大,因此更容易参加反应。

脂酰CoA合成酶又称硫激酶,分布在胞质中、线粒体膜和内质网膜上。胞质中的硫激酶催化中短链脂肪酸活化;内质网膜上的酶活化长链脂肪酸,生成脂酰CoA,然后进入内质网用于三酰甘油合成;而线粒体膜上的酶活化的长链脂酰CoA,进入线粒体进入 β-氧化。

(2) 脂酰CoA进入线粒体。催化脂肪酸 β-氧化的酶系在线粒体基质中,但长链脂酰CoA不能自由通过线粒体内膜,要进入线粒体基质就需要载体转运,这一载体就是肉毒碱(carnitine),即3-羟-4-三甲氨基丁酸。

长链脂肪酰CoA和肉毒碱反应,生成CoA和脂酰肉毒碱,脂肪酰基与肉毒碱的3-羟基通过酯键相连接。催化此反应的酶为肉毒碱脂酰转移酶(carnitine acyl transferase)。线粒体内膜的内外两侧均有此酶,系同工酶,分别称为肉毒碱脂酰转移酶Ⅰ和肉毒碱脂酰转移酶Ⅱ。酶Ⅰ使胞质的脂酰CoA转化为CoA和脂肪酰肉毒碱,后者进入线粒体内膜。位于线粒体内膜内侧的酶Ⅱ又使脂肪酰肉毒碱转化成肉毒碱和脂酰CoA,肉毒碱重新发挥其载体功能,脂酰CoA则进入线粒体基质,成为脂肪酸 β-氧化酶系的底物(图3.3.25)。

长链脂肪酰CoA和肉毒碱反应,生成CoA和脂酰肉毒碱,脂肪酰基与肉毒碱的3-羟基通过酯键相连接。催化此反应的酶为肉毒碱脂酰转移酶(carnitine acyl transferase)。线粒体内膜的内外两侧均有此酶,为同工酶,分别称为肉毒碱脂酰转移酶Ⅰ和肉毒碱脂酰转移酶Ⅱ。酶Ⅰ使胞浆的脂酰CoA转化为CoA和脂肪酰肉毒碱,后者进入线粒体内膜。位于线粒体内膜内侧的酶Ⅱ又使脂肪酰肉毒碱转化成肉毒碱和脂酰CoA,肉毒碱重新发挥其载体功能,脂酰CoA则进入线粒体基质,成为脂肪酸 β-氧化酶系的底物(图3.4.9)。

长链脂酰CoA进入线粒体的速度受到肉毒碱脂酰转移酶Ⅰ和酶Ⅱ的调节,酶Ⅰ受丙二酰CoA抑制,酶Ⅱ受胰岛素抑制。丙二酰CoA是合成脂肪酸的原料,胰岛素通过诱导乙酰CoA羧化酶的合成使丙二酰CoA浓度增加,进而抑制酶Ⅰ。可以看出胰岛素对肉毒碱脂酰转移酶Ⅰ和酶Ⅱ有间接或直接抑制作用。饥饿或禁食时胰岛素分泌减少,肉毒碱脂酰转移酶Ⅰ和酶Ⅱ活性增高,转移的长链脂肪酸进入线粒体氧化供能。

(3) β-氧化的反应过程:脂酰CoA在线粒体基质中进入 β-氧化要经过4步反应,即脱氢、加水、再脱氢和硫解,生成一分子乙酰CoA和一个少两个碳的新的脂酰CoA。

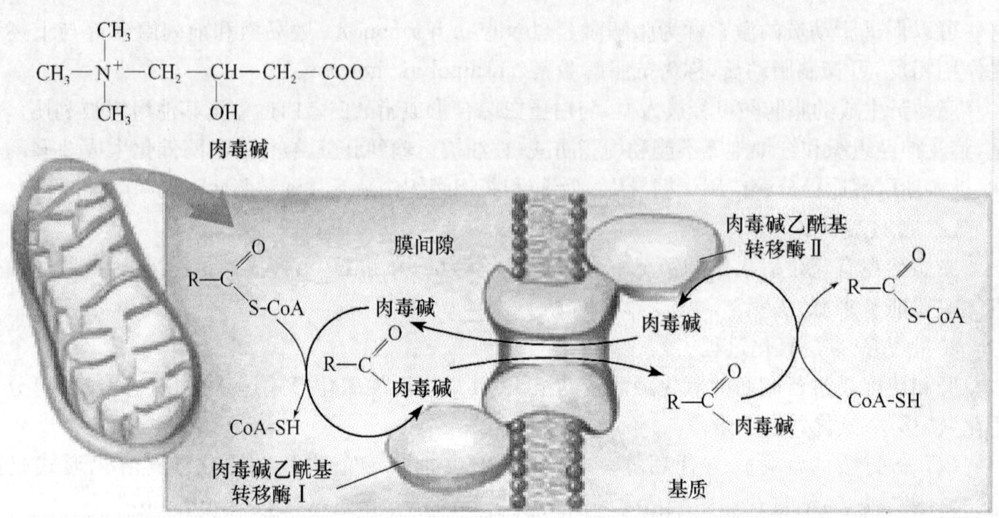

图 3.4.9　肉毒碱转运长链酯酰 CoA 进入线粒体内膜

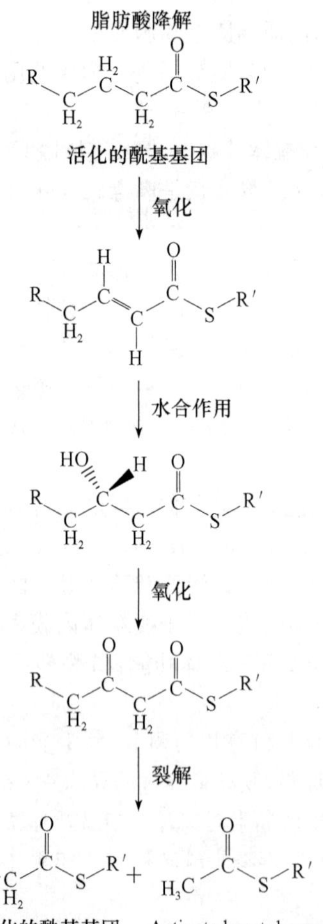

图 3.4.10　脂肪酸 β-氧化过程图解

第一步脱氢(dehydrogenation)反应由脂酰 CoA 脱氢酶活化，辅基为 FAD，脂酰 CoA 在 α 和 β 碳原子上各脱去一个氢原子生成具有反式双键的 α，β-烯脂肪酰 CoA。

第二步加水(hydration)反应由烯酰 CoA 水合酶催化，生成具有 L-构型的 β-羟脂酰 CoA。

第三步脱氢反应是在 β-羟脂肪酰 CoA 脱氢酶(辅酶为 NAD^+)催化下，β-羟脂肪酰 CoA 脱氢生成 β-酮脂酰 CoA。

第四步硫解(thiolysis)反应由 β-酮硫解酶催化，β-酮酯酰 CoA 在 α 和 β 碳原子之间断链，加上一分子 CoA 生成乙酰 CoA 和一个少两个碳原子的脂酰 CoA。

上述 4 步反应与 TCA 循环中由琥珀酸经延胡索酸、苹果酸生成草酰乙酸的过程相似，只是 β-氧化的第四步反应是硫解，而草酰乙酸的下一步反应是与乙酰 CoA 缩合生成柠檬酸。

长链脂酰 CoA 经上面一次循环，碳链减少两个碳原子，生成一分子乙酰 CoA，多次重复上面的循环，就会逐步生成乙酰 CoA。

从上述可以看出脂肪酸的 β-氧化过程具有以下特点。首先要将脂肪酸活化生成脂酰 CoA，这是一个耗能过程。中、短链脂肪酸不需载体可直拉进入线粒体，而长链脂酰 CoA 需要肉毒碱转运。β-氧化反应在线粒体内进行，因此没有线粒体的红细胞不能氧化脂肪酸供能。β-氧化过程中有 $FADH_2$ 和 $NADH+H^+$ 生成，这些氢要经呼吸链传递给氧生成水，需要氧参加，乙酰 CoA 的氧化也需要氧。因此，β-氧化是绝对需氧的过程。

脂肪酸 β-氧化的整个过程如图 3.4.10 所示。

b. 脂肪酸 β-氧化的生理意义

脂肪酸 β-氧化是体内脂肪酸分解的主要途径，脂肪酸氧化可以供应机体所需要的大量能量，以 16 个碳原子的饱和脂肪酸硬脂酸为例，其 β-氧化的总反应为

$$CH_3(CH_2)_{14}COSCoA + 7NAD^+ + 7FAD + HSCoA + 7H_2O$$
$$\longrightarrow 8CH_3COSCoA + 7FADH_2 + 7NADH + 7H^+$$

7 分子 $FADH_2$ 提供 7×2＝14 分子 ATP，7 分子 $NADH+H^+$ 提供 7×3＝21 分子 ATP，8 分子乙酰 CoA 完全氧化提供 8×12＝96 个分子 ATP，因此 1mol 软脂酸完全氧化生成 CO_2 和 H_2O，共提供 131mol ATP。软脂酸的活化过程消耗 2mol ATP，所以 1mol 软脂酸完全氧化可净生成 129mol ATP。脂肪酸氧化时释放出来的能量约有 40％为机体利用合成高能化合物，其余 60％以热的形式释出，热效率为 40％，说明机体能很有效地利用脂肪酸氧化所提供的能量。

脂肪酸 β-氧化也是脂肪酸的改造过程，机体所需要的脂肪酸链的长短不同，通过 β-氧化可将长链脂肪酸改造成长度适宜的脂肪酸，供机体代谢所需。脂肪酸 β-氧化过程中生成的乙酰 CoA 是一种十分重要的中间化合物，乙酰 CoA 除能进入三羧酸循环氧化供能外，还是许多重要化合物合成的原料，如酮体、胆固醇和类固醇化合物。

2）三酰甘油合成代谢

人体可利用甘油、糖、脂肪酸和单酰甘油为原料，经过磷脂酸途径和单酰甘油途径合成三酰甘油。

A. 单酰甘油途径

以单酰甘油为起始物，与脂酰 CoA 共同在脂酰转移酶作用下酯化生成三酰甘油。

$$\text{单酰甘油} \xrightarrow{\text{脂酰 CoA}} \text{二酰甘油} \xrightarrow{\text{脂酰 CoA}} \text{三酰甘油}$$

B. 磷脂酸途径

磷脂酸即 3 磷酸-1，2-二酰甘油，是合成含甘油酯类的共同前体。糖酵解的中间产物类磷酸二羟丙酮在甘油磷酸脱氢酶作用下，还原生成 α-磷酸甘油（或称 3-磷酸甘油）；游离的甘油也可经甘油激酶催化，生成 α-磷酸甘油（因脂肪及肌肉组织缺乏甘油激酶，故不能利用激离的甘油）。α-磷酸甘油在脂酰转移酶（acyl transferase）作用下，与两分子脂酰 CoA 反应生成 3-磷酸。1，2-二酰甘油即磷脂酸（phosphatidic acid）。此外，磷酸二羟丙酮也可不转为 α-磷酸甘油，而是先酯化，后还原生成溶血磷脂酸，然后再经酯化合成磷脂酸。

磷脂酸在磷脂酸磷酸酶作用下，水解释放出无机磷酸，而转变为二酰甘油，它是三酰甘油的前身物，只需酯化即可生成三酰甘油。三酰甘油所含的三个脂肪酸可以是相同的或不同的，可为饱和脂肪酸或不饱和脂肪酸（图 3.4.11）。

三酰甘油的合成速度可以受激素的影响而改变，如胰岛素可促进糖转变为三酰甘油。由于胰岛素分泌不足或作用失效所致的糖尿病患者，不仅不能很好利用葡萄糖，而且葡萄糖或某些氨基酸也不能用于合成脂肪酸，而表现为脂肪的氧化速度增加，酮体生成过多，其结果是患者体重下降。此外，胰高血糖素、肾上腺皮质激素等也影响三酰甘油的合成。

C. 不同组织三酰甘油合成特点

不同的组织细胞中三酰甘油的合成各有特点，下面主要讨论肝脏、脂肪组织和小肠黏膜上皮细胞合成三酰甘油的特点。

（1）肝脏。肝脏可利用糖、甘油和脂肪酸做原料，通过磷脂酸途径合成三酰甘油。脂肪酸的来源有脂动员来的脂肪酸，由糖和氨基酸转变生成的脂肪酸和食物中来的外源性脂肪酸（食物

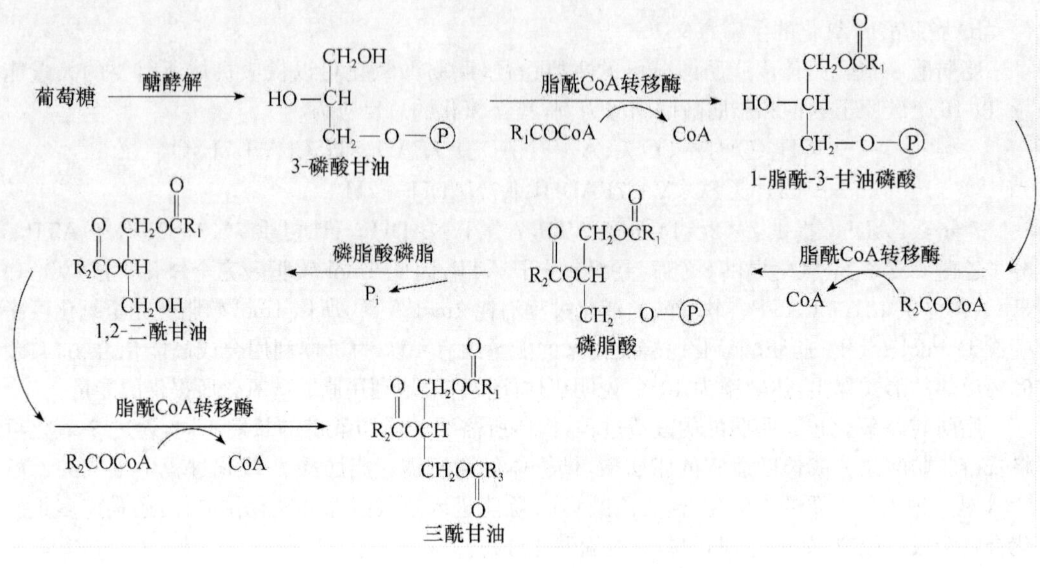

图 3.4.11　磷脂酸途径

中脂肪消化吸收后经血入肝的中短链脂肪酸，乳糜微粒残余颗粒中脂肪分解生成的脂肪酸）。

肝细胞含脂类物质为4%～7%，其中三酰甘油约占1/2，三酰甘油含量过高会引起脂肪肝，正常情况下，肝脏合成的三酰甘油和磷脂、胆固醇、载脂蛋白一起形成极低密度脂蛋白，分泌入血。若磷脂合成障碍或载脂蛋白合成障碍就会影响三酰甘油转运出肝，引起脂肪肝。另外，若进入肝脏的脂肪酸过多，合成三酰甘油的量超过了合成载脂蛋白的能力，也可引起脂肪肝。

(2) 脂肪组织。脂肪组织三酰甘油的合成与肝脏基本相同，二者的区别是脂肪组织不能利用甘油，只能利用糖分解提供的α-磷酸甘油；脂肪组织能大量储存三酰甘油。

(3) 小肠黏膜上皮细胞。小肠黏膜上皮细胞合成三酰甘油有两条途径。在进餐后，食物中的三酰甘油水解生成游离脂肪酸和单酰甘油。吸收后经单酰甘油途径合成三酰甘油。这些三酰甘油参与乳糜微粒的组成。这一途径是小肠黏膜三酰甘油合成的主要特点。而在饥饿情况下，小肠黏膜也能利用糖、甘油和脂肪酸做原料，经磷脂酸途径合成三酰甘油，这一部分三酰甘油参与极低密度脂蛋白组成。此时的合成原料和过程又类似于肝脏。

3) 脂肪酸的合成

机体内的脂肪酸大部分来源于食物，为外源性脂肪酸，在体内可通过改造加工被机体利用。同时机体还可以利用糖和蛋白质转变为脂肪酸称为内源性脂肪酸，用于三酰甘油的生成，储存能量。合成脂肪酸的主要器官是肝脏和哺乳期乳腺，另外脂肪组织、肾脏、小肠均可以合成脂肪酸，合成脂肪酸的直接原料是乙酰 CoA，消耗 ATP 和 NADPH，首先生成十六碳的软脂酸，经过加工生成机体各种脂肪酸，合成在细胞质中进行。

A. 软脂酸的生成

a. 乙酰 CoA 的转移

乙酰 CoA 可由糖氧化分解或由脂肪酸、酮体和蛋白分解生成，生成乙酰 CoA 的反应均发生在线粒体中，而脂肪酸的合成部位是胞质，因此乙酰 CoA 必须由线粒体转运至胞质。但是乙酰 CoA 不能自由通过线粒体膜，需要通过一个称为柠檬酸-丙酮酸循环(citrate pyruvate cycle)来完成乙酰 CoA 由线粒体到胞浆的转移。首先在线粒体内，乙酰 CoA 与草酰乙酸经柠檬酸合成酶催化，缩合生成柠檬酸，再由线粒体内膜上相应载体协助进入胞液，在胞液内存在的柠檬酸裂解酶(citrate lyase)可使柠檬酸裂解产生乙酰 CoA 及草酰乙酸。前者即可用于生成脂肪酸，后者可返回线粒体补充合成柠檬酸时的消耗。但草酰乙酸也不能自由通透线粒体内膜，故必须先经苹果酸脱氢酶催化，还原成苹果酸再经线粒体内膜上的载体转运入线粒体，经氧化后补充草酰乙酸。也可在苹果酸酶作用下，氧化脱羧生成丙酮酸，同时伴有 NADPH 的生成。丙酮酸可经内膜载体被转运入线粒体内，此时丙酮酸可再羧化转变为草酰乙酸。每经柠檬酸丙酮酸循环一次，可使 1 分子乙酸 CoA 由线粒体进入胞液，同时消耗 2 分子 ATP，还为机体提供了 NADPH 以补充合成反应的需要。

b. 丙二酰 CoA 的生成

乙酰 CoA 由乙酰 CoA 羧化酶(acetyl CoA carboxylase)催化转变成丙二酰 CoA(或称丙二酸单酰 CoA)，乙酰 CoA 羧化酶存在于胞液中，其辅基为生物素，在反应过程中起到携带和转移羧基的作用。该反应机制类似于其他依赖生物素的羧化反应，如催化丙酮酸羧化成为草酰乙酸的反应等。反应如图 3.4.12 所示。

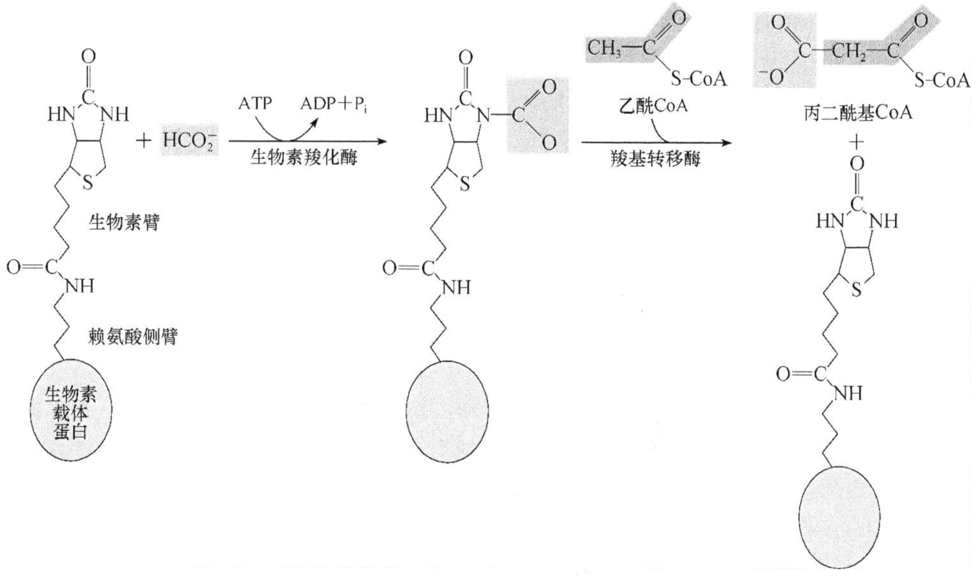

图 3.4.12　丙二酰 CoA 的生成

c. 软脂酸的生成

软脂酸的合成实际上是一个重复循环的过程，由 1 分子乙酰 CoA 与 7 分子丙二酰 CoA 经转移、缩合、加氢、脱水和再加氢重复过程，每一次使碳链延长两个碳，共 7 次重复，最终生成含十六碳的软脂酸脂肪酸合成需消耗 ATP 和 NADPH+H^+，NADPH 主要来源于葡萄糖分解的磷酸戊糖途径。此外，苹果酸氧化脱羧也可产生少量 NADPH。

脂肪酸合成过程不是 β-氧化的逆过程，它们反应的组织，细胞定位，转移载体，酰基载体，限速酶，激活剂，抑制剂，供氢体和受氢体以及反应底物与产物均不相同。

B. 其他脂肪酸的生成

机体内不仅有软脂酸，还有碳链长短不等的其他脂肪酸，也有各种不饱和脂肪酸，除营养必需脂肪酸依赖食物供应外，其他脂肪酸均可由软脂酸在细胞内加工改造而成。

a. 碳链的延长和缩短

脂肪酸碳链的缩短在线粒体中经β-氧化完成，经过一次β-氧化循环就可以减少两个碳原子。

脂肪酸碳链的延长可在滑面内质网和线粒体中经脂肪酸延长酶体系催化完成。

在内质网，软脂酸延长是以丙二酰 CoA 为二碳单位的供体，由 $NADPH+H^+$ 供氢，也经缩合脱羧、还原等过程延长碳链，与胞液中脂肪酸合成过程基本相同。但催化反应的酶体系不同，其脂肪酰基不是以 ACP 为载体，而是与 CoA 相连参加反应。除脑组织外一般以合成硬脂酸(18C)为主，脑组织因含其他酶，故可延长至 24 碳的脂肪酸，供脑中脂类代谢需要。

在线粒体，软脂酸经线粒体脂肪酸延长酶体系作用，与乙酰 CoA 缩合逐步延长碳链，其过程与脂肪酸β-氧化逆行反应相似，仅烯酯酰 CoA 还原酶的辅酶为 $NADPH+H^+$ 与β-氧化过程不同。通过此种方式一般可延长脂肪酸碳链至 24 碳或 26 碳，但以硬脂酸最多。

b. 脂肪酸脱饱和

人和动物组织含有的不饱和脂肪酸主要为软油酸(16∶1Δ9)、油酸(18∶1Δ9)、亚油酸(18∶2Δ9,12)、亚麻酸(18∶3Δ9,12,15)、花生四烯酸(20∶4Δ5,8,11,14)等。其中最普通的单不饱和脂肪酸软油酸和油酸可由相应的脂肪酸活化后经去饱和酶(acyl CoA desaturase)催化脱氢生成。这类酶存在于滑面内质网，属混合功能氧化酶；因该酶只催化在 Δ9 形成双键，而不能在 C10 与末端甲基之间形成双键，故亚油酸(linoleate)、亚麻酸(linolenate)及花生四烯酸(arachidonate)在体内不能合成或合成不足。但它们又是机体不可缺少的，所以必须由食物供给，因此，称之为必需脂肪酸(essential fatty acid)。

植物组织含有可以在 C10 与末端甲基间形成双键(即 ω3 和 ω6)的去饱和酶，能合成以上 3 种多不饱和脂肪酸。当食入亚油酸后，在动物体内经碳链加长及去饱和后，可生成花生四烯酸。

C. 脂肪酸合成的调节

乙酰 CoA 羧化酶催化的反应是脂肪酸合成的限速步骤，很多因素都可影响此酶活性，从而使脂肪酸合成速度改变。脂肪酸合成过程中其他酶，如脂肪酸合成酶、柠檬酸裂解酶等也可被调节。

a. 代谢物的调节

在高脂膳食后，或因饥饿导致脂肪动员加强时，细胞内软脂酰 CoA 增多，可反馈抑制乙酰 CoA 羧化酶，从而抑制体内脂肪酸合成。而进食糖类，糖代谢加强时，由糖氧化及磷酸戊糖循环提供的乙酰 CoA 及 NADPH 增多，这些合成脂肪酸的原料的增多有利于脂肪酸的合成。此外，糖氧化加强的结果，使细胞内 ATP 增多，进而抑制异柠檬酸脱氢酶，造成异柠檬酸及柠檬酸堆积，在线粒体内膜的相应载体协助下，由线粒体转入胞液，可以别构激活乙酰 CoA 羧化酶。同时本身也可裂解释放乙酰 CoA，增加脂肪酸合成的原料，使脂肪酸合成增加。

b. 激素的调节

胰岛素、胰高血糖素、肾上腺素及生长素等均参与对脂肪酸合成的调节。

胰岛素能诱导乙酰 CoA 羧化酶、脂肪酸合成酶及柠檬酸裂解酶的合成，从而促进脂肪酸的合成。此外，还可通过促进乙酰 CoA 羧化酶的去磷酸化而使酶活性增强，也使脂肪酸合成加速。

胰高血糖素等可通过增加 cAMP，致使乙酰 CoA 羧化酶磷酸化而降低活性，因此抑制脂肪酸的合成。此外，胰高血糖素也抑制三酰甘油合成，从而增加长链脂酰 CoA 对乙酰 CoA 羧化酶的反馈抑制，亦使脂肪酸合成被抑制。

3.4.2.2　磷脂代谢

磷脂是一类含有磷酸的脂类，机体中主要含有两大类磷脂，由甘油构成的磷脂称为甘油磷脂(phosphoglyceride)；由神经鞘氨醇构成的磷脂，称为鞘磷脂(sphingolipid)。其结构特点是：具有由磷酸相连的取代基团(含氨碱或醇类)构成的亲水头(hydrophilic head)和由脂肪酸链构成的疏水尾(hydrophobic tail)。在生物膜中磷脂的亲水头位于膜表面,而疏水尾位于膜内侧。

1) 甘油磷脂的代谢

A. 分类及生理功能

甘油磷脂是机体含量最多的一类磷脂,它除了构成生物膜外,还是胆汁和膜表面活性物质等的成分之一,并参与细胞膜对蛋白质的识别和信号转导。

甘油磷脂基本结构是磷脂酸和与磷酸相连的取代基团(X)(图 3.4.13)。

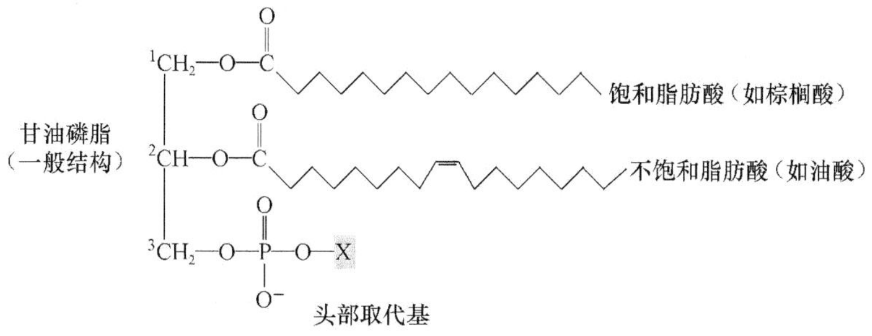

甘油磷脂(一般结构)

$^{1}CH_2-O-C(=O)-$ 饱和脂肪酸(如棕榈酸)

$^{2}CH-O-C(=O)-$ 不饱和脂肪酸(如油酸)

$^{3}CH_2-O-P(=O)(O^-)-O-X$ 头部取代基

甘油磷脂名称	头部取代基	X分子式	净电荷(在pH7时)
甘油磷脂酸	—	$-H$	-1
磷脂酰乙醇胺	乙醇胺	$-CH_2-CH_2-\overset{+}{N}H_3$	0
磷脂酰胆碱	胆碱	$-CH_2-CH_2-\overset{+}{N}(CH_3)_3$	0
磷脂酰丝氨酸	丝氨酸	$-CH_2-CH(COO)-\overset{-}{N}H_3$	-1
磷脂酰甘油	甘油	$-CH_2-CH(OH)-CH_2-OH$	-1
磷脂酰肌醇 4,5-二磷酸	肌肌醇磷脂 4,5-二磷酸	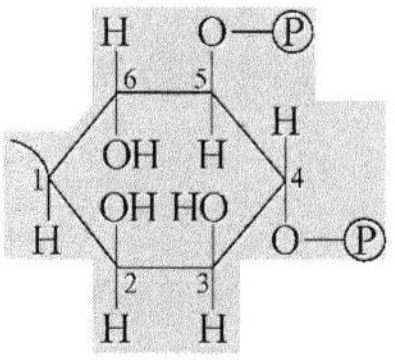 肌醇环(1位连接;2,3,6位 H/OH;4,5位 O—Ⓟ)	-4
心磷脂	磷脂酰甘油	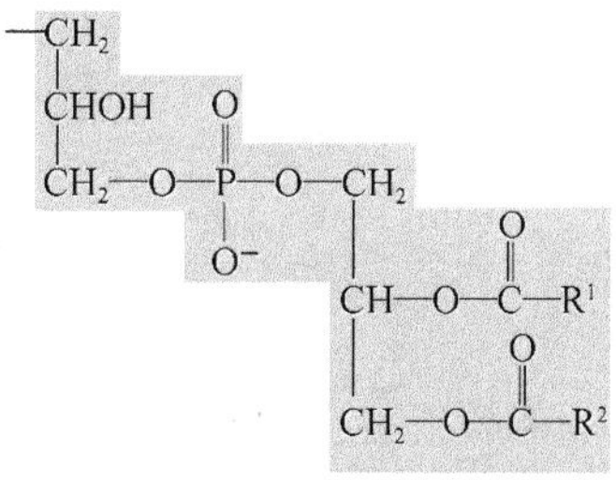 $-CH_2-CHOH-CH_2-O-P(=O)(O^-)-O-CH_2-CH(-O-C(=O)-R^1)-CH_2-O-C(=O)-R^2$	-2

图 3.4.13　甘油磷脂类型

甘油磷脂由于取代基团不同又可以分为许多类，其中重要的有

胆碱(choline)＋磷脂酸→磷脂酰胆碱(phosphatidylcholine)又称卵磷脂(lecithin)

乙醇胺(ethanolamine)＋磷脂酸→磷脂酰乙醇胺(phosphatidylethanolamine)又称脑磷脂(cephalin)

丝氨酸(serine)＋磷脂酸→磷脂酰丝氨酸(phosphatidylserine)

甘油(glycerol)＋磷脂酸→磷脂酰甘油(phosphatidylglycerol)

肌醇(inositol)＋磷脂酸→磷脂酰肌醇(phosphatidylinositol)

心磷脂(cardiolipin)是由甘油的 C1 和 C3 与两分子磷脂酸结合而成。心磷脂是线粒体内膜和细菌膜的重要成分，而且是唯一具有抗原性的磷脂分子。

除以上 6 种以外，在甘油磷脂分子中甘油第 1 位的脂酰基被长链醇取代形成醚，如缩醛磷脂(plasmalogen)(图 3.4.14)及血小板活化因子(platelet activating factor，PAF)(图 3.4.15)，它们都属于甘油磷脂。

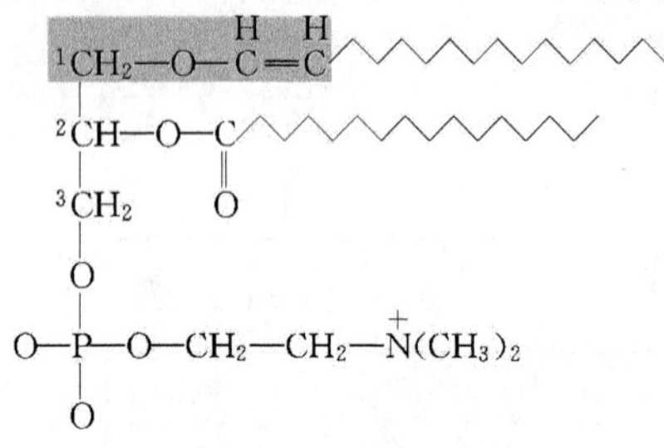

图 3.4.14　缩醛磷脂分子式

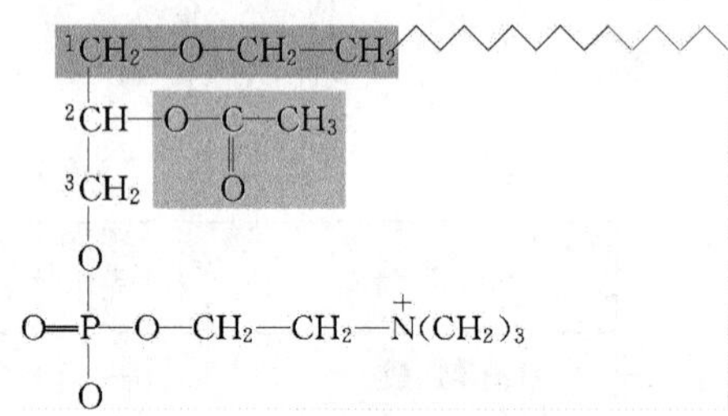

图 3.4.15　血小板活化因子分子式

B. 甘油磷脂的合成

合成全过程可分为三个阶段，即原料来源、活化和甘油磷脂生成。甘油磷脂的合成在细胞质滑面内质网上进行，通过高尔基体加工，最后可被组织生物膜利用或成为脂蛋白分泌出细胞。机体各种组织(除成熟红细胞外)即可以进行磷脂合成。

a. 原料来源

合成甘油磷脂的原料为磷脂酸与取代基团。磷脂酸可由糖和脂转变生成的甘油和脂肪酸生成(详见三酰甘油合成代谢)，但其甘油 C2 位上的脂肪酸多为必需脂肪酸，需食物供给。取代基团中胆碱和乙醇胺可由丝氨酸在体内转变生成或食物供给。

b. 活化

磷脂酸和取代基团在合成之前，两者之一必须首先被 CTP 活化而被 CDP 携带，胆碱与乙醇胺可生成 CDP-胆碱和 CDP-乙醇胺，磷脂酸可生成 CDP-二酰甘油。

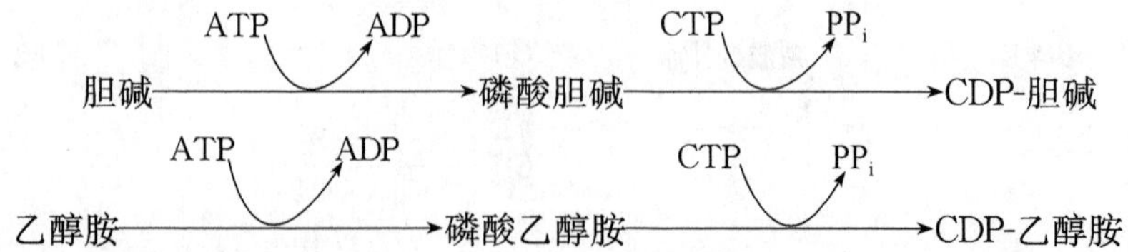

c. 甘油磷脂生成

(1) 磷脂酰胆碱和磷脂酰乙醇胺。这两种磷脂是由活化的 CDP-胆碱与 CDP-乙醇胺和二酰甘油生成(图 3.4.16、图 3.4.17)。此外磷脂酰乙醇胺在肝脏还可由与腺苷甲硫氨酸提供甲基转变为磷脂酰胆碱(图 3.4.18)。

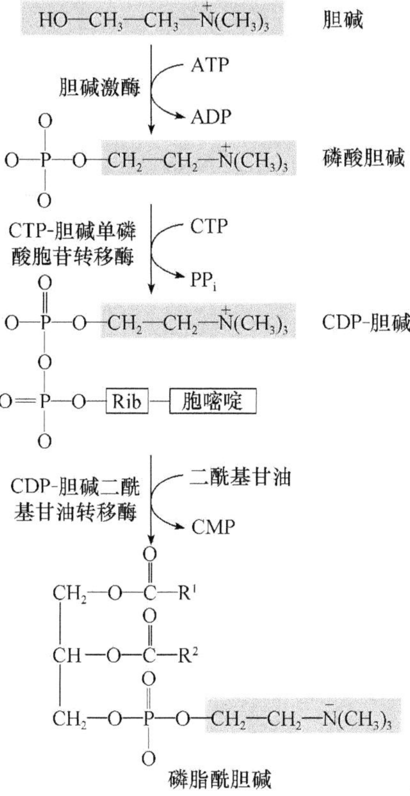

图 3.4.16 磷脂酰胆碱的生成

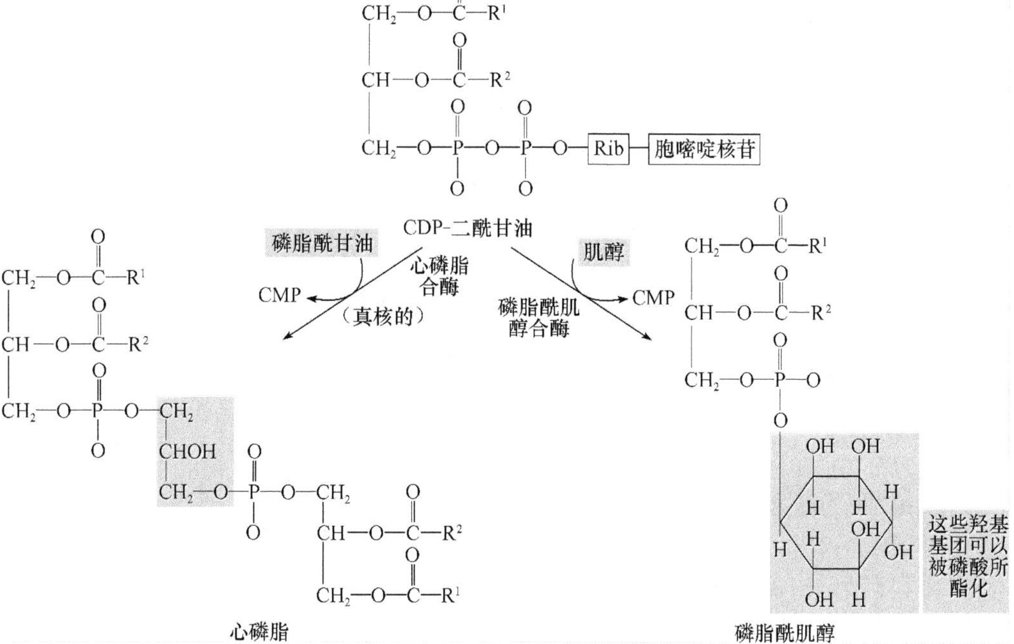

图 3.4.17 磷脂酰乙醇胺的生成

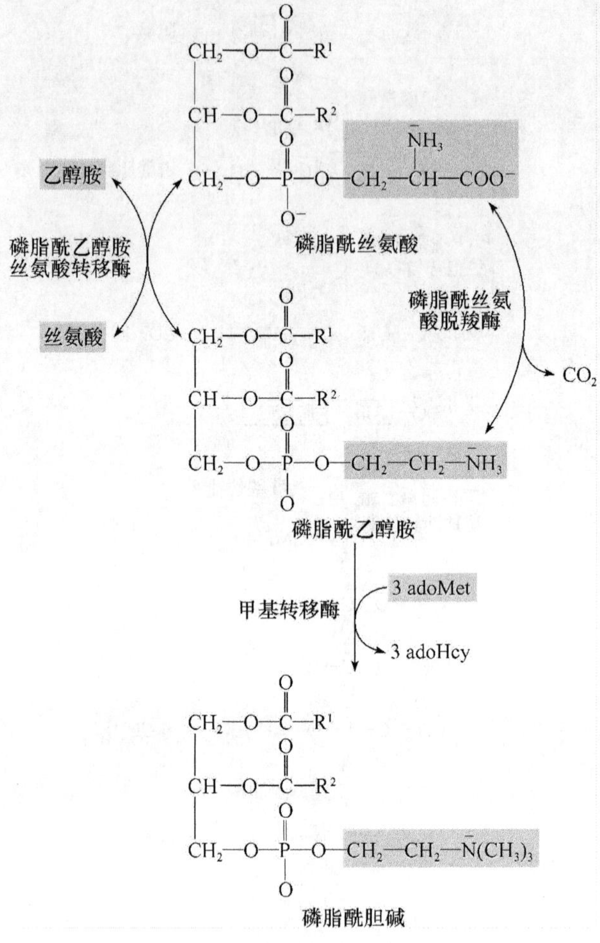

图 3.4.18　磷脂酰丝氨酸的生成

(2) 磷脂酰丝氨酸。体内磷脂酰丝氨酸合成是通过 Ca^{2+} 激活的酰基交换反应生成，由磷脂酰乙醇胺与丝氨酸反应生成磷脂酰丝氨酸和乙醇胺(图 3.4.18)。

(3) 磷脂酰肌醇、磷脂酰甘油和心磷脂

上述三者生成是由活化的CDP-二酰甘油与相应取代基团反应生成(图 3.4.17)。

C. 甘油磷脂的分解

在生物体内存在一些可以水解甘油磷脂的磷脂酶类，其中主要的有磷脂酶 A1、A2、B、C 和 D，它们特异地作用于磷脂分子内部的各个酯键，形成不同的产物。这一过程也是甘油磷脂的改造加工过程。

a. 磷脂酶 A1

自然界分布广泛，主要存在于细胞的溶酶体内，此外蛇毒及某些微生物中也有，可有催化甘油磷脂的第 1 位酯键断裂，产物为脂肪酸和溶血磷脂 2。

b. 磷脂酶 A2

普遍存在于动物各组织细胞膜及线粒体膜，能使甘油磷脂分子中第 2 位酯键水解，产物为溶血磷脂 1 及其产物脂肪酸和甘油磷酸胆碱或甘油磷酸乙醇胺等。

溶血磷脂是一类具有较强表面活性的性质，能使红细胞及其他细胞膜破裂，引起溶血或细胞坏死。当经磷脂酶 B 作用脱去脂肪酸后，转变成甘油磷酸胆碱或甘油磷酸乙醇胺，即失去溶解细胞膜的作用。

c. 磷脂酶 C

存在于细胞膜及某些细胞中，特异水解甘油磷脂分子中第 3 位磷酸酯键，其结果是释放磷酸胆碱或磷酸乙醇胺，并余下作用物分子中的其他组分。

d. 磷脂酶 D

主要存在于植物，动物脑组织中也有，催化磷脂分子中磷酸与取代基团（如胆碱等）间的酯键，释放出取代基团。

2）鞘磷脂的代谢

鞘脂类（sphingolipid），组成特点是不含甘油而含鞘氨醇（sphingosine），其基本结构和主要类别如图 3.4.19 所示。

鞘氨醇

$HO-{}^{3}CH-CH=CH-(CH_2)_{12}-CH_3$

脂肪酸

鞘脂类（一般结构）

${}^{2}CH-NH-C(=O)-$

${}^{1}CH_2-O-X$

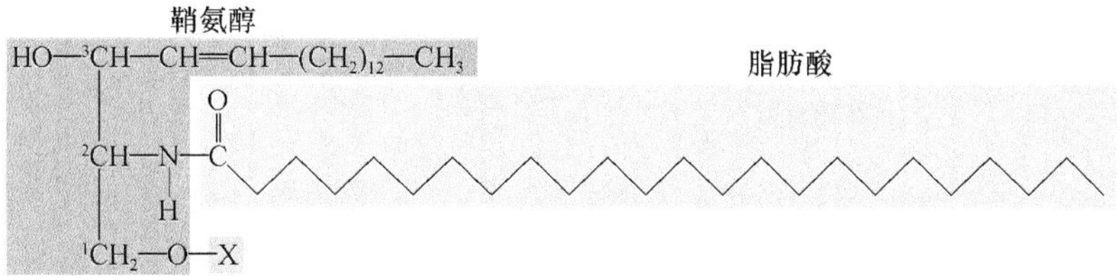

鞘脂类名称	取代基团的名称	取代基团分子式
Ceramide	—	—H
Sphingomyelin	Phosphocholine	$-P(=O)(O)-O-CH_2-CH_2-\overset{+}{N}(CH_3)_3$
Neutral glycolipids Glucosyleerobroside	Glucose	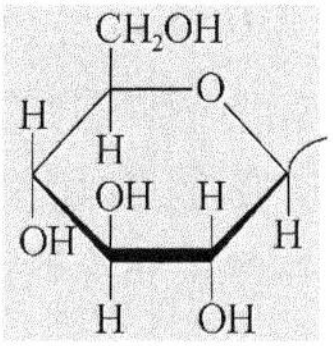 CH_2OH, O, H, H, OH, H, OH, H, H, OH
Lactosylceramide (a globoside)	Di-,tri-,or tetrasaccharide	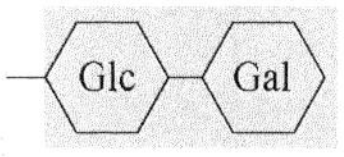 —Glc—Gal
Ganglioside GM2	Complex oligosaccharide	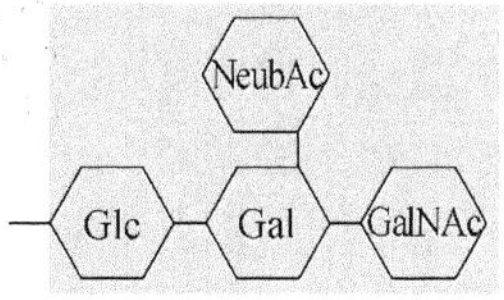 —Glc—Gal(—NeubAc)—GalNAc

图 3.4.19 鞘脂类的分子结构通式及主要类别

按照取代基团 X 的不同可分为两种：

X 为磷酸胆碱称为鞘磷脂（sphingomyelin）；X 为糖基称为鞘糖脂（glycosphingolipid）。

A. 鞘磷脂的合成

体内的组织均可合成鞘磷脂，以脑组织最为活跃，是构成神经组织膜的主要成分，合成在细胞内质网上进行。

以脂酰 CoA 和丝氨酸为原料，消耗 NADPH 生成二氢鞘氨醇，进而经脂肪酰转移酶作用生成鞘磷酯(图 3.4.20)。

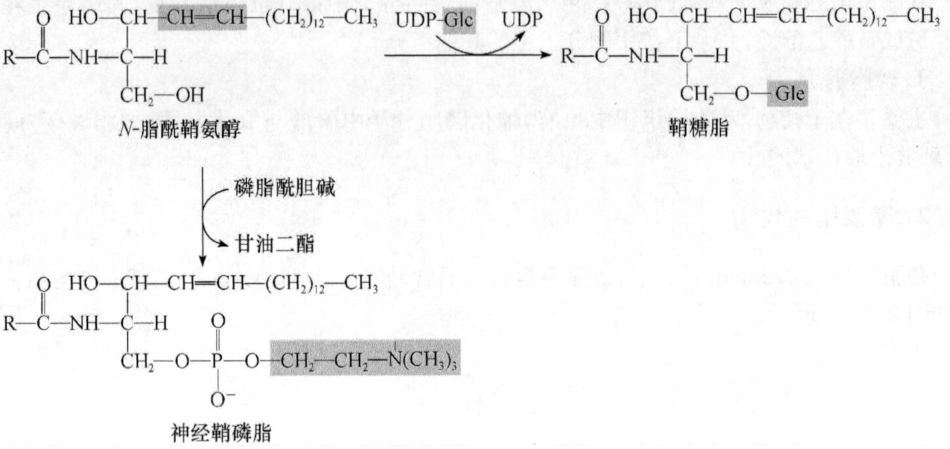

N-脂酰鞘氨醇

UDP-Glc　UDP

鞘糖脂

磷脂酰胆碱

甘油二酯

神经鞘磷脂

图 3.4.20　神经酰胺的生成

B. 鞘磷脂的分解

鞘磷脂经鞘磷脂酶(sphingomyelinase)作用，水解产生磷酸胆碱和神经酰胺。如果缺乏此酶可引起肝、脾肿大及神经障碍如痴呆等鞘磷脂沉积症。

3.4.2.3　血脂及其代谢

血浆中含有的脂类统称为血脂，包括三酰甘油、磷脂、胆固醇及其酯和非酯化脂肪(nonesterified fatty acid)，亦称游离脂肪酸(free fatty acid，FFA)。血脂在脂类的运输和代谢上起着重要作用。血脂只占体重的 0.04%，其含量受到饮食、营养、疾病等因素的影响，因而是临床上了解患者脂类代谢情况的一个重要窗口。它们是以脂蛋白的形式存在并运输的，脂蛋白由脂类与载脂蛋白结合而形成。脂蛋白具有微团结构，非极性的三酰甘油、胆固醇酯等位于核心，外周为亲水性的载脂蛋白和胆固醇磷脂等的极性基因，这样使脂蛋白具有较强水溶性，可在血液中运输。

1) 血浆脂蛋白的分类

血液中的脂蛋白不是单一的分子形式，其脂类和蛋白质的组成有很大的差异，因此血液中的脂蛋白存在多种形式。根据它们各自的特性采用不同的分类方法，可将它们进行多种分类，一般采用电泳法和超速离心法进行血浆脂蛋白的分类。

A. 电泳分类法

本法根据不同脂蛋白所带表面电荷不同，在一定外加电场作用下，电泳迁移率不同，可将血浆脂蛋白分为四类。例如，以硝酸纤维素薄膜为支持物，电泳结果是：α-脂蛋白泳动最快，相当于 α_1-球蛋白的位置；前 β-脂蛋白次之，相当于 α_2-球蛋白位置；β-脂蛋白泳动在前-β 之后，相当于 β-球蛋白的位置；乳糜微粒停留在点样的位置上。

B. 超速离心法

本法依据不同脂蛋白中蛋白质脂类成分所占比例不同，因而分子密度不同(三酰甘油含量多者分子密度低，蛋白质含量多的分子密度高)，在一定离心力作用下，分子沉降速度或漂浮率不同，将脂蛋白分为 4 类，即乳糜微粒（chylomicron）、极低密度脂蛋白（very low density lipoprotein，VLDL）、低密度脂蛋白（low density lipoprotein，LDL）和高密度脂蛋白（high density lipoprotein，HDL）；分别相当于电泳分离中的乳糜微粒、前 β-脂蛋白、β-脂蛋白和 α-脂蛋白。除上述几类脂蛋白以外，还有一种中间密度脂蛋白（intermediate density lipoprotein，IDL）其密度位于 VLDL 与 LDL 之间，这是 VLDL 代谢的中间产物。

血浆中的游离中短链脂肪酸可与血浆白蛋白结合而被运输，称之为脂酸白蛋白。由于脂类染色时脂肪酸不着色，所以不易观察，实际上它的位置与白蛋白相当。

2）血浆脂蛋白的组成

A. 脂蛋白中脂类的组成特点

除脂酸白蛋白外，各类脂蛋白均含有三酰甘油、磷脂、胆固醇及其酯。但组成比例有很大差异，其中三酰甘油在乳糜微粒中含量为最高，达其化学组成的 90%左右。磷脂含量以 HDL 为最高，达 40%以上。胆固醇及其酯以 LDL 中最多，几乎占其含量 50%。VLDL 中以三酰甘油含量为最多，达 60%。

B. 载脂蛋白

脂蛋白中与脂类结合的蛋白质称为载脂蛋白（apoprotein，apo），载脂蛋白在肝脏和小肠黏膜细胞中合成。目前已发现了十几种载脂蛋白，结构与功能研究比较清楚的有 apoA、apoB、apoC、apoD 与 apoE 5 类。每一类脂蛋白又可分为不同的亚类，如 apoB 分为 B100 和 B48；apoC 分为 CⅠ、CⅡ、CⅢ等。载脂蛋白在分子结构上具有一定特点，往往含有较多的双性 α 螺旋结构，表现出两面性，分子的一侧极性较高可与水溶剂及磷脂或胆固醇极性区结合，构成脂蛋白的亲水面，分子的另一侧极性较低可与非极性的脂类结合，构成脂蛋白的疏水核心区。

载脂蛋白的主要功能是稳定血浆脂蛋白结构，作为脂类的运输载体。除此以外有些脂蛋白还可作为酶的激活剂，如 apoAI 激活卵磷脂胆固醇脂酰转移酶（lecithin cholesterol transferase，LCAT），apoCⅡ可激活脂蛋白脂肪酶（lipoprotein lipase，LPL）。有些脂蛋白也可作为细胞膜受体的配体：如 apoB48、apoE 参与肝细胞对 CM 的识别，apoB100 可被各种组织细胞表面 LDL 受体所识别等。

3）脂蛋白的代谢

A. 乳糜微粒

乳糜微粒（CM）是在小肠黏膜细胞中生成的，食物中的脂类在细胞滑面内质网上经再酯化后与粗面内质网上合成的载脂蛋白构成新生的（nascent）乳糜微粒（包括三酰甘油、胆固醇酯和磷脂以及 apoB-48），经高尔基复合体分泌到细胞外，进入淋巴循环最终进入血液（图 3.4.21）。

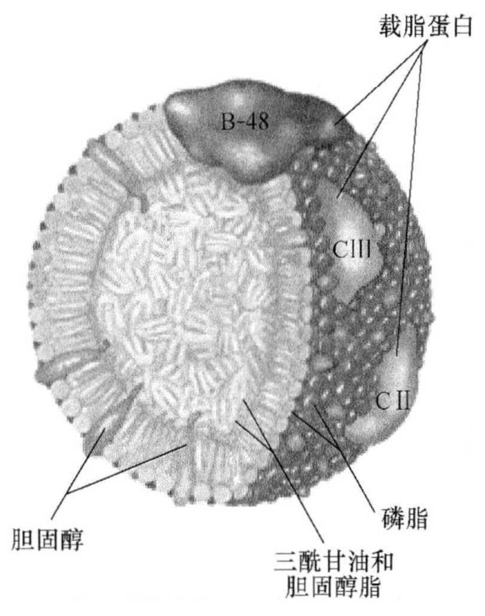

图 3.4.21　乳糜颗粒示意图

新生乳糜微粒入血后，接受来自 HDL 的 apoC 和 apoE，同时失去部分 apoA，被修饰成为成熟的乳糜微粒。成熟分子上的 apoCⅡ可激活脂蛋白脂肪酶（LPL）催化乳糜微粒中三酰甘油水解为甘油和脂肪。此酶存在于脂肪组织、心和肌肉组织的毛细血管内皮细胞外表面上。

脂肪酸可被上述组织摄取而利用，甘油可进入肝脏用于糖异生。通过 LPL 的作用，乳糜微粒中的三酰甘油大部分被水解利用，同时 apoA、apoC、胆固醇和磷脂转移到 HDL 上，CM 逐渐变小，成为以含胆固醇酯为主的乳糜微粒残余颗粒(remnant)。肝细胞膜上的 apoE 受体可识别 CM 残余颗粒，将其吞噬入肝细胞，与细胞溶酶体融合，载脂蛋白被水解为氨基酸，胆固醇酯分解为胆固醇和脂肪酸，进而可被肝脏利用或分解，完成最终代谢。

由此可见，CM 代谢的主要功能就是将外源性三酰甘油转运至脂肪、心和肌肉等肝外组织而利用，同时将食物中外源性胆固醇转运至肝脏。

B. 极低密度脂蛋白

极低密度脂蛋白(VLDL)主要在肝脏内生成，VLDL 主要成分是肝细胞利用糖和脂肪酸(来自脂动员或乳糜微粒残余颗粒)自身合成的三酰甘油，与肝细胞合成的载脂蛋白 apoB100、apoAI 和 apoE 等加上少量磷脂和胆固醇及其酯。小肠黏膜细胞也能生成少量 VLDL。

VLDL 分泌入血后，也接受来自 HDL 的 apoC 和 apoE：apoCⅡ激活 LPL，催化三酰甘油水解，产物被肝外组织利用。同时 VLDL 与 HDL 之间进行物质交换，一方面是将 apoC 和 apoE 等在两者之间转移，另一方面是在胆固醇酯转移蛋白(cholesteryl ester transfer protein)协助下，将 VLDL 的磷脂、胆固醇等转移至 HDL，将 HDL 的胆固醇酯转至 VLDL，这样 VLDL 转变为中间密度脂蛋白(IDL)。IDL 有两条去路：一是可通过肝细胞膜上的 apoE 受体而被吞噬利用，另外还可进一步被水解生成 LDL。

由此可见，VLDL 是体内转运内源性三酰甘油的主要方式。

C. 低密度脂蛋白

低密度脂蛋白(LDL)由 VLDL 转变而来，LDL 中主要脂类是胆固醇及其酯，载脂蛋白为 apoB100。

LDL 在血中可被肝及肝外组织细胞表面存在的 apoB100 受体识别，通过此受体介导，吞入细胞内，与溶酶体融合，胆固醇酯水解为胆固醇及脂肪酸。这种胆固醇除可参与细胞生物膜的生成之外，还对细胞内胆固醇的代谢具有重要的调节作用：①通过抑制 HMG-CoA 还原酶(HMGCoA reductase)活性，减少细胞内胆固醇的合成；②激活脂酰 CoA 胆固醇酯酰转移酶(acyl CoA：cholesterol acyltransferase，ACAT)使胆固醇生成胆固醇酯而储存；③抑制 LDL 受体蛋白基因的转录，减少 LDL 受体蛋白的合成，降低细胞对 LDL 的摄取。

除上述有受体介导的 LDL 代谢途径外，体内内皮网状系统的吞噬细胞也可摄取 LDL(多为经过化学修饰的 LDL)，此途径生成的胆固醇不具有上述调节作用。因此过量的摄取 LDL 可导致吞噬细胞空泡化。

从以上可以看出，LDL 代谢的功能是将肝脏合成的内源性胆固醇运到肝外组织，保证组织细胞对胆固醇的需求。

D. 高密度脂蛋白

高密度脂蛋白(HDL)在肝脏和小肠中生成。HDL 中的载脂蛋白含量很多，包括 apoA、apoC、apoD 和 apoE 等，脂类以磷脂为主。

HDL 分泌入血后，新生的 HDL 为 HDL3，一方面可作为载脂蛋白供体将 apoC 和 apoE 等转移到新生的 CM 和 VLDL 上，同时在 CM 和 VLDL 代谢过程中再将载脂蛋白运回到 HDL 上，不断与 CM 和 VLDL 进行载脂蛋白的变换。另一方面 HDL 可摄取血中肝外细胞释放的游离胆固醇，经卵磷脂胆固醇酯酰转移酶(LCAT)催化，生成胆固醇酯。此酶在肝脏中合成，分泌入血后发挥活性，可被 HDL 中 apoAI 激活，生成的胆固醇酯一部分可转移到 VLDL。通过上述过程,HDL 密度降低转变为 HDL2。HDL2 最终被肝脏摄取而降解(图 3.4.22)。

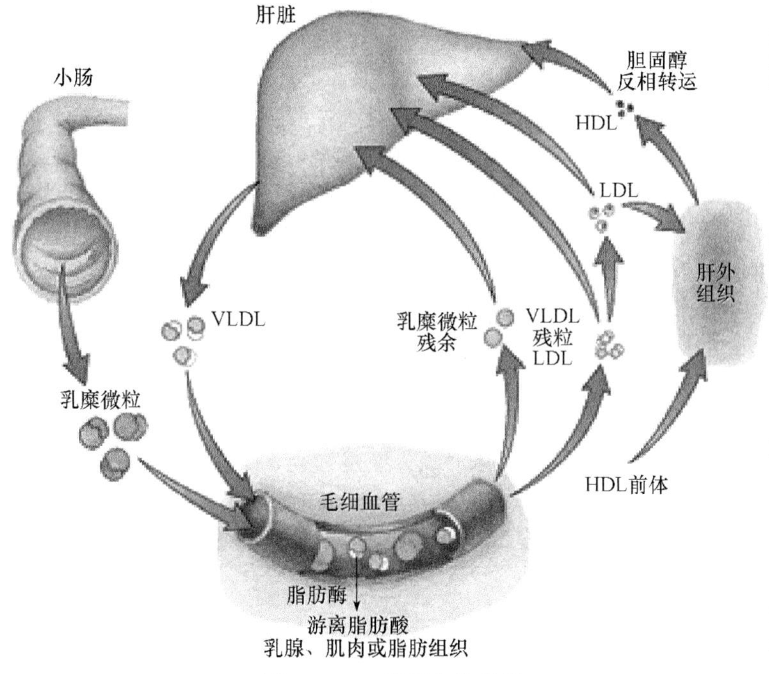

图 3.4.22 脂蛋白的代谢

由此可见,HDL 的主要功能是将肝外细胞释放的胆固醇转运到肝脏,这样可以防止胆固醇在血中聚积,防止动脉粥样硬化,血中 HDL2 的浓度与冠状动脉粥样硬化呈负相关。

3.4.3 氨基酸代谢

氨基酸是构成蛋白质分子的基本单位。蛋白质是生命活动的基础。体内的大多数蛋白质均不断地进行分解与合成代谢,细胞中不停地利用氨基酸合成蛋白质和分解蛋白质成为氨基酸。体内的这种转换过程一方面可清除异常蛋白质,这些异常蛋白质的积聚会损伤细胞。另一方面使酶或调节蛋白质的活性由合成和分解得到调节,进而调节细胞代谢。实际上酶的水平取决于其合成同样也由酶的分解来决定。所以,对细胞来说,蛋白质的分解与合成同样重要。

蛋白质分解代谢首先在酶的催化下水解为氨基酸,而后各氨基酸进行分解代谢,或转变为其他物质,或参与新的蛋白质的合成。因此氨基酸代谢是蛋白质分解代谢的中心内容。

3.4.3.1 氨基酸的一般代谢

食物蛋白经过消化吸收后,以氨基酸的形式通过血液循环运到全身的各组织。这种来源的氨基酸称为外源性基酸。机体各组织的蛋白质在组织酶的作用下,也不断地分解成为氨基酸;机体还能合成部分氨基酸(非必需氨基酸);这两种来源的氨基酸称为内源性氨基酸。外源性氨基酸和内源性氨基酸彼此之间没有区别,共同构成了机体的氨基酸代谢库(metabolic pool)。氨基酸代谢库通常以游离氨基酸总量计算,机体没有专一的组织器官储存氨基酸,氨基酸代谢库实际上包括细胞内液、细胞间液和血液中的氨基酸。

氨基酸的主要功能是合成蛋白质,也合成多肽及其他含氮的生理活性物质。除了维生素之外(维生素 PP 是个例外)体内的各种含氮物质几乎都可由氨基酸转变而成,包括蛋白质、肽类激素、氨基酸衍生物、黑色素、嘌呤碱、嘧啶碱、肌酸、胺类、辅酶或辅基等。

从氨基酸的结构上看，除了侧链 R 基团不同外，均有 α-氨基和 α-羧基。氨基酸在体内的分解代谢实际上就是氨基、羧基和 R 基团的代谢。氨基酸分解代谢的主要途径是脱氨基生成氨(ammonia)和相应的 α-酮酸；氨基酸的另一条分解途径是脱羧基生成 CO_2 和胺。胺在体内可经胺氧化酶作用，进一步分解生成氨和相应的醛和酸。氨对人体来说是有毒的物质，氨在体内主要合成尿素排出体外，还可以合成其他含氮物质(包括非必需氨基酸、谷氨酰胺等)，少量的氨可直接经尿排出。R 基团部分生成的酮酸可进一步氧化分解生成 CO_2 和水，并提供能量，也可经一定的代谢反应转变生成糖或脂在体内储存。由于不同的氨基酸结构不同，因此它们的代谢也有各自的特点。

各组织器官在氨基酸代谢上的作用有所不同，其中以肝脏最为重要。肝脏蛋白质的更新速度比较快，氨基酸代谢活跃，大部分氨基酸在肝脏进行分解代谢，同时氨的解毒过程主要也在肝脏进行。分支氨基酸的分解代谢则主要在肌肉组织中进行。

1) 氨基酸的脱氨基作用

脱氨基作用是指氨基酸在酶的催化下脱去氨基生成 α-酮酸的过程。这是氨基酸在体内分解的主要方式。参与人体蛋白质合成的氨基酸共有 20 种，它们的结构不同，脱氨基的方式也不同，主要有氧化脱氨、转氨、联合脱氨和非氧化脱氨等，以联合脱氨基最为重要。

2) 氧化脱氨基作用

氧化脱氨基(oxidative deamination)作用是指在酶的催化下氨基酸在氧化脱氢的同时脱去氨基的过程。

不需氧脱氢酶催化的氧化脱氨基作用。

谷氨酸在线粒体中由谷氨酸脱氢酶(glutamate dehydrogenase)催化氧化脱氨。谷氨酸脱氢酶系不需氧脱氢酶，以 NAD^+ 或 $NADP^+$ 作为辅酶。氧化反应通过谷氨酸 C_α 脱氢转给 $NAD(P)^+$ 形成 α-亚氨基戊二酸，再水解生成 α-酮戊二酸和氨(图 3.4.23)。

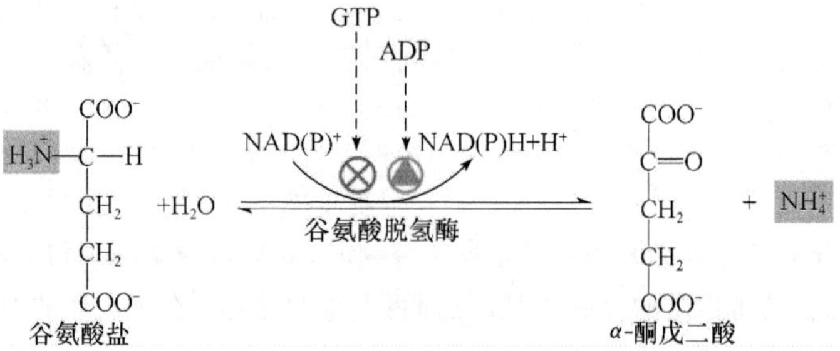

GTP　ADP

$NAD(P)^+$　$NAD(P)H+H^+$

谷氨酸盐 ($H_3\overset{+}{N}-CH(COO^-)-CH_2-CH_2-COO^-$) $+H_2O$ ⇌(谷氨酸脱氢酶) α-酮戊二酸 ($^-OOC-C(=O)-CH_2-CH_2-COO^-$) $+ NH_4^+$

图 3.4.23　谷氨酰胺的氧化脱氨基作用

谷氨酸脱氢酶为变构酶。GDP 和 ADP 为变构激活剂，ATP 和 GTP 为变构抑制剂。

在体内，谷氨酸脱氢酶催化可逆反应。一般情况下偏向于谷氨酸的合成($\Delta G^{\circ\prime} \approx 30$kJ/mol)，因为高浓度氨对机体有害，此反应平衡点有助于保持较低的氨浓度。但当谷氨酸浓度高而 NH_3 浓度低时，则有利于脱氨和 α-酮戊二酸的生成。

3) 转氨基作用

转氨基作用(transamination)指在转氨酶催化下将 α-氨基酸的氨基转给另一个 α-是酮酸，生成相应的 α-酮酸和一种新的 α-氨基酸的过程。

体内绝大多数氨基酸通过转氨基作用脱氨。参与蛋白质合成的 20 种 α-氨基酸中，除甘氨酸、赖氨酸、苏氨酸和脯氨酸不参加转氨基作用，其余均可由特异的转氨酶催化参加转氨基作用。

转氨基作用最重要的氨基受体是 α-酮戊二酸，产生谷氨酸作为新生成氨基酸；进一步将谷氨酸中的氨基转给草酰乙酸，生成 α-酮戊二酸和天冬氨酸；或转给丙酮酸，生成 α-酮戊二酸和丙氨酸，通过第二次转氨反应，再生出 α-酮戊二酸。因而体内有较强的谷丙转氨酸(glutamic pyruvic transaminase，GPT)和谷草转氨酸(glutamic oxaloacetic transaminase，GOT)活性。

转氨基作用是可逆的，该反应中 $\Delta G^{\circ\prime}\approx 0$，所以平衡常数约为 1。反应的方向取决于四种反应物的相对浓度。因而，转氨基作用也是体内某些氨基酸(非必需氨基酸)合成的重要途径。

A. 转氨基作用机制

转氨基作用过程可分为两个阶段：一个氨基酸的氨基转到酶分子上，产生相应的酮酸和氨基化酶；$2NH_2$ 转给另一种酮酸，(如 α-酮戊二酸)生成氨基酸，并释放出酶分子。

Esmond Snell、Alexande Branstein 和 David Metgler 等揭示转氨基作用是一种乒乓机制，二阶段各分三步进行(图 3.4.24)。

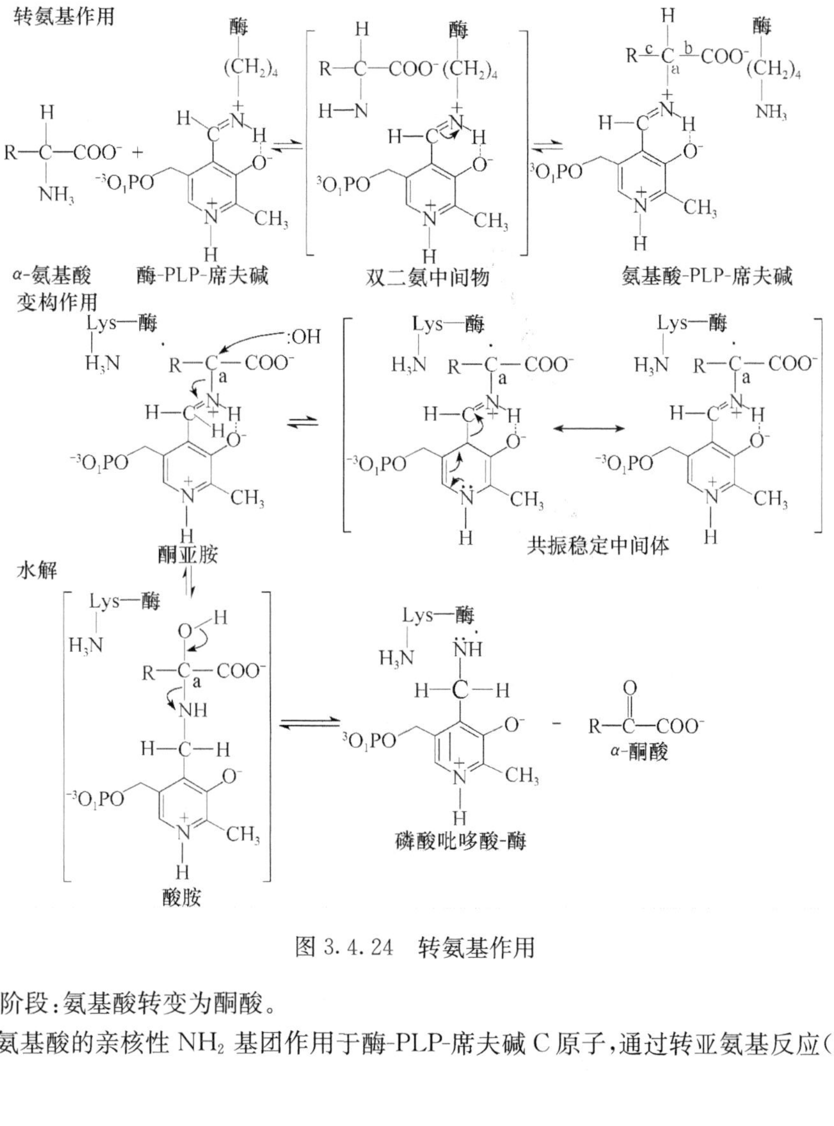

图 3.4.24　转氨基作用

第一阶段：氨基酸转变为酮酸。

(1) 氨基酸的亲核性 NH_2 基团作用于酶-PLP-席夫碱 C 原子，通过转亚氨基反应(transimi-

nation 或 *trans*-Schiffigation)形成一种氨基酸-PLP-席夫碱,同时使酶分子中赖氨酸的 NH_2 基团复原。

(2) 通过酶活性位点赖氨酸催化去除氨基酸 α 氢,并通过一共振稳定的中间产物在 PLP 第 4 位 C 原子上加质子,将氨基酸-PLP-席夫碱分子重排为一个 α-酮酸-PMP-席夫碱。

(3) 水解生成 PMP 和 α-酮酸。

第二阶段:α-酮酸转变为氨基酸。

为完成转氨基反应循环,辅酶必须由 PMP 形式转变为酶-PLP-席夫碱形式,此过程也包括三步,为上述反应的逆过程。

(1) PMP 与一个 α-酮酸作用形成 α-酮酸-席夫碱。

(2) 分子重排,α-酮酸-PMP-席夫碱变为氨基酸-PLP-席夫碱。

(3) 酶活性位点赖氨酸 ω-NH_2 基团攻击氨基酸-PLP-席夫碱,通过转亚氨基生成有活性的酶-PLP-席夫碱,并释放出形成的新氨基酸。

转氨基反应中,辅酶在 PLP 和 PMP 间转换,在反应中起着氨基载体的作用,氨基在 α-酮酸和 α-氨基酸之间转移。可见在转氨基反应中并无净 NH_3 的生成。

4) 转氨基作用的生理意义

转氨基作用起着十分重要的作用。通过转氨基作用可以调节体内非必需氨基酸的种类和数量,以满足体内蛋白质合成时对非必需氨基酸的需求。

转氨基作用还是联合脱氨基作用的重要组成部分,从而加速了体内氨的转变和运输,把机体的糖代谢、脂代谢和氨基酸代谢的互相联系起来。

5) 联合脱氨基作用

联合脱氨基作用是体内主要的脱氨方式。主要有两种反应途径。

A. 由 L-谷氨酸脱氢酶和转氨酶联合催化的联合脱氨基作用

先在转氨酶催化下,某种氨基酸的 α-氨基转移到 α-酮戊二酸上生成谷氨酸,然后,在 L-谷氨酸脱氢酶作用下,谷氨酸氧化脱氨生成 α-酮戊二酸,而 α-酮戊二酸再继续参加转氨基作用。

L-谷氨酸脱氢酶主要分布于肝、肾、脑等组织中,而 α-酮戊二酸参加的转氨基作用普遍存在于各组织中,所以此种联合脱氨主要在肝、肾、脑等组织中进行。联合脱氨基反应是可逆的,因此也可称为联合加氨。

B. 嘌呤核苷酸循环

骨骼肌和心肌组织中 L-谷氨酸脱氢酶的活性很低,因而不能通过上述形式的联合脱氨反应脱氨。但骨骼肌和心肌中含丰富的腺苷酸脱氨酶(adenylate deaminase)能催化腺苷酸加水、脱氨生成次黄嘌呤核苷酸(IMP)。

一种氨基酸经过两次转氨作用可将 α-氨基转移至草酰乙酸生成天冬氨酸。天冬氨酸又可将此氨基转移到次黄嘌呤核苷酸上生成腺嘌呤核苷酸(通过中间化合物腺苷酸代琥珀酸)。其脱氨过程如下(图 3.4.25)。

目前认为嘌呤核苷酸循环(purine nucleotide cycle)是骨骼肌和心肌中氨基酸脱氨的主要方式。Lowenstein 证明此嘌呤核苷酸循环在肌肉组织代谢中具有重要作用。肌肉活动增加时需要三羧酸循环增强以供能。而此过程需要的三羧酸循环中间产物增加,肌肉组织中缺乏能催化这种补偿反应的酶。肌肉组织则依赖此嘌呤核苷酸循环补充中间产物——草酰乙酸。研究表

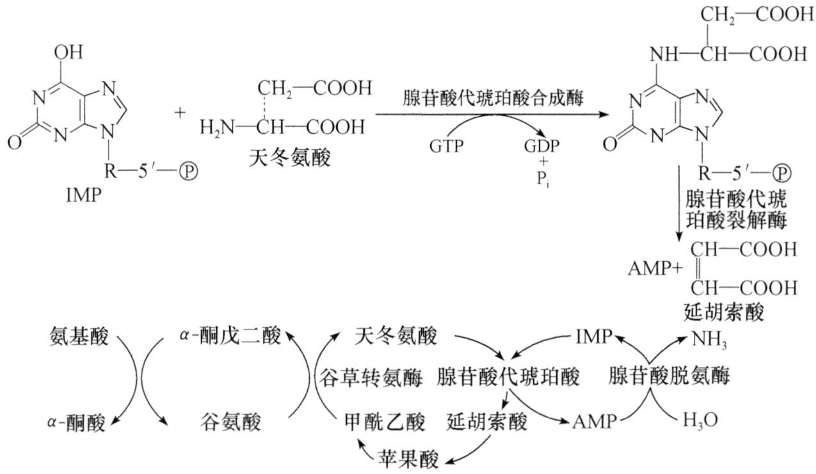

图 3.4.25 次黄嘌呤核苷酸脱氨作用及代谢途径

明肌肉组织中催化嘌呤核苷酸循环反应的三种酶的活性均比其他组织中高几倍。AMP 脱氨酶遗传缺陷患者(肌腺嘌呤脱氨酶缺乏症)易疲劳,而且运动后常出现痛性痉挛。

这种形式的联合脱氨是不可逆的,因而不能通过其逆过程合成非必需氨基酸。这一代谢途径不仅把氨基酸代谢与糖代谢、脂代谢联系起来,而且也把氨基酸代谢与核苷酸代谢联系起来。

6) 非氧化脱氨基作用

某些氨基酸还可以通过非氧化脱氨基作用(non-oxidative deamination)将氨基脱掉。

A. 脱水脱氨基

如丝氨酸可在丝氨酸脱水酶的催化下生成氨和丙酮酸(图 3.4.26)。

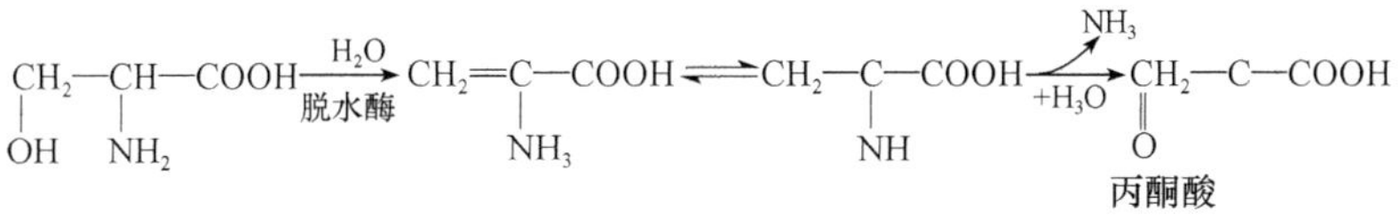

$$\underset{OH\quad NH_2}{CH_2-CH-COOH} \xrightarrow[\text{脱水酶}]{H_2O} \underset{NH_3}{CH_2{=}C-COOH} \rightleftharpoons \underset{NH}{CH_2-C-COOH} \xrightarrow[+H_2O]{NH_3} \underset{\text{丙酮酸}}{\underset{O}{CH_2-C-COOH}}$$

图 3.4.26 丝氨酸的脱水脱氨基作用

苏氨酸在苏氨酸脱水酶的作用下,生成 α-酮丁酸,再经丙酰 CoA,琥珀酰 CoA 参加代谢,如图 3.4.27 所示。这是苏氨酸在体内分解的途径之一。

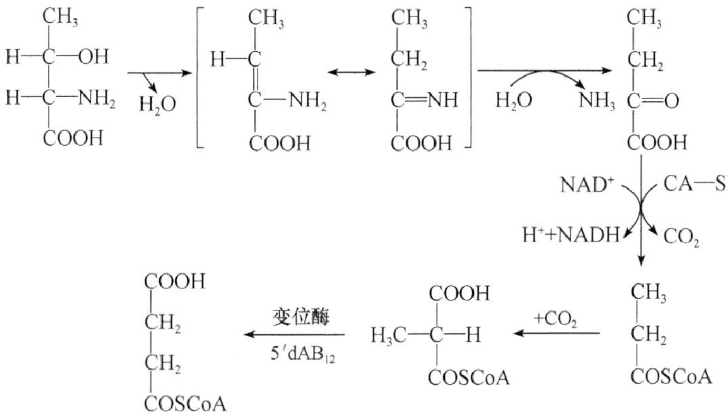

$$CH_3-CH(OH)-CH(NH_2)-COOH \xrightarrow{-H_2O} [CH_3-CH{=}C(NH_2)-COOH \leftrightarrow CH_3-CH_2-C({=}NH)-COOH] \xrightarrow[H_2O]{NH_3} CH_3-CH_2-C({=}O)-COOH$$

$$\xrightarrow[NAD^+ \to H^++NADH]{CA-SH \to CO_2} CH_3-CH_2-COSCoA \xrightarrow{+CO_2} H_3C-CH(COOH)-COSCoA \xrightarrow[5'dAB_{12}]{\text{变位酶}} COOH-CH_2-CH_2-COSCoA$$

图 3.4.27 苏氨酸的脱水脱氨基作用

B. 脱硫化氢脱氨基

半胱氨酸可在脱硫化氢酶的催化下生成丙酮酸和氨(图 3.4.28)。

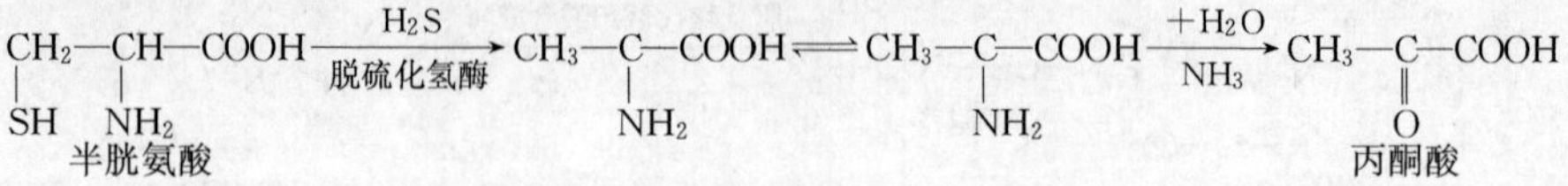

$$\underset{\text{半胱氨酸}}{\underset{SH\quad NH_2}{CH_2—CH—COOH}} \xrightarrow[\text{脱硫化氢酶}]{H_2S} \underset{NH_2}{CH_3—C—COOH} \rightleftharpoons \underset{NH_2}{CH_3—C—COOH} \xrightarrow[NH_3]{+H_2O} \underset{\text{丙酮酸}}{\underset{O}{\underset{\|}{CH_3—C—COOH}}}$$

图 3.4.28 半胱氨酸的脱水脱氨基作用

C. 直接脱氨基

天冬氨酸可在天冬氨酸酶作用下直接脱氨生成延胡索酸和氨(图 3.4.29)。

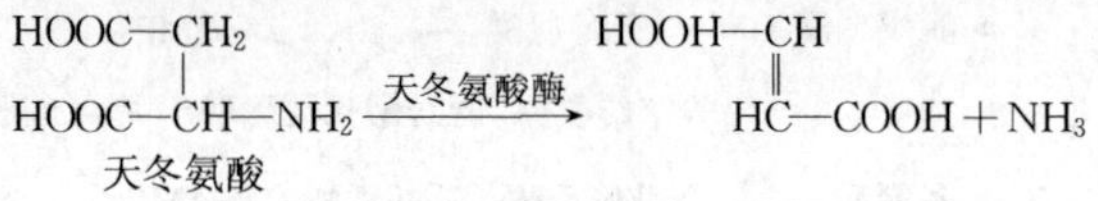

$$\underset{\text{天冬氨酸}}{\begin{matrix}HOOC—CH_2\\ |\\ HOOC—CH—NH_2\end{matrix}} \xrightarrow{\text{天冬氨酸酶}} \begin{matrix}HOOH—CH\\ \|\\ HC—COOH\end{matrix} + NH_3$$

图 3.4.29 天冬氨酸直接脱氨基

3.4.3.2 个别氨基酸代谢

1) 一碳单位代谢

某些氨基酸在代谢过程中能生成含一个碳原子的基团,经过转移参与生物合成过程。这些含一个碳原子的基团称为一碳单位(C1 unit 或 one carbon unit)。有关一碳单位生成和转移的代谢称为一碳单位代谢。

体内的一碳单位有:甲基($—CH_3$,methyl)、甲烯基($—CH_2$,methylene),甲炔基($—CH=$,methenyl)、甲酰基(—CHO,formyl)及亚氨甲基(—CH =NH,formimino)等。它们可分别来自甘氨酸、组氨酸、丝氨酸、色氨酸、甲硫氨酸等。

A. 一碳单位代谢的辅酶

一碳单位不能游离存在,通常与四氢叶酸(tetrahydrofolic acid,FH_4)结合而转运或参加生物代谢,FH_4 是一碳单位代谢的辅酶。其结构如图 3.4.30 所示。

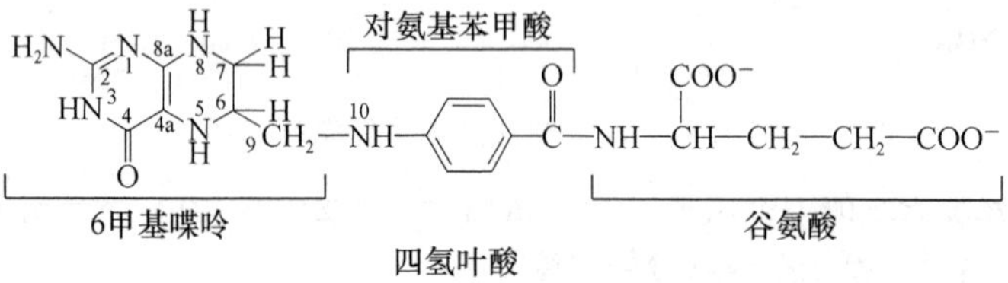

对氨基苯甲酸
6甲基嘌呤
谷氨酸
四氢叶酸

图 3.4.30 四氢叶酸分子结构

一碳单位共价连接于 FH_4 分子的 N^5、N^{10} 位或 N^5 和 N^{10} 位上。

B. 一碳单位的来源及转换

一碳单位主要来源于丝氨酸,在丝氨酸羟甲基转移酶催化为甘氨酸过程中产生的 N^5、N^{10}。

甲烯—FH_4;甘氨酸在甘氨酸合成酶(glycine synthase)催化下可分解为 CO_2、NH_4^+ 和 N^5,N^{10}-CH_2—FH_4。此外,苏氨酸和丝氨酸都可经相应酶催化转变为丝氨酸。因此也可产生 N^5,N^{10}-CH_2—FH_4。

在组氨酸转变为谷氨酸过程中由亚胺甲基谷氨酸提供了 N^5-CH =NH—FH_4。

色氨酸分解代谢能产生甲酸,甲酸可与 FH_4 结合产生 N^{10}-CHO—FH_4。

体内一碳单位分别处于甲醇、甲醛不同的氧化水平,在相应的酶促氧化还原反应下可相互转换如图 3.4.31 所示。

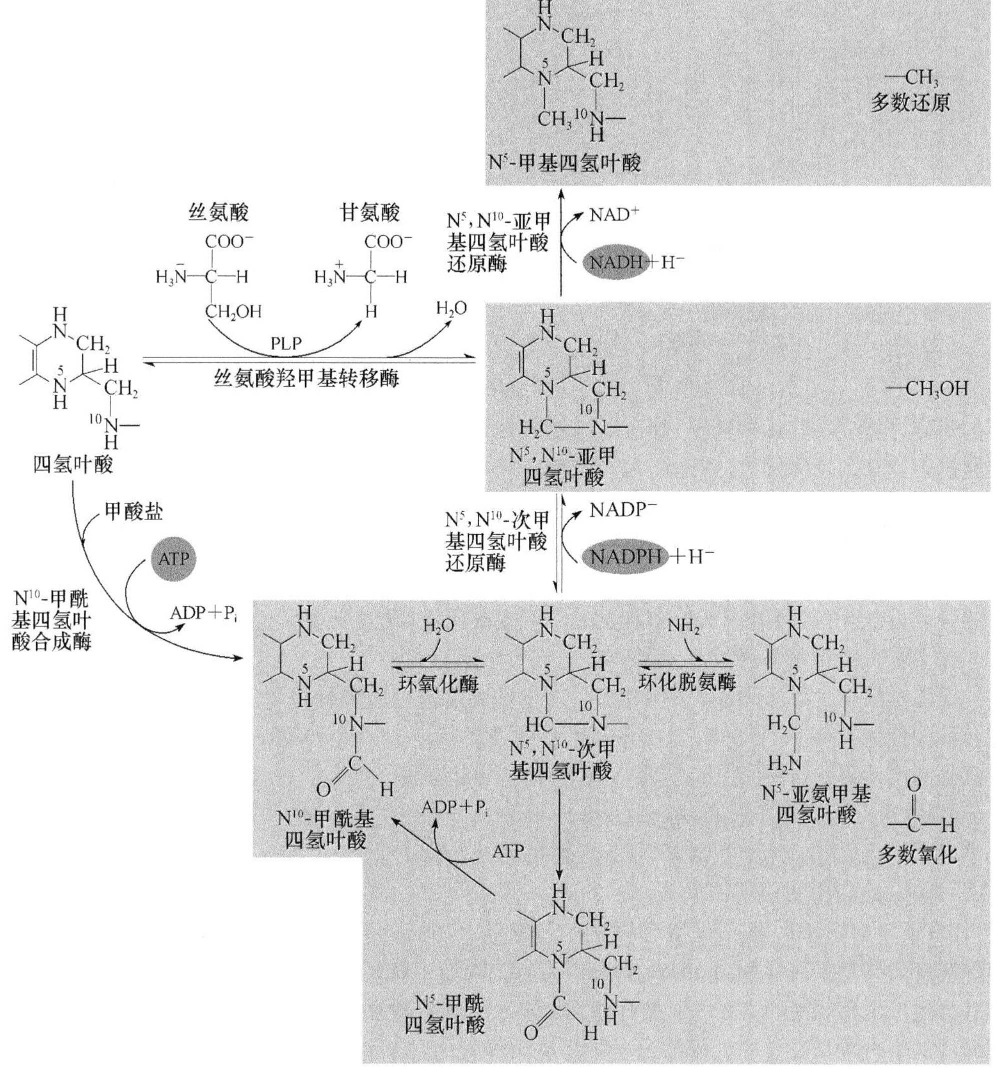

图 3.4.31 一碳单位酶促氧化还原反应

甲硫氨酸分子中的甲基也是一碳单位。在 ATP 的参与下甲硫氨酸转变生成 *S*-腺苷甲硫氨酸(*S*-adenosyl methionine,又称活性甲硫氨酸)[图 3.4.32,(A)示结构、(B)示形成过程]。*S*-腺苷甲硫氨酸是活泼的甲基供体。因此四氢叶酸并不是一碳单位的唯一载体。

C. 一碳单位的功能

a. 一碳单位是合成嘌呤和嘧啶的原料

在核酸生物合成中有重要作用。例如,N^5,N^{10}-CH$=$$FH_4$ 直接提供甲基用子脱氧核苷酸 dUMP 向 dTMP 的转化。N^{10}-CHO—FH_4 和 N^5,N^{10}-CH$=$$FH_4$ 分别参与嘌呤碱中 C2、C3 原子的生成。

b. SAM 提供甲基可参与体内多种物质合成

SAM 提供甲基可参与体内多种物质合成。例如,合成肾上腺素、胆碱、胆酸等。

一碳单位代谢将氨基酸代谢与核苷酸及一些重要物质的生物合成联系起来。一碳单位代

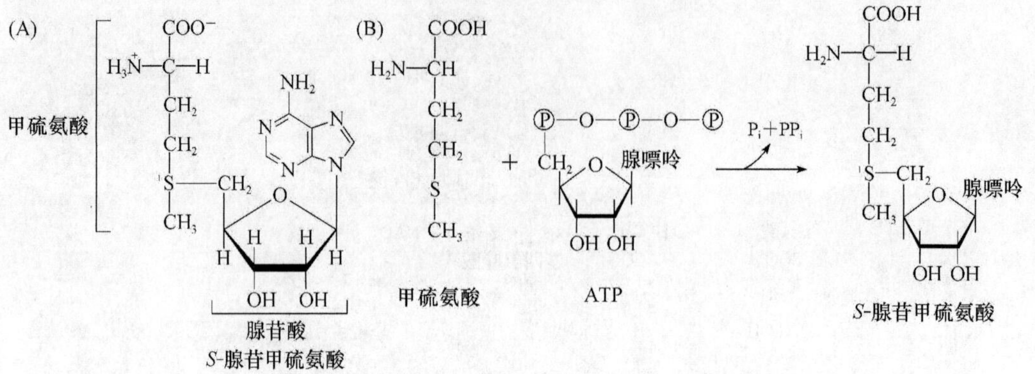

图 3.4.32 活性甲硫氨酸的分子结构和形成过程

谢的障碍可造成某些病理情况，如巨幼红细胞贫血等。磺胺药及某抗癌药（氨甲蝶呤等）正是分别通过干扰细菌及瘤细胞的叶酸、四氢叶酸合成，进而影响核酸合成而发挥药理作用的。

2）含硫氨基酸的代谢

含硫氨基酸共有甲硫氨酸、半胱氨酸和胱氨酸三种，甲硫氨酸可转变为半胱氨酸和胱氨酸，后两者也可以互变，但半胱氨酸和胱氨酸不能变成甲硫氨酸，所以甲硫氨酸是必需氨基酸。

A. 转甲基作用与甲硫氨酸循环

甲硫氨酸中含有 *S* 甲基，可参与多种转甲基的反应生成多种含甲基的生理活性物质。在腺苷转移酶催化下与 ATP 反应生成 *S*-腺苷甲硫氨酸（*S*-adenosyl methionine，SAM）。SAM 中的甲基是高度活化的，称活性甲基，SAM 称为活性甲硫氨酸。

SAM 可在不同甲基转移酶（methyl transferase）的催化下，将甲基转移给各种甲接受体而形成许多甲基化合物，如肾上腺素、胆碱、甜菜碱、肉毒碱、肌酸等都是从 SAM 中获得甲基的。SAM 是体内最主要的甲基供体。

SAM 转出甲基后形成 *S*-腺苷同型半胱氨酸（*S*-adenosyl homocystine，SAH），SAH 水解释出腺苷变为同型半胱氨酸（homocystine，hcys）。同型半胱氨酸可以接受 N^5-CH_3—FH_4 提供的甲基再生成甲硫氨酸，形成一个循环过程，称为甲硫氨酸循环（methionine cycle）（图 3.4.33）。此循环的生理意义在于甲硫氨酸分子中甲基可间接通过 N^5-CH_3—FH_4 由其他非必需氨基酸提供，以防甲硫氨酸的大量消耗。

N^5-CH_3—FH_4 同型半胱氨酸甲基转移酶的辅酶是甲基 B_{12}。维生素 B_{12} 缺乏会引起甲硫氨酸循环受阻。临床上可以见到维生素 B_{12} 缺乏引起的巨幼细胞性贫血。1962 年 Noronha 与 Silverman 首先提出了甲基陷阱学说（methyl-trap hypothesis），后来 Herbert 与 Zaulsky 又作了修改。这个学说认为：由于维生素 B_{12} 缺乏，引起甲基 B_{12} 缺乏，使甲基转移酶活性低下，甲基转移反应受阻导致叶酸以 N^5-CH_3—FH_4 形式在体内堆积。这样，其他形式的叶酸大量消耗，以这些叶酸作辅酶的酶活力降低，影响了嘌呤碱和胸腺嘧啶的合成，因而影响核酸的合成，引起巨幼细胞性贫血。也就是说，维生素 B_{12} 对核酸合成的影响是间接地通过影响叶酸代谢而实现的。

虽然甲硫氨酸循环可生成甲硫氨酸，但体内不能合成同型半胱氨酸，只能由甲硫氨酸转变而来，所以体内实际上不能合成甲硫氨酸，必须由食物供给。

同型半胱氨酸还可在胱硫醚合成酶（cystathionine synthetase）催化下与丝氨酸缩合生成胱硫醚（cystathionine），再经胱硫醚酶催化水解生成半胱氨酸、α-酮丁酸和氨。α-酮丁酸转变为琥珀酸单酰 CoA，通过三羧酸循环，可以生成葡萄糖，所以甲硫氨酸为生糖氨基酸。

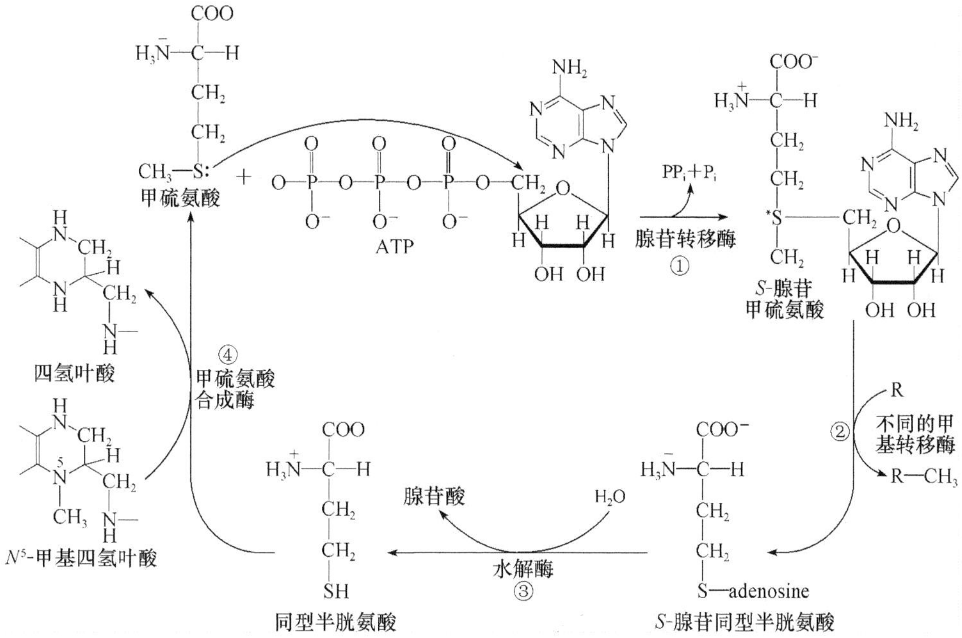

图 3.4.33 甲硫氨酸循环

B. 肌酸的合成

肌酸(creatine)和磷酸肌酸(creatine phosphate)在能量储存及利用中起重要作用。二者互变使体内 ATP 供应具有后备潜力。肌酸在肝和肾中合成,广泛分布于骨骼肌、心肌、大脑等组织中。肌酸以甘氨酸为骨架,精氨酸提供脒基、SAM 供给甲基、在脒基转移酶和甲基转移酶的催化下合成。在肌酸激酶(creatine phosphokinase,CPK)催化下将 ATP 中 P_i 转移到肌酸分子中形成磷酸肌酸(CP)储备起来(图 3.4.34)。

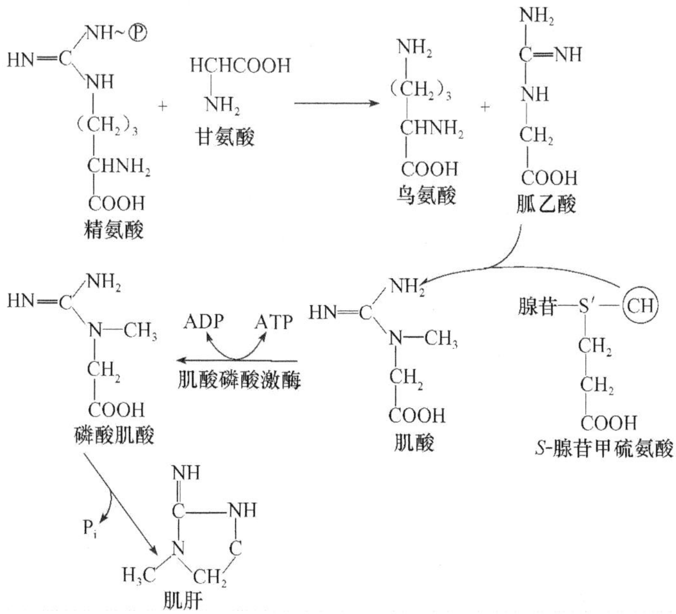

图 3.4.34 肌酸的形成

肌酸和磷酸肌酸代谢的终产物是肌酸酐(creatinine)简称肌酐。

C. 半胱氨酸和胱氨酸的代谢

a. 半胱氨酸和胱氨酸的互变

半胱氨酸含巯基(—SH),胱氨酸含有二硫键(—S—S—),二者可通过氧化还原而互变。胱氨酸不参与蛋白质的合成,蛋白质中的胱氨酸由半胱氨酸残基氧化脱氢而来。在蛋白质分子中两个半胱氨酸残基间所形成的二硫键对维持蛋白质分子构象起重要作用。而蛋白质分子中半胱氨酸的巯基是许多蛋白质或酶的活性基团。

b. 半胱氨酸分解代谢

机体中半胱氨酸主要通过两条途径降解为丙酮酸。一条是加双氧酶催化的直接氧化途径,或称半胱亚磺酸途径;另一条是通过转氨的 3-巯基丙酮酸途径。

c. 活性硫酸根代谢

含硫氨基酸经分解代谢可生成 H_2S,H_2S 氧化成为硫酸。半胱氨酸巯基亦可先氧化生成亚磺基,然后再生成硫酸。其中一部分以无机盐形式从尿中排出,一部分经活化生成 3′-磷酸腺苷-5′-磷酸硫酸(3′-phosphoadenosine-5′-phosphosulfate,PAPS),即活性硫酸根(图 3.4.35)。

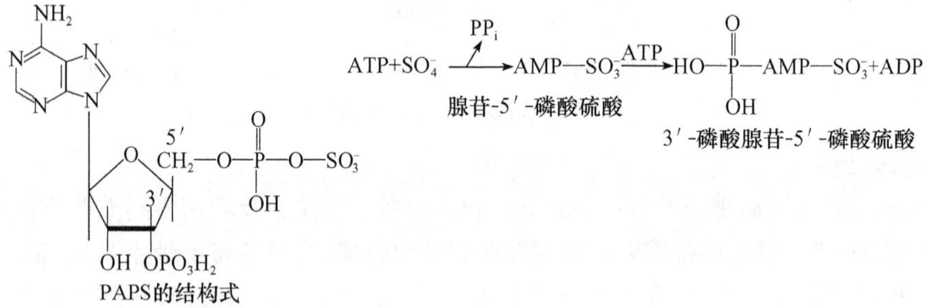

PAPS的结构式

$$ATP+SO_4^- \xrightarrow{-PP_i} AMP—SO_3^- \xrightarrow{ATP} HO—P(=O)(OH)—AMP—SO_3^- + ADP$$

腺苷-5′-磷酸硫酸　　3′-磷酸腺苷-5′-磷酸硫酸

图 3.4.35　PAPS 的分子结构与含硫氨基酸的活化

PAPS 的性质活泼,在肝脏的生物转化中有重要作用。例如,类固醇激素可与 PAPS 结合成硫酸酯而被灭活,一些外源性酚类亦可形成硫酸酯而增加其溶解性以利于从尿于排出。此外,PAPS 也可参与硫酸角质素及硫酸软骨素等分子中硫酸化氨基多糖的合成。

d. 谷胱甘肽的合成

谷胱甘肽(glutathione,γ-glutamyl cysteinylglycine,GSH)是一种含 γ-酰胺键的三肽,由谷氨酸、半胱氨酸及甘氨酸组成。GSH 的合成通过 γ-谷氨酰基循环(γ-glutamyl cycle),由 Meister 提出,又称为 Meister 循环(图 3.4.36)。γ-谷氨酰基循环有双重作用,一是 GSH 的再合成,二是通过 GSH 的合成与分解将外源氨基酸主动转运到细胞内。

GSH 的合成由 γ-谷氨酰半胱氨酸合成酶(γ-glutamylcystein synthetase)和 GSH 合成酶(GSH synthetase)所催化。由 ATP 水解供能。GSH 的分解中 γ-谷氨酰转肽酶(γ-glutamyl transpeptidase)、γ-谷氨酰环转移酶(γ-glutamyl cyclotransferase)和 5-氧脯氨酸酶(5oxoprolinase)及一个细胞内肽酶(protease)所催化。

GSH 在人体解毒、氨基酸转运及代谢中均有重要作用。GSH 的活性基团是其半胱氨酸残基上的巯基,GSH 有氧化型和还原型两种形式,可以互变(图 3.4.37)。

谷胱甘肽还原酶催化上面反应,辅酶为 NADPH,细胞中 GSH 与 GSSG 的比例为 100∶1。GSH 可保护某些蛋白质及酶分子的巯基不被氧化,从而维持其生物活性。例如,红细胞中含有较多 GSH,对保护红细胞膜完整性及促使高铁血红蛋白还原为血红蛋白均有重要作用。此外,体内产生的过氧化物及自由基,亦可通过含硒的 GSH 过氧化酶而被清除。

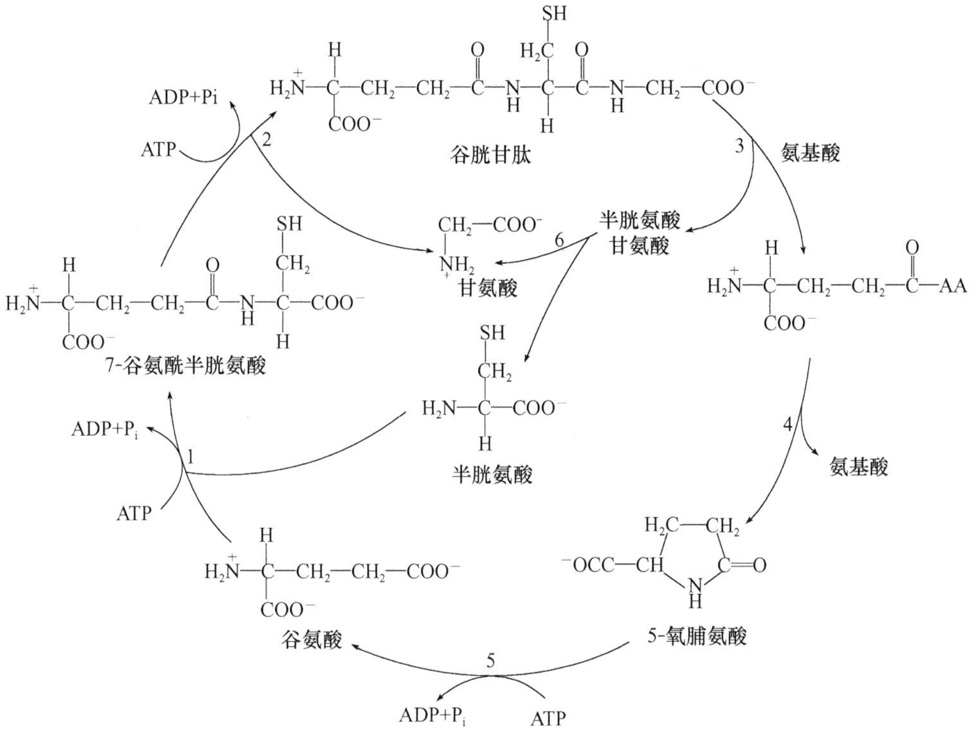

图 3.4.36 Meister 循环

3）芳香族氨基酸的代谢

$$2G—SH \underset{+2H}{\overset{-2H}{\rightleftharpoons}} G—S—S—G$$

图 3.4.37 谷胱甘肽两种形式的互变

芳香族氨基酸包括苯丙氨酸、酪氨酸和色氨酸，苯丙氨酸和酪氨酸结构相似，在体内苯丙氨酸可转变成酪氨酶，所以合并在一起讨论。

A. 苯丙氨酸和酪氨酸

a. 苯丙氨酸在体内一般先转变为酪氨酸

由苯丙氨酸羟化酶(phenylalanine hydroxylase)催化引入羟基完成，其辅酶为四氢生物嘌呤。反应生成的二氢生物蝶呤，由二氢叶酸还原酶催化，借助 NADPH＋H^+ 还原为四氢化合物(图 3.4.38)。

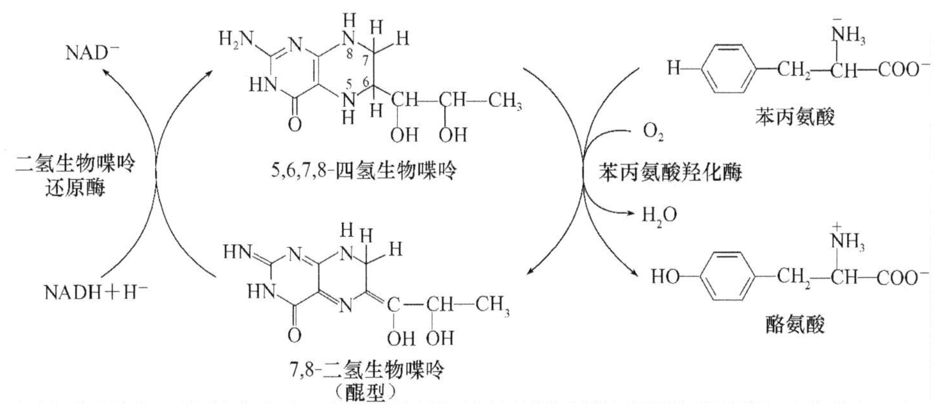

图 3.4.38 苯丙氨酸在酶的作用下形成酪氨酸

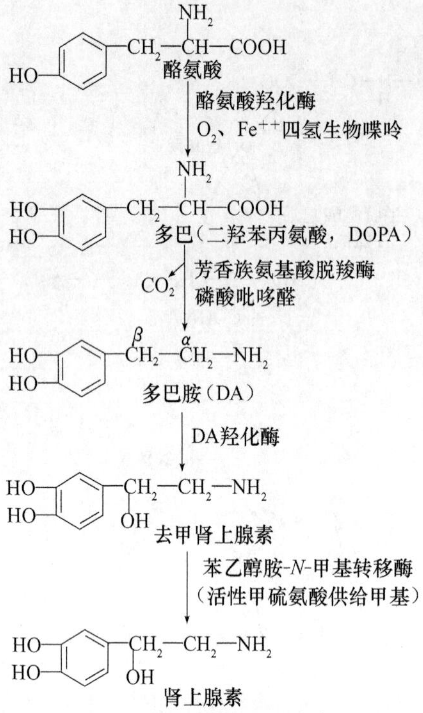

图 3.4.39 酪氨酸形成肾上腺素的过程

苯丙氨酸羟化酶所催化的反应不可逆，体内酪氨酸不能转变为苯丙氨酸。

b. 儿茶酚胺与黑色素的合成

酪氨酸经酪氨酸羟化酶（tyrosine hydroxylase）催化生成3，4-二羟-苯丙氨酸（3，4 dihydroxyphenylalanine L-DOPA）（多巴）。此酶也是以四氢生物蝶呤为辅酶的加单氧酶，多巴经多巴脱羧酶催化生成多巴胺（dopamine）。多巴胺在多巴胺 β-氧化酶（dopamine β-oxidase）催化下使β碳原子羟化，生成去甲肾上腺素（norepinephrine）。而后由 SAM 提供甲基使去甲肾上腺素甲基化生成肾上腺素（epinephrine）。多巴胺、去甲肾上腺素、肾上腺素统称为儿茶酚胺（catecholamine）。酪氨酸羟化酶是儿茶酚胺合成的限速酶，受终产物的反馈调节（图 3.4.39）。

在黑色素细胞中，酪氨酸在酪氨酸酶催化下羟化生成多巴，多巴再经氧化生成多巴醌而进入合成黑色素的途径（图 3.4.40）。所形成的多巴醌进一步环化和脱羧生成吲哚醌。黑色素即是吲哚醌的聚合物。人体若缺乏酪氨酸酶，黑色素合成障碍，皮肤、毛发发“白”，称为白化病（albinism）。

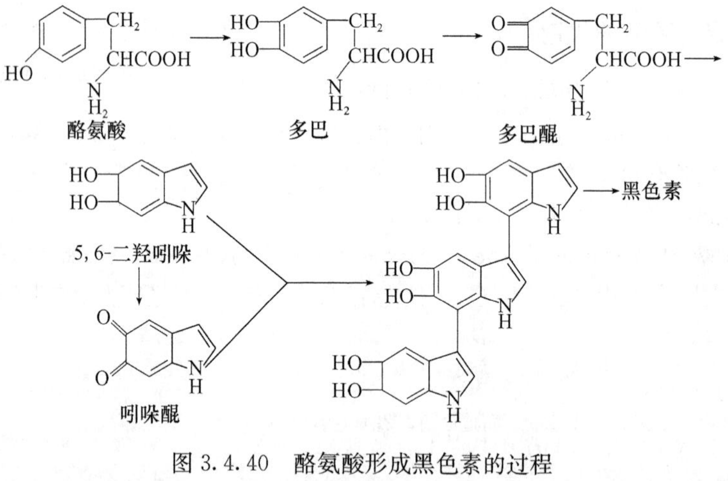

图 3.4.40 酪氨酸形成黑色素的过程

c. 酪氨酸是生糖兼生酮氨基酸

酪氨酸经转氨基作用生成对羟基苯丙酮酸，进一步分解则生成乙酰乙酸和延胡索酸，所以是生糖兼生酮氨基酸（图 3.4.41）。

B. 色氨酸的代谢

色氨酸是必需氨基酸。大多数蛋白质中含量均较少，机体对其摄取少，分解也少。除参加蛋白质合成外，色氨酸还可经氧化脱羧生成5-羟色胺（见前述）。并可降解产生生糖、生酮成分，此过程中产生一碳单位及烟酸等。

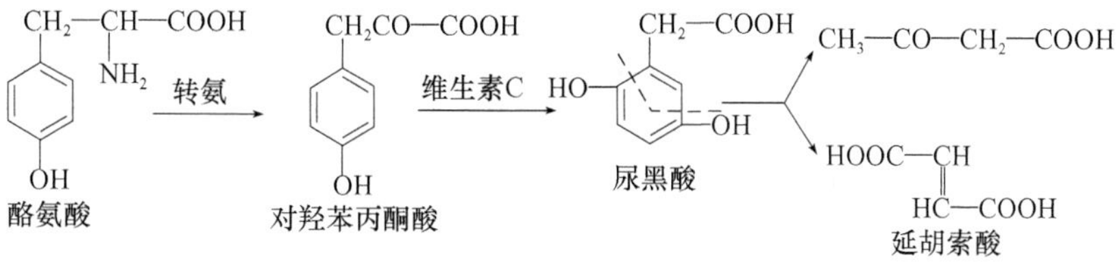

$CH_2—CH—COOH$ NH_2 转氨 $CH_2CO—COOH$ 维生素C HO— $CH_2—COOH$ —OH $CH_3—CO—CH_2—COOH$ HOOC—CH HC—COOH

OH 酪氨酸 OH 对羟苯丙酮酸 尿黑酸 延胡索酸

图 3.4.41 酪氨酸的分解

a. 色氨酸分解

色氨酸分解首先在色氨酸-2,3-加双氧酶(tryptophan-2,3-dioxygenase)作用下将吡咯环打开,生成 *N*-甲酰犬尿氨酸(*N*-formylkynurenine)。此酶辅基为铁卟啉,VitC 有保护辅基中 Fe^{2+} 不被氧化的作用,亦可说 VitC 是此酶的激活剂。在甲酰胺酶(formamidase)的作用下,甲酰犬尿氨酸脱甲酰基生成甲酸和犬尿氨酸,甲酸可参加一碳单位代谢。而犬尿氨酸则有三个不同代谢方向。

(1) 犬尿氨酸主要由犬尿氨酸羟化酶(kynurenine-3-monoxygenase)催化生成 3-羟犬尿氨酸(3-hydroxykynurenine),而后由犬尿氨酸酶(kynureninase)(以 PLP 为辅酶)催化水解裂出丙氨酸,并生成了 3-羟邻氨苯甲酸(3-hydroxyanthranilate),丙氨酸可经转氨生成丙酮酸,而 3-羟邻苯甲酸经氧化裂环,脱羧等反应生成 α-酮乙酸,进而生成乙酰乙酸。因此,色氨酸为生糖兼生酮氨基酸。

(2) 少量犬尿氨酸经转氨作用并缩合生成犬尿酸。

(3) 少量裂解出丙氨酸后生成邻氨苯甲酸。

b. 烟酸的生成

色氨酸分解代谢中的 3-羟邻氨苯甲酸经 3-羟邻氨苯丙酸-3,4-加双氧酶(3-hydroxyanthranilate-3,4-dioxygenase)催化裂环,可生成烟酸,是构成 $NAD(P)^+$ 的关键成分。这是体内合成维生素的一个特例。

4) 支链氨基酸的代谢

支链氨基酸(branched amino acid,BCAA)包括亮氨酸、异亮氨酸和缬氨酸。三者均为必需氨基酸。分解代谢主要在肌肉组织中进行。它们分属于三类,亮氨酸为生酮氨基酸,缬氨酸为生糖氨基酸,异亮氨酸为生糖兼生酮氨基酸。

三种支链氨基酸分解代谢过程均较复杂,一般可分为两个阶段。第一阶段,三种氨基酸前三步反应性质相同,产物类似。均为 CoA 的衍生物,可称为共同反应阶段。第二阶段则反应各异,经若干步反应,亮氨酸产生乙酰 CoA 及乙酰乙酰 CoA,缬氨酸产生琥珀酸单酰 CoA,异亮氨酸产生乙酰 CoA 及琥珀酸单酰 CoA 分别纳入生糖或生酮的代谢。

3.4.3.3 氨基酸的生物合成

组成人体蛋白质的氨基酸中,有些氨基酸只能在植物及微生物体内合成,动物体必须从食物中摄取,这些氨基酸即必需氨基酸(essential amino acid),其余的氨基酸可利用代谢中间产物合成,称为非必需氨基酸(nonessential amino acid)。

除酪氨酸外,体内非必需氨基酸由 4 种共同代谢中间产物(丙酮酸、草酰乙酸、α-酮戊二酸及3-磷酸甘油)之一作其前体简单合成。如前所述,酪氨酸由苯丙氨酸必需氨基酸羟化生成,严格讲酪氨酸不是非必需氨基酸,对日粮中苯丙氨酸的需要量同时也反映了对酪氨酸的需要量。

1) 丙氨酸、天冬酰胺、天冬氨酸、谷氨酸及谷氨酰胺由丙酮酸、草酰乙酸和 α-酮戊二酸合成

三种 α-酮酸:丙酮酸、草酰乙酸和 α-酮戊二酸分别为丙氨酸、天冬氨酸和谷氨酸的前体,经

一步转氨反应可生成相应氨基酸(图 3.4.42,反应 1～3)。天冬酰胺和谷氨酰胺分别由天冬氨酸和谷氨酸加氨反应生成(图 3.4.42,反应 4、5)。谷氨酰胺合成酶(glutamine synthetase)催化谷氨酰胺合成,NH_3 为氨基供体、反应中消耗 ATP 生成 ADP 和 P_i。而天冬酰胺由天冬酰胺合成酶(asparagine synthetase)催化合成,利用谷氨酰胺提供氨基、消耗 ATP 生成 AMP+PP_i。

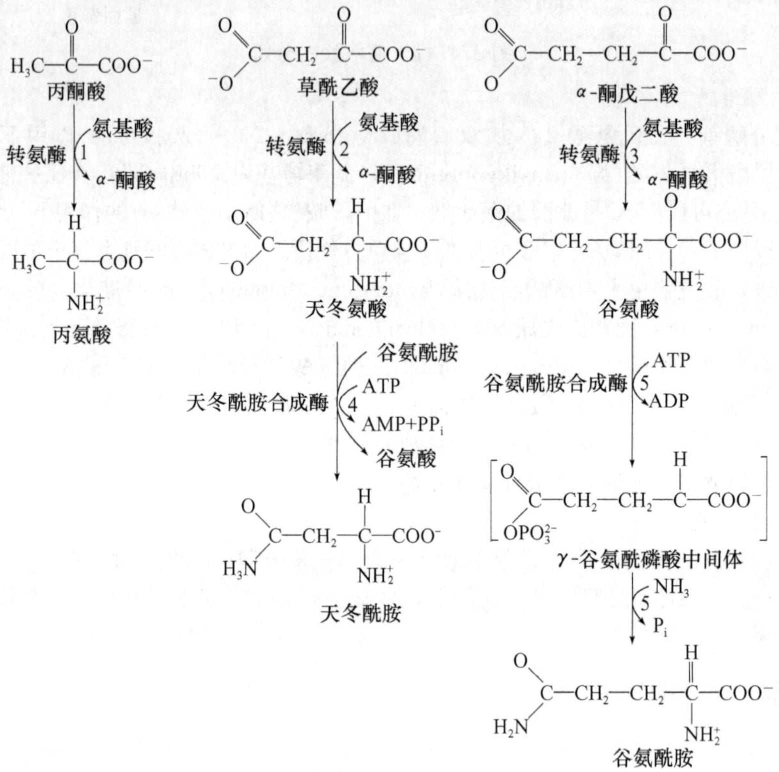

$H_3C-CO-COO^-$ 丙酮酸 —(转氨酶 1:氨基酸 → α-酮酸)→ $H_3C-CH(NH_2^+)-COO^-$ 丙氨酸

$^-O(O)C-CH_2-CO-COO^-$ 草酰乙酸 —(转氨酶 2:氨基酸 → α-酮酸)→ $^-O(O)C-CH_2-CH(NH_2^+)-COO^-$ 天冬氨酸 —(天冬酰胺合成酶 4:谷氨酰胺、ATP → AMP+PP_i、谷氨酸)→ $H_3N(O)C-CH_2-CH(NH_2^+)-COO^-$ 天冬酰胺

$^-O(O)C-CH_2-CH_2-CO-COO^-$ α-酮戊二酸 —(转氨酶 3:氨基酸 → α-酮酸)→ $^-O(O)C-CH_2-CH_2-CH(NH_2^+)-COO^-$ 谷氨酸 —(谷氨酰胺合成酶 5:ATP → ADP)→ [$OPO_3^{2-}(O)C-CH_2-CH_2-CH-COO^-$] γ-谷氨酰磷酸中间体 —(5:$NH_3$ → P_i)→ $H_2N(O)C-CH_2-CH_2-CH(NH_2^+)-COO^-$ 谷氨酰胺

图 3.4.42 丙氨酸、天冬酰胺和谷氨酰胺的合成过程

谷氨酰胺是许多生物合成反应的氨基供体,同时也是体内 NH_3 的储存形式。谷氨酰胺合成酶位于体内氨代谢的中枢位置。实事上,此酶由 α-酮戊二酸激活,此种调控作用有利于防止谷氨酸氧化脱氨造成体内氨的堆积。

2) 谷氨酸是脯氨酸,鸟氨酸和精氨酸的前体

谷氨酸 γ-羧基还原生成醛,继而形成中间席夫碱,进一步还原可生成脯氨酸(图 3.4.43)。此过程中的中间产物 5-谷氨酸半醛(glutamate 5-semialdehyde)在鸟氨酸-δ-氨基转移酶(ornithine δ-amino-transferase)催化下直接转氨生成鸟氨酸。

3) 丝氨酸、半胱氨酸和甘氨酸由三磷酸甘油生成

丝氨酸由糖代谢中间产物3-磷酸甘油经三步反应生成。①3-磷酸甘油酸在 3-磷酸甘油酸脱氢酶催化下生成 3-磷酸羟基丙酮酸(3-phosphohydroxypyruvate);②由谷氨酸提供氨基经转氨作用生成 3-磷酸丝氨酸(3-phosphoserine);③3-磷酸丝氨酸水解生成丝氨酸。

丝氨酸以两种途径参与甘氨酸的合成:①由丝氨酸羟甲酰转移酶(serine hydroxy methyltransfease)催化直接生成甘氨酸,同时生成 N^5,N^{10}-甲酰 FH_4。②由 N^5,N^{10}-CHO-FH_4,CO_2 和 NH_4^+ 在甘氨酸合成酶(glycine synthetase)催化下缩合生成。

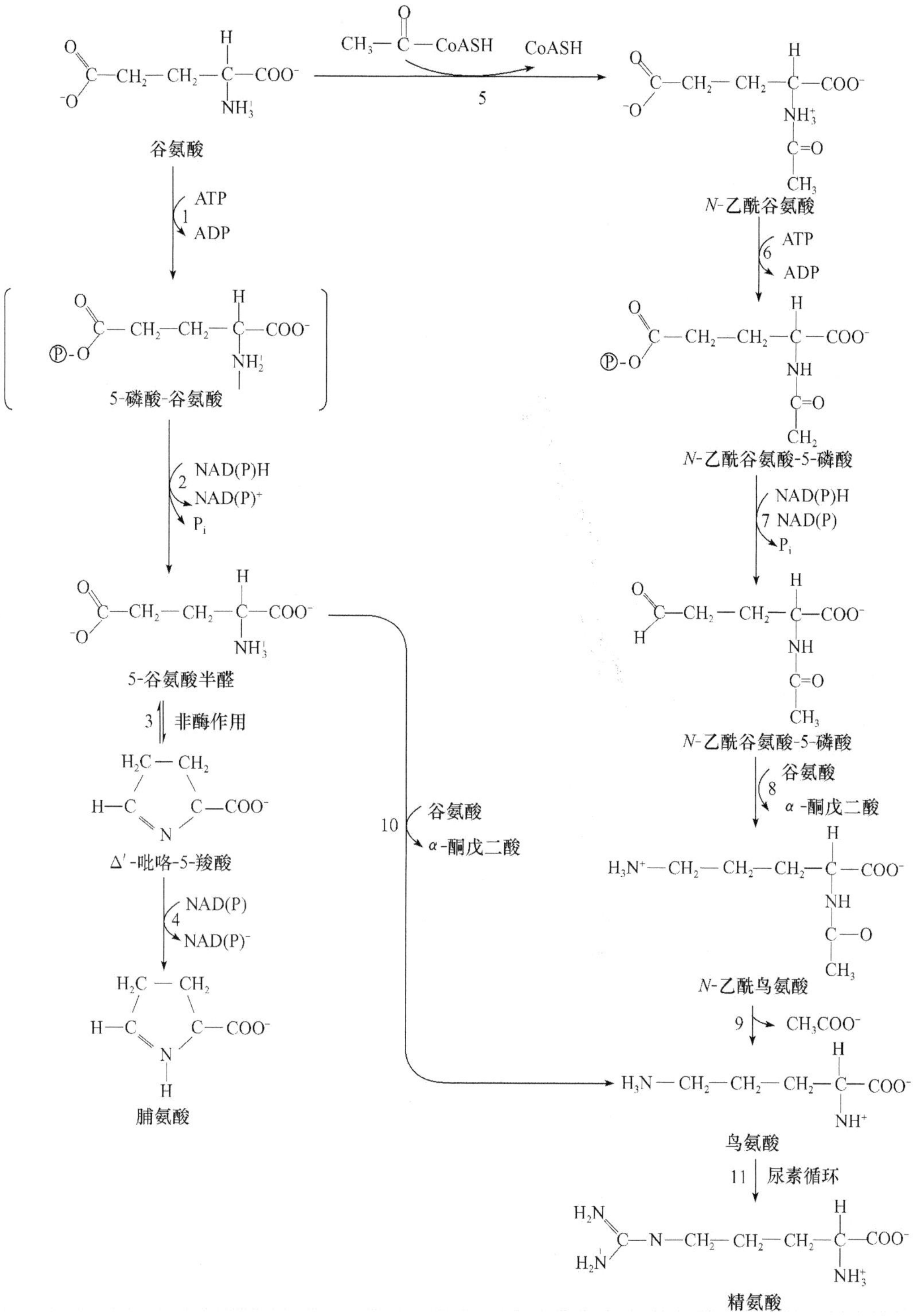

谷氨酸

$CH_3-\overset{O}{\overset{\|}{C}}-CoASH$ → CoASH (5)

N-乙酰谷氨酸

1 ATP → ADP

5-磷酸-谷氨酸

6 ATP → ADP

N-乙酰谷氨酸-5-磷酸

2 NAD(P)H → NAD(P)$^+$, P_i

7 NAD(P)H → NAD(P), P_i

5-谷氨酸半醛

N-乙酰谷氨酸-5-磷酸

3 非酶作用

Δ′-吡咯-5-羧酸

8 谷氨酸 → α-酮戊二酸

10 谷氨酸 → α-酮戊二酸

4 NAD(P) → NAD(P)$^-$

N-乙酰鸟氨酸

9 → CH_3COO^-

脯氨酸

鸟氨酸

11 尿素循环

精氨酸

图 3.4.43 经谷氨酸形成三种其他氨基酸过程

在甲硫氨酸代谢中已讨论过，机体中半胱氨酸可由甲硫氨酸分解代谢中间产物同型半胱氨酸和丝氨酸合成，半胱氨酸的巯基来源于必需氨基酸——甲硫氨酸，故有人将其称为半必需氨基酸（semiessential amino acid）。而在植物及微生物中，半胱氨酸在丝氨酸乙酰转移酶催化下被乙酰基取代生成 O-乙酰丝氨酸（O-acetyl serine）。乙酰基被巯基取代生成半胱氨酸。反应中的羟基由 PAPS 经 PAPS 还原酶及亚硫酸还原酶（sulfite reductase）催化生成。

3.4.4 核苷酸代谢

核苷酸在机体内广泛分布，具有多种生物学功能。①核苷酸是构成核酸的基本单位，这是其最主要功能。②储存能量：三磷酸核苷酸，尤其是 ATP 是细胞的主要能量形式；另外，一些活化的中间产物，如 UDP-葡萄糖，也含有核苷酸成分。③参与代谢和生理调节：许多代谢过程受到体内 ATP、ADP 或 AMP 水平的调节；cAMP（或 cGMP）是多种细胞膜激素受体的调节作用的第二信使。④组成辅酶，如腺苷酸可作为 NAD^+、$NADP^+$、FMN、FAD 及 CoA 等的组成成分。

几乎所有细胞均可以通过从头合成及补救合成两种途径合成核苷酸。本章重点讨论核苷酸的生物合成过程。同时学习其合成的调节，并了解核苷酸的分解代谢等内容。

3.4.4.1 核苷酸的化学结构

核苷酸是组成核酸的基本单位。组成 DNA 的核苷酸是脱氧核糖核苷酸（deoxyribonucleotide）。组成 RNA 的是核糖核苷酸（ribonucleotide）。核苷酸可以进一步水解为核苷（nucleoside）和磷酸，核苷又可以水解为戊糖（pentose）和碱基（base）。

核苷酸中的戊糖有核糖（ribose）和脱氧核糖（deoxyribose）两种，分别存在于核糖核苷酸和脱氧核糖核苷酸中。核苷酸中的碱基均为含氮杂环化合物，分属于嘌呤衍生物和嘧啶衍生物。核苷酸中的嘌呤碱基主要有鸟嘌呤（guanine）和腺嘌呤（adenine）；嘧啶碱基主要有尿嘧啶（uracil）、胞嘧啶（cytosine）和胸腺嘧啶（thymine）。其中尿嘧啶只存在于 RNA 中，而胸腺嘧啶只存在于 DNA 中。

碱基与戊糖以糖苷键相连接构成核苷，通常是戊糖的 C1′与嘧啶碱的 N1 或嘌呤碱的 N9 相连接。核苷中的戊糖与磷酸以磷酸酯键连接构成核苷酸。体内核苷酸大多数是以核糖或脱氧核糖 C5′上羟基被磷酸化，形成 5′-核苷酸（5′-nucleotide）。除一磷酸核苷外，体内还有核苷的二磷酸酯和三磷酸酯形式。以核糖腺苷酸为例，除 AMP 外，还有二磷酸腺苷（adenosine 5′-diphosphate，ADP）及三磷酸腺苷（adenosine 5′-triphosphate，ATP）。二磷酸核苷酸和三磷酸核苷酸多为核苷酸有关代谢中间产物或酶活性及代谢的调节物质。三磷酸核苷酸是参与核酸合成的直接形式，并同时为生理储能和供能的重要形式。

1）嘌呤核苷酸的合成代谢

体内嘌呤核苷酸的合成有两条途径：①利用磷酸核糖、氨基酸、一碳单位及 CO_2 等简单物质为原料合成嘌呤核苷酸的过程，称为从头合成途径（denovo synthesis），是体内的主要合成途径。②利用体内游离嘌呤或嘌呤核苷，经简单反应过程生成嘌呤核苷酸的过程，称重新利用（或补救合成）途径（salvage pathway）。在部分组织如脑、骨髓中只能通过此途径合成核苷酸。

A. 嘌呤核苷酸的从头合成

早在 1948 年，Buchanan 等采用同位素标记不同化合物喂养鸽子，并测定排出的尿酸中标记原子的位置的同位素示踪技术，证实合成嘌呤的前身物为：氨基酸（甘氨酸、天冬氨酸和谷氨酰胺)、CO_2 和一碳单位(N^{10}-甲酰 FH_4,N^5,N^{10}-甲炔 FH_4)。嘌呤环合成的原料来源如图 3.4.44 所示。

随后,Buchanan 和 Greenberg 等进一步搞清了嘌呤核苷酸的合成过程。出人意料的是,体内嘌呤核苷酸的合成并非先合成嘌呤碱基,然后再与核糖及磷酸结合,而是在磷酸核糖的基础上逐步合成嘌呤核苷酸。

嘌呤核苷酸的从头合成主要在胞液中进行,可分为两个阶段:首先合成次黄嘌呤核苷酸(inosine monophosphate,IMP);然后通过不同途径分别生成 AMP 和 GMP。下面分步介绍嘌呤核苷酸的合成过程(图 3.4.45)。

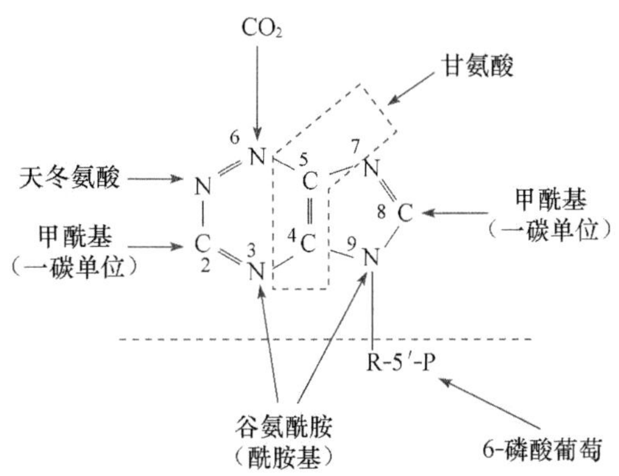

图 3.4.44 嘌呤环合成的原料来源

首先是 5-磷酸核糖的活化:嘌呤核苷酸合成的起始物为 α-D-核糖-5-磷酸,是磷酸戊糖途径代谢产物。嘌呤核苷酸生物合成的第一步是由磷酸戊糖焦磷酸激酶(ribose phosphate pyrophosphokinase)催化,与 ATP 反应生成 5-磷酸核糖-α-焦磷酸(5-phosphoribosyl α-pyrophosphate PRPP)。此反应中 ATP 的焦磷酸根直接转移到 5-磷酸核糖 C1 位上。PRPP 同时也是嘧啶核苷酸及组氨酸、色氨酸合成的前体。因此,磷酸戊糖焦磷酸激酶是多种生物合成过程的重要酶,此酶为一变构酶,受多种代谢产物的变构调节。如 PP_i 和 2,3-DPG 为其变构激活剂。ADP 和 GDP 为变构抑制剂。

(1) 获得嘌呤的 N9 原子:由磷酸核糖酰胺转移酶(amidophosphoribosyl transferase)催化,谷氨酰胺提供酰胺基取代 PRPP 的焦磷酸基团,形成 β-5-磷酸核糖胺(β-5-phosphoribosylamine PRA)。此步反应由焦磷酸的水解供能,是嘌呤合成的限速步骤。酰胺转移酶为限速酶,受嘌呤核苷酸的反馈抑制。

(2) 获得嘌呤 C4、C5 和 N7 原子:由甘氨酰胺核苷酸合成酶(glycinamide ribotide synthetase)催化甘氨酸与 PRA 缩合,生成甘氨酰胺核苷酸(glycinamide ribotide,GAR)。由 ATP 水解供能。此步反应为可逆反应,是合成过程中唯一可同时获得多个原子的反应。

(3) 获得嘌呤 C8 原子:GAR 的自由 α-氨基甲酰化生成甲酰甘氨酰胺核苷酸(formylgly cinamide ribotide,FGAR)。由 N^{10}-甲酰-FH_4 提供甲酰基。催化此反应的酶为 GAR 甲酰转移酶(GAR transformylase)。

(4) 获得嘌呤的 N3 原子:第二个谷氨酰胺的酰胺基转移到正在生成的嘌呤环上,生成甲酰甘氨脒核苷酸(formylglycinamidine ribotide,FGAM)。此反应为耗能反应,由 ATP 水解生成 ADP+P_i 供能。

(5) 嘌呤咪唑环的形成:FGAM 经过耗能的分子内重排,环化生成 5-氨基咪唑核苷酸(5-amino-imidazole ribotide,AIR)。

(6) 获得嘌呤 C6 原子:C6 原子由 CO_2 提供,由 AIR 羧化酶(AIR carboxylase)催化生成羧基氨基咪唑核苷酸(carboxy amino-imidazole ribotide,CAIR)。

(7) 获得 N1 原子:由天冬氨酸与 AIR 缩合反应,生成 5-氨基咪唑-4-(*N*-琥珀酰胺)核苷酸[4-amino-imidazole-4-(*N*-succinylocarboxamide) ribotide, SACAIR]。此反应与(3)步相似,由 ATP 水解供能。

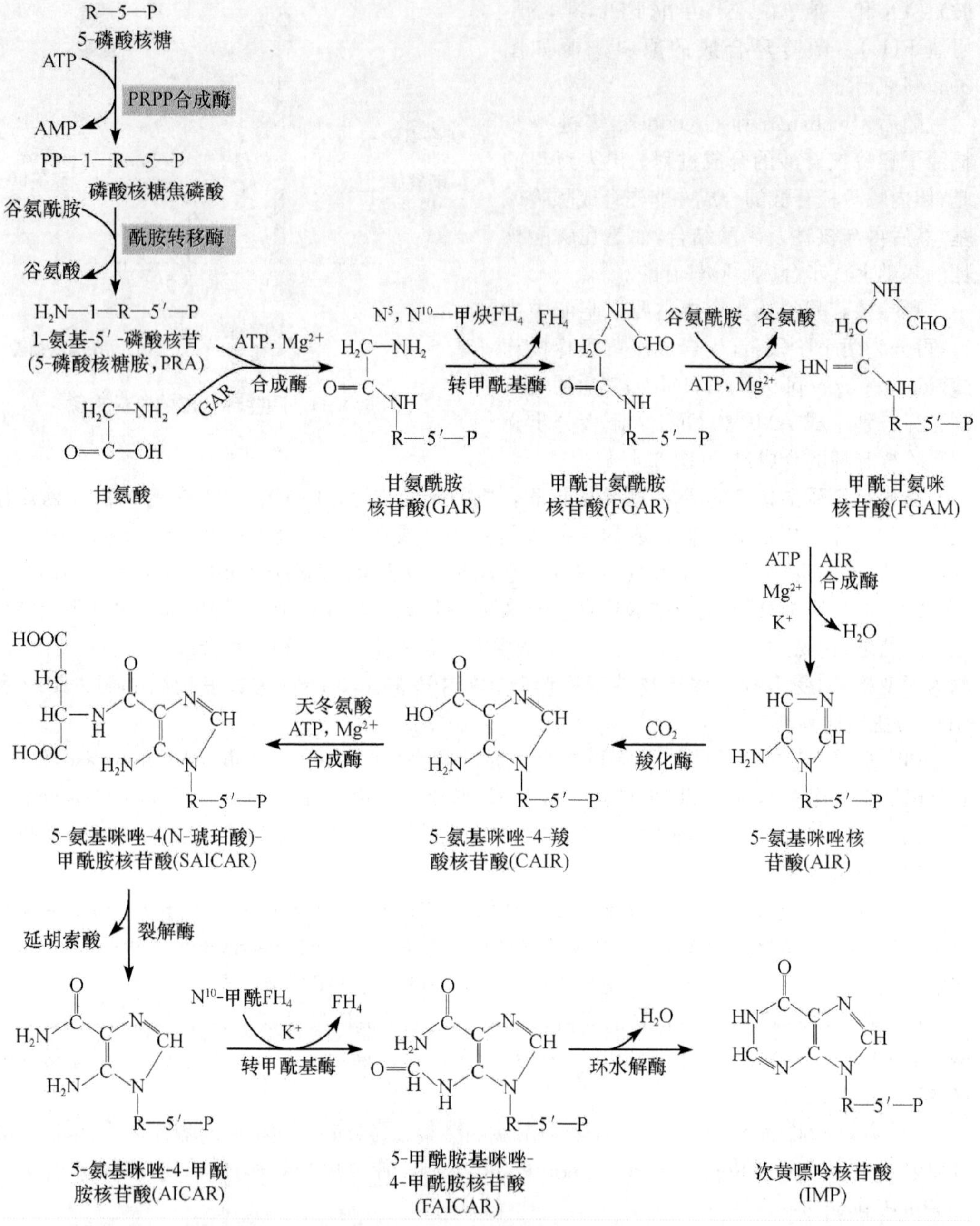

图 3.4.45　嘌呤核苷酸的合成过程

(8) 去除延胡索酸：SACAIR 在 SACAIR 甲酰转移酶催化下脱去延胡索酸生成 5-氨基咪唑-4-甲酰胺核苷酸(5-amino-imidazole-4-carboxamide ribotide，AICAR)。1.1.7、1.1.8 两步反应与尿素循环中精氨酸生成鸟氨酸的反应相似。

(9) 获得 C2：嘌呤环的最后一个 C 原子由 N^{10}-甲酰-FH_4 提供，由 AICAR 甲酰转移酶催化 AICAR 甲酰化生成 5-甲酰胺基咪唑-4-甲酰胺核苷酸(5-formamino-imidazole-4-carboxyamide ribotide，FAICAR)。

(10) 环化生成 IMP：FAICAR 脱水环化生成 IMP。与反应(6)相反，此环化反应无需 ATP 供能。

B. 由 IMP 生成 AMP 和 GMP

上述反应生成的 IMP 并不堆积在细胞内，而是迅速转变为 AMP 和 GMP。AMP 与 IMP 的差别仅是 6 位酮基被氨基取代(图 3.4.46)。此反应由两步反应完成。

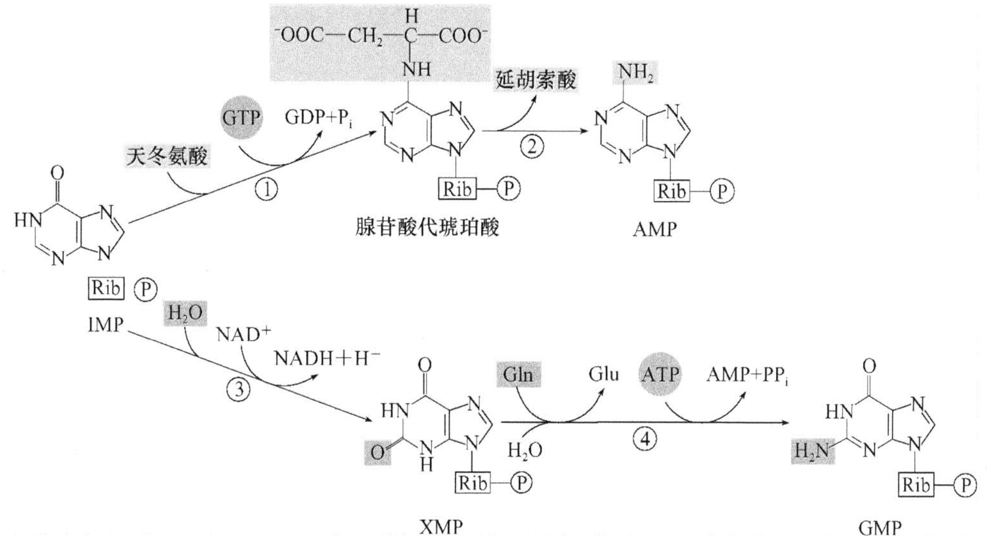

图 3.4.46 通过 IMP 形成 AMP 和 GMP 的过程

(1) 天冬氨酸的氨基与 IMP 相连生成腺苷酸代琥珀酸(adenylosuccinate)，由腺苷酸代琥珀酸合成酶催化，GTP 水解供能。

(2) 在腺苷酸代琥珀酸裂解酶作用下脱去延胡索酸生成 AMP。

GMP 的生成也由二步反应完成。①IMP 由 IMP 脱氢酶催化，以 NAD^+ 为受氢体，氧化生成黄嘌呤核苷酸(xanthosine monophosphate，XMP)。②谷氨酰胺提供酰胺基取代 XMP 中 C2 上的氧生成 GMP，此反应由 GMP 合成酶催化，由 ATP 水解供能。

一磷酸核苷磷酸化生成二磷酸核苷和三磷核苷。

要参与核酸的合成。一磷酸核苷必须先转变为二磷酸核苷再进一步转变为三磷酸核苷。二磷酸核苷由碱基特异的核苷一磷酸激酶(nucleoside monophosphate kinase)催化，由相应一磷酸核苷生成。例如，腺苷激酶催化 AMP 磷酸化生成 ADP。

二磷酸核苷激酶对底物的碱基及戊糖(核糖或脱氧核糖)均无特异性。此酶催化反应通过“乒乓机制”，即底物 NTP 使酶分子的组氨酶残基磷酸化，进而催化底物 NDP 的磷酸化。反应 $\Delta G\approx 0$，为可逆反应。

C. 嘌呤核苷酸从头合成的调节

从头合成是体内合成嘌呤核苷酸的主要途径。但此过程要消耗氨基酸及 ATP。机体对合成速度有着精细的调节。在大多数细胞中，分别调节 IMP、ATP 和 GTP 的合成，不仅调节嘌呤核苷酸的总量，而且使 ATP 和 GTP 的水平保持相对平衡。嘌呤核苷酸合成调节网如图 3.4.47 所示。

IMP 途径的调节主要在合成的前两步反应，即催化 PRPP 和 PRA 的生成。核糖磷酸焦磷酸激酶受 ADP 和 GDP 的反馈抑制。磷酸核糖酰胺转移酶受到 ATP、ADP、AMP 及 GTP、GDP、GMP 的反馈抑制。ATP、ADP 和 AMP 结合酶的一个抑制位点，而 GTP、GDP 和 GMP 结

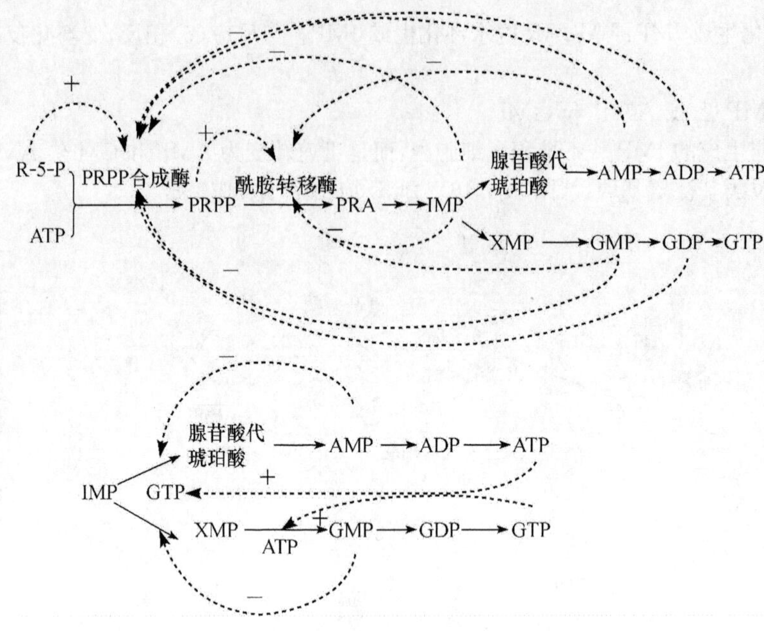

图 3.4.47　嘌呤核苷酸合成调节网

合另一抑制位点。因此，IMP 的生成速率受腺嘌呤和鸟嘌呤核苷酸的独立和协同调节。此外，PRPP 可变构激活磷酸核糖酰胺转移酶。

第二水平的调节作用于 IMP 向 AMP 和 GMP 的转变过程。GMP 反馈抑制 IMP 向 XMP 转变，AMP 则反馈抑制 IMP 转变为腺苷酸代琥珀酸，从而防止生成过多 AMP 和 GMP。此外，腺嘌呤和鸟嘌呤的合成是平衡的。GTP 加速 IMP 向 AMP 转变，而 ATP 则可促进 GMP 的生成，这样使腺嘌呤和鸟嘌呤核苷酸的水平保持相对平衡，以满足核酸合成的需要。

2）补救合成途径

大多数细胞更新其核酸（尤其是 RNA）过程中，要分解核酸产生核苷和游离碱基。细胞利用游离碱基或核苷重新合成相应核苷酸的过程称为补救合成（salvage pathway）。与从头合成不同，补救合成过程较简单，消耗能量也较少。由两种特异性不同的酶参与嘌呤核苷酸的补救合成。腺嘌呤磷酸核糖转移酶（adenine phosphoribosyl transferase，APRT）催化 PRPP 与腺嘌呤合成 AMP；人体内嘌呤核苷的补救合成只能通过腺苷激酶催化，使腺嘌呤核苷生成腺嘌呤核苷酸。

嘌呤核苷酸补救合成是一种次要途径。其生理意义一方面在于可以节省能量及减少氨基酸的消耗；另一方面对某些缺乏主要合成途径的组织，如白细胞和血小板、脑、骨髓、脾等，具有重要的生理意义。

3.4.4.2　嘧啶核苷酸的合成代谢

嘧啶核苷酸合成也有两条途径，即从头合成和补救合成。与嘌呤合成相比，嘧啶核苷酸的从头合成较简单，同位素示踪证明，构成嘧啶环的 N1、C4、C5 及 C6 均由天冬氨酸提供，C3 来源于 CO_2，N3 来源于谷氨酰胺。

嘧啶核苷酸的合成是先合成嘧啶环，然后再与磷酸核糖相连而成的。

1）尿嘧啶核苷酸（UMP）的合成

尿嘧啶核苷酸（UMP）的合成由 6 步反应完成（图 3.4.48）。

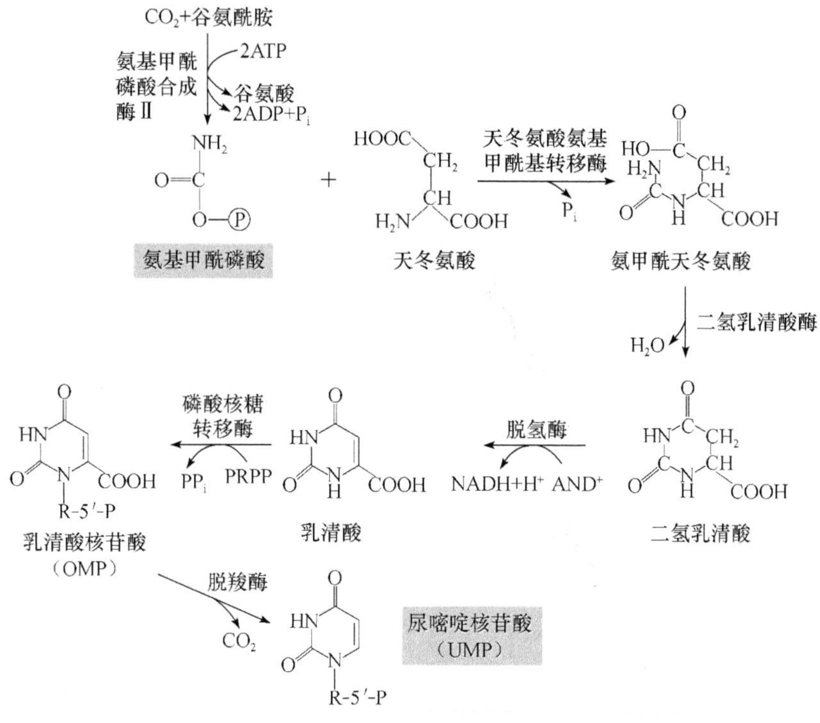

图 3.4.48　尿嘧啶核苷酸的生物合成过程

(1) 合成氨基甲酰磷酸(carbamoyl phosphate)：嘧啶合成的第一步是生成氨基甲酰磷酸，由氨基甲酰磷酸合成酶Ⅱ(carbamoyl phosphate synthetase Ⅱ，CPS-Ⅱ)催化 CO_2 与谷氨酰胺的缩合生成。正如氨基酸代谢中所讨论的，氨基甲酰磷酸也是尿素合成的起始原料。但尿素合成中所需氨基甲酰磷酸是在肝线粒体中由 CPS-Ⅰ催化合成，以 NH_3 为氮源；而嘧啶合成中的氨基甲酰磷酸在胞液中由 CPS-Ⅱ催化生成，由谷氨酰胺提供氮源。

(2) 合成氨基甲酰天冬氨酸(carbamoyl aspartate)：由天冬氨酸氨基甲酰转移酶(aspartate transcarbamoylase，ATCase)催化天冬氨酸与氨基甲酰磷酸缩合，生成氨基甲酰天冬氨酸。此反应为嘧啶合成的限速步骤。ATCase 是限速酶，受产物的反馈抑制。不消耗 ATP，由氨基甲酰磷酸水解供能。

(3) 闭环生成二氢乳清酸(dihydroorotate)：由二氢乳清酸酶(dihydroorotase)催化氨基甲酰天冬氨酸脱水、分子内重排形成具有嘧啶环的二氢乳清酸。

(4) 二氢乳清酸的氧化：由二氢乳清酸还原酶(dihydroorotate dehydrogenase)催化，二氢乳清酸氧化生成乳清酸(orotate)。此酶需 FMN 和非血红素 Fe^{2+}，位于线粒体内膜的外侧面，由醌类(quinone)提供氧化能力，嘧啶合成中的其余 5 种酶均存在于胞液中。

(5) 获得磷酸核糖：由乳清酸磷酸核糖转移酶催化乳清酸与 PRPP 反应，生成乳清酸核苷酸(orotidine-5′-monophosphate，OMP)。由 PRPP 水解供能。

(6) 脱羧生成 UMP：由 OMP 脱羧酶(OMP decarboxylase)催化 OMP 脱羧生成 UMP。

Jones 等研究表明，在动物体内催化上述嘧啶合成的前三个酶，即 CPS-Ⅱ、天冬氨酸氨基甲酰转移酶和二氢乳清酸酶，位于分子质量约 210kDa 的同一多肽链上，是一个多功能酶；因此更有利于以均匀的速度参与嘧啶核苷酸的合成。与此相类似，反应(5)和(6)的酶(乳清酸磷酸核糖转移酶和 OMP 脱羧酶)也位于同一条多肽链上。嘌呤核苷酸合成的反应(3)、(4)、(6)，反应

(7)和(8)及反应(10)和(11)也均为多功能酶。这些多功能酶的中间产物并不释放到介质中,而在连续的酶间移动,这种机制能加速多步反应的总速度,同时防止细胞中其他酶的破坏。

(7) UTP和CTP的合成:三磷酸尿苷(UTP)的合成与三磷酸嘌呤核苷的合成相似。三磷酸胞苷(CTP)由CTP合成酶(CTP synthetase)催化UTP加氨生成。动物体内,氨基由谷氨酰胺提供,在细菌则直接由NH_3提供。此反应消耗1分子ATP。

2) 嘧啶核苷酸从头合成的调节

在细菌中,天冬氨酸氨基甲酰转移酶(ATCase)是嘧啶核苷酸从头合成的主要调节酶。在大肠杆菌中,ATCase受ATP的变构激活,而CTP为其变构抑制剂。而在许多细菌中UTP是ATCase的主要变构抑制剂。

在动物细胞中,ATCase不是调节酶。嘧啶核苷酸合成主要由CPS-Ⅱ调控。UDP和UTP抑制其活性,而ATP和PRPP为其激活剂。第二水平的调节是OMP脱羧酶,UMP和CMP为其竞争抑制剂。此外,OMP的生成受PRPP的影响。

3.4.4.3　脱氧核糖核苷酸的生成

DNA与RNA有两方面不同:①其核苷酸中戊糖为2-脱氧核糖而非核糖;②含有胸腺嘧啶碱基,不含尿嘧啶碱基。

1) 脱氧核糖核苷酸的生成

脱氧核糖核苷酸通过相应核糖核苷酸还原,以H取代其核糖分子中C2上的羟基而生成,而非从脱氧核糖从头合成。此还原作用是在二磷酸核苷酸(NDP)水平上进行的(此处N代表A、G、U、C等碱基)。

催化脱氧核糖核苷酸生成的酶是核糖核苷酸还原酶(ribonucleotide reductase)。已发现有三种不同的核糖核苷酸还原酶,此反应过程较复杂。核糖核苷酸还原酶催化循环反应的最后一步是酶分子中的二硫键还原为具还原活性的巯基的酶再生过程。硫氧化还原蛋白(thioredoxin)是此酶的一种生理还原剂,由108个氨基酸组成,分子质量约12kDa。含有一对邻近的半胱氨酸残基。所含硫基在核糖核苷酸还原酶作用下氧化为二硫键,后者再在硫氧化还原蛋白还原酶(thioredoxin reductase)作用下催化,由NADPH供氢重新还原为还原型的硫氧化还原蛋白。因此,NADPH是NDP还原为dNDP的最终还原剂。

核糖核苷酸还原酶是一种变构酶,包括R1、R2两个亚基,只有R1与R2结合时才具有酶活性。在DNA合成旺盛、分裂速度快的细胞中,核糖核苷酸还原酶系活性较强。

2) 脱氧核糖核苷酸合成的调节

4种dNTP的合成水平受到反馈调节,同时保持dNTP的适当比例也是细胞正常生长所必需的。实际上,缺少任一种dNTP都是致命的,而一种dNTP过多也可致突变,因为过多的dNTP可错误掺入DNA链中。核糖核苷酸还原酶的活性对脱氧核糖核苷酸的水平起着决定作用。各种dNTP通过变构效应调节不同脱氧核糖核苷酸生成。因为,某一种特定NDP经还原酶作用生成dNDP时,需要特定NTP的促进,同时受到另一些NTP的抑制,通过调节使4种dNTP保持适当的比例。

例如,当存在混合的NDP底物时,由ATP促使CDP和UDP还原生成dUDP和dCDP。经dUDP转变为dTTP(后述),dTTP则反馈抑制CDP和UDP还原,同时促进dGDP的生成,dG-

DP 磷酸化生成 dGTP 则抑制 GDP、CDP 和 UDP 的还原，而促进 ADP 的还原生成 dADP。当 dATP 升高与酶活性位点结合，则抑制所有 NDP 的还原反应。细胞内 dCTP 和 dTTP 的适当比例并非由核糖核苷酸还原酶调节，而是通过脱氧胞嘧啶脱氨酶(deoxycytidine deaminase)决定。此酶催化 dUMP 的生成，dUMP 则是 dTTP 的前体。此酶受 dCTP 激活，受 dTTP 抑制。

dNTP 由 dNDP 磷酸化生成，由二磷酸核苷酸激酶(nucleotide diphosphate kinase)催化，该催化与催化 NDP 磷酸化的反应相似。

3) 脱氧胸腺嘧啶核苷酸的生成

脱氧胸腺嘧啶核苷酸(dTMP)由脱氧尿嘧啶核苷酸(dUMP)甲基化生成。而 dUMP 由 dUTP 水解生成，体内进行此种"浪费"能量的反应过程的意义在于：细胞必须减少细胞内 dUTP 浓度以防止脱氧尿嘧啶掺入 DNA 中，因为合成 DNA 的酶系不能有效识别 dUTP 和 dTTP。

dUMP 甲基化生成 dTMP 由胸腺嘧啶合成酶(thymidylate synthetase，TS)催化，N^5，N^{10}-甲烯 FH_4 提供甲基。N^5，N^{10}-甲烯-FH_4 提供甲基后生成的 FH2 又可以再经二氢叶酸还原酶的作，重新生成四氢叶酸(图 3.4.49)。

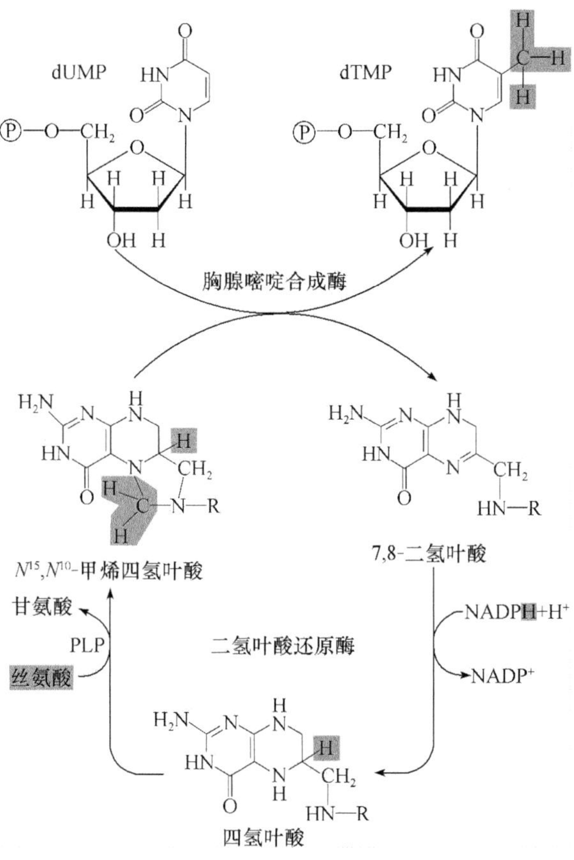

图 3.4.49 脱氧胸腺嘧啶核苷酸的合成

3.4.4.4 核苷酸的分解代谢

食物中的核酸多与蛋白质结合为核蛋白，在胃中受胃酸的作用，或在小肠中受蛋白酶作用，分解为核酸和蛋白质。核酸主要在十二指肠由胰核酸酶(pancreatic nuclease)和小肠磷酸二酯酶(phosphodiesterase)降解为单核苷酸。核苷酸由不同的碱基特异性核苷酸酶(nucleotidase)和非特异性磷酸酶(phosphatase)催化,水解为核苷和磷酸。核苷可直接被小肠黏膜吸收,或在核苷酶(nucleosidase)和核苷磷酸化酶(nucleoside phosphorylase)作用下,水解为碱基、戊糖或1-磷酸戊糖。

体内核苷酸的分解代谢与食物中核苷酸的消化过程类似,可降解生成相应的碱基、戊糖或1-磷酸核糖。1-磷酸核糖在磷酸核糖变位酶催化下转变为5-磷酸核糖,成为合成PRPP的原料。碱基可参加补救合成途径,亦可进一步分解。

1) 嘌呤核苷酸的分解代谢

嘌呤核苷酸可以在核苷酸酶的催化下,脱去磷酸成为嘌呤核苷,嘌呤核苷在嘌呤核苷磷酸化酶(purine nucleoside phosphorylase,PNP)的催化下转变为嘌呤。嘌呤核苷及嘌呤又可经水解、脱氨及氧化作用生成尿酸(图3.4.50)。

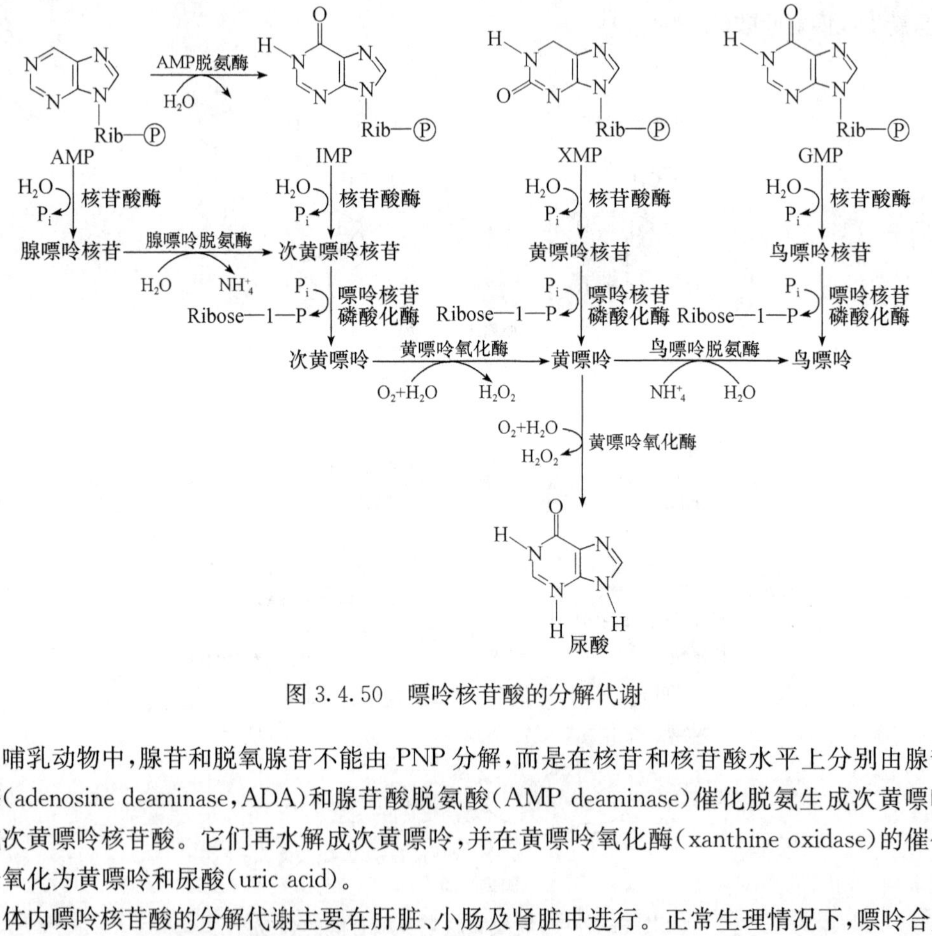

图3.4.50　嘌呤核苷酸的分解代谢

哺乳动物中,腺苷和脱氧腺苷不能由PNP分解,而是在核苷和核苷酸水平上分别由腺苷脱氨酶(adenosine deaminase,ADA)和腺苷酸脱氨酸(AMP deaminase)催化脱氨生成次黄嘌呤核苷或次黄嘌呤核苷酸。它们再水解成次黄嘌呤,并在黄嘌呤氧化酶(xanthine oxidase)的催化下逐步氧化为黄嘌呤和尿酸(uric acid)。

体内嘌呤核苷酸的分解代谢主要在肝脏、小肠及肾脏中进行。正常生理情况下,嘌呤合成与分解处于相对平衡状态,所以尿酸的生成与排泄也较恒定。当人体内核酸大量分解(白血病、恶性肿瘤等)或食入高嘌呤食物时,血中尿酸水平升高,当超过0.48mmol/L(8mg/dL)时,尿酸盐将过饱和而形成结晶,沉积于关节、软组织、软骨及肾等处,而导致关节炎、尿路结石及肾疾患,称为痛风症。痛风症多见于成年男性,其发病机制尚未阐明。临床上常用别嘌呤醇(allopurinol)治疗痛风症。别嘌呤醇与次黄嘌呤结构类似，只是分子中 N8 与 C2 互换了位置，故可抑制黄嘌呤氧化酶，从而抑制尿酸的生成。同时，别嘌呤在体内经代谢转变，与 PRPP 生成别嘌呤核苷酸，不仅消耗了 PRPP，使其含量下降，而且还能反馈抑制 PRPP 酰胺转移酶，阻断嘌呤核苷酸的从头合成。

2）嘧啶核苷酸的分解代谢

嘧啶核苷酸的分解代谢途径与嘌呤核苷酸相似。首先通过核苷酸酶及核苷磷酸化酶的作用，分别除去磷酸和核糖，产生的嘧啶碱再进一步分解。嘧啶的分解代谢主要在肝脏中进行。分解代谢过程中有脱氨基、氧化、还原及脱羧基等反应。胞嘧啶脱氨基转变为尿嘧啶。尿嘧啶和胸腺嘧啶先在二氢嘧啶脱氢酶的催化下，由 $NADPH + H^+$ 供氢，分别还原为二氢尿嘧啶和二氢胸腺嘧啶。二氢嘧啶酶催化嘧啶环水解，分别生成 β-丙氨酸（β-alanine）和 β-氨基异丁酸（β-aminoisobutyrate）。β-丙氨酸和 β-氨基异丁酸可继续分解代谢。β-氨基异丁酸亦可随尿排出体外。食入含 DNA 丰富的食物、经放射线治疗或化学治疗的患者，以及白血病患者，尿中 β-氨基异丁酸排出量增多。嘧啶核苷酸分解代谢如图 3.4.51 所示。

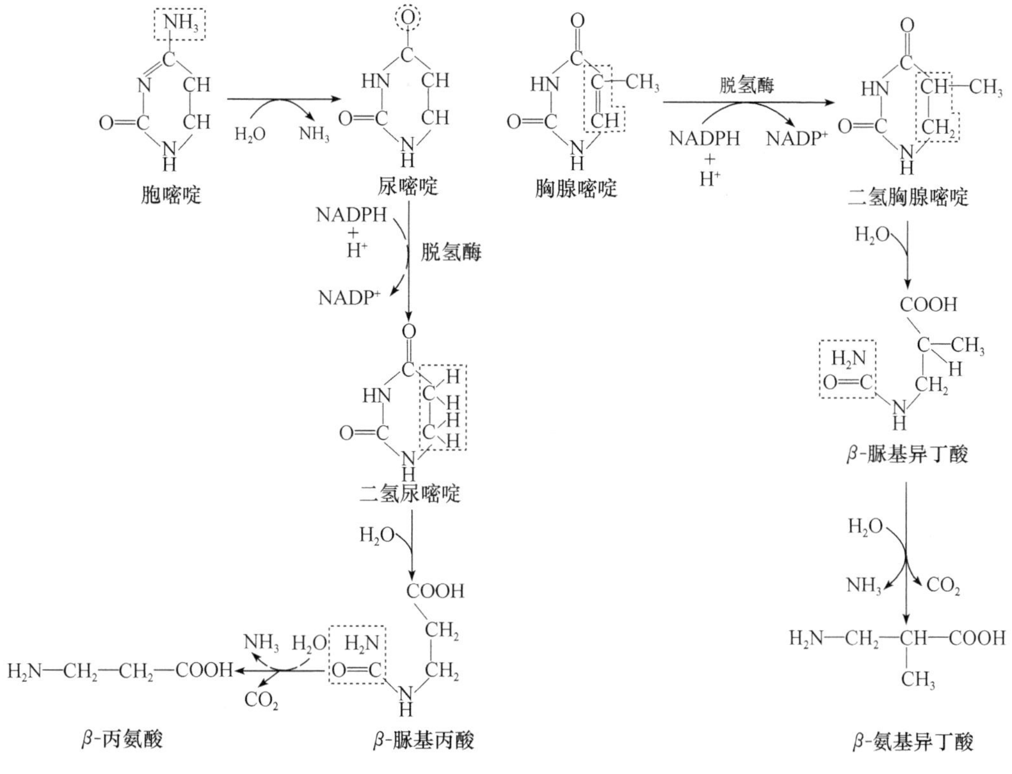

图 3.4.51 嘧啶核苷酸的分解代谢

（李 郁）

小结

本节讨论了体内重要物质的代谢过程及其调节，包括糖代谢、脂类代谢、氨基酸代谢、核苷酸代谢以及各种重要物质代谢的相互联系与调节规律。生命活动的基本特征之一是生物体内环境的相对稳定。物质代谢包括合成代谢和分解代谢两个方面,并处于动态平衡之中。物质代谢中绝大部分化学反应是在细胞内由酶催化进行的,并伴随着多种形式的能量变化。各种物质代谢之间有着广泛的联系,而且机体具有严密调节物质代谢的能力,使其构成一个统一的整体。

思考题

1. 为什么说三羧酸循环是糖、脂和蛋白质三大物质代谢的共通路?
2. 糖酵解的生物学意义是什么?
3. 什么是糖异生作用? 有何生理意义?
4. 简述体内乙酰 CoA 的来源和去路。
5. 简述磷脂在体内的主要生理功用? 写出合成卵磷脂需要的物质及基本途径?
6. 脂蛋白分为哪几类? 各种脂蛋白的主要功用是什么?
7. 简述软脂酸氧化分解的主要过程及 ATP 的生成过程?
8. 简明叙述尿素形成的机理和意义。
9. 转氨酶主要有哪些种类? 它们对底物专一性有哪些特点? 它们可与什么酶共同完成氨基酸脱氨基作用?
10. 一碳基团常见的有哪些形式? 四氢叶酸作为一碳基团的传递体,在作用过程中携带一碳单位的活性部位如何?
11. 核苷酸的从头合成和补救途径各有什么特点,其生理意义如何?

参考文献

查锡良. 2002. 医学分子生物学. 北京:人民卫生出版社

陈誉华. 2009. 医学细胞生物学. 北京:人民卫生出版社

周爱儒. 2004. 生物化学. 北京:人民卫生出版社

D. M., M. D. Vasudevan, Sreekumari, M. D. S., Kannan, M. D. Vaidyanathan. 2010. 6th edition. Textbook of Biochemistry for Medical Students. Jaypee brothers medical publishers(P) Ltd. New Delhi

Harvey, Richard A. Lippincott's Illustrated Reviews: Biochemistry. 2010. 5th edition. ISBN: 1609139984 9781609139988. Philadelphia. Lippincott Williams and Wilkins

3.5 细胞内膜系统与蛋白质合成分泌

细胞内膜系统(endomembrane system)是指真核细胞的胞质中形态结构、发生和功能上密切相关的膜性结构的总称。主要包括内质网、高尔基复合体、溶酶体、过氧化物酶体和各种膜性小泡。

在细胞进化过程中,膜性结构高度分化和特化,将细胞质结构和功能区域化,使得细胞的各种不同的生理、生化过程能够彼此相对独立、互不干扰地进行,高度协调地完成细胞内各种生命活动。

同时内膜系统在结构和功能上又是一个统一的整体。细胞内蛋白质、酶类、脂类和糖类的合成及其包装、分选、运输和分泌过程都是在内膜系统的各个组分间有序进行的,因而把其作为一个"系统"来看待。

3.5.1 内质网

内质网(endoplasmic reticulum, ER)是 1945 年由 Porter 和 Claude 等用电子显微镜观察培

养的小鼠成纤维细胞时发现的细胞质中大小不一的管状、扁囊状或泡状结构相互连接形成的网状结构，因多位于细胞核附近的细胞质内部区域而命名之。后来研究发现，内质网广泛分布于真核生物的绝大部分细胞中，也并不仅限于内质区，而是分布于整个细胞之中。

3.5.1.1 内质网的形态结构

内质网是由单位膜围成的管状、囊状或小泡状网状系统，并从细胞质一直延续至细胞核膜。整个内质网是连续的膜结构，因此在绝大多数真核细胞中是最大的细胞器(图 3.5.1)。内质网膜通常占细胞整个膜系统的 50%，占细胞总体积的 10%以上。

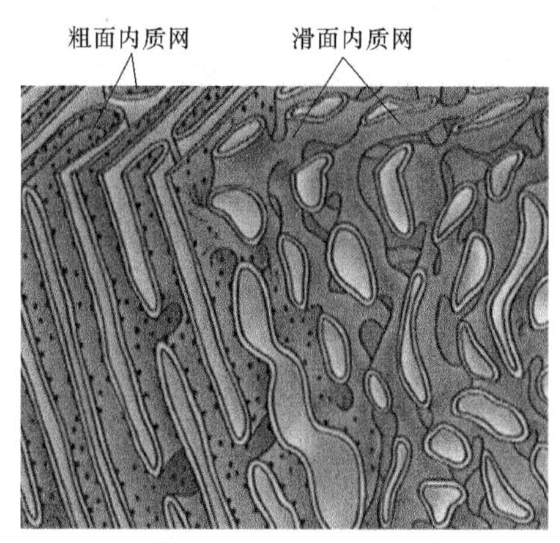

图 3.5.1 内质网立体示意图
(Campbell et al.，2007)

内质网膜厚度 5～6nm，比质膜要薄得多，但仍具有典型的“暗—明—暗”式的单位膜结构。同细胞膜一样，内质网也以脂类和蛋白质为其结构的主要化学组成成分。内质网膜的总面积很大，大约是细胞膜的 30～40 倍，如在 1mL 的肝细胞中就含有 $11m^2$ 的内质网膜，这就有利于各种酶类在内质网上的分布和各种反应的高效率进行。在内质网上含有至少 30 多种以上的酶或酶系，其中葡萄糖-6-磷酸酶、细胞色素 P450 等参与分子生物合成电子传递体系的酶是内质网的主要标志酶。

由内质网膜围成的空间称为内质网腔。内质网腔中富含一类蛋白质，称为网质蛋白(reticulo-plasmin)，参与蛋白质的折叠和 Ca^{2+} 的储存，对于维持内质网的结构和功能具有重要作用。

3.5.1.2 内质网的类型

根据形态的不同以及表面是否有核糖体附着，内质网主要分为两种类型，即粗面内质网(rough endoplasmic reticulum，RER)和滑面内质网(smooth endoplasmic reticulum，SER)。

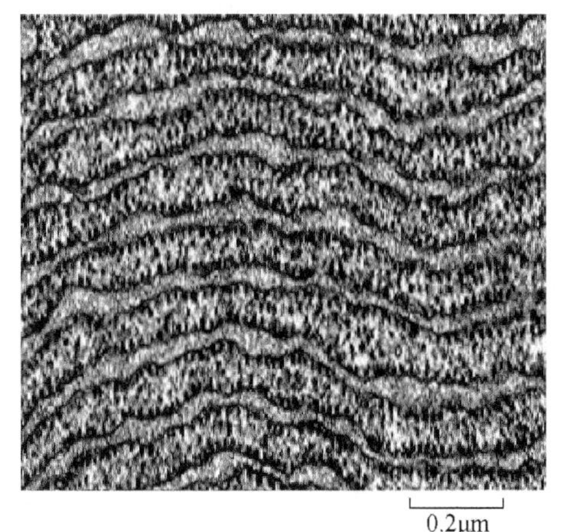

图 3.5.2 粗面内质网电镜图
(Alberts et al.，1994)

1) 粗面内质网

膜表面附有大量核糖体，多呈扁平囊状，排列整齐(图 3.5.2)。内质网与核糖体共同形成一种功能性的结构复合体，说明粗面内质网主要和蛋白质的合成密切相关，因此在分泌蛋白合成比较旺盛的细胞中，粗面内质网特别丰富，如胰腺细胞和浆细胞，而在未分化或低分化细胞中则相对比较少见，如干细胞或肿瘤细胞。

粗面内质网膜与细胞核膜外层相延续，核膜外层也附有核糖体。粗面内质网往往还可与滑面内质网相互联系。

2) 滑面内质网

滑面内质网主要特点是内质网膜表面无核糖体

附着,膜光滑平整。其形态主要为分支管状和小泡状,很少有粗面内质网的扁平囊状结构(图3.5.3)。由于滑面内质网特定的功能,其分布显示出细胞种类特征,如肝细胞中滑面内质网比较丰富,这与有害物质的解毒作用相关。能合成类固醇激素的细胞,如睾丸间质细胞、肾上腺皮质细胞中含有较多的滑面内质网。平滑肌和横纹肌细胞中的滑面内质网特化为肌质网(sarcoplasmic reticulum),是储存和释放 Ca^{2+} 的细胞器,肌质网膜上含有 Ca^{2+}-ATP 酶,参与调解肌肉收缩。

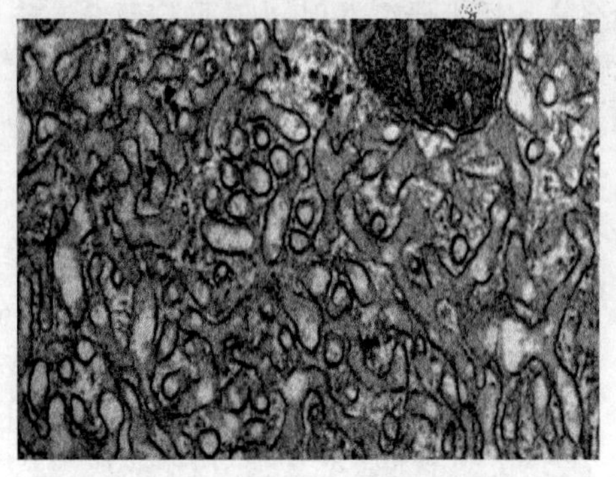

图 3.5.3　滑面内质网电镜图
(Alberts et al. ,1994)

3.5.1.3　内质网的功能

内质网与蛋白质的合成、转运,以及糖类代谢、脂类代谢、解毒作用等都有密切的关系。不同的内质网,其主要作用也各不相同。粗面内质网主要从事蛋白质的合成、转运蛋白质的修饰与加工等。滑面内质网主要进行组织的解毒,类固醇激素的合成和脂类代谢等。

1) 粗面内质网的功能

粗面内质网主要参与分泌性蛋白质和膜蛋白的合成、修饰加工、分选和转运,包括各种酶类、肽类激素和抗体等。

A. 蛋白质的合成

粗面内质网膜结合的核糖体与胞质中游离的核糖体性质相同,是合成蛋白质的场所。分泌性蛋白质的合成过程非常复杂,1975 年,Robel 和 Sabatini 等提出了关于分泌蛋白合成机理的信号假说(signal hypothesis),该假说现已得到普遍认同,由此获得了 1999 年度诺贝尔生理学或医学奖。该假说认为,首先由核糖体翻译的多肽链中含有引导序列肽(leading sequence peptide)引导游离的核糖体结合于内质网膜表面,故该段引导序列称为信号肽(signal peptide)。内质网膜上的核糖体合成的不断延长的多肽链穿过内质网膜进入内质网腔,合成的蛋白质在内质网腔中进行折叠和糖基化修饰并再向高尔基复合体转运,蛋白质再经高尔基复合体加工、分选并被运输出细胞之外。

a. 信号肽引导核糖体结合到内质网膜

信号肽由信号密码(signal codon)所编码,信号密码位于成熟 mRNA 5′端起始密码子(AUG)之后,由起始密码子翻译出信号肽,通常由 16～26 个氨基酸组成。信号肽可被细胞质基质中存在的信号识别颗粒(signal recognition particle,SRP)所识别。SRP 由 6 个多肽亚单位和一个 RNA 分子组成,它既可识别露出核糖体外的信号肽,又能与内质网膜上的 SRP 受体结合(图3.5.4)。通常 SRP 与核糖体的亲和力很低,但当信号肽被翻译伸出后,便增加了其与核糖体的亲和力,形成 SRP-核糖体复合体。SRP 结合并占据了核糖体的“A”位点,阻止了携带氨基酸的

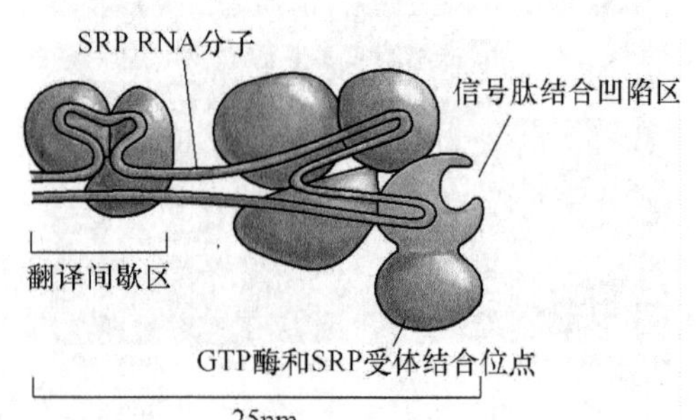

图 3.5.4　信号识别颗粒模式图
(Alberts et al. ,2002)

tRNA 结合于核糖体,使核糖体的蛋白质合成暂停。

当 SRP-核糖体复合体到达内质网膜,借助于 SRP 与内质网膜上的 SRP 受体结合,核糖体便以其大亚基与附着于膜上的核糖体结合蛋白(ribophorin)Ⅰ和Ⅱ结合(核糖体结合蛋白Ⅰ和Ⅱ只存在于粗面内质网,分子质量分别为 36kDa 和 65kDa)。随后 SRP 与 SRP 受体分离,又回到细胞质基质,重新参与"SRP 循环"(图 3.5.5)。

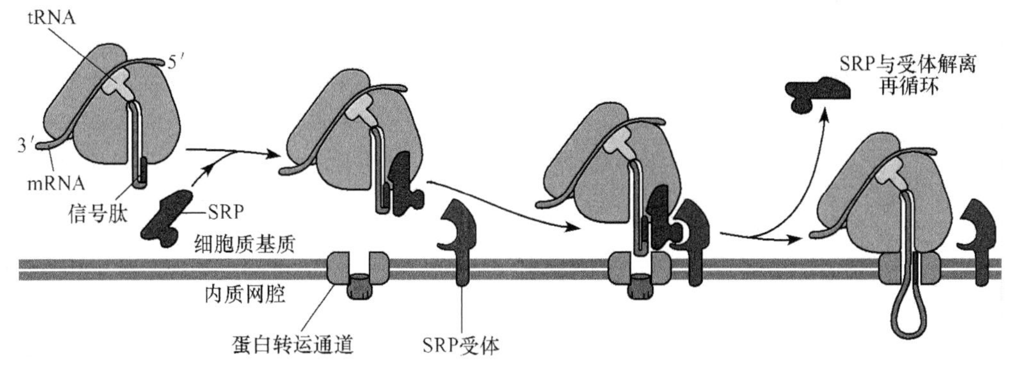

图 3.5.5 新生肽链穿越内质网膜的转移过程
(Alberts et al.,2002)

b. 新生肽链到内质网腔的跨膜转运

当核糖体结合于内质网膜后,信号肽便会经由内质网膜穿入内质网腔,先前暂停的蛋白质合成由于 SRP 的解离让出"A"位点而又重新启动。进入内质网腔的信号肽被位于内质网膜内表面的信号肽酶(signal peptidase)切除并被蛋白酶降解成氨基酸,与之相连的多肽链继续进入内质网腔,直到合成完整的多肽链。最后核糖体在分离因子(detachment factor)的作用下,大小亚基分离,脱离内质网,重新加入"核糖体循环"。

粗面内质网膜镶嵌蛋白也是以上述过程合成的,合成后嵌入内质网膜内。

B. 蛋白质在内质网腔中的折叠与装配

新生的多肽链必须以其特定的方式折叠形成高级空间结构才能发挥正常的生物学功能。内质网为新生多肽链的正确折叠和装配提供了有利的环境。

内质网腔中含有丰富的氧化型谷胱苷肽(GSSG),为蛋白质多肽链上半胱氨酸残基之间形成二硫键提供了氧化环境,附着于内质网腔面的蛋白二硫键异构酶(protein disulfide isomerase,PDI)能催化两个半胱氨酸残基之间形成二硫键,同时 PDI 还可反复切断错误结合的二硫键,直至新生肽链达到自由能最低状态,形成正确折叠的新生蛋白。

内质网中还存在结合蛋白(binding protein,Bip),能够与折叠错误和尚未完成装配的多肽或蛋白亚基结合,使其滞留在内质网腔中,并帮助其进一步正确折叠、装配和运输。Bip 属于进化上十分保守的热激蛋白 70(heat shock protein,hsp70)家族成员。

此类能够帮助多肽链折叠、装配和运输的结合蛋白被称为"分子伴侣"(molecular chaperone),而其本身并不参与最终产物的形成,故而得名。存在于内质网中的分子伴侣还有很多,如内质蛋白[内质网素(endoplasmin)]又称葡萄糖调节蛋白 94(glucose regulated protein 94,GRP94),是内质网的标志分子伴侣。

知识拓展框　内质网应激(ER stress)

内质网应激是指由于某种原因导致细胞内质网内稳态失衡、生理功能发生紊乱的一种亚细胞器的病理过程。也指各种原因导致的未折叠蛋白或错误折叠蛋白在内质网腔内积聚。由于内质网应激的发生，细胞在进化过程中形成了高度保守的自我保护信号转导通路，称为未折叠蛋白反应(unfolded protein response，UPR)，包括诱导分子伴侣的产生和蛋白质翻译减少等。未折叠蛋白反应将使未折叠或发生了错误折叠的蛋白质被泛素化所标记，并通过蛋白质降解“机器”——蛋白酶体被降解成短肽。通常细胞内新合成蛋白质的近30%将通过泛素—蛋白酶体途径被直接降解，这种细胞生命活动现象被称为内质网相关蛋白降解(endoplasmic reticulum associated protein degradation，ERAD)。内质网应激所致的未折叠蛋白降解保证了细胞环境的内稳态，提高了氨基酸的利用率。因此，未折叠蛋白反应在细胞内发挥蛋白质质量控制的作用。

分子伴侣的共同特点是在其羧基端有一个滞留信号肽(retention signal peptide)Lys-Asp-Glu-Leu(KDEL)，可与内质网膜上的KDEL受体结合，而滞留于内质网中，因而又被称为驻留蛋白(retention protein)。

由于作为分子伴侣的结合蛋白不仅能够帮助蛋白质正确折叠、装配和运输，而且还能够识别并阻止错误折叠装配的蛋白质的运输，因此被认为是细胞内蛋白质质量控制的重要因子。

C. 蛋白质的糖基化

粗面内质网中合成的许多分泌蛋白、溶酶体蛋白和膜蛋白都是糖蛋白，因此新合成的多肽链进入内质网腔后需要进行糖基化修饰(glycosylation)，这是粗面内质网的主要生物合成功能之一。

蛋白质的糖基化作用是指在多肽链中特殊的氨基酸残基侧链上，以共价键连接上单糖或寡聚糖形成糖蛋白的过程。蛋白质与糖连接的方式有两种：*N*-连接糖蛋白，是指糖链由糖基转移酶催化转移到蛋白质上形成蛋白质-寡糖链，寡糖链连接连在蛋白质Asn(天冬酰胺)侧链的NH_2端，这种糖基化只发生在粗面内质网腔中(图3.5.6)。研究表明新形成的糖蛋白具有相同的糖链，它是一个由14个残糖基形成的寡糖链，其中有2个*N*-乙酰葡萄糖胺，9个甘露糖及3个葡萄糖，在内质网腔中这3个葡萄糖会很快被除去，剩下2个乙酰葡萄糖胺和9个甘露糖。如果糖蛋白去溶酶体就全切去大多数甘露糖，再加上*N*-乙酰半乳糖；如果糖蛋白分泌到质膜出胞，则保留大多数甘露糖，切掉少部分甘露糖，再加上半乳糖及唾液酸。通常修饰到最后剩下2个乙酰葡萄糖胺和3个甘露糖；*O*-连接糖蛋白，是指糖链被连接在多肽链中丝氨酸(Ser)或苏氨酸(Thr)残基侧链的-OH端，这种糖基化只发生在高尔基复合体腔内。发生在内质网中的蛋白质*N*-连接糖基化修饰是通过结合于内质网膜的糖基转移酶(glycosyl transferase)催化完成的。首先由*N*-乙酰葡萄糖胺、甘露糖和葡萄糖组成的共含有14个糖残基的寡糖与内质网膜中嵌入的脂质分子磷酸多萜醇连

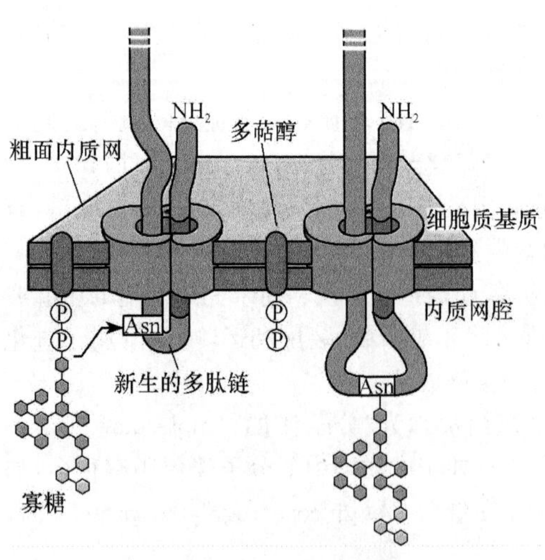

图3.5.6　蛋白质糖基化
(Alberts et al.，2002)

接并被活化，再在糖基转移酶的催化下转移到天冬酰胺残基上。

D. 蛋白质的胞内运输

根据粗面内质网中合成的蛋白质种类不同，蛋白质转运的途径也不一样。分泌蛋白在粗面内质网腔加工修饰后，被内质网膜包裹形成衣被小泡(coated vesicle)分离出来，最后进入高尔基复合体，进一步加工浓缩并最终以分泌颗粒的形式排出细胞外。衣被小泡由两种衣被蛋白(coatmer protein，COP)构成，即COPⅠ和COPⅡ。由内质网合成的蛋白向高尔基复合体转运需要COPⅡ的参与，COPⅡ衣被由内质网膜出芽而成，COPⅠ衣被由高尔基复合体出芽形成，其功能是回收应驻留于内质网和高尔基复合体的蛋白。

新合成的一部分可溶性蛋白质，离开粗面内质网核糖体转入细胞质中，或转运至其他细胞器。合成的膜蛋白如内质网膜蛋白可以不同途径并入内质网膜中，有的膜蛋白经选择性转运，用于构建高尔基复合体、溶酶体、过氧化物酶体、质膜及核膜等。

2) 滑面内质网的功能

由于滑面内质网在不同的细胞中，其化学组成、酶的种类及含量，以及大分子的结构等有所差异，因此滑面内质网执行着多种功能，被称为多功能细胞器。

A. 脂类合成与转运

滑面内质网最主要的功能是合成脂类。生物膜的膜脂几乎都是由滑面内质网合成和运输的。经由小肠吸收的脂肪分解物甘油、单酰甘油和脂肪酸通过肠上皮细胞质膜，进入滑面内质网，被内质网膜上的一些酶类催化重新合成三酰甘油，再与粗面内质网中合成的蛋白质复合成脂蛋白，通过高尔基复合体分泌出去。

滑面内质网是合成磷脂和胆固醇等膜脂的场所。磷脂酰胆碱是其合成的一种重要的磷脂，它是由两分子的脂肪酸，加上甘油磷脂和胆碱经三步合成的：①在酰基转移酶的催化下，2分子酯酰CoA和磷酸甘油缩合成磷脂酸。②磷脂酸在磷酸酶的催化下产生二酰甘油。③在胆碱磷酸转移酶作用下，将二酰甘油和胆碱缩合成磷脂酰胆碱。

新合成的脂类分子有些构成内质网膜的结构，有些可以通过膜性小泡转运到其他膜相结构中，完成膜脂的运输。

胆固醇和固醇激素的合成也发生在滑面内质网中。在肾上腺皮质细胞、睾丸间质细胞和卵巢黄体细胞等分泌类固醇激素细胞中，滑面内质网很发达，这些滑面内质网中含有合成胆固醇的全套酶系和使胆固醇转化为类固醇激素如肾上腺激素、雄性激素和雌性激素的酶类。

B. 糖原的合成与分解

肝脏和肌肉细胞中也含有丰富的滑面内质网，而且大量的糖原颗粒靠近滑面内质网，有些覆盖在其表面，提示滑面内质网与糖原的合成有关。内质网中含有葡萄糖-6-磷酸酶，可以将在细胞质中糖原代谢水解的葡萄糖-6-磷酸进一步水解为葡萄糖和无机磷酸，葡萄糖在内质网中扩散，并释放到胞外进入血液。

C. 解毒作用

肝脏是机体内最重要的解毒器官，肝的解毒作用主要是通过肝细胞中的滑面内质网来完成的。滑面内质网中含有许多参与解毒的各种酶系，如构成电子传递体系的细胞色素P450、NADH-细胞色素c还原酶等，这些酶能催化多种化合物羟基化或其他加氧反应，一方面使毒物、药物的毒性被破坏或削弱，另一方面羟基化作用增强了化合物的极性，使之易于溶于水而被排出体外。

D. 肌肉收缩

骨骼肌和心肌细胞中发达的滑面内质网特化为肌质网(sarcoplasmic reticulum),其上有钙离子泵,能富集 Ca^{2+}。当肌细胞受到刺激后,引起膜的去极化而出现动作电位,当传至肌质网时,引起 Ca^{2+} 的释放,并由此激活 ATP 酶,使 ATP 转变为 ADP 并释放能量,引起肌肉的收缩。当肌肉松弛时,Ca^{2+} 又回到肌质网中。

3.5.2 高尔基复合体

高尔基复合体(Golgi complex)又称高尔基器(Golgi apparatus)或高尔基体,是意大利科学家 Camillo Golgi 在 1898 年发现的,它是普遍存在于真核细胞中的一种细胞器,承担着细胞内分泌性物质分选、包装和运输的功能,在糖蛋白合成、加工、修饰、分选、分泌以及溶酶体形成过程中起重要作用。

3.5.2.1 高尔基复合体的形态结构

在不同的细胞中,高尔基复合体的形态、大小和分布均有很大差异。在电子显微镜下可见高尔基复合体是由一些排列较为整齐的扁平膜囊(saccule)堆叠在一起组成的。扁囊多呈弓形,也有的呈半球形或球形,均由光滑的膜围绕而成。在整体形态上,不同的囊泡具有明显的极性分布特征。一般将高尔基复合体划分为三个组成部分(图 3.5.7、图 3.5.8)。

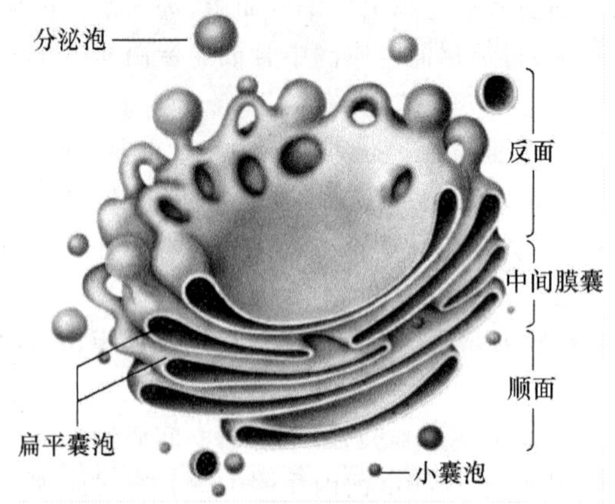

图 3.5.7 高尔基复合体结构示意图

(Alberts et al.,2002)

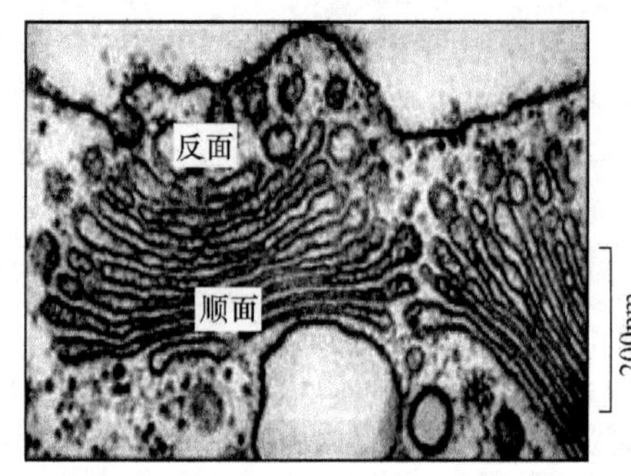

图 3.5.8 高尔基复合体透射电镜图

(Alberts et al.,1994)

(1) 扁平囊泡(cisternae)是高尔基复合体的主体结构部分。一般由 3~8 个扁平囊平行排列在一起形成扁平膜囊堆,扁平囊泡囊腔宽 15~20nm,相邻囊间距 20~30nm,每个扁平囊是由两个平行的单位膜构成,膜厚 6~7nm。扁平膜囊堆具有明显的极性:其凸面朝向细胞核,称之为顺面(*cis* face)或形成面(forming face),膜厚约 6nm,与内质网膜厚度相近;凹面朝向细胞膜,称为反面(*trans* face)或成熟面(mature face),膜厚约 8nm,与细胞膜厚度相近。

(2) 小囊泡(vesicle)较多的集中在高尔基复合体的形成面,其直径为 40~80nm,膜厚约 6nm。大多数小囊泡表面光滑,少数小囊泡表面有绒毛样结构的外被,称为有被小泡。一般认为这些小囊泡是由附近的粗面内质网出芽形成的运输小泡,内含合成的蛋白质,它们不断地与高尔基复合体的扁平囊泡融合,一方面将蛋白质从粗面内质网运输到高尔基复合体,另一方面也是使扁平囊泡的膜成分不断得到更新和补充。

(3) 大囊泡(vacuole)多位于高尔基复合体的成熟面，系由扁平囊泡末端膨大芽生形成的，也可与之相连。直径 100～500nm，膜厚约 8nm。大囊泡内含有已经加工修饰和浓缩的分泌性物质，又称为分泌泡(secretory vesicle)或浓缩泡(condensing vacuole)。当分泌颗粒排出时，液泡的膜与细胞膜融合，将分泌物排出，扁平囊泡的膜又不断减少。

3.5.2.2　高尔基复合体的化学组成

高尔基复合体的化学组成总体上介于质膜和内质网膜之间。从蛋白质含量看，高尔基复合体高于内质网和质膜：质膜的蛋白质含量为 40%，内质网的蛋白质含量为 20%，而高尔基复合体的蛋白质含量占 60%。从总脂含量看，高尔基复合体介于内质网和质膜之间：质膜的总脂含量为 40%，高尔基复合体为 45%，内质网膜为 61%。高尔基复合体所含蛋白的组成和复杂程度也介于内质网膜和质膜之间，由此推断：高尔基复合体是构成质膜和内质网膜之间相互联系的一种过渡性细胞器。

高尔基复合体中酶的含量较多，以转移酶含量为最多，其中糖基转移酶是其最具特征的酶，主要包括参与糖蛋白合成的糖基转移酶类和参与糖脂合成的磺化(或硫化)-糖基转移酶类。

3.5.2.3　高尔基复合体的功能

作为一种起中介作用的过渡性细胞器，高尔基复合体的主要功能是参与细胞的分泌活动，将内质网合成的多种蛋白质进行加工、分类与包装，并分门别类地运送到细胞的特定部位或分泌到细胞外。内质网上合成的脂类一部分也要通过高尔基复合体向细胞质膜等部位运输。因此，高尔基复合体是细胞内物质运输的交通枢纽。此外，溶酶体也是由高尔基复合体形成的。

1) 分泌蛋白的加工和修饰

高尔基复合体的加工、修饰作用，主要是对分泌蛋白的糖基化、硫酸基化以及对前体蛋白的水解作用。

A. 糖蛋白的糖基化作用

细胞质膜蛋白、溶酶体酶以及分泌蛋白大都是糖蛋白，高尔基复合体在糖蛋白的合成和分泌过程中起着关键的作用。

N-连接的糖链合成起始于内质网，完成于高尔基复合体。在内质网形成的糖蛋白具有相似的糖链，由顺面进入高尔基复合体后，在各膜囊之间的转运过程中，发生了一系列有序的加工和修饰，原来糖链中的大部分甘露糖被切除，但又被多种糖基转移酶依次加上了不同类型的糖分子，形成了结构各异的寡糖链。

许多糖蛋白同时具有 *N*-连接的糖链和 *O*-连接的糖链。*O*-连接的糖基化在高尔基复合体中进行，通常第一个连接上去的糖单元是 *N*-乙酰半乳糖，连接的部位为丝氨酸、苏氨酸和酪氨酸的 OH 基团，然后逐次将糖基转移上去形成寡糖链，糖的供体同样为核苷糖，如 UDP-半乳糖。糖基化的结果使不同的蛋白质打上不同的标记，改变多肽的构象和增加蛋白质的稳定性。

在高尔基复合体上还可以将一至多个氨基聚糖链通过木糖安装在核心蛋白的丝氨酸残基上，形成蛋白聚糖。这类蛋白有些被分泌到细胞外形成细胞外基质或黏液层，有些锚定在膜上。

除糖蛋白的糖基化外，高尔基复合体还对糖脂进行糖基化，如对脑苷脂、神经节苷脂等含有末端半乳糖和唾液酸的糖脂的糖基化。

B. 硫酸基化作用

高尔基复合体还具有硫酸基化的功能，如在杯状细胞、软骨细胞、粒细胞、成纤维细胞等中，通过高尔基复合体的硫酸基化作用，合成硫酸基化的糖蛋白，如硫酸软骨素的硫酸基团就是在高尔基复合体扁平囊泡中加到糖蛋白的糖链部分的。

C. 蛋白质水解作用

有些分泌蛋白刚从内质网合成时是分子较大的蛋白原(proprotein)，当其转运到高尔基复合体后，经水解形成成熟的分泌蛋白。例如，胰岛素在胰岛B细胞粗面内质网中合成时分子质量比较大，称为胰岛素原，当其运到高尔基复合体后，通过蛋白水解作用，切除一个分子的C-肽，生成一个分子的胰岛素，经包装、浓缩，形成成熟的胰岛素分泌颗粒被外吐出胞。

2）高尔基复合体与蛋白质的分选和运输

进入高尔基复合体加工修饰后的各种蛋白质必须经过严格的分选，才能准确无误地输送到相应的部位，以保证细胞活动的正常进行。

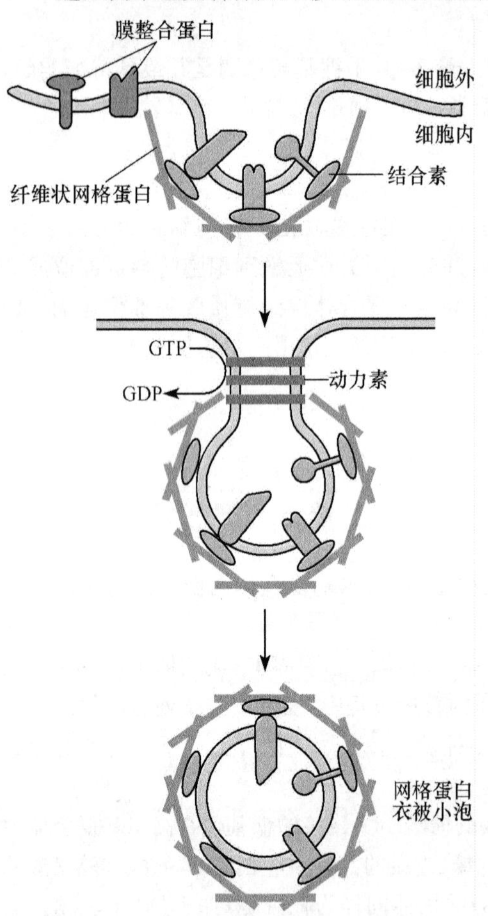

图 3.5.9 网格蛋白衣被小泡的形成
(Lodish et al.，1999)

在粗面内质网中合成的蛋白质，如细胞膜蛋白、分泌蛋白、溶酶体蛋白等，从粗面内质网以出芽的方式形成囊泡运至高尔基复合体，经修饰加工可被添加上不同的分选信号，如磷酸、半乳糖、唾液酸等，最后集中在高尔基复合体反面扁平囊泡区，该区囊泡膜上含有可识别不同分选信号的专一性受体蛋白，从而将各类蛋白质进行分选、浓缩，独立包装，形成不同去向的运输和分泌小泡。

高尔基复合体在胞内分泌小泡的外排和内吞小泡的运输过程中起到重要的枢纽作用。囊泡运输是蛋白质运输的一种特有方式，普遍存在于真核细胞中。完成囊泡运输过程至少需要10种以上运输小泡，每种小泡表面都有特殊的标志以保证将转运的物质运至特定的细胞部位。目前发现有三种不同类型的衣被小泡具有不同的物质运输作用。

(1) 网格蛋白衣被小泡(clathrin-coated vesicle)(图3.5.9、图3.5.10)。由网格蛋白(clathrin)形成的衣被小泡，介导从反面高尔基复合体网络(*trans* Golgi network，TGN)向细胞质膜、胞内体或溶酶体的运输。另外，在受体介导的细胞内吞途径中也负责将物质从质膜向胞内体或溶酶体运输。

高尔基复合体TGN是网格蛋白衣被小泡形成的所在，在网格蛋白衣被小泡形成过程中，网格蛋白同膜受体结合，聚集在膜下的一侧，逐渐形成膜向内凹陷的部位，即形成衣被小窝(clathrin coated pit)，并进一步内陷，最后同膜脱离形成一个包有网格蛋白外被的小泡。据估计，在培养的成纤维细胞中，每分钟大约有2500个网格蛋白小泡从质膜上脱离下来。

(2) COPⅡ衣被小泡(COPⅡ coated vesicle)。这种类型的小泡是介导非选择性运输的小泡，它参与从内质网向顺面高尔基复合体、从顺面高尔基复合体到高尔基复合体中间膜囊、从中间膜囊到反面高尔基复合体的运输。这种小泡的外被是衣被蛋白COPⅡ(coatomer protein Ⅱ,COPⅡ)(图3.5.11)。

(3) COPⅠ衣被小泡(COPⅠ coated vesicle)。主要介导蛋白质从高尔基复合体运回内质网，包括从反面高尔基复合体运向顺面高尔基复合体，

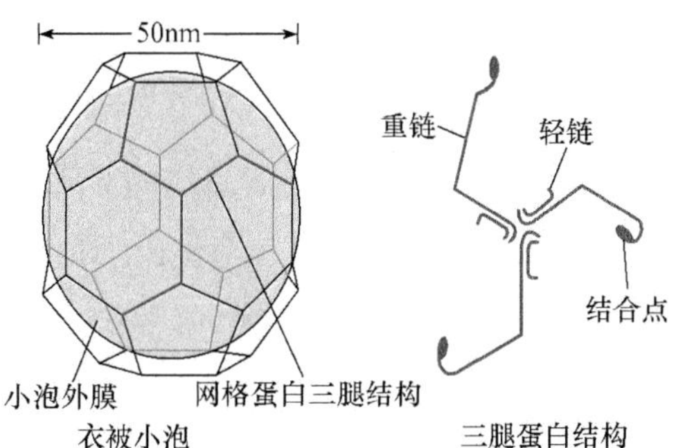

图3.5.10　衣被小泡结构示意图
(Lodish et al.,1999)

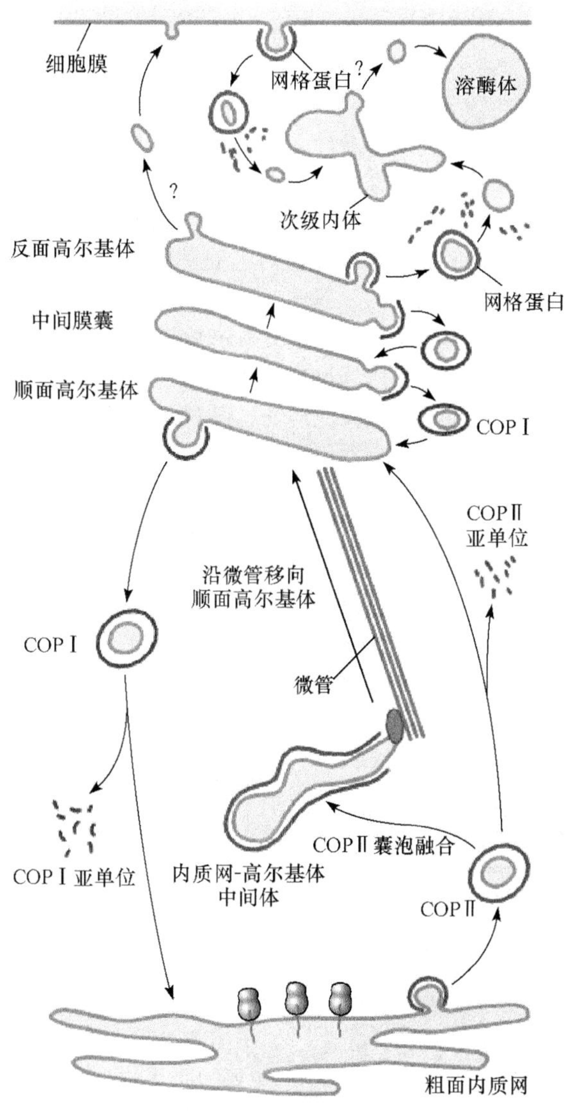

图3.5.11　三种衣被小泡参与囊泡运输
(Lodish et al.,1999)

以及将蛋白质从顺面高尔基复合体运回内质网，起到回收、转运内质网逃逸蛋白（escaped protein）的作用（图 3.5.11）。

3）高尔基复合体与溶酶体的形成

溶酶体是从反面高尔基复合体以出芽的方式形成的。组成溶酶体的膜蛋白、膜脂以及所含有的各种酶类都是先在内质网合成，并在内质网腔中形成 *N*-连接糖蛋白，然后运至顺面高尔基复合体。但此类糖蛋白在此并不像其他糖蛋白切除多余的甘露糖，而是在磷酸转移酶催化下使甘露糖磷酸化为 6-磷酸甘露糖（M-6-P）。M-6-P 被认为是溶酶体水解酶蛋白的分选信号，当 M-6-P 溶酶体蛋白被运至反面高尔基复合体时，则被该处膜上的 M-6-P 受体所识别结合，使得溶酶体蛋白得到选择性富集，随即触发衣被小泡的形成。载有溶酶体前体的运输小泡与胞质中内体融合即形成前溶酶体。前溶酶体内为酸性环境，促使 M-6-P 与受体解离，溶酶体前体成为成熟的溶酶体。M-6-P 受体被溶酶体膜包裹以出芽方式脱落离开溶酶体，以运输小泡的形式回输至反面高尔基复合体再利用。

4）高尔基复合体参与膜的转化

膜转化是高尔基复合体的重要功能之一。前面已经提到高尔基复合体无论是其厚度还是化学组成均介于内质网膜和细胞质膜之间。新的膜在粗面内质网合成后，经囊泡运输与顺面高尔基复合体膜融合，经过修饰加工后，再由反面高尔基复合体以出芽方式形成分泌小泡转移到细胞质膜，并与之融合，成为细胞质膜的一部分。高尔基复合体不断地形成分泌小泡，运送至细胞表面，以补充和更新细胞质膜。细胞的这种由高尔基复合体参与的膜的转化，被称之为"膜流"（membrane flow）活动。一部分细胞质膜在细胞内吞过程中又可返回到高尔基复合体。另外在高尔基复合体和内质网之间进行的膜泡运输过程中，也存在膜的转化现象。

3.5.3　溶酶体

溶酶体（lysosome）是由一层单位膜包围的膜性细胞器，由高尔基复合体芽生的运输小泡和内体合并而成，内含多种酸性水解酶，能分解各种内源性和外源性物质，被称为细胞内的消化器官。

溶酶体发现较晚，1949 年 Duve 在研究大鼠肝组织有关糖代谢酶的分布时，证明了溶酶体的存在，1955 年 Duve 与 Novikoff 合作首次用电子显微镜观察到了溶酶体的存在。此后，人们又在所有原生动物和多细胞动物及真菌和一些植物细胞中发现了溶酶体，但在哺乳动物红细胞中和细菌中没发现溶酶体。

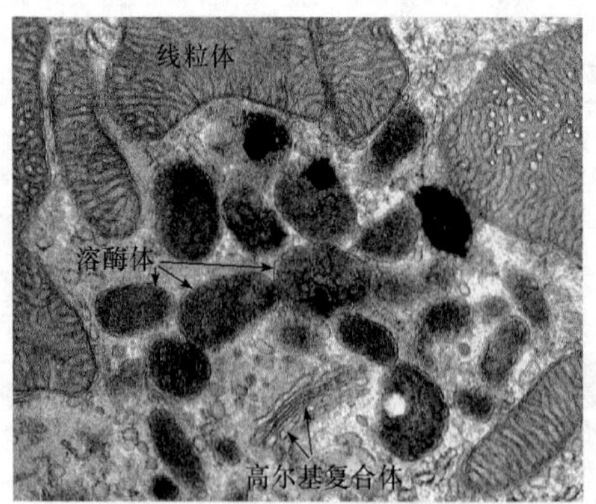

图 3.5.12　溶酶体透射电镜图
(Berg et al.，2010)

3.5.3.1　溶酶体的形态结构和化学组成

溶酶体是由一层单位膜包围形成的圆形或椭圆形囊泡状结构。溶酶体形态大小差异较大，一般直径为 0.2～0.8μm，平均为 0.5μm，最小的为 0.05μm，最大者可达数微米（图 3.5.12）。

溶酶体的膜厚约 6nm，与细胞膜或其他内膜不同，主要为脂蛋白，含有较多的鞘磷脂成分。溶酶体膜中含有特殊的转运蛋白，能将溶酶体消化后的水解产物运出溶酶体。构成溶酶体膜的蛋白质高度糖基化,可保护其免受溶酶体内酶的消化。

溶酶体内含 60 多种酸性水解酶,包括蛋白酶、核酸酶、脂酶、糖苷酶、磷酸酶、磷脂酶和硫酸酯酶等,可将蛋白质、核酸、糖类和脂类等绝大多数生物大分子水解为细胞可吸收的小分子物质。酸性磷酸酶为溶酶体的标志酶(表 3.5.1)。

表 3.5.1 溶酶体的主要酶类

酶	天然底物	酶	天然底物
磷酸酶类			
酸性磷酸酶	磷酸单脂	酸性磷酸二酯酶	磷脂
酸性焦磷酸酶	ATP,FAD	磷脂酸磷酸酶	磷脂酸
磷酸蛋白磷酸酶	磷酸蛋白		
硫酸酯酶			
芳基硫酸酯酶	芳基硫酸酯		
蛋白酶和肽酶			
组织蛋白酶	蛋白质	胶原酶	胶原
肽酶	肽		
核酸酶			
核糖核酸酶	RNA	脱氧核糖核酸酶	DNA
脂酶			
磷酸脂酶	磷脂	酯酶	脂肪酸酯
β-葡萄糖脑苷脂酶	葡萄糖脑苷脂		
糖苷酶			
α-葡萄糖苷酶	糖原	β-葡萄糖苷酶	糖蛋白
β-半乳糖苷酶	糖脂、糖蛋白	溶菌酶	细菌的细胞壁

3.5.3.2 溶酶体的类型

溶酶体在其生理功能不同的阶段,形态大小以及所含酶类有很大差异。根据溶酶体的不同发育阶段和生理功能状态,可分为三种类型。

1) 初级溶酶体

初级溶酶体(primary lysosome)是刚刚从反面高尔基复合体形成的小囊泡,不含作用底物,仅含有酸性水解酶类,其中的酶处于非活性状态。初级溶酶体体积小,呈球形,直径 0.2～0.5μm,膜厚约 6nm,其内容物一般较致密,有时储存有分泌颗粒,故又称为致密小体(dense body)。如果从细胞的分泌活动考虑,初级溶酶体是一种刚刚分泌的含有溶酶体酶的分泌小泡,为成熟的溶酶体(图 3.5.13)。

2) 次级溶酶体

初级溶酶体与含底物的小泡融合,水解酶和正在消化或已被消化的底物及其形成的消化产物包含在一个溶酶体中,即称为次级溶酶体(secondary lysosome)。次级溶酶体比初级溶酶体大,形状不规则,电镜显示其内部结构复杂,含有正在消化的物质颗粒、膜的碎片等各种底物,为正在进行消化作用的溶酶体,故又被称作消化泡(digestive vacuole)。

次级溶酶体根据其所含底物性质和来源不同又可分为以下两种。

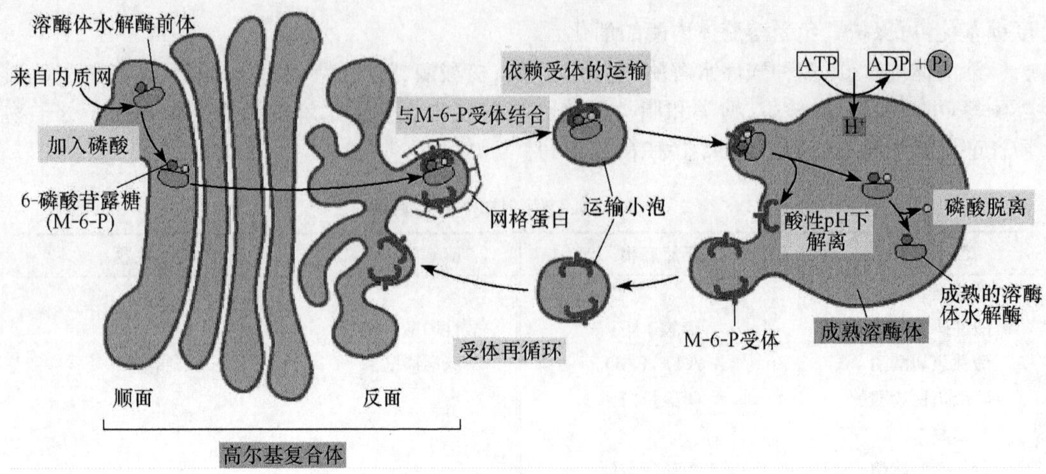

图 3.5.13　溶酶体形成模式图

(Alberts et al.,2002)

(1) 自嗜性溶酶体(autophagolysosome)。底物来源于细胞的内源性物质,包括细胞自身的各种组分,如衰老的线粒体、内质网等细胞器碎片,或细胞内某些堆积的分泌颗粒。细胞中自嗜性溶酶体在消化、分解自然更替的一些细胞内部结构上起着重要作用。

(2) 异嗜性溶酶体(heterophagolysosome)。溶酶体内的底物来源于细胞外的外源性物质,如食物颗粒、异物以及各种致病菌等。细胞先以内吞的方式将外源物质摄入细胞,形成吞噬小体(phagosome)或胞饮小体(pinosome),并与次级溶酶体融合,将底物消化。异嗜性溶酶体常见于单核吞噬系统的细胞,如白细胞,在机体防御系统中起重要作用。此外在肝细胞和肾细胞中分布也很丰富。

3) 残余小体

次级溶酶体在完成对绝大部分底物的消化分解作用后,溶酶体酶活性逐渐下降直至消失,尚有一些底物不能被完全分解而残留在溶酶体内,这种含有残余底物的溶酶体称为残余小体(residual body)。电镜下残余小体内残留物质电子密度高,由单层膜包裹,形状不规则。细胞内常见的残余小体有脂褐素、含铁小体、多泡体和髓样结构等。这些残余小体有的可通过胞吐作用排出细胞外,有的则长期蓄积在细胞内,如脂褐素。

(1) 脂褐素(lipofuscin)是一种形状不规则单位膜包围的小体,内容物为电子密度不等的物质、脂滴、小泡等,常见于神经细胞、心肌细胞、肝细胞等组织衰老细胞中,随年龄增长而增多。

(2) 含铁小体(siderosome)被以单位膜,内部充满电子密度高的含铁颗粒,颗粒直径为 50～60nm。在正常的单核——巨噬细胞系统的细胞中可见到含铁小体。在溶血的患者脾脏中明显增多。

(3) 多泡体(multivesicular body)。多泡体外被以单位膜,内含许多小泡,直径 0.2～0.3μm。小泡可能来自高尔基复合体或细胞吞饮的小泡。多泡体内电子密度不同,通常可在神经细胞、卵母细胞等细胞中观察到。

(4) 髓样结构(myelin figure)。髓样结构的特点是:由呈同心层状、板状或指纹状等排列的膜性成分构成,大小为 0.3～3μm,可见于正常细胞(巨噬细胞)及病变细胞,如肿瘤细胞和病毒感染的细胞。

3.5.3.3 溶酶体的功能

1）溶酶体的消化作用

溶酶体内含有各种水解酶，其主要功能是消化各类生物大分子物质。其消化底物的来源有三种途径：①自体吞噬（autophagy），即自嗜，吞噬的是细胞内原有的物质；②通过吞噬形成的吞噬体（phagosome）提供的有害物质；③通过内吞作用（endocytosis）提供的营养物质。由于吞噬作用和内吞作用提供的被消化的物质都是来自细胞外，又将这两种来源的物质消化作用统称为异体吞噬（heterophagy）。

（1）自体吞噬：自噬作用主要是清除降解细胞内受损伤的细胞结构、衰老的细胞器，以及不再需要的生物大分子等。被吞噬的细胞器和生物大分子先要被内质网的膜包裹起来形成自噬泡（autophagic vacuole），然后与初级溶酶体融合形成次级溶酶体，即自噬性溶酶体，融合后的底物被溶酶体酶消化。细胞也可以在饥饿状态下通过自嗜作用消化部分自身物质，以维持细胞的生存，避免细胞死亡。

（2）异体吞噬：外来的有害物质被吞入细胞后，即形成由膜包裹的吞噬小体（phagosome），初级溶酶体很快同吞噬体融合形成次级溶酶体，此时溶酶体中的底物是从细胞外摄取的，故为异噬性溶酶体，在异噬性溶酶体中吞噬物被酶水解。多细胞的动物具有专门的吞噬细胞，即巨噬细胞（macrophage）和中性粒细胞（neutrophil）担任机体中的保护防御任务。

吞噬作用也是细胞获取营养的一种方式，细胞通过内吞作用将一些营养物质包进内吞体，最后与溶酶体融合，在溶酶体酶的作用下，将吞进的营养物质消化形成可直接利用的小分子用于合成代谢。

2）自溶作用

自溶作用（autolysis）是指溶酶体膜破裂后，释放出水解酶，将细胞溶解消化。自溶作用在生物个体发育中参与组织器官的改建、变态和退化过程。例如，两栖类蝌蚪变态时尾部的退化和吸收与溶酶体的自溶作用有关。在多细胞生物机体的正常生命活动中，有些细胞死亡后，其内的溶酶体膜破裂，酶类释放到胞质中，将细胞自身消化，使死亡的细胞被消除。

3）胞外溶解作用

溶酶体膜破裂不仅可以使细胞自溶，而且酶也可以释放到细胞外发挥溶解作用。在骨发生和骨再生过程中，破骨细胞的溶酶体酶可释放到骨基质中，分解和消化陈旧的骨基质，这是骨质更新的重要步骤。

哺乳动物的受精作用也是溶酶体酶在细胞外发挥作用的结果。在受精过程中，精子必须穿过卵子的多层卵膜才能进入卵中。精子头部的顶体（acrosome）实际上是一个巨大的特化的溶酶体，含有丰富的玻璃酸酶、蛋白酶、酸性磷酸酶等。当精子与卵子接触后发生顶体反应，顶体膜与质膜融合，释放出各种水解酶，消化分解掉卵子的外膜滤泡细胞，并协助精子穿过卵子各层膜的屏障而进入卵内实现受精。

3.5.4 过氧化物酶体

过氧化物酶体（peroxisome）又称为微体（microbody），是 Rhodin 1954 年首次在小鼠肾小管上皮细胞中发现的，微体体积小，分布广泛，在形态大小上与溶酶体相似，含有氧化酶、过氧化物酶或过氧化氢酶等酶类，也具有降解生物大分子的能力。

3.5.4.1 过氧化物酶体的形态结构和化学组成

过氧化物酶体是由一层单位膜围成的膜性细胞器，多呈圆形或卵圆形，一般直径为 0.3～0.5μm，最小直径为 0.1μm，最大可达 1.5μm（图 3.5.14）。某些哺乳动物细胞中过氧化物酶体中央含有电子密度较高、规则的结晶状结构，称类核体（nucleoid）或类晶体（crystalloid），其化学本质为尿酸氧化酶结晶。但人和鸟类细胞中的过氧化物酶体中不含尿酸氧化酶，故无类核体。过氧化物酶体普遍存在于真核生物的各类细胞中，但只有在肝、肾、成骨细胞、中性粒细胞中才可观察到典型的过氧化物酶体，而且数量特别多。

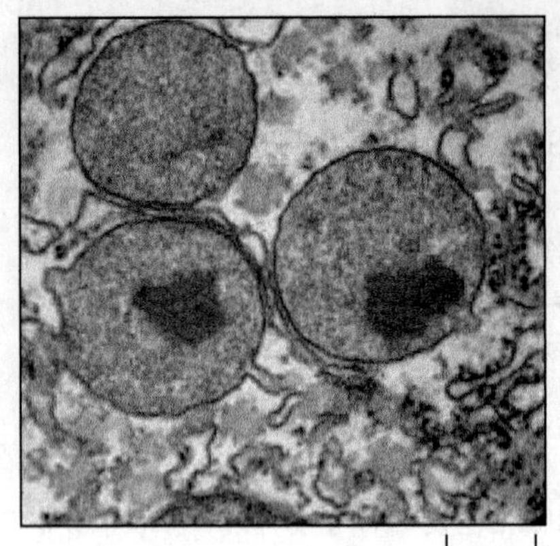

图 3.5.14 过氧化物酶体的电镜图
(Alberts et al.，2002)

过氧化物酶体内含有丰富的酶，目前发现已有 40 余种酶类存在于不同细胞的过氧化物酶体中，主要有三大类型，即氧化酶、过氧化氢酶和过氧化物酶，但过氧化氢酶只存在于过氧化物酶体中，因此过氧化氢酶可视为过氧化物酶体的标志酶。它的作用主要是将过氧化氢水解，还原成水。

过氧化物酶体中的氧化酶主要有尿酸氧化酶、D-氨基酸氧化酶、L-氨基酸氧化酶、L-α-羟基酸氧化酶等。氧化酶约占过氧化物酶体中酶总量的一半。各种氧化酶的共同作用特点为在氧化底物的同时，能将氧还原成过氧化氢。

过氧化物酶仅在几种细胞（如血细胞）的过氧化物酶体中存在。其主要作用同过氧化氢酶一样将过氧化氢还原成水。

此外在过氧化物酶体中还含有苹果酸脱氢酶、柠檬酸脱氢酶等。

3.5.4.2 过氧化物酶体的功能

1）解毒作用

氧化酶可利用氧分子，通过氧化还原反应祛除有机底物上的氢原子，产生过氧化氢，而过氧化氢酶又能够利用过氧化氢氧化各种底物，如酚、甲酸、甲醛和乙醇等，氧化的结果使这些有毒性的物质变成无毒性的物质，同时也使 H_2O_2 进一步转变成无毒的 H_2O。这种解毒作用对于肝、肾特别重要。例如，饮酒摄入的乙醇主要以这种方式被氧化成乙醛，从而解除了乙醇对细胞的毒性作用。

过氧化物酶体的反应如下：

各类氧化酶的共性是将底物氧化后，生成过氧化氢。

$$RH_2 + O_2 \longrightarrow R + H_2O_2$$

过氧化氢酶又可以利用过氧化氢，将其他底物（如醛、醇、酚）氧化。

$$R'H_2 + H_2O_2 \longrightarrow R' + 2H_2O$$

此外当细胞中的 H_2O_2 过剩时，过氧化氢酶亦可催化以下反应：

$$2H_2O_2 \longrightarrow 2H_2O + O_2$$

2) 对氧浓度的调节作用

过氧化物酶体与线粒体对氧的敏感性是不一样的,线粒体氧化所需的最佳氧浓度为2%左右,增加氧浓度,并不提高线粒体的氧化能力。过氧化物酶体的氧化能力随氧张力增强而成正比地提高。因此,在低浓度氧的条件下,线粒体利用氧的能力比过氧化物酶体强,但在高浓度氧的情况下,过氧化物酶体的氧化反应占主导地位,这种特性使过氧化物酶体具有使细胞免受高浓度氧的毒性损害的作用。

3) 脂肪酸的氧化

过氧化物酶体的另一重要功能是分解脂肪酸等高能分子,使其转化为乙酰CoA,并被转运到细胞质基质中,在生物合成中再利用,或者向细胞直接提供热能。动物组织中有25%~50%的脂肪酸是在过氧化物酶体中氧化的,其他则是在线粒体中氧化的。另外,由于过氧化物酶体中有与磷脂合成相关的酶,所以过氧化物酶体也参与脂的合成。

4) 含氮物质的代谢

在大多数动物细胞中,尿酸氧化酶(urate oxidase)对于尿酸的氧化是必需的。尿酸是核苷酸和某些蛋白质降解代谢的产物,尿酸氧化酶可将这种代谢废物进一步氧化去除。另外,过氧化物酶体还参与其他的氮代谢如转氨酶(aminotransferase)催化氨基的转移。

3.5.4.3 过氧化物酶体的来源

与溶酶体不同,对于过氧化物酶体在真核细胞中的来源问题,研究者们一直没有明确的答案:有些学者认为过氧化物酶体类似于高尔基复合体,来源于内质网;但另一些学者则认为过氧化物酶体与线粒体(mitochondria)更为相似,是一个自治的实体。Hoepfner等经过研究,认为过氧化物酶体是从内质网衍生而来的。这个研究成果发表在2005年7月的*Cell*杂志上。他们以酿酒酵母(*Saccharomyces cerevisiae*)为材料,利用荧光蛋白构建了一个"过氧化物酶体的实时成像系统"。在这个系统中,他们将荧光蛋白标记在Pex3这个膜整合蛋白上,然后将这个基因置于可以被半乳糖调控表达的启动子下。在细胞生长的过程中间断加入半乳糖,就可以让Pex3这个基因以及标记的荧光蛋白瞬时表达。培养基中没有半乳糖时,Pex3不表达。通过这种方法,他们发现Pex3首先出现在内质网上,最终转移到成熟的过氧化物酶体上。

3.5.5 蛋白质的分选与细胞结构的装配

哺乳动物细胞中含有1万~2万种、约10^{10}个蛋白质分子,在核糖体上合成后,经过加工修饰,通过不同的途径被转运到细胞的特定部位并装配成结构与功能的复合体,参与细胞的生命活动,这一过程称为蛋白质的分选(protein sorting)。蛋白质的分选与装配是一个涉及多种信号调控的复杂而重要的细胞生物学问题。

从系统发生来看内膜系统起源于质膜的内陷和内共生(线粒体、叶绿体),而从个体发生来看新细胞的内膜系统来源于原有内膜系统的分裂。当细胞进行分裂时,不仅要进行染色体和细胞核的复制,同时各种细胞器通过吸收新合成的成分长大,然后随着细胞的分裂分配到子细胞中去。细胞不能从无到有产生所有膜性细胞器,新的膜性细胞器来源于已存在细胞器的分裂。如果彻底移除细胞内所有的过氧化物酶体,细胞根本不能重建新的过氧化物酶体,因为过氧化物酶体中具有选择性地接受细胞质内合成的蛋白质的转位因子(translocator)。细胞内合成的蛋白质、脂类等物质之所以能够定向地转运到特定的细胞器取决于两个方面:其一是蛋白质中包含特殊的信号序列(signal sequence),其二是细胞器上具有特定的信号识别装置(分选受体,sorting receptor),因此内膜系统的发生具有核外遗传的特性。

1975 年 Blobel 和 Sabatini 提出了细胞如何控制蛋白质转运的"信号假说",即新生的分泌性蛋白质 N 端序列作为信号肽,指导正在合成分泌性蛋白质多肽链的核糖体结合到内质网上进行合成,在蛋白合成结束之前切除信号肽。Blobel 成功地破译了第一条信号肽序列,同时还提出内质网膜上存在允许多肽链通过的蛋白质通道,那些将要被分泌的蛋白质将经过该通道进入内质网腔。随后许多学者又对信号假说进行了修改补充,明确了指导分泌性蛋白质在粗面内质网上合成的决定因素是蛋白质 N 端的信号肽。信号识别颗粒(SRP)和内质网膜上的信号识别颗粒受体等其他因子协助完成这一过程。

继信号肽后,人们又发现一系列蛋白质分选信号序列(表 3.5.2)。

表 3.5.2 几种典型的蛋白质分选信号序列

信号功能	举 例
输入细胞核	-Pro-Pro-Lys-Lys-Lys-Arg-Lys-Val-
输出细胞核	-Leu-Ala-Leu-Lys-Leu-Ala-Gly-Leu-Asp-Ile-
输入线粒体	$^{+}H_3N$-Met-Leu-Ser-Leu-Arg-Gln-Ser-Ile-Arg-Phe-Phe-Lys-Pro-Ala-Thr-Arg-Thr-Leu-Cys-Ser-Ser-Arg-Tyr-Leu-Leu-
输入质体	$^{+}H_3N$-Met-Val-Ala-Met-Ala-Met-Ala-Ser-Leu-Gln-Ser-Ser-Met-Ser-Ser-Leu-Ser-Leu-Ser-Ser-Asn-Ser-Phe-Leu-Gly-Gln-Pro-Leu-Ser-Pro-Ile-Thr-Leu-Ser-Pro-Phe-Leu-Gln-Gly-
输入过氧化物酶体	-Ser-Lys-Leu-COO^-
输入内质网	$^{+}H_3N$-Met-Met-Ser-Phe-Val-Ser-Leu-Leu-Leu-Val-Gly-Ile-Leu-Phe-Trp-Ala-Thr-Glu-Ala-Glu-Gln-Leu-Thr-Lys-Cys-Glu-Val-Phe-Gln-
返回内质网	-Lys-Asp-Glu-Leu-COO^- (KDEL)
由质膜到内体	Tyr-X-X-Φ

注:NH_3^+ 为蛋白质 N 端;COO^- 为蛋白质 C 端;X 表示任何一种氨基酸;Φ 为分子较大的疏水氨基酸,如 Phe、Leu、Met 等。

3.5.5.1 蛋白质分选信号

细胞内至少存在两类蛋白质分选信号(图 3.5.15)。

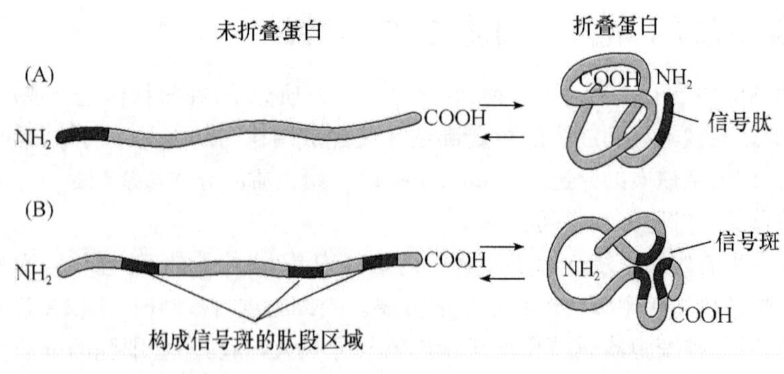

图 3.5.15 两类分选信号

(Alberts et al., 2002)

(1) 信号序列(signal sequence):存在于蛋白质一级结构上的线性序列,通常由15～60个氨基酸残基组成,有些信号序列在完成蛋白质的定向转移后被信号肽酶(signal peptidase)切除。

(2) 信号斑(signal patch):存在于完成折叠的蛋白质中,构成信号斑的几段信号序列之间可以不相邻,折叠在一起构成一个三维结构的表面,形成一个斑点被磷酸转移酶识别。信号斑是溶酶体酶的特征性信号。

蛋白质分选信号的作用是引导蛋白质从细胞质基质进入内质网、线粒体(或叶绿体)和过氧化物酶体,也可以引导蛋白质从细胞核进入细胞质或从高尔基复合体进入内质网。每一种信号序列决定特殊的蛋白质转运方向,如输入内质网的蛋白质通常N端具有一段信号序列,含有6～15个带正电荷的非极性氨基酸。目前对于信号斑了解较少,主要是因为它存在于复杂的三维结构中,很难将其分离出来研究。

3.5.5.2 蛋白质分选的基本途径和类型

1) 蛋白质的分选大体分为两条途径

(1) 后转运:翻译后转运(post-translational translocation),游离核糖体上合成的蛋白质必须等蛋白质完全合成并释放到细胞质基质后才能被转运,所以将这种转运方式称为翻译后转运。通过这种方式转运的蛋白质包括线粒体(或叶绿体)和细胞核的部分蛋白质,以及过氧化物酶体的全部蛋白质等。在游离核糖体上合成的蛋白质中有相当一部分直接存在于细胞质基质中,包括细胞骨架蛋白质、各种反应体系的酶或蛋白质等。

(2) 共转运:共翻译转运(co-translational translocation),膜结合核糖体上合成的蛋白质,在它们进行翻译的同时就开始了转运,主要是通过定位信号,一边翻译,一边进入内质网,然后再进行进一步的加工和转移。由于这种转运定位是在蛋白质翻译的同时进行的,故称为共翻译转运。例如,在粗面内质网(ER)合成的膜整合蛋白质、胞外分泌蛋白质、构成细胞器中的可溶性驻留蛋白质等,经高尔基复合体转运至溶酶体、细胞膜或分泌到细胞外。

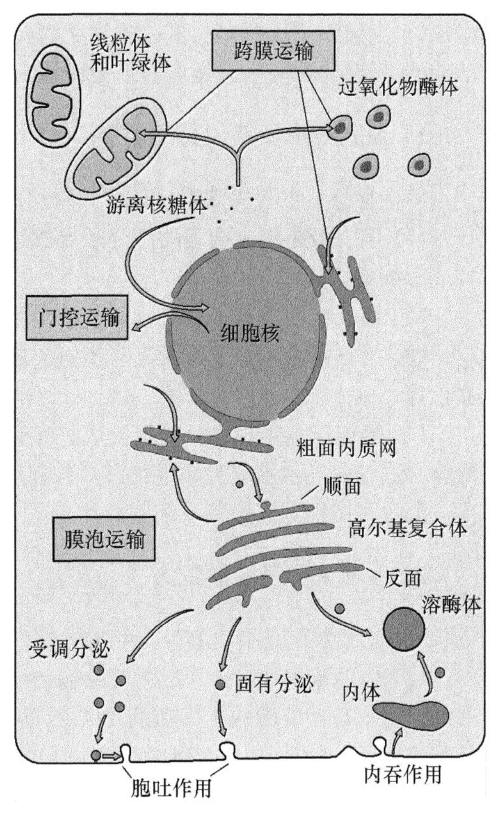

图3.5.16 细胞内蛋白质分选的主要途径
(Bolsover et al.,2004)

2) 从蛋白质分选的机制角度,可分为4种类型

(1) 跨膜运输(transmembrane transport):蛋白质通过跨膜通道进行转运(图3.5.16)。主要是指细胞质基质中合成的蛋白质在信号序列的引导下,转运到内质网、线粒体(或叶绿体)和过氧化物酶体等细胞器的一种分选方式,如细胞质中合成的线粒体蛋白质通过线粒体膜上的转位因子,以解折叠的线性分子进入线粒体。

(2) 膜泡运输(vesicular transport):蛋白质被选择性地包装成运输小泡,定向转运到靶细胞器(图 3.5.16)。例如,蛋白质通过不同类型的运输小泡从其粗面内质网合成部位转运至高尔基复合体进而分选至细胞的不同部位,其中涉及各种不同的定向转运以及膜胞出芽与融合的过程。细胞摄入某些营养物质或激素,也属于这种运输方式。

(3) 门控运输(gated transport)是指在细胞质基质中合成的核糖核蛋白(ribonucleoprotein,RNP)复合体或其他大分子物质通过核孔复合体选择性地完成核输入或从细胞核返回细胞质基质,而允许小分子物质自由进出细胞核(图 3.5.16)。

(4) 细胞质基质中的蛋白质的转运。

上述几种分选类型都涉及蛋白质在细胞质基质中的转运,这一过程与细胞骨架密切相关。由于细胞质基质的结构尚不清楚,因此对其中的蛋白质转运特别是信号转导途径中的蛋白质分子的转运及信号传递的方式了解很少。

3.5.5.3　细胞结构体系的装配

细胞是由蛋白质、核酸等生物化学物质组成的。由于细胞的生命活动是高度有序的,所以细胞内的物质不可能杂乱无章地堆集在一起,而是有规则地分级组装成复杂的细胞结构,如核糖体、细胞核、高尔基复合体和细胞骨架等。不仅如此,在多细胞有机体中,细胞要组成不同的组织,再由组织形成器官。蛋白质等生物大分子是如何逐级装配并最终形成生物赖以进行生命活动的细胞结构体系,这是当前生命科学面临的最基本的问题之一。

1) 细胞结构体系的分级组装

由生物分子组装成细胞,可以粗略地分成 4 级:

(1) 第一级是构成细胞的小分子有机物的形成,包括碱基、氨基酸、葡萄糖、脂肪酸等,这些构成了细胞的基石;

(2) 第二级由小分子有机物组装成生物大分子,包括 DNA、RNA、蛋白质、多糖等;

(3) 第三级由生物大分子进一步组装成细胞的高级结构,如细胞膜、核糖体、染色体、微管、微丝等;

(4) 第四级由生物大分子组装成具有空间结构和生物功能的细胞器,如细胞核、线粒体、叶绿体、内质网、高尔基复合体、溶酶体、微体等。

最后再由细胞器组装成细胞。

2) 生物大分子的装配方式

(1) 自我装配是指信息存在于装配亚基的自身,但由细胞提供装配环境,如 pH、离子浓度等。

(2) 协助装配除需要形成最终结构的亚基外,还需要其他成分的介入,或对装配的亚基进行修饰以保证行使装配的正确功能,如 T4 噬菌体装配时需要一种支架蛋白(scaffolding protein),装配完成后,这种蛋白质离开 T4 噬菌体的头部。分子伴侣即是一类在细胞内协助其他蛋白质多肽结构完成正确组装的蛋白质,而且在组装完毕后与之分离,不构成这些蛋白质结构执行功能时的组分。

(3) 直接装配是指某种亚基直接装配到已形成的结构上,如细胞膜成分的装配。

(4) 更为复杂的细胞结构及结构体系的装配。

在有些复杂的装配过程中需要 ATP 或 GTP 提供能量。

3) 装配的生物学意义

(1) 减少和校正蛋白质合成中出现的错误。同DNA与RNA合成一样，如果蛋白质合成的错误率为10^{-3}，那么合成一个由10^4个氨基酸残基组成的多肽链与10^2个氨基酸残基组成的多肽链相比，前者只有0.01%的多肽链是准确无误的，而后者可高达90%。并且在装配的过程中装配校正机制可进一步排除畸形的亚单位。

(2) 可大大减少所需的遗传物质信息量。如前所述，编码10^2个氨基酸残基的多肽链DNA长度比编码10^4个氨基酸残基多肽链DNA长度相差2个数量级。

(3) 通过装配与去装配更容易调控多种生物学过程。当然，装配方式也存在不足之处，因此，细胞内并非所有的复杂结构都是由小亚基装配的。除DNA外，还存在一些大的单链分子。

细胞结构体系之间的相互关系是细胞结构体系装配更高的一个层次，正是各细胞结构体系之间的相互协同与配合，才表现出整体细胞的生命活动。

小结

内膜系统是真核细胞所特有的、完成其生命活动所必需的膜性结构系统。内膜系统包括内质网、高尔基复合体、溶酶体和过氧化物酶体等。内质网是由单位膜围成的管状、囊状或小泡状网状系统，包括粗面内质网和滑面内质网两种类型。粗面内质网膜表面附有大量核糖体，其主要功能是参与分泌性蛋白质和膜蛋白的合成、蛋白质在内质网腔中的折叠与装配、糖基化修饰、分选和转运；滑面内质网表面无核糖体附着，膜光滑平整，其主要功能是参与脂类合成与转运、糖原的合成与分解、解毒作用、肌肉收缩等。葡萄糖-6-磷酸酶、细胞色素P450等参与分子生物合成和电子传递体系的酶是内质网的主要标志酶。高尔基复合体是由一些排列整齐的扁平膜囊堆叠组成的，具有明显的极性分布特征，分为三个组成部分：扁平囊泡、小囊泡和大囊泡。高尔基复合体的主要功能是分泌蛋白的加工和修饰(包括蛋白质的糖基化、硫酸基化和蛋白水解作用)、蛋白质的分选和运输、溶酶体的形成和参与膜的转化。糖基转移酶是高尔基复合体的主要标志酶。溶酶体是由一层单位膜包围的膜性细胞器，由高尔基复合体芽生而成。根据溶酶体的不同发育阶段和生理功能状态，可分为三种类型：初级溶酶体、次级溶酶体和残余小体。溶酶体的功能包括消化作用、自溶作用和胞外溶解作用。酸性磷酸酶为溶酶体的标志酶。过氧化物酶体又称为微体，是由一层单位膜围成的膜性细胞器。过氧化物酶体的酶类主要有三大类型：氧化酶、过氧化氢酶和过氧化物酶，过氧化氢酶是过氧化物酶体的标志酶。过氧化物酶体的功能是解毒作用、对氧浓度的调节作用、脂肪酸的氧化、含氮物质的代谢等。

蛋白质的分选与细胞结构的组装是内膜系统的主要功能和过程之一。蛋白质的分选机制是"信号假说"，即新生的分泌性蛋白质N端序列作为信号肽，指导正在合成分泌性蛋白质多肽链的核糖体结合到内质网上进行合成，在蛋白合成结束之前切除信号肽。蛋白质分选的基本途径包括后转运和共转运。蛋白质分选的类型包括跨膜运输、膜泡运输、门控运输和细胞质基质中蛋白质的转运。蛋白质等生物大分子最终要逐级装配并形成生物赖以进行生命活动的细胞结构体系，其装配方式包括自我装配、协助装配和直接装配。

(蒋建利)

思考题

1. 说明内质网在蛋白质合成过程中的作用。

2. 概述由内质网到高尔基体进行的蛋白质糖基化类型、修饰和加工过程。
3. 为什么说高尔基体是细胞内大分子运输枢纽和"膜流"调控枢纽?
4. 溶酶体是如何形成的? 其基本功能是什么?
5. 概述过氧化物酶体的特征和功能。
6. 简介信号假说的研究成果及科学意义。
7. 细胞内蛋白质分选定向转运有哪些类型?
8. 概述膜泡运输中的三种有被小泡的特征、发生部位及功能。
9. 内质网和高尔基体都是细胞内的膜结构细胞器,它们功能上的主要区别是什么?
10. 为什么说高尔基复合体是一个极性细胞器?
11. 从结构和功能两方面简述内膜系统各部分的关系?

参考文献

韩贻仁. 2005. 分子细胞生物学. 2 版. 北京:科学出版社

宋今丹. 2005. 医学细胞生物学. 3 版. 北京:人民卫生出版社

杨恬. 2005. 细胞生物学. 北京:人民卫生出版社

左伋. 2008. 医学细胞生物学. 4 版. 上海:复旦大学出版社

Alberts B, Bray D, Lewis J, et al. 1994. Molecular Biology of the Cell. 2nd ed. New York, London: Garland Publishing Inc.

Alberts B, Johnson A, Lewis J, et al. 2002. Molecular Biology of the Cell. 4th ed. New York, London: Garland Science

Bolsover S R, Hyams J S, Shephard E A, et al. 2004. Cell Biology A Short Course. 2nd ed. Publication: A John Wiley & Sons, Inc.

Campbell N A, Reece J B, Taylor M R, et al. 2007. Biology. 7th ed. California: Benjamin Cummings

Hoepfner D, Schildknegt D, Braakman I, et al. 2005. Contribution of the endoplasmic reticulum to peroxisome formation. Cell, 122(1): 85-95

Lodish H, Berk A, Zipursky S L, et al. 1999. Molecular Cell Biology. 4th ed. New York: W. H. Freeman & Co.

3.6 细胞膜与细胞间或细胞基质间相互作用

原始生命向细胞进化所获得的重要形态特征之一,是生命物质外面出现了一层膜性结构,即细胞膜。细胞膜(cell membrane)又称质膜(plasma membrane),为细胞结构中区分细胞内部与周围环境的动态屏障,更是细胞物质交换和信息传递的通道(图 3.6.1)。

3.6.1 质膜的化学组成

质膜主要由膜脂和膜蛋白组成,另外还有少量糖,主要以糖脂和糖蛋白的形式存在。膜脂是膜的基本骨架,膜蛋白是膜功能的主要体现者。

3.6.1.1 膜脂

膜脂主要包括磷脂、糖脂和胆固醇三种类型。

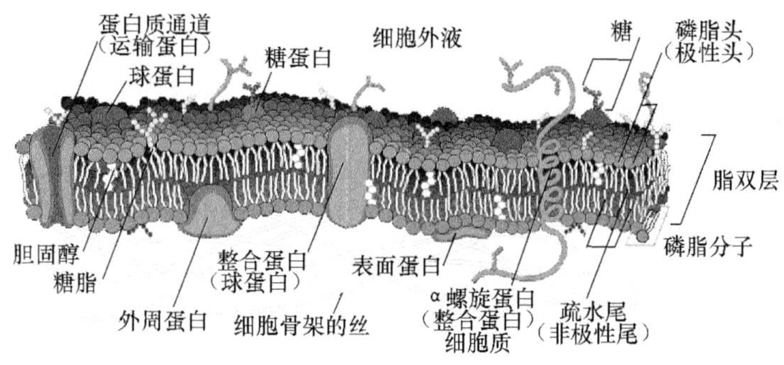

图 3.6.1　细胞膜的基本组分

（http://commons.wikimedia.org）

1）磷脂

磷脂是构成膜脂的基本成分，约占整个膜脂的 50%以上。磷脂分子的主要特征是具有一个极性头和两个非极性的尾（脂肪酸链，图 3.6.2），但存在于线粒体内膜和某些细菌质膜上的心磷脂具有 4 个非极性的区域（图 3.6.3）。脂肪酸碳链为偶数，多数碳链由 16 个、18 个或 20 个碳原子组成。常含有不饱和脂肪酸。

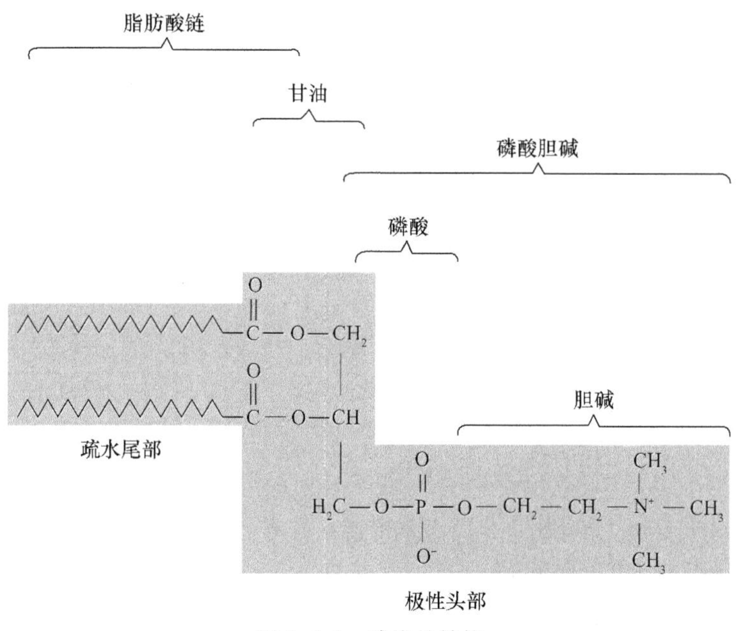

图 3.6.2　磷脂的结构

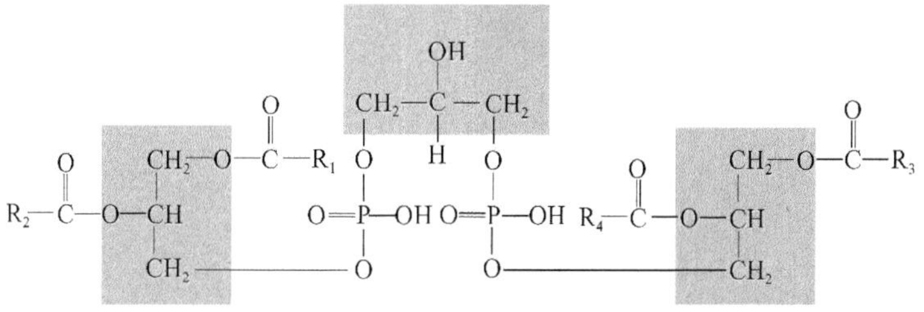

图 3.6.3　心磷脂的分子结构

磷脂包括甘油磷脂和鞘磷脂两种类型。甘油磷脂是以甘油为骨架的磷脂类，在骨架上结合两个脂肪酸链和一个磷酸基团，胆碱、乙醇胺、丝氨酸或肌醇等分子通过磷酸基团连接到脂分子上(图 3.6.4)，根据连接在磷酸集团上的分子可以把甘油磷脂分为：磷脂酰胆碱(phosphatidyl choline，PC，又称卵磷脂)、磷脂酰丝氨酸(phosphatidyl serine，PS)、磷脂酰乙醇胺(phosphatidyl ethanolamine，PE，又称脑磷脂)、磷脂酰肌醇(phosphatidyl inositol，PI)和双磷脂酰甘油(DPG，又称心磷脂)等。

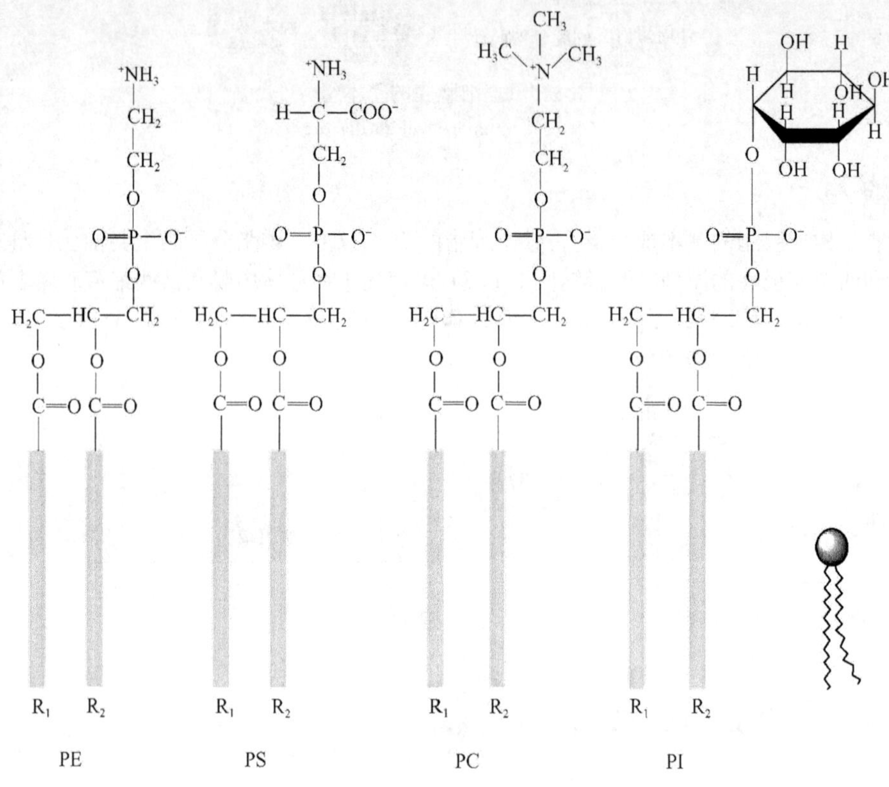

图 3.6.4 不同类型的甘油磷脂

鞘磷脂(sphingomyelin，SM，图 3.6.5)在脑和神经细胞膜中特别丰富，也称神经醇磷脂，它是以鞘胺醇(sphingosine)为骨架，与一条脂肪酸链组成疏水尾部，亲水头部也含胆碱与磷酸的结合。原核细胞和植物中没有鞘磷脂。

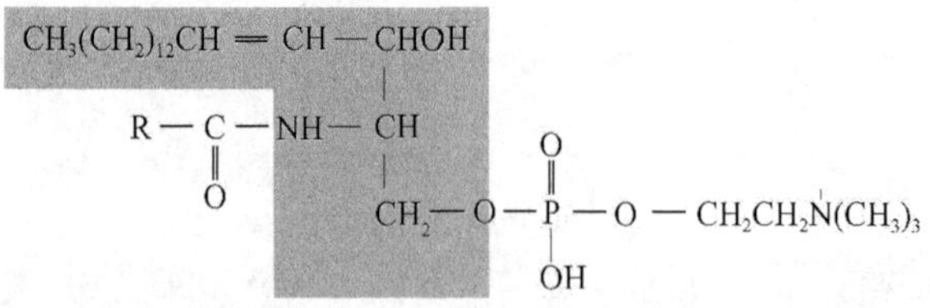

$CH_3(CH_2)_{12}CH=CH-CHOH$

$R-C(=O)-NH-CH$

$CH_2-O-P(=O)(OH)-O-CH_2CH_2N(CH_3)_3$

图 3.6.5 鞘磷脂分子结构

2）糖脂

糖脂是含糖而不含磷酸的脂类，其结构与 SM 很相似，也是两性分子，只是由一个或多个糖残基代替了磷脂酰胆碱而与鞘氨醇的羟基结合。最简单的糖脂是半乳糖脑苷脂，它只有一个半乳糖残基作为极性头部，在髓鞘的多层膜中含量丰富。变化最多、最复杂的糖脂是神经节苷脂，其头部包含一个或几个唾液酸和糖的残基(图 3.6.6)。神经节苷脂是神经元质膜中特征性的成分。神经节苷脂还是一类膜上的受体，已知破伤风毒素、霍乱毒素、干扰素、促甲状腺素、绒毛膜促性腺激素和 5-羟色胺等的受体就是不同的神经节苷脂(图 3.6.5)。

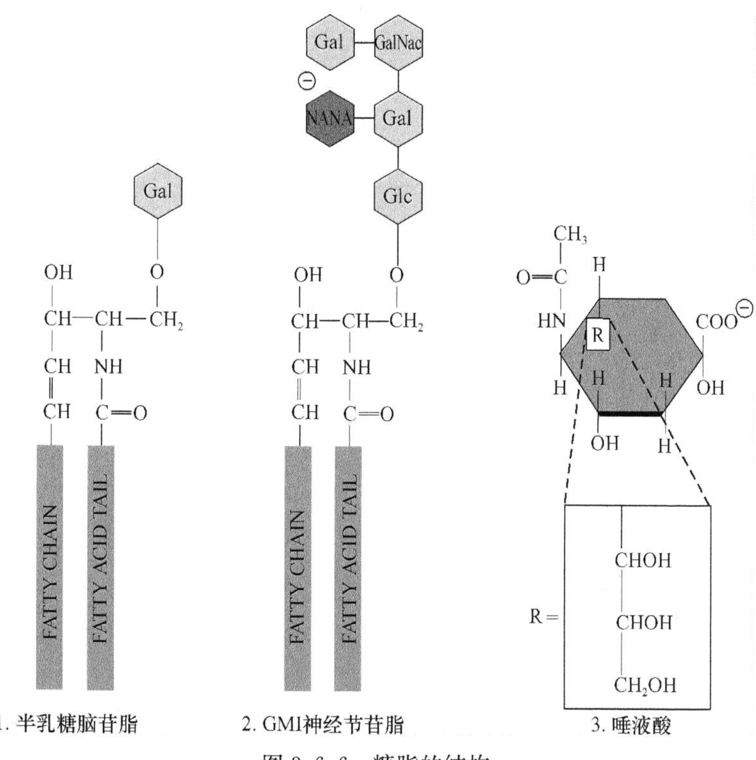

1. 半乳糖脑苷脂　2. GM1神经节苷脂　3. 唾液酸

图 3.6.6　糖脂的结构

3) 胆固醇

胆固醇(图 3.6.7)仅存在于真核细胞膜上，其功能是提高脂双层的力学稳定性，调节脂双层流动性，降低水溶性物质的通透性。

亲水部位　疏水部位

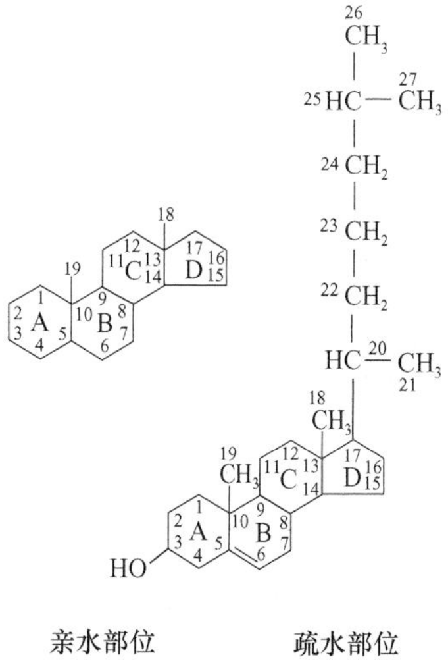

图 3.6.7　胆固醇的分子结构

3.6.1.2　膜蛋白

膜蛋白是膜功能的主要体现者。质膜中的蛋白质是膜功能的主要体现者，其中有的与物质的运输有关，如载体，在主动运输过程中，载体还兼有 ATP 水解酶的作用；有的是酶，能催化与膜有关的生化反应；有的是激素或其他有生物活性物质的受体。根据膜蛋白与脂分子的结合方式，可分为整合蛋白(integral protein)、外周蛋白(peripheral protein)和脂锚定蛋白(lipid-anchored protein)。

整合蛋白可能全为跨膜蛋白(transmembrane protein),疏水的部分直接与磷脂的疏水部分共价结合,两端带有极性,贯穿膜的内外。外周蛋白靠离子键或其他较弱的键与膜表面的蛋白质分子或脂分子的亲水部分结合,因此只要改变溶液的离子强度甚至提高温度就可以从膜上分离下来。脂锚定蛋白(lipid-anchored protein)可以分为两类,一类是糖磷脂酰肌醇(glycophosphatidylinositol,GPI)连接的蛋白质,GPI位于细胞膜的外侧;另一类脂锚定蛋白与插入质膜内侧的长碳氢链结合,如三聚体GTP结合调节蛋白(trimeric GTP-binding regulatory protein)的 α 和 γ 亚基(图3.6.8)。

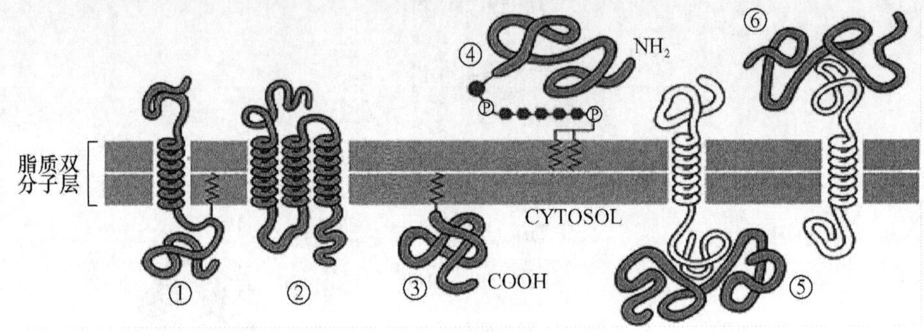

图3.6.8　膜蛋白与膜的结合方式

①、②整合蛋白;③、④脂锚定蛋白;⑤、⑥外周蛋白

3.6.1.3　膜糖

细胞膜糖类主要是一些寡糖链和多糖链,它们都以共价键的形式和膜脂质或蛋白质结合,形成糖脂和糖蛋白;这些糖链绝大多数是裸露在膜的外面(非细胞质)的一侧。

3.6.2　质膜的结构

关于细胞膜的分子结构,人们根据质膜内蛋白质和脂质分子排列分布的可能性,以及电镜下观察到的膜结构,曾提出几种假设和模型。1935年Danielli和Davson发现质膜的表面张力比油一水界面的张力低得多,推测膜中含有蛋白质,从而提出了"蛋白质-脂类-蛋白质"的三明治模型。认为质膜由双层脂类分子及其内外表面附着的蛋白质构成的。Robertson 1959年用超薄切片技术获得了清晰的细胞膜照片,显示暗一明一暗三层结构(图3.6.9),厚约7.5nm。这就是所谓的"单位膜"模型。它由厚约3.5nm的双层脂分子和内外表面各厚约2nm的蛋白质构成。单位膜模型的不足之处在于把膜的动态结构描写成静止和不变的。罗伯逊因此提出质膜分子结构的单位膜模型,认为细胞膜和细胞内膜系统的膜结构类似,都有三层结构:中间层电子密度低的部分是脂类双分子层,内外两层电子密度高的部分由薄片状蛋白质组成。这种单位膜一度得到广泛的支持。但是,单位膜模型难以说明各种膜结构的功能特殊性等,主要问题是把膜的动态结构描写成静止和不变的。Singer和Nicolson(1972)根据免疫荧光技术、冰冻蚀刻技术的研究结果,在"单位膜"模型的基础上提出"流动镶嵌模型"。它强调脂类和蛋白质分子间的镶嵌关系及膜的动态性。

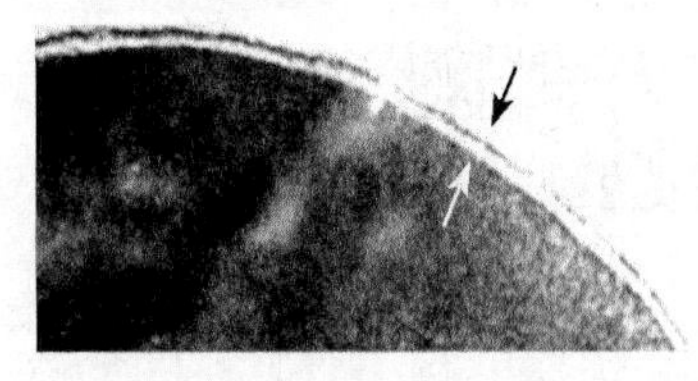

图3.6.9　红细胞膜的超微结构

(箭头指暗—明—暗三层结构特征)

3.6.3　质膜的流动镶嵌模型

流动镶嵌模型的基本要点是:①单位膜的中间以磷脂双分子层为基本骨架。磷脂的亲水端

面向膜的两侧，疏水端面向膜的中间。②组成单位膜的蛋白质一般都是球蛋白，有的蛋白质分子镶嵌在磷脂双分子层表面，其疏水部分填入脂类双分子层内，亲水部分露在表面；有的蛋白质分子全部嵌入内部；有的贯穿整个膜，在膜的内外两侧露出一部分。③组成膜的物质分子排布是不对称的。膜的外侧层常含糖蛋白，中间层穿插功能蛋白，内侧层常含酶蛋白；不饱和脂肪酸和类固醇在膜的外侧较多；多糖则只分布于膜的外表面。④膜结构成分具有流动性。脂类双分子层在常温下处于液晶状态，其脂质分子能进行水平移动，脂类分子的脂肪酸链也可振荡和旋转运动。膜脂所含脂肪酸的碳链越长或不饱和程度越高，脂质运动性越大；在一定限度内温度升高，脂质运动性增强。此外，膜蛋白分子不仅能进行侧向扩散运动和滚动，而且能在与膜平面垂直的方向上下移动。

3.6.3.1 质膜的流动性

膜的流动性是指构成膜的脂和蛋白质分子的运动性质。而膜脂分子具有侧向扩散、旋转运动、摆动运动、伸缩振荡、翻转运动等多种形式(图 3.6.10)，而膜蛋白的分子质量较大，同时受到细胞骨架的影响，它不可能像膜脂那样运动，主要有侧向扩散和旋转扩散两种运动方式。

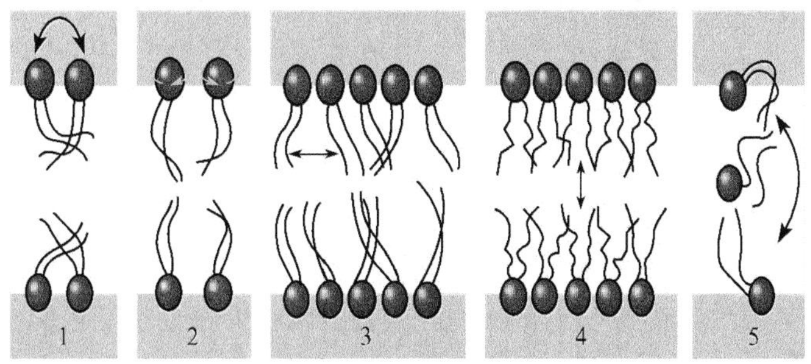

图 3.6.10 膜脂的分子运动方式

(1) 侧向扩散：同一平面上相邻的脂分子交换位置。

(2) 旋转运动：膜脂分子围绕与膜平面垂直的轴进行快速旋转。

(3) 摆动运动：膜脂分子围绕与膜平面垂直的轴进行左右摆动。

(4) 伸缩震荡：脂肪酸链沿着与纵轴进行伸缩振荡运动。

(5) 翻转运动：膜脂分子从脂双层的一层翻转到另一层。是在翻转酶(flippase)的催化下完成。

影响膜流动的因素主要来自膜本身的组分，由于鞘磷脂黏度高于卵磷脂，卵磷脂/鞘磷脂的比例高则膜流动性增加；肪酸链所含双键越多越不饱和，膜流动性增加。反之，由于长链脂肪酸相变温度高，脂肪酸链的链越长膜流动性降低；而胆固醇的含量增加会降低膜的流动性。

> **知识拓展框 脂筏模型**
>
> 1977 年，Jain 和 White 提出了生物膜结构的微区(microdomain or lipid domain)模型，指出生物膜是由处于动态的微区(domain)组成。这一模型强调了质膜的流动镶嵌模型的镶嵌块特征。发现大多数哺乳动物细胞质膜中具有富含胆固醇和鞘脂(鞘磷脂和鞘糖脂)的微区(microdomain)，称为“脂筏”(lipid raft)。
>
> 脂筏的组分和结构特点有利于蛋白质之间相互作用和构象转化，可以参与信号转导和蛋白质转运(protein trafficking)。一些感染性疾病，心血管疾病、肿瘤、肌营养不良症、阿尔茨海默病、HIV、朊病毒病等可能与脂筏功能紊乱有着密切的关系。

1992 年 Brown 和 Rose 过周密翔实的实验提出了脂筏的假设，证实脂筏是由大小为 10～100nm 的膜片（membrane patche）组成，且可以作为中介将与它相互作用的细胞蛋白和外周蛋白输送到细胞表面。近几年来新发展起来的实验手段，如扫描探针显微镜（SPM）等已经可以观察到生物膜纳米尺度上的结构和动态特性，从而使在分子水平上阐述生物膜微结构和功能的物理化学机制成为可能。

脂筏不仅存在于质膜上，而且还存在于高尔基体膜（Golgi membrane）上。鞘磷脂和鞘糖脂（如神经节苷脂类）的饱和脂肪链紧密聚集，饱和脂肪链之间的空隙填满了作为间隔分子的胆固醇，形成液态有序相（liquid-ordered phase，即脂筏），直径大约为 50nm。而不饱和脂肪链围绕在筏区的周围，形成非筏区，非筏区的主要成分是卵磷脂，磷脂酰乙醇胺，磷脂酰丝氨酸等，也含有胆固醇。脂筏区比非筏区高 0.4～1nm。质膜内外两层均含有脂筏，脂膜内层的脂筏除了已知需要胆固醇来维持其整体性和缺少鞘脂之外，脂筏的组成还不十分清楚。到目前为止，脂筏中唯一的一种脂膜外层和内层都已经明确的是“质膜微囊”（caveolae）。

脂筏可能有三类：小窝、富含糖鞘脂膜区、富含多磷酸肌醇膜区。不同的脂筏有其各自的特异蛋白，并有不同的功能。小窝是脂筏中最主要的一种，由胆固醇、鞘脂（糖基神经鞘脂、神经鞘磷脂）及蛋白质组成，大约有数十个纳米，形态有多种多样，有瓶型、囊泡型及管型，多数是瓶型。在细胞表面有开放型，如形成胞吐囊泡；也有封闭型，如形成胞吞囊泡。

3.6.3.2　膜的不对称性

质膜的内外两层的组分和功能有明显的差异，称为膜的不对称性。膜脂、膜蛋白和糖在膜上均呈不对称分布，导致膜功能的不对称性和方向性，使物质传递有一定方向，信号的接受和传递也有一定方向等。

脂分子在脂双层中呈不均匀分布，质膜的内外两侧分布的磷脂的含量比例也不同。PC 和 SM 主要分布在外侧，而 PE 和 PS 主要分布在质膜内侧。膜蛋白的不对称性是指每种膜蛋白分子在细胞膜上都具有明确的方向性和分布的区域性。各种膜蛋白在膜上都有特定的分布区域。无论在任何情况下，糖脂和糖蛋白只分布于细胞膜的外表面，这些成分可能是细胞表面受体，并且与细胞的抗原性有关。

3.6.4　细胞表面的分化

细胞表面的特化结构，如膜骨架、鞭毛和纤毛、微绒毛及细胞的变形足等，分别与细胞形态的维持、细胞运动、细胞的物质交换等功能有关。

3.6.4.1　细胞外被

动物细胞表面存在着一层富含糖类物质的结构，称为细胞外被（cell coat）或糖萼（glycocalyx）。用重金属染料（如钌红）染色后，在电镜下可显示厚为 10～20nm 的结构，边界不甚明确。细胞外被是由构成质膜的糖蛋白和糖脂伸出的寡糖链组成的，实质上是质膜结构的一部分（图 3.6.11）。

细胞外被赋予细胞某些特征。例如，血型的决定，人有 20 几种血型，最基本的血型是 ABO 血型，血型实质上是不同的红细胞表面抗原，红细胞质膜上的糖鞘脂是 ABO 血型系统的血型抗原，该抗原决定簇的分子基础是糖链的糖基组成。A、B、O 三种血型抗原的糖链结构基本相同，只是糖链末端的糖基有所不同。A 型血的糖链末端为 *N*-乙酰半乳糖；B 型血为半乳糖；AB 型两

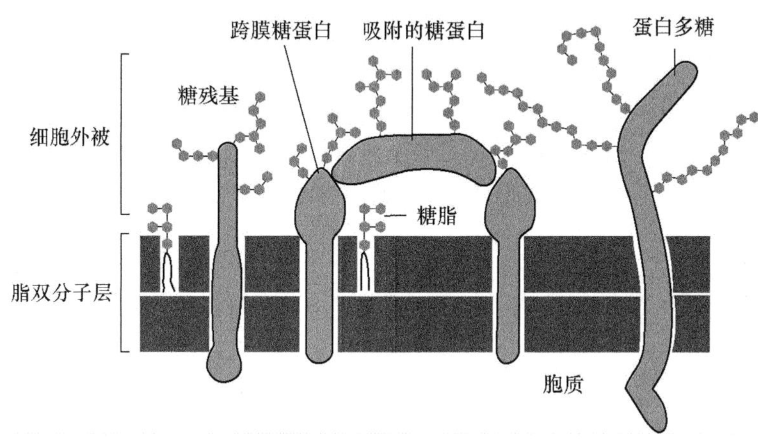

图 3.6.11 细胞外被的结构

种糖基都有,O 型血则缺少这两种糖基。此外,细胞外被可以防止化学和机械对细胞膜的损伤,因而对细胞具有保护作用,细胞外被还使细胞和其他物质、细胞分隔开来,防止不必要的细胞间蛋白质的相互接触,能够调控细胞-细胞间的黏附因而对受精过程、血栓形成、淋巴细胞识别和炎症反应起作用。

3.6.4.2 质膜的特化结构

质膜常带有许多特化的附属结构。例如,微绒毛、皱褶、纤毛、鞭毛等,这些特化结构在细胞执行特定功能方面具有重要作用。由于其结构细微,多数只能在电子显微镜下观察到。

1) 微绒毛

微绒毛(microvilli,图 3.6.12)是细胞表面伸出的细长指状突起,广泛存在于动物细胞表面。微绒毛由肌动蛋白丝组成,直径约为 0.1μm。长度则因细胞种类和生理状况不同而有所不同。例如,小肠上皮细胞刷状缘中的微绒毛,长度为 0.6～0.8μm。微绒毛的存在扩大了细胞的表面积,有利于细胞同外环境的物质交换。小肠上的微绒毛,使细胞的表面积扩大了 30 倍,大大有利于大量吸收营养物质。不论微绒毛的长度还是数量,都与细胞的代谢强度有着相应的关系。例如,肿瘤细胞,对葡萄糖和氨基酸的需求量都很大,因而大都带有大量的微绒毛。

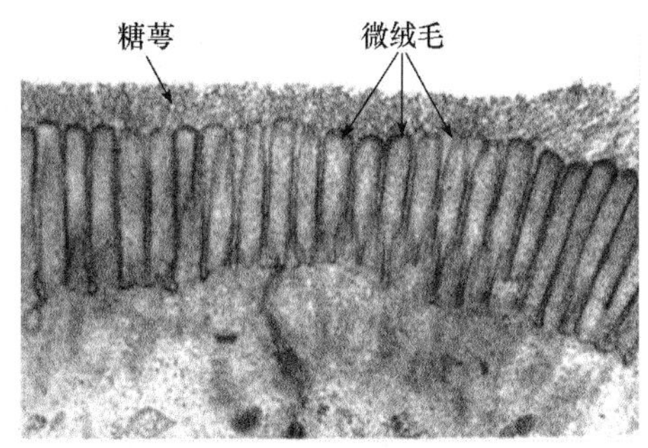

图 3.6.12 糖萼与微绒毛

2) 皱褶

在细胞表面还有一种扁形突起,称为皱褶(ruffle)或片足(lamellipodia)。皱褶在形态上不同于微绒毛,它宽而扁,宽度不等,厚度与微绒毛直径相等,约 0.1μm,高达几微米。在巨噬细胞的表面上,普遍存在着皱褶结构,与吞噬颗粒物质有关。

3) 纤毛和鞭毛

纤毛(cilia)和鞭毛(flagella)都来源于中心粒,由微管组成,是细胞表面伸出的条状运动装置。有的细胞可以借助鞭毛(如精子)在液体中穿行;有的细胞本体不动,借助纤毛的摆动可推动物质越过细胞表面,如气管和输卵管上皮细胞的表面纤毛。关于纤毛和鞭毛的详细结构和功能可参见第八章细胞骨架。

3.6.5 细胞外基质

细胞外基质(extracellular matrix,ECM)是由大分子构成的错综复杂的网络。构成细胞外基质的大分子种类繁多,可大致归纳为四大类:氨基聚糖与蛋白聚糖、胶原、非胶原糖蛋白以及弹性蛋白(图 3.6.13)。

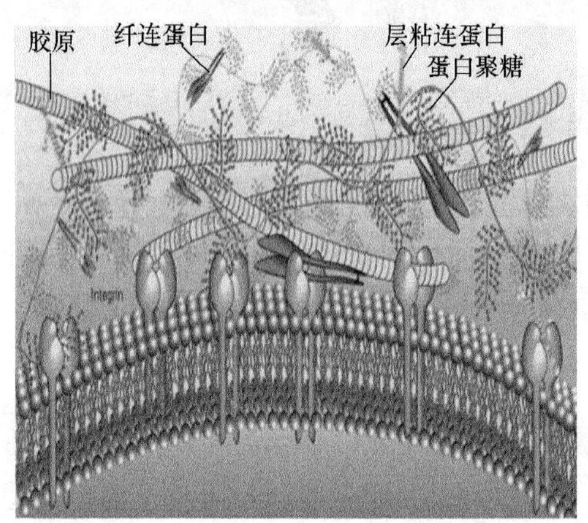

图 3.6.13 细胞外基质的种类

ECM 在不同的组织中含量不同,在上皮组织、肌组织及脑与脊髓中的 ECM 含量较少,而在结缔组织中含量较高。细胞外基质不仅静态的发挥支持、连接、保水、保护等物理作用,而且动态的对细胞产生全方位影响。

3.6.5.1 氨基聚糖与蛋白聚糖

1) 氨基聚糖

氨基聚糖(glycosaminoglycan,GAG)是由重复二糖单位构成的无分枝长链多糖(图 3.6.14)。其二糖单位通常由氨基已糖(氨基葡萄糖或氨基半乳糖)和糖醛酸组成(表 3.6.1),但硫酸角质素中糖醛酸由半乳糖代替。氨基聚糖依组成糖基、连接方式、硫酸化程度及位置的不同可分为六种,即透明质酸、硫酸软骨素、硫酸皮肤素、硫酸乙酰肝素、肝素、硫酸角质素。

表 3.6.1 氨基聚糖的分子特性及组织分布

氨基聚糖	二糖单位	硫酸基	分布组织
透明质酸	葡萄糖醛酸,*N*-乙酰葡萄糖	0	结缔组织、皮肤、软骨、玻璃体、滑液
硫酸软骨素	葡萄糖醛酸,*N*-乙酰半乳糖	0.2~2.3	软骨、角膜、骨、皮肤、动脉
硫酸皮肤素	葡萄糖醛酸或艾杜糖醛酸,*N*-乙酰葡萄糖	1.0~2.0	皮肤、血管、心、心瓣膜
硫酸乙酰肝素	葡萄糖醛酸或艾杜糖醛酸,*N*-乙酰葡萄糖	0.2~3.0	肺、动脉、细胞表面
肝素	葡萄糖醛酸或艾杜糖醛酸,*N*-乙酰葡萄糖	2.0~3.0	肺、肝、皮肤、肥大细胞
硫酸角质素	半乳糖,*N*-乙酰葡萄糖	0.9~1.8	软骨、角膜、椎间盘

2) 蛋白聚糖

蛋白聚糖(proteoglycan)是氨基聚糖(除透明质酸外)与核心蛋白质(coreprotein)的共价结合物。核心蛋白质的丝氨酸残基(常有 Ser-Gly-X-Gly 序列)可在高尔基复合体中装配上氨基聚糖(GAG)链。其糖基化过程为通过逐个转移糖基首先合成由四糖组成的连接桥(Xyl-Gal-Gal-GlcUA),然后再延长糖链,并对所合成的重复二糖单位进行硫酸化及差向异构化修饰。一个

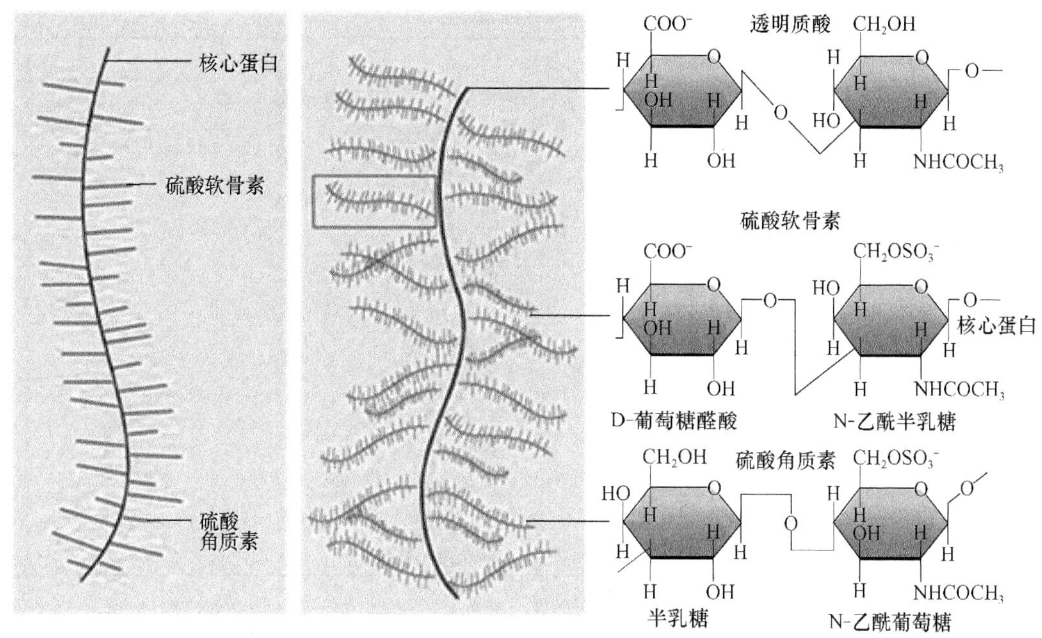

图 3.6.14 氨基聚糖的结构

左:蛋白聚糖;中:蛋白聚糖多聚体;右:氨基聚糖

核心蛋白质分子上可以连接 1～100 个以上 GAG 链。与一个核心蛋白质分子相连的 GAG 链可以是同种或不同种的(图 3.6.14 左图及中图)。

3) 蛋白聚糖聚合物

透明质酸(hyaluronic acid,HA)是唯一不发生硫酸化的氨基聚糖,其糖链特别长。氨基聚糖一般由不到 300 个单糖基组成,而 HA 可含 10 万个糖基。HA 虽不与蛋白质共价结合,但可与许多种蛋白聚糖的核心蛋白质及连接蛋白质借非共价键结合而参加蛋白聚糖多聚体的构成,在软骨基质中尤其如此。

3.6.5.2 胶原和弹性蛋白

胶原(collagen)蛋白是内含量最丰富的蛋白质,是细胞外基质的主要组成成分,主要存在于结缔组织中。它具有很强的伸张能力,是韧带和肌腱的主要成分。

各型胶原都是由三条相同或不同的肽链形成三股螺旋,含有三种结构:螺旋区、非螺旋区及球形结构域(图 3.6.15)。其中Ⅰ型胶原的结构最为典型。

目前已发现的胶原至少有 19 种(表 3.6.2),由不同的结构基因编码,具有不同的化学结构及免疫学特性。Ⅰ、Ⅱ、Ⅲ、Ⅴ及Ⅺ型胶原为有横纹的纤维形胶原。

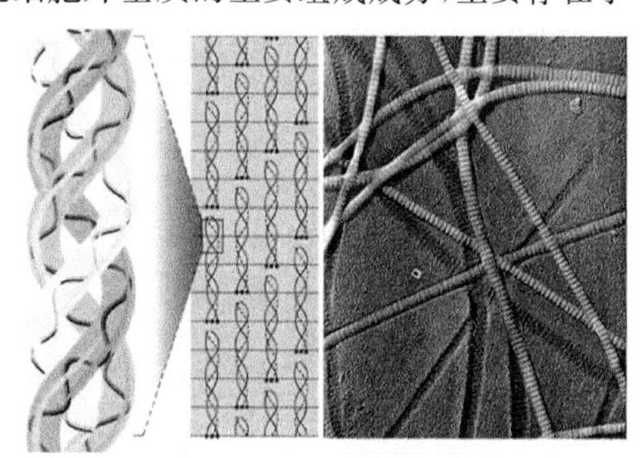

图 3.6.15 胶原的结构

(左模式图,右电镜照片)

表 3.6.2 胶原的类型

类 型	纤维长度近似值	存在部位
Ⅰ	300nm	皮肤、牙齿、骨、肌腱、角膜
Ⅱ	300nm	软骨、椎间盘、脊索
Ⅲ	300nm	皮肤、肌腱、血管/子宫壁
Ⅳ	390nm	基底膜、肾小球、晶状体囊
Ⅴ	300nm	角膜、间质组织
Ⅵ	105nm	软骨/非软骨结缔组织
Ⅶ	450nm	皮肤基底膜、舌、角膜、巩膜、羊膜
Ⅷ	150nm	软骨、巩膜
Ⅸ	200nm	软骨
Ⅹ	150nm	软骨、骨垢
Ⅺ	Unknown	软骨
Ⅻ	Unknown	肌腱
XIII	Unknown	内皮组织
XIV	Unknown	胎儿皮肤及肌腱

Ⅰ型胶原的原纤维平行排列成较粗大的束，成为光镜下可见的胶原纤维，抗张强度超过钢筋。其三股螺旋由两条 α1(Ⅰ)链及一条 α2(Ⅰ)链构成。每条 α 链约含 1050 个氨基酸残基，由重复的 Gly-X-Y 序列构成。X 常为 Pro(脯氨酸)，Y 常为羟脯氨酸或羟赖氨酸残基。重复的 Gly-X-Y 序列使 α 链卷曲为左手螺旋，每圈含 3 个氨基酸残基。三股这样的螺旋再相互盘绕成右手超螺旋，即原胶原。

原胶原分子间通过侧向共价交联，相互呈阶梯式有序排列聚合成直径 50～200nm、长 150nm 至数微米的原纤维，在电镜下可见间隔 67nm 的横纹。胶原原纤维中的交联键是由侧向相邻的赖氨酸或羟赖氨酸残基氧化后所产生的两个醛基间进行缩合而形成的。

原胶原共价交联后成为具有抗张强度的不溶性胶原。胚胎及新生儿的胶原因缺乏分子间的交联而易于抽提。随年龄增长，交联日益增多，皮肤、血管及各种组织变得僵硬，成为老化的一个重要特征。

人 α1(Ⅰ)链的基因含 51 个外显子，因而基因转录后的拼接十分复杂。翻译出的肽链称为前 α 链，其两端各具有一段不含 Gly-X-Y 序列的前肽。三条前 α 链的 C 端前肽借二硫键形成链间交联，使三条前 α 链“对齐”排列。然后从 C 端向 N 端形成三股螺旋结构。前肽部分则呈非螺旋卷曲。带有前肽的三股螺旋胶原分子称为前胶原(procollagen)。胶原变性后不能自然复性重新形成三股螺旋结构，原因是成熟胶原分子的肽链不含前肽，故而不能再进行“对齐”排列。

前 α 链在粗面内质网上合成，并在形成三股螺旋之前于脯氨酸及赖氨酸残基上进行羟基化修饰，脯氨酸残基的羟化反应是在与膜结合的脯氨酰-4 羟化酶及脯氨酰-3 羟化酶的催化下进行的。维生素 C 是这两种酶所必需的辅助因子。维生素 C 缺乏导致胶原的羟化反应不能充分进行，不能形成正常的胶原纤维，结果非羟化的前 α 链在细胞内被降解。因而，膳食中缺乏维生素 C 可导致血管、肌腱、皮肤变脆，易出血，称为坏血病。

3.6.5.3 非胶原糖蛋白

1) 纤黏连蛋白

纤黏连蛋白(fibronectin，FN)是一种大型的糖蛋白，存在于所有脊椎动物，分子含糖

4.5%～9.5%，糖链结构因组织细胞来源及分化状态而异。FN 可将细胞连接到细胞外基质上(图 3.6.16)。

FN 以可溶形式存在于血浆(0.3mg/mL)及各种体液中；以不溶形式存在于细胞外基质及细胞表面。前者总称血浆 FN；后者总称细胞 FN。

各种 FN 均由相似的亚单位(220kDa 左右)组成。血浆 FN(450kDa)是由二条相似的肽链在 C 端借二硫键联成的 V 字形二聚体(图 3.6.17)。细胞 FN 为多聚体。在人体中目前已鉴定的 FN 亚单位就有 20 种以上。它们都是由同一基因编码的产物。转录后由于拼接上的不同而形成多种异型分子。

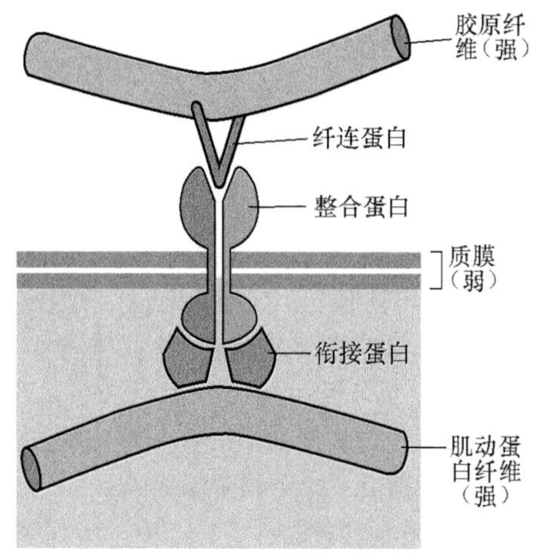

图 3.6.16 FN 将细胞连接到细胞外基质上

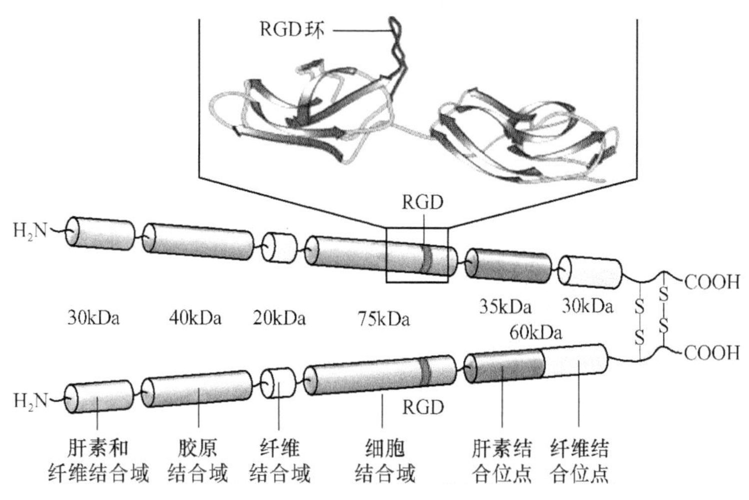

图 3.6.17 FN 的结构模型

每条 FN 肽链约含 2450 个氨基酸残基，整个肽链由三种类型(Ⅰ、Ⅱ、Ⅲ)的模块(module)重复排列构成。具有 5～7 个有特定功能的结构域，由对蛋白酶敏感的肽段连接。这些结构域中有些能与其他 ECM(如胶原、蛋白聚糖)结合，使细胞外基质形成网络；有些能与细胞表面的受体结合，使细胞附着在 ECM 上。

FN 肽链中的一些短肽序列为细胞表面的各种 FN 受体识别与结合的最小结构单位。例如，在肽链中央的与细胞相结合的模块中存在 RGD(Arg-Gly-Asp)序列，为与细胞表面某些整合素受体识别与结合的部位。化学合成的 RGD 三肽可抑制细胞在 FN 基质上黏附。

细胞表面及细胞外基质中的 FN 分子间通过二硫键相互交联，组装成纤维。与胶原不同，FN 不能自发组装成纤维，而是通过细胞表面受体指导下进行的，只存在于某些细胞(如成纤维细胞)表面。转化细胞及肿瘤细胞表面的 FN 纤维减少或缺失系因细胞表面的 FN 受体异常所致。

2) 层黏连蛋白

层黏连蛋白(laminin,LN)也是一种大型的糖蛋白,与Ⅳ型胶原一起构成基膜,是胚胎发育中出现最早的细胞外基质成分。LN 分子由一条重链(α)和二条轻链(β、γ)借二硫键交联而成,外形呈十字形,三条短臂各由三条肽链的 N 端序列构成。每一短臂包括两个球区及两个短杆区,长臂也由杆区及球区构成(图 3.6.18)。

LN 分子中至少存在 8 个与细胞结合的位点。例如,在长臂靠近球区的链上有 IKVAV 五肽序列可与神经细胞结合,并促进神经生长。鼠 LNα1 链上的 RGD 序列,可与 αvβ3 整合素结合。

现已发现 7 种 LN 分子,8 种亚单位(α1、α2、α3、β1、β2、β3、γ1、γ2),与 FN 不同的是,这 8 种亚单位分别由 8 个结构基因编码。

LN 是含糖量很高(占 15%~28%)的糖蛋白,具有 50 条左右 N 连接的糖链,是迄今所知糖链结构最复杂的糖蛋白。而且 LN 的多种受体是识别与结合其糖链结构的。

基膜是上皮细胞下方一层柔软的特化的细胞外基质,也存在于肌肉、脂肪和施旺细胞(Schwann cell)周围。它不仅仅起保护和过滤作用,还决定细胞的极性,影响细胞的代谢、存活、迁移、增殖和分化。

基膜中除 LN 和Ⅳ型胶原外,还具有 entactin、perlecan、decorin 等多种蛋白,其中 LN 与 entactin(also called nidogen)形成 1∶1 紧密结合的复合物,通过 nidogen 与Ⅳ型胶原结合(图 3.6.19)。

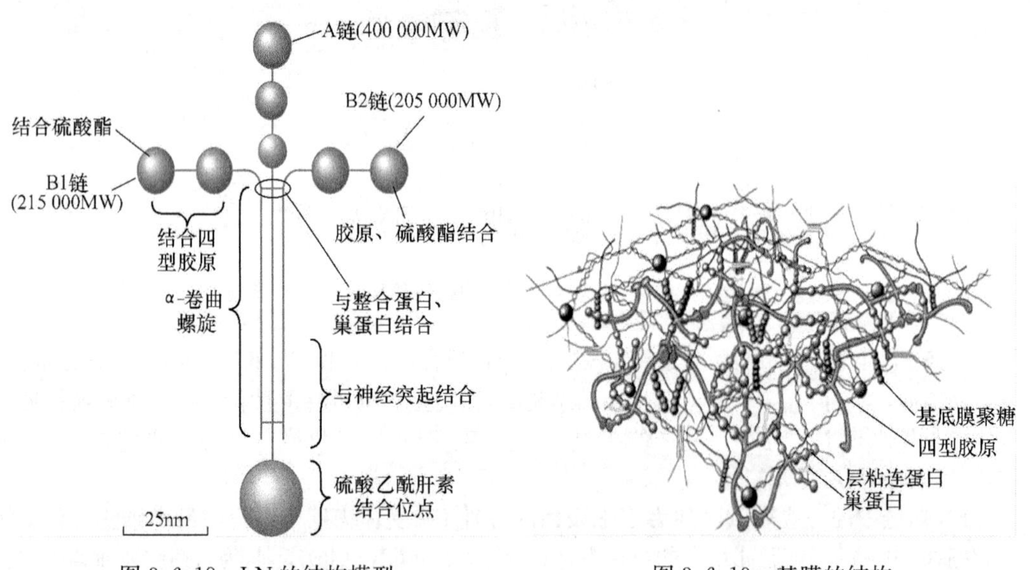

图 3.6.18 LN 的结构模型

图 3.6.19 基膜的结构

3.6.5.4 弹性蛋白

弹性蛋白(elastin)纤维网络赋予组织以弹性,弹性纤维的伸展性比同样横截面积的橡皮条至少大 5 倍。弹性蛋白由两种类型短肽段交替排列构成。一种是疏水短肽赋予分子以弹性;另一种短肽为富丙氨酸及赖氨酸残基的 α 螺旋,负责在相邻分子间形成交联。弹性蛋白的氨基酸组成似胶原，也富于甘氨酸及脯氨酸，但很少含羟脯氨酸，不含羟赖氨酸，没有胶原特有的 Gly-X-Y 序列，故不形成规则的三股螺旋结构。弹性蛋白分子间的交联比胶原更复杂。通过赖氨酸残基参与的交联形成富于弹性的网状结构(图 3.6.20)。

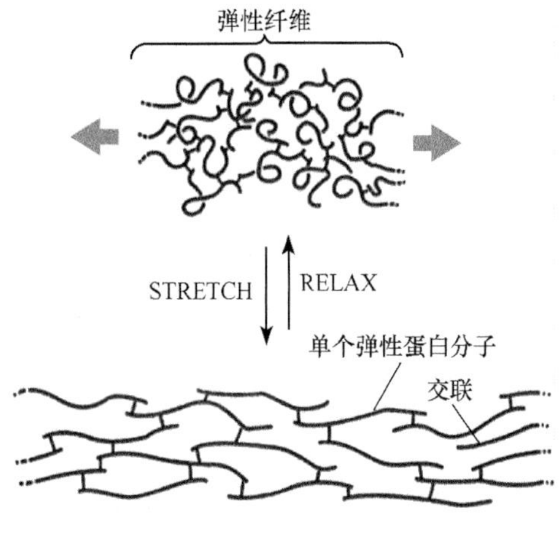

图 3.6.20 弹性蛋白结构模型

在弹性蛋白的外围包绕着一层由微原纤维构成的壳。微原纤维是由一些糖蛋白构成的。其中一种较大的糖蛋白是 fibrillin，为保持弹性纤维的完整性所必需。在发育中的弹性组织内，糖蛋白微原纤维常先于弹性蛋白出现，似乎是弹性蛋白附着的框架，对于弹性蛋白分子组装成弹性纤维具有组织作用。老年组织中弹性蛋白的生成减少，降解增强，以致组织失去弹性。

3.6.5.5 细胞外基质的生物学作用

细胞外基质不只具有连接、支持、保水、抗压及保护等物理学作用，而且对细胞的基本生命活动发挥全方位的生物学作用。

1) 影响细胞的存活、生长与死亡

正常真核细胞，除成熟血细胞外，大多须黏附于特定的细胞外基质上才能抑制凋亡而存活，称为定着依赖性(anchorage dependence)。例如，上皮细胞及内皮细胞一旦脱离了细胞外基质则会发生程序性死亡。此现象称为凋亡(anoikis，意思是无家可归)。

不同的细胞外基质对细胞增殖的影响不同。例如，成纤维细胞在纤黏连蛋白基质上增殖加快，在层黏连蛋白基质上增殖减慢；而上皮细胞对纤黏连蛋白及层黏连蛋白的增殖反应则相反。肿瘤细胞的增殖丧失了定着依赖性，可在半悬浮状态增殖。

2) 决定细胞的形状

体外实验证明，各种细胞脱离了细胞外基质呈单个游离状态时多呈球形。同一种细胞在不同的细胞外基质上黏附时可表现出完全不同的形状。上皮细胞黏附于基膜上才能显现出其极性。细胞外基质决定细胞的形状这一作用是通过其受体影响细胞骨架的组装而实现的。不同细胞具有不同的细胞外基质，介导的细胞骨架组装的状况不同，从而表现出不同的形状。

3) 控制细胞的分化

细胞通过与特定的细胞外基质成分作用而发生分化。例如，成肌细胞在纤黏连蛋白上增殖并保持未分化的表型；而在层黏连蛋白上则停止增殖，进行分化，融合为肌管。

4) 参与细胞的迁移

细胞外基质可以控制细胞迁移的速度与方向，并为细胞迁移提供“脚手架”。例如，纤黏连蛋白可促进成纤维细胞及角膜上皮细胞的迁移；层黏连蛋白可促进多种肿瘤细胞的迁移。细胞的趋化性与趋触性迁移皆依赖于细胞外基质。这在胚胎发育及创伤愈合中具有重要意义。细胞的迁移依赖于细胞的黏附与细胞骨架的组装。细胞黏附于一定的细胞外基质时诱导黏着斑

的形成，黏着斑是联系细胞外基质与细胞骨架“铆钉”。

由于细胞外基质对细胞的形状、结构、功能、存活、增殖、分化、迁移等一切生命现象具有全面的影响，因而无论在胚胎发育的形态发生、器官形成过程中，或在维持成体结构与功能完善(包括免疫应答及创伤修复等)的一切生理活动中均具有不可忽视的重要作用。

3.6.6　跨膜运输

细胞膜是防止细胞外物质自由进入细胞的屏障，它保证了细胞内环境的相对稳定，使各种生化反应能够有序运行。但是细胞必须与周围环境发生信息、物质与能量的交换，才能完成特定的生理功能。因此细胞必须具备一套物质转运体系，用来获得所需物质和排出代谢废物，据估计细胞膜上与物质转运有关的蛋白质占核基因编码蛋白质的15%～30%，细胞用在物质转运方面的能量达细胞总消耗能量的2/3。

细胞膜上存在两类主要的转运蛋白，即载体蛋白(carrier protein)和通道蛋白(channel protein)。载体蛋白又称为载体(carrier)、通透酶(permease)和转运器(transporter)，能够与特定溶质结合，通过自身构象的变化，将与它结合的溶质转移到膜的另一侧，载体蛋白有的需要能量驱动，如各类APT驱动的离子泵；有的则不需要能量，以自由扩散的方式运输物质，如缬氨霉素。通道蛋白与所转运物质的结合较弱，它能形成亲水的通道，当通道打开时能允许特定的溶质通过，所有通道蛋白均以自由扩散的方式运输溶质。

知识拓展框　细胞外基质与血管形成

血管生成依赖于内皮细胞的生长和迁移，受促血管生成因子、抗血管生成因子、基质降解蛋白酶以及细胞与细胞外基质相互作用等因素的影响。在血管生成的不同阶段，细胞外基质的时空调控使局部的网状基质沉积和降解得以重建，进而控制细胞的生长、迁移和分化。细胞外基质分子如thrombospondin-1和thrombospondin-2及基质分子的蛋白水解片段如内皮抑素(endostatin)，通过抑制内皮细胞增殖、迁移发挥抗血管生成的作用，而其他的基质分子则可促进内皮细胞生长和形态发生，从而稳定新生血管，如胶原蛋白(collagen)、层黏连蛋白(laminin)及纤黏连蛋白(fibronectin)。

细胞外基质(ECM)不仅作为细胞的外部支架，而且作为细胞因子和生长因子的存储区。此外，细胞外基质还利用其力学和化学特性，通过与整合素这种细胞表面受体的相互作用，传递能够影响细胞行为的信息。在血管形成过程中，血管周围细胞外基质在决定内皮细胞对血管生成因子产生增殖、侵袭和生存反应方面发挥关键作用。细胞外基质和血管细胞的动态变化共同对调节心血管形成起作用。通过基质金属蛋白酶(MMP)消化细胞外基质组分不仅是内皮细胞侵入的基础，而且也能产生对抗整合素功能的细胞外基质碎片。整合素与细胞外基质蛋白的相互作用，可以增强血管生成的信号。许多受体酪氨酸激酶的信号活动就依赖于这种相互作用。此外，成纤维细胞也在组织的发育、生长和重建中发挥重要作用。

通过细胞外基质的合成和沉积，以及细胞因子和生长因子的分泌，成纤维细胞借助自分泌和旁分泌信号途径调节其环境。MMP能够调节内皮细胞的增殖、黏附和存活以实现激活或抑制血管生成的作用。MMP可降解ECM促进内皮细胞的迁移和生长，MMP也可裂解和释放抗血管生成因子而起抑制作用。组织型基质金属蛋白酶抑制剂(TIMP)也同样具有双重作用。研究还发现，成纤维细胞和内皮细胞的直接相互租用为理想的血管形成所必需。

3.6.6.1 被动运输

1) 简单扩散

简单扩散也称为自由扩散(free diffusing),其特点是:①沿浓度梯度(或电化学梯度)扩散;②不需要提供能量;③没有膜蛋白的协助。

某种物质对膜的通透性(P)可以根据它在油和水中的分配系数(K)及其扩散系数(D)来计算:$P=KD/t$,t 为膜的厚度。

脂溶性越高通透性越大,水溶性越高通透性越小;非极性分子比极性分子容易透过,小分子比大分子容易透过。具有极性的水分子容易透过是因水分子小,可通过由膜脂运动而产生的间隙。非极性的小分子,如 O_2、CO_2、N_2 可以很快透过脂双层,不带电荷的极性小分子,如水、尿素、甘油等也可以透过人工脂双层,尽管速度较慢,分子质量略大一点的葡萄糖、蔗糖则很难透过,而膜对带电荷的物质如 H^+、Na^+、K^+、Cl^-、HCO_3^- 是高度不通透的(图 3.6.21)。

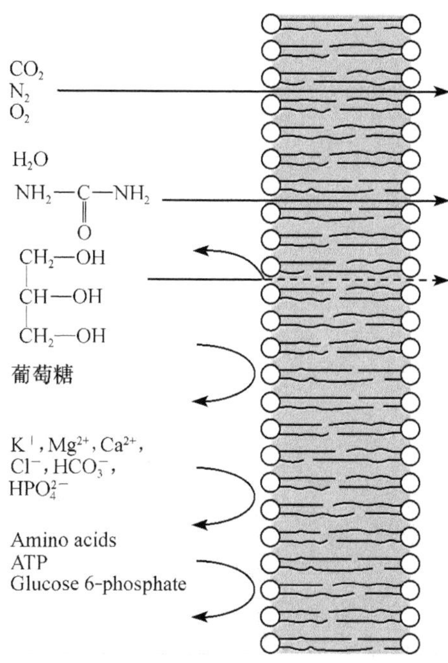

图 3.6.21 不同物质透过人工脂双层的能力

事实上细胞的物质转运过程中,透过脂双层的简单扩散现象很少,绝大多数情况下,物质是通过载体或者通道来转运的。离子、葡萄糖、核苷酸等物质有的是通过质膜上的运输蛋白的协助,按浓度梯度扩散进入质膜的,有的则是通过主动运输的方式进行转运。

2) 协助扩散

协助扩散也称促进扩散(facilitated diffusion),其运输特点是:①比自由扩散转运速率高;②存在最大转运速率;在一定限度内运输速率同物质浓度成正比。如超过一定限度,浓度再增加,运输也不再增加,这是因为膜上载体蛋白的结合位点已达饱和;③有特异性,即与特定溶质结合。这类特殊的载体蛋白主要有离子载体和通道蛋白两种类型。

A. 离子载体

离子载体(ionophore),是疏水性的小分子,可溶于双脂层,提高所转运离子的通透率,多为微生物合成,是微生物防御被捕食或与其他物种竞争的武器,离子载体也是以被动的运输方式运输离子,可分成可动离子载体(mobile ion carrier)和通道离子载体(channel former)两类。

可动离子载体:如缬氨霉素(valinomycin)能在膜的一侧结合 K^+,顺着电化学梯度通过脂双层,在膜的另一侧释放 K^+,且能往返进行(图 3.6.22)。其作用机制就像虹吸管可以使玻璃杯中的水跨越杯壁屏障,向低处流动一样。此外,2,4-二硝基酚(DNP)、羰基-氰-对-三氟甲氧基苯肼

(FCCP)可转运 H^+，离子霉素(ionomycin)、A23187 可转运 Ca^{2+}。

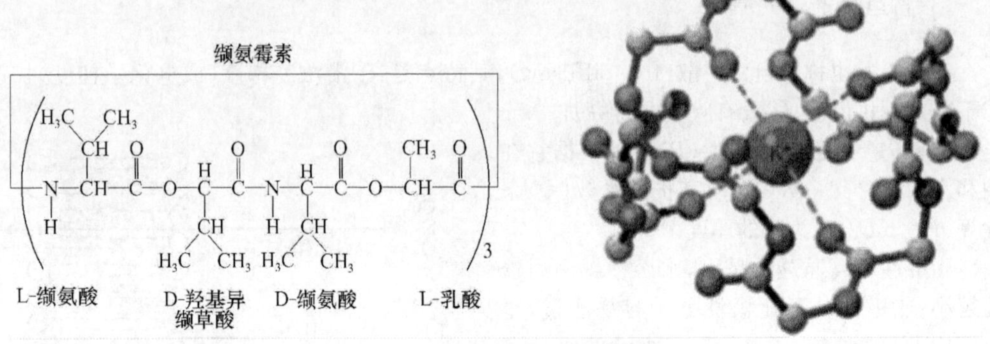

图 3.6.22　缬氨霉素的分子结构

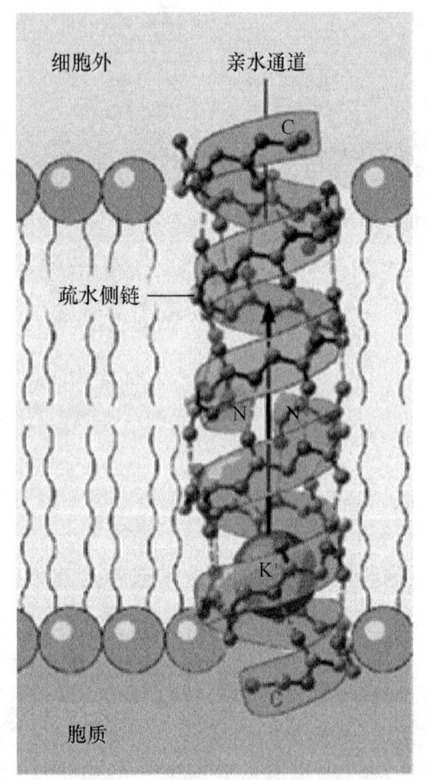

图 3.6.23　短杆菌肽构成的通道

通道离子载体：如短杆菌肽 A(gramicidin)是由 15 个疏水氨基酸构成的短肽，2 分子的短杆菌肽形成一个跨膜通道，有选择的使单价阳离子如 H^+、Na^+、K^+按化学梯度通过膜，这种通道并不稳定，不断形成和解体，其运输效率远高于可动离子载体(图 3.6.23)。

B. 通道蛋白

通道蛋白(channel protein)是横跨质膜的亲水性通道，允许适当大小的离子顺浓度梯度通过，故又称离子通道。有些通道蛋白形成的通道通常处于开放状态，如钾泄漏通道，允许钾离子不断外流。有些通道蛋白平时处于关闭状态，即“门”不是连续开放的，仅在特定刺激下才打开，而且是瞬时开放瞬时关闭，在几毫秒的时间里，一些离子、代谢物或其他溶质顺着浓度梯度自由扩散通过细胞膜，这类通道蛋白又称为门通道(gated channel)。

门通道可以分为 4 类(图 3.6.24)：配体门通道(ligand gated channel)、电位门通道(voltage gated channel)、环核苷酸门通道(cyclic nucleotide-gated ion channels)和机械门通道(mechanosensitive channel)。

不同通道对不同离子的通透性不同，即离子选择性(ionic selectivity)。这是由通道的结构所决定的，只允许具有特定离子半径和电荷的离子通过。根据离子选择性的不同，通道可分为钠通道、钙通道、钾通道、氯通道等。但通道的离子选择性只是相对的而不是绝对的，如钠通道除主要对 Na^+ 通透外，对 NH_4^+ 也通透，甚至于对 K^+ 也稍有通透。

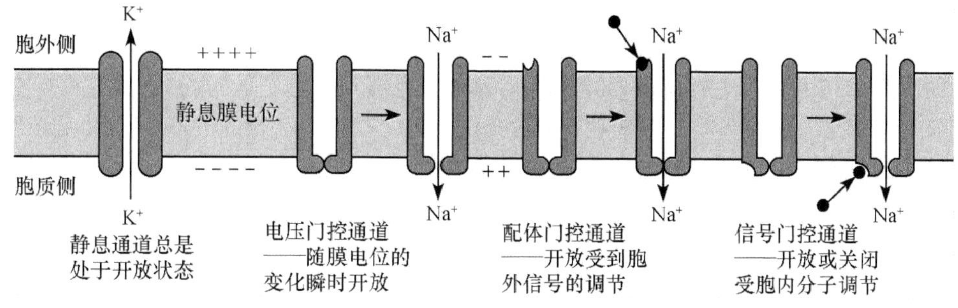

图 3.6.24　各类离子通道

配体门通道是指表面受体与细胞外的特定物质[配体(ligand)]结合，引起门通道蛋白发生构象变化，结果使“门”打开，又称离子通道型受体。分为阳离子通道，如乙酰胆碱、谷氨酸和五羟色胺的受体，和阴离子通道，如甘氨酸和 γ-氨基丁酸的受体。

N 型乙酰胆碱受体是目前了解较多的一类配体门通道。它是由 4 种不同的亚单位组成的 5 聚体，总分子质量约为 290kDa。亚单位通过氢键等非共价键，形成一个结构为 $\alpha 2\beta\gamma\delta$ 的梅花状通道样结构，其中的两个 α 亚单位是同两分子 Ach 相结合的部位(图 3.6.25)。

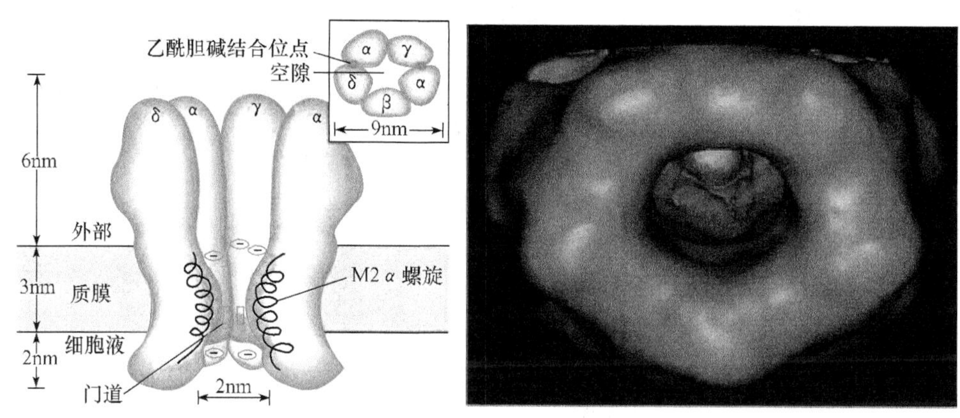

图 3.6.25　乙酰胆碱受体

Ach 门通道具有三种状态：开启、关闭和失活。当受体的两个 α 亚单位结合 Ach 时，引起通道构象改变，通道瞬间开启，膜外 Na^+ 内流，膜内 K^+ 外流。使该处膜内外电位差接近于 0，形成终板电位，然后引起肌细胞动作电位，肌肉收缩。即是在结合 Ach 时，Ach 门通道也处于开启和关闭交替进行的状态，只不过开启的概率大一些(90%)。Ach 释放后，瞬间即被乙酰胆碱酯酶水解，通道在约 1ms 内关闭。如果 Ach 存在的时间过长(约 20ms 后)，则通道会处于失活状态。

筒箭毒和 α-银环蛇毒素可与乙酰胆碱受体结合，但不能开启通道，导致肌肉麻痹。

电位门通道(voltage gated channel)是对细胞内或细胞外特异离子浓度发生变化时，或对其他刺激引起膜电位变化时，致使其构象变化，“门”打开。例如，神经肌肉接点由 Ach 门控通道开放而出现终板电位时，这个电位改变可使相邻的肌细胞膜中存在的电位门 Na^+ 通道和 K^+ 通道相继激活(即通道开放)，引起肌细胞动作电位；动作电位传至肌质网，Ca^{2+} 通道打开引起 Ca^{2+} 外流，引发肌肉收缩。

根据对 Na^+、K^+、Ca^{2+} 通道蛋白质的结构分析，发现它们一级结构中的氨基酸排列有相当大的同源性，属于同一蛋白质家族，是由同一个远祖基因演化而来。K^+ 电位门通道由 4 个 α 亚单位(I～IV)构成(图 3.6.26)，每个亚单位均有 6 个(S1-S6)跨膜 α 螺旋节段，N 端和 C 端均位于胞质面。连接 S5-S6 段的发夹样 β 折叠(P 区或 H5 区)，构成通道的内衬，大小可允许 K^+ 通过。

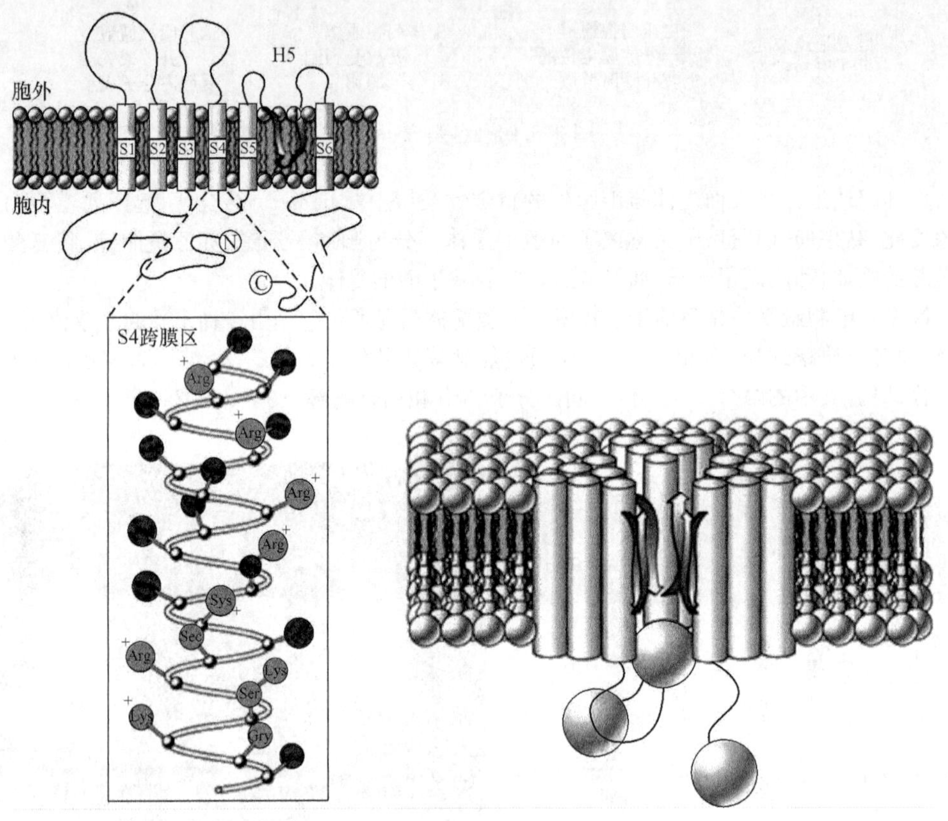

图 3.6.26　钾电位门通道

K^+ 通道具有三种状态：开启、关闭和失活。目前认为 S4 段是电压感受器，S4 高度保守，属于疏水片段，但每隔两个疏水残基即有一个带正电荷的精氨酸或赖氨酸残基。S4 段上的正电荷可能是门控电荷，当膜去极化时(膜外为负，膜内为正)，引起带正电荷的氨基酸残基转向细胞外侧面，通道蛋白构象改变，“门”打开，大量 K^+ 外流，此时相当于 K^+ 的自由扩散。K^+ 电位门和 Ach 配体门一样只是瞬间(约几毫秒)开放，然后失活。此时 N 端的球形结构，堵塞在通道中央，通道失活，稍后球体释放，“门”处于关闭状态。

链霉菌(*Streptomyces lividans*)的钾离子通道 KcsA 也是由 4 个亚单位构成的，但每个亚基只有两个跨膜片段，结构较为简单。1998 年，Roderick MacKinnon 等用 X 射线衍射技术获得了高分辨的 KcsA 通道图像，发现离子通透过程中离子的选择性主要发生在狭窄的选择性过滤器中。选择性过滤器长 1.2nm，孔径约为 0.3nm(K^+ 脱水后直径约 0.26nm)，内部形成一串钾离子特异结合位点，从而只有钾离子能够“排队”通过通道。

河豚毒素(tetrodotoxin，TTX)能阻滞钠通道，毒素带正电荷的胍基伸入钠通道的离子选择性过滤器，和通道内壁上的游离羧基结合，毒素其余部分堵塞通道外侧端，妨碍钠离子进入，导致肌肉麻痹。

与电压门控性通道家族关系密切的是环核苷酸通道，从蛋白质序列来看，它们与电压门钾通道结构相似，也有6个跨膜片段，各为带电荷片段，P区构成孔道内侧，整个通道为四聚体结构。在CNG通道中，细胞内的C端较长，上面含有环核苷酸的结合位点。

环核苷酸门通道分布于化学感受器和光感受器中，与膜外信号的转换有关。例如，气味分子与化学感受器中的G蛋白偶联型受体结合，可激活腺苷酸环化酶，产生cAMP，开启cAMP门控阳离子通道(cAMP-gated cation channel)，引起钠离子内流，膜去极化，产生神经冲动，最终形成嗅觉或味觉。

细胞可以接受各种各样的机械力刺激，如摩擦力、压力、牵拉力、重力、剪切力等。细胞将机械刺激的信号转化为电化学信号最终引起细胞反应的过程称为机械信号转导(mechanotransduction)。

目前比较明确的有两类机械门通道，一类是牵拉活化或失活的离子通道，另一类是剪切力敏感的离子通道，前者几乎存在于所有的细胞膜，研究较多的有血管内皮细胞、心肌细胞以及内耳中的毛细胞等，后者仅发现于内皮细胞和心肌细胞。牵拉敏感的离子通道是指能直接被细胞膜牵拉所开放或关闭的离子通道。其特点为对离子的无选择性、无方向性、非线性以及无潜伏期。这种通道为2价或1价的阳离子通道，有Na^+、K^+、Ca^{2+}，以Ca^{2+}为主。研究表明，当内皮细胞被牵拉时，由于通道开放引起Ca^{2+}内流，使以Ca^{2+}介导的血管活性物质分泌增多，Ca^{2+}还可作为胞内信使，导致进一步的反应。

内耳毛细胞顶部的听毛也是对牵拉力敏感的感受装置，听毛弯曲时，毛细胞会出现短暂的感受器电位。从听毛受力而致听毛根部所在膜的变形，到该处膜出现跨膜离子移动之间，只有极短的潜伏期。

长期以来，普遍认为细胞内外的水分子是以简单扩散的方式透过脂双层膜。后来发现某些细胞在低渗溶液中对水的通透性很高，很难以简单扩散来解释。例如，将红细胞移入低渗溶液后，很快吸水膨胀而溶血，而水生动物的卵母细胞在低渗溶液不膨胀。因此，人们推测水的跨膜转运除了简单扩散外，还存在某种特殊的机制，并提出了水通道的概念。

1988年Agre在分离纯化红细胞膜上的Rh血型抗原时，发现了一个28kDa的疏水性跨膜蛋白，称为CHIP28(Channel-Forming integral membrane protein)，1991年得到CHIP28的cDNA序列，Agre将CHIP28的mRNA注入非洲爪蟾的卵母细胞中，在低渗溶液中，卵母细胞迅速膨胀，并于5min内破裂，纯化的CHIP28置入脂质体，也会得到同样的结果。细胞的这种吸水膨胀现象会被Hg^{2+}抑制，而这是已知的抑制水通透的处理措施。这一发现揭示了细胞膜上确实存在水通道，Agre因此而与离子通道的研究者Roderick MacKinnon共享2003年的诺贝尔化学奖。目前在人类细胞中已发现的此类蛋白质至少有11种，被命名为水通道蛋白(aquaporin，AQP)，均具有选择性的让水分子通过的特性。在实验植物拟南芥(*Arabidopsis thaliana*)中已发现35个这类水通道。水通道的活性调节可能具有以下途径：通过磷酸化使AQP的活性增强；通过膜泡运输改变膜上AQP的含量，如血管加压素(抗利尿激素)对肾脏远曲小管和集合小管上皮细胞水通透性调节；通过调节基因表达，促进AQP的合成。

3.6.6.2 主动运输

主动运输是指物质逆浓度梯度，在载体的协助下，在能量的作用下运进或运出细胞膜的过程。主动运输是由于膜以某种方式提供了能量，物质分子或离子可以逆浓度或逆电——化学势差而移动。体内某种物质分子或离子由膜的低浓度一侧向高浓度一侧移动,结果使高浓度一侧浓度进一步升高,而另一侧该物质越来越少,甚至可以全部被转运到另一侧。主动运输的特点是:①逆浓度梯度(逆化学梯度)运输;②需要能量(由 ATP 直接供能)或与释放能量的过程偶联(协同运输);③都有载体蛋白。

1）钠钾泵

钠钾泵实际上就是 Na^+-K^+ ATP 酶(图 3.6.27),一般认为是由 2 个大亚基、2 个小亚基组成的 4 聚体。Na^+-K^+ ATP 酶通过磷酸化和去磷酸化过程发生构象的变化,导致与 Na^+、K^+ 的亲和力发生变化。在膜内侧 Na^+ 与酶结合,激活 ATP 酶活性,使 ATP 分解,酶被磷酸化,构象发生变化,于是与 Na^+ 结合的部位转向膜外侧;这种磷酸化的酶对 Na^+ 的亲和力低,对 K^+ 的亲和力高,因而在膜外侧释放 Na^+、而与 K^+ 结合。K^+ 与磷酸化酶结合后促使酶去磷酸化,酶的构象恢复原状,于是与 K^+ 结合的部位转向膜内侧,K^+ 与酶的亲和力降低,使 K^+ 在膜内被释放,而又与 Na^+ 结合。其总的结果是每一循环消耗一个 ATP;转运出三个 Na^+,转进两个 K^+。钠钾泵的一个特性是它对离子的转运循环依赖自磷酸化过程,ATP 上的一个磷酸基团转移到钠钾泵的一个天冬氨酸残基上,导致构象的变化。通过自磷酸化来转运离子的离子泵就叫做 P-type,与之相类似的还有钙泵和质子泵。它们组成了功能与结构相似的一个蛋白质家族。Na^+-K^+ 泵作用是:①维持细胞的渗透性,保持细胞的体积;②维持低 Na^+ 高 K^+ 的细胞内环境,维持细胞的静息电位。乌本苷(uabain)、地高辛(digoxin)等强心剂能抑制心肌细胞 Na^+-K^+ 泵的活性;从而降低钠钙交换器效率,使内流钙离子增多,加强心肌收缩,因而具有强心作用。

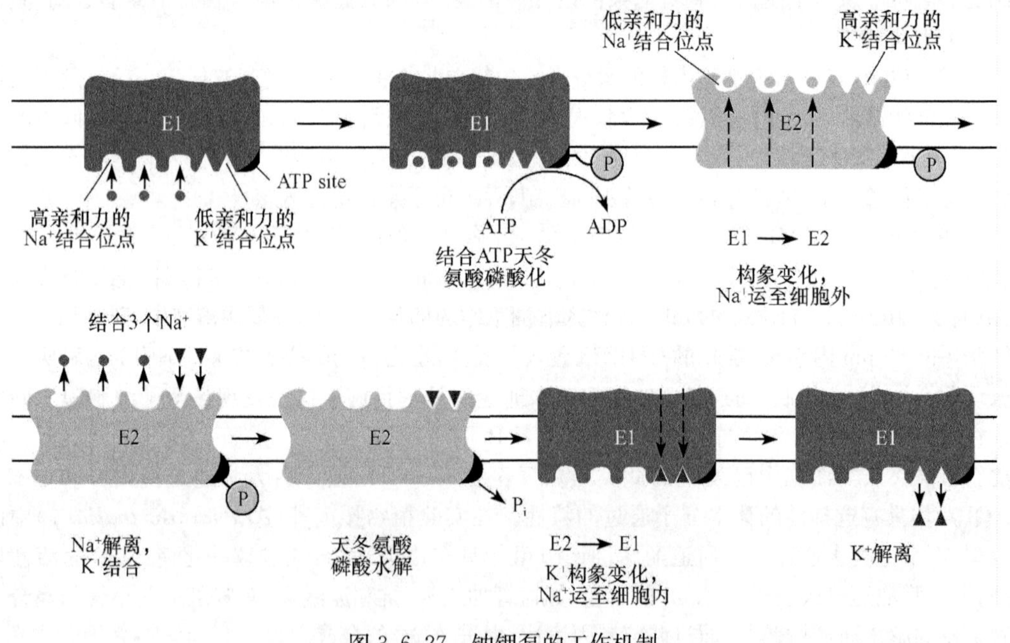

图 3.6.27　钠钾泵的工作机制

2）钙离子泵

钙离子泵对于细胞是非常重要的,因为钙离子通常与信号转导有关,钙离子浓度的变化会引起细胞内信号途径的反应，导致一系列的生理变化。通常细胞内钙离子浓度(7～10mol/L)显著低于细胞外钙离子浓度(3～10mol/L)，主要是因为质膜和内质网膜上存在钙离子转运体系，细胞内钙离子泵有两类：一类是 P 型离子泵(图 3.6.28)，其原理与钠钾泵相似，每分解一个 ATP 分子，泵出 2 个 Ca^{2+}。另一类称为钠钙交换器(Na^+-Ca^{2+} exchanger)，属于反向协同运输体系(antiporter)，通过钠钙交换来转运钙离子。

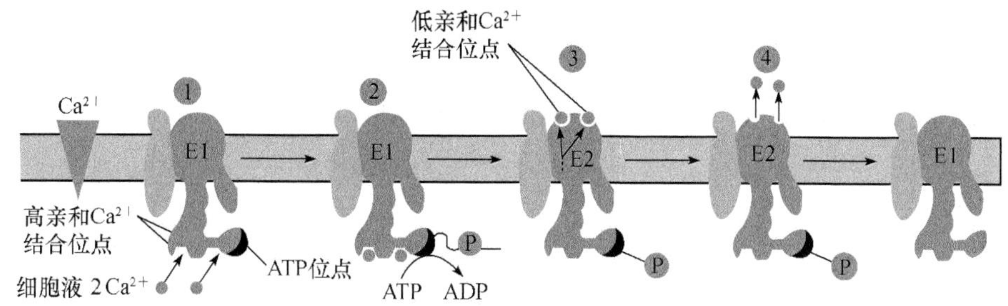

图 3.6.28 钙离子泵的工作机制

位于肌质网(sarcoplasmic reticulum)上的钙离子泵是了解最多的一类 P 型离子泵，占肌质网膜蛋白质的 90%。肌质网是一类特化的内质网，形成网管状结构位于细胞质中，具有储存钙离子的功能。肌细胞膜去极化后引起肌质网上的钙离子通道打开，大量钙离子进入细胞质，引起肌肉收缩之后由钙离子泵将钙离子泵回肌质网。

3) 质子泵

质子泵有三类(图 3.6.29)：P 型、V 型、F 型。P 型：载体蛋白利用 ATP 使自身磷酸化(phosphorylation)，发生构象的改变来转移质子或其他离子，如植物细胞膜上的 H^+ 泵、动物细胞的 Na^+-K^+ 泵、Ca^{2+} 泵，H^+-K^+ ATP 酶(位于胃表皮细胞，分泌胃酸)。V 型：位于小泡(vacuole)的膜上，由许多亚基构成，水解 ATP 产生能量，但不发生自磷酸化，位于溶酶体膜、动物细胞的内吞体、高尔基体的囊泡膜、植物液泡膜上。F 型：是由许多亚基构成的管状结构，H^+ 沿浓度梯度运动，所释放的能量与 ATP 合成偶联起来，所以称为 ATP 合酶(ATP synthase)，F 是氧化磷

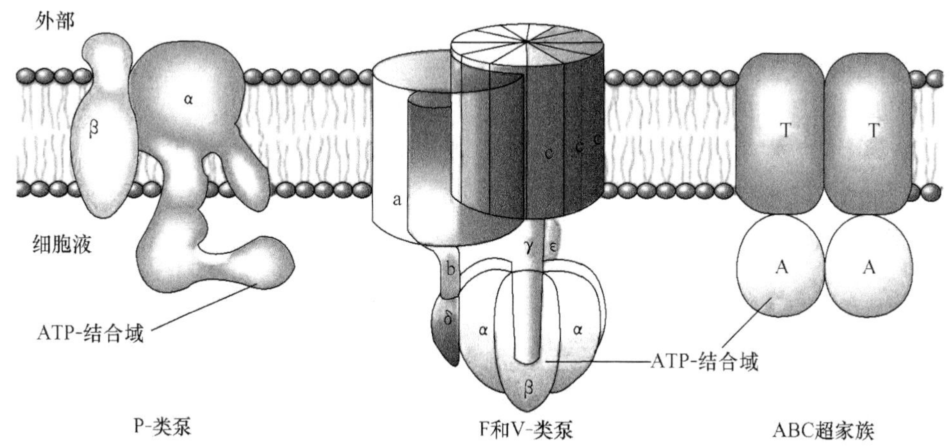

图 3.6.29 三种 ATP 驱动的离子泵

酸化或光合磷酸化偶联因子(factor)的缩写。F 型质子泵位于细菌质膜,线粒体内膜和叶绿体的类囊体膜上,其详细结构将在线粒体与叶绿体一章讲解。F 型质子泵不仅可以利用质子动力势将 ADP 转化成 ATP,也可以利用水解 ATP 释放的能量转移质子。

4) ABC 转运器

ABC 转运器(ABC transporter)最早发现于细菌,是细菌质膜上的一种运输 ATP 酶(transport ATPase),属于一个庞大而多样的蛋白家族,每个成员都含有两个高度保守的 ATP 结合区(ATP binding cassette),故名 ABC 转运器(图 3.6.30),它们通过结合 ATP 发生二聚化,ATP 水解后解聚,通过构象的改变将与之结合的底物转移至膜的另一侧。

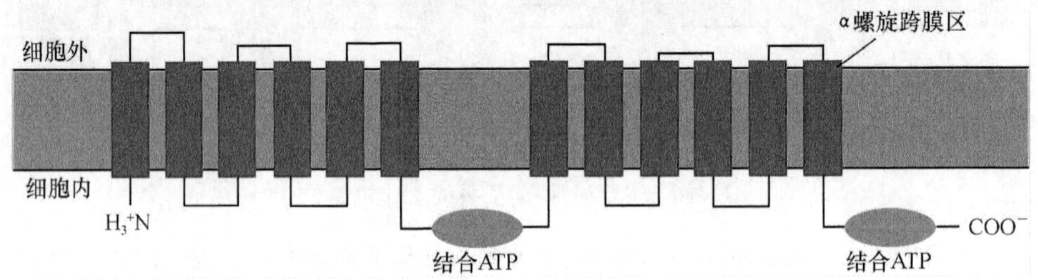

图 3.6.30 ABC 转运器图示

在大肠杆菌中有 78 个基因(占全部基因的 5%)编码 ABC 转运器蛋白,在动物中可能更多。虽然每一种 ABC 转运器只转运一种或一类底物,但是其蛋白家族中具有能转运离子、氨基酸、核苷酸、多糖、多肽,甚至蛋白质的成员。ABC 转运器还可催化脂双层的脂类在两层之间翻转,这在膜的发生和功能维护上具有重要的意义。

第一个被发现的真核细胞的 ABC 转运器是多药抗性蛋白(multidrug resistance protein, MDR),该基因通常在肝癌患者的癌细胞中过表达,降低了化学治疗的疗效。约 40%的患者的癌细胞内该基因过度表达。ABC 转运器还与病原体对药物的抗性有关,如临床常用的抗真菌药物有氟康唑、酮康唑、伊曲康唑等,真菌对这些药物产生耐药性的一个重要机制是通过 MDR 蛋白降低了细胞内的药物浓度。

5) 协同运输

协同运输(cotransport)是一类靠间接提供能量完成的主动运输方式。物质跨膜运动所需要的能量来自膜两侧离子的电化学浓度梯度,而维持这种电化学势的是钠钾泵或质子泵。动物细胞中常常利用膜两侧 Na^+ 浓度梯度来驱动,植物细胞和细菌常利用 H^+ 浓度梯度来驱动。根据物质运输方向与离子沿浓度梯度的转移方向,协同运输又可分为:同向协同(symport)与反向协同(antiport)。

同向协同指物质运输方向与离子转移方向相同。例如,动物小肠细胞对葡萄糖的吸收就是伴随着 Na^+ 的进入,细胞内的 Na^+ 又被钠钾泵泵出细胞外,细胞内始终保持较低的钠离子浓度,形成电化学梯度(图 3.6.31)。在某些细菌中,乳糖的吸收伴随着 H^+ 的进入,每转移一个 H^+ 就吸收一个乳糖分子。反向协同指物质跨膜运动的方向与离子转移的方向相反(图 3.6.32),如动物细胞常通过 Na^+/H^+ 反向协同运输的方式来转运 H^+ 以调节细胞内的 pH,即 Na^+ 的进入胞内伴随着 H^+ 的排出。此外质子泵可直接利用 ATP 运输 H^+ 来调节细胞 pH。

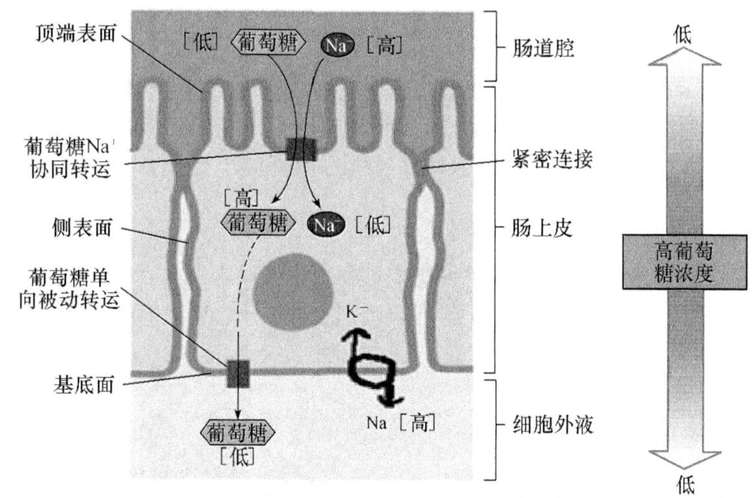

图 3.6.31 小肠对葡萄糖的吸收

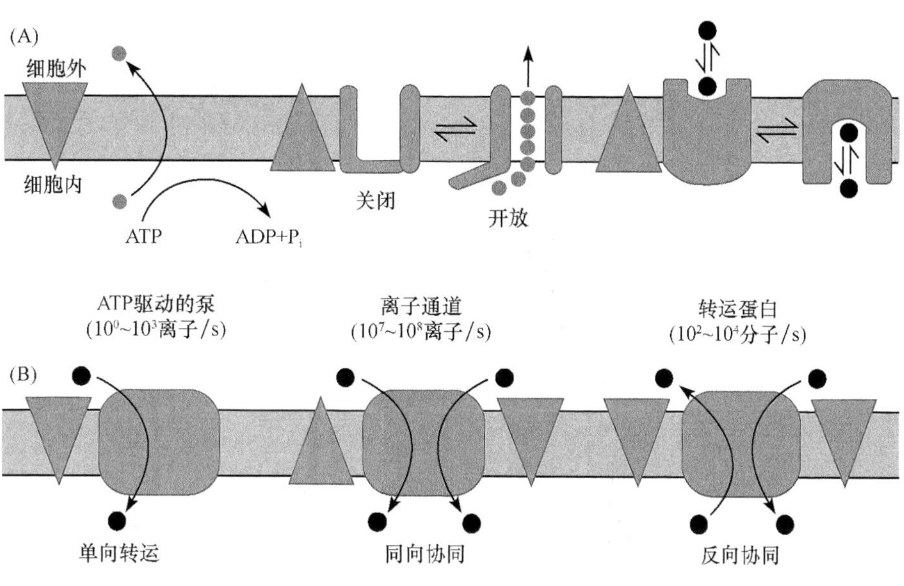

图 3.6.32 几类转运蛋白的比较

还有一种机制是 Na^+ 驱动的 Cl^--HCO^{3-} 交换，即 Na^+ 与 HCO^{3-} 的进入伴随着 Cl^- 和 H^+ 的外流，如红细胞膜上的带 3 蛋白。

3.6.6.3 主动运输膜泡运输的基本概念

真核细胞通过内吞作用(endocytosis)和外排作用(exocytosis)完成大分子与颗粒性物质的跨膜运输。在转运过程中，质膜内陷，形成包围细胞外物质的囊泡，因此又称膜泡运输。细胞的内吞和外排活动总称为吞排作用(cytosis)。

1) 吞噬作用

细胞内吞较大的固体颗粒物质(图 3.6.33),如细菌、细胞碎片等,称为吞噬作用(phagocytosis)。吞噬现象是原生动物获取营养物质的主要方式,在后生动物中亦存在吞噬现象。例如,在哺乳动物中,中性颗粒白细胞和巨噬细胞具有极强的吞噬能力,以保护机体免受异物侵害。

2) 胞饮作用

细胞吞入的物质为液体或极小的颗粒物质(图 3.6.34),这种内吞作用称为胞饮作用(pinocytosis)。胞饮作用存在于白细胞、肾细胞、小肠上皮细胞、肝巨噬细胞和植物细胞。

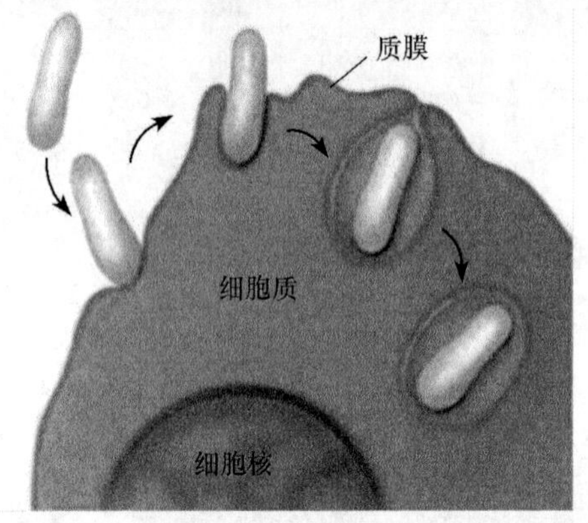

图 3.6.33　吞噬作用

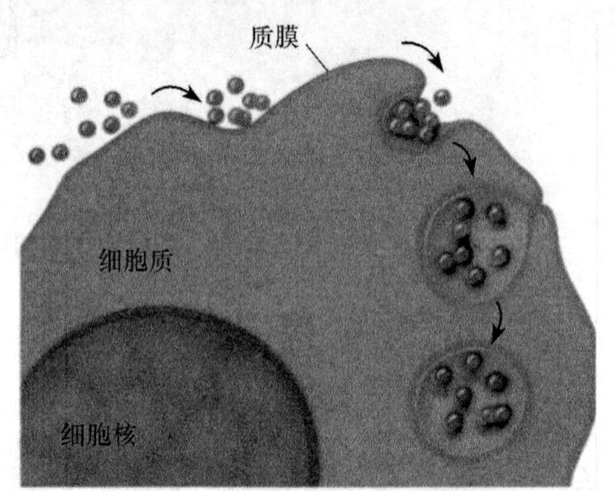

图 3.6.34　胞饮作用

3) 外排作用

与内吞作用的顺序相反,某些大分子物质通过形成小囊泡从细胞内部移至细胞表面,小囊泡的膜与质膜融合,将物质排出细胞之外,这个过程称为外排作用(exocytosis),细胞内不能消化的物质和合成的分泌蛋白都是通过这种途径排出的(图 3.6.35)。

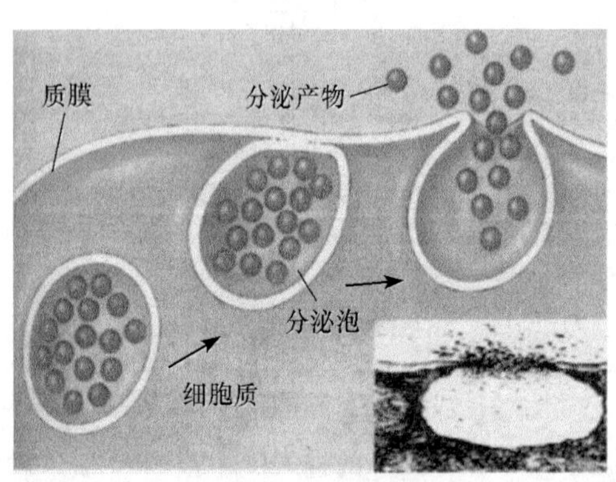

图 3.6.35　外排作用

4) 穿胞运输

在动物组织中,有的细胞通过内吞和外排相偶联,在细胞的一侧形成胞饮小泡穿越细胞质,另一侧使小泡中的物质释放出去。例如,肝细胞从血窦中吸收免疫球蛋白 A(IgA),通过穿胞运输输送到胆微管;大鼠中,母鼠血液中抗体经穿胞运输进入乳汁。

5) 胞内膜泡运输

细胞内部内膜系统各个部分之间的物质传递也通过膜泡运输方式进行。例如,从内质网到高尔基体;高尔基体到溶酶体;细胞分泌物的外排,都要通过过渡性小泡进行转运。胞内膜泡运输沿微管运行,动力来自马达蛋白(motor protein)。目前已发现的马达蛋白有两种:一种是动力蛋白(dynein),可沿微管向负端移动;另一种为驱动蛋白(kinesin),可牵引物质向微管的正端移动。通过这两种蛋白质的作用，可使膜泡被运抵一定区域。

3.6.7 细胞连接

细胞与细胞间或细胞与细胞外基质的联结结构称为细胞连接(cell junction)。细胞连接的体积很小，只有在电子显微镜下才能观察到。可分为三大类，即封闭连接(occluding junction)、锚定连接(anchoring junction)和通信连接(communicating junction)。

3.6.7.1 封闭连接

1) 紧密连接

紧密连接(tight junction)又称封闭小带(zonula occludens)，存在于脊椎动物的上皮细胞间(图 3.6.36)，长度为 50～400nm，相邻细胞之间的质膜紧密结合，没有缝隙。在电子显微镜下可以看到连接区域具有蛋白质形成的焊接线网络，焊接线也称嵴线(图 3.6.37、图 3.6.38)，封闭了细胞与细胞之间的空隙。上皮细胞层对小分子的透性与嵴线的数量有关，有些紧密连接甚至连水分子都不能透过。紧密连接的焊接线由跨膜细胞黏附分子构成，主要的跨膜蛋白为 claudin 和 occludin，另外还有膜的外周蛋白 ZO。

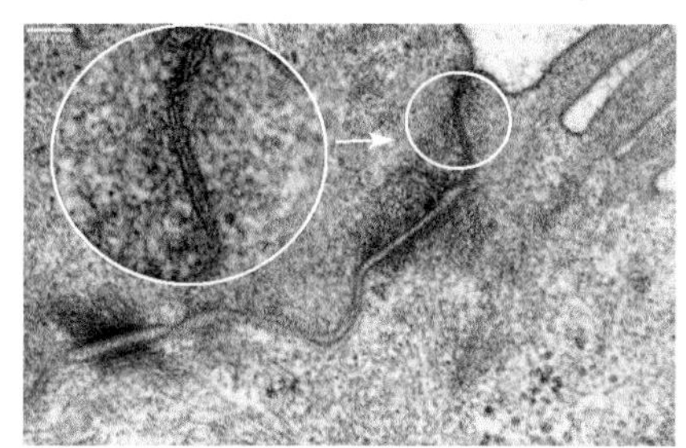

图 3.6.36 紧密连接位于上皮细胞的上端

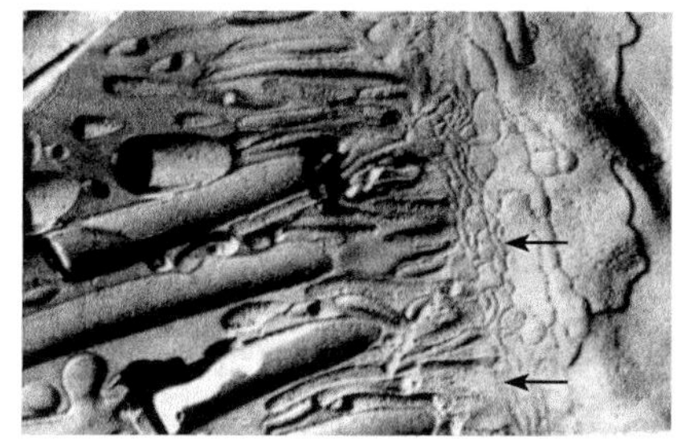

图 3.6.37 兔子上皮细胞的紧密连接(冰冻蚀刻)

紧密连接的主要作用是封闭相邻细胞间的接缝，防止溶液中的分子沿细胞间隙渗入体内，从而保证了机体内环境的相对稳定；消化道上皮、膀胱上皮、脑毛细血管内皮以及睾丸支持细胞之间都存在紧密连接。后两者分别构成了脑血屏障和睾血屏障，能保护这些重要器官和组织免受异物侵害。在各种组织中紧密连接对一些小分子的密封程度有所不同，如小肠上皮细胞的紧密连接对 Na^+ 的渗漏程度比膀胱上皮大 1 万倍。

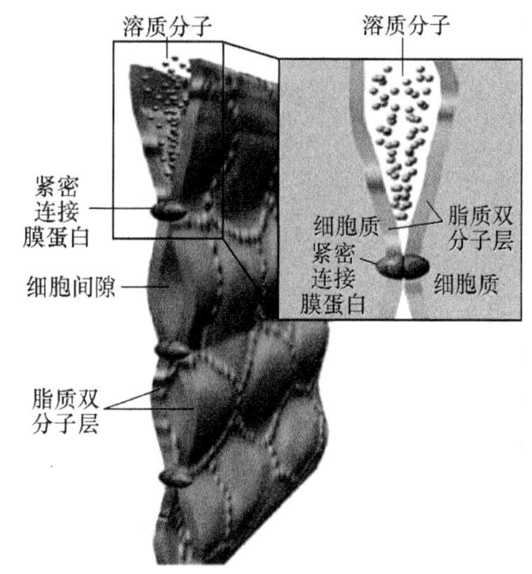

图 3.6.38 紧密连接的模式图

2) 间壁连接

间壁连接(septate junction)是存在于无脊椎动物上皮细胞的紧密连接(图 3.6.39)。连接蛋白呈梯子状排列，形状非常规则，连接的细胞内骨架成分为肌动蛋白纤维。在果蝇中一种称为 discs-large 的蛋白质参与形成间壁连接，突变品种不仅不能形成间壁连接，还产生瘤突。

3.6.7.2　锚定连接

1) 黏合带与黏合斑

黏合带(adhesion belt)呈带状环绕细胞，一般位于上皮细胞顶侧面的紧密连接下方(图3.6.40)。在黏合带处相邻细胞的间隙为15～20nm。

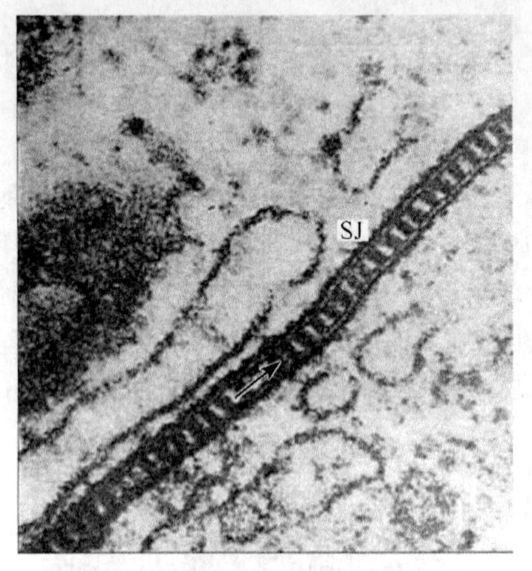

图3.6.39　间壁连接

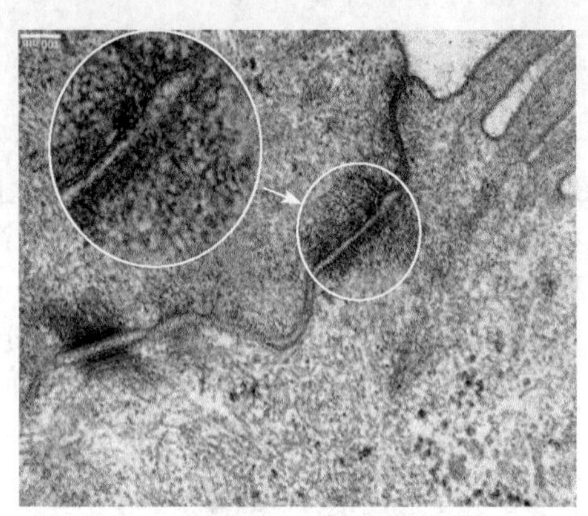

图3.6.40　黏合带位于紧密连接下方

间隙中的黏合分子为E-钙黏素(图3.6.41)。在质膜的内侧有几种附着蛋白与钙黏素结合在一起，这些附着蛋白包括：α-连锁蛋白、β-连锁蛋白、γ-连锁蛋白(catenin)、黏着斑蛋白(vinculin)、α-辅肌动蛋白(α-actinin)和片珠蛋白(plakoglobin)。

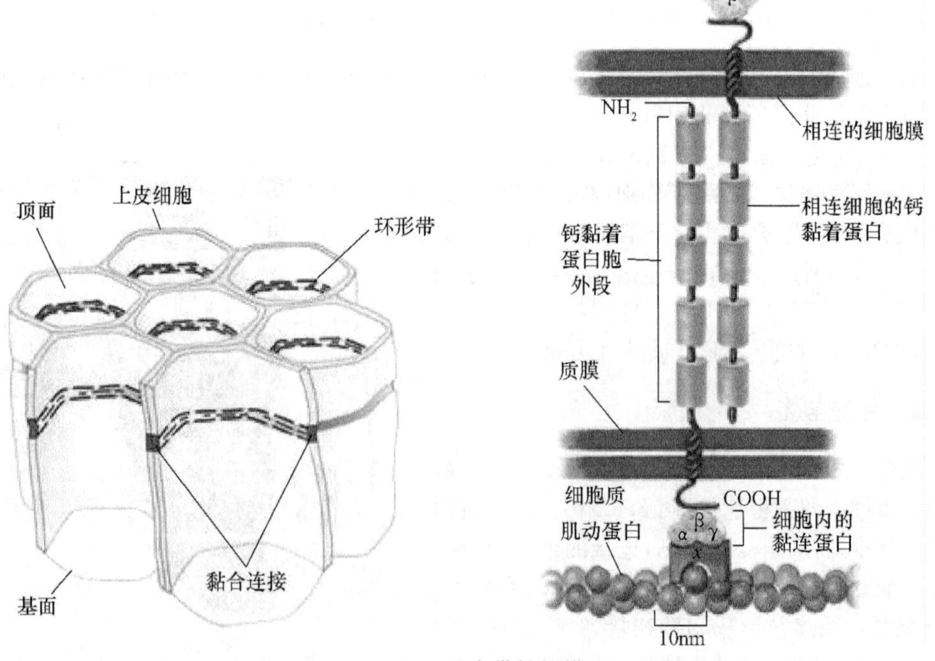

图3.6.41　黏合带结构模型

黏合带处的质膜下方有与质膜平行排列的肌动蛋白束，钙黏蛋白通过附着蛋白与肌动蛋白束相结合。于是，相邻细胞中的肌动蛋白束通过钙黏蛋白和附着蛋白编织成了一个广泛的网络，把相邻细胞联合在一起。

黏合斑(adhesion plaque)位于细胞与细胞外基质间，通过整合素(integrin)把细胞中的肌动蛋白束和基质连接起来。连接处的质膜呈盘状，称为黏合斑。

2）桥粒与半桥粒

桥粒(desmosome)存在于承受强拉力的组织中，如皮肤、口腔、食管等处的复层鳞状上皮细胞之间和心肌中(图 3.6.42)。相邻细胞间形成纽扣状结构，细胞膜之间的间隙约 30nm，质膜下方有细胞质附着蛋白质，如片珠蛋白(plakoglobin)、桥粒斑蛋白(desmoplakin)等，形成一厚度为 15～20nm 的致密斑。斑上有中间纤维相连，中间纤维的性质因细胞类型而异，如在上皮细胞中为角蛋白丝(keratin filament)，在心肌细胞中则为结蛋白丝(desmin filament)。桥粒中间为钙黏素(desmoglein 及 desmocollin)。因此相邻细胞中的中间纤维通过细胞质斑和钙黏素构成了穿胞细胞骨架网络(图 3.6.43)。

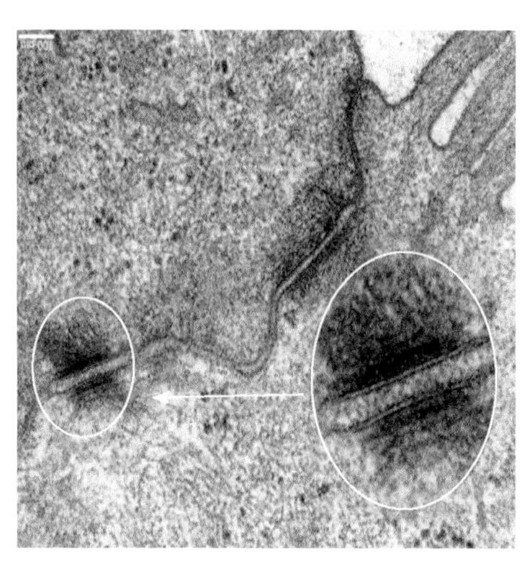

图 3.6.42　桥粒位于黏合带下方

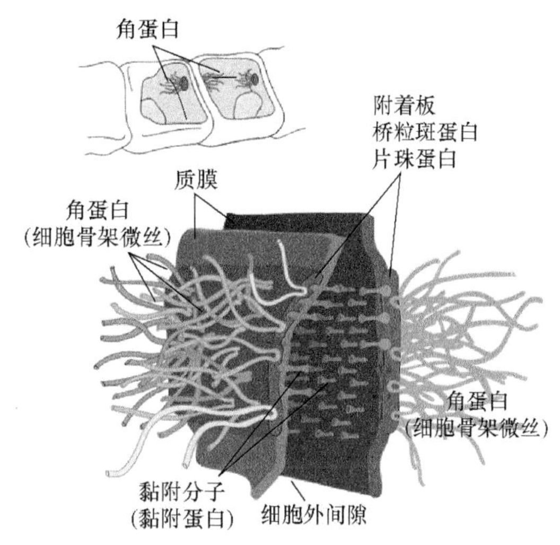

图 3.6.43　桥粒的结构模型

半桥粒(hemidesmosome)在结构上类似桥粒，位于上皮细胞基面与基膜之间(图 3.6.44)，半桥粒的不同之处在于：①只在质膜内侧形成桥粒斑结构，其另一侧为基膜；②穿膜连接蛋白为整合素(integrin)而不是钙黏素，整合素是细胞外基质的受体蛋白；③细胞内的附着蛋白为角蛋白(keratin)。

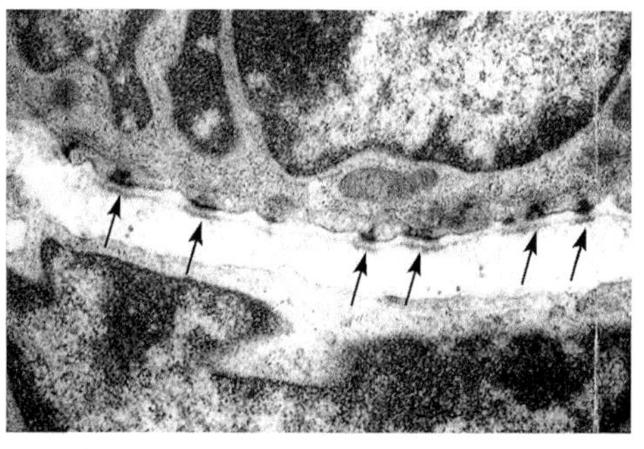

图 3.6.44　半桥粒连接上皮细胞基面和基膜

3.6.7.3　通信连接

1）间隙连接

间隙连接(gap junction)存在于大多数动物组织。在连接处相邻细胞间有 2～4nm 的缝隙，而且连接区域比紧密连接大得多，最大直径可达

0.3μm。在间隙与两层质膜中有大量蛋白质颗粒，是构成间隙连接的基本单位，称连接子（connexon），由6个相同或相似的跨膜蛋白亚单位环绕而成，直径8nm，中心形成一个直径约1.5nm的孔道（图3.6.45，图3.6.46）。通过向细胞内注射分子质量不同的染料，证明间隙连接的通道可以允许分子质量小于1.5kDa的分子通过。这表明细胞内的小分子，如无机盐离子、糖、氨基酸、核苷酸和维生素等有可能通过间隙连接的孔隙。

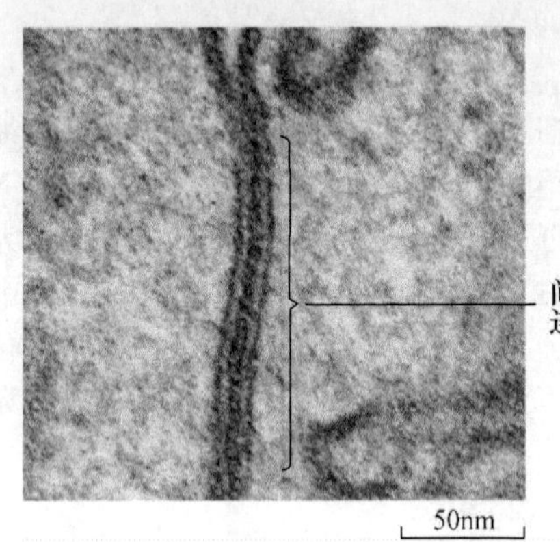

图3.6.45 间隙连接电镜照片

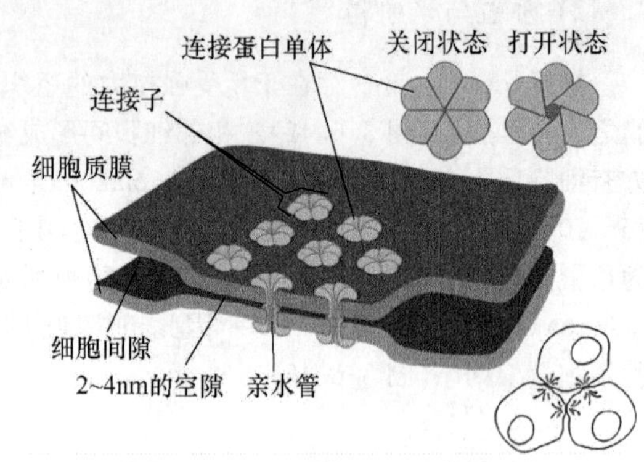

图3.6.46 间隙连接的结构模式图

间隙连接的通透性是可调节的。在实验条件下，降低细胞pH，或升高钙离子浓度均可降低间隙连接的通透性。当细胞破损时，大量钙离子进入，导致间隙连接关闭，以免正常细胞受到伤害。

胚胎发育的早期，细胞间通过间隙连接相互协调发育和分化。小分子物质即可在一定细胞群范围内，以分泌源为中心，建立起递变的扩散浓度梯度，以不同的分子浓度为处于梯度范围内的细胞提供"位置信息"（positional information），从而诱导细胞按其在胚胎中所处的局部位置向着一定方向分化；细胞间还通过间隙连接协调代谢。例如，在体外培养条件下，把不能利用外源次黄嘌呤合成核酸的突变型成纤维细胞和野生型成纤维细胞共同培养，则两种细胞都能吸收次黄嘌呤合成核酸。如果破坏细胞间的间隙连接，则突变型细胞不能吸收次黄嘌呤合成核酸。此外，间隙连接构成电紧张突触，在平滑肌、心肌、神经末梢间均存在的这种间隙连接，称为电紧张突触（electrotonic synapse）。电紧张突触无需依赖神经递质或信息物质即可将一些细胞的电兴奋活动传递到相邻的细胞。

2）化学突触

化学突触（synapse）是存在于可兴奋细胞间的一种连接方式，其作用是通过释放神经递质来传导兴奋。由突触前膜（presynaptic membrane）、突触后膜（postsynaptic membrane）和突触间隙（synaptic cleft）三部分组成（图3.6.47）。

突触前神经元的突起末梢膨大呈球形，称突触小体（synaptic knob）。突触小体贴附在突触后神经元的胞体或突起的表面形成突触。突触小体的膜称突触前膜，与突触前膜相对的胞体膜或突起的膜称突触后膜，两膜之间称为突触间隙。间隙的宽度为20～30nm，内含有黏多糖和糖蛋白等物质。

突触小体内有许多囊泡，称突触小泡（synaptic vesicle），内含神经递质。当神经冲动传到突触前膜，突触小泡释放神经递质，为突触后膜的受体接受（配体门通道），引起突触后膜离子通透性改变，膜去极化或超极化(图 3.6.48)。

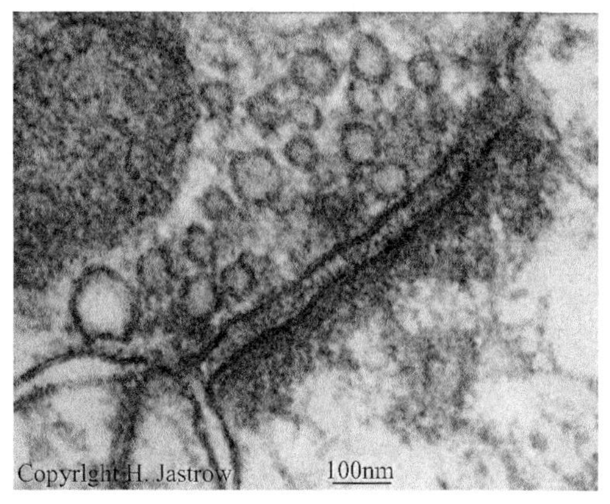

图 3.6.47 化学突触的结构
（具有小囊泡的一侧为突触前膜）

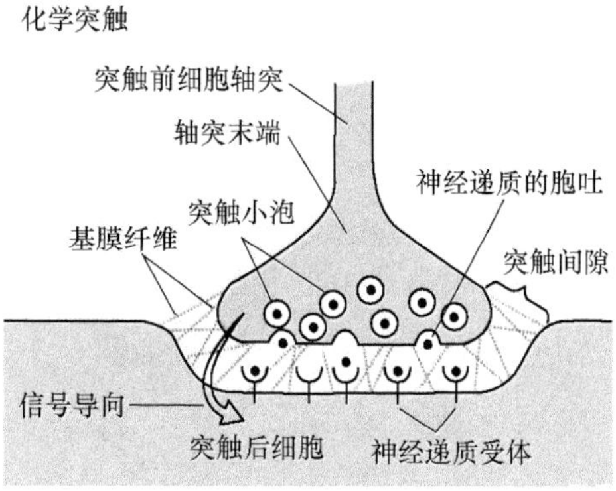

图 3.6.48 化学突触的结构模型

3.6.8 细胞通信

生命与非生命物质最显著的区别在于生命是一个完整的自然的信息处理系统。一方面生物信息系统的存在使有机体得以适应其内外部环境的变化，维持个体的生存；另一方面信息物质如核酸和蛋白质信息在不同世代间传递维持了种族的延续。生命现象是信息在同一或不同时空传递的现象，生命的进化实质上就是信息系统的进化。

单细胞生物通过反馈调节，适应环境的变化。多细胞生物则是由各种细胞组成的细胞社会，除了反馈调节外，更有赖于细胞间的通信与信号转导，以协调不同细胞的行为，如①调节代谢，通过对代谢相关酶活性的调节，控制细胞的物质和能量代谢；②实现细胞功能，如肌肉的收缩和舒张，腺体分泌物的释放；③调节细胞周期，使 DNA 复制相关的基因表达，细胞进入分裂和增殖阶段；④控制细胞分化，使基因有选择性地表达，细胞不可逆地分化为有特定功能的成熟细胞；⑤影响细胞的存活(图 3.6.49)。

表 3.6.3

封闭连接		紧密连接	上皮组织
		间壁连接	只存在于无脊椎动物中
锚定连接	连接肌动蛋白	黏合带	上皮组织
		黏合斑	上皮细胞基部
	连接中间纤维	桥粒	心肌、表皮
		半桥粒	上皮细胞基部
通信连接		间隙连接	大多数动物组织中
		化学突触	神经细胞间和神经-肌肉间
		胞间连丝	植物细胞间

3.6.8.1 细胞通信的要素

1) 细胞信号分子

生物细胞所接受的信号既可以是物理信号(光、热、电流)，也可以是化学信号，但是在有机体

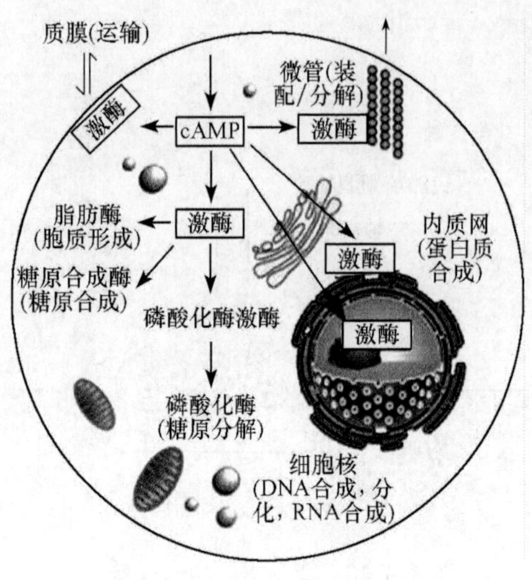

图 3.6.49　细胞通信作用示意图

间和细胞间的通信中最广泛的信号是化学信号。

从化学结构来看细胞信号分子包括：短肽、蛋白质、气体分子(NO、CO)以及氨基酸、核苷酸、脂类和胆固醇衍生物等，其共同特点是：①特异性，只能与特定的受体结合；②高效性，几个分子即可发生明显的生物学效应，这一特性有赖于细胞的信号逐级放大系统；③可被灭活，完成信息传递后可被降解或修饰而失去活性，保证信息传递的完整性和细胞免于疲劳。

从产生和作用方式来看可分为内分泌激素、神经递质、局部化学介导因子和气体分子等四类。

从溶解性来看又可分为脂溶性和水溶性两类。脂溶性信号分子，如甾类激素和甲状腺素，可直接穿膜进入靶细胞，与胞内受体结合形成激素-受体复合物，调节基因表达。水溶性信号分子，如神经递质、细胞因子和水溶性激素，不能穿过靶细胞膜，只能与膜受体结合，经信号转换机制，通过胞内信使(如 cAMP)或激活膜受体的激酶活性(如受体酪氨酸激酶)，引起细胞的应答反应。所以这类信号分子又称为第一信使(primary messenger)，而 cAMP 这样的胞内信号分子被称为第二信使(secondary messenger)。目前公认的第二信使有 cAMP、cGMP、三磷酸肌醇(IP_3)和二酰基甘油(DG)，Ca^{2+} 被称为第三信使是因为其释放有赖于第二信使。第二信使的作用是对胞外信号起转换和放大的作用。

2) 受体

受体(receptor)是一种能够识别和选择性结合某种配体(信号分子)的大分子物质，多为糖蛋白，一般至少包括两个功能区域，与配体结合的区域和产生效应的区域，当受体与配体结合后，构象改变而产生活性，启动一系列过程，最终表现为生物学效应。受体与配体间的作用具有三个主要特征：①特异性；②饱和性；③高度的亲和力。

根据靶细胞上受体存在的部位，可将受体分为细胞内受体(intracellular receptor)和细胞表面受体(cell surface receptor，图 3.6.50)。细胞内受体介导亲脂性信号分子的信息传递，如胞内

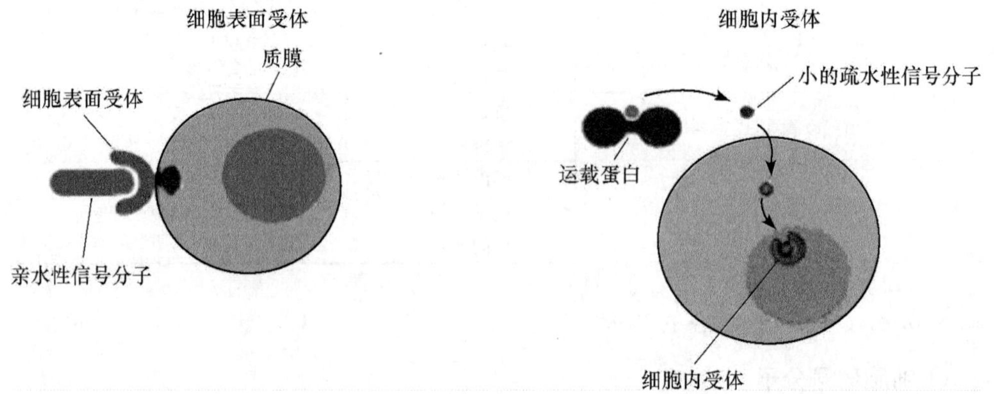

图 3.6.50　细胞表面受体和细胞内受体

的甾体类激素受体。细胞表面受体介导亲水性信号分子的信息传递，可分为离子通道型受体、G蛋白偶联型受体和酶偶联型受体。

每一种细胞都有其独特的受体和信号转导系统，细胞对信号的反应不仅取决于其受体的特异性，而且与细胞的固有特征有关。有时相同的信号可产生不同的效应，如 Ach 可引起骨骼肌收缩、降低心肌收缩频率，引起唾腺细胞分泌。有时不同信号产生相同的效应，如肾上腺素、胰高血糖素，都能促进肝糖原降解而升高血糖。

3）蛋白激酶

蛋白激酶是一类磷酸转移酶，其作用是将 ATP 的 γ-磷酸基转移到底物特定的氨基酸残基上，使蛋白质磷酸化，可分为 5 类（表 3.6.4）。蛋白激酶在信号转导中主要作用有两个方面：其一是通过磷酸化调节蛋白质的活性，磷酸化和去磷酸化是绝大多数信号通路组分可逆激活的共同机制，有些蛋白质在磷酸化后具有活性，有些则在去磷酸化后具有活性；其二是通过蛋白质的逐级磷酸化，使信号逐级放大，引起细胞反应。

表 3.6.4 蛋白激酶的种类

激 酶	磷酸基团受体
蛋白丝氨酸/苏氨酸激酶	丝氨酸/苏氨酸羟基
蛋白酪氨酸激酶	酪氨酸的酚羟基
蛋白组氨酸/赖氨酸/精氨酸激酶	咪唑环，胍基，ε-氨基
蛋白半胱氨酸激酶	巯基
蛋白天冬氨酸/谷氨酸激酶	酰基

4）信号分子间的识别结构域

信号转导分子中存在着一些由 50～100 个氨基酸构成的结构域，它们在不同的信号转导分子中具有很高的同源性。这些结构域的作用是在细胞中介导信号介导分子的相互识别和连接，共同形成不同的信号转导途径（signal transduction pathway），如计算机的接口一样把不同的设备连接起来，形成信号转导网络（signal transduction network）。与细胞信号分子识别有关的结构域主要有：

SH2 结构域（Src Homology 2 结构域），约 100 个氨基酸组成，介导信号分子与含磷酸酪氨酸的蛋白质分子结合。

SH3 结构域（Src Homology 3 结构域），50～100 个氨基酸组成，介导信号分子与富含脯氨酸的蛋白分子结合。

PH 结构域（Pleckstrin Homology 结构域），100～120 个氨基酸组成，可以与膜上磷脂类分子 PIP_2、PIP_3、IP_3 等结合，使含 PH 结构域蛋白质由细胞质中转位到细胞膜上。

3.6.8.2 胞间通信的主要类型

胞间通信要有以下三种方式。

1）细胞间隙连接

细胞间隙连接（gap junction）是细胞间的直接通信方式。两个相邻的细胞以连接子（connexon）相联系。连接子中央为直径 1.5nm 的亲水性孔道。允许小分子物质如 Ca^{2+}、cAMP 通过，有助于相邻同型细胞对外界信号的协同反应，如可兴奋细胞的电偶联现象。

2）膜表面分子接触通信

是指细胞通过其表面信号分子(受体)与另一细胞表面的信号分子(配体)选择性地相互作用,最终产生细胞应答的过程,即细胞识别(cell recognition,图 3.6.51)。可分为:①同种同类细胞间的识别,如胚胎分化过程中神经细胞对周围细胞的识别,输血和植皮引起的反应可以看作同种同类不同来源细胞间的识别;②同种异类细胞间的识别,如精子和卵子之间的识别,T 细胞与 B 淋巴细胞间的识别;③异种异类细胞间的识别,如病原体对宿主细胞的识别;④异种同类细胞间的识别,仅见于实验条件下。

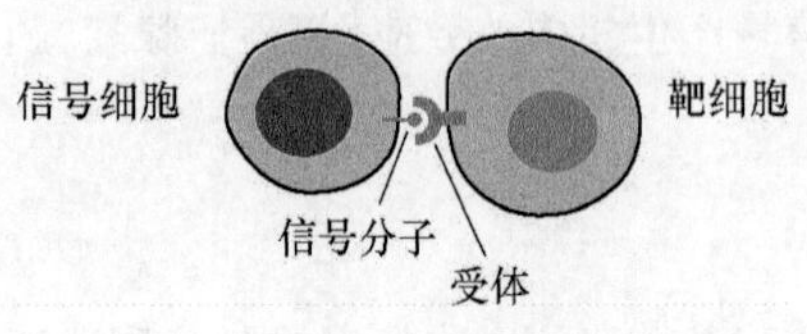

图 3.6.51　膜表面分子接触通信

3）化学通信

化学通信是间接的细胞通信(图 3.6.52),指细胞分泌一些化学物质(如激素)至细胞外,作为信号分子作用于靶细胞,调节其功能。根据化学信号分子可以作用的距离范围,可分为以下 4 类(图 3.6.53):①内分泌(endocrine):内分泌细胞分泌的激素随血液循环输至全身,作用于靶细胞。其特点是:低浓度,仅为 10^{-12}～10^{-8}mol/L;全身性,随血液流经全身,但只能与特定的受体结合而发挥作用;长时效,激素产生后经过漫长的运送过程才起作用,而且血流中微量的激素就足以维持长久的作用;②旁分泌(paracrine):细胞分泌的信号分子通过扩散作用于邻近的细胞。包括各类细胞因子和气体信号分子(如 NO);③突触信号发放:神经递质(如乙酰胆碱)由突触前

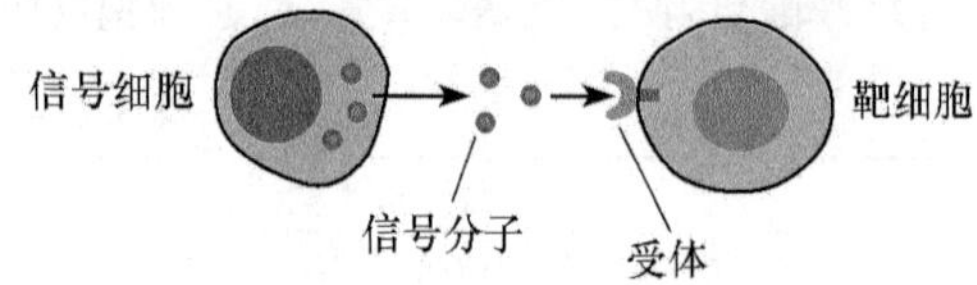

图 3.6.52　化学通信

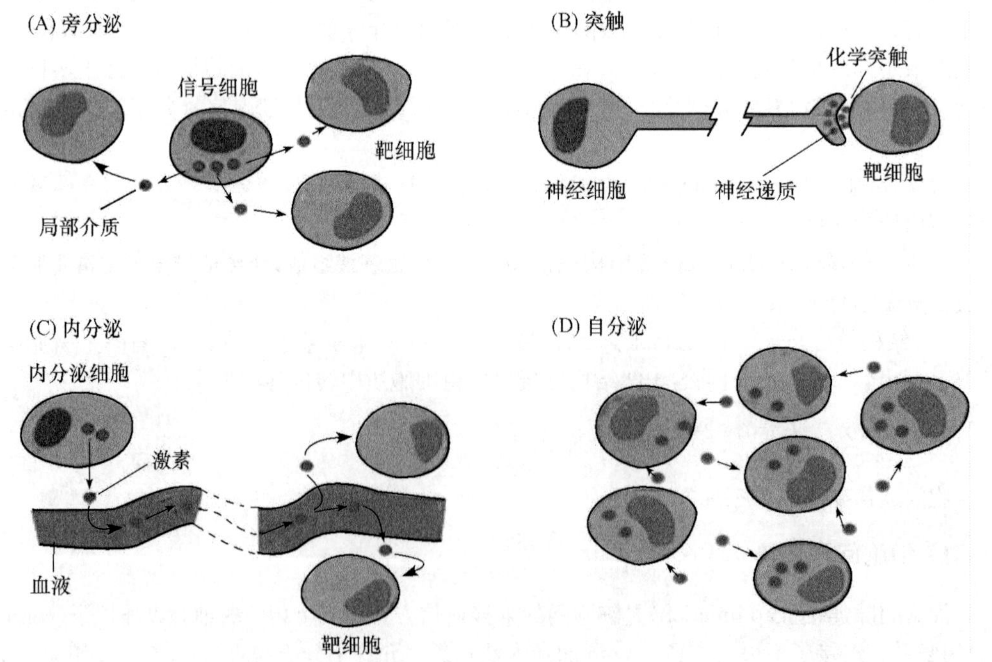

图 3.6.53　化学通信的类型

膜释放，经突触间隙扩散到突触后膜，作用于特定的靶细胞；④自分泌(autocrine)：与上述三类不同的是，信号发放细胞和靶细胞为同类或同一细胞，常见于癌变细胞。例如，大肠癌细胞可自分泌产生胃泌素，介导调节 c-myc、c-fos 和 ras p21 等癌基因表达，从而促进癌细胞的增殖。

3.6.8.3 膜表面受体介导的信号转导

亲水性化学信号分子(包括神经递质、蛋白激素、生长因子等)不能直接进入细胞，只能通过膜表面的特异受体传递信号，使靶细胞产生效应。

膜表面受体主要有三类：①离子通道型受体(ion-channel-linked receptor)；②G 蛋白偶联型受体(G-protein-linked receptor)；③酶偶联的受体(enzyme-linked receptor)。第一类存在于可兴奋细胞。后两类存在于大多数细胞，在信号转导的早期表现为激酶级联(kinase cascade)事件，即为一系列蛋白质的逐级磷酸化，借此使信号逐级传送和放大。

1) 离子通道型受体

离子通道型受体(图 3.6.54)是一类自身为离子通道的受体，即配体门通道(ligand-gated channel)。主要存在于神经、肌肉等可兴奋细胞，其信号分子为神经递质。

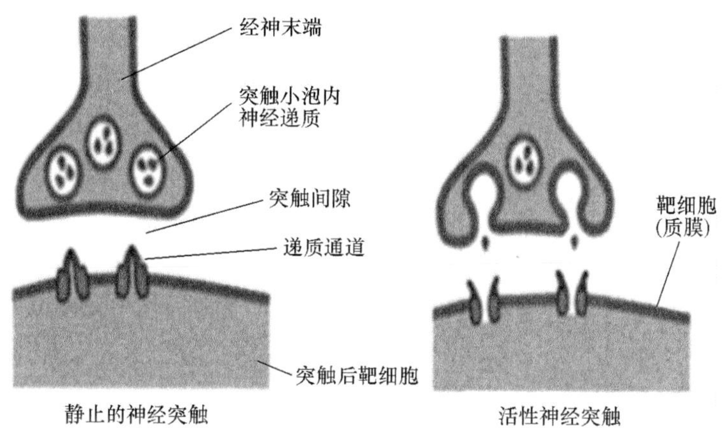

图 3.6.54 离子通道型受体

神经递质通过与受体的结合而改变通道蛋白的构象，导致离子通道的开启或关闭，改变质膜的离子通透性，在瞬间将胞外化学信号转换为电信号，继而改变突触后细胞的兴奋性。例如，乙酰胆碱受体(图 3.6.25)以三种构象存在，两分子乙酰胆碱的结合可以使之处于通道开放构象，但该受体处于通道开放构象状态的时限仍十分短暂，在几十毫微秒内又回到关闭状态。然后乙酰胆碱与之解离，受体则恢复到初始状态，做好重新接受配体的准备。

离子通道型受体分为阳离子通道(如乙酰胆碱、谷氨酸和五羟色胺的受体)和阴离子通道(如甘氨酸和 γ-氨基丁酸的受体)。

2) G 蛋白偶联型受体

三聚体 GTP 结合调节蛋白(trimeric GTP-binding regulatory protein)简称 G 蛋白，位于质膜胞质侧，由 α、β、γ 三个亚基组成，α 亚基和 γ 亚基通过共价结合的脂肪酸链尾结合在膜上，G 蛋白在信号转导过程中起着分子开关的作用(图 3.6.55)，当 α 亚基与 GDP 结合时处于关闭状态，与 GTP 结合时处于开启状态，α 亚基具有 GTP 酶活性，能催化所结合的 ATP 水解，恢复无活性

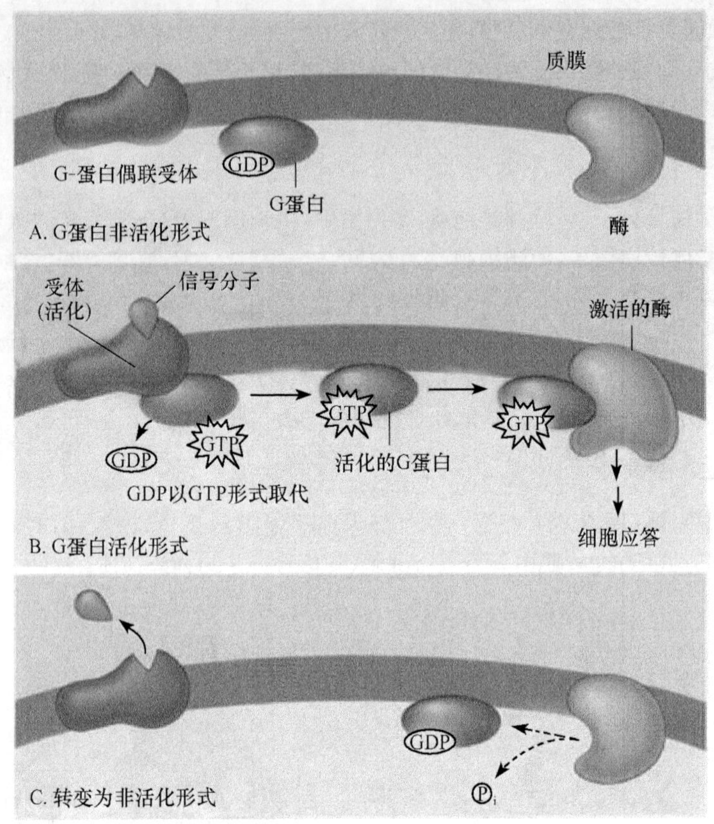

图 3.6.55　G 蛋白分子开关

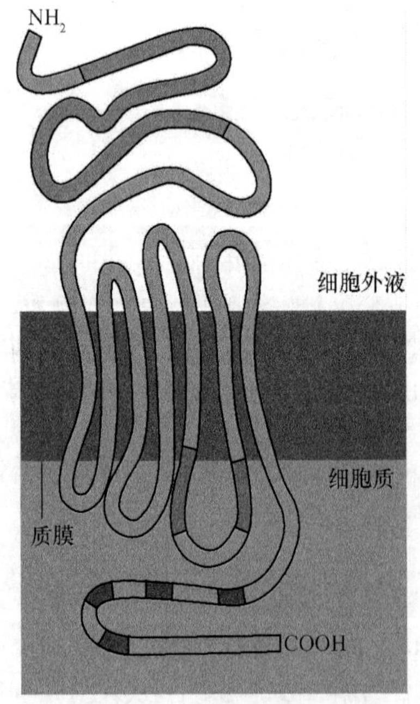

图 3.6.56　G 蛋白偶联型受体为 7 次跨膜蛋白

的三聚体状态，其 GTP 酶的活性能被 RGS(regulator of G protein signaling)增强。RGS 也属于 GAP(GTPase activating protein)。

G 蛋白偶联型受体为 7 次跨膜蛋白(图 3.6.56)，受体胞外结构域识别胞外信号分子并与之结合，胞内结构域与 G 蛋白偶联。通过与 G 蛋白偶联，调节相关酶活性，在细胞内产生第二信使，从而将胞外信号跨膜传递到胞内。G 蛋白偶联型受体包括多种神经递质、肽类激素和趋化因子的受体，在味觉、视觉和嗅觉中接受外源理化因素的受体也属 G 蛋白偶联型受体。

由 G 蛋白偶联受体所介导的细胞信号通路主要包括：cAMP 信号通路和磷脂酰肌醇信号通路。在 cAMP 信号途径中，细胞外信号与相应受体结合，调节腺苷酸环化酶活性，通过第二信使 cAMP 水平的变化，将细胞外信号转变为细胞内信号。

腺苷酸环化酶(adenylyl cyclase)是分子质量为 150kDa 的糖蛋白，跨膜 12 次。在 Mg^{2+} 或 Mn^{2+} 的存在下，腺苷酸环化酶催化 ATP 生成 cAMP(图 3.6.57)。

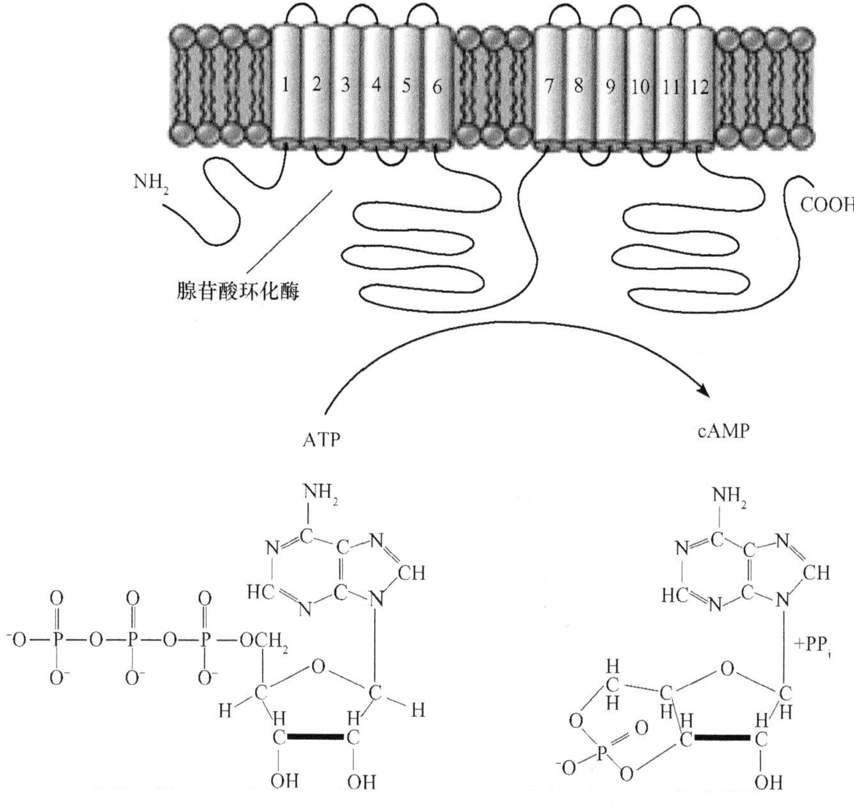

图 3.6.57 腺苷酸环化酶

蛋白激酶 A(protein kinase A,PKA):由两个催化亚基和两个调节亚基组成(图 3.6.58),在没有 cAMP 时,以钝化复合体形式存在。cAMP 与调节亚基结合,改变调节亚基构象,使调节亚基和催化亚基解离,释放出催化亚基。活化的蛋白激酶 A 催化亚基可使细胞内某些蛋白的丝氨酸或苏氨酸残基磷酸化,于是改变这些蛋白的活性,进一步影响到相关基因的表达。

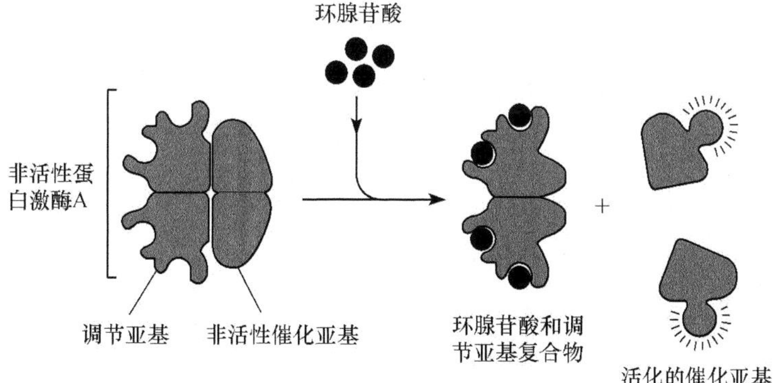

图 3.6.58 蛋白激酶 A

环腺苷酸磷酸二酯酶(cAMP phosphodiesterase):可降解 cAMP 生成 5′-AMP,起终止信号的作用(图 3.6.59)。

当细胞没有受到激素刺激,Gs 处于非活化态,α 亚基与 GDP 结合,此时腺苷酸环化酶没有活性;当激素配体与 Rs 结合后,导致 Rs 构象改变,暴露出与 Gs 结合的位点,使激素-受体复合

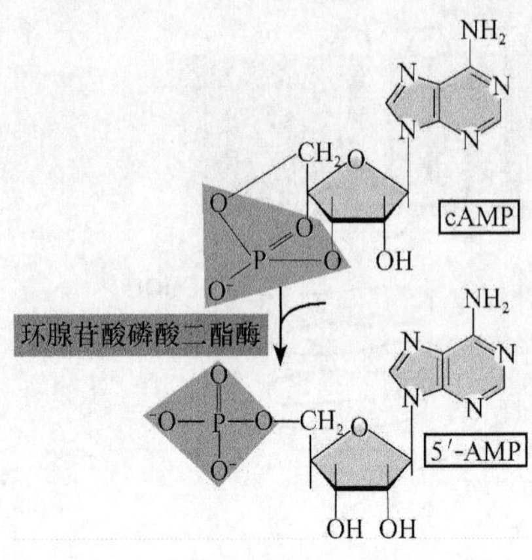

图 3.6.59　cAMP 的降解

物与 Gs 结合，Gs 的 α 亚基构象改变，从而排斥 GDP，结合 GTP 而活化，使三聚体 Gs 蛋白解离出 α 亚基和 βγ 基复合物，并暴露出 α 亚基与腺苷酸环化酶的结合位点；结合 GTP 的 α 亚基与腺苷酸环化酶结合，使之活化，并将 ATP 转化为 cAMP。随着 GTP 的水解 α 亚基恢复原来的构象并导致与腺苷酸环化酶解离，终止腺苷酸环化酶的活化作用。α 亚基与 βγ 亚基重新结合，使细胞回复到静止状态。

活化的 βγ 亚基复合物也可直接激活胞内靶分子，具有传递信号的功能，如心肌细胞中 G 蛋白偶联受体在结合乙酰胆碱刺激下，活化的 βγ 亚基复合物能开启质膜上的 K^+ 通道，改变心肌细胞的膜电位。此外 βγ 亚基复合物也能与膜上的效应酶结合，对结合 GTP 的 α 亚基起协同或拮抗作用。

霍乱毒素能催化 ADP 核糖基共价结合到 Gs 的 α 亚基上，致使 α 亚基丧失 GTP 酶的活性，结果 GTP 永久结合在 Gs 的 α 亚基上，使 α 亚基处于持续活化状态，腺苷酸环化酶永久性活化。导致霍乱病患者细胞内 Na^+ 和水持续外流，产生严重腹泻而脱水。

该信号途径涉及的反应链可表示为：

激素→G 蛋白偶联受体→G 蛋白→腺苷酸环化酶→cAMP→依赖 cAMP 的蛋白激酶 A→基因调控蛋白→基因转录(图 3.6.60)。

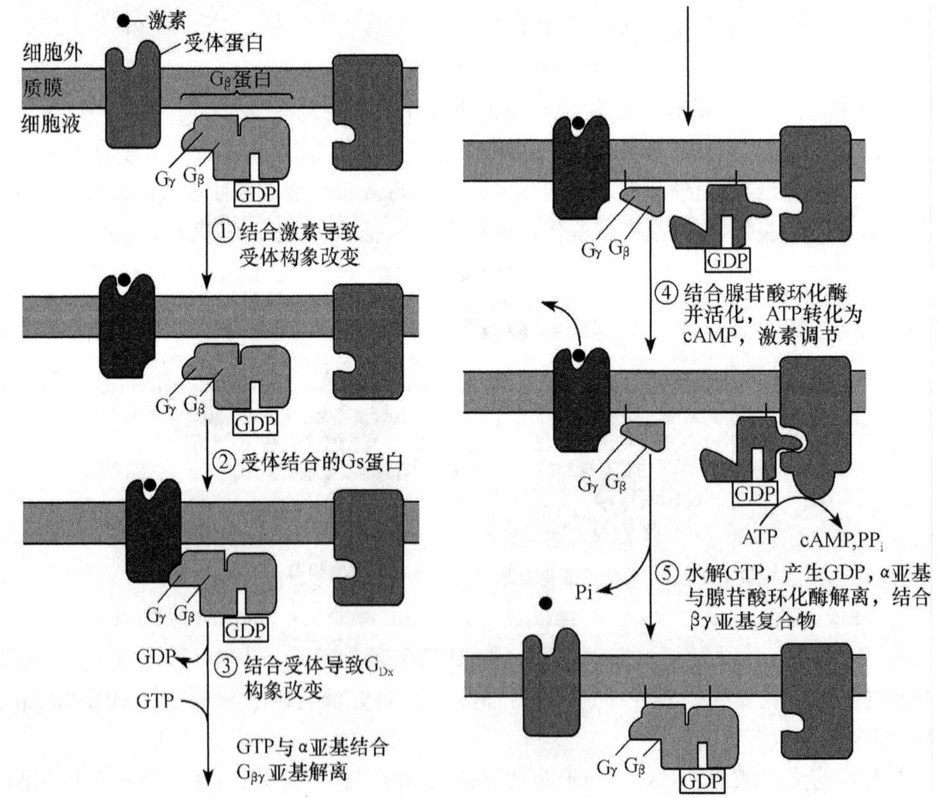

图 3.6.60　Gs 调节模型

Gi 对腺苷酸环化酶的抑制作用可通过两个途径：①通过 α 亚基与腺苷酸环化酶结合，直接抑制酶的活性；②通过 βγ 亚基复合物与游离 Gs 的 α 亚基结合，阻断 Gs 的 α 亚基对腺苷酸环化酶的活化（图 3.6.61）。

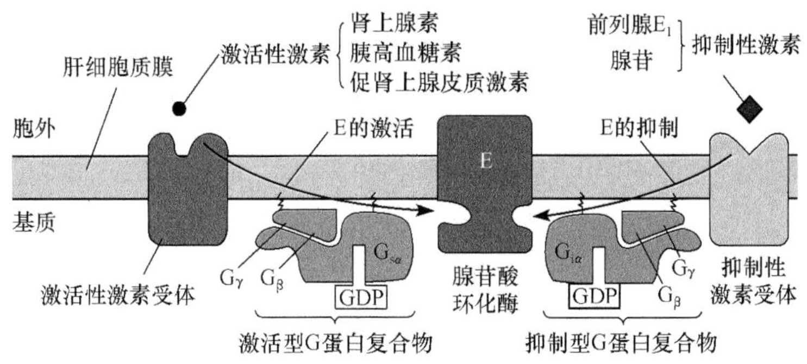

图 3.6.61　Gi 调节模型

百日咳毒素催化 Gi 的 α 亚基 ADP-核糖基化，结果降低了 GTP 与 Gi 的 α 亚基结合的水平，使 Gi 的 α 亚基不能活化，从而阻断了 Ri 受体对腺苷酸环化酶的抑制作用，但尚不能解释百日咳症状与这种作用机制有关。

在磷脂酰肌醇信号通路中胞外信号分子与细胞表面 G 蛋白偶联型受体结合，激活质膜上的磷脂酶 C（PLC-β），使质膜上 4,5-二磷酸磷脂酰肌醇（PIP_2）水解成 1,4,5-三磷酸肌醇（IP_3）和二酰基甘油（DG）两个第二信使，胞外信号转换为胞内信号（图 3.6.62），这一信号系统又称为“双信使系统”（double messenger system）。IP_3 与内质网上的 IP_3 配体门钙通道结合，开启钙通道，使胞内 Ca^{2+} 浓度升高。激活各类依赖钙离子的蛋白质。用 Ca^{2+} 载体离子霉素（ionomycin）处理细胞会产生类似的结果。

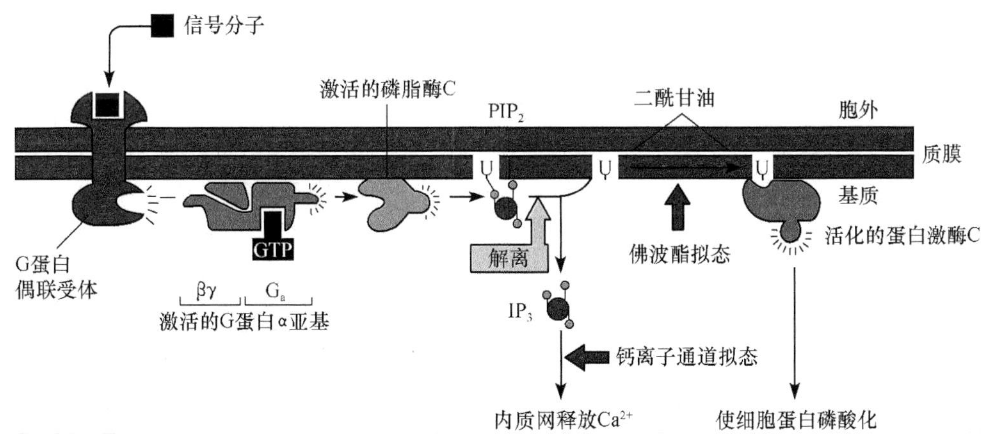

图 3.6.62　磷脂酰肌醇途径

DG 结合于质膜上，可活化与质膜结合的蛋白激酶 C（protein kinase C，PKC）。PKC 以非活性性形式分布于细胞溶质中，当细胞接受刺激，产生 IP_3，使 Ca^{2+} 浓度升高，PKC 便转位到质膜内表面，被 DG 活化（图 3.6.63），PKC 可以使蛋白质的丝氨酸/苏氨酸残基磷酸化是不同的细胞产生不同的反应，如细胞分泌、肌肉收缩、细胞增殖和分化等。DG 的作用可用佛波醇酯（phorbol ester)模拟。

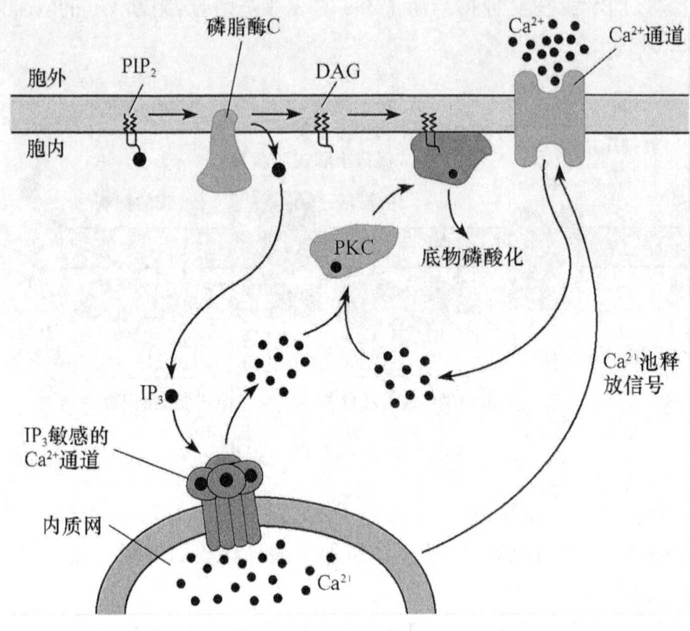

图 3.6.63 IP_3 和 DG 的作用

Ca^{2+} 活化各种 Ca^{2+} 结合蛋白引起细胞反应，钙调素(calmodulin，CaM)由单一肽链构成，具有 4 个钙离子结合部位。结合钙离子发生构象改变，可激活钙调素依赖性激酶(CaM-Kinase)。细胞对 Ca^{2+} 的反应取决于细胞内钙结合蛋白和钙调素依赖性激酶的种类。例如，在哺乳类脑神经元突触处钙调素依赖性激酶Ⅱ十分丰富，与记忆形成有关。该蛋白发生点突变的小鼠表现出明显的记忆无能。IP_3 信号的终止是通过去磷酸化形成 IP_2，或被磷酸化形成 IP_4。Ca^{2+} 由质膜上的 Ca^{2+} 泵和 Na^+-Ca^{2+} 交换器将抽出细胞，或由内质网膜上的钙泵抽进内质网(图 3.6.64)。

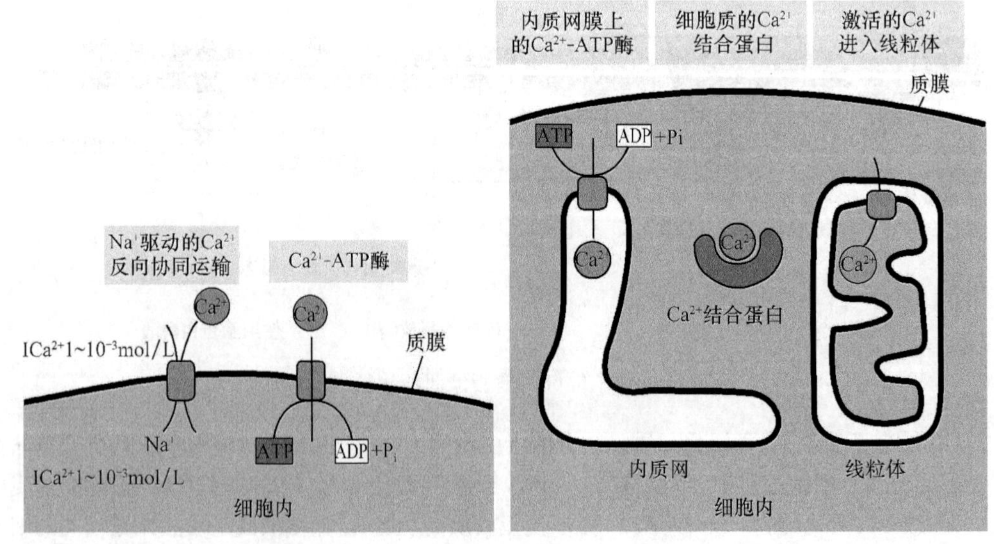

图 3.6.64 Ca^{2+} 信号的消除

DG通过两种途径终止其信使作用：一是被DG-激酶磷酸化成为磷脂酸，进入磷脂酰肌醇循环；二是被DG酯酶水解成单酯酰甘油。由于DG代谢周期很短，不可能长期维持PKC活性，而细胞增殖或分化行为的变化又要求PKC长期活性所产生的效应。现发现另一种DG生成途径，即由磷脂酶催化质膜上的磷脂酰胆碱断裂产生的DG，用来维持PKC的长期效应。

3.6.8.4 酶偶联型受体

酶偶联型受体(enzyme linked receptor)分为两类，其一是本身具有激酶活性，如肽类生长因子(EGF、PDGF、CSF等)受体；其二是本身没有酶活性，但可以连接非受体酪氨酸激酶，如细胞因子受体超家族。这类受体的共同点是：①通常为单次跨膜蛋白；②接受配体后发生二聚化而激活，启动其下游信号转导。

已知6类受体：①受体酪氨酸激酶；②酪氨酸激酶连接的受体；③受体酪氨酸磷脂酶；④受体丝氨酸/苏氨酸激酶；⑤受体鸟苷酸环化酶；⑥组氨酸激酶连接的受体(与细菌的趋化性有关)。

1）受体酪氨酸激酶

酪氨酸激酶可分为三类：①受体酪氨酸激酶，为单次跨膜蛋白，在脊椎动物中已发现50余种；②胞质酪氨酸激酶，如Src家族、Tec家族、ZAP70、家族、JAK家族等；③核内酪氨酸激酶如Abl和Wee。

受体酪氨酸激酶(receptor protein tyrosine kinase，RPTK)的胞外区是结合配体结构域，配体是可溶性或膜结合的多肽或蛋白类激素，包括胰岛素和多种生长因子。胞内段是酪氨酸蛋白激酶的催化部位，并具有自磷酸化位点(图3.6.65)。

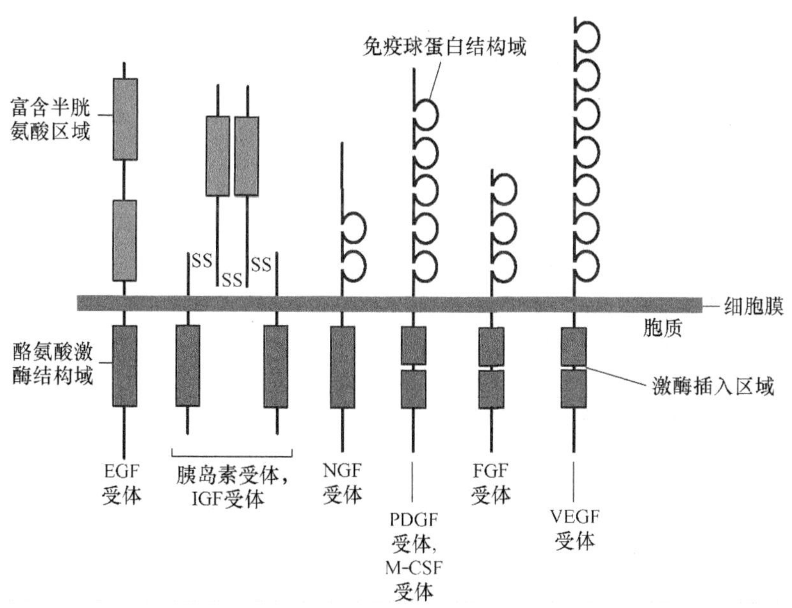

图3.6.65 各类受体酪氨酸激酶

配体(如EGF)在胞外与受体结合并引起构象变化，导致受体二聚化(dimerization)形成同源或异源二聚体，在二聚体内彼此相互磷酸化胞内段酪氨酸残基，激活受体本身的酪氨酸蛋白激酶活性。这类受体主要有EGF、PDGF、FGF等(图3.6.66)。

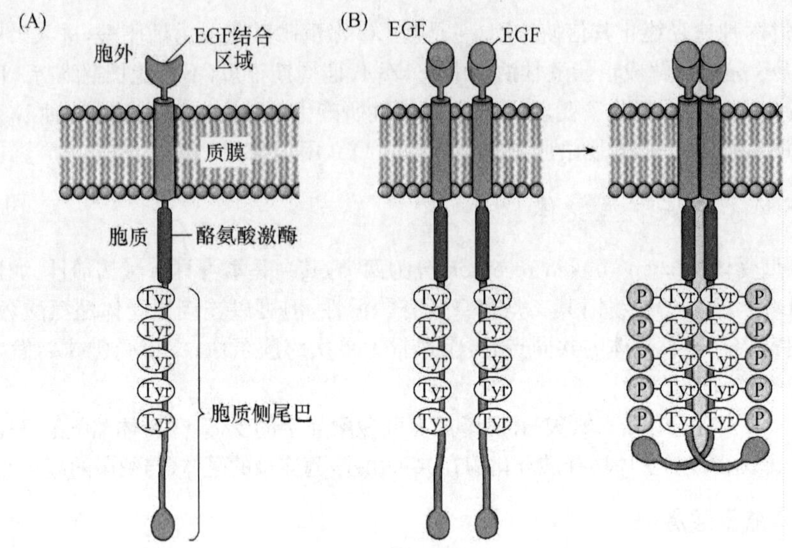

图 3.6.66　受体酪氨酸激酶的二聚化和自磷酸化

(A) EGF 受体的结构；(B) EGF 受体的激活

2）受体丝氨酸/苏氨酸激酶

受体丝氨酸/苏氨酸激酶(receptor serine/threonine kinase)是单次跨膜蛋白受体，在胞内区具有丝氨酸/苏氨酸蛋白激酶活性，该受体以异二聚体行使功能。主要配体是转化生长因子-βs。(transforming growth factor-βs，TGF-βs)家族成员，包括 TGF-β1～TGF-β5，这些成员具有类似结构与功能，对细胞具有多方面的效应。依细胞类型不同，可能抑制细胞增殖、刺激胞外基质合成、刺激骨骼的形成、通过趋化性吸引细胞和作为胚胎发育过程中的诱导信号等。

3）受体酪氨酸磷脂酶

受体酪氨酸磷脂酶(receptor tyrosine phosphatase)为单次跨膜蛋白受体，受体胞内区具有蛋白酪氨酸磷脂酶的活性，胞外配体与受体结合激发该酶活性，使特异的胞内信号蛋白的磷酸酪氨酸残基去磷酸化，其作用是控制磷酸酪氨酸残基的寿命，使静止细胞具有较低的磷酸酪氨酸残基的水平。它的作用不是简单地与 RPTK 相反，可能与酪氨酸激酶一起协同工作，如参与细胞周期调控。白细胞表面的 CD45 属这类受体，对具体配体的尚不了解。

和酪氨酸激酶一样存在胞质酪氨酸磷脂酶。胞质酪氨酸磷脂酶胞内段具有两个 SH 结构域，称为 SHP1 和 SHP2，通过 SHP1 可以与细胞因子受体连接，使 JAK 去磷酸化，SHP1 结构域缺陷的老鼠，各类血细胞异常。说明胞质酪氨酸磷脂酶与血细胞分化有关。

4）受体鸟苷酸环化酶

受体鸟苷酸环化酶(receptor guanylate cyclase)是单次跨膜蛋白受体，胞外段是配体结合部位，胞内段为鸟苷酸环化酶催化结构域。受体的配体心房排钠肽(atrial natriuretic peptide，ANP)和脑排钠肽(brain natriuretic peptide，BNP)。当血压升高时，心房肌细胞分泌 ANP，促进肾细胞排水、排钠，同时导致血管平滑肌细胞松弛，结果使血压下降。介导 ANP 反应的受体分布在肾和血管平滑肌细胞表面。ANP 与受体结合直接激活胞内段鸟苷酸环化酶的活性，使

GTP 转化为 cGMP,cGMP 作为第二信使结合并激活依赖 cGMP 的蛋白激酶 G(PKG),导致靶蛋白的丝氨酸/苏氨酸残基磷酸化而活化。

除了与质膜结合的鸟苷酸环化酶外,在细胞质基质中还存在可溶性的鸟苷酸环化酶,它们是 NO 作用的靶酶,催化产生 cGMP。

5) 细胞因子受体超家族

属于酪氨酸激酶连接的受体(tyrosine kinase associated receptor)。细胞因子(cytokine),如白介素(IL)、干扰素(IFN)、集落刺激因子(CSF)、生长激素(GH)等,在造血细胞和免疫细胞通信上起作用,这类细胞因子的受体为单次跨膜蛋白,本身不具有酶活性,但与配体结合后发生二聚化而激活,罗织或连接胞内酪氨酸蛋白激酶(如 JAK),其信号途径为 JAK-STAT 或 RAS 途径(图 3.6.67)。

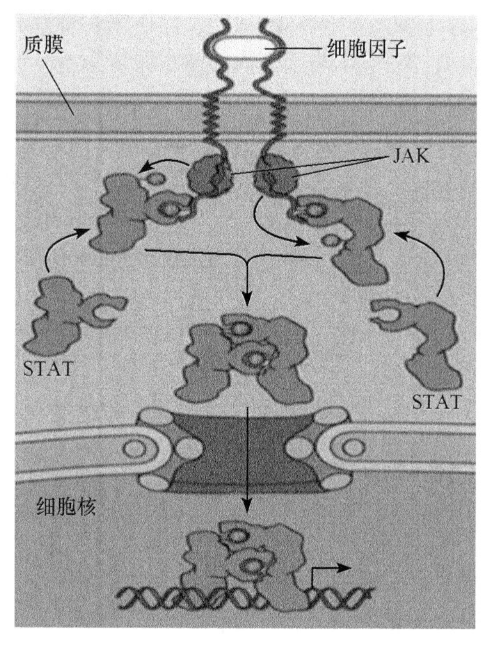

图 3.6.67 JAK-STAT 信号途径

3.6.8.5 胞内受体介导的信号传导

细胞内受体的本质是激素激活的基因调控蛋白(图 3.6.68)。在细胞内,受体与抑制性蛋白(如 hsp90)结合形成复合物,处于非活化状态。配体(如皮质醇)与受体结合,将导致抑制性蛋白从复合物上解离下来,从而使受体暴露出 DNA 结合位点而被激活。这类受体一般都有三个结构域:位于 C 端的激素结合位点,位于中部富含 Cys、具有锌指结构的 DNA 或 hsp90 结合位点,以及位于 N 端的转录激活结构域。

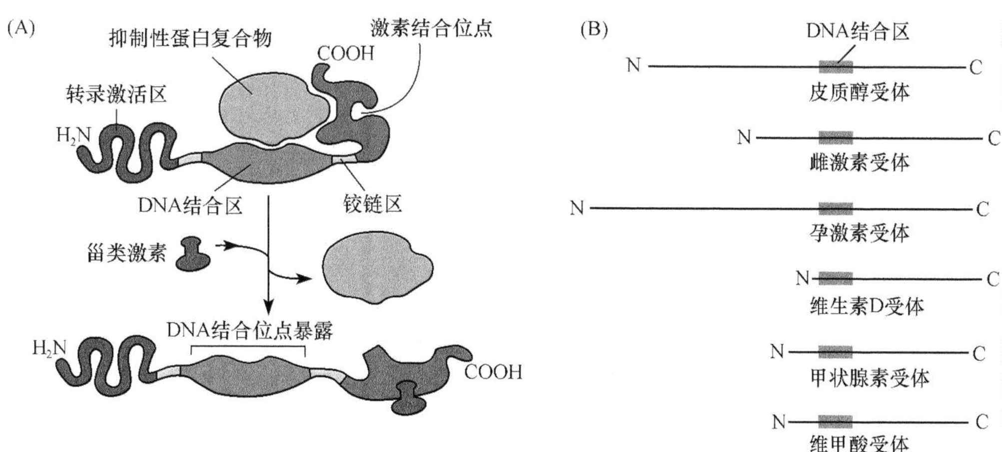

图 3.6.68 胞内受体

甾类激素分子是化学结构相似的亲脂性小分子,分子质量为 300Da 左右,可以通过简单扩散跨越质膜进入细胞内。每种类型的甾类激素与细胞质内各自的受体蛋白结合,形成激素-受体复合物,并能穿过核孔进入细胞核内,激素和受体的结合导致受体蛋白构象的改变,提高了受体与 DNA 的结合能力，激活的受体通过结合于特异的 DNA 序列调节基因表达。受体与 DNA 序列的结合已得到实验证实，结合序列是受体依赖的转录增强子，这种结合可增加某些相邻基因的转录水平。

甾类激素诱导的基因活化分为两个阶段：①直接活化少数特殊基因转录的初级反应阶段，发生迅速；②初级反应的基因产物再活化其他基因产生延迟的次级反应，对初级反应起放大作用。例如，果蝇注射蜕皮激素后仅 5～10min 便可诱导唾腺染色体上 6 个部位的 RNA 转录，再过一段时间至少有 100 个部位合成 RNA，致使大量合成次级反应所特有的蛋白质产物。这类激素作用通常表现为如影响细胞分化等长期的生物学效应。

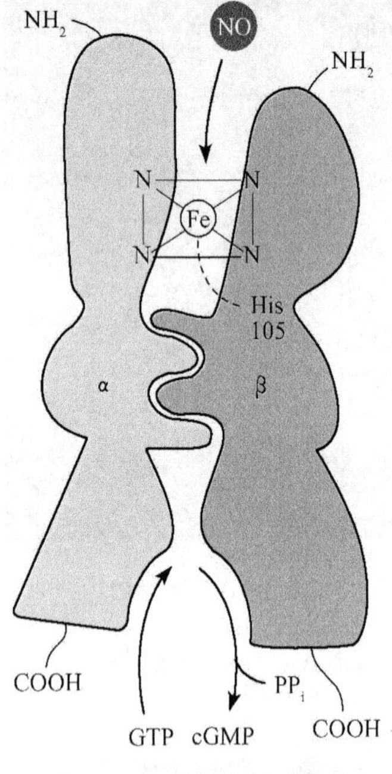

图 3.6.69　鸟苷酸环化酶

甲状腺素和雌激素也是亲脂性小分子，其受体位于细胞核内，作用机制与甾类激素相同。也有个别的亲脂性小分子，如前列腺素，其受体在细胞膜上。

NO 是另一种可进入细胞内部的信号分子，能快速透过细胞膜，作用于邻近细胞。Furchgott 等三位美国科学家因发现 NO 作为信号分子而获得 1998 年诺贝尔医学或生理学奖。血管内皮细胞和神经细胞是 NO 的生成细胞，NO 的生成由一氧化氮合酶(nitricoxide synthase，NOS)催化，以 L-精氨酸为底物，以还原型辅酶Ⅱ(NADPH)作为电子供体，生成 NO 和 L-瓜氨酸。NO 没有专门的储存及释放调节机制，靶细胞上 NO 的多少直接与 NO 的合成有关。血管内皮细胞接受乙酰胆碱，引起胞内 Ca^{2+} 浓度升高，激活一氧化氮合酶，细胞释放 NO，NO 扩散进入平滑肌细胞，与胞质鸟苷酸环化酶(GTP-cyclase，GC)活性中心的 Fe^{2+} 结合，改变酶的构象(图 3.6.69)，导致酶活性的增强和 cGMP 合成增多(图 3.6.70)。cGMP 可降低血管平滑肌中的 Ca^{2+} 浓度。引起血管平滑肌的舒张，血管扩张、血流通畅。硝酸甘油治疗心绞痛具有百年的历史，其作用机制是在体内转化为 NO，可舒张血管，减轻心脏负荷和心肌的需氧量。

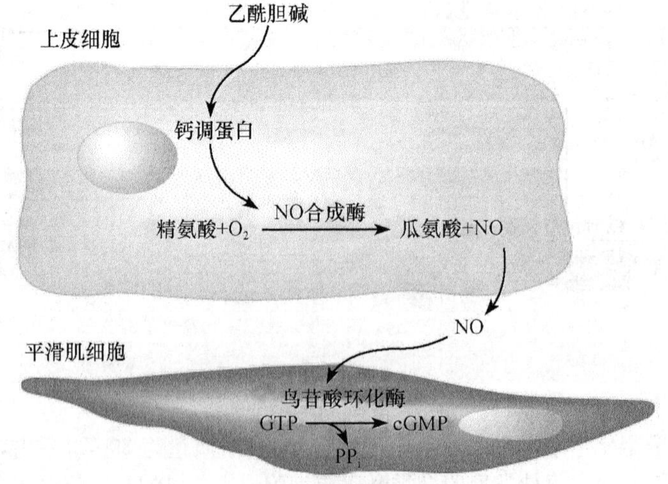

图 3.6.70　NO 的作用机制

小结

内膜系统是真核细胞所特有的、完成其生命活动所必需的膜性结构系统。内膜系统包括内质网、高尔基复合体、溶酶体和过氧化物酶体等。内质网是由单位膜围成的管状、囊状或小泡状网状系统，包括粗面内质网和滑面内质网两种类型。粗面内质网膜表面附有大量核糖体，其主要功能是参与分泌性蛋白质和膜蛋白的合成、蛋白质在内质网腔中的折叠与装配、糖基化修饰、分选和转运；滑面内质网表面无核糖体附着，膜光滑平整，其主要功能是参与脂类合成与转运、糖原的合成与分解、解毒作用、肌肉收缩等。葡萄糖-6-磷酸酶、细胞色素 P450 等参与分子生物合成和电子传递体系的酶是内质网的主要标志酶。高尔基复合体是由一些排列整齐的扁平膜囊堆叠组成的，具有明显的极性分布特征，分为三个组成部分：扁平囊泡、小囊泡和大囊泡。高尔基复合体的主要功能是分泌蛋白的加工和修饰(包括蛋白质的糖基化、硫酸基化和蛋白水解作用)、蛋白质的分选和运输、溶酶体的形成和参与膜的转化。糖基转移酶是高尔基复合体的主要标志酶。溶酶体是由一层单位膜包围的膜性细胞器，由高尔基复合体芽生而成。根据溶酶体的不同发育阶段和生理功能状态，可分为三种类型：初级溶酶体、次级溶酶体和残余小体。溶酶体的功能包括消化作用、自溶作用和胞外溶解作用。酸性磷酸酶为溶酶体的标志酶。过氧化物酶体又称为微体，是由一层单位膜围成的膜性细胞器。过氧化物酶体的酶类主要有三大类型：氧化酶、过氧化氢酶和过氧化物酶，过氧化氢酶是过氧化物酶体的标志酶。过氧化物酶体的功能是解毒作用、对氧浓度的调节作用、脂肪酸的氧化、含氮物质的代谢等。

蛋白质的分选与细胞结构的组装是内膜系统的主要功能和过程之一。蛋白质的分选机制是“信号假说”，即新生的分泌性蛋白质 N 端序列作为信号肽，指导正在合成分泌性蛋白质多肽链的核糖体结合到内质网上进行合成，在蛋白质合成结束之前切除信号肽。蛋白质分选的基本途径包括后转运和共转运。蛋白质分选的类型包括跨膜运输、膜泡运输、门控运输和细胞质基质中蛋白质的转运。蛋白质等生物大分子最终要逐级装配并形成生物赖以进行生命活动的细胞结构体系，其装配方式包括自我装配、协助装配和直接装配。

(李　郁)

思考题

1. 细胞膜的化学组成及特点是什么？
2. 液态镶嵌模型的主要特点是什么？能解释哪些细胞膜功能？
3. 何谓内在性蛋白？内在性蛋白以什么方式与膜脂相结合？
4. 细胞连接有哪几种类型，各有何功能？
5. 比较物质跨膜运输各种方式的特点
6. 钠钾泵的工作机制是什么？
7. 基底膜的组成成分及功能？
8. 细胞通讯的方式有哪些？
9. G 蛋白偶联受体都激活哪些信号通路？
10. 第二信使都有哪些？它们是如何激活和灭活的？

参考文献

宋今丹. 2005. 医学细胞生物学. 北京：人民卫生出版社

杨恬. 2005. 细胞生物学. 北京:人民卫生出版社
左伋. 2008. 医学细胞生物学. 上海:复旦大学出版社
Alberts B, et al. 2002. Molecular Biology of the Cell. 4th. Garland Science
Karp G. 2002. Cell and Molecular Biology: Concept and Experiments. 3rd. Wiley&Sons

3.7 线粒体与能量代谢

一切生物都需要依靠能量维持其生存。植物细胞含有叶绿素,一些细菌具有光合能力,它们能通过光合作用将光能转化为化学能,将无机物(如 CO_2 和 H_2O)转化为可自身利用的有机物,这些生物称为自养生物(autotroph)。而动物细胞不具备叶绿体,它们以自养生物合成的有机物为营养,通过分解代谢而获取能量,因而称为异养生物(heterotroph)。动物细胞实现这一能量转换的细胞内结构即为线粒体(mitochondrion)。

线粒体(mitochondrion)是希腊文 mitos(线和线的)和 chondria(颗粒和颗粒状)的复合词。1894 年 Altman 首先在动物细胞发现这种结构,描述为生物芽体(bioblast)。1897 年 Benda 将其命名为线粒体。除细菌、蓝绿藻及哺乳动物成熟红细胞外,几乎所有真核细胞都有线粒体。线粒体是细胞生命活动中极为重要的细胞器,细胞生命活动所需能量的 95%来自线粒体,线粒体是细胞内的"动力工厂"。

3.7.1 线粒体的形态、数量和分布

3.7.1.1 线粒体的形态、大小

一般在光学显微镜下线粒体呈线状或颗粒状。但线粒体的形状可因细胞的种类及其生理状态不同而异,其形态具有多样性。人胚胎细胞中,线粒体发育早期为短棒状,晚期则呈长棒状。pH 不同时也有不同的形状,酸性时呈囊泡状,而碱性时却呈粒状。不同渗透压时形状也不一样,低渗时膨胀成颗粒状,高渗时则呈线状。

线粒体的直径一般为 0.5~1.0μm,在长度上变化很大,一般为 1.5~3μm,长的可达 10μm,人的成纤维细胞的线粒体则更长,可达 40μm。不同组织在不同条件下有时会出现体积异常膨大的线粒体,称为巨型线粒体(megamitochondria)。线粒体的大小也可随细胞类型、温度、渗透压以及酸碱的不同而不同。

3.7.1.2 线粒体的数目

线粒体的数量因细胞类型不同而有很大差异。除哺乳动物红细胞外,一般有几百至几千个线粒体。有的单细胞真菌和单细胞藻类中只有一个线粒体;在哺乳动物中,精子内有 25 个左右,肾细胞约 300 个,大鼠肝细胞有 500~1000 个;有的卵母细胞可达 30 万个;在巨大变形虫中甚至可高达 50 万个。细胞内线粒体数量与细胞的生理功能有密切关系,一般耗能量大的细胞中,线粒体数量多,需能低的细胞中线粒体数量少。

3.7.1.3 线粒体的分布

在多数细胞中,线粒体均匀分布在整个细胞质中,但在某些细胞中,线粒体的分布是不均匀的,有时线粒体聚集在细胞质的边缘。在细胞质中,线粒体常常集中在代谢活跃的区域,如在肝细胞中呈均匀分布,在肾细胞中靠近微血管,呈平行或栅状排列,在肠表皮细胞中呈两极性分

布，集中在顶端和基部，在肌细胞的肌纤维中有很多线粒体。在蛋白质合成旺盛的细胞中，线粒体集中分布在内质网周围。另外，精细胞、鞭毛、纤毛和肾小管细胞的基部都是线粒体分布较多的地方。线粒体在细胞质中可以向功能旺盛的区域迁移，这与细胞骨架成分微管有关，并与微管的分布相对应（图 3.7.1）。

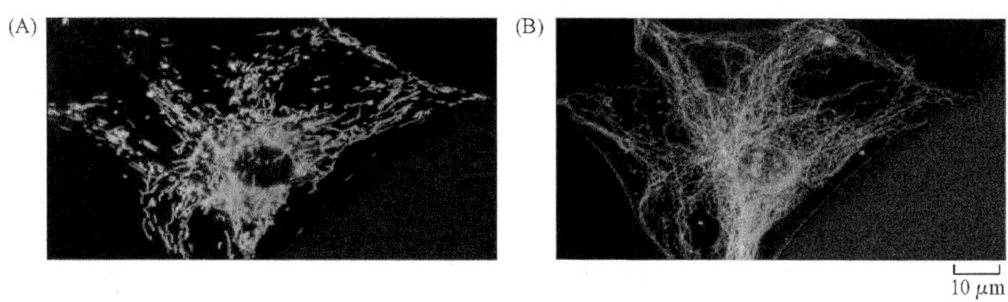

图 3.7.1 线粒体沿微管的分布

(A) 线粒体；(B) 微管(Alberts et al.，1994)

3.7.2 线粒体的结构

电子显微镜下，线粒体是由双层单位膜围成的封闭的囊状结构，包括外膜、内膜、膜间隙和基质 4 个功能区（图 3.7.2、图 3.7.3）。

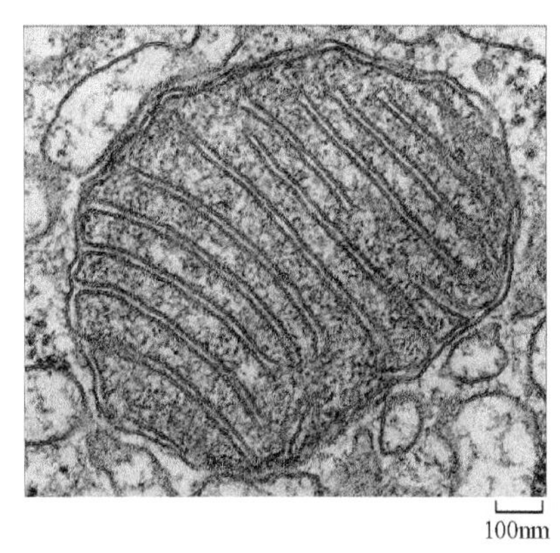

图 3.7.2 线粒体透射电镜图

(Alberts et al.，1994)

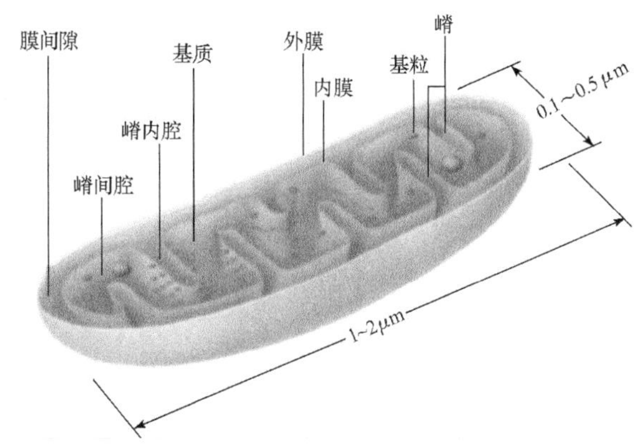

图 3.7.3 线粒体超微结构模式图

(Lodish et al.，1999)

3.7.2.1 外膜

外膜(out membrane)是包围在线粒体外表面的一层单位膜，厚约 6nm，平整光滑，与内膜不相通。在组成上，外膜的 1/2 为脂类，1/2 为蛋白质。外膜的蛋白质包括多种转运蛋白，其中孔蛋白(porin)组成膜上整齐排列的圆柱体结构，中央有小孔，孔径为 2～3nm，构成亲水通道，允许分子质量为 10kDa 以下的分子通过，包括一些小分子多肽。由于外膜的通透性非常高，使得膜间隙中的环境几乎与细胞质基质相似。

3.7.2.2 内膜

内膜(inner membrane)位于外膜内侧，把膜间隙与线粒体基质隔开。内膜比外膜稍薄，平均厚约 4.5nm。内膜是一层高度特化的单位膜，在组成上，蛋白质和脂类的比例高于 3∶1。心磷脂(cadiolipin)含量高达 20%，缺乏胆固醇，形成通透性屏障。内膜对物质的通透性很低，仅允许不带电荷的小分子物质通过，大分子和离子通过内膜时需要载体和通透酶(permease)等特殊的转运系统协助，如丙酮酸和焦磷酸是利用 H^+ 梯度协同运输。线粒体氧化磷酸化的电子传递链位于内膜，因此从能量转换角度来说，内膜起主要的作用。

内膜向线粒体基质折褶形成许多嵴(cristae)，大大增加了内膜的表面积(达 5～10 倍)，这对线粒体进行高速率的生化反应是极为重要的。不同类型的细胞中，嵴的形状和排列方式也不同。一般有如下几种类型的嵴：①板层状：多存在于高等动物细胞中，且多数垂直于线粒体的长轴，少数情况下也有平行于线粒体长轴的，如神经细胞。②管状：多存在于原生动物和大多数植物细胞中。③有的嵴呈同心圆状排列，如在 SP2/0-Ag14 细胞中的线粒体。此外有的嵴由分支形成复杂的网状，如人的白细胞线粒体的嵴为分支管状。细胞功能状态不同，嵴的数量也不同。一般需能较多的细胞，不仅线粒体数量多，而且线粒体嵴的数量也多。嵴的数量与线粒体氧化活性的强弱程度有关。

线粒体内膜及嵴的内表面为不光滑的膜结构，嵴朝向线粒体基质的表面上有许多排列规则的圆球状颗粒，每个线粒体有 10^4～10^5 个，称为线粒体基粒(elementary particle)，每个基粒间相距约 10nm。基粒具有 ATP 酶(ATP synthase)活性，是一个多组分的复合体。

3.7.2.3　膜间隙

内外膜之间的腔隙称为膜间隙，腔隙宽6～8nm，又称线粒体的外室(out chamber)，其内充满无定形液体，含有许多可溶性酶类、底物以及辅助因子等。实际上外室还包括与膜间隙相延续的嵴内腔(intracristae space)，嵴内腔是线粒体内膜向内腔突进形成的嵴的内部空间。但有时某些部位的内、外膜紧密接触，使膜间隙变得狭窄或没有膜间隙，此部位称为转位接触点(translocation contact site)(图 3.7.4)。转位接触点是细胞质基质中所合成的蛋白质进入线粒体的部位。

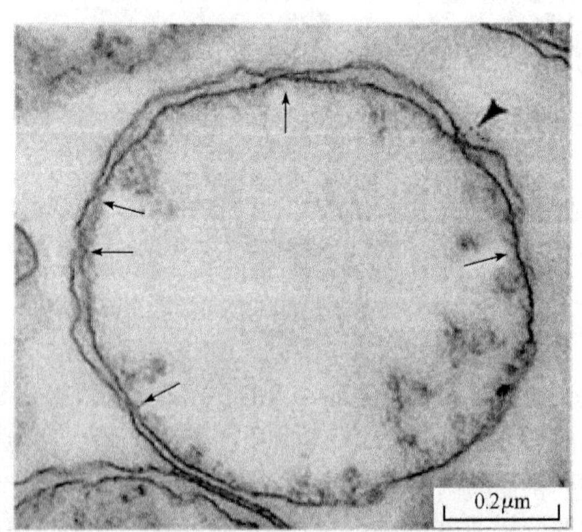

图 3.7.4　线粒体膜转位接触点透射电镜图

→：转位接解点；▶：正在通过转位接触点转运的蛋白质

(Lodish et al.，1999)

3.7.2.4 基质

由线粒体内膜直接围成的腔隙称为基质腔(matrix space),又称为内室(inner chamber),由于内膜形成的嵴向内室突出,使得内室形态和大小很不规则,又可把内室称为嵴间腔(intercristae space)。内室含有均质性胶状物,具有一定的渗透压和 pH,是发生三羧酸循环的重要部位。

线粒体基质主要成分是各种可溶性蛋白质、脂类和一些有形成分。蛋白质包括催化三羧酸循环、脂肪酸氧化和丙酮酸氧化等有关的酶类。基质中还有线粒体 DNA、线粒体 RNA、线粒体核糖体,因此线粒体内部可以进行 DNA 的复制和蛋白质的合成,合成线粒体蛋白。基质中的一些致密颗粒状物质中含有 Ca^{2+}、Mg^{2+} 和 Zn^{2+} 等二价阳离子,具有调节基质离子环境的功能。

3.7.3 线粒体的化学组成和酶的定位

3.7.3.1 线粒体的化学组成

线粒体的化学组分主要是蛋白质和脂类,此外还含有 DNA 和 RNA。蛋白质含量约占线粒体干重的 65%～70%,多分布在内膜上,约占线粒体总量的 60%,脂类占 25%～30%,多分布在外膜上,其中胆固醇是内膜的 6 倍,而磷脂约为内膜的 3 倍。蛋白质和脂类在线粒体外膜和内膜中的分布比值也有很大差异,外膜中蛋白质和脂类各占 50%,而内膜中蛋白质占 80%,脂类占 20%,其大部分蛋白质为 ATP 酶复合体。线粒体内膜蛋白质/脂类高比值的特点体现了化学组成的结构与功能的相关性。

线粒体中的蛋白质有两类:可溶性和不可溶性蛋白质。可溶性蛋白质主要是线粒体基质中的酶类及膜的外在性蛋白,而不可溶性蛋白质是构成膜的内在性蛋白,其中一部分是膜结构蛋白,一部分是酶蛋白。

线粒体的脂类大部分是磷脂,约占脂类总量的 3/4,磷脂中主要是卵磷脂、磷脂酰乙醇胺和心磷脂,还有少量的磷脂酰肌醇及其他胆固醇类。含丰富的心磷脂和较少的胆固醇是线粒体在组成上与细胞其他膜性结构的明显差别。这些磷脂类物质在线粒体整个电子传递过程中起重要作用。

除蛋白质和脂类外,线粒体还含有许多辅酶、维生素、金属离子(K^+、Na^+、Ca^{2+}、Mg^{2+}、Zn^{2+}等)和线粒体 DNA、RNA、核糖体等。

3.7.3.2 线粒体酶的定位

线粒体中约有 120 多种酶,分布在各个结构组分中。其中氧化还原酶约占 37%,合成酶约占 10%,水解酶不足 9%。由于线粒体各部位功能不同,酶的分布也不同(表 3.7.1)。

表 3.7.1 线粒体中各种酶的定位

部 位	酶的名称
外膜	单胺氧化酶、NADH-细胞色素 c 还原酶、犬尿酸羟化酶、脂肪酸 CoA 连接酶
膜间隙	腺苷酸激酶、核苷二磷酸激酶
内膜	细胞色素氧化酶等呼吸链酶系、琥珀酸脱氢酶、ATP 合成酶、丙酮酸氧化酶、NADH 脱氢酶、肉毒碱脂酰基转移酶、β-羟丁酸脱氢酶、β-羟丙酸脱氢酶
基质	苹果酸脱氢酶、谷氨酸脱氢酶、脂肪酸氧化酶系、柠檬酸合成酶、异柠檬酸脱氢酶、延胡羧酸酶、顺乌头酸酶、天冬氨酸转氨酶、丙酮酸脱氢酶复合物、蛋白质和核酸合成酶系

外膜上,含有一些特殊的酶类,如参与色氨酸降解、脂肪酸链延伸的酶,表明外膜不仅参与

膜磷脂的合成，同时对那些将在线粒体基质中进行彻底氧化分解的物质先进行初步分解。外膜的标志酶是单胺氧化酶，该酶能够终止胺类神经递质(如多巴胺等)的作用。

内膜上的酶类比外膜复杂得多，多为参与电子传递链和氧化磷酸化的酶类，大致分成三类：①运输酶类：此类酶负责各种代谢产物和中间产物的运输。内膜上还有一些特殊的转运载体，运输磷酸、Ca^{2+}以及核苷酸、谷氨酸、鸟氨酸等；②合成酶类：内膜是合成线粒体DNA、RNA和蛋白质的场所，所需酶类均分布在内膜上；③电子传递和ATP合成的酶类：这是线粒体内膜的主要成分，参与电子传递和ATP合成。内膜的标志酶是细胞色素氧化酶。

膜间隙中所含酶类较少，其标志酶为腺苷酸激酶(adenylate kinase)，功能是催化ATP分子末端磷酸基团转移到AMP，生成2分子ADP。

基质中的酶类最多，包括参与三羧酸循环、脂肪酸氧化、氨基酸降解等所需的整套酶系。此外还含有DNA、tRNA、rRNA以及线粒体基因表达的各种酶和核糖体。基质中的标志酶是苹果酸脱氢酶。

3.7.4　线粒体的功能

线粒体的主要功能是氧化磷酸化(oxidative phosphorylation)，是储存能量和提供能量的场所。在分子氧存在时，线粒体通过对糖、脂肪和氨基酸等营养分子的最终氧化释放能量而生成ATP。在细胞的生命活动过程中，95%的能量来自线粒体，因此可把线粒体称为细胞内的“动力工厂”。

糖、脂肪等营养物质在细胞质中经过酵解作用产生丙酮酸和脂肪酸，这些物质选择性地进入线粒体基质中，再经过一系列分解代谢形成乙酰辅酶A(acetyl CoA)进入三羧酸循环；三羧酸循环过程中脱下的氢经线粒体内膜上的电子传递链(呼吸链)逐级传递，最后传递给氧，生成水。在此过程中所释放的能量，通过ADP的磷酸化，生成高能化合物ATP，供机体的各种活动需要。此即氧化磷酸化过程(图3.7.5)。

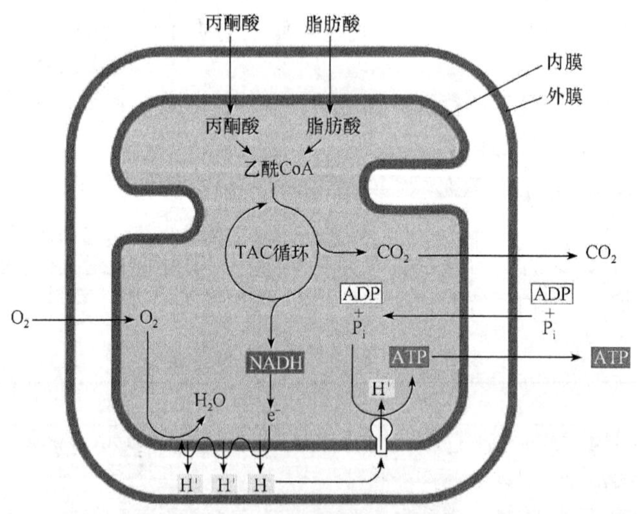

图3.7.5　细胞呼吸示意图
(Alberts et al.，1994)

线粒体的功能不仅是为细胞提供ATP能量，而且还参与细胞氧自由基的生成、细胞程序性死亡、细胞信号转导、细胞内离子的跨膜转运及电解质平衡(如Ca^{2+}稳态)调控等重要过程。

3.7.4.1 糖酵解(参见3.4)

糖酵解在细胞质中进行,其过程可概括为以下方程式:

$$C_6H_{12}O_6+2NAD^+ +2ADP+2P_i \longrightarrow 2CH_3COCOOH+2H_2O+2ATP+2NADH+2H^+$$

1分子葡萄糖经过十多步反应,生成2分子丙酮酸,同时脱下2对H交给受氢体NAD^+,形成2分子$NADH+2H^+$。同时使2分子ADP与Pi结合生成2分子ATP。

丙酮酸的进一步代谢,因生物种属的不同以及供氧情况的差别而有不同的道路。例如,在无氧情况下,强烈收缩的动物肌肉细胞中,丙酮酸还原为乳酸,在许多微生物中可分解为乙醇或乙酸等;在有氧情况下,丙酮酸与$NADH+H^+$将作为有氧氧化原料进入线粒体,彻底氧化成二氧化碳和水。

在线粒体基质中,丙酮酸经基质中的丙酮酸脱氢酶复合体催化,转化为乙酰CoA,生成1分子NADH:$2CH_3COCOOH+2HSCoA+2NAD^+ \longrightarrow 2CH_3CO—SCoA+2CO_2+2NADH+2H^+$。

3.7.4.2 三羧酸循环(参见3.4)

TAC循环总反应式如下:

$$\begin{aligned}&2CH_2COSCoA+6NAD^+ +2FAD+2ADP+2P_i+6H_2O\\ \longrightarrow\ &4CO_2+6NADH+6H^+ +2FADH_2+2HSCoA+2ATP\end{aligned}$$

三羧酸循环的意义就在于提供了氧化反应所需的氢离子,氢离子通过递氢体将其传递至呼吸链,使之最终完成氧化磷酸化。

3.7.4.3 氧化磷酸化的分子基础

许多实验证明,线粒体内膜的电子传递和氧化磷酸化过程虽然是密切偶联在一起的,但却是通过不同的结构系统来进行的。1968年,Racker等首先通过线粒体内膜的重组实验证明了电子传递和氧化磷酸化是两个不同的结构体系。首先分离线粒体,用超声波处理破碎线粒体。破裂的线粒体内膜碎片能够自我卷曲封闭形成小膜泡,其上结合有F_1颗粒,称为亚线粒体小泡(submitochondrial vesicle)或亚线粒体颗粒(submitochondrial particles)。小泡膜上的F_1颗粒位于小泡的外表面。完整的小泡具有电子传递和氧化磷酸化的功能。如果用尿素或胰蛋白酶处理亚线粒体小泡,则小泡表面的F_1颗粒会解离下来,这样小泡便只能进行电子传递,而失去了合成ATP的能力。脱落下来的F_1颗粒既不能传递电子又不能合成ATP。如果再把F_1颗粒装配到无颗粒小泡上时,则小泡又恢复了电子传递和氧化磷酸化的能力。由此可见,电子传递的各种组分存在于线粒体内膜上,而氧化磷酸化作用是由F_1颗粒来承担的,F_1颗粒是线粒体基粒(ATP酶复合体)的重要组分之一。

1) 电子传递链(呼吸链)

1分子葡萄糖经过无氧氧化、丙酮酸脱氢和三羧酸循环,共产生6分子CO_2和12对H,这些H必须进一步氧化成水,整个有氧氧化过程才告结束。但H并不能与O_2直接结合,而是首先解离为H^+和e^-,电子经过线粒体内膜上酶体系的逐级传递,最终使$1/2O_2$成为O_2^-,后者再与基质中的2个H^+化合生成H_2O。这一传递电子的酶体系按一定顺序组成排列在线粒体内膜上,形成相互关联的链状,称为呼吸链(respiratory chain)或电子传递链(electron transport chain)。烟酰胺腺嘌呤二核苷酸(nicotinamide adenine dinucleotide,NAD)(图3.7.6)是体内很多脱氢酶的辅酶,通过各种脱氢酶,从底物中接受1个氢原子和1个电子,变成还原型的NADH,

连接三羧酸循环和呼吸链，将代谢过程中脱下来的氢交给黄素蛋白。

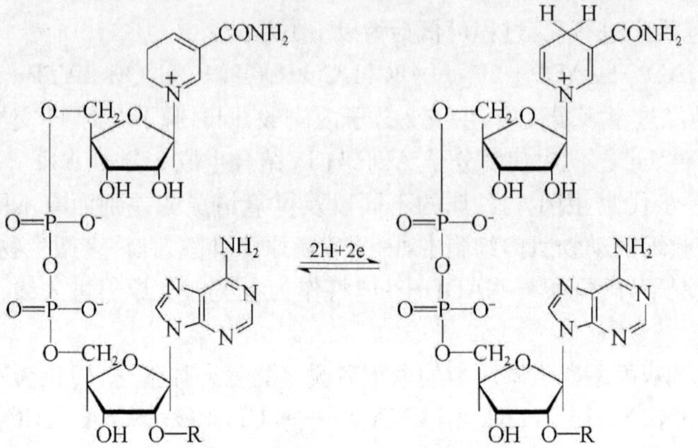

图 3.7.6　NAD的结构和功能

(NAD^+：R＝H；$NADP^+$：R＝$-PO_3H_2$)

A. 电子传递体

在电子传递过程中与释放的电子结合并将电子传递下去的物质称为电子传递体或递电子体。电子传递体可分为四大类，即黄素蛋白、铁硫蛋白、辅酶Q和细胞色素。除辅酶Q外，其他组分均为蛋白质。黄素蛋白和辅酶Q还是氢传递体或递氢体。

黄素蛋白(flavoprotein)：由一个多肽链结合一个辅基组成的酶类，结合的辅基可以是黄素单核苷酸(flavin mononucleotide，FMN)(图 3.7.7)或黄素腺嘌呤二核苷酸(flavin adenine dinucleotide，FAD)(图 3.7.8)，它们是维生素 B_2 的衍生物，每个辅基能够接受和提供 2 个质子和 2 个电子。呼吸链上的黄素蛋白主要是以 FMN 为辅基的 NADH 脱氢酶和以 FAD 为辅基的琥珀酸脱氢酶。

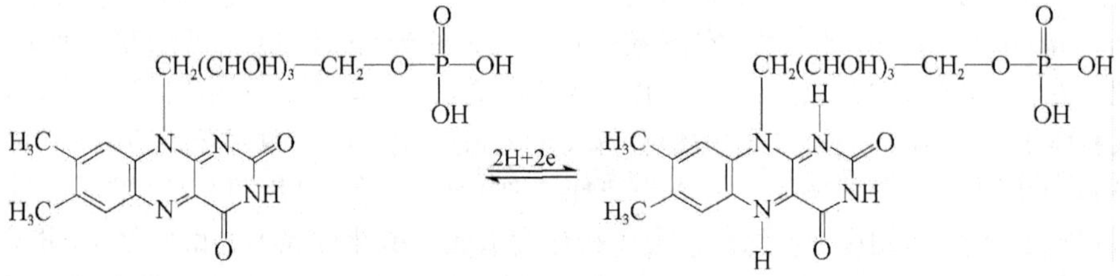

图 3.7.7　FMN的分子结构

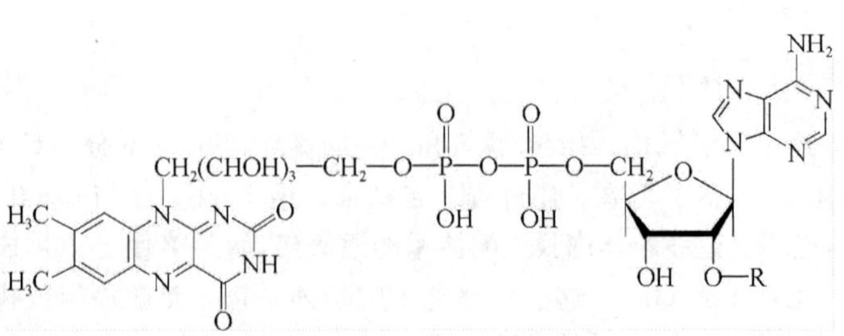

图 3.7.8　FAD的分子结构

铁硫蛋白(iron-sulfur protein，Fe/S protein)：是含铁的蛋白质，也是细胞色素类蛋白。在铁硫蛋白分子的中央结合的不是血红素而是铁和硫，称为铁-硫中心(iron-sulfur center)。最常见的是在蛋白质的中央含有 4 个原子，其中 2 个是铁原子，另外 2 个是硫原子，称为[2Fe-2S]铁硫蛋白，或在蛋白质的中央含有 8 个原子，其中 4 个是铁原子，另外 4 个是硫原子，称为[4Fe-4S]铁硫蛋白，并且通过硫与蛋白质的半胱氨酸残基相连(图 3.7.9)。在铁硫蛋白中尽管有多个铁原子的存在，但整个复合物一次只能接受 1 个电子以及传递 1 个电子，并且也是靠 Fe^{3+}、Fe^{2+} 状态的循环变化传递电子。

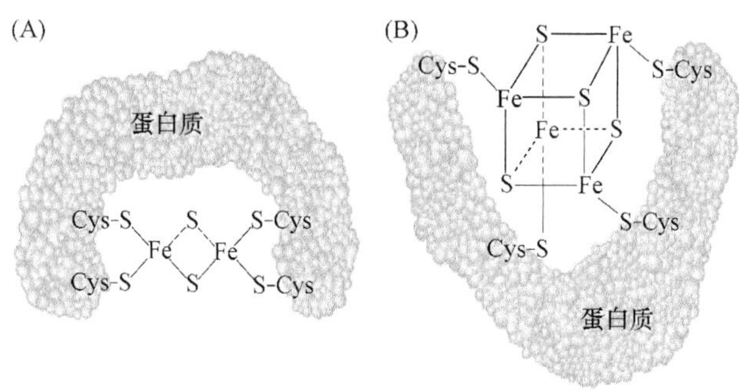

图 3.7.9 两种类型铁硫蛋白的结构

(A) [2Fe-2S]铁硫蛋白；(B) [4Fe-4S]铁硫蛋白(Lodish et al.，1999)

辅酶 Q(coenzyme Q，CoQ)或泛醌(ubiquinone，UQ)：是一类脂溶性醌类化合物，带有由不同数目(6～10)异戊二烯单位组成的侧链。在哺乳类动物组织中最常见的泛醌其侧链由 10 个异戊二烯单位组成。辅酶 Q 的苯醌结构能可逆地加氢还原成对苯二酚化合物，是呼吸链中的氢传递体。辅酶 Q 的氧化还原分两步进行，每一个泛醌接受一个电子和一个质子还原成半醌(QH)，再接受一个电子和质子则还原成二氢泛醌，称为全醌(QH_2)。后者又可脱去电子和质子而被氧化恢复为半醌和泛醌(图 3.7.10)。

细胞色素(cytochrome)：是一类以铁卟啉(或血红素)作为辅基的电子传递蛋白(图 3.7.11)。

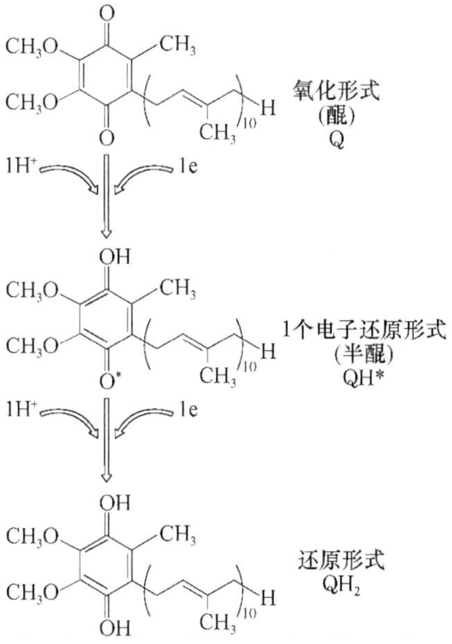

图 3.7.10 辅酶 Q 的氧化和还原形式

(Bolsover et al.，2004)

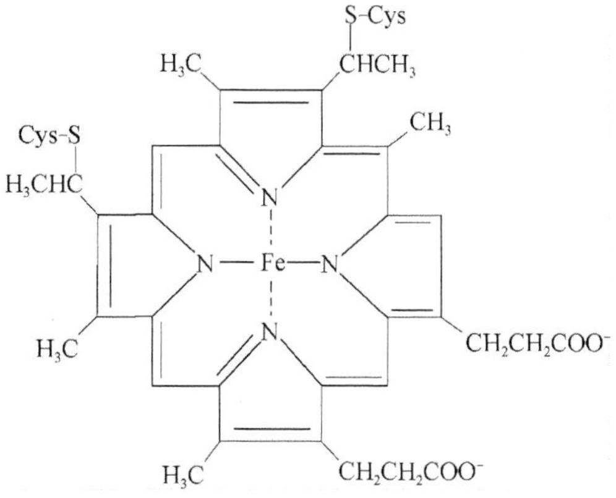

图 3.7.11 血红素 c 的结构

细胞色素作为电子传递体通过其血红素辅基中铁原子的还原态(Fe^{2+})和氧化态(Fe^{3+})之间的可逆变化传递电子(可传递 2 个电子)。呼吸链中有 b、c_1、c、a 和 a_3 5 种细胞色素,它们的氧化还原电位(电子亲和性)逐渐增加,其作用是将电子从各种脱氢酶系统中顺序地传递到分子氧。其中除了细胞色素 c 是膜的外周蛋白,位于线粒体内膜的外侧以外,其他的细胞色素都紧紧的与线粒体内膜相结合。a、a_3 除含铁原子外,还含有铜原子。

B. 呼吸链的组分

呼吸链的主要组分并非独立地分布在线粒体内膜上,而是以复合物的形式包埋在线粒体内膜中,形成典型的多酶氧化还原体系。组成呼吸链的各成员按一定的方向和顺序传递电子,其途径依次为:NAD(FAD)→辅酶 Q→细胞色素 b→细胞色素 c_1→细胞色素 c→细胞色素 a→细胞色素 a_3→O_2。除了辅酶 Q 和细胞色素 c 以外,呼吸链的其他成员分别组成了Ⅰ、Ⅱ、Ⅲ、Ⅳ 4 种脂类蛋白质复合体(表 3.7.2)。

表 3.7.2　线粒体电子传递链组分

复合体	酶活性	分子质量/kDa	辅基
Ⅰ	NADH-CoQ 还原酶	850	FMN、FeS
Ⅱ	琥珀酸-CoQ 还原酶	140	FAD、FeS
Ⅲ	CoQ-细胞色素 c 还原酶	250	血红素 b、FeS、血红素 c_1
Ⅳ	细胞色素 c 氧化酶	160	血红素 a、Cu、血红素 a_3

复合体Ⅰ:NADH-CoQ 还原酶,又称为 NADH 脱氧酶(NADH dehydrogenase),是最大的酶复合体,分子质量约为 850kDa,至少由 34 条多肽链组成,包括 1 个 FMN 和至少 6 个铁硫蛋白。复合体Ⅰ的作用是使 NADH 脱氢氧化,通过 FMN 和铁硫中心,将一对电子从 NADH 传递给 CoQ,在电子传递中伴随着 4 个质子从基质转移到膜间隙,故称复合体Ⅰ为质子移位体。

复合体Ⅱ:琥珀酸-CoQ 还原酶,又称为琥珀酸脱氢酶,由 4 条肽链组成,分子质量约为 140kDa,含有 1 个黄素腺嘌呤二核苷酸(flavin adenine dinucleotide,FAD)、2 个铁硫蛋白和 1 个细胞色素 b。其作用是催化电子从琥珀酸通过 FAD 和铁硫蛋白传递至 CoQ,但它不能使质子跨膜移位。

复合体Ⅲ:CoQ-细胞色素 c 还原酶,一般由 11 条多肽链组成,分子质量为 250kDa,含有 2 个细胞色素 b、1 个铁硫蛋白和 1 个细胞色素 c_1 及脂类。复合体Ⅲ可将 CoQ 接受的电子传递至细胞色素 c,同时伴有 4 个质子跨膜转移,故也是质子移位体。

复合体Ⅳ:细胞色素 c 氧化酶(cytochrome c oxidase),亦称细胞色素氧化酶。由 13 条多肽链组成,分子质量约为 160kDa,包含细胞色素 a_3、细胞色素 a 和 2 个铜原子。其作用是将从细胞色素 c 接受的电子传递给 O_2,使之还原成水,同时转移 2 个质子至膜间隙,故也是质子移位体。

上述 4 种复合体相互配合、协调,来完成电子和质子的传递。其中复合体Ⅰ、Ⅲ和Ⅳ组成一条主呼吸链,催化 NADH 的氧化;复合体Ⅱ、Ⅲ和Ⅳ组成另一条呼吸链,催化琥珀酸的氧化。呼吸链各组分的排列顺序如图 3.7.12 所示。

C. 氧化还原电位

所谓氧化即失去电子,所谓还原即得到电子,伴有电子的授受过程。呼吸链的各组分排列有着严格的顺序和方向,不同的电子传递体具有不同的电子传递电位,如 NAD^+ 和 NADH 之间的差别主要是电子数量的不同,两者之间就存在一个电位差,即氧化还原电位(oxidation-reduction potential,ORP)。电子传递是从氧化还原电位低的方向朝向高的方向,每一个电子传递体都是从上一个电子传递体获得电子被还原,上一个电子传递体因失去电子而被氧化,因此电子从一个传递体传向另一个传递体,在呼吸链的最终传递给 O_2,生成水(图 3.7.13)。

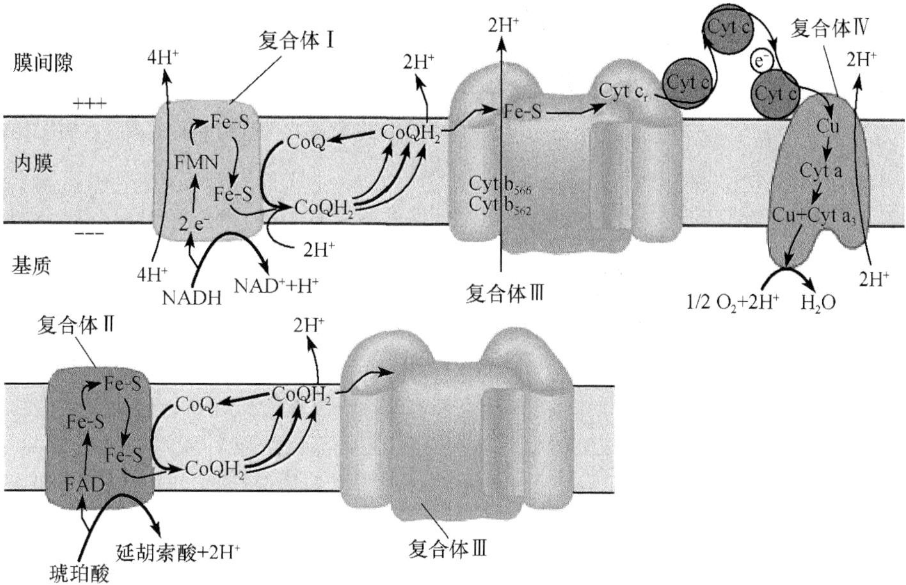

图 3.7.12 两条主要的呼吸链

(Lodish et al.,1999)

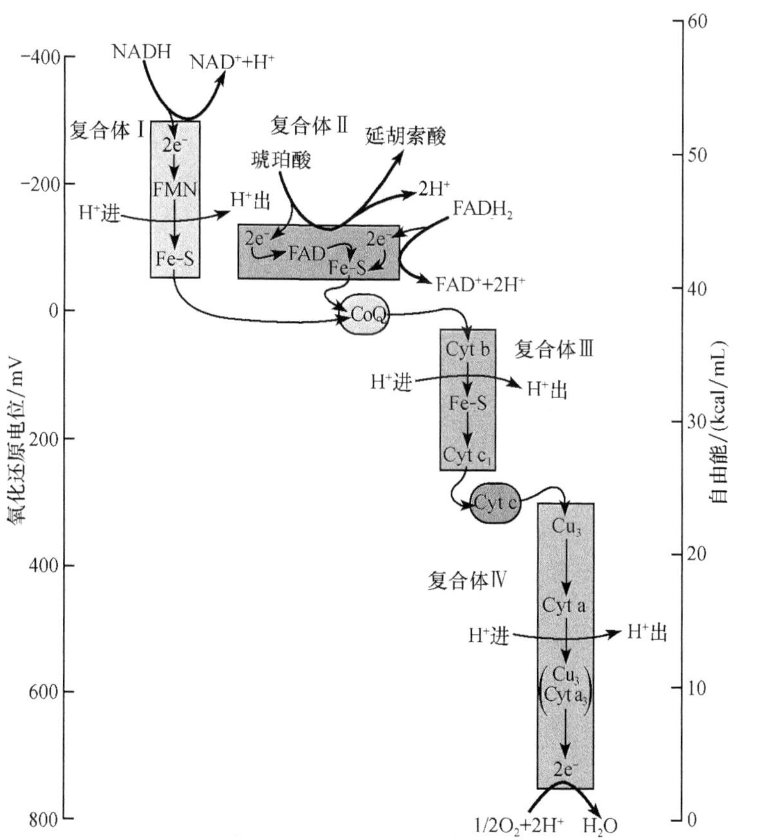

图 3.7.13 电子传递链

(Lodish et al.,1999)

2) ATP 合成酶

线粒体中的氧化和磷酸化是两个不同的结构体系，但又是密切偶联在一起的，将两者联系在一起的结构就是线粒体内膜上基粒结构中的 ATP 合成酶。

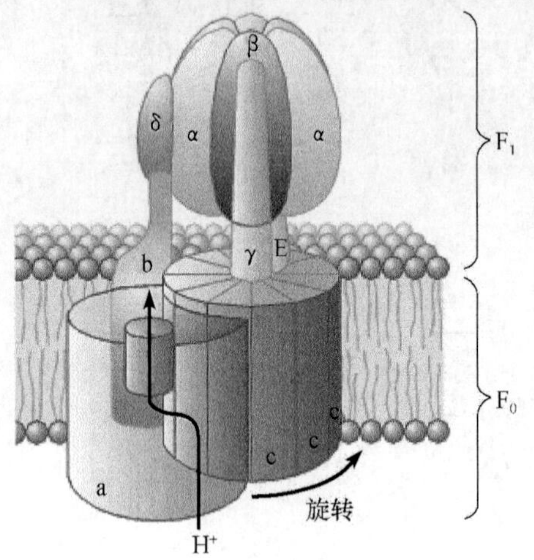

图 3.7.14　ATP 合成酶的结构
(Lodish et al. ,1999)

如前所述，线粒体内膜（包括嵴）的内表面并不光滑，其上附有许多圆球形的基粒，基粒由头部、柄部和基片三部分组成(图 3.7.14)。

A. 头部

又称偶联因子 1(coupling factor 1)，简称 F_1，由于它具有 ATP 合成酶(ATP synthase)活性，又称为 F_1-ATP 酶。头部是由五种亚基(α_3、β_3、γ、δ、ε)组成的水溶性球状蛋白质复合体。α 亚基和 β 亚基各有 3 个，围成球状小体，是催化 ADP 和 P_i 合成 ATP 的关键装置。F_1 具有 3 个 ATP 合成的催化位点，每个 β 亚基各具有一个。γ、δ、ε 各一个亚基，它们与基片的 F_0 结合，共同形成柄部。γ 亚基贯穿 αβ 复合体(相当于发电机的转子)，δ 亚基与 F_0 的两个 b 亚基结合，起到固定 αβ 复合体的作用。ε 亚基帮助 γ 与 F_0 结合，并有抑制酶水解 ATP 的活性，同时还有堵塞 H^+ 通道、减少 H^+ 泄漏的功能。头部的直径为 9～10nm，分子质量为 360kDa。α 亚基和 β 亚基是表现活性的主要部分，如果把这些多肽亚基彼此分开，单独存在则无酶活性，而 α 亚基和 β 亚基结合后，则表现出 ATP 酶活性。

头部还有一个热稳定的小蛋白质分子结合在 F_1 因子上，这一蛋白称为 F_1 因子抑制蛋白(F_1 inhibitor protein)，分子质量为 10kDa，其作用是抑制 ATP 酶水解 ATP，但不抑制 ATP 酶催化氧化磷酸化。F_1 因子抑制蛋白是 ATP 酶的天然抑制剂。

B. 柄部

柄部直径为 3～4nm，长为 4.5～5nm，是一对寡霉素敏感的蛋白质(oligomycin sensitivity conferring protein，OSCP)，分子质量为 18kDa。OSCP 的作用是调控质子通道。寡霉素特异性结合与柄部 OSCP，使寡霉素的解偶联作用得以发挥，经柄部的传递，抑制 F_1 因子的功能，从而抑制 ATP 的合成。

C. 基片

基片又称 F_0 偶联因子，是由至少 4 种多肽组成的疏水蛋白，分子质量为 70kDa。其亚基类型与组成在不同的物种中差异很大。F_0 含 a、b、c 三种亚基，亚基组成是 $a_1b_2c_{9\sim12}$。每个 a 亚基穿膜 10 次，每个 b 亚基穿膜 1 次，每个 c 亚基穿膜 2 次。12 个 c 亚基组成一个环状结构，a 亚基和 b 亚基二聚体排列在环形结构的外侧。在真核细胞的线粒体中，F_0 还含有 2～5 个功能位置的附加多肽。F_0 镶嵌在内膜的脂质双分子层中，不仅起到连接 F_1 与内膜的作用，而且还是质子(H^+)流向 F_1 的穿膜通道。

3.7.4.4　氧化磷酸化的偶联机制

电子传递与 ATP 合成是如何偶联的问题，曾先后有过许多假说，目前被广泛接受的是 1961 年由英国化学家 Mitchell 提出的化学渗透假说(chemiosmotic coupling hypothesis)，也称为电化学偶联假说。Mitchell 也因此项研究成果获得了 1978 年诺贝尔化学奖。该假说认为，电子传递链不对称分布，起着质子泵的作用；电子传递过程的自由能差造成 H^+ 的穿膜运动，形成了横跨线粒体内膜的电化学质子梯度(electrochemical proton gradient)；由于内膜具有完整性，因此在将质子从内室泵向外室时，质子只能经由 F_1F_0 ATP 合成酶复合体返回基质，该酶便可利用其能量合成 ATP。这一过程可综合如下：①NADH 或 $FADH_2$ 提供一对电子，经电子传递链，最后被 O_2 接受；②电子传递链同时起到 H^+ 泵的作用，在传递电子的过程中伴随着 H^+ 从线粒体基质向膜间隙的转移；③线粒体内膜对 H^+ 和 OH^- 具有不可通透性，所以随着电子传递过程的进行，H^+ 在膜间隙中积累，造成了内膜两侧的质子浓度差，从而保持了一定的势能差；④膜间隙中的 H^+ 有顺浓度返回基质的倾向，能借助势能通过 ATP 合成酶复合体 F_0 上的质子通道渗透到线粒体基质中，所释放的自由能驱动 F_0F_1 ATP 合成酶合成 ATP(图 3.7.15)。

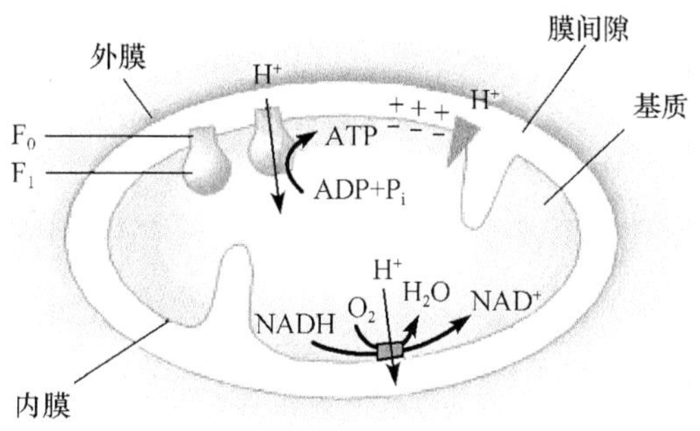

图 3.7.15　线粒体内 H^+ 流和 ATP 合成偶联
(Lodish et al.,1999)

3.7.4.5　ATP 的合成和穿膜机制

电子传递过程产生的电化学质子梯度是如何驱动 ATP 合成酶复合体合成 ATP 的？美国生物化学家 Boyer(1989)提出了结合变构机制(binding-change mechanism)或结合变构模型(binding-change model)来解释线粒体 F_1 因子在 ATP 合成中的作用过程，并因此获得了 1997 年的诺贝尔化学奖。

该模型认为 F_1 中的 3 个 β 亚基的构象总是不同的，与 ATP 和 ADP 的结合力也不一样，每个催化位点与核苷酸的结合按顺序经过三种构象状态变化：紧密状态(T 态)、松散结合状态(L 态)和空置状态(O 态)。①O 态几乎不与 ATP、ADP 和 P_i 结合；②L 态同 ADP 和 P_i 的结合较强；③T 态与 ADP 和 P_i 的结合很紧，能自动形成 ATP，并能与 ATP 牢牢结合。当 γ 亚基旋转并将 αβ 复合物转变成 O 态则会释放 ATP(图 3.7.16)。当质子穿过 F_1 因子的活性部位时可引起 F_1 颗粒的构象变化，导致底物(ADP 和 P_i)同活性部位的紧密结合和 ATP 释放。在此模型中，ADP 和 P_i 合成 ATP 的反应不需要能量，而 F_1 构象变化要依赖能量供应，所需能量一方面是用来使 ATP 同活性部位的结合由紧密状态变为疏松状态，便于释放 ATP；另一方面使 ADP 和 P_i 同活性部位的结合由疏松状态变为紧密状态以利于 ADP 和 P_i 发生反应合成 ATP。在

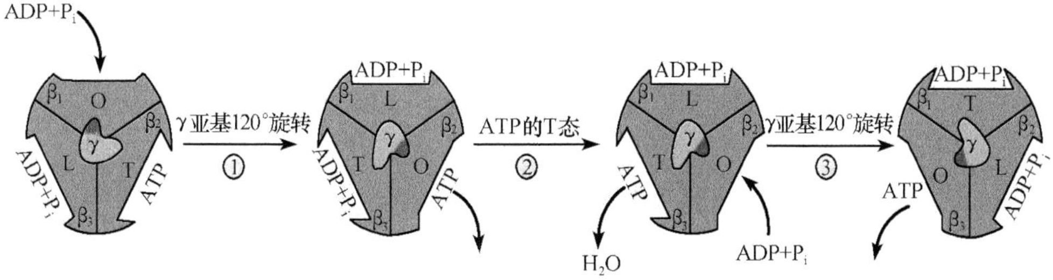

图 3.7.16　ATP 合成酶三种构象的交替改变
(Lodish et al.,1999)

ATP 合成过程中，3 个 β 亚基的构象发生顺序变化，每一个催化亚基要经过 3 次构象改变才催化合成 1 个 ATP 分子。

3.7.5　线粒体的半自主性

1963 年 Nass 等在鸡胚肝细胞线粒体中发现有环状 DNA 分子，称为线粒体 DNA(mtDNA)。进一步研究发现，线粒体中还含有 RNA(包括 mRNA、tRNA 和 rRNA)，核糖体等蛋白质合成体系，表明线粒体具有独立编码、合成蛋白质的能力，有一定的自主性，但在一定程度上受细胞核基因的控制，因此它又是一个半自主性的细胞器。

3.7.5.1　线粒体 DNA(mtDNA)的性质

mtDNA 与细菌 DNA 很相似，是双链的超螺旋环状分子(原生动物中的草履虫及四膜虫的 mtDNA 是双链线性分子)，一条是重链(H)，一条是轻链(L)，不与组蛋白结合，而是裸露的，附着于线粒体内膜或存在于线粒体基质中。以线粒体大小不同，一个线粒体中可有 1 个或几个 DNA 分子，如人的每个线粒体中常有 2～3 个 DNA 分子。大多数动物细胞 mtDNA 相对分子质量较小，约为 1×10^7，植物细胞 mtDNA 相对分子质量较大，为 $3\times10^8\sim10\times10^8$。

人的 mtDNA 全长有 16 569 个碱基对，含有 37 个基因，可编码 12S 和 16S 两种 rRNA、22 种 tRNA 及 13 种蛋白质。这 13 种蛋白质包括电子传递链的复合体Ⅰ中的 7 个亚基，复合体Ⅲ中的 1 个亚基，复合体Ⅳ中的 3 个亚基及 ATP 酶复合体中的 2 个亚基。基因之间排列紧密，没有或少有非编码序列，也没有内含子插入(图 3.7.17)。

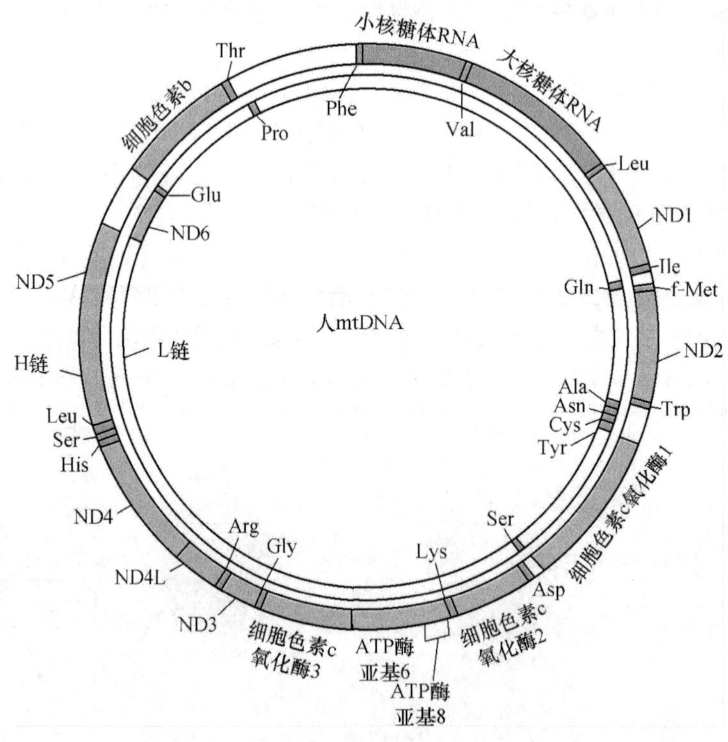

图 3.7.17　人线粒体基因组

3.7.5.2 线粒体 DNA 的复制

mtDNA 与核 DNA 一样，以半保留方式进行复制，复制时所需的 DNA 聚合酶由核 DNA 编码。mtDNA 的复制不受细胞周期的影响，可在间期进行，甚至整个细胞周期都可复制。人类 mtDNA 的复制与原核细胞类似，有一个复制起始点(origin)，但是复制时 mtDNA 的复制起始点被分成两半，一个在重链上，称为重链起始复制点(origin of heavy-strand replication，O_H)，位于环的顶部，它控制重链子链 DNA 的自我复制；一个在轻链上，称为轻链起始复制点(origin of light-strand replication，O_L)，位于环的"8"点钟位置，它控制轻链子链 DNA 的自我复制(图 3.7.18)。

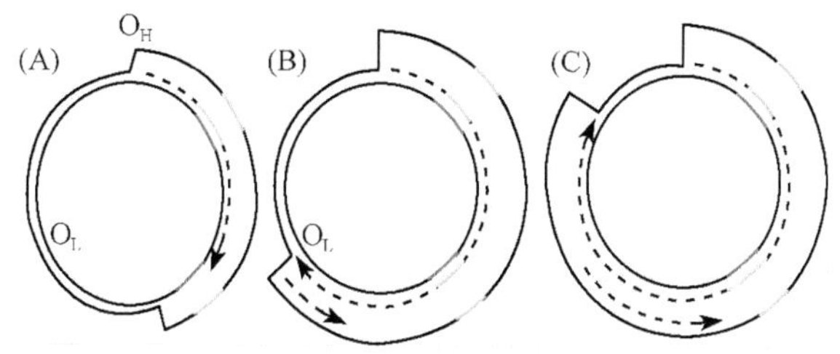

图 3.7.18 线粒体 DNA 的复制

与细菌 DNA 一样，mtDNA 的复制也需要 RNA 引物作为 DNA 合成的起始，线粒体 RNA 聚合酶从位于 O_H 和 $tRNA^{Phe}$基因之间的 3 个上游保守序列区段(conserved sequence block，CSB Ⅰ、CSBⅡ、CSBⅢ)之一附近开始合成一段分子相对较大的 RNA 引物，后者与相应的轻链互补结合，并暂时替代(displacement)控制区的重链，所形成的环状结构称为 D 环(displacement loop)；轻链的复制要晚于重链，等重链合成一定的长度后，轻链才开始复制。一般情况下，重链的合成方向是顺时针的，轻链的合成方向是逆时针的。两个合成方向相反的链不断地复制直至各自半环的终了，单股的母链形成一个连锁的对环(a catenated pair of ring)，后者在 mtDNA 拓扑异构酶的作用下去连锁，释放出新合成的子链，整个复制过程要持续 2h，比一般的复制时间要长(线粒体 16 596bp/2h，大肠杆菌 400 万 bp/40min)。

3.7.5.3 线粒体基因的转录

线粒体基因的转录是从两个主要的启动子处开始的，分别为重链启动子(heavy-strand promoter，HSP)和轻链启动子(light-strand promoter，LSP)。线粒体基因的转录类似于原核细胞基因的转录，即产生一个多顺反子(polycistron transcription)，其中包括多个 mRNA 和散布于其中的 tRNA，剪切位置往往发生在 tRNA 处，这些 tRNA 序列可作为核酸酶切割 RNA 前体的识别信息，使其在 tRNA 两端把 RNA 前体切开，从而使不同的 mRNA 和 tRNA 被分离和释放，经进一步加工成为成熟的 rRNA、tRNA 和 mRNA 分子。重链上的转录起始位点有两个，形成两个初级转录物。初级转录物Ⅰ开始于 $tRNA^{phe}$，终止于 16S rRNA 基因的末端，最终被剪切为 $tRNA^{phe}$、$tRNA^{val}$、12S rRNA 和 16S rRNA。初级转录物Ⅱ的起始位点比初级转录物Ⅰ的起始位点要稍微靠下一点，大约在 12S rRNA 基因的 5′端，它的转录通过初级转录物Ⅰ的终止位置持续转录至几乎整个重链。转录物Ⅱ经剪切后释放出 tRNA 和共 13 个多聚腺嘌呤的 mRNA，但没有任何 rRNA。通常情况下，剪切在新生的转录链上就开始了。剪切的 mRNA 与 tRNA 位置是非常精确的，因为每个 mRNA 的 5′端与 tRNA 的 3′端是紧密相连的。转录物Ⅰ的转录比转录物Ⅱ的转录要频繁得多，前者约是后者的 10 倍，这样 rRNA 和 2 个 tRNA 将比其他 mRNA 和 tRNA 要合成得多。轻链转录物经剪切形成 8 个 tRNA 和 1 个 mRNA，其余几乎不含有用信息的部分被很快降解。

与核合成 mRNA 不同，线粒体 mRNA 不含内含子，也很少有非翻译区。每个 mRNA 5′端的起始密码为 AUG(或 AUA)，终止密码 UAA 位于 mRNA 的 3′端。某些情况下，一个碱基 U 就是 mtDNA 体系中的终止密码子，而后面的两个 A 是多聚腺嘌呤尾巴的一部分，这两个 A 往往是在 mRNA 前体合成好之后才加上去的。加工后的 mRNA 的 3′端往往有约 55 个核苷酸多聚 A 的尾部，但是没有帽结构。

3.7.5.4 线粒体内蛋白质的合成

所有 mtRNA 编码的蛋白质都是在线粒体核糖体上进行合成的，其特点与原核生物一样，mRNA 的转录和翻译两个过程几乎在同一时间和地点进行。线粒体编码的 RNA 和蛋白质并不运出线粒体外，而构成线粒体核糖体的蛋白质则是由细胞质合成运入线粒体的。线粒体中用于蛋白质合成的 tRNA 也是 mtDNA 编码的。线粒体蛋白质合成的起始 tRNA 与原核细胞一样，为 *N*-甲酰甲硫氨酰-tRNA，而真核细胞中起始 tRNA 为甲硫氨酰-tRNA。

线粒体的遗传密码也与核基因不完全相同(表 3.7.3)。细胞核基因最少存在 32 种 tRNA 识别 mRNA 中的 61 个密码子。但在线粒体中，tRNA 的种类明显要少(如人类只有 22 种)。

表 3.7.3 线粒体与核密码子编码氨基酸比较

密码子	核密码子编码氨基酸	线粒体密码子编码氨基酸				
		哺乳动物	果蝇	链孢酶菌	酵母	植物
UGA	终止密码子	色氨酸	色氨酸	色氨酸	色氨酸	终止密码子
AGA、AGG	精氨酸	终止密码子	丝氨酸	精氨酸	精氨酸	精氨酸
AUA	异亮氨酸	甲硫氨酸	甲硫氨酸	异亮氨酸	异亮氨酸	异亮氨酸
AUU	亮氨酸	异亮氨酸	甲硫氨酸	甲硫氨酸	甲硫氨酸	异亮氨酸
CUU、CUC、CUA、CUG	亮氨酸	亮氨酸	亮氨酸	亮氨酸	苏氨酸	亮氨酸

近几年研究发现哺乳动物 mtDNA 的遗传密码与通用的遗传密码有以下区别：

(1) UGA 不是终止信号，而是色氨酸的密码子。

(2) 多肽内部的甲硫氨酸由 AUG 和 AUA 2 个密码子编码；而起始甲硫氨酸由 AUG、AUA、AUU 和 AUC 4 个密码子编码。

(3) AGA，AGG 不是精氨酸的密码子，而是终止密码子，因此在线粒体密码系统中有 4 个终止密码子(UAA、UAG、AGA 和 AGG)。

3.7.5.5 线粒体遗传系统与细胞核遗传系统的相互关系

虽然线粒体内存在独立的遗传系统及其表达体系，但是 mDNA 和蛋白质的合成在很大程度上依赖于细胞核遗传系统的作用，二者是相互协作的关系。线粒体 DNA 复制、转录和翻译过程中所需要的 DNA 聚合酶、RNA 聚合酶和氨酰-tRNA 合成酶等都是由细胞核 DNA 编码并在细胞质核糖体合成后运送至线粒体内，参与线粒体遗传系统的表达。所以说线粒体只能是一个半自主性的细胞器。反过来，细胞核遗传系统也会受到线粒体遗传系统的影响。在哺乳动物细胞中，细胞核基因组的表达受线粒体基因突变、线粒体蛋白合成抑制等的影响。mtDNA 在某些理化因素及生物学因素作用下会发生复制错误，产生一些错配小片段，游离出线粒体膜，进入细胞核并整合进核基因组中。近几年已经发现了 mtDNA 可以稳定整合到核基因组中的现象。但是目前对线粒体遗传系统反馈影响细胞核基因组的情况了解得并不多。相信随着研究的逐渐深入这方面的内容会越来越清楚。

3.7.6 核编码蛋白质的线粒体转运

线粒体蛋白质除少数由 mtDNA 编码外，大多数蛋白质都是由核基因编码并由细胞质核糖体合成转运至线粒体的。这些将被转运至线粒体的蛋白质称为前体蛋白(precursor protein)，在其 N 端都含有一段 20～80 个氨基酸组成的序列，称为导肽(leading peptide)，又称导向序列(leading sequence)(图 3.7.19)。导肽具有识别、牵引作用，可将蛋白质准确导入线粒体内的一定部位。导肽富含带正电荷的碱性氨基酸(精氨酸、赖氨酸等)，不含有或基本不含有带负电荷的酸性氨基酸，并且有形成两性 α 螺旋的倾向。转运肽的这种特征性的结构有利于穿过线粒体的双层膜。导肽对所牵引的蛋白质没有特异性要求，非线粒体蛋白如果连接上此类信号序列，也会被转运到线粒体。导肽将前体蛋白质导入线粒体后，被线粒体内的水解酶水解下来(图 3.7.20)。此外有些信号序列位于蛋白质内部，完成转运后不被切除，还有些信号序列位于前体蛋白 C 端，如线粒体的 DNA 解旋酶 Hmil。

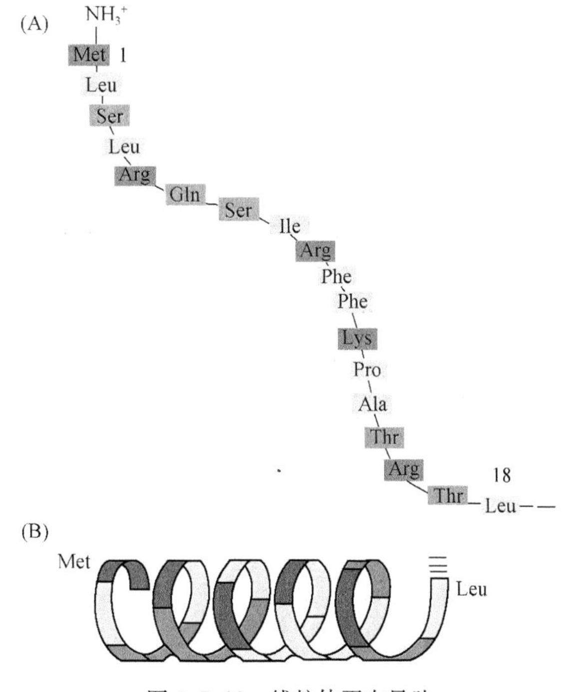

图 3.7.19 线粒体蛋白导肽

(A) 导肽序列；(B) 导肽折叠形成 α 螺旋结构(Alberts et al.，2002)

3.7.6.1 前体蛋白在线粒体外去折叠

当线粒体蛋白在核糖体合成后，都要与细胞质内的分子伴侣结合，其中包括新生多肽相关

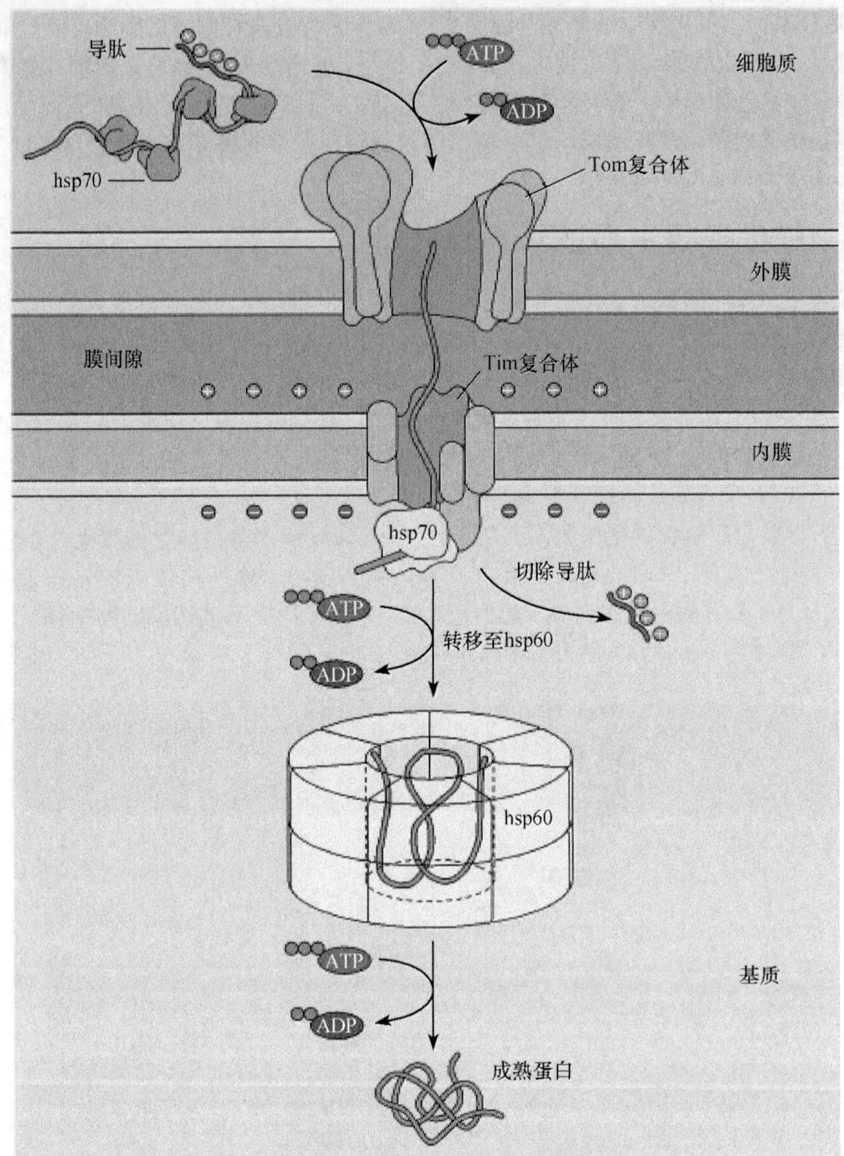

图 3.7.20　线粒体蛋白跨膜转运过程图解
(Cooper et al. ,2000)

复合物(nascent-associated complex,NAC)和热激蛋白 70(heat shock protein70,hsp70),NAC 的作用是增加蛋白转运的准确性,hsp70 的作用是防止前体蛋白形成不可解开的构象,也可以防止已松弛的前体蛋白聚集,因为紧密折叠的蛋白质根本不能够穿越线粒体膜。细胞质中还有其他因子,如前体蛋白结合因子(presequence-binding factor,PBF)和线粒体输入刺激因子(mitochondrial import stimulatory factor,MSF)等,参与线粒体蛋白的转运,前者能够增加 hsp70 对线粒体蛋白的转运,后者能够不依赖于 hsp70,发挥 ATP 酶的作用,为聚集蛋白的解聚提供能量。

当前体蛋白到达线粒体膜表面时,hsp70 和该蛋白解离,需要 ATP 酶和其他分子伴侣的参与,如 Ydjlp。前体蛋白和 hsp70 解离后,继而和线粒体膜上的输入受体(import receptor)结合,如受体 Tom20、Tom22 和 Tom40 等,并最终进入线粒体外膜的输入通道。

3.7.6.2 多肽链穿越线粒体膜

解折叠的前体蛋白到达线粒体膜转位接触点,一旦和受体结合后,就要和外膜及内膜上的膜通道发生作用才可进入线粒体。此时线粒体基质中存在的一种 hsp70 可与进入线粒体腔的前导肽交联,这样就防止了前导肽退回细胞质;随着肽链进一步伸入线粒体腔,肽链会更多地结合 hsp70,hsp70 分子变构产生的拖力拖拽前导肽链引导后续肽链快速进入线粒体腔,如细胞色素 b_2 进入线粒体只需要几分钟。线粒体蛋白多肽链穿越线粒体膜的这种机制是由 Simon 提出的,被称为布朗棘轮模型(Brownian Rachet model)。

3.7.6.3 多肽链在线粒体基质内重新折叠

当多肽链进入线粒体基质后,前体蛋白必须重新折叠,恢复其天然构象,才能转变为成熟的蛋白质。此时 hsp70 又发挥作用,但这时 hsp70 的作用是折叠因子而不是去折叠因子。同时还有线粒体基质中的 hsp60 和 hsp10 共同帮助完成前体蛋白多肽链的重新折叠。此外,基质中的水解酶催化导肽的裂解,前体蛋白恢复其蛋白质的天然构象,至此完成核编码蛋白质的线粒体转运过程。

3.7.6.4 线粒体蛋白定向转运

线粒体基质蛋白的转运是通过上述过程完成的,而线粒体膜间隙蛋白和膜蛋白需要进一步的定向转运。

1) 线粒体膜间隙蛋白的转运

线粒体膜间隙蛋白,如细胞色素 b_2 的定位需要两个导向序列,位于 N 端最前面的为基质导向序列(matrix-targeting sequence),其后还有第二个导向序列,即膜间隙导向序列(intermembrane-space-targeting sequence),功能是将蛋白质定位于内膜或膜间隙,这类蛋白有两种转运定位方式。

(1) 保守性寻靶(conservative targeting):前体蛋白在 N 端的基质导向序列引导下采用与线粒体基质蛋白同样的运输方式,将前体蛋白转运到线粒体基质,在基质中由蛋白水解酶切除基质导向序列后,膜间隙导向序列就成了 N 端的导向序列,它能够识别内膜的受体和转运通道蛋白,引导蛋白质穿过内膜,进入线粒体膜间隙,然后由线粒体膜间隙中的蛋白水解酶将膜间隙导向序列切除(图 3.7.21,a 途径)。

(2) 非保守性寻靶(nonconservative targeting):与保守性寻靶不同,蛋白质的非保守性寻靶首先在线粒体基质导向序列的引导下,通过线粒体的外膜和内膜,但是疏水的膜间隙导向序列作为停止转运序列(stop-transfer sequence)锚定在内膜上,从而阻止了蛋白质的 C 端穿过内膜进入线粒体基质,然后通过蛋白质的扩散作用,锚定在内膜上的蛋白质逐渐离开转运通道,最后在蛋白水解的作用下,将膜间隙导向序列切除,蛋白质释放到膜间隙,结合血红素后,蛋白质折叠成正确的构型(图 3.7.21,b 途径)。

2) 线粒体内膜和外膜蛋白的转运

线粒体内膜蛋白的 N 端只有一个基质导向序列,内膜蛋白在基质导向序列的引导下,按基

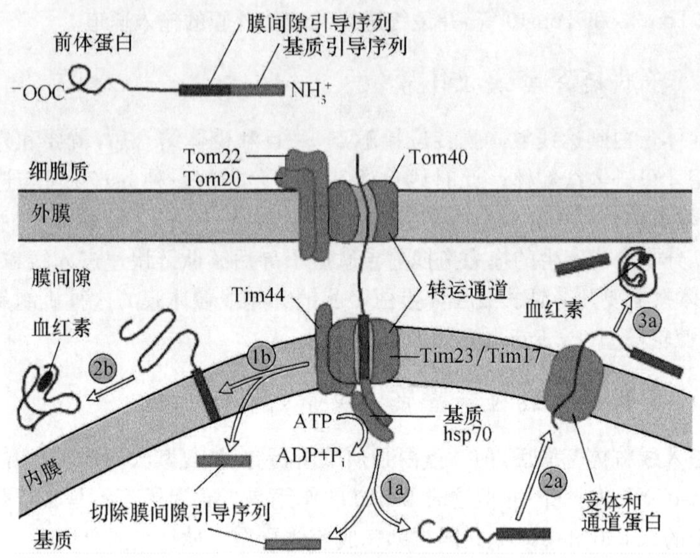

图 3.7.21　线粒体膜间隙蛋白质的保守性寻靶

(Lodish et al.,1999)

质蛋白的转运方式进入线粒体基质后，由蛋白水解酶切除导向序列，然后通过构型的变化或与别的蛋白结合形成复合物后再插入到内膜中，详细机制尚不清楚。

线粒体外膜蛋白质 N 端有一个短的基质导向序列，紧随其后是一段较长的、强疏水性氨基酸序列。长的疏水性氨基酸序列可作为停止转运信号，既防止了外膜蛋白进入线粒体基质，又作为锚定序列将外膜蛋白锚定在外膜上。

3.7.7　线粒体的起源与发生

3.7.7.1　线粒体的发生和增殖

关于线粒体的发生机制，存在三种观点，即重新合成，由非线粒体膜装配而成，以及由原有线粒体分裂生长而成。目前普遍认为线粒体是以分裂的方式进行增殖的。线粒体的发生过程分为两个阶段：第一阶段，线粒体的膜生长和复制，然后分裂增殖；第二阶段，线粒体本身分化，建立能够行使氧化磷酸化功能的结构。线粒体的生长和分化阶段分别受到细胞核和线粒体两个独立的遗传系统的控制。

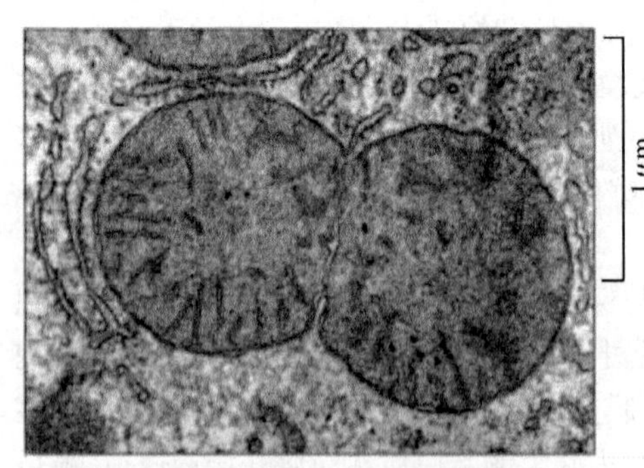

图 3.7.22　线粒体的间壁分裂

(Alberts et al.,1994)

一般认为线粒体的增殖可能包括以下三种分裂形式：

(1) 间壁分裂(图 3.7.22)，分裂时先由线粒体内膜向中心皱褶形成分隔线粒体结构的间壁，进而将线粒体一分为二，常见于鼠肝和植物产生组织中。

(2) 收缩分裂(图 3.7.23)，分裂时通过线粒体中部缢缩并向两端不断拉长，然后分裂为两个，常见于蕨类和酵母线粒体中。

(3) 出芽分裂，常见于酵母和藓类植物，分裂时线粒体长出小芽(budding)，不断长大并与原线粒体脱离，发育为新的线粒体。

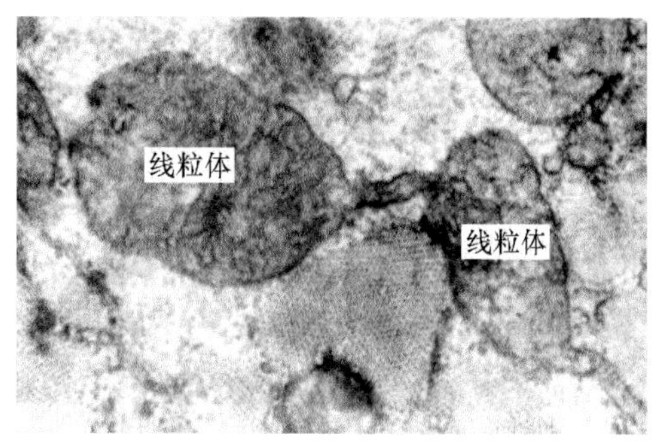

图 3.7.23　线粒体的收缩分裂
(Alberts et al.,1994)

3.7.7.2　线粒体的起源

关于线粒体和叶绿体的起源，现在主要存在两种截然相反的观点：内共生起源学说与非共生起源学说(或分化学说)。近 10 多年由于古细菌的发现与研究，以及古细菌可能是真核生物起源的祖先的论断，十分有利于线粒体和叶绿体内共生起源学说的巩固和发展。

1) 内共生起源学说

许多科学家认为，线粒体可能起源于原始真核细胞内共生的细菌。1970 年 Margulis 在分析了大量资料的基础上提出了一种设想，认为真核细胞的祖先是一种体积巨大的、不需氧的、具有吞噬能力的细胞，能将吞噬所得的糖类进行酵解获得能量。而线粒体的祖先——原线粒体则是一种革兰氏阴性菌，含有三羧酸循环所需的酶系和电子传递链，故它可利用氧气把糖酵解的产物丙酮酸进一步分解，获得比酵解更多的能量。当这种细菌被原始真核细胞吞噬后，即与宿主细胞间形成互利的共生关系，原始真核细胞利用这种细菌(原线粒体)充分供给能量，而原线粒体从宿主细胞获得更多的原料(图 3.7.24)。

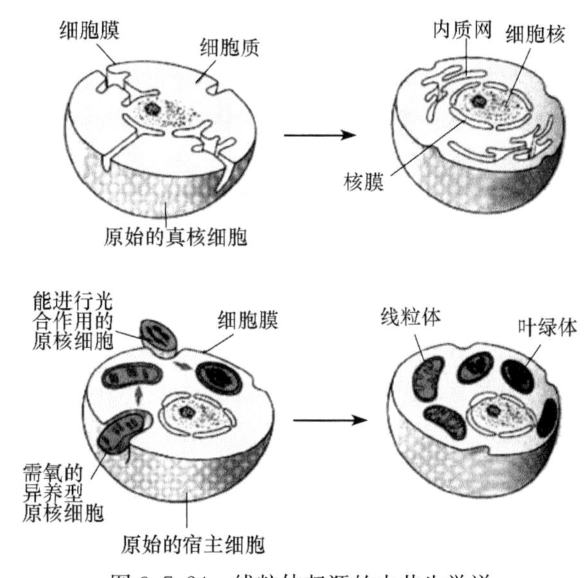

图 3.7.24　线粒体起源的内共生学说

2) 非共生起源学说

该学说认为真核细胞的前身是一个进化上比较高等的需氧细菌，它比典型的原核细胞大，这样就要逐渐增加具有呼吸功能的膜表面，细胞膜不断内陷、折叠和融合，并被其他膜结构包裹，逐渐形成了线粒体。后来在进化过程中，线粒体基因组丢失一些基因，细胞核的基因有了高度发展，线粒体则演变为专门具有呼吸功能的细胞器。

知识拓展框　线粒体蛋白质组学

线粒体含有的蛋白质占整个细胞蛋白质的5%～10%，在这些蛋白质中，只有2%是线粒体自身合成的，98%是由细胞核编码的。近几年来，线粒体蛋白质组学研究取得了许多重要的成果，为进一步阐明线粒体的作用机制，预防和治疗线粒体相关疾病提供了新的认识手段。

线粒体蛋白质组学研究的进步首先得益于研究手段的发展。除了常规的离心技术和双向凝胶电泳等技术外，MALDI-TOF、MALDI-MS、LC-MS/MS、MALDI-TOF/TOF、MudTIP及蛋白质芯片等技术也都在线粒体蛋白组学研究中得到越来越广泛的应用。借助这些新的研究手段，已经鉴定出615种人心肌线粒体蛋白质，在人胃癌细胞系中发现了4种高表达的线粒体蛋白质，在人帕金森症中发现100多种线粒体蛋白在表达量上出现显著变化。同时国际上已经建立的蛋白质相关数据库中有三个数据库包括有线粒体蛋白质数据，这三个数据库分别是：MITOP(http://www.mitoproteome.org)、MITOP2 (http://141.39.186.157:8080/mitop2)和SWISS-PROT(http://kr.expasy.org/sprot/)。亚细胞蛋白质组学研究和翻译后修饰蛋白质组学研究的不断深入，必将对更加深入地认识线粒体的结构和功能产生重要的促进作用。

小结

线粒体是细胞内氧化磷酸化和形成ATP的主要场所，是细胞的“动力工厂”。线粒体一般呈线状或颗粒状，常分布在代谢功能活跃的区域。线粒体是由双层单位膜围成的封闭的囊状结构，包括外膜、内膜、膜间隙和基质四个功能区隔。内膜是一层高度特化的单位膜，内膜向线粒体基质折褶形成嵴，线粒体内膜及嵴的内表面不光滑，有许多排列规则的球状颗粒，称为线粒体基粒。线粒体中含有多种酶类，外膜的标志酶是单胺氧化酶，内膜上的酶类多为参与电子传递链和氧化磷酸化的酶类，标志酶是细胞色素氧化酶。膜间隙中所含酶类较少，其标志酶为腺苷酸激酶。基质中的酶类最多，包括参与三羧酸循环、脂肪酸氧化、氨基酸降解等所需的整套酶系，标志酶是苹果酸脱氢酶。线粒体的主要功能是氧化磷酸化。在线粒体基质中，三羧酸循环为氧化反应提供所需的氢离子，氢离子通过递氢体将其传递至呼吸链。在内膜上，将电子传递和氧化磷酸化过程偶联在一起。电子传递链(呼吸链)由NADH-CoQ还原酶、琥珀酸-CoQ还原酶、CoQ-细胞色素c还原酶和细胞色素c氧化酶4种复合体组成，电子顺着呼吸链最终传递给O_2，生成水。将氧化和磷酸化过程偶联的结构是线粒体内膜上基粒中的ATP合成酶。基粒由头部、柄部和基片三部分组成，其头部F_1因子即是ATP合成酶。氧化磷酸化的偶联机制是化学渗透假说，ATP的合成和穿膜机制是结合变构模型。线粒体含有环状的DNA分子，还含有RNA、核糖体等蛋白质合成体系，线粒体具有独立编码、合成蛋白质的能力，有一定的自主性，但在一定程度上受细胞核基因的控制，因此它又是一个半自主性的细胞器。线粒体大多数蛋白质都由核基因编码并由细胞质核糖体合成转运至线粒体。线粒体蛋白的转运需要导肽的引导作用和分子伴侣的协助。线粒体的起源有两种学说：内共生起源学说与非共生起源学说。

（蒋建利）

思考题

1. 概述线粒体的结构和基本功能。
2. 概述 ATP 酶复合体的分子结构及 ATP 合成酶的工作机制。
3. 简述线粒体中酶蛋白的分布。
4. 如何证明线粒体的电子传递和磷酸化作用是由两个不同的结构系统来实现的?
5. 化学渗透学说是如何解释偶联氧化磷酸化机理的?
6. 以葡萄糖为例,说明营养物质是如何转换成 ATP 的?
7. 线粒体的 DNA 结构如何? 有什么特点?
8. 简述核 DNA 与线粒体 DNA 的相互关系。
9. 线粒体中蛋白质的合成过程有何特点?
10. 为什么说线粒体是一种半自主性的细胞器?

参考文献

韩贻仁. 2005. 分子细胞生物学. 2 版. 北京:科学出版社

宋今丹. 2005. 医学细胞生物学. 3 版. 北京:人民卫生出版社

杨恬. 2005. 细胞生物学. 北京:人民卫生出版社

左伋. 2008. 医学细胞生物学. 4 版. 上海:复旦大学出版社

Alberts B, Bray D, Lewis J, et al. 1994. Molecular Biology of the Cell. 2nd ed. New York and London: Garland Publishing Inc.

Alberts B, Johnson A, Lewis J, et al. 2002. Molecular Biology of the Cell. 4th ed. New York and London: Garland Science

Bolsover S R, Hyams J S, Shephard E A, et al. 2004. Cell Biology A Short Course. 2nd ed. Publication: A John Wiley & Sons, Inc.

Boyer P D. 1997. The ATP sythase-a splendid molecular machine. Annu Rev Biochem, 66:717

Cooper G M. 2000. The Cell-A Molecular Approach. Sunderland MA: Sinauer Associates, Inc.

Lodish H, Berk A, Zipursky S L, et al. 1999. Molecular Cell Biology. 4th ed. New York: W. H. Freeman & Co.

3.8 细胞骨架与细胞迁徙、伸展和运动

细胞骨架是细胞三大结构体系之一,是细胞生命活动的重要参与者,是由特殊蛋白质构成的执行多种功能的纤维网架体系(图 3.8.1),是对各种细胞器乃至某些大分子进行空间安排的统一基质,同时也是细胞内能量转换的重要场所。有些学者形象的把细胞骨架称为"细胞的骨骼和肌肉系统"。细胞骨架具有整体性(holism)、弥散性(diffusion)及变动性(alterability)三大特征(图 3.8.2)。实际上人类认识细胞骨架可以追溯到 1928 年,那时 Klotzoff 就提出了细胞骨架的原始概念,由于在特异性荧光染色方法应用到细胞骨架形态学研究之前,细胞骨架的形态一直都需要在电镜下进行观察,而早期采用锇酸或高锰酸钾在低温条件(0~4℃)固定细胞,会使骨架结构受到破坏,因而带来了是否真正存在细胞骨架的争议,直到 1963 年戊二醛常温固定方法的运用,才毋庸置疑地证实了细胞骨架的存在。到目前为止,荧光显微技术和电子显微镜依

然是进行细胞骨架研究常用的技术手段，而激光共聚焦显微镜在开展细胞骨架研究方面具有独特优势，在细胞骨架研究中应用得也越来越普遍。细胞骨架研究领域近年来新的成果不断涌现，成为细胞生物学研究的热点领域之一。

图 3.8.1　细胞骨架与建筑物框架的类比

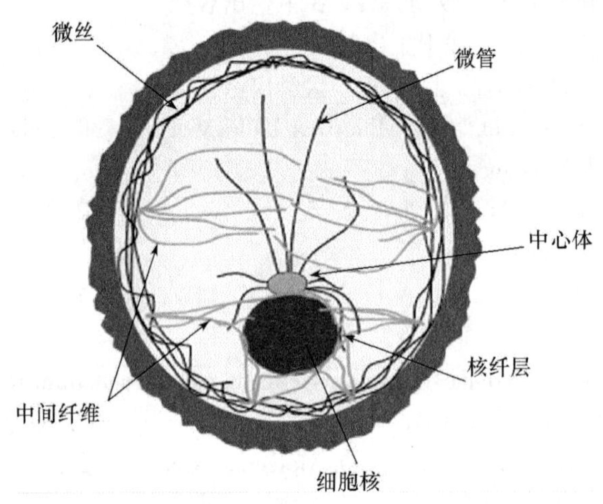

图 3.8.2　细胞内骨架的分布

3.8.1　细胞骨架的概念

不同的学者对细胞骨架概念有不同的认识，同时随着研究的不断深入，原有的概念被不断修正和完善。概括起来可以从狭义和广义两个方面来把握。狭义的细胞骨架仅仅是指细胞质骨架，被人们研究得最多，了解得也最为全面，包括微管、微丝和中间纤维，但细胞质中是否存在微梁网架成分目前仍存在争议。而广义的细胞骨架包括细胞质骨架、细胞膜骨架、细胞核骨架及细胞外基质。一般所说的细胞骨架，主要是指细胞质骨架。近年来不仅在原核细胞中发现了真核细胞细胞质骨架的结构类似物，而且在细胞核中也发现了肌动蛋白的存在，并且可以往返穿梭于核质之间。近年来多种重要疾病细胞骨架的分布特点和变化规律、细胞骨架与信号转导的关系备受重视，同时细胞骨架在细胞形态维持、运动迁移、物质运输和细胞分化等方面的作用也获得了许多新的认识。此外，在分子水平对细胞骨架基因、细胞骨架相关蛋白、骨架蛋白三维分子结构等方面的研究也在不断获得进展。

3.8.2 细胞质骨架

细胞质三种骨架成分构成一个相互连接又协同活动的整体，具有不同的形态结构特点和功能(图 3.8.3)。其中微管和微丝具有游离单体库，以一种动态结构的形式存在，并且伴随有能量的代谢，而中间纤维相对比较稳定，但一般认为，除纤毛和鞭毛等特殊结构外，细胞形态维持主要是微丝的功能。从分布上来看，三种成分也表现出一定的空间分布式样，微管常以一端锚定在中心体上，另一端则游离在胞质内，而微丝与其结合蛋白在细胞质膜内面形成网架结构，被称为细胞皮层区，中间纤维分布区域较为广泛，贯穿整个细胞，通常一端锚定在细胞膜上，另一端又与核膜相连，构成连接细胞膜和核膜的桥梁。

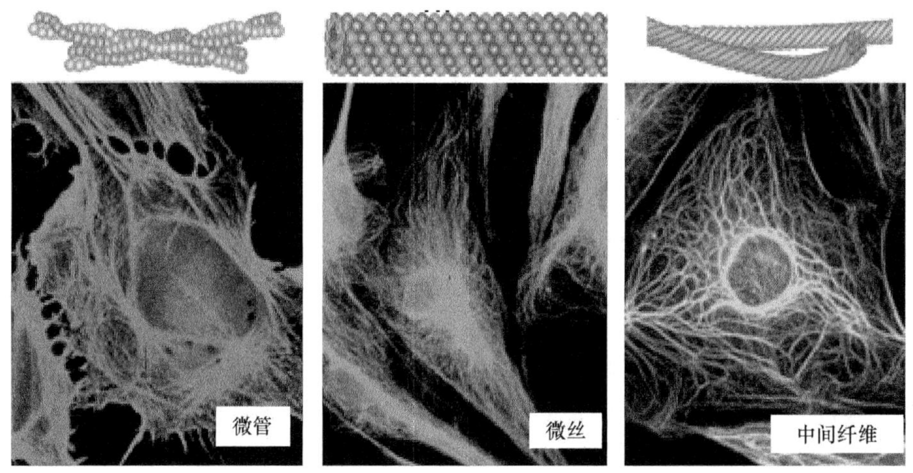

图 3.8.3 三种细胞质骨架成分的基本形态

微管(microtubule，MT)由微管蛋白(tubulin)组成，tubulin 目前已经确认的有三种：α-tubulin、β-tubulin 和 γ-tubulin，但一般为 α-tubulin、β-tubulin 构成的异二聚体，γ-tubulin 通过与 α-tubulin、β-tubulin 异二聚体相互作用，为微管聚合提供组织核心。α-tubulin、β-tubulin 均由 450 个氨基酸组成，其中 40%～55%的氨基酸序列同源，分子质量为 55kDa，具有相似的三维结构。微管构成一种中空的管状结构，管壁是由 13 条交替排列的 α 和 β 亚单位构成的原丝组成，由于两种亚单位在排列上的规律性，使微管成为具有极性的结构，这种极性体现在动态变化过程中，即一端为聚合端，另一端为解聚端。对微管动态的认识，更多来自于体外的研究，研究发现微管的聚合条件是：有 Mg^{2+} 和 GTP 存在，聚合温度为 37℃。聚合过程经历成核(nucleation)期(延迟期)、延长(伸长)期和稳定期三个阶段，成核阶段是其限速阶段。异二聚体添加速度较快的一端为正极端(+)，另一端则为负极端(−)。微管的长度决定于聚合和解聚速度的相对速率，当聚合与解聚速度达到动态平衡时的管蛋白浓度称为临界浓度。影响微管聚合与解聚的因素包括 GTP 浓度、压力、温度、pH(最适为 6.9)、微管蛋白临界浓度及某些特异性药物，如秋水仙素、紫杉醇等。体内微管形成后即进入一种动态不稳定(dynamic instability)状态，通过一端解离一端添加的方式，在微管长度不变的情况下，微管的位置会发生移动，这种现象称为踏车现象(treadmilling)。体内微管组装起始于微管组织中心(microtubule organization center，MTOC)，动物细胞中心体和纤毛的基体承担了这一功能，研究发现，γ-tubulin 存在于 MTOC 之中，在微管聚合时，

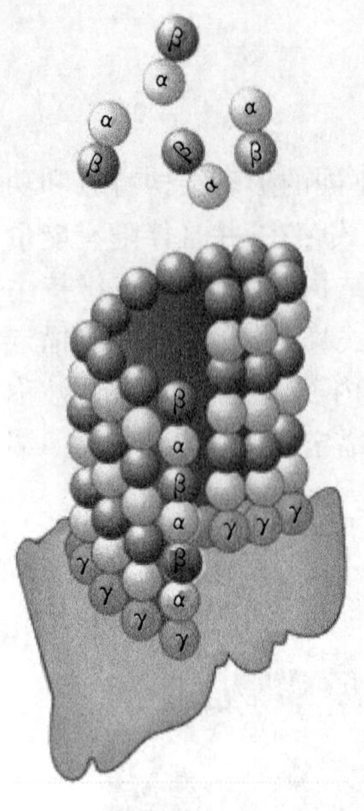

图 3.8.4　γ-TuRC 引导微管组装

γ-tubulin 首先形成一种复合体结构，称为 γ-微管蛋白环形复合体（γ-tubulin ring complex，γ-TuRC），这是由 13 个 γ-tubulin 形成的一种环形结构，由其引导 α-tubulin 和 β-tubulin 的成核反应（图 3.8.4）。

微管在细胞内的功能就目前的认识来看主要包括 5 个方面：第一，支架作用，维持细胞的特定结构；第二，作为胞内物质运输的轨道；第三，作为纤毛和鞭毛的运动元件；第四，通过纺锤体参与细胞的分裂；第五，参与细胞的信号转导。

微丝（microfilement，MF）又称肌动蛋白纤维（actin filament），直径为 7～9nm，是由双股肌动蛋白（actin）丝以螺旋形式组成的纤维网架，由于两股肌动蛋白丝呈同方向排列，故微丝是一种极性分子，一端为（+）端，另一端为（−）端。微丝的长度通常比微管细短，但细胞中微丝的数量一般比微管多，是真核细胞中含量最丰富的蛋白质，且常以成束的方式存在。微丝具收缩功能，在横纹肌和心肌细胞中排列成肌原纤维。非肌细胞中微丝也有分布，并且显示动态变化，参与细胞分裂、胞质环流、细胞信号转导等多种生命活动过程。

肌动蛋白在细胞中以单体和多聚体两种形式存在，单体是由一条多肽链组成的球形分子，称为球状肌动蛋白（G-actin），而多聚体形成肌动蛋白丝，称为纤维状肌动蛋白（F-actin）。肌动蛋白分子质量为 43kDa，由 375 个氨基酸残基组成，具有一个与 ATP 结合的位点和两个与肌动蛋白相关蛋白结合的位点。球状肌动蛋白和纤维状肌动蛋白通过聚合和解聚可以相互转换，这构成了微丝动态变化的基础。ATP 和 Mg^{2+} 的存在是肌动蛋白发生聚合的前提条件，而装配过程也经历成核、延长及稳定三个阶段或时期。一般来说，（+）端为添加端，而（−）端为消减端。当添加和消减速度达到相同时，可以保持净长度的不变，这种动态结构变化过程称为踏车现象。细胞中有些微丝构成永久性稳定结构，如肌细胞中的细肌丝和微绒毛中的轴心微丝等，但绝大多数以暂时性结构存在。

微丝的特异性药物包括能够促进微丝解聚的细胞松弛素 B 和能够促进微丝聚合的鬼笔环肽（phalloidin），这两种分子能够调节微丝的动态平衡。与微丝相关的马达蛋白是肌球蛋白，可以在微丝上沿（−）到（+）极的方向移动，同时消耗 ATP。在肌细胞中关于肌动蛋白、肌球蛋白和其他肌动蛋白相关蛋白的研究，已经明确揭示了肌肉运动的分子机制，并且为大分子与细胞和组织器官功能相互联系提供了经典的范例。非肌细胞中，微丝也可以应力纤维的形式存在，参与细胞与底物的结合，大量平行排列的肌动蛋白构成的应力纤维（stress fiber）中，还发现有细丝蛋白和多种在肌细胞中也分布的蛋白质的存在。

概括起来，微丝的主要功能包括：肌肉的运动、胞质环流、变形运动、细胞爬行、胞质分裂、细胞形态维持、胞内物质运输以及细胞信号转导等，这些功能与细胞的重要生命活动密切联系，因此备受研究者的关注，关于微丝的研究近年来有不断升温的趋势。

中间纤维（intermediate filament，IF）直径约为 10nm，恰好位于微管与微丝之间，故而得名。中间纤维由长的杆状蛋白质装配而成，是一种较为稳定和坚韧的蛋白质纤维网架结构，其成分多样，构成一个蛋白质超家族，分子质量 40～200kDa，不同成分都有共同的较为保守的分子结构，即含有一个 α 螺旋构成的中间区，而两端分别是球形的 N 端和 C 端，中间区又分为四个螺旋区，中间为三个间隔区隔开，中间区高度保守，但 N 端和 C 端则高度可变，分子质量的大小主要取决于C端的尾部变化，装配时靠α螺旋区相互配对，可以同源聚合也可以异源聚合，长度可变，但一般为40～50nm。其超家族成员主要包括6类，即酸性角蛋白(acidic keratin)、中性/碱性角蛋白(neural or basic keratin)、波形蛋白、神经丝蛋白(neurofilament protein)、核纤层蛋白(lamin)及巢蛋白(nestin)等。中间纤维具有组织细胞特异性，对于判定癌症的原发部位是一个非常有用的分析指标。

中间纤维的组成过程大致是：首先由2个单体以相同的方向组成一个双股螺旋的二聚体，然后再由二聚体以相反的方向组成四聚体，2个四聚体可组成一个八聚体，最后由8个四聚体首尾相连构成原纤维(protofilament)，最终形成的中间纤维含有32个多肽(图3.8.5)。在聚合的过程中，二聚体具极性，四聚体就不再具极性，所以最终形成的中间纤维不具有极性。这是与微管和微丝的不同点，同时也没有显著的动态变化和踏车现象，这主要是因为在细胞中游离的单体很少，基本上以聚合状态存在。

到目前为止尚未发现与中间纤维有关的特异性药物，这在很大程度上影响了研究者对其功能的探索，一般用相关蛋白的抗体进行研究，能否找到中间纤维特异性药物，一直为细胞学研究者所关注，相信在不远的将来会有一个比较明确的结果。

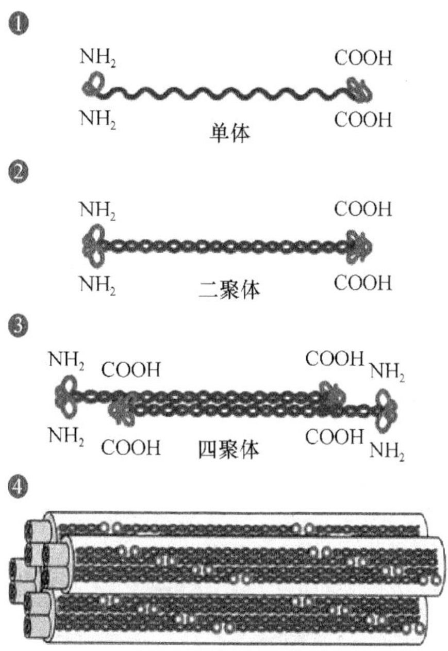

图3.8.5 中间纤维的组成过程

中间纤维蛋白超家族成员包括核纤层蛋白，这表明中间纤维不仅分布于细胞质中，同时在细胞核中也存在，而且可以通过整合素与细胞外基质相联系，可见，中间纤维不仅是联系细胞质和细胞核之间的桥梁，也是细胞内外联系的纽带。从目前对中间纤维功能的认识来看，IF主要为细胞提供机械支持、保持核膜的相对稳定、参与细胞之间的连接等，在桥粒和半桥粒结构中有中间纤维的存在。此外，中间纤维和细胞分化的关系也十分密切。由于迄今对中间纤维的研究尚不够深入，其对于细胞生命活动的意义有待得到更多重视，随着研究方法的改进和研究的不断深入，才能真正认识到这种分布最为广泛的细胞骨架类型的功能全貌。

人们一直认为，细胞骨架仅存在于真核生物细胞中，但近年来的研究发现它也存在于细菌等原核生物中。目前已经在细菌中发现的FtsZ、MreB和CreS等多个与真核细胞骨架蛋白在结构和功能上相类似的蛋白类似物，分别与真核细胞骨架蛋白中的微管蛋白、肌动蛋白及中间纤维蛋白相类似。

3.8.3 细胞核骨架

细胞核骨架是存在于真核细胞核内的以蛋白质成分为主的纤维网架体系，狭义的核骨架仅指核内基质，即细胞核内除核膜、核纤层、染色质、核仁和核孔复合体之外的以纤维蛋白为主要成分的纤维网架体系；而广义的核骨架包括核基质、核纤层和核孔复合体，因此，细胞核骨架在认识上也存在与细胞骨架总体认识上相类似的情况。Berezney和Coffey在20世纪70年代中期的全面研究，特别是非离子去垢剂、核酸酶及高盐缓冲液的应用，才逐步打消了人们对核骨架是否存在的疑问，Penman 等建立的细胞分级抽提技术也为认识核骨架做出了贡献，而我国北京大学翟中和院士领导的课题组也在核骨架研究方面取得了许多重要的研究成果。核骨架成分比较复杂，而且不同类型的细胞成分上也有差异，用双向电泳技术可以显示出 400 多种核骨架蛋白组分，这表明对核骨架的研究还有待深入。主要的成分包括：核骨架蛋白，如 DNA 拓扑异构酶Ⅱ、核基质蛋白、接触区结合蛋白（attachment region binding protein，ARBP）、核纤层蛋白、着丝粒缢痕结合蛋白、sp120 及核仁蛋白等；核骨架结合蛋白以及肌动蛋白等。近年来发现，在 DNA 序列中存在核骨架结合序列（matrin association region，MAR）。核骨架为核内组分空间分布提供了一个结构支架，因而与核内发生的许多重要的生命活动有关，如为 DNA 复制和基因转录提供支架、参与染色体构建等。

知识拓展框 原核细胞骨架

长期以来，人们普遍认为细胞骨架是真核细胞特有的一种细胞器，是区别于原核细胞的一大特征。随着生命科学研究的不断深入，目前这一传统观点已经被改变，这是由于在原核细胞中发现了类似于真核细胞骨架的蛋白质。

20 世纪 90 年代中期以来，研究者相继在多种细菌中发现了参与维持细胞形态和参与细菌细胞分裂的蛋白质，后来通过与真核细胞骨架蛋白的比较，逐步确立了在原核细胞中也存在细胞骨架的认识。这些蛋白质包括微管蛋白（tubulin）的同源物 FtsZ，actin 的同源物 MreB 以及中间纤维蛋白同源物 CreC。微管蛋白同源物 FtsZ 能在细胞分裂位点装配形成 Z 环结构，并通过该结构参与细胞分裂的调控；肌动蛋白同源物 MreB 能形成螺旋丝样结构，有维持细胞形态的功能，并可调控染色体分离等；中间纤维蛋白同源物 CreS 存在于新月柄杆菌中，它在细胞凹面的细胞膜下面形成弯曲丝状或螺旋丝状结构，该结构对维持新月柄杆菌细胞的形态具有重要作用。

同时值得一提的是，按照真核细胞起源的“内共生假说”，真核细胞器线粒体和质体也应是原核细胞起源的，而研究者也相继在这两种细胞器中发现了原核细胞骨架蛋白的存在，这就为“内共生假说”提供了新的理论依据。

3.8.4 细胞膜骨架与细胞外基质的关系

关于膜骨架的认识主要来自对哺乳动物红细胞的研究。膜骨架是指细胞膜下与膜蛋白相连的由纤维蛋白组成的网架结构，参与维持细胞膜的形状，协助质膜完成多种生理功能。膜骨架成分主要包括血影蛋白、肌动蛋白、带 4.1 蛋白和锚蛋白等。红细胞膜的刚性和韧性主要是由质膜蛋白和膜骨架复合体相互作用体现的。红细胞细胞质骨架体系不发达，另外质膜的功能也相对简单，这为研究膜骨架创造了条件。但目前对不同类型细胞膜骨架的研究还相对较少，蛋白质组学新的研究手段的建立，有可能把膜骨架研究提升到一个更高的水平。

尽管细胞外基质分布于细胞外空间，但其组分构成的网络结构可以通过膜骨架与胞内纤维网架体系建立联系，对维持细胞形态、细胞信号转导及细胞的迁移运动都有密切关系。例如，细胞外基质成分层黏连蛋白和纤黏连蛋白都与细胞的迁移有关，此外，纤黏连蛋白可通过细胞信号转导途径，调节细胞的形状和细胞骨架的组织，促进细胞铺展。细胞连接也为细胞骨架与细胞外基质建立联系提供了空间结构。例如，黏着斑（focal adhesion）就是以点状接触（focal contact）形式借助肌动蛋白丝与细胞外基质相连的结构，其跨膜连接蛋白为整合素（integrin），行使纤黏连蛋白受体的作用。

目前对于细胞的黏附作用十分重视，特别是定位于细胞表面作为膜嵌合蛋白的一大类分子——黏附分子进行了较为全面深入的研究。已经认识的黏附分子包括整合素家族、层黏连蛋白受体、钙黏蛋白、选择素家族、免疫球蛋白超家族及血管地址素家族等。整合素自 1987 年被发现以来，目前已确认的家族成员有 20 种以上，它们在细胞增殖、分化、细胞凋亡、肿瘤细胞转移等方面都发挥着重要的作用。整合素为 α 亚基和 β 亚基组成的异二聚体，已发现的 α 亚基有 16 种，β 亚基有 8 种。两种亚基均属于Ⅰ型跨膜糖蛋白，并含有疏水的单次跨膜肽段，研究发现，一种整合素可在多种类型的细胞表面出现，同时一种细胞也可共存多种整合素。已经证实，与基质成分黏附的成纤维细胞，其细胞表面整合素以及胞内骨架蛋白如踝蛋白、黏着斑蛋白、α-辅肌动蛋白、桩蛋白、张力蛋白(tensin)等均参与黏着斑的形成，并且与肌动蛋白丝建立联系(图 3.8.6)。整合素介导的细胞黏附不仅能够通过持续性诱导胞外信号调节激酶 ERK 保持活性，或激活 jun N 端激酶(jun N-terminal kinase，JNK)并通过 cyclinD1 参与细胞增殖周期调控，还能在不同水平上介导细胞信号转导。整合素介导的信号转导起始于黏着斑复合物的形成，涉及两种重要的激酶，一个是黏着斑激酶(focal adhesion kinase，FAK)，另一个是整合素相连激酶(integrin linked kinase，ILK)。整合素通过 β 亚基胞内片段构象变化介导 FAK 的磷酸化，并进一步使其底物桩蛋白和张力蛋白磷酸化以参与信号转导。而 ILK 是一种丝氨酸/苏氨酸蛋白激酶，当整合素与配体结合后可引起胞内 ILK 激活，通过使下游信号分子蛋白激酶 B 第 473 位丝氨酸残基磷酸化激活 PKB，随之启动 PI3K 信号转导通路，而抑癌基因 PTEN 表达的蛋白可通过 PI3K 途径抑制 ILK 的活化，参与对细胞增殖的负调控过程。

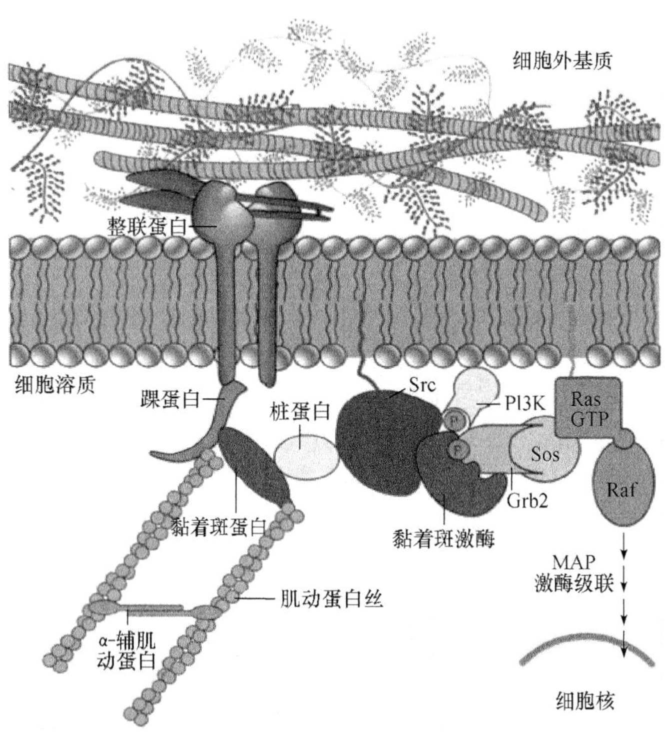

图 3.8.6　整合素介导的信号途径

3.8.5 细胞骨架及其相关蛋白

由于与细胞骨架有关的蛋白质有两大类，一类是 associated protein，另一类是 binding protein，为了加以区分，这里统一把前者称为相关蛋白，把后者称为结合蛋白，但在已经出版的多个教材中都把前者也称为结合蛋白，而未提及 binding protein，所以在学习时要首先明确这一点，以免发生概念上的混淆。

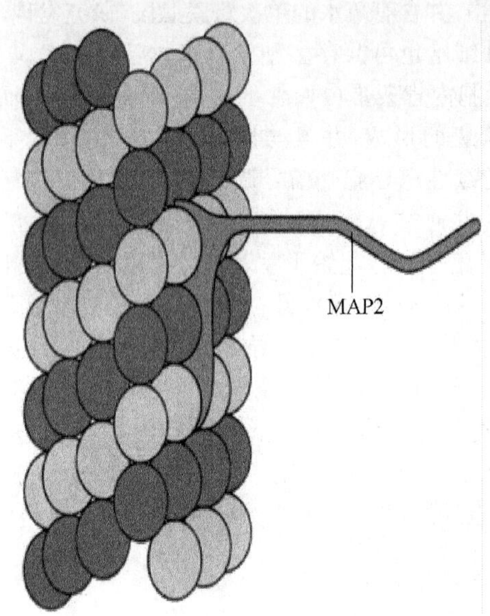

图 3.8.7 微管相关蛋白 MAP2 与微管的结合 (Karp，2002)

微管相关蛋白(microtubule associated protein，MAP)在微管结构中占 10%～15%，主要作用是保护微管的稳定性和介导微管与其他细胞成分间的相互作用。分为两类：Ⅰ型和Ⅱ型。Ⅰ型含有几个重复的氨基酸序列：Lys-Lys-Glu-X，是与微管蛋白的结合位点，主要分布于神经组织的树突和轴突中，在非神经细胞中也有发现，如 MAP1A 和 MAP1B。Ⅱ型包括 MAP2、MAP4 和 Tau 等，含有几个与微管蛋白结合的 18 个氨基酸重复序列，其中 MAP2 存在于树突中，具有两个结构域，一个是碱性的微管蛋白结构域，另一个是酸性的外伸结构域，外伸的结构像是从微管壁上伸出的纤维臂，能够与膜、中间纤维和其他微管蛋白结合成交联桥(图 3.8.7)。MAP4 是分布最为广泛的微管结合蛋白，既存在于神经细胞，也存在于非神经细胞，在细胞分裂时能够调节微管的稳定性。Tau 分子较其他微管结合蛋白要小，也存在于树突和轴突中，可使微管交联成束，保持树突中微管的稳定。微管相关蛋白与微管的结合可以改变微管的动力学性质，同时还参与许多细胞信号转导途径。微管作为运行轨道参与胞内物质、线粒体、溶酶体和小泡的运输是微管的重要功能之一，并且与两种马达蛋白(motor protein)的功能有关，一种是驱动蛋白(kinesin)，另一种是动力蛋白(dynein)。马达蛋白一边靠臂与微管蛋白结合，另一边与被运输的物质、膜性结构细胞器及小泡的膜蛋白结合，利用 ATP 提供的能量不停地摆动向前推进，使被运输物能够在细胞中重新定位并发挥功能作用。马达蛋白运输有两个特点，其一是单方向运输，其中驱动蛋白只从(－)端向(＋)端运输，而动力蛋白运输方向刚好相反；其二是运输方式是逐步行进，速度高时每秒推进 900nm，推进的步幅为 8nm，恰好是一个 αβ 微管蛋白异二聚体的长度，即一步迈进两个球形蛋白亚基(图 3.8.8)。此外还存在一种以微丝为轨道的马达蛋白，即肌球蛋白(myosin)，但迄今未发现任何以中间纤维为轨道的马达蛋白。

微丝通过装配成不同的网架结构参与细胞内的多种生命活动。之所以能够以不同的网架结构样式发挥作用，主要就是由于有微丝相关蛋白的参与。微丝结合蛋白包括肌肉收缩系统的肌球蛋白、原肌球蛋白、CapZ、α-辅肌动蛋白、肌钙蛋白及肌联蛋白(connectin)等；非肌肉细胞中的封端蛋白(capping protein)、细丝蛋白(filamin)、cofilin、毛缘蛋白(fimbrin)、截断蛋白(serverin)、凝溶胶蛋白(gelsolin)、成形蛋白(profilin)、绒毛蛋白(villin)、纽蛋白(vinculin)、踝蛋白(talin)、桩蛋白(paxillin)等几十种(图 3.8.9)。其中细丝蛋白可横向连接相邻微丝，以形成三维网

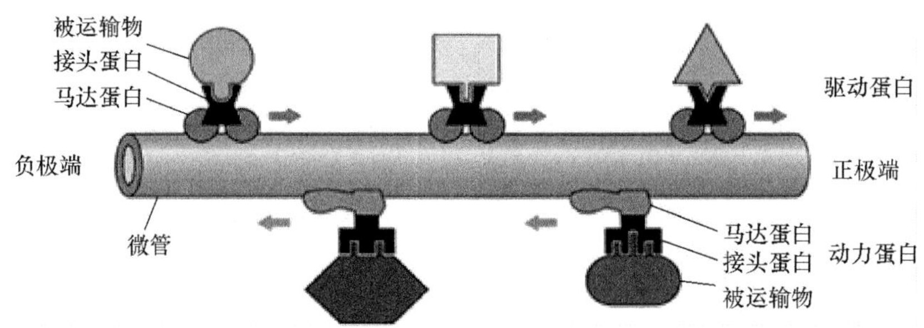

图 3.8.8 驱动蛋白与动力蛋白沿微管轨道向不同方向运输

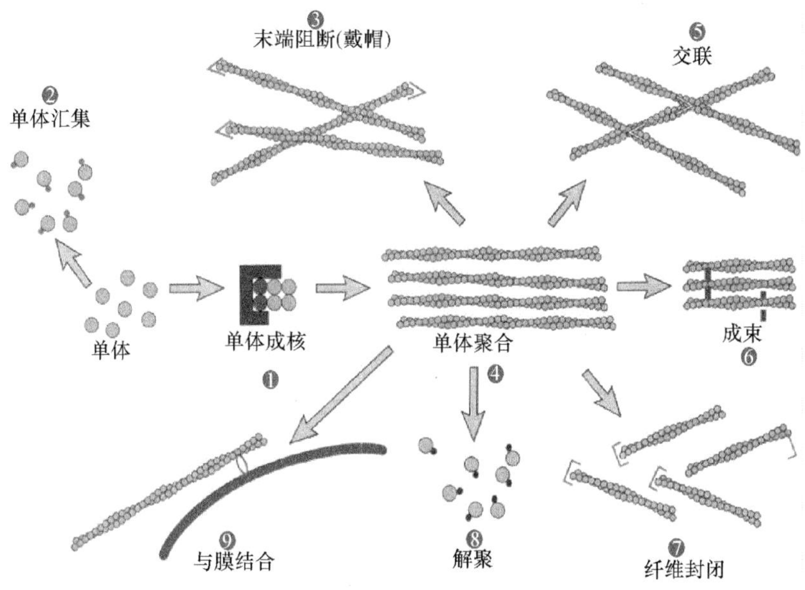

图 3.8.9 部分微丝相关蛋白

架结构；凝溶胶蛋白可切断微丝，使肌动蛋白由凝胶态向溶胶态转变；成形蛋白可与 G 肌动蛋白结合，阻断肌动蛋白纤维组装；踝蛋白存在于黏着斑中，参与细胞的黏着；纽蛋白富集于细胞连接和细胞黏着部位，介导微丝与细胞膜的结合；cofilin 可与肌动蛋白单体和纤维结合，促进肌动蛋白纤维的解聚。

中间纤维相关蛋白(intermediate filament associated protein，IFAP)是一类在结构和功能上与中间纤维有密切联系，但本身又不是中间纤维结构组分的蛋白质。目前为止，已经报道的 IFAP 有 15 种，如 filaggrin、网蛋白(plectin)、锚蛋白(ankyrin)等。IFAP 具有中间纤维类型特异性和表达细胞专一性，如网蛋白可在三种细胞质骨架间形成横桥；锚蛋白参与中间纤维与膜的结合；filaggrin 则能使角蛋白纤维聚集，是角质化细胞的分化特异性标志蛋白。

3.8.6 细胞骨架与信号转导

在信号转导途径中与微管结合的蛋白称为微管结合蛋白(microtubule binding protein，MBP)。例如，hedgehog 途径中的 MBP Costal 2，Costal 2 在果蝇发育过程中可抑制 hedgehog 信号途径，其蛋白质序列与驱动蛋白具有相似性，可与 hedgehog 信号途径中的其他成分组成多亚基蛋白复合体，在缺少 hedgehog 时复合体与微管结合，目前还不清楚 Costal 2 是否作为一种移动复合体的马达蛋白发挥功能。微管也参与转录因子 NF-κB 的调节。研究发现，NF-κB 的抑制蛋白(inhibitor-κbinding，IκB)是 NF-κB 的负调节因子，通过与 NF-κB 形成复合物使其保持失活状态，IκB 可与动力蛋白轻链结合，也可与微管结合，从而发挥汇聚或递送 NF-κB 的作用。用药物解聚微管，可以通过一种激酶依赖的机制使 NF-κB 被破坏，NF-κB 得以进入细胞核内与 DNA 结合，刺激转录的进行。胞外信号调节激酶(extracellular signal regulated kinase，ERK)ERK1 和 ERK2(MAPK)在体内外均可以与微管结合，在丝裂原激活过程中并没有发现微管结合的 MAPK 存在水平上的变化，但却提示与微管的结合可能调节 MAPK 从胞质向核内的转位，这对于 MAPK 调控某些细胞质具有重要作用，如 MAPK 对微管相关蛋白的广泛磷酸化可以降低其与微管的结合能力。某些 MAPK 的突变尽管不影响与微管的结合，但会导致微管组织的缺陷，这表明还存在其他的作用方式。微管还能够与多种 Wnt 信号途径的成分相互作用，如糖原合成酶激酶-3β(glycogen synthease kinase-3β，GSK-3β)在体外可以使 Tau 和 MAP1B 磷酸化，使前者与微管的结合能力增强，使后者的结合能力下降。因此，Wnt 信号途径对微管具有稳定和去稳定的双重调节功能，这受到微管相关蛋白水平、磷酸酶相对活性和其他因子的调节。研究还发现 Wnt 信号途径成分多发性结肠腺瘤(adenomatous polyposis coli，APC)癌基因蛋白也能与微管相互作用，它是一种 β 连环蛋白(β catenin)结合蛋白，体外可以刺激微管的组装，其缺少羧基端区域的结构使其在结肠癌中频发缺失和突变，并不与微管结合，由于上皮细胞的外源 APC 成簇位于膜周靠近微管末端的地方，并随着微管的降解导致簇的解体，表明微管可能参与 APC 的定位。

大量研究提示，微管及其相互作用分子以三种机制参与信号转导：汇集与释放；递送；信号分子支架(图 3.8.10)。汇集与释放机制又包括三种方式：第一，通过信号分子自身修饰；第二，通过微管修饰；第三，通过促进微管解聚修饰。递送机制需要马达蛋白的参与。信号分子支架机制推断有支架因子的介入，而且支架因子发生构型变化产生一个信号因子结合位点。总而言之，微管在多个信号转导途径中发挥着重要作用，同时微管相关蛋白也在信号转导中发挥着作用，微管本身对信号转导的响应可能是信号途径整合与建立极性的一个重要方面，搞清楚这些效应的分子基础应当是下一步将面临的任务之一。

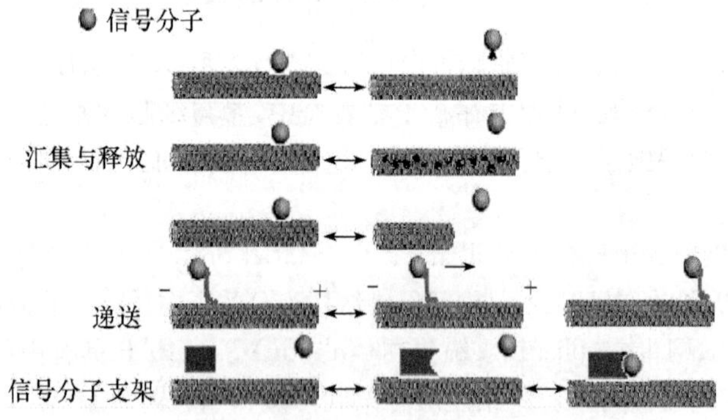

图 3.8.10　微管参与信号转导的三种方式

(改绘自 Gundersen et al.，1999)

微丝在细胞信号转导中的作用是近年来的一个研究热点，尤其是对于肌动蛋白纤维与 G 蛋白家族成员——小 G 蛋白的关系及其在相关信号转导中的作用进行了深入研究，也获得了许多新的认识。作为对环境信号的反应，细胞不仅会改变形状，而且会改变与底物结合的特性，研究发现，至少部分原因与微丝的重排有关。如果肌动蛋白组装成长的束状结构，F-actin 会诱导指状伪足(filopodia)的形成;如果组装成为网状结构,则会诱导形成膜皱折或片状伪足;如果肌动蛋白束与黏着斑相联系,则会有应力纤维(stress fiber)的形成,这些特殊的形态学特征与小G蛋白Rho家族成员有密切关系。这一经典实验在分子细胞生物学领域掀起了对微丝与细胞信号转导研究的热潮,为深入认识细胞骨架与细胞外基质的关系以及与肿瘤细胞转移的相关性开拓了新的道路。以Swiss 3T3成纤维细胞为研究对象,给细胞注射不同的Rho家族成员蛋白,研究者发现Cdc42诱导指状伪足,Rac诱导膜皱折,而Rho诱导应力纤维的形成。缓激肽(bradykinin)可以阻断指状伪足的形成;EGF和铃蟾肽(bombesin)可阻断膜皱折的形成;溶血磷脂酸(lysophosphatidic acid,LPA)可抑制应力纤维的形成。这在一定程度上表明,在基因组计划完成后,生命科学研究中的蛋白质组学研究正逐步向细胞水平回归,对于揭示各种分子的生物学功能具有不可替代的作用。除了可以诱导细胞特殊的形态学变化之外,这些Rho家族成员之间还存在串话(cross-talk)功能,如Cdc42可以激活Rac,Rac又能激活Rho。F-actin的空间样式既涉及肌动蛋白的聚合,也与肌动蛋白的串话有关。

3.8.7 细胞骨架与细胞迁移运动

细胞迁移为许多生物学过程所必需,如胚胎形态发生、免疫监控、组织修复再生等。细胞迁移的异常调控可以驱动多种疾病进程,如癌症的侵袭和转移。因此,了解细胞迁移机制对于我们理解疾病的基础生物学和病理学都是十分关键的。细胞迁移是一个高度整合的多步骤过程,而细胞膜的突起则是起始步骤。迁移或侵袭细胞形成的突起性结构包括指状伪足、片状伪足及侵袭伪足(invadopodia)(图3.8.11),与突起前端肌动蛋白的聚合有关。细胞的迁移和侵袭是由趋化物触发的,它们通过与细胞表面的受体结合,刺激调节肌动蛋白骨架重排的胞内信号转导途径。目前,在几种癌症中已经鉴定了几种调控信号途径的关键蛋白质,如威奥综合征蛋白(Wiskott-Aldrich syndrome protein,WASP)/Arp2/3复合体、Lim激酶/cofilin以及cortactin途径等。片状伪足是扁平的片状突起,在迁移细胞的引导下形成,一般认为片状伪足借助与基质的接触和施加作用力使胞体向前运动。片状伪足含有树状的肌动蛋白纤维网架和控制肌动蛋白组装/去组装及结构的分子机器。从调控片状和侵入性伪足形成的信号转导途径来分析,可以由生长因子与细胞膜上特异性受体的结合作为始动因素,中间阶段涉及数条信号通路、多个第二信使和Rho家族成员,以及微丝相关蛋白,如封端蛋白、cofilin及肌动蛋白相关蛋白复合体(图3.8.12)。片状伪足通过局部肌动蛋白聚合而启动,这一步骤需要在细胞引导端形成肌动蛋白的游离分叉末端。目前认为,游离的分叉末端有三种主要的形成机制:其一,通过Arp2/3复合体和成形蛋白重新形成肌动蛋白聚合核心(nucleation);其二,早先存在的肌动蛋白纤维被

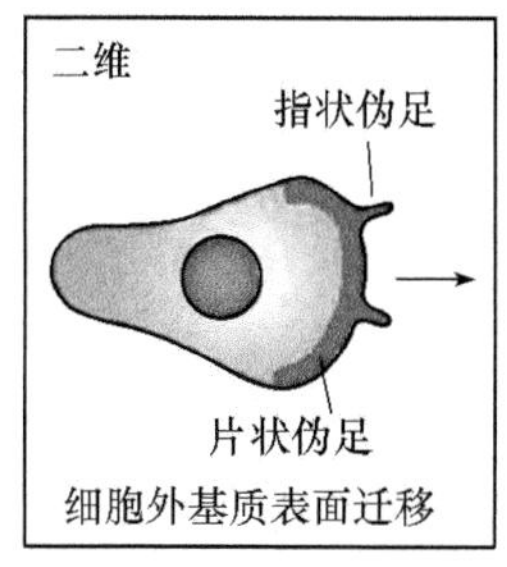

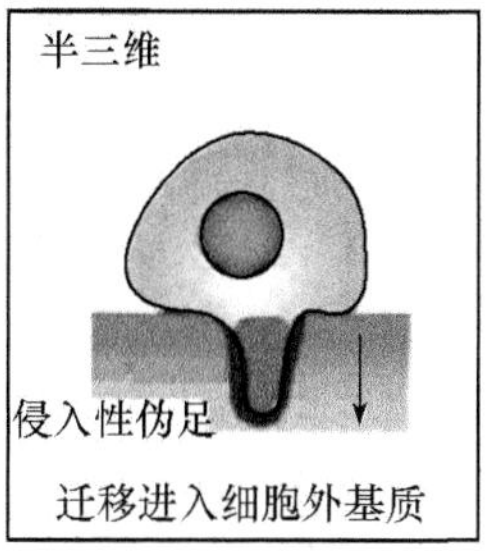

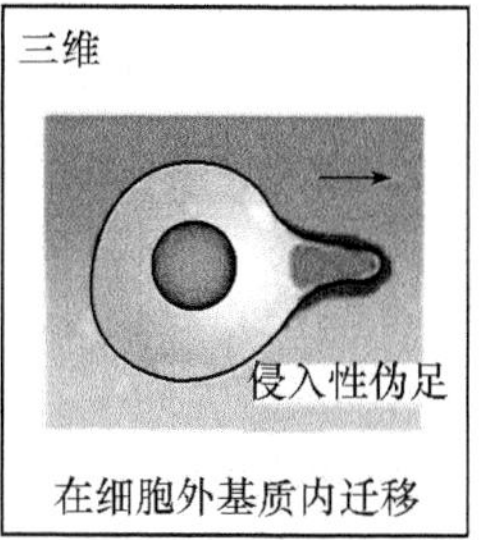

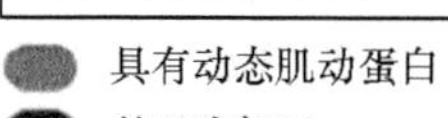

图3.8.11 伪足与基质的关系

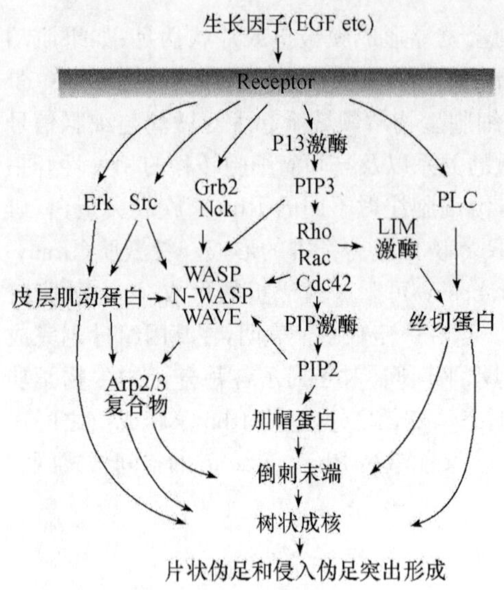

图 3.8.12　与伪足形成有关的信号途径

cofilin截断;其三,早先存在的肌动蛋白分叉末端脱帽(uncapping)。许多趋化因子可以刺激胞内信号途径,并通过上述机制诱导分叉末端的形成。表皮生长因子就是一种关键的趋化因子,在乳腺癌中作为片状伪足的诱导因子,EGF信号途径的激活与癌细胞侵袭和转移密切相关。

指状伪足则由束状交联的肌动蛋白纤维组成,研究发现它也存在于迁移细胞的前端。尽管认为指状伪足决定细胞迁移的方向,但其确切的作用实际上仍不清楚。

细胞迁移必须突破致密的细胞外基质障碍,因而细胞需要降解基质并重建细胞外基质结构。侵入性伪足由多种蛋白组成,如肌动蛋白、肌动蛋白调节蛋白、黏附分子、膜重建蛋白、信号蛋白及基质降解酶等。其中WASP和cortactin是两种基本组分,由其组成侵入性伪足的核心结构。肿瘤转移过程中,就是通过侵入性伪足的膜突起迁移和侵袭穿过肿瘤间质进入血管的。还存在一种被称为伪足小体(podosome)的结构,有的认为伪足小体就是侵入性伪足,因为两者在外形上和分子组成上相类似。典型的伪足小体为单细胞起源,如巨噬细胞、树突状细胞、破骨细胞等。据报道,在平滑肌细胞和上皮细胞中也有伪足小体样结构的存在。值得注意的是,转染了v-Src原癌基因的成纤维细胞可以诱导伪足小体的形成,提示原癌基因在细胞运动和侵袭中伪足小体的重要性。目前认为,伪足小体是向化性细胞迁移所需的动态黏附位点,同时还证实,伪足小体具有降解细胞外基质的能力。

3.8.8　细胞骨架间的相互作用

细胞质骨架、细胞核骨架、细胞膜骨架和细胞外基质虽然结构功能各异,各自构成相对独立的系统或体系,但从总体上来看,各种细胞骨架间仍然存在密切联系。正是这样一个看似独立、而又相互联系的网络,构成一个相对稳定的动态系统,从而在生命活动中发挥着重要的作用。它们不仅在结构上相互联系,而且在功能上相互呼应。细胞膜骨架中的跨膜镶嵌蛋白,不但可与质膜外细胞外基质中的骨架成分——胶原纤维、纤黏连蛋白和层黏连蛋白发生联系,而且还能与细胞质骨架中的微丝和中间纤维形成连接,并通过微丝和中间纤维的介导,最终与细胞核骨架成分——非组蛋白性质的纤维蛋白连接,使细胞外基质经细胞膜骨架、细胞质骨架与细胞核骨架形成一个整体,这正反映了细胞骨架整体性的特点。

三维图像分析表明,在接近质膜下的细胞质中,中间纤维分布在最上层,微管分布于其下方,微丝构成的微丝束分布在最下层,三种细胞质骨架成分形成上、中、下三层不同纤维独立分布的空间格局,而三层之间又有肌动蛋白丝相连,起到相互沟通"桥梁"的作用。此外,肌动蛋白可以在细胞质和细胞核之间往来穿梭,实际上也起到了联系细胞质骨架与细胞核骨架的作用,但是其真正的作用还有待进一步研究。近期研究还发现,动物细胞胞质分裂并非只是微丝的功能,实际上也不能缺少微管的配合。另外,微管和微丝共同参与细胞的运动,微管和中间纤维还参与胞内物质运输,三种细胞质骨架成分共同参与胞外信息向细胞内的传递过程,可见,同一类型细胞骨架(如细胞质骨架)也存在着广泛的联系。

外界环境各种因素,如药物、毒物、激素等通过细胞膜上的受体,引起细胞内的一系列连锁反应,并通过调控细胞骨架及其相关蛋白和结合蛋白,使细胞骨架能够按照细胞生理功能的需要,通过结构重排等方式发挥各自独特的功能,参与细胞乃至机体的生命活动。此外,骨架蛋白单体和纤维聚合体之间存在的动态平衡,为其广泛参与生命活动过程提供了条件,就是说认识细胞骨架间的相互作用,不仅应关注空间分布和功能的关系,还应当从调控效应与动态变化的角度去认识。相信随着对细胞骨架研究的进一步深入,细胞骨架的整体性将会更加完整地被揭示出来。

3.8.9 细胞骨架与疾病

由于细胞骨架具有广泛的生物学功能,所以细胞骨架与疾病也有一定的关系。这主要体现在两个方面:首先,在各种病理状态下,细胞骨架可以发生不同程度的改变;其次,细胞骨架的动态变化必然影响细胞功能的发挥。荧光素标记抗体技术研究表明,肿瘤细胞和转化细胞中微管的数量明显减少,仅为正常细胞的一半左右,而钙调蛋白(calmodulin)则增加,为正常细胞的 2 倍,目前已经把微管数量的减少看成是细胞发生恶性转化的一个重要特征。同时微管在肿瘤细胞内的分布也发生了紊乱,微管分布已达不到质膜下的胞质溶胶层。此外,肿瘤细胞微丝的数量也相应减少,并且常出现成片的肌动蛋白凝聚小体,微丝通常不与细胞膜相连。阿尔茨海默综合征(Alzheimer's syndrome)即老年痴呆病也与微管的变化有关,患者脑脊液中 tau 蛋白明显增高,脑神经元内出现大量扭曲变形的微管,游离的微管蛋白与微管相关蛋白均以高磷酸化的方式与其他配体结合,形成稳定的 tau 蛋白,使微管聚集发生缺陷,引起轴质流动阻塞,导致神经元的营养和代谢出现障碍,神经元内微管数量大为减少,也影响了运动神经元功能的发挥。而中间纤维与疾病的关系则表现得更为突出,许多与中间纤维有关的疾病是遗传性疾病,如一种遗传性皮肤病——单纯型大泡性表皮松解症患者,其角蛋白 14 发生基因突变。同时由于中间纤维具有严格的组织特异性,绝大多数肿瘤细胞在生长时能够继续表达其来源细胞中间纤维的类型,这为临床鉴别不同组织的肿瘤提供了诊断依据,目前甚至已经应用到了产前诊断中,如当羊水中含有胶原丝或神经丝的细胞时,就可初步诊断胎儿患有中枢神经系统畸形,该方法也能诊断有心肌和骨骼肌疾病的患儿。

小结

细胞的生命活动离不开细胞骨架的参与,这是由细胞骨架的三个主要特征所决定的。由于认识的角度不同,人们对细胞骨架从内涵上区分为狭义和广义两种概念。细胞骨架构成细胞内的蛋白纤维网架体系,可以为其他各种细胞器提供统一基质,为细胞提供机械支持,同时还是发生能量转换的重要场所。特别是微管和微丝的动态变化,为许多细胞形态学变化和信号传递以及物质运输等铺垫了前提。这种动态变化表现为单体游离状态与聚合状态的相互转换,换句话说,就是骨架的装配和解聚过程。而细胞骨架的动态变化,也为探讨不同内外环境物理、化学因子对细胞生命活动的影响,阐明其作用机制提供了一个便于分析的客观指标。各种细胞骨架组分之间在行使功能时并不是相互独立的,而是通过一些骨架相关蛋白等建立起密切的联系。细胞骨架中,中间纤维结构相对稳定,组分并不单一,但却具有组织特异性,可用于临床诊断疾病。细胞骨架研究正在得到越来越多的重视,近年来也取得了许多重要的成果,如原核细胞骨架蛋白类似物的发现,肌动蛋白可以在核质间穿梭,胞质分裂需要微丝和微管的共同参与,细胞骨架参与多条细胞信号转导途径等，同时对于细胞骨架与多种疾病关系的研究也获得了新的进展。随着原核细胞骨架蛋白类似物的发现，对于细胞骨架进化的研究必将为分子、细胞乃至生物进化提供新的思路。

（刘宏颀）

思考题

1. 细胞骨架有哪些基本特征，这些特征与细胞骨架的功能有何联系？
2. 如何理解广义和狭义的细胞骨架概念？
3. 微管相关马达蛋白在胞内物质运输中有什么特点？
4. 微丝骨架相关蛋白有哪些类型和功能？
5. 什么是核骨架，其与细胞质骨架有何联系？
6. 请举例说明细胞骨架与疾病的关系。
7. 小G蛋白Rho家族成员与伪足和应力纤维形成有什么联系？
8. 与整合素相关的胞内细胞骨架成分包括哪些类型？
9. 请说明三种细胞质骨架成分的组装过程和特点。
10. 中间纤维在疾病诊断中有什么意义？

参考文献

查锡良. 2002. 医学分子生物学. 北京：人民卫生出版社
汪堃仁. 1998. 细胞生物学. 2版. 北京：北京师范大学出版社
翟中和. 1997. 细胞生物学动态. 1卷. 北京：北京师范大学出版社
翟中和. 1998. 细胞生物学动态. 2卷. 北京：北京师范大学出版社
翟中和. 1999. 细胞生物学动态. 3卷. 北京：北京师范大学出版社
翟中和. 2000. 细胞生物学. 北京：高等教育出版社
Alberts B et al. 2002. Molecular Biology of the Cell. 4th ed. Garland Science
Gundersen et al. Current Opinion in Cell Biology, 1999, 11: 81-94
Karp G. 2002. Cell and Molecular Biology: Concepts and Experiments. 3rd ed. Wiley & Sons

3.9 蛋白酶体与细胞内蛋白质降解

蛋白质合成与分解是细胞生命活动的重要条件和基础之一。蛋白质合成的研究一直备受研究者关注，然而，蛋白质降解的研究却因为多种原因一直未受到应有的重视。目前据粗略估计，在人类基因组中，有1%的基因与蛋白质合成相关，而与蛋白质降解相关的基因则超过了3%。2004年关于泛素介导的蛋白质降解研究获得诺贝尔化学奖，同时也使蛋白质降解研究成为生命科学新的研究热点之一。这一重要成果使人们形成了这样的认识，细胞内至少有两条蛋白质降解途径，一条与溶酶体相关，另一条与蛋白酶体相联系。

细胞内蛋白质降解具有以下几方面的生物学意义。其一，细胞保持动态平衡的需要；其二，错误折叠的蛋白质有聚集的倾向，因此需要及时清除；其三，蛋白质降解可以终止调节蛋白的作用，如细胞周期蛋白、转录因子、细胞信号转导途径的成分等；其四，蛋白质降解外源抗原可提供免疫活性肽段。

随着细胞内蛋白质降解研究的不断深入，研究者对蛋白酶体的结构和功能有了更加全面的认识。人们普遍认为，细胞器是细胞中具有一定结构和功能的微结构。包括膜性结构细胞器和非膜性结构细胞器。非膜性结构细胞器包括细胞骨架、核糖体、中心体等。按照这一定义，显然蛋白酶应当被认为是一种细胞器，因为蛋白酶体也具有特定的结构，并且专一地执行细胞内部分蛋白质(主要是短寿命蛋白质)的生物降解功能。所以，我们将蛋白酶体单独列为一节。这样既能更好地体现细胞生物学的内在逻辑性，也能充分显示细胞生物学学科发展的现状。

3.9.1 蛋白酶体的结构

形象地说，蛋白酶体可以被看成是细胞内的“蛋白质降解机器”。1987 年 Rechsteiner 和 Goldberg 两个研究小组几乎同时分离得到了蛋白酶体，1988 年 Goldberg 将其命名为蛋白酶体(proteasome)。蛋白酶体也被称为 prosome，即多催化活性蛋白酶复合物(multicatalytic proteinase complex，MCP)或 macropain(巨蛋白因子)(图 3.9.1)。

蛋白酶体广泛分布于细胞质和细胞核中，是一种分子质量为 2000kDa 的多亚基复合物，具有多种蛋白水解酶活性，并且具有泛素依赖性。其核心复合物约 700kDa，沉降系数为 20S，由 4 个同轴的环组成，每个环由 7 个亚基组成，形成一种桶状结构，位于桶状结构外侧的两个环称为 α 环，由 7 个 α 亚基组成。桶状结构内侧的两个环为 β 环，由 7 个 β 亚基组成，其中 β_1、β_2 和 β_5 具有苏氨酸蛋白酶活性位点，具体来说 β_1 具有 Caspase 样肽酶活性，β_2 具有胰蛋白酶样活性，β_5 具有胰凝乳蛋白酶样活性。这些活性位点处于 20S 中心复合物内部，从而可以有效地防止非特异性蛋白质的降解。20S 核心复合物两端可与三种调节复合物或激活物结合，如与 19S 调节复合物结合即构成 26S 的蛋白酶体复合体(图 3.9.2)。19S 调节复合物通过 α 环与核心复合体相结合。19S 调节复合物由 17 个不同亚基组成，由两部分构成，一个是基底复合物(base complex)，另一个是盖复合物(lid complex)，前者由 6 个 ATP 酶亚基和 2 个非 ATP 酶亚基组成；后者由 9 个亚基组成。基底复合物中的 ATP 酶亚基分别被命名为 Rpt1～6，负责核心复合体降解腔通道的开启、降解底物去折叠和帮助降解底物进入降解腔等功能。盖复合物在泛素依赖的蛋白质降解过程中主要发挥识别泛素降解信号和去泛素化的作用。由此可见，盖复合物与基底复合物的协同作用保证了带有多泛素化标签的底物蛋白质能够进入中心复合体活性中心并被降解为短肽。值得注意的是，原核细胞的蛋白酶体本身就缺少盖复合物，但研究表明，某些非泛素化的降

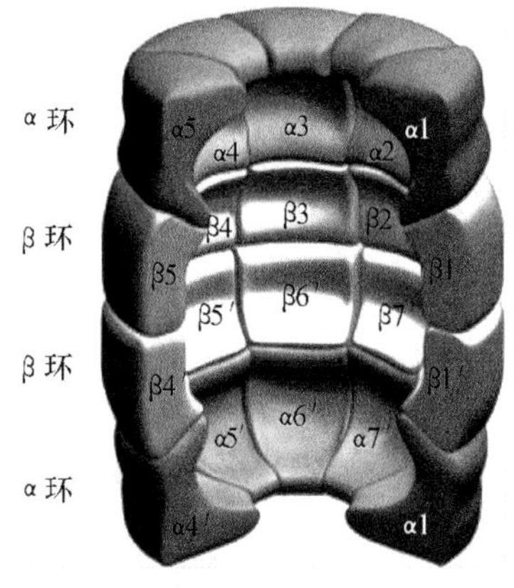

图 3.9.1 蛋白酶体核心颗粒分子组成

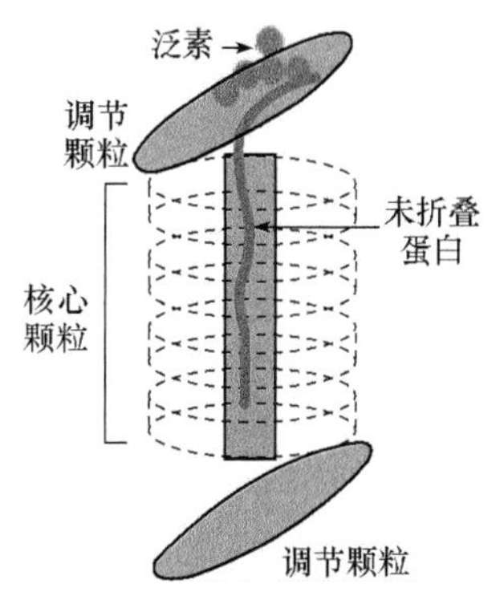

图 3.9.2 26S 蛋白酶体结构示意图

解底物也能够通过这种没有盖复合物的蛋白酶体所降解，人为解离掉盖复合物的蛋白酶体也能以 ATP 依赖的方式降解非泛素化的底物。

另一种与蛋白酶体核心复合体结合的复合物是 11S 调节因子，也称为 PA28 激活因子。该复合物也能够促进短肽的水解，水解的过程不依赖 ATP，并且水解的底物也无需与泛素结合。PA28 分子质量为 20kDa 的复合物，由 α 亚基和 β 亚基组成，两个亚基形成异源 7 聚体，并可以结合到核心复合体的两端，同时也可以与 19S 调节复合物组成“杂合蛋白酶体”(hybrid proteasome)。研究认为，PA28 在体内抗原加工中发挥作用，而且通过与 γ 干扰素的相互作用参与免疫蛋白酶体 β 亚基的表达。

3.9.2　泛素-蛋白酶体系统

泛素-蛋白酶体系统由三种级联的泛素酶和蛋白酶体共同组成。泛素(ubiquitin)是一条由 76 个氨基酸残基组成的高度保守的多肽链。泛素共价结合其底物蛋白质的赖氨酸残基的过程被称为蛋白质泛素化(ubiquitination)。泛素化通过泛素激活酶 E1(ubiquitin activating enzyme)、泛素结合酶 E2(ubiquitin-conjugating enzyme)和泛素连接酶 E3(ubiquitin-protein ligase)介导的多酶级联反应得以实现。目前认为人的细胞中仅存在约 2 种 E1 酶、30 余种 E2 酶和超过 500 种的 E3 酶。

3.9.2.1　参与蛋白质泛素化级联反应的酶类

E1 是一种 ATP 依赖的酶，每一个 E1 酶可以激活所有的 E2 酶，而每一个 E2 酶又与多种 E3 酶相互作用。E2 酶也称为泛素载体蛋白(ubiquitin-carrier protein)。E3 酶由于其数量大、结构多样和调控机制复杂，一直是泛素化三种酶类中最受关注的酶，也被认为是泛素化过程中最为关键的酶。E3 酶都含有一些保守的与 E2 酶相互作用的结构域，主要包括三类：HECT 结构域、RING 结构域和 U-box 结构域(图 3.9.3)。

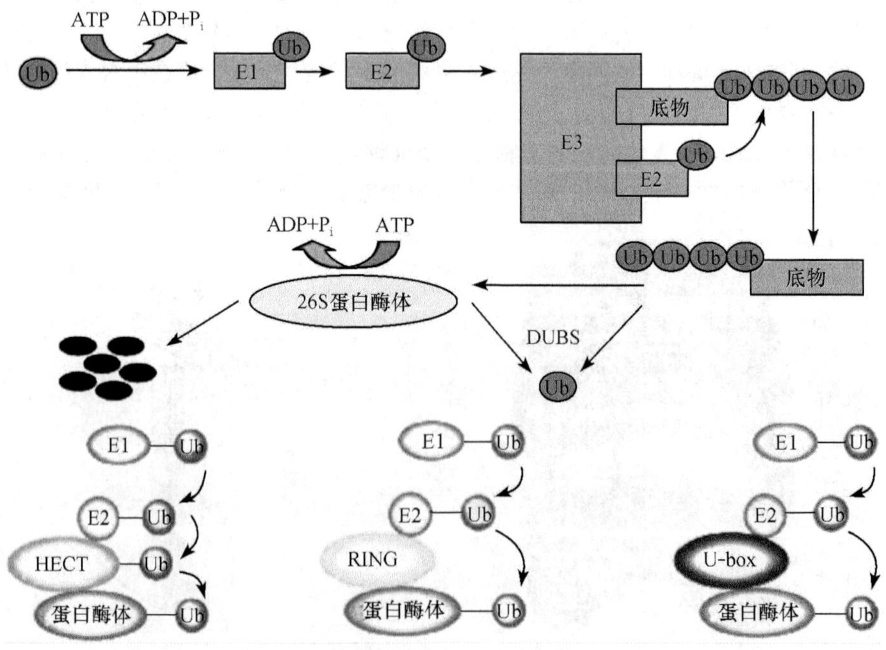

图 3.9.3　泛素-蛋白酶体系统与泛素连接酶类型

HECT 结构域(homologous to E6-AP C terminus,HECT)家族的泛素连接酶 E3 是目前所知的唯一可以和泛素形成硫酯键中间体的泛素连接酶,并且它可以直接催化靶蛋白的泛素化。HECT E3 有一个分子质量大约为 40kDa 的具有保守性的羧基末端催化结构域,即 HECT 结构域。HECT E3 的 N 端不具有保守性,并且 N 端决定了底物的特异性识别。HECT 结构域至少具有四种生物学功能:①与特定 E2 连接;②接受来自于 E2 的泛素,并且通过其 Cys 活性位点与泛素形成通过硫酯键连接的中间体;③通过催化泛素与底物上 Lys 侧链的 ε-氨基形成异肽键从而将泛素转移到靶蛋白上;④负责转移泛素到正在延长的多泛素链末端从而延长泛素链。

RING 结构域家族最典型的特点是具有环指结构域(ring finger domain),并且每一环指结构域连有两个锌离子。RING E3 的 E3 活性依赖于环指结构域,并通过其与泛素结合酶 E2 相连接。U-box 蛋白家族的泛素连接酶 E3 开始被认为是一个多聚泛素链的装配因子 E4,在与 E1、E2 和 E3 的共同作用下催化靶蛋白多聚泛素链的形成。后来被证明是泛素连接酶 E3 的一种新的类型,可促进多聚泛素链的装配。

3.9.2.2 去泛素化酶

泛素化与磷酸化修饰类似,也是一个可逆的动态过程。泛素分子与底物或多聚泛素链的解离是通过大量的去泛素化酶(DUB)来完成的,目前发现的 DUB 分为两类:泛素碳端水解酶(ubiquitin C-terminal hydrolase,UCH)和泛素特异性蛋白酶(ubiquitin-specific processing protease,UBP),两者都是半胱氨酸水解酶,已经发现真核细胞内有许多去泛素酶能够水解泛素和蛋白质间的硫酯键。也可以分解泛素前体,生成泛素分子,UBP 能够分解泛素多聚体链。

3.9.2.3 类泛素化修饰

在真核细胞中还有一类与泛素有一定序列同源性的小分子多肽,这些小分子多肽与泛素分子具有相似的三维结构,也能够通过其 C 端的甘氨酸对底物蛋白的特定氨基酸进行共价修饰,被称为类泛素蛋白(ubiquitin-like modifier,Ubl),其中研究较多的是含有 101 个氨基酸残基的 SUMO-1(small ubiquitin-related modifier-1),目前发现的类泛素蛋白有 Sumo、NEDD8、Fub、Apg12 等。它们的修饰机理与泛素相似,不同于泛素的是这类蛋白质是以单体形式进行修饰,不能像泛素那样形成多聚修饰,因此其不能介导蛋白质的降解,它是通过改变底物蛋白的活性及功能,在细胞的生理过程中发挥作用的。

3.9.3 蛋白酶体的功能

蛋白质是生命功能的体现者,而蛋白酶体直接影响某些蛋白质的更新,其中包括错误折叠蛋白和许多在生命活动中起重要作用的蛋白质,如 p53、cyclin 等,显然这些蛋白质数量的调节会直接影响相关的生物学功能。蛋白酶体的功能涉及细胞周期控制、细胞凋亡、应激反应、DNA 修复、基因转录、抗原提呈、信号转导、癌症、炎症、神经退行性疾病的发生等(图 3.9.4)。这里主要从以下 4 个方面加以介绍,与疾病有关的内容,放在后面第五部分专门阐述。

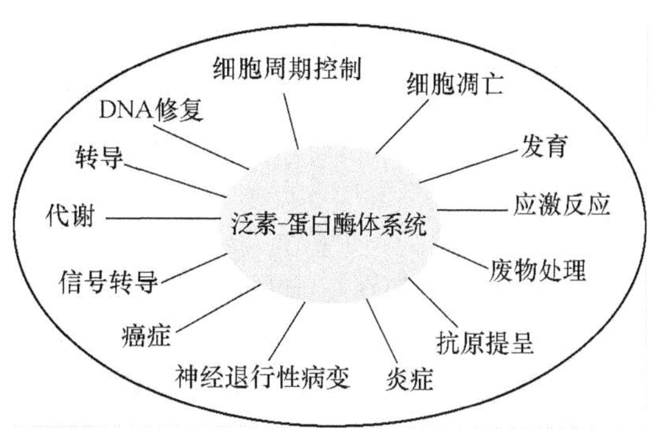

图 3.9.4 蛋白酶体的生物学功能

3.9.3.1　内质网应激与蛋白酶体

细胞内合成的分泌蛋白和膜蛋白在离开内质网之前，首先要在内质网腔中完成折叠，折叠过程中出现折叠错误和折叠失败都是不可避免的，这就会对内质网造成一种重负(heavy load)。内质网消除重负的过程和机制称之为蛋白质质量控制(protein quality control)。过去认为，其机制主要是在内质网中存在驻留的蛋白酶，可以去除非正常折叠的蛋白质。而越来越多的研究结果证明，错误折叠的蛋白质主要是通过细胞浆中蛋白酶体被降解的。

内质网中错误折叠和未折叠蛋白质在内质网腔中的积累可以引发内质网应激(endo-plasmic reticulum stress，ERS)，由蛋白质的不正确折叠引发的 ERS 反应称为未折叠蛋白反应(unfolded protein response，UPR)，ER 中不能再折叠的错误折叠蛋白可以通过内质网质量控制系统监测，从 ER 逆向转运至胞质，被 26S 蛋白酶体降解，这一过程被称为内质网相关性降解(ER-associated degradation，ERAD)。错误折叠和未折叠的蛋白质的有效降解一方面缓解了内质网的应激压力，另一方面维持了机体的内在平衡状态。但如果内质网的负荷过大，细胞的自我调节能力依然会受到限制，这时将会启动细胞的凋亡程序，以使受损的细胞得以清除，进而保证机体的正常功能得以维持。

知识拓展框　蛋白酶体

蛋白酶体(proteasomes)是在原核生物与真核生物中普遍存在的一种巨型蛋白质复合物。在真核生物中，蛋白酶体位于细胞核和细胞质中。蛋白酶体的主要作用是降解未正确折叠的或受到损伤的蛋白质，这一作用通过打断肽键的化学反应来实现。蛋白酶体是细胞用来调控特定蛋白质和去除错误折叠蛋白质的主要机制。经过蛋白酶体的降解，蛋白质被切割为 7～8 个氨基酸长的肽段；这些肽段可以被进一步降解为单个氨基酸分子，然后被用于合成新的蛋白质。需要被降解的蛋白质首先被一个称为泛素(ubiquitin)的小型热稳定性蛋白质所标记，标记反应需要 E1、E2 和 E3 酶联反应(cascade)参与。一旦一个蛋白质被标记上一个泛素分子，就会接着被加上更多的泛素分子，形成与被降解蛋白质相连的多泛素链，这一过程被形象地称为“死亡之吻”，因为被多泛素链标记的蛋白质会被运送到蛋白酶体进行降解。

从结构上看，蛋白酶体“核心”是一个由 4 个堆积在一起的环所组成桶状的 20S 复合物，其中，每一个环由 7 个蛋白质分子组成。中间的两个环各由 7 个 β 亚基组成，并含有 6 个蛋白酶的活性位点。这些位点位于环的内表面，所以蛋白质必须进入到蛋白酶体的“空腔”中才能够被降解。外部的两个环各含有 7 个 α 亚基，可以发挥“门”的作用，是蛋白质进入“空腔”中的必由之路。在“核心”颗粒的两端可以分别与 19S 或 11S 的调节颗粒连接，调节颗粒构成“帽状”结构。包括泛素化和蛋白酶体降解的整个系统被称为“泛素-蛋白酶体系统”(ubiquitin-proteasome system)。

泛素-蛋白酶体降解途径是独立于溶酶体途径的细胞内蛋白质降解途径，对于许多细胞生命活动，如细胞周期、基因表达调控、氧化应激反应、抗原提呈等都是必不可少的。2004 年诺贝尔化学奖就颁发给了因研究蛋白质酶解在细胞中的重要性和泛素在酶解途径的作用而成就卓著的三位科学家。

错误折叠的蛋白质的清除首先需要从内质网逆向运输到细胞浆中，在酵母细胞中，这一过程需要 AAA-ATPase Cdc48/p97 的参与，Cdc48/p97 通过与膜蛋白的直接相互作用而停靠在细胞膜上，并且通过与底物募集辅助因子的间接作用与泛素化底物相联系，经过其分子内 ATP 的水解而发生构象变化，从而为转位反应提供驱动力。再通过一连串的 Cdc48/p97 复合体、其辅助因子和泛素化底物之间的蛋白质相互作用，为将内质网底物向蛋白酶体的正确递送提供帮助。

内质网相关降解的关键事件包括：其一，底物的识别；其二，底物被递送到胞质面的泛素连接酶作用位点；其三，底物从内质网中被抽提出来；其四，底物被递送到蛋白酶体降解(图 3.9.5)。

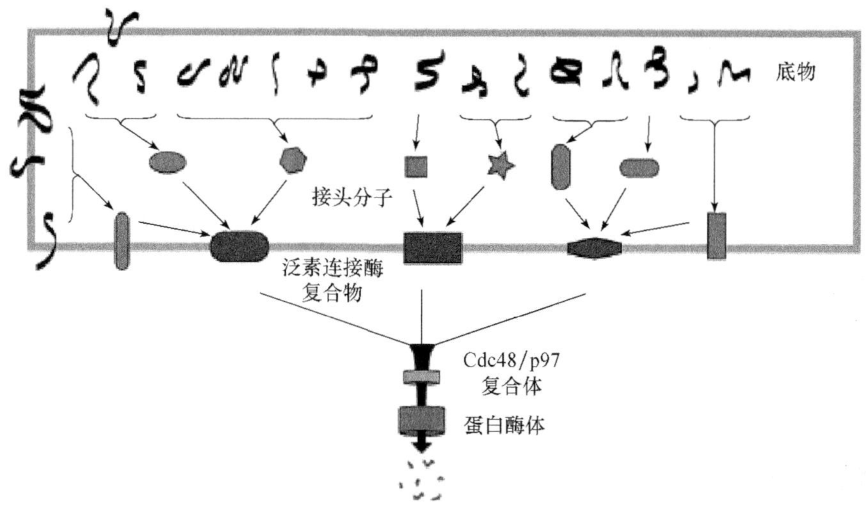

图 3.9.5 内质网非折叠蛋白质被蛋白酶体降解示意图

3.9.3.2 蛋白酶体的抗原提呈作用

抗原特异性 T 淋巴细胞不能识别游离的或可溶性的抗原，但能够识别非共价结合于主要组织相容性复合体(major histocompatibility complex，MHC)基因产物上的蛋白质抗原。换句话说，只有当外来蛋白质抗原附着于其他细胞表面时，T 淋巴细胞才会识别并产生免疫应答。通常，外源性抗原通过 MHCⅡ类分子提呈给辅助 T 细胞，而内源性抗原由 MHCⅠ类分子提呈给细胞毒性 T 淋巴细胞(cytotoxic T lymphocyte，CTL)。近年来的研究发现，MHCⅠ型提呈的多肽主要是通过蛋白酶体系统所产生的。干扰素 IFN-γ 通过诱导免疫蛋白酶体三个免疫亚基的形成和蛋白酶体激活剂 PA28 的合成而影响抗原加工的有效性。大量存在的有缺陷的核糖体产物(defective ribosomal product，DRiP)是蛋白酶体依赖性抗原加工的主要来源。

MHCⅠ类分子表达于所有的具核细胞，包括特异的抗原提呈细胞，如树突状细胞(dendritic cell，DC)。实际上所有的细胞都通过利用蛋白酶加工抗原肽，这一过程涉及蛋白质的更新，即泛素-蛋白酶体系统和其他一些蛋白酶和肽酶。与抗原提呈有关的蛋白酶体被称为免疫蛋白酶体(immunoproteasome)，其特点在于结合在 20S 核心复合体上的调节复合体不是 19S 的调节复合物，而是也被称为 PA28 的 11S 的调节复合物，此外还有 20S 蛋白酶体核心复合体三个亚基的置换。免疫蛋白酶体的形成，需要细胞因子 IFN-γ 的参与。研究表明，绝大多数抗原肽来自于新合成的蛋白质。Kuckelkorn 等(2002)指出,不同器官 20S 蛋白酶体的亚单位组分是不同的,提示可能存在组织特异性抗原加工(图 3.9.6)。

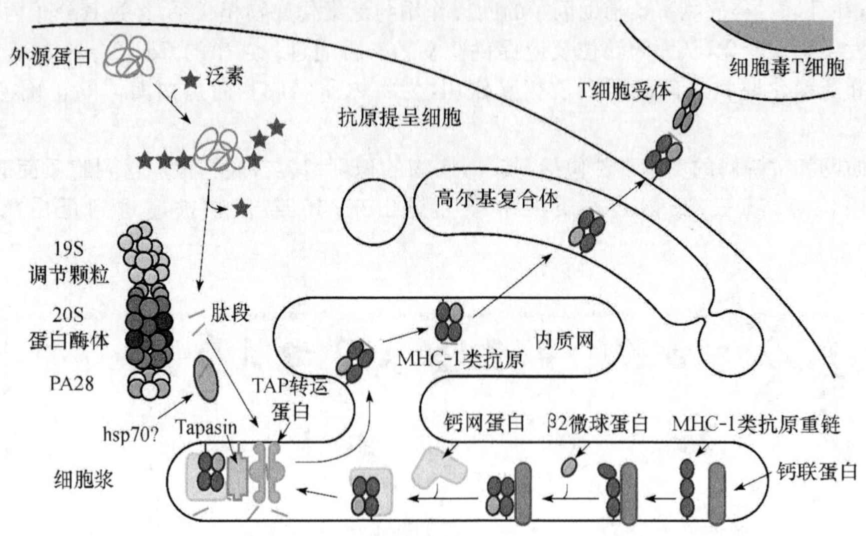

图 3.9.6　蛋白酶体与抗原提呈

(改绘自 Marcus Croettrup et al.,1999)

蛋白酶体产生的抗原提呈肽段的 C 端表位具有 MHC Ⅰ类分子锚定功能,N 端表位则需要特异性氨基肽酶进一步剪切后才能形成。细胞内组成型蛋白酶体和免疫蛋白酶体是共存的,且在功能上不可替代。组成型蛋白酶体的半衰期为 120h,而免疫蛋白酶体的半衰期则只有 21h,这有利于细胞在受到感染时,迅速上调免疫蛋白酶体的水平,以在短时间内满足机体的免疫需求,而一旦功能发挥后,又可以很快恢复到正常水平。蛋白酶体调节组分 PA28 复合物主要促进短肽的水解,而不是泛素结合蛋白的水解,同时也不依赖 ATP,由排列成环形的 3 个 PA28α 和 4 个 PA28β 组成,其功能是通过与 20S 蛋白酶体的 α 环结合,通过改变 α 亚基 N 端尾的排列方向,使降解底物和产物能够更容易地通过降解腔入口。

3.9.3.3　蛋白酶体与细胞周期调控

细胞周期是一种严格受控的生命活动过程,细胞周期蛋白(cyclin)和细胞周期蛋白依赖激酶(cyclin dependent kinase,CDK)共同构成细胞周期调控系统的核心。细胞周期蛋白随着细胞周期进程不断发生合成与降解的变化,现在已明确 cyclin 和 CDK 的降解均依赖于泛素-蛋白酶体系统。

泛素化途径对细胞周期的调控,存在两种不同的途径,即依赖 SCF 和 APC/C 的泛素化途径。SCF 和 APC/C 都是泛素连接酶,它们分别在细胞周期不同的时期被激活,SCF 的活性从 G_1 期一直延续到 S 期末,而 APC/C 的活性存在于 M 期的中期到 G_1 期向 S 期过渡的这段时间,它们分别对细胞周期的不同时期进行调节。SCF 与 APC 都是复杂的蛋白质复合体,成分相近。但在细胞周期中 SCF 始终具有活性,其作用底物蛋白质必须先磷酸化后,才能被 SCF 识别并通过泛素化而降解。在细胞不同分裂期中,APC 活性不断发生变化,如在 G_1 期和 S 期其无活性,在 M 期时开始有活性,M 期结束后活性消失(图 3.9.7)。

SCF 至少由 F-box protein、Skpl、Cullins、Rocl/Rbxl/Hrtl 和 Nedd8/Rubl 这 5 种成分组成。

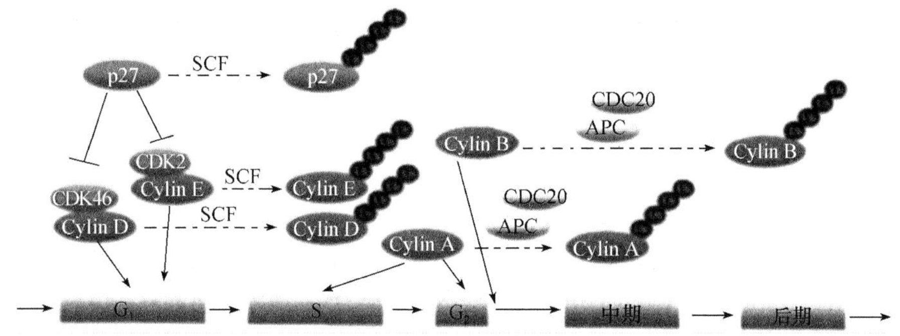

图 3.9.7　SCF 与 APC 参与细胞周期各时相周期蛋白的泛素化降解
（引自李艳凤等，2006）

F-box protein 具有对底物的识别作用；Skpl 是一种重要的支架蛋白，它分别与 F-box protein 和 Cullins 相结合；Cullins 的作用是介导结合酶 E2 与 SCF 复合物相结合；Rocl/Rbxl/Hrt1 分别与 Cullins 和结合酶 E2 相结合，稳定 Cullins 和结合酶 E2 的相互作用，帮助泛素从 E2 转移到底物上；Nedd8/Rubl 与 Cullins 相结合，有利于 Cullins 行使正常的功能。

Cyclin E 在 G_1 期的晚期到 S 期的早期与 CDK2 相结合，启动 DNA 的复制。如果在细胞中 Cyclin E 过度表达，会使细胞提早进入 S 期，造成细胞基因组的不稳定和肿瘤的形成。有研究证明，无论是独立存在的 Cyclin E，还是与 CDK2 结合的 Cyclin E 都是通过泛素化途径降解的。如果使与 CDK2 结合的 Cyclin E 在第 380 位的苏氨酸上发生磷酸化，则 Cyclin E 被泛素化，进而被降解。而独立存在的 Cyclin E 的降解不需要被磷酸化，它的降解模式与处于结合状态的 Cyclin E 是不同的。

$p27^{Kip1}$ 是调节 Cyclin D/CDK4 和 CyclinE/CDK2 重要的 CKI 蛋白。它在处于静止和 G_1 期的细胞中大量存在，而在处于增殖和 S 期的细胞中含量较少。细胞周期 G_1 期向 S 期过渡需要 $p27^{Kip1}$ 的降解。$p27^{Kip1}$ 在小鼠细胞中的异常表达，则会使细胞停滞在 G_1 期。$p27^{Kip1}$ 在 G_1 期的晚期被降解。研究发现 $p27^{Kip1}$ 是由依赖 SCF^{Skp2} 的泛素化途径降解的。首先，Cyclin E/CDK2 使 $p27^{Kip1}$ 在第 187 位的苏氨酸上发生磷酸化，然后再在结合酶 E2 和 SCF^{Skp2} 的共同作用下，使 $p27^{KiP}$ 被泛素化，继而被降解。

细胞周期后期促进复合物（anaphase promoting complex/cyclosome，APC/C）由 10～12 个亚基组成，为 20S 的蛋白复合体，定位于纺锤体微管和中心粒上。APC/C 作用的底物都含有共同的由 9 个氨基酸组成的序列，被称为“destruction box”。APC/C 只有被激活，才能行使其功能。APC/C 有两种激活蛋白（activating protein），分别是 CDC20 和 Cdh1，分别在细胞不同的时相与 APC/C 相结合，激活 APC/C。CDC20 的表达受细胞周期的调控，它在 G_1 期向 S 期过渡时开始合成，到 M 期含量达到最高，M 期末被降解。而 CDH1 在 G_1 期存在，并能激活 APC/C。CDC20 在 M 期的中期激活 APC/C，而 CDH1 在 M 期的末期激活 APC/C，它们分别调控细胞周期 M 期中后期到 M 期末，M 期末到 G_1 期向 S 期过渡。APC/C 的激活也与纺锤体组装检验点（the spindle-assemble checkpoint）有关。纺锤体组装检验点的存在可以确保染色体的正确排列、定位和分离。它可以监控微管是否与着丝点相连接，只有当所有的着丝点都与微管相结合，APC/C 才能被激活，从而启动 M 期中期向后期的过渡。Cyclin A 和 Cyclin B 都是由 CDC20 激活的、依赖 APC/C 的泛素化途径降解的。Cyclin A 降解与 Cyclin B 降解的不同点在于 Cyclin A 的降解不依赖纺锤体组装检验点，而 Cyclin B 的降解依赖纺锤体组装检验点，说明在细胞进入

M 期,APC/C 被激活,导致了 Cyclin A 的降解,而当所有的染色体都与纺锤丝相连后,Cyclin B 才开始降解。

3.9.3.4 蛋白酶体与细胞凋亡

研究发现,甲状腺素诱导的蝌蚪尾部的退化与泛素合成的增强表现出一致性,表明泛素合成的增加可以作为组织退化和细胞死亡开始的标志。人们注意到,在细胞死亡中发挥重要作用的半胱天冬酶在许多不同种类的生物中具有保守性,而蛋白酶体也是如此。同时,泛素-蛋白酶体系统降解的不同类型底物都是短寿命蛋白质,如 p53、E2F、c-Jun、c-Myc 等,而这些蛋白质对细胞周期和转录调控非常重要,在某些条件下,这些蛋白质同样也是细胞凋亡程序控制的重要参与者。此外,多种蛋白酶体抑制剂都可以诱导细胞凋亡,这显然与蛋白酶体特定的水解活性的条件性失活有关。在乳腺癌和结肠癌细胞中 P27 的表达下调,被认为是该蛋白酶体依赖性降解增加的结果。

泛素-蛋白酶体途径(UPP)能够通过多条途径影响和调节细胞凋亡。第一,细胞内的死亡结构域受体分子 Fas 样抑制因子蛋白(Fas-like inhibitor protein,FLIP)的表达受到蛋白酶体降解途径的调节。一种可能的方式是 FLIP 与肿瘤坏死因子(tumor necrosis factor,TNF)受体活化因子-2(TNF receptor activation factor-2,TRAF2)结合。TRAF2 含有一个 RING finger 结构域,具有 E3 酶的活性,能够使 FLIP 被泛素化降解。第二,间接调节 Bcl-2 家族促凋亡蛋白 Bax 的表达。在非凋亡细胞中,Bax 疏水的 C 端遮住 BH3(Bcl-2 homology 3)结构域从而抑制其形成二聚体,单聚体对蛋白酶体的降解敏感。凋亡信号和级联反应活性引起正常呈单聚体的 Bax 蛋白发生构象改变,暴露出 Bax 的 BH3 结构域,形成二聚体,抵制泛素化降解。随后 Bax 移位进入线粒体,引起 caspase-9 的活化,促进细胞发生凋亡。已经发现在前列腺癌中 Bax 蛋白可以被 UPP 所降解,而且随着 Gleason 评分的增加,Bax 蛋白的泛素化降解也明显增强。第三,凋亡蛋白抑制因子(inhibitor of apoptosis proteins,IAP)是一种含有 RING finger 结构域的 E3s,能够直接结合 caspases,使其通过蛋白酶体途径降解(图 3.9.8)。

3.9.4 细胞内两条蛋白质降解途径之间的关系

随着泛素介导的蛋白质蛋白酶体降解途径的发现,细胞中存在两条蛋白质降解途径的轮廓就日渐明晰起来。经过不懈努力,生物学家已经明确了在人类基因组中,与蛋白质合成相关的基因约占 1%,而与蛋白质降解相关的基因超过了 3%。蛋白质在行使功能后,就需要在特定的时空条件下进入降解过程。研究发现,细胞内蛋白质降解主要通过溶酶体途径(lysosome pathway)和泛素介导的蛋白酶体途径(ubiquitin proteasome pathway,UPP)得以实现。前一途径不消耗能量,主要降解细胞外和细胞膜等长寿命蛋白质;后一途径则需要消耗能量,主要以降解短寿命蛋白质为主。从被降解的蛋白质总量上分析,后一条途径在细胞内蛋白质降解中发挥主导作用。有数据表明,细胞内新合成的蛋白质 30%被降解,而其中的 90%通过泛素介导的蛋白酶体途径完成。

但是,在细胞内蛋白质降解过程中,两条降解途径之间是否存在交互调节现象?即两条降解途径之间是否具有相互补偿或抑制作用,从而有效维持细胞的内稳态(homeostasis)。一般认为,蛋白酶体降解途径与泛素化修饰紧密联系,被降解的蛋白质首先要通过三种与泛素化修饰有关的酶(即泛素激活酶 E1、泛素结合酶 E2 和泛素连接酶 E3)的作用,首先使蛋白质发生多泛素化。但 Rubinsztein 等(2009)的研究表明,底物的泛素化不仅与泛素介导的蛋白酶体降解途径

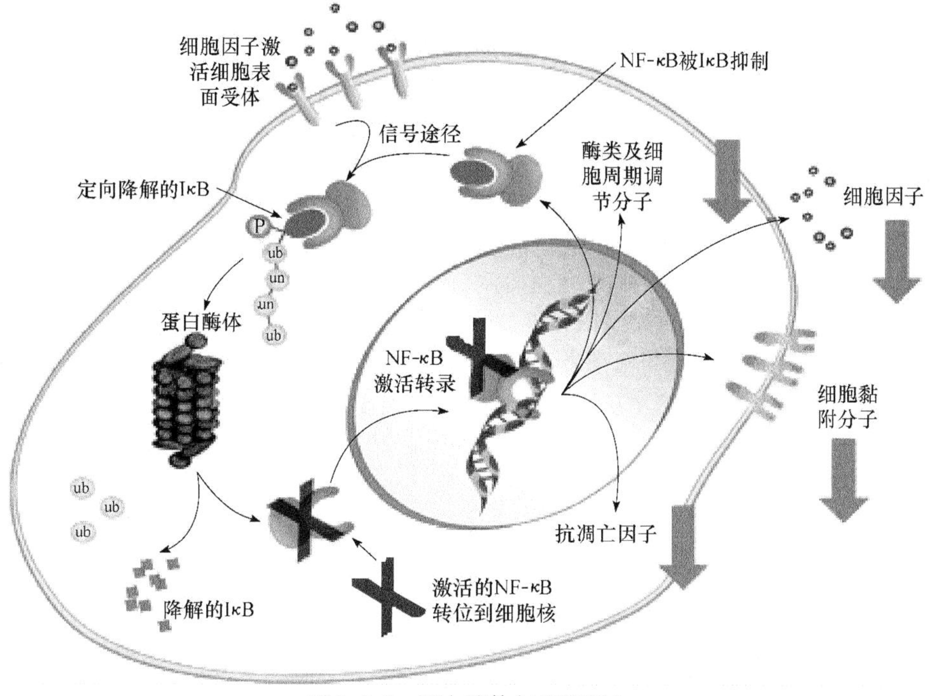

图 3.9.8 蛋白酶体与细胞凋亡

(引自 Armand et al.,2007)

(自噬)有关,同时也与溶酶体途径有关,泛素化也可作为选择性自噬的信号。换句话说,泛素化在两条降解途径之间起到了一种协调作用。有证据表明,有些泛素化的蛋白酶体底物,在某些条件下,也可以通过自噬得以降解,反之亦然。McConkey 等(2009)研究发现,蛋白酶体抑制剂和 siRNA 调节的蛋白酶体亚单位抑制可以促进自噬体(autophagosome)的形成,在人的前列腺癌细胞和永生化的胚胎成纤维细胞中可以使自噬特异性基因(autophagy-specific gene,ATG)ATG5 和 ATG7 的表达上调。这种上调只存在于表达蛋白酶体抑制剂诱导的真核转录起始因子 2α(eIf-2α)磷酸化的细胞中。同时抑制自噬和蛋白酶体可以诱导胞内蛋白质聚集的积累(图 3.9.9)。

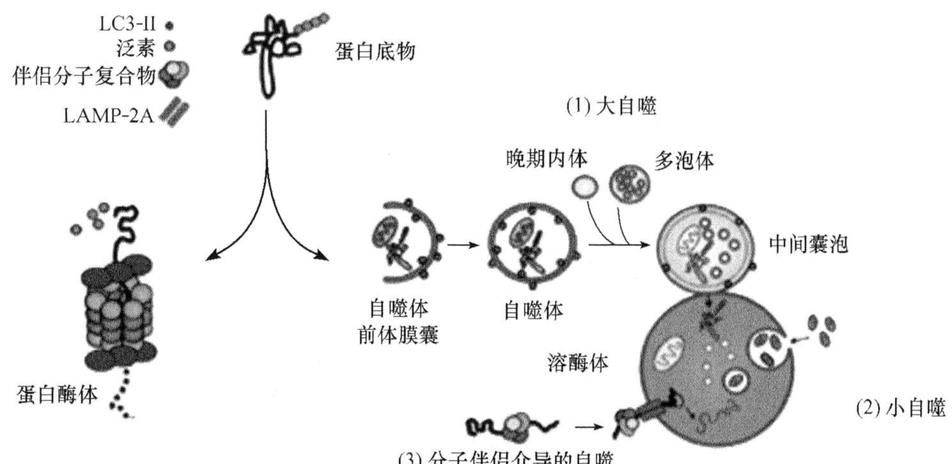

图 3.9.9 泛素化蛋白质底物通过两条途径降解

(引自 Nedelsky et al.,1982)

Zheng 等(2009)通过研究蛋白病(proteinopathy)(如阿茨海默病、帕金森病及肌萎缩性脊髓侧索硬化症等)发现,UPS 与自噬的合作对于细胞内蛋白质质量控制似乎是必不可少的。在蛋白病中,UPS 的水解功能常常会不足,并因此导致自噬的激活,借此移除异常蛋白质尤其是聚集形式的蛋白。HADC6(组蛋白去乙酰化酶 6)、p62(一种接头分子)和 FoxO3(一种转录因子)在组织蛋白质水解"联合体" 中可能发挥了重要作用。HADC6 与聚集体(aggrosome)的形成有关,而聚集体则被自噬所清除。P62 是将泛素化蛋白与自噬联系在一起的接头分子,通过 C 端的泛素结合结构域(UBA)与多泛素化的底物结合,而 N 端的泛素样结构域(UBL)则与蛋白酶体相互作用。P62 通过促进自噬降解泛素化蛋白质在 UPS 与自噬之间发挥关键联系作用,而 P62 自身则既可由 UPS 降解,也可由自噬降解。雷帕霉素可使内源性 p62 减少。FoxO3 对两种降解途径的激活作用,可能在于诱导与两个降解途径有关的调节基因的转录,而不是调节两个系统之间的直接交互作用。就蛋白病治疗而言,通过增强自噬的方式比较可行,而通过增强 UPS 的策略则较为困难,认为可能是由于增强 UPS 的功能可以加速细胞内关键性的短寿命调节分子的降解,继而对细胞产生不利影响(图 3.9.10)。

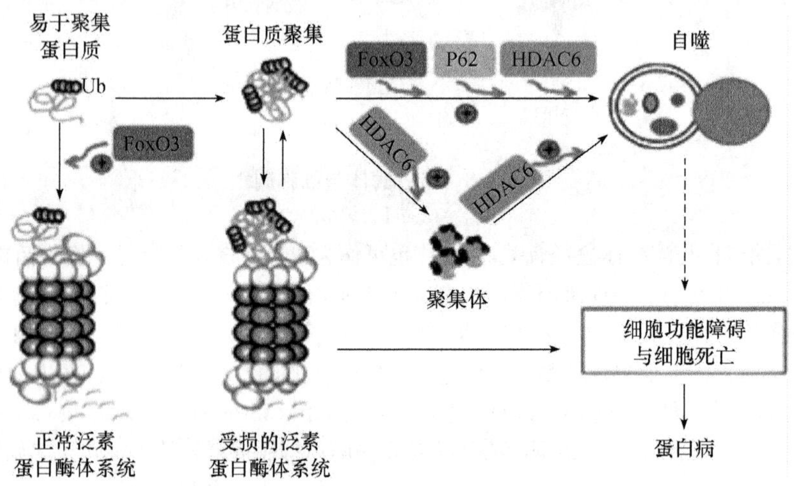

图 3.9.10 聚集化倾向蛋白质降解的分子机理

过去一直认为,UPS 和自噬是相互独立平行而无交叉的两种蛋白质降解方式,现在这一观点已经受到了新的研究成果的挑战。目前认为,两种降解途径是功能相关的分解代谢过程,它们分享共同的底物和调节分子,而且在一定范围内表现出协调性和功能补偿性。换句话说,通常认为通过 UPS 降解的短寿命蛋白质底物,在某些情况下,也可以经由自噬被选择性降解,而长寿命蛋白质底物同样可以由 UPS 降解。例如,α-synuclein(突触核蛋白)就可以通过 UPS、大自噬和分子伴侣介导的自噬三种方式所降解。此外,蛋白酶体也可被自噬所降解。但是目前关于抑制自噬对泛素-蛋白酶体途径的影响尚不清楚,特别是 K48 和 K63 连接的多泛素链是否分别与泛素-蛋白酶体途径和自噬途径相关也需要进一步明确,两种降解途径对降解底物的选择机制仍有待更为深入的研究。上述问题的解决将对许多重要疾病,如肿瘤和神经退行性疾病的治疗带来新的希望。

3.9.5 蛋白酶体与疾病

3.9.5.1 癌症

泛素-蛋白酶体系统的酶或识别特异性底物的基序发生功能性突变时，其对靶蛋白的调控能力丧失可以引起癌蛋白聚集、抑癌蛋白异常降解、突变细胞凋亡受阻和增殖加速，从而导致肿瘤的发生。在多数肿瘤中都观察到泛素化的改变。抑癌基因P53在正常环境条件下是一种非常不稳定的蛋白质，其功能的失活受到mdm2(mouse double minute-2)蛋白的调节，而mdm2是一种属于RING指蛋白家族成员的E3连接酶，该分子是一种P53稳定性的负性调节分子，通过促进P53的泛素化使P53最终被26S蛋白酶体所降解。近期的研究还表明，gankyrin可以在体内外环境中与mdm2相互作用，而pRb蛋白可以阻断gankyrin调节的mdm2与P53之间的相互作用，从而影响到P5的泛素化及其降解。许多导致结肠癌的分子病灶与泛素-蛋白酶体系统直接相关。APC可以使β-catenin磷酸化并进而使之发生泛素化而被蛋白酶体所降解。缺氧诱导因子HIF-1α在缺氧条件下，可以促进肿瘤血管形成和细胞存活，HIF-1α受蛋白酶体调节，在常氧浓度下UPS可降解HIF-1α。研究也证明，原癌基因产物c-jun和c-fos也是泛素-蛋白酶体降解的底物。NF-κB通过参与对致病性信号反应中的一些细胞因子、生长因子、细胞黏附分子和表面受体基因的活化，在介导免疫/炎症反应中起中心作用。研究表明，细胞对一些细胞毒因子的刺激出现抗凋亡作用的原因就在于NF-κB的激活。活性NF-κB是由p50和p65两个亚单位组成的核内异二聚体。NF-κB激活需要两步蛋白酶体依赖性蛋白裂解反应。第一步，NF-κB前体蛋白p150被泛素蛋白酶体裂解生成p50亚单位；第二步，NF-κB活化抑制因子I-κB被泛素-蛋白酶体降解而失活。

3.9.5.2 神经退行性疾病

神经退行性疾病的共同特征是突变或损伤蛋白在细胞内或细胞外的异常聚集，临床上常见的有阿尔茨海默病、帕金森病、亨廷顿病(Huntington' disease，HD)等。很多细胞内多聚体蛋白或错误折叠蛋白是蛋白酶体的底物；而且UPS成分的突变也可导致神经退行性疾病。阿尔茨海默病(Alzheimer's disease，AD)的神经病理特征是脑内异常蛋白的聚集，表现为细胞内过度磷酸化tau蛋白组成的神经原纤维缠结(NFT)和细胞外老年斑中B淀粉样蛋白沉积(Aβ)。tau蛋白与20S蛋白酶体亚基免疫共沉淀，并且与蛋白酶体结合的tau蛋白的量与蛋白酶体抑制程度呈正相关。帕金森病(Parkinson's disease，PD)病理特征为黑质多巴胺能神经元变性缺失和残存的神经元胞质内出现特征性的嗜酸性包涵体，称为路易小体(Lewy body)。Lewy小体是一种嗜酸性蛋白沉积的细胞内包涵体，最初在散发性PD患者中发现，后来发现α-同型核蛋白(α-synuclein)基因突变引起的家族性PD中也存在Lewy小体，Lewy小体中聚集了许多正常或异常的蛋白质，包括ubiquitin、帕金森病相关蛋白(Parkin)、泛素羧基末端水解酶L1(ubiquitin C terminal hydrolase-L1，UCH-L1)、神经丝蛋白(neurofilament)、扭转蛋白A(torsin- A)、蛋白酶体成分和α-synuclein。蛋白质被氧化后可暴露其疏水区域，与正常或损伤的蛋白质交联形成不溶性的聚集物，这种聚集物较难被正常的蛋白质溶解机制所降解，而被转运到核旁微管组织中心(中心体)，在这里它们与泛素-蛋白酶体成分一起，被中间丝包裹形成聚集体结构。可能保护异常蛋白质对细胞核和其他细胞器的毒性作用。

Parkin是一种泛素连接酶(E3)，Parkin基因突变使UPS清除异常蛋白质的功能受损，蛋白质聚集从而导致多巴胺能神经元死亡。在家族性PD中，d-synuclein蛋白突变引起其不能被正常降解而聚集，或因为突变引起泛素化(Parkin)和去泛素化(UCHL-1)的酶功能受损，使蛋白质因降解异常而聚集。在散发性 PD 中，氧化应激、线粒体功能损伤、蛋白酶体活性降低、金属离子和环境毒素对蛋白质的损伤导致 UPS 降解异常蛋白质的功能相对不足，引起异常蛋白质的聚集。亨廷顿病(Huntington's disease，HD)是一种常染色体显性遗传性神经退行性疾病，该病的发生是由一个编码亨廷顿蛋白(Huntingtin，Htt)的基因突变引起的。

3.9.6　蛋白酶体抑制剂

由于蛋白酶体活性状态对细胞执行不同的功能是非常重要的，因此蛋白酶体将成为影响细胞功能的重要药物靶标，而其抑制剂有可能成为抗肿瘤的先导药物。蛋白酶体的抑制剂可分为天然化合物和合成化合物两大类。

3.9.6.1　天然化合物

3,4-二氯异香豆素(DCI)是丝氨酸蛋白酶的不可逆抑制剂。近来发现，DCI 也能抑制 20S CP 几种肽酶，如 ChTL 活性。由于 DCI 在抑制蛋白酶体的 ChTL 活性时，也能激活 20S CP 的酪蛋白酶活性和其他的肽酶活性，因此是一种选择性较差的抑制剂。乳胞素(lactacystin)是链霉菌属的天然代谢物，是一种选择性的 20S CP 抑制剂，具有抑制细胞周期和诱导神经母细胞分化的功能。乳胞素的活性位点可能涉及其内酰胺环上的甲基和异丁基侧链上的第二个羟基。乳胞素及其活性中间体的 B-内酯可选择性和不可逆地结合于蛋白酶体的 B5 亚单位，从而抑制蛋白酶体多种肽酶活性，其中 ChTL 活性最先被抑制，TL 和 PGPH 的活性抑制较慢，丝氨酸和酪氨酸蛋白酶活性则不受抑制。Qiao 等发现，乳胞素可以阻止动物和人类的结肠肿瘤形成，并通过脱氧胆酸抑制 p53 降解，导致核内 p53 积聚和相应的促凋亡基因的表达。

3.9.6.2　合成化合物

醛基肽一类蛋白酶体抑制剂，其中包括：MLN-519、MG-132、CEP-1612、CVT-634 等。多数醛基肽抑制剂可以抑制 20S CP 中 ChTL 活性，阻止蛋白酶体对泛素化蛋白的降解。目前认为，MG-132(Z-leu-leu-leu-CHO，三肽基乙醛)作为蛋白酶体 ChTL 活性的可逆性抑制剂，同样也能抑制组织蛋白酶和 calpains 作用。另外，Desai 等在实验中发现，尽管 MG-132 可以抑制喜树碱诱导的拓扑异构酶 I 的下调，但也能使肿瘤细胞对喜树碱的敏感性增加。He 等提出，MG132 能通过上调细胞膜死亡受体-5(death receptor-5)与肿瘤坏死因子诱导的凋亡相关配体(tumor necrosis factor related apoptosis inducing ligand，Apo2L/TRA IL)一起有效地促进 Bax 阴性肿瘤细胞的凋亡。近来，在 HCTll 6 细胞的实验中发现，MG-132 可以使肿瘤细胞停滞于 G_2/M 期，并以剂量依赖方式抑制细胞增殖和诱导凋亡。

硼酸肽是重要的蛋白酶体抑制剂。在体外细胞和动物体内实验均表明有较强的蛋白酶体抑制活性，还具有高度的酶选择性。Bortezomib(Velcade PS-341)是近年来研究较多的一种蛋白酶体抑制剂。Bortezomib 作用于 26S 蛋白酶体的催化中心，与 20S CP 的 B 亚单位环的 Thr 位点结合，能有效地抑制 26S 蛋白酶体的蛋白水解功能，阻断 UPP 系统。Bortezomib 通过对 20S CP 亚单位不同位点结合，能选择性地抑制一些特定蛋白的降解，使得细胞周期不能有序地进行，细胞周期停止于 G/M 期，最终导致 ADP-核糖聚合酶(poly-ADP-ribose polymerase)降解、核的固缩、细胞凋亡。Bortezomib 对蛋白酶体的抑制作用是可逆的，在经过 72h 处理后大多数蛋白酶体的活性都可以恢复正常。Bortezomib 也是首个用于临床研究的蛋白酶体抑制剂，在单独或联合其他药物时，显现出优越的抗肿瘤作用和用药的安全性。最近美国食品及药品管理局(FDA)已批准 Bortezomib 用于治疗耐药的多发性骨髓瘤患者。

小结

细胞蛋白质合成与降解是细胞维持内稳态的基本形式之一。随着对泛素介导的蛋白质降解途径的认识，蛋白质降解及其生物学意义与机制的研究已成为生命科学的新的热点领域。据推测，在人类基因组中，与蛋白质合成有关的基因约占 1%，而与蛋白质降解有关的基因超过了 3%。蛋白酶体主要由 20S 核心复合体和两种调节复合体(PA700 和 PA28)组成，通常以 26S 的形式降解多泛素化标记的蛋白质。在核心复合体中具有三类蛋白质降解活性中心，可将蛋白质降解为长度为 3～25 个氨基酸残基的短肽，进而重新参与新的蛋白质合成。泛素是由 76 个氨基酸组成的高度保守的多肽链，对蛋白质的修饰可以有单泛素化、多泛素化等形式。蛋白质多泛素化过程需要有泛素激活酶(E1)、泛素结合酶(E2)和泛素连接酶(E3)的级联反应，而 E3 在其中起关键作用，且 E3 的分子类型也较多，估算有 1000 余种。蛋白酶体是细胞内除溶酶体外蛋白质降解的另一场所，尤其在短寿命蛋白质降解中起主导作用。可见，在细胞中至少具有两条蛋白质降解途径，而且这两条途径之间也存在着一定的相互调节作用。泛素-蛋白酶体途径在细胞增殖、分化、发育、凋亡、信号转导、细胞应激、炎性反应、神经退行性疾病、肿瘤、抗原提呈、DNA 修复、转录等方面发挥着重要的调节作用。蛋白酶体抑制剂已成为新的肿瘤治疗靶点，并且已经在多发性骨髓瘤治疗中显示出其价值。

(刘宏颀)

思考题

1. 细胞内蛋白质是如何被降解的？主要有哪些降解途径？
2. 细胞内两条蛋白质降解途径之间是否具有相关性？
3. 请绘图说明蛋白质多泛素化的基本过程。
4. 请概述蛋白酶体的分子结构。
5. 蛋白酶体抑制剂有哪些主要类型？请举一例加以说明。
6. 请略述泛素-蛋白酶体途径与抗原提呈之间的联系。
7. 什么是免疫蛋白酶体？
8. 溶酶体途径与泛素-蛋白酶体途径在降解的蛋白质底物上有何不同？
9. 举例说明泛素-蛋白酶体途径与细胞周期调控的关系。
10. 你从泛素介导的蛋白质降解途径获得诺贝尔奖能够获得哪些有益的启示？

参考文献

法内斯托克，斯泰因比歇尔. 2005. 生物高分子. 7 卷. 李秀荣主译. 北京：化学工业出版社

郭卉，张雪竹. 2008. 泛素-蛋白酶体途径及其生物学作用的研究进展. 现代生物医学进展，8(9)：1786-1788

邱小波，王琛，王琳芳. 2008. 泛素介导的蛋白质降解. 北京：中国协和医科大学出版社

Aaron C, Schwartz A L. 2002. Ubiquitin—mediated degradation of cellular proteins in health and disease. Hepatology,35(1):3-6

David M. Rubin,Daniel Finley. 1995. The proteasome: a protein-degrading organelle? Current Biology,5(8):854-858

Groettrup M,et al. 1996. A role for the proteasome regulator PA28alpha in antigen presentation. Nature,381:166-168

Hershko A,Ciechanover A,Varshavsky A. 2000. The ubiquitin system. Nature Med,6(10):1073-1081

Isabelle Jariel Encontre,Guillaume Bossis,Marc Piechaczyk,2008. Ubiquitin-independent degradation of proteins by the proteasome. Biochimica et Biophysica Acta(BBA),1786(2):153-177

Julian Adams. 2003. The proteasome: structure, function, and role in the cell. Cancer Treatment Review,29(Suppl. 1):3-9

Ortega Z,Diaz Hernandez M,Lucas J J. 2007. Is the ubiquitin-proteasome system impaired in Huntington's disease? Cell Mol Life Sci,64:2245-2257

Peter-M,Kloetzel. 2004. The proteasome and MHC class I antigen rocessing. Biochimica et Biophysica Acta(BBA),1695(1-3):225-233

Tobias Jung,Betül Catalgol,Tilman Grune. 2009. The proteasomal system. Molecular Aspects of Medicine,30(4):191-296

Zavrski I,Jakob C,Schmid P,et al. 2005. Proteasome: an emerging target for cancer therapy. Anticancer Drugs,16:475-481

3.10 细胞周期及其调控

人体及所有多细胞生物体在生长发育时,细胞数目的增加,衰老、死亡细胞的更新和补充,生命活动的延续,都是以细胞的生长和分裂,即细胞的增殖(cell proliferation)为条件的。细胞增殖的实质是细胞的遗传物质以及有关成分的复制和分配,这种复制和分配在体内是极其精确和有序的。细胞增殖是通过细胞周期(cell cycle)来实现的,而细胞周期的有序运行是通过相关基因的严格监视和调控来保证的。当细胞增殖失去正常的调控时,则往往发生癌变。

3.10.1 细胞周期的概念

细胞周期又称细胞增殖周期(cell division cycle),是指连续分裂的细胞从上一次有丝分裂结束到下一次有丝分裂结束为止所经历的整个过程。

整个细胞周期分为两个时期,即细胞分裂的分裂期(M期)和细胞生长的分裂间期。间期又根据细胞中DNA合成情况分为:①DNA合成前期(first gap,G_1期),指从有丝分裂完成期到DNA复制之前的间隙时间;②DNA合成期(synthesis phase,S期),指DNA复制的时期;③DNA合成后期(second gap,G_2期),指DNA复制完成到有丝分裂开始之前的一段时间。细胞分裂期(M期),在真核细胞有丝分裂中,根据细胞核的形态变化分为:前期(prophase)、中期(metaphase)、后期(anaphase)和末期(telophase)4个时期(图3.10.1)。间期是细胞周期中细胞生长、代谢和物质合成最活跃的时期,主要表现在DNA合成时,其含量倍增,RNA和蛋白质的持续合成。间期细胞体积增长1倍,表面积增长1.6倍。分裂期主要是通过细胞分裂的调控机制准确均等地将间期合成的遗传物质DNA和细胞质成分分配到两个子代细胞中去,以维

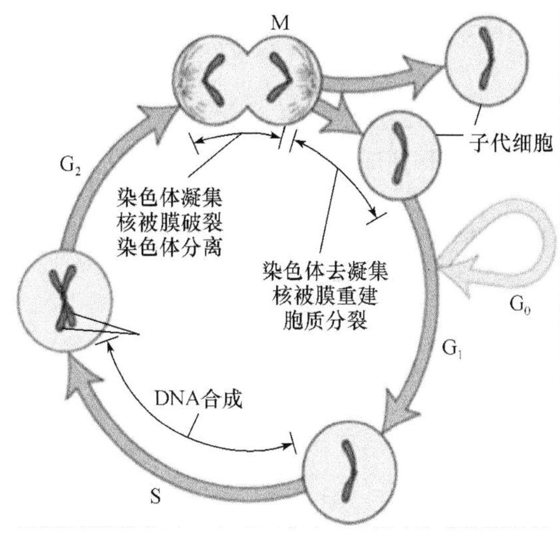

图 3.10.1 细胞周期模式图
(Lodtsh et al. ,1999)

持生物遗传的稳定性。

细胞周期是一个时间概念,细胞周期所持续的时间叫细胞周期时间(time of cycle,TC)。细胞周期中各个阶段所需的时间称为时相,4 个时期的时相分别表示为 TG_1、TS、TG_2 和 TM。不同细胞的增殖周期时相不同并呈较大的变化,从数小时到数年不等,一般为 12~32h(表 3.10.1)。TG_2 和 TM 变化较小,TG_1 变化较大,不同的细胞,TG_1 可从几个小时至几个月甚至更长,TG_1 的差别是细胞周期差异的主要原因。

表 3.10.1 几种细胞的细胞周期时间 (单位:h)

细胞类型	TC	TG_1	TS	TG_2	TM
小鼠食管上皮	87	75	7.2	4.1	0.7
小鼠腹壁皮肤	151	139	6.2	5.3	0.5
大鼠肝	47.5	28	16	1.8	1.7
大鼠再生肝	15	3.5	8	2	1.5
人大肠黏膜	24	10	11.5	2	0.5
人羊膜	19.4	9.8	6.8	2.2	0.6
人宫颈癌(HeLa)	20	8	6	4.5	1.5
人腺癌	76.5	55	15.4	4.12	1.96
人胚肺成纤维细胞 W1-38	16.8	6	6	4	0.8

在正常情况下,一个完整的细胞周期应包括四个时期,细胞沿着 $G_1 \rightarrow S \rightarrow G_2 \rightarrow M$ 期的路线运转,但不同的细胞在细胞周期中的分裂行为存在差异。从增殖的角度来看,可将真核生物细胞分为三类:①连续分裂细胞,即在细胞周期中连续分裂,因而又称为周期细胞,如表皮生发层细胞、部分骨髓细胞;②休眠细胞,暂不分裂,但在适当条件的刺激下可重新进入细胞周期,又称 G_0 期细胞,如淋巴细胞、肝、肾细胞等;③永不分裂细胞,指不可逆地脱离细胞周期,不再分裂的细胞,又称终末分化细胞,这些细胞是结构、功能高度特化的细胞,如神经、肌细胞、多形核细胞等。

3.10.2　细胞周期的时相

3.10.2.1　间期

细胞分裂以后进入间期，在此期间细胞进行着结构上和生物合成上复杂的变化。结构上的变化，有赖于细胞内的生物大分子的合成。间期细胞的重要特点是进行 DNA 的合成，与 DNA 分子复制有关的各项活动是间期活动的中心，在 DNA 合成及其前后各个阶段生理、生化方面又各具特点。

1) DNA 合成前期(G_1 期)

G_1 期是指从上一次细胞分裂完成到 DNA 复制开始之前细胞的生长发育时间，此期细胞内进行着一系列极为复杂的生物合成变化，主要进行 RNA 和蛋白质的大量持续合成，如合成各种核糖核酸(RNA)及核蛋白体，这些物质的形成，导致结构蛋白和酶蛋白的形成，酶控制着形成新细胞成分的代谢活动。G_1 期还为细胞进入 S 期做各种准备，如合成 DNA 诱导物、DNA 复制所需的各种酶类及前体物质。同时合成 ATP 储存能量。

G_1 期的另一个较为突出的特点是发生多种蛋白质的磷酸化作用，如组蛋白、非组蛋白以及某些蛋白激酶等的磷酸化。组蛋白的磷酸化在 G_1 期开始增加，这有利于 G_1 期染色质结构成分的重排。

2) DNA 合成期(S 期)

从 G_1 末期到 S 初期，细胞内迅速形成 DNA 聚合酶及 4 种脱氧核苷酸。S 期主要特点是利用 G_1 期准备的物质条件完成 DNA 复制，并合成一定数量的组蛋白及非组蛋白，供 DNA 形成染色体初级结构。在 S 期末，细胞核 DNA 含量增加一倍，为细胞进行分裂作准备。S 期 DNA 的复制具有一定的顺序性，开始合成的是细胞核中央的常染色质，而在 S 期后期才复制靠近核膜的异染色质。动物细胞中的中心粒复制也在 S 期完成，原来相互垂直的一对中心粒发生分离，各自在其垂直方向形成一个子中心粒。DNA 复制一旦受到障碍或发生错误，就会抑制细胞的分裂或引起变异，导致异常细胞或畸形的发生。

3) DNA 合成后期(G_2 期)

G_2 期是 DNA 复制完成到分裂开始之前的一段时间，它既是 DNA 合成后期，也是进入 M 期之前的准备期，故又称为有丝分裂准备期。这一时期的主要特点是为细胞分裂准备物质条件。DNA 合成终止，但 RNA 和蛋白质合成又复旺盛，主要合成与 M 期结构、功能相关的蛋白质，如微管蛋白、膜蛋白等，为纺锤体和新细胞膜等的形成作准备。同时与核膜破裂、染色体凝集密切相关的成熟促进因子(maturation promoting factor，MPF)也在此期合成。若阻断这些合成，细胞便不能进入有丝分裂。

3.10.2.2　分裂期(M 期)

分裂期又称有丝分裂期。这一时期确保细胞核内染色体能精确均等地分配给两个子细胞核，使分裂后的细胞保持遗传上的一致性。真核细胞的分裂主要有两种方式，即有丝分裂和减数分裂。前者为体细胞所有，后者为成熟过程中的生殖细胞所有。减数分裂也称成熟分裂，是有丝分裂的特殊形式。

3.10.3 细胞分裂

当间期细胞的DNA及蛋白质等物质合成完毕后，就必须经细胞分裂形成两个子细胞，此时细胞周期才告完成。没有细胞分裂，周期无法完成，生物无法产生遗传变异，生命也无法延续进化。高等生物的细胞分裂主要是有丝分裂(mitosis)或称间接分裂(indirect division)。而原核生物主要是无丝分裂(amitosis)或称直接分裂(direct division)(图3.10.2)。有丝分裂的显著特征是形成有丝分裂器，它能确保将复制之后的染色体均等地分配到两个子细胞中去。无丝分裂不形成有丝分裂器，也不形成染色体，由处于间期的细胞直接一分为二，真核细胞中的单细胞生物(如变形虫、草履虫)以这种方式进行分裂。

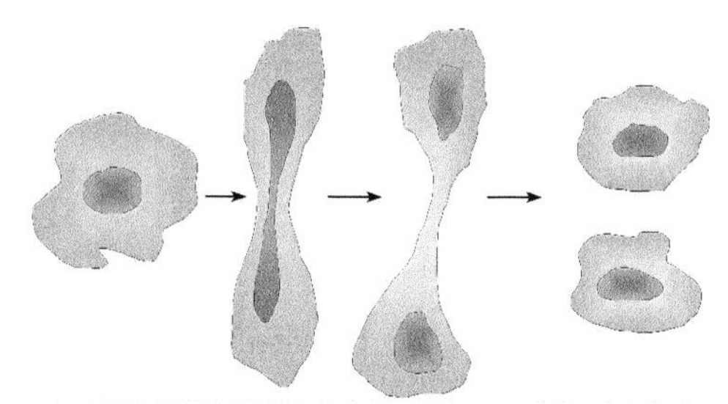

图3.10.2 无丝分裂过程示意图

在高等动物及人体中，也存在无丝分裂，如创伤或衰老细胞和癌变细胞可以这种方式进行繁殖。这种分裂方式也普遍存在于高等生物的正常组织中，如上皮组织、疏松结缔组织、肌组织及肝脏等的细胞。但无丝分裂不是真核细胞分裂的主要形式。

此外，在高等动物及人体的生殖细胞中，还存在一种特殊的有丝分裂，其细胞中染色体复制一次而细胞却分裂两次，结果染色体数目减半，成为单倍体的精子和卵子，即减数分裂方式。以下就有丝分裂和减数分裂的基本过程作一基本介绍。

3.10.3.1 有丝分裂

有丝分裂(mitosis)是一种最普遍、最常见的分裂方式。细胞的分裂期是从间期结束开始，到新的间期出现的一个阶段，它也是一个连续的动态变化过程。根据其主要变化特征，可将其分为前期、中期、后期和末期4个分期(图3.10.3)。

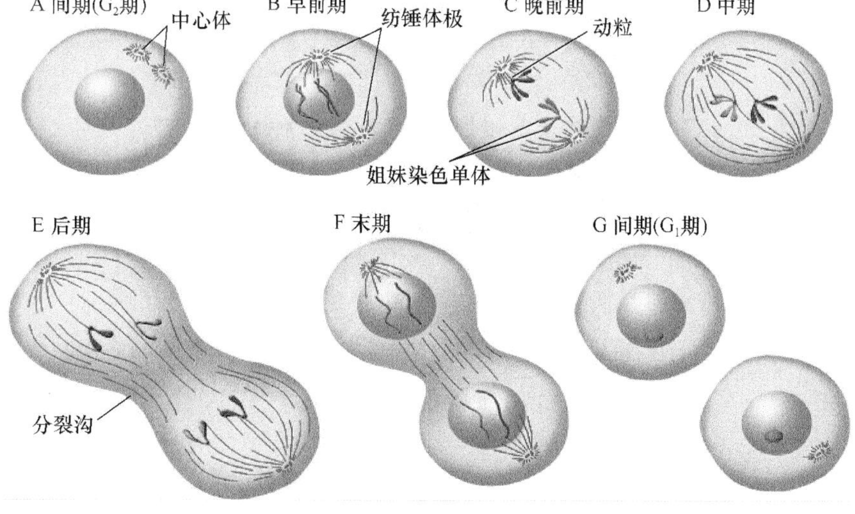

图3.10.3 细胞有丝分裂图解

(Lodish et al.,1999)

1）前期

自分裂期开始到核膜解体为止的时期。前期细胞的主要特征是:①核膜及核仁逐渐解体消失。核仁在前期的后半渐渐消失。在前期末核膜破裂,于是染色体散于细胞质中;②染色质逐渐凝集形成一定数目和形状的染色体,每条染色体形成两条染色单体,二者仅在着丝点相连;③在间期复制的中心体分开,逐渐向细胞的两极移动;④纺锤体开始形成,每个中心体的周围由微管组装形成放射状纺锤丝,两个中心体之间的纺锤丝连接形成纺锤体。

2）中期

自核膜破裂起到染色体排列在赤道面上为止。中期细胞的主要特征是:染色体高度凝集,并集中排列在细胞的中部平面上,形成赤道板。两个中心体已移到细胞的两极,纺锤体完全形成,纺锤丝与每个染色体的着丝点相连。

纺锤体的纺锤丝由微管构成(图 3.10.4),根据排列方式分为三种,一是星体微管,由星体散射出的微管,在中心体向细胞的两极运动中起作用;二是极微管(polar microtubule),是由两极分别向相对一极方向伸展的微管,两极的中心粒发出的极微管在赤道面相互重叠、交叉,并在侧面相连,贯通两极;三是动粒微管(kinetochore microtubule),与动粒联结的微管,亦称动粒丝或牵引丝。由于极微管和动粒微管之间的相互作用,染色体向赤道面运动。最后各种力达到平衡,染色体排列到赤道面上。

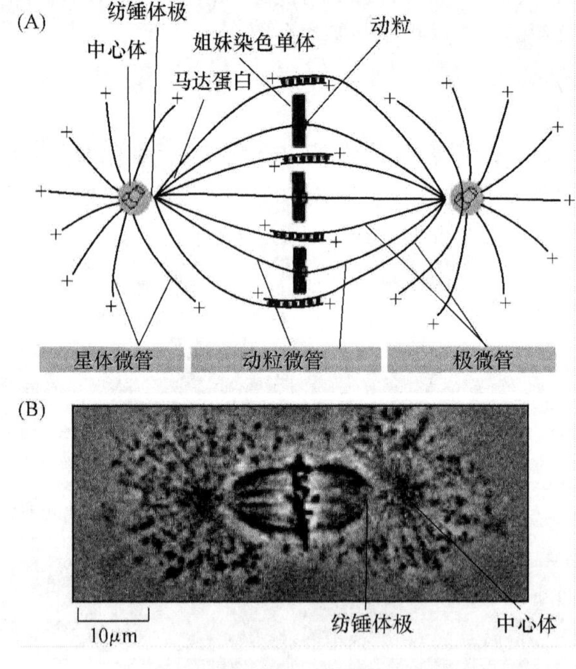

图 3.10.4　纺锤体结构

(A) 示意图;(B) 电镜图(Alberts et al. ,2002)

通常将存在于中期细胞中的,由染色体、星体、中心粒及纺锤体所组成的结构,称为有丝分裂器(mitotic apparatus)(图 3.10.5)。中期染色体在形态上比其他任何时期都要短且粗,同时两条姐妹染色单体的臂较易分离,从而特别适宜进行染色体数目、结构等细胞遗传学的研究,对于临床上遗传性疾病和肿瘤等具有一定的诊断价值。

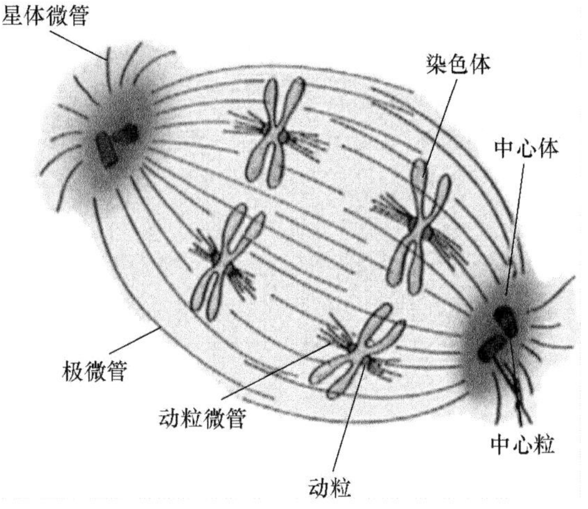

图 3.10.5　有丝分裂器示意图

3）后期

每条染色体的两条姐妹染色单体分开并移向两极的时期。后期细胞变化的主要特征是:染色体两条姐妹染色单体发生分离,子代染色体形成并移向细胞两极。

染色体在着丝点处完全分离,各自成为染色单体,两组染色单体受纺锤丝牵引,分别向细胞两极移动。与此同时,细胞向两极伸长,中部的细胞质缩窄,细胞膜内陷。分开的染色体称为子染色体。子染色体到达两极时后期结束。

分离染色单体的向极运动需依靠纺锤体微管的牵引完成,可分为后期 A、后期 B 两个连续的过程。后期 A 的发生与动粒微管相关,当动粒微管发生去组装时,其长度逐渐缩短,由此带动染色体向两极移动。后期 B 中,染色体的向极运动与两极间的距离增加、纺锤体拉长有关。极微管的增长及彼此间的滑动,星体微管向外的作用力均能够使纺锤体两极分开。另外,结合在染色体上的马达蛋白可以协同纺锤体微管并依靠 ATP 供能进行运动,同时带动染色体向极运动(图 3.10.6)。

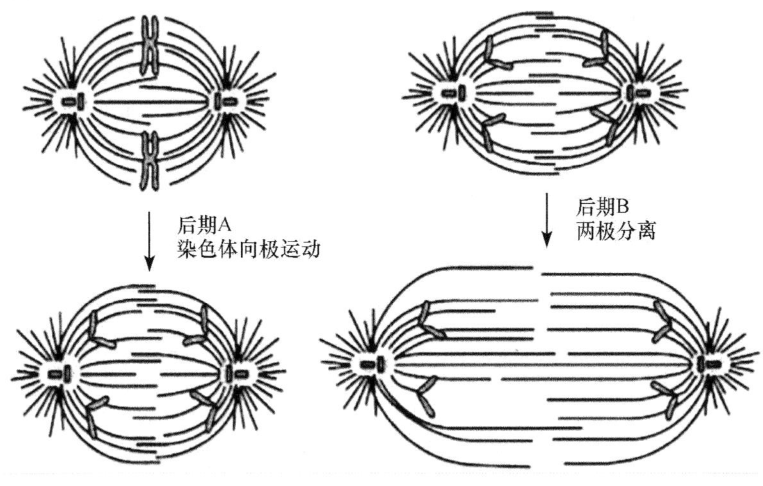

图 3.10.6　有丝分裂的后期 A 与后期 B

4) 末期

从子染色体到达两极开始至形成两个子细胞为止称为末期。此期的主要特征是子细胞核的形成和细胞质分裂。到达两极的子染色体逐渐解螺旋恢复为染色质纤维；核仁和核膜重新出现，形成新的细胞核；细胞中部继续缩窄变细，最后断裂形成两个子细胞，完成有丝分裂，子细胞即进入下一个周期的间期。

细胞有丝分裂除核物质的分配外，细胞质也要进行分裂。当细胞分裂进入后期末或末期初时，胞质中的纺锤体逐渐解体，残存的微管及一些囊泡状物质聚集于子细胞核之间的中部，形成环型致密层，称为中间体，在中部质膜的下方，出现大量肌动蛋白和肌球蛋白聚集形成的环状结构，即收缩环(contractile ring)。收缩环通过其肌动蛋白和肌球蛋白之间相互滑动而形成环形缢缩，与其相连的细胞膜逐渐内陷，形成分裂沟。随着细胞由后期向末期的转化，分裂沟逐渐加深，最后将两个子细胞完全分开(图 3.10.7)。

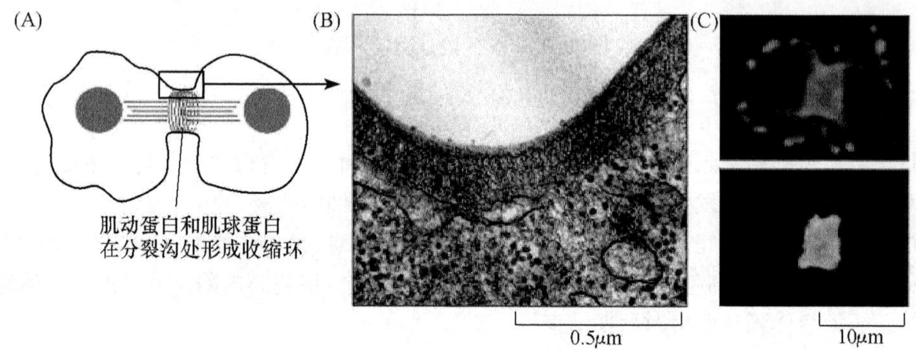

图 3.10.7　动物细胞的胞质收缩环

(Alberts et al.，2002)

有些细胞在分裂时，分裂沟偏向一侧，产生的两个子细胞大小不等，称为不对称细胞分裂(asymmetric cell division)。这种不对称的细胞分裂常发生在卵细胞发生进程以及某些胚胎细胞发育过程中。

从上述细胞周期可知，整个细胞周期是一个动态过程，每个分期互相联系，不可分割。通过细胞有丝分裂使每一个母细胞分裂成两个基本相同的子细胞，子细胞染色体数目、形状、大小一样，每一染色单体所含的遗传信息与母细胞基本相同，使子细胞从母细胞获得大致相同的遗传信息，使物种保持比较稳定的染色体组型和遗传的稳定性。

3.10.3.2　减数分裂

减数分裂(meiosis)是发生于有性生殖配子成熟过程中的一种细胞分裂，又称为成熟分裂(maturation division)。是所有真核细胞生物有性生殖中生殖细胞形成时进行的一种特殊形式的有丝分裂，其二倍体的原始生殖细胞染色体复制一次之后，要经过两次细胞分裂，结果子细胞(即生殖细胞)所含的染色体数目比亲代细胞减少一半，故称减数分裂(图 3.10.8)。通过减数分裂使染色体数目减少，从体细胞的 2 倍($2n$)变为配子中的单倍(n)，保证了染色体数目在世代交替中的相对恒定。减数分裂过程中染色体发生交换、重组，增加变异，大大增强了生物对环境的适应能力。

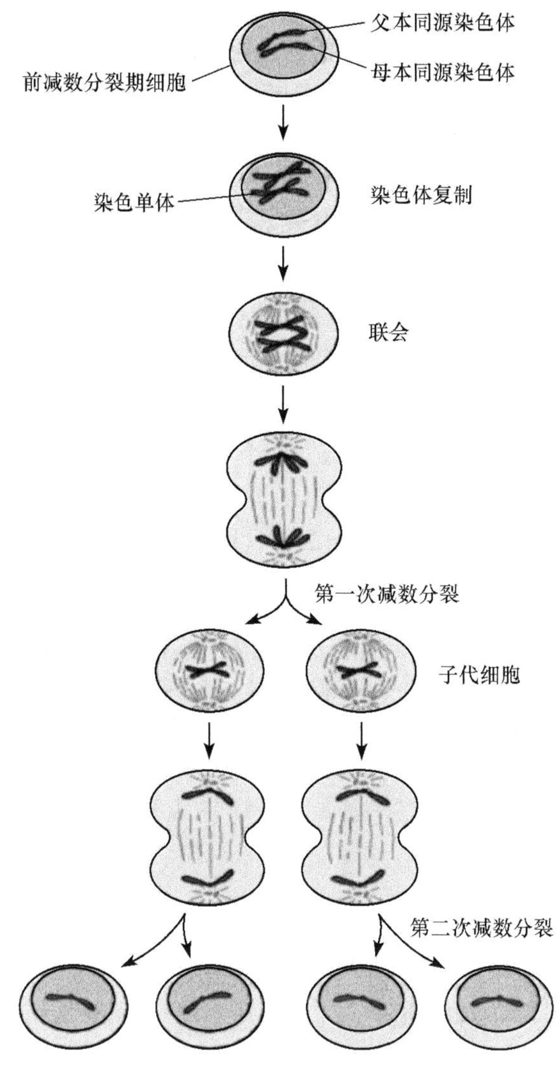

图 3.10.8 减数分裂模式图
(Lodish et al.,1999)

1) 减数分裂的类型

不同的真核生物,减数分裂有显著差异,根据减数分裂在生物的生活中发生的时间和单倍体出现的时间,减数分裂可分为三种主要类型。

(1) 配子减数分裂(gametic meiosis),也称为终端减数分裂(terminal meiosis),进行此种减数分裂的生物包括绝大部分动物和人类以及部分低等植物(如马尾藻、鹿角菜、墨角藻、海松藻和各种硅藻等)。其特点是减数分裂和配子的发生紧密联系在一起,如在雄性脊椎动物中,1 个精母细胞经过减数分裂形成 4 个精细胞,后者再经过一系列的变态发育,形成成熟的精子。在雌性脊椎动物中,1 个卵母细胞经过减数分裂形成 1 个卵细胞和 2~3 个极体。

(2) 孢子减数分裂(sporic meiosis),也称为中间减数分裂(intermediate meiosis),见于植物和某些藻类。其特点是减数分裂和配子发生没有直接的关系,减数分裂的结果是形成单倍体的配子体(小孢子和大孢子)。小孢子再经过两次有丝分裂形成包含一个营养核和两个雄配子(精子)的成熟花粉(雄配子体),大孢子经过三次有丝分裂形成胚囊(雌配子体),内含 1 个卵核、2 个极核、3 个反足细胞和 2 个助细胞。

(3) 合子减数分裂(zygotic meiosis),也称为初始减数分裂(initial meiosis),仅见于真菌和某些原核生物,减数分裂发生于合子形成之后,形成单倍体的孢子,孢子通过有丝分裂产生新的单倍体后代。其二倍体时期仅限制在受精后且是合子这样一个极短的时期。

此外某些生物还具有体细胞减数分裂(somatic meiosis)现象,如在蚊子幼虫的肠道中,有一些由核内有丝分裂形成的多倍体细胞(可高达 32×),在蛹期又通过减数分裂降低了染色体倍性,增加了细胞数目。

2) 前减数分裂间期

有丝分裂细胞在进入减数分裂之前要经过一个较长的间期,称为前减数分裂间期(premeiotic interphase)或前减数分裂期(premeiosis)。前减数分裂期也可分为 G_1 期、S 期和 G_2 期。与有丝分裂不同的是 S 期特别长,如蝾螈的 S 期由原来的 12h 增长到 10 天。另一特点是减数分裂前 S 期只合成全部染色体 DNA 的 99.7%,其余的 0.3%在偶线期合成。G_2 期是细胞由有丝分裂向减数分裂发展的转变时期。

前减数分裂间期结束后,细胞开始进行两次细胞分裂,分别为第一次减数分裂和第二次减数分裂。通常第一次减数分裂分离的是同源染色体,所以称为异型分裂(heterotypic division)或减数分裂(reductional division)。第二次减数分裂分离的是姐妹染色单体,类似于有丝分裂,所以称为同型分裂(homotypic division)或均等分裂(equational division)。在两次细胞分裂之间有一个短暂的间隔期。染色体减半及遗传物质的交换发生于第一次减数分裂期。

3) 第一次减数分裂

第一次减数分裂可分为前期Ⅰ、中期Ⅰ、后期Ⅰ、末期Ⅰ。

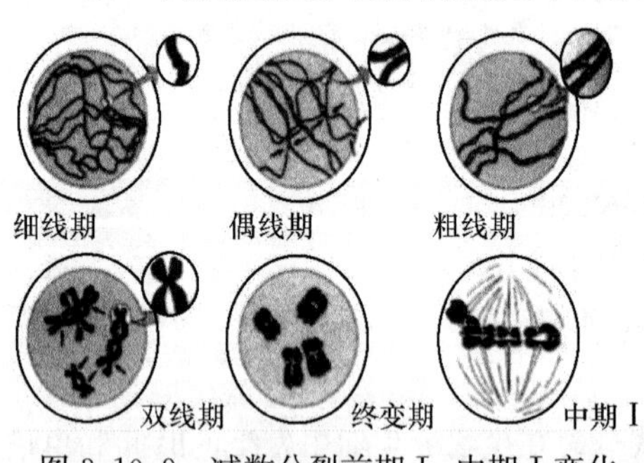

图 3.10.9　减数分裂前期Ⅰ、中期Ⅰ变化示意图

A. 前期Ⅰ

前期Ⅰ持续时间长,结构变化复杂,减数分裂的特殊过程主要发生在前期Ⅰ,通常人为划分为 5 个时期:①细线期(leptotene);②偶线期(zygotene);③粗线期(pachytene);④双线期(diplotene);⑤终变期(diakinesis)。这 5 个阶段本身是连续的,它们之间并没有截然的界限(图 3.10.9)。

(1) 细线期:染色体浓缩为细线状,具有念珠状的染色粒。持续时间最长,占减数分裂周期的 40%。虽然染色体已在前减数分裂间期时复制,但光镜下分辨不出两条染色单体。由于染色体细线交织在一起,偏向核的一方,所以又称为凝线期(synizesis),在有些物种中表现为染色体细线一端在核膜的一侧集中,另一端放射状伸出,形似花束,称为花束期(bouquet stage)(图 3.10.10)。

(2) 偶线期:持续时间较长,占有丝分裂周期的 20%。两个同源染色体这时开始配对,这种配对称为联会(synapsis)。同源染色体在两端靠近核膜部位先行靠拢配对,或在染色体的各不同部位开始配对,配对最后扩展到染色体的全长,形成联会复合体(synaptonemal complex,SC)。

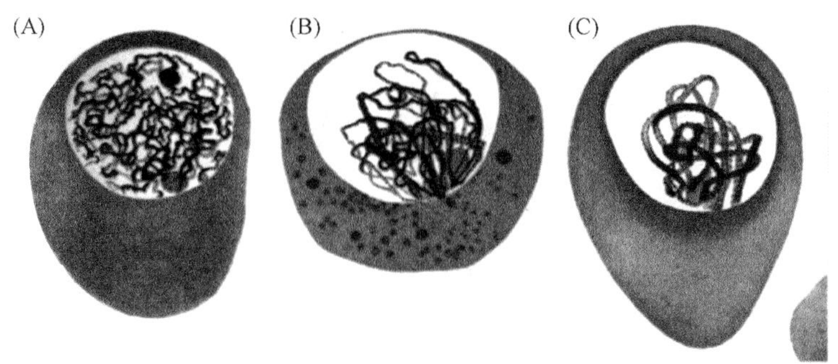

图 3.10.10 减数分裂前期Ⅰ染色体动态变化

(A) 细线期;(B) 偶线期早期;(C) 粗线期

(Scherthan et al.,2001)

在光学显微镜下可以看到两条结合在一起的染色体,称为二价体(bivalent)。每一对同源染色体都经过复制,含有四条染色单体,所以又称为四分体(tetrad)。

联会复合体是减数分裂偶线期两条同源染色体之间形成的一种结构,它与染色体的配对、交换和分离密切相关。联会复合体是同源染色体间形成的梯子样的结构。在电子显微镜下观察,两侧是约 40nm 的侧生组分(lateral element),电子密度很高,两侧之间为宽约 100nm 的中间区(intermediate space),在电子显微镜下是明亮区,在中间区的中央为中央组分(central element),宽约 30nm。侧生组分与中央组分之间有横向排列的粗为 7～10nm 的 L-C 纤维,它们以拉链式结构相互锁合,使 SC 外观呈梯子状(图 3.10.11)。

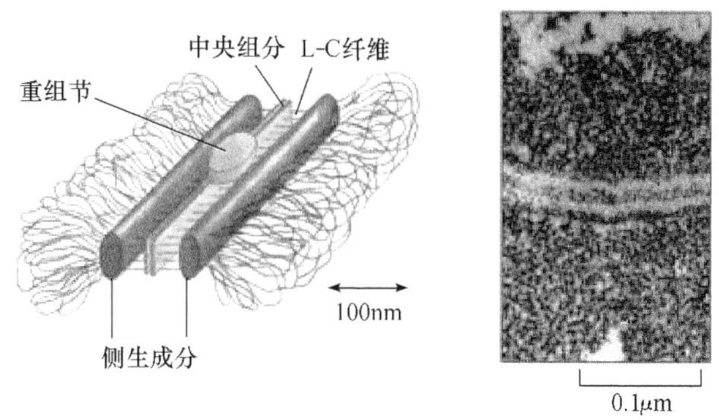

图 3.10.11 联会复合体的结构

(Alberts et al.,1994)

偶线期合成在 S 期末合成的约 0.3% 的 DNA,即偶线期 DNA(zygDNA)。从形态学来看,SC 形成于偶线期,成熟于粗线期,消失于双线期(图 3.10.12)。联会复合体的形成与偶线期 DNA(zygDNA)有关,在细线期或偶线期加入 DNA 合成抑制剂抑制 zygDNA 的合成,则 SC 的形成受到抑制。

(3) 粗线期:持续时间可长达数天,此时通过联会紧密结合在一起的两条同源染色体因进一步的凝集而变短、变粗,同源染色体的非姐妹染色单体之间出现染色体片段的交换及重组。在联会复合体中央新出现一些电子致密的椭圆形或球形、富含蛋白质及酶的棒状结构,称为重组节(recombination nodules),可能与染色体片段的重组有关。在粗线期,细胞中也存在 DNA 的

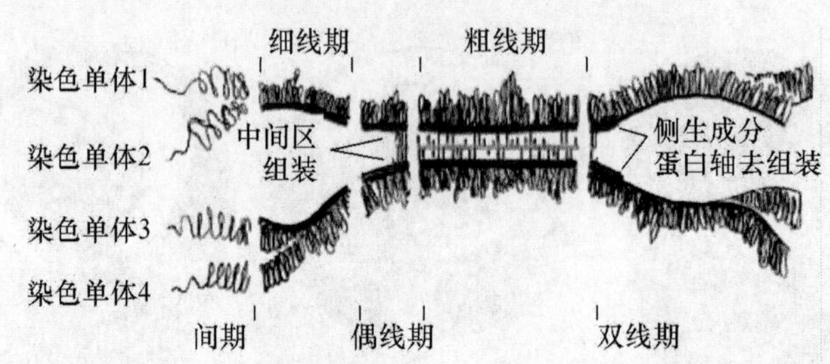

图 3.10.12 减数分裂前期Ⅰ联会复合体的动态变化
(Alberts et al. ,1994)

合成,称为 P-DNA,交换过程中 DNA 链的修复、连接均与此相关。在粗线期核仁融合成一个大核仁,并与核仁形成中心所在的染色体相连。

(4) 双线期:双线期染色体进一步缩短,联会复合体发生去组装而逐渐趋于消失,二价体的两条同源染色体相互分离,仅在非姐妹染色单体之间的某些位置上可见一些接触点,这种现象称为交叉(chiasma)。这些交叉点标志着交换的发生部位,因此一般认为交叉是交换的结果。交叉的数目和位置在每个二价体上并非是固定的,而随着时间推移,向端部移动,这种移动现象称为端化(terminalization),端化过程一直进行到中期。其相关机制目前尚不清楚,可能与同源染色体着丝粒间存在某种排斥有关。交叉端化的存在表明交叉与交换的位置二者并不能完全等同。随着交叉端化的进行,二价体可呈现 V、8、X、O 等形状,这一特征可作为此期的判断标志。

植物细胞双线期一般较短,但在许多动物中双线期停留的时间非常长,人的卵母细胞在五个月胎儿中已达双线期,而一直到排卵都停在双线期,排卵年龄在 12～50 岁。成熟的卵细胞直到受精后,才迅速完成两次分裂,形成单倍体的卵核。

在鱼类、两栖类、爬行类、鸟类以及无脊椎动物的昆虫中,双线期的二价体解螺旋而形成灯刷染色体,这一时期是卵黄积累的时期。

(5) 终变期:同源染色体显著变短,并向核周边移动,在核内均匀散开。所以是观察染色体的良好时期。由于交叉端化过程的进一步发展,故交叉数目减少,通常只有 1 个或 2 个交叉。终变期二价体的形状表现出多样性,如 V 形、O 形等。这时核仁和核被膜开始消失,纺锤体开始形成,二价体开始向赤道板移动。

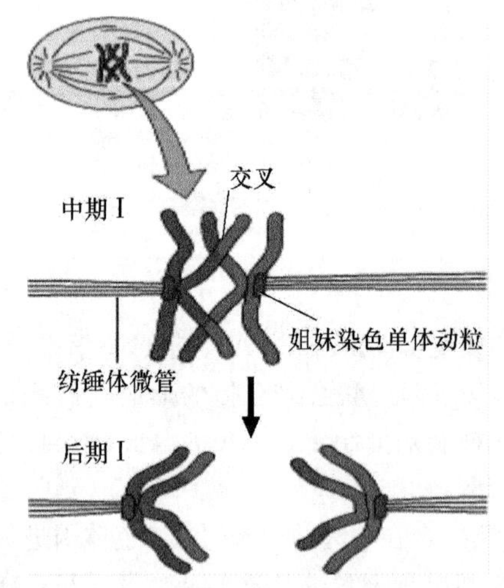

图 3.10.13 减数分裂中期Ⅰ向后期Ⅰ转化
(Cooper et al. ,2000)

B. 中期Ⅰ

中期Ⅰ进行与有丝分裂相类似的纺锤体装配过程。核仁消失,核被膜解体为前期Ⅰ向中期Ⅰ转化的标志。纺锤体侵入核区,分散于核中的四分体开始向纺锤体的中部移动。最后染色体排列在细胞的赤道板上,不同于有丝分裂的是,四分体上有 4 个着丝点,一侧纺锤体只和同侧的两个着丝点相连。同源染色体的着丝粒分居赤道面两侧(图 3.10.13)。

C. 后期Ⅰ

在纺锤体微管的牵引下,同源染色体分开,分别移向细胞的两极(图 3.10.13)。由于相互分离的是同源染色体,所以每极的染色体数比母细胞减少一半，这就是实际上的减数分裂。但每个子细胞的 DNA 含量仍为 2C。同源染色体随机分向两极，使母本和父本染色体重新组合，产生基因组的变异。

D. 末期Ⅰ

染色体到达两极后，解旋为细丝状，核膜重建、核仁形成，细胞质分裂，形成两个子细胞，各含有比亲代细胞少一半的染色体。

4）减数分裂间期

在减数分裂Ⅰ和减数分裂Ⅱ之间有一很短的间期，不发生 DNA 合成，无染色体复制。有些生物没有末期Ⅰ，由后期Ⅰ直接进入前期Ⅱ或中期Ⅱ。

5）第二次减数分裂

第二次减数分裂与有丝分裂过程基本相同，可分为前Ⅱ、中Ⅱ、后Ⅱ、末Ⅱ各期。在此过程中，每个染色体的两条染色单体分开，分别移向两极，核膜重新形成，染色体去凝集复原成染色质，核仁重现。随之进行细胞质分裂。减数分裂完成后，由一个二倍体的原始生殖细胞产生出 4 个单倍体生殖细胞。减数分裂产生的单倍体性细胞，受精后又产生二倍体合子，从而保持了物种的遗传性。

6）有丝分裂和减数分裂的比较(表 3.10.2)

表 3.10.2 减数分裂与有丝分裂的比较

	有丝分裂	减数分裂
发生范围	体细胞	有性生殖细胞
分裂次数	染色体复制一次，细胞分裂一次	染色体复制一次，细胞连续分裂两次
分裂过程		
前期	无染色体的配对、交换、重组	有染色体的配对、交换、重组(前期Ⅰ)
中期	二分体排列于赤道面上，动粒微管与染色体的两个动粒相连	四分体排列于赤道面上，动粒微管只与染色体的一个动粒相连(中期Ⅰ)
后期	染色单体移向细胞两极	同源染色体分别移向细胞两极(后期Ⅰ)
末期	染色体数目不变	染色体数目减半(末期Ⅰ)
分裂结果	子细胞染色体数目与分裂前相同，子细胞遗传物质与亲代细胞相同	子细胞染色体数目比分裂前少一半，子细胞遗传物质与亲代细胞及子细胞之间均不相同
分裂持续时间	一般为 1～2h	较长，可为数月、数年、数十年

3.10.4 细胞周期的调控

生物体为了适应环境的改变，以便根据环境状况，调节细胞增殖的速度，以保证组织、器官和个体的发生、发育、创伤的愈合等过程乃至整个物种的繁衍。因此细胞需要精确的细胞周期调控机制，来监控细胞周期进程，使得细胞增殖过程依照时间顺序有条不紊地进行。细胞周期的调控是一个极其复杂的过程，涉及多因子在多层次上的作用。细胞周期调控机制的研究，对于深入了解有机体的生长发育机制和控制肿瘤生长等问题具有极为重要的意义。

关于细胞周期调控机制的研究，早在 20 世纪 50 年代就开始了。当时的成就主要是对细胞周期各时相的划分以及不同时相细胞形态和生化动态变化的描述。随后在这一领域，美国科学家 Hartwell、英国科学家 Hunt 和 Nurse 做出了开拓性的工作，2001 年被授予诺贝尔生理学或医学奖，以表彰他们发现了细胞周期的关键调节因子。

3.10.4.1　细胞周期调控的关键因子

1) 细胞分裂周期基因

20 世纪 60 年代末，Hartwell 采用遗传学方法，率先用芽殖酵母(*Saccharomyces cerevisiae*)(图 3.10.14)作为实验对象研究细胞周期。70 年代初，他通过温度敏感突变技术筛选出突变酵母细胞，这些细胞的生长停滞在特定的细胞周期时相，从而确定缺陷基因所编码的蛋白质在细胞周期调控中的作用。利用这种方法，他先后发现了上百个与细胞周期和细胞周期调控相关的基因，并命名为细胞分裂周期基因(cell division cycle gene，*cdc*)。

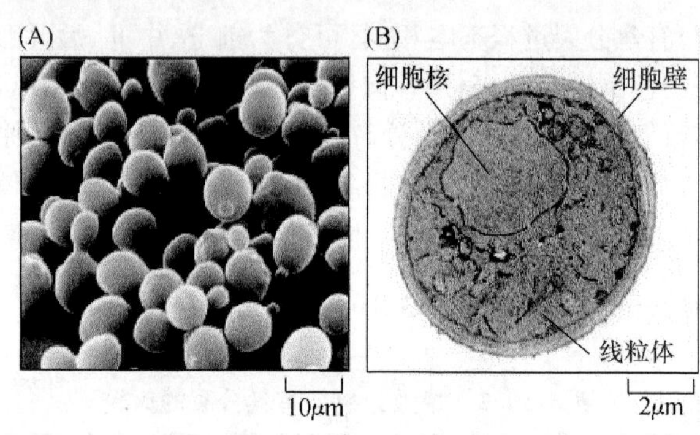

图 3.10.14　芽殖酵母

(Alberts et al.，1994)

在 Hartwell 发现的这类基因中，*cdc4*、*cdc6*、*cdc7*、*cdc8* 等控制 DNA 复制，如 *cdc8* 具有起始 DNA 合成的功能，*cdc5*、*cdc14*、*cdc15* 等参与染色体分离的调控，*cdc3*、*cdc10*、*cdc11*、*cdc13* 等调控细胞质的分裂。另外，*cdc1*、*cdc4*、*cdc24*、*cdc28*、*cdc33* 等在受精卵雌雄核融合过程中起重要的作用。值得注意的是，被他命名为 *cdc28* 的基因，启动细胞从 G_1 期进入 S 期，该基因编码的蛋白质是其他 cdc 基因产物执行功能的前提，因此也被称作"启动"(start)基因。

受 Hartwell 发现的启发，Nurse 用裂殖酵母(*schizosaccharomyces pombe*)做了类似的实验。在找出和突变体有关的 *cdc* 基因活化的正常顺序之后，他发现其中的 *cdc2* 基因的正常活性对于细胞进入有丝分裂是至关重要的，其功能及编码蛋白均与 *cdc28* 非常相似。在 1987 年测定了人和酵母 *cdc2* 基因产物的氨基酸顺序后，人们惊奇地发现两者也极为相似，从而说明细胞周期的基本调节机制在进化过程中是保守的：从酵母到人，其细胞周期的进行都是由 *cdc2* 这类基因控制的。

cdc 基因的表达产物都是一些蛋白激酶、磷酸酶等，细胞增殖周期的有序性是 *cdc* 基因在细胞周期不同阶段形成不同的基因产物，调节代谢过程，达到控制细胞的增殖。表 3.10.3 列出了部分 *cdc* 基因及其表达产物在细胞周期不同阶段发挥的调节作用。

表 3.10.3　细胞周期重要 *cdc* 基因的产物及其作用

cdc 基因名称	*cdc* 基因产物	细胞周期中的作用
cdc2	CDK1($p34^{cdc2}$)	MPF 的组成之一，促进 G_2 期向 M 期的转化
cdc6	蛋白激酶	介导 S 期启动中预复制复合体的形成，参与 S 期启动

续表

cdc 基因名称	cdc 基因产物	细胞周期中的作用
cdc7	蛋白激酶	磷酸化 S 期启动子 Mcm 蛋白，参与 S 期启动
cdc13	cyclin B 类似蛋白	MPF 的组成之一，促进 G_2 期向 M 期转化
cdc14	磷酸酶	介导 cyclin B 经多聚泛素化途径降解，促进后期向末期转化
cdc20	APC 特异性因子	介导 APC 对 securin 的多聚泛素化作用，促进中期向后期转化
cdc25A	磷酸酶	使磷酸化 CDK2 去磷酸化，促进 G_1 期向 S 期转化
cdc25C	磷酸酶	使磷酸化 CDK1 去磷酸化，促进 G_2 期向 M 期转化
cdc28	CDK	促进 G_2 期向 M 期转化
cdc45	蛋白质	与 S 期 DNA 复制启动中预复制复合体形成相关

cdc 的发现开创了细胞周期调控领域的新天地，吸引了更多的科学家投入到这一领域的研究中来，为后人的研究奠定了坚实的基础。

2）成熟促进因子

有关细胞周期调节因子的研究早在 20 世纪 60～70 年代就开始了。Masui 等(1960s)发现成熟蛙卵的提取物能促进未成熟卵的胚泡破裂(germinal vesicle breakdown，GVBD)，后来 Sunkara 将不同时期 HeLa 细胞的提取液注射到蛙卵母细胞中，发现 G_1 期和 S 期的抽取物不能诱导 GVBD，而 G_2 期和 M 期的则具有促进胚泡破裂的功能，它将这种诱导物质称为有丝分裂因子(mitotic factor，MF)。后来在 CHO 细胞、酵母和黏菌中也提取出相同性质的 MF。

Johnson 等(1970)将 HeLa 细胞同步于不同阶段，然后与 M 期细胞混合，在灭活仙台病毒介导下，诱导细胞融合，发现与 M 期细胞融合的间期细胞产生了形态各异的早熟凝集染色体(prematurely condensed chromosome，PCC)，这种现象叫做早熟染色体凝集(premature chromosome condensation)。不仅同类 M 期细胞可以诱导 PCC，不同类的 M 期细胞也可以诱导 PCC 产生，如人和蟾蜍的细胞融合时同样有这种效果，这就意味着 M 期细胞具有某种促进间期细胞进行分裂的因子。

1971 年 Masui 和 Markert 用孕酮诱导卵母细胞成熟，并用成熟卵母细胞的细胞质注射到卵母细胞，发现可以促进卵母细胞成熟，继续用该卵母细胞的细胞质诱导新的卵母细胞，仍然可以促进卵母细胞成熟。因而他们推测成熟卵母细胞中必然有一种物质可以诱导卵母细胞成熟。由此他们提出了成熟促进因子(maturation promoting factor，MPF)的概念。以后的研究证实驱使卵母细胞成熟和间期细胞进入有丝分裂期的是同一种物质，即 MPF(图 3.10.15)。

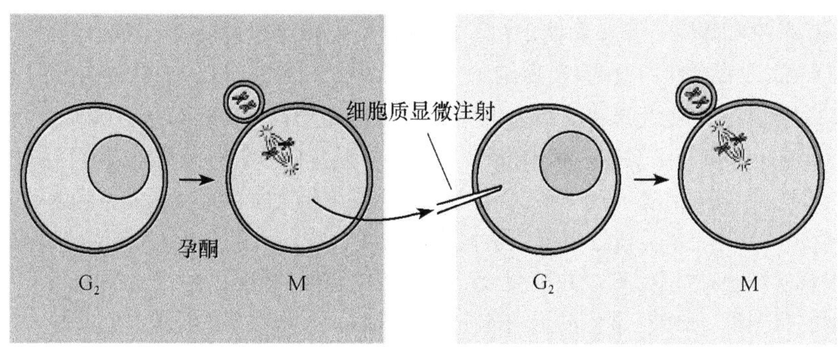

图 3.10.15 MPF 活性测试实验

(Cooper et al.，2000)

MPF广泛存在于真核生物处于减数分裂M期及有丝分裂期的细胞中，在未成熟的细胞中处于非活性状态，称为前体MPF(pre MPF)。非活性状态下的前体MPF经过翻译后修饰，可以转化为活性状态的MPF。直到1988年Lohka和Gautier等才分别从无细胞系统和爪蟾卵提取物中分离纯化出高纯度MPF，其活性部分包括32kDa和45kDa两种多肽，两种多肽形成复合物后即具有蛋白激酶活性，能使45kDa蛋白、H组蛋白、磷酸酶抑制剂1及酪蛋白等发生磷酸化。进一步的研究证实，MPF实际上是两个不同的亚基组成的异二聚体，一个是催化亚基，即P32多肽，为后来发现的细胞周期蛋白依赖性蛋白激酶1(cyclin-dependent kinase 1，CDK1)，是MPF的催化亚单位；另一个是P45多肽，为后来发现的细胞周期蛋白B(cyclin B)，是MPF的调节亚单位(图3.10.16)。

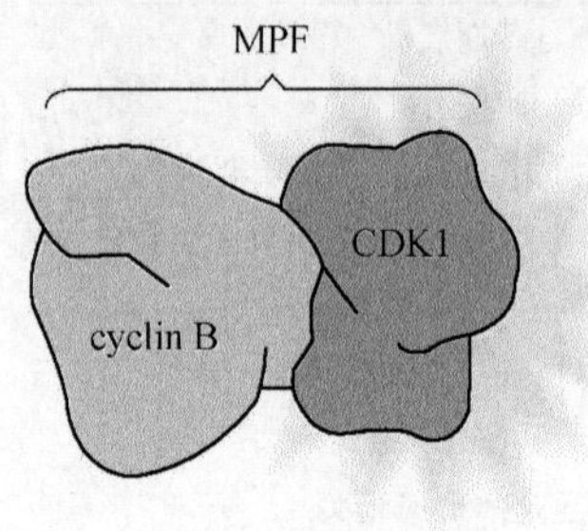

图3.10.16　MPF结构模式图
(Cooper et al.，2000)

3）细胞周期蛋白

细胞周期蛋白(cyclin)是一类随细胞周期的变化呈周期性出现和消失的蛋白质，最早由Evans于1983年在海胆受精卵中发现。在受精卵早期卵裂和细胞分裂过程中两种蛋白质的含量随细胞周期剧烈振荡，在每一轮间期开始合成，G_2/M时达到高峰，M结束后突然消失，下轮间期又重新合成，故命名为细胞周期蛋白。后来在青蛙、爪蟾、海胆、果蝇和酵母中均发现类似的情况，各类动物来源的细胞周期蛋白mRNA均能诱导蛙卵的成熟。研究发现，当保持周期蛋白活性，而抑制其他蛋白活性时，细胞周期能够进行；如果抑制细胞周期蛋白，而不抑制其他蛋白的活性，细胞周期不能进行。可见细胞周期蛋白对于细胞周期运转至关重要。

真核生物的细胞周期蛋白是一些具有相似功能的同源蛋白，由一个相关基因家族编码，种类达数十种，哺乳动物的周期蛋白包括cyclin A～H几大类。酵母细胞中有Cln、Clb、Cig等。不同的周期蛋白在细胞周期各特定阶段相继表达，并与其他蛋白结合后，对细胞周期相关活动进行调节。在G_1期表达的细胞周期蛋白有cyclin A、C、D、E，因cyclin C、D、E的表达仅限于G_1期，进入S期即被降解，且只在G_1期向S期转化的过程中发挥作用，因此又被称为G_1期蛋白。cyclin D为细胞G_1/S期转化所必需。cyclin A的合成发生于G_1期向S期转化的过程中，在中期消失，属于S期蛋白。cyclin B的表达开始于S期，在G_2/M转换时达到高峰，随着M期的结束而被降解消失。

不同的周期蛋白在分子结构上存在共同特点，即都含有一个高度保守的细胞周期蛋白框序列(100～150个氨基酸)，可介导周期蛋白与周期蛋白依赖性蛋白激酶(CDK)的结合，形成复合物，通过CDK的激酶活性的改变，实现细胞周期的调节。在S期及M期周期蛋白的N端还存在一段由9个氨基酸残基组成的被称为破坏框的特殊序列，称降解盒(destruction box)，可在中期以后cyclin A、cyclin B的快速降解中发挥作用。G_1期蛋白不具有破坏框，但可通过其C端一段特殊的PEST序列(该序列富含脯氨酸、谷氨酸、丝氨酸和苏氨酸)的介导，发生降解(图3.10.17)。

cyclin A、cyclin B通常是通过多聚泛素化途径被降解的。泛素由76个氨基酸组成，高度保守，普遍存在于真核细胞，故名泛素。共价结合泛素的蛋白质能被蛋白酶体识别和降解，26S蛋白酶体是一个大型的蛋白酶，可将泛素化的蛋白质分解成短肽。在蛋白质的泛素化过程中(图3.10.18)，E1(ubiquitin-activating enzyme，泛素活化酶)水解ATP获取能量，通过其活性位置的半胱氨酸残基与泛素的羧基末端形成高能硫酯键而激活泛素，然后E1将泛素交给E2(ubiquitin-conjugating

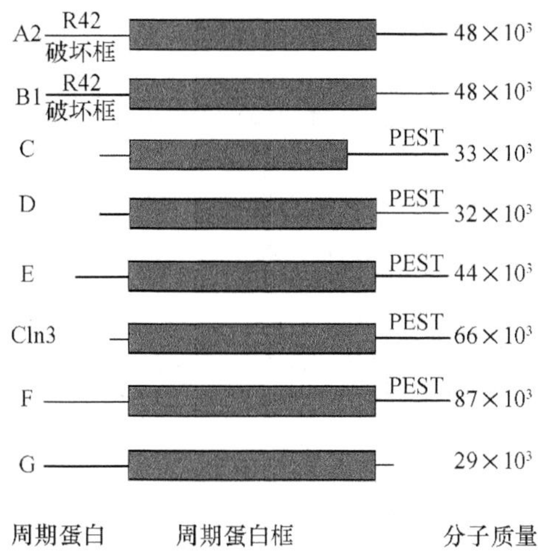

图 3.10.17 细胞周期蛋白框

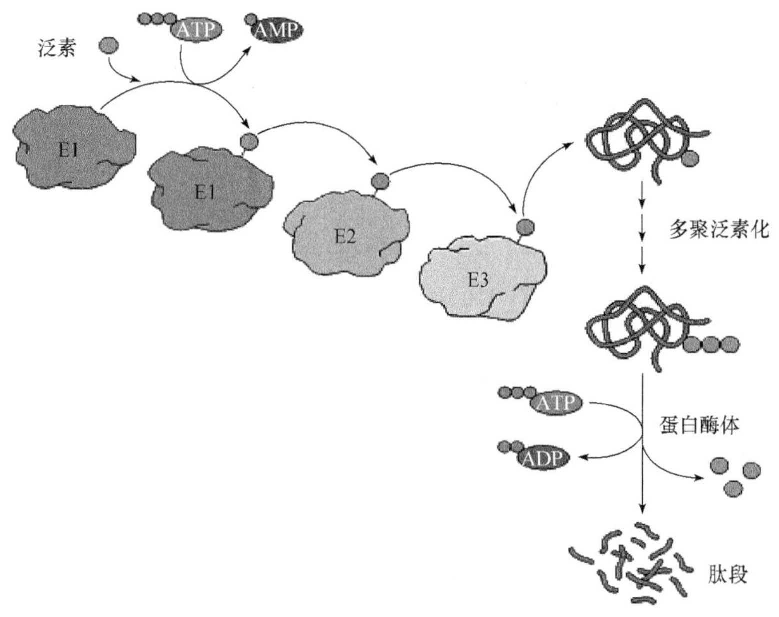

图 3.10.18 多聚泛素化蛋白降解途径
(Cooper et al. ,2000)

enzyme,泛素结合酶),最后在 E3(ubiquitin-ligase,泛素连接酶)的作用下将泛素转移到靶蛋白上。参与细胞周期调控的泛素连接酶至少有两类,其中 SCF(skp1-cullin-F-box protein,三个蛋白构成的复合体)负责将泛素连接到 G_1/S 期周期蛋白和某些 CKI 上,APC(anaphase promoting complex)负责将泛素连接到 M 期周期蛋白上。

4) 周期蛋白依赖性激酶

细胞周期蛋白依赖性激酶(cyclin-dependent kinase,CDK)是一类含有特征性丝氨酸/苏氨酸,且必须与细胞周期蛋白结合,才具有激酶活性的蛋白激酶,通过其磷酸化多种细胞周期相关蛋白,发挥细胞周期调控的关键作用。目前已发现多种 CDK,依据被发现的先后次序分别命名为 CDK1～8,其中 CDK1 即为 cdc2,是第一个被发现的。

不同的 CDK 分子在结构上均含有一段相似的激酶结构域,其中含有一段相当保守的序列,是介导激酶与周期蛋白结合的区域。

在细胞周期各阶段,不同的 CDK 通过结合特定的周期蛋白(表 3.10.4),使相应的蛋白质磷酸化,由此启动或调解细胞周期中的一些主要事件,如 DNA 复制、有丝分裂、染色质凝集、核膜破裂、纺锤体形成等。

表 3.10.4 细胞周期中一些主要的 CDK 与 cyclin 的结合关系及作用特点

CDK 类型	结合的 cyclin	主要作用时期	作用特点
CDK1	cyclin A	G_2	促进 G_2 期向 M 期转化
	cyclin B	G_2、M	磷酸化多种与有丝分裂相关的蛋白质,促进 G_2 期向 M 期转化
CDK2	cyclin A	S	能启动 S 期的 DNA 的复制,并阻止已复制的 DNA 再发生复制
	cyclin E	G_1 晚期	使晚 G_1 期细胞跨越限制点向 S 期发生转化
CDK3	?	G_1	
CDK4	cyclin D(D1 \ D2 \ D3)	G_1 中、晚期	使晚 G_1 期细胞跨越限制点向 S 期发生转化
CDK5	?	G_0	
CDK6	cyclin D(D1 \ D2 \ D3)	G_1 中、晚期	使晚 G_1 期细胞跨越限制点向 S 期发生转化

CDK 激酶活性需要在 cyclin 及磷酸化双重作用下才能被激活。

(1) cyclin 激活 CDK。cyclin 是最主要的 CDK 活性调节物,cyclin 结构中的周期蛋白框是结合和激活 CDK 所必需的结构域。每种 CDK 都会被特定的 cyclin 所激活,一般它们能结合一个或几个 cyclin 形成复合物,也有的 cyclin 能激活多个 CDK。除了能够决定 CDK 的活性外,cyclin 还决定 CDK-cyclin 复合物的底物特异性,亚细胞定位以及激酶的稳定性。

(2) 磷酸化激活 CDK。与 cyclin 结合的 CDK 要完全活化,还必须依赖于 CDK 活化激酶(CDK-activating kinase,CAK)对其进一步活化。在裂殖酵母中,处于非磷酸化状态,无活性的 CDK 分子中含有一段弯曲的环状区域,称为 T 环,该结构将 CDK 催化活性部位的入口处封闭,阻止了底物与催化部位深处活性位点的附着。当非磷酸化的 CDK 与 cyclin 结合后,cyclin 与 T 环之间发生相互作用,引起 T 环结构位移、缩回,暴露出活性部位。位于 CDK N 端的一段 α 螺旋此时旋转 90°,重新定位,其底物附着点由此转向 CDK 袋状催化活性部位分布,此时的 CDK 激酶活性较低。磷酸化发生于 CDK 的两个氨基酸残基位点,即活性的第 161 位苏氨酸残基(Thr161)与抑制性的第 15 位酪氨酸残基(Tyr15)。Thr161 位于 T 环上,在经 CDK 活化激酶 CAK 磷酸化后,CDK-cyclin 复合物上底物附着点形状显著改变,与底物的结合能力进一步增加,与未磷酸化时相比,CDK 催化活性可提高 300 倍。Tyr15 存在于 CDK 与 ATP 结合的区域,其磷酸化过程是由 wee 1 激酶催化,发生于 Thr161 前。当 Thr161 被磷酸化后,Tyr15 在 Cdc25 磷酸酶的催化下再发生去磷酸化,CDK 才最终被激活(图 3.10.19)。

CDK 的活性也受到 CDK 激酶抑制物(CDK inhibitor,CKI)的负性调节。在哺乳动物细胞中,根据其分子质量的差异可分为两类:一类是 INK4,特异性抑制 CDK4-cyclin D1、CDK6-cyclin

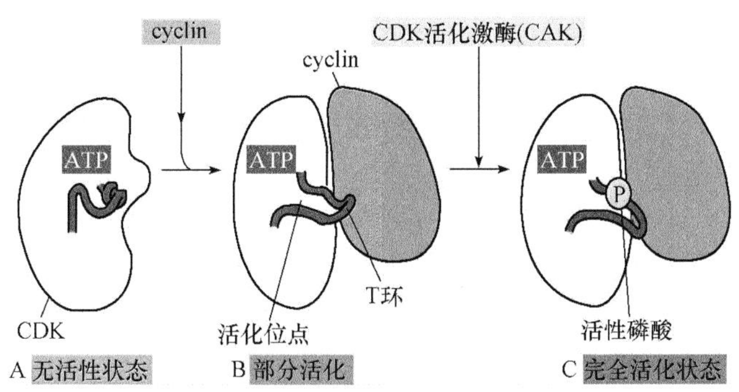

图 3.10.19 CDK 与 cyclin 结合活化过程

(Lodish et al. ,1999)

D1 的磷酸化激酶活性，成员包括 $p15^{INK4}$、$p16^{INK4}$、$p18^{INK4}$、$p19^{INK4}$ 等；另一类是 CIP/KIP，抑制目前已知的大多数 CDK-cyclin 的磷酸化激酶活性，主要成员包括 $p21^{CIP/WAF1}$、$p27^{KIP1}$、$p57^{KIP}$ 等。$P21^{CIP1}$ 还能与 DNA 聚合酶 δ 的辅助因子 PCNA(proliferating cell nuclear antigen)结合，直接抑制 DNA 的合成。

CKI 对 CDK 的抑制作用是通过与 cyclin-CDK 复合物结合，改变 CDK 分子活性位点空间位置来实现的。$P27^{KIP1}$ N 端的一部分可与 CDK2-cyclin B 复合物的 cyclin 相连，而 N 端的另一些区域则插入到 CDK2 N 端，CDK2 结构由此受到严重的扰乱。此外，在 $p27^{KIP1}$ 分子上存在一个类似于 ATP 的区域，可结合于 CDK2 分子的 ATP 结合位点上，从而阻止 ATP 对 CDK 的附着。通过以上两种方式，$p27^{KIP1}$ 可抑制 CDK2-cyclinB 复合体中 CDK 的活性。

在细胞周期各阶段，不同的 CKI 可以特异地与相应的 cyclin-CDK 复合物结合，形成三元复合物，参与细胞周期的调控(表 3.10.5)。CIP/KIP 家族成员主要作用于 CDK2/4。其中 $p21^{CIP1/WAF1}$ 作用则更为广泛。受 INK4 家组成员抑制的是 CDK4/6。G_1 期与 S 期是 CKI 作用主要阶段，$p16^{INK4}$ 通过与 cyclin E 竞争结合 CDK4/6，阻止 G_1 期细胞通过 R 点向 S 期转换。在 DNA 发生损伤时，$p21^{CIP1/WAF1}$ 表达水平增高，与 cyclinE-CDK2 结合后，抑制细胞从 G_1 期转向 S 期。

表 3.10.5 CDK-cyclins-CKIs 相互作用

CDK	cyclin	CKI
CDK1	A,B,C	p21,p57
CDK2	A,E,D	p21,p27,p57
CDK3	—	—
CDK4	D	p15,p16,p27,p18,p19,p57
CDK5	D	—
CDK6	D	p15,p16,p21,p27,p18,p19
CDK7	H	—

3.10.4.2 细胞周期的分子运转过程

1) G_1 期

在 G_1 期起主要作用的 cyclin-CDK 复合物是由 G_1 期 cyclin D、E 与 CDK2、CDK4、CDK6 为主的激酶结合构成的，这些复合物能使晚 G_1 期的细胞跨越 G_1/S 限制点，向 S 期发生转换。

cyclin D 首先在细胞中大量合成，CDK4、CDK6 与其结合，通过激酶活性活化细胞中的某些转录因子。G_1 期的晚期 cyclin E 逐渐合成、积累并与 CDK2 结合，在 G_1/S 期 cyclin E 与 CDK2 复合物活性达到最高。细胞中的其他一些转录因子随之被活化，由此启动与 DNA 复制相关基因的表达，产生一系列 DNA 合成所需的酶与蛋白质，为细胞进入 S 期作准备。

与此同时，G_1 期 cyclin-CDK 复合物还可磷酸化 S 期 cyclin-CDK 复合物抑制蛋白 Sicl，使其经泛素化途径被降解，从而使 S 期 cyclin-CDK 活性得以恢复，重新具有对 DNA 合成的诱导能力，G_1 期进一步向 S 期转换（图 3.10.20）。

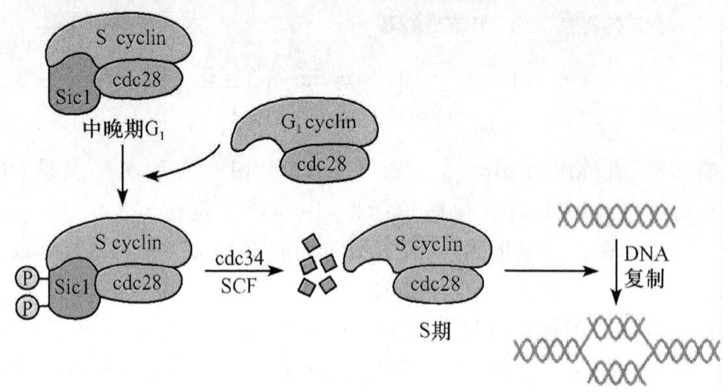

图 3.10.20　S 期抑制子降解调控 G_1 期向 S 期转化模式图

（Lodish et al.，1999）

2）S 期

当细胞进入 S 期后，cyclin D/E-CDK 复合物中的 cyclin 发生降解、cyclin A-CDK 复合物形成。因 cyclin D/E 的降解是不可逆的，使得已经进入 S 期的细胞将无法向 G_1 期逆转。cyclin A-CDK 复合物是 S 期中最重要的 cyclin-CDK 复合物，能启动 DNA 的复制，并阻止已复制的 DNA 再发生复制。

3）G_2 期

进入 G_2 期后，cyclin E 分解，cyclin B 合成并在 G_2 晚期与 CDK1 结合形成 cyclinB-CDK 复合物（MPF），MPF 在促进 G_2 期向 M 期转换中起着关键作用，是促进 M 期启动的调控因子。在与 cyclin B 结合之前，CDK1 一直处于磷酸化状态，这是由于 *weel*、*cak* 基因的表达产物使 CDK1 激酶上的第 14 位的苏氨酸（Thr14）、第 15 位的酪氨酸（Tyr15）和第 161 位的苏氨酸（Thr161）分别被磷酸化而呈失活状态。在 G_2/M 转折点处，由 *cdc25* 基因的表达产物（一种蛋白磷酸酶）可将 CDK1 激酶上的 Tyr15 或 Thr14 的磷酸基团水解下来，活化 CDK1 激酶。活化的 CDK1 激酶导致一些与细胞分裂有关的蛋白质磷酸化，从而推动了细胞分裂的进程。

4）M 期

M 期细胞在形态结构上所发生的众多事件以及中期向后期、M 期向下一个 G_1 期的转换都与 MPF 相关。

在 G_1 期进入 M 期后，MPF 可对 M 期早期细胞形态结构变化产生直接或间接的作用。在分裂早、中期，MPF 可通过磷酸化组蛋白 H1，诱导染色质凝集，启动有丝分裂。MPF 也可直接作用于染色体凝集蛋白，散在的 DNA 分子结合于磷酸化的凝集蛋白上后，使其发生缠绕、聚集，介导了染色体形成超螺旋化结构，进而发生凝集(图 3.10.21)。

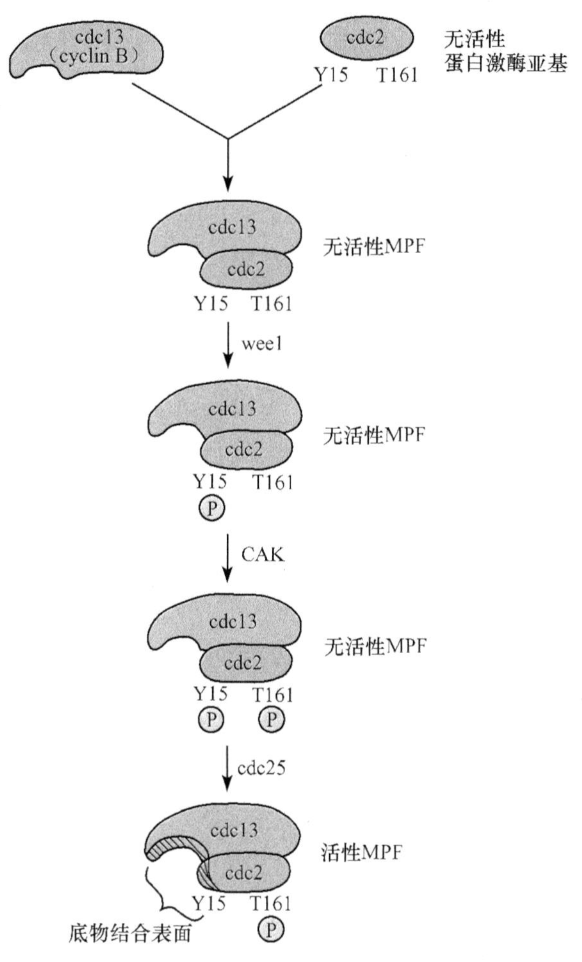

图 3.10.21 MPF 的激酶活性调控模式图
(Lodish et al.,1999)

MPF 还可以作用于核纤层蛋白，使其特定的丝氨酸残基发生高度磷酸化，引起核纤层结构解体，核膜破裂形成小泡。MPF 也能使多种微管结合蛋白发生磷酸化，进而调节细胞周期中微管的动态变化，使微管发生重排，促进纺锤体的形成。

MPF 可促进中期细胞向后期的转化。中期染色体两条姐妹染色单体的分离是启动后期的关键。MPF 可使 APC 复合物发生磷酸化，进而引起泛素化反应过程的活化，导致染色单体间连接复合体的降解，使姐妹染色单体的着丝粒发生分离，在纺锤体微管的牵引下，分别移向两极，细胞进入后期。

在有丝分裂后期末，cyclin B 将通过泛素化途径迅速被降解，MPF 解聚，CDK1 激酶活性丧失，被 CDK1 激酶磷酸化的组蛋白、核纤层蛋白等在磷酸酶的作用下发生去磷酸化，染色体发生去凝集，核膜再次组装，子细胞核逐渐形成。此后当新的 cyclin D 合成后，细胞又开始新一轮的细胞周期。

3.10.4.3 细胞周期运转的监控系统

在细胞周期的进程中，若上一个阶段的重要活动尚未结束或发生错误，细胞就进入下一个阶段，其遗传特性将受到灾难性的损害，如产生早熟染色体或导致染色体数目异常。为了保证细胞染色体数目完整性及细胞周期的正常运转，细胞中存在着一系列监控系统，可对细胞周期发生的重要事件及出现的故障加以检测，只有当这些事件完成，故障修复后，才允许细胞周期进一步运行，该监控系统即为检验点(checkpoint)，包括未复制 DNA 检验点、纺锤体组装检验点、染色体分离检验点及 DNA 损伤检验点。细胞一旦通过了这些检验点，就可以完成细胞周期(图 3.10.22)。

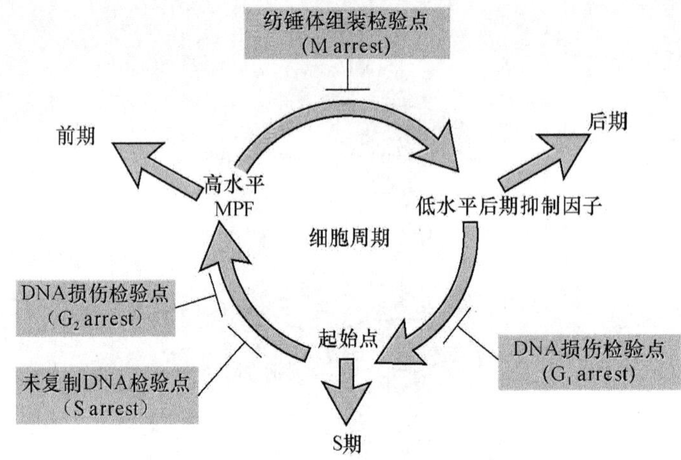

图 3.10.22 细胞周期检验点模式图

(Lodish et al.,1999)

1) 未复制 DNA 检验点

在正常细胞周期中，DNA 未发生复制，细胞将不能进入有丝分裂。未复制 DNA 检验点的主要作用包括识别未复制的 DNA 并抑制 MPF 激活。在 DNA 复制进程中，有两种蛋白激酶在未复制 DNA 检验点有重要功能，即 ATR(ataxia telangiectasia and Rad3 related)与 Chk1(checkpoint kinase 1)，它们能阻止未经 DNA 复制的细胞发生分裂。

在 DNA 复制进行过程中，ATR 在与 DNA 复制叉结合后被激活，由此引起一系列蛋白激酶级联反应：ATR 磷酸化激活 Chk1，Chk1 再磷酸化 CDC25 磷酸酶，使其失活而不能去除 M 期 CDK 上抑制其活性的磷酸基，cyclin A/B-CDK1 保持被抑制状态，不能磷酸化启动 M 期的靶蛋白。上述过程一直持续到所有复制叉上所进行的 DNA 合成均完成，复制叉解体时结束，由此使得 M 期必须在 DNA 合成结束后才能发生。

2) 纺锤体组装检验点

该检验点的作用主要是阻止纺锤体装配不完全或发生错误的中期细胞进入后期。

对酵母纺锤体组装检验点的研究证实，Mad2(malignant disease-associated DNA-binding protein 2)蛋白是纺锤体组装检验点作用机制中的关键因子。Mad2 的作用是调节纺锤丝与着丝点的结合。在细胞进程中，后期促进复合物(anaphase-promoting complex，APC)所介导的 securin 蛋白的多聚泛素化控制着中期向后期的转化。Mad2 对 APC 的激活因子 CDC20 有抑制作用。在中期染色体上，如果有一个动粒没与纺锤体微管结合，Mad2 将结合于该动粒上并短暂激活，与 CDC20 互相作用使其失活，APC 活化及 securin 蛋白多泛素化受阻，染色单体着丝粒间不能分离，由此阻止了细胞进入后期。一旦染色体上所有动粒均结合了动粒微管，纺锤体组装完成，Mad2 与动粒的结合停止，恢复其无活性状态，CDC20 活性抑制状态被解除，引起 APC 相继活化及 securin 蛋白的多聚泛素化，启动染色单体的分离及向后期的转化。

3）染色体分离检验点

在细胞周期进程中，末期发生的各种事件及随后的胞质分裂，均需要 MPF 的失活。CDC14 磷酸酶的活化，能促使 M 期 cyclin 的多聚泛素化降解，从而导致 MPF 活性丧失，引发细胞向末期转化。

染色体分离检验点就是通过检测发生分离的子代染色体是否正确到达细胞两极，来决定细胞中是否产生活化的 CDC14 磷酸酶，以促进细胞进入末期，发生胞质分裂。该检验点的存在阻止了在子代染色体未正确分离前末期及胞质分裂的发生，保证了子代细胞可含有一套完整的染色体。

4）DNA 损伤检验点

在细胞周期进程中，基因组 DNA 经常会受到内源性或外源性因素的影响而导致结构发生变化，产生损伤。机体内存在相应的一系列应对与修复损伤 DNA，并维持染色体基因组正常结构功能的机制。其中 DNA 损伤检验点(DNA damage checkpoint)就是在感应 DNA 损伤的基础上，对损伤感应信号进行转导，或引起细胞周期的暂停，从而使细胞有足够的时间对损伤 DNA 进行修复，或最终导致细胞发生凋亡。

在 DNA 损伤检验点，三种肿瘤抑制蛋白起着关键的作用，它们分别是 ATM/ATR、Chk1/2 及 p53。当 DNA 因紫外线或射线等作用发生损伤时，DNA 损伤检验点将被激活，在活化蛋白激酶 Chk2 后，可使磷酸酶 cdc25 磷酸化，cdc25 最终被多聚泛素化降解。在哺乳动物中，cdc25 的磷酸酶作用为 CDK2 完全活化所必需，cdc25 失活将导致 CDK2 不能活化，由 cyclin E/A-CDK2 介导的跨越 G_1 期或 S 期的进程将不能发生，细胞因此被阻滞在 G_1 或 S 期。活化的 ATM/ATR 也能通过磷酸化作用，稳定原本在细胞内极不稳定的 p53 蛋白，使其对某些特异性基因转录的促进能力增强，其中包括 $p21^{CIP}$ 的基因，由此产生的 $p21^{CIP}$ 可将哺乳动物所有的 cyclin-CDK 的活性抑制，进一步使细胞在 DNA 修复完成之前，被阻滞在 G_1、G_2 期。

3.10.4.4 其他影响细胞周期调控的因素

1）生长因子

生长因子(growth factor)是一类由细胞自分泌或旁分泌产生的多肽类物质，与细胞膜上特异性受体结合后，经级联信号转导，可激活细胞内多种蛋白激酶，促进或抑制细胞周期进程相关的蛋白质的表达或活性改变，由此参与细胞周期调控。目前发现的生长因子多达几十种，多数有促进细胞增殖的功能，故又称为有丝分裂原(mitogen)，如表皮生长因子(epidermal growth factor，EGF)、血小板衍生生长因子(platelet-derived growth factor，PDGF)、神经生长因子(nerve growth factor，NGF)、白介素(interleukin，IL)，少数具有抑制作用，如肿瘤坏死因子(tumor necrosis factor,TNF),个别具有双重调节作用,如转化生长因子-β(transforming growth factor,TGF-β),能促进一类细胞的增殖,而抑制另一类细胞生长。不同的生长因子在调节的具体时段上存在差异,如 PDGF 的调节点一般在 G_0 期向 G_1 期转化过程中。EGF、IL、TGF-α、β 的调节点在 G_1 期向 S 期转化过程中。TGF-β 在 G_1 期向 S 期转化中发挥负调节作用。在 TGF-β 存在的情况下,cyclin E 表达下降,cyclin E-CDK2 复合物形成受阻,细胞被阻滞在 G_1/S 期,而不能向 S 期转化。

生长因子主要通过细胞内参与细胞增殖调控的信号通路发挥作用,主要通路有 ras 途径、cAMP 途径和磷脂酰肌醇途径等。例如,通过 ras 途径,激活丝裂原活化蛋白激酶(mitogen-activated protein kinase,MAPK),MAPK 进入细胞核内,促进细胞增殖相关基因的表达,或通过一种相应的途径激活 c-myc,myc 作为转录因子促进 cyclin D、SCF(stem cell factor)、E2F 等 G_1/S 期有关的许多基因表达,促进细胞进入 G_1 期。

2) 抑素

抑素(chalone)是一种细胞自身分泌的、能抑制细胞周期进程的糖蛋白,通常分布于其发挥作用的特异性组织。抑素主要作用于 G_1 期末及 G_2 期,在 G_1 期发挥作用的抑素通常被称为 S 因子,能阻止 G_1 期细胞进入 S 期。在 S 期作用的抑素又被称为 M 因子,能抑制 S 期细胞向 M 期转化。

抑素通过与细胞膜上特异性受体结合,引起细胞信号转导过程,进而对细胞周期相关蛋白的表达产生影响,这与生长因子的调节方式相类似。抑素的作用表现出较强的细胞特异性,可因细胞类型不同而有所差异,如红细胞、淋巴细胞、肝细胞、表皮细胞等各有其特异性的抑素存在。

3) 环核苷酸的调控作用

cAMP 和 cGMP 均为细胞内信号转导过程中第二信使,广泛参与细胞代谢活动。在细胞周期中,二者可相互拮抗,控制细胞周期的进程。cGMP 能促进细胞分裂中 DNA 及组蛋白的合成,cAMP 对细胞分裂有负调控作用,其含量降低时,细胞 DNA 合成及细胞分裂将加速。细胞中 cAMP 和 cGMP 二者量上的平衡,是维持正常细胞周期进程的重要因素。

4) 癌基因产物对细胞周期的调节

癌基因(V-oncogene,*V-onc*)是指一些反转录病毒基因组所具有的、异常活化后可使细胞无限增殖进而癌变的 DNA 序列。脊椎动物正常细胞中,与 *V-onc* 相似的同源序列则被称为细胞癌基因(cellular oncogene,*C-onc*)或原癌基因(proto-oncogene)。在正常情况下,原癌基因表达产物在控制细胞增殖和分化以及胚胎发育过程中发挥重要作用。当原癌基因突变或过度表达时,就会使细胞的正常增殖失控导致肿瘤发生。

癌基因和原癌基因的表达产物种类很多,其参与细胞增殖周期调控的方式也有所不同。

(1) 生长因子类。这类癌基因产物在结构上能模拟生长因子,同其受体结合,刺激细胞分裂增殖,对细胞周期进行调控。主要的基因有 *sis* 基因家族等。

(2) 生长因子受体类。这类基因编码产物为生长因子受体,可与生长因子结合,参与生长因子介导的细胞周期调控。主要的基因有 *V-erb-B*、*c-fms*、*trk* 等。

(3) 信号转导相关癌蛋白编码基因。此类基因种类较多,如 *raf*、*mos* 等基因编码具有丝氨酸/苏氨酸激酶活性的蛋白质,参与细胞周期调控的信号转导过程。

(4) 转录因子类。此类基因有 *c-jun*、*c-fos*、*c-myc* 等,其产物分布在细胞核内,为 DNA 结合蛋白，可参与基因的转录调控过程。

5）抑癌基因对细胞周期的调节作用

抑癌基因为正常细胞所具有的一类能抑制细胞恶性增殖的基因。这类基因编码产物通常为转录因子，可作为负性调控因子，从多种途径影响细胞周期相关蛋白的合成及 DNA 的复制，进而调节细胞周期的进程。抑癌基因的突变或缺失，将导致细胞增殖失控，发生癌变。

现已发现和鉴定十几种抑癌基因，常见的有 *Rb*、*p53*、*PTEN*、*DCC*、*WT-1/2* 等。其中 *Rb* 及 *p53* 的作用机制研究得较为深入。

Rb 基因，即视网膜母细胞瘤基因（retinoblastoma gene），为视网膜母细胞瘤易感基因，是世界上第一个被克隆和完成全序列测定的抑癌基因。*Rb* 基因表达产物为 928 个氨基酸组成的蛋白质，分子质量约为 105kDa。Rb 蛋白分布于核内，是一类 DNA 结合蛋白。Rb 蛋白的丝氨酸/苏氨酸残基磷酸化/去磷酸化是其调节细胞生长分化的主要形式，如在细胞周期的 G_0/G_1 期，它处于去磷酸化状态，在 G_1 晚期、G_2、S 和 M 期则处于磷酸化状态。

在细胞周期中，Rb 蛋白通过改变其磷酸化状态，控制与其结合的多种细胞周期调控相关蛋白的表达与活性，如 C-Myc、E2F、Cdc2、CDK2 和 ATF-2 等，进而影响细胞周期的进程。E2F 转录因子家族是 pRb 蛋白参与细胞周期调控的最主要的作用靶分子，参与诱导多种 DNA 复制相关基因的转录活化，如 c-myc、cyclin A、二氢叶酸还原酶、胸腺嘧啶激酶以及 DNA 聚合酶-α 等。Rb 蛋白在非磷酸化状态时可与 E2F 结合，并抑制其活化基因转录的功能；Rb 蛋白的磷酸化修饰导致 E2F 的释放，诱导下游基因的表达，促进细胞 G_1/S 周期转化（图 3.10.23）。

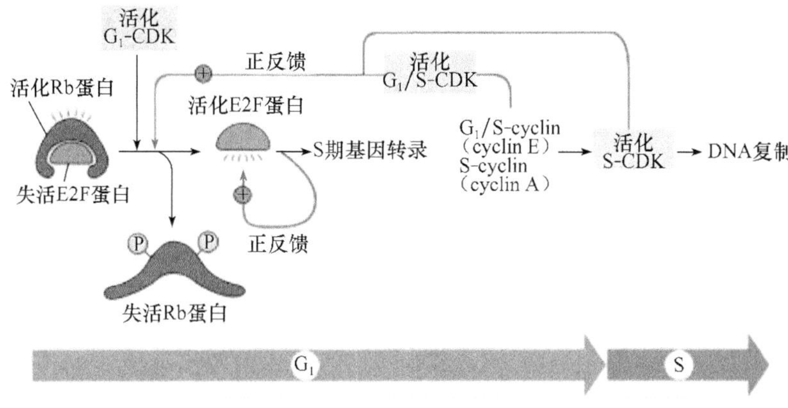

图 3.10.23 Rb 蛋白参与细胞周期调控

（Alberts et al.，2002）

p53 基因产物即 p53 蛋白，分子质量为 53kDa，分布于细胞核内。正常细胞中 p53 蛋白半衰期短，稳定性差，含量极微。p53 蛋白质有 DNA 结合特性，可作为转录因子或与其他转录因子结合，直接或间接影响细胞周期相关基因的表达。p53 能促进 *p21* 基因的转录，增加 p21 蛋白的合成。p21 是一种 CDK 激酶抑制物（CKI），可抑制 CDK 的活性，使 Rb 蛋白磷酸化受阻，与 S 期相关的转录因子 E2F 不能被释放，DNA 复制不能进行，细胞无法从 G_1 期进入 S 期。有人认为 p53 蛋白也可直接与 DNA 复制机制中的成分如单链结合蛋白增殖细胞核抗原相互作用抑制 DNA 复制，阻止细胞分裂，使之出现 G_1 期阻滞（图 3.10.24）。

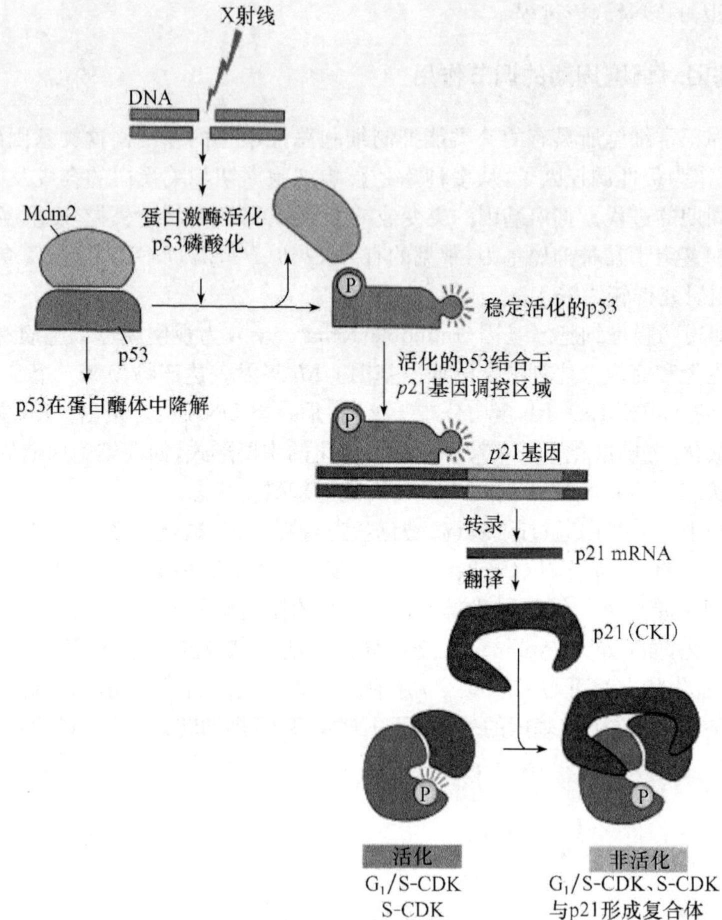

图 3.10.24　p53 参与 DNA 损伤检验点调控细胞周期
(Alberts et al.,2002)

小结

细胞的繁殖是通过分裂的方式进行的,细胞周期又称细胞增殖周期,是指连续分裂的细胞从上一次有丝分裂结束到下一次有丝分裂结束为止所经历的整个过程。细胞周期分为两个时期:分裂期(M 期)和分裂间期。间期又根据细胞中 DNA 合成情况分为:DNA 合成前期(G_1 期)、DNA 合成期(S 期)、DNA 合成后期(G_2 期)。分裂期(M 期)根据细胞核的形态变化分为:前期、中期、后期和末期四个时期。高等生物的细胞分裂主要是有丝分裂和减数分裂。而原核生物主要是无丝分裂。有丝分裂的显著特征是形成有丝分裂器,它能确保将复制之后的染色体均等地分配到两个子细胞中去。减数分裂是所有真核细胞生物有性生殖中生殖细胞形成时进行的一种特殊形式的有丝分裂,染色体复制一次之后,细胞分裂两次,子细胞(即生殖细胞)所含的染色体数目比亲代细胞减少一半。细胞需要精确的细胞周期调控机制,来监控细胞周期进程,使得细胞增殖过程依照时间顺序有条不紊地进行。细胞周期的调控是一个极其复杂的过程,涉及多因子在多层次上的作用。细胞周期调控的关键因子包括细胞分裂周期基因、成熟促进因子、细胞周期蛋白和周期蛋白依赖性激酶等。还包括生长因子、抑素、环核苷酸、癌基因和抑癌基因产物等。各种调控因子协同作用从不同的时间和空间调控细胞周期各个运转过程。细胞周期运转的监控系统称为细胞周期检验点，包括未复制DNA检验点、纺锤体组装检验点、染色体分离检验点及DNA损伤检验点。细胞一旦通过了这些检验点，就可以完成细胞周期。

（蒋建利）

思考题

1. 简述有丝分裂各期主要特点？
2. 说明细胞间期的各时期的生化特点。
3. 简述细胞周期中DNA、RNA、组蛋白和非组蛋白的合成概况。
4. 高等生物体内所有细胞按繁殖状态可分为哪三类？各有何特点？
5. 分裂前中期的核膜和核仁消失是如何引起的？
6. 说明分裂后期的染色单体分离及向两极移动的机制。
7. 简述MPF(maturation-promoting factor)的组成和在G_2/M期进程中的作用。
8. 概述减数分裂基本特点及生物学意义。
9. 简述联会复合体的结构和功能。
10. 解释CDK激酶活性调控规律及在细胞周期中导致的下游事件。
11. 细胞周期中一般有哪几个主要检验点，各有何作用？
12. 真核细胞分裂方式有几种？主要特点？
13. 有丝分裂与减数分裂比较。

参考文献

韩贻仁. 2005. 分子细胞生物学. 2版. 北京：科学出版社

凌诒萍. 2000. 细胞生物学(七年制规划教材). 北京：人民卫生出版社

宋今丹. 2005. 医学细胞生物学. 3版. 北京：人民卫生出版社

杨恬. 2005. 细胞生物学. 北京：人民卫生出版社

左伋. 2008. 医学细胞生物学. 4版. 上海：复旦大学出版社

Alberts B, Bray D, Lewis J, et al. 1994. Molecular Biology of the Cell. 2nd ed. New York and London: Garland Publishing Inc.

Alberts B, Johnson A, Lewis J, et al. 2002. Molecular Biology of the Cell. 4th ed. New York and London: Garland Science

Bolsover S R, Hyams J S, Shephard E A, et al. 2004. Cell Biology A Short Course. 2nd ed. A John Wiley & Sons, Inc., Publication

Cooper G M. 2000. The Cell-A Molecular Approach. Sunderland(MA): Sinauer Associates, Inc.

Hoepfner D, Schildknegt D, Braakman I, et al. 2005. Contribution of the endoplasmic reticulum to peroxisome formation. Cell, 122(1): 85-95

Lodish H, Berk A, Zipursky S L, et al. 1999. Molecular Cell Biology. 4th ed. New York: W. H. Freeman & Co.

Scherthan H. 2001. A bouquet makes ends meet. Nat Rev Mol Cell Biol, 2(8): 621-627

3.11 细胞分化与基因表达调控

多细胞有机体从受精卵开始的个体发育过程中，始终伴随这两个重要的细胞生命活动，一个是细胞分裂，另一个是细胞分化。细胞分裂增加细胞的数量，细胞分化增加细胞的类型。细胞分裂是细胞分化的前提，而细胞分化则是多细胞有机体发育的基础和核心。通过细胞分化形成不同类型的细胞，再由其形成不同的组织和器官，进而执行不同的功能。按照逻辑分析就可以知道，细胞分化的关键就是细胞中特异性蛋白质的合成，因为个体所有的细胞都具有完整的基因组，可见不同细胞类型的产生是基因选择性表达的结果。已经分化的细胞有两种基本的发展方向，其一是走向衰老死亡；其二是通过去分化或脱分化，重新获得细胞分裂的潜能。前者是正常的细胞命运，而后者是有机体对抗细胞或组织缺损的补偿机制，以从总体上维持机体的稳态平衡。

3.11.1 细胞分化的基本概念

细胞分化(cell differentiation)是指由受精卵产生的同源细胞，在形态结构、生化组成和生理功能等方面形成稳定性差异的过程。细胞分化贯穿有机体个体发育全过程，但以胚胎期最为典型。随着个体发育进程，细胞分化的潜能呈现逐步局限的趋势，即受精卵表现为全能性，可以产生各种类型的细胞，发育到原肠形成(gastrulation)期，形成内中外三个胚层，则各胚层细胞只具有多能性分化潜力，经过器官发生(organogenesis)后，各种组织细胞最终呈现单能性。从本质上来看，多能与单能细胞的全能性潜能尽管依然存在，但已经不能表现出来，只能在特定的诱导条件下才能显现出来，如在体外培养条件下，已经分化的植物细胞可以表现全能性，可以形成完整植株，这项工作在 20 世纪 60 年代就已经被证实。但在多细胞动物有机体中，直到 20 世纪末才实现体细胞诱导形成多能干细胞，尚未能恢复到全能细胞的水平，而克隆动物的诞生也只是证明了细胞核的全能性。成体哺乳动物体内，各种组织中都保留少量未分化的细胞——干细胞，这些干细胞通常只表现多能性或单能性，通过定向诱导分化，可以增加分化潜能，但离诱导形成全能细胞还有很大的距离(图 3.11.1)。

一般情况下，在一个细胞出现可以识别的形态或生化变化之前，细胞向某种特定类型细胞分化的潜能就已经被确定下来，这种特性称为细胞决定(cell determination)。细胞发育方向一旦决定，细胞将走向终末分化。哺乳类在桑椹期 8 细胞前的细胞均为全能细胞，而两栖类在形成囊胚之前，也不发生细胞分化，可见，从细胞分裂到细胞分化是一个从量变到质变的过程。从某种意义上来看，细胞决定是细胞发育潜能逐渐受到限制的过程，是基因进行选择性表达的过渡阶段。果蝇幼虫期的成虫盘(imaginal disc)为理解细胞决定提供了实例。成虫盘的组成细胞虽未分化，但随着发育的进程，不同成虫盘将分别发育成为腿、翅、触角和躯体的其他部分。如果人为地把一个幼虫的成虫盘移植给另一个幼虫，被移植的成虫盘将形成原先幼虫应当形成的器官。实验还证实成虫盘所表现的细胞决定具有遗传性和稳定性。但这种稳定也是相对的，也可观察到某些突变体和体外培养的成虫盘并未按照已经决定的方向分化的情况，这种现象称为转决定(transdetermination)两栖类原肠胚不同阶段细胞的移植实验更能说明细胞决定具有发育阶段时间上的相关性。成虫盘的细胞决定受到控制基因的调节，基因突变有可能导致器官异常突变体的产生，把这种现象称为同源异型突变(homeotic mutation)。

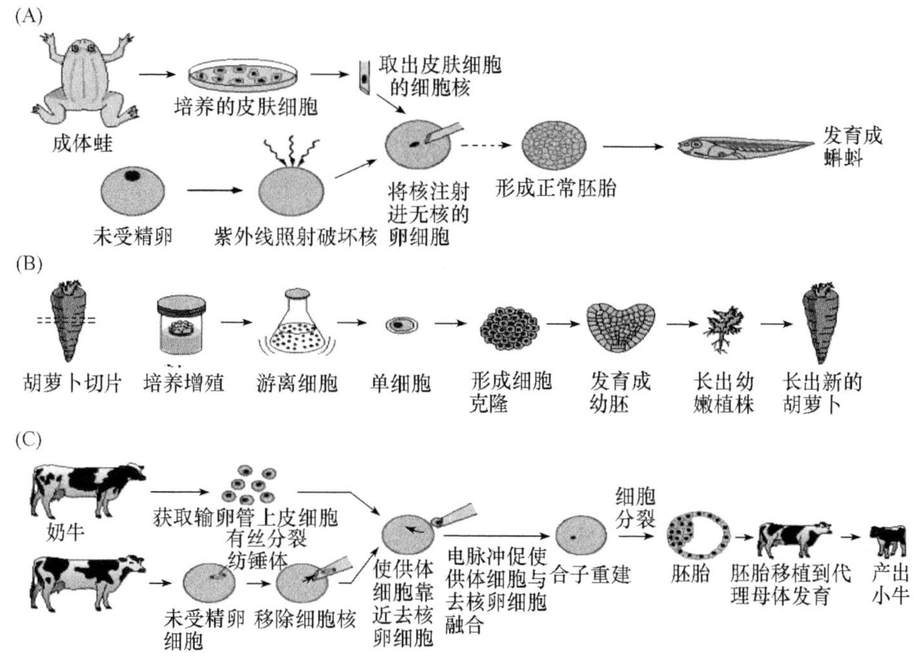

图 3.11.1 植物组织培养和动物细胞核移植分别证实了细胞与细胞核的全能性
(修改自 Alberts et al.,2002)

3.11.2 细胞分化的分子基础

细胞分化是特异性蛋白形成的结果,而特异性蛋白的形成依照中心法则自然是特定基因表达的反映。从受精卵衍生的所有细胞,尽管都具有相同的基因组,但基因的表达按照是否与分化相关分为两类:一类被形象地称为持家基因(house-keeping gene),这些基因表达的蛋白质,是维持细胞基本生命活动所必需的,也在同一物种所有细胞中均存在,并不影响细胞的分化,但却是细胞分化发生的基础;另一类过去多被称为奢侈基因(luxury gene),人为地赋予此类基因一个非褒义性的概念,尽管形象生动但却易导致歧义,目前已经按照其功能改称其为组织特异性基因(tissue specific gene)。这类基因决定的蛋白质与细胞分化直接相关,同时也表征了细胞分化的发生,如皮肤表皮细胞的角蛋白,红细胞中的血红蛋白,肌肉细胞的肌动蛋白和肌球蛋白等。

基因的选择性表达也被称为基因差异表达(differential gene expression)或基因顺序表达(sequential gene expression)。这显然是某些基因被关闭,而另外一些基因被启动的结果,可以通过比较 Southern 杂交和 Northern 杂交试验结果予以检测。果蝇和双翅目昆虫的唾线染色体的膨松区可以直接反映基因转录的情况,膨松区是正在进行 mRNA 转录的区域,通过不同时期观察,明显可以看到膨松区的位置是不同的,并且显示出一定的先后顺序。给昆虫注射刺激变态发育的蜕皮素,可以诱导膨松区的顺序发生,相反,如果注射抑制 RNA 合成的放线菌素 D,膨松区则会消失。也可通过核酸芯片技术分析基因的差异表达。例如,通过分析脊椎动物不同发育阶段珠蛋白基因的表达情况获得对基因表达调控的认识。脊椎动物血红蛋白是由 4 条珠蛋白肽链组成的四聚体,其中两条多肽链由 α 型珠蛋白基因簇决定,另两条多肽链由 β 型珠蛋白基因簇决定。2 个基因簇属于不同的基因家族，分别定位于 16 号和 11 号染色体上，α 型珠蛋白基因簇包括 α、ξ 2 个基因，β 型珠蛋白基因簇包括 ε、γG、γA、δ 和 β 5 个基因，通过对不同发育阶段所表达的珠蛋白肽链的分析显示，在胚胎早期，血红蛋白四条多肽链组成为 α2ε2，随后为 α2γ2，胎儿出生后则主要为 α2β2，成体中继续保持为 α2β2，说明在不同发育阶段形成了不同的血红蛋白，而且所表达的珠蛋白基因与基因在染色体（DNA 链）上的先后顺序紧密关联。研究还阐明了决定不同珠蛋白基因打开和关闭的关键在于 β 型珠蛋白基因簇上的基因座控制区（locus control region，LCR）。LCR 位于基因簇的上游，距离 ε 基因 5′端 10 000 个碱基对以上，含有 4 个 DNA ase1 超敏感位点，如果 LCR 发生突变或部分缺失，就会导致各种贫血症的发生。

3.11.3 影响细胞分化的因素

影响细胞分化的因素主要包括核质相互作用，诱导和抑制因素，激素和黏附分子的影响以及位置信息的作用。早期胚胎中胞质成分的分布是不均质的，而胞质成分可以调节细胞核中基因的表达，而细胞质成分受到基因表达产物的不断调整，始终处于不断变化之中，这种核质间的相互作用决定着细胞的分化方向。另外在分化过程中，不同胚层之间存在着相互促进分化的正向诱导作用，称之为分化诱导（differentiation induction），三个胚层中一般是中胚层首先开始独立分化，在中胚层脊索的诱导下，外胚层未分化的细胞先后经过神经板、神经管、神经褶等发育阶段，逐渐形成脑泡的原基并进一步发育成为前脑、中脑和菱脑，直至完成整个神经系统的分化发育。预先去除脊索，就会导致神经板发育受阻。一般把中胚层脊索诱导外胚层细胞向神经方向分化形成神经板的分化诱导称为初级诱导；神经板卷折成神经管后，头端膨大的原视杯接着诱导其外表面的外胚层形成眼晶状体，称为次级诱导；晶状体进一步诱导其外的外胚层形成角膜则属于三级诱导。而完成分化的细胞可以通过产生抑素（chalone），抑制邻近的细胞进行同样的分化，如将发育中的蛙胚置于含有蛙心脏组织的培养液中培养，蛙胚的分化进程就会受到阻碍而不能完成。分化诱导的正反馈调节与分化抑制的负反馈调节协调作用，维持着细胞分化和胚胎发育的正常进程。

随着机体的不断发育，结构日趋复杂，这时远距离调控细胞分化的激素作用就逐步显现出来。激素分为两大类，一类是甾体激素，另一类为肽类激素，前者包括性激素和蜕皮激素等，脂溶性，分子小，可渗透穿越靶细胞的胞膜进入胞质，与胞内受体结合，进而影响基因转录，同时影响细胞分化，而后者包括促甲状腺素、甲状腺素、肾上腺素、生长激素和胰岛素等，水溶性，分子较大，不能穿过细胞膜，一般作为第一信使与靶细胞膜上的特异性受体结合，接着通过激活膜上的腺苷酸环化酶，在胞内形成第二信使 cAMP，通过激活蛋白磷酸化激酶系统，影响核内基因的转录，同样影响到细胞的分化。细胞分化还伴随着细胞的识别、迁移和聚集等过程，这些过程表现为细胞间的特异亲和性，即细胞黏附（cell adhesion）。细胞黏附是通过同类细胞表面的黏合分子相互识别、黏着及聚集等完成的，研究发现，将不同类型的胚胎细胞用同位素标记后进行混合，可见到相同类型的细胞重新发生接触并黏合在一起，胚胎细胞的聚合具有组织特异性，但没有种属特异性。细胞黏附分子（cell adhesion molecule，CAM）包括钙依赖性黏合素、免疫球蛋白超家族 CAM、多糖 CAM 等。

从单个受精卵开始的个体发育进程，不仅体现为以时间为主轴的细胞分化，同时也表现为以空间位置信息为要素的分化作用。位置信息涉及核内 DNA 提供的位置信息，细胞质成分提供的位置信息，细胞所处空间位置提供的信息以及细胞能够感知的外部位置信息等。细胞所处的位置与细胞分化的命运有一定关系，改变细胞所处的位置就可能影响细胞分化的方向，这就是位置效应(position effect)。位置信息的本质可能是源于不同位置胚胎细胞中的信号分子。例如,在鸡胚发育的原肠胚期,脊索细胞分泌由 *sonic hedgehog* 基因编码的信号蛋白,在其作用下,该蛋白诱导脊索近旁的细胞分化形成底板,而远离脊索的细胞则向运动神经元分化。遗传信息通常并不包含位置信息,但在少数情况下,基因的排列顺序也可能包含某些空间位置信息。果蝇具有 8 种与形态发生有关的同源异型基因,它们在染色体上的排列顺序不仅和激活的时间顺序一致,而且也和表达的蛋白产物在躯体纵轴的排列顺序相对应,头区的最前叶只表达第一个同源异型基因,躯体最后部只表达最后一个同源异型基因,其他同源异型基因的表达虽然有部分重叠,但总体上是与基因的顺序对应的。血红蛋白 β 型珠蛋白基因簇的 ε、γ、δ 和 β 等基因也表现出基因排列顺序与个体发育进程的表达先后顺序的一致性。两栖类动物受精卵的背腹面决定,取决于精子穿膜进入卵的位点和重力的影响,哺乳动物和人类胚泡的内细胞团的位置是随机发生的,其位置就是将来的背腹。卵裂早期,各细胞的发育潜能是等同的,到 16 个细胞时,卵裂球分为多层,覆盖在外层的细胞将发育为滋养层细胞,内部的细胞以后发育为胚胎细胞。果蝇的分化更为特殊,其母源基因预先决定了子代未来相互垂直的前后轴和背腹轴。果蝇进一步发育时,体节、翅和腿等结构均由前后两个不同体节极性基因所提供的空间位置信号精确调控,确保细胞不会越过前后侧分界线,产生交叉生长。全能细胞受精卵就带有遗传的位置信息,主要表现为外形与内部成分分布的不对称性,导致形成动物极和植物极的区分,而动物极构成了胚泡胚盘的表面中心,并且决定了将来的背侧。在植物次生发育过程中,形成层在特定位置形成,向外侧分化次生韧皮部,向内侧分化次生木质部;木栓形成层向外分化木栓层,向内分化栓内层,都表现出明显的位置效应。但位置信号主要还是来自细胞外,地球引力、光线和温度等外界环境信息都可能构成空间方位决定的要素。水螅等动物细胞不仅在正常分化过程中能够感知位置信息,就是在创伤修复过程中也能通过位置信息记忆指导组织重建。

3.11.4 细胞分化基因表达的调控过程

细胞分化基因表达的调控可以发生在不同的水平,包括转录水平的调节、翻译水平的调节及蛋白质形成后的活性调节等,但其中最重要的还是转录水平的调节。转录水平的调节涉及顺式作用元件、反式作用因子、同源框基因等特定结构,而调节的机制包括 DNA 甲基化、DNA 重排等。顺式调控元件包括启动子(promoter)、增强子(enhencer)、沉默子(silencer)及座位控制区。前三个调控元件在本章 3.2 节细胞核与遗传信息传递中已做过介绍,这里主要对座位控制区的调节功能做一阐释。以人血红蛋白 β 型珠蛋白基因簇为例,座位控制区位于 ε 珠蛋白基因 5′上游远侧端 6～21kb 的一段 DNA 序列,该区域含有 4 个 DNA ase1 超敏感位点(hypersensitive site,HS),不同哺乳动物 LCR 的 DNA 序列具有很强的同源性,且 HS 的空间分布也很保守,在珠蛋白基因表达过程中,染色质的解旋结构变化依赖于 5′上游远侧端的 LCR,我们知道,基因进行转录前必须首先使高度螺旋化的 DNA 解螺旋,才能保证基因调节蛋白接近并与 DNA 结合,从而触发基因的转录。研究证实,某些地中海贫血症患者,其珠蛋白结构基因部分或完全缺乏 LCR,即使 β 型珠蛋白基因簇及其近端调控区结构完整,也不能表达 β 型珠蛋白。反式作用因子主要是一些转录因子(transcription factor),其中一类是通用转录因子,另一类是特异转录因子。它们可以结合在基因调控区的相应结合位点上,促进或抑制相应基因的转录。与人 β 型珠蛋白基因有关的通用转录因子有 CP 和 SP,特异转录因子(限于红细胞系组织)有 GATA-1 和 NF-E2 等。研究发现,一些反式作用因子的活性在不同发育阶段的变化与转录水平的变化具有相关性。

1983 年瑞士的研究人员在绘制果蝇触角足复合体基因(antennapedia complex,*Antp*)外显子图谱的过程中发现,其 cDNA 不仅与该基因的编码区杂交,也能够与同一染色体上相邻的配对基因 *ftz* 杂交,提示两个基因含有一个共同的 DNA 片段,利用该片段作探针,相继发现了果蝇的许多基因中都含有与之相同的片段,该片段长 180bp,具有相同的可读框(open reading frame,ORF),编码高度同源的由 60 个氨基酸组成的结构单元,以后又分别在小鼠、酵母和人中发现,称该片段为同源盒(homeobox),而将含有同源盒的基因称为同源盒基因(homeobox gene)。迄今已发现 300 多种同源盒基因,如果蝇的 *HOM* 基因,人类的 *Hox* 基因,以及 *PAX*、*LIM*、*POU*、*ZF* 基因等。由同源盒基因编码的蛋白质称为同源域蛋白(homeodomain protein)(图 3.11.2),同源域蛋白含有同源结构域和特异结构域,同源结构域氨基酸高度保守,具有螺旋-回折-螺旋(HLH)立体结构,其中 42～50 位的 9 个氨基酸与 DNA 的大沟相吻合,能够识别其所控制的基因启动子的特异序列,对特定基因的表达起激活或阻抑作用。

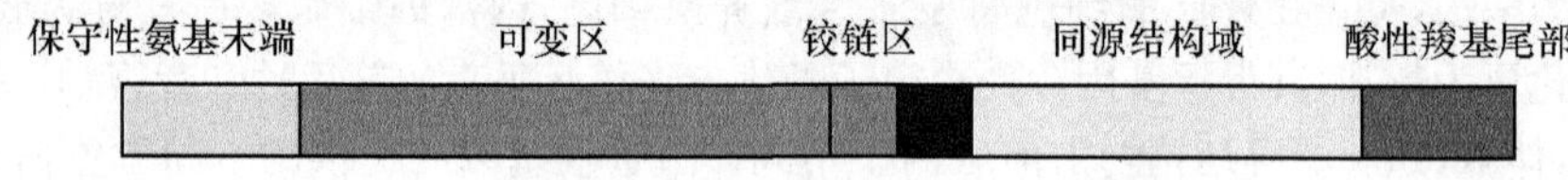

图 3.11.2　同源域蛋白分子结构示意图

HOM 与 *Hox* 基因是重要的转录调节因子,在决定胚胎细胞沿前后体轴各器官的发育和形态建成中发挥重要作用,即 *HOM* 或 *Hox* 基因在染色体上的排列顺序与其在体内的时空表达模式相对应,这些基因激活的时间顺序越靠近前部的基因越早表达,反之亦然。同源盒基因的突变常常导致器官发育的异常(图 3.11.3、图 3.11.4)。

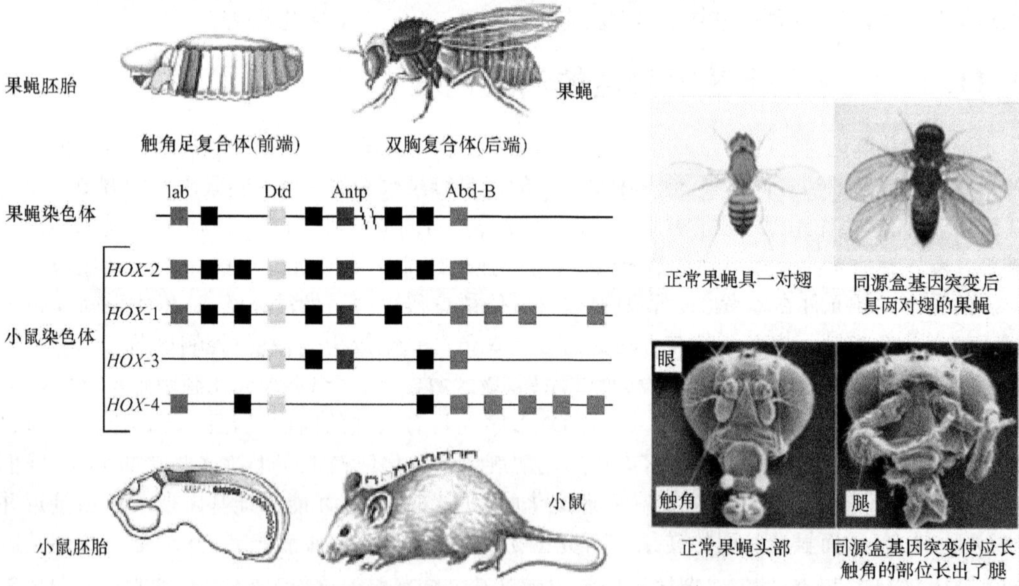

图 3.11.3　果蝇与小鼠同源异型盒基因及其表达模式示意图

图 3.11.4　果蝇同源异型基因突变导致器官发育异常

3.11.5　细胞分化与细胞外基质的关系

细胞外基质与细胞分化的关系主要体现在胚胎诱导、细胞黏连和细胞迁移三个方面。细胞通过与特定的细胞外基质成分作用而发生分化。层黏连蛋白(laminin)为主要成分构成的基膜(basal lamina)存在于不同胚层间的外基质之中,研究发现基膜对唾液腺的诱导具有重要作用,发育的腺体上皮细胞与一层基膜相接触,在这种环境中完成腺体的发育,而人为去除基膜后单独培养腺体上皮细胞,则腺体不能发育,若再与间充质细胞混合培养则发育又可以进行。若将带有基膜的上皮细胞团先用透明质酸酶和胶原酶处理,即使与间充质细胞混合培养,上皮细胞的生长分化仍然不能进行,直到新的基膜形成后,才能继续进行。成肌细胞在纤黏连蛋白上增殖并保持未分化的表型;而在层黏连蛋白上则停止增殖,进行分化,融合为肌管。纤黏连蛋白(fibronectin)参与黏着斑的形成,层黏连蛋白参与半桥粒的形成,细胞选择性的相互黏连是胚胎组织形成的重要因素,如将蛙胚不同胚层的细胞打乱后再混合培养,可以看到各胚层细胞自发聚集的现象。细胞外基质可以控制细胞迁移的速度与方向,并为细胞迁移提供"脚手架"。例如,纤黏连蛋白可促进成纤维细胞及角膜上皮细胞的迁移;层黏连蛋白可促进多种肿瘤细胞的迁移。细胞的趋化性也依赖于细胞外基质,这对于胚胎发育及创伤愈合具有重要意义。细胞的迁移依赖于细胞的黏附与细胞骨架的组装。细胞黏附于一定的细胞外基质时诱导黏着斑的形成,而黏着斑在细胞外基质与胞内细胞骨架联系上发挥类似"铆钉"的作用。

3.11.6 异常分化与肿瘤发生

癌症是一种基因病,因为可以追溯其特异基因的改变,但在大多数情况下,癌症又不是一种遗传病。癌症通常为罹患个体生活期体细胞的 DNA 基因变化所导致,而并不累及生殖细胞。基因变化使细胞增殖失控,产生恶性肿瘤并侵袭周围的健康组织。如果肿瘤生长只限定在原位,则可通过外科手术得到有效治疗,但由于恶性肿瘤具有转移特性,即可以进入淋巴和血液循环,从而可以扩散到身体的远端部位并建立致死性的次生肿瘤,通过外科手术切除就难以治愈了。通过几十年的研究努力,目前在认识癌症的细胞和分子基础方面已经取得了许多明显的突破,但在预防癌症发生和提高生存机会方面人类的能力还十分有限。特别是目前的治疗手段,如化疗和放射治疗,缺乏对肿瘤细胞的特异性,在杀死癌细胞的同时,也会同时损伤正常细胞,因而造成明显的副作用。

一般认为,癌变是细胞去分化的结果,因为癌细胞表现出许多与胚胎细胞相似的生物学特性。目前我们对人类癌细胞的了解,绝大多数来自体外生长细胞的研究。尽管已经获得了许多关于癌细胞生长特点和相关因素的认识,但与体内生长的癌细胞特性作比较,依然还存在许多需要进一步研究的问题。发生恶性转化的细胞一个突出的特点就是染色体的变化。癌细胞染色体变异发生率高,如非整倍体性(aneuploidy)。通常正常细胞染色体倍性的紊乱常常会引起某个信号途径导致细胞凋亡,但癌细胞即使紊乱程度很高也不会诱导凋亡发生,这是区分正常细胞与癌细胞一个重要的特征。癌细胞细胞质最明显的形态学变化就反映在细胞骨架上,此外在细胞表面也已经观察到有许多特异性成分的出现(增加)和消失(减少)。某些癌细胞所具有的新的表面蛋白被称为肿瘤相关抗原(tumor-associated antigen),由于细胞表面的变化,使癌细胞之间以及细胞与基质之间的黏附性下降。黏附性的丧失使癌细胞离开肿瘤团块而迁移到机体的其他部位。此外,癌细胞忽略了通过临近细胞的信号转导,并且继续保持了原有的运动功能,不会受到机体内周围组织的限制。癌细胞在培养中的生长对血清依赖性很低,其细胞周期并不依赖位于细胞表面的生长因子受体信号途径。由于癌细胞能够在悬浮条件下生长,这被认为是贴壁依赖性(anchorage dependence)的丧失。癌细胞的永生性则被归因于癌细胞中端粒酶的存在。

关于发生癌症的原因,早在 1775 年一名英国的外科医生 Percival Pott 就已经将该病与环境因素之间建立了联系，认为烟囱清扫者鼻腔癌和皮肤毛囊癌的高发率与长期暴露于烟雾环境有关。目前在导致肿瘤的因素中，除了许多化学物质外，还增加了包括离子辐射、DNA 和 RNA 病毒等。这些致癌因素的一个共同点就是可以改变基因组。紫外线导致皮肤癌也是由于其较强的引起突变发生的能力。DNA 肿瘤病毒包括多形瘤病毒(polyoma virus)、腺病毒(adenovirus)、猿猴病毒 40(SV40)及疱疹样病毒(herpeslike virus)等，RNA 肿瘤病毒也称反转录病毒，在结构上与 HIV 相似。病毒感染与癌症发生可通过人乳头瘤病毒(human papilloma virus，HPV)的例子来说明。该病毒可以通过性接触传播，在人群中有增高的趋势，尽管 90％的颈部癌症存在 HPV，这表明了该病毒对疾病发生的重要性，但绝大多数感染此病毒的妇女却不会发生恶性癌变。其他与人类癌症相关的病毒还有与肝癌相关的乙肝病毒(hepatitis B virus)，与伯基特淋巴瘤有关的 EB 病毒(Epstein-Barr virus)，与 Kaposi 肉瘤相关的疱疹病毒(HHV-8)及与成人 T 细胞白血病相关的反转录病毒 HTLV-1，某些胃淋巴瘤则与导致胃胀的一种细菌——幽门螺杆菌的慢性感染有关，这一关系的确认不仅使澳大利亚两位科学家获得 2005 年诺贝尔生理学或医学奖，而且为临床治疗带来了全新的观念。

为了探寻不同类型癌症发生的原因，流行病学家做出了艰苦的努力，其中某些原因已经清楚，如吸烟与肺癌，紫外线与皮肤癌等，但许多癌症的诱因目前仍未明确。要从堆积如山的调查统计数据资料中获得癌症发生原因的确是十分困难的，但仍然提供了一些重要的线索，如西方国家乳癌的发生率明显增高，认为与饮食结构的改善有关，并且导致经期提前和初次受孕时间推后，而这两方面都是乳癌发生的危险因素。流行病学家普遍认同，食物中的某些成分如动物性脂肪和乙醇可以增加癌症发生的风险，而某些蔬菜和水果中的成分则可以降低发病风险，持续服用某些非固醇类消炎药物如阿司匹林、sulindac 和 indomethacin 可明显减低结肠癌发病风险，而其机制被认为是抑制了催化合成激素样前列腺素的酶——环加氧酶(cyclo-oxygenase)的作用。黄曲霉毒素 B 是由某种霉菌产生的，在亚洲地区是肝癌高发病率的主要因素之一，研究发现，黄曲霉毒素 B 可以引起肿瘤抑制基因 *p53* 的第 249 位的碱基对发生特征性的 G→T 置换(图 3.11.5)。关于基因突变和 DNA 损伤哪一个因素在癌症发生中发挥更重要的作用仍需深入研究。癌症是单克隆性的疾病，这是与其他许多疾病不同的地方。成百上千万的机体细胞之所以并不形成癌性肿瘤或发生恶性转化，基本的原因就是发生癌症需要多于一个以上基因的改变。癌症发生是一个多步骤的过程，即使已经发生了恶变，癌细胞仍需要继续积累突变，从而使危险性不断增加(图 3.11.6)。

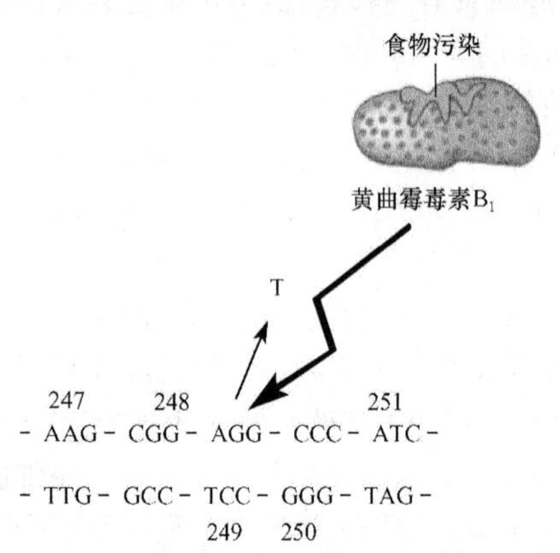

图 3.11.5　黄曲霉毒素引起的单个碱基置换 (Karp，2002)

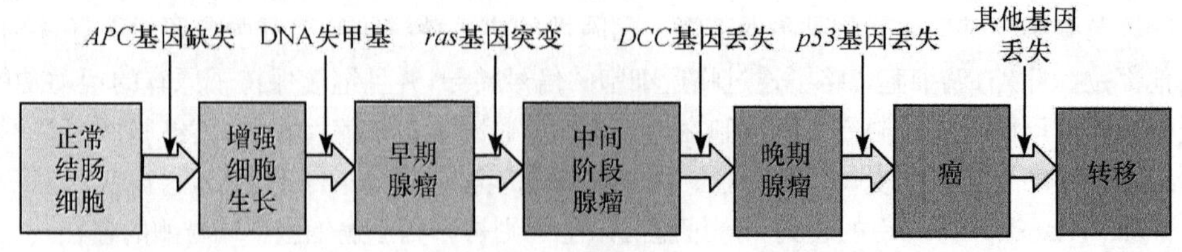

图 3.11.6　多个基因突变导致癌症的发生和转移(Karp，2002)

癌细胞遗传上的不稳定性，使其难以通过化疗得到有效控制，因为它们可以不断从对药物有抗性的肿瘤细胞团中发生。许多恶性肿瘤发生的第一步首先形成良性肿瘤，有些恶变的危险性较小，但有些则较大，如结肠息肉。有时恶变前的细胞可以通过其形态学特征来识别。与癌症发生有关的基因组成了一个特异的基因组亚群，其产物涉及细胞通过细胞周期的进程、与邻近组织细胞的黏附、细胞凋亡以及 DNA 损伤的修复等。过去的数年间，DNA 微阵列（或 DNA 芯片）技术在通过检测基因表达情况以对癌症进行诊断治疗方面显示出良好的应用前景（图 3.11.7）。该技术需要关注的问题是：特殊类型的肿瘤发生是否有相互关联的特殊基因表达？不同类型的癌症能否基于基因表达式样而加以区分？继发肿瘤与原发肿瘤在基因表达式样上有显著变化吗？研究证实，不同类型的肿瘤具有特征性的基因表达式样，有些可以和生物学差别建立联系，然而多数尚不能解释。即使如此，依然有望为改进诊断方法和确定最佳个体化治疗方案提供帮助，同时可以为癌症研究者提供一个基因列表，帮助他们去寻找治疗药物的潜在靶位。为了进一步说明这一点，让我们再看一个例子。在一项关于被称为 DLBCL 的非霍奇金淋巴瘤的研究中，所有患者被认为是同一种类型的癌症，但是 cDNA 微阵列分析显示，研究对象的基因表达式样为两种不同的类型，这提示 cDNA 微阵列分析，可以为早期识别隐藏的癌症类型提供新的指标。

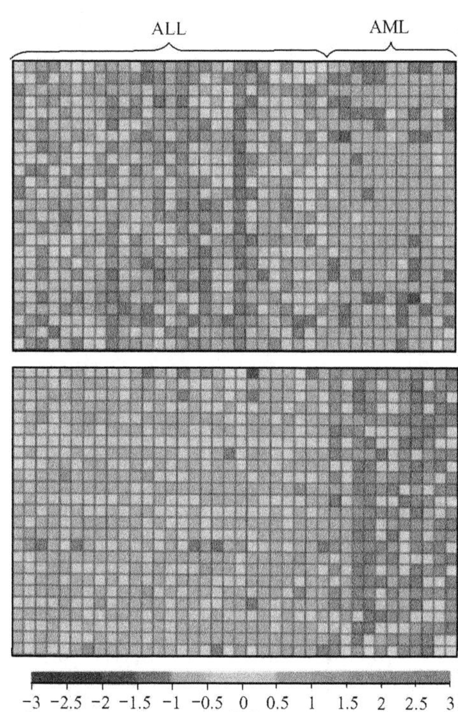

图 3.11.7　两种白血病 DNA 芯片检测结果
(Karp, 2002)

更为重要的是，*DLBCL* 基因表达式样研究结果与药物治疗结果具有极强的相关性，全部患者均进行了相同的化疗，但基因表达式样不同的两组治疗的效果不同。雌激素也许是乳癌发生的一种促进物。流行病学证据表明，妇女保持雌激素的时间长短与乳癌的发病风险之间存在相关性。例如，早期摘除卵巢同时未进行雌激素替代治疗的妇女，很少发生乳癌。tamoxifen 是一种非固醇类化合物，可通过与雌激素受体的结合阻断雌激素的结合，因而可抑制乳癌细胞的生长，该药从 20 世纪 70 年代起就已用于乳癌患者治疗，进来已被允许用于具有乳癌家族史的健康妇女，但这一决定过于草率，因为 tamoxifen 可增加子宫癌和凝血的风险。常见的肿瘤，如乳癌、结肠癌、前列腺癌和肺癌等都源自上皮细胞，细胞具有较高的分裂指数，白血病与之类似，源自血细胞前体的快速分裂。这些组织具有干细胞群，通过有丝分裂保持干细胞数量的相对稳定，并可以分化形成生活期较短且特化了的上皮细胞或血细胞，同时在干细胞分裂的过程中，还会积累恶性转化所需要的突变。

与肿瘤发生相关的基因包括肿瘤抑制基因和癌基因两大类，前者的作用就像是细胞的制动器，其编码的蛋白质制约细胞生长，抑制组织细胞发生恶性转化（表 3.11.1）。

表 3.11.1 肿瘤抑制基因

基 因	原发肿瘤	推测的功能	遗传性综合征
APC	结肠	作为转录因子与 β-catenin 结合	家族性腺瘤多发症
BRCA1	乳房	转录因子,DNA 修复	家族性乳癌
MSH2、*MLH1*	结肠	错配修复	HNPCC
E-cadherin	乳癌,结肠等	细胞黏附分子	家族性胃癌
INK4a	黑素瘤,胰腺	p16:CDK 抑制剂 p19ARF:稳定 p53	家族性黑素瘤
NF1	神经纤维瘤	激活 RasGTP 酶	Ⅰ型神经纤维瘤
NF2	脑膜瘤	连接膜与细胞骨架	Ⅱ型神经纤维瘤
p16(*MTS1*)	黑素瘤	Cdk 抑制剂	家族性黑素瘤
p53	肉瘤,淋巴瘤等	细胞周期与凋亡的转录因子	Li-Fraumeni 综合征
PTEN	乳房、胸腺	PIP3 磷酸酶	Cowden 病
RB	视网膜	与 E2F 结合(细胞周期转录调控)	视网膜母细胞瘤
VHL	肾	调节 RNA polⅡ延长	von Hippel-Lindau 综合征
WT1	肾威尔姆氏瘤	转录因子	威尔姆氏瘤

译自 G. Karp,2002

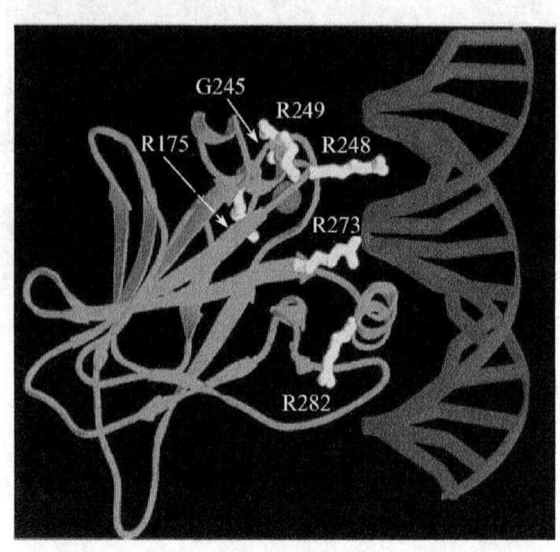

图 3.11.8 *p53* 基因的高突变位点

20 世纪 60 年代晚期以来的研究明确了抑癌基因的存在,如当把啮齿类正常和恶性细胞混合在一起时,可以形成某些细胞间的杂交,使恶性细胞不再表现恶性特征,表明正常细胞具有某些抑制癌细胞失控生长的因子,也在某些癌细胞类型的特定染色体的特异区域观察到组成上的缺失,如果这些缺失的基因与肿瘤大发生有关,那么必然存在抑制肿瘤形成的基因。但抑癌基因,如 *p53* 发生基因突变其功能就会丧失(图 3.11.8)。相反,癌基因是细胞增殖和肿瘤发生的加速器,其存在是通过对 RNA 肿瘤病毒的一系列研究发现的。这些病毒携带有编码可干预细胞正常活动蛋白的基因,而病毒本身能使正常细胞发生恶性转化,1976 年 *src* 癌基因的发现是该领域研究的一个转折点,该基因为猿猴肉瘤病毒(avian sarcoma virus,ASV)所携带,实际上在未受感染的细胞中也存在,事实上,癌基因并非病毒的基因,而是在原先感染时被整合进病毒基因组中的细胞的基因,称之为原癌基因(proto-oncogene)。

原癌基因编码的蛋白在细胞正常生命活动中发挥着多种功能,而其被激活成为癌基因是由于以下几种机制:①基因发生改变表达产物的突变,使其不再能执行正常的生命活动;②由于附近调控序列的突变改变了基因的表达,导致某些表达产物的过量产生;③由于染色体重组使基因组中的一段 DNA 序列从原来的远端位点转位到与某个基因靠近的位置,因而改变了基因的表达或表达产物的特性。总之,前边所述任何一种基因的改变,都会使细胞对正常生长控制的反应下降,并导致表现恶性细胞的行为(图 3.11.9)。

无论同源染色体是否存在正常未被激活的基因拷贝,癌基因的单拷贝就可以使细胞表现改变了的表型,这就是癌基因的决定性作用。研究者可以利用这一特性,通过为培养细胞导入含有质疑基因的 DNA 片段来检测生长特性的改变,从而识别癌基因。由于癌基因和抑癌基因共同决定肿瘤形成,所以先前关于人类细胞恶性改变需要多于单个基因改变这一提法的原因就易于理解了。只要细胞具有全套抑癌基因,就可以免受癌基因的影响。因为多数肿瘤都具有以癌

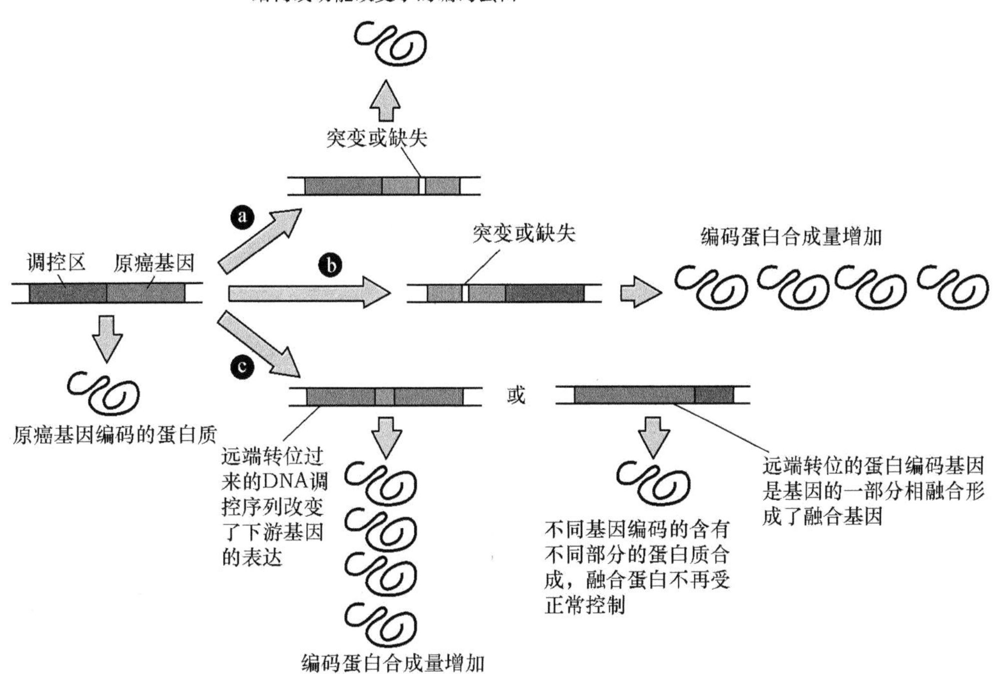

图 3.11.9 原癌基因被激活变为癌基因的几种机制(Karp,2002)

基因和癌基因的改变,这提示我们细胞中肿瘤抑制基因功能的缺失,就必定伴随着在细胞完全表现恶性之前原癌基因向癌基因的转换。但即使如此,细胞也许仍不表现侵入周围组织和形成继发转移病灶等特性。肿瘤完全威胁生命的表型出现之前,额外的基因突变如编码黏附分子和胞外蛋白酶的基因的突变也是必需的。总之,随着恶性致病性肿瘤的发育进程,基因的变化也不断增加,如对结肠癌的研究表明,完全恶性的肿瘤形成需要 7 个不同基因的突变。

知识拓展框 上皮间质转化

上皮间质转化(epithelial-mesenchymal transition),也称为上皮间叶转换,是上皮细胞在特定的生理和病理情况下向间充质细胞转分化的现象,这一概念最早由 Greenberg 和 Hay 在 1982 年提出。上皮间质转化在神经管,心瓣膜、颅面结构以及肌肉骨骼系统的形成、创伤愈合、肿瘤细胞转移等生命活动过程中发挥重要作用。

上皮细胞在发生 EMT 的过程中,经历短暂的结构改变,极性丧失,与周围细胞和基质的接触减少,细胞的迁移和运动能力增强,同时细胞表型发生改变,上皮停止表达上皮性蛋白标志,如角蛋白丝、E 钙黏素等,转而开始表达间质细胞蛋白标志,如波形蛋白、纤维连接蛋白、N 钙黏素、α-SMA 的表达等。

目前认为,EMT 的发生是由微环境因子作用于细胞受体,诱导细胞通路的改变,最终导致基因表达改变的结果。TGF-β、TNF-α 等生长因子,Snail、Slug、Twist、Smad 等转录因子,*Src*、*Ras* 等癌基因,Cadherin、Rho、基质金属蛋白酶(MMPs)、β-catenin 以及 Wnt、MAPK、PI3K 等信号途径都参与上皮间质转化的调节。

EMT 的发生涉及多因素的协调作用，是目前生命科学特别是肿瘤生物学研究的热点问题之一。深入研究 EMT 在肿瘤侵袭转移中的发生发展机制，可为阻断肿瘤转移提供有效的新靶点。

小结

细胞分化不仅是发育生物学的重要内容，同时也是工程细胞生物学重点关注的问题之一。细胞分裂和细胞分化紧密相关，细胞分裂增加机体细胞的数量，细胞分化则是产生各种细胞类型的基础。有机体源于受精卵（或合子），在细胞出现明显的分化特征之前，细胞决定就已经赋予了特定细胞的发育命运。但机体仍保留部分被称为干细胞的未分化细胞，以备损伤修复和再生的需要，而即使是已经分化的细胞，在一定条件下也能够通过脱分化重新具有分裂能力，这充分显示了自然进化的神奇。就细胞来讲，分化意味着特异蛋白的形成，而特异蛋白的形成必定与某些特定基因的表达相关联，把这些基因称为组织特异性基因（过去多称为奢侈基因），与之相对应的就是与分化关系不大，但却与维持细胞基本生命活动的蛋白质形成相关的持家基因。核质相互作用，诱导和抑制因素，激素和黏附分子的影响以及位置信息等直接影响到细胞的分化。细胞分化异常是肿瘤发生的重要原因之一。此外，近期关于体细胞诱导产生多能干细胞的成果，更进一步激发了生命科学界对分化问题的关注，一个新的细胞分化的研究热潮已经到来。

（刘宏颀）

思考题

1. 什么是细胞分化，其本质是什么？
2. 什么是细胞决定，如何理解细胞决定与细胞分化的关系？
3. 请举例说明基因的差异性表达。
4. 如何理解细胞的全能性与细胞核的全能性？
5. 基因转录受哪些因素调控？
6. 影响细胞分化的因素有哪些？
7. 为什么说肿瘤是一种分化异常疾病？
8. 原癌基因通过什么方式转变为癌基因？
9. 细胞分化与肿瘤发生有什么关系？

参考文献

查锡良. 2002. 医学分子生物学. 北京：人民卫生出版社

汪堃仁. 1998. 细胞生物学. 2 版. 北京：北京师范大学出版社

翟中和. 2000. 北京：高等教育出版社

Alberts B et al. 2002. Molecular Biology of the Cell. 4th ed. Garland Science

Karp G. 2002. Cell and Molecular Biology：Concepts and Experiments. 3rd ed. Wiley & Sons

Twyman R M. 2006. 发育生物学. 王英典等译. 北京：科学出版社

3.12 细胞衰老与凋亡

衰老和死亡是生命的基本现象，是不能逆转的自然规律。衰老过程发生在生物界的种群、个体、细胞等不同的层次，生命要不断地更新，物种要不断地繁衍，就是在生与死这一对矛盾中进行的。目前至少从细胞水平来看，死亡是不可避免的。正是由于有了细胞的衰老死亡，同时伴随着细胞分裂产生新的细胞，机体和细胞才能保持相对稳定和具有活力。同时细胞的死亡也是形态建成的重要条件之一。

3.12.1 细胞衰老(aging)的定义与特征

有机体个体发育要经历从胚胎发育、出生、生长发育、成熟和衰老死亡的历程，而机体的细胞也要经历由未分化到分化、由分化到衰老和由衰老到死亡的过程，在一定程度上，细胞的生活史是个体发育史的反映。千百年来，对个体寿命的关注使得对于细胞衰老死亡的研究一直比较受到重视，并由此形成了一门独立的医学分支学科——老年医学(gerontology)。细胞的衰老死亡是一种常见的生命现象。在过去相当一段时间里，细胞不死的观点一直占据主导地位，但个体寿命有限也是不争的事实，直到 20 世纪 60 年代，才由于海弗里克 Leonard · Hayflick 和莫尔海德对培养的人体细胞传代能力的系统而全面的研究而受到猛烈冲击，并逐步退出了科学舞台。1961 年，Hayflick 在实验的基础上得出结论，认为细胞(至少是培养的细胞)不是不死的，而是具有一定的寿命，增殖能力也并非是无限的，而是具有一定的界限，这一结论被称为 Hayflick 界限(图 3.12.1)。但细胞的衰老死亡和有机体个体的衰老死亡在概念上并不是等同的，因为，个别细胞的衰老死亡并不会影响机体的寿命，反过来，机体的衰老死亡也不代表体内所有的细胞业已全部衰老死亡，甚至个体死亡后，在一定时间内机体内还有部分细胞保持着生命力。两者的关系表现为，细胞衰老是机体衰老的基础，而机体的衰老死亡也必然导致细胞生命的终止。不同类型的细胞寿命也不相同，并且与物种的寿命具有一定的相关性，同时也受到内外环境的影响，一般情况下，分裂能力强的细胞不易衰老，分化程度高的细胞容易发生衰老死亡。根据细胞的分化程度和增殖潜能，大体上可以分为两大类：一类是功能细胞，它们是高度分化的细胞，执行特定的功能，不再进行分裂，但在某种刺激条件下，可以恢复分裂能力，如肝细胞；另一类是干细胞(stem cell)，保持未分化状态和分裂的能力，通过分裂不断补充消耗的细胞，如造血干细胞(图 3.12.2)。

图 3.12.1 Leonard · Hayflick (1928～)

有了以上的认识，我们就可以给细胞衰老作出定义：细胞衰老是指在正常环境条件下，细胞在发育的特定时期自然发生的生理功能和增殖能力全面衰退的现象。这一定义一方面强调了细胞的衰老是正常的生命现象，而非病理性变化；另一方面强调了细胞衰老是不可避免的并且具有一定的发育阶段相关性。细胞衰老在生理功能上的衰退可以通过形态结构和生物化学变化进行判定和检测。其形态学变化涉及细胞膜、细胞质和细胞核，主要表现为两个相反的变化方向，一个是增大(加)，一个是减少，同时伴随着紊乱破碎现象。所谓增大，包括细胞核增大，脂肪积聚，线粒体体积增大，溶酶体数量增加，体积增大以及脂褐质增加等；而减少是指糖原减少，

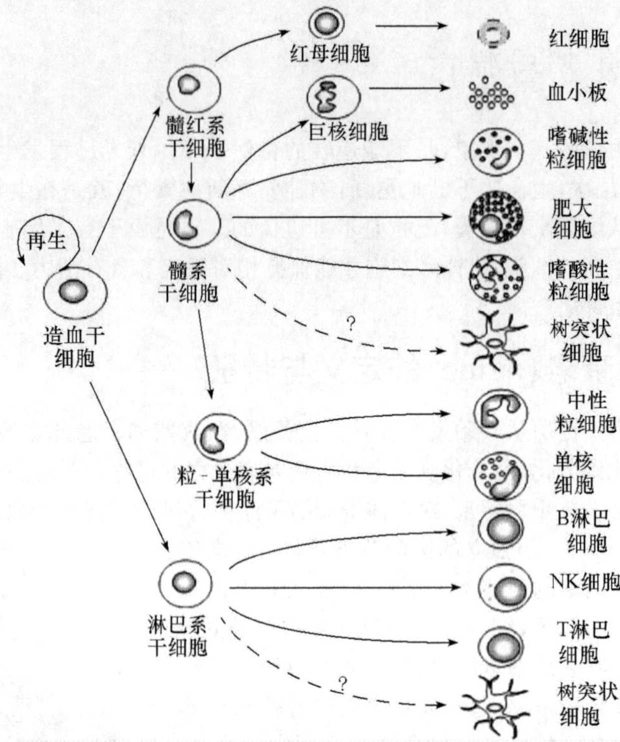

图 3.12.2 造血干细胞分化示意图

线粒体数目减少，粗面内质网减少以及细胞连接减少等；紊乱是指细胞骨架体系紊乱，线粒体嵴排列紊乱等；破碎是指高尔基体破碎，染色质凝集碎裂及核膜崩解等。而生物化学变化则主要表现为单一的下降趋势，包括 DNA 复制、转录、修复能力下降，甲基化程度降低，mRNA 合成能力下降，与核糖体的结合能力降低，蛋白质合成速率降低，蛋白质稳定性下降，活性酶的含量降低，膜组分的流动性和物质运输能力下降等，与总的衰退趋势相吻合。

3.12.2 细胞衰老发生的机制

关于细胞衰老的机制，目前尚未形成一个统一的认识，呈现出一种理论众多、各有依据的态势，这一方面可能表明影响细胞衰老的因素较多，另一方面也说明细胞衰老仍然是一个值得深入研究的领域。概括起来主要的理论包括自由基说(free radical theory)、端粒酶假说(telomerase theory)、遗传程序论(genetic program theory)、错误成灾学说(error catastrophe theory)及线粒体损伤论(mitochondrial damage theory)等，下面择要予以介绍。

3.12.2.1 错误成灾学说

该理论认为细胞发育进程中，受胞内外多种因素的影响，会不断发生 DNA 复制错误，蛋白质合成和折叠错误，而当这些错误积累到一定水平时，就会随着功能的下降发生一系列代谢问题，最终导致细胞衰老。例如，人类在 60 岁以后，晶状体蛋白会发生一定比例的交联和聚合，因此易患白内障。这体现了细胞自身修复能力的下降。相信蛋白质组学的深入研究将会提供许多新的关于转录翻译方面的信息，从而可能对该理论做出新的评估。

3.12.2.2 端粒酶假说

端粒是染色体的固有结构之一，存在于染色体末端，其长度与细胞类型有关。人类染色体端粒由250～1500个进化上高度保守的TTAGGG重复序列组成，并通过端粒酶催化合成。Harley等研究发现，人体成纤维细胞的端粒每年约缩短14～18bp，体外培养的二倍体人成纤维细胞，随着培养代数的增加，端粒的长度也以一定的速率缩短，DNA每复制一次，端粒的长度就会减少一段，并由此推测，端粒的长度可能是反映细胞寿命的一个“生物钟”。人们还发现，一般来说体细胞的端粒长度较生殖细胞短，而肿瘤细胞(如HeLa细胞)端粒的长度较为稳定，并不随年龄的增加而缩短，而端粒的稳定性是由端粒酶维持的，在肿瘤细胞内可以检测到较高的端粒酶活性。该理论提出后，引起生命科学界的广泛重视，并引发了一轮对端粒和端粒酶研究的热潮。现在已经认识到，由于端粒长度的不断缩短，靠近端粒的基因就有可能随之丢失，进而引发染色体畸变，而端粒的临界长度与Hayflick界限具有相关性，这为进一步探索细胞衰老机制和细胞癌变机理提供了新的思路。

3.12.2.3 线粒体损伤论

研究发现，mtDNA具有较高的突变率，随着细胞发育进程的推移，缺失突变会增加。人线粒体多发生3.6kb、5.0kb和7.0kb大小DNA片段的丢失，男性比例高于女性，而且与年龄的增加有相关性。mtDNA也是细胞内活性氧等自由基损伤的敏感靶标。而一些老年病，如阿尔茨海默病和老年糖尿病等mtDNA的损伤比率较高。由于线粒体是细胞的能量代谢中心，同时也参与细胞凋亡的控制，因此，关于细胞衰老与线粒体的关系，仍然需要做进一步的研究。

3.12.2.4 自由基说

自由基是指在原子核外层轨道上具有不成对电子的分子或原子基团。在正常条件下，自由基是在机体代谢过程中产生的，而环境因素如空气污染、辐射、某些化学物质等都能影响自由基的产生。具有自由基的分子高度活化，具有强的氧化性，对膜性成分的影响尤其明显，如膜脂中的不饱和脂肪酸能与自由基产生过氧化反应，可使膜蛋白变性，膜脆性增加，并改变膜的结构，从而使膜的运输功能紊乱甚至丧失。自由基的类型很多，其中活性最强的是氧自由基。人体检测发现，血清中自由基的含量随年龄增加而增多。机体内本身存在着自由基清除系统，可以保护细胞抵御自由基的损伤。该系统包括谷胱甘肽过氧化物酶、超氧化物歧化酶(superoxide dismutase，SOD)、过氧化氢酶、维生素C、维生素E、β-胡萝卜素、硒化物及巯基乙醇等。但随着年龄的增长，清除系统相关蛋白质的合成能力下降，细胞内就会积累自由基，老年人皮肤出现的老年斑就为自由基对细胞功能的影响提供了佐证，同时为营养学上提倡适当补充维生素C、维生素E和硒的摄入量提供了理论基础。

3.12.2.5 遗传程序论

该学说认为，控制细胞衰老的基因在特定的时期有序地开启和关闭，直接与衰老相关的基因称为衰老基因。近年来有关衰老的研究取得了一定的进展，我国科学家初步阐明*P16*基因是人类细胞衰老的主导基因，将该基因导入人成纤维细胞，细胞衰老进程明显加快，用反义重组载体抑制该基因的表达，成纤维细胞可以较长时间维持年轻态，细胞分裂增殖能力和损伤修复也得到加强。*P16*基因是一种细胞周期负调控因子，通过抑制细胞周期蛋白依赖性激酶CDK4和

CDK6,使细胞周期停滞于 G_1 期。该基因在人类细胞衰老过程中持续高表达,甚至比正常细胞高出 10～20 倍。早老症已被证实是一种染色体隐性遗传病,而许多地区都有长寿家庭,即显示出长寿的家族性,都可以佐证衰老的遗传性。

总体上来看,影响细胞衰老的原因是多方面的,衰老的发生机制可能比现在已经认识的还要复杂,尽管理论假说很多,但大多都只侧重了某一方面,而细胞衰老是内外环境相互作用共同影响的结果,对人来说,甚至还包括心理的因素在内,非常复杂,但各种解释无疑为最终揭开细胞衰老之谜奠定了必要的基础。

3.12.3　细胞凋亡及其主要特征

细胞凋亡(apoptosis)是细胞死亡的一种基本形式。而细胞死亡则是指细胞生命现象不可逆的终止。与细胞凋亡相对应的是细胞坏死的死亡形式。细胞凋亡和细胞坏死具有本质的不同,前者为生理性死亡,后者为病理性死亡,换句话说,前者为正常死亡,后者为非正常死亡。有时也笼统地把细胞凋亡与程序性细胞死亡(programmed cell death,PCD)视为同义词,但严格来讲两个概念还是有一些区别的,细胞凋亡是细胞层面的形态学概念,而程序性细胞死亡则是基因层面的功能性名词,细胞凋亡是程序性细胞死亡的形态学表现,反之,程序性细胞死亡则是细胞凋亡的分子机制。PCD 的概念 1956 年提出,apoptosis 的概念 1972 年提高,前者比后者早提出 16 年,这是一个十分有趣的现象,先有分子层面的推测,然后才有形态学的证实,这也从一个侧面表明,对于生命现象的正确认识只有回归到细胞中才能真正具有认识的客观性和理论的可信度。

细胞发生凋亡时,不仅有形态学变化,而且有生物化学特征,这为准确判定细胞是否进入凋亡状态提供了有效的观察检测指标。主要的形态学变化是:膜发泡、细胞固缩、染色质凝聚、细胞核解体、凋亡小体形成、凋亡小体被周围细胞吞噬等。这些形态学特点实际上只是凋亡过程某个节点的静态特征,而实际上述特点是先后连续发生的。凋亡小体(apoptotic body)实际就是细胞膜包裹的含有核碎片和一些胞质成分的过渡性膜性结构。生物化学上总 DNA 提取通过电泳图谱可以看到呈现连续阶梯状的条带,大小相当于核小体(180～200bp)的倍数,称之为 DNA ladder(图 3.12.3);细胞膜成分分布的变化,即通常分布于膜内层的磷脂酰丝氨酸外翻成为膜外层,这是凋亡早期一个重要的生物化学特点。

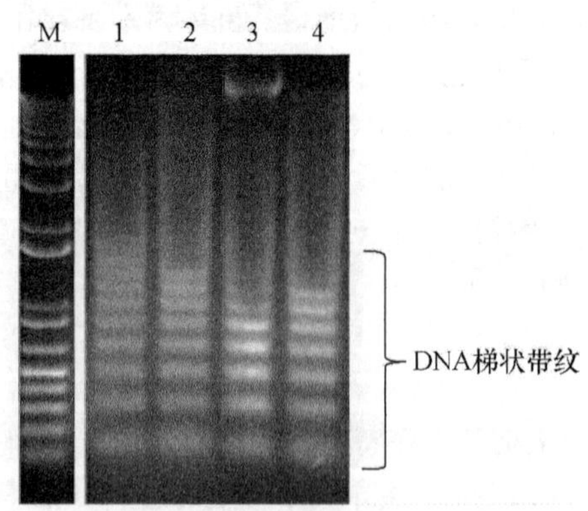

图 3.12.3　不同凋亡阶段 DNA 梯状带纹检测

(引自 http://www.applygen.com.cn)

细胞凋亡与细胞坏死的主要区别是:第一,诱发因素不同;第二,组织反应不同,坏死引起炎症反应;第三,细胞体积变化,两者刚好相反,凋亡时细胞失水浓缩,而坏死时细胞发生肿胀破裂;第四,膜结构变化,凋亡细胞的细胞膜和核膜保持完整,而坏死细胞质膜与核膜均破裂;第五,DNA 断裂部位,凋亡在核小体连接处断裂,坏死为随机断裂;第六,特异性蛋白,凋亡有特异性蛋白质的参与,坏死无特异性蛋白质的参与(图 3.12.4)。

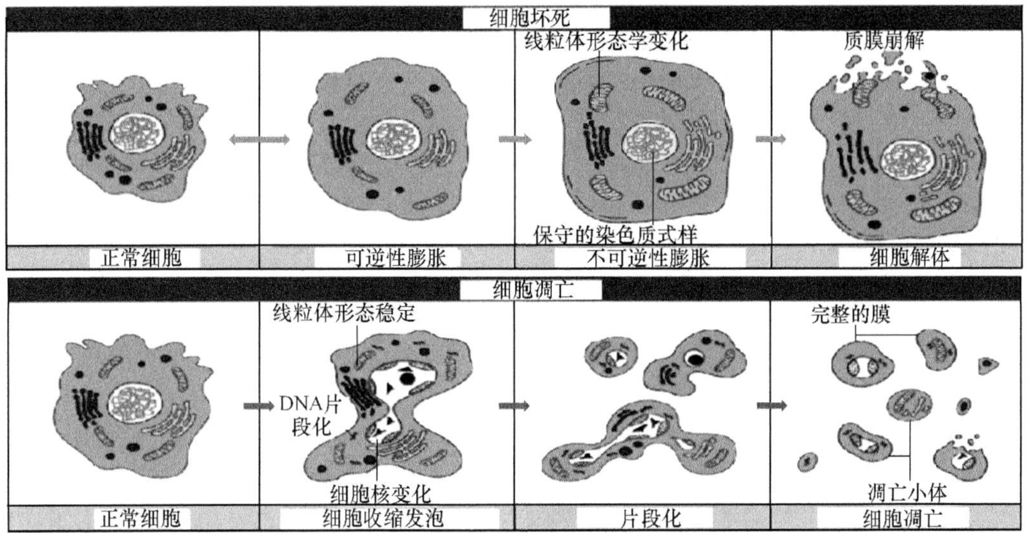

图 3.12.4 凋亡与坏死形态学变化比较示意图

3.12.4 细胞凋亡的分子机制

细胞凋亡分子机制的认识得益于对模式动物特别是秀丽隐杆线虫(*Caenorhabditis elegans*)的研究。该线虫发育过程中共产生 1090 个细胞,其中 131 个细胞将在特定的时空内发生凋亡,研究者发现,这些细胞的凋亡至少受 14 个基因的控制,其中最主要的是凋亡活化基因 *Ced-3*、*Ced-4* 和凋亡抑制基因 *Ced-9*。Ced-3 是具严格底物特异性的半胱氨酸蛋白酶,通常以酶原的形式存在,当细胞发生凋亡时,Ced-3 特异性地降解蛋白底物,诱导凋亡细胞产生特征性形态学和生物化学变化。Ced-4 既能与 Ced-3 结合,也能与 Ced-9 结合。凋亡未发生时,以 Ced-4 为中介,Ced-3、Ced-4 和 Ced-9 结合形成三元复合物,Ced-3 以酶原的形式存在,而在凋亡诱导信号的作用下,凋亡调节分子 EGL-1 与 Ced-9 结合,三元复合物解体,Ced-3 在 Ced-4 的作用下活化,进而促使细胞凋亡。在哺乳动物内也存在着三个与线虫凋亡相关的基因的同源基因,其中 Ced-3 与 Ced-9 的类似物分别是 caspase 家族和 Bcl-2 家族,与 Ced-4 同源的是凋亡蛋白酶激活因子 1(apoptosis protease activating factor-1,Apaf-1)。

Caspase 就是天冬氨酸特异性半胱氨酸蛋白酶(cysteinyl aspartate-specific protease),过去也曾被称为半胱天冬酶或切冬酶,目前在哺乳动物中已发现 14 种 caspase,根据结构同源性分为三个亚家族:其一,caspase-1 亚家族,包括 caspase-1、-4、-5、-11、-12、-13、-14 等,其活化与炎症细胞因子的合成有关,多数情况下不是细胞凋亡的直接效应分子;其二,caspase-2 亚家族,目前只有 caspase-2 一个成员;其三,caspase-3 亚家族,包括 caspase-3、-6、-7、-8、-9、-10 等,它们直接参与介导细胞凋亡。另外也可根据 caspase 前体分子(procaspase)的 N 端原结构域(prodomain)以及在凋亡中的作用，把它们划分为两类，一类是起始分子(initiator)，他们具有长原结构域，包括caspase-8、-9、-10等，特点是可借助此结构域与胞膜上的受体(或胞内促凋亡蛋白)和接头分子(adaptor)构成的caspase激活复合物结合，使caspase起始分子发生聚集，并通过分子间的切割而活化，活化后的caspase接着切割并活化下游的caspase分子。另一类是具有短原结构域的效应分子(effectors)，包括caspase-3、-6、-7等，它们不能相互聚集，只能作为上游caspase的底物，活化后作用于胞内多种蛋白质或酶类，促进细胞凋亡。

在不同的细胞凋亡因素刺激下，caspase在细胞内可以通过多种不同的途径被活化。一般来说，caspase一经活化，细胞凋亡就不可避免要发生。当凋亡发生时，起始caspase首先被活化，接着切割和活化下游的caspase，由此构成一个逐步扩大的级联反应(cascade)，直至效应分子被活化。caspase-8的活化与caspase-9的活化不同，后者还需要线粒体的参与。基因敲除小鼠研究表明，caspase的活化并不是单一途径，而是由多个平行的途径组成。以caspase-9为例，在线粒体释放的细胞色素c和dATP存在的条件下，通过与Apaf-1的caspase募集结构域(caspase recruitment domain，CARD)结合成一个复合体而得以活化，并进而激活下游分子，包括caspase-3乃至caspase-2、-6、-8、-10等，诱导细胞凋亡。

近年来，在细胞内已经发现了上百种caspase的底物蛋白，如DNA依赖的蛋白激酶、蛋白激酶C、actin、Rb蛋白、Ras-GTP酶活化蛋白、Raf-1、Akt-1及Fak等。在细胞内还存在着一些caspase的抑制蛋白，以防caspase的非特异活化，另外还有一些病毒蛋白或人工合成的多肽分子也具有抑制caspase的活性。抑制蛋白如IAP(inhibitors of apoptosis protein)家族，生存素(surviving)也属于该家族。在细胞表面存在着一类能结合胞间凋亡刺激分子，并将信号转导至胞内引起细胞凋亡的受体，即死亡受体(death receptor，DR)，它们均属于肿瘤坏死因子受体(tumor necrosis factor receptor，TNFR)超家族成员。其结构特点是，在结构上包括一个由1～6个富含Cys结构域的保守的胞外区，以及一个由60～80个氨基酸组成的死亡结构域(death domain，DD)的胞内区。当死亡受体Fas或TNFR与其配体CD95L或TNF结合后，DD可结合Fas相关死亡域蛋白(Fas-associated death domain，FADD)，FADD再通过其氨基端的死亡效应结构域(death effector domain，DED)与Pro-caspase-8(或caspase-10)结合，这样就由Fas-FADD-Pro-casepase-8(或10)共同构成死亡诱导信号复合物(death inducing complex，DISC)，接着Pro-caspase-8(或caspase-10)通过自身催化成为有活性的caspase-8，随后通过caspase级联反应，进一步激活下游的caspase-3/-6/-7，最终引起细胞凋亡(图3.12.5)。

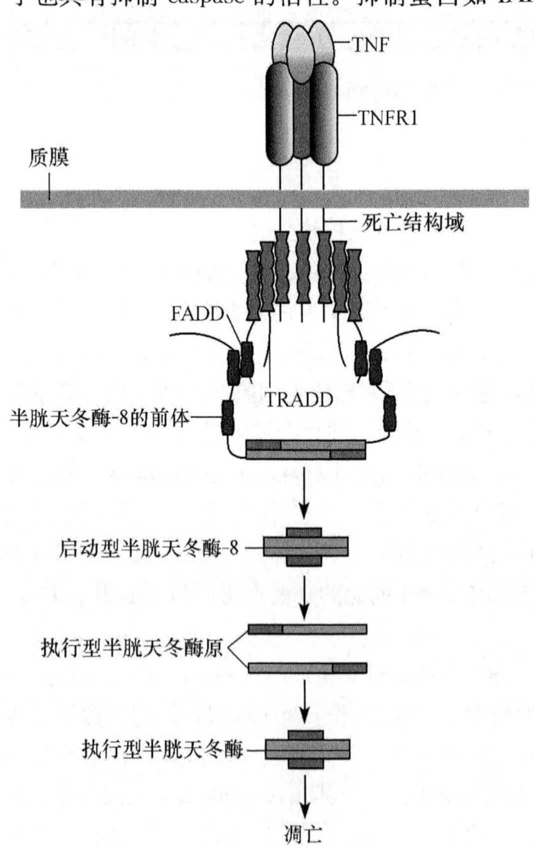

图3.12.5 TNFR介导的细胞凋亡

以往研究者主要关注细胞核与凋亡的关

系，但从20世纪90年代以来，线粒体在细胞凋亡中的作用逐渐凸现出来。现在已经明确，线粒体不仅是细胞凋亡的引发器，而且也是凋亡信号的放大器。研究发现，细胞凋亡过程中线粒体发生跨膜电位改变，而且这种改变总是在凋亡细胞出现形态学和生物化学改变之前。线粒体膜电位的维持部分依赖于线粒体内外膜之间一组蛋白复合体组成的通透性转运孔（permeability transition pore），简称PT孔。蛋白复合体中包括孔蛋白（porin）和亲环素D（cyclophilin D）等。PT孔在正常生理情况下呈周期性开放，以防止质子在外室的过度蓄积。然而在内外因素的影响下，PT孔将持续关闭或开放，并且具有放大效应，从而可以发挥诱导或抑制凋亡的作用。此外随着PT孔的开放，线粒体外膜被破坏，进而释放细胞色素c、AIF（凋亡诱导因子）、Smac（the second mitochodria-derived activator of caspase）等凋亡相关分子。细胞色素c是caspase酶的活化物，被释放到胞质中后，可特异性地与接头蛋白凋亡蛋白酶活化因子-1（apoptotic protease activating factor-1，Apaf-1）结合并使其寡聚化，并通过其caspase募集结构域募集多个caspase-9，进而引起后者的变构活化。Smac从线粒体中释放出来，通过与IAP（inhibitor of apoptosis protein）相互作用，释放出与IAP结合的caspase，从而解除了IAP对caspase的抑制。caspase-9再激活下游分子，如caspase-3以及caspase-2、-6、-8、-10等进一步诱导凋亡的发生（图3.12.6）

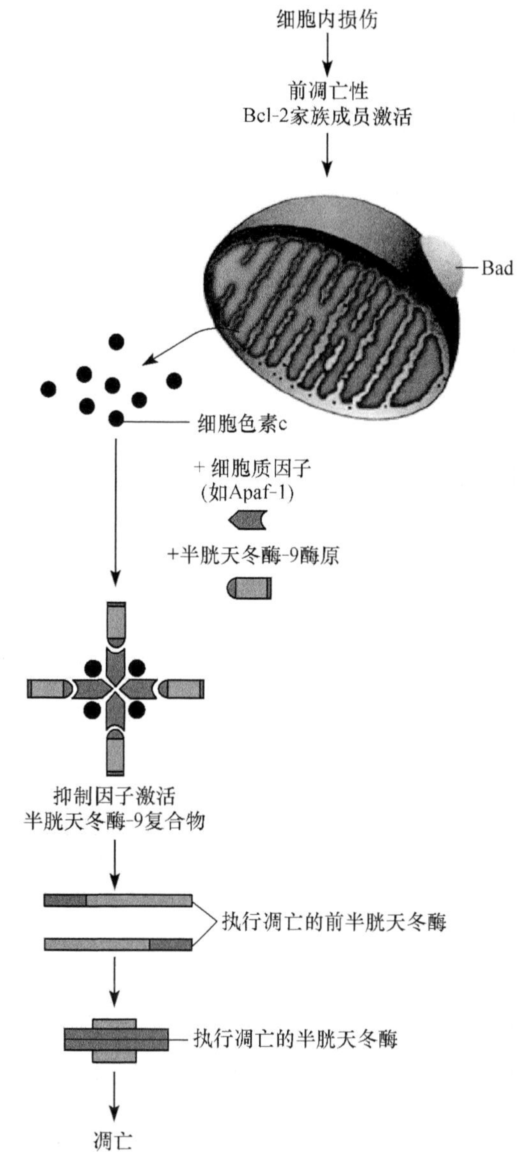

图3.12.6 TNFR介导的细胞凋亡

总之，caspase是细胞凋亡调控的关键分子群，其活化是不同细胞凋亡途径中共同的下游事件，活化后的caspase通过切断与周围细胞的联系、重组细胞骨架、阻止DNA复制与修复、破坏DNA和核结构以及诱导凋亡小体的形成等，在细胞凋亡过程中发挥着重要作用。近年来也发现存在不依赖caspase的凋亡途径，如线粒体释放的凋亡诱导因子AIF，从胞质转位到细胞核内，会引起染色体发生核周边凝集及DNA大片段断裂，从而引起细胞凋亡。其他介导细胞凋亡的酶类还有限制性内切核酸酶、蛋白激酶、一氧化氮合酶、粒酶B等，其中蛋白激酶大多对细胞凋亡起负调控作用，如通过促进细胞增殖分化抑制凋亡，或参与DNA的损伤修复，维持细胞结构和功能的完整，以对抗细胞凋亡。

除了细胞表面死亡受体介导的细胞凋亡信号途径和线粒体介导的细胞凋亡信号途径外，近年来还发现了一种新的细胞凋亡信号途径——内质网应激启动的细胞凋亡信号途径。

caspase-12 是介导内质网应激凋亡的关键分子，定位于内质网外膜，在死亡受体或线粒体介导的细胞凋亡途径中不被活化。正常生理情况下，caspase-12 与其他的 caspases 一样以无活性的酶原形式存在。caspase-12 酶原由内质网损伤特异地激活，活性 caspase-12 与其他内质网应激分子协同作用使 caspase-9 激活，活化的 caspase-9 裂解 caspase-3 酶原等效应 caspase，最终导致细胞凋亡。Bcl-2 家族成员不仅存在于线粒体上，而且也定位于内质网膜上并影响 ER 的稳态。研究表明 Bel-2 家族参与了内质网应激诱导的细胞凋亡。CHOP 蛋白(C/EBP homologus protein)也参与内质网应激反应诱导的细胞凋亡。在凋亡程序的启动及执行过程中，caspases 蛋白酶家族，CHOP，Bcl-2 家族以及凋亡信号调节激酶(ASKl)/C-Jun 氨基末端激酶(JNK)被证明是在内质网应激引起的细胞凋亡过程中起主要作用的生物大分子。过度内质网应激也可能涉及线粒体及细胞色素 c 的协同作用而使 caspase 激活和发生细胞凋亡。

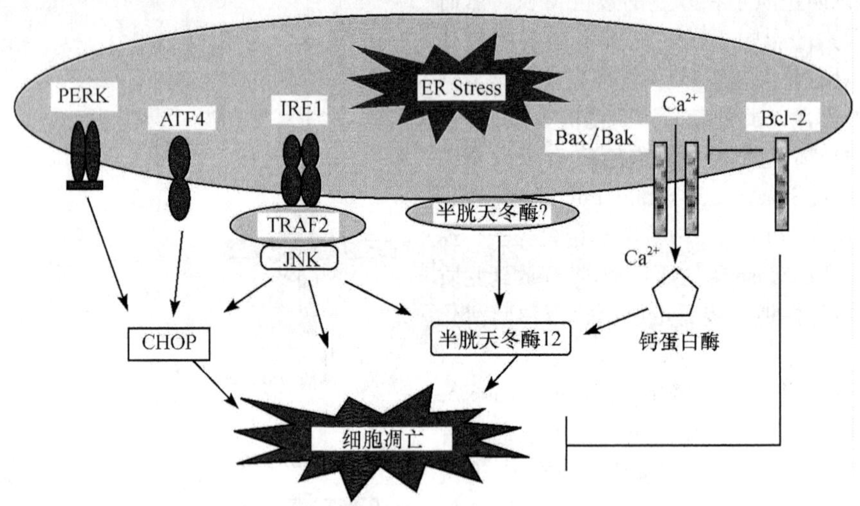

图 3.12.7　内质网应激介导的细胞凋亡信号途径

3.12.5　其他细胞死亡形式

3.12.5.1　脱落凋亡

脱落凋亡(anoikis)反映细胞与基质之间的相互作用对细胞生长和增殖的重要性。脱落凋亡也称为失巢凋亡，是指细胞失去基质支持后发生的凋亡。例如，某些不具有转移特性的实体瘤细胞和正常上皮细胞从组织上脱落进入血流，或在体外培养条件下，通过人为阻断细胞的黏附(不能贴壁)，细胞就会发生凋亡。研究表明，整合素(integrin)介导的相关蛋白激酶途径在脱落凋亡中起着非常关键的作用，其中涉及黏着斑激酶(focal adhesion kinase，FAK)、丝裂原激活蛋白激酶(mitogen-activated protein kinase，MAPK)、受体酪氨酸蛋白激酶(protein tyrosine kinase，PTK)、PI-3K/Akt 及 SAPK/JNK 等信号通路，同时 Bcl-2 及死亡受体等也在脱落凋亡中发挥重要作用。脱落凋亡与肿瘤转移有密切关系。除上皮和内皮细胞外，骨骼肌细胞，某些低致瘤潜力的黑色素瘤细胞以及胚胎成纤维细胞也表现出脱落凋亡现象。脱落凋亡的意义在于防止这些脱落的细胞种植于其他不适当的地方。然而，很多肿瘤细胞，尤其是容易发生转移的恶性肿瘤细胞，从瘤体上脱落后并不会发生凋亡，而可以迁徙到其他部位再次生长，这种存在于某些肿瘤细胞中的抗脱落凋亡现象，被认为是肿瘤发生转移的重要原因之一。因此，研究肿瘤细胞抗脱落凋亡的信号转导机制，已经成为近年来肿瘤治疗方面基础与临床研究的一个重要内容。

细胞的增殖，分化和凋亡的动态平衡维持着细胞和组织的自稳态。脱落凋亡是凋亡的一种特殊类型，是由于细胞与基质之间的不适当或不充分的相互作用而引起的，其主要作用是维持高度更新的上皮组织中细胞的正确数量。脱落凋亡平衡的打破可以引起上皮细胞脱离基质后存活时间延长，更易于游走，迁移到远端组织，并再贴壁，种植，生长。脱落凋亡平衡的紊乱往往引起肿瘤的远端转移，奇怪的是抗脱落凋亡不仅发生在癌组织，如乳腺癌、肺癌、肠癌等也发生在非上皮来源的肿瘤细胞，包括成神经细胞瘤等。不同类型的肿瘤细胞，其抗脱落凋亡的机制应该是有所不同的。目前的实验研究认为，肿瘤细胞的抗脱落凋亡机制可能与下列因素有关：蛋白激酶的信号途径，如整合素介导的相关激酶信号转导通路，PI3K 相关的信号途径，Raf-ERK 相关的信号途径，Jun N 端激酶途径，细胞骨架的作用以及死亡受体的作用等。

3.12.5.2 类凋亡

真核生物自稳态的维持依赖细胞存活和死亡之间的动态平衡，两者均为细胞的主动过程。关于程序性细胞死亡研究的报道很多，绝大多数学者将其划分为如下几种类型：细胞凋亡（apoptosis），又称Ⅰ型程序性细胞死亡；自噬（autophagy），又称Ⅱ型程序性细胞死亡；paraptosis 则是Ⅲ型程序性细胞死亡，称之为类凋亡（paraptosis）或副凋亡。描述这种形式程序性细胞死亡方式的称谓还有“非溶酶体形式的空泡性细胞死亡”（non-lysosomal vesiculate）、“细胞质死亡”（cytoplasmic death）等。

Asher 等首次提出了类凋亡（para-apoptosis）的概念，其典型特征是由线粒体和内质网肿胀造成的胞质空泡化。与坏死不同的是，副凋亡并不出现细胞膜的破坏。paraptosis 这一单词由 para-和 apoptosis 组成，para-的意思是“紧邻的、相关的”，这说明 paraptosis 是不同于凋亡的一种新的程序性细胞死亡方式。

与凋亡相比，paraptosis 形式的程序性细胞死亡有着截然不同的形态学特点（表 3.12.1）。发生凋亡的细胞表现为细胞皱缩、体积缩小；细胞膜磷脂酰丝氨酸外翻，胞膜出泡，凋亡小体形成；细胞核染色质浓缩，DNA 断裂、片段化；而当细胞发生 paraptosis 时，细胞体积变大，电子显微镜下观察可见细胞内出现大量由线粒体和内质网肿胀形成的胞质空泡。发生自噬性程序性细胞死亡的细胞在电镜下观察也可看到大量的胞质空泡，但这种空泡来源于溶酶体，与 paraptosis 中的空泡来源不同。在生化机制方面，paraptosis 与凋亡发生的机制、调控及信号转导明显不同。Sperandio 等的研究发现，paraptosis 形式的程序性细胞死亡是 TUNEL（末端脱氧核糖核苷转移酶介导的 dUTP 缺口断端标记，terminal deoxynucleotidyl transferase-mediated dUTP nick-end labeling）阴性的，caspase 抑制剂和 Bcl-XL 过表达不能阻断 paraptosis 形式的细胞死亡；这种程序性细胞死亡可被酶活性缺失的 caspase-9 突变体所诱导，并且是 Apaf-1 非依赖的。另有研究提示，丝裂原活化的蛋白激酶（MAPK，mitogen-activated protein kinases）可介导 paraptosis 的发生；胰岛素样生长因子Ⅰ受体 8 和 TNF 受体家族成员 TAJ/TROY9 可诱发 paraptosis 的发生；AIP1/Alix 是一种能和细胞中的钙结合死亡相关蛋白（calcium-binding death-related protein）ALG-2 相互作用的蛋白质，它可抑制 paraptosis 的发生。上述研究均说明 paraptosis 是一种完全不同于凋亡的程序性细胞死亡方式。因此，当细胞发生非凋亡形式的程序性细胞死亡如 paraptosis 时，应用传统调控凋亡的遗传学或药理学方法对其进行调控是无效的，典型的例子见于某些种类的神经变性性疾病。

表 3.12.1　凋亡、坏死与 paraptosis 的比较

项　目	凋　亡	坏　死	paraptosis
形态学特点			
细胞核片段化	+	−	−
染色质凝集	+	−	±
凋亡小体形成	+	−	−
胞质空泡出现	−	+	+
线粒体肿胀	有时	+	较晚
其他特点			
细胞膜磷脂酰丝氨酸外翻	+	−	+
线粒体跨膜电位下降	+	?	+
对基因组的影响			
TUNEL	+	通常−	−
核小体间 DNA 片段化	+	−	−
caspase 活性			
DEVD-切割活性	+	−	−
caspase-3 的加工	+	−	−
对 PARP 的切割	+(85kDa 的片段)	+(50～62kDa 的片段)	−
对抑制剂的敏感性			
zVAD. fmk	+	−	−
BAF	+	−	−
P35	+	−	−
XIAP	+	−	−
Bcl-XL	+	通常−	−
放射菌素 D	有时	−	+
放线菌酮	有时	−	+
诱导剂			
TNF	细胞毒药物	突变的 caspase-9	
FAS	高渗、低渗溶液等	MAPK、IGF1R	
VP-16	TAJ/TROY 等	射线照射、化疗药物等	
抑制剂			
zVAD. fmk	?	AIP1/Alix	

paraptosis 形式的程序性细胞死亡与凋亡相比也有许多共同特点。二者均可出现细胞膜表面磷脂酰丝氨酸的外翻和线粒体跨膜电位的下降；当细胞发生 paraptosis 或凋亡时，均可检测到细胞内程序性细胞死亡分子 PDCD5 表达量的显著增加；并且在 paraptosis 或凋亡诱导因素存在的情况下，PDCD5 过表达可分别促进这两种方式程序性细胞死亡发生的程度。因此，PDCD5 与 paraptosis 或凋亡的关系非常密切。

电镜研究指出,死亡的肿瘤细胞明显肿胀,线粒体和内质网发生广泛空泡化。Schneider 等比较了抑制小脑颗粒神经元细胞表面钠泵造成细胞内酸中毒诱发的细胞死亡与钾撤除导致的细胞死亡方式的不同。研究结果发现,尽管抑制钠泵可诱导细胞出现凋亡的形态学特点,包括染色质浓缩、TUNEL 阳性和细胞皱缩,但并无 DNA 断裂和 caspase 的活化。与钾撤除诱导的细胞凋亡相反,胰岛素样生长因子、环腺苷一磷酸、caspase 抑制剂和 Bcl-XL 过表达并不能阻断由钠泵抑制造成的细胞死亡。放线菌酮可以抑制上述两种方式的细胞死亡。因此,抑制细胞表面钠泵造成细胞内酸中毒导致小脑颗粒神经元细胞死亡的机制与 paraptosis 的发生机制十分相似,尽管其形态学表现出凋亡的特点。paraptosis 在肿瘤的发生发展过程中可起促进作用。硫氧环蛋白或过氧化氢酶过表达的肿瘤细胞发生高频率的非凋亡、非坏死形式的细胞死亡,即 paraptosis,这种对氧化压力的高抵抗性大大促进了肿瘤的生长。

截至目前,科学家们对 paraptosis 这种特殊形式的程序性细胞死亡的研究还不够,有关 paraptosis 完整的形态学描述、paraptosis 与其他形式程序性细胞死亡的区别与联系、paraptosis 发生的分子机制等方面都需要进一步深入研究,许多问题亟待探讨,如 paraptosis 是一种单独的细胞死亡方式还是其他细胞死亡方式中的一种特殊形式? paraptosis 的病理生理学意义何在? 对 paraptosis 形式程序性细胞死亡的精确调控有助于临床对神经变性性疾病、血液系统疾病、肿瘤等的诊断和治疗。

3.12.5.3 胀亡

1972 年 Kerr 进一步研究证实了这种方式的细胞死亡,并命名为细胞凋亡(apoptosis)。胚胎发育中的观察发现,在清除多余细胞时,除了常见的凋亡方式外,还存在着类似坏死形态特征的细胞死亡,如趾(指)间细胞的清除。有人认为,凋亡方式有利于细胞数量准确地控制,而"坏死样死亡"可促使大规模清除过渡形式的组织结构,维持正常发育。有报道指出,在同一病灶中往往存在着两种不同形式的细胞死亡,即固缩或肿胀,如急性普通型病毒性肝炎病灶的一种表现为肝细胞水肿,空泡样变,气球样变,继而发展为溶解坏死;另一种表现为细胞嗜酸性变,最后核浓缩、消失,形成嗜酸性小体,即凋亡样死亡。类似的情况还见于乳腺导管内癌、心肌梗死及动脉粥样硬化的斑块。这些同时出现的两种类型死亡细胞具有一定分布特征:血供相对充足部位,凋亡率较高,而血供缺乏的区域则以坏死样变化多见;有报道,一定的实验干预措施能影响细胞死亡方式的改变,凋亡是一种主动耗能过程,其程序的完成需要 ATP。同一刺激下,细胞凋亡还是坏死样死亡,取决于细胞内有无一定量 ATP 的存在,能量不能满足,凋亡无法完成其程序时,细胞转向发生坏死样改变,影响到胞内 ATP 水平的因素,进而影响到细胞死亡方式的选择。在 ATP 不足的情况下予以补充细胞 ATP 后,细胞可转为凋亡形式的死亡。此外,不同水平上对传统凋亡通路的抑制能诱导细胞坏死样变。种种事实提示的确存在着一种不同于凋亡的细胞死亡。1995 年,Majno 将这种坏死样的细胞死亡命名为胀亡(oncosis)。Oncosis 来自希腊文 onkos,含义为肿胀(swelling)。这个古老的名称,早在 1911 年就曾提出过,von Recklingnausen 将其用来形容骨细胞的肿胀样死亡。坏死名称自产生以来一直代表细胞死亡后发生的形态学改变,其标志包括核浓缩、核碎裂、核溶解及胞质浓缩、强嗜酸性、结构崩解一系列变化。胀亡则代表另一种以细胞肿胀为突出特征的细胞死亡,其形态表现与凋亡迥然不同。

1997 年美国毒理病理学家学会细胞死亡命名委员会建议,在应用中将坏死名称作为一种诊断,坏死前细胞如果表现凋亡特征则称之为凋亡样坏死(apoptotic necrosis);若出现的是胀亡特点,则称为肿胀样坏死(oncotic necrosis)。

胀亡细胞的形态学表现为细胞肿胀，体积增大，胞质空泡化，胞质内出现致密颗粒，内质网肿胀，线粒体早期可出现致密化，后期肿胀，絮状改变或出现高致密颗粒，嵴破坏；细胞肿胀波及核，核内染色质分散，凝集在核膜、核仁周围，有时聚集成团块；胞膜起泡是胀亡早期事件，随之胞膜通透性增加，胞膜崩解。与凋亡通常出现核碎裂不同，胀亡细胞后期往往表现为核溶解，由于胞内容物外溢，胀亡细胞周围有明显炎症反应。凋亡细胞中 DNA 裂解成大约 180bp 的片段，琼脂糖凝胶电泳呈特征性的"梯状"条带；胀亡细胞有无 DNA 分解，报道不一，倾向性观点认为其早期至少是完整的。AIF(apoptosis inducing factor)是一种非 caspase 依赖性的染色质浓缩因子，从线粒体进入核内，能引起染色质初步凝聚及 DNA 的大片段分解。

胀亡过程与哪些酶或蛋白质有关？是否也存在着蛋白质水解级联反应？需钙蛋白酶(calpain)是一种钙依赖性的中性蛋白酶，属于半胱氨酸蛋白酶家族，能参与降解主要的细胞蛋白质。其中，calpain 能水解 Caspase 和 Bax(Bcl-2 家族促凋亡成员)，从而促进 caspase 非依赖性的细胞死亡。而 calpain 抑制剂则能抑制胀亡的发生，对凋亡没有抑制或抑制作用较弱。多聚聚合酶 PARP(poly-ADP-ribose polymerase)以 NAD(氧化型烟酰胺腺嘌呤二核苷酸)为底物，通过对蛋白聚腺苷二磷酸核糖化作用，参与蛋白质翻译后修饰，其活化依赖于 DNA 链断裂。并与其损伤程度呈正相关，在 DNA 损伤程度轻时，介导细胞进入生长休止状态，以利于修复；在 DNA 受损严重时则介导凋亡，是胞内自测损伤程度的感受器，凋亡时 PARP 被水解成 89kDa 及 24kDa 片段，是凋亡发生的标志之一。当自由基等损伤因素破坏 DNA，使 PARP 过度活化时，细胞往往发生胀亡；使用 PARP 抑制剂 3-氨基苯甲酰胺(3-aminobenzomide，3-AB)，则抑制胀亡发生，并活化 caspase，促进细胞凋亡。细胞内一定量的 NAD 和 ATP 可能是凋亡发生的前提，在 PARP 高表达或过度活化时，细胞消耗大量的 NAD、ATP，从而抑制凋亡，促进胀亡发生。在死亡调节中，Bcl-2 家族的作用不容忽视。Bcl-2 是线虫 CED-9 在哺乳动物中的同类物，迄今已有 18 个成员，其促凋亡和抗凋亡成员之间的相对平衡，决定了细胞对多种刺激的敏感性。抗凋亡成员 Bcl-2、Bcl-xI 参与维持线粒体膜的完整性，防止细胞色素 c(Cyt c)释放。对于两种不同细胞株(Bcl-XI、Bcl-xI his)的研究发现，在 Bax 高表达时，Bcl-XI 细胞出现凋亡特征，而 Bcl-XI s 细胞无 caspase 活化，细胞出现胀亡。Bcl-2 细胞中高钙促进凋亡，而 Bcl-2 细胞则诱导胀亡。Bcl-2 或 Bcl-XI 相对表达水平似乎决定了某种情况下细胞死亡方式，也有报道 Bcl-2 高表达减弱胀亡的启动，胀亡细胞中 *Bcl-2* 基因下调均提示 Bcl-2 家族在胀亡中的作用。

线粒体在凋亡中的地位已得到明显的重视，其释放的 Cyt c 与凋亡有着密切关系，是凋亡内源性激活所必需的因素。有报道指出，在胀亡细胞质中，也出现 Cyt c。线粒体内相关蛋白的释放与 PT(permeability transition)产生有关。PT 可出现于凋亡或胀亡中，有人认为是 PT 孔持续开放的结果。PT 孔作为一种可调节的多蛋白复合体，是许多生理效应的感受器，如二价阳离子、ATP、pH、Δm 等，从而整合了细胞生理、氧化还原、细胞代谢状态的信号，其持续开放将导致大量的 Cyt c 释放，ATP 水平下降。实验表明，PT 抑制剂环胞素 A(Cyclosporin A)能减少 Cyt c 的释放，抑制细胞凋亡或胀亡。同时，线粒体内大量的活性氧(ROS)也能诱导 PT，抑制呼吸链，减少 ATP。这些作用均与细胞胀亡有密切关系。实验证实，抗氧化剂处理能抑制细胞胀亡。

胀亡发生中，细胞膜通透性的变化是一个早期事件，也是决定这种死亡方式的关键，有人甚至提出一种由膜损伤启动的细胞死亡机制假说。实验表明，在没有 ATP 缺乏的情况下，不同细胞株的胞膜破坏均能引起细胞胀亡，膜的改变被认为与多种因素有关。损伤因素包括直接破坏、高钙、磷脂酶 A2 的活化等，其中磷脂酶 A2 对膜有双重作用，既能通过产生溶血卵磷脂，减少膜磷脂,对胞膜造成破坏,也能更新过氧化脂质对膜起保护作用。最新报道在细胞中发现一种介导胀亡的膜特异性受体 porimin(pro-oncosis recepter inducing membrane injury)。这种跨膜受体蛋白包括 118 个氨基酸,属于黏蛋白家族,在与抗 porimin 结合后,迅速导致胞膜出现致命性损伤,孔道形成,膜通透性增大,细胞胀亡。Matsvoka 也发现,用小鼠 T 细胞溶解产物免疫大鼠所获得的单抗,在 5min 内引起淋巴细胞膜巨大穿孔形成,胞内无 DNA 裂解及线粒体肿胀。实验表明介导凋亡的死亡受体同样介导胀亡的发生:凋亡"外源性激活"方式中,死亡受体 TNFR 与其配体(TNF、FasI、抗 Fas)结合,通过胞内募集及接近诱导方式激活前 caspase 引发蛋白酶级联反应,实验报道抗 Fas 单抗同样介导胀亡。在抗 Fas 介导的凋亡中,用广谱 caspase 抑制剂 Zvad-fmK 预先处理后,抗 Fas 诱导的凋亡被抑制,细胞转向胀亡。同样的结果见于抗 Fas 单抗对人绒毛膜上皮细胞作用。提示凋亡和胀亡可能存在着某些共同的信号转导。对于死亡信号介导的细胞死亡,有学者认为凋亡和胀亡信号的分离,可能在 FADD(Fas and Fas-associated death domain)水平。FADD 的 DD 传递胀亡信号,而 DED(death effect domain)则介导凋亡的发生。对于胀亡的认识和研究才刚刚起步,有人认为影响 caspase 活性因素决定了细胞死亡方式,包括前述的 ATP 水平、Bcl-2 家族、caspase 抑制剂等。还有人认为,胀亡是凋亡在某种情况下不能完成其正常程序的结果。

3.12.5.4 自噬性细胞死亡(autophagy)

一直以来人们认为自主性细胞死亡就是凋亡。然而,最近的研究表明,自主性细胞死亡不仅包括凋亡,还包括自体吞噬。自体吞噬通过与凋亡不同的降解机制(膜包被降解)和分子机制(特定基因的激活),使细胞在某些特殊环境,如饥饿、发育、分化等条件下自主死亡。在自主性细胞死亡中,自体吞噬与凋亡是两个既相互独立又紧密相关的过程。

自体吞噬是利用溶酶体对细胞自身体内的部分细胞质等细胞器进行一系列降解的过程,属于程序性死亡中的一类。自体吞噬存在于多种不同类型的细胞中,参与细胞的正常生长发育过程和维持代谢平衡,在某些压力条件下,如在损伤或营养匮乏等情况下,该现象更为明显,甚至在某些组织的癌变过程中也扮演重要角色。另有研究表明,在细胞程序性死亡过程中存在多种不同的形态学变化和生化反应。例如,在小鼠的胸腺中,当 T 细胞进行负选择时的死亡方式,以及在蛾(*Manduca sexta*)的变态末期,其节间肌肉(intersegmental muscle,ISM)的丢失方式。Lawrence 等在比较这两种细胞程序性死亡模型时发现,它们都需要基因的重新转录和表达,但却属于两种不同的死亡方式。T 细胞的死亡方式属于凋亡,其特征是细胞膜聚集成小泡和染色体 DNA 断裂成核小体片段。而这些特征却没有出现在 ISM 中。相反,ISM 的细胞膜发生了褶皱,核变得致密并保留了高度有序的基因组 DNA。对于这一结果的解释有两种:①凋亡可能包括各种不同的步骤,而 T 细胞和 ISM 的死亡方式表明了此通路存在两种末端;②ISM 并不通过凋亡,而是通过另一种机制死亡的。由于在 ISM 中检测不到任何一种与凋亡有关的形态或生化变化,因此更支持后一种推断。Palfia 等(1992)研究了在小鼠胰腺中由长春花碱(vinblastine,VBL)诱导的细胞死亡过程,提出自体吞噬属于细胞程序性死亡中的一类。这种类型的细胞程序性死亡在某些昆虫组织的胚胎变态发育过程中是一种常见的细胞程序性死亡事件。酵母的自体吞噬突变体不能形成孢子,表明自体吞噬对于发育过程中的细胞重排非常重要。

自体吞噬过程是一个吞噬自身细胞质蛋白质并使其包被进入囊泡的过程。主要分为三种类型:巨型自体吞噬(macroautophagy)、微型自体吞噬(microautophagy)和分子伴侣介导的自体吞噬(chaperon mediated autophagy)。其中,巨型自体吞噬主要负责降解细胞内稳定并永久存在的蛋白质,产生氨基酸以维持细胞在缺乏营养时的生存。通常如没有特别说明,"自体吞噬"就是指巨型自体吞噬。自体吞噬的一个显著特征是"自体吞噬泡"(autophagic vacuoles,AVs)的形成。自体吞噬是由于氨基酸含量减少而产生并受到激素的控制、糖原的促进和胰岛素的抑制。通过检测线粒体、过氧化酶体、核糖体、细胞微粒中的糖原或内质网片段等是否形成 AVs,可以断定细胞是否发生自体吞噬。传统的检测方法是使用亲脂性荧光弱碱(fluorescent lipophilic weak bases),如 LysoTracker Red。最近,有一种荧光染料单丹磺酰戊二胺(monodansyl cadaverine,MDC),在体内和体外均能鉴别 AVs,因此成为一种 AVs 的特异性标记物。

由于自体吞噬较少受到关注,而且很难在体外实验条件下实现,因此到目前为止,对自体吞噬的机制还不是很了解。研究主要集中在酵母及其他重要的单细胞真核生物,而对植物和哺乳动物细胞中的自体吞噬过程的了解则更少。尽管对自体吞噬具体过程的了解还需要大大加强,但是人们已经勾勒出自体吞噬过程的大致轮廓:细胞质中的线粒体等细胞器首先被称为"隔离膜"的囊泡所包被,这种"隔离膜"主要来自于内质网和高尔基体;囊泡最终形成双层膜结构,即自吞噬体(autophagosome),也称之为初始自体吞噬泡(initial autophagic vacuole,AVi);自吞噬体与包内体融合形成中间自体吞噬泡(intermediate autophagic vacuole,AVi);最终自体吞噬泡的外膜与溶酶体融合形成降解自体吞噬泡(degrading autophagic acuole,AVd),由溶酶体内的酶降解自体吞噬泡中的内容物和内膜。在整个自体吞噬过程中,细胞质和细胞器都受到破坏,最明显的是线粒体和内质网受损。虽然自体吞噬并不直接破坏细胞膜和细胞核,但是有证据表明,在最初断裂或消化后,细胞膜和细胞核会最终变成溶酶体以消化和分解自身。

21 世纪初有两篇文章分别报道(Elmore et al.,2001;Sulzer et al.,2000),自体吞噬在哺乳动物中主要有三种功能:①饥饿应答时的作用,在不同的器官,如肝脏或在培养细胞中,氨基酸的匮乏会诱导细胞产生自体吞噬,由自体吞噬分解大分子,产生在分解代谢和合成代谢过程中所必需的中间代谢物;②在细胞正常活动中的作用,如在动物的变态发育、老化和分化过程中,自体吞噬负责降解正常的蛋白质以重新组建细胞。尽管通常人们认为自体吞噬不具有选择性,但是在某些病理和压力条件下,通过自体吞噬能选择性地隔离某些细胞器,如线粒体、过氧化物酶体等;③在某些组织中的特定功能,如黑人的塞梅林神经节中,多巴胺能神经元中的神经黑色素的合成就需要把细胞质中的多巴胺醌用 AV 包被隔离起来。

酵母中研究较多的自体吞噬相关基因是 *apg* 和 *aut* 基因。Takeshi 等(1998)发现在酵母中,磷脂酰肌醇激酶的同源物 Tor 是一种自体吞噬调控蛋白,它可以改变自体吞噬相关的基因 *apg* 的功能,如果 Tor 蛋白的活性受到抑制将会使细胞走向自体吞噬。由于自吞噬体的膜主要来自于高尔基体和内质网,因此控制形成内质网到高尔基体 COPII 小泡形成的 *sec* 基因就成为人们关注的焦点,其中蛋白质 Sec 12、Sec16 和 Sec 23/24 有助于形成自吞噬体。Klionsky 等(2000)研究发现 GTPase 酶在酵母或哺乳动物自吞噬体过程形成中起到非常重要的作用,内质网膜和高尔基体膜经过 GTPase 酶降解形成自吞噬体前体膜,即吞噬泡(phagophore),在 APG1/APG13 的帮助下形成自吞噬体。人们对哺乳动物中自体吞噬的认识才刚刚开始,但也发现了一些与酵母 *apg* 基因有同源性的 *LC3* 和 *beclin* 基因。

凋亡和自体吞噬属于两种不同的细胞程序性死亡类型,从特征上看两者存在一定的差别。自体吞噬是一种普遍存在的自退化过程,它的显著特征是形成大量自体吞噬小泡,内质网弥散和染色体发生中度凝集。已知自体吞噬的发生需要完整的细胞骨架,中间纤维和微丝被认为是形成初始自体吞噬液泡(AVi)所必需的,而它与溶酶体发生融合则需要微管。在人乳腺癌细胞系(MCF27)中加入抗雌激素(antiestrogen,AE)它莫西芬(tamoxifen)和 ICI 164384 可以诱导细胞发生自体吞噬,这种自体吞噬并不像凋亡过程那样发生细胞骨架降解,其细胞骨架虽然解聚,但并没有发生明显的降解。尽管自体吞噬和凋亡存在差别,但它们并不是完全独立、毫不相关的。Anglade 等发现帕金森病中的多巴胺能神经元细胞不仅可以通过凋亡过程死亡,而且还可通过自体吞噬过程发生降解。在由肿瘤坏死因子-α(TNF-α)诱导的凋亡过程中,Li 等推断凋亡的发生需要早期阶段的自体吞噬,但是早期的自体吞噬并不必然引起凋亡。这个推断后来也被 Xue 等所证实,他发现神经细胞在凋亡过程早期即还没有形成凋亡小体之前,就观察到自噬体,并提出自体吞噬可能介导激活 caspase 信号通路的细胞凋亡,这表明了凋亡与自体吞噬之间可能存在某种联系。值得注意的是,在同一组织中细胞可以选择自体吞噬或凋亡两种不同的方式死亡。

对人神经胶质瘤和胃癌细胞系的死亡研究表明,Ras 的表达对于激活哪一条细胞死亡通路是非常关键的,过量表达 Ras 能激活细胞进行自体吞噬死亡,而不激活 caspase-23 蛋白酶活性诱导细胞凋亡,而 TNF2α 在相同的细胞系中却诱导细胞发生凋亡。这表明了凋亡和自体吞噬细胞死亡过程是因为受到了不同的刺激才发生的。另外,在某一特定时间,同一个细胞中可以同时存在这两种死亡方式,如在自体吞噬过程中正在死亡的细胞数量在减少,这表明自体吞噬细胞过程中存在核凋亡的现象。由于自体吞噬和凋亡之间存在某种潜在的联系,科学家曾一度认为这两种途径中的代表性基因会有很密切的联系。Hammond 等(1998 年)发现凋亡特定蛋白(apoptosis-specific protein,*ASP*)基因与在酵母中的 *APG5* 基因有很高的同源性。因此,人们展开了对凋亡与自体吞噬的关系的讨论。Yung 等(2002)报道 Asp 蛋白与 Apg5 蛋白完全不同(Yung et al,2002 年),因为在单一的 Apg5 突变细胞群中是无法进行自体吞噬的,因而 Apg5 主要负责自体吞噬。它们之间的关系似乎反映了细胞应答外界条件的高度灵活性。因此,在某一特定的细胞类型中,存在几种能共同导致细胞程序性死亡的途径。在细胞程序性死亡中,也许自体吞噬比凋亡扮演更为主动的角色。它在细胞程序性死亡的早期阶段起到一个保护性作用,还可以通过自体吞噬使自身与其他细胞隔离以防被毁灭。然而,在程序性细胞死亡后期,它则促进细胞死亡。自体吞噬不仅是一个自退化过程,而且在饥饿情况下还起到运输作用,向其他细胞提供代谢合成过程中所必需的中间分子,最终使机体的损失降到最低。

尽管自体吞噬是程序性细胞死亡的重要部分,但是关于它的特征、机制及与凋亡的关系仍不很清楚。在某些人类疾病,如帕金森病、阿尔茨海默病、亨廷顿舞蹈病(Huntington's disease,HD)等中 AV 的数目有明显的增加,也有研究认为称神经元中的自体吞噬通过帮助去除胞内蛋白聚集体从而起到一个神经保护机制的效用。在癌症早期,通过激活自体吞噬可有效控制肿瘤的生长;而在癌症晚期,通过抑制自体吞噬的发生保留已丧失功能的大分子,从而使肿瘤无法迅速聚集、增生,最终提高抗癌药的效率。这些都说明,自体吞噬可能在多种疾病的治疗中起重要作用,因此若能更深入地了解并阐明自体吞噬的机制,将最终极大的有助于治疗神经系统退行性疾病和癌症。综上所述,随着科学的发展人们对自体吞噬的重视程度已大大增强,同时对自体吞噬在细胞死亡中作用的认识也越加深入。自体吞噬和凋亡是两个既相互独立又密切联系的过程,在细胞程序性死亡这样一个复杂的通路中,自体吞噬的作用同细胞凋亡一样不容忽视。

3.12.5.5 细胞死亡形式研究的新进展

美国科学家 2007 年报道了一种称作 entosis 的细胞死亡新形式,即有些细胞会进入到其他细胞中,然后死亡。由于目前国内尚无对此名词的明确翻译,所以我们暂称其为入胞死亡。几十年来,科学家曾偶尔地观察到有些细胞卷入到其他细胞中的情况,但均没有做进一步研究。2007年,美国细胞生物学家 Michael Overholtzer 等在研究正常乳腺细胞的时候发现,当生长在基膜(matrix)上的乳腺细胞分离后,有些细胞被包裹进了另外的细胞中。经过深入研究,研究小组发现,被卷入到别的细胞的乳腺分离细胞中,有70%死亡,9%进行了分裂,18%最后被完好无损地释放出来。另外,阻止凋亡(apoptosis)和噬菌作用(phagocytosis)等其他细胞死亡方式并不会中断 entosis,这证明了 entosis 具有独特的作用机制。这种新形式有可能成为一种抑制肿瘤的新方法。

进一步的实验表明,保持细胞间相互连接的钙黏着蛋白(cadherin)对于 entosis 是必需的。研究人员推测,当细胞从基膜上分离时,它们之间支持力的不平衡导致了 entosis 的发生。entosis 是广泛存在的。研究人员在多种细胞类型中,包括乳腺、卵巢、脐带、肾癌细胞等,均发现了它存在的证据。Overholtzer 认为,entosis 可能的一个功能是抑制肿瘤。因为当在乳腺癌细胞系中用化学制剂抑制 entosis 后,细胞群落形成(colony formation),试管中肿瘤生长的指示剂增长了10倍。但与 Overholtzer 的观点相反,美国福克斯·蔡斯癌症中心(Fox Chase Cancer Center)的分子生物学家 Maureen Murphy 认为,entosis 可能被癌细胞用作存活的工具,癌细胞利用它来逃脱化学药物和免疫系统的识别。这也可能解释了为什么不是所有经历 entosis 期的细胞都会死亡。

美国华裔科学家袁均英等(2007)报道了一种新的细胞死亡形式,这种细胞死亡形式提示细胞还具有另外一种坏死方式,即非凋亡性的程序性死亡,她称之为 necroptosis,我们将其译为坏死性凋亡。他们通过对15 000种化合物的筛选,找到了一种化学因子 nec-1,具有抑制坏死性凋亡的专一性,在小鼠模型中可以减少缺血性脑伤害的程度,同时也能减少 TNF 诱导的细胞凋亡。这一新发现也表明,细胞死亡是一种非常复杂的生命现象,其机制也许比人们想象的要复杂得多。这一细胞死亡形式的发现,也许可以为预防和治疗损伤类疾病治疗提供新的理论依据。

小结

细胞的衰老与死亡是新陈代谢的自然现象。机体的衰老死亡的基础是细胞的衰老死亡,两者既有联系又有区别。关于细胞衰老人们进行了广泛探索,也提出了许多的假说来解释,其中 Hayflick 界限的提出是细胞衰老研究的一个里程碑。人类早已发现了细胞的死亡现象,但关于细胞死亡的研究长期以来并未取得重要的突破。随着细胞凋亡现象的发现和对其发生机制的深入研究,带来了对细胞死亡的又一个研究热潮,特别是 caspase 酶与凋亡的关系、线粒体在细胞凋亡中的作用以及多种与细胞凋亡有关的信号通路的揭示,对于肿瘤等多种疾病的临床治疗提供了新的发展思路,对细胞死亡认识的不断加深,相继又发现了类凋亡、脱落凋亡、自噬性死亡、入胞死亡、胀亡和坏死性程序死亡等新的细胞死亡形式。尽管细胞和机体的衰老死亡不可避免,但对于衰老死亡发生机制的不懈探究,人类完全有可能延长生存周期,提高生存质量。同时,对于细胞衰老死亡的研究,在细胞工程领域对于延长细胞培养时间、提高大规模培养效能和提升科学研究的成功率等都具有重要的意义。

(刘宏颀)

思考题

1. 细胞衰老与机体衰老有什么区别与联系?
2. 细胞衰老表现哪些基本特征?
3. 关于衰老机制有哪些假说可以解释,其不足之处何在?
4. Hayflick 界限的主要内容是什么,对实际工作有哪些指导意义?
5. 细胞死亡有哪些基本形式,其主要差别在哪里?
6. 线粒体在细胞凋亡中发挥什么作用?
7. 请论述细胞凋亡的分子机制。

参考文献

查锡良. 2002. 医学分子生物学. 北京:人民卫生出版社

凌怡萍. 2001. 细胞生物学. 北京:人民卫生出版社

汪堃仁. 1998. 细胞生物学. 2 版. 北京:北京师范大学出版社

徐振宇等. 2004. 自体吞噬在细胞死亡中的角色. 生理科学进展,35(4):341-344

翟中和. 2000. 北京:高等教育出版社

Alberts B, et al. 2002. Molecular Biology of the Cell. 4th ed. Garland Science

Broker L E, Kruyt F A, Giaccone G. 2005. Cell death independent of caspases: a review. Clin Cancer Res, 11(9): 3155-3162

Castro-Obregon S, Rio G D, Bredesen D E, et al. 2002. A ligand-receptor pair that triggers a non-apoptotic form of programmed cell death. Cell Death Differ, 9: 807-817

Clarke P G. 1990. Developmental cell death: morphological diversity and multiple mechanisms. Anat Embryol(Berl), 181(3): 195-213

Daniel J. Klionsky, Scott D. 2000. Autophagy as a regulated pathway of cellular degradation. Science, 290(5497): 1717-1721

Elmore S P, Qian T, Grissom S F, et al. 2001. The mitochondrial per2meability transition initiates autophagy in rat hepatocytes. FASEB J, 15: 2286-2287

Harvey Lodish, et al. 1999. Molecular Cell Biology. 4th ed. W. H. Freeman and Company

Houwerzijl E J, Blom N R, de Wolf J T, et al. 2004. Ultrastructural study shows morphologic features of apoptosis and para-apoptosis in megakaryocytes from patients with idiopathic thrombocytopenic purpura. Blood, 103(2): 500-506

Linda E Broker, Frank AE Kruyt, Giuseppe Giaccone. 2005. Cell death independent of caspases: a review. Clin Cancer Res, 11(9): 3155-3162

Olivia Oliva, Gábor Réz, Zsolt Pálfia, et al. 1992. Dynamics of vinblastine-induced autophagocytosis in murine pancreatic acinar cells: influence of cycloheximide post-treatments. Experimental and Molecular Pathology, 56(1): 76-86

Sperandio S, Belle L D, Bredesen D E. 2000. An alternative, non-apoptotic form of programmed cell death. Proc Natl Acad Sci USA, 97(26): 14376-14381

Sperandio S, Poksay K, de BI, et al. 2004. Paraptosis: mediation by MAP kinases and inhibition by AIP-1/Alix. Cell Death Differ 11: 1066-1075

Sulzer D, Bogulavsky J, Larsen K E, et al. 2000. Neuromelanin biosynthesis is driven by excess cytosolic catecholamines not accumulated by synaptic vesicles. Proc Natl Acad Sci, 97: 11869-11874

Wang Y, Li X, Wang L, et al. 2004. An alternative form of paraptosis-like cell death, triggered by TAJ/TROY and enhanced by PDCD5 overexpression. J Cell Sci, 117: 1525-1532

Wyllie A H, Golstein P. 2001. More than one way to go. Proc Natl Acad Sci USA, 98(1): 11-13

Yung H W, Xue L, Tolkovsky A M. 2002. Apoptosis-specific protein(ASP 45 kDa) is distinct from human apg5, the homologue of the yeast autophagy geng *apg5*. FEBS Lett., 531: 168-172

第四章　工程细胞生物学

4.1　工程细胞的概念和分类

工程细胞是细胞工程技术的重要应用。应用细胞生物学和分子生物学的理论和方法，按照人们的设计蓝图，进行细胞水平上的遗传操作及大规模的细胞和组织培养，可以获得特定的细胞、组织产品或新型物种。细胞工程与基因工程一起代表着生物技术最新的发展前沿，伴随着试管植物、试管动物、转基因生物反应器等相继问世，工程细胞在生命科学、农业、医药、食品、环境保护等领域获得了越来越广泛的应用。

4.1.1　工程细胞的概念

经典意义上，工程细胞即基因工程细胞，是经过改造被转入了基因的细胞。具体地讲，是指采用基因工程技术或细胞融合技术对宿主细胞的遗传物质进行修饰改造或重组、获得具有稳定遗传的独特性状的细胞系。通过改造的工程细胞获得或提高了重组蛋白类药物的产量和质量。然而从细胞工程这个大的概念上讲，凡是由细胞工程技术，包括细胞融合工程、基因工程、细胞拆合工程和染色体工程构建的细胞，或用于细胞工程培养技术，如干细胞工程、大规模培养技术的细胞均属于工程细胞的概念范畴。

工程细胞依据组织器官来源分为：原核细胞、动物细胞、植物细胞、酵母细胞、昆虫细胞等；依据构建方法和应用分为：基因工程细胞、组织工程细胞包括干细胞等；依据生长方式可分为：贴壁细胞和悬浮细胞；依据生存期分为：有限细胞系和无限/连续细胞系。

4.1.2　工程细胞的分类

在种类繁多、浩如烟海的细胞世界中，根据其进化地位、结构的复杂程度、遗传装置的类型与主要生命活动的形式，可以分为原核细胞（prokaryotic cell）和真核细胞（eukaryotic cell）两大类。真核细胞是组成真核生物的细胞，依据物种来源不同则分为：动物细胞、植物细胞、真菌类细胞和昆虫细胞。

4.1.2.1　依据组织器官来源分类

1）原核细胞

原核细胞是组成原核生物（prokaryote）的细胞。这类细胞主要特征是没有无膜包被的明显可见的细胞核，同时也没有核膜和核仁，只有拟核，细胞分裂不以有丝分裂或减数分裂方式进行，且结构较简单。原核细胞是地球上首先出现的较原始的细胞，进化地位较低。包括支原体、细菌和蓝藻等。

原核细胞的主要结构有细胞膜、细胞质、核糖体，以及由一条裸露的 DNA 双链所构成的拟核。拟核没有与细胞质部分相隔开的界膜（核膜），这是与真核细胞的主要区别。原核细胞中除含有核糖体和间体（原核细胞近核区的细胞膜内褶，有人认为其功能与细胞分裂及呼吸有关）

外，没有真核细胞中的各种细胞器。但是许多细菌表面有运动器鞭毛或纤毛。能够进行光合作用的蓝藻和细菌具有内膜结构，膜上附着与光合作用有关的色素组分。

原核细胞的化学成分相当复杂。例如，大肠杆菌大小只有 1μm×2μm 左右，却含有约 5000 种不同的化学组分。支原体是已知的最小的细胞，大小只相当于最大的病毒，然而它们的遗传物质(DNA)也能指导合成 500～1000 种蛋白质。

原核生物的基因结构多数以操纵子形式存在，即完成同类功能的多个基因聚集在一起，处于同一个启动子的调控之下，下游同时具有一个终止子。两个基因之间存在长度不等的间隔序列，如与乳糖代谢有关酶的基因。在距转录起始点－35 和－10(转录起始点上游的核苷酸序列为“－”，下游的核苷酸序列为“＋”)附近的序列都有 RNA 聚合酶识别的信号。RNA 聚合酶先与－35 附近的序列(称为 pribnow 框)结合，然后才与－10 附近的序列(称为 sextama 框)结合。至于 RNA 聚合酶是如何从一个位置转到另一个位置的，目前尚不清楚。RNA 聚合酶一旦与－10 附近序列结合，就立即从识别位点上解离下来，DNA 双链解开，转录开始。除启动子外，往往还有一些调控转录的其他因子，如调节基因和操纵基因。原核生物基因转录终止之前同样有一段回文序列结构，称为终止子，它的特殊的碱基排列顺序能够阻碍 RNA 聚合酶的移动，并使其从 DNA 模板链上脱离下来。

2）动物细胞

动物细胞属于真核细胞，与细菌等原核细胞相比其进化程度更高，结构和成分更复杂，功能也更全面。离体培养条件下的动物细胞由于生长特性的不同，可分为贴壁依赖型细胞、贴壁非依赖型细胞和间性贴壁细胞。

动物细胞可以像原核细胞，如细菌那样，在人工控制的生物反应器中进行大规模培养，但其细胞结构和培养特性与原核细胞相比，有显著差别：①动物细胞比原核细胞大得多，无细胞壁，机械强度低，对剪切力敏感，适应环境能力差；②细胞倍增时间长，生长缓慢，易受微生物污染，培养时须用抗生素；③培养过程需氧量少(氧传质系数 kLa 大于 $10h^{-1}$ 即可满足 10^7 个细胞/mL 的细胞生长)，对搅拌敏感；④动物细胞之间的连接形式有五种，要比植物细胞复杂得多，因而培养过程中细胞会相互粘连，并以集群形式存在；⑤原代培养细胞一般繁殖 50 代即退化死亡；⑥代谢产物具有生物活性，生产成本高，但附加值也高。

目前，全球生物技术药物中使用动物细胞生产已超过 70%，市场份额大于 65%；由于动物细胞表达产品活性高，稳定好，是目前最重要的表达系统，适宜生产生物技术药物，尤其是分子质量大、二硫键多的结构复杂蛋白。同时，使用动物细胞培养生产生物技术药物可以显著提升 BT 产业创新能力和竞争力，因此使用该生产体系优势明显，也较为经济，使用 5 个 15 000L 生物反应器进行批式培养即可获得 1000kg 的目标产品。动物细胞表达生物技术药物生产技术发展较快，并已趋成熟，以 Genentech、Amgen、Merck 公司等为代表的流加培养工艺规模达 10 000L 以上；以 Bayer、Genetic Institute 公司为代表的灌流培养工艺规模达 200L 以上，蛋白质浓度为 0.5～2g/L，年产量达到 1000kg 以上，2006 年销售额达到 424.5 亿美元。

此外，动物工程细胞还在畜牧业的胚胎移植和核移植技术方面具有重要应用。利用胚胎技术可以以工厂形式大批量生产优质胚胎，从而降低胚胎成本，扩大移植胚的来源，使农畜动物胚胎移植的推广应用成为可能。利用体外受精技术进行核移植、性别控制和基因导入，可望工厂化生产遗传性稳定、生产性能优良的家畜，以加快农畜良种化。

动物工程细胞在动物克隆技术方面也有巨大的应用潜力和应用前景，如保存优良的动物品种；拯救濒临灭绝的珍稀动物；利用克隆动物工厂生产蛋白质药物，发展新型的医药工业；利用克隆技术生产人体器官，扩大器官移植所需的器官来源。

3）植物细胞

植物细胞是植物体结构和功能的基本单位，主要特征是具有硬的细胞壁和进行光合作用的叶绿体。植物细胞的形状大小尽管多种多样，但基本结构是一样的。例如，一切活细胞都含有原生质和其外面的细胞壁，坚硬的细胞壁保护着原生质体，并且维持着细胞的一定形状，其主要成分是纤维素。细胞壁是植物细胞独有的，动物细胞没有细胞壁。植物细胞还含有质体，是植物细胞生产和储存营养物质的场所。最常见的质体是叶绿体，它是专门进行光合作用的细胞器。动物细胞中不含有质体。大多数植物细胞都含有一个或几个液泡，液泡中充满了液体。液泡的主要作用是转运和储藏养分、水分和代谢副产物或代谢废物，即具有仓库和中转站的作用。除此外，植物细胞中还有线粒体、内质网、高尔基体、核糖体、圆球体、溶酶体、微管、微丝等细胞器。植物细胞中最重要的部分要数细胞核了，在光学显微镜下，细胞核可明显地分为核膜、核仁和核质三部分。核是遗传物质主要分布中心，同时也是遗传与代谢的控制中心（图4.1.1）。动植物细胞结构的异同点见表4.1.1。

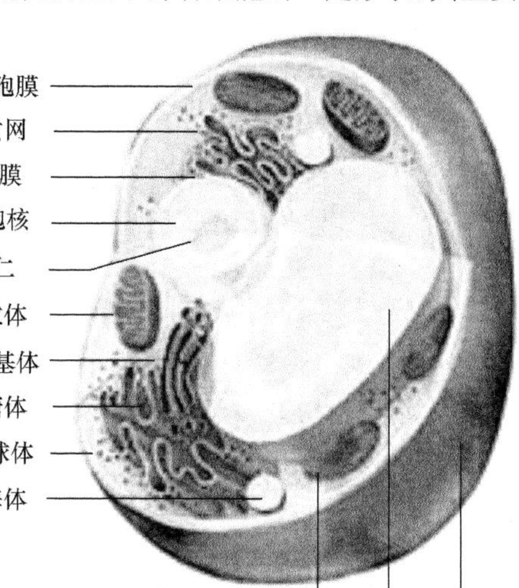

图 4.1.1　植物细胞模式图

表 4.1.1　动、植物工程细胞的比较

类　别		植物组织培养	动物细胞培养
原理		植物细胞全能性	动物细胞增殖
材料		离体的组织、器官、细胞	胚胎或幼龄动物的器官和组织
培养基	形态	固态	液态
	成分	水、无机盐、有机小分子生长素、细胞分裂素	葡萄糖、氨基酸、无机盐、维生素、水 动物血清等
阶段过程		脱分化和再分化	原代培养和传代培养
结果		愈伤组织、胚和植物个体	细胞株和细胞系
应用		① 快速繁殖、培育无病毒植株 ② 生产药物，如紫草素 ③ 人工种子 ④ 转基因植物	① 制备蛋白质生物制品 ② 大面积烧伤患者皮肤移植 ③ 检测有毒物质 ④ 用于生理、病理、药理等方面的研究
融合方式		原生质体融合	动物细胞融合
基本原理		生物膜具有一定流动性，成分和结构上存在相似性	
融合技术		理：离心、振动、电刺激 化：聚乙二醇（PEG）	理：离心、振动、电刺激 化：聚乙二醇（PEG） 生：灭活的病毒
用途		植物体细胞杂交	单克隆抗体制备

利用植物细胞的全能性，人们可以利用植物工程细胞进行物种改良，选育优良作物品种，增

加植物的优良性状，利用植物生产各种化学制品，还可用于保留濒危灭绝和有重要经济价值的植物物种。其具体应用领域包括以下几个方面。①快速繁殖技术：通过植物体细胞胚胎再生成一完整植株。这种技术主要用于花卉、树木、蔬菜、果树、中草药和农作物的快速繁殖。②诱导增加或减少植物体内染色体组数的技术：有些植株的染色体比正常细胞少一半（单倍体），而有些经诱导后染色体加倍（多倍体）。单倍体对植物品种的改良很有利；多倍体产量高，为不同倍性植物间的杂交提供了遗传保证。③体细胞杂交技术：利用自然或人工方法使两个或几个不同细胞融合成一个细胞，形成体细胞杂种，并且把杂种细胞培育成新的植物体以获得新品系、新品种。④植物细胞应用生产技术：利用植物细胞培养技术，给植物细胞提供最适宜的生活环境，让它们进行无性繁殖，大量地培养成植株，解决天然资源的不足；或者从培养的植物细胞中提取所需的代谢产物。

由于植物细胞具有高度易碎性，对剪切力的敏感，细胞去分化和聚集作用，增殖时间长等特性，使其大规模培养技术明显比微生物和动物细胞的发展缓慢。但通过不懈的努力，现在已经具备在 2 万升规模的生物反应器中培养烟草细胞的能力。而日本的三井石化也已经在使用 750L 发酵罐通过培养植物细胞而生产紫草宁，且产量较高，可满足全日本 40%以上的需要。

随着细胞工程技术的迅猛发展，基因产品的广泛应用，其安全性已引起了人们的广泛关注。虽然从本质上来讲，转基因植物和常规育成的品种是一样的，两者都是在原有品种的基础上对其一部分进行修饰，或增加新特性，和消除原来的不利性状，但是，以前所用的有性杂交仅仅局限于种类和近缘种之间，而转基因植物却大胆突破了这一局限，其外源基因可以来自植物、微生物甚至动物。在这种情况下，人们对可能出现的新组合、新性状是否会影响人类健康和生态环境还缺乏足够的认识和经验。至少从目前来说，我们还不可能很精确地预测某一个外源基因在新的遗传背景中会产生什么样的相互作用。并且，转基因植物还可以对它所在的环境产生一定的影响。例如，现在应用最多的抗除草剂基因就可能通过同属野生植物异花传粉而逐渐扩散进入自然界，从而使杂草的控制变得更加困难；而抗虫、抗病基因也有可能通过类似的途径转移到环境，给野生种群带来选择优势而变得无法收拾。虽然现在一般通过生殖隔离（设置缓冲作物带和隔离区）来防止基因漂流至临近作物，但若进行大规模生产和推广时就会难以控制。另外，转基因作物还可能造成对微生物的影响，Hoffman 等就曾发现转基因油菜中的基因可转至黑曲霉中，虽然机制还不明确，但至少存在这个事实。自然界中存在着植物病毒间异源重组，病毒的异源包装（转移包装）可以改变其宿主范围。转基因植物表达的病毒外壳蛋白在体外实验中可以包装入侵的另一种病毒的核酸，产生一种新病毒，虽然在小规模的田间实验中并未发现这种情况，但在长期的大规模生产应用中是否也是这样呢？此外，公众对转基因植物的接受性和标签问题也是我们应该考虑的问题。

4）酵母细胞

酵母菌作为一类单细胞真核微生物，是一些单细胞真菌。酵母菌细胞比细菌的单细胞个体要大得多，一般为 5～30μm（细菌为 1～5μm）。酵母菌具有典型的真核细胞结构，有细胞壁、细胞膜、细胞核、细胞质、液泡、线粒体等，有的还具有微体。酵母菌无鞭毛，不能游动。大多数酵母菌的菌落特征与细菌相似，但比细菌菌落大而厚，菌落表面光滑、湿润、黏稠，容易挑起，菌落质地均匀，正反面和边缘、中央部位的颜色都很均一，菌落多为乳白色，少数为红色，个别为黑色。

酵母在环境条件适合时可以通过出芽进行无性生殖，也可以在营养状况不好时通过形成子囊孢子进行有性生殖。酵母菌主要的生长环境是潮湿或液态环境，有些酵母菌也会生存在生物体内。其适宜的生长条件包括以下几个方面。①营养：酵母菌同其他活的有机体一样需要相似的营养物质，像细菌一样，它有一套胞内和胞外酶系统；②水分：像细菌一样，酵母菌必须有水才能存活，但酵母需要的水分比细菌少，它们对渗透压有相当高的耐受性，某些酵母能在水分极少的环境中生长；③酸度：酵母菌能在 pH 为 3～7.5 条件下生长，最适 pH 为 4.5～5.0；④温度：在低于水的冰点或者高于 47℃的温度下，酵母细胞一般不能生长，最适生长温度一般为 20～30℃；⑤氧气：酵母菌在有氧和无氧的环境中都能生长，即酵母菌是兼性厌氧菌。在缺氧的情况下，酵母菌把糖分解成乙醇和水来获取能量。在酿酒过程中，乙醇被保留下来；在烤面包或蒸馒头的过程中，二氧化碳将面团发起，而乙醇则挥发。在有氧的情况下，它把糖分解成二氧化碳和水，在有氧存在时，酵母菌生长较快。

因酵母易于培养，且生长迅速，被广泛用于现代生物学研究中。酵母作为高等真核生物特别是人类基因组研究的模式生物，其最直接的作用体现在生物信息学领域。当人们发现了一个功能未知的人类新基因时，可以迅速地到任何一个酵母基因组数据库中检索与之同源的功能已知的酵母基因，并获得其功能方面的相关信息，从而加快对该人类基因的功能研究。研究发现，有许多涉及遗传性疾病的基因均与酵母基因具有很高的同源性，研究这些基因编码的蛋白质的生理功能以及它们与其他蛋白质之间的相互作用将有助于加深对这些遗传性疾病的了解。此外，人类许多重要的疾病，如早期糖尿病、小肠癌和心脏疾病，均是多基因遗传性疾病，揭示涉及这些疾病的所有相关基因是一个困难而漫长的过程，酵母基因与人类多基因遗传性疾病相关基因之间的相似性将为我们提高诊断和治疗水平提供重要的帮助。酵母作为模式生物的作用不仅是在生物信息学方面的作用，酵母也为高等真核生物提供了一个可以检测的实验系统。在酵母中进行功能互补实验无疑是一种研究人类基因功能的捷径。如果一个功能未知的人类基因可以补偿酵母中某个具有已知功能的突变基因，则表明两者具有相似的功能。而对于一些功能已知的人类基因，进行功能互补实验也有重要意义。利用异源基因与酵母基因的功能，还能使酵母成为其他生物新基因的筛查工具。通过使用特定的酵母基因突变株，对人类 cDNA 表达文库进行筛选，从而获得互补的克隆。

单细胞真核生物的酵母菌具有比较完备的基因表达调控机制和对表达产物的加工修饰能力。酿酒酵母(*Saccharomyces cerevisiae*)在分子遗传学方面被人们的认识最早，也是最先作为外源基因表达的酵母宿主。早在公元 3000 年前，人类就开始利用酵母来制作发酵产品。最早在市场上销售的产品是酵母泥。从销售酵母泥算起，把制造酵母作为一种工业来看，酵母工业的发展已有 200 余年的历史了。1981 年酿酒酵母表达了第一个外源基因——干扰素基因，随后又有一系列外源基因，如胰岛素在该系统得到表达并被广泛应用。1983 年美国 Wegner 等最先发展了以甲基营养型酵母(methylotrophic yeast)为代表的第二代酵母表达系统。甲基营养型酵母包括 *Pichia candida* 等。以 *Pichia pastoris*(毕赤巴斯德酵母)为宿主的外源基因表达系统近年来发展最为迅速，应用也最为广泛。毕赤酵母系统的广泛应用，原因在于该系统除了具有一般酵母所具有的特点外，还具有以下特点：①具有醇氧化酶 *AOX1* 基因启动子，这是目前最强，调控机制最严格的启动子之一；②表达质粒能在基因组的特定位点以单拷贝或多拷贝的形式稳定整合；③菌株易于进行高密度发酵，表达基因稳定整合在宿主基因组中，外源蛋白表达量高，能使产物有效分泌并适当糖基化，培养方便经济；④毕赤酵母中存在过氧化物酶体，表达的蛋白质储存其中，可免受蛋白酶的降解，而且减少对细胞的毒害作用。目前，该系统已高效表达了 *HBsAg*、*TNF*、*EGF*、破伤风毒素 C 片段、基因工程抗体等多种外源基因，证实该系统为高效、实用、简便，以提高表达量并保持产物生物学活性为突出特征的外源基因表达系统，而且非常适宜扩大为工业规模。目前,全球酵母生产能力总计(以干酵母计)超过 100 万 t,年销售收入超过 25 亿美元。

此外,酵母产品以人类食用和作动物饲料的不同目的可分成食用酵母和饲料酵母。

食用酵母中又分成面包酵母、食品酵母和药用酵母等。面包酵母包括压榨酵母、活性干酵母和快速活性干酵母。食品酵母不具有发酵的繁殖能力,是供人类食用的干酵母粉或颗粒状产品。酵母自溶物可作为肉类、果酱、汤类、乳酪、面包类食品、蔬菜及调味料的添加剂;在婴儿食品、健康食品中作为食品营养强化剂。美国、日本及欧洲一些国家在普通的粮食制品,如面包、蛋糕、饼干和烤饼中掺入 5%左右的食用酵母粉以提高食品的营养价值,从安琪酵母中提取的浓缩转化酶用作方蛋夹心巧克力的液化剂。药用酵母制造方法和性质与食品酵母相同,由于它含有丰富的蛋白质、维生素和酶等生理活性物质,医药上将其制成酵母片,如食母生片,用于治疗因不合理的饮食引起的消化不良症。在酵母培养过程中,如果添加一些特殊的元素制成含硒、铬等微量元素的酵母,对一些疾病具有一定的疗效。例如,含硒酵母可用于治疗克山病和大骨节病,并有一定防止细胞衰老的作用;含铬酵母可用于治疗糖尿病等。饲料酵母通常用假丝酵母或脆壁克鲁维酵母经培养、干燥制成,是不具有发酵力,细胞呈死亡状态的粉末状或颗粒状产品,它含有丰富的蛋白质(30%~40%)、B 族维生素、氨基酸等物质,广泛用作动物饲料的蛋白质补充物。它能促进动物的生长发育,缩短饲养期,增加肉量和蛋量,改良肉质和提高瘦肉率,改善皮毛的光泽度,并能增强幼禽畜的抗病能力。

5) 昆虫细胞

昆虫细胞是昆虫形态结构和生命活动的基本单位。昆虫和其他动物细胞除了具有结构和功能的相似性外,还存在许多特异性。就保持水分而言,昆虫各器官细胞有系列特化结构来防止体内水分散失和稳定体液渗透压。例如,皮细胞质膜外伸形成蜡道,往体表分泌蜡质保护层;顶膜、侧膜和基膜特化的马氏管和直肠细胞构成隐肾结构,加速对离子和水分的吸收;内质网和高尔基器特别丰富的雄蛾附腺细胞和雌蛾滤胞细胞的分泌物构成的精包和复杂的卵壳结构,保证昆虫在缺水条件下受精和胚胎发育;气管细胞分泌的胞外基质构成的气门开闭机构,有节律地定期开放,暴发式排除二氧化碳,使呼吸失水量减少至最低程度。“细胞变态”是昆虫细胞另一个特点,在虫体变态时,幼虫细胞结构和功能发生改变,重新组建成虫器官细胞,这在全变态昆虫中尤为突出。因此,研究昆虫细胞和亚细胞在变态过程中结构和功能的动态变化,是深入了解昆虫生物化学的基础。

自从 T. D. C. Grace 在 1962 年首次建立了天蚕蛾的 4 个可持续性细胞系以来,昆虫细胞培养技术得到了迅速地发展,420 余株来自不同昆虫及组织的细胞系得以建立。但迄今为止,研究和应用得最多的是草地贪夜蛾(*Spodoptera frugiperda J*1*E*1*Smith*)细胞系 Sf221 及其克隆株 Sf29。随着昆虫细胞-杆状病毒表达系统(BEVS)的发展,通过对不同来源的昆虫细胞进行高水平表达重组蛋白能力多次比较,确定了 BTI-Tn-5B1-4(简称 5B1)在增殖多角体病毒和表达重组蛋白时水平最高。5B1 因此而驰名,并被申请了专利,在商业上称之为“高五”(high 5)细胞。

BEVS 以杆状病毒为载体在昆虫细胞中表达外源基因系统是在 20 世纪 80 年代发展起来的真核表达系统。1983 年 Smith 和 Summers 首次重组了 AcMNPV,成功地在草地贪夜蛾细胞 Sf29 中表达了人的 β2 干扰素。随后 1985 年 Maeda 等又用 BmNPV 为载体,在家蚕幼虫体内高水平表达了人的 α2 干扰素。由于该系统可在体外培养的昆虫细胞中高效安全表达外源基因,生产出了具有重要医用价值,具备天然活性的生物工程制品,从而使昆虫细胞培养备受青睐。目前,杆状病毒表达系统已得到了广泛的应用,它已成为基因工程四大表达系统之一(另三种是细菌表达系统、酵母表达系统和哺乳动物表达系统)。国内外的科学工作者已利用昆虫细胞表达系统成功表达了300余种不同的蛋白质。例如,人干细胞因子、乙肝病毒核心蛋白、人1/2干扰素、人À型肿瘤坏死因子、HIV21核蛋白P24、鸡马立克病病毒糖蛋白B抗原基因、弓形虫表面抗原P30、烟草天蛾的保幼激素环氧化水解酶和蛙酰胺酶等。

BEVS同细菌、酵母、植物以及哺乳动物表达系统相比具有很多方面的优势,如具有较高的重组蛋白表达水平,可容纳较大外源DNA的插入,可以同时表达多个外源基因;并且用其生产出的重组蛋白的生物活性、抗原性和免疫原性都与天然蛋白极为相似等。同样为真核表达系统,昆虫细胞还具有较易培养和生长等优势。此外,经细胞培养获得重组病毒后,还可在宿主昆虫幼虫、蛹体内进行表达,这更是哺乳动物细胞难以比拟的。但杆状病毒具有瞬时表达的缺点,即病毒感染最终导致细胞死亡,因此必须重新启动感染,每一轮蛋白质合成都必须再感染新鲜培养的细胞,这对商品化生产无疑是个缺点。此外,还存在糖基化问题,在昆虫细胞中表达产物糖基化过程与脊椎动物细胞有所不同。在昆虫细胞中形成的糖蛋白相对简单,多不分枝侧链,而且甘露糖成分高。产生的糖蛋白在变性PAGE中泳动率较大,分子质量往往较天然糖蛋白小。

随着昆虫细胞培养技术和分子生物学、基因工程研究突飞猛进的发展,昆虫细胞系已被越来越广泛地应用于各个研究领域,昆虫细胞培养技术从单纯的生物离体培养技术逐渐变为一种许多生物学研究都需要的常规研究手段,昆虫细胞系也将逐步成为各个研究领域开展研究的必备材料。在生物杀虫剂研究方面,通过昆虫细胞的大规模培养和低成本培养基研究的不断深入,昆虫细胞的规模化和低成本培养将成为可能,利用这些技术开展昆虫细胞大量繁殖昆虫病原病毒、微孢子虫的研究,利用基因工程技术改良病毒粒子,提高毒力,并最终利用昆虫细胞的大规模培养繁殖昆虫病原病毒、微孢子虫,生产生物杀虫剂用于植物害虫的生物防治。在基础医学研究方面,利用昆虫细胞开展虫作媒介的人体病毒、原生动物研究,研究这些引起人类疾病的病毒、原生动物在昆虫细胞中的发育和侵染等;利用昆虫细胞系开展人类疾病基因研究;利用昆虫细胞系检测药物,特别是抗癌药物,进行毒理学研究。

4.1.2.2 依据构建方法和应用

1) 基因工程细胞

采用基因工程技术,人们把编码蛋白质分子的基因在分子的水平上进行设计、改造、重组,再转移至新的宿主细胞系统内进行折叠、复制和表达,以产生新的功能蛋白。这种在基因水平上进行操作构建的细胞,又称为基因工程细胞株。具体内容详见4.4节。

下面列举一些基因工程细胞及其表达产品(表4.1.2)。

表4.1.2 一些在哺乳动物细胞表达的重组蛋白

产 品	细胞系	培养形式
组织溶纤酶原激活剂(TPA)	CHO	悬浮生长
	Myeloma	悬浮生长
	C127	微载体
红细胞生成素(EPO)	CHO	贴壁生长
金属蛋白酶的组织抑制剂(TIMP)	CHO	悬浮生长
单克隆抗体	Myeloma	悬浮生长
FⅧ因子	BHK 21	悬浮生长
	CHO	贴壁生长

续表

产　品	细胞系	培养形式
FⅣ因子	CHO	贴壁生长
	CHO	悬浮生长
γ-干扰素(γ-interferon)	C127	悬浮生长
	C127	贴壁生长
人生长激素(HGH)	CHO	贴壁生长
白细胞介素-2(IL-2)	BHK	微载体
β-干扰素(β-interferon)	CHO	贴壁生长
乙肝表面抗原(hepatitis B surface)	CHO	贴壁生长
抗凝血酶原Ⅲ(human antithrombin Ⅲ)	BHK	微载体
Von Willebrabd 因子(Von Willebrand)	CHO	微载体

2) 组织工程细胞

组织工程(tissue engineering)是近几十年正在兴起的一门新兴学科,组织工程一词最早是由美国国家科学基金会 1987 年正式提出和确定的。它是应用生命科学和工程学的原理与技术,在正确认识哺乳动物的正常及病理两种状态下结构与功能关系的基础上,研究、开发用于修复、维护、促进人体各种组织或器官损伤后的功能和形态生物替代物的科学。而应用于组织工程的细胞,即可称为组织工程细胞。

不同于以蛋白质产物制备获得为目标的基因工程细胞,组织工程细胞以正常组织细胞为研究获得的目标。组织工程的核心就是建立具有生命力的活体组织,用以对病损组织进行形态、结构和功能的重建并达到永久性替代。组织工程是继细胞生物学和分子生物学之后,生命科学发展史上的又一新的里程碑,它标志着医学将走出器官移植的范畴,步入制造组织和器官的新时代。

种子细胞的培养是组织工程的基本要素,细胞主要来源于自体、同种异体、异种组织细胞等。机体的细胞都表达一定的抗原性,特别是内皮细胞具有强烈的同种异体原性,所以组织工程细胞一般采用自体组织细胞。由于组织工程细胞培养多需要高浓度的细胞接种,自体组织细胞存在着数量上的局限性及长期传代后细胞功能老化的问题。采用同种异体细胞来源,在目前仅对少数组织细胞(如软骨组织的组织工程培养)有望获得成功。但是要建立适于组织工程需要的种子细胞,需要解决以下问题:①增加细胞的增殖能力;②延长细胞的生命期;③提高细胞的分泌能力;④优选不同组织来源的同一功能的最佳细胞;⑤建立标准细胞系,使研究工作有更好的可比性和科学性;⑥同种异体与异种移植的免疫学;⑦细胞与人工细胞外基质的相互作用及影响因素。

构建组织工程的细胞应具备:容易培养,黏附力强;其分子结构和功能与正常血管细胞相似;临床上易取得,具有实用性。常用的有以下 3 个方面。

(1) 血管壁细胞:主动脉内皮细胞被认为更适合成为组织工程的细胞来源,但是主动脉组织在临床难以获取,最终应用存在一定问题。

(2) 造血系统来源的干细胞($CD34^+$)及间充质干细胞(MSC):在机体内 MSC 存在于许多组织中,尤以骨髓中最多,因而取材方便,且对机体无害;取自自体,不存在组织配型及免疫排斥问题;分化的组织类型广泛,理论上讲它能分化为所有的间充质组织类型,如软骨、脂肪、肌肉及肌腱等。尽管目前研究还刚开始,这两种细胞已显现出巨大的潜能,有可能取代成人血管种子细胞而成为最理想的组织工程细胞。

(3) 胚胎干细胞(ESC):存在于哺乳动物发育早期胚胎中的(着床前)多能干细胞,具有持续增殖而不分化的能力以及经诱导后可分化形成一个成熟个体中所有类型细胞的潜能。ESC 细胞的定向分化尝试在动物中已取得了可喜结果，神经元细胞、造血细胞以及心肌细胞已在体外获得。但是，人 ESC 要真正在人类医学中得到应用，尚需相当长时间。首先，人们还不能有效地诱导干细胞向特定的细胞类型分化；另外，更困难的是，还不能有效地建立无免疫原性的 ESC；再者，ESC 的应用还涉及伦理道德方面观念的制约。

3）干细胞

哺乳动物的许多已分化组织和器官中都保留了一些能够分裂形成该组织或器官的未分化原始细胞，这些细胞称为干细胞。干细胞呈圆形，椭圆形，体积小，核质比大，具有较强的端粒酶活性，因此具有较强增殖能力。干细胞增殖具有缓慢性和自稳性。干细胞依据分化潜能分为三种类型：全能干细胞、多能干细胞和专能干细胞。依据组织器官来源分为胚胎干细胞和成体干细胞。

体内干细胞的意义在于源源不断地补充体内一些短命组织的细胞来源，如血液细胞、皮肤细胞以及精巢等，或者组织或器官受到局部损伤时，它们可以再分裂形成新的该组织或器官，是体内的一种自我修复机制。人类干细胞工程就是利用人体内干细胞的特征来达到体外产生人类所需的产物的探索。主要用于器官修复，基因治疗等。

干细胞工程是利用现代生物医学和组织工程技术，通过对间充质干细胞、胚胎干细胞、血管-造血干细胞、神经干细胞和皮肤、肌肉等前体细胞，进行体外分离纯化、定向诱导分化、转基因及核移植、大量扩增和整合构建，在体外重构人骨、软骨、肌肉、肌腱、瓣膜、脂肪、真皮、基质、神经、血管、皮肤、角膜以及造血和免疫等组织。它作为组织工程的“上游”研究，对未来的组织器官修复和替代具有极其重要的作用和深远的影响。在组织器官的细胞来源、细胞扩增与定向诱导分化、重构组织器官的种类、重构效率、重构组织器官的植入等方面，与传统的组织工程相比均存在着明显的不同和优势。

4.1.2.3 依据生长方式

依据体外培养时对生长表面依赖性的不同，可将动物细胞分为贴壁依赖型细胞（anchorage-dependent cell）、非贴壁依赖型细胞（anchorage-independent cell）和兼性贴壁细胞（anchorage-compatible cell）3 种。而依据细胞生长表面依赖性不同特性我们可以将各类细胞进行不同模式、规模及方法的体外培养。相关内容我们在后续章节中进行重点介绍。

4.1.2.4 依据生存期

体外培养的工程细胞依据生存可分为有限细胞系，无限/连续细胞系。

首先，需要介绍一下细胞系和细胞株的概念。细胞系（cell line）是通过原代培养细胞首次传代成功得到，由原先存在于原代培养物中的细胞世系（lineage of cell）所组成。而细胞株（cell strain）则是通过选择法或克隆形成法从原代培养物或细胞系中获得具有特殊性质或标志物得到。细胞株的特殊性质或标志必须在整个培养期间始终存在。大多数细胞系在有限的代数内以不变的形式增殖，当超过有限世代后，它们可能有两种情况，一是衰老死亡，二是发育成永久细胞系或称连续细胞系。

如果不能继续传代或传代数有限，细胞只能增殖有限的代数即告死亡，称为有限细胞株（finite cell strain），是一种已传代培养的增殖培养物。有限细胞系常具备二倍体、接触抑制、贴壁依赖和无恶性等特征。

如果可以连续传代，称为无限/连续细胞株（infinite/continuous cell strain）。永久细胞系有如下特征：细胞形态变化，如细胞变小，黏附性减少，具有较高的核质比；生长速率增加，倍增时间缩短;对血清的依赖性减小;贴壁依赖性降低;细胞异倍体和非整倍体增加,细胞接种到体内后,生癌率上升。下面将两者区别简要归纳见表 4.1.3。

表 4.1.3 有限细胞系与连续细胞系的特征区别

特 征	有限细胞系	连续细胞系
倍性	整倍体;二倍体	非整倍体,异倍体
转化	正常	永生化,生长控制改变,成瘤性
锚定依赖性	是	否
接触抑制	是	否
细胞增殖密度限制	是	减弱或丧失
生长方式	单层	单层或悬浮
血清要求	高	低
克隆形成率	低	高
标志	组织特异的标志	染色体的、酶的、抗原的标志
特殊功能	保留	常常丧失
生长速率	慢	快
产量	低	高
控制参数	代数,组织特异性标志	株特性

小结

工程细胞即基因工程细胞,是经过改造被转入了基因的细胞。工程细胞依据组织器官来源包括原核细胞、动物细胞、植物细胞、酵母细胞、昆虫细胞等;依据构建方法和应用分为:基因工程细胞、组织工程细胞包括干细胞等;依据生长方式可分为贴壁细胞和悬浮细胞;依据生存期分为有限细胞系和无限/连续细胞系。

(唐 浩)

思考题

1. 什么是工程细胞? 它有哪些类型?
2. 试比较原核细胞、动物细胞、植物细胞、酵母细胞和昆虫细胞的异同。

参考文献

陈志南,刘民培. 2005. 细胞工程. 北京:科学出版社
宋德伟,马艳,冯颖,等,2004. 昆虫细胞工程研究进展. 林业科学研究,17(1):116～124
张元兴,易小萍,张立,等. 2007. 动物细胞培养工程. 北京:化学工业出版社

4.2 动物工程细胞基础

4.2.1 动物工程细胞培养基础

4.2.1.1 动物工程细胞的特点

1) 动物细胞的生理特点

动物细胞与微生物细胞相似,也可以在生物反应器中进行大规模培养。但两者在结构和生长特性上存在明显的差异。具体如下:

(1) 动物细胞的分裂周期长。一般为 12～48h，且具有种属和组织特异性。此外，培养条件，如温度、pH、培养液组成等都会影响细胞分裂周期的长短。一般而言，整个分裂周期中，G_1 期持续时间为 4～5h，进行 DNA 合成的 S 期为 6～8h，G_2 期为 2～5h，有丝分裂(M)期很短，为 0.5～1h。

(2) 细胞生长需贴附于基质，并存在接触抑制的现象。除少数悬浮培养细胞外，大多数正常二倍体细胞，都需要在一定的基质上贴附和伸展后才能生长增殖。细胞在基质表面的贴附机制与电荷和钙镁离子的作用，以及许多黏附因子，如胶原、纤维结合蛋白的作用有关。当细胞在基质表面分裂增殖，并与邻细胞相互接触逐渐融合成片时，细胞即停止增殖。此时，若能保持充足的营养，细胞仍可存活相当一段时间，但细胞密度不再增加，该现象又称为接触抑制现象。一旦细胞转化为异倍体后，此现象随之消失，细胞可多层生长，细胞密度可明显增加。

(3) 正常二倍体细胞的生长寿命是有限的。体外培养中，即使培养条件很理想，大多数正常二倍体细胞也只能在有限的时间内生长，传代若干次后，细胞逐渐死亡。一旦转化为异倍体，细胞由有限细胞系转化为无限细胞系，可无限传代培养，适合用于生物技术药物的产业化生产。

(4) 动物细胞对生长环境十分敏感。细胞膜外仅有一层很薄的黏多糖蛋白，缺乏细胞壁的保护，因而比较脆弱，对剪切力(shear force)的耐受力差。

(5) 动物细胞对营养要求高。不仅需要 12 种必需氨基酸、8 种以上维生素、多种无机盐和微量元素，以及作为主要碳源的葡萄糖，另外还需要多种生长因子和贴壁因子等。

(6) 动物细胞的蛋白质合成途径和修饰功能与细菌不同。动物细胞除了在游离的核糖体上合成用于细胞基质内外的蛋白质外，也可在粗面内质网结合的核糖体上合成分泌蛋白质和膜整合蛋白质。这些蛋白质分别在内质网和高尔基体进行 *N* 连接和 *O* 连接的糖基化(glycosylation)，成为糖蛋白。蛋白质的糖基化与细胞的许多生理功能，如细胞识别、表面受体、胞内消化和外排分泌有关。经过糖基化修饰的蛋白质具有较好的生物学活性。原核生物由于缺少粗面内质网结构，无法对蛋白质进行糖基化和其他一系列翻译后修饰(表 4.2.1)。

表 4.2.1 动物细胞与微生物细胞的不同结构与培养特性

项 目	微生物细胞	动物细胞
细胞类型	多数为原核细胞	真核细胞
细胞壁	有	无
全能性	有	有(功能)
细胞分化	无	有
悬浮生长	可以	少数可以
需氧量($k_{L\alpha}^{a}$,h^{-1})	高(100～1000)	低(1～25)
营养需求	简单	复杂
倍增时间(h)	0.3～5	9～100
群体效应	无	有
接触抑制性	无	多数有
贴壁依赖性	无	多数有
环境敏感性	弱	较敏感
接种量	低(单细胞)	高(10^5 个/mL)
生长密度	高(10^9～10^{10}个/mL)	低(10^6 个/mL)
产物分泌性能	胞内外	胞内外
产物浓度	高	低
含水量/%	约 70	约 80
产物类型	酶、有机物、抗生素、发酵食品等	酶、激素、疫苗、干扰素、
产物活性	部分有功能活性	抗体等有功能活性

动物细胞的特点，使传统发酵技术在动物细胞大规模培养中的应用受到较多限制，具体有：①动物细胞比微生物细胞大，且缺少细胞壁，对剪切力敏感，适应环境能力差；②动物细胞倍增时间(doubling time)长，生长缓慢，易受微生物污染；③原代培养细胞，一般繁殖 50 代即退化死亡；④动物细胞培养成本高，产量低，产品价格高。但细胞培养产物多数分泌于胞外，分离纯化方便；产物蛋白有较完善的翻译后修饰，特别是糖基化与磷酸化修饰等，与天然结构更一致，更适用于临床应用。

目前，在生物技术制药产业中，动物细胞培养产品所占份额为 50%左右。随着动物细胞基因工程技术和培养技术的提高完善，培养液成本的下降，以及动物细胞培养技术的应用领域的扩大，尤其在人造器官、基因治疗中的应用，动物细胞培养相关的产品将成为生物制药的主流。

2) 动物细胞的分类

依据体外培养时对生长表面依赖性的不同，可将动物细胞分为贴壁依赖型细胞(anchorage-dependent cell)、非贴壁依赖型细胞(anchorage-independent cell)和兼性贴壁细胞(anchorage-compatible cell)3 种。

(1) 贴壁依赖型细胞。该类细胞生长时，需要附着于某些带适量电荷的固体或半固体的支持物表面，细胞依靠自身分泌的或培养液提供的黏附因子，在支持物表面贴附伸展，生长增殖。大多数细胞，包括非淋巴组织细胞和许多异倍体细胞，都属于这一类型。细胞在支持物表面生长时，一般呈现两种形态：成纤维样细胞型和上皮细胞型。前者主要来源于中胚层组织细胞，如成纤维细胞、心肌细胞、平滑肌细胞和成骨细胞等；后者主要来源于外胚层和内胚层组织的细胞，如皮肤细胞、肠管上皮细胞和肺泡上皮细胞等。

(2) 非贴壁依赖型。这类细胞无需贴附于支持物表面，可在培养液中悬浮生长，细胞呈球形。如杂交瘤细胞(hybridoma cell)、血液内的淋巴细胞和某些生产干扰素的转化细胞，如 Namalwa 细胞等。

(3) 兼性贴壁细胞。这类细胞可以贴附于支持物表面上生长，但在一定条件下，也可在培养液中悬浮生长。例如，常用的中国仓鼠卵巢(CHO)细胞、小鼠 L929 细胞，当它们贴附于支持物表面上生长时，呈上皮或成纤维形态；悬浮于培养液中时，则呈球形。同时细胞也可相互支持贴附在一起生长。

4.2.1.2 体外培养细胞的生长动力学

在动物细胞的大规模工业化培养中，一般生产率的高低直接取决于细胞的培养密度，细胞的生长速率不仅决定了细胞达到理想密度所需的时间，同时也反映了细胞的生理状态，是工艺优化和过程控制的基础。对细胞的生长存在两种不同尺度的考察方法，一是在细胞个体的水平上，即细胞周期(cell cycle)；二是在群体细胞的水平上，通常以细胞比生长速率(specific growth rate)或群体细胞倍增时间表示。

1) 细胞周期

细胞的增殖是借助于细胞分裂而实现的。母细胞分裂后形成的细胞，到下一次再分裂形成两个子细胞之间的时期，称为细胞周期，主要包括 4 个不同的时相，即 G_1 期、S 期、G_2 期和 M 期。其中 G_1 期、S 期和 G_2 期又合称为间期。细胞在不同的周期时相中，有着不同的生长行为特征。

(1) G_1 期。发生于上一次 M 期之后，故也称为细胞分裂后期。在 G_1 期主要发生 DNA 合成前有关的生化变化，如 DNA 聚合酶和 RNA 的合成等。G_1 期持续时间差别很大，增殖旺盛的细胞 G_1 期持续时间短，衰退细胞持续时间长。值得注意的是，在工业化细胞培养中，尤其在生产阶段，群体细胞的大部分跳出了细胞周期，处于一种静止状态，这样的细胞状态往往也称为 G_0 期。在一定的条件下，细胞也可从 G_0 期重新进入细胞周期。

(2) S 期。主要进行 DNA 的合成，该周期时相的长短，具有细胞株的特异性，即各种细胞的 S 期时相的持续时间都比较恒定。

(3) G_2 期。发生在分裂之前，故也称之为细胞分裂前期。细胞进入 G_2 期后，DNA 的含量加倍。在 G_2 期主要的变化是 RNA 的合成和染色体的螺旋化，持续时间较短，对外界环境变化敏感，易受影响。

(4) M 期。细胞的分裂阶段，培养中细胞繁殖，仍以有丝分裂方式进行，分为前、中、后和末 4 个时期。

不同的细胞，细胞周期的长短不同。在培养过程中，细胞周期活动也并非恒定，常随培养阶段的不同而有所变化。一个细胞周期就是细胞一次增倍的时间，各种细胞增倍的时间也不同。培养中"代"的概念，只指一次接种到再培养的时间，并不等于细胞周期。实际传代一次，细胞能增倍数次到数十次。

2）细胞的同步化

对细胞个体尺度水平上的研究，可以获得细胞生长、代谢和产物合成的基本规律，并用来指导细胞的工程改造和培养过程的调节和控制。由于量的限制，很难从单个细胞的培养中获得有用的信息，只有当细胞达到一定数量时，才可能定量研究细胞的周期时相对病毒感染、蛋白表达的影响。在一般情况下，细胞群体中的每个细胞，各自处于细胞周期的不同阶段。用人为的方法使群体细胞共同进入同一周期时相的方法叫细胞同步化。同步化后，群体细胞的形态和机能相似，类似于单个细胞的生长。

细胞同步化(synchronization)的方法，主要有物理法和化学法两大类，具体见表 4.2.2。物理方法的同步化率较低，但对细胞的损伤较小。化学法的同步化率较高，但在使用过程中，要特别注意浓度的选择。只有在合适的浓度下，这些化学物质对细胞的作用才是可逆的。当浓度较高时，这些化学物质均可杀死细胞。两种或多种方法的组合使用，可提高细胞的同步化率。

表 4.2.2 细胞同步化的常用方法

方 法	同步化方法	细胞系	周期时相
物理法	低温处理	CHO	M
	分离法	HeLa-S3	M
化学法	胸腺嘧啶核苷酸	TB/C3 hybridoma	G_1
	胸苷-秋水仙素	L5178	M
	氟脱氧尿嘧啶	L60T	G_1

细胞同步化方法广泛应用于研究产物表达与细胞周期时相的关系。例如，Al-Rubeai 和 Emery，利用同步化技术发现杂交瘤细胞处于 G_1 时相时，单抗(monoclonal antibody)的生产速率最大。在杂交瘤细胞的培养中，调节培养条件和营养供应的水平，提高群体细胞中 G_1 时相细胞的比例，可明显提高单抗的产率。

4.2.1.3　细胞的生长

若干个体细胞组成的群体细胞，是工业化培养的对象。对一个细胞群体而言，有些细胞正在分裂，有些却已经分裂，还有些将要分裂。在同一时间，所有细胞不可能处于同一个生长繁殖阶段。因此，人们通常考察整个细胞群体的变化，并对群体细胞生长、代谢和产物的生成规律进行研究。其中群体细胞的生长速率，直接决定细胞的培养密度和最终的生产效率，是所有工业化细胞培养过程的优化基础。

对于单个细胞，经过一段时间(细胞的周期)后，就会分裂出两个子细胞。同样，对于同步化的细胞群体，经过一段时间(细胞的周期)后，群体细胞的数量就会加倍。这样的增殖过程是不连续的，不能用连续条件的数学模型来描述。细胞生长可用下列方程来表示：

$$N_t = N_0 2^{\mathrm{INT}(t/t_g)} \tag{4.2.1}$$

式中，N_0 代表培养开始时的细胞数；N_t 代表 t 时刻的细胞数；t_g 代表细胞周期的时间，INT 代表取整函数。

对于众多处于不同周期时相的细胞构成的群体细胞，培养过程中细胞数量随时间的变化可近似认为是连续的，并以下列方程表示，μ 代表群体细胞的比生长速率(s^{-1})。

$$\frac{dN_t}{dt} = \mu N_t \tag{4.2.2}$$

在典型的批式培养过程中，细胞的生长一般经历了滞后期(lag phase)、对数生长期(exponential phase)、稳定期(steady phase)和衰亡期(declining phase)，见图 4.2.1。

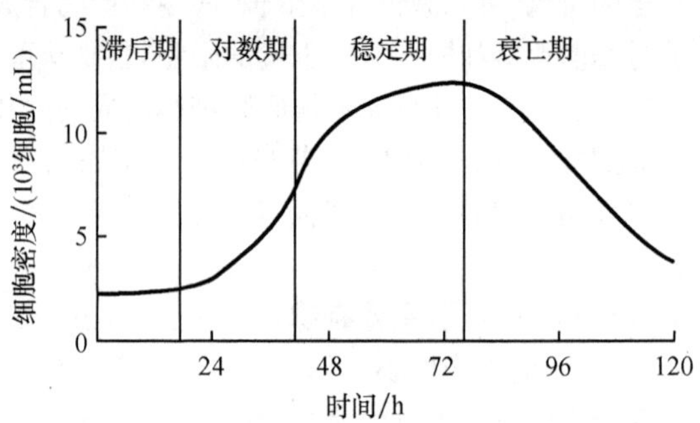

图 4.2.1　典型的细胞批式培养的生长曲线

1) 滞后期

当细胞接种至合适的培养液中，细胞并不是立即进入对数生长，而是存在一个滞后期。期间细胞数不增长或增长很少。不同细胞，滞后期的长短差异很大，即使同一类型的细胞，不同的培养条件也有差异。影响的因素是多方面的，主要包括培养液的组成、pH、种子细胞的生理状态、接种密度和传代操作等。例如，处于对数生长期的细胞接种时比处于稳定期的细胞接种时，滞后期要短一些；接种量大时比接种量小时滞后期短等。

2) 对数(生长)期

此阶段细胞生长旺盛，细胞的增长呈指数形式增加，其速率与细胞数成正比，也称为指数生长期。在此阶段，方程 4.2.3 中的 μ 为常数。不同的细胞或在不同的培养条件下，μ 的大小均有可能不同。群体细胞生长速率的快慢也可用倍增时间 T_d(s)表示，定义为细胞数量增加一倍所需的时间。根据倍增时间的定义，可从式(4.2.3)得出：

$$T_d = \ln2/\mu \quad (4.2.3)$$

显然，T_d 越小细胞生长越快，T_d 越大细胞生长越慢。生长较快的细胞，其倍增时间仅为 9h 左右，生长慢的细胞，倍增时间可长达 18h 乃至数天。

3) 稳定期

如果在体积和营养含量固定的培养液中培养，细胞不可能无限生长下去。一方面营养成分终究要耗尽，另一方面细胞代谢废产物的累积也可达到抑制细胞生长的浓度水平。因此，当细胞数量增加到一定时，就不再增加，在一定的时间内保持恒定，而称为稳定期。

4) 衰亡期

处于稳定期的细胞，如果不传代或不补充，或更新培养液，则会进入死亡期或衰退期，细胞的数量随着培养的进程而减少。

4.2.1.4 影响群体细胞生长的因素

影响群体细胞生长的因素有很多。即使保持非常良好的培养条件，细胞的生长也不是无限的，因为许多细胞的寿命是有限的，如人胚胎成纤维细胞的培养只能分裂 50 代左右。当然，不同细胞寿命的长短也不一样。

细胞的生长速率对培养的物理条件(即环境条件)非常敏感。应尽量保证细胞生长在最合适的温度、pH、渗透压和温和剪切环境中。在生理方面，如贴壁培养应保证细胞能获得足够的营养物和生长表面，如在大规模生物反应器贴壁培养中使用微载体(microcarrier)培养可以大大提高贴壁细胞的生长面积，从而达到提高最大培养细胞密度的结果。另外，溶解氧浓度，代谢副产物，如乳酸、氨的浓度等，均会影响细胞的生长。

4.2.2 培养液和培养环境

4.2.2.1 动物细胞培养条件

1) 无污染环境

培养环境无毒、无菌，是保证细胞生存的首要条件。培养环境的污染主要有毒性物质污染和微生物污染。在细胞培养过程中，离体细胞对任何毒性物质都非常敏感，其中包括解体的微生物、细胞残余物以及非营养的化学物质。某些化学物质仅 0.01μg/L 就会对细胞产生毒性作用。因此与细胞或培养液接触的所有材料、器具，均应经过一定程序的严格清洗。另外，防止微生物污染是细胞培养过程中非常重要的问题。动物细胞培养过程周期长达数周甚至数月，而细胞生长速率却远低于微生物，故无菌的要求极高。因此，所有操作过程都必须在洁净条件下进行。所有材料、器具要绝对保证无毒和洁净，使用前必须进行消毒处理；细胞培养过程中所需的气体、液体，均应去除细菌、病毒和支原体等各类污染物。

2) 温度

维持细胞增殖生长，必须有适宜的温度。人体和哺乳动物细胞培养的最适温度为(36.5±

0.5)℃，鸟类细胞为38.5℃，昆虫细胞为(26.5±0.5)℃，冷水、凉水和温水鱼细胞适宜温度分别为20℃、23℃和26℃。偏离这一温度范围，细胞的正常代谢就会受到影响，甚至死亡。总的来说，培养细胞对低温的耐受力比对高温的耐受力强。温度不超过39℃时，细胞代谢强度与温度成正比；培养细胞在39～40℃历时1h，即会受到一定损伤，但仍有可能恢复；而在41～42℃历时1h，细胞则会受到严重损伤；当温度达到43℃以上时，细胞将被全部杀死。高温对细胞生长的影响，主要在于使细胞内酶的失活，以及破坏细胞膜上的脂类结构，诱导细胞凋亡。相反，低温对细胞生长的影响主要是对细胞内酶活性的降低，对细胞的伤害并不大。温度越低，细胞内酶的活性越低，细胞生长和代谢随温度降低而减慢。把细胞置于25～35℃时，细胞仍能生存和生长，但速度缓慢；放在4℃数小时后，再置回37℃培养，细胞仍能继续生长。如果温度低于冰点时，细胞可因胞质结冰受损而死亡。但如果向培养液中加入一定量的保护剂(如二甲基亚砜或甘油)，改变冰晶的性质，可以把细胞冻存于液氮中，温度可达－196℃，能长期保存，解冻后细胞复苏，仍能继续增殖生长，细胞生物性状不受任何影响。这种方法已成为保存细胞的最主要手段。

3）溶解氧、pH和气体环境

气体是细胞生存的必需条件之一，其主要包括O_2和CO_2。O_2参与三羧酸循环，产生能量供给细胞生长、增殖和合成各种细胞成分。不同的细胞和同一细胞的不同生长时期，对氧的需求各不相同。杂交瘤细胞的氧比消耗速率大约为$q_{O_2}=5.8\times10^{-17}$ mol/(cell·s)。细胞不能在缺氧的环境中生存，溶氧过低会影响细胞的能量代谢，从而影响细胞的生长；溶氧过高时也会对细胞产生毒性，抑制细胞生长。因此动物细胞培养过程中溶解氧(DO)一般控制在5%～80%(空气饱和度)。这种控制可以通过调节供气中空气、O_2和N_2的通入量或它们之间的比例以及改变生物反应器的操作参数来实现。

合适的pH也是细胞生存的必要条件之一。不同细胞对pH的要求不同，如哺乳动物细胞要求7.1～7.3，昆虫细胞则要求6.1～6.3。一般来说，原代细胞对pH变动的耐受差，而传代细胞或肿瘤细胞对pH变动的耐受较强。当pH超出合适的范围，如低于6.8或高于7.6都会对细胞产生不利的影响，严重时可导致细胞蜕变或死亡。

动物细胞在生长过程中不断消耗葡萄糖，生成乳酸和CO_2，使培养液pH不断降低，导致培养环境急剧恶化。因此，细胞培养过程中维持相对稳定的pH是至关重要的。最常用的方法是加含碳酸氢钠($NaHCO_3$)的磷酸缓冲液(PBS、Hanks等平衡盐溶液)，其中的碳酸氢钠($NaHCO_3$)具有调节CO_2的作用，因而在一定范围内可调节培养液的pH。如反应方程式$Na_2CO_3+CO_2+H_2O\longrightarrow 2NaHCO_3$。

CO_2既是代谢产物，也是调节维持pH的必需成分。在封闭环境中，气体中CO_2浓度增加时的平衡向右移动，导致培养液偏酸；反之，气体中CO_2浓度减少时的平衡向左移动，导致培养液偏碱。这样，就可通过调节CO_2浓度来调整培养液的pH。同样，在开放环境例如反应器中，可以通过补充或减少CO_2的量来推动公式的平衡，向左或向右移动，达到调整培养基pH的目的。另外，羟乙基哌嗪乙烷磺酸(HEPES)溶液也是一种常用的缓冲液，它对细胞无毒性，能防止pH迅速变动。其最大优点是在开放通气培养或活细胞观察时能维持较恒定的pH。

4.2.2.2　各类营养成分

1）糖

糖是提供细胞物质和代谢产物中碳架来源的主要营养物质，其主要作用是构成细胞物质和提供细胞生长代谢所需的能量。多数动物细胞以葡萄糖作为主要碳源，它通过糖酵解和三羧酸循环提供能量；三羧酸循环的一些中间产物，同时又是某些氨基酸合成的前体；通过磷酸戊糖途径合成核酸中的核糖；三羧酸循环中形成的乙酰辅酶A可用于合成脂肪。细胞对各种糖的吸收代谢取决于它们进入细胞的能力，其中葡萄糖最强，半乳糖最低。

2）氨基酸

所有动物细胞都需要以下12种基本氨基酸：精氨酸、胱氨酸、异亮氨酸、亮氨酸、赖氨酸、甲硫氨酸、苯丙氨酸、苏氨酸、色氨酸、组氨酸、酪氨酸和缬氨酸。这些氨基酸都是细胞用于合成蛋白质的原料。另外，所有的细胞都需要谷氨酰胺。谷氨酰胺作为氮源，是合成核酸中嘌呤和嘧啶的原料；作为碳源参与能量代谢，它还具有促进氨基酸进入细胞膜的作用。

3）维生素

细胞也需要维生素，如生物素、叶酸、烟酰胺、泛酸、吡哆醇、核黄素、硫胺素及维生素B_{12}等。这些维生素，在很多常用限定培养液中已成为固定组成成分。B族维生素大多是细胞内各种酶的辅酶或辅基的重要组成部分，在细胞生长代谢中具有非常重要的作用；维生素C也是不可缺少的，尤其对具有胶原合成能力的细胞更为重要。但维生素C易氧化，不很稳定，应当注意在长期培养中维持其持久效应。脂溶性维生素对细胞生长具有促进作用，一般可从血清中得到补充。

4）生长因子

培养液中除上述营养成分外，同样也需要激素类物质，尤其需要促细胞生长因子。已证明很多激素具有促进细胞增殖生长的作用。胰岛素能促进细胞生长。它利用1～10mg/L的葡萄糖和氨基酸，即对多数细胞的增殖生长具有促进作用；氢化可的松也有促进表皮上皮细胞和乳腺上皮细胞增殖生长的效应，能提高神经胶质细胞和成纤维细胞的克隆形成率。用量为10^{-8}～10^{-7}mol/L。综合使用雌激素和雄激素，或综合使用黄体酮和氢化可的松（或催乳素），对支持乳腺上皮细胞培养效果良好。血清是提供生长因子和其他细胞所需物质的来源，现已从血清、各种组织和其他生物成分中，用生物工程方法制取出多种促细胞生长物并已商品化，见表4.2.3。

表4.2.3　促人细胞生长因子

简　称	名　称	来　源	相对分子质量
EGF	表皮生长因子 (epidermal growth factor)	小鼠颌下腺(mEGF) 人尿(hEGF)	6 045 5 500
FGF	成纤维细胞生长因子 (fibroblast growth factor)	牛垂体(Pfgf) 牛脑(bFGF)	13 300 13 000
NGF	神经生长因子 (nerve growth factor)	小鼠颌下腺	13 260
PDGF	血小板生长因子 (platelet growth factor)	血小板、血清	31 000
SM	生长调节素：A型 (stomadin)B型 C型	血清	7 600 5 000 7 600
MSA	增殖刺激素 (multiplication stimulating activity)	条件培养液 (大鼠肝细胞)	10 000

续表

简 称	名 称	来 源	相对分子质量
LGF	肝生长因子 (liver growth factor)	肝	N. D. (no decision)
OGF	卵巢生长因子 (ovarian growth factor)	牛垂体	10 000～13 000
CDGF	软骨生长因子 (cartilage derived growth factor)	牛软骨组织	16 000～18 000
EDGF	内皮细胞生长 (endothelial cell growth factor)	牛神经组织	17 000～25 000
EDGF	眼生长因子 (eye-derived growth factor)	牛网膜	14 000～21 000
SGF	骨生长因子 (skeletal growth factor)	人骨	83 000

近年研究证明，血小板生长因子(PDGF)是一种多肽，具有强烈刺激细胞分裂活性，可能为血清中主要的促生长物质。从凝血分离出的血清中，含有更多的PDGF。另一促进细胞生长物质为生长调节素(SM)，是一种低分子质量多肽，具有促进胸腺嘧啶核苷酸掺入到DNA中的作用，对培养肿瘤细胞很有利，具有与胰岛素竞争受体的能力，产生类似胰岛素效应，还有传递生长激素促骨细胞生长作用和刺激软骨细胞摄取硫酸盐。

生长调节素有三种类型：A型呈中性，pH7.1～7.5，能刺激鸡软骨细胞摄取硫酸盐；B型呈酸性，pH5.9～6.4，能刺激胸腺嘧啶核苷酸掺入神经胶质细胞中；C型呈碱性，pH8.6～9.4，有与胰岛素竞争受体的能力。

5）微量元素

细胞生长中，除了需要钾、钠、钙、镁、氮和磷等基本元素外，也需微量元素，如铁、锌和硒等。这些元素已作为商业化培养液的固定成分，是细胞生长不可缺少的。有些细胞还需铜、锰、钼和钒等元素。基本元素的主要功能是构成细胞的组成成分，调节培养液和细胞渗透压、氢离子浓度和氧化还原电位等。微量元素大部分作为酶的辅基组成成分，维持酶的活性，或作为其他活性蛋白中活性中心的组成部分，维持蛋白的活性。

4.2.2.3　渗透压

渗透压对动物细胞也有影响。多数传代细胞，如HeLa细胞或其他确定细胞系对渗透压有较强耐受性，而原代细胞和正常二倍体细胞对渗透压波动则比较敏感。人血浆渗透压约290mOsm/kg，为培养细胞的理想渗透压。不同细胞要求的渗透压略有不同，鼠细胞渗透压在320mOsm/kg左右。对大多数动物细胞来说，渗透压为260～320mOsm/kg时是较为适宜的。

4.2.2.4　附着物

体外培养的细胞其生长方式可分为两类：贴壁依赖型(anchorage-dependent)和悬浮生长型(anchorage-independent)。贴壁依赖型细胞的生长需要两个要素：①促细胞贴附物质或称贴壁因子。它们有助于促进细胞贴附在各种底物或支持物上增殖生长；②可供贴壁的表面。在有血清培养过程中，血清本身含有细胞所需的贴壁因子，无需另外添加；而在无血清培养过程中，则需补充贴壁因子，使细胞贴壁生长。常见的从各种组织和生物成分中分离的贴壁因子见表4.2.4。

表 4.2.4 各种贴壁因子的比较

名 称	来 源	相对分子质量	特 性
纤维连接素(fibronectin)	细胞表面连接 基质血清	200 000～250 000	成纤维细胞
基膜素(laminin)	基膜	100～1 000 000	上皮细胞,内皮细胞
软骨连接素(chondronectin)	软骨,血清	180 000	软骨细胞
entactin(GP3)epibonlin	基膜 血清	158 000 65 000	内皮细胞 上皮细胞
L-CAM(肝细胞附着因子)	鸡肝	81 000	肝细胞
血清扩展因子	哺乳动物血清和血浆	60 000～90 000	成纤维细胞
IV 型胶原(TypeIV collagen)	基膜	170 000～190 000	内皮细胞 上皮细胞
氨基多糖类:硫酸软骨素、硫酸肝素	基膜、皮肤、软骨	(双链) 200 000～8 000 000	内皮细胞,上皮细胞,成纤维细胞,软骨细胞

除了贴壁因子,贴壁依赖型细胞还需提供附着底物才能生长,根据所培养细胞的种类和培养的目的,常用附着底物有以下三种。

1)玻璃

玻璃是最常用的底物,具有透明、便于观察、易洗涤和能反复使用等优点。实验室研究或工业生产中使用的方瓶(T-flask)、转瓶(spinner-bottle)、滚瓶(roller-bottle),很多就是以玻璃制成的。

2)塑料

塑料种类很多,最常用的是聚苯乙烯。因其易于加工而被制成各类多孔板、方瓶、培养皿等。表面加工处理后,疏水的表面带上电荷转为亲水,即可用于细胞培养,在欧美等国家被广泛使用。由于一般为一次性使用,所以耗量大,不很经济。

3)微载体

微载体是直径为 100～300μm 的微珠。细胞贴附于微载体表面并长成单层。微载体连同细胞悬浮于培养液中。这种培养方式,融合了贴壁单层培养和悬浮培养的特点:细胞贴附比表面积大(约 5cm^2/mg 微载体);简化了细胞生长各种环境因素的检测和控制;培养液利用率高;采样重复性好;收获过程不复杂;放大较容易;劳动强度小,占用空间小等。常用的微载体有胶原微载体、葡聚糖微载体、塑料微载体(聚苯乙烯)、胶原大孔微载体等。

对于细胞生长所需的附着物,在本节“细胞的载体”部分会进行更加详细的描述。

4.2.2.5 抑制物

在体内环境下,生长的组织内的动物细胞,代谢废物会通过肾和肝源源不断地去除,酸碱平衡也可通过肺和肾来实现。而当细胞在体外培养时,由于缺乏体内调节机制,会造成代谢副产物的积累,从而抑制细胞的功能,最终导致细胞死亡。动物细胞培养过程中产生的抑制物主要有乳酸、氨、CO_2 和其他抑制物。乳酸可以螯合钙离子,抑制谷氨酰胺酶,增加培养液的渗透压,并使 pH 下降。氨会穿透细胞膜进入细胞内部,改变微环境的 pH,刺激糖酵解,使葡萄糖消耗速率和乳酸生成速率增加,并抑制细胞的呼吸,而且氨也会抑制谷氨酰胺酶。CO_2 在培养液中过度积累会使 pH 下降,同时也会对细胞产生毒性作用,尤其在大规模高密度动物细胞培养过程中,及时排除 CO_2 可能成为通气鼓泡和机械搅拌的重要任务之一。

4.2.3　动物细胞培养液和添加剂

1907 年,美国生物学家 Harrison 在无菌条件下,以淋巴液为培养液成功地在试管中培养了蛙胚神经组织达数周,创立了体外组织培养法。1951 年,Eagle 等开发了能促进动物细胞体外培养的培养液。在随后的 20 年中,各种合成培养液的开发研制得到了快速的发展。现在已经商业化的培养液就包括 199、MEM、CMRL 1066、DMEM、RPMI 1640、F12、IMEM 和 α-MEM 等基础培养液,以及其他数十种用于各类特定细胞的专门培养液。

4.2.3.1　合成培养液的基本成分

(1) 氨基酸。谷氨酰胺及 12 种必需氨基酸:Arg、Cys、Ile、Leu、Lys、Met、Phe、Thr、Trp、His、Tyr、Val,以及针对不同类型而添加的一些非必需氨基酸。

(2) 碳水化合物。主要是葡萄糖,提供细胞骨架的碳源以及参与能量代谢。

(3) 维生素。主要有泛酸、叶酸、B 族维生素和肌醇等。

(4) 无机离子。主要提供钾、钠、钙、镁、氮和磷等基本元素和部分微量元素。

(5) 其他成分。主要有亚油酸、硫辛酸、腐胺、次黄嘌呤和胸腺嘧啶等。有些合成培养液组成中没有这些成分;如果培养细胞有这些营养要求,则需另外添加。

4.2.3.2　血清

这是动物细胞培养液中最主要的添加剂,其中常用的是牛血清,根据不同的细胞或为达到其他目的也可选用马、羊、兔或人血清等。血清的主要功能主要有以下 6 点。

(1) 提供细胞生存、生长和增殖所必需的生长调节因子。

(2) 补充基础培养液中没有或量不足的营养成分。

(3) 提供载体蛋白、结合维生素、脂质和金属离子等。

(4) 提供细胞贴附因子和展开因子。

(5) 给培养液提供良好的缓冲系统。

(6) 提供蛋白酶抑制剂,保护细胞免受死细胞所释出的蛋白酶的损害。

4.2.3.3　葡萄糖和谷氨酰胺的作用及其代谢行为

培养液中消耗量最大也是研究最多的成分,主要是葡萄糖和谷氨酰胺。它们是细胞生长代谢的主要能源和碳源物质。培养目的不同,需要添加的葡萄糖和谷氨酰胺的量也不同。因此,必须对葡萄糖和谷氨酰胺的代谢特点有深入的了解。葡萄糖为细胞生长代谢提供碳源和生物合成前体,被用来合成核苷、葡萄糖胺-6-磷酸酯及甘油醛-3-磷酸酯等物质。葡萄糖可通过磷酸戊糖途径合成核糖,也可在细胞质内通过糖酵解途径生成丙酮酸,然后根据不同的生理条件进入不同的代谢途径,同时生成不同数量的 ATP。

从葡萄糖出发,其主要代谢途径可分为:①不完全氧化生成乳酸,1mol/L 葡萄糖产生 2mol/L ATP 和 2mol/L 乳酸;②进入三羧酸循环完全氧化生成 CO_2 和水,1mol/L 葡萄糖产生 36mol/L ATP 的能量;③通过磷酸戊糖途径,参与核酸的合成代谢。研究发现,批式培养的动物细胞代谢过程中，绝大部分葡萄糖(>70%)进行不完全氧化生成乳酸，而且产生 ATP 的效率比完全氧化低得多。另外，转化细胞的线粒体己糖激酶活性高，且不受葡萄糖的反馈调节，故而高水平的葡萄糖浓度会强化糖酵解途径。在体外培养中，葡萄糖被细胞利用的方式受制于胞外葡萄糖的相对浓度，增加葡萄糖的浓度，其转化为乳酸的得率增加，进入磷酸戊糖途径的比例减少，同时也引起细胞摄氧率的降低。细胞代谢过程的生化反应动力学表明，细胞对葡萄糖的吸收主要受扩散作用控制，细胞膜上的浓度梯度是吸收葡萄糖的推动力，但当葡萄糖浓度较低时则由钠离子推动的高亲和性转运过程摄取葡萄糖(图 4.2.2)。

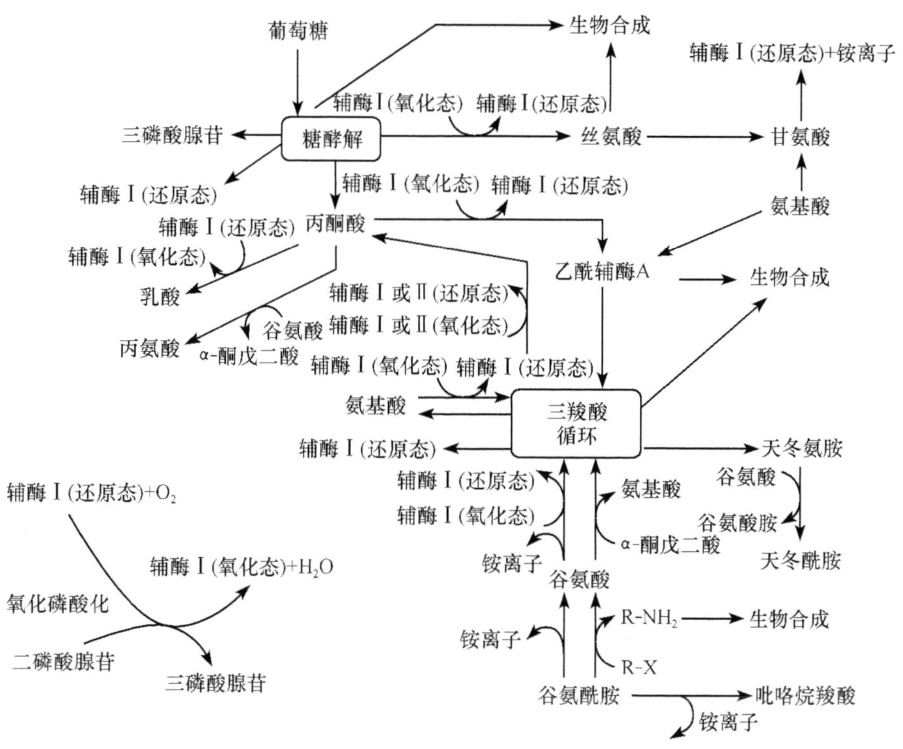

图 4.2.2 葡萄糖和谷氨酰胺代谢

谷氨酰胺在细胞代谢中具有多重生理功能：它既可作为细胞的氮源和碳源物质，又能作为能源物质为细胞的生长代谢提供能量。在细胞的合成代谢中，谷氨酰胺可作为核酸中嘌呤、嘧啶核苷酸的前体，作为伯胺基团的给体合成氨基糖和天冬氨酸。此外它还可以组成蛋白和多肽。谷氨酰胺参与不同的代谢途径，其产生的能量也不同：①完全氧化生成 CO_2，1mol/L 谷氨酰胺产生 27mol/L ATP 和 2mol/L 氨；②不完全氧化生成天冬氨酸或丙氨酸，1mol/L 谷氨酰胺产生 9mol/L ATP 和 1mol/L 氨；③不完全氧化生成乳酸，1mol/L 谷氨酰胺产生 9mol/L ATP 和 2mol/L 氨。培养液中谷氨酰胺的自然分解及其能量代谢，都会产生大量的氨，对动物细胞有较强的毒害作用。在体外培养中，谷氨酰胺被细胞利用的方式受制于胞外谷氨酰胺浓度。增加谷氨酰胺的浓度，会导致谷氨酰胺的氧化率或进入三羧酸循环的代谢中间物的产率增加。当谷氨酰胺浓度为 0.5～2.0mmol/L 时，会对细胞的生长产生限制，同时氨和丙氨酸的比生成速率都将降低(图 4.2.3)。

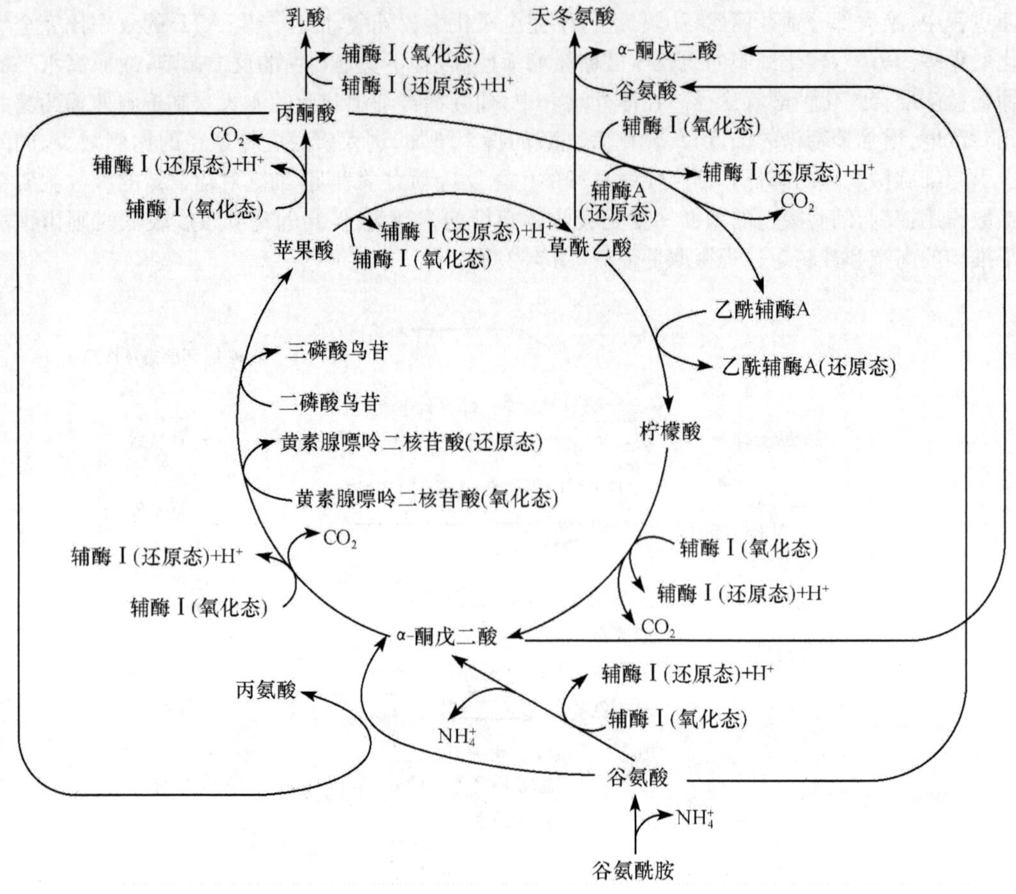

图 4.2.3　谷氨酰胺的能量代谢

4.2.4　无血清无蛋白培养

在过去几十年里，动物细胞培养大多采用添加血清的培养液。但是，血清的存在带来了很多问题：①易受病毒污染并有各种疾病传染的危险；②批与批之间不稳定；③存在许多未确定的因素，对进一步深入研究带来困难；④存在大量杂蛋白质，增加了下游分离纯化的难度和成本，并有可能使产品质量下降；⑤成本高，特别是胎牛血清十分昂贵，使用10%浓度就将占用培养液成本的90%以上。

由于添加血清所存在的这些问题，近年来欧美国家已经开始不再允许有血清培养生产的生物制品进入体内治疗。因此，无血清培养液及其血清替代物的研究一直是动物细胞培养技术的重要课题。目前在血清替代物对动物细胞的作用方面，研究工作已取得很大进展。对无血清培养液中各类补充因子（如激素和生长因子、结合蛋白、贴壁和扩展因子以及低分子质量营养因子等）的性质及作用有了较全面和正确的认识，并认识到不同的细胞类型及不同的培养方式对无血清培养液组成的要求有显著的不同，克服了先前设计无血清培养液时过于注重细胞增殖速率的局限，而把高密度培养、细胞活力及目的产物的产率，作为设计无血清培养液的综合评估指标。

无血清培养液从概念上来说，存在几个不同的类型。其一是一般意义上的无血清培养液，即用各类无血清添加剂来代替血清的作用。这些添加剂包括生长因子、贴壁因子、转运蛋白等生物大分子物质，从血清中提取的去除蛋白质的混合脂类以及水解蛋白等。其特点是添加剂的化学成分仍然不明确。目前已在昆虫细胞、部分 r-CHO 细胞等大规模培养生产重组蛋白中使用这类的无血清培养液。其二是化学成分明确的培养液(chemical-defined medium)。它是一类低蛋白培养液，其特点是不含任何混合脂类、水解蛋白等不明成分。培养液的所有组分，包括各类添加剂的化学成分，都是明确的。这种培养液非常有利于进行培养过程的代谢研究，便于对培养液的各营养组分进行配置，同时对分离纯化也非常有利。目前包括淋巴细胞、杂交瘤细胞和部分 r-CHO 细胞的大规模培养，都使用这类无血清培养液。其三是无蛋白培养液，完全去除生物大分子的无血清培养液就是无蛋白培养液。但是它的设计非常困难，绝大多数情况下，它的成功与否取决于细胞对白蛋白、转铁蛋白和胰岛素的依赖性高低。1977 年，Hamilton 和 Ham 开发出仅仅由氨基酸、维生素、有机化合物和无机盐组成的培养中国仓鼠细胞(CHO 细胞)的无蛋白培养液。近年来无蛋白培养液已经应用于肝细胞、正常人周围血淋巴细胞和鼠杂交瘤细胞的体外培养，但是这些培养液必须要使用类固醇激素和脂类前体。相对于简单的低蛋白质培养液(少于 100μg/mL 蛋白质)，无蛋白质培养液则显得过于昂贵。因此除上述几类细胞已经有所应用外，目前主要是在实验室进行研究，在大规模动物细胞培养中应用较少。

无血清培养液的研制开发经历了一个漫长的过程。20 世纪 50 年代，Eagle 首先开发动物细胞培养液，到 1965 年，Ham 才开发了一种完全合成的培养液。其后 Ham 和 Sato 在实验室中不断进行研究和完善。其中 Sato 是一位内分泌学家，他发现在基础培养液中补加各种激素、生长因子、贴壁因子、转运蛋白和其他营养成分，可以促进离体细胞的生长和分化。在早期的无血清培养液研究中，往往采用大量的激素类添加物如表皮生长因子(EGF)、成纤维细胞生长因子(FGF)、神经生长因子(NGF)、黄体酮、前列腺素和其他类固醇激素。另外，纤维粘连因子和胶原等贴壁因子，也被广泛应用于贴壁细胞的培养过程。这些应用对于原代细胞和组织的培养研究是必要的；但当它们应用于大规模细胞培养时，却发现其惊人的昂贵。因此，目前无血清培养液的研究方向，是对基础培养液做尽量小的修改，以及尽量少加生长因子。

人们使用各种营养物质代替血清，常用的几种添加剂有胰岛素、转铁蛋白、白蛋白、乙醇胺、硒、2-巯基乙醇等。其他一些添加剂有胆固醇、蚕豆磷脂、低密度脂蛋白、酪蛋白、睾丸激素、过氧化氢酶、亚油酸二脂、氢化可的松(hydrocortisone)和抗坏血酸(ascorbic acid)等。这些物质对细胞生长和产物分泌起到刺激作用。此外还开发了对细胞破损具有保护作用的添加剂，如高聚物 Pluronic F68 等，有效地防止了动物细胞在生物反应器中的机械破损。常用无血清培养液添加剂用量及作用见表 4.2.5。

表 4.2.5 常用无血清培养液添加剂用量及作用

名 称	用 量	作 用
胰岛素	5～10μg/mL	细胞必需的生长因子，刺激细胞对葡萄糖和尿嘧啶的摄入，以及RNA、蛋白质和脂类的合成
转铁蛋白	1～30μg/mL	细胞必需的生长因子，帮助铁离子穿过质膜；有报道它还有螯合痕量有害金属离子的作用

续表

名 称	用 量	作 用
白蛋白	0.5～5mg/mL	主要为脂类和一些微量元素的载体，有时还是一些激素和多肽生长因子的载体，有报道它还具抗 H_2O_2 氧化、螯合过量微量元素和保护细胞免受机械剪切损伤的作用
乙醇胺	10～40μmol/L	与脂类合成有关
硒	10～60nmol/L	谷胱甘肽过氧化物酶的辅基成分，具有降解 H_2O_2 的功能
2-巯基乙醇	10μmol/L	防止过氧化物对细胞的损伤

4.2.4.1 胰岛素

这是最常见的生长因子类无血清添加剂。它的主要生物功能是通过与细胞表面特定受体结合后刺激细胞对葡萄糖和尿嘧啶的摄入；另外它还有促进 RNA、蛋白质和脂类合成的作用。虽然在几乎所有的无血清培养液中都可以看到胰岛素的存在，但是有许多研究者发现，对鼠-鼠杂交瘤细胞来说，它并不是不可缺少的。

4.2.4.2 转铁蛋白

这也是最常见的无血清添加剂，是一种结合铁离子的糖蛋白。与细胞表面特定受体结合后，可以帮助铁离子穿过质膜；另外它还有螯合痕量有害重金属离子的作用，这一点在长期的连续培养过程中显得尤为重要。对于多数细胞，去除转铁蛋白会导致细胞生长受到严重阻遏。在无蛋白培养液中，转铁蛋白可以被 50～500μmol/L 螯合铁离子代替。

4.2.4.3 白蛋白

细胞的增殖、分化和产物的表达，都需要外源的脂类或是它们的前体，白蛋白就是这些脂类或前体的载体。另外它还有运载微量元素、激素和多肽类生长因子的作用，以及帮助细胞抗 H_2O_2 的氧化、螯合过量微量元素的解毒作用。在不含其他保护剂的情况下，它可以保护细胞免受机械剪切损伤。在无蛋白培养液中，可以用葡聚糖、α-环式糊精或 β-环式糊精来代替它作为载体的作用。经常使用的白蛋白有两类，即粗白蛋白和去脂白蛋白。粗白蛋白偶合各类成分不明的脂类和脂肪酸。目前更多的培养液采用去脂白蛋白，根据细胞的不同可以偶合需要的脂类。

无血清培养液的优点是显而易见的，它化学组分明确、批次之间重复性好、易于分析检测、适合于针对特定细胞的特定过程(细胞生长过程或产物表达过程)进行优化、避免血清对一些细胞产生的生长抑制、产物易于分离纯化。但其缺点是：通常比较昂贵，针对性强，不同细胞需要不同的无血清培养液，需要一个无血清适应过程，细胞对环境变化敏感，容易受到损伤，有时需要添加胰酶抑制剂等。

另外，与普通传代培养液不同，用于大规模高密度动物细胞培养过程的无血清培养液，还必须考虑一些特殊的要求。首先，在细胞生长和产物表达方面，要能有效代替血清的营养作用，且组成简单，成本低廉，有利于目标产品的分离纯化。其次，在大规模高密度培养过程中，能对细胞起有效的保护作用，防止流体剪切力和气泡对细胞的损伤和破损作用。最后，在大规模高密度培养过程的生物反应器操作中，能有利于泡沫控制。表 4.2.6 所示为几种较为成功的杂交瘤细胞无血清培养液组成。

表 4.2.6 几种杂交瘤细胞无血清培养液

细胞系	基础培养液	白蛋白/(mg/mL)	乙醇胺/(mmol/L)	胰岛素/(μg/mL)	2-巯基乙醇/(mmol/L)	硒/(nmol/L)	转铁蛋白/(μg/mL)	其他添加剂
B5C	RPMI 1640	5.0	0	0	0	0	10.0	
SPS.6	DMEM/F12	0	20.0	5.0	0	2.5	35.0	
HE-24	RPMI 1640	1.0	20.0	10.0	0	45.0	5.0	亚油酸 5μg/mL,维生素 C 3μg/mL,氢化可的松 2ng/mL
SP2	DMEM/F12	0	0	15.0	0	0	1.5	酪蛋白 0.5mg/mL,亚油酸 1μg/mL,过氧化氢酶 50μg/mL,睾丸激素 2nmol/L
N266	DMEM	1.1	0	0	4.4	1.6	31.0	蚕豆磷脂 22.6μg/mL,胆固醇 1.6μg/mL,其他氨基酸、维生素
1116NS-19	MEM	0	0	5.0	0	0	5.0	1%非必需氨基酸

4.2.5 培养环境与细胞发酵

动物细胞生长、代谢和产物生成受培养环境的控制,而细胞发酵即生物反应器提供的细胞培养环境能否满足细胞的需要,直接与生物反应器的类型、操作状态有关。与中空纤维生物反应器、填充床(固定床)生物反应器等非混合型反应器相比,应用通气搅拌生物反应器、气升式(鼓泡柱)生物反应器等混合型生物反应器培养动物细胞具有许多显著优点,如可放大性,易于实现大规模生产;细胞生长环境均一;反应器参数(pH、DO、营养物和产物浓度等)检测和控制方便等。为了给细胞生长提供足够的溶氧水平和均一的培养环境,必须使反应器保持一定的混合水平和通气条件。然而,由于动物细胞与原核微生物不同,它没有细胞壁,而且直径较大,所以动物细胞对反应器中的流体机械力较为敏感且易被破坏。动物细胞对流体作用力的敏感性常被称为"剪切敏感性"。正因为如此,使得动物细胞培养生物反应器的设计、放大和过程操作,面临供氧混合与细胞损伤甚至破损的矛盾。因此,深入了解生物反应器的传质与混合特性、培养环境流体力学现象对动物细胞生长和代谢以及细胞损伤和破损的影响,对于大规模动物细胞培养过程和生物反应器的设计、放大和操作极为重要。

4.2.5.1 动物细胞对培养环境传质和混合的要求

对于大规模动物细胞培养过程,其生物反应器提供的细胞培养环境必须满足细胞生长、代谢和产物生成对传质和混合的要求。

以氧的传递为例,在生物反应器中,气液界面氧的传质速率 OTR 为

$$\mathrm{OTR} = K_L A(C_{O_2}^* - C_{O_2}) \tag{4.2.4}$$

式中,K_L为液体一侧的氧传质系数,A 为气液比表面积,$C_{O_2}^*$ 为液体中氧的饱和浓度,C_{O_2} 为液体主体中氧的实际浓度。K_LA 被称为体积氧传质系数,是生物反应器传质性能的标志。除了与氧在液体中的扩散系数有关外,主要取决于反应器的设计和操作条件。细胞耗氧速率 OUR 为

$$\mathrm{OUR} = q_{O_2} \cdot C \tag{4.2.5}$$

式中,q_{O_2} 为单位细胞的耗氧速率,C 为细胞密度。细胞耗氧速率因细胞而异,对于杂交瘤细胞,q_{O_2}一般为 5.8×10^{-17} mol/(个细胞·s)。则细胞培养过程中氧浓度的变化为

$$\frac{\mathrm{d}C_{O_2}}{\mathrm{d}t} = \mathrm{OTR} - \mathrm{OUR} = K_L A(C_{O_2}^* - C_{O_2}) - q_{O_2} \cdot C \tag{4.2.6}$$

当培养液中溶氧浓度达到稳定状态时$\frac{dC_{O_2}}{dt}=0$,则:

$$K_LA(C_{O_2}^* - C_{O_2}) = q_{O_2} \cdot C \tag{4.2.7}$$

为了保证细胞在培养过程中的生长不受供氧的限制,培养液中的溶氧水平必须高于满足细胞生长的最低氧浓度$C_{O_2\cdot \min}$,氧的传质速率必须大于细胞的耗氧速率,则反应器的传质能力必须满足:

$$K_LA(C_{O_2}^* - C_{O_2,\min}) \geqslant q_{O_2} \cdot C \tag{4.2.8}$$

由式(4.2.8)可见,要提高氧的传递速率,可以通过两种途径来实现,一种途径是提高传质系数K_LA,如提高机械搅拌强度,提高通气量以及减小气泡直径等;另一种途径是增加氧的传质推动力$C_{O_2}^* - C_{O_2,\min}$,由于$C_{O_2\cdot \min}$为定值。因此唯一的可能是提高培养液中氧的饱和浓度$C_{O_2}^*$,如增加气体压力或者采用纯氧等方法均可使$C_{O_2}^*$得到提高。

对于空气供氧系统,常压下氧在培养液中的饱和浓度为2.2×10^{-7} mol/mL,对于杂交瘤细胞而言,对细胞生长开始产生抑制作用的溶氧水平为5%～8%空气饱和度,取$C_{O_2\cdot \min} = 0.05C_{O_2}^*$,则在细胞密度为$C$时生物反应器体积氧传质系数必须满足下式:

$$\begin{aligned} K_LA &\geqslant 2.78\times10^{-10}C\cdot s^{-1} \\ &= 10^{-6}C\cdot h^{-1} \end{aligned} \tag{4.2.9}$$

式中,细胞密度C的单位为个细胞/mL。

由公式(4.2.9)可见,要支持10^6个细胞/mL细胞密度,反应器的传质系数K_LA必须等于或大于$1h^{-1}$,类似地,当细胞密度达到10^7个细胞/mL时,必须满足$K_LA>10h^{-1}$才能保证细胞生长不受限制。

一般而言,提高反应器的能量输入,如增加搅拌转速和通气量、减小气泡直径等,能使反应器的流体力学条件更有利于传质速率的提高。但是在提高传质速率的同时,却会增加细胞的破损和死亡速率。因此动物细胞培养生物反应器设计和操作的主要问题,是要正确解决细胞破损与供氧混合的矛盾。

4.2.5.2 防止细胞机械破损的培养液成分——保护剂

寻求化学添加物以防止细胞机械破损,始于20世纪60年代。在这些使用和研究的添加物中,了解最多的是血清和非离子表面活性剂Pluronic家族;其他包括纤维素和淀粉降解物、蛋白质和细胞抽提物等。

根据各种添加物对细胞的不同保护特性,可将保护作用分为生理保护机制(biological protection mechanism)和物理保护机制(physical protection mechanism)两种。生理保护机制是指具有保护作用的添加物,通过营养成分的消耗或其他生理机制改变细胞组成和结构,降低细胞本身的脆弱性,也就是这些添加物使细胞本身更耐流体剪切。物理保护机制则是通过物理化学作用改变环境对细胞的作用力。该机制意味着细胞对剪切的耐受能力并未改变,而培养环境对细胞的作用力强度和频率却得到改变,从而降低了细胞破损程度。显然,发挥生理保护作用的添加物,其对细胞的保护作用一般需要较长的时间,约为一个细胞倍增时间;而对于具有物理保护作用的添加物,其对细胞的保护作用则可立竿见影。

1) 培养液中血清等天然添加物对细胞的生理保护作用

血清能使细胞在搅拌和通气鼓泡反应器中较好地生长。但这种作用到底是由高浓度血清刺激细胞快速生长所致，还是由血清的物理化学或生理作用给细胞提供保护而免受流体机械损伤所致，目前仍然是争论的焦点。许多研究者都报道，低或无血清培养液会使细胞更易被流体作用而破损。

在机械搅拌生物反应器中，当胎牛血清(FBS)浓度逐渐提高到10%时，可明显减少细胞的死亡，而使细胞能在高速搅拌和表面通气反应器中生长。此时如果没有血清，细胞将被空气夹带和气泡破裂所破坏。应用平行试验法发现，即使存在5%FBS下，转速大于210r/min，细胞仍不能生长。当FBS浓度达到10%时，可使细胞生长良好的转速提高到280r/min。当血清在细胞被作用致命机械搅拌之前的瞬间加入时，其保护作用也十分明显。

为了考察血清保护细胞的作用是不是生理作用所致，专门用Couette黏度计对血清保护细胞抵抗层流剪切的实验结果显示，只有当细胞长时间生长在含FBS的培养液中时，FBS才能保护细胞免受黏度计中剪切力的破损。而在血清加入后30～40min，马上进行剪切试验(短时作用)发现，血清并未显示出保护作用。由此认为黏度计中FBS对细胞的保护是代谢作用所致。因为血清对细胞的生理保护需要较长时间的作用，所以在生物反应器中观察到的血清的短时保护效应只能是物理作用。事实上在大多数情况下，由于细胞在生物反应器中与血清的作用时间较长。因此，血清对细胞的保护作用应该既是生理的又是物理的。不论血清的保护作用机制是什么，血清在动物细胞培养过程中，不仅能保护细胞免受流体剪切破坏，而且还能显著刺激细胞生长和产物生成，已是不争的事实。

有些蛋白质及其混合物也被用作细胞的保护剂。在动物细胞悬浮培养的早期，蛋白胨0.5%(m/V)和乳蛋白水解物作为营养物质和保护剂被添加到培养液中。虽然酵母抽提物(yeastolate)和乳蛋白水解物对细胞的保护作用没有得到实验验证，但它们却常被用于作为昆虫细胞培养液的组成部分。低浓度(0.1%～0.25%)的primatone RL(一种动物组织的胃酶消化物)，作为血清的替代物已被成功地用于动物细胞培养。牛血清白蛋白(BSA)被广泛用于无血清培养液的添加剂和保护剂，但其保护作用至今未被证实。

2) 血清和Pluronic等添加物对动物细胞的物理保护作用

早在30年前，人们就已经使用非离子表面活性剂Pluronic F68和F88保护细胞免受搅拌和通气反应器中的流体机械破坏作用。Pluronic是由三个高分子基团[聚氧乙醇(polyoxyethylene，POE)-聚丙二醇(polyoxypropylene，POP)-聚氧乙醇(polyoxyethylene，POE)]构成的共聚多元醇，其中的高分子基团polyoxyethylene也就是聚乙二醇(polyethylene glycol，PEG)。

作为物理保护机制，添加物发挥的作用应该在其加入到培养液中后立刻显现，无需长时间作用。用无血清培养液和温和搅拌、表面通气的生物反应器培养细胞至一定密度，然后将细胞悬浮液置于高速搅拌转瓶和鼓泡柱中进行高速搅拌和鼓泡试验，已获得有关血清和Pluronic F68对动物细胞物理保护作用的系统性结果。

(1) 高速搅拌转瓶中血清和Pluronic F68对动物细胞的保护作用。在没有气泡现象时，流体主体湍流剪切对悬浮细胞的破损作用，发生在Kolmogorov湍流涡旋尺度与细胞大小相当或小于细胞时。在高速搅拌转瓶中，当搅拌转速为1500r/min时，Kolmogorov湍流涡旋尺度与细胞大小相当或小于细胞，流体主体湍流剪切造成了细胞破损。图4.2.4所示为1500r/min搅拌转速下的实验结果。由图4.2.4可见，血清和Pluronic F68对杂交瘤细胞均无保护作用，细胞死亡速率与无血清和无PluronicF68时相同。由于在这种流体力学条件下，转瓶中流体主体的Kolmogorov湍流涡旋尺度已小于细胞直径，相邻涡旋之间的流体剪切使细胞破裂而死亡，实验

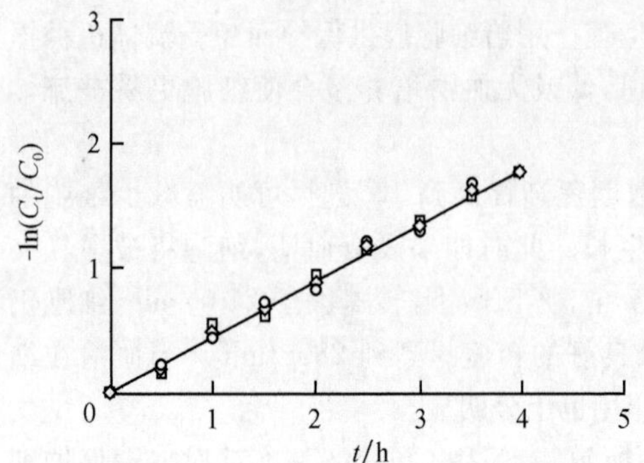

图 4.2.4　无气泡现象和 1500r/min 时，血清和 Pluronic F68 对细胞的保护作用

◇：SFM；□：SFM＋1.0％血清；

○：SFM＋0.1％Pluronic F68

结果表明此时血清和 Pluronic F68 失去了对细胞的保护作用。

在没有气泡现象存在时，细胞能承受 1000r/min 的机械搅拌强度，而一旦发生气泡夹带，细胞即被严重破损，因此在这种条件下导致细胞破损的是气泡。为了考察血清和 Pluronic F68 在这种条件下对细胞的保护作用，转瓶装液体积减少，使液面上方留有气体空间。试验过程中发现旋涡深入桨叶底部，在桨叶区发生高速剧烈的气泡夹带、分裂和聚并现象，与无血清和无 Pluronic F68 时相似。

血清和 Pluronic F68 对杂交瘤细胞的保护作用如图 4.2.5 所示。当细胞悬浮液中含有 1.0％(V/V)血清时，搅拌桨叶上仍黏附有大量死细胞，停止操作后在聚集成的泡沫中也存在大量死细胞，同时流体主体中也有死细胞及细胞碎片不断出现，活细胞密度及活性随时间显著下降。当血清浓度提高到 5％(V/V)时，除了活细胞密度有所下降外，细胞活性已没有变化，桨叶上和泡沫中的死细胞明显减少，说明血清在防止气泡对细胞的破损作用方面具有明显的保护作用，显然这种保护作用是物理的。Pluronic F68 对细胞的保护作用与血清相比更为显著，当其浓度仅为 0.05％(m/V)时，就基本上消除了气泡夹带、聚并和分裂对细胞的破损作用，桨叶上和泡沫中没有出现死细胞。当其浓度达到 0.1％(m/V)时，对细胞提供的已是十分完全的保护作用，k_d 趋于零。

(2) 鼓泡试验中血清和 Pluronic F68 对细胞的保护作用。在鼓泡柱中由于没有机械搅拌存在，流体主体湍流对细胞不可能产生有害作用，细胞破损将完全由气泡现象所致。因此，血清和 Pluronic F68 对细胞的保护作用将主要在于防止气泡对细胞的破损作用，由图 4.2.6 可见，血清和 Pluronic F68 的存在对细胞死亡速率具有重要影响，而且这种影响在低浓度时更为显著。比较图中两条曲线可以发现，Pluronic F68 对细胞的保护作用要比血清强得多，当其浓度达到 0.1％(m/V)时，k_d趋于零，与转瓶试验结果一致。由于血清和 Pluronic F68 是在试验前瞬间加入的，表明其对细胞的保护作用是物理的。

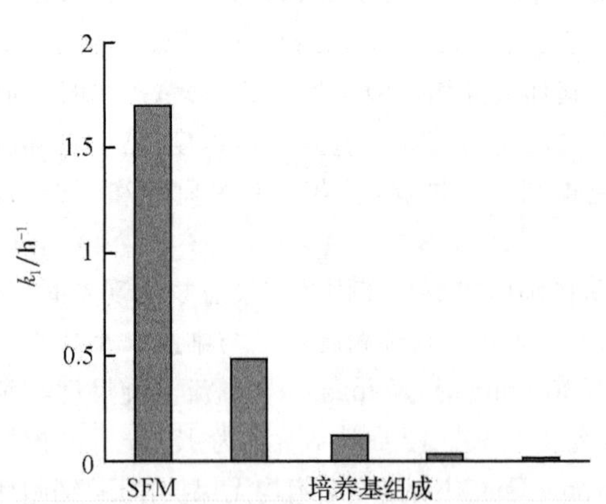

图 4.2.5　有气体空间和 1000r/min 时血清和 Pluronic F68 对细胞死亡速率常数的影响

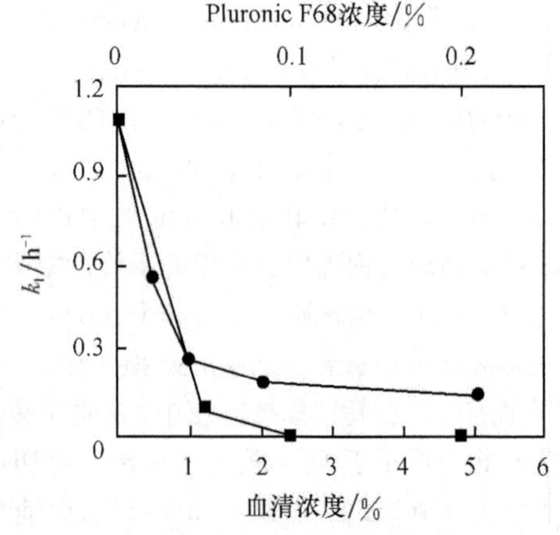

图 4.2.6　鼓泡试验中血清(●)和 Pluronic F68 (■)浓度对细胞死亡速率常数的影响

在鼓泡过程中发现，随着血清和 Pluronic F68 的加入，黏附于泡沫区鼓泡柱壁和存在于泡沫顶部的死细胞及其黏稠物明显减少，当 Pluronic F68 提供完全保护作用时，泡沫区中已不再存在死细胞。由此可见，当生物反应器中导致细胞破损的主要根源是气泡时，血清和 Pluronic F68 对细胞的保护作用可能主要来自于防止了细胞在气泡表面的吸附，从而防止细胞被气泡破裂和聚并以及液膜排液等产生的流体冲击力和剪切力所破坏，同时也能防止细胞被气泡带入泡沫而遭物理损失。

(3) 血清和 Pluronic F68 对细胞在气泡表面吸附特性的影响，由图 4.2.7 可见：血清和 Pluronic F68 浓度的增加，均使气泡表面的细胞吸附量下降，而且在低浓度时，浓度对细胞吸附的影响尤为明显。比较图 4.2.6 和图 4.2.7，可以发现它们对细胞吸附的影响程度和趋势与对 k_d 的影响十分一致。例如，当 Pluronic F68 的浓度达到 0.1%(m/V)时，细胞在气泡表面的吸附量降为零(图 4.2.7)，因此气泡对细胞没有破损作用，k_d 也降为零(图 4.2.6)。上述实验结果定量地证明，血清和 Pluronic F68 对动物细胞的保护作用是改变细胞在气泡表面吸附特性的结果。

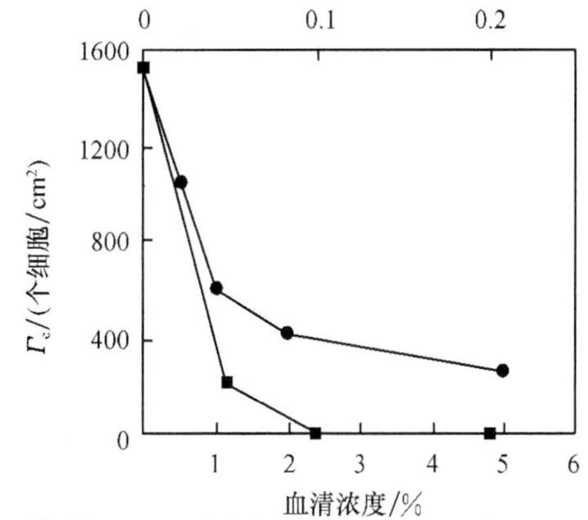

图 4.2.7 血清(●)和 Pluronic F68(■)对细胞在气泡表面吸附特性的影响

气泡平均直径：2.4mm

(4) 血清和 Pluronic F68 防止细胞破损的热力学机制。通过对细胞从悬浮液主体到气液界面(气泡表面)的吸附过程进行热力学分析，可建立描述细胞吸附过程系统自由能变化的热力学关联式如下：

$$\Delta G^{ad} = \sigma_{CG} - \sigma_{CL} - \sigma_{LG} \tag{4.2.10}$$

式中，ΔG^{ad}为细胞吸附过程单位表面积的自由能变化，σ 为界面张力，下标 L、G 和 C 分别代表液相、气相和细胞，其中 σ_{LG}即为培养液的表面张力。由上式可见，ΔG^{ad}是 σ_{CG}、σ_{CL}和 σ_{LG}三个界面张力的函数。

根据热力学定律，当 $\Delta G^{ad}<0$ 时，为热力学自发过程，说明细胞将自动在气液界面吸附；当 $\Delta G^{ad}>0$ 时，为非自动过程，也即细胞不可能自动在气液界面发生吸附；当 $\Delta G^{ad}=0$ 时，为可逆过程，细胞与气液界面之间没有亲和力，因流体黏性作用，细胞将不可能在运动气泡表面上吸附。由式(4.2.10)可知，若提高 σ_{CG}或者降低 σ_{CL}和 σ_{LG}，就能使 ΔG^{ad}增加，从而减少细胞在气泡表面的吸附，在一定程度上抑制气泡对细胞的破损作用；当界面张力的改变使 ΔG^{ad}变为正值($\Delta G^{ad}\geqslant 0$)时，细胞将不可能在气泡表面吸附，从而能完全防止细胞破损的发生。

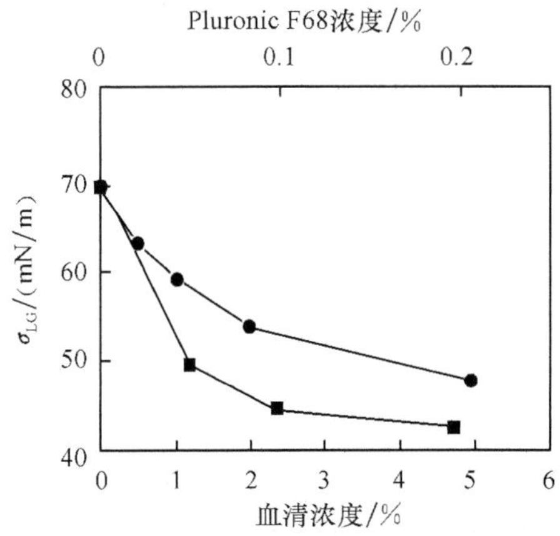

图 4.2.8 血清(●)和 Pluronic F68(■)对培养液表面张力的影响(37℃)

迄今为止所研究的对细胞具有一定保护作用的添加剂(如血清、Pluronic、PEG 及其他蛋白质和高分子聚合物)均有一定的表面活性作用，能降低培养液的表面张力。图 4.2.8 所示为血清和 Pluronic

F68 对培养液表面张力的影响。由图 4.2.8 可见，它们均能显著降低培养液的表面张力，而且在低浓度时其表面活性作用更为显著。比较图 4.2.8 中两条曲线可以发现，Pluronic F68 的表面活性作用显著强于血清。当其浓度仅为 0.05%（m/V）时，就使表面张力下降了 20mN/m；当 Pluronic F68 的浓度继续增加到 0.1%（m/V）时，培养液的表面张力下降至 44.02mN/m。前面的实验结果表明，在该浓度下，Pluronic F68 能彻底阻止细胞在气泡表面的吸附而对细胞提供完全的保护作用。然而，当血清浓度增加至 5%（V/V）时，表面张力只下降至 47.8mN/m，大于 44.02mN/m。因此仍有部分细胞在气泡表面发生吸附和被气泡现象所破损。由此可见，血清和 Pluronic F68 对细胞的保护作用直接依赖于其表面活性。值得指出的是，并非所有具有表面活性的物质都可作为保护剂使用，而只有那些不会使产品分离纯化带来麻烦，而且对细胞没有任何毒性作用的表面活性物质，才有可能作为保护剂。

3) 保护剂的工艺性考虑

考虑到保护剂对动物细胞培养过程和工艺要求是否适宜，在筛选保护剂时必须注意以下两点。

(1) 在静止培养和生物反应器培养过程中，对保护剂对细胞生理和产物表达方面的影响，必须作出准确估计。例如，在没有其他明显的有害作用存在时，如果不希望细胞结团发生，则应对这种作用作出估计。某些降解纤维素对细胞结团具有促进作用，但这种作用与细胞株有关。

(2) 对保护剂对细胞蛋白产物的稳定性和修饰作用，以及对产物下游加工的影响，必须加以考虑。一般情况下，保护剂对产物纯化过程的影响是首先必须予以考虑的。这就是目前在动物细胞培养过程中尽量使用无血清或无蛋白培养液的原因。另外，大部分保护剂都可能使膜分离、吸附分离、沉淀分离和层析分离过程复杂化。

4.2.6 细胞培养的载体

最初，细胞贴壁培养是采用滚瓶（roller bottle）系统，其结构简单，投资少，技术成熟，重现性好，放大只是简单地增加滚瓶的数量。但是滚瓶系统的劳动强度大，单位体积提供的细胞生长表面积小，占用空间大，按体积计算细胞产率低，监测和控制环境条件困难。为了克服这些不利因素，1967 年，van Wezel 率先开发了微载体，并应用于细胞的贴壁培养。这种培养方式把贴壁培养和游离悬浮培养的优点融汇在一起，具有两种培养方法的如下优点。①比表面积大。例如，1mL 培养液加入 1mg Cytodexl，表面积/体积可达 4.4cm^2/mL，可供 2×10^6 个细胞生长所需的表面积。因此，单位体积培养液的细胞产率高。②微载体均匀悬浮于培养液中，细胞生长环境均一，各种环境因素的监测和控制方便。适合于分批培养（batch culture）和流加培养（fed-batch culture）、灌注培养（perfusion culture）等操作方式。③采样重演性好。④收获过程不复杂。⑤放大容易。⑥劳动强度小，占用空间小。目前，微载体培养系统已广泛应用于动物细胞的大量培养生产细胞生物制品。

4.2.6.1 微载体种类

在微载体培养系统中，微载体的性能优良与否是培养系统的首要关键。优良的微载体须具备以下要求的特性：

(1) 不含有毒害细胞的成分，具有良好的生物相容性，易于细胞的贴附。

(2) 相对密度需略大于培养液，一般要求为 1.03～1.05，最大不超过 1.1。经轻度搅拌即能悬浮在培养液中,停止搅拌能较快地沉降。

(3) 需有良好的光学性质和透明的外表,便于用显微镜观察细胞的生长情况。

(4) 能在磷酸缓冲液中耐受 120~125℃,20~30min 高压灭菌。

(5) 制造基质是非刚性材质,以避免在培养过程中相互碰撞(collision)而损伤细胞。

20 世纪 90 年代初期,已有各种各样的微载体上市销售。这些微载体按材料特性可分为:无机材料微载体,如玻璃等;有机材料微载体,如葡聚糖和塑料等;生物材料微载体,如胶原和明胶等。其中以葡聚糖、明胶和胶原等制成的微载体应用较为广泛。按微载体的形式又可分为:实心微球微载体和大孔(多孔)微载体,其中以实心微球微载体应用较多。为了利于细胞的贴壁和生长,大多数微载体的表面均进行了处理,或接上阳离子基团,如二乙基氨基乙烷(DEAE)、二甲基氨基丙烷(DEAP)和三乙基-2-羟基氨基丙烷(TEHAP)等,或表面包被胶原蛋白。表 4.2.7 列出了几种常用的微载体。

表 4.2.7 常用的商品微载体

商品名	制造商	基质材料	表面材料	形状	大小/μm	表面积/(cm^2/g)
Cytodex 1	Pharmacia	葡聚糖	DEAE	实心球形	球径 190	4 400
Cytodex 3	Phrmacia	葡聚糖	胶原	实心球形	球径 175	4 600
Biocarrier	Bio-Rad	聚丙烯酰胺	DEAP	实心球形	球径 160	5 000
Cytopore	Pharmacia	葡聚糖	DEAE	大孔球形	球径 230	11 000

4.2.6.2 微载体表面的细胞生长

细胞接种到微载体系统中,在生长之前,必须贴附到微载体表面。细胞的贴壁速率,一般遵循一级反应动力学模型,贴壁的速率常数不仅仅受到微载体表面理化性质和细胞株特性的影响,同时也受到接种密度、微载体浓度和搅拌转速的影响。一般地,对于给定的细胞和微载体,适当的搅拌转速可提高细胞的贴壁速率和确保细胞在微载体表面分布均匀,这将有利于细胞的快速生长。

在微载体系统的培养过程中,细胞的生长速率不仅取决于培养液中营养物和毒性代谢副产物的浓度,而且也依赖于可供细胞生长的表面。对于严格接触限制的细胞,在微载体上只有细胞"集落"外周的细胞才能生长。对于非严格接触限制的细胞,细胞"集落"外周的细胞生长速率,始终大于"集落"内细胞的生长速率。对于一定的微载体浓度,其所能提供细胞生长的表面是一定而相应的,最终培养细胞的总量也是一定的。其细胞的比生长速率为:

$$\mu = \mu_{\max}\left\{1 - \exp\left[-C\frac{X_m - X}{X_m}\right]\right\} \tag{4.2.11}$$

式中,$\mu_{\max}$为最大比生长速率;X 为细胞密度(细胞/mL);X_m 为最大细胞密度(细胞/mL);C 为常数,取决于细胞株的特性。

显然,在接种之初,延滞期后,细胞以最大比生长速率 $\mu_{\max}$生长,随着培养的进程,细胞密度的增加,细胞的比生长速率相应下降,直至为 0。

4.2.6.3 其他细胞培养载体

近十余年来,除了微球微载体外,非球形的纤维载体在动物细胞培养中的应用也越来越广泛。其中最典型的是 Fiber Cel™,它是聚丙烯网状结构的上面黏结几层无纺纤维,形成直径为 5mm 左右的片层材料,如图 4.2.9 所示。

图 4.2.9　Fiber Cel™的内部结构

(A) 有细胞在内生长的 Fiber 载体；(B) 空 Fiber 载体

该材料不适合搅拌罐(stirred tank)的悬浮培养，大多用在固定床反应器中。不仅适合细胞的无血清的悬浮培养，而且适合有血清贴壁培养。非常有利于灌注培养的操作。在规模较小的动物细胞培养生产重组蛋白药物中，有很好的应用。当然，在固定床生物反应器放大方面取得进展后，该材料的应用将更为广泛。值得注意的是，在纤维载体的细胞培养中，很难收获细胞作为种子，因此不适合于大规模细胞培养线中的种子培养。

4.2.7　生物反应器

4.2.7.1　动物细胞培养用生物反应器的种类

20 世纪 70 年代以来，细胞培养用生物反应器有很大的发展，种类越来越多。随着市场对细胞培养产物需求的增加，国外许多公司设计并生产了许多大型细胞培养用反应器，如 Celltech 公司的 10 000L 规模的生物反应器，可培养杂交瘤细胞生产单抗；Sumitomo 公司的 8000L 反应器，生产 tPA；Wellcome 公司的 8000L 搅拌反应器，生产病毒疫苗、干扰素和其他生物制品。加拿大从瑞士 Bioengineering 公司购进 4 台 2000L 反应器，生产脊髓灰质炎疫苗。

根据细胞在反应器中存在的形式不同，动物细胞培养用生物反应器可以分为：①悬浮培养用生物反应器：其中有空气提升式(如英国 Celltech 公司和瑞士 Chemap 公司)、搅拌罐(如美国 NBS 公司和德国 B. Braun 公司)；②贴壁培养用生物反应器，其中有搅拌罐(微载体系统)、中空纤维管和陶质矩形通道蜂窝状生物反应器；③固定化培养用生物反应器：其中有流化床(如美国 Bellco 公司)、中空纤维管(如美国 Bioresponse 和 Invitron 公司)、固定床或填充床生物反应器；④最近得到广泛应用的 wave 生物反应器。

1) 气升式细胞培养生物反应器(airlift bioreactor)

其基本原理是气体混合物从底部的气体分布器进入反应器的导流管，使导流管内的流体密度低于其他区域，从而形成循环。气升式生物反应器主要有两种构型。一种是内循环式，一种是外循环式。动物细胞培养一般采用内循环式。器内装有环形管作为气体分布器，孔的设计要保证在控制的气速范围内产生的气泡直径为 1～20mm，空气流速一般控制在 0.01～0.06L/min，反应器的高径比一般为 3∶1～12∶1。

气升式生物反应器与搅拌生物反应器相比，产生的湍动温和而均匀，剪切力相当小，器内没有机械运动部件，因而由剪切力导致的细胞损伤率比较少；直接喷射空气供氧，氧传递速率高；液体循环量大，使细胞和营养成分能均匀地分布于培养液中。由于采用了直接的喷射通气，由通气产生的气泡难以避免，气泡对细胞的损伤作用是气升式反应器应用的主要障碍。气升式反应器主要用于悬浮细胞(如杂交瘤细胞)的培养。

2) 通气搅拌生物反应器(aeration stirred bioreactor)

各种搅拌生物反应器的主要区别在于搅拌器的结构。根据动物细胞培养的特点,要求搅拌器转动时产生的剪切力小,混合性能好。围绕这个要求,开发了不少类型的搅拌器。在已开发的各种类型的搅拌器中,New Brunswick Scientific(NBS)开发的笼式通气搅拌器基本上能符合上述要求,于1987年前后,作为商品推向国际市场。安装有这类装置的细胞培养用生物反应器,有1.5L、2.5L、5L的CelliGen和15L、30L,以至1000L的Microlift。作为对最初设计的笼式通气搅拌装置的重大改进,在NBS装置中分别为笼式的通气腔和笼式的消泡腔。气液交换在由200目不锈钢丝网制成的通气腔内实现。在鼓泡通气过程中,所采用的泡沫,经管道进入液面上部的由200目不锈钢丝网制成的笼式消泡腔内;泡沫经丝网破碎分成气、液两部分,达到深层通气而不产生泡沫的目的。

华东理工大学在放大设计生物反应器时,将单层笼式通气搅拌器改为双层笼式通气搅拌器,以扩大丝网交换面积,增加了氧传递系数。其研制的20L双层笼式通气搅拌器,与控制系统、管路系统、蒸汽灭菌系统,组装成完整的动物细胞培养装置CellCul-20反应器,用于悬浮培养杂交瘤细胞生产单抗和微载体培养Vero细胞和乙脑病毒,都取得了满意结果。同时,对该搅拌桨进行了圆盘桨的改进,现已用于50L规模的Vero细胞培养。

另有一种无泡搅拌反应器(bubble-free stirred bioreactor)内部装有膜搅拌器。它采用多孔的疏水性塑料管装配成通气搅拌桨,具有良好的氧通透性,同时解决了通气和均相化的要求。膜可由聚丙烯、硅橡胶或其他材料制成,加工成中空管。德国GBF就采用这种塑料管作为无泡搅拌反应器的通气搅拌器。气体可由空气和CO_2或O_2和CO_2组成。在中空管内的气体压力不能超过鼓泡压力,即气泡在膜外表面出现的静止内压。因此培养过程中,必须精确控制气体的流量和反应器的罐压。

气体通过膜壁的过程很复杂。总的物质传递的速率,取决于膜的比表面积、浓度差、膜壁厚度和流体流动状况等。膜材料不能有任何细胞毒性,并能够耐受培养液中的成分,如血清和氨基酸的腐蚀。在膜的表面不能覆有细胞和其他沉积物而影响气体传递。无泡搅拌反应器系统的内部结构、操作等方面,均要比一般的搅拌式培养反应器系统复杂多,并且在消毒及培养过程中,薄壁的通气管道很容易破裂。

3) 填充床反应器系统

近年来,应用填充床反应器(packed-bed bioreactor)系统进行动物细胞培养,逐渐受到人们的重视。与其他动物细胞培养反应器系统相比,其优点是:①不仅能够提供更高的比表面积供贴壁依赖性细胞生长,也能将非贴壁依赖性细胞截留于床体中进行培养。因此,它不仅适合于贴壁依赖性细胞的高密度培养,也适合于非贴壁依赖性细胞的高密度培养;②能有效地保护细胞免受流体剪切力的破坏;③固定床反应器有可能给细胞的"三维组织样生长"(3-dimension tissue-like growth)创造环境条件,从而可通过细胞间作用,更好地实现细胞的功能和提高细胞分泌产物的能力;④将细胞截留于床体中,有利于后续的产物提取过程;⑤可实现悬浮细胞的连续灌注培养;⑥对某些特定的过程,可周期性操作,较大地提高生产效率。

目前,开发成功的填充床反应器系统,有中空纤维式反应器系统、纤维填充床反应器系统、玻璃材料(玻璃球、多孔玻璃球)填充床反应器系统、陶瓷材料(陶瓷、多孔陶瓷材料填充)填充床反应器系统。

(1) 中空纤维反应器(hollow fiber bioreactor)。一般分类上,并不将中空纤维反应器划归于填充床反应器一类,考虑到其具有多数填充床反应器系统的传质特点,且细胞在其中的生长特性也与填充床类似。因而,此处仍将其作为填充床反应器介绍。

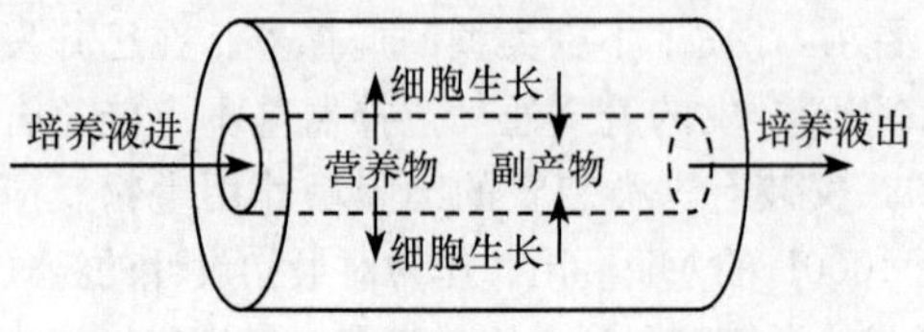

图 4.2.10　中空纤维反应器系统中的物质交换

中空纤维反应器系统易于操作,也较稳定。在中空纤维填充床反应器系统中,细胞一般生长于壳层,培养液则从中空纤维管中流过,细胞主要通过渗透获得营养物质和氧(图 4.2.10),其膜过滤功能有利于培养过程的营养控制,选择适当截流分子量的膜,可将某些营养物质,如血清中的大分子物质截留在反应器内。在培养过程,仅需补加无血清培养液即可,同样可不断地带走小分子的代谢废产物,有利于细胞的生长。通过两个或更多的中空纤维反应器的组合,还可实现反应与分离的偶合。中空纤维反应器系统的放大,可简单地通过多单元组件的并联实现总规模的扩大。至于营养物质沿流向的梯度衰减,也可以通过优化反应器的设计和操作加以解决,如减小反应器的长度,提高培养液的流速,均能降低营养物浓度的梯度变化。

由于能较为快速地获得营养物质和氧,细胞在靠近膜的部位得以优势生长。当细胞长至一定的密度时,细胞富集在膜表面,往往造成膜孔堵塞,远离膜的细胞得不到足够的营养物质和氧而生长缓慢或死亡。双腔中空纤维反应器(dual hollow fiber bioreactor)对此有所改进。双腔纤维膜反应器,实际上就是将若干小的单腔纤维反应器,放置于粗纤维或硅胶管中,在外管和小的单腔纤维反应器之间形成又一壳层,可通入空气或培养液,从而强化了细胞的氧和营养物质的供给。与单腔式中空纤维反应器系统相比,双腔中空纤维反应器系统在营养的供给方面有较大的改善。

尽管在中空纤维反应器内,细胞的培养密度能达到 10^8 个细胞/mL 或更高,但中空纤维反应器不能重复使用。因为在使用的过程中,大分子物质很容易吸附到膜表面造成膜孔的堵塞,其在大规模动物细胞的体外培养中的应用潜力并不大,但在人造器官方面则具有较好的应用前景。

(2) 纤维填充床反应器。该反应器系统主要有两种:一种是采用无纺布,以一定的间隔绕制成环状圆柱体或玻璃纤维的堆积,放置在圆柱中构建的纤维填充床反应器系统;另一种是 Disc 填充床反应器系统(packed bed reactor system,PBR)。

纤维填充床系统,通常将纤维圆柱体固定在搅拌轴上,当搅拌轴旋转时,产生切向力,促使培养液的径向流动。另外辅以培养液的强制外循环和直接鼓泡供氧,可获得较好的混合效果。利用其进行微生物细胞和动物细胞的培养。用其进行黄原胶及乙酸的微生物发酵生产,也取得了比一般搅拌发酵罐好的结果。同时用它进行杂交瘤细胞培养过程的研究,也获得较高的细胞密度和单抗浓度。但也发现,在这种反应器系统中,由于氧供应的不足,导致细胞的存活率不高,使产物比生成速率低于一般的搅拌罐培养过程。应用无纺纤维布卷制成的纤维填充床反应器,进行了重组 CHO 细胞的灌注培养,生产血管紧张肽原酶(renine),并与微载体培养系统进行了比较,发现 CHO 细胞在填充床中的产物表达能力提高了 100 倍。Motobu 等对上述反应器系统进行了改进,采用培养液的径向流动方式,产物的比生成速率又提高了 6 倍。此外,还有应用玻璃纤维床反应器进行 CHO 细胞灌注培养的报道。

Disc 反应器系统,是目前已应用于工业化生产过程的填充床反应器系统,其基本材料是,在聚丙烯网状结构的上面,黏结几层无纺纤维,形成直径为5mm左右的Disc。美国NBS公司生产的CelliGen Plus细胞培养反应器系统,便是一种典型的Disc固定床反应器系统。CelliGen $Plus^+$细胞培养反应器系统,可支持10^8个细胞/mL的细胞密度,并且不会产生严重的传质限制(如氧供应不足等)。目前市场上供应的最大的Disc反应器系统为50L左右。Disc材料较为昂贵,此种反应器系统较适合于产品市场需求量较小、附加值高的细胞培养过程,在产品市场需求量大、附加值相对较低的细胞培养过程中的应用将受到一定的限制。

(3) 玻璃、陶瓷材料填充床反应器系统。此种反应器系统,从动物细胞培养技术的兴起之初便受到人们的重视。这主要由于这类材料具有良好的生物相容性,比较适合细胞在其表面的贴壁生长,且能适合悬浮细胞的培养过程。①玻璃微球的堆积床。这类反应器常采用实心或多孔的玻璃微球。在实心微球堆积的固定床反应器系统中,贴壁依赖性细胞生长在玻璃微球的表面,而悬浮细胞生长在由玻璃微球堆积构成的孔隙中。为了提高细胞生长的表面积,常使用较小,如1mm直径的玻璃微球。由于实心微球堆积床的表面积和孔隙较低,反应器中的细胞密度不可能很高。在多孔玻璃微球堆积的固定床反应器系统中,贴壁依赖性细胞可生长在微球的内、外表面,悬浮细胞生长在多孔微球的孔隙中。多孔玻璃微球堆积床的比表面、孔隙率比实心微球堆积床相比大,更适合细胞培养过程。一般采用的玻璃微球的直径为3～5mm。②陶瓷填充床。起初出现的陶瓷材料填充床反应器系统,是直接由蜂窝状的陶瓷整体构成的。这种填充床反应器系统很难放大,大规模时加工也很困难。后来主要采用多孔的陶瓷材料填充,这与多孔玻璃微球构成的填充床反应器系统没有太大的差别,但材料的强度明显增强。

玻璃和陶瓷填充床反应器,多用垂直堆积多孔材料,液流方向以轴向为主。接种时无法实现细胞的均匀分布,细胞密度随着液流流向递减,而表面接种密度直接影响着贴壁依赖性细胞的生长,很难实现细胞在反应器内同步生长,不利于过程的控制,同时营养物质的浓度梯度可能使下游细胞得不到足够的养分。另外,随着细胞的生长,孔的流通直径越来越小,压降越来越大,氧及其他营养物质不能及时传递给细胞,细胞的代谢废物也不能及时地排出,细胞的生长不仅受到营养不足的限制,同时受到代谢废产物的抑制,恶化了局部的细胞生长环境,可能造成局部细胞不能正常生长,甚至有潜在的堵柱危险。因此,要成功地应用这种反应器系统进行动物细胞的高密度、大规模培养,必须对反应器的构型进行改进。

4) WAVE bioreactor 细胞培养生物反应器

WAVE bioreactor细胞培养生物反应器是具有创新概念的一次性使用的WAVE波浪袋细胞培养反应器,用于替代传统的不锈钢发酵罐。其主要系统组成包括WAVE bioreactor细胞培养生物反应器,WAVE Mixer细胞混合器,无菌硅胶管焊接机与封口机等(图4.2.11)。其特点在于采用了一次性使用的技术和材料,从而消除了日常清洗、消毒及验证的需要,传统罐所常见的污染、交叉污染大大减少。同时,也大幅度减少了企业在细胞培养、培养基制备、缓冲液溶解、生物制品解冻等环节伤的固定资产和操作成本上的投资。因次,WAVE bioreactor细胞培养生物反应器安装方便,及时投入工作,可快速进行动物细胞的规模化培养,生产制备出生物技术药物,极大地缩短了生物技术产品投放到市场的时间。目前,世界各地有数百台在使用,培养最大规模达到500L,最高细胞密度达到6×10^7个细胞/mL,广泛适用于各种类型的动物细胞培养,包括CHO、NSO、HEK293、杂交瘤、T细胞和初级人类细胞中。因而,特别适用于临床用量小的治疗性产品与诊断制剂的规模化制备,同时也为临床前创新药靶的筛选与评价提供快速、经济的方法。

图 4.2.11　WAVE bioreactor 细胞培养生物反应器

4.2.7.2　灌注培养的细胞截留系统

在固定床反应器系统中，细胞生长于床体内，无需截留装置就可使细胞保持在反应器内。在悬浮细胞培养过程中，必须有专用的细胞截留装置。因此，在此讨论细胞截留装置，均是针对悬浮培养过程(含微载体培养系统)。目前文献报道的细胞截留装置，主要有三种形式，即重力沉降截留(settlement retainment)、过滤截留(filtration retainment)和离心截留(centrifuge retainment)。

1) 重力沉降细胞截留装置

该分离系统结构非常简单，操作也很方便，不需要任何辅助设备(图 4.2.13)。其基本原理是当培养液流速小于细胞的沉降速度时，细胞不会流出沉降管，从而保证细胞保留在反应器中。根据 Stokes 定律，细胞的沉降速率为

$$U_c = \frac{d_c^2(\rho_c - \rho_f)}{18\mu_f} \tag{4.2.12}$$

式中，U_c 为细胞沉降速率(cm/s)；d_c 为细胞直径(cm)；ρ_c 为细胞质量密度(g/cm^3)；μ_f 为培养液的黏度[g/(cm · s)]。

因此，为了获得有效的细胞分离，培养液在沉降管中的流速不能超过细胞的沉降速度，最大的灌注流量[V_p/(mL/s)]受制于沉降管的截面积(A_c/cm^2)：

$$V_p \leqslant U_c \cdot A_c \tag{4.2.13}$$

而与沉降管的长度(L/cm)无关。但沉降管越长，细胞的分离效率越高。所以在实际过程中，应根据具体情况确定沉降管的长度。活细胞的沉降速度约为 8×10^{-4} cm/s，因此由式(4.2.13)，可计算出培养体积为 1L、灌注速率为每天 2 个体积的灌注培养系统所需的重力沉降管直径为 6cm。灌注培养过程的放大原则，是保持单位培养体积的灌注流量[灌注速率，U_p(s^{-1})]不变，根据定义：

$$U_p = \frac{V_p}{V_c} \tag{4.2.14}$$

将式(4.2.12)和式(4.2.13)代入式(4.2.14)并整理得

$$V_c = \frac{\pi d_c^2(\rho_c - \rho_f)}{72\mu_f U_p} d_c^2 \tag{4.2.15}$$

因此，灌注培养系统垂直重力沉降管的放大，应保持培养体积与沉降管直径平方的比恒定，将 1L 培养规模放大到 100L，则需将沉降管的直径从 6cm 扩大到 60cm。这对悬浮细胞的灌注培养而言，垂直重力沉降的应用存在一定的限制。而微载体的沉降速率与细胞沉降速率之比可

达 130 倍，约为 1.1×10^{-3}m/s，由此计算的 1L 培养系统所需的沉降管直径仅为 0.26cm，100L 培养系统为 2.6cm。因此在微载体培养系统中，垂直重力沉降管细胞分离系统，对微载体培养系统而言，是较理想的选择，具有操作方便、结构简单、易于放大等诸多优点。

应用倾斜的矩形重力沉降管进行杂交瘤细胞的灌注培养，可有选择地将死细胞从反应器中排出，如图 4.2.12(B)所示。灌注培养过程中，细胞沉降到矩形管的下表面，根据倾斜管中颗粒沉降模型，为了有效分离细胞，灌注流量应为

$$V_p = U_c A_p \tag{4.2.16}$$

式中，A_p为倾斜管的垂直投影面积(cm^2)，由下式计算：

$$A_p = w(L\sin\theta + d\cos\theta) \tag{4.2.17}$$

式中，L 为沉降管的长度(cm)；θ 为沉降管与垂直方向的夹角；w 为矩形管的宽(cm)；b 为矩形管的高(cm)。

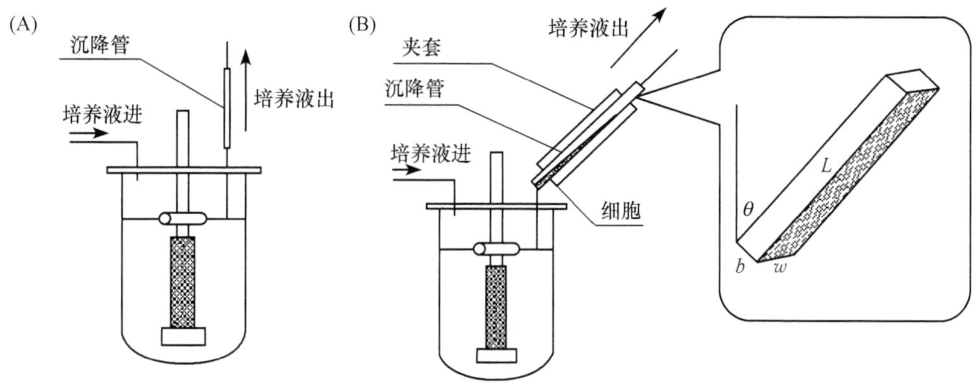

图 4.2.12 重力沉降细胞截留系统

很明显，当 $\theta=90°$时，A_p取得最大值为 wL。此时，实际上就是一个扁平的垂直重力沉降管。显然，倾斜式矩形重力沉降管的放大与垂直重力沉降管的放大一样，均存在同样的问题，即当反应器规模较大时，需要很长或口径很大沉降管。例如，对 100L 的反应器系统，当 $\theta=30°$、$b=$5cm、$w=$50cm 时，沉降管的长度至少需要 1m，矩形管体积占反应器体积的 25%，但这在实际过程中有一定的困难。在灌注培养过程中，细胞沉降到倾斜管下表面，每隔一段时间，必须用培养液将细胞反冲回反应器中，这给操作带来了一定的麻烦。细胞在倾斜管中停留时间较长，也不利于细胞的生长。

综上所述，对于贴壁依赖性细胞的微载体灌注培养而言，垂直重力沉降是较为方便，易于放大的细胞分离方法；而对于悬浮细胞的灌注培养系统而言，无论是垂直重力沉降还是倾斜重力沉降，均不是理想的选择。

2) 过滤式细胞截留装置

平板式过滤不可避免地产生“细胞滤饼”，不适合灌注培养过程。应用较多的过滤式细胞截留装置主要有两种，一种是轴向旋转式过滤器(axial rotating filtration，ARF)，另一种是外置式错流过滤器(cross flow filtration，CFF)。

ARF 有两种，一种是内置式，另一种是外置式。所谓内置式 ARF，是将适当孔径的丝网笼

直接固定在反应器内,当反应器规模较小时可直接固定在搅拌轴上,而当反应器规模较大时,只能固定在另外的旋转轴上[图 4.2.13(A)]。当丝网笼旋转时产生切向力,可避免细胞进入笼内。因此丝网笼中是无细胞的培养液,可直接抽出。外置式 ARF,是在反应器外建立一个单独的细胞分离器,分离器实际上就是一个内置式 ARF 系统[图 4.2.13(B)]。在连续培养过程中,细胞悬浮液连续地打入分离器中,笼内的无细胞培养液不断的排出,笼外的细胞悬浮液不断返回到细胞培养反应器中。

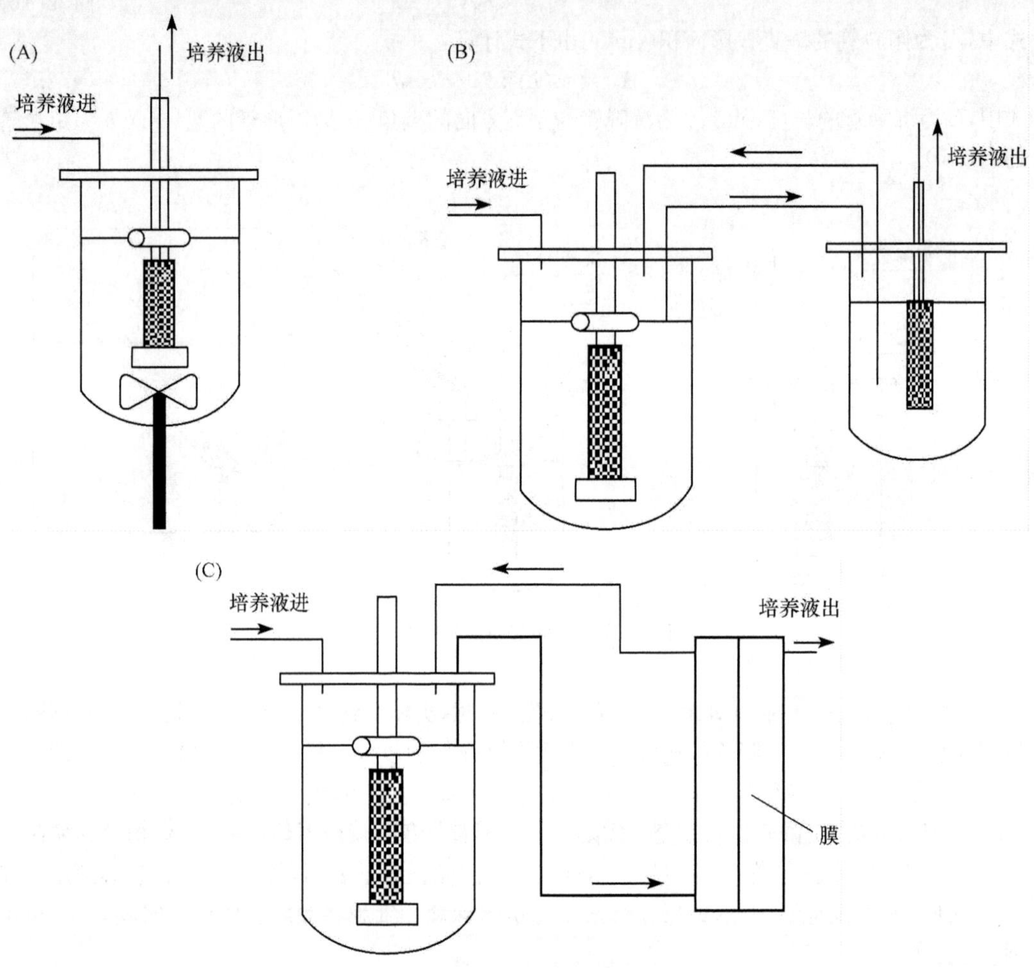

图 4.2.13　过滤式细胞截留装置

丝网孔径对 ARF 系统的操作性能和细胞的分离效率有显著影响,当选用较小孔径的丝网时,细胞截留效率很高。但由于细胞碎片、大分子物质的吸附,很容易造成网孔的堵塞,缩短丝网的使用寿命,不适合周期较长的灌注培养过程。采用较大孔径的丝网,可减少网孔的堵塞,延长其使用寿命,但细胞的分离效率下降。目前文献报道的丝网孔径变化范围较大,分别有 1μm、3μm、5μm、10μm 和 25μm 甚至 53μm 和 120μm 孔径的丝网,分别应用于不同细胞系的灌注培养过程。孔径应根据各自过程的特点选择,如培养过程中细胞聚集成团,可选用较大的丝网孔径,如 53μm 和 120μm,而呈单分散时,则必须选孔径较小的丝网。一般是采用细胞(团)直径 1.5 倍孔径的丝网较为合理。

搅拌转速、丝网的旋转速度、灌注速率等，对 ARF 的操作性能有着不同的影响。搅拌转速的提高，可增加培养环境的湍动程度，减少细胞及其碎片等与丝网黏附的机会，从而降低丝网污染的程度。但搅拌转速的提高，增加了丝网笼内外培养液的交换量，也易造成网孔的堵塞。丝网旋转速度的提高，则能提高丝网表面的流体切向速率，降低细胞及其碎片、大分子物质等在丝网表面的黏附，延长丝网的使用周期。当灌注速率较大时，培养液穿过丝网的速率增加，也会增加丝网堵塞的机会。反之，灌注速率较小时，培养液穿过丝网的速率减小，堵塞的机会也会相应降低。在灌注培养过程中，灌注速率往往是由细胞密度及其生长速率决定的。为了降低培养液穿过丝网的速率，应增加丝网的表面积。总之，在 ARF 灌注培养系统中，应注意维持适当的搅拌速率、较高的丝网旋转速率和丝网的过滤面积。

丝网材料的性质对 ARF 的操作性能也有一定的影响。金属材料如不锈钢等，因其表面电荷密度较高，很容易吸附培养液中的核酸、蛋白质等大分子物质，合成的高分子材料的吸附能力相对较弱，具有较长的使用寿命。膜污染的主要原因，是细胞裂解后释放到培养环境中的核酸，在培养液中加入 DNase1 可减轻膜的污染，延长膜的寿命。但这将增加整个培养过程的成本。最好的方法还是从过滤材料的表面性能着手，通过丝网材料的表面改性，避免大分子物质的吸附。另外，从孔径、过滤膜面积等诸多方面优化过滤器的设计，也可提高过滤器的操作性能。

ARF 系统的放大较简单，其原则是维持单位培养体积的灌注流量和丝网比表面积恒定。一般是外置式 ARF 系统更易于放大，并且也有利于简化细胞培养反应器的设计。

CFF 实际上类似一个超滤装置，其操作原理也很简单，与 ARF 系统相似均属于错流过滤过程，也同样存在膜污染和膜使用寿命短的问题。其放大的原则也是维持单位培养体积的灌注流量和丝网表面积恒定。

3）离心式细胞截留装置

这种装置是在培养过程中，将细胞培养液不断地打进与细胞反应器相连并连续运转的离心机，无细胞的上清液连续地排出，而细胞的浓缩液不断地返回反应器中，以此实现细胞的截留。该装置适合于大规模悬浮细胞培养过程，但一般认为离心场中由于剪切力的作用，细胞的死亡速率会明显增加。在实际操作中，相对离心力应低于 500g。通过适当调节转速，可有选择地排除培养上清液中的细胞碎片、大分子以及死细胞，从而减少它们对细胞培养的负面影响。通过小型的连续离心式生物反应器系统（CCBR，46mL），成功地进行微生物及动物细胞的高密度灌注培养实验。

这三种灌注培养细胞截留装置已均有文献报道，各有利弊。要根据不同的实际应用过程，如规模、细胞耐受剪切力的能力等方面合理筛选。对错流过滤和离心分离装置的设计较复杂，要考虑多种因素。经过对其深入的研究，提出更为优化的设计方案和放大策略，也许能促进这类细胞分离装置在悬浮细胞大规模灌注培养过程中的应用。

4.2.7.3 动物细胞培养反应器的评价标准

就动物细胞培养而言，反应器的性能的优劣关键在两个方面，一是传质条件，满足细胞高密度培养（$>10^7$ 细胞/mL）时有足够的传质；二是损伤条件（damage condition），反应器要有温和的流体环境，避免反应器设计对细胞造成的损伤（尤指搅拌导致的剪切损伤和气泡损伤）。

1）传质条件

在空气供氧系统中，培养液中氧的饱和溶解度仅为 0.22×10^{-6} mol/mL，所以动物细胞生物反应器培养中，传质方面的控制因素自然是细胞对氧的需求。只有当反应器中的体积氧传质系数($k_{L}a$)达到一定的要求时，才能保证细胞能持续不断地得到氧。一般来说，当生物反应器中的细胞密度达到 10^7 细胞/mL，$k_{L}a$ 必须大于或等于 10L/h。

$k_{L}a$ 是反应器中的结构参数，$k_{L}a$ 大小与搅拌桨的形式、气体分布器的孔径和罐的几何尺寸有关；但 $k_{L}a$ 更是操作参数，与反应器操作中的搅拌转速、通气量、培养液的物性等相关。因此并不能直接建立反应器的结构参数与 $k_{L}a$ 之间的定量关系。在很大程度上，$k_{L}a$ 仅能作为生物反应器的性能评价标准。在动物细胞的反应器设计中，应保证在充分低能量输入和通气速率条件下（不对细胞产生明显的损伤），具有足够高的 $k_{L}a$ 系数，如大于 10L/h。

2）损伤条件

生物反应器中的细胞损伤主要来自两个方面，一是搅拌产生的剪切力，二是气泡的破裂。根据 Kolmogorov 理论，仅当流体中的最小湍流旋涡的长度小于微载体或细胞的直径时，搅拌产生的剪切力才能对细胞造成损伤。但根据能量输入计算得到的最小湍流旋涡的长度是一个系统的平均值，仅为搅拌桨的周围的最小湍流旋涡的长度 40%左右。因此在设计反应器时，应保证在较低的转速下，搅拌桨周围的最小湍流旋涡的长度大于微载体或细胞的直径。

不少研究证明，细胞主要是由气泡的吸附带到细胞培养的表面，然后在气泡的破裂过程中遭到损伤。因此，任何能减少气泡对细胞吸附的气体分布器的设计，均是非常有效的。显然应选择较大孔径的气体分布器。孔径越大，气泡的上升速率降低、单位通气量的气泡表面降低，这样吸附的细胞数越少。另外，孔径越大，气泡破裂时释放的能量越小，对细胞的损伤也越小。但孔径加大后，$k_{L}a$ 因传质界面的下降而下降，因此，分布器孔径的大小也应以合适的 $k_{L}a$ 为限。动物细胞培养反应器的设计，很大程度上还是依赖于经验，并且反应器的性能在很大程度上也取决于反应器的操作。在反应器的设计和操作中，下列措施将有助于提高反应器的性能。

(1) 平均气泡的直径应大于 7mm，最好为 10～20mm。

(2) 通风速率应尽可能低。

(3) 气体分布器的放置，应避免搅拌桨对上升气泡的作用，减少液相主体中的气泡合并和分裂。

(4) 对于小的气升式和鼓泡柱反应器系统，高径比应在 14 左右，但在较大的柱中（通气部分的错流面积在总错流面积中的比例很小），较为实际的高径比为 6 或 7 左右。

(5) 搅拌桨的能量输入速率低于 1.0×10^3 W/m^3。

(6) 搅拌桨的主要目的是悬浮细胞和温和的流体混合，保证氧从气泡到液相主体的扩散，维持均匀的氧浓度，因而应选用可在局部产生高能量耗散速率的搅拌桨。较大的高倾斜轴向流的斜叶桨，是比较理想的选择。除此之外，应尽可能使用适当的保护剂。

4.2.8 胚胎细胞工程基础

对配子或胚胎进行人为干预，使其环境因素、发育模式或局部组织功能发生量与质的变化，而为人们所利用的一类技术，称为胚胎生物工程(embryo bio-engineering)，或简称胚胎工程(embryo engineering)。随着相关技术的发展，近些年来，人们模仿体内胚胎发育环境，在体外进行胚胎发育研究取得了一系列的进展。产生出一批很实用的胚胎生物工程技术。有的已在畜牧业生产、临床医学和有关科学研究中发挥着重要的作用,有的将走出实验室应用于生产,并显示出美好的应用前景。这些胚胎工程技术,反过来又促进相关科学的发展。

4.2.8.1 生殖细胞的发生

1) 生殖细胞的来源

原始生殖细胞(primordial germ cell,PGC)是哺乳动物生殖细胞的祖细胞。PGC 来源于上胚层,以变形运动的方式运动迁移至背肠系膜,后定位于中肾内侧和肠背系膜之间的由脏壁中胚层形成的生殖嵴(生殖腺原基)中。PGC 定向迁移受生殖嵴的吸引,及其迁移途径周围细胞的细胞外基质,如纤连蛋白(fibronectin,FN)和一些细胞生长因子(如 steel 因子和 $TGF\beta_1$ 等)的作用控制。在迁移过程,PGC 不断分裂增殖,随胎龄增长,性别发生分化,生殖嵴演变为雄性的睾丸和雌性的卵巢,PGC 形成生殖细胞(精子和卵子)。

2) 精子的发生及其结构调控

A. 精子发生

在性成熟时,哺乳类动物每隔一段时间,周期性地由睾丸内的精原细胞发育成为精子。精子发生包括精原细胞的增殖和更新,精母细胞经一次复制和两次连续的减数分裂,形成单倍体的精子细胞,再经变态形成精子。精子发生中有严格的同源群现象和周期性变化规律(生精上皮周期)。精原细胞紧靠曲细精管的基膜,由基膜向管腔依次排列为不同发育期的生精细胞:初级精母细胞、次级精母细胞、精子细胞和分化中的精子。

B. 精子形成

精子细胞分化成精子时,体积减小,细胞核内染色体包装得更致密,把与遗传传递没有直接关系的 RNA 和非组蛋白等物质从核中被替代;核蛋白成分发生明显变化,碱性蛋白质与 DNA 结合。精子细胞在形成精子过程,发生一系列变化,由高尔基复合体形成精子顶体,中心粒位移,细胞质丢失等,使精子获得高度活动能力,以保证精子能与卵子核接触并使之受精。

C. 精子的结构

哺乳动物的精子由头部、颈部和尾部三部分组成。典型哺乳类精子头部由细胞核和顶体组成,其形态因动物而异。核主要由 DNA 和核蛋白组成。顶体位于精子头部质膜与核膜间,帽状覆盖于核前端,是一外包有单位膜的囊状结构。顶体和细胞核决定了精子头部形态,颈部从近端中心粒起到远端中心粒,常为圆核状或漏斗状。精子尾部结构复杂,从前至后可分为中段、主段和末段,主要为轴丝,由位于中央的两个中央微管和外周的 9 个成对微管所组成。

D. 精子发生的调控

(1) 激素与细胞因子调控。精子发生受垂体分泌的 LH、FSH 及睾丸间质细胞(leydig cell)分泌的睾酮调节。间质细胞分泌的睾酮调节精子发生过程,而睾酮的分泌受垂体分泌的 LH(ICSH)所控制,FSH 作用于支持细胞,刺激释放雄激素结合蛋白(ABP),促进精子发生。

IGF、TGF、EGF 和 NGF 等许多生长因子,以自分泌和旁分泌的作用参与精子发生中的细胞增殖、减数分裂和分化的局部调节。

(2) 基因调控。与普通体细胞相比,精子发生过程中有许多睾丸特异性基因表达,以产生新的酶类或其他蛋白分子,从而控制精子发生,如原癌基因 *c-kit*,减数分裂基因 *SCP3* 等。

3）卵子发生、结构及调控

A. 卵子发生

哺乳动物新生胎儿在出生前后，就已形成一定数量的保持在第一次减数分裂前期的卵母细胞。性成熟后，卵母细胞开始生长发育，其中一部分成熟，其余则发生退化。哺乳动物卵母细胞数量没有增加；相反，由于卵泡闭锁退化，卵巢中卵母细胞数量不断下降。而雄性动物在性成熟后，精原细胞分裂则永不间断(图 4.2.14)。

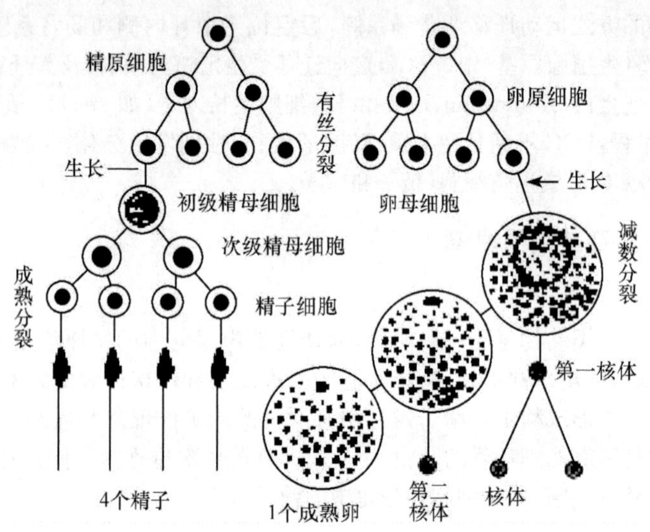

图 4.2.14 精子和卵子的发生图解

胎儿时期，卵巢内的 PGC 形成卵原细胞。出生前后，卵原细胞开始分化，进入第一次成熟分裂的前期，即初级卵母细胞。卵泡可分为原始卵泡，生长卵泡(包括初级和次级卵泡)和成熟卵泡。哺乳动物新生儿的卵巢皮质层中有大量的原始卵泡，从性成熟起，原始卵泡生长发育称为生长卵泡。初级卵泡指从原始卵泡的卵泡细胞由扁平变为立方或柱状，直到出现卵泡腔前为止这段时期的卵泡。随卵泡生长，卵泡细胞增长，卵泡内出现由不规则间隙汇集而成新月形的卵泡腔，即次级卵泡。随后卵泡不断增大，卵泡液增多，从卵巢表面突出，卵泡壁变薄，即成熟卵泡。随后在神经和激素诱发作用下，成熟卵泡破裂，卵子从卵巢中排出，即排卵。

B. 卵子的结构

各种哺乳动物卵子的大小差别不是很大，一般直径 60～90μm。光学显微镜下，小鼠、大鼠、兔和人的卵子比较透明，猪、狗等的卵子细胞质非常暗。各种动物卵子的基本结构相似，含有透明带、放射冠、特有的胞质结构和核。

C. 卵子发生的调控

下丘脑的促性腺激素释放激素作用于脑垂体，脑垂体释放促性腺激素(FSH 和 LH)调节性腺功能，引起卵子生长，后排卵。这些激素可刺激卵巢合成类固醇激素(孕酮和雌激素)，共同调控作用于卵子的生长和排卵。

D. 卵子发生中的基因表达

卵子发生中合成大量 RNA，积累核糖体，以提供胚胎早期发育时的蛋白质合成及使受精后的合子能很快合成蛋白质。

钙调节素、环腺苷酸(cAMP)及 MPF(成熟促进因子)和 CSF(细胞生长因子)在卵母细胞生长成熟中发挥着重要作用。

4.2.8.2 受精与早期胚胎发育

成熟的精子,与卵子相遇,融合而成为合子的过程为受精。受精是动物个体发育的起点。动物受精可分为体外受精和体内受精,绝大多数无脊椎动物和低等脊椎动物都是体外受精,而哺乳动物则为体内受精。

受精的生物学意义。一是激发卵子再度发育。卵子在排卵时进入并停留在第二次减数分裂中期,不经过精子接触,便无法继续发育。二是精卵结合,可以把不同遗传性的双亲的遗传物质集合在新个体中,丰富了新个体的遗传多样性,又保留了双亲的遗传背景。

受精大体上包括精卵释放、精卵识别、精子附着于卵膜、精卵质膜融合和原核融合等几个过程。

1) 受精

A. 精子获能

哺乳动物精子在离开睾丸后并不具有受精能力,必须经过在附睾中成熟及在雌性生殖道内获能后,才具有使卵受精的能力。1951 年,Austin 和 Chang 分别发现精子获能现象。已获能精子如果再遇精浆,就失去使卵子受精的能力,这一过程称“去能”。Chang 发现精浆中有一种能抑制精子获能的物质,并能使已获能的精子去能,称“去能因子”。

精子获能的生理生化反应,包括精子表面或成分发生变化,膜表面负电荷减少,使膜结合的胆固醇释放出来。呼吸明显加强,出现超活化运动,精子由直线前进变为激烈的曲线运动(鞭打状)。

B. 顶体反应

顶体反应指精子获能后,在穿透卵子的放射冠前或穿过这些结构期间,在短时间内发生的一系列反应。获能后精子到达卵细胞附近时,顶体发生以下变化。首先,顶体帽前部胀大,顶体外膜与质膜融合,并碎裂成小液泡,后脱落,顶体内的各种酶通过泡状结构的间隙,释放的透明质酸酶可分解卵子周围细胞间的基质,使卵上细胞分散开来,以利于精卵结合。其次,放射冠穿透酶及顶体蛋白酶作用于颗粒细胞和透明带,使精子与卵子结合。

C. 精子与透明带相互识别、结合及其穿入

透明带是一层包被在卵外的糖蛋白。哺乳动物透明带一般由 ZP_1、ZP_2、ZP_3 三个家族糖蛋白组成。ZP_3 和精子质膜上的 ZP_3 受体介导精子与卵子透明带之间初级识别,ZP_3 与精子结合诱发顶体反应的产生;ZP_2 与顶体反应的精子相互作用,构成精子与卵子透明带之间的次级识别和结合;ZP_1 不与精子直接作用,在小鼠 ZP_1 主要具有结构支撑功能。卵子表面有精子受体,其与精子表面卵子结合的蛋白发生特异性识别、结合,引起精子与卵子间的种属特异性的黏附和结合,即精卵之间的相互作用具有种属特异性。

精子穿过透明带有两个因素:一是本身的急剧超活化运动;二是顶体中酶释放后可软化或溶解透明带物质,这些酶能直接与透明带发生作用。

D. 精卵质膜融合、皮质反应

哺乳动物精子发生融合,首先在精子的赤道段质膜,向后扩展到核后区质膜,而卵子发生的融合部位为微绒毛的顶端、两侧或绒毛之间,但在第二极体排出处,因缺乏微绒毛,不与精子发

生融合。精卵质膜融合后，精子进入卵子。精子与卵子接触，卵子开始发生一系列变化，即卵子激活。卵子激活时，卵子皮质首先发生变化，即皮质反应，阻止多精子入卵。

E. 原核形成及融合

精子进入卵后，核膨大，核膜泡状化而破裂，泡状的核膜在分散的染色质四周形成许多小囊，后相互合并组成一双层结构的核膜，即雄原核。

卵子细胞核在完成两次减数分裂后，染色体首先分散，沿着分散的染色体的边缘汇集了一些小囊，逐渐融合形成一层双层包膜，形成染色体泡，这是一些内含染色体的小囊。随后这些小泡互相接近，包膜彼此合并，形成一个形状不规则的雌原核。

雌、雄原核向卵中央位移，相遇，核膜消失，染色体彼此融合，使配子的单倍体恢复成为合子的双倍体。从而使父、母亲的遗传特征得以遗传给后代，并完成遗传物质的重组。

2）早期胚胎发育

A. 卵裂

精子和卵子结合形成单细胞的双倍体的受精卵，接着受精卵卵裂形成无数小细胞。卵裂与普通细胞分裂不同，卵裂细胞不生长而是连续分裂。卵裂期，细胞间期相当短，生长期几乎没有。经过卵裂，细胞质体积和细胞核之比例逐渐减小，直至与正常体细胞的体积相似。第一次卵裂是卵子受精后的激活反应。卵裂的准备过程，必须包括细胞核和细胞质一系列代谢和形态的变化，即雌雄配子的细胞核必须转变成原核，须经过父系和母系 DNA 复制，染色质浓缩，中心粒需形成纺锤体和星射线。

卵裂包括细胞核分裂和细胞质分裂。细胞核分裂是有丝分裂装置的功能，而细胞质分裂是由于分裂沟和纺锤体轴呈直角而使受精卵分成二卵裂球。细胞核分裂和细胞质分裂，一般是同时进行的。卵细胞质影响卵裂速度。受精卵的核质比例，可能决定卵裂期细胞分裂的速度。

B. 桑葚胚和囊胚

在卵裂期，细胞立体构型在不同的动物中差异很大。在完全卵裂的胚胎中，经数次卵裂形成外形类似桑葚状胚胎，称桑葚胚。哺乳类胚胎在 16 细胞期处于桑葚胚期。但因卵裂的不同步性，细胞的准确数字有所变化。桑葚胚继续卵裂，出现充满液体的腔，称为囊胚腔，围绕囊胚腔的细胞组成上皮层—囊胚层，此期的胚胎称为囊胚。囊胚内有两类细胞，一是内细胞团，最终发育为胚胎主体；二是滋养层细胞，发育成胎盘的主要成分。

C. 细胞质定域

每次卵裂，细胞核物质都均等地分配到各个子细胞，基因组也均匀地分配到子细胞，但细胞质物质的分布及其在子细胞中的分配并非是均匀的，有的物质在胞质中有一定区域。这种细胞质特殊物质在受精卵中的特殊定位，以及卵裂时对各子细胞分配的不均匀性，即称为细胞质定域。细胞质定域有以下几类：具有形态特殊的定域；细胞质定域的重新排列；生殖细胞因素的定域；调整型胚胎发育的定域。

D. 原肠胚

囊胚继续发育分化，形成具两胚层或三胚层的原肠胚。在此期，囊胚的一部分细胞通过不同方式迁移到囊胚内部形成原肠，留存外面的称外胚层，迁移至里面的称内胚层、中胚层。这种细胞迁移过程，称为原肠形成或原肠作用。细胞核开始起主导作用，新的蛋白质合成开始，分化成不同形态和不同机能的细胞，于是形成了各个胚层，进而出现了不同的器官原基。原肠胚的迁移方式有内陷、内移、分层、内转、外包等。动物体的组织、器官都是从内、外、中胚层细胞发育分化而来。

E. 动物早期胚胎发育的分子机制

(1) 早期胚胎发育的基因表达。实验证明胚胎发育初期受母体基因的影响,依靠母源性信息物质合成各种蛋白质,而由父、母本结合形成的胚胎基因组影响甚微。随继续发育,由于卵原性基因消耗殆尽,其影响减弱,合子基因组则显出突出作用。不同动物合子基因组调控的开始时间也不同,哺乳动物卵裂是受卵原性转录本和合子基因组新转录本的共同调节。小鼠卵原性RNA仅维持发育到2细胞期,兔合子卵原性RNA表达到8细胞期,以后须靠胚胎基因调控发育。而非哺乳动物早期发育基因则不依靠新转录本,这是两大类动物在早期发育基因表达方面的重要区别。

(2) 形态变化中的分子机制。早期胚胎发育过程,形态变化的基础是细胞分化,而细胞分化总是某种新蛋白作用的结果。目前已发现许多与中胚层诱导有关的因子,如bFGF、activin、Wnt蛋白、BMP4、noggin等同源异型基因(homeotic gene),又称壕门基因,与身体的体节或体节上的完整结构发育有关。

(3) 发育时序的分子机制。基因的表达在胚胎发育过程有一定时间上的顺序,某个基因在表达时间上的相对稳定性,对发育中的相应细胞分化起着非常重要的作用。

4.2.8.3 胚胎工程

根据目前国内外对胚胎工程技术的研究与应用,胚胎工程技术主要包括以下几种技术:胚胎移植、胚胎冷冻保存、胚胎分割、胚胎细胞核移植(克隆动物)、体外受精(试管动物)、胚胎嵌合、孤雌生殖、胚胎干细胞及基因导入(转基因动物)等技术。

1) 胚胎移植

胚胎移植(embryo transfer,ET)是将一头优秀母畜未着床的早期胚胎用手术或非手术的方法取出,移植到质量差的母畜体内,妊娠产仔的技术,即借腹怀胎技术。提供胚胎的为供体(donor),接受胚胎的为受体(recipient)。为了使供体母畜多排卵,得到更多的胚胎,应用促性腺激素处理,促使卵巢上几个、十几个甚至更多的卵泡发育并排卵,这个过程称为超数排卵(multiple ovulation)。其胚胎移植常称为超数排卵胚胎移植(multiple ovulation and embryo transfer,MOET),用于动物育种者称MOET育种。

自1890年英国剑桥大学的Heape首先获得家兔胚胎移植成功以后,其他实验室先后取得绵羊、山羊、猪、牛、马和一些实验动物胚胎移植的成功。1974年成立国际胚胎移植协会(IETS);1976年牛的非手术胚胎移植技术推广;1977年开始商业化应用,胚胎移植在生产中发挥着很大的作用。20世纪70年代初,我国绵羊胚胎移植获得成功,后陆续在牛、山羊、猪、马和一些实验动物上获得成功。从90年代开始,牛羊胚胎移植技术用于生产。特别是近几年来,应用胚胎移植技术引种、扩繁良种进入市场,大大地促进了我国畜牧业的发展。

A. 胚胎移植的重要意义

动物胚胎移植,被认为是继动物人工授精技术之后,在动物繁殖领域的第二次革命。人工授精技术极大地提高了优秀种公畜的利用率;胚胎移植技术极大地增加了优秀母畜的后代数。充分挖掘母畜的遗传和繁殖潜力,在畜牧业生产和有关科学研究中用途广泛。

(1) 加快优良种畜的繁殖。胚胎移植技术对扩繁进口纯种种畜和动物优良个体,可以比传统技术加快几倍,甚至几十倍的速度。也就是说,用低产母畜可以得到高产母畜,并用于纯种扩群和本品种选育,大幅度提高动物的遗传品质和生产性能。

(2) 增加双胎率。给单胎家畜同时移植两枚胚胎,或配种后再移植一枚胚胎,可获得 30%的双胎率(如肉牛),大大地提高生产效率和降低饲养成本。

(3) 保存品种资源。以冷冻胚胎的形式建立动物基因库,保存具有优良遗传特性的家畜品种,保存濒危珍贵的动物。这比用活体保种省时省力,经济方便。亦可以远距离运输交易,进出口胚胎,代替活畜运输,避免疫病的传播。

(4) 使不孕母畜获得生育能力。对于因解剖或内分泌缺陷而不能妊娠的母畜,可以作为采胚胎的供体,继续发挥其繁殖作用。

(5) 是许多胚胎工程技术必不可缺少的重要环节,如克隆动物、试管动物和转基因动物技术等。

B. 胚胎移植的基本步骤

各种动物胚胎移植技术操作步骤包括:供体母畜的选择和超数排卵、受体母畜的选择和同期发情、配种、胚胎采集和检查、胚胎移植、受体母畜的妊娠诊断和饲养管理。

(1) 供体母畜的选择和超数排卵。选择优秀健康的母畜作为供体,在母畜发情周期的适当时期,应用促性腺激素作超数排卵处理,目的是得到更多的胚胎。常用的促性腺激素有孕马血清促性腺激素(PMSG)、人绒毛膜促性腺激素(hCG)、促卵泡促性腺激素(FSH)、促黄体生成激素(LH)、绝经妇女促性腺激素(hMG)及孕酮(P_4)等。

(2) 受体母畜的选择和同期发情。选择同种质量较差、健康的母畜作为受体,如给低产奶牛或黄牛移植高产奶牛的胚胎。胚胎移植时,供体胚胎必须与受体子宫内膜发育状态高度同步化,才能取得好的结果,这个过程称为同期发情(oestrus synchronization),包括人工同期发情和自然同期发情。人工同期发情用前列腺素(PG_S)制剂或含孕酮的阴道栓控制。

(3) 配种。实验动物超排,注射促排卵药物后(hCG 或 LH),即与雄性动物合笼交配,或进行人工授精(家兔)。牛、羊、猪发情后,人工授精(或本交)2 次或 3 次,每次输精量为正常发情输精时的 2 倍。

(4) 胚胎采集和检查。小鼠的胚胎采集:断颈杀死小鼠,开腹取出子宫和输卵管,将其各部分分离,放于 37℃ PBS 中。输卵管内采胚,用镊子撕开输卵管,受精卵即可放出。亦可用冲洗法,通过输卵管外口将受精卵冲入平皿中。子宫内采胚,用冲洗法,通过子宫角一端将胚胎冲入平皿中。此时为桑葚胚和囊胚。牛、羊胚胎采集:牛和马常用非手术法采胚,羊、猪、兔用手术法采胚。

① 牛非手术法采胚:一般在配种后 7 天采胚,为桑葚胚和囊胚。采胚时,母畜前低后高固定,清洗消毒阴门及臀部,荐尾或一、二尾椎硬膜外腔麻醉。将装有金属内芯的二通冲胚管经阴道、子宫颈插入子宫角前 1/3 处。从空气注入管注入空气 15mL 左右,使冲胚管前端的气囊胀起。将金属内芯自冲胚管拔出。用注射器自冲胚管注液口注入 38℃冲胚液 30～50mL,注入后轻轻抽出,注入收集瓶。一侧子宫角冲完,以同样方法再冲另一侧子宫角。冲胚后,子宫内注入抗生素,以防感染。

冲胚液为含 1%犊牛血清的 PBS。将回收的冲胚液沉淀部分或经过滤漏斗过滤所留冲胚液倒入平皿中,在实体显微镜下检出胚胎,并进行鉴定。可用胚胎移入培养液备用。胚胎透明带完整,分裂球大小均等无碎裂,胚胎阶段和交配后日期相适应时,为 1 级胚胎;分裂球之间有少量碎片,为 2 级胚胎;分裂球大小不一,有的有破碎现象,为 3 次胚胎;分裂球大部分破碎,有的透明带破裂,分裂球过少或未受精卵为 4 级胚胎,为不可用胚胎。常见实验动物、家畜和人胚胎发育速度见表 4.2.8。

表 4.2.8　哺乳动物和人胚胎发育时期

胚胎时期	排卵或配种后日期(d)(人的为 h)								
	牛	绵羊	山羊	猪	兔	仓鼠	大鼠	小鼠	人
1 细胞	0～1	0～1	0～1	0～1	0～1	0～1	0～1	0～1	24
2 细胞	0～2	0～2	0～1	0～1	0～1	0～1	1～2	1	<38
4 细胞	1～2	1～2	1～2	2～3	1	1～2	2～3	2	38～46
8 细胞	2～4	2～3	2～3	3～4	1	1～2	2～3	60～70	51～62
16 细胞	5～6	67～72	98		40～47	4	84～92	2	<85
早期桑葚胚	3～5	2～4	2～4	3～4	2	2～3	3～4	2	
紧实桑葚胚	4～6	4～5	4～5	3～5	2	2～3	4～5	2	113～135
早期囊胚	6～7	5～6	5～6	4～5	3	3～4	4～5	3	
囊胚	6～8	6～7	6～7	5～6	3	3～4	4～5	3	
扩展囊胚	7～9	7～8	7～8	5～7	4～6	4～5	4～5	3	
孵化囊胚	8～10	8～9	7～9	6～8	7	4～5	5～6	4	

② 手术法采胚:羊、猪用手术法采胚。侧仰卧固定,全身麻醉,在乳房前腹中线两侧剃毛消毒,打开腹腔,拉出子宫,用 2 通冲胚管(类似人的导尿道)由子宫角中部向子宫角前部插入,从空气注入管注入空气,使冲胚管前端气囊胀起。再由进液孔注入冲胚液,子宫角尖端插一细管收集冲胚液。用同样方法冲另一侧子宫角。完后,放气,拔出冲胚管,子宫创口缝 1 针,将子宫角放回腹腔原位,闭合腹壁。

(5) 胚胎移植。牛、马用非手术法,羊、猪和实验小动物用手术法。

非手术法是将吸有胚胎的细管装入胚胎移植器,像牛人工授精一样,直肠把握,通过受体阴道将胚胎移入有黄体侧子宫角尖端。

手术法是打开受体腹腔,根据胚龄用吸胚管将胚胎移入有黄体侧的输卵管或子宫角尖端。小鼠输卵管很细且弯曲,输卵管移植需反复练习。

(6) 受体妊娠诊断和饲养管理。胚胎移植后,应及时进行妊娠诊断,如确定妊娠,加强饲养管理,保证胎儿正常发育,防止流产,顺利分娩,保证母子安全健康。

2) 胚胎冷冻保存

胚胎冷冻保存(cryopreservation of embryo)是采用冷冻保护剂和适当的降温程序,将胚胎放入−196℃的液氮中保存的技术。需要时,将胚胎解冻,恢复活力,移植受体,妊娠产仔。20 世纪 70 年代初,将小鼠胚胎在−196℃液氮中冷冻保存成功,引起科学界的广泛关注。以后,相继在牛、绵羊、山羊和一些实验动物上也获得成功。这一技术可以替代活体保种和活体交易,简便易行、经济,可避免疫病的传播,使胚胎移植技术推广更加便利。尤其是牛胚胎冷冻保存技术商业化的应用,在生产中发挥着很大的作用。

A. 冷冻原理

细胞冷冻时,当温度降到冰点时,细胞外水分先结冰,溶质浓度升高。如果降温过快,细胞内水分来不及外渗,而形成大的冰晶,可引起细胞损伤。当降温控制适当时,细胞逐步脱水,可避免细胞内大冰晶形成。冷冻保护剂保护细胞不受化学损害。在常规胚胎冷冻过程中,植冰(seeding)是很重要的操作环节。冷冻液在由液态变为固态时,会释放潜热,使温度急剧下降,影响细胞的存活。在植冰温度(−7～−4.5℃)用液氮预冷的镊子诱发结晶后,在植冰温度维持时，冰晶逐渐扩散到整个细管（有的冷冻仪为自动诱导结晶）。在随后的降温过程中平稳，细胞内为微细结晶。到达－40～－30℃时，投入液氮保存。

B. 胚胎冷冻操作

常用的胚胎冷冻保护剂有甘油、二甲基亚砜（DMSO）、乙二醇和丙二醇等。常规冷冻法常用甘油和二甲基亚砜。玻璃化法常用乙二醇和丙二醇。乙二醇和丙二醇在快速冷冻过程中更易达非晶状态，且对胚胎毒性较小。

（1）常规冷冻法。为牛胚胎冷冻保存常用的方法。用10％甘油＋10％犊牛血清＋80％PBS作冷冻保存液。先将胚胎分别放入3％、6％和10％甘油的冷冻保存液各5min后，用0.25mL塑料细管按三段装管，即按顺序先吸入少量10％甘油PBS，气泡，含有胚胎的甘油PBS，气泡，少量10％甘油PBS，后加热封口或用封口粉封口。注明供体母畜品种、耳号、胚胎发育阶段和等级及制作日期，并在外套管上写明序号备查。现在也有将胚胎一步移入10％甘油PBS中冻存。降温程序为，将装有胚胎的塑料细管放入降温到0～4℃的程序冷冻仪冷室内，维持10min后，按1℃/min下降到－7～－6℃时植冰，维持10min。再以0.3℃/min下降到－38℃，维持10min。后将细管取出投入液氮，外面套上外套管，放入液氮罐中保存。有的在冷冻保存液中加入一定浓度的非渗透性蔗糖溶液，促进细胞脱水。

（2）玻璃化冷冻法。用25％甘油＋25％丙二醇＋10％犊牛血清＋50％PBS为冷冻保存液。将检出胚胎放入冷冻保存液10min，装管后在4℃下平衡10min，然后投入液氮冷冻保存。该方法不用胚胎冷冻仪，方便、省时间，但还处在不断完善阶段。

C. 胚胎复苏法

常用四步法进行。复苏液为0.3mol/L蔗糖和10％犊牛血清的6％、3％和0％甘油的PBS。胚胎从液氮罐中取出，放入30～35℃温水中10～15s，使之全部溶解。然后将胚胎按顺序分别移入6％、3％和0％的甘油PBS复苏液中各5min，逐步脱去冷冻保护剂，胚胎恢复正常。最后将胚胎用培养液清洗2次或3次备用。

该冷冻方法也可冷冻保存卵母细胞或其他组织器官的细胞。根据不同细胞，选择不同冷冻保护剂和冷冻程序。这比冷冻多细胞的胚胎操作容易，效果更好。

4.2.8.4 克隆动物

克隆动物（cloning animal）技术即细胞核移植（nuclear transplantation or nuclear transfer，NT）技术，是指将胚胎细胞或成体细胞核，移植到同种或异种去核的卵母细胞中，构成重组胚（reconstituted embryo）的技术，来源于同一胚胎或同一个体细胞的核移植众多个体，遗传性相同。应用第一代重组胚细胞核，进行第二代细胞核移植，可以获得第二代克隆动物。以此类推，可以获得第三代、第四代或更多代的克隆胚胎或动物，此称为连续细胞核移植（serial nuclear transplantation），或称为重克隆（recloning）。该项技术是研究核质互作、核物质逆转性发育程序重排、探讨胚胎发育机理的技术平台，是加速优质种畜或珍贵野生动物繁殖和用于人类治疗性克隆的很有潜力的技术，具有十分重要的意义。

1）克隆动物研究的历史及现状

最早提出细胞核移植设想的是Sperman，并在1952年用蛙实现了这一设想。1963年，我国科学家童第周等，得到金鱼和鳑鲏鱼核移植鱼，鲤鱼和鲫鱼核移植鱼，表现出明显的核质互作和胞质的遗传特性，科学意义重大。

哺乳动物胚胎细胞核移植，首次在小鼠获得成功。此后，其他实验室相继得到胚胎细胞核移植兔、山羊、猪、牛和猴，以及连续核移植的牛和羊。我国也得到胚胎细胞核移植家兔、山羊、猪和小鼠。

细胞核移植研究历史上，最具轰动效应的事件，是英国科学家 Wilmut 等体细胞核移植的克隆绵羊“多莉”(Dolly)的问世。这是世界上首例成体体细胞(乳腺上皮细胞)核移植生出的哺乳动物，是人类在这一领域研究中的重大突破，被认为是 20 世纪取得的最伟大的 10 大科技成果之一。该成果不仅具有重大的科学意义，而且具有巨大的应用潜力。因为体细胞是取之不尽的，人类可以更快的生产出大量的克隆动物。此后，世界上掀起克隆动物热，其他实验室相继得到体细胞克隆小鼠、山羊、牛、猪、马和兔，以及异种体细胞核移植非洲野牛、盘羊和骡子。我国体细胞核移植进展也很快，相继得到体细胞核移植山羊和牛；得到兔和猪体细胞核移植胚胎；得到异种体细胞核移植白山羊和盘羊；得到鼠-兔、兔-猪、熊猫-兔、羊-牛、羊-猪、人-猪和人-兔异种体细胞核移植胚胎；得到人兔异种体细胞核移植胚源 ES 细胞。

2）细胞核移植方法

细胞核移植技术，主要包括供体核制备、受体胞质制备、重组胚、重组胚培养及移植几个方面。供体核可以是胚胎细胞，胚胎干细胞和已分化的成体细胞。对于胚胎细胞需除去透明带，将分裂球团分离为单个细胞。胚胎干细胞及成体细胞，经传代培养，检测确认其为二倍体，再分离成单细胞状态。受体胞质一般为去核成熟卵母细胞，也可用去核的原核期胚胎胞质，或去核 2 细胞或 4 细胞胞质等。重组胚的制作方法有两种，一种为将供体核直接显微注入受体胞质内。另一种为将供体细胞注入卵周隙，经电或化学方法使其与胞质融合成重组胚。

(1) 受体胞质去核。先将成熟卵母细胞放入细胞松弛素 B(CB)、0.1μg/mL 乙酰甲基秋水仙碱的培养液中培养 15min，破坏细胞骨架，以利于去核操作。之后，将其移入操作液滴，在显微操作仪下去核。先将卵母细胞第一极体的对侧面固定在管端，后用移核管刺入透明带，吸出第一极体及周围的核物质。移核时，由原透明带孔，将供体核移入卵周隙，经电融合后，继续培养。也可用移核管先吸入供体细胞核，刺入卵母细胞透明带，将供体细胞核注入卵周隙或直接注入胞质内。用同一吸管将卵母细胞核物质及第一极体吸出。有的用玻璃针先在第一极体附近透明带切一小孔，按压小孔周围，第一极体及附近的核物质被挤出。或用平口吸管在小孔处吸出第一极体和核物质，再将供体核由原孔移入卵周隙。以上为盲吸法，以第一极体为标志。也可用荧光染料 Hoechest 33342(5μg/mL)染色 20～30min，以荧光确定胞质内的核物质，且对胚胎活性无影响。亦可在纺锤体探测仪下，观察到核物质去除之。另外还有功能去核，用紫外线或激光照射，使核失去功能，达到去核的目的。

(2) 供体核注入。用移核管吸供体细胞，由原去核孔移入卵母细胞卵周隙，或直接注入胞质内。如果单纯注入供体细胞核，可先用细微吸管反复吸吹细胞，细胞膜破裂核即脱出，再将其核直接注入受体胞质内，也可将完整细胞直接注入受体细胞质。

(3) 供体核与受体胞质融合。有化学介质融合法和电融合法。①化学介质融合法：主要以聚乙二醇(PEG)和溶血卵磷脂等作为介质。DMSO 和伴刀豆球蛋白 A 对 PEG 融合具有促进作用。仙台病毒曾被用作介质，但由于它是一个感染性病毒，现一般已不采用。②电融合法：电脉冲的作用使融合细胞膜上出现孔洞，是目前最普遍使用的融合技术。不同动物卵母细胞和胚胎所需的融合条件略有差异。一般采用交流电场排列细胞的方向，即交流定位。常用的频率为 600～1000kHz，电压 5～6V，持续时间 5～10s。常用的直流电融合条件为 1.0～2.0kV/cm 的场强,30～60μs 的持续时间。将操作后的重组胚置于细胞融合液(0.3mol/L 甘露醇＋0.1mmol/L $MgSO_4$＋0.05mmol/L $CaCl_2$)中平衡 3min。之后,将其吸到电极间的融合液中。先进行交流定位,使 2 个细胞间的接触面与电极平行(亦可用针拨动),再给予电刺激;刺激之后,让其在电极间静止 1～2min。然后取出洗涤后培养,移植受体或做它用。

(4) 影响细胞核移植的因素。影响细胞核移植的因素很多,如受体胞质、核供体细胞、卵母细胞活化、核移植操作和细胞融合等。最近研究的热点问题是卵母细胞活化,核供体和受体胞质细胞周期同步的问题。两者同步,核移植胚发育率显著高。当 S 期核移入 M 期卵母细胞时,发生非均质染色体超前凝聚(premature chromosome condensation,PCG),染色体异常,通常胚胎不能存活。对牛、绵羊和小鼠研究,以未激活的去核成熟卵母细胞为受体时,选择 G_1 期细胞核为核供体组成的核移植胚效果好。把核供体细胞在低浓度血清中培养后,使其进入 G_0 期,移入去核卵母细胞重组胚,得到“多莉”克隆羊。最近用延长卵母细胞活性的方法得到体细胞克隆大鼠和家兔。

目前,国内外克隆动物研究方兴未艾。存在的问题是重组胚成功率低和移植妊娠率低,流产率高、仔畜畸形率高和死亡率高。探讨其产生的原因和机制,简化核移操作程序和提高成功率是目前研究的热点。

4.2.8.5 试管动物

“试管动物”是通过体外受精(*in vitro* fertilization,IVF)技术产生的胚胎,经移植受体所获得的动物。由于体外受精是在实验室进行的,故称“试管动物”。1951 年发现精子获能(capacitation)现象后,使动物体外受精研究进入新纪元。1954 年兔体外受精胚胎成功。1959 年世界上首例“试管兔”的诞生推动了体外受精的开展。此后,其他实验室相继得到体外受精绵羊、小鼠、大鼠、猪、山羊和牛等。现在一些国家和地区,牛、羊“试管胚胎”正在走向商业化经营的道路,将在畜牧业生产上发挥很大的作用。1978 年,世界首例“试管婴儿”问世。现在全世界已有 50 多万“试管婴儿”。“试管婴儿”技术已成为解决人类不孕症的辅助生殖的主要手段之一,成为衡量一个国家和地区卫生医疗水平高低的标志之一。

体外受精技术可加快优良种畜的繁殖,保护动物遗传资源,是拯救濒危野生动物的重要技术之一。体外受精胚胎是转基因动物和克隆动物丰富的经验材料,也是探讨受精机制、胚胎发育等基础研究很好的技术平台。“试管动物”技术,主要环节包括,卵母细胞的采集和成熟培养、精子体外获能、体外受精与受精卵培养和移植。

1) 卵母细胞的采集和成熟培养

除由输卵管手术采集成熟卵母细胞外,牛、羊卵母细胞的来源主要从屠宰场收集卵巢,采集卵巢卵泡卵。20 世纪 80 年代末至 90 年代初,出现活体采卵(ovum pick-up,OPV)技术,即在 B 超或腹腔镜的引导下,经阴道或腹腔穿刺采集卵泡卵。为了采集更多的卵,可在采卵前对家畜作超数排卵处理。卵母细胞的成熟培养,常用培养液为 TCM199,添加促性腺激素、雌二醇、丙酮酸钠、胎牛血清或阉牛和发情牛血清,还可添加生长因子,如上皮生长因子(EGF)和胰岛素生长因子-I(IGF-I),以促进卵母细胞的成熟。一般和颗粒细胞共培养。

2) 精子的体外获能

精子获能,现在主要应用培养液体外获能法。精子获能液有高离子强度液(HIS)、m-KRB

液、m-Tyrode 液(TALP)等,可选择分别添加钙离子载体 A23187 肝素和咖啡因等。各种动物略有不同。

3) 体外受精与受精卵培养

将已处理获能的精子浮游液制成许多 100μL 液滴,用石蜡油覆盖,每滴加入 10 个卵母细胞,在 CO_2 培养箱培养 7h 左右(5%CO_2,37~39℃,饱和湿度)。后用 BO 液洗掉多余的精子,移入发育培养液(TCM-199)继续培养。各种动物胚胎早期发育存在阻断期,如小鼠 2 细胞期、兔桑葚胚期、绵羊和牛是 8~16 细胞期、猪为 4 细胞期等。为了克服阻断期,除用和颗粒细胞等细胞共培养外,也可在培养液中添加谷氨酰胺、丙酮酸盐、氨基酸、维生素和一些细胞因子等。

根据不同需要选择同期化的受体,将体外受精发育不同阶段的胚胎移入受体输卵管或子宫角,使其妊娠产仔,得到"试管动物"。

4.2.8.6 胚胎性别鉴定

胚胎性别鉴定(embryo sexing),是动物性别控制的主要手段,有着重要的生产意义。

由于各方面的条件限制,长期以来,人们梦想通过分离 XY 精子的方法,控制哺乳动物性别,但收效甚微。尽管近几年来通过流式细胞仪分离 XY 精子的研究,取得了很大的进展,但由于分离速度慢,影响精子活力,而且仪器价格昂贵,一时很难用于生产。1965 年,Edwards 最先提出人体外受精囊胚可以经过性别鉴定后移植。这样就可以控制某些疾病的遗传。1968 年,Gardner 等做染色体检查,成功地确认了兔胚胎的性别。此后,激励人们从细胞学、免疫学和分子生物学等方面,探索出多种胚胎性别鉴定的方法,如除胚胎细胞 XY 染色体检测外,还有雄性特异性弱组织相容性抗原(male specific minor histocompatibility-Y antigen,H-Y 抗原)检测,睾丸决定因子(testis determining factor,TDF)和 Y 染色体性别决定区(sex determining region of Y-chromosome,SRY)等。这里只介绍 XY 染色体检测法(核型分析法)和 SRY 法。

1) XY 染色体检测法

在显微操作仪下,吸取胚胎部分细胞置于培养液滴中,添加乙酰甲基秋水仙素(0.025g/mL),放 CO_2 培养箱培养数小时,使细胞分裂停留在中期。然后,分离细胞(0.05%~0.25%胰蛋白酶+0.02%的 EDTA 液中)。将分散的细胞移入载玻片上的低渗液中(1 份血清+5 份蒸馏水或 0.075mol/L KCl)数分钟,使细胞膨胀。用固定液(甲醇:冰醋酸=3:1)逐滴滴入低渗液中,使核破裂,染色体分散在载玻片上,烘干后,以 10% Giemsa 液(pH6.8)染色。冲洗后,经丙酮、二甲苯脱水透明,树胶封固,在油镜下观察 Y 染色体。如果找到,证明是雄性胚胎。这种方法准确率 100%。但由于从胚胎中取出部分细胞,技术难度大,又影响胚胎活力。如果所取细胞数太少,或实验条件不稳定,往往染色体分散不成功,就很难检测。

2) SRY 检测法

首先合成引物,筛选合成位于人 Y 染色体性别决定区高度保守的与兔同源的 DNA 序列,作为引物-1(Sry-1),扩增 198bp。选择和位于小鼠 Y 染色体 Sry 保守序列的 DNA,作为引物-2(Sry-2),将其扩增 266bp。选择和合成牛 Y 染色体的特异 DNA 序列 BOV97M,作为引物-3。并扩增 141bp。用牛生长激素(*bGH*)基因序列作引物-4,扩增 754bp 或 369bp,以便与牛胚胎细胞作对照。用无菌蒸馏水稀释引物至 100ng/μL DNA 样本。

胚胎 DNA 检测，用 Sry-1、Sry-2 和 BOV97M，对兔、小鼠、大鼠和牛的胚胎 DNA 进行扩增。部分胚胎 DNA 与 120～600ng 引物和 0.2mmol/L dNTP 作为底物。加热到 95℃，加入 0.5～1.5U 的 *Taq* 聚合酶，进行目的 DNA 扩增。在显微操作仪下，所采集的牛胚胎细胞活检样品，在含 PVP 的 PBS 中煮沸 5min，以扩增 DNA。用牛特异性引物 bGH 作为对照，进行检测分析胚胎细胞的性别。有 SRY 特异性片段的，为雄性胚胎。

人的 Sry-1 引物能够扩增人的 DNA 与兔雄性细胞 DNA。小鼠 Sry-2 可以扩增小鼠、大鼠雄性细胞 DNA。Sry-1 不能扩增牛的雄性细胞 DNA，而只能应用 BOV97M 引物扩增。这种方法准确性可以达到 100%。但因设计引物的不同，有时会得到错误的结果，在技术上仍需进一步研究。男性工作人员测定时，一定戴好手套、口罩和工作帽等，以防污染，出现错误。同时，该方法仍需自胚胎采取细胞，无疑对胚胎有一定的损伤，会降低移植后的妊娠率。胚胎取样技术要求较高，这也是该项技术未能在生产中大量推广应用的原因之一。

4.2.8.7 转基因动物

将特定外源基因导入早期胚胎细胞，并整合在所产生的动物细胞染色体上，而且能够遗传给下一代，将这种动物称为转基因动物(transfergene animal，TA)。现在多将外源基因导入胚胎干细胞或其他组织细胞，挑选出整合在染色体上的细胞，通过细胞核移植或囊胚注射法(细胞嵌合法)得到转基因动物。这种方法得到转基因动物，时间短、效率高。转基因技术不仅是研究哺乳动物发育调控基因的主要手段，而且可以培育出具有特定生产性能的动物。在这些动物中，可以根据导入目的基因的特点，生产有经济价值高的特殊蛋白质。通过该项技术培育为人器官移植所用的转基因猪，成为目前许多国家科技工作者的研究热点。

现已通过导入生长激素基因，培育出体重比一般小鼠大 2 倍的超级小鼠。这使人们看到转基因动物应用的美好前景，掀起了世界转基因动物热。人们利用转基因小鼠，开展高等动物基因表达调控机制的研究。以后，相继得到转基因兔、绵羊、猪、牛和山羊等。建立了多种人类遗传病小鼠模型，如乙型肝炎病毒模型、侏儒小鼠模型等。生产人药用蛋白，如人的血红蛋白，乳铁蛋白和抗胰蛋白酶等。培育出生长快，产奶量高，饲料利用率高的猪和奶牛。目前，我国在生长激素转基因猪、羊和兔等转基因动物研究方面，也已取得明显的成绩。

1) 转基因动物的操作过程

目的基因的分离与重组。通过人工合成 DNA，或由 mRNA 反转录获得一种多肽或蛋白质的 cDNA 和从基因文库中筛选出目的基因。得到目的基因后，应用合适的内切酶，将目的基因连接在载体上，建成重组 DNA，最后转染到受体细胞。从大量宿主细胞中，筛选出带有重组体的细胞。这种方法，外源基因为随意整合在细胞染色体上，整合率低。同时，这种整合往往影响细胞的正常生理功能，所产生的转基因动物多数发育异常，畸形率和死亡率高。随着同源重组技术的使用，使这一领域的技术研究更进一步。在哺乳动物细胞内存在一种结构因子，它能使新导入的外源基因，优先与染色体上的同源 DNA 序列发生整合，这一现象称为同源重组(homologus recombination)或基因打靶(gene targeting)。该过程的主要步骤是打靶载体(target vector)的构建。通过一个外源基因中插入一个 *neo* 基因，然后用打靶载体，转染给受体细胞。同源重组的方法有两种：取代式同源重组和插入式同源重组。取代式同源重组，是构建的打靶载体在同源重组过程中，取代了细胞中的同源基因；插入式同源重组，是把打靶载体插入到细胞染色体上的同源基因内。但这两种同源重组方法，受体细胞转染率也只有 1000∶1～10 000∶1。

2）目的基因导入

将外源基因导入细胞的方法很多，概括起来有四大类：融合法，包括细胞融合、脂质体融合、原生质体介导融合、微细胞介导融合和鬼影红细胞融合等；化学法，包括 DNA-磷酸钙共沉淀法、DEAE-葡聚糖法和染色体介导法；物理法，包括原核注射法、电脉冲法和细胞冷冻法等；病毒法，包括重组 DNA 病毒感染和重组 RNA 病毒感染等。

（1）原核注射法。主要应用氯化铯离心法制备外源目的基因 DNA，在显微操作仪下，将一定量的外源基因，注射到合子的原核中，将合子培养移植给受体动物，妊娠产仔后，检测仔畜细胞外源基因的表达情况。

基因导入在显微操作仪下进行。原核操作一般放大 400～600 倍，固定吸管将合子固定，使极体在固定吸管侧面，其口对准雄原核，因为一般雄原核较大，易于注射。注射针头刺入雄原核注入 DNA 液，见原核膨胀，表示注射成功。一般 DNA 注射浓度为 1～2ng/μL，相当于每 pL 中含 5kb 的 DNA 片段 200～400 拷贝。注射完后，移入培养液中培养，分裂发育后移植受体。多数家畜卵母细胞中含有大量光密度高的脂质颗粒，使原核难以被看清。利用微分干涉显微镜，可以辨别兔和羊的原核。而猪和牛卵细胞质不很透明，将卵以 10 000～15 000g 离心 5min，使细胞质分层，显示出原核，再进行显微注射。

（2）精子载体法。先将外源基因导入精子，以该精子为载体，通过体外受精，而获得转基因合子。用该方法得到转基因小鼠、猪、兔、羊和牛等。1989 年以来，我国用此方法已先后获得转基因兔、猪、羊、牛和鸡。

3）转基因动物的检测

转基因动物检测，可采取胎儿或仔畜的皮肤肌肉组织（小鼠行尾巴检测）提取 DNA，作 Southern 印迹分析，测出特异的 DNA 片段。通过分析转移基因编码的蛋白质，也能达到检测转移基因的目的。常用的检测手段有免疫沉淀反应。Western 印迹分析和免疫荧光分析。免疫沉淀法是与同位素技术相结合，可以检测蛋白质合成状态。Western 印迹分析，适用于大数量样本的分析，速度快，可定量。

4）转基因动物技术的应用前景

转基因动物技术，在生命科学研究、畜牧业生产和临床医学方面具有十分广阔的应用前景。应用转基因动物可以研究基因的结构和功能，是探索生命奥秘的重要手段之一。通过转基因技术，可以培育出生长快、产量高、质量好、抗病、抗逆、饲料利用率高的家畜新品种。可以作为动物生物反应器，用转基因动物的乳、血和蛋等产品，生产各种有用的蛋白质，特别是医用多肽类。成本低，效益高，被称作动物制药厂。通过转基因技术，建立各种动物模型，研究和治疗人类一些疾病。例如，目前建立的糖尿病Ⅰ型和Ⅱ型，镰状细胞贫血症，HbE 异常血红蛋白、原发性高血压、肺气肿等动物疾病模型，对研究和诊治人类有关疾病有很大的促进作用。近些年来，不少国家科技工作者在进行培育转基因猪的研究，用于人身器官移植。因为猪的器官特别是心、肾大小结构与人类的相似，生理指标和血型抗原也与人相似。但异种器官移植，排异反应迅速而剧烈。运用转基因技术，通过克隆受体的补体调节蛋白基因，将这种基因转移到供体动物的基因组中，使其在血管内皮表达，以避免受体的超急排斥反应。1993 年，英国已培育出 37 头含人体基因的猪，并在实验动物中试验，证明具有安全性。2003 年，美国得到剔除 a1,3-半乳糖蛋白基因的大鼠和猪，使此项研究又前进了一大步。我国已就此立项，多家单位联合攻关，亦取得较大进展。

虽然转基因动物研究取得很大进展，但目前存在着外源基因整合率低，表达率低，转基因动物多不健康等问题。相信随着研究工作的继续深入和突破，该项技术应用的美好前景一定会出现。

4.2.9 染色体工程基础

染色体工程是细胞工程的一个重要分支，目前已渗入到生物科学研究的各个领域，特别是在植物遗传育种中的应用更为广泛，诸如染色体工程育种，生物种间染色体的转移、染色体片段的互换、微染色体切割，以及在分子水平上的 DNA 原位杂交、染色体中特定 DNA 片段的标记、特定 DNA 序列的定向变异等。人们已通过这些技术或方法，成功地创造出许多优异的植物种质资源，并将这些种质资源用于定向改良作物，培育出许多优良的农作物新品种，已在农业生产中发挥了重要作用，取得了巨大的经济效益和社会效益。

4.2.9.1 概述

1）染色体的概念

染色体(chromosome)是 1848 年，从紫鸭跖草的小孢子母细胞中发现的。其名称为瓦尔德耶尔(Waldeyer)于 1888 年创用。它是指细胞分裂时期出现于细胞核里，能被碱性染料染色的具有一定组型的物质。1900 年，它又被孟德尔(Mendel)的豌豆遗传试验重新发现，并认为遗传因子与染色体行为平行，遗传基因在染色体上。这使得对染色体的研究又逐步深入了一步。“染色体”一词，现今可泛指任何一种基因或遗传信息的特定线性序列的连锁结构，包括真核生物细胞核内的大型核蛋白结构和细菌的“拟核”(nucleoid)DNA，甚至包括真核生物细胞的线粒体和叶绿体 DNA、病毒的 DNA、RNA 病毒的 RNA 以及细菌的“染色体”外 DNA，如质粒(plasmid)、F 因子等。基于这些事实，染色体的概念阐明染色体不仅存在于细胞核中，也存在于细胞器中，其次染色体不仅在细胞分裂时出现，而且在细胞周期中都存在。

但一般认为，真核生物染色体是指细胞核中由 DNA、蛋白质和少量 RNA 所组成的线状物，每条染色体具有两个端粒和一个着丝粒，某些染色体还具有一个核仁形成区。它在细胞分裂过程中的形态和结构表现出一系列规律性的变化。在尚未分裂的核中，可以见到许多被碱性染料染色较深的、纤细的网状物，这就是染色质(chromatin)。当细胞分裂时，核内的染色质便卷缩而呈现为一定数目和形态的染色体，特别是在有丝分裂的中期和减数分裂的粗线期，染色体的收缩程度，适合进行染色体形态的识别和研究。除真核生物细胞核内的染色体外，至于其他染色体，有人主张称为基因带(genophore)或基因线(genonema)。

2）染色体的类别

无论是病毒、细菌或高等动植物，它们的遗传物质都是以特定形式组织起来，成为一条或数条染色体。换句话说，染色体是几乎所有生物主要遗传物质的载体，行使着细胞内几乎所有生理生化功能。它在细胞内，有着明显的结构单位，尤其是它的行为和变化，给许多遗传现象提供了物质基础。

染色体按其在生物体组织中的分布范围不同，或功能不同可以区分为正常染色体(autosome

chromosome或normalized chromosome)、特化染色体(specialized chromosome)、裸露DNA、核外染色体四大类。所谓正常染色体,是指一般存在于生物体非特定组织或基本染色体组内的染色体。特化染色体,是指分布于特定组织中或某些群体中才能观察,或正常染色体之外的一些额外染色体的总称。裸露DNA和核外染色体,则是分别指细菌、病毒、噬菌体等低等生物DNA和线粒体、叶绿体等细胞器中存在的稳定DNA,或叫基因线。

正常染色体以A表示,即一般所讲的常染色体。常染色体主要是控制性别以外的其他生物体表型性状遗传信息的染色体总和。特化染色体还可再分为两种类型。一类为暂时性特化染色体,另一类为永久性特化染色体。暂时性特化染色体与正常染色体之间存在着严格的对应关系,它们只是正常染色体的临时性结构和形态的变化。永久性特化染色体是一种特殊类型的染色体,是生物在进化过程中为适应特殊的遗传功能而分化出来的,或是因具备某种特殊的传递机制而保留在群体中的一类染色体。特化染色体由于其特有的特征或体积,曾吸引细胞与遗传学家的极大注意。最主要的两类暂时性特化染色体,是多线染色体(polytene chromosome)和灯刷染色体(lampbrush chromosome)。多线染色体常在一些双翅目昆虫幼虫的唾腺和神经细胞以及蚊子幼虫的肠细胞中观察到,光学显微镜下就可显示出的一类巨大染色体,其长度是体细胞的100倍(图4.2.15)。它与其他组织细胞的染色体的主要区别表现在两个方面,一是同源染色体发生紧密联会,二是两条同源染色体的染色线都进行多次纵裂或复制,但复制后的染色线彼此不再分开,而是形成1024股或2048股的多线体(polyteny)。多线染色体上的基因,并非都处于活化状态,只有少数基因活化,大部分都处于失活状态,而且随着幼虫发育阶段的不同,活化的基因座位也不相同。但由于其染色体本身的巨大性,使微小的结构变异都能在光学显微镜下加以识别,并能与表现型的变化相联系。所以,多线染色体一直是十分有效的研究工具,借此推动近代遗传学的发展。

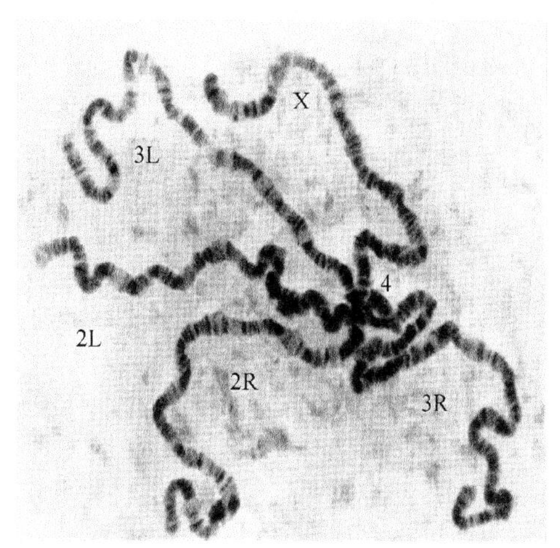

图4.2.15 果蝇唾腺染色体

灯刷染色体,常在一些动物,如两栖类的蝾螈属(*Triturus*)或其他鸟类、鱼类、两栖类、爬行类以及一些无脊椎动物的卵母细胞中出现,特别是在双线期,可观察到其具有特殊的染色体形态,外形呈绒毛状,类似灯刷而得名(图4.2.16)。灯刷染色体的形态,看起来像是在分裂间期,实际上同源染色体间早已进行了联会和交换。在卵细胞成熟之前,染色体的这种状态可以长时间得到保持。在人类母腹中发育6个月的女婴,其卵母细胞就达到这种状态。到女孩降生、长大成人,直至她的最后一个卵子成熟,这种状态可维持长达40年之久。适应于卵细胞和受精卵发育的需要,这类染色体有

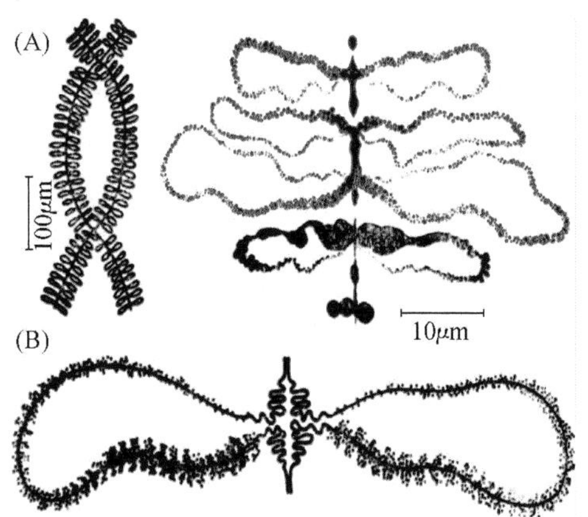

图4.2.16 灯刷染色体

(A)表示不同大小和形状的染色粒,环从染色粒伸出;(B)表示RNA转录的顺序从环的一端开始,到另一端结束

着特殊的转录功能和生化活性。其长度可以扩展数百倍，而且有着明确的形态特征，如木蛙(*Rana temporaria*)的染色体长度达 800～1000μm。可以根据特有染色粒分布的样式和向外伸出的环状结构，把 13 对染色体加以区分。

永久性特化染色体，最常见的是性染色体(sex chromosome)和超数染色体(supernumerary chromosome)。性染色体易于理解，是专门与决定性别分化直接相关的一类染色体。例如，人类为 XY 型，即 XX 为女性、XY 型为男性；而家蚕为 ZW 型，恰好与 XY 型相反，ZZ 型为雄性，ZW 型为雌性。超数染色体也称 B 染色体，是对应常染色体(A)而言的，是常染色体以外的一些额外染色体，大量地存在多种动植物中。B 染色体通常比 A 染色体要小，对生物的发育无重大影响。因此，在同一物种的不同个体之间，就有较大的染色体数目上的变化。已知 B 染色体的主要成分为结构异染色质，上面不带有孟德尔基因，但对数量性状有一定的影响，特别是 B 染色体在个体中积累较多数目时，也会影响生物的育性、结实率、种子发芽能力、幼苗长势及分蘖能力等。

4.2.9.2　染色体的结构与行为

染色体结构的研究主要来自 4 个方面：①光学显微镜的研究；②电子显微镜的研究；③细胞化学的研究；④遗传学行为的研究。特别是从 1974 年后，染色体的螺旋形超微结构的研究有所突破，对染色体的各个方面都有了新的认识。

1) 染色体的数目

一般来说，各种生物的染色体数目都是恒定的。以 n 来代表生物的配子染色体数，那么体细胞中染色体总是成对的为 $2n$；性细胞中总是成单的为 n。例如，人 $2n=46$，$n=23$；家蚕 $2n=56$，$n=28$；小麦 $2n=42$，$n=21$ 等，体细胞染色体数总是其性细胞的 2 倍。但也有一些物种的特定组织染色体，有高低倍数不等的混合存在现象，如菠菜根，四倍与二倍同时存在；一些蜂，如蜜蜂雄体为单倍(n)，雌体为 2 倍等；人的成熟红细胞染色体则完全退化。

物种间的染色体数目往往差异很大，有着极宽的变异范围和变异种类。高等动植物从只有一对染色体，如线虫类的一种马蛔虫变种，到含有 400～600 对以上，如一部分隐花植物瓶尔小草属(*Ophioglossum*)中的一些物种。从大量资料分析，染色体数目的多少，与该物种的进化程度一般并无关系，某些低等生物可比高等生物具有更多的染色体，或者相反。但是，染色体的数目和形态特征，对于鉴定系统发育过程中物种间的亲缘关系，特别是对于植物近缘类型的分类，常具有特别重要的意义。染色体数目多少与进化有一定关系，如小麦属(*Triticum*)内，一粒小麦 $2n=14$，二粒小麦 $2n=28$，普通小麦 $2n=42$。后者是通过前两者天然杂交后而又加倍产生的。

染色体数目的统计，一般是以体细胞数为准。由于减数分裂期的细胞涉及价体分析难以保证准确，所以，除苔藓和蕨类等低等生物因材料所限而用减数分裂细胞计数染色体外，其他则一般只宜作为辅助计数材料。以植物为例，染色体计数一般统计细胞数目应在 30 个以上。其中 85%以上的细胞要具有恒定一致的染色体数，即可认为是该植物的染色体数目。如果观察材料系混倍体，则应如实记录其染色体数的变异范围和各类细胞的数量或百分比。

2) 染色体的大小

染色体的大小是其本身最明显的形态特征，在同一物种内以分裂中期测定比较稳定。其厚度或直径，在物种之间的变化比较小，一般为 0.2～0.3μm，但染色体长度变化较大，平均而言，小的为 0.5μm、大的 25μm。植物染色体比动物染色体相对较大，在高等植物中，单子叶植物比双子叶植物要大。但也有例外，如毛茛科牡丹草属(*Leontice*)植物就具有较大的染色体。单子叶植物中延龄草属(*Trilium*)植物的染色体可能是最长的,达到 30μm。禾本科植物中的玉米、大麦、小麦、黑麦的染色体比水稻大,大豆、棉花、三叶草和苜蓿等植物的染色体较小。真菌的染色体十分微小,最短的只有 0.25μm,灯心草属(*Juncus*)和薹草属(*Carex*)植物的染色体也都不到 1μm。动物中以两栖类的染色体最大,人类的染色体平均长度为 4～6μm。

一般来说,同种生物染色体长度相对稳定或差别不大,具有一定恒定性。但也有例外,黑腹果蝇的 IV 号染色体只有 0.2μm,而 III 号染色体为 2.8μm。玉米最长的 1 号染色体相当于最小的 10 号染色体的 2.2 倍。同一个体不同组织的细胞,染色体长短可能有很大的差别。例如,某些双翅目昆虫(果蝇、摇蚊等)的唾腺染色体,往往数十倍于其他细胞的中期染色体,而且是由多条染色线所组成,不过各条染色体的相对长度仍旧是比较固定的。不同生物染色体的数目和大小差别很大。一般来讲,染色体数目越少,染色体长度就越长。

在体细胞中观察到的染色体长度,与性母细胞中的相比并不总是一致的,主要由于常染色质和异染色质的收缩程度不同,具有较多异染色质区域的染色体在粗线期可能较短,但在体细胞里就会显得较长。例如,番茄的 10 号染色体,在粗线期最短,在体细胞中却是最长的染色体之一,因其异染色质区长。6 号染色体粗线期为中等长度,但在体细胞组织中却是最短的,因具有很少的异染色质区。

外界的环境条件对染色体的大小也有一定的影响,低温条件细胞分裂形成的染色体往往比高温度条件下显得短而紧实。一些化学药品,如秋水仙碱和对二氯苯等,对染色体具有明显的缩短作用。组织培养中,高磷酸浓度培养基中进行细胞分裂产生的染色体,要比低浓度来得大。

染色体大小的测量,一般是以体细胞分裂中期的染色体长度作为最基本形态。因为在同一物种内,以分裂中期时测定的染色体长度的数值比较稳定,它可反映出染色体大小的差异。由于染色体压片技术中,普遍应用药物或低温进行预处理,处理条件不同,染色体缩短程度也不同。所以,近年来测量染色体的大小,常采用的是相对长度数值,即用每一染色体的长度各占全组染色体总长度的百分比来表示,也可以用该染色体组中最短或最长的染色体长度为 100,其他染色体以此计算其比值来表示。

3) 染色体的形态

每条染色体都有一个透明的缢缩区,是纺锤丝的着生处,这便是我们一般所说的着丝粒(centromere),或称之为着丝点(spindle fiber attachment point)、初缢痕(primary constriction),它是控制染色体运动的器官。在细胞分裂中期,当染色体其他部分高度收缩时,着丝粒区因不收缩或收缩甚少,呈现透明缢缩状的构造,因而清楚可见。

根据着丝粒在染色体上的位置,染色体在细胞分裂后期,在着丝粒牵动下向两极移动时,不同着丝粒位置的染色体呈现出不同形状,如中着丝粒的呈现 V 形,亚中着丝粒的呈现 J 形或 L 形,而近端和端着丝粒染色体的则呈棒状。据其形状,将染色体依次分为 V 形染色体、L 形染色体、棒状染色体和粒状染色体(图 4.2.17)。是否自然界存在真正稳定的端着丝粒染色体,学术界还有很多争论;不过小鼠的染色体很可能是端着丝粒的。还有一种原生动物 *Barbulanympha*,它的染色体一端总是和核膜相连,因此,可以认为是端着丝粒的。

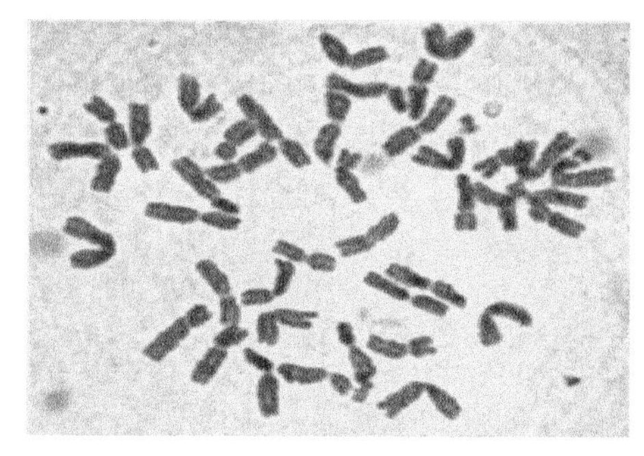
图 4.2.17 小麦根尖细胞染色体

着丝粒所在的缢缩部分是主缢痕。在某些染

色体的一个或两个臂上，还常另外有缢缩部位，染色较淡，称为次缢痕(secondary constriction)。它的位置是固定的，通常在短臂的一端。某些染色体次缢痕的末端所具有的圆形或略呈长形的突出体，称为随体(satellite)。它的大小可不同，其直径可与染色体同样，或者较小，甚至小到难以辨认的程度。连接染色体臂和随体的次缢痕也可能长或短。次缢痕的位置和范围，也与着丝粒一样，都是相对恒定的。这些形态特征也是识别某一特定染色体的重要标志。

着丝粒并不是一个不可分割的整体，而是一个复合结构。McClintock 用 X 射线照射玉米，诱发出 9 号染色体的断裂和缺失，其中一个断点发生在着丝粒中。因此缺失断片包括一部分着丝粒，形成一个小型环状染色体和缺失 9 号染色体，但在细胞中都能正常运动，说明它的着丝粒都具有完整的功能。

在染色体充分延伸的状态下，着丝粒并无特定的形态特征可供识别，穿过着丝粒的核苷酸序列，也与其他部分没有差别。只有在染色体高度收缩状态下，或者着丝粒作为一个特定细胞器发挥功能的时候，才能观察到它的形态结构。在一般体细胞中，着丝粒通常呈不着色的缢痕区，在玉米粗线期则呈现一个不着色无结构的圆形球状体。

Hoskins 运用显微操作技术和电镜，对有丝分裂中期染色体的着丝粒进行详细研究，提出一个亚显微模型。按照这一模型，中期染色体的两条染色单体，依靠两个半球形的基质(matrix，M)，在中心粒区相互结合在一起，基质的基部被此相连。每条染色单体两臂的染色线(chromonemata)都穿过基质，直径为 500Å。每个基质还附着有两条纺锤丝纤维束(spindle fiber bundle，SF)，纤维束在与基质的连接处膨大，称为纺锤小球(spindle spherule)，如图 4.2.18 所示。

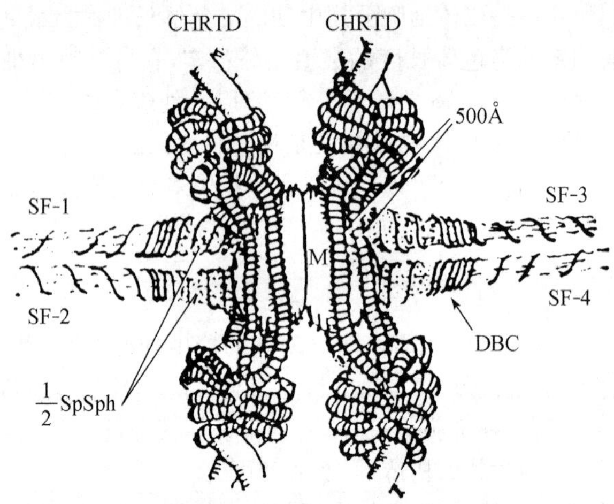

图 4.2.18 Hoskins 着丝粒模型

CHRTD. 染色单体；SF. 纺锤丝纤维束；SpSph. 纺锤小球；M. 基质

各种生物的染色体形态结构不仅是相对稳定的，且数目一般是成对存在。这样形态和结构相同的一对染色体，称为同源染色体(homologous chromosome)；而这一对染色体与另一对形态结构不同的染色体，则互称为非同源染色体(non-homologous chromosome)，如水稻共有 12 对同源染色体；这 12 对同源染色体，彼此又互称为非同源染色体。

4) 染色体的结构

A. 染色质的基本结构

染色质也称染色质线(chromatin fiber)，是染色体在细胞分裂间期所表现的一种形态，呈纤细的丝状结构。分子分析证明,染色质是一类复杂的核蛋白体,其中核酸有 DNA 和 RNA,蛋白质有组蛋白和非组蛋白,此外还有无机离子、少量的碳水化合物和脂类等。这些组分在不同生物、不同组织或细胞周期的不同阶段,均表现出一定变化。

DNA:真核染色体均以双链 DNA 为遗传物质,每条间期染色体在合成前期只含 1 条很长的线性双链 DNA;中期染色体含有 2 个姐妹染色单体,含 2 个线性 DNA(每个姐妹染色单体各含 1 条染色体)。多线染色体由于 DNA 复制与细胞分裂不协调所致,因而一个多线染色体可含高达几百个贯穿全长的双链 DNA 线性分子。

双螺旋 DNA 由 2 条反向平行、互补的多聚脱氧核糖核酸链,通过碱基腺嘌呤(adenine,简写为 A)、胸腺嘧啶(thymine,简写为 T)、胞嘧啶(cytosine,简写为 C)和鸟嘌呤(guanine,简写为 G)之间的氢键结合而成。这种结合可随着氢键因高温、高 pH 破坏而离解,这一过程称之为 DNA 变性(或淬火)。随着上述因素的消失,单链 DNA 又可以重新结合而形成双链 DNA,这一过程称之为复性(退火)。由于 A 和 T 之间形成 2 个氢键,而 C 和 G 可以形成 3 个氢键,故 DNA 碱基组成不同,其变性的难易程度也就随之不同,CG 含量越高,变性所需温度就越高。

根据复性动力学实验,真核生物染色体含有 4 种 DNA 序列;①反向重复 DNA,即发夹结构或回纹结构;②高度重复 DNA,如卫星 DNA,拷贝数很高,每个拷贝的 DNA 长度较短;③中度重复序列 DNA,拷贝数为 100～10 000,一般较高度重复 DNA 要长一些;④单一 DNA 序列,一个单倍体基因组中出现一次,这种序列中包括大多数结构基因,但并非所有单一序列都由基因组成。

RNA 在染色体中的存在发现较晚。但这一发现立即引起了科学家对 RNA 在染色体中功能的关注。Bostock 和 Summer 发现,中期染色体中 RNA/DNA 值要较分裂间期染色体为高,但这一比值在不同研究中变化很大。有人认为大量的非染色体 RNA 附着到染色体表面,主要是核糖 RNA(rRNA),随着染色体分离以便均衡分配到子细胞中。

染色体中的蛋白质可以根据其氨基酸组成、等电点(pI)分为两类;组蛋白和非组蛋白,统称染色体蛋白。组蛋白(histone)是一类小分子质量的碱性蛋白,在进化中高度保守,在细胞中仅局限于细胞核中的染色体上。在数量上与 DNA 之间的比例大体为 1∶1,在细胞周期中含量稳定。真核生物组蛋白有 5 种,即 H1、H2a、H2b、H3 和 H4。H1 富含赖氨酸,H2a 和 H2b 的赖氨酸含量略高,而 H3 和 H4 则富含精氨酸。与其他 4 种组蛋白不同,H1 分子要大得多,由 1 个球形核心伸出 1 个 NH_2 臂和 1 个 COOH 臂而呈现强烈极性,在氨基酸序列上保守性也不是很强。H2a、H2b、H3 和 H4 组蛋白在染色体结构中组成核小体核心,故称核小体组蛋白。所有组蛋白都不同程度地受到甲基化、乙酰化、磷酸化或 ADP-核苷化的修饰,这些修饰可能与转录或染色体凝集等功能有关,但尚缺结论性证据。

非组蛋白(non-histone chromosomal protein,NHCP)是指组蛋白以外的染色体蛋白。其在染色体中至少有几百种,但主要的只有几十种。在有丝分裂染色体中,NHCP 的量超出 DNA 3～4 倍。迄今分离到的 NHCP 有结构蛋白、酶蛋白、DNA 结合蛋白、调控蛋白、激素受体和高迁移族(HMG)蛋白等。这些蛋白的性质很少得到深入的研究,许多酶的活性都与间期染色质相联系,并非中期染色体所必须,但它们附着于染色体并处于失活状态,以便于能像 RNA 一样均等地分配到子核中去。NHCP 是近年分子遗传学研究中颇受关注方面之一,现已发现 NHCP 与调控染色体的凝集程度、转录活性及染色质结构的维持等均有关。

染色体含有无机离子,尤其是二价离子对染色体状态很有影响。如果除去二价离子,染色体就会膨胀,再加入适量二价离子,则可恢复原状。但从数量上看 K^+ 和 Cl^- 含量最高,Na^+ 次之,Mg^{2+} 和 Ca^{2+} 的含量要少一些。

根据染色反应，染色体中的染色质可以区分为两种：异染色质(heterochromatin)和常染色质(euchromatin)。异染色质是染色质中染色很深的区段，被称为异染色质区(heterochromatin region)；常染色质是染色很浅的区段，被称为常染色质区(euchromatin region)。据分析，异染色质和常染色质在化学性质上并没有什么差别，只是核酸含量上的不同；并且根据电子显微镜的观察，两者在结构上是连续的。在细胞分裂间期，异染色质区的染色质线仍然是高度螺旋化而紧密蜷缩的，故能染色很深。而常染色质区的染色质线是解脱螺旋而松散的，故染色很浅，不易看到。在同一染色体上所表现的这种差别，即称为异固缩(heteropycnosis)现象。放射自显影的实验证明，异染色质的复制时间总是迟于常染色质。因此，一般认为在遗传功能上异染色质区表现为惰性状态，而常染色质区起着十分活跃的作用。

B. 染色体的核小体模型

在染色质组成物质中含量最高、最稳定的成分是 DNA 和组蛋白，可见此两者为染色体的主要成分。DNA 与组蛋白装配成核蛋白体，其基本单位核小体(nucleosome)是至今染色体结构研究中最为基本的重要发现。

20 世纪 70 年代初期，Olins 夫妇及 Chambon 等学者，通过电子显微镜在间期细胞核中观察到直径约 11nm 的颗粒，这些颗粒与直径 1.5～2nm 的纤维相连接形成串珠结构。他们称此颗粒为核小体。当以小球菌核酸酶(这种酶短时间作用时只降解 DNA)处理时，连线消失，并释放出核小颗粒。用高浓度盐溶液对核小体解离，得到 140bp DNA 双螺旋及 4 种组蛋白(H2a、H2b、H3 和 H4)。用此种方式得到核小体结晶后，进行 X 射线衍射分析，认为直径 11nm 的核小体颗粒含有 4 种组蛋白各 2 个分子，而 DNA 则盘绕其外表约 1.75 周。

根据细胞分裂过程中染色体怎样从染色质蜷缩成为一定的形态结构的问题，现已提出染色质螺旋化的四级结构模型。一级结构就是染色质基本单位的核小体；二级结构是指核小体的长链呈螺旋化的盘绕，并形成超微螺旋，称为螺线体(solenoid)。这种螺线体的直径约为 30nm，内径为 10nm，相邻螺旋间距为 110Å，为中空呈管状的结构；三级结构是进一步的螺旋化和蜷缩，形成一个直径为 40nm 的圆筒状结构，称为超螺线体(super-solenoid)；四级结构是超螺线体再次地折叠和螺旋化，从而形成染色体。根据四级结构模型，估计 DNA 双链的螺旋化到染色体长度，先后经过四级压缩的倍数比率，分别约为 7 倍、6 倍、40 倍和 5 倍。所以，染色体中的 DNA 双螺旋最初的长度，大致被压缩 8000～10 000 倍(图 4.2.19)。

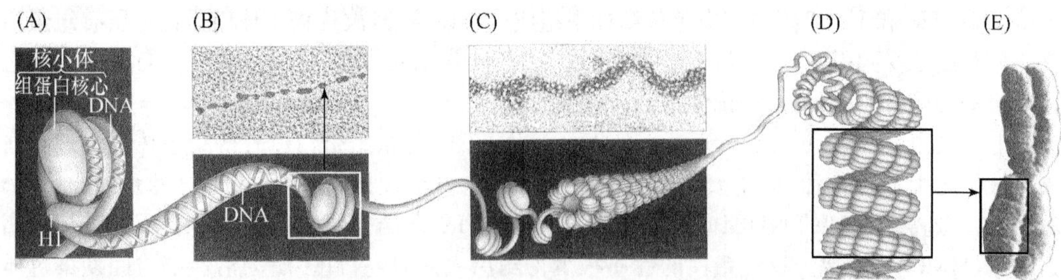

图 4.2.19 由染色质到染色体的核小体结构模型

(A) DNA 绕组蛋白中心 2 圈构成核小体；(B) 核小体按一定间隔沿着 DNA 构成一个 10nm 纤维丝；(C) 10nm 纤维螺旋化构成一个 30nm 的螺线管；(D) 30nm 螺线管进一步螺旋化；(E) 浓缩成真核染色体

5) 原核生物和病毒的染色体结构

原核生物(procaryote)，以及细菌等的染色体，是一条处在细胞质中的裸露的 DNA。有学者也把它们称为"基因带"(genophore),以便和真核生物的染色体相区别。不过它们的基本核苷酸序列是相同的,发挥相同的遗传功能。它们储存着生物的遗传信息,使用着相同的"密码字典",可自我复制,一代一代地传递,也可发生基因的重组和互换,对基因产物产生的时间和数量能够进行严密而准确地控制和调节。

细菌染色体,以对大肠杆菌(*Escherichia coli*)研究得最为清楚。它是一条环状的双螺旋DNA,长度为1100μm,直径为2～4nm,由3.235×10^6核苷酸对组成,分子质量为2.5×10^6kDa。用RNA酶和蛋白质酶处理都不能改变它的外形,说明RNA和蛋白质与它的环状结构无关。对分离的大肠杆菌染色体进行分析,发现除DNA外,还含有大约30%的RNA和10%的蛋白质。其RNA是刚刚完成转录,但是尚未释放的mRNA、tRNA和rRNA,以及少量的使染色体起折叠作用的RNA。蛋白质中占比例最高的是RNA聚合酶,还有少量蛋白质,属于一种特殊的细胞膜蛋白和质膜体(mesosome),是细菌染色体在细胞中的附着部位。大肠杆菌的染色体,在细胞中是以高度折叠或旋曲的形态存在的。首先,由最初的一条环状的双螺旋DNA折叠产生大约50个大环,使染色体的直径由350μm降为30μm,并通过RNA分子在环的基部连接;然后,在折叠的基础上,每一个环又进一步旋曲,成为超级螺旋,每个超级螺环大约包含400个核苷酸对(图4.2.20)。

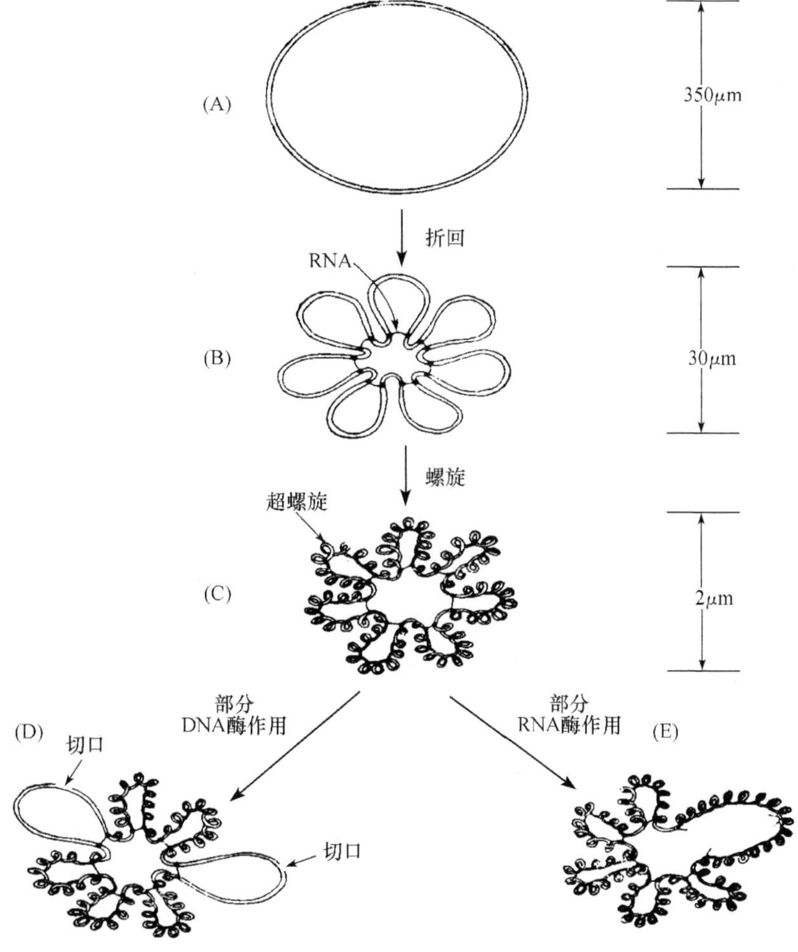

图4.2.20 大肠杆菌染色体螺旋与超螺旋化形态(RNA对DNA起到维系作用)

除细菌染色体之外，细菌的细胞质中还含有一些额外的环状 DNA 小分子，包括质粒(plasmid)和附加体(episome)。像真核生物的超数染色体一样，它们的存在并非细菌所必需，但它们能够在细菌中长期保持，并对细菌产生重要的影响。质粒和附加体的主要区别在于，质粒可以在细胞质中独立复制，而附加体必须整合到细菌染色体之后，才能随着细菌染色体的复制而复制。

病毒的结构十分简单，它不属原核生物，也没有细胞状构造，是一种分布广泛但对寄生专一性很强的病原体。离开寄主细胞的病毒称为病毒体(virion)，由核酸核心和蛋白质外壳构成。其核酸部分可以是双股 DNA，单股 DNA 或 RNA，因而可以把它们称作双股 DNA 病毒、单股 DNA 病毒或 RNA 病毒。核酸可以是直线的，也可以是环状的，其长度为 1～50μm。由它编码蛋白质外壳的最简单的生命形式，如烟草花叶病毒(TMV)，只有一类蛋白质组成，另外一些如细菌噬菌体的外壳由几类蛋白质共同组成。侵染寄主后的病毒，它的核酸或“染色体”可以在寄主细胞中自由存在，也可以整合进寄主染色体，随着寄主染色体的分裂进行同步分裂。当细菌被溶解，病毒脱离细菌细胞时，它的核酸核心才和外壳蛋白装配成为新的病毒体。

4.2.9.3　染色体的行为

1) 有丝分裂

细胞分裂是生物进行繁殖的基础。生命的连续性完全有赖于细胞分裂，只有这样，才能使亲代与子代之间的遗传物质获得传递。细胞分裂的方式可分为无丝分裂(amitosis)和有丝分裂(mitosis)两种。无丝分裂也称直接分裂，它不像有丝分裂那样，经过染色体有规律的和准确的分裂过程，而只是细胞核拉长，缢裂成两部分，接着细胞质也分裂，从而成为两个细胞。因为在整个分裂过程中，看不到纺锤丝的作用，故称为无丝分裂。这种分裂方式比较少见，但高等生物的某些专化组织或病变和衰退组织可能常发生。在高等植物某些生长迅速的部分也常发生。例如，小麦的茎节部和番茄叶腋发生新枝处，以及一些肿瘤和愈伤细胞常发生无丝分裂。

高等生物的细胞分裂主要是以有丝分裂方式进行的。有丝分裂亦称为等数分裂，它包含两个紧密相连的过程：先是细胞核分裂，即核分裂为两个；后是细胞质分裂，即细胞分裂为二，各含一个核。一般根据核分裂的变化特征可分为 4 个时期：前期(prophase)、中期(metaphase)、后期(anaphase)和末期(telophase)。实际上，在细胞相继两次分裂之间还有一个间期(interphase)。它们的特征如图 4.2.21 所示，其分裂的详细过程如下。

(1) 间期。特指细胞连续两次分裂之间的这一段时期。一般在光学显微镜下观察，活体细胞核是均匀一致的，看不见染色体，只是看到许多染色质，这是因为当时染色体伸展到最大长度，处于高度水合的、膨胀的凝胶状态，折射率大体上与核液相似的缘故。这时从细胞外表上看，似乎细胞是静止的，实质上，根据细胞化学证明，间期的核是处于高度活跃的生理、生化的代谢阶段，为继续进行分裂准备条件。细胞分裂前的首要条件，是在间期进行遗传物质的复制。据细胞化学对 DNA 含量的分析，这个时期核内 DNA 含量是加倍合成的，与 DNA 相结合的组蛋白也是加倍合成的。并且有证据说明，核在间期的呼吸作用最低，这有利于在有丝分裂发生之前，储备足够多的易于利用的能量。其次，细胞在间期进行生长，使核体积和细胞质体积的比例达到最适的平衡状态，对发动细胞的分裂也是很重要的。

根据间期 DNA 合成特点，在间期中又可分为三个时期：合成前期 G_1(pre-DNA synthesis，1st Gap)、合成期 S(period of DNA synthesis)和合成后期 G_2(post-DNA synthesis，2nd Gap)。G_1 期是细胞分裂周期第一个间隙，它为 DNA 合成做准备。S 期是 DNA 合成时期。G_2 期是

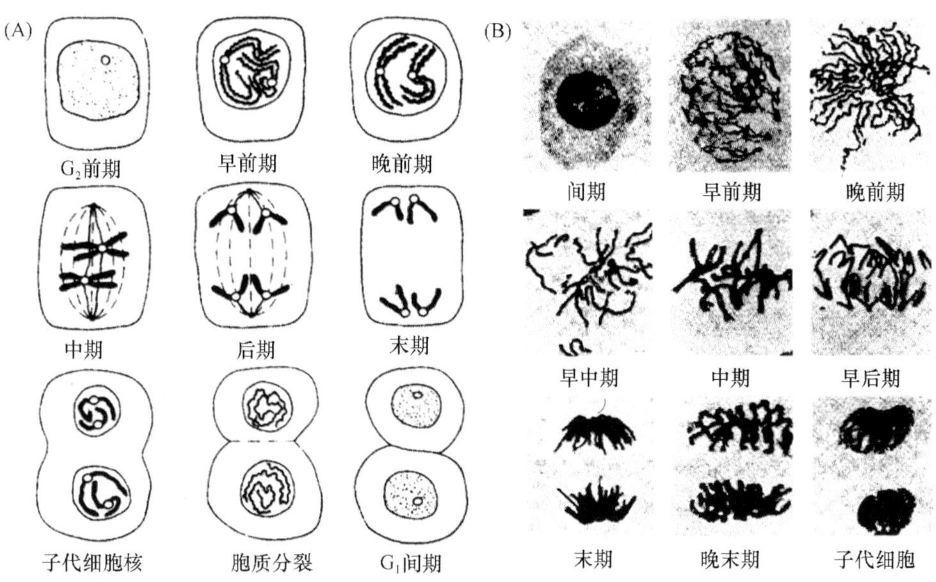

图 4.2.21 细胞有丝分裂过程的主要阶段

(A) 为示意图;(B) 为黑麦体细胞有丝分裂

DNA 合成后至核分裂开始之间的第二个间隙。这三个时期的长短因物种、细胞种类和生理状态的不同而不同。一般 S 期的时间较长,且较稳定:G_1 期和 G_2 期的时间较短,变化也较大。据测定,蚕豆根尖细胞的有丝分裂周期,G_1 期为 5h、S 为 7.5h、G_2 为 5h,间期共为 17.5h。而分裂期 M 全长只有 2h。

(2) 前期。最明显的特点是细胞核内出现细长而卷曲的染色体,以后逐渐缩短变粗。每个染色体有两个染色单体,表明此时染色体已经自我复制,但染色体的着丝点还没有分裂。这时核仁和核膜逐渐模糊不很明显,动物细胞中中心体分裂为二并向两极分开,每个中心体周围出现星射线,在前期最后阶段将逐渐形成丝状的纺锤丝(spindle fiber)。但是高等植物细胞没有中心体,只从两极出现纺锤丝。

(3) 中期。核仁和核膜均消失,核与细胞质已无可见的界限,细胞内出现清晰可见由来自两极的纺锤丝所构成的纺锤体(spindle)。各个染色体的着丝点均排列在纺锤体中央的赤道面上,而其两臂则自由地分散在赤道面的两侧。由于这时染色体具有典型的形状,故最适于采用适当的制片技术鉴别和计数染色体。

(4) 后期。这时最突出的特点是每个染色体的着丝点分裂为二,各条染色体单体已各成为一个完整染色体。随着纺锤丝的牵引,每个染色体分别向两极移动,因而两极各具有与原来细胞同样数目的染色体。

(5) 末期。在两极围绕着染色体出现新的核膜,染色体又变得松散细长,核仁重新出现。于是在一个母细胞内形成两个子核。接着细胞质分裂,在纺锤体的赤道板区域形成细胞板,分裂为两个子细胞,又恢复为分裂前的间期状态。

有丝分裂的全过程所经历的时间,因物种和外界环境条件的不同而不同,一般以前期的时间最长,可持续 1~2h;中期、后期和末期的时间都较短,为 5~30min。例如,同在 25℃条件下,豌豆根尖细胞的有丝分裂时间约需 83min;而大豆根尖细胞约需 114min。同一蚕豆根尖细胞,在 25℃下有丝分裂时间约需 114min;而在 3℃下则需 880min。

此外，应该指出的是，有丝分裂过程中也出现一些特殊的情况：一是细胞核进行多次重复的分裂，但细胞质却不分裂，因而形成具有很多游离核的多核细胞。二是核内染色体分裂，即染色体中的染色线连续复制，但其细胞核本身不分裂，结果这些加倍了的染色体都留在一个核里，这就称为核内有丝分裂(endomitosis)。这种情况在组织培养的细胞中较为常见，植物花药的绒毡层细胞中也有发现。核内有丝分裂的另一种情况，是染色体中的染色线连续复制后，其染色体并不分裂，仍紧密聚集在一起，因而形成多线染色体(polytene chromosome)，即前述的一些双翅目昆虫，如摇蚊(*Chironomus*)和果蝇(*Drosophila*)等的唾腺细胞中所发现的巨型染色体(giant chromosome)，就是核内有丝分裂的结果。

2) 有丝分裂的遗传学意义

首先是核内每个染色体准确地复制分裂为二，为形成的两个子细胞在遗传组成上与母细胞完全一样提供了最重要的基础。其次是复制的各对染色体有规则而均匀地分配到两个子细胞的核中去，从而使两个子细胞与母细胞具有同样质量和数量的染色体，保证了物种遗传特性的稳定性。

对于细胞质来说，在有丝分裂过程中虽然线粒体、叶绿体等细胞器也能复制，也能增殖数量，但是它们原先在细胞质中分布是不均匀的，数量也是不恒定的；因而在细胞分裂时它们是随机而不均等地分配到两个子细胞中去。由此可知，任何由线粒体、叶绿体等细胞器所决定的遗传表现，是不可能与染色体所决定的遗传表现具有同样的规律性。

细胞以这样均等方式的有丝分裂，既维持了个体的正常生长和发育，也保证了物种的连续性和稳定性。植物采用无性繁殖所获得的后代，之所以能保持其母本的遗传性状，就在于它们是通过有丝分裂而产生的。

3) 减数分裂

减数分裂(meiosis)，又称为成熟分裂(maturation division)，是在性母细胞成熟时，配子形成过程中所发生的一种特殊的有丝分裂。因为它使体细胞染色体数目减半，故称为减数分裂。例如，小麦的体细胞染色体数 $2n=42$，经过减数分裂后形成的精细胞和卵细胞，都只是原有染色体数的一半，即 $n=21$。但通过受精，精细胞和卵细胞相结合，使合子又恢复了体细胞的正常染色体数目($2n$)，从而保证了物种染色体的恒定性。

减数分裂的主要特点：首先是各对同源染色体在细胞分裂的前期进行配对(pairing)，或称联会(synapsis)；其次是第一次分裂染色体是减数的，第二次是等数的。其中以第一次分裂的前期较为复杂，又可细分为 5 个时期。其特征如图 4.2.22 所示。

A. 第一次分裂

a. 前期Ⅰ

前期Ⅰ可分为以下 5 个时期。

(1) 细线期(leptotene)。核内出现细长如线的染色体，由于染色体在间期已经复制，染色体数目成双。

(2) 偶线期(zygotene)。各同源染色体分别配对，出现联会现象。$2n$ 个染色体经过联会而成 n 对染色体。各对染色体的对应部位相互紧密并列，在活动上仿佛一个单位。这样联会的一对同源染色体，称为二价体。一般在这时出现多少个二价体，即表示有多少对同源染色体。

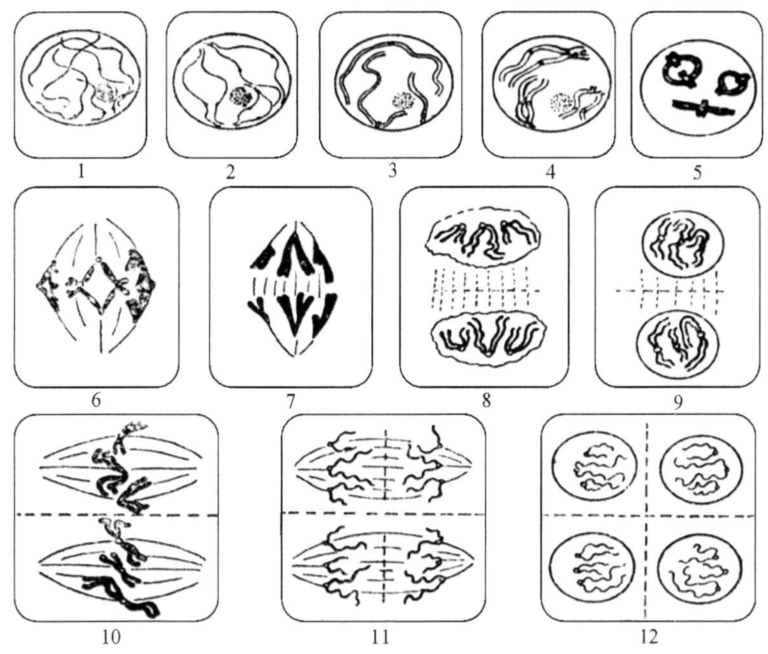

图 4.2.22 减数分裂示意图

1. 细线期；2. 偶线期；3. 粗线期；4. 双线期；5. 终变期；6. 中期Ⅰ；7. 后期Ⅰ；8. 末期Ⅰ；9. 前期Ⅱ；10. 中期Ⅱ；11. 后期Ⅱ；12. 末期Ⅱ

(3) 粗线期(pachytene)。二价体逐渐缩短加粗，同时由于染色体已经复制，所以这时每个染色体已含有两条染色单体，但其着丝点仍是一个。因此，二价体已含有四条染色单体，故又称为四合体(tetrad)。在二价体中一个染色体的两条染色单体，互称为姐妹染色单体；而不同染色体的染色单体，则互称为非姐妹染色单体。

(4) 双线期(diplotene)。四合体继续缩短变粗，各个联会了的二价体，虽因非姐妹染色单体相互排斥而松解，但仍被 1 个或 2 个以至几个交叉(chiasmata)联结在一起，这种交叉现象就是非姐妹染色单体之间，某些片段在粗线期发生交换的结果。

(5) 终变期(diakinesis)。染色体变得更为浓缩和粗短，这是前期Ⅰ终止的标志。这时每个二价体分散在整个核内，可以一一区分开来，是鉴定染色体数目的最好时期。

b. 中期Ⅰ

核仁和核膜消失，细胞质里出现纺锤体。纺锤丝与各染色体的着色点连接。从纺锤体的侧面观察，各二价体则像一列横队排列在纺锤体中间。但从纺锤体的极面观察，各二价体分散排列在赤道板上，这时也是鉴定染色体数目的最好时期。

c. 后期Ⅰ

由于纺锤丝的牵引，各个二价体各自分开，这样把二价体的两个同源染色体分别向两极拉开，每一极只分到每对同源染色体中的一个，实现了 $2n$ 数目的减半(n)。这时每个染色体包含两条染色单体，只是着丝点还没有分裂。

d. 末期Ⅰ

染色体移到两极后，松开变细，形成两个子核；同时细胞质分为两部分，于是形成两个子细胞，称为“二分体”。但这一时期很短，紧接着就进入下一次分裂。

B. 第二次分裂

a. 前期Ⅱ

每个染色体有两条染色单体，着丝点仍连在一起，但染色单体彼此散得很开。

b. 中期Ⅱ

每个染色体的着丝点整齐地排列在各个分裂细胞的赤道板上，着丝点开始分裂。

c. 后期Ⅱ

着丝点分裂为二，各个染色单体由纺锤丝分别拉向两极。

d. 末期Ⅱ

拉到两极的染色体形成新的子核，同时细胞质又分为两部分。这样经过两次分裂，形成四个细胞，这称为“四分体”(retrad)或“四分孢子”(tetraspore)。各细胞的核里只有最初细胞的半数染色体，即从 $2n$ 减数为 n。

C. 减数分裂的遗传学意义

在生物的生活周期中，减数分裂是配子形成过程中的必要阶段。首先，减数分裂时核内染色体严格按照一定的规律变化，最后分裂成四个细胞，发育为雌性细胞或雄性细胞，各具有半数的染色体(n)。这样雌雄性细胞受精结合为合子，又恢复为全数的染色体($2n$)。从而保证了亲代与子代间染色体数目的恒定性，为后代的正常发育和性状遗传提供了物质基础，同时保证了物种相对的稳定性。

其次，各对同源染色体在减数分裂中期Ⅰ排列在赤道板上，然后分别向两极拉开，但各对染色体中的两个成员在后期Ⅰ分向两极时是随机的，即一对染色体的分离与任何另一对染色体的分离不发生关联，各个非同源染色体之间均可能自由组合在一个子细胞里，n 对染色体，就可能有 2^n 种自由组合方式。这说明各个子细胞之间在染色体组成上，将可能出现多种多样的组合。不仅如此，同源染色体的非姐妹染色单体之间的片段，还可能出现各种方式的交换，这就更增加了这种差异的复杂性。因而为生物的变异提供了重要的物质基础，有利于生物的适应及进化，并为人工选择提供了丰富的材料。

4.2.9.4 染色体工程的主要研究内容

1) 染色体工程的概念

染色体工程(chromosome engineering)一词，最早来自于 Kick 和 Klush。他们在 1966 年论述番茄的三体、单体和染色体缺失时，使用了这一术语。1972 年美国细胞遗传学家 Sears 在讲述小麦染色体易位方法时，也使用了染色体工程这一术语。

染色体工程是指人们按照预先设计，利用染色体工程的基础材料，通过分离、导入、重组等染色体操作以改变染色体组成，进而达到定向改变物种遗传特性的新技术。

染色体工程按其研究所涉及的范围和手段，概念还有广义和狭义之分。一般而言，广义的染色体工程，是指以细胞遗传学为基础，与远缘杂交、多倍体育种、诱变育种及细胞工程等紧密结合发展起来的生物技术，其重点在于通过各种常规的有性杂交、回交，或建立在细胞水平上的杂交等方法，有计划、有步骤地定向转移染色体组、染色体或染色体片段。狭义的染色体工程，仅指染色体的人工分离，将分离出的染色体或染色体片段导入受体原生质体，再经原生质体培养，再生细胞壁、愈伤组织直至再生出完整的植株。

2) 染色体工程主要研究内容

染色体工程研究所涉及的范围很广，主要包括染色体的添加、削减和代换。染色体添加是指通过杂交或其他方法，将一个物种的染色体导入到受体物种染色体组，这种染色体导入技术称为染色体添加；染色体添加后的品种（系）称为附加系。染色体削减，是指植物正常染色体组中减少了一条或数条染色体。染色体削减可自然产生，也可人工诱导产生。染色体削减中，较常见的是单体、缺体和端体。染色体代换，是指把某一物种的某一染色体替换成另一物种的染色体，在不改变受体其他染色体遗传信息的情况下，使供体染色体所含的遗传信息转移到受体中。染色体代换包括整条染色体代换（即异代换系）和染色体片段的代换（即易位系）。

此外，采用染色体工程基础材料，如单体、缺体、端体等所进行的遗传分析、基因定位等，也包含在染色体工程研究的范围内。

3）染色体工程涵盖的现代生物新技术

随着科学技术的不断发展，各个学科相互渗透，尤其是分子生物学、分子遗传学研究中的一些新技术、新方法，已迅速融入到染色体工程技术的研究领域，赋予染色体工程以更新的研究内容。染色体工程不仅包括在染色体组、染色体和染色体片段水平上所进行的染色体遗传操作，而且涵盖了染色体原位杂交、染色体微切割和人工染色体新技术等。染色体原位杂交（chromosome in site hybridization，CISH），是根据核酸分子碱基互补配对的原则（A—T，G—C），将有放射性或非放射性标记的外源核酸探针（probe）与染色体上经过变性的单链 DNA 互补配对，结合成专一的核酸杂交分子，经一定的检测手段，将待测核酸在染色体上的位置显示出来。染色体原位杂交技术，已与染色体显带技术、RFLP、生化标记技术等相结合，得到了广泛的发展。染色体微切割（chromosome micro-dissection）指在显微镜下利用激光、显微刀等，对特定的染色体片段进行切割加工。尤其是 PCR 技术的应用，大大促进了染色体微切割、微克隆技术的发展。微克隆指将微切割获得的染色体或染色体片段 DNA，用限制性内切核酸酶消化后插入克隆载体，构建成染色体或染色体片段特异性 DNA 文库。染色体微切割操作借助染色体分带、荧光原位杂交等技术，进行核型分析，在细胞遗传学的基础上，通过基因工程技术，从而保证染色体微切割文库的完整性，以便于这种文库用于目标基因的候选克隆，或从中筛选对某个染色体区段有特异性的探针。人工染色体（artificial chromosome）的种类很多，如酵母人工染色体（yeast artificial chromosome，YAC）、细菌人工染色体（bacteria artificial chromosome，BAC）、噬菌体 P1 克隆（P1 clone system）和源于 P1 的 PAC（P1 derived artificial chromosome）、双元细菌人工染色体（binary-BAC system，BIBAC）、可转化人工染色体（transformation competent artificial chromosome，TAC）等，已广泛应用于生物科学研究的各个领域。

小结

动物工程细胞相关知识与技术已成为当今生物制药领域最重要的关键技术之一，并以其研究的深入和进展推动生物技术产业的迅速发展。基因组学、蛋白质组学研究的深入和发展，在不断拓展治疗性蛋白药物、疫苗的种类和临床应用范围的同时，将迅速地向动物细胞培养工程渗透、推动动物细胞培养工程的进一步发展。可以预见：目前蛋白治疗药物如抗体、酶、治疗性疫苗等重组蛋白类药物的产业化现状仅仅是一令人鼓舞的开端，今后其在药学、医学、生命科学中的发展将进入一个更为快速的阶段。

本章主要对动物细胞工程、染色体工程、胚胎细胞工程等知识进行了概括介绍。其中主要包括动物工程细胞的大规模培养技术、细胞培养动力学相关知识、细胞培养基及生物反应器等。

这些知识和技术在以基因工程和代谢工程为基础优化改造宿主动物细胞、构建稳定高效表达外源目的基因的工程细胞，建立工程细胞培养工艺的和工程放大，收获和纯化动物细胞表达产品的过程中有着重要作用。

（冯 强）

思考题

1. 动物细胞无血清无蛋白培养过程对培养环境和培养液组成有何特殊要求？
2. 各种贴壁细胞培养介质有何差别？培养时对细胞会产生怎样的影响？
3. 在生物反应器培养过程中细胞损伤如何产生？如何避免细胞损伤？
4. 生殖细胞发生过程中包括哪些主要阶段？各阶段的主要特点是什么？
5. 染色体的确切含义是什么？染色体有哪些类别？
6. 染色体有丝分裂分为哪几个时期？各时期的特点是什么？有何遗传意义？
7. 克隆动物技术的主要环节有哪些？
8. 什么是染色体工程？其主要研究内容有哪些？

参考文献

陈志南. 2005. 细胞工程. 北京：科学出版社

凌诒萍. 2001. 细胞生物学. 北京：人民卫生出版社

翟中和. 2000. 细胞生物学. 北京：高教出版社

汪堃仁等. 1998. 细胞生物学. 2 版. 北京：北京师范大学出版社

郑国锠，翟中和. 1993. 细胞生物学进展(三). 北京：高等教育出版社

Allison D W, Aboytes K A, Fong D K, et al. 2005. Development and optimization of cell culture media: genomic and proteomic approaches. Bioprocess International, 3: 38-45

Griffin T I, Seth G, Xie H, et al. 2007. Advancing mammalian cell culture engineering using genome-scale technologies. Trends in Biotechnol, 25: 400-408

Whitford W G. 2006. Fed-batch mammalian cell culture in bioproduction. BioProcess International, 4: 30-40

Wlaschin K, Seth G, Hu W. 2006. Toward genomic cell culture engineering. Cytotechnology, 50: 121-140

Zhang J Y, Robinson D, Salmon P. 2006. A novel function for selenium in biological system: lenite as a highly effective iron carrier for chinese hamster ovary cell growth and monoclonal antibody production. Biotechnol Bioeng, 95: 1188-1197

4.3 植物工程细胞基础

植物工程细胞生物学是植物细胞工程的延伸与拓展，其知识基础是植物细胞生物学，技术基础是植物细胞工程，也就是从植物细胞生物学的角度分析植物培养细胞的增殖、分化、衰老、凋亡等生命活动的基本规律，以求在细胞与分子两个层次全面把握培养细胞在离体条件下的各种生命现象，并揭示其机制，以便更好地利用植物细胞培养实验体系深入研究和探索植物细胞的生命本质，更好地指导植物细胞工程实践，为充分利用植物资源为人类可持续发展服务提供

理论依据。因而可以说，植物工程细胞生物学与植物细胞工程在内容与范畴上具有一致性，但分析的角度和立足点有所不同。换句话说，植物细胞生物学侧重于对细胞生命活动规律的理论探索，植物细胞工程侧重于体外培养体系的建立及其应用，而植物工程细胞生物学则是两者的有机结合，注重理论对实践的指导和对实践中发现的特殊规律的理论总结和探讨。

4.3.1 植物细胞工程基本概念

植物细胞工程已经走过了一个多世纪的发展历程，首先是细胞学说的建立和细胞全能性概念的提出为通过植物组织和细胞进行体外培养奠定了理论基础，而分子生物学和分子遗传学的发展为在离体条件下进行遗传操作，并通过各种技术手段加速育种进程、物种种质资源保存、迅速扩大物种数量、获取更多有价值的植物天然代谢产物、改良植物品种及摆脱自然繁育和自然进化对人类的束缚创造了条件。

植物细胞工程(plant cell engineering)是在植物细胞全能性的基础上，在体外可控条件下对植物的组织或细胞进行培养、繁殖及多种人为操作，定向改变植物物种的某些生物学特性，以更好地利用植物资源为人类的生存和发展服务的一门重要的分支学科。其研究内容包括植物组织与细胞培养、植物原生质体培养、植物细胞融合、植物染色体工程、植物细胞质工程及转基因植物等。

植物组织与细胞培养是植物细胞工程的基础，是指在体外无菌条件下，将植物的外植体(组织或细胞)在人工培养基(液)上进行培养，使之进一步增殖分化的技术体系。该体系的建立为进一步开展植物原生质体培养、植物细胞融合、植物细胞质改造和培育转基因植物提供了技术基础。植物原生质体培养就是要摆脱植物细胞壁对植物细胞培养的结构性限制，为细胞融合创造可能的条件。而植物细胞质工程着眼于细胞质中各种细胞器，通过对多种细胞器的分离、导入和遗传操作等技术，发挥细胞质对细胞核的反馈调节作用，进而改变植物特性的实验方法。转基因植物一方面着眼于定向改变植物细胞的遗传特性，同时还借助植物的复制表达体系表达相关目标产物或提高植物的抗逆性等。可以说，植物细胞工程技术体系的建立和发展，一方面为人类认识和改造自然植物物种属性提供了广阔的发展空间，另一方面也为深入研究植物生命活动的规律和揭示离体条件对生命活动过程的影响提供了新的技术路径和手段。而植物工程细胞生物学就是要从多个层次对离体条件下各种生命活动现象做出科学解释，并在实践中不断加以检验，为人类从自然王国迈向自由王国铺平道路。

4.3.2 植物细胞与组织培养

植物细胞与组织培养的主要内容包括植物微繁殖和植物细胞大量培养。前者涉及定向分化诱导、试管苗培育、人工种子构建、单倍体诱导和体细胞杂交(通过细胞融合技术)等，后者则在植物生物反应器中进行，通过对各种培养体系参数的控制，提高植物细胞代谢产物的表达水平，或提升目标基因产物的表达量，从而为实现工业化生产提供基本前提和基础。

4.3.2.1 外植体的选择和培养

外植体就是植物细胞与组织培养的对象，包括植物的营养器官(根茎叶)和生殖器官(花果实种子)的部分组织或细胞。组织块可直接从植物体上切取，经过较为严格的清洗消毒过程，然后植入培养基上进行培养，而细胞培养必须在组织培养的前提下，经过对培养后形成的愈伤组织的多次离解，使组织团块分散成游离的细胞，在离心和过滤等处理后，获得单个细胞进行进一步培养，而单个细胞的培养多应用液体培养基进行悬浮培养，这一培养技术的成功建立将为大规模培养创造条件。

外植体的选择要以对植物体生长发育的细胞生物学知识为基础，根据 hayflick 界限的要求，从培养目标出发，选择幼嫩健康无病菌感染的组织，多选择分生组织、幼胚、子叶、形成层及薄壁组织等，可有效提高培养成功率，如果进行单倍体培养，则要选择花药、花粉、子房、胚珠等。培养的组织在离体培养条件下，一般要经历愈伤组织形成的过程，这是离体组织对培养环境适应的结果，当然也可通过特殊的定向分化诱导，直接形成根或芽，而不再经过愈伤组织阶段。

愈伤组织是植物组织培养中的特殊现象，动物细胞培养一般不出现这一阶段。愈伤组织是外植体在离体培养条件下细胞脱分化(dedifferentiation)的结果。愈伤组织实际上是一团无序生长的细胞，多为近圆形的液泡化薄壁细胞，细胞器不发达，蛋白质含量较少，一般处于愈伤组织表面的细胞体积较小，而越往愈伤组织内部细胞的体积越大，因此，愈伤组织细胞存在不均一性。从细胞生物学角度分析，培养组织的脱分化是某些细胞脱离 G_0 期后进入细胞分裂周期结果的反应。在脱分化的过程中，细胞质变浓厚，大液泡消失，核体积显著增加，细胞器数量增加，质体发生向原质体的逆向转化，脱分化过程中有与蛋白体相关的球形细胞质团的出现，并且认为蛋白体的出现可以作为细胞开始脱分化的形态学标志。一般而言，单子叶植物和裸子植物发生脱分化要比双子叶植物难，成年组织和细胞比幼年组织细胞难，单倍体细胞比二倍体细胞难。

4.3.2.2 植物微繁殖的培养条件

培养基(固态或液态)和培养环境构成了植物微繁殖的培养条件。培养基为细胞的生长代谢提供必需的营养条件，而不同物种和不同类型的外植体对培养基的要求不尽相同。一般原则是按照培养目标要求在 White 和 MS 两种基本或广谱培养基的基础上进行选择。例如，花药培养多选择硝态氮含量较高的 N6 培养基，豆科植物的起始培养多选用 B5 培养基。如果定向诱导芽或根的分化，常常依据 Skoog 和崔澂(1948 年)最早发现并逐步为以后的研究广泛证实的较为普遍的激素比例与器官形成的规律性：当诱导愈伤组织形成时，细胞分裂素和生长素的比例要接近 1，诱导芽分化时，细胞分裂素的量要高于生长素，反之，诱导根的发生时，生长素的量要高于细胞分裂素。进行组织培养一般不需要在培养基中添加有机营养成分，但进行细胞和原生质体培养时则应该考虑适度添加。植物组织培养一般选用添加了凝固剂，如琼脂、卡拉胶及魔芋粉等形成的固体培养基，而单细胞培养和原生质体培养则要用到液体培养基。

培养环境是由相关物理化学参数和指标控制的，涉及 pH、光照、温湿度及氧气等。培养基的 pH 一般为 5.5～6.0，特别应关注在培养基灭菌和组织细胞培养过程中 pH 的变化，有时需要加入缓冲剂以保持 pH 的相对稳定。光照包括光照强度、光照时间和光质三个物理量，通常植物组织培养起始阶段只需要散射光和弱光，但在器官分化阶段，较强的光照常常是必需的条件，光质对器官分化也有重要影响，并且受植物组织细胞中光敏色素的调节。植物组织培养通常在 20～30℃下进行，但具体温度的选择还与植物的类型有关，如马铃薯多采用 20℃，而棉花则选择 30℃。此外还应考虑培养室和培养容器的气体交换，确保细胞生长对氧气的需要。对于植物细胞大规模培养而言，溶氧浓度和氧饱和度等参数对于最佳生物量和次生代谢产物以及目的基因产物的表达量都有至关重要的影响，既要考虑通气速率，还要兼顾剪切力的控制，因此，必须综合考虑以达到最佳培养效果。这在后面部分将作进一步论述。

4.3.2.3 植物细胞大规模培养的重要参数和控制

据不完全统计，大约 20%的药物来自于植物，应用植物细胞培养系统生产生物合成的天然产物，已成为生物技术产业发展的一项重要内容。鉴于目前许多天然产物通过人工合成的方法尚难以实现，因此，进一步发展植物细胞大规模培养技术就显得十分迫切。

目前已能在2万L规模的生物反应器中培养烟草细胞，日本通过750L搅拌式生物反应器培养紫草细胞生产的紫草宁色素已投放市场，成为第一个植物细胞工程产品化与商业化的范例，我国在人参、红豆杉、长春花和洋地黄植物大规模培养方面也获得了长足的发展，部分产品也已进入中试阶段或投放市场，取得了良好的经济效益和社会效益。

这项技术的发展，涉及几个重要的技术环节，包括种子细胞的选择、种子细胞系的增殖和放大培养以及大规模培养体系的建立等。由于植物次生代谢产物的产生和积累具有组织器官特异性，加之用起始材料建立的细胞系常是异质的细胞群体，因此必须首先选择高产细胞系，通常是通过对单细胞培养形成的愈伤组织进行成分含量分析，对产量较高的愈伤组织进行扩大增殖，然后进入悬浮培养过程，以进一步筛选出大规模培养所需要的种子细胞。期间也可通过在培养条件上适当增加选择压力或采用化学诱变剂，以更好地获得高产的细胞系。随后要对筛选出的种子细胞进行增殖放大培养，以扩大种子细胞的数量，常用的方法是液体震荡培养逐级放大技术，并随时监测细胞生长特性和目标产物含量的动态变化，为进行大规模培养提供基础技术参数。大规模培养参照动物细胞大规模培养技术体系，可分别采用成批培养(batch culture)、连续培养(continuous culture)和半连续培养(semi-continuous culture)等方式进行。成批培养表现出典型的S形生长曲线，生长进入静止期时细胞代谢产物也就进入了积累期，为了尽可能维持细胞活性以延长生产周期获取更多的代谢产物，相继又发展了饲喂批量培养(feed-batch culture)等技术，即在培养过程中添加一定量的有利于目标产物合成的培养基，该技术的优点在于，培养装置和操作过程简单，但也有目标产物难于分离和培养成本较高等不足。而连续培养通过不断向反应器中以一定流量添加新鲜培养基，与此同时以相同流量取出系统中原有的培养基，有效维持了培养系统中的细胞密度、产物浓度以及物理状态的相对平衡，从而可以延长细胞培养周期，增加目标产物的产率，同时较为稳定的培养状态也有利于检测和程序化控制，因此培养装置就显得较为复杂，对生物反应器的设计提出了更高的要求。半连续培养则在成批培养完成一个周期后，从反应器中取出大部分细胞培养悬液，并保留一小部分作为下一培养周期的种子细胞，然后加入一定量的新鲜培养基，其优点是可降低培养成本，但不足之处在于由于部分衰老的细胞未能清除，所以下一培养周期细胞的生长一致性受到影响。特别要注意，有时细胞生长和产物合成需要不同的培养基，这就需要先把细胞培养在生长培养基上，待细胞生长进入到产物积累阶段时，再转入产物合成培养基上，这就是两步法的培养技术体系。此外还有两相培养技术体系，即由水溶性和脂溶性有机物分别形成培养体系中的上下两相，细胞在其中一相中生长并合成次生代谢产物，而释放到胞外的次生代谢产物被另一相(吸附相)所吸附，通过不断回收吸附相，从而实现植物细胞的连续培养，减少代谢产物积累形成的反馈抑制，有利于产物的分离提纯，可以大大降低生产成本。两相培养技术包括液-液培养和液-固培养两类。固相通常利用活性炭、硅酸镁载体、沸石、树脂和反向硅胶等，而液体提取相可用液状石蜡等。此外还经常用到固定化培养技术，即把细胞固定或附着于基质、流化床或固定床中，培养流动相可不断回收用于产物提取分离，并可重复利用，从而可能提高代谢产物的产率，降低生产成本。

植物细胞大规模培养常见的生物反应器有两种：搅拌式和气升式。固定化的生物反应器正在发展之中。但实验室所用的生物反应器还不能直接用于工业化生产，必须经过系统放大，但放大过程中受到许多物理化学因素的影响，必须对各种环境因子进行优化，这些因素包括流体力学、流变学、细胞生产动力学以及培养液成分、光照、剪切力、供氧、气体成分、黏度和混合情况等。植物细胞具有如下两大特点，在生物反应器设计和参数优化过程中应当予以考虑：其一，植物细胞的细胞壁对剪切的耐受力差（尽管比微生物细胞和动物细胞要强）；其二，植物细胞生长缓慢，细胞繁殖一代需要的时间较长。有时还可在培养体系中添加刺激剂（elicitor）以有效提高产物的产率。另外，高密度培养技术也受到研究者的关注。

4.3.3 植物原生质体培养

植物原生质体（protoplast）是指去除了细胞壁后的裸露的球形细胞。由于不再具有细胞壁这个天然屏障，就使植物细胞可以用类似动物细胞的方式构建成为一个理想的实验系统，以进行细胞工程改造和培养，如体细胞杂交或细胞融合。1880 年 Hanstein 首次使用了原生质体一词，1892 年 Klercker 用机械方法首次从藻类中分离得到原生质体，但真正奠定原生质体培养技术基础的还是 1960 年 Cocking 开创的酶法大规模分离原生质体的新方法，随后，在 1971 年，Takebe 首次获得烟草叶肉原生质体培养的再生植株，标志着原生质体培养技术的基本成熟，1985 年 Fujimura 获得了首例禾谷类作物——水稻的原生质体再生植株，接着 Spangenberg 用单个原生质体获得甘蓝型油菜的再生植株，目前，已有 49 个科、160 多个属、360 多种植物的原生质体培养再生植株获得成功。在原生质体制备过程中，有时会形成一些含有细胞核或缺乏细胞核的不完全的原生质体，称之为亚原生质体（subprotoplast），而把仅含部分染色体和薄层细胞质的原生质体称为微小原生质体（miniprotoplast）。目前，从理论上来看，通过选择适当的酶处理，任何植物都应当能够分离得到原生质体，但能否再生为完整植株还受到诸多因素的影响。原生质体分离的数量和质量还受实验材料、酶的种类、浓度和组合、酶解时间、温度以及纯化方法等影响，需要在实践中不断总结摸索。就材料的选择而言，一般选用生长旺盛且生命力较强的组织作为起始材料，其中叶肉是较为理想的材料。研究中多选用试管苗作为获取原生质体的来源，有利于获得成功。而选择实生苗的子叶和下胚轴在实际中也应用较多。根据植物细胞壁的化学组成，可用的酶包括纤维素酶、半纤维素酶、果胶酶及蜗牛酶等，崩溃酶（driselase）同时具有纤维素酶、果胶酶、木聚糖酶等多种酶活性，对于分离培养细胞的原生质体效果较好。从细胞壁中分离出的原生质体，为防止皱缩和胀破，必须提供一个等渗的环境条件，因此要考虑加入渗透压稳定调节剂，如甘露醇、山梨醇、蔗糖、葡萄糖、果糖、麦芽糖、木糖醇及半乳糖等，浓度一般为 0.2～0.8mol/L。有时溶液中还需加入 $CaCl_2$、KH_2PO_4、$AgNO_3$、葡聚糖硫酸钾等盐类，提高质膜的稳定性，减轻酶解副产物对细胞膜的损伤，增加原生质体的活力。就同一种植物来说，分离原生质体所需要的渗透压从高至低依次是：子叶和下胚轴、愈伤组织、胚性悬浮细胞。游离原生质体时，酶的用量一般为 10～20mL/g，酶解时间因植物组织细胞类型和取材的部位不同而有差别，酶液的 pH 一般为 5.3～6.0，酶解温度多选择 24～28℃，在黑暗、静止条件下效果较好，同时，酶解过程中真空抽滤 5～10min 可提高酶解效率。

原生质体的纯化一般先进行筛网过滤（40～100μm），以去除未消化的细胞团或组织块，收集滤液再进行进一步纯化，如 500～800r/m 离心 3～5min，可反复进行几次，最后用原生质体培养基洗涤一次后调整到一定密度进行下一步的培养，此方法适用于甘露醇作为渗透压调节剂的酶解后纯化，而如果以蔗糖作为渗透压稳定剂，则离心条件为 1000r/min，10min，收集溶液表面漂浮的原生质体，反复进行 3 次左右，此方法原生质体纯化度高但获得率低，利用密度不同的两种溶液，进行梯度离心，在两液相间收集原生质体，也能获得较好的纯化结果。为了保证原生质体培养的效果，培养前要首先测定原生质体的活力，方法包括：①荧光素双乙酸酯（fluorescein diacetate，FDA）染色法，用荧光显微镜观察，有活力的原生质体显示绿色荧光，无活力的无荧光，叶片、子叶等分离的原生质体由于叶绿素的存在,无活力的表现为红色荧光;②酚藏花红(phenosafranine)染色法,无活力的被染为红色,有活力的不被染色;③荧光增白剂(calcofluor white,CFW)染色法,主要显示细胞壁的形成能力,在400nm激发光下,有活力的原生质体(有新的细胞壁形成时)呈现绿色荧光,新制备的原生质体也可能不显示绿色荧光,有叶绿素存在时则显示红色荧光。原生质体培养过程中,观察细胞壁的重新形成多用此方法;④伊凡蓝(Evans blue)染色法,染液的浓度为0.025%,结构完整的原生质体不被染色。此外还可用观察胞质环流、改变渗透压观察原生质体大小变化、氧电极测定氧呼吸等方法进行活力检测。

在原生质体的培养过程中,有细胞壁的重新形成,并通过分裂增殖形成愈伤组织或胚状体,再进一步分化发育形成完整植株。原生质体培养所用的培养基选择也比较宽泛,但因植物类型的不同也应有所不同,但总的原则是,培养基中大量元素应比愈伤组织培养中的浓度低,较高的钙离子浓度有利于质膜的稳定,禾谷类原生质体培养起始培养基可适当添加氨态氮,以提高分裂指数和植板率。随着细胞壁的形成和细胞的持续分裂,应逐步降低培养基的渗透压,在培养基组分上增加维生素和有机成分的含量,对原生质体的培养成功有促进作用,培养基的pH保持在5.5~5.9较为适宜,有时根据培养细胞类型和培养阶段不同,对激素的要求也不尽相同,但关键的还是生长素与细胞分裂素的比值。原生质体的培养方法可采用液体培养、固体培养及固液结合培养等,对于较为难以培养的禾谷类作物,还可选用琼脂糖包埋和看护培养法。在植板时密度过高,不利于细胞的正常生长,密度过低又会影响原生质体的分裂增殖,一般以$1\times10^4\sim1\times10^5$个/mL较为合适。进行看护培养时,原生质体密度可降低为10~100个/mL。培养初期最好置于黑暗、散射光或弱光下,到诱导分化阶段可转到光下进行培养。光质影响细胞壁的再生,使再生率下降,下降的幅度一般是蓝光最大、白光次之、红光最小。不同类型的植物对培养温度的要求也各不相同,一般25~30℃为佳,但分化阶段温度应控制在25~26℃。在合适的培养条件下,通常在数小时后就有新的细胞壁形成,这是原生质体培养成功的最初判定指标。一般在培养2~7天后原生质体即开始第一次分裂,培养一周后进行第二次分裂,之后很快进入分裂旺期,两周后可见细胞团形成,三周后肉眼可见小的细胞克隆,约6周后形成小的愈伤组织,培养过程中需要不断补加新鲜培养液,小的细胞克隆形成后,应转入不添加甘露醇、山梨醇等渗透压稳定剂的培养基上培养,愈伤组织形成后,可依据培养目标转到分化培养基上诱导器官形成或胚状体发生,直至培养出完整植株。

原生质体培养与其他组织细胞培养一样,在培养的过程中会发生体细胞无性系变异,其中非整倍体占有较高的比例,遗传变异会影响到植物的许多性状,如生长习性、发育特性、抗病性等,但同时原生质体再生植株的变异也为体细胞遗传学研究和作物性状改良提供了有用的材料。这也使研究者更加关注原生质体培养的一些相关生理问题,如逆境反应、脱分化与再分化、修复机制及形态发生等。细胞壁降解酶实际上就是一种逆境诱导剂,可以产生活性氧引起脂质过氧化,使质膜的渗透性增加,而细胞对逆境的反应可以诱发不同的代谢途径,产生木质素、抗毒素等代谢产物。去除细胞壁可以改变细胞的极性,使细胞骨架重排。原生质体中所含的储藏物如淀粉等,直接影响原生质体分裂的启动。由于微管决定细胞板的形成位置和细胞壁中纤维素微纤丝沉积的方向,原生质体培养为进行相关生理现象的机制研究创造了条件。植物细胞去除细胞壁后,可以见到内吞作用和自噬现象的发生,这对原生质体培养产生很大的影响。纯化原生质体时,去除液泡特别是中央大液泡可提高培养成功率。

原生质体培养为进行细胞生命活动研究提供了良好的实验体系,借助该体系,可以深入探讨质膜的结构和功能、细胞壁的形成过程、细胞骨架动态变化、脱分化的基本条件等重大基础理论问题，可以方便地进行遗传转化和体细胞杂交，也易于筛选突变体和分离细胞器，总之，细胞壁这个屏障去除后，原生质体的应用空间就变得十分广阔了。

4.3.4　植物细胞融合工程

细胞融合对植物来说，就是建立在原生质体培养基础上的体细胞杂交(somatic hybridization)(图 4.3.1)。其最大的价值就是可以使远缘杂交得以实现，突破了通过有性杂交总是发生杂交不亲和现象的限制，为得到具有新的遗传变异特性的物种创造了条件。而其主要技术借鉴了动物细胞融合的方法，应用此技术，目前已成功获得杂种植株和杂种细胞系，发展的潜力还很大。此技术主要包括原生质体制备、诱导细胞融合、杂种细胞筛选和培养以及杂种植株的再生和鉴定等主要环节。

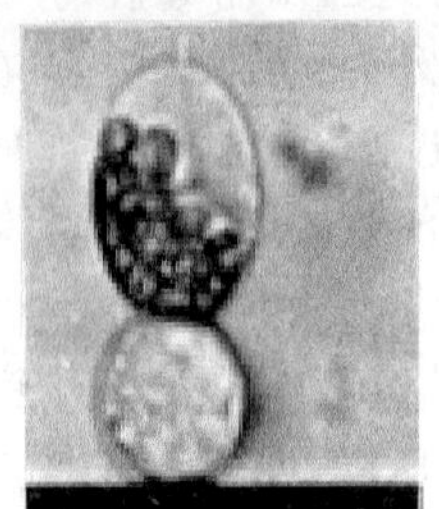
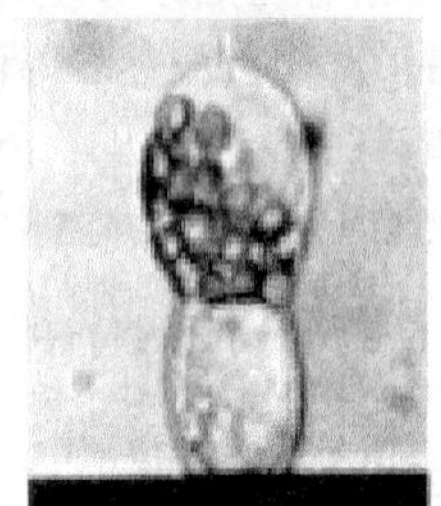
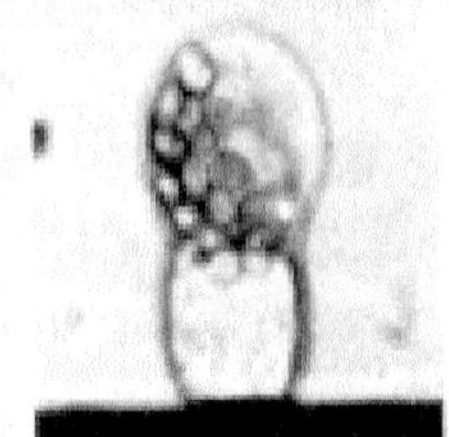
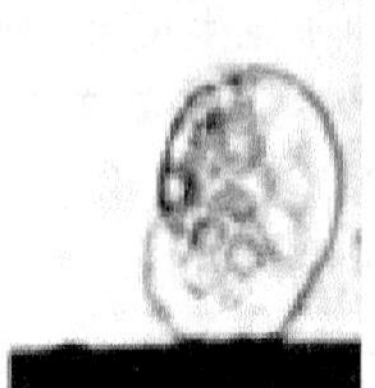

图 4.3.1　细胞融合过程

图 4.3.2　马铃薯-番茄体细胞杂种示意图

植物体细胞 20 世纪 70 年代才兴起，1972 年 Carlson 等获得了第一株烟草体细胞杂种植株，1978 年 Melcher 等获得了马铃薯和番茄的第一个属间体细胞杂种，但结果并未达到最初的设想(图 4.3.2)，1995 年 Makankawkeyoon 等获得了引入鼠免疫球蛋白 G 的烟草-鼠杂种植物。目前该领域研究已不仅仅只限定在体细胞之间，配子与体细胞甚至配子与配子之间原生质体融合也已取得显著进展。按照细胞在融合过程中的融合程度，把原生质体融合分为两类：一类是对称融合(symmetric fusion)，即融合的原生质体中包含有两个融合原生质体全部的染色体和细胞质；另一类是非对称融合，是指通过物理或化学的方法，首先使一个原生质体的核或细胞质失活，然后再诱导原生质体间的融合，这样就能够形成多种类型的核与细胞质组合形式。物理学失活方法，如 X 射线或 γ 射线照射，可使细胞核失活；化学方法应用碘乙酸、碘乙酰胺等可使核失活，用罗丹明 R-6-G 抑制线粒体氧化磷酸化过程，可使细胞质失活。

培养的原生质体有时可以发生自发融合，但更多则需要诱导融合，诱导融合方法经历了不断完善日趋成熟的过程，从 1970 年 Power 首先用硝酸钠为诱导剂诱导原生质体融合，1973 年 Keller 和 Melkers 的高 pH 高钙法，到 1974 年 Kao 等建立高频率诱导原生质体融合的聚乙二醇(PEG)法，再到 1981 年 Senda 和 Zimmermann 等发展了电融合法,目前,后两种方法仍在实际中得到广泛应用。PEG 诱导融合法所用的 PEG 相对分子质量一般为 1500～7500,多用相对分子质量 6000 的 PEG,但 PEG 对细胞仍有毒害作用。而电融合技术可以克服这一不足,可明显提高融和效率且操作过程相对简单,在诱导融合方法中具有一定的优势。目前,电融合仪有的是利用交变电场,有些是利用高频直流电,使用过程中主要的控制参数包括:交流电压、交变电场振幅频率及处理时间、直流高频电压、脉冲次数、宽度和间隔等。质膜的融合经历接触、诱导、融合和稳定四个阶段,原生质体的密度对融合结果有重要影响。原生质体融合后有几种情况存在,包括异核体(heterokaryon),即细胞质融合而胞核未融合;同核体(homokaryon),即胞质和胞核均发生融合;不对称杂种,即一个原生质体中的核内染色体被排除;胞质杂种(cybrid),即两个原生质体的核均消失,只存在杂合的细胞质。同核体常常发生在两个相同原生质体间的融合。原生质体融合后杂种细胞的筛选是体细胞杂交成功的关键。主要的选择方法包括互不选择法、机械选择法及组织培养选择法等。所谓互补选择法就是指由于杂种细胞兼容了两个不同亲本的特性,因而可以通过特定的培养基等进行筛选。互补选择法主要包括:激素自养型互补选择,采用未添加外源生长激素的培养基进行选择,因为杂种细胞能够产生内源性生长激素;叶绿体缺失互补选择,如白化突变体和野生型互补间的杂交,可产生绿色愈伤组织或幼苗,通过形态学和细胞学方法进行鉴定;营养缺陷型互补选择,主要针对特定酶的缺失突变体;抗性互补选择,借助对药物的抗性敏感性进行的选择,如矮牵牛原生质体不能在 1mg/L 浓度的放线菌素 D 的培养基上生长,而拟矮牵牛则可以生长,杂种细胞也可以在同样的培养条件下生长;抗光性互补选择,根据抗光性差异进行选择。机械选择法主要利用天然颜色或荧光标记进行杂种细胞选择,有时可利用荧光激活细胞分选仪(fluorescence activated cell sorter,FACS)进行自动分离。组织培养筛选法是根据细胞对培养基成分和培养条件的要求和反应不同所进行的选择。总体上来看,上述筛选方法都存在一定的局限性,必须根据研究对象的特性进行设计,有些特性是天然存在的,而有些则需要人为诱导产生,普遍使用的筛选方法仍有待进一步建立。对杂种植株的鉴定可同样通过形态学、细胞学、遗传学及生化与分子生物学等方法进行。形态学鉴定最为简便直观,杂种植株或是兼具两个亲本的特征,或是双亲的中间类型,甚至还可能出现亲本都不具有的特征。细胞学鉴定上主要针对染色体进行分析,很多时候需要借助染色体分带技术,生化分析应用较多的是同工酶分析,有时也用到等电聚焦技术等,分子生物学方法是发展的方向,Southern 印迹杂交法、RFLP、扩增片段长度多态性(AFLP)、RAPD 及微卫星 DNA 等都得到广泛应用,基因组原位杂交(genome *in situ* hybridization,GISH)技术也开始应用于体细胞杂种的鉴定。

4.3.5 植物染色体工程

指按照人们的意图,通过分离、导入、重组等染色体操作,有计划地消减、添加、替换同源或异源染色体或其某一片段,以达到人为改变物种遗传背景的技术,也可以说是染色体水平的细胞工程技术。在自然状态下,生物物种无论是二倍体、多倍体还是单倍体,核内染色体数目均呈整倍性,其中有些为同源的,有些为异源的,而通过染色体工程,可以形成一系列非整倍性变化,即产生非整倍体植物,这就为开展育种研究奠定了良好的材料选择基础。以小麦为例,其染色体基数为 $x=7$,其中一粒小麦为二倍体(diploid)$2n=14$,二粒小麦为四倍体(tetraploid)$2n=28$,普通小麦为六倍体(hexaploid)$2n=42$,这些都属于整倍体(euploid),三倍体和三倍以上的整倍体称为多倍体(polyploid)。在天然异交和人为创制条件下,染色体数目则发生非整倍性改变,增加或减少若干条染色体,即染色体数目不是基数的整数倍,通常有两种情况,一种是比 $2n$ 合子染色体数减少若干条，构成亚倍体(hypoploid)；另一种是比 $2n$ 合子染色体数多出若干条，构成超倍体(hyperploid)。例如，染色体数为 $2n-1$ 称为单体(monosomic)，$2n-1-1$ 称为双单体(double monosomic)，$2n-2$ 称为缺体(nullisomic)，$2n+1$ 称为三体(trisomic)，$2n+1+1$ 称为双三体，$2n+2$ 称为四体等。一般情况下，亚倍体只在异源多倍体群体内出现，而超倍体既可在异源多倍体群体内出现，也可以在二倍体群体内出现。各种非整倍体尤其是单体和缺体，在基因定位、染色体同源性鉴定、基因剂量效应评判等方面都是重要的研究材料，有时甚至发挥不可替代的作用。染色体操作可以在整个染色体组、整条染色体及染色体片段三个层次进行。以染色体的摄取为例，多采用从培养细胞制备的原生质体作为材料，先进行细胞培养和细胞同步化处理，以获得更多的有丝分裂相，然后从中期分裂相较多的培养细胞中分离出原生质体，经低渗缓冲液处理使染色体被释放出来，再经低速离心，收集纯的染色体，将另一种细胞的原生质体与获得的纯染色体混合培养并加入诱导剂，通过用 DNA 荧光染料 DAPI 染色进行观察原生质体对异源染色体的摄入，也可以通过显微注射法直接注入异源染色体。

染色体组操作通常通过同源染色体加倍、体细胞杂交以及异种染色体排除等方法实现。整条染色体操作，多用常规育种方法，通过不同倍性植物的杂交、再自交和回交等方式完成。染色体片段操作可通过染色体微切割(microdissection)技术，在显微镜下，利用显微刀(特制的玻璃毛细管针)完成，或在激光共聚焦显微镜下，通过激光将非目标染色体片段消除。然后再经过蛋白酶裂解染色体片段，提取分离目标片段，在片段两段加接头，根据接头序列设计引物进行 PCR 扩增，构建成特定染色体片段的 DNA 文库。到目前为止，通过染色体微切割获得目标片段，然后再行连接形成重组染色体或人工染色体尚无成功报道，但构建的文库在基因定位、遗传学研究等方面都具有一定的价值。染色体工程结果的检测可通过测交、根尖染色体计数、染色体分带、同工酶分析、蛋白质分析、核酸限制性片段长度多态性(restriction fragment length polymorphism，RFLP)、分子原位杂交及特异形态标志性状观察等方法进行。

4.3.6 植物细胞质工程

生物的表型特征大部分是由细胞核内的基因决定的，但也有相当一部分遗传性状是由细胞质基因或细胞核与细胞质基因相互作用共同决定的。细胞质工程就是在细胞质基础上所开展的遗传操作，通过不同物种间细胞质的置换或细胞质内细胞器地转移，从而可以按照人们的预先设计，对物种的遗传特性进行改造。对于深入研究细胞质及细胞器的遗传规律，深入探索核质关系与杂种优势，细胞质工程重点关注的是核质置换、叶绿体和线粒体的移植以及核质杂种的创制和应用。细胞质工程为研究原生质体的遗传饰变提供了有效的技术手段。叶绿体 DNA(ctDNA)和线粒体 DNA(mtDNA)与雄性不育性状的表达、光合作用的效能、叶绿体缺陷型形成、有关酶的合成和功能以及对某些抗生素的抗性有密切关系，因此开展植物细胞质工程既有理论意义又有实践价值。

4.3.6.1 细胞质遗传特点

介绍细胞质工程就必须首先回顾一下细胞质的遗传特点。细胞质遗传是指细胞质中的核外遗传物质所决定的稳定遗传现象，其基本的特点是不符合孟德尔遗传规律，而主要表现母本的性状，尽管我们都知道，细胞质决定的遗传性状是核质作用的结果，但由于形成合子时，合子的细胞质基本上都是由母本提供的，这就决定了以下细胞质遗传的特点：①性状不分离，即子代性状总是与母本性状相一致；②正反交结果不同，子代性状也总是表现母本的性状；③细胞质基

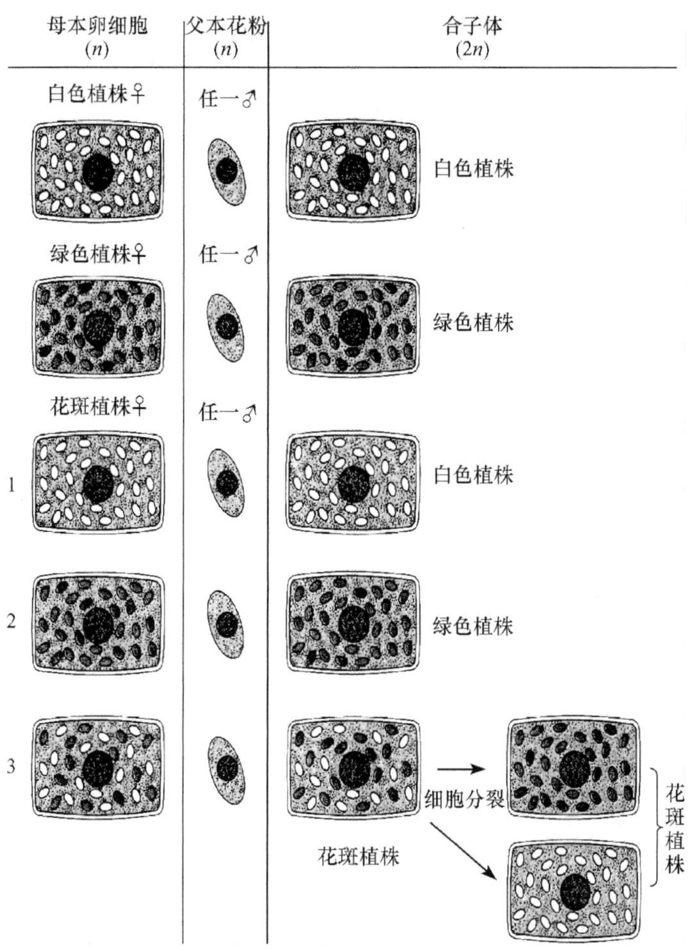

图 4.3.3 紫罗兰花斑表现细胞质遗传特点

因决定的性状不随染色体转移而消失(图 4.3.3)。

4.3.6.2 细胞质工程技术与细胞器移植

细胞质工程技术包括核质互换、原生质体融合、细胞器转移、细胞器融合、胞质基因诱变及细胞质基因操作等。核质置换采用连续回交的常规方法,最后趋于形成核质杂种,可用于建立雄性不育系和开展核质关系研究。原生质体融合有可能产生胞质杂种和核质杂种,前者只有一个亲本的全套染色体,而细胞质是双亲的,后者则具有一个亲本的核和另一个亲本的细胞质。细胞器转移首先要分离出细胞器,然后用类似核转移的方式进行移植,或通过将分离的细胞器与原生质体共培养,以摄取细胞器,但移植后的效果并不令人满意,看来要实现培育高光合作用效率与高能量转化的杂种植物,还有很长的路要走。这样一来,对细胞质基因进行人为改造就成为目前细胞质工程研究首选的方法,已有通过 Ti 质粒把外源 DNA 引入烟草叶绿体的报道,此外在叶绿体基因文库构建、除草剂基因和核酮糖-1,5-二磷酸羧化酶基因克隆等方面业已取得了良好的进展,这为今后进一步开展相关研究创造了条件。由于细胞核外遗传物质特别是线粒体自然突变率较高,加上人工诱发突变,结合分子生物学手段检测,可为研究核质关系、育种等开辟新的道路。叶绿体 DNA(ctDNA)是环状分子(图 4.3.4),其中 85%为单拷贝序列,通常没有插入序列,绝大多数叶绿体多肽由核基因编码,叶绿体 DNA 决定 100 个左右多肽的合成。线粒体 DNA(mtDNA)变化较大,动物 mtDNA 环状,为 15～20kb,植物 mtDNA 环状或线状,为 200～2500kb,比动物的要大得多。mtDNA 主要编码细胞色素 c 氧化酶的三种亚基,对寡霉素敏感的 ATPase 复合体的两种亚基,细胞色素 bc 复合体的一个亚基及一些线粒体核糖体成分等。在叶绿体和线粒体中均发现有细胞质细胞骨架的类似物存在,这种类似物与细胞质骨架成分有无相互作用,在决定核质杂种与胞质杂种中细胞器命运方面有哪些作用有待研究。此外,溶酶体、高尔基复合体、乙醛酸循环体等的移植研究也有必要开展,这为继续开展细胞质工程提供了课题。

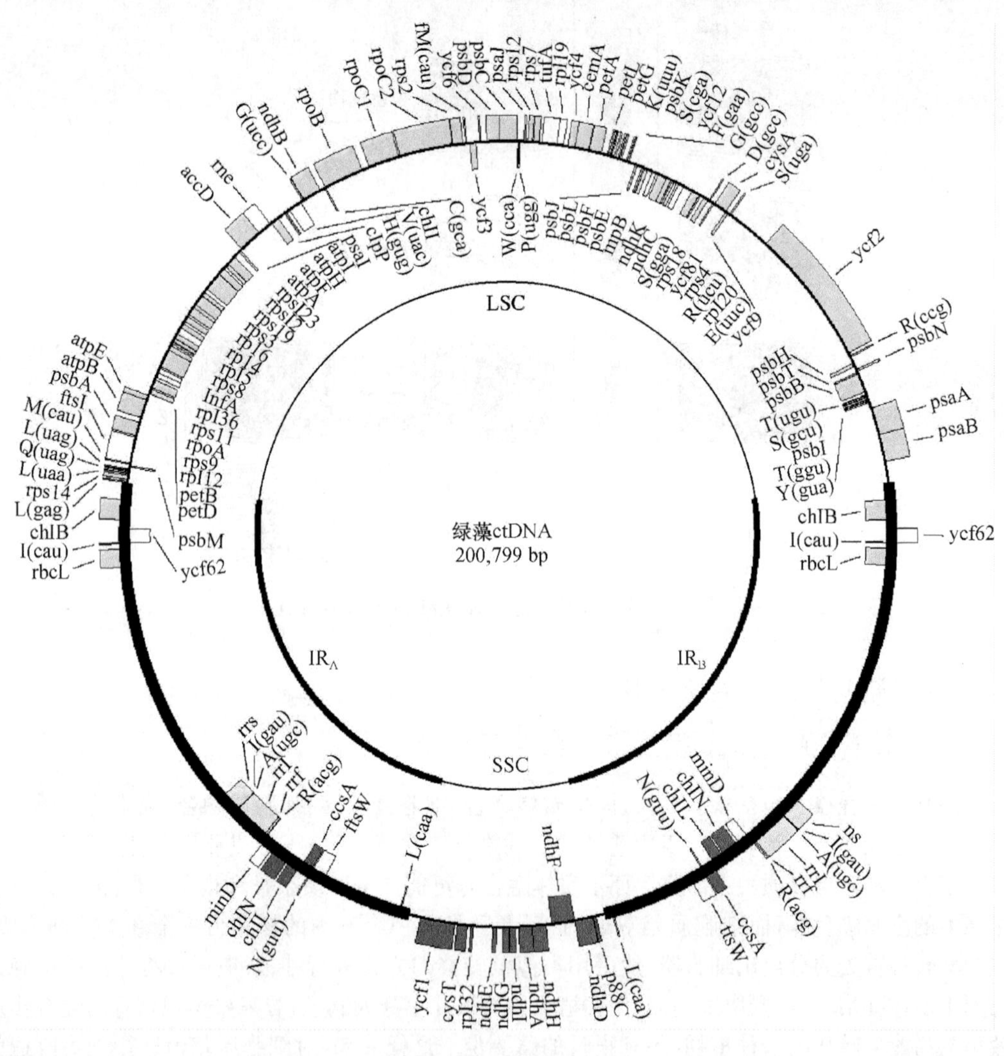

图 4.3.4 绿藻 ctDNA 结构

4.3.7 转基因植物

转基因植物(transgenic plant)也称遗传修饰植物(genetically modified plant,GMP),该技术

就是通过把某种生物的特定基因提取出来或人工合成某个基因，再经体外酶切、连接后，组成重组 DNA 分子，然后将其转移到受体植物细胞中，使重组基因在受体细胞内整合表达，并通过无性或有性生殖的过程，将外源基因遗传给后代，由此获得基因改良植物。一般通过基因修饰后，可使植物(特别是农作物)获得抗病、抗虫、抗除草剂、抗逆及高产等新的特性，也可用植物作为基因转化受体系统(transformation receptor system)，表达药用蛋白质或多肽，如白介素、单克隆抗体等，还能用于生产疫苗和其他有经济价值的产物。这里所说的转化受体系统是指用于转化的外植体，能够接受外源基因的整合，并能通过组织培养或非组织培养途径，形成的高效稳定的再生性无性系。

植物转基因技术的基本路线涉及：①目的基因的分离；②载体构建；③导入细菌并利用细菌繁殖扩增重组 DNA；④对植物组织或细胞进行转化；⑤植株再生；⑥转基因植株的鉴定；⑦转基因植株的种植。

外源基因导入植物的方法有以下几种。

(1) DNA 直接转移法：①化学刺激法：植物原生质体借助一些化学试剂(如 PEG、氯化钙等)的诱导能吸收外源 DNA、质粒等遗传物质，并有可能整合到植物染色体上去。此法对细胞伤害少，可避免嵌合体产生，易于选择转化体，受体细胞不受种类限制；②电击法：首先是将原生质体在溶液中与 DNA 混合，利用高压电脉冲作用在原生质体膜上形成可逆的瞬间通道，从而促进外源 DNA 的摄取。此法在动物细胞中应用较早并取得很好效果，现在这一方法已被广泛用于各种单、双子叶植物中，特别是在禾谷类作物中更有发展潜力。不仅原生质体而且完整的单细胞也可利用此法，这对于那些难以从原生质体再生植株的植物或许更有意义；③显微注射法：显微注射进行基因转化是一种比较经典的技术，其理论和技术方面的研究都比较成熟。特别在动物细胞或卵细胞的基因转化，核移植及细胞器的移植方面应用很多，并已取得重要成果。植物细胞的显微注射在以前使用很少，但近年来发展很快，并在理论技术上有所创新；④基因枪法：克莱因(Klein)等 1987 年首次用基因枪轰击洋葱上表皮细胞，成功地将包裹了外源 DNA 的钨弹射入其中，并实现了外源基因在完整组织中的表达。该方法要使用一种特殊的装置——基因枪，枪管的前端是封口的，上面只有直径 1mm 左右的小孔，弹头不能通过。其具体操作是将直径 4μm 左右的钨粉或其他重金属粉在外源 DNA 中形成悬浮液，则外源 DNA 会被吸附到钨粉颗粒的表面，再把这些吸附有外源遗传物质的金属颗粒装填到圆筒状弹头的前端，起爆后，弹头加速落入枪筒，在枪筒口附近被挡住，而弹头前端所带的钨粉颗粒在惯性作用下脱离弹头，以高速通过 1mm 的小孔直接射入受体，其表面吸附的外源 DNA 也随之进入细胞。也可以用高压放电或高压气体使金属粒子加速；⑤脂质体介导法：脂质体是由磷脂组成的膜状结构，将磷脂悬浮在水中，在适当条件下，受高能声波影响，磷脂分子群集在一起形成密集的小囊泡状结构，称为脂质体。用脂质体包裹一些 DNA、RNA 分子就成了一种人工模拟的原生质体，它的外膜相当于人造的细胞质膜。然后与植物原生质体共保温，于是脂质体与原生质体膜结构之间发生相互作用，而后通过细胞的内吞作用将外源 DNA 导入植物的原生质体。这种方法具有许多方面的优点，包括可保护 DNA 在导入细胞之前免受核酸酶的降解作用，降低了对细胞的毒性效应，适用的植物种类广泛，重复性高，包装在脂质体内的 DNA 可稳定地储藏等；⑥微激光束法：是利用激光脉冲引起细胞膜可逆性穿孔，从而将外源 DNA 导入受体细胞。可在荧光显微镜下找出合适的细胞，然后用激光光源替代荧光光源，使细胞壁被击穿，外源 DNA 进入受体细胞；⑦花粉管通道法：这种方法最早是由周光宇(1983 年)建立。花粉管通道法是将外源的 DNA 片段在自花授粉后的特定时期注入柱头或花柱，使外源 DNA 沿花粉管通道进入胚囊，转化受精卵或其前后细胞,转化率高达10%。这一方法的建立开创了整株活体转化的先例,可以应用于任何开花植物。

(2) 农杆菌的Ti质粒与植物遗传转化。转基因植物研究最常用的载体是根癌农杆菌(*Agrobacterium tumefaciens*)的肿瘤诱导性质粒(Ti质粒),只要将目的基因插入Ti质粒DNA的一部分(T-DNA)的侧翼序列之中,就可将目的基因导入宿主细胞中。另一种常用的载体是发根农杆菌的Ri质粒。该质粒因诱导产生的冠瘿碱的不同分为农杆碱(agropine)型,甘露碱(mannopine)型和黄瓜碱(cucumopine)型三种。Ti质粒为根癌农杆菌核外的一种环状双链DNA分子,长约200kb。其中含有一段称为T-DNA的可转移区段,当农杆菌侵染寄主细胞后,T-DNA可以从农杆菌转移到寄主细胞内并整合到寄主细胞的基因组中。Ti质粒的这一特性为农杆菌介导法植物转基因奠定了基础。T-DNA的长约23kb,在其两端各有一个25bp左右的正向重复序列,称之为T-DNA的边界序列。在不同的农杆菌Ti质粒上该序列高度保守,一般认为右端重复序列对T-DNA的转移起决定性作用。

植物转化受体系统应具有以下几个特点:其一,能够表达完整蛋白质,如抗体,并且能够进行转录后的修饰和加工,只是在糖基化方面与动物细胞略有差异;其二,外源蛋白表达量可以达到较高的水平;其三,用转基因植物表达外源蛋白更具有安全性;其四,可有效降低生产成本,既可通过快繁扩大田间种植数量,也可通过大规模培养获得目标蛋白。此外,也需要关注转化受体系统几个容易发生的问题。一个是愈伤组织褐化问题,另一个是再生植株玻璃化问题。褐化是细胞发生老化并停止生长的结果,与外植体来源、继代次数、培养基和培养条件等因素有关,抗生素的存在有助于褐化的发生,同时,褐化与细胞分泌酚类物质和乙烯代谢也有关系,适当添加抗氧化剂、吸附剂等对褐化的发生有一定的控制作用。玻璃苗呈半透明状,其发生原因仍有待进一步阐明,但与培养基水势、培养环境等有一定关系,可通过增加光照强度,提高琼脂浓度、降低培养器皿内的湿度、增加培养瓶中CO_2浓度等方法进行控制,虽取得了一定的效果,但要真正解决玻璃化问题,还需要在发生机制上做更深入地探讨。

转基因受体系统包括:植物组织受体系统,该受体系统转化率高,可获得较多的转化植株,取材广泛、适用性广,但再生植株无性系变异较大,转化的外源基因稳定性差,嵌合体多;原生质体受体系统,原生质体在体外比较容易完成一系列细胞操作或遗传操作,互相之间可以发生细胞融合,而且还可以直接高效地捕获外源基因,嵌合体少,但缺点是遗传稳定性差,培养周期长,难度大,再生频率低;生殖细胞受体系统,它是以植物生殖细胞,如花粉细胞、卵细胞为受体细胞进行基因转化的系统,目前主要以两条途径利用生殖细胞进行基因转化:一是利用组织培养技术进行花粉细胞和卵细胞的单倍体培养,诱导愈伤组织细胞,进一步分化发育成单倍体植株,从而建立单倍体的基因转化系统;二是直接利用花粉和卵细胞受精过程进行基因转化,如花粉管导入法、花粉粒浸泡法、子房微针注射法等,由于该受体系统与其他受体系统相比有许多优点,如具有全能性的生殖细胞直接为受体细胞,具有更强的接受外源DNA的潜能,一旦将外源基因导入这些细胞,犹如正常的受精过程会收到"一劳永逸"的效果,利用植物自身的受粉过程,操作方法方便、简单,不足之处是利用该受体系统进行转化受到季节的限制,只能在短暂的开花期进行,且无性繁殖的植物不能采用。

叶绿体转化系统:外源基因可以在叶绿体中得到稳定表达,而且还具有许多优点。①便于外源基因定位整合;②基因为多拷贝,表达量高;③导入的外源基因性状稳定性高;④能直接表达原核基因。

转基因植物的筛选与检测:无论使用哪种转基因方法,转化细胞与非转化细胞相比都只占少数。为获得真正的转基因植株,基因转化后必须进行转化细胞筛选。首先在含有选择压力的培养基上诱导转化细胞分化，形成转化芽，再诱导芽生长、生根，形成转化植株。其次是对转化植株进行分子生物学鉴定。第三是进行性状鉴定及外源基因的表达调控研究。

(1) 用抗性基因来富集转化细胞。抗性基因应满足以下几点。①抗性基因应是显性基因。②在选择压力下，转化细胞能继续生长，而非转化细胞受到抑制，从而使转化子得到富集。③抗性基因产物本身不能对转化细胞的生长或发育有抑制作用。④选择物价廉易得。抗生素抗性基因可选择：①新霉素磷酸转移酶基因(*npt*)，对卡那霉素、巴龙霉素、新霉素具有抗性；②潮霉素磷酸转移酶基因(*aphIV*)，对潮霉素具有抗性；③链霉素磷酸转移酶基因(*spt*)，对链霉素具有抗性；④氯霉素乙酰转移酶基因(*cat*)，使氯霉素丧失抗生素活性。也可选择抗除草剂基因，除草剂抗性基因在植物遗传转化中可同时用作选择标记和培养抗除草剂的作物。抗除草剂基因主要有抗 PPT 的 *bar* 和 *pat* 基因以及抗草甘膦的 *epsps* 基因。

(2) 选择显色或发光报告基因。①gus 酶活性检测：*gus* 基因存在于某些细菌体内，编码 β-葡萄糖苷酶(β-glucuronidase，gus)，该酶是一种水解酶，能催化许多 β-葡萄糖苷酯类物质的水解。因为绝大多数植物细胞内不存在内源的 gus 活性，因此 gus 基因广泛用作转基因植物的报告基因，尤其是在研究外源基因瞬时表达的转化实验中广泛应有。此外，*gus* 基因 3′端与其他结构形式的融合基因也能够正常表达，所产生的融合蛋白仍具有 gus 活性，这对研究外源基因表达的具体细胞部位提供了方便条件，也是它相对于其他报告基因的一个优点。gus 酶活性检测主要有三种检测方法：i 组织化学染色定位法：该法以 5-溴-4-氯-3-吲哚-β-D 葡萄糖苷酸酯(X-Gluc)为底物，通过显色反应可直接观察到组织器官中 *gus* 基因的活性。该方法不用将酶从组织中提取出来，而是使底物进入被测的植物组织、细胞或原生质体之中。将被测材料浸泡在含有底物的缓冲液中保温，若组织、细胞、原生质体发生了 gus 基因转化，表达出 gus，在适宜条件下该酶可将 X-Gluc 水解生成蓝色物质，初始产物并不带颜色，为无色的吲哚衍生物，后经氧化二聚作用形成 5,5′-二溴-4,4′-二氯靛蓝染料，此靛蓝染料使具有 gus 活性的部位或位点呈现蓝色，可用肉眼或在显微镜下观察到。ii 荧光法测定 gus 活性：该法以 4-甲基伞形酮酰-β-D-葡萄糖醛酸苷酯(4-MUG)为底物，gus 催化其水解为 4-甲基伞形酮(4-MU)及 β-D 葡萄糖醛酸。4-MU 分子中的羟基解离后被 365nm 的光激发，产生 455nm 的荧光，可用荧光分光光度计定量。具体测定时有两种做法：ⓘ仅在一个时间上测定溶液的总荧光量，测定时要设对照，以消除内源荧光强度；ⓘⓘ测定酶反应不同时间溶液荧光量(荧光法十分灵敏，微小的增加量也可以测定出来)，在酶反应初始阶段，酶作用生成的荧光物质在反应体系中处于积累阶段，荧光产物与时间有线性关系，而内源性荧光物质的荧光量与时间无此种关系，因而通过测定酶反应初始阶段几个时间的荧光量，得到的线性关系即可作为酶活力的依据。iii 分光光度法测定 gus 活性：对硝基苯 β-D-葡萄糖醛酸苷(PNPG)是该法的最好底物，gus 将其水解，生成对硝基苯酚，在 pH7.15 时离子化的发色团吸收 400～420mm 的光，溶液呈黄色，酶反应在 pH7.0 条件下进行，随反应进行，产物生成，逐渐碱化，显色增强。以对硝基苯酚为标准样品，分别在反应开始后不同时间取样，终止反应后于 415nm 测吸收值。这种方法简单，无需复杂仪器，但其灵敏度不高，可通过延长反应时间来增强显色。②荧光素酶活性检测：萤火虫荧光素酶催化的底物是 6-羟基喹啉类，在镁离子、三磷酸腺苷及氧作用下，酶使底物氧化脱羧，生成激活态的氧化荧光素，其发射光子后转变成常态的氧化荧光素，反应中化学能转变成光能。检测的方法有两种：i 活体内荧光素酶活性测出；ii 体外荧光素酶活性的检测。③绿色荧光蛋白检测：绿色荧光蛋白(green-fluorescent protein，GFP)是一些腔肠动物所特有的生物荧光素蛋白，它是能够接收光辐射能并最终发射荧光的物质，属于生物荧光素蛋白，即指存在于生物体内，能在激发光作用下发射出荧光的蛋白质。GFP 在异源细胞中的表达表明,GFP于其他原核或真核细胞中,在蓝光激发下都能发出绿光,即发射团的形成无物种特异性,也不需要特异的辅助因子。因此*gfp*基因作为新型标记或报告基因在各种生物中广泛使用。

(3) 分子生物学检测方法。①酶联免疫吸附检测:酶联免疫吸附检测是指利用外源基因表达蛋白的抗体与抗原的特异性,通过结合在抗体上的酶作用于特定的底物后发生显色反应,借助比色鉴定转基因植物。可经免疫反应确定表达蛋白在转基因植物组织及细胞中的分布。②PCR技术检测:是根据转基因植物中外源基因的特点,设计并合成相应的引物,以转基因植物DNA为模板进行PCR扩增反应。如果PCR扩增反应的产物与外源基因片段相同,表明该植物为转基因植物。PCR检测DNA用量少,操作简单,快速灵敏,不需用同位素即可完成。应用PCR检测易出现假阳性,可用PCR结合Southern杂交进一步验证。③分子杂交检测:利用探针与其互补的核苷酸序列杂交后,就可以从诸多的核苷酸序列中检测出与其互补的序列,因而分子杂交是重组子鉴定以及检测外源基因整合与表达的强有力的手段。它是证明外源基因在植物染色体上整合的最可靠方法。转基因植物分子杂交包括两部分,一是核酸分子杂交,其中又包括Southern杂交及Northern杂交。二是属于蛋白质分子"杂交"的Western杂交。

外源基因在植物细胞中的表达是植物基因工程的关键。然而,许多研究发现,转基因在受体植株内的遗传与表达往往事与愿违,转基因表达水平很不稳定,常常不表达或表达水平降低,往往与转基因沉默有关,成为植物遗传转化技术用于基础研究和应用研究的严重障碍。所谓植物转基因沉默,是指导入并整合到受体植物细胞核基因组上的外源基因,在当代或后代转基因植株中的表达活性受到抑制的现象。影响转基因沉默的原因是多方面的,包括转基因的拷贝数和构型、环境条件和发育因子,以及DNA的甲基化作用等。提高外源基因表达水平的策略主要有:①改进转化方法。重复序列容易引起基因沉默,如采用农杆菌介导法产生的拷贝数相对较少,可以在一定程度上避免这个问题。②选择强启动子和诱导型启动子。要使外源的基因能够在转基因植株中实现正常的乃至高效的表达,一个重要条件需要在其上游安置一个适当的启动子。迄今为止,在绝大多数高等植物转基因研究工作中,大都是使用组成型的启动子。然而随着研究工作的不断深入,要求外源基因能够在转基因植株中实现特异性表达,即在特定的组织和特定的发育阶段进行表达或是对特定植物激素作出反应,以及对热激、光照、创伤,乃至真菌感染等特定的环境信号作出反应。这就需要应用组织特异性启动子(表4.3.1)或是诱导型启动子。化学诱导型调控系统是指可被某些化学物质诱导而表达启动或表达关闭的转基因调控系统。和植物天然的诱导型启动子相比,该类系统的应用更加灵活和自由,人们可以根据需求在转基因作物生长的任何时期对转基因的表达进行调控。作为理想的化学诱导物必须具备以下特性:第一,化学诱导物要对转基因诱导的专一性高,在受体作物中其本身含量低且对受体作物无毒害作用;第二,对环境友好,且造价不高;第三,诱导效率要高,其工作浓度低且不是常用的化学物质;第四,方便于喷洒或蘸根处理。一般来说,化学诱导调控系统都包含两个转录单元。第一个转录单元由一个组成型启动子(通常为35S启动子)驱动一个对特定化学成分敏感的转录调控因子构成;第二个转录单元由多拷贝的转录因子结合位点、微型植物启动子(通常为截短的35S启动子)和目的基因串联而成。③强终止子:植物基因的转录终止子,至少含有一个多聚腺苷酸信号(如AATAAA、AATTAA或AACCAA),但其功能的正常发挥,同样还需要其他的3′序列结构成分。在植物遗传转化中,最常用的终止子是CaMV35S终止子和根瘤农杆菌T-DNA胭脂氨基酸合成酶的*nos*终止子。④使用植物偏爱的密码子:由于转基因DNA序列与受体植物基因组DNA碱基不同是引发DNA甲基化的重要原因,所以在开展遗传转化前有必要对转基因进行密码子优化工作,使用植物偏爱密码子。⑤使用基质结合区序列:细胞核基质结合区(matrix attachment region,MAR)是真核细胞核去除核小体中核心蛋白与连接蛋白后,牢固地附着在细胞核基质上的大量伸展成环状结构域的DNA。MAR序列位于转录活跃的DNA环状结构域边界,从而阻断了附件序列对基因表达的影响,有利于表达。⑥使用增强子:从植物基因中分离相应的增强子并构建嵌合基因,可望确保转化基因按照合适的调控模式表达,消除因基因表达在时空上的专一性所产生的失活问题。增强子对转录的调控特性有:i 增加作用元件位置与取向性,即增强子的排列方向以及与基因的距离均能表现出增强效应;ii 增强效应明显性,一般增强子能使基因转录频率增强10~200倍,有的达上千倍;iii 序列重复性,即增强子大多为重复系列,一般长度约50bp,适合于某些蛋白因子结合;iv 组织和细胞特异性,只有特定的蛋白质参与才能发挥其功能;v 无基因专一性,可以在不同的基因组合上表现增强效应;vi 增强子的可调控性,增强子受外部信号的调控。⑦外源基因的修饰与改造:i 避免基因间的同源性,在构建载体时,尽量降低所设计的序列与内源基因的同源性,以减少和避免配对;ii 避免重复序列的出现,在选择作为育种材料的转基因植株时,应尽量选择单拷贝插入的个体,来减少重复序列的存在;iii 在载体上增加增强翻译序列和核糖体结合位点。

表4.3.1 部分用于植物遗传转化的组织特异性启动子

表达组织	启动子来源	目的植物
花药	烟草 Ta29	烟草,油菜
种子	菜豆植物凝集素基因 PHA-L	烟草
叶片	PEPC(pepcarboxylase gene of maize)	玉米
韧皮部	水稻蔗糖合酶基因 RSs1	烟草
果实	ovary tissue(patent)	番茄
胚乳	玉米淀粉合酶基因 GBS	玉米
根系	发根农杆菌的 rolD 启动子	番茄
髓部	玉米 pGL2	水稻

转基因植物研究虽然只有30多年的历史,但其潜在的巨大应用价值使该领域获得了长足的发展,也取得了许多令人鼓舞的研究成果,但随着转基因技术的飞速发展以及转基因生物的大面积推广,在关注转基因生物所带来的巨大社会、经济和生态效益的同时,转基因生物及其产品的安全性问题也引起世界范围内的广泛关注。农业转基因生物及其产品对人类健康和生态环境是否会带来潜在不良影响,已引起人们的普遍关注。其焦点在于,第一,是否影响环境安全,如生存竞争、生殖隔离距离、与近源野生种的可交配性、对非靶生物的影响以及病毒发生变异重组或异源包装的可能性等;第二,转基因植物食品安全性及对人健康的影响等。

4.3.8 植物细胞工程的应用

植物细胞工程构建了按照人的意愿结合工程技术手段和策略改造生物的新的实验体系,在理论研究中,为证实细胞全能性、了解器官发生与激素的关系、分析核质关系及掌握细胞变异规律等都发挥了十分重要的作用。同时在实际应用方面也取得了长足的发展,展示出广阔的发展前景。例如,缩短了育种周期、拓展了育种手段、克服了远缘杂交不亲和的障碍、培育了脱毒苗和许多优良品种、快繁提高了效益、大规模培养获得了重要的代谢产物、种质保存保护了物种资源、人工种子从概念到应用等。下面主要从人工种子、快速繁殖和种质资源离体保存三个方面做进一步介绍。

4.3.8.1　人工种子

20 世纪 70 年代才提出人工种子(artificial seed)的概念,迄今为止,胡萝卜、芹菜、西洋参和苜蓿等植物的体细胞胚人工种子已实现规模化生产,在生产工艺和种皮研制等方面也取得了突出进展,为节省耕地、方便运输和提高成苗率等提供了一个重要的新手段。最初主要围绕胚状体进行,但由于体细胞胚存在变异性大、繁殖期长等不足,80 年代末开始,重心已经转到微器官人工种子的研究,如不定芽、腋芽、小鳞茎、茎尖等,总体上呈现多样化的发展趋势,已经不再局限于体细胞胚的范畴。目前人工种子的概念是这样定义的:任何一种繁殖体,无论是包裹的、裸露的或经过干燥等处理,只要能够替代种子进行繁殖并形成完整植株,均可称之为人工种子(图 4.3.5)。这一定义与人工种子的发展态势是吻合的,同时也使人工种子研究获得了更加广阔的空间。人工种子研究还表现出几大特点:其一,涉及重要经济作物和经济林木等的人工种子研究受到越来越多的重视;其二,以微器官为繁殖体的人工种子研究有逐渐扩大的趋势;其三,对田间的繁殖条件要求日益宽泛。人工种子作为繁殖体必须首先解决一致性的问题,也就是要保证发育的相对同步,这样才能满足实际的需要。而对于数量的要求,则可以通过工厂化的批量生产得以解决,这就不仅仅是细胞工程的任务,同时还牵涉工程技术装备的研制。

图 4.3.5　人工种子形态

完整的人工种子至少应包括三个部分:繁殖体、人工胚乳和人工种皮。目前海藻酸盐仍是较为理想的包埋剂,一方面无毒性,另一方面有一定的保水透气功能,在 Ca^{2+} 存在时可以从液态变为固态或半固态。但海藻酸盐包被繁殖体形成的小球珠(bead)易发生粘连,或因失水而开裂,因此只适合作为包埋介质,还必须包被人工种皮。理想的人工种皮应当满足以下几个条件:①具有良好的透气性;②具有一定的坚硬度;③无毒无害;④成本低,简单易行。目前多选用的方法是,首先用藻酸盐作为包埋介质包被繁殖体,然后将形成的胶囊置于脱乙酰壳多糖溶液中,可使胶囊外通过聚合反应形成外壳种皮,实践证明储藏性能和发芽率均良好。近来也有选用粉末状包裹材料的工作,选用二氧化硅等化合物,制备人工种子时,只需将胶囊在粉状化合物中滚动就可完成,方法简单,效果良好。概括起来,人工种子在方便储藏运输、不受季节影响、适合工厂化生产、有利于机械化操作、繁殖条件便于人工掌控等多方面的优势,使得尽管还存在许多需要进一步解决的问题,但研究的热度一直不减,有理由相信,随着一致性问题的解决、生物包被材料的新发展、工程技术装备的日益完善,人工种子产业将迅速成长起来,人工种子生产的工厂化将为农业生产的现代化铺展一条宽阔的道路,其在国民经济发展中的潜力会逐步显现出来。

4.3.8.2　脱毒与快速繁殖技术

通过组织和器官培养达到快速繁殖的目标是植物细胞工程的重要应用方向之一。但仅仅达到快繁还是远远不够的,必须是高质量的脱毒材料快繁才是真正的目的。因为植物在自然环境中生长,会不断受到多种病原生物的影响,如病毒的侵染就会造成植物品种退化,离体培养技术为脱毒提供了条件。植物脱毒(virus elimination)就是尽可能去除植物中侵染的病毒等病原生物,培养出健康的繁殖材料的过程。植物培养物脱毒后,再形成的完整植株,经过田间栽培,可以显著提高产量和品质,防止品种退化,还可以利用培养技术体系的诸多优势,如节省土地等,其经济效益和社会效益是显而易见的。尽管传统的病毒防治办法也具有一定的效果,如采用X射线、紫外线、超短波和高温等物理学方法,采用孔雀绿、病毒唑等化学抑制剂,采用抗病毒品种筛选和种子繁殖等生物学手段,但存在清除作用不明显、病毒耐药性增强、药物通过营养链危害健康等问题,通过体外培养脱毒技术就可以避免上述问题的发生,而且与快繁技术相结合,大大加快了无毒苗的繁育步伐,还不受植物生长季节的限制,因而受到普遍关注并获得了迅速发展。植物脱毒的技术原理,来自于对植物各器官部位病毒分布的分析,即茎尖根尖分生组织病毒分布最少,因而被当做开展脱毒的首选材料。脱毒植株的检测一般采用免疫双扩散、酶联免疫吸附测定(enzyme-linked immunosorbent assay,ELISA)等血清免疫学方法,也采用核酸杂交、PCR等分子生物学技术进行检测。离体繁殖也称为微繁(micropropagation),由Morel于1960年首先通过离体繁殖兰花而建立,其技术程序主要包括:建立无菌培养物、培养物的扩增、器官分化及成株与移栽等。培养获得的试管苗应经过炼苗等阶段然后过渡到定植,有利于提高试管苗对环境的适应能力。

4.3.8.3 植物种质资源超低温保存

植物种质资源离体保存一般采用超低温技术进行保存,这是生物多样性保护的有效手段之一,始于1949年Polge用甘油保护精子的研究,目前通过此方法保存的植物材料已经超过上百种,而且保存的植物材料类型也日趋广泛。尤其对于珍稀濒危植物、重要栽培品种、具有潜在价值的野生资源等,由于受到研究条件和水平的制约,在未能充分保护利用之前,通过资源保存可以使物种的遗传信息在条件成熟时重新得到利用。传统的种子保存方式由于受到生活力下降、易受病虫害侵袭等因素的影响,造成一定的局限性。而建立种质资源圃又受到占地面积大、管理维持费用高、保存期限短等限制,过去经常采用的低温保存方法,发挥了离体保存的某些优势,但定期继代操作也容易造成不同程度的污染,目前植物离体材料最为理想的保存方法还是近些年来才发展起来的超低温保存(cryopreservation)技术,其最大的特点不需要继代、对植物材料的伤害较小而且安全可靠。超低温通常指−80℃以下的低温,这已经远远超过了植物发生冻害的临界温度,为此,必须使用特殊的冰冻保护处理,使离体材料能在超低温冰箱(−80~150℃)、液氮(−196℃)等保存条件下,细胞的代谢等生命活动接近完全停止,从而达到长期保存的目的。

目前超低温保存方法主要是两种,即冷冻诱导保护性脱水法和玻璃化处理法。其主要的操作步骤包括细胞预冻、长期储存及细胞解冻三个环节,而保存成功的关键是防止细胞内发生结冰现象,因此降温冰冻过程中要适当进行保护性脱水,其技术要点涉及冰冻保护剂的选择、降温速度和化冻方式等。保存成功的标志是化冻后能够再生植株。保护性脱水就是通过缓慢冷却过程,使保存材料细胞中的水分不断扩散出来,移走大部分甚至全部自由水,使原生质体浓缩。从降温方式来看,包括快速冰冻法、慢速冰冻法、两步法及逐级冰冻法等。玻璃化方法早在1937年就由Luyet提出,因该方法引起的细胞结构变化相对较小,现在已成为植物种质资源冰冻保存的主要手段之一。所谓玻璃化(vitrification)是指液态向非晶体(玻璃态)转变的固化过程。玻璃化法就是将生物材料经极高浓度的玻璃化溶液快速脱水后直接投入液氮,使生物材料和玻璃化溶液一并发生玻璃化转变并进入玻璃态,在保存终止后,采用快速化冻复温,防止去玻璃化的发生。另外一种玻璃化方法是包埋玻璃化法,该法将包埋脱水和玻璃化法相结合,保存材料先用藻酸钙包埋,再经蔗糖浓度梯度脱水,然后用玻璃化溶液处理后再投入液氮保存。此外还有干燥法、预培养法等超低温保存方法,各种方法应根据保存材料的特性和类型等加以选择,以达到最佳保存效果。

冰冻保护剂(cryoprotective agent,CPA)是保证超低温保存成功的另一重要因素。冰冻保护剂分为渗透型与非渗透型两类,前者包括甘油、二甲基亚砜、乙二醇、丙二醇等,多为低分子中性物质,易与水发生水合作用,增加溶液黏性,使水不易形成结晶;后者能溶于水但不能进入细胞,可使溶液呈过冷状态,降低溶质(电解质)的浓度,对细胞起到保护作用,该类保护剂包括蔗糖、葡聚糖(右旋糖酐)、聚乙二醇、聚乙烯吡咯烷酮和羟乙基淀粉等。DMSO 应用最为广泛,但具有一定的毒性,使用的浓度一般为 5%～10%,但近年来多采用 DMSO 与其他保护剂按一定比例混合成复合冰冻保护剂的方法,保存效果更佳。化冻方法的选择也因材料而异,含水量较少的组织细胞(如分生组织)可用快速化冻法,反之,则用慢速化冻为宜。快速化冻可直接将冻存管从液氮中取出,然后迅速放入 25～40℃的水浴中完成化冻。玻璃化材料一般应选择快速化冻法。而慢速化冻法就是取出冻存材料后,在室温下或 0℃温度条件下逐步化冻。

小结

植物细胞工程是细胞工程的重要组成学科之一,由于其研究对象与天然药物生产、农林重要粮蔬果油、环境保护等紧密相关,要迫切解决人口膨胀、环境污染、能源短缺、重大疾病等诸多困扰人类的问题,从植物细胞工程寻找突破口是必然的选择,因此长期以来受到高度关注。在科学家们的共同努力下,植物细胞工程获得了长足的发展,取得了许多重要的成果,展现出广阔的发展前景。从本领域的研究内容来看,涉及组织细胞培养、植物生物反应器、脱毒与快速繁殖、原生质体培养、细胞融合、细胞质工程、染色体工程、转基因植物、人工种子以及植物种质资源超低温保存等多项技术,已形成较为完整的技术体系,但也存在许多急需解决的难题,特别是在寻求细胞质工程突破和转基因植物安全性等方面。但随着学科的进一步发展、相关学科的渗透融合及法规制度的不断完善,上述问题会逐步得到解决。

(刘宏颀)

思考题

1. 植物细胞工程包括哪些主要内容?
2. 植物细胞工程与动物细胞工程有哪些区别与联系?
3. 原生质体培养过程中有哪些需要重点把握的关键环节?
4. 细胞质遗传有哪些特点,对开展细胞质工程有哪些启示?
5. mtDNA 和 ctDNA 各有哪些基本特点?
6. 从你的认识来分析,细胞质工程研究的突破口何在?
7. 如何避免或减轻植物组织培养中的玻璃化和褐化问题?
8. 请举例说明植物细胞工程的应用前景。
9. 从发展趋势来看,人工种子能否取代传统的种子繁殖方式?
10. 植物细胞大规模培养有哪些基本方式?
11. 你认为转基因植物的发展前景如何?

参考文献

陈世昌. 2006. 植物组织培养. 重庆:重庆大学出版社
陈志南. 2005. 细胞工程. 北京:科学出版社
拉兹丹. M K. 2006. 植物组织培养导论. 肖尊安等译. 北京:化学工业出版社
黎昊雁等. 2002. 新一代转基因植物研究进展. 中国生物工程杂志,23(6):22-26
李胜等. 2008. 植物组织培养原理与技术. 北京:化学工业出版社
李志勇. 2003. 细胞工程. 北京:科学出版社
孙敬三等. 1995. 植物细胞工程实验技术. 北京:科学出版社
王蒂. 2004. 植物组织培养. 北京:中国农业出版社
王水琦. 2007. 植物组织培养. 北京:中国轻工业出版社
许智宏. 1998. 植物生物技术. 上海:上海科学技术出版社
颜昌敬. 1990. 植物组织培养手册. 上海:上海科学技术出版社
朱德蔚. 2001. 植物组织培养与脱毒快繁技术. 北京:中国科学技术出版社

4.4 工程细胞的构建及改良

工程细胞是指应用细胞生物学和分子生物学的方法,通过细胞工程学手段,即细胞整体水平或细胞器水平上,按照人们的意愿改变了细胞内的遗传物质并最终能获得特定的细胞、目标产品的细胞株。工程细胞的获得涉及的领域相当广泛,就其获得技术范围而言,大致有细胞融合技术、细胞拆合技术、高效表达载体构建、染色体导入技术、基因转移技术、胚胎移植技术和细胞组织培养技术等。这其中最重要的就是通过细胞融合和高效表达载体构建而获得重组细胞。

动物细胞融合技术或体细胞杂交技术,是通过施加生物、化学或物理等诱导细胞融合的因素,提高不同基因型细胞的融合频率并使之形成单核杂种细胞的技术。1958 年,日本学者冈田善雄在培养动物细胞时加入失去活性的仙台病毒,发现能使两个动物细胞融合,产生具有两个核的细胞。研究表明,很多不同种的动物细胞都能进行融合,如人-鼠、人-兔、人-鸡、人-蛙、鼠-鸡、鼠-兔、鼠-猴等形成杂种细胞。不仅动物或植物的种与种之间可以杂交,而且动物细胞和植物细胞之间也可融合,从而获得各种具有不同表型和(或)基因型的杂种细胞。杂种细胞已被广泛地应用于研究核质关系、绘制染色体基因图谱、制备单克隆抗体、研究核仁在基因表达中的作用、肿瘤发生机制和基因重新编序的研究以及植物育种等。

此外,通过高效构建表达载体转染宿主细胞,可获得良好性能的工程细胞。随着基因克隆技术的成熟,越来越多的外源基因,特别是哺乳动物来源的基因,需要在体外表达以满足临床需要。以人生长激素生产为例,大致制备过程为:将表达质粒在体外扩增,连接上人生长激素的基因以后,重新转化大肠杆菌细胞内,最后经过筛选和发酵这种带有人生长激素基因的工程菌,从而获得大量的人生长激素。虽然有些基因可以在大肠杆菌中高效表达并仍保持天然的生物学活性,但对大多数哺乳动物蛋白来说,翻译后修饰,如糖基化、磷酸化和乙酰化等,是保持其生物学活性、稳定性及抗原性的必需条件。在细菌中合成的复杂真核蛋白,由于存在折叠方式不正确,缺乏翻译后加工修饰等固有缺陷,难以获得具有天然生物活性的蛋白和多肽产物。已建立的多种哺乳动物细胞蛋白质表达系统,较好地解决了这些问题。解决工程细胞高效大规模表达关键因素就是建立一套高效的表达体系,包括对表达载体优化,工程细胞株的优化,以及培养条件和下游纯化工艺的优化。其中，高效真核载体的建立和优化是解决工程产业化的前提和瓶颈，是提高目标产品在单细胞中的表达量最为有效的策略。本节将通过动物细胞融合和高效载体的制备两个方面来系统的介绍工程细胞构建的方法、流程及过程的特点。

4.4.1 细胞融合技术

4.4.1.1 动物细胞融合技术的发展简史

19 世纪 30 年代，科学家们相继在肺结核、天花、水痘、麻疹等疾病患者的病理组织中观察到多核细胞。70 年代，科学家们在蛙的血细胞中也看到了多核细胞的现象，但是由于受当时科学技术发展水平的限制，人们对这一现象并没有给予足够的重视。1958 年，日本科学家岗田用灭活的仙台病毒诱导人的腹水癌细胞融合成功。后来科学家们又成功地诱导了不同种动物的体细胞融合，并且能将杂种细胞培养成活。随着细胞融合技术的不断改进，现在这项技术已经广泛应用于细胞学、遗传学、免疫学、病毒学等多种学科的研究工作中。

在自然条件下，生物界虽然不乏自发的细胞融合现象，如受精、成肌细胞融合。但除受精现象外，生理状态下的动物细胞发生自发融合的频率极低。细胞融合现象最初是在动物细胞发现的，通过培养和诱导，两个或多个细胞合并成一个双核或多核细胞的过程称为细胞融合（cell fusion）或细胞杂交（cell hybridization）。基因型相同的细胞融合成的杂交细胞称为同核体（homokaryon），不同基因型的细胞融合成的杂交细胞则称为异核体（heterokaryon）。同种细胞在培养时两个靠在一起的细胞自发合并，称自发融合；异种间的细胞必须经诱导剂处理才能融合，称诱发融合。

4.4.1.2 动物细胞融合的基本原理

细胞融合是通过两个或多个细胞膜的融合实现的。细胞膜（cell membrane）是由脂质双分子层和镶嵌其中的蛋白质构成的单位膜。细胞膜不仅是分隔细胞与周围环境的边界，更重要的是，它是细胞与周围环境、细胞与细胞之间进行物质交换和信息传递的重要通道。随着对细胞膜研究的不断深入，Singer 和 Nicolson 在 1972 年提出了细胞膜的流动镶嵌模型（fluid mosaic model）。在强调脂类分子和蛋白质分子的镶嵌关系的同时，强调了膜的流动性。细胞膜的流动性是动物细胞融合的生物学基础。许多环境因素，如温度、pH、极性基团、酶、离子强度、金属离子、电场和（或）电脉冲等，均可对膜的流动性产生影响。动物细胞融合技术即是利用细胞膜的这一特性，通过对参与融合的细胞施加化学和物理诱导因素，使细胞膜的脂类分子的有序排列发生改变；当诱导因素解除后，细胞膜恢复原有的有序结构，在恢复过程中便可诱导相接触的细胞发生融合。

诱导细胞融合的方法有三种：生物方法（病毒）、化学方法[聚乙二醇（PEG）]、物理方法（电脉冲和激光）。某些病毒如仙台病毒、副流感病毒和新城鸡瘟病毒的被膜中有融合蛋白（fusion protein），可介导病毒同宿主细胞融合，也可介导细胞与细胞融合，因此可以用紫外线灭活的此类病毒诱导细胞融合。化学和物理方法可造成膜脂分子排列的改变，去掉作用因素之后，质膜恢复原有的有序结构，在恢复过程中便可诱导相接触的细胞发生融合。动物细胞融合的方法在体外培养条件下，动物细胞会自发融合，但是频率极低。因此，一般都需要添加具有诱导细胞融合效应的生物或化学药剂，或者采用电融合技术，人为地促进细胞融合。

1）病毒诱导融合

病毒是最早采用的融合剂。常用于诱导动物细胞融合的病毒有仙台病毒、新城鸡瘟病毒、疱疹病毒等，其中仙台病毒最常用。用作融合剂的病毒必须事先用紫外线或β-丙内酯灭活，使病毒的感染活性丧失而保留病毒的融合活性。当病毒位于两个细胞之间，病毒表面的神经氨酸酶降解细胞膜上的糖蛋白，使细胞膜局部凝集在病毒颗粒的周围，在高 pH 和钙离子条件下，局部细胞膜发生融合。用灭活的仙台病毒诱导细胞融合的优点是，融合率较高，对各种动物细胞都适宜，且仙台病毒能在鸡胚中大量繁殖，容易培养；缺点是，仙台病毒不稳定，在保存过程中融合活性会降低，并且制备过程比较繁琐。此外，病毒引进细胞后，可能会对细胞的生命活动产生干扰。

仙台病毒诱导细胞融合的基本过程为：在 4℃条件下，首先使足够数量的病毒颗粒吸附在细胞膜上的相应受体位点上起搭桥作用，使细胞紧密靠近、黏附成团，但不发生融合；在 37℃的作用条件下，黏结部位的细胞膜的脂类分子的有序排列发生改变，形成通道，细胞质相互渗透并融汇，两个细胞合并、变圆，发生融合。由于许多动物细胞均能因仙台病毒的存在而发生融合，灭活的仙台病毒仍保留促进细胞融合的作用，所以仙台病毒曾一度成为动物细胞融合中的标准融合剂。

2）聚乙二醇诱导融合

聚乙二醇(PEG)具有强烈的吸水性以及凝聚和沉淀蛋白质的作用，能够有效地促进植物原生质体和动物细胞的融合。PEG 是多聚化合物，其分子式为 $HOCH_2(CH_2OCH_2)_nCH_2OH$。PEG 靠醚键的联结使其分子末端带有弱电荷，可溶于水。实验室使用的 PEG 平均相对分子质量为 200～20 000，一般相对分子质量在 1000 以下的 PEG 为液体，相对分子质量高于 1000 以上者为固体。在不同种类的动物细胞混合液中加入 PEG，就会发生细胞凝集作用；在稀释和去除 PEG 的过程中，就会发生细胞融合。PEG 诱导细胞融合的机制目前还不太清楚，当前普遍认为，带有大量负电荷的 PEG 分子和细胞膜表面的负电荷在钙离子的介导下形成静电键，促使参与融合的细胞形成紧密接触。当 PEG 的浓度增加到 50%时，PEG 可能与邻近细胞膜周围的水分子结合，由此降低细胞表面的极性，使细胞之间接触点处的膜脂类分子发生侧向流动和重排。由于细胞膜接触部位双分子层质膜的相互亲和以及彼此的表面张力作用，使细胞发生融合。PEG 诱导动物细胞融合具有操作方法简单、不需要特殊的仪器设备、融合效率高而且稳定的优点。同时，商品化专供融合用的 PEG 来源方便、质量可靠、细胞毒性小，PEG 诱导动物细胞融合已取代病毒融合法，广泛用于诱导动物细胞融合。但是它有一定毒性，对有些细胞（如卵细胞）不适用。

3）电脉冲诱导融合(electrical mediated cell fusion or electrofusion)

20 世纪 80 年代，人们通过将两种细胞的混合液置于低压交流电场中，使细胞聚集成串珠状，然后施加高压电脉冲，以促使细胞融合。紧密排列的细胞在相互接触的细胞膜之间会出现无蛋白颗粒的脂质区，当受到电击时，这个区域就会被击穿，产生脂双层膜孔，导致细胞之间的细胞质连通，进而发生细胞融合。非特异性电融合技术，是指在施行细胞电融合时，细胞间的相互接触是随机的。这种无选择性的随机接触，是由于细胞在交变电场中极化形成串珠状排列的结果。特异性细胞电融合，是利用生物素-抗生物素-抗原-抗体的特异性桥联作用，使分泌特异性抗体的 B 淋巴细胞(B 细胞)和骨髓瘤细胞特异地、有选择地接触，然后施加高压电脉冲使其融合。

电诱导细胞融合的过程包含以下两个阶段：参与融合的细胞首先在交变电场中极化成偶极

子，并沿电力线排列成串，形成细胞间的紧密连接；然后在高强度、短时程的直流电脉冲的作用下，细胞膜表面的氧化还原电位发生改变，破坏细胞膜脂类分子原有的有序排列，细胞膜发生瞬间破裂，继而破裂的细胞膜恢复原有的脂类分子排列，接触部位的细胞膜开始连接，直到重新闭合成完整的细胞膜，形成融合细胞。

与 PEG 诱导细胞融合相比，电融合法具有融合率高、细胞的需要量相对较少、重复性强、对细胞损伤小、操作简便、可重复性好、诱导过程的可控性强并可在显微镜下观察或录像细胞融合过程等优点。但由于参与融合的细胞的电穿孔条件可能不同，如在杂交瘤细胞系的建立中，往往较大的骨髓瘤细胞在较低的电脉冲下已发生破裂，而较小的淋巴细胞尚未达到融合所需的电压。另外，电融合参数和最佳融合条件因不同的细胞而异，难于形成普遍适用的标准化操作程序，限制了电诱导细胞融合的推广使用。

4.4.2 杂交瘤细胞的制备

动物细胞融合最重要的应用是分泌具有导向作用的单抗（mAb）的杂交瘤细胞株的制备。所谓杂交瘤细胞是指肿瘤细胞与体细胞融合形成的杂交细胞，它既保留了肿瘤细胞无限增殖的能力，又具有参与融合的体细胞（分泌抗体的 B 细胞）的一些特征。建立杂交瘤细胞系的技术称之为杂交瘤技术（hybridoma technique）。1975 年，英国科学家 Köhler 和 Milestein 利用细胞融合技术，以小鼠骨髓瘤细胞和经绵羊红细胞免疫的小鼠脾细胞（B 细胞）为亲本细胞，首次获得了能产生结构和特性完全相同的均一抗体的杂交瘤细胞，如图 4.4.1 所示。

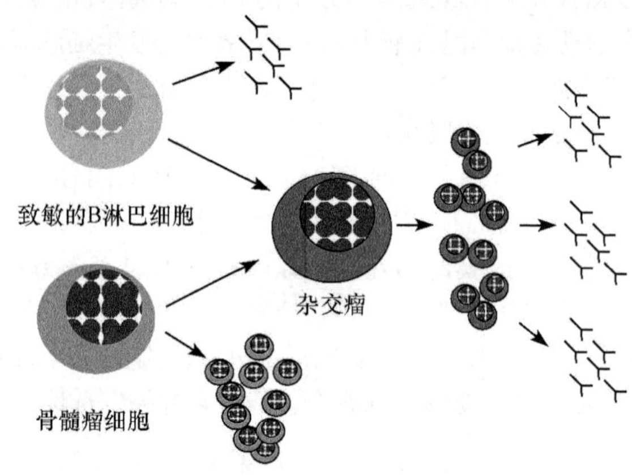

图 4.4.1 杂交瘤细胞制备示意图

由于骨髓瘤细胞在体外培养条件下可以无限传代，是“永生”的细胞，但骨髓瘤细胞不能产生抗体。用特定的抗原刺激正常小鼠，小鼠脾脏的 B 细胞就会产生相应的特异性抗体，分泌抗体的 B 细胞难以在体外培养增殖。骨髓瘤细胞和 B 细胞经融合处理后，细胞中存在三种细胞类型，即两种亲本细胞和杂交瘤细胞，杂交瘤细胞只占其中的一小部分。由于骨髓瘤细胞不仅能无限增殖，且其增殖速率高于正常细胞，因此必须设法把杂交瘤细胞从未融合的细胞中筛选出来。

4.4.2.1 杂交瘤细胞的筛选原理

采用动物细胞融合技术诱导细胞融合后，形成由亲本细胞、同核体及异核体组成的细胞混合群体。不同的细胞在体外培养条件下有着不同的生长特性。在未融合的亲本细胞中,缺乏增殖能力的终端分化亲本细胞往往在短期培养后死亡,无限传代或部分有限世代的亲本细胞保持原有的生长特性,往往能较快地适应培养条件而成为优势生长的细胞群。异源融合形成的异核体有的在短期培养后死亡;有的经历有丝分裂、双亲染色体重排,分裂形成新的单一细胞核的杂交细胞。由于杂交细胞在融合处理后的细胞群体中所占数量较少、生长相对缓慢,往往受到优势生长的亲本细胞的抑制,在进行细胞融合之前,必须事先设计从众多的细胞群体中选择杂交细胞的系统,通过筛选,除去不需要的细胞,分离出所需的杂交细胞。同时,杂交细胞在体外培养过程中,可因基因的丢失或突变,使其保持原有的遗传表型。一般的杂交细胞的筛选,可根据不同细胞生理、生化特性的不同,设计具体的筛选方案和选择体系,优先选择杂交细胞,或只允许杂交细胞生长,以淘汰亲本细胞。

其中,最常用的筛选策略是,以缺陷型细胞突变体作为参与融合的亲代细胞,再用选择培养液对杂交细胞进行筛选。1964 年,Littlefield 等首先利用突变细胞株和 HAT 选择培养液建立了杂交细胞筛选系统。细胞 DNA 的生物合成有两条途径,一条是主要途径,即由氨基酸及其他小分子化合物合成核苷酸,进而合成 DNA。叶酸衍生物四氢叶酸是 DNA 主要合成途径中不可缺少的中间体,在嘌呤和嘧啶核苷酸的生物合成中起着重要的作用,参与嘌呤环和胸腺嘧啶甲基的生物合成。某些叶酸的结构类似物,如氨基蝶呤(aminopterin)、氨甲蝶呤(methotrexate)等,能与二氢叶酸还原酶发生不可逆结合,阻止四氢叶酸的生成,从而阻断 DNA 生物合成的主要途径。另一条是应急途径,即当细胞 DNA 生物合成的主要途径被阻断时,细胞通过次黄嘌呤-鸟嘌呤磷酸核糖转移酶(hypoxanthine-guanine phosphoribosyl transferase,HGPRT)和胸腺嘧啶核苷激酶(thymidine kinase,TK),利用次黄嘌呤(hypoxanthine)合成嘌呤核苷酸,利用胸腺嘧啶核苷(thymidine)合成嘧啶核苷酸,从而继续合成 DNA。

次黄嘌呤-鸟嘌呤磷酸核糖基转移酶 HGPRT 缺陷型和胸腺核苷激酶缺陷型的骨髓瘤细胞株,失去了通过应急途径利用次黄嘌呤和胸腺嘧啶核苷合成 DNA 的能力,在 HAT 选择培养液中不能存活而被淘汰。HAT 选择培养液对淋巴细胞无效,但淋巴细胞在培养条件下不能长期存活,因而也被自然淘汰。骨髓瘤细胞和 B 细胞融合形成的杂交瘤细胞,具有两种亲本细胞的表型:一方面可分泌针对特定抗原决定簇的抗体;另一方面保留骨髓瘤的增殖能力,可在体外培养或移植到小鼠体内无限增殖。这就使针对某一特定抗原的均一抗体的大量制备成为可能。杂交瘤技术的创立和推广,为需要制备和使用抗体的研究领域提供了全新的手段和材料,促进了生命科学诸学科的发展。Köhler 和 Milestein 也由于这一杰出贡献,荣获 1984 年诺贝尔医学或生理学奖。

另外,一种替代 HAT 选择系统的杂交细胞筛选方法,是利用荧光激活细胞分选仪(fluorescence-activated cell sorter,FACS)分离杂交细胞。由于交联四乙基罗丹明(tetraethylrodamine B200,RB200)或异硫氰酸荧光素(fluorescein isothiocyanate,FITC)的长链脂肪酸能可逆地与细胞膜结合,用不同荧光素标记的脂质染料分别处理参与融合的亲代细胞,使不同的亲代细胞带上不同的荧光标记,在激光光源的激发下,FITC 发射黄绿色荧光,RB200 发射明亮橙色荧光。融合的杂种细胞因同时发射荧光 FITC 和 RB200 荧光而被从中筛选出来。

4.4.2.2 杂交瘤细胞的制备过程

根据淋巴细胞来源的不同,B 细胞杂交瘤技术可分为小鼠体系、大鼠体系和人源体系。由此建立的杂交瘤细胞系,各自生产针对不同种系的单克隆抗体,以适应不同的研究和应用目的。

由于小鼠的骨髓瘤细胞比较容易培养，小鼠的免疫操作比较简单，易于获得致敏的B细胞。同时，小鼠体系的杂交瘤细胞系的表型比较稳定，可以在同种属的小鼠体内形成移植瘤和诱导腹水。因此，小鼠体系的B细胞杂交瘤技术，已成为当前应用最广泛的杂交瘤技术。此外，大鼠体系、兔体系和人源体系，骨髓瘤细胞的获得加快了各种杂交瘤细胞系的建立，所涉及的技术操作基本相同。由于骨髓瘤细胞和免疫脾细胞的生长和分化状态、融合措施对细胞的损伤程度以及培养条件的优势，是决定细胞融合后杂交瘤生长率的主要因素，因此，细胞融合技术包括了从融合前的准备到融合后选择性培养的整个操作过程。

1）细胞融合前准备

A. 动物的免疫

免疫动物的选择取决于实验所用的骨髓瘤细胞的来源。免疫动物应和骨髓瘤细胞系属于同一品系，这样杂交融合率高，便于建株后的杂交瘤细胞能在同系动物中生长，也便于收获大量腹水制备单克隆抗体。BALB/C小鼠的骨髓瘤细胞比较稳定，容易培养，自身不分泌免疫球蛋白。因此，作为特异B细胞来源的免疫鼠，也应选用BALB/C小鼠。

用于免疫小鼠的抗原可以是可溶性的，也可以是颗粒性的。颗粒性抗原和相对分子质量50 000以上的可溶性抗原，免疫效果比较好，免疫2～3次就可以获得满意的抗体效价。相对分子质量低于40 000的免疫抗原的免疫效果较差，要进行多次免疫才能达到满意的结果。相对分子质量低于10 000的抗原或半抗原应进行改进，加强其抗原性后方能使用。改进抗原的途径，主要是利用蛋白交联方法，将小分子抗原与大分子物质交联。为了加强免疫效果，可将抗原与福氏完全佐剂(Freund)等量混合制成乳剂。常规免疫方法有腹腔注射和皮下注射两种。腹腔注射每次0.5mL，皮下多点注射每次0.1mL，每隔3～5天注射一次，连续3～4周后，检测抗体效价。在融合的前3天，选择效价高的小鼠加强免疫。将抗原50～100μg用PBS稀释成0.5mL，经腹腔注射。为了减少抗原用量和注射次数，缩短免疫周期，加速特异B细胞的分化和增殖，可以选用体内免疫，如脾内注射、腹腔植入、淋巴结注射等方法。也可以采用体外免疫，即用基因工程技术生产的各种细胞生长因子，如IL-2、IL-4、IL-6和微量抗原一起作用于体外培养的淋巴细胞，促使B细胞致敏和分化，以供融合用。

B. 免疫脾细胞悬液的制备

(1) 用颈椎脱臼法处死小鼠，无菌条件下剪开小鼠腹腔，取出脾脏；

(2) 将脾脏放入盛在平皿内的不锈钢筛网中，剔除脂肪和结缔组织，撕开脾包膜，用注射器内玻璃管芯，将脾淋巴细胞轻轻挤压到培养液中；

(3) 脾细胞悬液移入离心管内，1000r/min离心5min，弃上清液；

(4) 用4℃预温的0.91% NH_4Cl溶液混悬沉淀的细胞，冰浴中静置5min，使从脾脏释出的红细胞裂解；

(5) 加入基础培养液中止NH_4Cl的作用，1000r/min离心5min，弃上清液；

(6) 加入基础培养液重新悬浮沉淀的脾淋巴细胞，取样进行脾细胞计数。

C. 小鼠骨髓瘤细胞的培养

在杂交瘤技术中，小鼠骨髓瘤细胞培养能否成功的关键，在于确保骨髓瘤细胞的代谢缺陷特征和建立最佳的细胞培养条件。目前在我国最常用的小鼠骨髓瘤细胞株为来自BALB/C小鼠的NS-1和SP2/0细胞株。NS-1和SP2/0均为不分泌免疫球蛋白的骨髓瘤细胞株，它们在代谢方面的共同之处是缺乏旁路DNA合成所需的HGPRT，故也称为$HGPRT^-$骨髓瘤细胞。由于 SP2/0 细胞与其他代谢缺陷型细胞株一样，在培养过程中会有一定的突变率，可以呈现“返祖”现象。极少数细胞可以变回到 $HGPRT^+$，重新表达 HGPRT 酶。

这些 $HGPRT^+$ 细胞对 HAT 培养液是不敏感的，在 HAT 培养液中可以生长的 $HGPRT^+$ 骨髓瘤细胞将使融合结果表现出“高效率”的假象。这些细胞的生存不仅占据了杂交细胞的生长空间，而且可以使杂交细胞的生长处于劣势而死亡。因此，为了确保所有参与融合的骨髓瘤细胞均为 $HGPRT^-$ 细胞，在进行细胞融合前，要将骨髓瘤细胞置 8-AG 培养液中培养 1 周。8-AG（20μg/mL）对 $HGPRT^+$ 细胞具有选择性毒性作用，能清除所有的 $HGPRT^+$ 细胞。经过这样处理后的细胞，再转入完全培养液中培养 2 周，就可以参与细胞融合，确保融合的效果。

D. 饲养层细胞的制备

（1）用颈椎脱臼法处死小鼠，75％乙醇浸泡 2min；

（2）剪开小鼠腹腔，基础培养液或无菌的 PBS 反复冲洗腹腔；

（3）收集小鼠的腹腔冲洗液，离心，弃上清；

（4）用 HAT 培养液稀释离心沉淀的细胞，调整细胞密度至 1×10^5 个/mL；

（5）将细胞悬液按 0.1mL/孔加到 96 孔培养板中；

（6）置 37℃、5％ CO_2 饱和湿度的培养箱中培养过夜，备用。

2）细胞融合和杂交瘤选择

（1）将处于对数生长阶段的骨髓瘤细胞与脾淋巴细胞按 1∶10 或 1∶5 的比例混合，离心，弃上清液，用滴管吸净残留液体。

（2）用吸管在 1min 内向细胞沉淀逐滴加入 0.5～1mL，40％～50％的 PEG，并与沉淀的细胞均匀混合，室温下静置 1min。

（3）加入 37℃预温的完全培养液，终止 PEG 作用。

（4）离心，弃上清，用含 20％胎牛血清的完全培养液轻轻地悬浮细胞。

（5）将融合处理的细胞接种培养板，置 37℃、5％ CO_2 饱和湿度培养。

（6）融合 24h 后，加 HAT 选择培养液，每隔 3 天更换 1/2 HAT 选择培养液，两周后改用 HT 选择培养液培养。最后，选择培养 3 天后，开始用倒置显微镜观察融合细胞的生长情况，融合细胞一般在 3～6 天开始形成克隆，未融合的脾淋巴细胞和骨髓瘤细胞在 5～7 天后逐渐死亡。

3）融合后杂交瘤细胞株的筛选

成功融合后可以获得数以百计的杂交瘤细胞集落，其中仅有少数集落能分泌针对免疫原的特异性抗体。要判断其中哪些是实验所需要的、能分泌特异抗体的克隆，就必须对杂交瘤细胞生长孔内的上清液进行测定，找出可以分泌特异抗体的杂交瘤细胞。检测抗体的方法应根据抗原性质、抗体类型的不同，选择不同的筛选方法，一般以快速、简便、特异、灵敏的方法为原则。

常用的检测抗体的方法，有放射免疫测定法、酶联免疫吸附测定（enzyme linked immunosorbent assay，ELISA）、免疫荧光检测法、间接血凝测定法和免疫组织化学检测法。免疫组织化学法进行筛选，主要用于检测针对可溶性抗原或细胞抗原的抗体；酶联免疫吸附测定法，主要用于检测针对可溶性抗原、细胞抗原和病毒抗原的抗体；免疫荧光检测法，多用于检测可定位于细胞表面抗原的抗体。上述 3 种方法的共同点，都是以免疫原为靶抗原，杂交瘤细胞生长孔内的上清液为第一抗体；放射性核素、酶或荧光素标记的兔抗鼠或羊抗鼠的免疫球蛋白为第二抗体，利用放射性核素测定、底物显色，或在显微镜下显示出荧光颗粒，判断上清液内是否含有针对相应抗原的特异性抗体。间接血凝测定法，是在 96 孔培养板的各个孔中，加入用免疫抗原包被的红细胞和被筛选的上清液，根据红细胞发生凝集与否，判断被检测的杂交瘤细胞生长孔内的上清液有无针对免疫原的抗体。

如果血细胞被凝集，就提示所检测的杂交瘤细胞生长孔内的上清液中含有相应的抗体。免疫组织化学检测法，是根据观察被检测的杂交瘤细胞生长孔内的上清液中的抗体，是否与组织切片的某一种类型的细胞起反应，判断被检测的上清液中是否存在针对免疫原的抗体。如果检测的上清液与切片中所存在的肿瘤细胞起反应，就可以从中筛选出抗肿瘤细胞的抗体。上述检测方法中，以酶联免疫吸附测定法的应用最为广泛。无论采用哪一种方法检测杂交瘤细胞生长孔内的上清液中的抗体，都必须设置阳性（免疫小鼠的血清）和阴性（正常小鼠血清）的对照，预先确定靶抗原的用量和第二抗体的稀释度，筛选要在 1～2 天内完成，否则培养孔内的杂交细胞可能会因为过度生长而死亡。

4) 杂交瘤细胞的克隆培养

动物受到抗原刺激后可发生免疫反应，产生相应的抗体。这一作用由 B 细胞完成。一个 B 细胞只能产生针对单一表位的一种抗体。

由于一种抗原往往具有多个抗原决定簇，融合的杂交瘤细胞可能产生多种不同表位的特异性抗体。有的集落可能不分泌抗体，或分泌针对不同抗原决定簇的特异性抗体，只有其中的某一个集落，才是分泌针对某一抗原决定簇的特异性抗体的杂交瘤细胞。因此，要想获得大量针对某一特定抗原决定簇的均一抗体，就必须利用克隆培养方法把它们分开，选出所需要的杂交瘤。另外，在分泌特异性抗体的杂交瘤细胞中，部分细胞也可能因传代过程中染色体的丢失而失去分泌抗体能力。这些细胞往往生长比较快，如果不及时利用克隆方法将这些细胞分开，就会影响能分泌抗体的杂交瘤细胞的生长。所以，对杂交瘤细胞进行克隆培养，是保证阳性杂交瘤细胞能处于优势生长、获得针对某一抗原决定簇的特异性均质抗体的有效途径。杂交瘤细胞克隆的方法，包括有限稀释法、软琼脂培养、单细胞显微操作法及荧光激活细胞分选法等。单细胞显微操作法和荧光激活细胞分选法，或是操作比较复杂、或是需要特殊的仪器设备，其应用受到一定的限制。有限稀释法和软琼脂培养法，操作相对简便、不需要特殊设备，是杂交瘤细胞克隆的常用方法。

(1) 有限稀释法。有限稀释法克隆杂交瘤细胞是根据杂交瘤细胞具有较强的克隆生长能力，将稀释到一定密度的杂交瘤细胞接种到 96 孔培养板中（尽可能使孔内只有一个细胞生长），通过对杂交瘤细胞克隆生长的观察和抗体检测，挑选能分泌针对某一抗原决定簇的特异性均质抗体的杂交瘤细胞株。

具体操作是：在已检测过的 96 孔培养板内，将待克隆的孔做好标记；用吸管吹打孔内的细胞，使其散开，吸出细胞悬液于 HT 培养液中，计数细胞密度；用 HT 培养液调整杂交瘤细胞密度到 3～10 个细胞/mL，按 0.1mL/孔将杂交瘤细胞悬液移入含饲养细胞的 96 孔培养板；将 96 孔培养板置 37℃、5% CO_2 饱和湿度的培养箱中培养；第 4 天用新培养液置换孔内 1/2 上清液；第 7～9 天，当细胞集落大小在 1～2mm 时，吸出杂交瘤细胞生长孔的上清液；按抗体筛选方法检测上清液中的抗体，计算杂交瘤细胞的阳性孔比率（阳性孔数/杂交细胞生长孔数×100%）；将抗体阳性孔内的杂交瘤细胞移到 24 孔培养板中放大培养 2～4 天；按步骤 1～7 将放大培养后的阳性细胞再重复克隆 2～3 次，直到杂交瘤细胞的阳性孔率达到 100%为止；放大培养杂交瘤细胞，收集上清液作单克隆抗体鉴定；液氮冷冻保存杂交瘤细胞株。

(2) 软琼脂培养法。软琼脂培养法克隆杂交瘤细胞，是利用杂交瘤细胞的克隆生长特性和软琼脂培养的半固态性质，使单个的杂交瘤细胞在相对固定的位置增殖，形成克隆性集落。将克隆性集落逐个移入24孔培养板的各个孔内培养，并通过测定各个孔的培养上清液，确定并获得能分泌针对某一抗原决定簇的特异性均质抗体的杂交瘤细胞克隆。具体操作是：按前述方法收集小鼠腹腔细胞，用杂交细胞培养液调整细胞密度至5×10^5个细胞/mL；将小鼠腹腔细胞移入组织培养皿，37℃、5% CO_2饱和湿度的培养环境过夜；将加热融化的2%琼脂溶液冷却到42℃，加入等体积的双倍浓度杂交细胞培养液，充分混匀；移去小鼠腹腔细胞平皿中的上清液，加入含1%琼脂的杂交培养液，室温下形成半固体状；用吸管吹打待克隆孔中的阳性杂交细胞，用双倍浓度的杂交细胞培养液稀释细胞至50个/mL；加热熔化1%琼脂溶液，冷却至42℃，加入等体积的已稀释好的杂交细胞，混匀后立即倾入已冷却的平皿琼脂的上层；将接种有杂交瘤细胞的平皿置于37℃、5% CO_2饱和湿度的培养箱中培养7～14天；观察平皿中杂交瘤细胞的克隆生长，当细胞集落生长到1～2mm时，用毛细吸管将集落吸出并移入含杂交细胞培养液的24孔培养板中；将24孔培养板置37℃、5% CO_2饱和湿度的培养箱中培养3～5天(细胞将长满孔底1/2)，按抗体筛选方法检测上清液中的抗体；24孔培养板中阳性孔的杂交瘤细胞按步骤1～9的方法进行再克隆，直到所有在24孔培养板中生长的克隆上清液都分泌阳性抗体为止；放大培养杂交瘤细胞，收集上清液作单克隆抗体鉴定；液氮冷冻保存杂交瘤细胞株。

4.4.2.3 杂交瘤细胞分泌抗体的鉴定

一次细胞融合可以获得多株分泌抗体的杂交瘤细胞，它们分泌的抗体均能与同一免疫原起反应，若该免疫原包含不止一种抗原决定簇，这些杂交瘤细胞株所分泌的抗体就可能存在差别。即使是对相同的抗原决定簇，由于免疫球蛋白存在着种类和亚型方面的差异，不同类型的抗体也可以对相同的决定簇表现出不同的亲和力。mAb的鉴定，就是要了解对同一免疫原有阳性反应的mAb之间所存在的差别，为mAb的进一步选择和应用提供依据。通常的鉴定包括以下步骤。①mAb的特异性分析，主要是比较各种mAb与其他非免疫原的交叉反应。根据实验目的，可以选用多种无关的抗原作为靶抗原，利用酶联免疫反应方法或免疫印迹方法，检测所获得的mAb与系列无关抗原之间的交叉反应性。交叉反应越少者，mAb的特异性越强。②mAb的类型分析，不同的免疫球蛋白的应用范围有所不同，如IgM的分子质量较大，不易透过血管，不适宜用作导向显影的载体；IgG_{2a}可以固定补体，能参与杀伤细胞的作用。mAb的类型鉴定可以为其应用提供依据。至于mAb亚型则需用标准抗亚型的血清系统，采用双向免疫扩散或夹心ELISA进行确定。③mAb的亲和力比较，抗体对抗原的亲和力代表了它们之间结合的强度。mAb对抗原的相对亲和力，可通过ELISA和放射免疫测定法进行确定。④mAb结合位点的分析，就是判断用某种免疫原获得的系列单抗是否识别不同的抗原决定簇，以及相应的抗原决定簇在空间位置上的远近。通常利用抗体夹心测定，只有当一对抗体在抗原上的结合空间位置较远时，它们才可以作为双抗体夹心法的试剂。同时结合位点也可采用抗体竞争实验进行分析。此外，生物信息学在单抗结合位点上的分析也具有很好的优势和前景，但前提是知道抗体的具体DNA序列信息。图4.4.2所示为通过生物信息学获得的HAb18G/CD147(抗原)-HAb18(抗体)相互作用及分子对接结果。

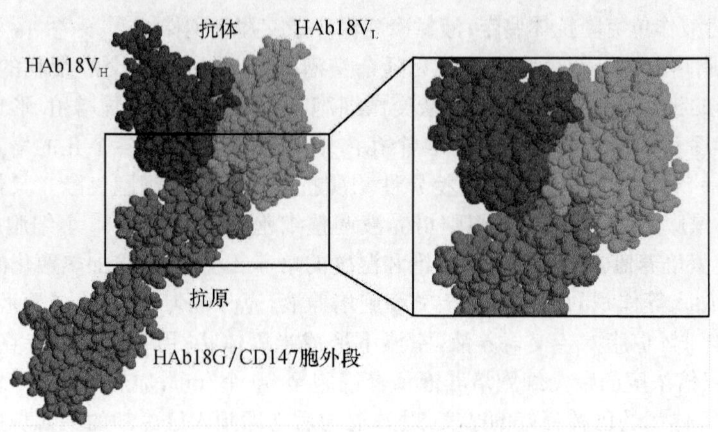

图 4.4.2　HAb18G/CD147(抗原)-HAb18(抗体)相互作用及分子对接

小结

动物细胞融合是细胞工程技术体系中的一项重要技术。细胞融合不仅可消除动物或植物的种与种之间杂交的限制,还能按照人们的意愿实现不同动物细胞甚至动物细胞和植物细胞之间的杂交,从而获得各种具有不同表型和(或)基因型的杂种细胞。细胞融合在细胞遗传学和细胞核质关系的研究、杂交瘤细胞的制备以及远缘杂交育种等方面具有重要的价值。分泌单抗的杂交瘤细胞株的制备就是利用骨髓瘤细胞与免疫淋巴细胞杂交,使之形成具有分泌高度均一的表型的融合细胞而实现的。动物细胞融合技术的发展,尤其是以杂交瘤为代表的单抗制备技术的创立不仅在免疫理论上有着重要的意义,而且在实践上有着巨大的使用价值和潜力。

(杨向民)

思考题

1. 动物细胞融合的基本原理是什么?
2. 单克隆抗体的制备原理和应用?
3. 如何进行杂交瘤细胞的克隆筛选和单细胞培养?

参考文献

陈志南,刘民培. 2002. 抗体分子与肿瘤. 北京:人民军医出版社

冯伯森,王秋雨,胡玉兴. 2000. 动物细胞工程原理与实践. 北京:科学出版社

胡显文,陈惠鹏,汤仲明,等. 2004. 生物制药的现状和未来(一):历史与现实市场. 中国生物工程杂志

李志勇. 细胞工程. 2003. 北京:科学出版社

庞俊兰. 细胞工程. 2007. 北京:高等教育出版社

4.5　高效表达载体构建

通过构建并转化筛选含有高效表达载体的细胞是获得重组工程细胞的一个重要途径。具体如图 4.5.1 所示。

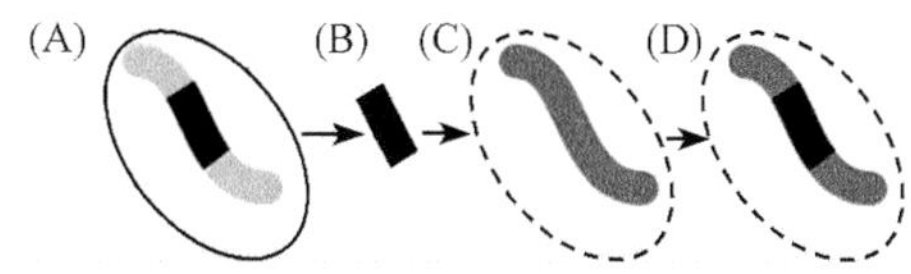

图 4.5.1　重组细胞制备示意图

(A) 含有目的的基因的细胞;(B) 目的基因分离及表达载体构建;(C) 选择宿主细胞;(D) 将目的基因导入宿主细胞

表达载体即携带调控元件以及供插入可变区序列的限制性内切核酸酶位点的基因元件集合,当其转入真核细胞后即可转录成熟的 mRNA,同时进行有效的翻译并形成完整的目标蛋白。目前已有许多商业真核表达载体,广泛应用于实验室研究和大规模生产中,因而对其结构、功能特性已有很深入的了解。利用表达载体获得重组细胞,不仅可用于细胞黏附,细胞分泌,物质运输等分子机制研究,同时也可进行重组蛋白的表达和制备。构建高效表达载体的理论基础仍然是围绕中心法则和各种表达调控信息的阐明;而技术基础则是得益于限制性内切核酸酶与 DNA 连接酶纯化分离,基因工程载体发明以及反转录酶发现和应用。基于 SV40 启动子的载体可用于建立稳定的细胞系,但更常用于在 COS 细胞系中的瞬时表达。另外一些用于产生高拷贝数并获得外源蛋白高表达的载体是扩增载体系统,如 *dhfr* 共扩增系统。这类载体已成功用于中国仓鼠卵巢(CHO)细胞系。以反转录病毒和腺病毒为基础的特异性载体,主要用于基因治疗中的基因转移系统;此外还有杆状病毒载体用于昆虫细胞的表达;专门用于植物细胞表达的载体,这里我们仅对哺乳动物细胞载体进行描述,其他都比较类似,因而不再叙述。

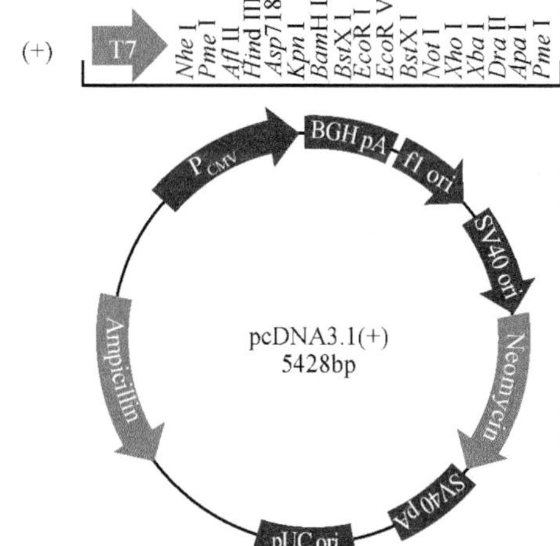

图 4.5.2　真核表达载体示意图

pCMV. 人类巨细胞病毒立即早期增强子/启动子;SV40pA. 多聚腺苷酸[poly(A)]加尾信号;Neomycin. 在哺乳动物细胞中呈现 G418 抗性;Ampicillin. 在大肠杆菌(*E. coli*)表现氨苄抗性;pUC ori. 细胞的复制子

4.5.1　典型真核表达载体

哺乳动物细胞表达载体的必要元件包括:一个高活性的启动子、转录终止序列和一个有效的 mRNA 翻译信号。可视实验需要加入标志基因、复制起始点序列、内部核糖体进入位点等。(图 4.5.2)这其中原核质粒的复制起始区及筛选标志可便于质粒的大量制备;强启动子和增强子可以提高目的基因的表达,而加 poly(A)位点可提高外源基因的稳定性和表达;SV40 复制起始区则是便于在真核细胞中的复制。此外,多克隆位点为了目的基因的插入,一般目标序列中含内含子序列则与mRNA 稳定性有关,有利于基因表达。为了将含目的基因的载体导入哺乳动物功物细胞,还必须加入遗传选择标记。常用的标记基因有胸腺激酶(*tk*)基因、二氢叶酸还原酶(*dhfr*)基因、新霉素(*neo*)抗性基因、氯霉素乙酰基转移酶(*cat*)基因等 dhfr 还可作为共扩增基因使外源基因的表达产物增加。当培养基中逐新增加氨甲蝶呤(MTX)的浓度时,随着细胞对 MTX

抗体的增加。*dhfr* 基因与外源基因均明显扩增。据文献报道，在不断提高的选择压力下，*dhfr* 及侧翼序列能扩增至上千个拷贝，大大增加目的基因的表达水平。

4.5.2 影响载体表达的控制元件

要在哺乳动物细胞中表达蛋白，就必须了解一系列有关直接的或间接的与基因表达相关的顺式 DNA 调控元件的结构、功能及影响因素。多数情况下，一个基因的表达不仅取决于启动子，而且与之相匹配的增强子、剪接信号、多聚腺苷酸 poly(A)信号，以及决定 mRNA 半衰期的信号等均在基因表达调控中起重要作用。自然状态下，这些元件通常以细胞类型特异性的形式发挥作用。也可在实验室进行重组，构成新的重组基因表达调控元件，表现出新的生物学行为。应该注意的是，启动子、增强子、剪接信号和其他顺式作用元件并非完全各自独立，多数情况下，基因在适当的时间和组织特异性表达依赖于表达元件优化的装配，即理想的增强子和启动子、启动子与剪接信号、mRNA 降解信号等的匹配。在一个重组的顺反子中选择合适的顺式作用元件及合理布局，是获得理想基因表达的关键。因此在基因转导之前，须熟悉所用表达系统中这些元件及其结构功能特性，以提高实验的成功率。下面将对影响载体表达的元件进行分解。

4.5.2.1 启动子和增强子

启动子需包含 mRNA 转录起始点和 TATA 盒。TATA 盒位于转录起始点上游 25～30bp 处，是引导 RNA 聚合酶在正确起始位点转录所必需的序列，即保证转录的精确起始。上游启动子元件常位于 TATA 盒上游 100～200bp，其功能是调节转录的起始频率和提高转录效率。启动子和增强子受细胞类型的限制，在不同的细胞系中有很大不同，因此需根据宿主细胞的类型选择不同的启动子和增强子以便于目的基因的高效表达。通常用于基因工程抗体的表达载体均采用来自病毒基因启动子或增强子等表达调控元件，如猴病毒 40 增强子/早期启动子(SV40 enhancer/early promoter)、巨细胞病毒早期增强子/启动子(CMV enhance/promoter)、SP6RNA 多聚酶启动子(sp6RNA polymerase promoter)等。报道显示 pEF-1alpha 作为启动子的表达载体 pEDS 与以 pCMV-IE 作为启动子的表达载体 pCDHFR1 比较，pEDS 在瞬时表达时，表达量确实略高于 pCDHFR1。通过降低培养基中血清浓度而降低细胞的增殖速度，这时 pEDS 的表达量远高于 pCDHFR1，说明 pEF-1alpha 作为启动子受细胞周期时相的影响较小。Invitrogen 公司的 ecdysone 诱导表达系统，其负责目的基因转录的启动子是由热激蛋白启动子核心序列(minimal promotor)和 5 个 E/GRE 元件组成；Clontech 公司开发的四环素调控序列 Tet-off 系统中的启动子则由 CMV 启动子的核心序列和 7 个 Tet 阻遏蛋白结合位点组成。这些启动子在诱导前后活性可相差 4 个数量级。

另外，人们还发现了一些能增强蛋白表达的增强子元件。Eμ 是在研究抗体表达中第一个被鉴定出的非病毒来源的增强子序列，同时它也是第一个被人们认识的组织特异性增强子序列，它定位于免疫球蛋白 V 区 J 片段的基因簇和恒定区的编码序列之间。Eμ 第一次被鉴定出来是在小鼠的基因组中，大约有 1kb 的长度。这 1kb 的序列是由一段核心序列及其两侧的 MAR(matrix attachment region)序列构成，其中两侧的侧翼序列中含有多个转录因子的结合位点，有增强子活性的顺式作用元件，该序列对癌基因 *c-myc* 和一些转录因子的活性均有影响。人的 *IgH* 基因的 3′端也已经鉴定出 HS1、HS2、HS3 和 HS4 区域，这些区域与小鼠 HS1、HS2 的 domain A 有很高的同源性，domain A 被认为是启动 IgH 3′enhancer 活性的重要区域。

4.5.2.2 翻译起始信号与终止信号

哺乳动物细胞表达的克隆化基因，通常有天然的核糖体结合位点和起始密码子。真核细胞核糖体进行翻译的起始部位的共有序列是GCCGCCA/GCCAUGG(下划线为甲硫氨酸起始密码)。由于翻译通常从第一个AUG开始，因此克隆化基因的起始密码子必须是转录物中的第一个AUG。如果同一转录单位编码两条多肽链，而两个可读框之间带有框内终止密码子时，下游可读框的翻译效率就会低数百倍。

真核基因转录过程中，RNA聚合酶II在基因的启动子位点开始转录，通读内含子及外显子序列并跨过3′侧翼区。转录终止于mRNA的3′端，目前还没有证实各种一级转录子明确清晰的终止位点。大部分真核细胞mRNA都是多聚腺苷酸poly(A)化，即在3′端非编码区形成poly(A)尾，即mRNA在3′端经过位点特异性的转录后切割并加上poly(A)而成熟，这是维持mRNA稳定性所必需。准确而有效地加上poly(A)，有赖于两种独立的序列元件，一种是高度保守的poly(A)信号AATAAA，另一种是位于下游的11～30bp的GT丰富区。真核表达载体必须带有上述poly(A)位点下游序列，才可保证新转录的目的mRNA能够有效地加上poly(A)。真核表达载体最为常用的加poly(A)信号来自SV40，是一段237bp的*Bam*HⅠ-*Bcl*Ⅰ限制酶切片段，其中含有病毒早期和晚期转录单位的切割/多聚腺苷酸化信号。两套信号作用的方向相反，并分别位于不同的DNA链上，但已经表明两套信号对杂合mRNA的加工都同样十分有效。

已有的证据表明，mRNA的稳定性/不稳定性的分子机制，涉及3′非编码的AU丰富区不稳定性序列与poly(A)尾，复杂的poly(A)结合蛋白的相互作用。为了最大限度地表达目的基因，有必要删除终止密码3′端的核苷酸序列。

4.5.2.3 剪接信号

与原核基因不同，大部分真核基因是不连续的，编码区通常由长度不等的非编码间插序列所分隔。RNA聚合酶II在基因的启动子位点开始转录，通读内含子及外显子序列并跨过3′侧翼区。因此，所生成的初级转录子含有结构序列及间插序列。在初级转录子加上poly(A)后，前体RNA必须通过剪接除去间插序列，并以一定的次序加上结构序列而产生成熟的mRNA。然后，从细胞核运送到细胞质。一般来说，剪接是有效形成mRNA的前提，剪接点的存在是完成剪接的最低必要条件。但目前认为剪接点并非绝对必需，设计用于表达cDNA的载体，通常在位于多克隆位点的下游，有一个内含子就可满足剪接需要。

Berg等在1981年描述了一系列以SV40转录单位为基础的载体中，其中之一是pSV2，它包含SV40早期区启动子/增强子、病毒复制区、多克隆位点，下游有SV40小t抗原内含子和病毒poly(A)信号。但有一些基因可以在没有内含子时高效转录，如前胰岛素原基因。另一些基因，如牛生长激素在禽类及哺乳动物细胞中，无内含子时表达量比有内含子时表达量更高。免疫球蛋白基因对内含子的需求，取决于启动子的类型，当免疫球蛋白启动子/增强子或β珠蛋白启动子用于免疫球蛋白μ基因的表达时，就需要内含子。但作为巨细胞病毒或热休克启动子时则不需要内含子，提示内含子的存在主要与翻译后修饰有关。一般来说，内含子的存在很少产生负面效应，大多数情况下可有效提高基因表达的效率。因此，在构建克隆化基因的表达载体时，加上内含子仍是可取之策。

4.5.2.4 多亚基蛋白的表达平衡

对一个拥有多个亚基的蛋白，如抗体分子，当其两条链表达不平衡时，不仅带来表达效率上的浪费，同时也会降低表达水平。Crowley 等提到若使用多载体造成表达的不平衡就会使表达效率低效。因此有人就提出尽量应用单载体系统，而且采用相同的启动子达到相对比较平衡的两条多肽链的表达。这种策略是否一定比双载体系统表达有效还需要进一步的证实。构建的双顺反子表达载体以在 IRES 的帮助下表达两个目的基因（*PDGF-A* 和 *PDGF-B*）。在双顺反子表达载体中，增强第二顺反子表达的非洲爪蟾（*Xenopus laevis*）5′ UTR *p*-球蛋白序列帮助依赖 IRES 的翻译，这样达到顺反子 1 和 2 的等摩尔表达。双顺反子载体可以安排如下：启动子-第一顺反子-IRES-*p*-球蛋白序列-第二顺反子。

4.5.2.5 分泌蛋白的稳定性

为适应体外的长期培养和高产率的产物分泌，提高目标蛋白的产量，除要考虑大规模培养过程中的优化细胞特异性产率和活细胞密度，同时还要考虑细胞培养制备产物的生产期间保持稳定的产物分泌。除了信号肽在蛋白质分泌过程中起的重要作用外，目前关于体外培养条件下产物合成分泌的分子机制报道并不多，共有三个层次。①载体质粒与染色体环境，如研究核骨架基质结合区（S/MAR），在染色质开放表达元件（UCOE）、延伸因子-1 等对外源基因表达的转录调控机制；外源基因插入位点周围染色质环境、拷贝数对外源基因表达稳定性影响的研究；②mRNA稳定性与转录后加工：研究细胞培养环境对特异性 mRNA 表达的调控机制，尤其是特异性 mRNA，如 X 盒结合蛋白-1(X-box binding protein，XBP-1)的剪切异构体 XBP-1(S)的转录加工机制对细胞特异性产率的影响机制及调节；③蛋白质翻译分泌通路中的关键分子，包括内质网腔分子伴侣，如免疫球蛋白结合蛋白 Bip ATPase 和蛋白二硫键异构酶等。此外错误折叠和聚集的蛋白质被发现会以链内二硫键的形式发生交联，这些蛋白还可通过质控系统（QC）重新转运回胞质，进入内质网介导的降解途径（ERAD pathway），被内质网关联的 E3 泛素连接酶所识别，并被泛素化后降解。工程细胞内调控蛋白质合成与分泌稳定性的分子机制的研究，将有助于产物分泌过程的优化控制，提高分泌蛋白的产量和质量。

总之，一般适用于重组蛋白的真核表达的载体，除了包含普通表达载体所特有的骨架序列（能在宿主细胞中复制或增殖的序列，筛选标志基因）外，其自身的启动子、增强子、mRNA 剪接信号序列、转录终止和加 poly(A)信号和表达调控序列对于提高外源基因表达水平都有一定的影响，这个是由于真核基因表达调控是在多层次上进行所决定的。

4.5.3 提高真核载体表达水平的策略

通过表达载体即构建高效的真核载体来提高外源蛋白的表达量，涉及环节多（表 4.5.1），这个主要是由于真核表达的调控是在不同的时空环境所决定的。但实际比较可行的一些策略主要包括以下 4 个方面：利用定点整合到热点位置来提高外源蛋白的表达量；通过共扩增基因 *dhfr* 或 *gs* 系统提高外源蛋白的表达；或通过弱化筛选基因来体高表达；最后是通过在载体中应用其他正向调控元件的应用提高外源蛋白的表达。

表 4.5.1 提高载体表达量的策略

作用因素	提高策略	作用因素	提高策略
转录	强启动子	分泌	适宜的信号肽
	可诱导启动子		多亚基表达平衡
	强转录终止结构		氨基酸密码子优化
	合适的调控元件		分子伴侣 Bip ATPase
	合适的蛋白基因	整合	热点位置
			弱化筛选标记
翻译	翻译型增强子		染色体定位筛选
	减少稀有密码	基因量	可扩增选择基因
	增强蛋白的稳定性		弱化可扩增选择基因
	增强翻译后修饰		突变可扩增选择基因
加工组装	多肽链的表达平衡	其他	宿主细胞修饰
	正确折叠组装		去除非生产克隆
	分子伴侣		合理的基因组装

4.5.4 利用定点整合提高抗体的表达

载体转染进哺乳动物细胞后，因其整合位点不同，目的基因表达水平存在很大的差异。这主要由于外源基因受基因组整合位点邻近的调控元件的影响，且整合的目的基因拷贝数变化较大；通常哺乳动物细胞染色体中存在至少 15 000 个以上的整合位点，欲筛选出少数几个最佳整合位点的高表达克隆是极其困难的。如果能将外源基因靶向基因组热点位置，借助热点侧翼存在的强有力正向调控元件，则可能使转入基因高效表达。Koduri 等通过同源重组载体将 *CTLA4Ig* 基因导入 CHO 细胞基因组热点，获得了转基因表达水平的提高，但热点附近的最短侧翼序列尚不清楚，因而如果能事先标记这些热点位置，然后进行定点整合，必将会提高抗体的表达水平(图 4.5.3)。

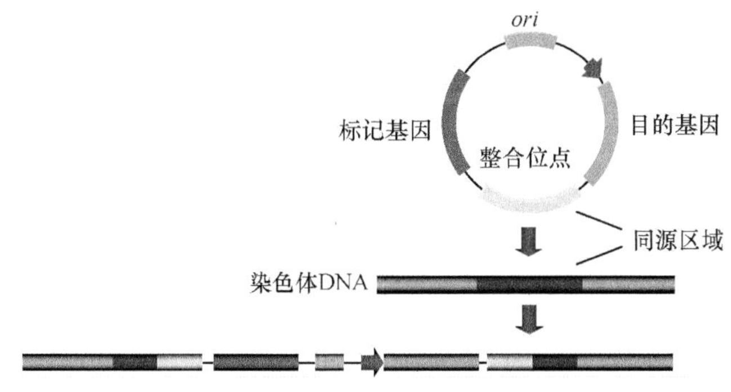

图 4.5.3 同源序列依赖型的体内重组

定点整合表达系统就能很好地解决这个问题，如通过 Cre 或 Flp 重组酶的介导，将带有相应同源臂的目的基因替换出插入在高活性位点的报告基因，把目的基因定点整合入染色体高活性位点有望能在较短时间内获得高表达细胞株。Koduri 等还证实可直接通过同源重组作用将目的基因插入至已知的高活性位点区，即体细胞打靶技术，基于 FLP/FRT(flp recombination target 或 Cre/loxp)的载体就可以做到这一点。Flp-In 系统利用了重组酶和位点特异性的重组来促进目的基因整合到哺乳动物细胞染色体上的特定位点。这个系统有三个关键的载体，其一是 pFRT/lacZoe 整合位点载体，用于构建 FLP-In 宿主细胞系。该载体含有一个 lac-Zeocin 融合基因，其表达是由SV40启动子调控。在紧邻ATG起始密码子下游插入了一个FRT位点，提供了Flp重组酶的结合和切割位点。该载体可事先转染到宿主细胞系中，用Zeocin抗性结合整合拷贝数检测筛选出较理想的且含单拷贝整合的FRT位点，这样得到的细胞中就仅含有一个整合的FRT位点并表达lac-Zeocin融合基因，此次整合是随机的。其二是pcDNA5/FTR，也含有FLP重组酶识别位点，并且下游是无起始密码子的潮霉素基因，用于目的基因筛选。其三是重组酶表达载体，以提高转染质粒的定向重组效率。我们用该系统成功地表达了HAb18GEF-Fc融合蛋白，表达量约15mg/L。

4.5.4.1 用共扩增基因 *dhfr* 或 *gs* 系统提高外源蛋白的表达

例如，转染含有 *dhfr* 的外源基因载体被共转染后，CHO的细胞株在含有氨甲蝶呤(MTX)的培养基中培养时，由于氨甲蝶呤是 *dhfr* 的抑制剂，为了存活依赖于MTX浓度的CHO的细胞株，载体被整合于热点位置的克隆将被保留；此外二氢叶酸还原酶(dhfr)/MTX或谷氨酰胺合成酶(gs)体系可扩增转基因的拷贝数，提高表达量。当培养基MTX浓度逐渐增加时，随着细胞对MTX抗体的增加。*dhfr* 基因与外源基因拷贝数明显扩增，在不断提高的选择压力下，*dhfr* 及侧翼序列能扩增至上千个拷贝，大大增加目的基因的表达水平。而弱化 *dhfr* 基因的表达又可通过筛选压力使抗体表达水平获得进一步提高。类似的，谷氨酰胺合成酶gs，可使谷氨酸与细胞有害代谢产物之一的氨合成谷氨酰胺；在培养基缺少谷氨酰胺的培养条件下，该基因可以作为一种选择加压标记。目前也认为该系统可以广泛应用到工程抗体的生成中。

4.5.4.2 用弱化筛选基因来体高表达的策略

常用的筛选基因有利于载体转染细胞后的筛选，常见的如胸腺激酶基因(*tk*)、二氢叶酸还原酶(*dhfr*)基因、新霉素抗性基因(*neo*)、氯霉素乙酰基转移酶基因(*cat*)等。另外当将选择标志基因进行弱化后，细胞为了适应筛选压力，只能保留有效转染的克隆，即载体被整合于利于表达的位置的克隆才能存活下来，因此，适当的调节选择标志基因表达强度的方法可对表达载体整合位点进行筛选，降低选择标志基因的表达水平，有利于筛选到高表达抗体的细胞克隆。

1) 采用人工内含子进行的弱化筛选基因提高表达

采用小鼠二氢叶酸还原酶(*dhfr*)和编码目的抗体基因序列构建的双顺反子表达载体，使用具有单一启动子的DNA驱动选择标记序列和编码目的蛋白质的表达。目的抗体的重链插入选择基因 *dhfr* 的下游，DHFR放置于DNA载体的5′端的内含子内。内含子本身增强基因表达的机制不清楚，一般认为可能是内含子的存在增强了mRNA的加工效率和mRNA稳定性。这里内含子位于巨细胞病毒即早期启动子(CMV)和编码抗体重链序列之间，主要是利用它达到弱化筛选标记的目的。抗体轻链放置入第二载体，轻链序列在SV40启动子/增强子的控制下，并且有单独的潮霉素B抗性[该抗性由CMV启动子/增强子和SV40 poly(A)驱动]。包含轻链和重链序列的载体线性化并且共转染入宿主细胞用以表达，并且随后完成轻链和重链间二硫键连接组装等。但该法也例证了与传统的多顺反子相关的位置效应引起的多个亚基的蛋白质表达的局限性，在多顺反子中5′和3′基因间表达的不平衡降低了用它来产生商业规模产量的多链蛋白质或相似目的产物的效率。

2) 采用体外重构进行的弱化筛选基因提高表达

体内重构二氢叶酸还原酶 *dhfr* 或谷胺酰胺合成酶gs等进行筛选，即可将 *dhfr* 基因分段表达 1～105 氨基酸和 106～187 氨基酸两个部分，通过 linker 与亮氨酸拉链 GCN4 融合，分别通过内部起始位点序列与抗体轻重链基因偶联，构建成两个或一个双顺反子表达载体从而实现抗体的表达。Amgen 公司报道用来生产针对 IL4R 嵌合 M1 抗体，抗体产率达到 10～25μg/10^6 个细胞/d，克隆化后的药瓶中的抗体产量达到 600mg/L(7 天)。

3）采用弱启动子进行的弱化

采用弱的启动子。例如，将轻链或重链表达载体中含有一个由"弱"启动子驱动的 *neo* 基因，弱化表达的 *neo* 基因在 G418 筛选时可能有利于筛选轻重链表达水平比较平衡的细胞克隆，这将有利于全分子抗体的分泌表达。Werner 等在 1998 年曾报道用 pNEOSPLA 载体来产生抗体：通过破坏 *neo* 的转录起始点，并将人工内含子和 *dhfr* 基因置于其中来弱化，转染后用 G418 和 MTX 筛选获得高表达细胞株，但是目前对于将 *neo* 直接放置到人工内含子中来弱化其表达尚未见报道。

4）利用基因突变弱化

选择标志基因 *neo* 的弱化：用新霉素抗性基因（*neo* 基因编码的新霉素磷酸转移酶为氨基糖磷酸转移酶，能催化卡那霉素、新霉素、G418 等氨基糖苷抗生素分子的磷酸化作用，使之丧失抗菌活性）作为阳性选择标志基因时，少量表达就能使细胞通过筛选，而对其进行点突变，该突变基因只有整合到宿主细胞基因组染色体表达活跃区（热点），其表达产物量才能抵抗药物 G418 的筛选，转染细胞才能存活，从而有利于快速获得高效表达目的基因的细胞克隆。Yenofsky 等在 1990 年在原核表达载体中对 *neo* 基因编码的新霉素磷酸转移酶 II(NPT II)的 182 位的 E 突变为 D 时，发现含有正常 *neo* 基因的 *E. coli* 细胞在试验中采用的各种 G418 浓度下均生长良好，而含有突变 *neo* 基因的细胞在 G418 浓度为 200μg/mL 时生长状态不佳，在浓度为 300μg/mL 时无生长；将 *neo* 基因的 36V 突变为 M 进行弱化，所筛选到的细胞集落荧光素酶的最高表达活性是正常 *neo* 基因转染细胞集落的 25 倍。可见利用基因突变弱化理论上也能筛选较高的抗体表达株。

5）使用 IRES 构建多顺反子来弱化

IRES(internal ribosome entry site)则是一些微小 RNA 病毒含有的能在真核细胞内模拟 5′帽子结构行使翻译起始作用的特殊序列。IRES 序列常用于多顺反子基因表达，包括一个在转录区 5′端的目的产物基因序列和一个 3′选择标记基因序列。例如，在目的基因之后插入 IRES 序列，后面是选择标记基因，这样的载体显示了 3′选择基因的低效翻译，而优先地翻译在 5′端的目的产物，从而达到弱化筛选标记的目的。这样转录出来的一条 mRNA 就可以同时表达两种蛋白，一般下游的选择标记基因翻译是通过不依赖于 5′帽子的作用进行的，因而较上游基因的表达量上降低 2～5 倍，从而达到弱化选择标记的目的。

4.5.4.3 其他调控元件的应用提高蛋白的表达

尽管外源基因的插入过程是成功的，但不能期待外源基因的表达，原因是每个基因的插入位点不同。因此有报道开发外源基因的表达不受插入位置效应，在载体中应用绝缘子(insulator)，如核基质着丝缢痕(MAR)、支架结构着丝缢痕(SAR)。为了保护的可能性已有报道，Kalos 等提出载脂蛋白 B 和 MAR 组合最小的启动子构建载体时，外源基因被稳定的导入到宿主的染色体，这样转录物的表达量增加了 200 倍。Phi-Van 等在 1990 年报道小鸡溶菌酶 A 的 MAR 能够增加外源基因在动物细胞中的表达水平，而不用考虑染色体的插入位点，表达的 CAT 活性增加了约 20 倍。LCR(locus control region)是一类和开放染色质区域相互作用的顺式作用元件以稳定其结构，能使相关的基因或基因簇的表达独立于在染色体中的整合部位。这个序列是在红细胞系的细胞中起调控基因表达被发现的。由于目前采用弱化选择子的方法能轻易地使目的基因的拷贝数扩增到数百倍，但是表达量并没有成比例增加。可见大多数整合到染色体中的基因序列都未表达，其可能原因之一就是整合部位的染色体不开放，或被细胞以甲基化的方法沉默。目前有报道 *thy-1* 和 *TK* 基因与 LCR 相连后均可在红系细胞 MEL-E9 中高表达，而且表达水平与载体的插入位点无关。此外，还有 Hotspot，EASE 的应用，一般的该序列可以改变其染色体周围的结构，使得染色体的高级结构变得易于结合转录因子，从而提高蛋白的表达。

总之，为了提高重组细胞中外源蛋白的表达量，构建高效的真核载体是提高蛋白在单细胞中的表达量最为有效的策略。高效表达载体系统的建立不仅可适用于一般蛋白的表达，同时也能进行多亚基蛋白质的高效表达，合理的应用不同的选择/加压以及优化的染色体整合技术，合理分配不同的表达调控元件，就可以实现外源基因在哺乳动物细胞中的高效表达。

4.5.4.4 常用宿主细胞及其特点

获得了高效的载体后，为了完成重组细胞的构建，必须选择合适的宿主细胞进行转染，经过筛选鉴定后才能获得良好工程细胞。常用的非淋巴细胞类有中国仓鼠卵巢(CHO)细胞、小仓鼠肾(BHK)细胞、COS 细胞、小鼠 NSO 胸腺瘤细胞和小鼠骨髓瘤 SP2/0 细胞等。不同宿主细胞表达的重组蛋白其稳定性和蛋白糖基化类型不同，需根据要表达的目的蛋白选择最佳的宿主细胞。

COS 细胞是进行外源基因瞬时表达时用途最广的宿主，其重组载体易于组建，便于使用，而且对插入 DNA 的量或者采用基因组 DNA 序列的情况都没有什么限制，便于通过检测表达情况来确证 cDNA 的阳性克隆，也利于快速分析引入克隆化 cDNA 序列中的突变。CHO 细胞则利于外源基因的稳定整合，易于大规模培养，能在无血清和蛋白的条件下生产，是用于真核生物基因表达较为成功的宿主细胞。已用于多种复杂的重组蛋白的生产，但其产量较低，一般仅占细胞蛋白的 2.5%，而用细菌表达可获得占总蛋白质 50%的蛋白质表达水平，但大肠杆菌表达的动物蛋白能进行正确的翻译后加工，如糖基化和三维结构的形成，不具有与天然抗体相似的功能活性，且在人体内易于清除。如果需要表达具有生物学功能的膜蛋白或分泌型蛋白，如细胞表面的受体或细胞外的激素和酶，则不能在原核细胞中表达。而哺乳动物细胞表达的蛋白则具有天然蛋白的生物学活性。为提高哺乳动物细胞的蛋白表达量，需选择合适的表达载体和有效的启动子和增强子。

选择合适宿主细胞的原因：首先，不是所有的细胞都能有效的转染；其次，不同细胞对表达产物的修饰是不同的，并可能影响产物的生物活性，同时细胞识别和调控的启动子有所不同；最后，选择对培养基要求低，适合高密度培养的宿主。选用合适的哺乳动物细胞，不仅应考虑选用的表达载体与宿主细胞的种属及型别是否匹配，同时还要考虑通过目的基因扩增和(或)使用病毒复制系统来增加外源基因的拷贝数来提高产品表达量。

自 1998 年后也陆续发现了几种新的有较大应用价值的细胞株。例如，来源于 MadIin-Darby 犬肾的高分化内皮细胞株(MDCK)，Pei 等用该细胞株表达分泌型的基质金属蛋白酶 MMPI3，发现高表达的阳性细胞克隆可占转染细胞的 5%～10%，其中一个克隆的表达量可占细胞上清总蛋白的 15%～20%，在细胞单层贴壁培养情况下表达量达 10mg/L。对现有细胞株选择性地进行遗传改造是提高重组蛋白表达水平的重要手段。BHK/vl6 细胞株是稳定表达单纯疱疹病毒(HSV)VPI6 蛋白的 BHK 细胞,由于 VPI6 的转录激活作用,载体中的 HSV 早期启动子在该工程细胞中有很高的活性,已用该细胞株获得了包括人组织纤溶酶原激活剂、生长因子等在内的多种蛋白的高效稳定表达。基于腺病毒 EIA 蛋白可反式激活 CMV 启动子,Cockett 等 1999 年建立了稳定表达 EIA 的 CHO 细胞株,在该细胞中重组前胶原酶的产量与 CHO 细胞相比增加了 12 倍;该细胞在多种抗体的表达中亦取得满意的结果。对细胞其他特性的遗传改造,包括细胞生长周期的调控、细胞的抗凋亡能力、细胞贴壁能力、蛋白糖基化的模式及细胞乳酸的合成等方面,亦有相关报道,其实际应用价值有待得到更多实验数据的支持。

4.5.4.5 常用转染技术

1) 重组载体导入宿主细胞的常用方法

将外源 DNA 导入哺乳动物细胞有两种途径:稳定(永久)或暂时性转染。稳定转染的目的是将转移基因整合到细胞染色体 DNA 上,形成稳定表达转移基因的细胞系。一般需要共转染一个选择标记,用于追踪转染成功的细胞或转染效率。暂时性转染的目的是为了分析转移基因的暂时转录或表达,一般在转染后 1~4 天进行。针对培养细胞的外源 DNA 导入已发展出多种技术,其中常用的有磷酸钙介导的转染,DEAE-葡聚糖介导的转染,脂质体介导的转染,电穿孔法等。这 4 种方法除 DEAE-葡聚糖法外,均可用于暂时性转染和永久性转染。但它们有各自适用的细胞系。培养的细胞不同,其在摄取和表达外源 DNA 的能力上可能存在几个数量级的差异。目前已经建立了多种方法可将重组载体导入宿主细胞,这些方法基本上可分为三大类,即通过生物化学方法,物理学方法和病毒介导的转导方法。具体选择哪种方法取决于受体细胞的类型。以下介绍几种常用的方法。

A. 磷酸钙或 DEAE-葡聚糖介导的 DNA 转染

DNA 与磷酸钙共沉淀是应用最早的方法之一,Graham 等 1973 年首创将克隆的腺病毒 DNA 转入了哺乳动物细胞,该法方便易行,不需要特殊仪器,可用于瞬时表达和永久性表达,适用于大多数细胞,尤其对多种成纤维细胞系的转染效率很高(如小鼠 L 细胞,HeLa 细胞),目前仍是最为常用的方法之一。本方法也可建立带有整合外源 DNA 的细胞系,其中 DNA 常以首尾相接的串联形式存在。用氯喹、甘油或者丁酸钠处理宿主细胞,可明显提高转染效率。在使用过程中,还应注意质粒 DNA 的纯度、形式(环状或线状)、浓度、pH、CO_2 浓度和培养温度。质粒 DNA 被细菌成分污染时,可显著降低转染效率,线性化 DNA 的转染效率低于环状 DNA,推测是由于磷酸钙-DNA 共沉淀形成过慢,致使 DNA 长时间暴露于细胞核酸酶中;转染时从粗沉淀物向细沉淀物的过渡仅在合适的 DNA 浓度时才可形成(通常为 2~3μg/mL 培养液),且这一最佳浓度范围极狭窄,因而对每一种细胞系都应滴定最适浓度;磷酸钙-DNA 共沉淀的缓慢形成需要稍酸性 pH 和较低的 CO_2 浓度,转染效率对两者极为敏感,有人提出培养温度为 35℃、pH6.96,CO_2 为 2%~4%孵育 15~24h 最为理想。

DEAE-葡聚糖介导的转染的机制可能是与 DNA 结合从而在某种程度上促进 DNA 的内吞作用。DEAE-葡聚糖介导的转染与磷酸钙共沉淀的不同点在于:①通常只用于克隆化基因的短时表达,而不用于细胞的稳定转化;②它对 CV-1 和 COS 细胞及一些磷酸钙介导的转染方法效果不好的淋巴细胞系效果较好,但对许多其他细胞类型却不令人满意;③转染时所用 DNA 剂量比磷酸钙共沉淀法少。

【磷酸钙介导的 DNA 转染步骤】(用磷酸钙介导的外源质粒转染法在 293 细胞中过量表达绿色荧光的载体 pEGFP-N1 为例)。

(1) 磷酸钙转染的合适细胞密度为50%～70%(使用的293细胞长成致密单层后一般按照1∶6传代培养过夜即可)。

(2) 用微量移液器在1.5mL离心管中依次加入10μg(1μg/μL、10μL)质粒DNA(实验组为pEGFP-N1的哺乳动物细胞表达载体,对照组为PBS),350μL超纯水,40μL $CaCl_2$(2.5mol/L)溶液,混匀。

(3) 在另一个1.5mL离心管中加入400μL 2×HBS,将A液分三次缓慢加入,每次加入A液后用吹气泡的方法混匀。室温静置5min。

(4) 将A,B混合液均匀地滴加在待转染的293细胞培养液中,轻轻晃动使混匀。将培养皿置于37℃ CO_2 培养箱中过夜。

(5) 次日换液,24～48h后即可在倒置荧光镜下观察转染情况。

B. 脂质体介导的DNA转染法

脂质体转染是一组用于介导外源DNA进入培养的宿主细胞技术的总称,其结构和细胞膜类似。目前已开发出许多不同的方法,它们均遵循一个共同原则,即被转染的DNA由脂质体包裹,脂质膜直接与细胞膜相互作用,或由非受体介导的内吞作用被摄入细胞。但仅有少量的脂质体携带加载的目的DNA进入细胞核,这一点与其他转染技术相似。一般情况下,脂质体转染DNA的效率高于磷酸钙共沉淀,而小量转染的投入成本低于电穿孔。正如其他转染技术,脂质体转染的成功率并非100%,无论是外源基因短时表达,还是外源基因稳定表达,其表达均随所用的细胞类型而异。脂质体转染细胞,或转导大分子质量的DNA分子进入标准细胞系,因而脂质体转染是已分化细胞和其他方法难以完成的DNA转移的最佳选择。

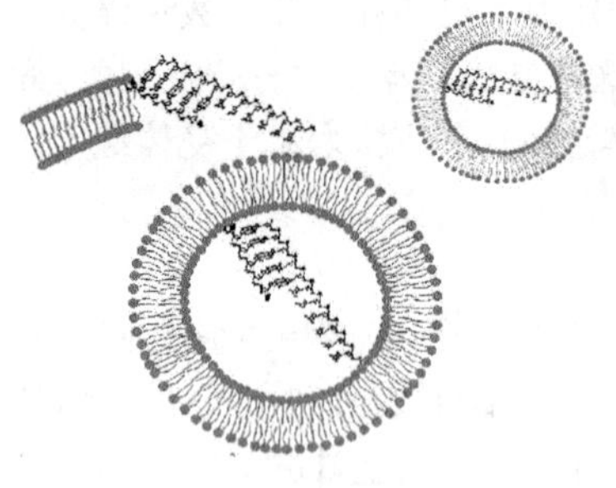

图4.5.4　脂质体与DNA分子结合示意图

脂质体转染试剂基本上分为两类,即阴离子脂质体和阳离子脂质体。利用阴离子脂质体转染DNA和RNA,始于20世纪70年代晚期。由于这一方法对那些非脂质体化学专家来说费时、可重复性差而妨碍了其大范围推广。目前普遍应用的脂质体转染技术来自Invitrogen,利用阳离子脂质体头部的强阳性电荷与DNA分子磷酸基团上的负电荷之间的相互作用(图4.5.4),自发与DNA反应形成单层壳与细胞膜融合完成的。

第一代阳离子脂质体是双链双亲性单价阳离子,带有正电荷的四价铵基基团,通过醚键或酯键与脂质骨架相连。这种单价阳离子脂质体的两个致命缺陷是对许多哺乳动物细胞和昆虫细胞有毒性作用,且被转染细胞的谱系较窄。目前使用的阳离子脂质体为多价阳离子,转染的细胞谱系宽且毒性较其前身低得多。大多数情况下,用于转染的阳离子脂质体制剂由合成的阳离子脂质和一种致融性脂质构成(磷脂酰乙醇胺或DOPE),根据脂质混合物的成分,转染的DNA掺入由脂质双层和水化DNA分子组成的多层结构,或者掺入排列成蜂巢状的六边形柱状结构,蜂巢中的每一柱子由水化DNA分子为中央核心,周围围绕六角形脂质单层外壳构成。实验结果提示,这种蜂巢状排列结构与多层脂质膜结构相比,可更有效地携带DNA越过脂质双层结构。这些具有相同特性的脂质体也有其固有的副作用,主要是细胞毒性,表现为细胞变圆及脱落;另外,脂质体易受血清中的脂肪和脂蛋白的影响,以及细胞外基质的带电荷成分的影响,如硫酸软骨素。人们曾试图对阳离子和中性离子全面修饰以克服这些缺陷,制备高效万能的脂质体转染试剂,但遗憾的是,已有的商品化试剂仍不能令人完全满意。

【脂质体的介导DNA转染步骤】

(1) 在转染前一天,在500μL的无抗生素的培养基中接种 1×10^5 个细胞,确保转染时细胞达到

70%～85%融合。

(2) 对每一转染样品，根据以下制备混合物：首先，将 DNA 样品稀释在 50μL(1.0μg)的 DMEM(无血清培养基中)。轻柔摇匀。

(3) 使用前轻轻混匀 Lipofentamine 2000，然后将其稀释到 50μL 的 Opti-MEM I 无血清培养基中，在室温下孵育 5min。

(4) 把脂质体 2000 与 DNA 混合(总体积达到 100μL)，室温孵育 20min。细胞中培养基倒掉，把(3)加入，轻轻混匀。37℃下孵育 4h；

(5) 加入无抗生素的培养基(10%血清培养基)；

(6) 在转染后 24h 后，添加选择压力，加 200μg/mL G418。其中，阳性对照组为转染 pEGFP-N1 质粒的细胞；空白对照组为不含质粒的转染组。

(7) 次日换液，24～48h 后即可在倒置荧光镜下观察转染情况。

除阳离子和中性脂质的化学组成和特性外，其他影响转染效率的因素有：①培养细胞的密度，一般来说，单层细胞最佳时相为对数中期，为 40%～75%满底；②每培养板中加入 DNA 的量，根据目的基因的浓度，可能需要 50ng～40μg 的 DNA，使报告基因达最高表达；③培养细胞所用的培养液和血清；④细胞与阳离子脂质体-DNA 复合物作用的时间，一般为 0.1～4h；⑤DNA 的纯度，应尽可能使 DNA 溶于水，避免用含 EDTA 的缓冲液。脂质体转染用的 DNA 应无细菌内毒素，最好是阴离子交换层析或氯化铯离心纯化。在实际应用中对每一种脂质体制剂和特定的细胞系，都应对整个实验体系进行优化，才能获得最佳转染效率。

C. 基因的电穿孔转移法

电穿孔是一项颇受欢迎的技术，它是给培养细胞施加短暂、高压的脉冲电流，结果在细胞膜上形成纳米大小的可复性微孔，DNA 可能通过电泳、电渗、扩散和内吞而进入细胞质中，最终可被运至细胞核。孔洞形成期间约 0.5μg DNA 可进入细胞。150kb 左右的 DNA 可自由穿过孔洞，因而 DNA 分子的大小似乎并非关键限速因素。由于 DNA 可直接进入细胞质而不暴露于内体和溶酶体的酸性环境，与磷酸钙共沉淀和 DEAE-葡聚糖复合物相比，转入宿主细胞的 DNA 突变率非常低。对大多数细胞而言，最佳的转化效率出现在 50%～70%细胞死亡时的电场强度。电穿孔的方法极其简单，而且可广泛应用于多种类型的细胞，既可用于短时表达，又可建立整合有外源基因的细胞系。

【电穿孔步骤】

(1) 指数生长期收集细胞，同前述。

(2) 用含血清培养基重悬细胞，细胞计数并离心，弃上清。细胞在缓冲液 Electroporation Buffer (123mmol/L NaCl、5mmol/L KCl、0.7mmol/L Na_2HPO_4、6mmol/L glucose、20mmol/L Hepes，pH 7.05)中的全部孵育时间不能超过 30min。

(3) 在确定渗透压的 Eppendorf Electroporation Buffer 中重悬细胞。调整细胞密度为 1×10^6～3×10^6 个细胞/mL，或稍低一些。

(4) 在 EP 管中分装细胞悬液(2mm 穿孔杯需 400μL，4mm 穿孔杯需 800μL)。加入质粒 DNA 并混合[终浓度 5～20μg/mL，为了获得较高的转染效率，DNA/RNA 纯度应较高，($A_{260}/A_{280}>1.8$)，并不含有内毒素。EDTA 和缓冲盐会明显降低转染效率，所以要用三蒸水重悬核酸，而不能用 TE buffer]。

(5) 将细胞悬液转移入电穿孔杯。细胞悬液不能带有气泡。进行电穿孔前先用一个装有 PBS 的电转化池放电至少两次。(对于 CHO，将细胞置于冰上 10min；COS-7 也可不需要)

(6) 电穿孔的实施：样品放置冰上：(2mm 间隔)，按照下面条件电击：

CHO 细胞：10 个脉冲，每个脉冲持续 5ms，120V，间隔 500ms；

COS-7 细胞：0.7kV；90μs，间隔 500ms；Number of Pulses2。

(7) 电击后，细胞悬液在电穿孔杯中常温下放置 5min。如果在 4℃下进行电穿孔，穿孔杯最长可在冰上放置 2min，然后 37℃水浴 8min。

(8) 加入 37℃无血清 RPMI 1640 培养基 2mL，常温孵育 5min。无血清 RPMI 1640 培养基洗涤 1 次后，培养于含 10%胎牛血清的 RPMI 1640 培养基中，细胞相对密度约为 5×10^6，放置于 37℃、5% CO_2 孵箱中培养。

4.5.4.6　电穿孔条件的优化

与其他转染方式相比，电穿孔的主要优点是靶细胞谱较宽，包括用其他方法难以奏效的细胞；但对某些特定细胞也非最有效的方法，如 COS 细胞利用 DEAE-葡聚糖复合物法最为有效。为了确定电穿孔法是否为特定细胞最有效的方法，就必须摸索不同的电场强度、脉冲长度以产生最大数量的转化子，最好对同一细胞以不同的场强和时间常数来处理(50～200ms)。对每一场强，测定表达转化的报告基因的细胞数(10～40μg/mL 线性化质粒 DNA)和电击后细胞存活的比例。应注意的是，电穿孔后细胞膜可允许染料通过达 1～2h，利用染料排斥检测细胞存活比例有时不能准确真实地反映细胞状态。其他影响因素还包括电穿孔前、中、后细胞的温度，通常电穿孔的细胞应预冷到零度，穿孔后仍置于零度，铺板使用温培养液稀释；DNA 浓度和构象，线性化 DNA 与超螺旋/缺口状 DNA 相比易于整合到基因组，用于稳定表达较好，而超螺旋 DNA 是短时转染中最好的转录模板，DNA 浓度在 1～80μg/mL 最为合适。细胞的状态应为对数中期。

此外，其他基因转移方法包括以下几方面。①DNA 直接微注射入细胞核。与磷酸钙介导的转染相比，这种方法较少引起 DNA 损伤，缺点是微注射样本量不能很大。因此，一般并不用于短时表达，但它仍是一种用来建立整合有外源 DNA 拷贝的细胞系的有用方法。②多聚阳离子，几种多聚阳离子包括 1,5-二甲基-1,5-二氮十一亚甲基聚甲溴化物(polybrene)、多聚鸟氨酸等可使小分子量 DNA(质粒 DNA 等)导入对其他方法不敏感的细胞系。DMSO 可提高其转染效率，对于 CHO 细胞和角质细胞转染质粒 DNA，其效率是磷酸钙共沉淀法的 15 倍，但对大分子 DNA 的转染效率没有优势。③近年来，利用 DNA 包被金属粒子/基因枪进行基因转移在某些特定的细胞、组织、细胞内细胞器等获得了较满意的效果，特别是植物细胞的基因转移，世界上大多数转基因农作物均是使用这一技术完成的。

4.5.5　工程细胞研究应用现状

4.5.5.1　工程细胞历史发展

携带有目的基因的工程细胞或融合的杂交瘤细胞按高增殖速率和高产物合成速率的生产条件筛选，经过适于规模化放大培养的无血清、悬浮以及高密度驯化，即可用于生产制备重组蛋白、抗体和疫苗等生物技术药物，这是目前普遍用于生产的经典意义的工程细胞。然而从生物技术药物生产制备的历史发展来看，用于生产的工程细胞是最初是由原代培养细胞，二倍体细胞、连续细胞系逐步演化而来，最终发展为用这些细胞进行融合和重组的工程细胞系。

1) 原代细胞

这是直接取自动物细胞组织、器官，经过粉碎、消化而获得的一种细胞。原代细胞呈二倍体核型，与体内原组织细胞在形态结构和功能活动上相似性很大。因此，最早的生物制品法规定，只有从正常组织分离的原代细胞如鸡胚细胞、猴肾细胞等才能用来生产生物制品。1949 年，Enders 最先用原代人胚胎组织细胞进行脊髓灰质炎灭活疫苗的生产，开创了动物细胞培养用于生物制药的先河。目前，用于生产原代细胞有鸡胚细胞、原代兔肾或鼠肾细胞，以及人血液淋巴细胞等，主要用于疫苗的制备。

一般说来，1g 组织约有 10^9 个细胞。但一种组织中常由多种细胞组成，即分离的原代细胞是异质群的(heterogeneous)，因而在实际操作中，只能得到其中一小部分目的细胞。因此，用原代细胞来生产生物制品常需要大量的动物组织，费钱费力。

2）二倍体细胞或有限细胞

原代细胞经过传代、筛选、克隆，从多种细胞成分的组织中挑选出的具有某种特征的细胞株，即为二倍体细胞。该细胞仍具有“正常”细胞的特点。例如，①染色体核型是 2n；②具有明显的贴壁依赖和接触抑制的特性；③增殖能力有限，一般可连续传代培养 50 代以内；④无致瘤性。该类细胞一般均从动物的胚胎组织中获取。曾被广泛用于生产的二倍体细胞有 WI-38、MRC-5 和 2BS 等。二倍体细胞当传代至 10～50 代时，其细胞增殖逐渐缓慢，以至完全停止，因而也称为有限细胞(limited cell line，LCL)。

20 世纪 60 年代初期建立的二倍体细胞，具有许多优点，如细胞类型均一、无污染等。起初在实际应用中，人们认为只要是二倍体细胞即使经过多次传代也可用于生产。然而，由于其存在潜在致癌性，且无安全评估手段对假定的致瘤因子提供否定性证据等因素，1962 年二倍体细胞被排除在生产用细胞之外。大约 10 年后，大量研究工作证实了二倍体细胞的安全性，第一批二倍体细胞(WI-38 和 MRC-5)终于获准用于生产脊髓灰质炎灭活疫苗。而此时仍保持着对连续细胞系的禁令，因为异倍体细胞的核酸会影响到人的正常染色体，有致癌的危险。由于二倍体细胞为有限细胞，极大地限制了细胞的来源以及进行更大规模生产的可能性。

3）转化细胞系或连续/无限细胞系

转化细胞系是通过正常二倍体细胞转化而来，分化不成熟的、获得了无限增殖能力的一种细胞系，由于染色体的断裂而变成异倍体，并失去正常细胞的特点，也称连续细胞系(continuous cell line，CCL)。这里，培养细胞的转化(transformation)是指来自培养细胞在体外培养过程所发生的 DNA 及基因表达的可遗传改变产生永久性的表型改变。传代细胞在长期培养中，自发(基因不稳定性所致)或诱导的方法(如 SV40、EB 病毒感染，电离辐射，化学致癌物)均可使细胞发生转化。由于转化的细胞具有无限的生命力，而且倍增时间常常较短，对培养条件和生长因子要求较低，故适用于大规模工业化生产的需要。目前用于生产的细胞如 CHO、HEK293、BHK-21 和 Vero 细胞都是转化细胞系。

许多可传代的连续细胞系建立于 20 世纪 50 年代，然而其后建立的数十年间，所有生产工艺都无一例外地采用原代细胞。其原因是 CCL 在生物学特性上与肿瘤细胞有许多相似之处，有时是从肿瘤细胞衍生而来，它们可能含有可传播的致癌因子或其本身就具有某种程度的潜在致瘤性。由于缺乏有效的科学手段来排除这种可能，因而未允许 CCL 用于生产。由于细胞生物学、病毒学和分子遗传学的发展，许多生命现象得以阐释，使人们对肿瘤发生的相关因素及成分有了相当深入的了解，同时也否认了异倍体细胞致癌的假想。虽然人们在 CCL 中发现了一些潜在致癌因子，如细胞 DNA(如活化癌基因)、内源性致癌病毒(如反转录病毒)、转化蛋白(如 T 抗原)以及完整细胞本身，但随着纯化技术的发展和检测手段的进步，人们有方法证明在成品中没有不可接受水平的 DNA 和蛋白质以及致癌因子，最终，在 80 年代 CCL 获准用于生产，并且是目前已被广泛用于人用治疗性药物生产的细胞类型。

4) 工程细胞系

20 世纪 70 年代，随着细胞融合和基因重组技术的发展，人们通过细胞融合技术或基因工程技术对宿主细胞的遗传物质进行修饰改造或重组，以获得具有稳定遗传的独特性状的细胞系，通常把这种途径获得细胞细胞系称之为工程细胞系（engineered cell line，ECL）。例如，采用基因工程技术，人们把编码蛋白质分子的基因在分子的水平上进行设计、改造、重组，再转移至新的宿主细胞系统内进行折叠、复制和表达，以产生新的功能蛋白。这种在基因水平上进行操作构建的细胞，又称为基因工程细胞株。又如，利用细胞融合技术人们将小鼠的骨髓瘤细胞与分泌某种抗体或因子的淋巴细胞融合，形成同时具备抗体分泌功能和保持细胞永生性两种特征的细胞克隆。获得的融合细胞既具有肿瘤细胞无限繁殖的特性，又具有淋巴细胞能分泌特异性抗体或因子的能力，称为杂交瘤细胞。目前，广泛用于工业化生产的细胞类型多数是融合（如杂交瘤细胞）或经基因工程手段改造的工程细胞（如 CHO-EPO）。

研究表明，异倍体工程细胞系完全可用于人用生物制品的生产。首先，体外重组成功的概率只有 10^{-9}，即使是有人为促进基因重组剂存在的条件下，重组成功的概率也只有 10^{-6}；另外，体内存在大量的细胞外核酸酶，这使外来的核酸整合更困难。这一认识给工业化生产创造了条件。1986 年，从淋巴瘤病人分离的一株传代细胞 Namalwa 细胞生产的干扰素被批准用于临床；随后由异倍体工程细胞生产的许多生物制剂相继得到批准，如 Vero 生产的狂犬病疫苗和脊髓灰质炎疫苗，杂交瘤细胞生产的单抗，以及其他异倍体细胞生产的重组基因产品如 t-PA、EPO、VIII 因子、HGH、IL-2 和 β-干扰素等，像雨后春笋般先后在各个国家陆续被批准上市。多种由工程细胞表达的具有生物学活性的基因工程蛋白质药物在医学、生物学的研究和应用中发挥越来越重要的作用，并产生巨大的效益。

然而，一些基因工程蛋白质药物，如各种天然的干扰素、工程抗体、白细胞介素和集落刺激因子等，都是具有糖基化修饰的蛋白质；另一些重组蛋白质，如巨噬细胞集落刺激因子、红细胞生成素、组织纤溶酶原激活剂等，必须糖基化才具有生物学活性。因此，对于这些蛋白质的表达，必须采用真核细胞（如哺乳动物细胞），只有动物细胞才能使表达产物具有糖基化、磷酸化及乙酰化等修饰。同时，使用动物工程细胞生产蛋白质药物优势最为明显，其表达产品活性高，稳定性好，且生产效率高、成本低，尤其适合二硫键多、糖基化修饰等复杂蛋白的表达。基于这些原因，在全世界生物技术药物中，使用动物细胞生产的已超过 70%。

4.5.5.2　常用生产用工程细胞的特性

生产用工程细胞即是按生产条件大量培养，用于生产制备生物制剂的工程细胞。衡量生产用工程细胞的最基本的条件就是工程细胞在规模化培养中所能达到的细胞密度和所分泌蛋白质的产率。因此，其选择对于所表达外源蛋白的特性和产量有深远的影响。第一，宿主工程细胞的蛋白质折叠和转录后修饰功能对于目标蛋白的药效和药代动力学有着至关重要的影响，因而决定了蛋白质的溶解性、稳定性、生物学活性和半衰期。第二，蛋白质产品的安全性是选择宿主工程细胞是另一个需要考虑的问题，宿主细胞不允许任何外源病原微生物的繁殖，以免将其带到人体内。第三，从工业化生产的角度而言，能够适应并进行悬浮生长的宿主工程细胞是最受欢迎的，因为这些细胞容易被监测和控制，易于扩大培养规模。最后，最为关键的一点，就是宿主工程细胞必须能够容易地被进行基因修饰，容易被导入外源基因，进而能够表达出大量的目标蛋白。

为了便于在生产中选择使用，并进行定期鉴定，现将常用的生产用工程细胞的来源、特性、培养要求等作一简单介绍。

1) WI-38 细胞

WI-38 细胞(wister institute 38 cell line)是美国 Wistar 解剖和生物研究所的 Hayflick 等，于 1961 年从女性高加索人流产 3 月胚胎的正常胚肺组织中分离获得的人二倍体细胞系。核型为 $2n=46$。该细胞是成纤维细胞，能产生胶原。培养液用 BME 培养液，TNF-α，pH 控制在 7.2。细胞的倍增时间为 24h，有限寿命 50 代。该细胞是最早被认为是安全的传代细胞，在 20 世纪 60 年代被广泛用于制备疫苗。

2) MRC-5 细胞

MRC-5 细胞(medical research committee 5 cell line)是英国国立医学研究所的 Jacobs 等，在 1966 年从 14 周的正常男性胎肺组织中获得的又一株二倍体细胞系。核型为 $2n=46$。该细胞也是成纤维细胞。培养液也用 BME，加 10%小牛血清。其增殖速率较 WI-38 快，对不良环境因素的敏感性较 WI-38 细胞低。它对多种人的病毒都敏感。现已广泛用于人体疫苗的生产。

3) CHO 细胞

CHO(chinese hamster ovary)细胞是由美国 Colorado 医学院的 Puck 等，在 1957 年从中国仓鼠卵巢(CHO)中分离的一株上皮样细胞，属于转化细胞系。其核型为 $2n=22$。一般需贴壁生长，但并不严格，经驯化后可进行悬浮培养。自 1987 年由 CHO 表达的第一个重组治疗性蛋白—组织纤溶酶原激活剂(tPA)批准上市以来，CHO 细胞是目前最为成功的生物制品表达生产的宿主细胞(表 4.5.2)。20 年工业生物制药的经验显示，CHO 细胞能够表达具有生物学活性的糖蛋白，同时也是一个比较安全的表达外源蛋白的宿主细胞。1989 年对 CHO 细胞进行的致病病毒的监测结果显示，包括 HIV、流感、脊髓灰质炎、疱疹、麻疹等在内的 44 个病毒均不能在 CHO 细胞内扩增繁殖。至今批准的重组蛋白治疗剂中有 70%是有 CHO 细胞表达生产的，全球仅由 CHO 细胞生产的生物技术药物的年销售额已经超过了 300 亿美元。目前绝大多数已知的单抚均为 CHO 细胞生产。

表 4.5.2 FDA 批准的 CHO 细胞表达的生物技术药物

名 称	类 型	治疗用途	生产厂家	批准年代
Belimumab	抗 BLyS 人 IgG1 单抗	自身免疫	Human Genome Sciences	2011
Ipilimumab	抗 CTLA-4 人 IgG1 单抗	肿瘤	BMS	2011
Tocilizumab	抗 IL-6R 人源化	类风湿性关节炎	Roche/Genentech	2010
Entanercept	抗 TNF 融合蛋白	类风关/强直脊柱炎	Amgen\Wyeth	2010
Denosumab	抗 RANKL 单抗	绝经后骨质疏松	Amgen	2010
Canakinumab	抗 IL-1β 人源化单抗	家族性冷自发炎症	Novartis AG	2009
Golimumab	抗 TNFa 单抗	节炎，脊柱炎	Johnson & Johnson	2009
Ustekinumab	抗 IL-12、IL-23 单抗	斑块性银屑病	Centocor，Ortho	2009
Ofatumumab	抗 CD20 单抗	慢性淋巴性白血病	GSK/Genmab	2009
Certolizumab	抗 TNF-α 人源化单抗	克罗恩病	UCB	2008
Eculizumab	抗 C5a 人源化单抗	阵发性血红蛋学白尿	Alexion	2007

目前广泛采用的是 K1 亚克隆，又称 CHO-K1 亚型，培养时需加入脯氨酸。该细胞核型 $2n=21$，其中 9 个 Z 染色体的结构明显不同于中国地鼠 *C. griseus*，亚型并发生缺失、倒置和置换。将该亚型的 CHO 细胞引入谷氨酰胺合成酶(glutamine synthase，GS)基因，经甲硫氨酸砜亚胺(MSX)筛选即可获得 CHO-GS 细胞。该细胞是新近发展的更有效的细胞表达系统，具有更高的扩增效率，在表达外源基因的细胞克隆筛选时只需两轮扩增就可使外源基因的表达达到较高的水平，因而可以在较短的时间内得到高表达细胞株。但该细胞初筛条件较为严格，只有 *GS* 基因拷贝数高或整合在转录水平较高的活性部位的细胞克隆才能存活；在后续长期连续培养时，细胞生长速度低。

1980 年，Urlaub 和 Chasin 通过突变和胸腺嘧啶营养缺陷分离了一株二氢叶酸还原酶(dihydrofolate reductase，dhfr)酶活性缺陷的 CHO 细胞株(CHO-$dhfr^-$)，成为应用最为广泛的基因工程宿主细胞，已表达了 EPO、tPA、HBsAg 等重组蛋白和基因工程抗体。它常用的培养液为 DMEM 培养液，添加 0.1mmol/L 次黄嘌呤和 0.01mmol/L 胸苷及 10%小牛血清。但该表达系统需要较高浓度氨甲蝶呤 MTX 重复筛选，费时费力，去除选择压力后，扩增基因不稳定。为适应工业化生产中悬浮培养、高密度和高产率的应用需求，该亚型又派生出 CHO-DG44 和 CHO-DUKX B11 突变株，两者均来自脯氨酸缺陷型 CHO 细胞(CHO-$pro3^-$)，除了需 MTX 筛选外，还经过了化学突变和 γ 射线照射突变。前者 dhfr 的两个等位基因缺失，后者是能够进行无血清和悬浮培养的 CHO-$dhfr^-$ 细胞。这两株细胞的共同缺点是基因扩增效率较低，需要较高浓度 MTX 的重复筛选，费时费力；去除选择压力后，扩增基因不稳定，需定期检测细胞株的稳定性。

4) PerC. 6 细胞

PerC. 6 细胞是用 5 型腺病毒 75 株系转化，是含有 Ad5 E1 区的人胚视网膜细胞，为人亚三倍体细胞系。它是 1999 年从健康女性流产 18 周胚胎的正常胚胎视网膜组织中分离。其中，E1A 通过抑制 *Rb* 基因与转录因子 E2F 的相互作用，释放出 E2F 进而激活 cyclinE/cdk2，促进细胞分裂增殖获得永生化；同时，E1B55k 亚单位通过抑制 P53 基因抑制细胞周期阻滞，而 E1B21k 通过抑制凋亡基因 *Bax/caspase* 保护细胞不发生凋亡(图 4.5.5)。

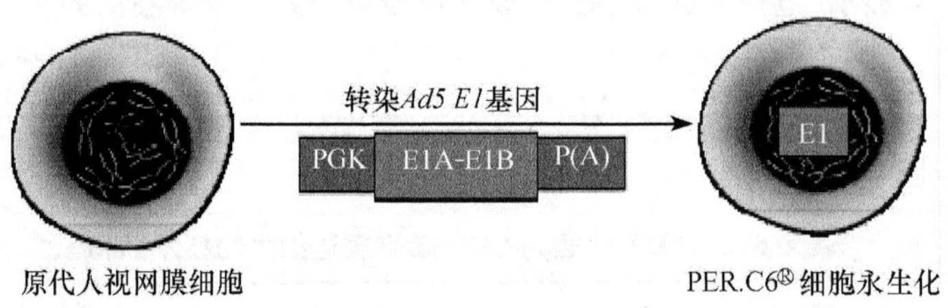

图 4.5.5 PerC. 6 细胞系构建示意图

PerC. 6 细胞现已实现无动物来源成分的无血清悬浮培养，培养最大规模达 20 000L，目标产品 IgG1 抗体表达量可达 3.5g/L[40pg/(细胞 · d)]。该细胞分泌产品具有人源蛋白糖基化特征，目前已有 40 个产品处于 I/II 期临床实验，如流感、疟疾、卡介苗和 HIV 疫苗，以及狂犬病抗体和重组蛋白等。

5) HEK293 细胞

HEK293 细胞(human embryonic kidney 293 cell line)是用 5 型腺病毒 75 株系转化，含有 Ad5 E1 区的人胚肾细胞，为人亚三倍体细胞系，核型为 $2n=64$，高倍体率约为 4.2%。它是加拿大 McMaster 大学的 F. L. Graham 与 J. S. Miley 于 1976 年用 DNA 转染技术构建而成，*Ad*5 *E*1 基因整合部位在宿主细胞的 19 号染色体。目前，商业化来源的 HEK293 细胞是 1977 年荷兰 Frank Graham，Smiley，Russell 和 Nairn 等构建的。HEK293 细胞是贴壁依赖性上皮细胞，表现出典型的腺病毒转化细胞的表型，细胞允许 Ad5 和其他血清型病毒在其上增殖。通常用的培养液为 MEM 培养液，添加 10％胎牛血清，现有已被驯化为无血清悬浮生长方式。主要用作增殖病毒制备疫苗，或用作基因工程细胞生产制备重组蛋白。近年来，在规模化瞬时表达技术中，HEK293 细胞是最早使用、也是使用最为广泛的受体工程细胞，它可以快速生产毫克级的蛋白质以供结构和功能的分析研究，以及进行蛋白质产品的临床前药效、药代和安全性的评价。

6）BHK-21 细胞

BHK-21 细胞（baby hamster kidney 21 cell line）是由英国 Glasgow 大学的 Macpherson 等，1961 年从 5 只无性别的生长 1 天的地鼠幼鼠的肾脏中分离的。现在广泛采用的是 1963 年用单细胞分离的方法经 13 次克隆的细胞。它是成纤维样细胞，核型为 $2n=44$，属转化细胞。建株时呈贴壁依赖性生长方式，经无数次大的传代后，现已可实现悬浮生长。通常用的培养液为 DMEM 培养液，添加 7％胎牛血清，过去都用于增殖病毒，如多瘤病毒、口蹄疫病毒和狂犬病病毒等，以生产兽用疫苗，现已被用于表达重组蛋白质，如 BHK-21 表达的重组凝血因子 VIII 已获准投放市场，用于治疗甲型血友病。

7）NSO 细胞

NSO 是一胆固醇缺陷型（cholesterol-auxotrophic）的鼠源骨髓瘤细胞株，为生产蛋白质药物常用的宿主细胞之一，目前，已被广泛用于细胞融合制备单克隆抗体，以及表达外源基因，如人源化抗体、重组蛋白。

该细胞源自矿物油诱导的雌性 BALB/c 小鼠浆细胞瘤 MOPC-21 细胞是淋巴母细胞样细胞，呈悬浮生长方式。它不分泌任何免疫球蛋白抗体链，能耐受 10μmol/L 8-氮鸟嘌呤。通常用的培养液为 DMEM 培养液，添加 10％胎牛血清，在进行无血清培养时适量添加高浓度胆固醇（2～6mg/L）可预防凋亡发生。新近开发的以谷氨酰胺合成酶（glutamine-synthetase，GS）作为筛选标记的 NSO-GS 细胞具有表达更为高效，细胞筛选时间更为短暂的优点。

8）SP2/0-Ag14 细胞

SP2/0-Ag14 细胞是 1978 年由瑞士的 Shulman 和英国的 Wilde 等通过融合的方法，从有抗羊红细胞活性的 BALB/c 小鼠的脾细胞和骨髓瘤细胞系 P3x63Ag8 融合的杂交瘤 SP2/HL-Ag 亚克隆中分离获得。它不分泌任何免疫球蛋白抗体链，能耐受 8-氮鸟嘌呤 20μg/mL，但在含 HAT 选择培养液中不能存活。通常用的培养液为 DMEM 培养液，添加 10％胎牛血清。该细胞系已被广泛地用于单克隆抗体杂交瘤细胞的制备和抗体的生产。近年来正在被开发为生产其他药品的高表达宿主细胞。

上述两株细胞 SP2/0-Ag14 和 NSO 作为小鼠骨髓瘤细胞均有以下特点：①它们是专业的“分泌”细胞，在培养上清中可产生高达 100mg/L 的 Ig，而且它们容易转染，容易生长，可以在无血清培养基中高密度悬浮培养；②能对蛋白质进行糖基化修饰；③高效表达 *Ig* 基因的调控成分明确，有利于表达载体的增强子和启动子的合理设计。

9）Vero 细胞

Vero 细胞是 1962 年由日本 Chiba 大学的 Yasumura 等，从正常的成年非洲绿猴肾中分离获得的转化细胞系。该细胞是贴壁依赖的成纤维细胞，核型为 $2n=58$，高倍体率约为 1.7%，通常用的培养液为 199 培养液，添加 5%胎牛血清。目前商业化生产所用细胞其传代代数均在 130～140 代以上，而 FDA 限定的 Vero 细胞培养代次是在 150 代以内，因此适宜进行短期培养。该细胞可支持多种病毒的增殖，包括脊髓灰质炎、狂犬病病毒和乙脑病毒。

10）MDCK 细胞

MDCK 细胞（Madin Darby canine kidney cell line）是 1958 年由 Madin 和 Darby 从成年雌性西班牙长耳狗的肾脏分离建株，是一株转化细胞，呈贴壁依赖性，最初表现为成纤维细胞型，以后的克隆和转化后形成上皮型细胞。

11）Namalwa 细胞

Namalwa 细胞是 1972 年由 Singh 从肯尼亚患有 Burkitt 淋巴瘤的患者体中获取，后在瑞典 Karolinska 研究所建成的一株人的类淋巴母细胞。含有部分 EB 病毒基因，但不产生 EB 病毒。该细胞有 2.8%的高倍体率，多数细胞有 12～14 条标记染色体，单条 X 染色体，无 Y 染色体。通常用的培养液为 RPMI 1640，添加 7%胎牛血清。它可以用无血清培养基在悬浮状态下高密度培养，并可有效表达外源基因，可能与该细胞是完全分化的 B 淋巴细胞有关。由于 B 淋巴细胞一般都能大量分泌免疫球蛋白，推测该具有大量分泌表达外源基因的机制。它已被大规模地用于生产 α-干扰素，因此用于生产其他生物制品会容易通过安全性检查。经 Namalwa 表达的蛋白质已有重组 EPO、人重组淋巴毒素、G-CSF、α-IFN、β-IFN、tPA 和 pro-UK。

12）C127 细胞

C127 细胞来自 RIII 小鼠乳腺肿瘤细胞，特别适用于带有牛乳头瘤病毒（bovine papilloma virus，BPV）载体的转染。当用 BPV-1 病毒载体转染后，细胞的生长形态可发生显著变化，因此转染成功的细胞可通过特有的转化形态加以识别。用 C127 细胞生产的重组人生长激素已获准投放市场，用于治疗生长激素缺乏症。

不同生产用工程细胞在体外培养所能达到的细胞密度和分泌蛋白产率的比较仍然是 CHO 细胞占据主流（表 4.5.3）。但对于不同的目的基因和表达载体，最佳工程细胞的选择还有待于细胞培养实践。有研究提示，同样的载体在不同的细胞上表达尿型纤溶酶激活剂（uPA），结果是 Sp2/0 最高、Namalwa 次之、Vero 最差。而且，从研究趋势来看，人们已经不再局限于 CHO 细胞，又有许多更好的工程细胞陆续被开发改造成功，如新近开发成功的 Per. C6 细胞，其相应的无血清悬浮技术均已相应建立，预计在未来 10 年其表达蛋白质药物的产值将占据全球的 25%。

表 4.5.3 常用的生产用工程细胞

特 性	工程细胞系名称			
	CHO	NSO	Per. C6	BHK21
细胞密度/(个细胞/mL)	10^7	10^7	10^7	$<10^7$
蛋白质产率/[pg/(细胞·d)]	15～65	15～65	10～20	10
蛋白质质量	++	+	++	+

续表

特 性	工程细胞系名称			
	CHO	NSO	Per. C6	BHK21
宿主细胞蛋白杂质	++	+	++	++
生产的难易程度	+++	+++	++	++
知识产权	+	+	−	+
管理规定	+++	++	+	+++

资料来源：摘自 Development of Cell Lines for Controlled Proliferation and Apoptosis(Mohamed Al-Rubeai)。

4.5.5.3 生产用工程细胞的代谢工程优化改造

在规模化培养中，工程细胞常常会面临对无血清培养液的适应性差，细胞无限度增殖差以及细胞凋亡等难题。这些问题仅从培养液和培养环境入手，并不能得到理想的解决效果。可见，相对于实际生产应用而言，细胞自身的生长代谢特性并非最佳。为提高培养细胞活性和单位细胞的产率，延长培养周期，必须采用代谢工程方法优化改造宿主细胞，对细胞自身的遗传特性进行功利性修饰。

"代谢工程"(metabolic engineering)的概念是 1991 年 Bailey 提出的。其含义是通过 DNA 重组技术和分子生物学手段改变酶系功能或物质转运功能，以改进细胞某些方面的代谢活性，进行精确目标的遗传操作，如解除细胞对血清源性生长因子的依赖，使细胞可合成自身所需的生长因子，或扰乱细胞增殖周期调控，提高细胞活性等。通过代谢工程，从哺乳动物细胞内部重新设计改造细胞，使细胞更坚固，适应能力更强，具备在体外培养条件下的自身调节能力，从而适应产业化规模培养的要求。基于以上考虑，科学家对动物细胞作了许多改造研究，如①构建可在无血清、无蛋白质条件下增殖的细胞株；②敲除或引入动物细胞的乳酸脱氢酶和谷氨酰胺合成酶，减少代谢产物乳酸和氨的产生；③引入黏附因子纤黏连蛋白、层黏连蛋白、胶原或玻璃粘连蛋白使细胞在无血清培养条件下贴壁；④构建抗凋亡工程细胞株，增强细胞对恶劣培养环境条件的抵抗力；⑤将细胞周期蛋白激酶抑制蛋白基 p21 和 p27 引入细胞，获得细胞周期的表型，通过调控细胞增殖周期达到调控细胞增殖的目的；⑥导入外源性糖基转移酶基因，改变细胞的糖链合成能力。

下面将近年来动物细胞的代谢工程优化策略的研究应用现状介绍如下。

1) 实现无血清无蛋白培养

培养液直接与细胞接触，是培养细胞最直接的生长环境，同时也是细胞赖以生长、增殖、分化以及生产的重要因素。

现今常用的培养液包括天然培养液、合成培养液和无血清培养液。传统的动物细胞培养通常是采用天然培养液、或在合成培养液基础上添加动物血清来进行的。尽管含血清培养液已被广泛接受和应用于动物细胞的体外培养，但由于血清成分复杂，存在许多未知因素，难于保证批次之间的质量稳定性和可控性，尤其对于生产用动物细胞在大规模培养中的应用更是如此。因此，在经历了天然培养基、合成培养液后，无血清培养液和无血清培养已成为当今细胞培养领域的一大趋势，去除血清和其他动物源性蛋白也已成为当前哺乳动物细胞培养进行药物生产的科学前沿。FDA 自 2002 年起已不再批准用含血清培养液生产的生物制品。

A. 现有无血清无蛋白培养液的不足

采用无血清培养可降低生产成本，简化分离纯化步骤，避免病毒污染造成的危害。现有各种商业化的无血清培养液，如适于杂交瘤细胞生长的 CCM-1(Hyclone)，适于 CHO 细胞生长的 CHO-S-SFM II(LTI)、CCM5(Hyclone)和 proCHO-CDM(BioWhittaker)等。

(1) 不同单细胞株对无血清培养液的适应性各不相同，不同类型的细胞甚至不同的细胞株或细胞系都有可能有自己的无血清培养条件，应用时需对每个细胞优化配方，故缺乏广泛的通用性。

(2) 价格较高，不适宜高密度培养。CHO 细胞在这些培养液中能达到的最大细胞密度为 $1\times10^6\sim3\times10^6$ 个/mL，不能直接满足高密度细胞培养的需要。

(3) 在无血清培养液设计优化及培养工艺放大中，建立一个从含血清到无血清培养的驯化程序，所需周期约 6 个月，且克隆不稳定。

(4) 用细胞特异性生长因子替代血清并不能维持细胞无限生长。在培养中，通常是在细胞生长期添加一定浓度的血清，而在细胞生产期逐渐降低血清浓度，用各种生长因子来替代，并非真正的无血清培养，如用逐渐降低血清浓度同时添加生长因子 IGF-1 和转铁蛋白并最终去除生长因子的驯化程序，经历传代 160 代，才能建立一株可在无血清、无蛋白培养液中连续培养 3 个月的 Veggie CHO。

因此，研制具有广泛通用性且成本低的，对于动物细胞大规模高效培养技术的产业化进程有重要的现实意义。

B. 采用代谢工程策略进行的无血清无蛋白培养

鉴于现有的无血清培养液现状，人们将血清的主要替代成分引入生产细胞，试图构建可在无蛋白培养液中生长的工程细胞株，如将血清的 *IGF*-1 基因和转铁蛋白基因引入 CHO 细胞构建成“Super-CHO”，实现细胞的自分泌生长。但其能否在无血清培养液中连续生长，表达产物达到满意水平，仍需进一步验证；同时细胞无限增殖并不总是有利的，IGF-1 的持续表达可导致细胞不可控制的增殖：对于贴壁细胞而言，有可能导致培养细胞凋亡坏死，对于悬浮细胞而言，细胞的大量生长使营养物质消耗过剩而毒副产物累积。因此，Suntrom 等构建成“可控的 Super-CHO”，即将乳糖操纵子序列置于 *IGF*-1 基因上游，而乳糖操纵子的阻遏蛋白基因置于金属硫蛋白启动子之后。在细胞培养前期，*IGF*-1 不断分泌而促使细胞增殖；在培养中后期，当目的产物达到最高峰时，在培养液中加入金属离子，以激活金属硫蛋白启动子表达阻遏蛋白，阻止 *IGF*-1 表达，细胞停止分裂增殖。此外，将 *IGF*-1 下游信号分子 PKBs、MEKs、MAPKs 引入宿主细胞，通过调节 *IGF*-1 信号转导通路，也可获得适宜无血清生长条件的细胞系。

通过高通量的基因组学与蛋白组学技术通过筛选调节细胞增殖、凋亡及蛋白合成的生化通路的相关分子，获得无血清培养基的添加因子，如表皮生长因子 EGF 信号通路的下游第二信使分子花生四烯酸(arachidonic acid, AA)、二酰甘油(diacylglycerol, DAG)和三磷酸肌醇(inositol 1,4,5-triphosphate, IP_3)，在进一步增加培养效能的同时降低了培养基成本。

2) 改变细胞的能量代谢途径

目前常用的培养液中，葡萄糖和谷胺酰胺是体外培养动物细胞的主要能源物质。其能量代谢通路与体内完全不同，表现为葡萄糖主要经糖酵解途径为细胞提供能量；谷胺酰胺大部分通过不完全氧化途径，另一小部分通过完全氧化为细胞供能。因此，采用代谢工程方法适当地调整细胞内的代谢途径，使之能促进细胞的快速生长和产物合成，同时减少代谢抑制物的生成，是行之有效的优化策略。

Pendse 和 Baliey 等，首先对哺乳动物细胞的能量代谢途径进行了基因工程改造。在假定增加细胞内 ATP 或能量水平可提高细胞产率的前提下，他们将透明颤菌血红蛋白基因 *VHb* 克隆

入 *t*-PA 生产细胞系，通过提高细胞的有氧能量代谢，降低细胞生长速率，提高细胞特异性产率 40%～100%。

另外，应用代谢工程的方法，将自大鼠脑组织克隆的已糖磷酸激酶基因导入 BHK 细胞，提高已糖激酶活性，增加细胞能量流入有氧代谢而产生 ATP 的比例。结果显示：葡萄糖无氧代谢增加，谷氨酰胺消耗增加，ATP 生成亦增加，单位细胞合成产率提高，而细胞的比生长速率下降。

许多动物细胞，如 CHO、BHK 和杂交瘤细胞，对营养物质葡萄糖和谷氨酰胺的消耗很快。然而对于细胞生长而言，两者的快速利用并非细胞必需；相反，相当一部分转化为代谢废物乳酸和氨，以及一些非必需氨基酸，如丙氨酸和脯氨酸等。其中，乳酸和氨是两种主要代谢废物，其积累可影响细胞生长以及产品质量。减少这两种代谢产物的积累，是大规模细胞培养技术研究的重要方向。

乳酸是葡萄糖不完全氧化的产物。研究表明，体外培养条件下 95%的葡萄糖转变为乳酸，这降低了营养物质的代谢效率，降低培养液 pH，增加渗透压。在氧气供给不足的情况下，NADH 转运系统苹果酸-天冬氨酸穿梭系统活性低而不能将糖酵解产生的 NADH 氧化磷酸化为 NAD^+，细胞只得以降低能量需求的方式如激活乳酸脱氢酶(lactate dehydrogenase，LDH)将糖酵解产生的丙酮酸与 NADH 反应生产乳酸和 NAD^+，从而保证了糖酵解的顺利进行。另一个可能的解释是连接糖酵解与 TCA 循环的特异性酶如丙酮酸脱氢酶复合物、磷酸丙酮酸羧化酶激酶和丙酮酸羧化酶活性低下，直接导致糖酵解与 TCA 循环的失衡。因此，体外培养条件下，葡萄糖主要经糖酵解降解，产生过量的乳酸。减少乳酸生成最常用的方法是限制培养液中葡萄糖的含量，但葡萄糖含量过低可造成细胞营养供应不足，细胞生长抑制。该方法需要对葡萄糖的消耗与需求、乳酸的生成速率以及目的蛋白的表达量等参数进行综合考虑方可应用。利用基因打靶技术将乳酸脱氢酶 LDH-A 等位基因从细胞中敲除，细胞内 LDH 活性大大降低，乳酸生成降低 50%，培养周期延长，总细胞密度增加 30%，抗体产量增加 3 倍。或者，将酵母的丙酮酸羧化酶基因转染 BHK-21 细胞，使得丙酮酸羧化酶与乳酸脱氢酶竞争胞质丙酮酸池，产生的草酰乙酸被苹果酸脱氢酶转变为苹果酸，掺入 TCA 循环，抑制 NAD^+ 减少，并使得细胞产生 NAPDH。该基因的修饰对细胞生长无抑制作用，相反细胞可获得更有效的代谢平衡状态。与未转染的对照细胞相比，细胞批式培养的周期延长 2～3 天，细胞密度提高 2.5 倍，葡萄糖消耗速率下降 1.4～4 倍，乳酸生成降低 2.5 倍，谷氨酰胺的消耗降低 1.8 倍，氧消耗速率增加 2.9 倍，营养物质，如葡萄糖转化为乳酸的得率下降，而谷氨酰胺转化为氧的得率增加。

应用反义技术降低糖酵解中的关键物质如葡萄糖转运蛋白，烯醇化酶的表达可降低葡萄糖分解速率，进而降低乳酸生成。前者可降低葡萄糖消耗速率至 50%，后者降低葡萄糖消耗速率至 78%。

氨是由谷氨酰胺和天冬酰胺产生的。限制培养液中谷氨酰胺的含量也是减少氨生成的常用方法。谷氨酰胺为细胞生长所必需，但细胞自身可通过谷氨酰胺合成酶(glutamine synthetase，GS)将氨和谷氨酸合成为谷氨酰胺。应用硫胺甲硫氨酸-谷氨酰胺合成酶(MSX-GS)扩增系统时，细胞必需利用氨合成谷氨酰胺，因而氨的产生极大降低。而且培养液中不必添加谷氨酰胺，这给培养液的保存带来极大的方便。Bebbington 等将 MSX-GS 系统应用于骨髓瘤细胞，氨的产生明显减少，抗体产量显著提高(2.7g/L)，细胞密度上升至 6.6×10^6 个/mL。

3) 促进细胞贴壁性

用于生物制药的工程细胞在体外培养时，多数呈贴壁生长或兼性贴壁生长；当其在无血清、无蛋白培养液中生长时，由于缺乏血清中的各种黏附贴壁因子，如纤黏连蛋白(fibronectin)、层黏连蛋白(laminin)、胶原(collegen)、玻璃黏连蛋白(vitronectin)，细胞往往以悬浮形式生长。虽然悬浮培养是目前大规模培养的趋势，具有操作简单，生产规模易放大等优点；但同时悬浮细胞在生物反应器中难于与产物分离回收，较难实现灌流培养；与贴壁细胞相比达到的细胞密度和产物浓度较低；尤其在工程细胞克隆筛选方面，悬浮细胞的换液、洗涤等操作不方便，很难用传统的方法分离出单细胞克隆。

针对上述问题，传统的解决方法是进行无血清培养的悬浮驯化，即在有血清贴壁培养条件下筛选高表达细胞株。这一过程时间长，常常伴有细胞活力丧失，目的蛋白表达降低，细胞凋亡并导致生产终止。因此，为动物细胞的贴壁培养方法扩展了的思路。研究发现，纯化的玻表粘连蛋白可介导CHO细胞在无血清、无蛋白培养液中贴壁生长增殖。例如，将在MMTV启动子控制下的人玻璃黏连蛋白基因导入CHO细胞，使其获得在无蛋白培养液中贴壁生长能力，可建立多株能在无蛋白培养液中贴壁生长的单克隆细胞株。

4) 增强细胞抗凋亡活性

细胞凋亡是在大规模培养中哺乳动物细胞死亡的主要原因，是实现较高细胞密度和维持较高细胞活性的最大障碍。因此，如果能防止细胞死亡即可提高细胞密度，延长培养周期，最终提高产量。

大规模培养中细胞凋亡，主要由于营养物质的耗竭或代谢产物的堆积引起，如谷氨酰胺的耗竭是最常见的凋亡原因，而且凋亡一旦发生，补加谷氨酰胺已不能逆转凋亡。另外，动物细胞在无血清、无蛋白培养液中进行培养时，细胞变得更加脆弱，更容易发生凋亡。若采用代谢工程方法，构建适用于大规模培养的具有自我保护的抗凋亡细胞株，可直接提高培养细胞活性，增加细胞数，提高培养效率，改进生产过程。

为此，了解凋亡过程的各个不同的通路，以及调节通路中某个基因表达的方式，是进行宿主细胞代谢工程优化的必需步骤。随着凋亡分子机制的深入研究，众多凋亡基因被确定，在生产中过量表达这些抗凋亡基因，使预防和控制细胞凋亡而提高培养细胞重组蛋白的产量成为可能。

研究表明，细胞凋亡是由一系列基因精确地调控。多级信号传递分起始、信号传递、效应和降解四步进行的(图 4.5.6)。

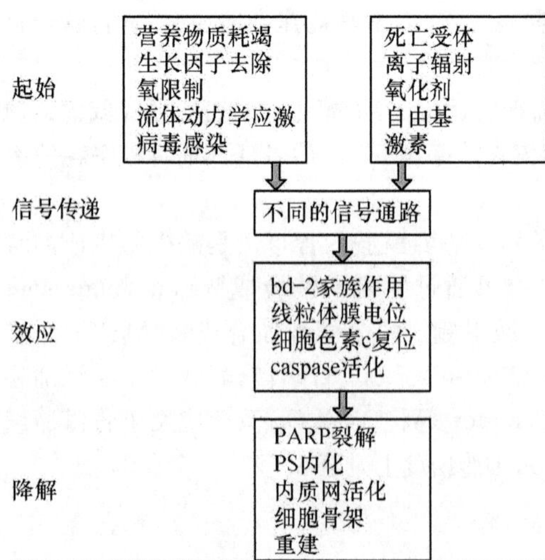

图 4.5.6　凋亡发生的分子事件

在凋亡的效应期，*bcl-2* 基因家族起着重要的作用。该家族成员中 *bcl-2*、$bcl\text{-}x_L$、*mcl-1* 防止细胞凋亡，而 *bax*、$bal\text{-}x_s$、*bad*、*bak* 促进细胞凋亡。另一个在效应阶段起中心作用的是caspase(半胱氨酸-天冬氨酸特异性蛋白酶)。caspase在细胞中以非活性的前形式存在，而当细胞检测到凋亡刺激后，则转变为活性形式，进而对凋亡发生中的特异性靶蛋白进行剪切。在整个凋亡发生进程中，有多种不同的成员参与：当细胞接受死亡刺激后，细胞内起始caspase活化。当死亡刺激由受体介导时，caspase-8的活化；而由应激介导时，caspase-9活化。在第二阶段，起始caspase活化效应caspase-3、caspase-6、 caspase-7，对靶蛋白进行切割。最后，由线粒体凋亡效应分子细胞色素 c 完成蛋白降解。最后阶段的凋亡进程可被 *p*53、CrmA 和 IAPs 终止，从而逆转凋亡。

第一个用于动物细胞大规模培养代谢工程的抗凋亡基因是 *bcl*-2。该基因定位于线粒体上，其功能是维持线粒体膜的稳定性，阻止线粒体膜整合蛋白的释放，尤其是细胞色素 C 的释放，阻断 caspase-9 的激活，最终表现出凋亡抑制活性。在多种细胞系，如 CHO、Sf9、293、HL-60、NSO myeloma、Burkitt 淋巴瘤均表现出抗凋亡活性。不同类型的细胞 *bcl*-2 过表达可对抗营养及血清限制、有毒物质和代谢废物积累，以及氧耗尽、流体力学应激等引起的凋亡，因而可提高细胞活性，延长培养周期，增加最终细胞密度和产物浓度。例如，杂交瘤细胞过表达 *bcl*-2 基因，可延长灌流培养时间，增加细胞密度；CHO 细胞过表达 *bcl*-2 基因，可增强细胞抵抗恶劣环境（丁酸钠）能力，显著延长细胞培养时间，并使抗体终浓度提高 3 倍。

不同抗凋亡基因对不同细胞系产生的抗凋亡能力不同：CHO 细胞主要对 $bcl\text{-}x_L$ 抗凋亡效应显著；BHK 细胞对 *bcl*-2 抗凋亡效应显著；而对某些细胞 *bcl*-2 则无抗凋亡效应。此外，将 *bag*-1 基因与 *bcl*-2 共转染，可增强 *bcl*-2 的抗凋亡作用。其他应用于抗凋亡宿主细胞改造的基因包括 *p*53、CrmA、X-IAP 和 caspase9-DN。采用反义技术将前凋亡基因 *c-jun* 转染细胞，可获得具有抗凋亡以及增殖受控的细胞系，亦是抗细胞凋亡的一种策略。

抗凋亡工程细胞凋亡可逆转；然而随着培养时间延长，工程细胞再次暴露于凋亡刺激因素下时，仍然可发生凋亡。因此，应该认识到完全的抵抗凋亡或抑制凋亡实际上很难达到，但是可在关键的时候，对培养进程发生的事件进行纠错，恢复受损细胞，则可以使它们恢复正常增殖（图 4.5.7）。

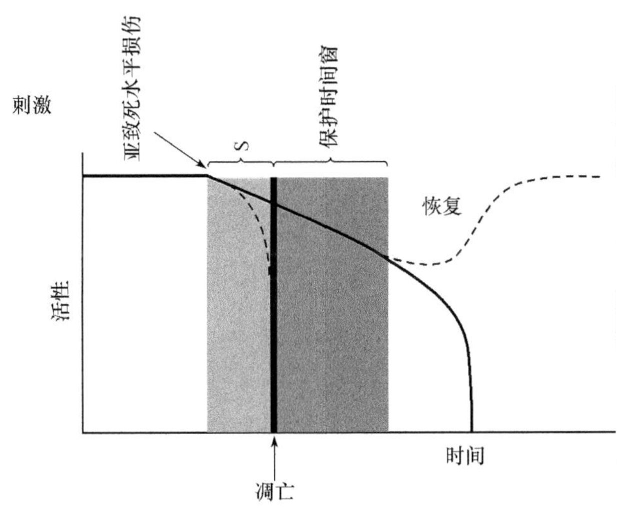

图 4.5.7　细胞损伤与凋亡发生

5）控制增殖速率

采用动物细胞进行大规模生物制品生产的进程中，在培养的初期，目的蛋白的表达和细胞的增殖速率呈正相关；但当反应器中的细胞密度到达一定时，细胞的大量增殖会导致营养和氧的大量消耗，以及乳酸、氨等有毒代谢产物的大量积累，细胞逐渐凋亡，产物分泌量下降。尤其对于杂交瘤细胞而言，抗体分泌的高峰时期出现在细胞在对数生长期之后甚至在衰退期。因此，为了维持甚至提高细胞的产物分泌量，维持或提高活细胞密度，必须加快补充营养物质和去除代谢废物，否则会因细胞活力下降以及产物产量降低，而使生产过程提前终止。大量的营养物质补充，需要大量的培养液，这使得生产成本增加，同时使下游纯化变得复杂和困难。

因此，从生产的角度来看，理想的生产过程必须同时维持细胞的活性状态以及产物蛋白的表达，即首先使细胞快速增殖到高密度，在细胞凋亡发生之前，表达一些细胞周期静止的相关基因，控制细胞增殖速率，并诱导其进入一个增殖静止期，即产物形成期。此时细胞将获得的代谢能量，从由用于细胞增殖转为用于产物分泌，细胞维持在活性相对较低的存活状态。通过控制细胞增殖速率，产物分泌量得以大大提高。

在早期的杂交瘤细胞培养中，人们主要通过限制必需营养成分或在培养中加入 DNA 合成抑制剂胸腺嘧啶脱氧核苷、羟基脲、TGF-β 或基因组毒性物质阿霉素而实现细胞增殖抑制；但这种方法干扰细胞的正常代谢，影响细胞活力，无法长期培养细胞。1993 年，Jenkis 等建立了温控型生长抑制表达系统，当温度升至 39℃时，细胞生长抑制，外源蛋白表达量提高。但因长时间暴露于较高温度下，细胞活力下降，不适合长期的生产过程。

随着对细胞周期调节机制的研究深入，近年来许多研究人员将细胞周期调控基因应用于规模化培养的细胞增殖控制。

细胞周期控制是细胞受到一定的刺激、应激等条件下，细胞对生长、分化和凋亡进行调节应答的重要机制。简单的细胞周期控制模式如图 4.5.8 所示。细胞周期主要分为 4 期：S 期、G_1 期、G_2 期和 M 期。细胞按着 G_1 期→S 期→G_2 期→M 期的顺序进行增殖周期运行，该检查点由一系列基因精确地调控着，从而为在基因水平控制细胞的增殖提供了可能。这些调节物质是一些周期素依赖性激酶(cyclin-dependent kinase，CDK)，如 CDK2-cyclin E 复合物，当其结合细胞周期素后发挥作用。在 G_1 期→S 期控制点时，有许多周期素依赖性激酶抑制剂(cyclin-dependent kinase inhibitor，CDI)拮抗 CDK 细胞周期调节作用，如 p21 家族、p27 和 p57。

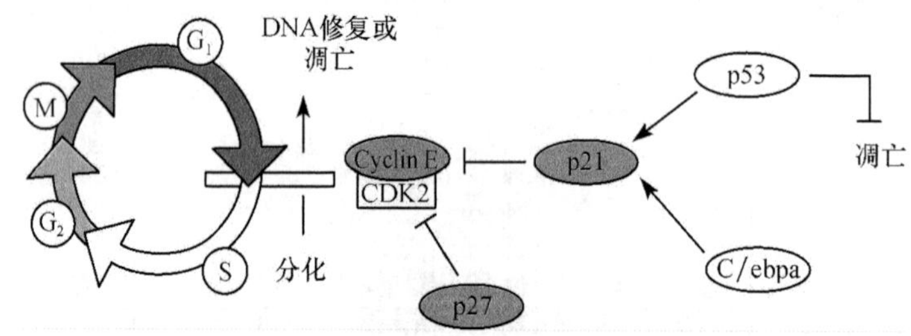

图 4.5.8　细胞增殖周期调控的分子机制

转录活化因子 IRF-1 是第一个用于代谢工程的细胞增殖控制基因，构建成 IRF-1 诱扑细胞，使细胞增殖受控而产物分泌增加。

在 CHO 细胞中分别表达 3 种细胞周期 G_1/S 抑制蛋白，即 *p21*、*p27* 和 $p53^{175p}$，通过抑制 cyclin-E-CDK2-复合物的磷酸化活性，阻止细胞进入 S 期。其中，*p21* 基因和 *CCAAT*/增强子结合蛋白 α 共表达，转染后细胞获得了生长抑制，其生长静止可持续几周之久，报告蛋白 SEAP 的单位产量增加 10～15 倍；*p27* 转染后的细胞生长静止，但并不发生凋亡，产物表达量增加 15 倍。而 *p53175p* 是 *p53* 的突变体，与野生型 *p53* 不同，它仅抑制细胞增殖，不促使细胞凋亡。

另外，在 CHO 细胞中导入 $p27\text{-}bc1\text{-}x_L$ 编码区三顺反子结构，重组蛋白产率可增加 30 倍。

6）改善重组蛋白糖基化

糖基化代谢工程对于重组蛋白生产和寻找新型药用糖蛋白有潜在的意义。在选择哺乳动物细胞进行生物技术药物生产时，必须对细胞蛋白的糖基化形式加以考虑。

不同细胞各自的糖基转移酶活性不同，合成糖链的结构不同，产生不均一的糖蛋白，表现为糖基化的特定氨基酸残基的百分率，*N*-连接寡糖的高甘露糖和复杂的糖链形式，末端糖残基数，*N*-羟乙酰神经氨酸(*N*-acetylglucosamine，GlcNAc)的切割位点，糖链与糖链的连接方式，寡糖链末端唾液酸化百分率等的不均一。糖链影响糖蛋白的药理活性、生理生化特性(溶解性、稳定性、折叠和分泌)及药代动力学(半衰期、靶向性、免疫原性和抗原性)，如高甘露糖存在，或碳水化合物末端唾液酸化缺乏时，其血浆清除快。

采用基因工程方法改变细胞的糖链合成能力，或者在宿主细胞中进行随机突变，可构建成重组蛋白糖链结构改变而药用价值增强的突变细胞株。

目前，蛋白质糖基化工程的策略主要涉及寡糖的生物合成过程，如①通过基因活化或引入编码糖基化，转移酶或糖苷酶的基因；②采用反义技术或其他方法，封闭所不希望的糖基化形式，如在 CHO 细胞引入 β-1，4-半乳糖苷转移酶(β-1，4-galactosyltransferase，GT)和 α-2，3-唾液酸转移酶(α-2，3-sialyltransferase，ST)的基因，可产生与亲本细胞有较高同源性的 *N*-连接寡糖结构，以增加重组蛋白 TNFR-IgG 和 TNF-tPA 的唾液酸含量，纠正不完全唾液化、半乳糖化。具体而言，GT 过表达导致末端含有 GlcNAc 的寡糖链被还原。ST 过表达使得大于 90%的支链唾液酸化，并在兔的药代动力学研究中显示出较好的稳定性。

由于 CHO 细胞缺乏 α-2，6-唾液酸转移酶基因(*2，6-ST*)基因，引入 *2，6-ST* 即可生产出具有 α-2，3-唾液酸和 α-2，6-唾液酸共表达的 tPA；而且，BHK 细胞共表达 α-2，6-唾液酸转移酶和 α-1，3-墨角藻糖基转移酶-III 时，其生产的异源蛋白糖基化形式发生改变。

此外，将大鼠 β-1，4-*N*-羟乙酰神经氨酸转移酶 III(*N*-acetylglucosaminyl-transferase III，GnT III)导入可分泌嵌合人鼠抗 CD20IgG_1 抗体的 CHO 细胞时，GnT III 在其所表达的 48%～71%抗体分子时加上 GlcNAc 切割位点，表现出新的糖基化形式改进的抗体分子，其浓度比亲本抗体低 10～20 倍时，仍具有相同的 ADCC 效应。同时，不改变 CHO 的生长动力学和抗体分泌量。

但是，利用基因工程方法将外源性糖基转移酶基导入哺乳动物细胞，其糖基化机制与人类组织有着显著差异，如大多数哺乳动物细胞表达 α-1，3-半乳糖基转移酶，而人类该酶基因已失活，又如人的糖蛋白不含乙醇酰唾液酸，而人鼠杂交瘤细胞中则含量很高。

4.5.6 工程细胞的稳定性

工程细胞的“稳定性”有两方面含义：首先，宿主细胞系基因组中已经整合入重组 DNA，理论上这种遗传性状能够传至子代细胞(即稳定的细胞系)。这与重组 DNA 未整合到宿主细胞基因组，在分裂过程中可能丢失的细胞系截然不同(即短时表达细胞系)。因此“稳定细胞系”，应更精确地称为“稳定的稳定细胞系”。其次，指在长期的培养条件下保持恒定水平的重组蛋白产量，因而稳定细胞系即指在长期培养中稳定表达目的蛋白的细胞株。

对于产业化生产来说，获得目的蛋白产量稳定的细胞系是绝对重要的。在细胞经历多次分裂增殖，达到生产用细胞库所需的细胞数，并最终放大至产业化规模这一过程中，工程细胞的稳定性影响了最终的蛋白质产量。这种起始生产细胞和终末细胞间产量的降低，涉及投入和产出比，可能使一次一无所获。

4.5.6.1 常用生产用工程细胞表达蛋白的稳定性

重组蛋白(抗体)生产中最常用的细胞株是：CHO 细胞和杂交瘤细胞。前者是用于表达商业化重组蛋白(抗体)的细胞系,而后者则为非重组性商业化相关单克隆抗体的来源。由于杂交瘤细胞是由具有抗体分泌能力的免疫小鼠脾细胞和具有无限增殖能力的骨髓瘤细胞融合而来,因此,产生的杂交瘤细胞群体细胞中小鼠脾细胞和骨髓瘤细胞之间的相互消长即产生了其抗体分泌的不稳定性。CHO工程细胞由于在基因重组过程中的基因易位、同源重组而导致的染色体重排,进而产生了核型的高度不稳定性。

1) 杂交瘤细胞的稳定性

关于长期培养过程中杂交瘤细胞的稳定性已多有研究报道。从表4.5.4可看出,杂交瘤细胞在培养60天后,其抗体表达水平下降至仅为初始培养的30%~60%;进一步延长培养时间至120天以上,抗体表达水平下降至30%以下。值得一提的是,在不同的杂交瘤细胞之间不稳定性的程度变异很大的,有时经过一定时间的培养抗体分泌水平又回到初始阶段。

表4.5.4 杂交瘤细胞抗体分泌的稳定性

文献出处	培养时间/d	抗体表达水平(初始培养所占比例/%)
Merritt 和 Palsson(1993)	20	80
Coco-Martin 等(1992)	22	50
Merritt 和 Palsson(1993)	30	60
Borth 等(1999)	35	75
Frame 和 Hue(1990)	40	50
Couture 和 Heath(1995)	60	75
Frame 和 Hue(1990)	60	35
Heath 等(1990)	126	20
Ozturk 和 Palsson(1990)	100	25

杂交瘤细胞是抗体生成性细胞和骨髓瘤细胞的融合体,是制备单克隆抗体的来源细胞;此外,杂交瘤细胞也可被转染重组抗体的基因成为转染瘤细胞系。杂交瘤和转染瘤就产生单克隆抗体来说,其不稳定性及长期培养条件下不稳定性的分子机制已得到广泛研究。首先,杂交瘤细胞特异性抗体产率的丢失与非抗体分泌细胞的存在并超过抗体分泌细胞的数目有关。正常情况下,杂交瘤细胞群体由抗体分泌细胞和非抗体分泌细胞两部分组成,并保持着比例平衡。非抗体分泌细胞由于无抗体分泌负担,因而生长速率较抗体分泌细胞快,容易在细胞群体中占据优势。一般认为,非分泌型细胞群是由于转录能力下降、突变、抗体基因丢失或蛋白表达调节相关基因丢失等改变,使抗体产量下降或丢失所致。其次,在某些情况下,细胞株的不稳定性表现为细胞群体中所有细胞的特异性抗体分泌率的下降,而不是非抗体分泌细胞的存在。再次,血清浓度和细胞接种状态亦可影响抗体分泌产率。在无血清培养条件下,更容易出现非抗体分泌细胞及抗体分泌细胞分泌率下降。

2) CHO细胞的稳定性

CHO细胞由于同源重组和易位所致的染色体重排导致核型极不稳定,特别是在选择压力下基因扩增过程中更是如此。在长期培养过程中,若缺乏MTX时则表达量容易出现不稳定,如在开始培养的最初30~50天产量出现下降,随后达到某一水平的稳定表达。添加MTX进行培养亦可出现产物表达的不稳定性,但是程度显著低于不添加MTX进行的扩增培养(表4.5.5)。

表 4.5.5 重组 CHO 细胞表达产物的稳定性

文献出处	培养时间/d	抗体表达水平（初始培养所占比例%）
Kaufman 等(1985)	38	50
Weidle 等(1988)	50	20(100P[aP])
Pallavincini 等(1990)	60	30
Cossons 等(1991)	120	30～40P[aP]
Kim 等(1998)		
Kim 和 Lee(1999)	60	47(>90P[aP])
Fann 等(2000)	90	30～40(60～70P[aP])
Yoshikawa 等(2000)	50	80～85(100P[aP])

a 表示培养中添加 MTX。

产物表达水平的下降与其长期培养中重组基因拷贝数的丢失有关。因此，重组基因整合入 CHO 细胞基因组中的区域，可能是影响基因表达稳定性的重要因素。整合入宿主细胞基因组内的扩增基因经常是基因重排时的靶点，并可能破坏内源性基因的完整性；而当被扩增的基因位于染色体之外的双微体时，若不存在选择性压力，则很容易在细胞有丝分裂过程中时被丢失。研究表明，无 MTX 条件下，长期培养的 CHO-*dhfr* 细胞系位于染色体端粒附近区域的外源重组基因与其他位置相比更趋于稳定；外源基因与 CHO 细胞端粒末端的(TTAGGG)*n* 序列的相似性对于稳定维持被扩增基因的拷贝具有重要意义；逐渐增加 MTX 选择性压力的浓度以增加外援基因拷贝数的效应被证明与增加端粒区基因拷贝数有关。

4.5.6.2 工程细胞稳定性研究方法

对工程细胞进行的稳定性研究应包括在细胞库细胞、生产过程中、生产终末期和(或)超过生产终末期等不同培养时期，生产过程中细胞、生产终末期和(或)超过生产终末期一定阶段细胞的稳定性是指生产工艺和培养条件对细胞生长状况、表达能力的影响，因此，需要确定生产细胞增殖限度和(或)连续培养时间。

在实际的生产实践中，通常采用经验性方法将复苏的原始或主细胞库细胞连续传代培养至一定的代次，或将工作库细胞在模拟实际生产条件下连续培养、扩增，直至预期培养时间以及超过预期时间之外，而后收获检测分析目的基因、表达框架等影响重组工程细胞中的传代稳定性和目的产物表达的稳定性的重要因素，制定库细胞的限传代次和生产细胞的增殖限度以保证实际生产过程中细胞整体扩增水平以及伴随的内源性病毒和(或)致瘤性风险等的抑制状态在预期限度范围内。最终，选出在一定培养时间内中稳定生长并分泌产物的生产用工程细胞系，使细胞始终能够持续、稳定地表达重组制品，并将使终对产品产生安全性影响的风险因素严格控制在最低限度。

考察的具体指标包括以下方面。

(1) 基因水平的比较。目的基因编码序列和表达框架不应有错误，包括突变、缺失、插入。并注意比较基因拷贝数的变化。

(2) 目的产物表达水平的比较。目的产物的表达量和表达活性不应有明显降低，根据不同的产品和具体研究结果确定适宜的可接受标准。

(3) 细胞自身的稳定性。应重点检测细胞在传代/扩增过程中的形态、生长、代谢等基本状况，遗传特征和致肿瘤特性的变化。

(4) 内源因子检查。应动态考察内源因子的复制是否得到有效抑制。重点检测由细胞来源动物和宿主细胞特性所决定的易染病毒如内源性反转录病毒，分析其对于人类的致病性和重要性，严格控制其产生的条件。

(5) 致瘤性监测。应通过比较研究考察细胞培养传代过程中致瘤性特征的改变，如试验阳性时的细胞代次、最低接种量、肿瘤转移扩散、肿瘤增殖时间、瘤组织病理特征等。

4.5.6.3 哺乳动物细胞表达重组蛋白不稳定性的分子机制

如前所述，蛋白质产量的稳定性是影响商业化生产有价值的药用蛋白的主要问题。表达量丧失的一个重要机制是重组宿主细胞基因组中编码蛋白基因的丢失，然而这并不是唯一的主要原因。从 DNA 到蛋白质是一个复杂的过程，包括转录、翻译、翻译后加工和分泌(取决于特定的蛋白是细胞内或非分泌型)。细胞的表达水平及稳定性，是由这些步骤中每一调控点的总和来决定的。传统观念认为，转录是调控表达的主要因素。然而转录后加工、翻译、翻译后事件对某些基因的表达水平也相当重要。还应该强调的是，这些机制并非孤立的，而是通过各种机制的相互作用决定的。不稳定性不能仅仅以基因拷贝数丢失来解释，而是以上所涉及的许多关键靶点共同作用的结果。

1) 转录调节

转录的限速步骤是转录起始水平，对真核细胞来说，DNA 高度凝缩成染色质结构，这种凝缩通常阻碍 DNA 与转录复合体的接近，转录活化需要染色体结构重排，即所谓的染色体重塑。染色体重塑是一个较为笼统的名称，对调控转录重要的染色质和蛋白质可经甲基化、乙酰化、磷酸化和泛酸化等不同的修饰，有报道提示重组 DNA 的甲基化在调节表达方面起重要的作用，如甲基化可引起基因表达的抑制，而目的基因启动子周围区域的低甲基化 DNA 可提高转录活性。乙酰化也是转录调控的重要步骤，作为一般原则，转录性活化基因通常呈现乙酰化，而转录失活性基因则不呈乙酰化。磷酸化发生于多种涉及转录的蛋白质，如一般的转录因子、RNA 聚合酶 II 和转录活化和抑制因子等。有报道提示，泛酸化通过打开染色体高级结构阻碍核小体之间的相互作用，和(或)打开组蛋白与核小体间的联系，产生转录活化性 DNA。

2) 转录后调节

在考虑涉及转录后调节诸方面因素时，重要的是应认识所有的 mRNA 分子和其前体的特定结构。这个结构决定 RNA 的加工，及其与核糖体和翻译因子相关联、mRNA 半衰期。例如，5′端的甲基化鸟嘌呤帽结构，3′端的多聚腺苷酸尾[poly(A)]，翻译起始密码周围的序列(如 Kozak 序列)，转录子的次级结构，转录子剪接以删除内含子等。许多这样的结构性元件提供了蛋白质与 RNA 相互作用的位点，如[poly(A)]尾通过与[poly(A)]结合蛋白的相互作用而免于被破坏，大量的转录后事件可通过 RNA 结合蛋白的修饰来调节。

对于从重组细胞中分泌的蛋白质来说，除了前述的调控机制外，调节蛋白合成-分泌通路中各部位流程的因素，也对重组蛋白的最终产量有明显的影响。在哺乳动物细胞中，这些因素包括内质网、高尔基器、开始和随后的糖基化和其他翻译后修饰，以及根据所合成的特定蛋白的最终去向进行分离。而且对于多聚体性蛋白，如抗体，在高尔基器内多肽链之间所需的适度的相互作用过程，也可能影响蛋白的产量。上述的这些方面，目前仍是重组蛋白表达稳定性、表达调节研究的重要靶点，对每一调节机制在重组基因稳定性方面所起的作用目前仍无明确的结论。

4.5.6.4 提高工程细胞表达水平并保证产量稳定的策略

由于细胞系表达产量的不可预测性，目前的重点仍主要放在总体改善产业化相关的哺乳动物细胞重组蛋白表达水平上。然而正如 CHO 细胞所显示的，基因放大所获得的高拷贝数常导致产量不稳定，而追求细胞系最佳的表达可能是以影响产量的稳定性为代价的。因此，不仅要考虑哺乳动物细胞蛋白表达的不稳定性，还应积极寻找最大限度的提高哺乳动物细胞重组蛋白表达产量稳定性的措施。

已有多种技术可用于建立稳定的哺乳动物细胞表达细胞系，最常用的方法是将外源基因随机插入染色体。但这一过程效率极低(1/10 000)，插入的染色体位点，插入的基因拷贝数，表达水平也难以预测。事实上，重组 DNA 在染色体上的定位明显影响真核细胞基因表达已久为人知，插入的外源基因在染色体区域可引起"位置效应"，这一效应可导致插入基因在新环境下的表达水平不同于其在自然环境下。位置效应可能由于基因重排，重组基因整合入内源性启动子或增强子附近，或异染色质附近的区域。一般认为，基因在异染色质这种高度致密区处于转录失活状态，而常染色体区域由于结构疏松，结果正好与异染色质相反。重组基因插入异染色质或异染色质附近的位置效应特称为"位置效应花斑"(position effect variegation，PEV)，基因周围的异染色质能有效地妨碍插入基因的表达。

位点特异性重组技术，是将基因靶向整合入已知的可能与高效表达相关的区域。虽然目前已开发多种系统，但利用同源重组进行位点特异性基因重组最常用的是 Cre/loxP 或 Flp/FRT 系统。Cre/loxP 系统来源于细菌。Flp/FRT 系统来源于酵母。这一系统的基本原理是，利用 Cre 或 Flp 重组酶催化两个短靶序列间的链交换(分别为 loxP 或 FRT)，位点特异性重组酶催化 DNA 片段的引入或剪除。该靶位点由 8bp 的不对称核心和 13bp 的回文序列侧翼构成，将含侧翼序列的报告基因载体随机插入宿主细胞基因组。然后选择高表达报告基因的细胞为宿主细胞，再利用带有目的基因的、具有同样侧翼序列的载体进行定点同源重组，通过"重组酶介导盒交换"(recombinase-mediated cassetes exchange，RMCE)使这一方法得以优化。通过靶序列突变进行双交互性交换反应，克服了以往的效率低、整个载体质粒可被整合、载体所带的阳性选择标记可整合进染色体等缺陷。这种方法不仅有助于筛选高表达细胞系，而且其稳定性亦明显提高。

目前，已发现多种 DNA 元件参与调制。隔离子有两种功能，首先，保护活化基因免受位置效应的影响，因而被用作重组基因的侧翼序列。其次，还可引起位置性增强子阻断效应，这种情况发生在隔离子位于增强子和启动子之间时，可降低增强子对所对应的启动子的转录活化效应。但隔离子是一个中性元件，它并不引起增强子或启动子本身失活。最近还发现抗隔离子元件。

座位控制区(locus control region，LCR)是一种 DNA 调节元件，与隔离子不同，LCR 具有活化基因表达的能力。LCR 可以以位置不依赖性、拷贝数依赖性、组织特异性方式引起染色质中插入的基因高水平表达。无 LCR 时，重组基因则易于产生位置效应花斑，如果外源基因插入非活化染色质则可能无表达。重组实验显示，拷贝数依赖性表达归因于 LCR 有助于染色体区域松解。目前在不同的种系均证实 LCR 的存在，如小鼠、大鼠、鸡、绵羊和人类。

泛性染色质开放元件(ubiquitous chromatin opening element，UCOE)是与广泛表达的看家基因相关的 DNA 区域，研究证实其以非组织特异性方式发挥作用，因而可在转基因动物所有组织中引起重组基因表达，这些元件的小 DNA 片段以整合入真核表达质粒中，确实可防止转录性沉默，稳定重组基因表达。

从以上所举例子可以清楚地看到，在生物技术工业中理解重组哺乳动物细胞系蛋白质表达产量不稳定性问题确是一种商业需求。虽然目前认为，重组基因拷贝数丢失和非分泌细胞群体的出现，是主要的产量不稳定性的原因，但其他几种影响表达水平和产量稳定性的因素也不能忽视。预测细胞系稳定性，最终防止在一定培养时间内不能维持蛋白稳定表达细胞系的产生的可能性，是令人兴奋且具有商业价值的。从目前的现状看来，最可能的解决途径是靶向插入外源基因至特定的宿主细胞基因组区域，这种省时、经济的技术的潜能极其诱人。

哺乳动物细胞是表达具有天然活性蛋白的最佳宿主，其优势在于能正确有效地识别真核蛋白的合成、加工和分泌信号，识别和去除基因中的内含子，再经剪切加工成为成熟的 mRNA，能准确地完成糖基化、磷酸化，形成链内和链间二硫键及蛋白质水解等翻译后加工过程。此外，哺乳动物细胞易被重组的 DNA 转染，经过筛选可得到转化的细胞，该法具有遗传稳定性和可重复性，表达的产物分泌到培养基中易于纯化。

虽然目前哺乳动物细胞表达系统相对原核系统表达水平低，平均约为 10mg/(10^6 细胞 · d)，基因转染效率低，筛选工作量大，但是随着对表达载体优化，工程细胞株的优化，以及培养条件和下游纯化工艺的优化，尤其是高效真核载体的建立和优化，为解决工程细胞产业化提供了强有力的支持，这也是提高目标产物在单细胞中的表达量最为有效的策略。利用哺乳动物细胞表达蛋白产物已广泛应用于生物制品工业，如病毒疫苗、抗体、干扰素、免疫调节剂、激素和生长因子等的大量制备。随着对细胞内基因产物的功能、调节和相互作用机制的深入了解，使得以真核细胞为代表的工程细胞成为最有吸引力的生物活性蛋白生产的宿主细胞。

小结

自 1949 年动物细胞首次用于疫苗生产后，经过近 50 年的努力，工程细胞的发展构建取得了迅速发展。但是，也应该看到，目前转基因动植物技术发展很快。因此，哺乳动物工程细胞表达系统除了仍受原核表达系统的挑战外，又增加了新的更严峻的挑战。只有不断地改进和提高表达系统的效率，使之更高效、更高质量的表达目的基因，同时降低细胞培养成本，哺乳动物工程细胞才能更好、更广泛地应用到生物技术药物的生产制备中。

从工程细胞表达生物技术药物的生产实践来看，目前用于疫苗生产的工程细胞种类广泛，包括原代细胞(鸡胚细胞)、二倍体细胞(WI-38，MRC-5)和转化细胞系(Vero、Per. C6、HEK293、BHK21 细胞)；用于抗体生产的工程细胞包括鼠骨髓瘤细胞 Sp2/0，NSO 和转化细胞 CHO；用于重组蛋白生产主要是转化细胞，如 CHO、Per. C6、HEK293、BHK21 细胞。

采用基因工程为基础的代谢工程，从分子水平和细胞内部修饰优化细胞遗传特性，其最终目标在于使细胞适应无血清无蛋白培养的条件，提高细胞的有氧氧化代谢通路而减少代谢废产物生成，增强细胞的活力，控制细胞增殖水平，延长细胞培养周期，增加目标蛋白的产量，提高产物的质量，降低成本，进而提高规模化培养的效能。然而，上述的代谢工程方法在规模化培养中的成功应用，还依赖于规模化培养中对生物过程方法，如培养工艺的提高改善。规模化培养中动物细胞代谢工程的进一步发展应用，还需要对体外培养细胞的生理学特点、生化代谢特征的有深入的理解掌握，以及对多基因条件性表达等新技术的合理采用。

另外，这里介绍的工程细胞改造优化方法主要采用经验的方法，即选择已报道的具有明确功能的基因如抗凋亡基因 *bcl-2*、细胞周期调节相关基因 *p21*/*p27* 等，首先将其转入工程细胞并进行功能与效应的验证，进而构建新的改造后的工程细胞系，然后进一步明确感兴趣的候选基因的调节基因或其分子通路，这是直接的代谢工程修饰改造，这些工程细胞的改造策略多少带有盲目性。近年来，随着基因组和蛋白质组学的研究进展，通过组学的高通量的间接代谢工程方法，识别鉴定出在某一生物过程，如促进蛋白质分泌、细胞代谢与温度转换、批次与流加培养条件下特异性表达上调的基因，进行工程细胞的修饰改造将是未来发展的方向，更具有目的性，并将产生更多更加表达高效、适应环境条件能力更强的细胞株。

随着对细胞内基因和蛋白等相关物质的功能、调节和相互作用机制的深入了解，真核细胞成为最有吸引力的商业化生物活性蛋白生产的宿主细胞。但从产业化的角度来看，对目前所用的宿主细胞生理学基本信息仍显得知之甚少，进一步了解提高转染外源基因的策略，了解维持稳定细胞系的内在的分子机制，将为高效利用真核细胞作为表达宿主开辟广阔的前景。

（李 玲 杨向民）

思考题

1. 重组体导入宿主细胞的常用方法及其各自的特点是什么？
2. 如何进行高效载体的设计及其提高产量的原理？
3. 举例说明目前用于工业化生产的动物工程细胞的类型、来源及其特点。
4. 试述生产用动物细胞代谢工程优化改造的策略。
5. 重组哺乳动物细胞产量不稳定性的可能原因及解决方案。

参考文献

陈志南，刘民培. 2002. 抗体分子与肿瘤. 北京：人民军医出版社

冯伯森，王秋雨，胡玉兴. 2000. 动物细胞工程原理与实践. 北京：科学出版社

韩贻仁. 2001. 分子细胞生物学. 2 版. 北京：科学出版社

胡显文，陈惠鹏，汤仲明，等. 2004. 生物制药的现状和未来（一）：历史与现实市场

李志勇. 2003. 细胞工程. 北京：科学出版社

汪和睦，谢廷栋. 2000. 细胞电穿孔电融合电刺激原理技术及应用. 天津：天津科学技术出版社

郑滨，王健伟，姜惠英，等. 2001. 利用昆虫-杆状病毒表达系统表达人乳头瘤病毒 16 型 L1 蛋白. 中华实验和临床病毒学杂志，15(4)：314-316

Adams M D, Celniker S E, Holt R A, et al. 2000. The genome sequence of drosophila melanogaster. Science, 287 (5461): 2185-2195

Baer A, Bode J. 2001. Coping with kinetic and thermodynamic barriers: RMCE, an efficient strategy for the targeted integration of transgenes. Curr Opin Biotechnol, 12(5): 473-480

Barnes L M, Bentley C M, Dickson A J. 2000. Advances in animal cell recombinant protein production: GS-NSO expression system. Cytotechnology, 32(2): 109-123

Barnes L M, Bentley C M, Dickson A J. 2001. Characterization of the stability of recombinant protein production in the GS-NSO expression system. Biotechnol Bioeng, 73(3): 261-270

Barnes L M, Bentley C M, Dickson A J. 2003. Stability of protein production from recombinant mammalian cell. Biotechnol Bioeng, 81(6): 631-639

Benting J, Lecat S, Simons K. 2000. Protein expression in drosophila schneider cells analytical. Biochemistry, 278 (1): 59-68

Bode J, Schlake T, Iber M, et al. 2000. The transgeneticist's toolbox: novel methods for the targeted modification of eukaryotic genomes. Biol Chem, 381 (9-10): 801-813

Borth N, Strutzenberger K, Kunert R, et al. 1999. Analysis of changes during subclone development and ageing of human antibody-producing heterohybridoma cells by Northern blot and flow cytometry. J Biotechnol, 67(1): 57-66

CDR Rebecca Sheets. 2000. History and Characterization of the Vero Cell Line. the Vaccines and Related Biological Products Advisory Committee Meeting

Fann C H, Guirgis F, Chen G, et al. 2000. Limitations to the am-plification and stability of human tissue-type plasminogen activator expression by Chinese hamster ovary cells. Biotechnol Bioeng, 69 (2): 204-214

Feng Y Q, Seibler J, Alami R, et al. 1999. Site-specific chromosomal integration in mammalian cells: highly efficient CRE recombinase-mediated cassette exchange. J Mol Biol, 292(4): 779-785

Godia F, Cairo J J. 2002. Metabolic engineering of animal cells. Bioprocess and Biosystems Engineering, (24): 289～298

Hammill L, Welles J, Carson G R. 2000. The gel microdrop secretion assay: identification of a low productivity subpopulation arising during the production of human antibody in CHO cells. Cytotechnology, 34(1): 27-37

Jayapal, K P, Wlaschin, K F, Hu W S, et al. 2007. Recombinant Protein Therapeutics from CHO Cells-20 Years and Counting. CHO Consortium SBE Specical Section: 40-47

Kim J H, Bae S W, Hong H J, Lee G M. 1996. Decreased chimeric antibody productivity of KR12H-1 transfectoma during long-term culture results from decreased antibody gene copy number. Biotechnol Bioeng, 51(4): 479-487

Kim N S, Kim S J, Lee G M. 1998. Clonal variability within dihydrofolate reductase-mediated gene amplified Chinese hamster ovary cells: Stability in the absence of selective pressure. Biotechnol Bioeng, 60(6): 679-688

Kim S J, Lee G M. 1999. Cytogenetic analysis of chimeric antibody-producing CHO cells in the course of dihydrofolate redustase-mediated gene amplification and their stability in the absence of selective pressure. Biotechnol Bioeng, 64(6): 741-749

Li Q, Harju S, Peterson K R. 1999. Locus control regions coming of age at a decade plus. Trends Genet, 15(10): 403-408

Phi-Van L, von Kries J P, Ostertag W, et al. 1990. The chicken lysozyme 5′ matrix attachment region increases transcription from a heterologous promoter in heterologous cells and dampens position effects on the expression of transfected genes. Mol Cell Biol, 10(5): 2302-2307

Ramachandran A, Jain A, Arora P, et al. 2001. Novel Sp family-like transcription factors are presentin adult insect cells and are involved in transcription from the polyhedrin gene initiator promoter. J Biol Chem, 276 (26): 23440-23449

Siamon G. 1994. The legacy of Cell Fusion. New York: Oxford University Press: 153-166

Vives J, uanola S, Cairo J J, et al. 2003. Metabolic engineering of apoptosis in cultured animal cells: implications for the biotechnology industry. Metabolic Engineering, (5): 124-132

Werner R G, Noe W, Kopp K, et al. 1998. Appropriate mammalian expression systems for biopharmaceuticals. Arzneimittelforschung, 48(8): 870-880

William Whitford. 2003. NSO Serum-Free Culture and Applications. BioProcess International: 36

Yenofsky R L, Fine M, Pellow J W. 1990. A mutant neomycin phosphotransferase II gene reduces the resistance of transformants to antibiotic selection pressure. Proc Natl Acad Sci U S A, 87(9):3435-3439

Yoshikawa T, Nakanishi F, Itami S, et al. 2000. Evaluation of stable and highly productive gene amplified CHO cell line based on the location of amplified genes. Cytotechnology, 33(1):37-46

Yoshikawa T, Nakanishi F, Ogura Y, et al. 2000. Amplified gene location in chromosomal DNA affected recombinant protein production and stability of amplified genes. Biotechnol Prog, 16(5):710-715

Els C M. Brinkman-Van der Linden. Therapeutic glycoproteins produced on PER. C6? cells, March 2007. 2007ebookbrowse. com/29-3-2007-brinkman-crucell-therapeutic-glycoproteins-pdf-d33385901

4.6 工程细胞库与质量控制

工程细胞是根据生产要求筛选、驯化获得的适用于动物细胞大规模培养的哺乳动物细胞。工程细胞适宜表达用于人类疾病预防、治疗及诊断且结构复杂的生物大分子。

随着生物工程技术的进步和发展，当前世界包括我国已建立了众多工程细胞系(株)。然而，为了保证生产生物制品过程的稳定性、可控性及重复性，我们需要建立背景资料完整、来源清楚、质量鉴定合格的工程细胞库。

1963 年，国际细胞培养委员会的一个专题会议，提出了包括主细胞库(master cell bank, MCB)和生产用细胞库(manufacturer's working cell bank, MWCK)或称工作细胞库(working cell bank, WCB)在内的两级系统，如引进的细胞，可采用主细胞库和工作细胞库组成的二级细胞库管理。

今天，我们将细胞库分为三级，即原始细胞库、主细胞库(MCB)和工作细胞库(WCB)。这里的原始细胞库指经过克隆筛选而形成的均一细胞群体所建立的细胞库。上述的三级细胞库以及相关的细胞背景资料及质量鉴定程序就是现在使用的标准方法——三级细胞库系统。

4.6.1 三级细胞库

三级细胞库可分为原始细胞库、主细胞库(MCB)和工作细胞库(WCB)。用于建库的初始工程细胞株应为经过克隆筛选而形成的均一细胞群体，必要时须经无血清悬浮驯化等无血清适应。用于建立下一级细胞库的细胞均来源于上一级细胞库的细胞。

4.6.2 工程细胞库的建立

连续传代的工程细胞株是共同起源的细胞。经过鉴定起源和质量合格的工程细胞所表达的生物制品具有质量稳定、效果一致的特点。而建立工程细胞库的目的就是为了保证生产的可持续性和产品质量的稳定。也就是说，细胞库的建立可为生物制品地生产提供符合质量标准、质量相同、能持续稳定传代的种子细胞。

细胞库的建立首先需要明确细胞的原始背景材料。

4.6.2.1 原材料的选择

建立细胞库的各种类型细胞的供体均应符合《中国药典》的规定。不得使用人血清作为细胞培养液。随着生物技术的发展,血清的高成本、批次不稳定等缺点促使血清将逐步将被无血清培养基和无血清悬浮培养技术替代。

贴壁细胞用的胰蛋白酶同样应进行无细菌、真菌、支原体或病毒污染等检测。

细胞培养过程中配制各种溶液的化学药品应符合《2005 版中国药典第三部》或国家其他标准的相关要求。

4.6.2.2　细胞培养操作的要求

细胞培养是在体外无菌条件下,模拟机体内正常生理状态下的基本条件和环境,分离培养机体组织细胞或建立细胞系(cell line),并使得细胞在体外培养容器中长期生长和繁殖的方法。

细胞培养的操作应符合中国《药品生产质量管理规范》的要求。在无菌条件下进行无菌操作,完成细胞的体外培养。在无菌环境中,操作者——人是最大的污染源,因此,操作人员应定期检查身体。同时,为了避免微生物与细胞或细胞系之间污染的发生,在生产区内不得进行非生产制品用细胞或微生物的操作,并且在同一工作日进行细胞操作前,不得操作或接触有感染性的微生物或动物。

4.6.2.3　建立工程细胞库

三级细胞库的建立流程图如图 4.6.1 所示。

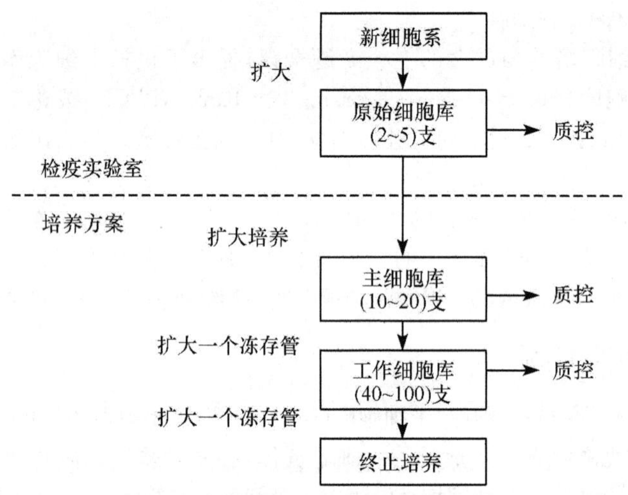

图 4.6.1　动物细胞的细胞库系统

1) 原始细胞库

原始细胞库(PCB)指由一个原始细胞群体发展成传代稳定的细胞群体,或经过克隆培养而形成的均一细胞群体,并且通过检定适用于生物制品生产或检定的细胞群体所建立的细胞库。

在无菌条件下,采用动物细胞冻存液将细胞群体制备成细胞密度为 1×10^7 个细胞/mL 的细胞悬液,之后定量分装于冻存管中。将冻存管置于液氮或－130℃以下冻存,即为原始细胞库。原始细胞库供建立主细胞库用。一般冻存 2～5 支备用。

一般由发明者或权威机构保存一定代次的细胞种子即原始细胞库,之后分发或出售给生产企业,生产企业利用细胞种子制备主细胞库和工作细胞库。

2) 主细胞库

主细胞库(MCB)又可以称为种子细胞库。主细胞库是由原始细胞种子经传代、扩增后得到的均一细胞群体,分装于多个容器中并在深低温保存。工程细胞因其含有表达载体所以需要经过克隆化筛选后建立主细胞库。主细胞库的一支或多支种子可用于制备工作细胞库。

主细胞库的细胞采用与保存原始细胞库细胞一致的冻存方法进行种子细胞的冻存,建立主细胞库。采用液氮或低温冻存方法保存主细胞库细胞。每一批主细胞库冻存的细胞管数应不少于 10 支。主细胞库的细胞必须经过严格的质量鉴定,鉴定合格的细胞才能进入主细胞库。

主细胞库的质量鉴定包括外源因子检查,包括细菌、真菌、支原体及病毒污染等的检查。

3) 工作细胞库

工作细胞库(WCB)是由主细胞库的种子经传代、扩增后得到的均一细胞,分装于多个容器中并在深低温保存。工作细胞库的细胞一般为一个代次,具有一定的冻存数量,且经过严格、全面的质量检定。工作细胞库的一支或多支种子细胞可用于同一批疫苗生产。

工作细胞库是提供生产用细胞的唯一来源。工作细胞库的细胞来源于主细胞库的扩大培养。根据生产要求,检定合格的细胞进行大规模冻存,之后储存在液氮或−130℃以下,由此构成生产细胞库。

每一批生产细胞库冻存细胞的管数不少于 20 支,生产时取出一支复苏、扩增之后用于生产,生产结束时细胞不再回冻。

冻存生产细胞库时,要确保细胞体外培养的传代时间没有超过细胞限龄,也就是说,复苏后的传代时间应不超过批准的该细胞用于生产的最高限定传代次数,从而实现工作细胞库的细胞在生产过程中目标产品的稳定表达。

在制备 WCB 过程中不得进行单克隆筛选,以避免由于个别基因突变引起 WCB 中细胞群体性的遗传特性改变;为了保证细胞库中每个冻存管中的内容物完全一致,如培养细胞采用几个器皿的,应将所有培养皿中的细胞混合成单批后再分装。

在细胞库的建库期间应采取适宜的预防措施,以确保细胞不被污染(包括微生物污染和实验室中其他类型细胞的交叉污染等)。主细胞库代次、工作细胞库代次及主细胞库与工作细胞库之间相隔的代次应该有明确的限定,保证用于生产的细胞代次保持恒定或处于相对早期的阶段。

上述各级种子库的细胞应按照特定的要求经过全面检定合格后方可使用《2005 版中国药典 第三部》。

4.6.3 工程细胞库细胞系(株)历史资料

工程细胞系是通过 DNA 重组技术获得的含有特定基因的用于生物制品生产的动物细胞。因此工程细胞系的建立应具有细胞系(株)构建方法的相关资料,如细胞融合、转染、筛选、集落分离、克隆、基因扩增及培养条件或培养液的适应性等方面的资料。

一个工程细胞系在确定建立细胞库后,我们首先要明确、搜集并整理该细胞系的背景资料。该细胞系的背景资料主要包括:建立方法、鉴定资料、宿主细胞及建立人等相关资料,所有的背景资料都需要进行整理备案。

4.6.3.1 工程细胞系(株)来源资料

对于一个工程细胞系应具有细胞系(株)来源的相关资料,如细胞系(株)制备机构的名称,细胞系(株)来源的种属、年龄、性别和健康状况的资料。这些资料最好从细胞来源实验室获得,也可引用正式发表文献。

然而,对于不同来源的细胞系我们对其来源资料有不同的要求。对于人源细胞系(株),我们需要具有细胞系(株)的组织或器官来源、种族及地域来源、年龄、性别及生理状况的相关资料。例如,建立二倍体细胞株,所用的胎儿的胎龄和性别,终止妊娠的原因,胎儿父母的年龄、职业及健康情况,胎儿父母系三代应无明显遗传缺陷疾病和恶性肿瘤历史。原始组织的类型、数量、生长情况,细胞的培养方法、传代历史、生长特征、寿命的代次等。

对于动物来源的细胞系(株),我们需要具有动物种属、种系、饲养条件、组织或器官来源、地域来源、年龄、性别、病原体检测结果及供体的一般生理状况的相关资料。

4.6.3.2 细胞系(株)体外培养的历史资料

细胞系(株)在体外经过分离筛选建立后将被广泛用于生物科学和相关学科的基础理论研究及生物制药行业。

细胞在特定的体外条件下进行常规培养,在培养的过程中会出现微生物污染、细胞株之间的污染及外源基因的丢失等现象。另外,细胞株在培养的过程中所使用的培养液、胰蛋白酶、血清及其他添加物都会对细胞的生长代谢产生影响。所以,在了解细胞系(株)来源的同时,保存细胞在体外培养的历史资料也是十分关键的。

对于一个特定的细胞系(株),我们首先要了解该细胞系(株)的分离方法、细胞体外培养过程、细胞体外培养方法及建立细胞系(株)过程的相关资料,其中包括所获得细胞系过程中所使用的物理、化学或生物学手段,细胞株获得过程中是否采用有外源添加序列进行细胞的筛选,是否采用物理、化学或生物学手段对细胞进行诱变,以及细胞生长代谢特征、培养液成分、筛选分离细胞所进行的任何遗传操作或选择方法等。

除了对细胞系自身特征进行具体详细的描述外,同时还应对细胞鉴别、检定、内源及外源因子检测结果进行详细的描述。

关于细胞系(株)体外培养的历史资料中,我们还应对细胞在体外的生长环境进行详细的描述。首先,需要明确细胞在体外生长所用培养液的详细成分,如基础培养基的名称、生产公司及相关的质量标准;在基础培养基中添加的成分——人或动物源成分,如血清、胰蛋白酶、水解蛋白或其他生物学活性的物质,应该明确这些成分的来源、制备方法、质量控制、检测结果和质量报告等相关资料。

工程细胞在用于生产的过程中,我们除了要明确上述细胞的来源资料和培养历史资料之外,还必须建立以下资料。

(1) 载体相关资料:包括载体构建、基因拷贝数、表达产物的性质。细胞株的生产能力与载体的构建有着直接的关系;基因拷贝数直接决定了细胞株的生产效率;产物的表达性质对于后续的纯化工艺提供参考。

(2) 稳定性资料:主要包括重组细胞系的遗传稳定性、目的基因表达稳定性、目的产品持续生产的稳定性,以及一定保存条件下细胞生产目的产品能力的稳定性等资料。细胞系(株)的稳定性对细胞系(株)能否用于工业生产起到决定性的作用;克隆化的时间和阳性克隆的百分率将为细胞的进一步优化提供参考。基因稳定性与载体的构建有着不可分割的关系;目的产品持续生产的稳定性与细胞株、载体、工艺等方面都有联系,需要在生产的全过程进行控制;一定条件下保存时细胞生产目的产品能力的稳定性主要涉及细胞冻存复苏的稳定性,这就需要良好的细胞冻存条件、细胞冻存方法及复苏方法。

(3) 有害因子检查报告:检查有无支原体、细菌、真菌、病毒和反转录病毒污染以及宿主DNA残留量、宿主蛋白的含量等。有害因子的检查报告将为该细胞系(株)在生物工业中的应用提供数据参考。

综上所述,一个已经确定且命名的细胞系(株)应该具有明确且详细的背景资料,其中包括细胞系(株)来源资料和细胞系(株)培养历史资料。

4.6.4 细胞库质量控制

细胞库质量控制主要是控制细胞的质量。鉴定合格的细胞系(株)才具有在细胞库中长期保存的必要,同时鉴定合格的细胞系(株)才能保证在复苏后细胞在体外的正常培养。

在三级细胞库中,原始细胞库、主细胞库及工作细胞库的质量鉴定内容是有所不同的。对于原始细胞库的细胞系(株)主要进行来源方面的鉴定,确保其具有共同来源,且无污染。对于一个主细胞库和工作细胞库的细胞系(株)而言,检定主要包括以下几个方面:鉴别外源因子污染、内源因子的残留和致瘤性等。必要时还须进行细胞染色体核型检查。这些检测内容对于MCB细胞和WCB细胞均适用。

对于建立细胞库的实验室来说,该实验室应至少对MCB的细胞进行一次全面检定。检定内容包括细胞鉴别试验。细菌、真菌检查,支原体检查,外源病毒因子检查等。并且每次建立WCB后,均应按规定项目对相应的细胞系(株)进行全面的质量控制。

4.6.4.1 细胞鉴别试验

新建细胞系(株)、细胞库(MCB和WCB)和生产结束时的细胞都应进行鉴别试验,分析细胞的同一性,以确认为该细胞无其他细胞的交叉污染。

常用的细胞鉴别方法有细胞生长特征和培养形态学检查、种属特异性抗原检测、染色体核型分析、同工酶分析、限制性内切酶分析、基因多态性分析及DNA指纹图谱等。

进行细胞鉴别试验时,结合具体细胞固有的特性可选其中一种或几种方法实现正确鉴别,但须经国家药品检定机构认可。目前,细胞表型特征与遗传学特征相结合对细胞进行鉴别和判断,更有利于对细胞系(株)进行准确的鉴别。

其中DNA指纹图谱实现在使用较为广泛的方法。核苷酸序列是生命机体构建、维持和繁殖生命所必需的遗传信息。不同种生物体含有不同的DNA序列,同种生物体既有相同的DNA序列,保持同种生物体的遗传性状,又具有多态性,这种多态性可以是个体、种属或变异等引起的,它使得同种生物中的个体千差万别,基因多态性是生物多样性的遗传基础。由于核苷酸序列是相对稳定的,因而可以利用现代分子生物学技术构建DNA指纹图。例如,将生物体DNA模板进行PCR扩增,不同生物体得到的DNA片段的大小、数目不同,再将这种扩增产物进行琼脂糖凝胶电泳,电泳结果显示的DNA带型差异在紫外下成像,从而得到DNA指纹图谱。DNA指纹图谱具有高度的个体特异性。在分子水平上检测基因多态性比形态、组织和化学水平上检测更能真实反映其变异的遗传标记,其鉴别结果更加准确可靠。DNA指纹技术灵敏度高,如果选择合适的扩增引物,其结果的重复性也非常好。

4.6.4.2 细菌、真菌检查

细菌、真菌污染的检测方法包括肉眼观察、倒置显微镜下观察及接种观察的方法。

细菌污染后大多能改变培养液 pH 使培养液变混浊，也有的污染用肉眼观察不到可见的变化，只在显微镜下观察发现菌体时才能感知污染。细菌增殖迅速，能消耗营养液和产生毒素抑制细胞生长，毒性大的细菌很快导致细胞崩解死亡。

在肉眼观察和倒置显微镜下观察仍不能确定是否存在污染时，可以采用接种培养观察的方法进行。取待测样品进行细菌和真菌检测，若培养液呈现混浊或丝状悬浮物，提示可能有细菌或真菌污染。可在显微镜下进一步观察细菌、酵母菌或霉菌类型。（检测流程见附表 1）

检测样品种类包括冷冻细胞、培养细胞、测试血清、培养基等。若为培养中的细胞，须至少 3 天以上未更换培养基。若为悬浮型细胞，可直接取细胞悬浮液检测。若为吸附型细胞，取样前先吸除大部分培养基，然后刮取少许吸附细胞与剩余的 3～5mL 培养基混合后，进行检测。

测试样品应不含抗生素，以避免影响测试结果。若测试样品含有抗生素（如冷冻细胞或培养细胞），则将收集之细胞悬浮液以离心处理或再用不含抗生素的培养基洗涤 3 次，以移除任何残留的抗生素。

4.6.4.3　支原体检查

细胞被支原体污染后，个别严重情况和细胞敏感的条件下，可使细胞增殖缓慢、部分细胞变圆、从瓶壁脱落。但多数细胞受污染后，无明显变化，或有微细变化。但是支原体污染造成的影响会在传代和换液的过程中被缓解。在观察不细心和缺乏经验时，外观上往往给人以“正常”的感觉，实则细胞已经受到支原体的污染。

支原体的检测方法主要包括培养法、PCR 法、相差显微镜观察、低涨处理地衣红染色观察、电镜检测和 DNA 荧光染色法等。

1）直接培养法

直接培养法原理：直接培养支原体于培养基中，观察其生长。将 2.5×10^9 个/mL 细胞悬液 5mL 加入 45mL 的支原体肉汤培养基（sigma 或北京生物制品所生产的产品）中，培养 14 天后观察肉汤培养基是否有雾状沉淀。另取 0.5mL 加入已冷却到 50℃的培养基中，再用琼脂培养基做分离培养，37℃培养 3 天观察是否有“荷包蛋”样菌落生成。直接培养法具有直接与灵敏的特点，可用来评估其他检测方法。直接培养法培养时间长，需培养 3～5 个星期才能判断结果。此外，有些支原体在培养基不能被培养出来，如猪鼻支原体（*M. hyorhinis*），此时需同时培养支原体株作为阳性对照组，这个过程可能会引起污染。

2）相差显微镜观察法

将细胞接种于事先放置于培养瓶内的支持物上（一般采用长形盖玻片），24h 后用清洁镊子从培养瓶中取出支持物，细胞面向上放置于载物片上，在盖上较大的盖玻片，用相差显微镜的油镜进行观察。若不采用支持物培养法，可直接将少许培养液滴在载物片上，再盖上盖片即可观察。支原体在镜下呈暗色微小颗粒，多位于细胞与细胞之间，有时可见类似于布朗运动的表现。但是，应该注意区别其与细胞破碎后释放出的内容物的不同。

3）低涨处理地衣红染色观察

取已在培养瓶中的支持物盖玻片或培养液，用新鲜配制的 0.5%枸橼酸溶液处理盖玻片细胞。用新配制的 Carnoy 液固定两次，每次 10min，取出盖玻片晾干。取用细胞培养悬液时，先吸取 1mL,500～800r/min 离心 5min 后取出上清,留 0.2mL,将 0.5%枸橼酸溶液加入其中,放置 10min,加入 carnoy 液固定,离心其上清固定液,取 0.2mL 沉淀物,制成 2～3 张涂片,此后采用 2%乙酸依地红染 5min。纯乙醇漂洗,每次 1min,封入树胶中。镜下观察可见支原体呈暗紫色小点,位于细胞外或细胞之间。

4) 电镜检测

支原体可采用扫面电镜或透射电镜观察。一般在细胞培养 48～72h,细胞接近汇合前,用胰蛋白酶消化细胞后制成细胞悬液,经过固定、包埋、切片后进行观察。

5) DNA 荧光染色法

DNA 荧光染色法的原理:利用荧光试剂(bisbenzimide、Hoechst 33258)检测支原体污染。荧光试剂会结合到 DNA 的 A-T 富集区域,因为支原体的 DNA 中 A-T 含量占多数(55%～80%),因此,可以通过荧光染色检测支原体的存在。被支原体污染的细胞经荧光试剂染色后,在细胞核外与细胞周围可看到许多大小均一的荧光小点,即为支原体的 DNA,证明有支原体污染。

待测细胞可采用间接检测和直接检测两种。其中间接检测是将待测细胞悬浮液或细胞培养液接种于指示细胞中,如 Vero cell 或 3T6 cell,然后培养指示细胞再作荧光染色。阳性和阴性对照组亦可以接种指示细胞作为对照。

直接检测仅仅适用于吸附型细胞,培养后直接作荧光染色。但是检测过程会受到荧光背景的干扰,从而影响结果的判读。因此,建议使用接种指示细胞的间接检测方法。

荧光检测方法具有简单、经济、灵敏及广泛使用的特点。可作为常规检测方法,同时也可以进行不易检测支原体的检测,如 *M. hyorhinis*,较直接培养法快,约一星期即可知道结果。但荧光检测法也存在一定的缺点:荧光背景影响结果判读,容易出现假阳性或者假阴性的结果。

DNA 荧光色法检测细胞支原体检测结果示意图:荧光显微镜下,只观察到 Vero 细胞的细胞核,测试样品没有支原体的污染(参见附录 2)(图 4.6.2)。

在 Vero 细胞核外与细胞表面会出现蓝色荧光小点和丝状点,表示测试样品有支原体的污染(图 4.6.3)。支原体污染细胞的 Hoechst 33258 染色结果如图 4.6.4 所示。

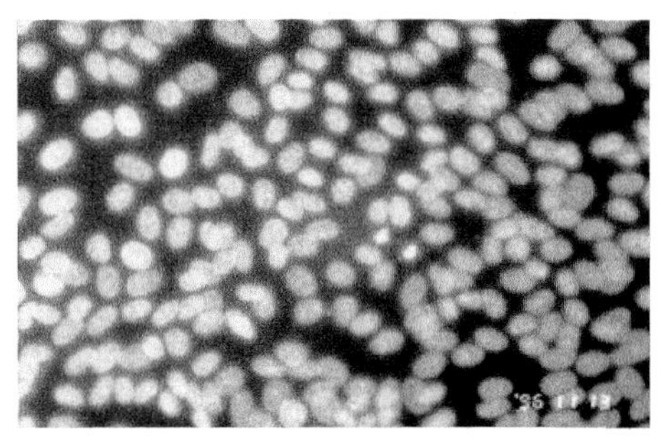

图 4.6.2 DNA 荧光色法检测细胞支原体检测结果示意图

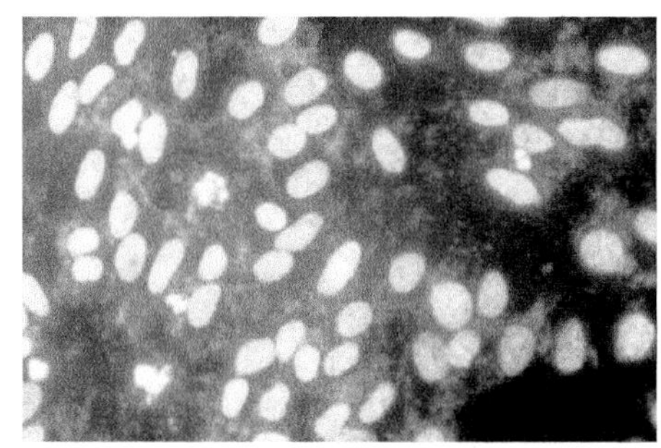

图 4.6.3 DNA 荧光色法检测到细胞支原体的存在

细菌、真菌及支原体的检测应对 MCB、WCB 和工艺研究过程中的 EPC(生产终末期细胞)进行一次全面检查,对生产培养过程中的细胞进行定期监测。在进行支原体检查时,应注意同时进行直接培养法和指示细胞染色法两种方法的检测。必要时可采用扫描电镜法检查细胞是否受到特殊微生物的污染。

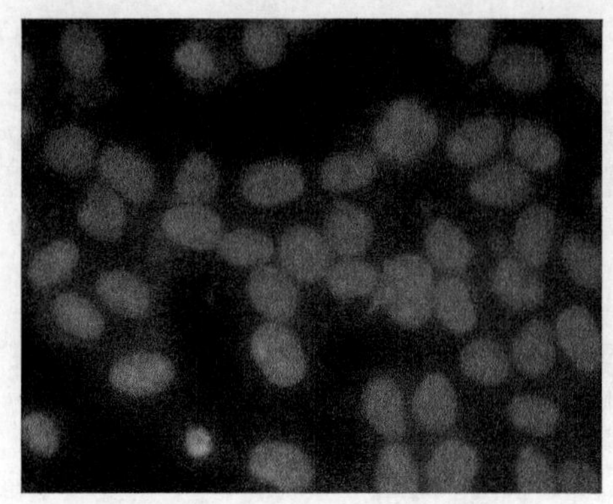

图 4.6.4　支原体污染细胞的 Hoechst 33258 染色结果

细菌、真菌及支原体等微生物的污染可采用加入抗生素、动物体内接种与巨噬细胞共培养等方法进行清除。

4.6.4.4　细胞内、外源病毒因子检查

新建细胞系(株)及细胞库(MCB 和 WCB)的细胞应进行细胞内、外源病毒因子检查,以明确该细胞是否具有细胞内、外源病毒因子。

细胞内、外源病毒因子检查的目的主要是检查细胞系(株)中是否有细胞来源物种中潜在的可传染的病毒,以及由于操作带入的外源性病毒。

对于生物制药领域,通过抗体产生试验检测可能存在于 MCB 细胞中的特异性病毒,如啮齿类动物来源的细胞应进行小鼠、仓鼠或大鼠的抗体生成试验。严格控制对于人类有危害的鼠源性病毒。

细胞进行病毒检查的种类及方法须根据细胞的种属来源、组织来源及细胞特性决定。

1) 细胞形态观察及红细胞吸附试验(简称血吸附试验)

取混合瓶细胞样品,接种至少 6 个细胞培养瓶或培养皿,待细胞长成单层后换维持液,持续培养两周。每日镜检细胞,细胞应保持正常形态特征。

细胞至少培养 14 天后,分别取 1/3 细胞培养瓶或培养皿,用 0.2%～0.5%豚鼠红细胞和鸡红细胞混合悬液进行血吸附试验。加入红细胞后置 4～8℃ 30min,然后置 20～25℃ 30min,分别进行镜检,观察红细胞吸附情况,结果应均为阴性。

新鲜红细胞在 2～8℃保存不得超过 7 天,且溶液中不应含有钙离子或镁离子。

2) 不同细胞传代培养法检测病毒因子

自 MCB 或 WCB 来源的细胞,分别接种以下三种单层细胞,包括猴源细胞、人源二倍体细胞和同种不同批的细胞。每种单层细胞接种至少 10^7 个活细胞或裂解细胞及其培养上清液,每种细胞至少接种 2 瓶。接种样品量与维持液的比例应该在 1∶5 以上,培养至少 14 天。

取培养 7 天的上清液各一瓶,分别接种于同种细胞培养,盲传一代,继续培养 7 天,观察细胞病变并进行细胞形态观察及红细胞吸附试验。

若待检细胞已知可支持人巨细胞病毒(CMV)的生长,则应在接种人二倍体细胞后至少观察 28d,且无细胞病变。同时,应进行血吸附病毒检测,应为阴性。

3) 接种动物和鸡胚法检测病毒因子

MCB 细胞或 WCB 细胞以及增殖到或超过生产用体外细胞龄限制代次的细胞,须采用动物体内接种法进行外源病毒因子检测。选用乳鼠、成鼠和鸡胚(两组不同日龄)共计 4 组,按表 4.6.1 所列方法进行试验和观察。如果试验到期有 80%以上动物或鸡胚健存,则此试验成立,结合其他检测判定结果。

对于新建细胞系(株),还应接种豚鼠和家兔(表 4.6.1)。豚鼠主要用于检查细胞内结核分枝杆菌,在注射前观察 4 周,结核菌素试验为阴性者方可用于试验。

表 4.6.1 动物体内接种法检测外源病毒因子

动物组	要 求	数 量	接种途径	细胞浓度(活细胞数量)/mL	接种量/(mL/只)	观察天数	结果判定
乳鼠	24h 内	10(2 窝)	脑内腹腔	$>10^7$	0.01 0.1	21	应健存
成鼠	15～20g	10	脑内腹腔	$>2\times10^6$	0.03 0.5	21	应健存
鸡胚*	9～11 日龄	10	尿囊腔	$>5\times10^6$	0.2	3～4	尿液血凝试验阴性
鸡胚	5～6 日龄	10	卵黄囊	$>2\times10^6$	0.5	5	应存活
豚鼠	350～500g	5	腹腔	$>4\times10^5$	5.0	42	应健存，解剖无结核病变
家兔	1.5～2.5kg	5	皮下皮内#	$>2\times10^5$	9.0 0.1×10	21	无异常，健存

* 经尿囊腔接种的鸡胚，在观察末期，应用豚鼠红细胞和鸡红细胞混合悬液进行直接活细胞凝集试验。
# 每只家兔于皮内注射 10 处，每处 0.1mL。

家兔主要用于检测猴来源细胞中是否存在 B 病毒污染，也可用兔肾细胞培养法代替。

乳鼠和成鼠脑内、腹腔注射是检测嗜神经病毒；豚鼠腹腔注射是检测结核杆菌；家兔皮下注射是检测猴源性 B 病毒；鸡胚是检测正黏病毒和副黏病毒，如流感病毒、呼吸道合胞病毒等。

4) 反转录病毒及其他内源性病毒或病毒核酸的检测

可采用下列方法对 MCB 细胞或 WCB 细胞以及增殖到或超过生产用体外细胞龄限的细胞进行反转录病毒的检测。

(1) 反转录酶活性测定一般考虑采用高敏感反转录酶分析方法，如产品增强的反转录酶活性测定法(PERT)或其他检测反转录酶的方法检测细胞培养液上清中反转录酶活性。对反转录酶分析阳性结果判定应谨慎，因为反转录酶不是反转录病毒独有的，也有其他来源，如不能编码完整基因的类反转录病毒因子或细胞 DNA 聚合酶。因此，对反转录酶阳性的样本应进一步进行联合培养，验证是否存在反转录病毒。

(2) 透射电镜检查：收集待检细胞，低速离心后，弃上清，沉淀中应含有 1×10^7 个细胞，且细胞存活率应不低于 99%。在沉淀中加入固定剂，于 4℃保存或直接包埋后制备超薄切片，置于铜网上染色后透射电镜观察。

(3) 感染性试验将待检细胞感染反转录病毒敏感细胞，培养后检测。根据待检细胞的种属来源，须使用不同的敏感细胞进行感染性试验。该方法主要用于鼠源性反转录病毒的检查。

这三种方法具有不同的检测特性及灵敏度，因此，应采用不同的方法联合检测。若反转录酶活性检测阳性时，建议进行透射电镜检查或感染性试验，以确证是否存在感染性反转录病毒颗粒。

小鼠来源和其他啮齿类来源的细胞系或其杂交瘤细胞系有可能携带潜在的反转录病毒。因此，对于人-鼠杂交瘤细胞系则应进行特异性反转录病毒检测。

如果用于单克隆抗体生产的小鼠细胞系，则可不检测特异性的反转录病毒，但在生产工艺中应增加病毒灭活程序。

5) 特殊外源病毒因子的检测

应对 MCB 细胞或 WCB 细胞进行特殊病毒的检测。检测病毒的种类应根据细胞系(株)种属、组织来源等确定，如鼠源的细胞系，可采用小鼠、大鼠和仓鼠抗体产生试验，检测其种特异病毒。人源的细胞系(株),则应检测如人鼻咽癌病毒、人巨细胞病毒、人反转录病毒、人乙型肝炎病毒、人丙型肝炎病毒。在某些情况下,也可能进行转化病毒的检测,如人乳头瘤病毒、腺病毒及人单纯疱疹病毒。这些病毒的检测可采用适当的体外检测技术。

4.6.4.5　致瘤性检查

致瘤性检测分析的目的主要是检测目的基因引入细胞后的致瘤性特征。对于致瘤性检测结果为阳性的细胞,应进一步分析研究确定其致瘤性特性和强度的改变对产品带来的安全性风险。

某些传代细胞系已证明具有致瘤性,如来源于啮齿类的细胞系 BHK21、CHO、C127 细胞等,或细胞类型属致瘤性细胞,如杂交瘤细胞,则可不必做致瘤性检查。

目前研究报道还一部分细胞系仍需进行致瘤性检测分析。以下列举了部分需要进行致瘤性检测分析的细胞系。

(1) 某些传代细胞系已证明在一定代次内不具有致瘤性,而超过某代次则具有致瘤性,如 Vero 细胞,则必须进行致瘤性检查。

(2) 人上皮细胞系、人二倍体细胞株及所有用于活病毒疫苗生产的细胞系(株)应进行致瘤性检查。另外,新建细胞系(株)必须进行致瘤性检查。

(3) 在某些情况下,用于人体细胞治疗及基因治疗的细胞也须进行致瘤性检查。

(4) 将来源于 MCB 细胞或 WCB 细胞的增殖到或超过生产用体外细胞龄限制代次,再进行致瘤性试验。

致瘤性的检测分析可任选下述两种致肿瘤性试验方法中的一个:

(1) 裸鼠至少 10 只,将细胞悬浮于适量无血清培养基中,使细胞浓度为每 1mL 含 5×10^7 个细胞,每只裸鼠皮下注射或肌内注射 0.2mL;同时用 HeLa 细胞或 HeP-2 细胞设立阳性对照,阳性对照组至少 10 只,每只注射 0.2mL 含 10^6 个细胞;可用人二倍体细胞株作为阴性对照,阴性对照组至少 10 只,每只注射 0.2mL 含 10^7 个细胞。

(2) 新生小鼠(3～5 日龄),8～10g 小鼠 10 只,在出生后第 0 天、2 天、7 天和第 14 天,分别用 0.1mL 抗胸腺血清(ATS)或球蛋白处理,然后同上每只皮下接种 10^7 个活细胞。并设立阳性对照组,对照组至少接种 10 只。

结果判定:

(1) 定期观察并触摸注射部位有无结节形成,且形成的任何结节均应进行双向测量并记录。

(2) 阳性对照组至少有 9 只有进行性肿瘤生长时,试验视为有效。

(3) 如果试验组动物有进行性生长的结节或可疑病灶,应观察至少 1～2 周;若出现的结节在观察期内开始消退,则应在结节完全消退前,处死动物并进行解剖做病理及组织学检查。

(4) 未发生结节的动物,半数动物应观察 21 天后剖检,另外半数动物应观察 12 周,进行病理检查,剖检接种部位,观察各淋巴结和各器官有无结节形成,如果有怀疑,进行病理组织检查,不应有转移瘤形成。

除上述体内法外,也可采用软琼脂克隆形成试验或器官培养试验等体外法检测,特别适用于低代次时,动物体内无致瘤性的传代细胞系。

4.6.4.6　细胞稳定性检测

细胞稳定型检测需要应对细胞库的细胞、生产过程中细胞、生产终末期和(或)超过生产终末期一定阶段等不同培养时期的细胞进行检测。细胞库细胞重点考察储存、复苏等操作处理因素的影响和传代过程中的遗传稳定性，在此基础上确定库细胞传代限度，为保证体外培养和生产过程中生产质量和目标产品的表达量提供参考。

1）储存条件下的稳定性

细胞在冻存和复苏的过程中会受到温度、微环境变化等各方面的影响。当冻存的细胞复苏后用于生产或研究时，应进行细胞存活率和功能活性等检测，以证实复苏细胞具有稳定的表达能力。需要建立对建库细胞在储存条件下进行稳定性监测的方案。这种监测应在一支或多支冷冻保藏的WCB复苏后制备生产用细胞时进行，或当一支或多支冷冻保藏的MCB复苏并用于制备新WCB时进行。如果长时间未进行生产时，应按上市申请时所述的间隔时间对生产用细胞库进行活力测试。如果细胞的活力没有明显的减退，一般不需对MCB或WCB作进一步检定。

2）传代/扩增过程中的稳定性

细胞在体外传代的过程中会出现外源基因丢失的现象，表现出基因拷贝数和目标产品表达量的降低。此时，就需要对细胞库细胞和生产过程细胞进行传代（扩增）的稳定性检测。可将复苏的库细胞连续传代培养至一定的代次或将工作库细胞在模拟实际生产条件下连续培养、扩增（逐级放大扩增过程），直至预期培养时间以及超过预期时间之外的延长时间点，收获末期细胞进行检测分析。每8～12代进行一次传代稳定性鉴别试验。通过考察目的基因、表达框架等在重组工程细胞中的传代稳定性和目的产物表达的稳定性，制定细胞库细胞的限传代次和生产细胞的增殖限度以保证实际生产过程中细胞整体扩增水平。同时，在稳定性的范围内，还需将内源性病毒和（或）致瘤性风险等的抑制状态控制在稳定性期限内。稳定性检测至少应包括以下方面的检测：

（1）基因水平的比较。目的基因编码序列和表达框架不应有错误，包括突变、缺失、插入。并注意比较基因拷贝数的变化。

（2）目的产物表达水平的比较。目的产物的表达量和表达活性不应有明显降低，根据不同的产品和具体研究结果确定适宜的可接受标准。

（3）细胞自身的稳定性。应重点检测细胞在传代（扩增）过程中的形态、生长、代谢等基本状况，遗传特征和致瘤特性的变化。

（4）内源因子和致瘤性检查。应动态考察内源因子的复制是否得到有效抑制。重点检测由细胞来源动物和宿主细胞特性所决定的易染病毒如内源性反转录病毒，分析其对于人类的致病性，严格控制其产生的条件。

应通过比较研究考察细胞培养传代过程中致瘤性特征的改变，如试验阳性时的细胞代次、最低接种量、肿瘤转移扩散、肿瘤增殖时间、瘤组织病理特征等。

4.6.5 工程细胞维持与培养方法

工程细胞培养需要在一定的环境中进行。其中包括细胞培养的洁净室、细胞培养的操作环境和生产用原材料的选择几个方面。

4.6.5.1 工程细胞培养的洁净室

工程细胞一般在建立后都会用于药品生产企业的工业生产。根据GMP的规定，药品质量需要从生产的全过程进行控制。而工程细胞就是工业生产的原材料,工程细胞能否在体外进行常规传代培养与洁净室有着显著的关系。

洁净室是空气的洁净度达到一定级别的可供人活动的空间,其具有控制微粒污染的功能。也就是说,培养环境中空气的尘埃和菌落是最主要的污染源,所以GMP对空气中的尘埃和菌落的标准范围进行了规定。这也就是说,洁净室不是一般的干净,而是达到了一定空气洁净度级别。具体洁净度级别见表4.6.2。

表4.6.2 洁净室洁净度级别

洁净度级别	尘粒最大允许数/(个/m^3)		微生物最大允许数	
	≥0.5μm	≥5μm	浮游菌/(个/m^3)	沉降菌/(个/m^3)
100级	3 500	0	5	1
10 000级	35 000	2 000	100	3
100 000级	350 000	20 000	500	10
300 000级	10 500 000	60 000	—	15

细胞培养洁净室是应用了清除空气中微粒的原理后实现的洁净环境,该环境大大降低了细胞培养过程中污染的发生概率。

4.6.5.2 细胞培养操作环境

上述我们所说的洁净室为工作者提供了一个工作人员活动的区间,降低了人员造成污染的概率。然而,具体的细胞培养操作我们还需要在超净台或生物安全柜中进行。

超净台或生物安全柜采用气流屏障和过滤系统实现了超净台或生物安全柜内环境的洁净。

同时,在操作前后我们需要采用消毒液进行表面消毒,以保证超净台或生物安全柜的表面的洁净度;在超净台或生物安全柜内操作时,移动物品的操作应柔和,尽可能不引起气流方向的改变。

4.6.5.3 工程细胞原材料的选择

细胞培养的过程中,我们需要一定的培养基和培养器皿,这些都要求无菌。培养基要求采用0.22μm的滤膜进行过滤除菌;培养器皿根据其材质选择湿热灭菌、紫外线、钴60等物理化学方法进行消毒灭菌。

通常采用如下的工程细胞维持培养流程进行常规的培养:

从冻存的WCB中取出一支或多支冻存管,在37℃水浴中融化,在超净台或生物安全柜内将其混合后离心,沉淀采用培养基进行重悬后置于CO_2培养箱中进行培养。在体外经过一定代次传代培养后用于生产。其代次不得超过该细胞用于生产的最高限定代次,即细胞限龄。

生产细胞库的细胞主要用于生产,生产结束后通过增殖获得的细胞不得再回冻保存或再用于生产。

4.6.5.4 体外培养细胞龄的计算

二倍体细胞龄以细胞群体倍增(population doubling)计算,以每个培养容器细胞群体细胞数为基础,每增加一倍作为一世代,即一瓶细胞传二瓶(1∶2传代比例),再长满瓶为一世代;一瓶传四瓶(1∶4)为二世代;一瓶传八瓶(1∶8)则为三世代。生产用细胞龄限制在细胞寿命期限的前 2/3 内。传代细胞系则以一定稀释倍数进行传代,每传一次为一代。

一般,连续传代细胞系在体外培养时有一些特殊要求。传代细胞系通常是由人或动物肿瘤组织或正常组织传代或转化而来,可悬浮培养或采用载体培养,能大规模生产。这些细胞可无限传代,但超过细胞限龄后,细胞的致瘤性增强。所以对生产用传代细胞系应进行严格检查。具体要求应按 2010 年版《中国药典》第三部的规程进行。

在环境达到洁净室规定的同时,细胞培养液要按照一定的操作要求进行,良好的细胞培养操作是细胞在体外正常生长代谢的基础。以下是细胞培养无菌操作的几个方面:

(1) 实验前,无菌室及无菌操作台用紫外灯照射 30～60min 灭菌,用 70%乙醇擦拭无菌操作台面,并开启无菌操作台风机运转 10min 后,才可开始实验操作。每次操作只处理一株细胞,以免造成细胞交叉污染。实验结束后,将实验物品带出工作台。如果需要继续进行下一个实验,则用 75%乙醇擦拭无菌操作台面,再让无菌操作台风机运转 10min 后,才可进行下一个实验操作。

(2) 无菌操作工作区域应保持清洁与宽敞,必要物品,如试管架、移液器或吸管头等可以暂时放置,其他实验用品用完后应及时移出,以利气体流通。实验用品要用 70%乙醇擦拭后才能带入无菌操作台内。实验操作应在操作台中央无菌区域内进行,勿在边缘非无菌区域操作。

(3) 小心取出无菌实验用品。避免造成污染。切勿碰触吸管与吸头头部或容器瓶口,不要在打开的容器正上方操作实验。容器打开后,用手夹住瓶盖并握住瓶身,倾斜约 45°角取用,尽量勿将瓶盖盖口朝上放在台面上。

(4) 工作人员应注意自身的安全,必须穿戴实验衣与手套后才进行实验。对于来自人源性或病毒感染的细胞株应特别小心,并选择适当等级的无菌操作台(至少两级)。操作过程中,应避免引起气溶胶的产生,小心有毒性试剂,如 DMSO 及 TPA 等,并避免尖锐物品伤人等。

(5) CO_2 培养箱:①细胞培养是否需 CO_2 供应,依细胞培养基种类而定。②若细胞培养基以碳酸盐为 pH 缓冲系统,则需要补充 CO_2 来实现缓冲 pH 的作用。培养此类细胞时就应该培养在含 CO_2 的环境下,如使用 CO_2 培养箱(常用 CO_2 的浓度为 5% CO_2、95%空气),或是在培养容器加入适量的 CO_2 而后置于一般培养箱中培养。为了保证 CO_2 能够很好地流通和混匀,培养瓶(如 T-flask)放入 CO_2 培养箱时应该适度松开瓶盖,或使用透气瓶盖。将细胞取出在外观察时,需要将瓶盖拧紧,避免污染的发生。③若细胞培养基含有其他不需 CO_2 的缓冲系统时,细胞放在一般培养箱中培养即可。④培养箱内为了维持一定的湿度,可以放置水盘实现。避免因培养基蒸发造成的浓度变化从而影响细胞的生长。

(6) 定期检查下列项目:CO_2 钢瓶内的 CO_2 压力,CO_2 培养箱内的 CO_2 浓度,温度,及水盘是否有污染;无菌操作台内气流压力是否正常,定期更换紫外灯管及 HEPA 过滤器滤膜,预滤网(300h/预滤网,3000h/HEPA)。

然而,工程细胞的常规操作仅仅能够满足日常培养,对于用于生产的工程细胞,还有如下的特殊要求:

(1) 用于生产的细胞代次。用于生产的传代细胞系,传代次数都有一定限制。通常不能超过细胞限龄。用于生物制品生产的细胞最高限定代次,须经实验验证并且经过批准。

(2) 在生产末期进行外源病毒因子检测。对于病毒类制品,在生产末期,根据细胞各自之间的差异应参照 2010 年版《中国药典》第三部的规程——细胞形态观察及红细胞吸附试验的要求进行血吸附病毒检查。对于在不同时间收集合并的培养物,应在每次收集时检测对照细胞培养物。

4.6.6　建库细胞的管理

优良的细胞库才能提供良好的种子细胞用于生产，而细胞库的维护和管理将是细胞质量的关键因素。除了建立良好的细胞库外，良好的细胞库管理制度也是必需的。

根据我国 SFDA 和美国 FDA 的有关规定，细胞库的各级细胞应严格按照国家食品、药品质量控制标准进行检查鉴定，细胞库的保管应建立严格的管理制度，以作为进行药品生产的基础。细胞库应详细记录存放细胞管的位置、代数、管数和冻存、复苏的情况，并有专人负责。同时要进行各种外源因子检测，保证没有污染，并进行染色体和同工酶分析。强化记录的目的在于：①提供所有资料以决定该细胞系用于生产是否足够安全；②提供鉴定资料证明该细胞系符合生物安全性规定的要求。

4.6.6.1　细胞库档案

细胞库储存的细胞株包括构建的工程细胞株，其申购或来源应由负责人签字认可；申购资料应详细记录细胞种名、来源单位、研究背景、数量及申购人。细胞建株储存档案需要有该细胞的详细背景资料。主要内容包括以下 6 个方面。

(1) 细胞系的历史：细胞系来源动物的年龄、性别，源自何种组织，分离培养方法，传代经历，培养和保存情况及所用培养液。

(2) 细胞的特性：形态生长特性如倍增时间，传代比例等；还要检查其种源表型和基因型特征，以鉴别细胞及其遗传稳定性，如核型、同工酶、细胞抗原以及特异性的标记染色体。

(3) 若是用于生产的重组细胞，则需要有载体构建资料、基因拷贝数、表达产物的性质、产量及稳定性等指标。

(4) 细胞株的稳定性，克隆化时间，阳性克隆的百分率。

(5) 有害因子检查报告：检查有无支原体、细菌、真菌、病毒和反转录病毒污染以及 DNA 残留量等。

(6) 细胞库专人保管：管理人员应具有细胞生物学专业知识，较强的责任心；对种子细胞株严格详细登记、核对、检查，准确无误后方可入库冻存。生产细胞库的建立需经过严格的质量鉴定，包括细胞株的生物活性、特异性、稳定性和有害因子检查，经检定合格后大量培养冻存。每次生产时取出一管进行复苏、扩增及生产，不再回冻。

4.6.6.2　建立细胞质量控制标准技术

(1) 保存的各种细胞株，应控制传代次数，使用传代 5～6 代后及废弃。

(2) 建立配套的各种操作规范，如细胞入库流程，细胞培养操作规程，培养液配置规范，细胞原代与传代培养，细胞冻存与复苏。

4.6.6.3　细胞库的管理

每种细胞库均应分别建立台账，记录放置位置、容器编号、分装及冻存管数量，取用记录等。细胞库中的每支细胞安瓿均应注明细胞系(株)名、代次、冻存号、冻存日期及储存容器的编号等。

冻存的细胞存活率应在 90%以上。冻存后的细胞，应至少做一次复苏培养并连续传代至衰老期，检查不同传代水平的细胞生长情况。

主细胞库和工作细胞库分别存放。建议将主细胞库、工作细胞库各自分别保存在至少两个不同的远离的区域，以防意外丢失细胞系。同时，生产用细胞与非生产用细胞的质量要求存在一定的差异，所以尽可能将非生产用细胞与生产用细胞分开存放，以确保生产用细胞的冻存和存储质量。

小结

工程细胞作为主要用于生产目标产品的细胞，首先应该明确细胞来源，清楚细胞建立、传代和保存过程，可靠的鉴定结果及遗传、可追溯的生物学背景。

工程细胞的克隆构建、筛选过程应规范。克隆后获得原始细胞在比较、筛选、优化的基础上确定。起始细胞需要具有稳定、均一和同质的特点，并经过充分的质量检定和质量控制，最后同时建立规范的细胞库。细胞库保存细胞的数目和传代水平应保证生产用细胞的持续稳定供应。

对于原始细胞库和(或)主细胞库，应进行过至少一次全面系统的研究检定；工作库细胞经过简化项目的检定和外源因子污染检测，确定其发生细胞间的交叉污染。生产用 WCB 细胞每次复苏后需要经过具有代表性质控项目的检测，以保证 WCB 细胞在复苏后仍保持冻存时的细胞特征，并且达到生产的要求。

细胞应经过全面的质量控制项目地检测，以确定细胞库细胞的质量，保证生产过程的可控性、重现性、可靠性。

总之，细胞质量控制、检测和监控过程包括从起始的原始细胞库细胞至生产终末的整个扩增和维持培养全过程，但是细胞库质量控制是极其关键的一个环节。只有具有合格质量的细胞，才能使后续的生产成为可能。同时，在细胞培养的始终要有效控制微生物污染、致瘤性等风险性因素才能保证细胞的正常代谢和具有生物活性目的产物的分泌表达。

（屈　颖）

思考题

1. 三级细胞库系统是由什么构成，其建立的意义？
2. 不同级别细胞库之间的质量控制方法有哪些？

参考文献

生物制品生产用动物细胞基质制备及检定规程，2005

2010 年版《中国药典》第三部

EMEA. 2001. Position statement on the use of tumourigenic cells of human origin for the production of biological and biotechnological medicinal products

FDA. 1989. Points to consider in characterization of cell lines used to produce biological products

FDA. 1997. Points to consider for the characterization of cell lines used to produce biologicals and for the manufacturing and testing of monoclonal antibody for human use

Hay R J, Caputo J, Macy M L. 1992. Quality control methods for cell lines. 2nd ed. Virgina: American Type Culture Collection

ICH. 1996. Guideline for viral safety evaluation of biotechnology products derived from cell lines of human and animal origin

WHO/TRS8781998: Requirements for use of animal cells as in vitro substrates for the production of biologicals

附录一:细胞库细胞资料样表

附表 1

<table>
<tr><td colspan="4">细胞基本信息</td></tr>
<tr><td>细胞系名称</td><td></td><td>编号</td><td></td></tr>
<tr><td>引入时间</td><td></td><td>引入来源</td><td></td></tr>
<tr><td>冻存位置</td><td></td><td>冻存情况</td><td></td></tr>
<tr><td>冻存条件</td><td></td><td>冻存入</td><td></td></tr>
<tr><td>传代背景</td><td></td><td>稳定性</td><td></td></tr>
<tr><td>运输方式</td><td></td><td>细胞种类</td><td></td></tr>
<tr><td>供体物种</td><td></td><td>细胞形态</td><td></td></tr>
<tr><td>应用</td><td></td><td>致瘤性</td><td></td></tr>
<tr><td colspan="4">细胞培养方案</td></tr>
<tr><td>培养条件</td><td colspan="3"></td></tr>
<tr><td>传代方法</td><td colspan="3"></td></tr>
<tr><td>冻存方法</td><td colspan="3"></td></tr>
<tr><td colspan="4">细胞鉴定资料</td></tr>
<tr><td>细胞表达产物</td><td colspan="3"></td></tr>
<tr><td>细胞特性</td><td colspan="3"></td></tr>
<tr><td rowspan="2">污染种类及解决方案</td><td>污染外源因</td><td colspan="2"></td></tr>
<tr><td>清除或治疗</td><td colspan="2"></td></tr>
<tr><td>病毒易感性</td><td colspan="3"></td></tr>
<tr><td>细胞遗传学分析</td><td colspan="3"></td></tr>
<tr><td>逆转录物</td><td colspan="3"></td></tr>
<tr><td>同种型</td><td colspan="3"></td></tr>
<tr><td>同工酶</td><td colspan="3"></td></tr>
<tr><td>DNA 图谱</td><td colspan="3"></td></tr>
<tr><td>细胞建系资料</td><td colspan="3"></td></tr>
<tr><td>目前传代数</td><td></td><td>建系人</td><td></td></tr>
<tr><td>使用培养基</td><td colspan="3"></td></tr>
<tr><td>传代方法</td><td colspan="3"></td></tr>
<tr><td>冻存方法</td><td colspan="3"></td></tr>
<tr><td rowspan="2">* 细胞生长</td><td>生长周期</td><td>CDmax</td><td></td></tr>
<tr><td>DT</td><td>μ</td><td></td></tr>
<tr><td>* 产物分泌</td><td>Ab Con</td><td>qMAb</td><td></td></tr>
<tr><td rowspan="3">* 重组细胞稳定性</td><td>传代时间</td><td colspan="2"></td></tr>
<tr><td>克隆率</td><td colspan="2"></td></tr>
<tr><td>阳性率</td><td colspan="2"></td></tr>
<tr><td colspan="4">参考文献</td></tr>
<tr><td colspan="4"></td></tr>
<tr><td colspan="4">附:图</td></tr>
</table>

附录二：细胞污染检测——细菌与霉菌

1. 操作原理

(1) 使用直接培养法，将测试样品接种于适当的微生物培养基中，在培养箱培养后，观察微生物培养基是否产生变化或出现菌落，用以检测细菌与霉菌之污染。

(2) 测试的微生物包括细菌(好氧菌与厌氧菌)、酵母菌与霉菌。

(3) 所用的微生物培养基与测试菌类如附表 1 所示。其中胰蛋白胨大豆肉汤、脑心浸出液肉汤、血琼脂及流体硫乙醇酸盐培养基可以广泛检测细菌污染，沙氏葡萄糖肉汤、YM 酵母霉菌肉汤及含酵母提取物的营养琼脂培养基可以检测霉菌污染，可根据实际需要选择一种或数种培养基进行细胞污染的检测。

附表 1　微生物培养基种类

培养基培养基	测试菌类
胰蛋白胨大豆肉汤	细菌
脑心浸出液肉汤	细菌
血琼脂	细菌与厌氧菌
流体硫乙醇酸盐培养基	厌氧菌
沙氏葡萄糖肉汤	酵母菌
YM 酵母霉菌肉汤	酵母菌
含 2%酵母提取物的营养琼脂培养基	细菌、酵母菌与霉菌

(4) 除了接种至微生物培养基外，亦可以在显微镜下直接观察测试样品是否有微生物污染，或是取样测试样品作染色观察。

2. 培养基配制

(1)	胰蛋白胨大豆肉汤：称取 30g 粉末溶于 1000mL 水中，分装 10mL 至有盖的玻璃试管中，高压蒸汽减菌 121℃、15lb、15min
(2)	脑心浸出液肉汤(BHI)(Difco 0037-17)：称取 37g 粉末溶于 1000mL 水中，分装 10mL 至有盖玻璃试管中，高压蒸汽灭菌 121℃、15lb、15min
(3)	流体硫乙醇酸盐培养基(Difco 0256-17-2)：称取 29.8g 粉末溶于 1000mL 水中，加热至沸腾使其完全溶解，分装 10mL 至有盖玻璃试管中，高压蒸汽灭菌 121℃、15lb、15min
(4)	沙氏葡萄糖肉汤(Difco 0382-17-9)：称取 30g 粉末溶于 1000mL 水中，分装 10mL 至有盖玻璃试管中，高压蒸汽灭菌 121℃、15lb、15min
(5)	酵母霉菌肉汤(Difco 0711-01)：称取 21g 粉末溶于 1000mL 水中，分装 10mL 至有盖玻璃试管中，高压蒸汽灭菌 121℃、15lb、15min
(6)	含 2%酵母提取物的营养琼脂培养基(Difco 0127-01)：称取 8g 营养琼脂与 20g 酵母提取物粉末溶于 1000mL 水中，分装 10mL 至有盖玻璃试管中，高压蒸汽灭菌 121℃、15lb、15min
(7)	血琼脂
a	称取 40g 血琼脂 e(Difco 0045-01)溶于 950mL 水中，加热使其溶解，高压蒸汽灭菌 121℃、15lb、15min
b	待温度降低至 50℃，加入 5%(50mL)无菌去凝血纤维之兔血或羊血，混合均匀，分装至培养皿，储存于 4℃
c	也可使用已配制好之培养基：血琼脂板(BBL-4321261，胰蛋白胨大豆肉汤中添加 5%的羊血)

3. 实验步骤

(1) 分别接种测试样品至液体微生物培养基与血琼脂板。

(2) 液体微生物培养基：取样约 0.1～1mL 测试样品，分别接种至 2 管液体微生物培养基中，然后分别置于 37℃培养箱与室温 20～30℃下培养 14～21 天。

(3) 血琼脂板：取样约 0.2mL 测试样品，分别接种至 2 个血琼脂板上，其中一个血琼脂板置于厌氧缸中，加入厌氧试剂后置于 37℃培养箱培养 14 天。另一个血琼脂板则直接置于 37℃培养箱培养 14 天。

附录三：支原体检测方法——DNA 荧光染色法

(1) 原理：利用荧光试剂(bisbenzimide，Hoechst 33258)检测支原体污染。此染剂会结合到 DNA 之 Adenosine-Thymidine(A-T) rich 区域，因为支原体 DNA 中 A-T 含量占多数(55%～80%)，所以可将其染色而检测。被支原体污染的细胞经荧光染色后，在细胞核外与细胞周围可看到许多大小均一的荧光小点，即为支原体之 DNA，证明有支原体之污染。

待测细胞的检测步骤可以采用间接的方法或直接方法进行支原体的检测。间接步骤，将待测细胞悬浮液或细胞培养液接种于指示细胞培养液中(如 Vero cell 或 3T6 cell)，然后培养指示细胞再作荧光染色。阳性和阴性对照组亦可以接种于指示细胞中作为对照。直接步骤，一般再吸附型细胞中使用，培养后直接作荧光染色。支原体荧光检测的过程中会出现荧光背景干扰的现象，影响对检测结果的判读，所以建议使用接种于指示细胞之步骤。

(2) 特点：简单、经济与灵敏，广泛使用，可作为例行之检测步骤。可以检测不易培养之支原体，如 *M. hyorhinis*，较直接培养法快，约一星期即可知道结果。

缺点：有时仍会有荧光背景，影响判读。

(3) 材料：Hanks 平衡盐溶液(不含 $NaHCO_3$ 和酚红)(HBSS，GibcoBRL 21250-014)、bisbenzimide(Hoechst No. 33258，Sigma B-2883)、thimerosol(Sigma T-5125)、0.1mol/L 柠檬酸、0.2mol/L 磷酸氢二钠、丙三醇、冰醋酸、甲醇、无菌 H_2O、腔室玻片(Nunc 177380)：35 或 60mm 平板(内放置无菌 22mm×22mm 盖玻片)(盖玻片浸于酒精内，使用前过火灭菌)，一般吸附型细胞均能吸附在盖玻片上。染色后取出盖玻片，细胞面朝下放在玻片上观察。

(4) 指示细胞：Vero(非洲绿猴肾细胞，ATCC CCL-81 或 CCRC 60013)或 3T6(鼠源成纤维细胞、ATCC CCL-96 或 CCRC 60070)，细胞需先测试无污染。Vero 细胞的培养基为 MEM+10%FBS(medium for cell)。

(5) 配制试剂：无菌 HBSS：配制 Hanks 平衡盐溶液，以 0.22mm 无菌过滤膜过滤灭菌。勿用高压蒸汽灭菌。

Hoechst 33258 stock solution(100×)：称取 5.0mg bisbenzimide 和 10.0mg thimersol 溶于 100mL 无菌 HBSS，置于棕色瓶中，室温下以电磁搅拌器搅拌 30min 至完全溶解后，以 1mL 分装至 1.5mL 小离心管中，储存于－20℃。

Hoechst 33258 working reagent：取 1mL Hoechst 33258 stock solution，加入 sterile 100mL HBSS 中，室温下搅拌 45min，置于棕色瓶中并以铝箔纸包覆，避免光照，储存于 4℃。

装片液：22.2mL 0.1mol/L 柠檬酸和 27.8mL 0.2mol/L Na_2HPO_4 加入于 50mL 丙三醇中混合，以 1mol/L NaOH 调整 pH 至 5.5(pH 很重要)，储存于 4℃。

固定溶液：冰醋酸与甲醇以 1 ∶ 3 之体积比例混合，使用前才配制。

(6) 步骤：培养 Vero 细胞：Vero 细胞可作长期培养或制作多个冷冻保存管，测试前解冻培养。测试前一周培养 Vero 细胞。在接种测试样品前一日，以 trypsin-EDTA 溶液处理 Vero 细胞，制成细胞悬浮液，以 $1\times10^4\sim2\times10^4$ 个细胞/mL 培养于腔室玻片中，每个孔加入 1mL 细胞悬浮液，于 37℃，5%CO_2 培养。隔日确定生长良好后，即可接种测试样品。接种测试样品：样品种类：1mL 待测之培养基，1mL 待测细胞培养液(可将细胞稍微刮下)，0.05～0.1mL 冷冻管之细胞悬浮液。将测试样品加入腔室玻片内，培养 5 天后，进行 Hoechst 33258 的荧光染色观察。以 Acholeplasma laidlawii ATCC 23206 感染 Vero 细胞作为正反应对照组（或是已感染支原体之细胞培养液或冷冻细胞液)，负反应对照组为 Vero cell 的新鲜培养基(MEM +10%FBS)。

(7) DNA 荧光染色检测：取出培养 5 天的 Vero 细胞，吸除培养液。于每个 well 中加入 2mL 1∶3 混合的冰醋酸/甲醇固定液，静置 10min 后，吸除固定液。重复上述的步骤，风干 10min。每个孔中加入 1mL Hoechst 33258 工作液，室温下静置 30min。吸掉 Hoechst 33258 染液后，以无菌水洗涤 3 次，风干后加入 1 滴的装片液，并以盖玻片覆盖之。以 100×～400×荧光显微镜观察。打开水银光源 10min 后，以 UV 激发光束(330～380nm)的滤光镜，观察细胞核外是否有蓝色荧光小点或是丝状点之荧光物产生。

结果判读：若有支原体污染，在 Vero 细胞核外与细胞表面会出现蓝色荧光小点或是丝状点。其形状一致，与细胞残片染成之不规则点状物不同。其荧光可维持数星期。

附表 2　无菌试验培养基处方

1. 硫乙醇酸盐培养基	重量
胰酪蛋白胨(或酪素胰酶消化液，以总氮计 2000mg)	15g
酵母浸出粉(或酵母透析液 200mL)	5g
葡萄糖	5g
氯化钠	2.5g
L-胱氨酸(或半胱氨酸盐酸盐)	0.5g
硫乙醇酸钠(或硫乙醇酸 0.6mL)	0.5g
琼脂	0.65～0.75g
新鲜配制的 0.1%刃天青溶液(或 0.2%美蓝溶液 0.5mL)	1.0mL
去离子水(或蒸馏水)	加至 1000mL
最后 pH7.1±0.2	
2. 硫乙醇酸盐培养基(不含琼脂)	重量
胰酪蛋白胨(或酪素胰酶消化液，以总氮计 2000mg)	15g
酵母浸出粉(或酵母透析液)	5g (200mL)
葡萄糖	5g
氯化钠	2.5g
L-胱氨酸(或半胱氨酸盐酸盐)	0.5g
硫乙醇酸钠(或硫乙醇酸 0.6mL)	0.5g
去离子水(或蒸馏水)	加至 1000mL
最后 pH7.1±0.2	
3. 改良马丁氏培养基	重量
葡萄糖	20g
蛋白胨	5g
酵母浸出粉(或酵母透析液)	2g(100mL)
磷酸氢二钾	1g
硫酸镁(含 7 分子结晶水)	0.5g
去离子水(或蒸馏水)	加至 1000mL
最后 pH6.4±0.2	

4.7 工程细胞的增殖及代谢特征

构建好表达目的基因的工程细胞后，进一步加压筛选即可获得稳定、高产率的克隆株。然而在规模化培养的实践中，筛选获得的克隆株尚需经过悬浮、无血清和高密度的培养环境适应方可用于目标产品的表达制备，以保证工程细胞在长期高密度放大培养条件下能够保持甚至增加其原有目标产品的表达水平与产率。因此，这就需要了解各种工程细胞在悬浮、无血清、高密度等特殊培养条件下的生长增殖、营养代谢与产物合成特征。

4.7.1 工程细胞的生长增殖与细胞凋亡

细胞最基本的生命活动是细胞的生长、分裂与分化。细胞生长是细胞内外刺激与抑制信号精细平衡调节的体现。当细胞接收到外界环境信号时，首先检测培养环境是否存在利于 DNA 复制和细胞生物量合成的营养物质。这是因为，细胞增殖周期依次进展严格依赖于外部刺激因子，包括有丝分裂因子，如胰岛素(insulin)、胰岛素样生长因子(IGF-1)、成纤维细胞生长因子(FGF)等。此外，贴壁依赖性细胞还通过建立细胞表面受体和细胞外基质的联系，建立细胞骨架网路而接受生长刺激信号。

与有丝分裂因子不同，有许多因子如可扩散的干扰素可产生终止细胞分裂、生长的信号，进而抑制不同来源细胞系的细胞增殖。对正常二倍体细胞而言，细胞与细胞接触或细胞融合后产生的接触抑制同样也被认为是使细胞静止的信号。

总之，不管细胞是分裂还是生长、自杀，都是细胞外部刺激或抑制信号和细胞内部调节机制平衡作用的结果。如果此调节机制失控，将导致细胞不可控制的生长，并向恶性转化。

4.7.1.1 工程细胞的生长增殖与周期调控

如本书 3.10 所述，各种生长因子及其生长刺激信号对细胞生长刺激作用是通过调节细胞增殖周期又称细胞周期而实现的。

1) 贴壁培养条件下的细胞增殖与周期调控

细胞周期的运转是一个有序的基因调控过程($G_1 \rightarrow S \rightarrow G_2 \rightarrow M$)，这是与细胞周期相关的基因在时间和空间上进行有序表达的结果。调节细胞周期的关建分子有周期蛋白依赖性激酶(cyclin-dependent kinase，CDK)以及调节 CDK 功能的周期蛋白(cyclin)。后者在细胞周期的不同阶段相继表达，并与细胞中 CDK 结合后，参与细胞周期相关活动的调节。不同的周期蛋白和不同的 CDK 相结合，表现出不同的激酶活性，在不同时期驱动细胞周期运作。

当细胞受到生长因子刺激时，G_1 期 cyclin D 表达，并与 CDK4、CDK6 结合，使下游的蛋白质，如 Rb 磷酸化，磷酸化的 Rb 释放出转录因子 E2F，促进许多基因的转录，如编码 cyclinE、A 和 CDK1 的基因。紧接着，在 G_1 期→S 期，cyclinE 与 CDK2 结合，促进细胞通过 G_1/S 限制点而进入 S 期，最终表现为细胞的生长增殖。细胞周期与细胞比生长速率、特异性蛋白产率与细胞周期密切相关。Leelavatcharamas 发现在 CHO 细胞中 S 期细胞数与细胞比生长速率存在线性关系；而特异性蛋白产率与 G_1 期细胞数目相关，因而可以通过控制细胞周期分布实现细胞生长和产物分泌的调节控制。

生长因子信号和细胞黏附介导的信号是驱动细胞周期 G_1 期向前进展的前提。这并不是两个相互独立的通路，它们之间存在着丰富的交互作用。在正常的非转化细胞，几乎所有重要的生长因子信号转导级联都是有整合素介导的细胞黏附信号介导的。因此，贴壁细胞的生长增殖除了依赖生长因子信号外，更主要依赖细胞与基质黏附产生的信号。当细胞黏附于细胞外基质时，引起下游 Rho 家族成员 Cdc42 和 Rac 活化，细胞出现伸展。随后，Rac 信号通路产生活化 cyclin D1 转录活化信号，促进 G_1 期进展(图 4.7.1)。

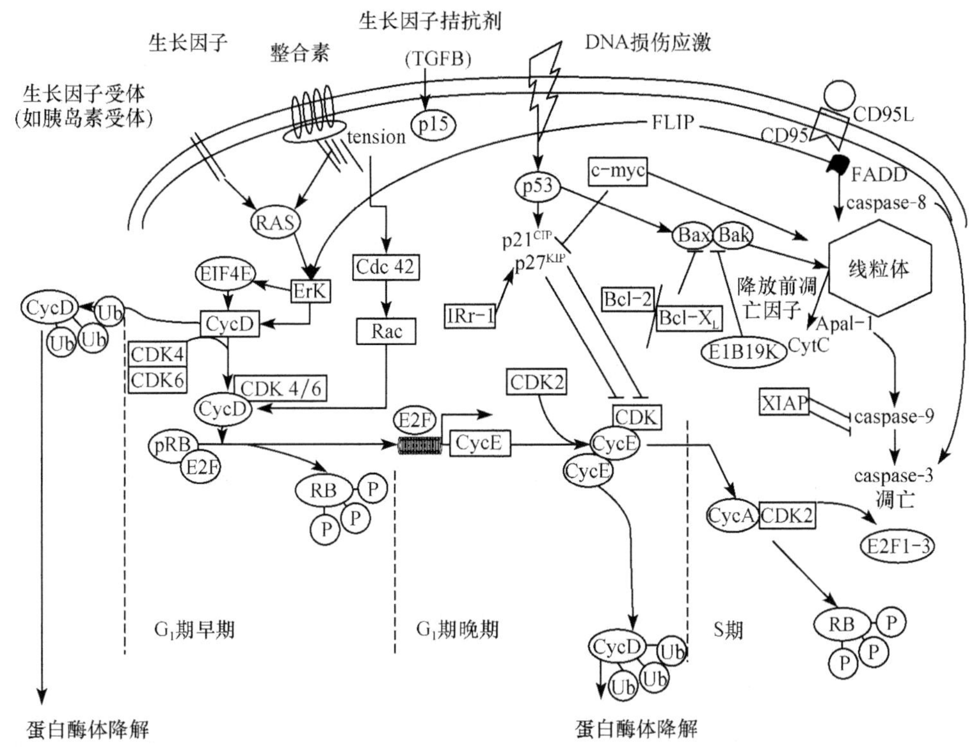

图 4.7.1 细胞周期与细胞凋亡的关系示意图

此外，细胞周期的运行，是在一系列称为检验点(check point)的严格检控下进行的，当 DNA 发生损伤，复制不完全或纺锤体形成不正常，周期将被阻断。细胞要分裂，必须正确复制 DNA 和达到一定的体积，在获得足够物质支持分裂以前，细胞不可能进行分裂。细胞周期检验点是作用于细胞周期转化过程中的关键调控通路，是调控基因及其表达产物对细胞是否分裂以及如何分裂进行的精细调节。通常情况下，这些基因产物接受两种不同的信号：一是“细胞内在信息”，反映细胞周期是否按正常顺序进行，只有完成前期所有的准备工作后，细胞分裂才可以开始；二是“细胞外在信息”，是对细胞分裂与否至关重要的环境信号，只有当细胞所处的环境存在生长因子或营养成分时，细胞才可以进行分裂。

细胞周期检验点主要在 4 个时期发挥作用：①G_1/S 期检验点：在酵母中称 start 点，在哺乳动物中称 R 点(restriction point)，控制细胞由静止状态的 G_1 期进入 DNA 合成期，相关的事件包括：DNA 是否损伤？细胞外环境是否适宜？细胞体积是否足够大？②S 期检验点：DNA 复制是否完成？③G_2/M 期检验点：是决定细胞一分为二的控制点，相关的事件包括：DNA 是否损伤？细胞体积是否足够大？④中-后期检验点(纺锤体组装检验点)：任何一个着丝点没有正确连接到纺锤体上，都会抑制 APC 的活性，引起细胞周期中断。在这 4 个检验点中，最重要的检验点

是 G_1/S 期检验点。细胞在该点对复杂的细胞内外信号，包括血清中的各类生长因子和分裂原提供的信号，以及DNA损伤情况进行整合和传递，以决定细胞是进入分裂程序，发生凋亡，还是进入静止的 G_1 期。通过该点后，细胞分裂、DNA复制等基本是一个细胞内部自我调节的过程。因此，对 G_1/S 期之间的调控点的研究就更加重要。

2）悬浮培养条件下的细胞增殖与周期调控

悬浮培养是动物细胞培养的首要选择及理想模式。当今，70%的重组蛋白或抗体药物由悬浮培养的鼠骨髓瘤细胞或悬浮适应的CHO细胞规模化培养获得。

CHO、HEK293、MDCK等常用工程细胞在体外培养条件下呈贴壁依赖性生长，将其生长方式转变为悬浮培养后，细胞会很快因"失巢"而凋亡，同时细胞增殖能力下降，产物分泌水平下降。"失巢凋亡"(anoikis)希腊语的意思是"无家可归"，是由细胞与细胞外基质和其他细胞脱离接触而诱发的一种细胞程序死亡，用于生产流感疫苗的MDCK工程细胞是最早发现具有失巢凋亡现象的细胞，也是目前常用的失巢凋亡细胞模型。虽然，经过长达6个月的适应与筛选后，细胞增殖或活性可逐渐回升，但此过程耗时长、花费高，且常伴随不同程度的细胞黏附聚集。位于细胞团中央的细胞由于营养供应不足而活性下降甚至死亡，细胞代谢状态也随之发生改变。无论是从生物学的角度还是培养工艺的角度考虑，防止细胞过早凋亡及产率下降都是一个难题，是制约贴壁工程细胞进行悬浮培养的"瓶颈"问题。

一些转化细胞和肿瘤细胞具有极强的抵抗失巢凋亡特性，可在不依赖细胞外基质黏附的条件下进行非贴壁依赖性生长(图4.7.2)。这种抵抗失巢凋亡的特性，对于肿瘤细胞而言，从瘤体上脱落进入循环系统后并不发生凋亡并在血循环中存活下来，从而完成转移过程；而对于转化的工程细胞而言，可适应长期的悬浮培养，以满足动物细胞悬浮培养制备生物技术药物的需求。研究表明，抵抗失巢凋亡的特性可经一定时间的筛选、适应与驯化而获得。事实上，转化工程细胞的悬浮驯化过程实际上就是抵抗失巢凋亡细胞株的逐渐筛选过程。这一现象为失巢凋亡敏感型MDCK、HEK293工程细胞的悬浮培养提供了可借鉴的思路。在MDCK工程细胞，通过使用金属内切蛋白酶MEP可成功筛选出具有失巢凋亡抵抗特性的悬浮细胞株，并成功用于流感

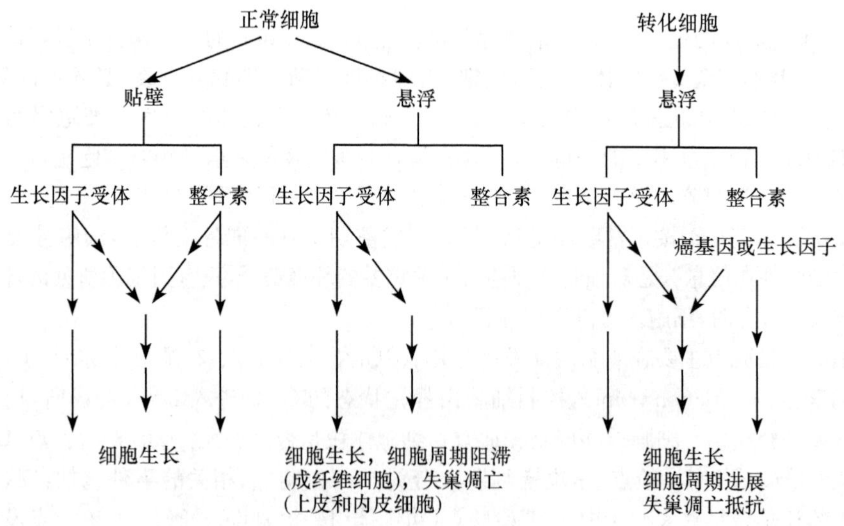

图4.7.2　转化细胞的非贴壁依赖性生长

病毒的培养制备中。因此,从生物学角度阐明贴壁工程细胞失巢凋亡的分子机制,无疑对解决动物细胞悬浮培养中的瓶颈问题具有重要的现实意义。

对于正常细胞而言,细胞外基质、各种跨膜黏附受体、肌动蛋白细胞骨架之间动态的相互作用对于调节细胞的生长、分化、生存,以及细胞形状和运动至关重要。因而,黏附细胞的各种有丝分裂调节信号,如 Ras 和 Rho 小 G 蛋白激酶、Src 酪氨酸激酶、PI3K/Akt 等信号通路都受到 integrin 介导的细胞黏附信号的调节。而对于失巢的转化细胞如肿瘤细胞和工程细胞而言,则可能通过其细胞外基质接触非依赖的生存信号激活、凋亡信号抑制进而获得在失巢应激条件下生存的能力。

在生存信号激活方面,比较重要的信号分子包括 PI3-K/Akt、Ras/MAPK、FAK 及 JNK/SAPK 信号通路,尤其是 PI3-K/Akt 分子通路在细胞的失巢凋亡抵抗中扮演了重要的角色。PI3-K 可产生活化的 PKB/Akt 信号,后者可直接磷酸化前凋亡蛋白 Bad、pro-caspase 9 和 DAP-3,进而抑制上述凋亡分子的功能而阻止细胞凋亡发生;同时,PKB/Akt 还可提高 survivin 表达水平而促进细胞存活。在凋亡信号抑制方面,重要的凋亡相关分子有 Bax、Bcl-2、Bim、Bid,其共同特征是含有 BH3 结构域,如 Erk/MAPK 分子通路可直接磷酸化并降解凋亡分子 BimEL 而产生失巢凋亡抵抗作用。

4.7.1.2 体外培养工程细胞的生长过程

正常细胞的分裂次数有限,因此,从正常组织获得的细胞系,如原代细胞和二倍体细胞在经过一定次数的分裂后,细胞就会死亡,这一现象称为衰老。研究认为,衰老是由于端粒的 DNA 末端序列在每次细胞分裂中无法正常复制而逐渐变短而引起的。然而体外培养的工程细胞均是由获得无限增殖能力的转化细胞系构建而来,可以在体外连续培养数周甚至数月,源源不断地生产制备目标产品。下面,简要介绍体外培养工程细胞的生长过程。

体内细胞生长在动态平衡环境中,而培养工程细胞的生存环境是培养瓶、皿或其他容器,生存空间和营养是有限的。当细胞增殖达到一定密度后,则出现接触抑制和密度依赖性,需要传代,否则将影响细胞的继续生存。

工程细胞以一定密度传代接种后,往往先经过一个在培养液中呈悬浮状态的悬浮期,此时细胞质回缩,胞体呈圆球形,然后细胞贴附于载体表面,悬浮期结束。细胞贴壁速率与细胞种类、培养基成分、载体的理化性质等密切相关。一般情况下,可连续传代的工程细胞系贴壁速率快,通常 10～30min 即可贴壁。

细胞贴壁后还需经过一个迟滞期,才进入生长和增殖期,此时可有细胞的运动活动,但细胞基本不增殖,分裂相也少见。细胞生长需要一些生长因子达到一定的浓度,当这些因子的量不足时,要等待细胞合成它们,这是接种细胞存在迟滞期的主要原因。对于工程细胞系而言,此期仅需 6～24h;其长短取决于细胞种类、细胞接种密度、接种细胞的生理状态、和培养基性质。因此,增加细胞接种量常可缩短迟滞期。对于悬浮生长的鼠骨髓瘤细胞 NSO 和杂交瘤细胞,以及已经适应悬浮培养的贴壁依赖性 CHO 等细胞而言,细胞接种后没有贴壁期,而是直接进入迟滞期。

经过迟滞期后,细胞进入指数生长期。处于指数生长期的细胞代谢旺盛,分裂相多,生长快,活性高。此期是细胞一代中活力最好的时期,是进行各种实验最好和最主要的阶段,也是冻存细胞的最好时机,如用作传代的种子可缩短迟滞期。研究表明,种子细胞培养前期生理状态对于培养所能达到的细胞密度和产物产量有着至关重要的影响。因此,在细胞培养过程中,如果能严格控制种子细胞放大培养前期的生理状态,如以适宜的接种密度、接种时细胞处于对数生长期，细胞将能被控制在稳定增殖的水平，尽快达到较高的细胞密度，从而可保证培养过程稳定性和经济性。除了每代细胞的生理状态，某一细胞系整体的生理状态，如传代数亦可显著影响细胞生长和抗体分泌水平。例如，在 HEK293 细胞培养中，传代数为 43 代时细胞比生长速率为 $0.29d^{-1}$，继续传代至 66～86 代时，细胞生长速率增加至 $(0.74\pm0.01)d^{-1}$；而在结肠癌细胞 Caco-2 中延长传代时间，细胞很快进入平台期不再生长。

在接种细胞数量适宜情况下，指数生长期持续 3～5 天后，随着细胞数量不断增多、生长空间减少，最后细胞相互接触汇合成片。正常细胞相互接触后能抑制细胞运动，这种现象称接触抑制现象(contact inhibition)。当细胞密度进一步增大时，培养液中营养成分减少，代谢产物增多时，细胞因营养枯竭和代谢产物的影响，导致细胞分裂停止，这种现象称密度抑制现象(density inhibition)。然而，发生转化的工程细胞无接触抑制和密度抑制现象，即细胞接触汇合成片后，虽然发生接触但并不抑制细胞生长，细胞仍能继续移动，导致细胞向三维空间扩展，发生细胞堆积；虽然营养受限，细胞仍能进行增殖分裂，细胞数量仍然在增多。

细胞在迅速生长繁殖后，由于环境条件的不断恶化如营养物质不足，抑制性代谢副产物积累，细胞生长空间减少，以及细胞培养物接近有限寿命等原因，细胞经过减速期进入平稳期。这时，细胞代谢减弱，生长缓慢，形态变差，存活率降低，细胞数维持动态的稳定。细胞平稳期的长短有较大的差别，一般贴壁依赖性细胞在贴壁培养下平稳期较长，悬浮培养的细胞平稳期都很短，有的就没有明显的平稳期。

细胞在平稳期之后，由于环境条件的进一步恶化，有时也可能由于细胞本身遗传特性的变化，细胞进入衰亡期，细胞大量死亡。细胞的死亡可通过两条途径：细胞坏死(necrosis)和细胞凋亡(apoptosis，也称细胞程序性死亡，programmed cell death)。一般来说，贴壁培养的贴壁依赖性细胞主要通过坏死的途径死亡，悬浮培养的细胞主要通过凋亡的途径死亡。

4.7.1.3　体外培养过程的细胞死亡与细胞凋亡

1) 体外培养工程细胞的凋亡诱导因素

决定细胞培养过程优劣的最为关键因素是细胞培养过程中的细胞活力。体外培养的工程细胞受到不断变化的环境压力的作用，常常有可能诱发细胞死亡。细胞环境压力作用于细胞的效应可因细胞系的不同及细胞所处的细胞周期不同阶段而不同，但更大程度上取决于其作用于细胞的时间与强度。当环境压力强烈时，细胞来不及启动程序性的自杀过程而快速坏死。这是人们不期望的细胞死亡形式，因为该过程会导致细胞裂解从而将蛋白水解酶释放到培养上清中导致产物降解或者产品的吸附，给下游的纯化造成了困难。现在认识到，应用于工业化生产重组蛋白的工程细胞系在生物反应器实际的培养过程中，更多的是中等和低强度的细胞环境压力的影响。中等强度环境压力时，细胞不发生快速坏死，而是造成细胞损伤，继而触发细胞按预定的程序死亡；在凋亡晚期发生了坏死的死亡方式，因为在体外培养中没有类似体内的巨噬细胞的吞噬作用。而低强度环境压力时，诱导细胞产生能耐受环境压力的热休克蛋白，使细胞能在低强度环境压力下存活(图 4.7.3)。

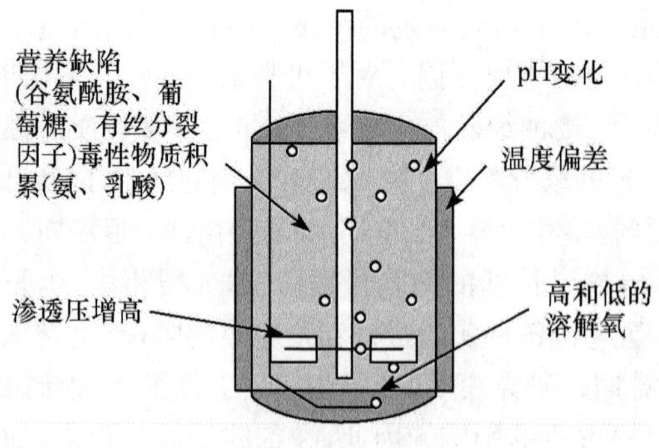

图 4.7.3　大规模动物细胞培养中凋亡诱导因素

对于细胞培养过程中的凋亡相关基因的研究表明，在对数生长期凋亡相关基因不表达或表达水平下降，在平台期(平稳期)凋亡起始基因表达水平显著上调，在衰亡期(死亡期)凋亡执行基因如DNA断裂因子、caspase酶，DNA酶表达水平显著上调。这些相关凋亡基因的变化有力证明了培养过程中凋亡现象的存在。

导致动物细胞在体外培养过程中细胞凋亡的环境压力有很多，按其性质可分为化学、物理和生物三大类因素。其中，化学因素是引起工程细胞培养过程凋亡发生的最为复杂，最为重要的环境压力，涉及氨基酸、葡萄糖等营养成分，血清成分中激素和生长因子等营养物质的缺乏，还涉及培养过程中毒素和细胞代谢产物的积累。在各类营养限制因素中，凋亡诱导效应最强的是谷氨酰胺限制，其余依次是血清生长因子限制、葡萄糖限制和氨的毒性。研究已证实，培养过程中氨的积累能诱导细胞发生凋亡；将肝细胞和CHO细胞共培养，利用肝细胞具有从培养基转移氨的能力，已经成功地改进了CHO细胞的培养过程。此外，溶解氧的降低，细胞内外pH急剧变化，搅拌等物理因素亦常引起细胞凋亡的发生。在酸性条件下，caspase激活过程发生的更快。进行搅拌培养时，剧烈的剪切力将导致细胞坏死，中等程度的剪切力对细胞产生的后果尚不明确；而生理水平的剪切力能激活调控氧化还原反应的酶，从而保护单层培养的血管内皮细胞免于凋亡。但对于反应器中培养的悬浮细胞，在同样的剪切力下是否发生同样的反应尚不清楚。

2) 体外培养工程细胞的凋亡途径

各种环境信号导致细胞凋亡程序的诱导，引起迅速的细胞崩解。从形态上，早期细胞表面的微绒毛消失，细胞器虽尚未受损，但已收缩在一起，表面形成小的胞质突起，状如疱疹，最后形成小的胞质包裹体，称作凋亡小体(apoptotic body)。细胞体积一开始就变小，染色质浓缩到核的周围，DNA双链被内切核酸酶切成约180个碱基对的片段。虽然，最终的分子信号级联传递和产生的细胞效应是一样的，但体外培养中工程细胞早期的凋亡信号传递途径却有所不同，包括了死亡受体通路、线粒体通路和内质网通路三种(图4.7.4)。

A. 死亡受体通路

该通路是由于配体与细胞表面死亡受体结合而引起的。死亡受体是属于肿瘤坏死因子受体(TNFR)家族的跨膜蛋白，它们包括Fas(Apo-1/CD95)、TNFR1、DR3/WSL、DR4/TRAIL-R1和DR5/TRAIL-R2。其配体属于TNF家族，目前已比较清楚的是Fas介导的细胞凋亡途径。Fas/FasL系统在免疫系统中具有重要的作用，其一是参与T细胞和B细胞的免疫调节，活化成熟的外周T或B细胞主要通过Fas/FasL系统介导的细胞凋亡，清除与自身抗原有交叉反应的克隆以及由自身抗原激活的细胞克隆，以限制T细胞克隆的无限增殖，防止对自身组织的损伤。

Fas的配体FasL(Fas ligand)与Fas结合后，Fas三聚化使胞内的死亡结构域(death domain，DD)构象改变，然后与接头蛋白FADD(fas associated death domain)的DD区结合，而后FADD就能与caspase-8(或caspase-10)前体蛋白结合，形成死亡诱导信号复合体(death-inducing signaling complex，DISC)，引起caspase-8、caspase-10通过自身剪切激活并启动caspase的级联反应，使caspase-3、caspase-6、caspase-7激活，降解胞内结构蛋白和功能蛋白，最终导致细胞凋亡。

B. 线粒体通路

线粒体既是细胞的能量工厂，也是细胞的凋亡控制中心。可是为什么线粒体会担负起如此重要的双重功能呢？一个可能的解释是：各类生长因子都可以促进葡萄糖转运和己糖激酶等向线粒体转运、加速能量生产，相反地，剥夺生长因子后，细胞氧消耗降低、ATP合成不足、蛋白质合成受阻，最后细胞走向死亡。

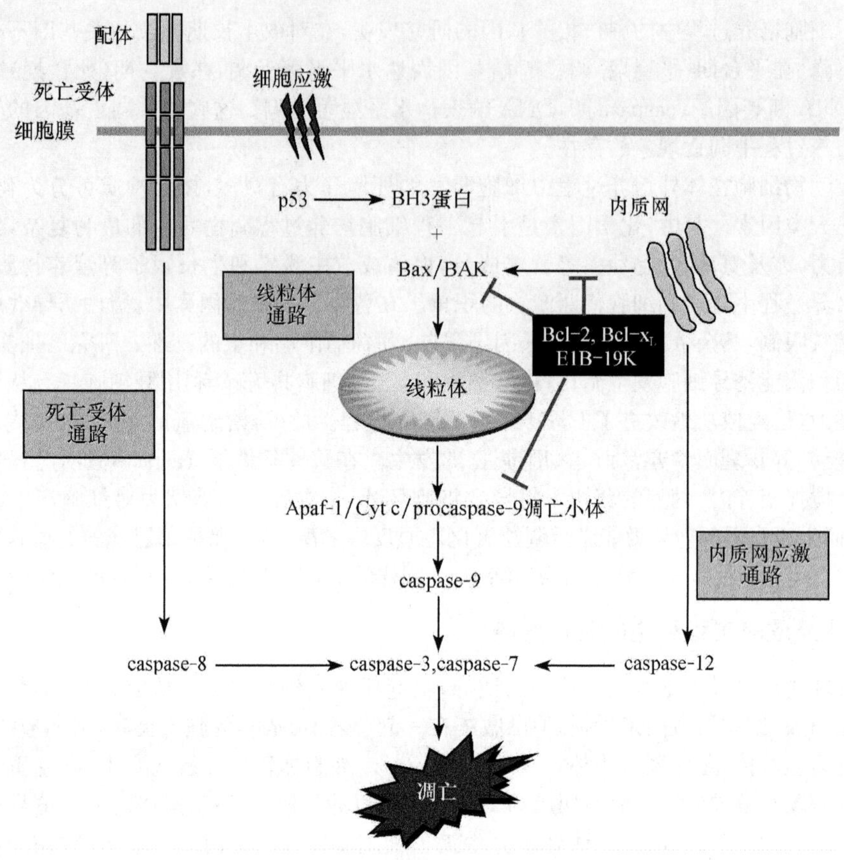

图 4.7.4　体外培养条件下工程细胞凋亡途径

(Arden and Betenbaugh,2006)

各种凋亡刺激信号通过仅含 BH3(Bc1-2 homology domain 3)区域蛋白引起 Bax(bc1-2-asslciated protein X)蛋白构象变化并移位插入到线粒体外膜,同时形成膜通道,刺激线粒体释放细胞色素 c(Cyt c)和 Smac(second mitochondrial-derived activator of caspase)。作为凋亡诱导因子,Cyt c 通过 Apaf-1 因子的多聚化与胱天蛋白酶 caspases-9 前体形成凋亡小体。在凋亡小体内,caspase-9 前体被活化为 caspase-9,进而召集并激活 caspase-3,引发 caspases 级联反应,导致细胞凋亡。而凋亡蛋白抑制因子(IAP)和 Smac 通过抑制和促进胱天蛋白酶的级联反应来调控细胞凋亡。

C. 内质网通路

死亡受体活化和线粒体损伤是两条经典的介导细胞凋亡信号传导通路,近来研究发现过度内质网应激可启动细胞凋亡。内质网介导细胞凋亡至少包括两种机制,命名为非折叠蛋白反应(unfolded protein reaction,UPR)和钙离子起始信号(calcium signaling)。非折叠蛋白反应是细胞对抗内质网应激的自身保护机制,即使在正常生长状况下,新合成蛋白的非折叠和错误折叠也可发生。在工程细胞中,由于追求高效的蛋白表达,导致大量非折叠蛋白在内质网沉积,超过了细胞耐受,即发生凋亡。

内质网应激的适应阶段:恢复内环境稳态。当内质网腔内未折叠形态的蛋白聚集时,固有的伴侣蛋白从内质网膜蛋白的腔面解离下来主动结合未折叠蛋白。与伴侣蛋白的分离使得内质网膜蛋白激活,启动 UPR。这些跨内质网膜的蛋白一般是 N 端向腔内,C 端向胞质。正常情况下这些蛋白的N端结合了内质网伴侣蛋白Grp78(BiP),阻止了蛋白之间的聚集。当异常折叠蛋白堆积,Grp78解离下来,这些跨膜蛋白之间聚集活化,启动UPR。其中最重要的三种内质网跨膜蛋白是PERK、Ire1、ATF6。

警戒信号:内质网过载。在此信号中Ire1处于中心地位,表现出TNF受体活性,结合接头蛋白TRAF2。TRAF2是一种E3连接酶,可以结合Ubc13,诱导非典型63位赖氨酸而不是典型48位赖氨酸的多聚泛素化。TRAF2激活系列炎症免疫相关激酶,其中最重要的激酶是Ask1,形成了Ire1α/TFAR2/ASK1复合体,级联激活JNK及NF-κB。此复合体的形成还募集了c-Jun-N端抑制性激酶(JIK)结合到Ire1。

内质网应激的最终形态:诱导凋亡。适应信号、警戒信号都致力于恢复内质网的蛋白处理能力和氧化还原平衡及Ca^{2+}平衡,支持细胞渡过应激期。而当内质网损伤变为不可逆,不能恢复正常功能时凋亡信号即被启动。内质网应激诱导的凋亡表现为多种途径,既包括经典的线粒体凋亡途径,又包括特异的caspase-12途径,而高表达bcl-2等抗凋亡蛋白可以拮抗内质网应激引起的凋亡(图4.7.5)。

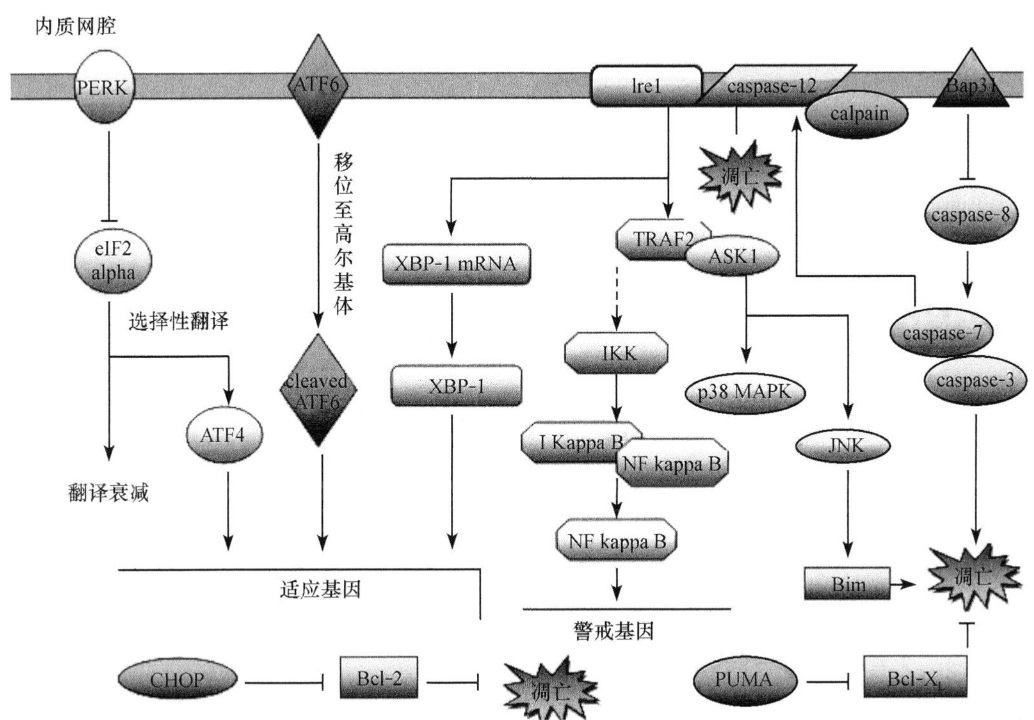

图4.7.5 内质网应激的适应、警戒与凋亡

内质网应激主要由内质网膜上的三种蛋白PERK、ATF6、Ire1介导。非应激环境下,这三种蛋白的腔内端与GrpP78/BiP结合处于活性抑制状态;当应激产生时,GrpP78/BiP与这三种蛋白分离,使得蛋白腔内端同体二聚化自我激活,从而产生级联反应,增强蛋白处理能力,促进细胞存活。当应激过强或过久就会启动死亡程序。

3) 细胞凋亡的检测方法

在细胞培养进行生物制药的大规模生产中,细胞活力是决定细胞培养过程优劣的关键因素。研究证实:不良的细胞培养环境将引起细胞发生主动的凋亡或被动的坏死形态的细胞死亡。许多用于工业化重组蛋白生产的工程细胞在生物反应器培养过程中均容易发生程序性细胞凋亡。

在杂交瘤细胞批式培养中,凋亡现象最初是通过电子显微镜超微结构分析进行鉴定的。随后,无数的研究证实生物反应器操作条件改变,如营养物匮乏、代谢副产物累积、缺氧和剪切力等因素均可引起CHO、杂交瘤和骨髓瘤细胞发生凋亡;凋亡的发生导致了细胞膜完整性的破坏,最终导致显著的二级坏死或晚期凋亡发生。为了提高生物反应器内活细胞密度,细胞凋亡调节、培养基优化与生物反应器操作策略共同成为培养过程优化的主要选择。因此,在生产过程中应尽量延缓或推后凋亡现象的发生。基因水平的凋亡调节如在刚工程细胞中引入抗凋亡基因 *bcl-2* 即为常见的调节工程细胞凋亡的一种方式。但一旦细胞发生被动的坏死,基因调节即无能为力。为此,首先要检测分析并获得细胞凋亡与坏死的准确信息。

目前,分析检测细胞早期凋亡的方法有很多,每种方法都有其优点和不足。值得注意的是,有些方法可能对所检测的细胞系不适用,或者检测所得的结果可能由于其形态介于凋亡和坏死之间而很难区分,干扰结果的正确判断。因此,本部分内容将首先详细介绍每种检测方法,通过对比分析各种检测手段,为动物细胞研究人员提供准确、可行的凋亡检测方法的参考。

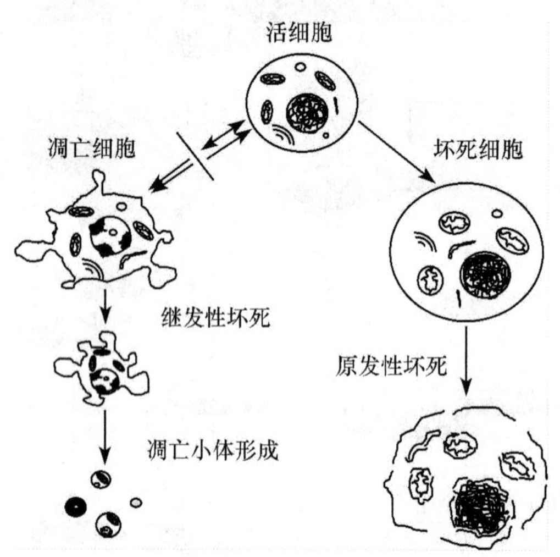

图 4.7.6　细胞死亡发生中的形态学变化
(Ishaque and Al-Rubeai,2005)

A. 凋亡和坏死的形态学特征

a. 凋亡形态发生

凋亡细胞通过自主发生死亡崩解,形成凋亡小体来维持整个组织的稳态。因此,细胞凋亡在形态发生、免疫调节等生理病理过程中起重要作用。

凋亡细胞出现的最早变化是细胞变小、皱缩,主要原因是胞质脱水。这导致细胞器在细胞体积减小的胞质内排列更为紧密(图 4.7.6)。内质网是细胞内水分的主要来源地,它加强了和细胞膜的连接并将水分运输到细胞膜外,从而使细胞呈现凹凸不平的外表。接着,凋亡进程的发展促使细胞表面微绒毛和突起消失,在完整的细胞膜外表面出芽形成小泡[图 4.7.7(A)、(B)],该过程依赖于特定微丝结合细胞骨架蛋白的活性。随后,细胞膜破裂,并将各种完整的细胞器分装入小泡。可见,凋亡细胞的一个重要特性是细胞质膜完整性的破坏。该特性由钙依赖的谷氨酰胺转移酶介导完成,后者可抑制胞内有害物质的泄漏。

体外培养时,凋亡过程倒数第二时相的变化被称为继发性坏死。最终,细胞膜内陷将细胞分割形成有完整膜结构的凋亡小体[图 4.7.7(C)]。与之相对应,在体内环境条件下,各种吞噬细胞会检测并去除凋亡细胞和凋亡小体,这些过程发生在细胞质膜的边界。其分子基础是细胞膜磷脂不对称性的丧失,即内源磷脂酰丝氨酸(phosphatidylserine,PS)转位至完整的细胞外膜[图 4.7.7(D)]。

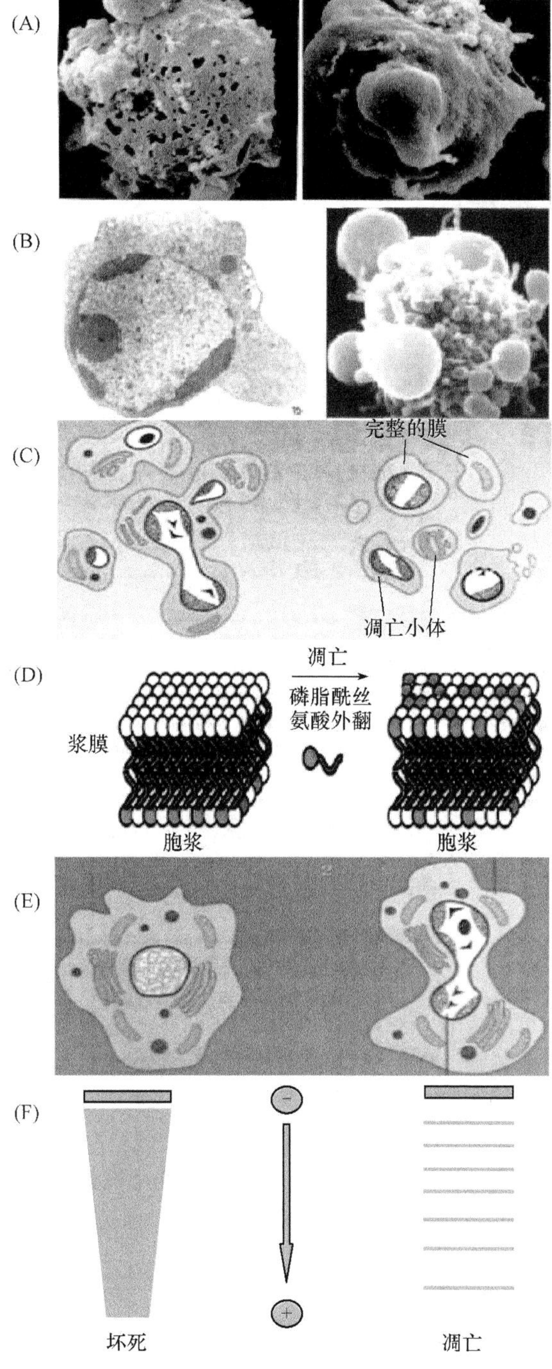

图 4.7.7 细胞凋亡各时期的形态变化
(肖献忠,2008)

在细胞膜出芽形成小泡、膜磷脂重新定位分布的同时,核染色质出现高度的凝集,尤其在皱缩的凋亡细胞中非常明显[图 4.7.7(E)]。随后,由非溶酶体离子依赖型核酸内切核酸酶介导核膜崩解,DNA 降解。DNA 被降解为 50～300kb 高分子质量片段,意味着 DNA 环(50kb)型或盒

(300kb)型染色质从核基质分离下来。小部分这些高分子量片段接着继续被降解为180～200bp的核小体或其整倍数的片段，在琼脂糖凝胶电泳中呈现“梯”状条带，这是判断凋亡发生的客观指标之一[图4.7.7(F)]。

前者如高分子量DNA降解反应是一个普遍的现象，而后者如DNA片段化则是一个强制性事件。实际上，大或小的DNA片段提示了细胞不能完全消化不需要的DNA分子，进而限制具有潜在危害性的遗传物质的释放。

b. 坏死形态发生

坏死(necrosis)引起的细胞死亡是一种被动过程，通常由严重损伤因素(如毒物中毒、严重缺血、缺氧、强酸、强碱、强大电流等)所致，与生理性、主动性细胞凋亡有显著差别。

坏死性改变出现在致死性刺激出现后相当长的一段时间内。因此，坏死描述的是一系列细胞死亡后的形态改变。正常组织细胞不发生细胞坏死。

坏死的典型特征是直接造成细胞膜的破损，这引起了胞外水分流入，出现细胞和细胞器肿胀，如线粒体和内质网开始肿胀，随后细胞器分散。细胞内外膜连续破裂时，可将胞质内容物和有害溶酶体成分释放到细胞外，出现局部炎症反应，随后形成疤痕。体外试验中，坏死通常不伴有细胞肿胀；相反，会发生细胞皱缩。另外，细胞核形态的改变相对不显著，仅发生局部区域的浓缩和片段化。

c. 凋亡过程中的分子和生化反应

凋亡发生过程中形态结构的改变是由一系列分子相互作用所调控的，包括caspases、Bcl-2家族蛋白和线粒体膜蛋白等，相关信号分子通路如前所述。

B. *细胞凋亡检测*

a. 非流式细胞仪法

(1) 形态学检测基于显微镜的形态学观察，是众多检测方法中最为可信且生动的一种。但是，需要指出的是，传统光学显微镜形态观测技术的原理是依据细胞膜的完整性及活细胞对染料台盼蓝的据染性，因而过高估计了细胞的健康状态，据染的活细胞群中掺有细胞膜完整的早期凋亡细胞。另外，尽管光学显微镜可以观察到胞膜空泡化现象，但这并不是评价凋亡的可靠标准。

超微结构的细节变化，如染色质凝聚，内质网肿胀和细胞器修饰可以通过透射电子显微镜技术清晰地观察到。而细胞膜的改变，如微绒毛和伪足的丢失，以及典型胞膜空泡化的出现可以在扫描电子显微镜下观测到。电子显微镜技术的主要缺点是样品制备，如组织固定、包埋和切片技术非常复杂，因而是鉴定非典型凋亡形态中的最后选择。

相对于繁琐的电子显微技术，新近建立的UV荧光显微镜技术操作简单，可以定量检测凋亡。

许多常规荧光显微镜凋亡检测方法基于细胞凋亡的两个特性，即DNA片段化(浓集)和质膜不完整性。这些分析使用了各种不同的DNA核酸反应性荧光染料，如吖啶橙(acridine orange，AO)、碘化丙锭(propidium iodide，PI)(表4.7.1)。

表4.7.1　凋亡检测的最适核酸探针

核酸探针	膜通透性	发射波长/nm
碘化丙锭(propidium iodide，PI)	X	637
溴化乙锭(ethidium bromide，EtBr)	X	620
吖啶橙(acridine orange，AO)	!	530
SYTO 13和SYTO 16	!	509/519

续表

核酸探针	膜通透性	发射波长/nm
烟酸己可碱 33342/33258(Hoechst 33342/33258)	!	450
4′,6 二脒基-2-苯吲哚盐酸(4′,6-Diamino-2-phenylindole,DAPI)	X	461
7-氨基放线菌素 D (7-aminoactinomycin D,7-AAD)	X	647

注:上述探针均可从 Molecular Probes 公司购买。除了 DAPI 和 Heochst 33342 是紫外光激发外,其余探针的激发光波长均为 488nm。上述探针均可从 Molecular Probes 公司购买。除了 DAPI 和 Heochst 33342 是紫外光激发外,其余探针的激发光波长均为 488nm。

检测膜完整的早期凋亡细胞染色质凝集浓缩现象的可靠方法是联合应用膜通透性和不通透性的核酸反应性探针对活细胞进行染色,如 Heochst 33342 和 PI 或者 EtBr 联合,其检测的原理是凋亡细胞释放的核酸与 Heochst 33342 结合后可产生蓝色荧光。然而,由于 Hoechst 33342 可以短暂增加细胞膜的通透性,该方法只能反映一小部分凋亡细胞;同时该方法要求 Hoechst 33342 孵育时间至少在 10min 以上;再者,Hoechst 33342 检测到的 DNA 片段化与凝集现象与使细胞固定或进行膜通透方法所观察到的现象显著不同。

同样,对固定细胞进行 DAPI 染色也是观测凋亡细胞核形态变化的适宜方法。

实际上,联合使用 AO 和 PI 是一种快速、可靠的对活细胞凋亡形态进行评价的方法。其操作要点如下:①取少量细胞:当活细胞密度超过 1×10^6 个细胞/mL 时,取 20μL 细胞重悬稀释于磷酸盐缓冲液中;②摸索 AO 和 PI 联合使用的最佳配伍浓度(起始浓度为 1~10μg/mL);③将染料混合液与细胞悬液按照 1∶1 体积混合,染色时间不超过 3min;④染色后 10min 内进行结果分析。AO/PI 染色方法能够区分活细胞、早期膜完整凋亡细胞和坏死细胞,并应用于对工业化杂交瘤细胞培养过程进行细胞生长状态的监测(图 4.7.8)。AO 在穿透完整细胞膜后被质子,带正电荷化,这允许它和 DNA 静电结合并产生绿色荧光。但是,如果 DNA 发生变性,其结合位点被暴露,AO 则以二聚体形式结合 DNA 分子而产生红色荧光。为保证有活性的绿色荧光细胞中具有天然螺旋的 DNA 分子占绝对优势,整个染色程序应在低 pH、低 AO 浓度的溶液中进行。否则,由于 AO 二聚体在酸性胞浆结构如溶酶体浓度过高,将会出现橙红色细胞。而 PI 与膜崩解细胞中的核酸相结合产生耀眼的红色荧光,标志坏死细胞的出现。膜完整的凋亡早期细胞对 PI 排斥,呈现球形、浓缩的染色质形态而区别于活细胞。如果这些细胞继续在培养环境中存在,会发生继发性坏死,此时出现的凋亡小体能够被 PI 着色。

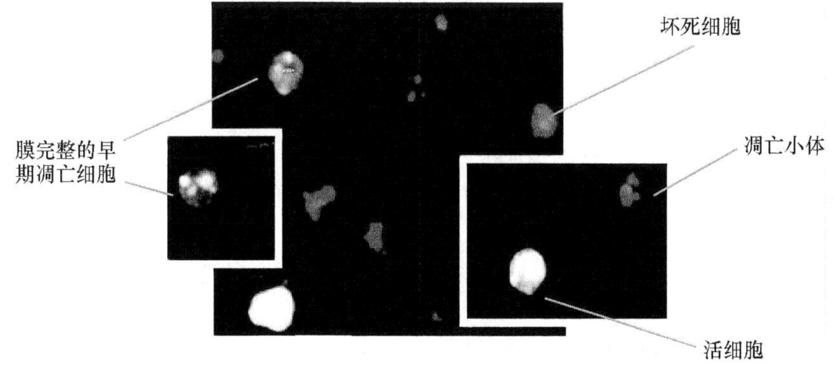

图 4.7.8 杂交瘤活细胞的 AO/PI 染色
(Al-Rubeai,1999)

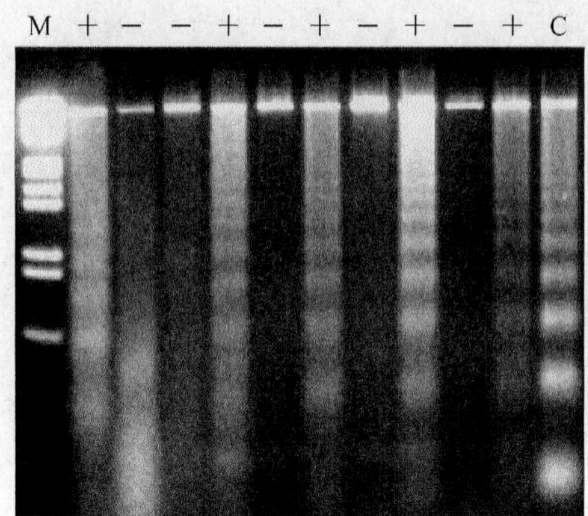

图 4.7.9　凋亡细胞的 DNA Ladder 分析
M. 分子质量标准；-. 未用喜树碱处理的对照细胞；+. 喜树碱处理的细胞；C. 试剂盒阳性对照(Ishaque and Al-Rubeai,2005)

因为荧光显微镜计数存在主观因素，特别是需要准确区别凋亡细胞与活细胞的形态学特征。因此，比较可靠的方法是在显微镜可视范围内至少计数 50 个细胞，并对同一样品重复取样三次。但此方法仍有不足，需要进行大量的实验和优化步骤。

(2) 生化分析。上文提到，DNA 首先片段化为 50～300kb，然后通过内切核酸酶作用形成 180～200bp 的片段。后者可用 1.5%琼脂糖凝胶电泳分离，用 EtBr 染色后出现典型的"梯"状条带(图 4.7.9)。商业化试剂盒提供了快速抽提和分离 DNA 的方法，但需要大量细胞来鉴定凋亡细胞特性，通常需要 2×10^6～5×10^6 个细胞，因而只适合生物反应器高密度培养时凋亡的检测。

琼脂糖凝胶检测 DNA 片段化可能是最为常用的鉴定凋亡的生物化学方法，因为这一方法使用廉价的试剂和仪器；待分析细胞样品在离心(1000r/min 离心 5min)后可以细胞团方式于-20℃保存无限时间。但其缺点是高度的坏死可能会掩盖低水平的凋亡；同时凋亡并不总是发生 DNA 片段化而是仅降解为 50～300kb 大小。所以，需要进一步鉴定这些大片段的条带；具体检测方法是电场反转凝胶电泳，但也需要进一步优化。总之，这两种方法都有局限，原因是只能定性反应细胞凋亡而不能给出定量的判断，即 DNA 片段化的程度并不代表凋亡性死亡的频率。

b. 流式细胞仪检测

(1) 基本原则。到目前为止，常规形态学和生化分析方法只能描述细胞群整体情况，却忽视了细胞大小、细胞周期状态以及生化组成等方面的异质性。然而，对于工业化细胞培养过程而言，细胞培养过程的异质性必须基于单个细胞水平的检测分析；同时，检测方法必须快速可靠、重现性好，并且可以实现在线监测。

从细胞接种至产物回收的整个工业化动物细胞培养中，流式细胞仪(flow cytometric,FC)都是检测凋亡细胞结构、生化和分子标志方面唯一精确的手段。其主要优点是 FC 具有强大的信息捕获能力，在几秒至几分钟时间内可逐个地分析数万个细胞。因此，各种细胞亚群得以被鉴定，而不是得到细胞群体的数值。一旦亚群被鉴定，FC 即能够对细胞进行分选，以用于电子分离不同的亚群进一步进行可视化检测或生化分析。通常，FC 中用到的荧光探针与荧光显微镜中使用的相同。

实际上，任何细胞相关的特性或细胞器都可通过荧光探针进行 FC 检测。表 4.7.2 中列出了检测分析凋亡结构和代谢特征的荧光探针，以及它们各自的激发波长和发射波长。表中方法适宜样本是悬浮细胞，因而可适用于工业细胞培养过程中细胞生长状态的监测。

表 4.7.2　用于流式细胞仪凋亡检测的荧光素

荧光素	检测特征	激发波/发射波	检测的凋亡参数
膜联蛋白 V-异硫氰酸荧光素(Annexin V-FITC)	内源磷脂酰丝氨酸(PS)	488/515(nm)	Annexin V 以 Ca^{2+} 依赖的方式结合至外露的 PS；FITC 强度增加提示膜磷脂失去对称性、PS 外露

续表

荧光素	检测特征	激发波/发射波	检测的凋亡参数
罗丹明 123(Rhodamine 123)	线粒体跨膜电位(ψ_m)	515/580(nm)	掺入至线粒体基质,检测线粒体膜电位(ψ_m),可在凋亡早期保留
3,3′-二己基含氧碳菁碘代物[DiOC6(3)]	线粒体跨膜电位(ψ_m)	484/501(nm)	在完整线粒体膜电位的前凋亡细胞摄入减少
5,5′,6,6′-四氯-1,1′3,3′-四乙基苯并咪唑-羰花青碘(JC-1)	线粒体活性	490/527(590)(nm)	双发射光检测凋亡过程中线粒体活性。线粒体功能下降(红色荧光)和数量增加(绿色荧光)均提示凋亡。
生物素-dUTP (FITC-dUTP)	DNA 片段化	488/515(nm)	掺入至被 DNA 多聚酶或末端脱氧核糖核苷酸基转移酶(TdT)破坏的 DNA 双链中。
碘化丙锭(PI)	膜完整性和 DNA 含量	535/617(nm)	嵌入 DNA 分子中,乙醇固定透化后洪泽荧光高度提示 DNA 含量减少,特征是出现亚二倍体峰(sub 亚 G_1 区)。
caspase-3-PE/FITC 结合物	caspase-3 活化	488/575(nm)	细胞膜通透、固定后用人、小鼠或大鼠 caspase-3 单抗进行染色。FITC 或 PE 荧光强度增加的程度与 caspase-3 活化程度正相关。

制备 FC 活细胞检测样本的过程如下:①取样 $10^5 \sim 10^6$ 个细胞;②1000r/min 离心 5min;③用 10mL磷酸盐缓冲液(PBS)重悬细胞团;④1000r/min 离心 5min;⑤收集细胞团,加入适宜探针进行染色。

对于细胞内染色,将细胞团轻微振荡分离,然后进行固定(细胞悬液与固定液体积比为 1∶1)或与细胞通透试剂进行孵育,并防止细胞成团。贴壁细胞或固体组织在染色前应进行胰酶或胶原酶消化、机械抽吸、超声处理。在单层培养细胞,消化后应补加细胞培养基,以防细胞损伤。

(2) 光散射和膜完整性。细胞凋亡早期出现细胞脱水,后者可通过细胞散射 FC 激光束方式的改变反映出来。正向光(FS)散射强度反应细胞大小,与光束轴成 90°方向上的侧向散射光(SS)与细胞内部结构对光的反应有关。通常,凋亡细胞或者凋亡小体 FS 信号减弱,凋亡后染色质浓集时 SS 散射光瞬时增加。需要注意的是,SS 增高不是一种典型的改变,但是 FS 降低则明确表示细胞发生了凋亡。随着细胞皱缩变小,SS 强度也会随着降低。坏死细胞起初表现为肿胀,其特点是单一 FS 的增加,但这种变化往往是瞬时的;随后细胞膜破损,细胞散射正向和直角方向光的能力快速下降。

光散射分析具有很多优点。首先,它基于凋亡细胞的物理特性进行测定,因而操作简单;再者,此方法能够结合其他检测手段如细胞核 DNA 检测,荧光标记胞浆或细胞膜表面蛋白,或者用 PI 染色鉴定细胞膜破损。例如,PI 的红色荧光结合光散射参数可用来区分活细胞(强 FS 散射光/PI 阴性)和坏死细胞(弱 FS 散射光/PI 阳性);而凋亡细胞则表现为 FS 散射光减弱和 PI 瞬间阳性,这与光学显微镜下采用台盼蓝计数分析细胞活性比较类似。PI 染色结合光散射分析可以计数死、活细胞,在不远的将来 FC 将取代繁琐、主观的手工计数。

然而,光散射参数的变化无论对凋亡还是坏死细胞都是非特异性的,这些参数反映的是机械破损细胞或单个细胞核的存在。其次,细胞固定方法也能改变光散射特性。再次,坏死与凋亡的区别,尤其是与晚期凋亡细胞的区别并不总是很明显的。因此,用光散射鉴定细胞凋亡,需要设立多个对照，并同时结合使用其他特异性更强的凋亡检测方法。

(3) 线粒体跨膜电位检测线粒体在细胞凋亡的最初阶段发挥功能。凋亡极早期细胞线粒体跨膜电位(ψ_m)的维持依赖于足够的ATP能量，线粒体跨膜电位 ψ_m 的下降，被认为是细胞凋亡级联反应过程中最早发生的事件，它发生在细胞核凋亡特征(染色质浓缩、DNA断裂)出现之前，一旦线粒体 ψ_m 崩溃，则细胞凋亡不可逆转。因此，ψ_m 下降提示细胞尚处于凋亡通路中"不可逆转点"之前，其下降与凋亡相关基因细胞色素C释放一致。一些穿膜亲脂性阳离子荧光标记物能够在细胞膜完整的早期凋亡细胞的线粒体内富集。线粒体探针，按照亲脂性由小到大，包括罗丹明123(Rh123)，5,5′,6,6′-四氯-1,1′3,3′-四乙基苯并咪唑-羰花青碘(JC-1)和3,3′-二己基含氧碳菁碘代物[DiOC6(3)]。一旦进入细胞内，亲脂性阳离子即可通过电离透入的方式进入线粒体。因而，线粒体保留这些染料的能力依赖于初始 ψ_m 状态。

Rh123激发的荧光在黄绿光区域，结合PI染色能够区分凋亡和坏死细胞群。活细胞和凋亡细胞呈现Rh123绿色荧光而对PI不着色，而坏死细胞仅对PI反应并被染成红色(图4.7.10)。然而，从图4.7.10可以明显看出，用Rh123区分活细胞和凋亡细胞比较困难；大多数早期凋亡细胞由于其细胞膜完整，具有较低的 ψ_m 而混入活细胞群中(图4.7.10ii)。这些复杂性源自Rh123自身的特性，因为它不一定是线粒体功能特性的。Rh123除了可以检测 ψ_m 外，还可以检测胞浆膜电位。当用较低浓度Rh123染色、孵育较短时间时，线粒体内外染料浓度比例较高，Rh123对 ψ_m 荧光变化的反应达到最大。因此，Rh123检测 ψ_m 的方法可能仅适用于定量区分坏死细胞与活细胞，而不适用于定量凋亡亚群及其特征。

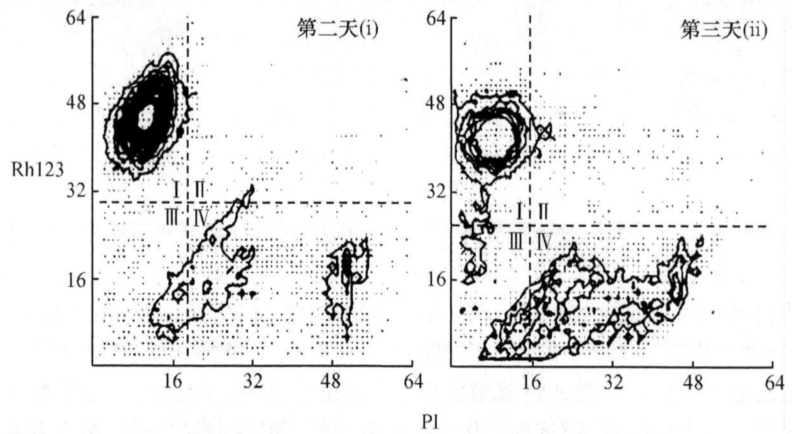

图4.7.10　杂交瘤细胞批式培养过程中Rh-123和PI的染色分析。Rh123染色的活细胞从第2～3天出现下降；至第3天大部分细胞是PI染色的坏死细胞。凋亡细胞Rh123荧光强度降低，但是细胞膜依旧保持完整(ii)

(Al-Rubeai and Emery,1991)

JC-1可避免Rh123应用中的一些问题，是一种简单的双色流式细胞仪检测 ψ_m 的方法。活细胞中，功能活跃的线粒体会摄入JC-1，形成J-聚集态并发射出红色荧光。凋亡细胞中，ψ_m 下降，J聚集态分散成为单体；由于J连接到线粒体膜上，发射荧光从红色转为绿色。JC-1单体的绿色荧光反应了线粒体的数量，而红色荧光表明了总的细胞线粒体功能，红/绿值反映了线粒

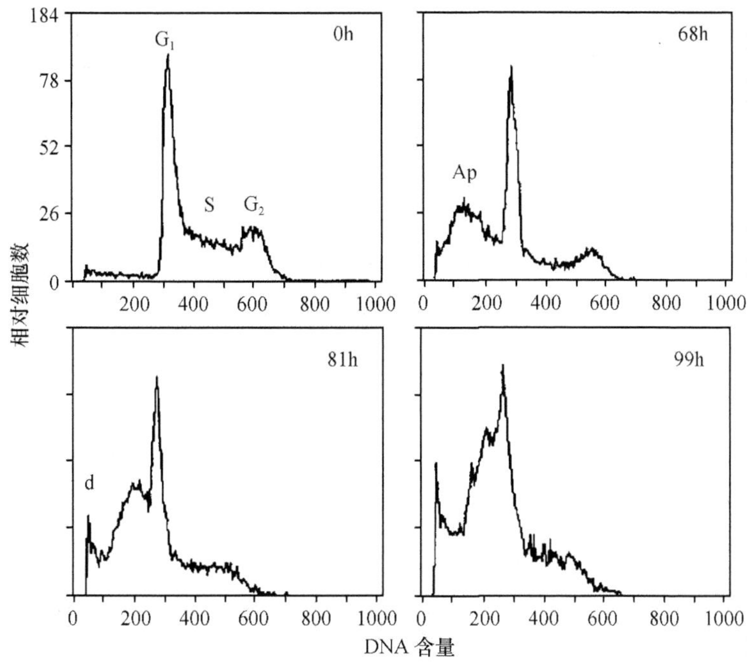

图 4.7.11 在批培养中细胞 DNA 分布检测。亚 G_1 区表明细胞发生凋亡(Ap),其强度随着时间的延长而增强。亚 G_1 区和细胞碎片(d)的出现提示在培养末期生成了大量凋亡小体,同时有小片段 DNA 掺入该区(Al-Rubeai,1999)

体 ψ_m 与数量的关系。通过分析细胞亚群中单个线粒体水平 ψ_m 的不同,线粒体 JC-1 染色分析能同时进行定量和定性分析。

DiOC6(3)由于它的高度亲脂性,能够以比 Rh123 高几百倍的浓度存在于线粒体中。但是,这种染料能够重新分布至细胞内膜系统其他部位,如内质网中。由于具有光谱迁移而非荧光强度变化的特性,JC-1 似乎是检测 ψ_m 的最佳线粒体探针,而在使用 DiOC6(3)和 Rh123 时则需特别小心。总之,上述检测方法均简单易行,毒性较低,试剂价格便宜。然而,ψ_m 下降并不是凋亡细胞的特定标志,也不能够作为检测凋亡发生的唯一方法。

(4) DNA 含量和"亚 G_1 区"。凋亡核的变化(DNA 片段化)可用核酸荧光染料,如 PI 通过简单的流式细胞仪方法分析 DNA 相关荧光强度的下降。细胞用 70%冰乙醇固定和透化后,即可来抽提低分子质量 DNA。检测结果是观察到 DNA 含量低于 G_0/G_1 期的亚群(图 4.7.11)。含有 DNA 片段化的细胞会形成"亚 G_1 区",而非一些出版物中错误描述的一个明显的单峰,原因是细胞透化作用或者乙醇固定不能保存降解的 DNA 分子,在后续的细胞清洗和染色过程中抽提的 DNA 会完全丢失。在 PI 染色前建议用 Rnase A 孵育细胞(37℃ 30min),因为 PI 同样会和 RNA 结合。

"亚 G_1 区"检测通常用流式细胞仪 PI 染色法。该法操作简单,可随时检测固定细胞样品,适用于治疗性生物制剂生产用的大多数细胞系,如 CHO、杂交瘤和 BHK 细胞。"亚 G_1"区域仅仅在培养稍后时期出现,反映凋亡进展的晚期,因为必须有足够量的片段化 DNA 才能产生"亚 G_1 区",如当大量细胞发生晚期凋亡或者出现继发性坏死即会出现大量"亚 G_1 区"。该方法与

DNA 琼脂糖凝胶电泳相互补，高度提示晚期凋亡的发生。

该方法除了不能鉴定早期凋亡外，“亚 G_1 区”的出现也不能够准确反映凋亡的发生。这是因为，“亚 G_1 区”含有多种成分：微核、坏死细胞和 DNA 含量较低的有丝分裂细胞单个染色体聚集物。“亚 G_1 区”提示核碎片的数目，而不是凋亡细胞的数目。目前，“亚 G_1 区”检测的主要缺陷是尚不能确定凋亡细胞是从那个细胞周期时相进入“亚 G_1 区”。因此，就凋亡检测而言，“亚 G_1 区”分析本身只是一个补充实验，必须结合 DNA 梯度分析。

(5) TUNEL 分析。细胞凋亡中，染色体 DNA 双链断裂或单链断裂而产生大量的黏性 3′-OH 端，因而 DNA 片段化也可通过生物素连接的核苷标记 DNA 片段的 3′-OH 端进行检测。这一反应由外源脱氧核糖核苷末端转移酶催化(TdT)或者 DNA 聚合酶 I(缺口转位)催化，被称为 TUNEL(TdT 介导的 dUTP 缺口末端标记)。荧光素，地高辛或生物素标记核苷的实验结果是一致的，它们都在 DNA 断裂的缺口处插入。TdT 催化反应速率比缺口平移检测要快速。荧光标记的 dUTP 能够直接通过荧光检测[图 4.7.12(A)]，而生物素和地高辛分别通过标记链霉亲和素和标记抗地高辛抗体进行检测[图 4.7.12(B)]。将 FITC-dUTP 绿色荧光或生物素-dUTP 与 PI 联合，同时染色 DNA 及其片段，可以在检测凋亡的同时检测细胞周期时相分布或 DNA 倍数。

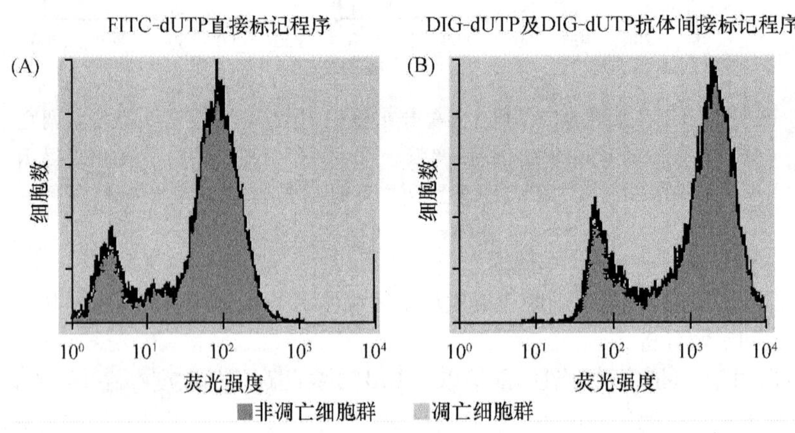

图 4.7.12　直接(A)与间接(B)标记凋亡细胞断裂 DNA 链的比较。
直接标记非特异性背景很低，与间接标记具有相同的敏感性

TUNEL 分析最初被认为是非常特异性的凋亡检测方法，特别是其能够标记出高比例的 DNA 断裂峰。虽然 TUNEL 定量分析可用于所有的细胞系，但是对 TUNEL 实验结果的分析比较困难。首先，DNA 断裂峰并不只出现于凋亡细胞，也可能出现于原发性坏死细胞以及核小体未发生断裂的细胞。其次，该方法本身具有技术上的难度，有许多操作步骤，导致凋亡细胞的丢失。最主要的是，细胞必须用合适浓度的交联固定剂，如甲醛进行固定。如果 DNA 片段未能与细胞内蛋白发生交联，则最终导致这些 DNA 片段在洗涤时从细胞内泄漏而不能被检测出来。其他不足源自检测试剂本身，如 TdT 活性丢失、核苷降解等。同时，检测时应设立许多适宜的阴性和阳性对照。

(6) Annexin V 分析。凋亡细胞会在完整的膜表面暴露其磷脂酰丝氨酸(PS)。在体外实验中，这些凋亡细胞的碎片进一步进入膜包裹的凋亡小体中，继而暴露出内部 PS。这些翻转的 PS 能够通过 FITC 标记的交联膜连蛋白(annexin-V，AV)进行检测。AV 倾向于特异性结合带有负

电荷的膜磷脂如 PS。Koopman 等首次在 1994 年建立了一种基于 AV-FITC 原理的 FC 测定凋亡的方法。将 Annexin-V 与 PI 匹配使用，通过 FC 检测可以区分活细胞（AV－PI－ve）、早期膜完整的凋亡细胞（AV＋ve/PI－ve）、晚期凋亡或坏死细胞（AV＋ve/PI＋ve）（图 4.7.13）。并非所有凋亡细胞都具有 PS 外翻特征，仅仅是凋亡细胞中的一小部分能够在凋亡末期细胞裂解之前被 AV 标记上。

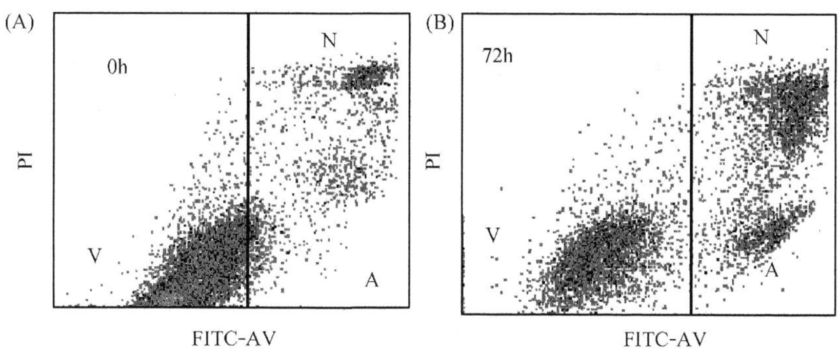

图 4.7.13 杂交瘤细胞批式培养过程中 FITC-AV/PI 染色。FITC-AV 和 PI 双染突出显示了细胞活性的定性和定量评价。在 72h 培养中，细胞状态经历了活性（V）、凋亡（A）至坏死（N）的转变

（Ishaque and Al-Rubeai，1998）

AV 标记检测凋亡的一个关键问题是其与其他细胞凋亡标志分子的时间关系，而且很难准确检测 PS。因此，一旦发现细胞处于死亡时相，就必须在这个时相频繁检测 PS 外翻。尽管 PS 外翻被看做是公认的凋亡标志，但对高表达重组蛋白的工业化生产用细胞克隆而言，事实并非如此，如在一些 CHO 细胞克隆中，AV 检测很难对凋亡作出预测。因而不能仅依赖这单一的检测结果而忽视凋亡现象的存在。AV 检测的主要优势是其操作简单，能够在取样后 30min 内得出结果。

（7）细胞内 pH。上面介绍的 FC 方法均监测的是典型凋亡细胞表型的相关结构变化，只能发现凋亡途径中的终端效应。这对于细胞培养过程而言，由于发现太晚而不能及时抑制细胞凋亡的发生。因而，更为有效的手段应该是检测细胞代谢状态的早期改变，进而可以预测凋亡形态改变的即将发生。

细胞代谢状态的改变一般与细胞呼吸状态的改变相关，而后者受到严格调节的细胞内 pH（pHi）的控制。大多数细胞内酶类其酶活性的维持依赖于 pHi 精细调节在 7.2 左右。Sureshkumar 等于 1993 年最早发现，pHi 可作为细胞能量代谢状态有效指示剂，可用于生物反应器培养过程的优化。一个 pH 敏感的荧光探针羧基-SNARF-1-AM（carbo-seminaphthorhodfluor-1-acetoxymethylester）能够用来检测 pHi 的变化。羧基-SNARF-1AM 通过其近中性的乙酸甲酯基团的导向扩散入细胞膜内。一旦进入细胞后，本无自发荧光的染料由于 AM 的外露，在细胞内广泛存在的酯酶作用下转变为有荧光呈现的羧基-SNARF-1。进而，羧基-SNARF-1 吸收光谱出现 pH 依赖的颜色变化，由酸性条件下的黄橙色荧光转变为碱性条件下的深红色荧光。

这种 pH 依赖特性导致不同发射波长（635nm/575nm，酸/碱）下的荧光强度呈现一定比率。为得到酸碱比率下的 pHi 绝对值，探针需要在已知离子强度的缓冲液中进行校准。使用参比测

定的优势在于:减少了细胞间染料浓度的差异,探针的泄漏和细胞厚度等外在因素的影响,因为对于每一个激发波长这些因素都是完全一致的。荧光比例的任何差异都与细胞活力或其生化功能密切相关。

使用羧基-SNARF-1-AM 进行 FC 检测中,凋亡细胞亚群的荧光比例降低,因此,pHi 能够被检测。图 4.7.14 介绍了在凋亡细胞中出现了酸性荧光比例信号。早期膜完整的凋亡细胞具有活跃的代谢活性,可以保留羧基-SNARF-1;而坏死或晚期凋亡细胞由于细胞膜的破损,探针自细胞膜泄漏并且不受残余酯酶活性的影响。酸性细胞亚群似乎总在 AV-FITC/PI 检测凋亡信号、荧光显微镜检测染色质凝集现象之前出现。Frey 研究指出 pHi 下降是恒定的,是不同细胞凋亡系统的固有特点,表明该方法相对线粒体、细胞核和 annexin V 流式细胞仪检测方法而言,能更好地预示细胞凋亡。

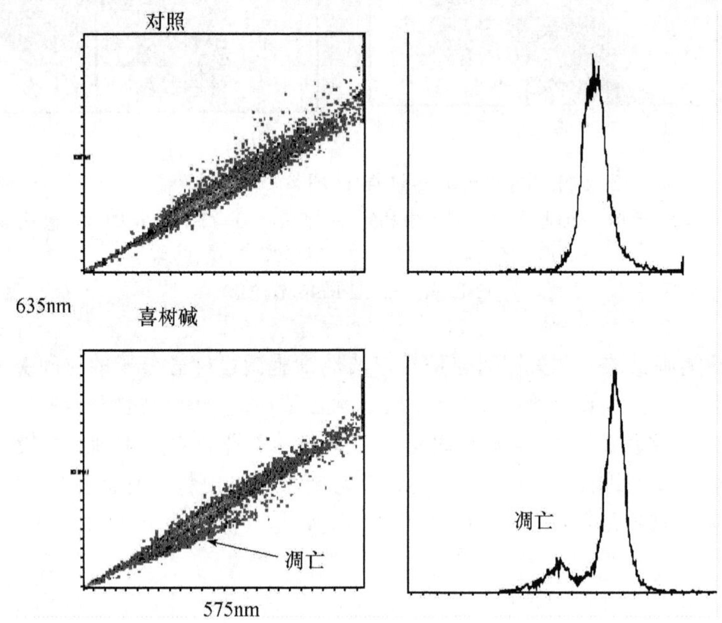

图 4.7.14　羧基-SNARF-1-AM 染色显示荧光比率和细胞内 pHi 下降。单个细胞的相对 pHi 依据其在 635nm 与 575nm 的平均荧光强度表示为二维散点图,图中单位细胞数目的平均荧光比例提示喜树碱诱导的凋亡细胞亚群,该群细胞与对照细胞相比 pHi 下降(7.4→6.8)

(Ishaque and Al-Rubeai,1998)

(8) caspase-3 激活。流式细胞仪近来也用于检测凋亡级联反应中的特定蛋白,如参与 caspase 活化的蛋白质。caspase-3 活化处于这一级联反应的终端,裂解相应的细胞底物,最终导致细胞凋亡,出现特征性凋亡形态与表型。

目前,已经能用简单的 FC 方法检测 caspase-3 活化。例如,应用荧光染料 PE 或者 FITC 标记的兔单抗与活化的 caspase-3 片段特异性结合,进而分析凋亡生化反应的激活。

4.7.1.4　工业化生产中抑制工程细胞凋亡的策略

针对反应器培养中许多环境因素会造成细胞死亡的现象,在过去几十年中研究人员已应用几种不同的方法来抑制细胞凋亡的发生。首先,通过培养基的优化设计和操作过程的合理安排能够部分实现这一目标。此外,小分子化学抑制剂和复杂得多步基因工程技术也可抑制细胞死亡途径地激活。后者已在第四节“工程细胞构建与改良”部分进行了阐述。

1) 营养成分抑制细胞凋亡

研究表明,细胞凋亡的一个重要原因是培养基营养成分或特殊生存因子的缺乏,如葡萄糖、氨基酸和血清中的一些生长因子等。因此,合理设计与优化培养基,适时添加葡萄糖、氨基酸和其他关键营养因子或提高其浓度能抑制细胞凋亡,显著延长培养时间。例如,通过优化初始培养基中各成分比例特别是葡萄糖和谷氨酰胺的合适浓度及配比,提高初始培养基部分氨基酸的浓度,保证为细胞高活力生长提供足够的能源和底物,即可避免发生营养限制,进而减低细胞凋亡的程度。研究表明,当细胞处于饥饿诱导的凋亡边缘时,加入单一氨基酸就可以抑制细胞死亡,表明特定氨基酸不仅是营养成分,而且可能充当了特殊的信号分子,当其丧失则可能激活特定的凋亡信号途径。另外,针对营养物质限制而进行的重复分批补料策略可显著延长对数生长期,获得较高的细胞密度;该策略的成功实施与细胞凋亡的抑制密切相关。在无血清培养中,使用低分子质量的代谢物,如酵母抽提液,植物或动物组织的水解产物均可提高细胞的生长与活性,提高单位细胞的蛋白产率。这些物质如水解产物提供的主要营养物包括游离氨基酸、多肽、维生素、微量元素和无定形成分。实验证实,细胞摄取并利用了其中的一些成分。但是,在以往无血清培养基研发的血清替代成分研究中,只重视了这些替代成分对细胞生长的促进作用,如促有丝分裂活性,而忽视了其对细胞存活的维持作用。因此,在进行营养成分的合理设计和添加以预防细胞凋亡之前,首先有必要对这些替代成分的作用进行界定;同时,充分考虑以促有丝分裂为主要活性的生长因子和以维持细胞存活为主要作用的生存因子的平衡,从而维持尽可能高的细胞活性,实现细胞存活时间尽可能长的细胞培养。

在培养过程中预防或减少细胞凋亡发生的措施除了培养基的优化,各种过程参数,如温度、接种密度、pH 和流加策略的合理设置都是常用的方法,在具体操作实践往往是各种策略的联合运用,从而维持长时间的培养,获得高产量的目的蛋白。例如,预防细胞早期凋亡发生的常用方法是使用反馈批培养模型,该模型不仅涉及营养物质的补加方案、额外营养物质的加入,而且还包括参数控制方面,各种措施的综合有效避免了营养物缺失造成的细胞活力下降。需要指出的是,这一方法虽减少了细胞发生凋亡的比例,但不能够完全阻止凋亡的发生。

2) 化学物质抑制细胞凋亡

细胞在凋亡过程中会发生一系列的细胞生物学变化,如在凋亡信号阶段产生活性氧,在凋亡效应阶段会产生线粒体膜电位的破坏、caspase 的激活等。有一些化学物质可以阻断或改变这些变化,这样就可以抑制细胞凋亡。这些物质包括金精三羧酸、锌离子、各种抗氧化剂及多聚硫酸盐物质苏拉明及各种凋亡效应分子的抑制剂等。一般而言,在效应期阻止凋亡比在信号阶段阻止凋亡更有广泛的应用价值。

金精三羧酸(Aurin tricarboxylic acid,ATA)是一个核酸酶抑制因子,可以抑制引起 DNA 断裂的内切核酸酶的活性。该物质价格低廉,使用简单,在细胞培养时加入 5～25μmol/L 可以抑制或减少细胞凋亡,且不影响细胞的增殖活性。

越来越多的证据显示,当细胞锌离子缺乏时会诱发细胞凋亡而造成细胞的损伤,这一损伤与细胞信号传导通路如 MAPK、PKC、PPAR、caspase 等的活性变化有关。因此,一定浓度的锌离子也可抑制细胞凋亡,但其浓度水平非常接近细胞中毒的锌离子水平,当浓度过高时则可诱导细胞凋亡。

当活性氧在细胞凋亡信号中起重要作用时,抗氧化剂谷胱甘肽、*N*-乙酰半胱氨酡、维生素 C 及维生素 E 可在活性氧诱导细胞凋亡之前中和这些物质,因而产生抗凋亡效应。

苏拉明通过抑制某些促凋亡途径,使得细胞活力提高 25%,同时重组糖基化蛋白 SEAP 的产量提高 40%。

近来,利用化学抑制物阻止 caspase 激活具有很大的吸引力,因为 caspase 的激活代表效应的最后步骤,其后细胞将不可逆地死亡。因此,能抑制这一蛋白家族活性的化学试剂可用于抗凋亡,如 Z-VAD、fmk、YVAD、Cmk、BD-fmk 等都具有和 caspase 家族蛋白作用底物相匹配的裂解点,这些抑制剂已显示出抑制营养缺乏引起的细胞凋亡效应。研究发现,在无血清批式培养 CHO 细胞中 60μmol/L Z-VAD-fmk 并不能延长细胞的培养时间;相反,每 24h 以 100μmol/L 初始浓度加入 Z-VAD-fmk 于 CHO 细胞培养基中,则大幅度延长了细胞培养周期,这表明抑制物可能在培养过程中被降解,需要不断加入以维持一定浓度。

总之,研究凋亡细胞的表型,阐明调控机制结合传统工程细胞培养和分子生物学检测的两种技术,为提高重组蛋白产量和质量提供了新的方法和手段。凋亡的抑制首先需要建立一种快速可信的鉴定凋亡的技术,如可信、简单并能重复的荧光显微镜技术,客观的、不通过视觉观察判定并且可以逐个分析成千个细胞的流式细胞检测方法,以及判定细胞凋亡最为可靠的黄金法则的细胞形态学分析。事实上任何可以通过 FC 分析的参数需要同时利用其他替代途径检测验证,多种实验同时证明凋亡才能得到更为可信的结论。最近发展的细胞膜内 pH 检测似乎是 FC 检测参数中最为切实可行的方法,因为它能成功预测细胞的凋亡。如果在工程上应用该技术则可促进培养基的优化从而提高蛋白产量。培养基配比的检测最佳方法是通过使用 FC 检测细胞的凋亡情况来评价培养基对细胞活性的影响。

在各种凋亡抑制策略中,相较于基因改造细胞系,培养基的优化和化学物质的添加可能是优化生物反应器培养动物细胞中最为简单可行的策略。

4.7.2 工程细胞营养代谢特征

为进一步提高哺乳动物细胞在生物技术药物制备中的产率和质量,人们往往通过代谢调控的手段优化细胞培养环境,或利用代谢工程技术干预原有的代谢途径或引入新的途径以重新设计并提高细胞的性能,从而构建筛选更优化的目标产品表达系统。为此,必须了解工程细胞在体外培养条件下基本的营养代谢特征。

在正常机体内,细胞代谢受着严格的调控,包括细胞水平代谢底物、产物水平和整体水平神经内分泌系统两个层次的双重调节,因而始终处于动态平衡状态。在体外培养环境中,由于细胞永生化建系过程中的遗传特性及代谢模式的改变,如细胞失去了整体水平的代谢调节和各种特异组织间的代谢协调作用,常常出现代谢的溢流,呈现出异常的代谢方式,表现为主要碳源、氮源及能源物质葡萄糖和谷氨酰胺的大量低效率的消耗,导致代谢副产物的积累,后者主要包括乳酸、氨和丙氨酸和脯氨酸等氨基酸。

本节涉及的代谢途径包括糖酵解、戊糖磷酸途径、三羧酸循环(TCA)、氧化磷酸化、谷氨酰胺酵解和其他氨基酸的代谢。这里谈到的代谢途径不是独立的,而是复杂多变的网络。因此,在考虑到体外培养条件下代谢方式改变的同时,我们还应该考虑到细胞中不同代谢途径的相互影响。此外,细胞内部功能区域的划分也要考虑,尤其是要强调发生在线粒体或细胞质中的代谢过程。我们将结合不同的转运机制，包括从外部培养基到细胞、从胞浆基质到线粒体来进行讨论，同时也要考虑到它们经苹果酸旁路和转氨基途径（TA）的相互作用。

4.7.2.1 工程细胞体外培养过程中葡萄糖的转运与代谢

葡萄糖是细胞生长过程中重要的碳源和能源物质，同时通过糖酵解和磷酸戊糖途径提供生物合成的前体。细胞体外培养时，培养基中葡萄糖含量较高，如 RPMI 1640 中含 17.5mmol/L，DMEM 高糖与低糖中分别含 25mmol/L 或 5.5mmol/L。

1）葡萄糖的转运

极性大分子葡萄糖不能以直接扩散的方式通过细胞质膜，所以在动物体内哺乳动物细胞对葡萄糖的摄取可以通过与 Na^{+} 共转运的方式，耗能逆浓度梯度转运到细胞内；也可以通过细胞膜上特定转运蛋白以不耗能顺浓度梯度的方式进行主动转运。然而，对于体外培养的工程细胞而言，葡萄糖主要通过后者即葡萄糖转运蛋白进入细胞内，其转运机制具有饱和性和双向扩散性的特点，由细胞膜两侧的葡萄糖浓度梯度推动。正常情况下，由于葡萄糖很快被己糖激酶磷酸化，胞质仅存在少量的单体葡萄糖，因而葡萄糖转运主要发生在其摄取的方向。

目前，在不同组织中已分离出 6 种不同亚型的葡萄糖转运蛋白（glucose transporter，GLUT）（表 4.7.3）。它们大小相似，为 492～524 个氨基酸，39％～65％的氨基酸序列具有一致性，相似性为 50％～76％。

表 4.7.3 6 种不同亚型的葡萄糖转运蛋白

亚　型	组织细胞分布	功　能	转运动力学
GLUT1	在所有组织中都表达，人红细胞表达最高，脑，胎盘和上皮组织中也大量存在	主要负责葡萄糖转运。此外，也转运其他的已糖（类）和戊糖（类），但亲和性较低	在转运动力学上显著不对称性。摄取 K_M 值为 1～2mmol/L，相比输出高出一个数量级
GLUT2		转运葡萄糖、半乳糖、甘露糖和果糖	在不同组织中尤其在肝细胞中呈现转运动力学对称性。对于葡萄糖的亲和性比较低，K_M 值为 15～20mmol/L
GLUT3	在脑中大量存在，在肾和胎盘中也表达	葡萄糖	亲和性在所有 GLUT 最高。因细胞外液中葡萄糖浓度比质膜中低，作用是保证脑细胞对葡萄糖的摄取
GLUT4	在脂肪组织和肌肉中相比存在的更多	葡萄糖	负责胰岛素刺激下的葡萄糖的摄取
GLUT5	在所有亚型中差异最大		
GLUT7	由鼠肝细胞 cDNA 文库中克隆而来		

2）葡萄糖的代谢

一旦被摄入胞质中，葡萄糖的进一步分解主要有两个途径：糖酵解途径和磷酸戊糖循环（pentose phosphate cycle，PPC），如图 4.7.15 所示。

在主要的代谢途径糖酵解中，葡萄糖分解为丙酮酸，产生大量供细胞合成的中间产物，2 分子 NADH 和 2 分子 ATP，同时生成代谢副产物乳酸。其中，ATP 可为细胞生长提供所需的能

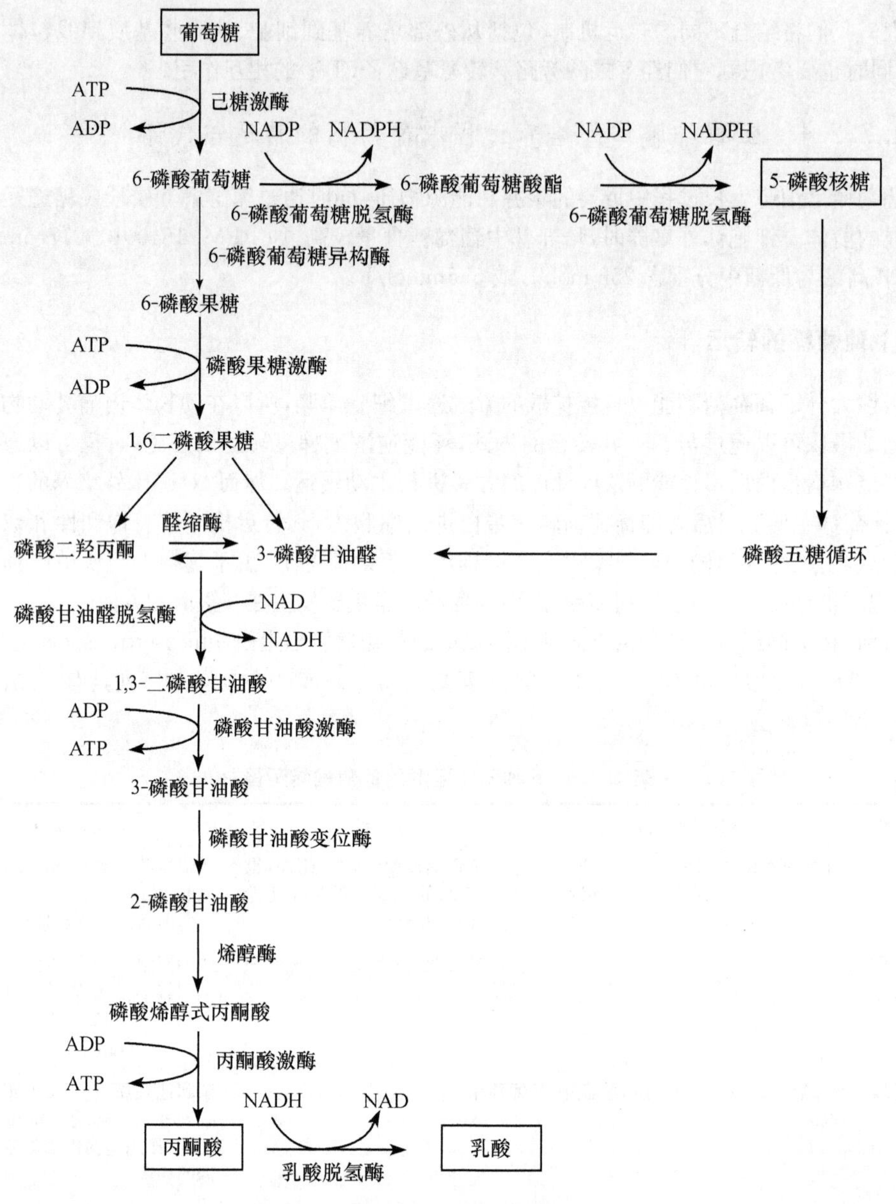

图 4.7.15　糖酵解途径和磷酸戊糖途径

量。中间产物6-磷酸葡萄糖主要用于糖原的合成,也可转变为6-磷酸葡萄糖酸酯进而通过PPC代谢变为5-磷酸核糖。糖酵解途径提供的其他生物合成前体的物质有:6-磷酸果糖,用于氨基糖类复合物的合成;磷酸二羟丙酮,可进一步变为3-磷酸甘油酸,用于脂类的合成;3-磷酸甘油酸,是色氨酸和甘氨酸合成的前体,用于嘌呤和嘧啶核苷酸的合成。

戊糖磷酸途径可产生细胞代谢所需的NADPH还原体,和用于核酸合成的5-磷酸核糖分子。而且,5-磷酸核糖也可由6-磷酸果糖经由3-磷酸甘油醛产生,显示出细胞代谢上的灵活性,以便平衡代谢流。经由PPC的代谢流与DNA复制或RNA转录所必需的核酸合成有关,并可能受到细胞周期的调控。

糖酵解阶段产生的 NADH 和丙酮酸在有氧状态下进入线粒体，丙酮酸氧化脱羧生成乙酰辅酶 A，乙酰辅酶 A 继而进入由一连串反应构成的三羧酸循环(tricarboxylic acid，TCA)。1 分子乙酰辅酶 A 经过 TCA 循环反应生成 3 分子的 NADH，1 分子的 GTP，1 分子的 FADH 和 2 分子的 CO_2。

TCA 循环(图 4.7.16)是中心代谢的主要途径，主要有两个功能：提供细胞合成代谢不同物质的前体和产生几乎所有的代谢能量。此外，TCA 循环作为一种内部机制，在平衡糖酵解和谷氨酰胺的代谢速率方面具有重要作用。联系 TCA 循环和糖酵解的枢纽是丙酮酸，它首先被转运到线粒体中，进而转变为乙酰辅酶 A。一小部分乙酰辅酶 A 也可由一些氨基酸的降解产生，这些氨基酸包括酪氨酸、赖氨酸、亮氨酸和异亮氨酸。因此，部分氨基酸也可通过乙酰辅酶 A 进入 TCA 循环。

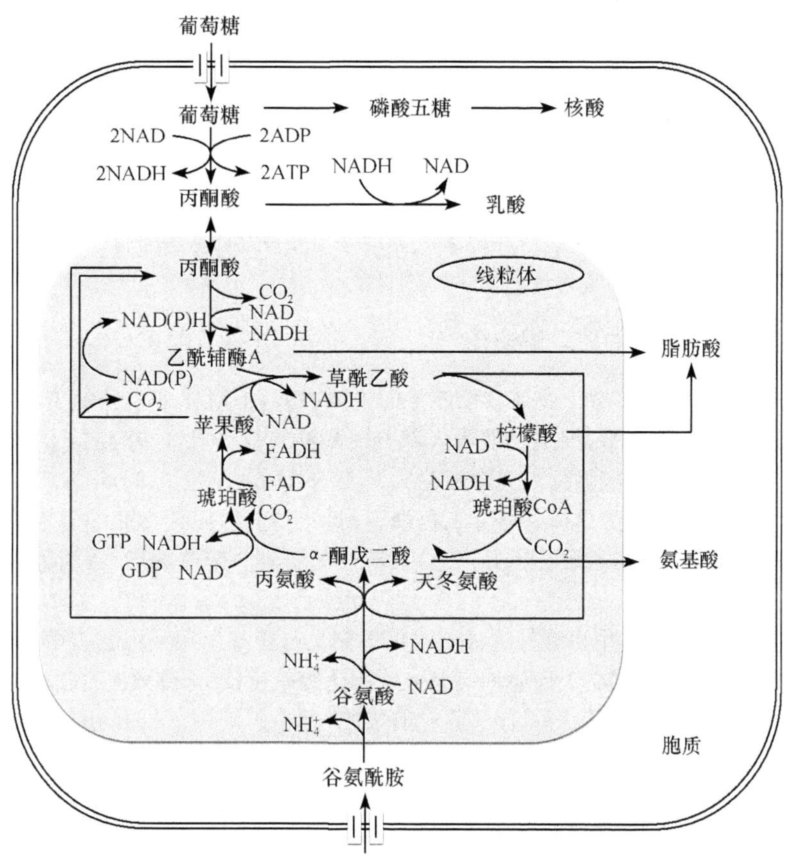

图 4.7.16 葡萄糖和谷氨酰胺代谢

实际上，几乎葡萄糖代谢中产生的所有丙酮酸都变为乳酸，只有很小一部分转变为乙酰辅酶 A 进入线粒体，其比例占葡萄糖消耗率的 4%～5%。

乙酰辅酶 A 进入 TCA 循环后与草酰乙酸缩合生成柠檬酸。柠檬酸离开 TCA 循环的一条重要途径是释放到胞质中，伴随丙酮酸的产生形成脂类。在肿瘤细胞系中，脂类的合成是一个需求量很高的生物合成途径。乙酰辅酶 A 的少量进入和从柠檬酸的流出导致 TCA 循环严重缺失，这些缺失必需被补偿，方可满足细胞能量的需求。通常，这一补偿过程发生在 α-酮戊二酸水平。谷氨酰胺是α-酮戊二酸的前体，在线粒体中转变为谷氨酸，然后进一步变为α-酮戊二酸。结果，被分解为α-酮戊二酸的柠檬酸流量只有柠檬酸合成量的10%。这种现象通常被称为缩短的TCA循环。谷氨酰胺首要的作用是提供必需的中间产物来保证循环的运转，同时也显示出谷氨酰胺作为主要碳源和能源物质的重要性，尤其是在葡萄糖能源不足时，可作为能源和碳源的重要补偿物质。其他具有类似TCA循环作用的，如在草酰乙酸水平的补偿反应，在哺乳动物细胞中似乎是无效的，因为没有检测到磷酸烯醇丙酮酸羧激酶和丙酮酸羧化酶的活性。因此，在动物细胞中，草酰乙酸被用于天冬氨酸和天冬酰胺的合成。

在琥珀酰辅酶A水平，各种不同的氨基酸，如异亮氨酸、缬氨酸、苏氨酸和甲硫氨酸可补偿生成琥珀酰辅酶A，这一流量占琥珀酰辅酶A转变为琥珀酸总流量的10%。在琥珀酸水平，有一新的流量即由酪氨酸和亮氨酸的降解可以得到琥珀酸，该流量占从延胡索酸到苹果酸流量的7%。在苹果酸水平，又一重要的流量自TCA循环输出，被细胞用于平衡循环中的代谢流，防止其过高。事实上，由于在大多数哺乳细胞中谷氨酰胺的大量摄入以及α-酮戊二酸的补偿反应，从琥珀酸变为苹果酸的流量要比从草酰乙酸到柠檬酸的多。由于从乙酰辅酶A到草酰乙酸的化学计量比为1∶1，所以细胞必须减少循环中任何过量的苹果酸以免中间产物的累积。苹果酸因此被释放出TCA循环，进而转变为丙酮酸。

三羧酸循环通过线粒体内膜上的呼吸系统产生直接为细胞供能的ATP；此时，2个不同的分子NADH和FADH分别被氧化，并以氧气为最终电子受体。一般，1个NADH分子最多产生3个ATP，1个FADH分子最多产生2个ATP。

3）工程细胞中异常的糖酵解途径

尽管TCA循环是大多数生物体获取能量的主要方式，但对体外培养的工程细胞而言，即使氧供应明显高于体内水平，细胞仍然将大部分丙酮酸转化为乳酸（净生成2个ATP），只有一小部分丙酮酸进入三羧酸循环被完全氧化为CO_2和H_2O（净生成36个ATP）。因此，快速消耗葡萄糖并大量产生乳酸是体外培养工程细胞的一个特点，如杂交瘤细胞培养中乳酸得率很高，乳酸对葡萄糖的得率系数在1.5以上，大量葡萄糖流向糖酵解途径，糖酵解是细胞主要的能量来源。

通常，把体外细胞培养中出现的这种不论供氧充足与否都呈现很强的糖酵解反应、同时糖的有氧氧化受抑制的现象称为Crabtree效应或反巴士德效应（巴士德效应是指有氧氧化抑制糖酵解的效应）。一般认为，具有Crabtree效应的细胞，其糖酵解酶系（丙酮酸激酶、磷酸果糖激酶、己糖激酶）活性高，而线粒体内氧化酶系，如细胞色素氧化酶，活性较低，因而在争夺ADP、P_i、NADH方面线粒体必然不处于优势，不能获得足够的进行氧化磷酸化的底物；这样，即使氧气供应充足，其有氧氧化生成ATP的能力仍低于体内正常细胞。Crabtree效应普遍地存在于癌细胞中。对于工业化培养的工程细胞而言，其具有转化细胞的特性，在生长代谢特性方面与癌细胞有相似性，如永生化和很强的糖酵解反应。

糖酵解反应在产生能量方面是非常无效的。与之相对应，葡萄糖的有氧氧化不但释放能量效率高，且因其能量释放呈渐进式并逐步储存于ATP分子中，故能量利用率高。此外，葡萄糖有氧氧化最终产生的CO_2和H_2O不会对细胞的生长产生负面影响；而糖酵解的终产物乳酸累积时可降低培养环境的pH、提高其渗透压，并产生显著的细胞生长抑制效应。

早期研究认为，糖酵解是体外培养细胞所必需的，但现已证明糖酵解并非细胞生长所必需。在仅含有17μmol/L葡萄糖的培养基中添加嘌呤和嘧啶能使人成纤维细胞正常生长，这表明只要有极少量的葡萄糖用于细胞合成代谢就可支持细胞生长。例如,在培养基中加入适当的核苷后,即使没有葡萄糖,细胞也能照样生长。当细胞快速生长,并维持葡萄糖浓度在较低水平时,约90%的葡萄糖经磷酸戊糖途径参与细胞生长的合成代谢;而当细胞生长较慢或葡萄糖浓度较高时,葡萄糖经磷酸戊糖途径的流量相对下降,仅有4%～14%的葡萄糖经磷酸戊糖途径参与合成代谢,大部分葡萄糖经糖酵解途径生成丙酮酸。可见,葡萄糖经磷酸戊糖途径的代谢流量是由细胞生理状态(宏观表现为细胞比生长速率 μ)所决定的,葡萄糖经糖酵解途径的代谢流量取决于葡萄糖浓度。

因此,降低葡萄糖浓度,糖酵解途径的代谢流量减少,进入TCA循环的代谢流量增加,葡萄糖代谢由无氧酵解向有氧代谢转移。近年来研究结果提示,葡萄糖经过有氧氧化分解的比例取决于培养条件和培养细胞的特性。首先,在不同细胞系的体外培养中,葡萄糖比消耗速率均取决于培养基中葡萄糖的浓度。例如,在杂交瘤细胞批式培养中,当培养基葡萄糖浓度为5mmol/L时葡萄糖比消耗速率为7nmol/(10^{-9}个细胞·d),葡萄糖浓度上升为16mmol/L时葡萄糖比消耗速率上升为24nmol/(10^{-9}个细胞·d)。与批式培养相比,连续培养提供了一种评估特定条件下的代谢速率更精确的方式。杂交瘤细胞连续培养时,当培养基葡萄糖浓度从0.1mmol/L逐步提高至8.4mmol/L时,葡萄糖比消耗速率急剧增加,在2.9mmol/(10^{-9}个细胞·d)时达到稳定,比逐步增加前提高了67%;同时,乳酸生成量与葡萄糖浓度呈正相关。相反,当培养基葡萄糖浓度逐步降低时,乳酸生成量从10mmol/L降到2mmol/L。为维持细胞所需的能量代谢同时避免细胞活性和密度下降,最低葡萄糖比消耗速率应该为76.8nmol/(10^{-6}个细胞·h)。对于中国仓鼠卵巢细胞(CHO)而言,在连续培养的营养限制条件下,葡萄糖比消耗速率范围在118～123nmol/(10^{-6}个细胞·h),显著低于批式高葡萄糖浓度培养条件时[300nmol/(10^{-6}个细胞·h)]。另外,降低流加培养液中的葡萄糖浓度,葡萄糖比消耗速率从60nmol/(10^{-6}个细胞·h)降低至17.7nmol/(10^{-6}个细胞·h),同时乳酸对葡萄糖的得率从1.35降低至0.2,呈现出一种更为有效的代谢模式,即只有一小部分消耗的葡萄糖代谢为乳酸终产物。在幼仓鼠肾细胞(BHK)的连续培养中,改变流加培养液葡萄糖的浓度,可观察到相同的趋势。当流加液中的葡萄糖浓度较高时,葡萄糖比消耗速率为108nmol/(10^{-6}个细胞·h);降低流加培养液葡萄糖的浓度,该值降低到13.2nmol/(10^{-6}个细胞·h)。细胞内代谢流量分析表明,高浓度葡萄糖流加时,消耗葡萄糖的69%转变为丙酮酸,进而丙酮酸的绝大部分进一步变为乳酸;此外,消耗葡萄糖的大约30%直接变为乳酸,因而几乎没有流量进入TCA循环。而当低浓度葡萄糖流加时,消耗葡萄糖的86%转变为丙酮酸,丙酮酸的66%进入TCA循环,直接变为乳酸的流量比例急剧降低到14%以下。

通过对葡萄糖消耗和乳酸生成代谢速率的分析,不难看出,动物细胞的代谢是高度失控的,如在非限制性葡萄糖浓度下,葡萄糖消耗速率相当高,并超过了维持细胞自身生长所需的速率。对于这一现象,目前有很多解释。大多数研究人员指出,从丙酮酸产生的大量乳酸可能被细胞用于平衡氧化还原电位。我们知道,高速的糖酵解将产生大量的NADH,为确保这条途径的发挥功能,NADH必须还原成NAD。正常情况下,NAD再生发生在线粒体内部。但是,线粒体膜对NADH来说是不通透的;细胞必须利用一些穿梭机制允许NADH间接进入线粒体,并通过呼吸链进一步氧化。已报道的这些穿梭系统有甘油-磷酸,苹果酸-天冬氨酸和苹果酸-柠檬酸等,但是尚不清楚这些穿梭系统的交换速率对胞质NADH的产生速率有何限制,以及限制到何种程度。据报道,苹果酸-天冬氨酸穿梭的流量在某些特定条件下受到限制,其效率低于糖酵解速率;而实际上,这种速率在任何情况下都至少应该是糖酵解速率的2倍。因此,在这种情况下，糖酵解产生的过量乳酸被看做是细胞用于在胞质再生 NAD 的一种方式。此外，也有一些其他的解释：①胞质中高浓度的乳酸脱氢酶（LDH）的直接竞争作用；②胞质中天冬氨酸的浓度太低，抑制了苹果酸-天冬氨酸穿梭系统的活性；③谷氨酰胺代谢造成线粒体内部苹果酸的累积，使得苹果酸-天冬氨酸穿梭系统所需的苹果酸流入线粒体内部更加困难；④在线粒体内部由于谷氨酰胺代谢产生的 NADH 造成呼吸系统饱和；⑤由于糖酵解途径的快速消耗，低浓度的 ADP 造成呼吸系统的抑制；⑥联系糖酵解和 TCA 循环中的某些关键酶活性不足，如缺乏丙酮酸脱氢酶复合物，磷酸烯醇丙酮酸羧激酶或丙酮酸羧化酶，或它们的活性很低，糖酵解生成的磷酸烯醇式丙酮酸或丙酮酸难以直接进入 TCA 循环。在这种情况下，丙酮酸经乳酸脱氢酶变为乳酸是一个更好的途径。

应该指出，上述分析仍有不足之处，因为细胞在葡萄糖消耗与代谢上的波动也与其他培养基组分，如氨基酸（谷氨酰胺）密切相关。在特定环境条件下，主要的代谢途径，如糖酵解和谷氨酰胺酵解往往经过 TCA 循环相互联系与调节。

4）主要代谢终产物乳酸及其影响

乳酸生成主要来自糖酵解途径。另外，谷氨酰胺进入 TCA 循环后形成的丙酮酸也可转变成乳酸，这部分乳酸约占总量的 10%左右。乳酸对细胞生长的不良影响主要是改变培养环境的 pH 和渗透压，进而间接影响细胞的生长、代谢和产物合成。不同的细胞株耐受乳酸的能力也不同。大多数学者研究认为，只有当乳酸浓度大于 2g/L（22.2mmol/L）时才会对细胞生长产生不良影响，而对于某些细胞株，2.5g/L（27.8mmol/L）的乳酸浓度甚至能刺激细胞生长。在重组 CHO 细胞培养中，乳酸浓度低于 6.2g/L（68.9mmol/L）的范围内，其对细胞生长代谢及产物表达影响的本质作用是渗透压的变化，乳酸分子本身并没有明显的作用。在乳酸对产物生成的影响方面，据报道当乳酸浓度在 20mmol/L 以上时，对单位细胞的产物合成有抑制作用；但是，研究人员也观察到，在更高浓度乳酸时产物合成速率反而升高，其原因也主要是渗透压的升高而非乳酸的直接作用。

为避免培养基酸化对细胞生长的直接负面作用，往往需要运用 pH 控制方法对细胞代谢产生的乳酸进行调节。据报道，在 pH 控制良好的前提下，只有当乳酸浓度达到 40mmol/L 或更高时才观察到对细胞生长的显著影响。由此可见，乳酸积累的影响在流加培养中更突出，因为流加培养在延长培养时间的同时也增加了葡萄糖的消耗和乳酸的累积。以外，在流加培养的终末期有时会观察到代谢发生转移，此时乳酸被消耗而不是生成，同时丙氨酸也被消耗，完全颠倒了正常的代谢框架。

4.7.2.2　工程细胞体外培养过程中谷氨酰胺的转运与代谢

谷氨酰胺是动物细胞培养中最为重要的氨基酸，可为其他氨基酸、脂类、核酸、抗体和细胞内蛋白质的合成提供碳源和氮源。谷氨酰胺可促进其他氨基酸的运输与利用，还可刺激抗体的转录后翻译过程。此外，谷氨酰胺也是重要的能源物质，为细胞生长及产物合成提供大约 30%～65%的能量。在培养基中谷氨酰胺的浓度一般是 2～5mmol/L，是其他氨基酸浓度的 10～100 倍。总体上，谷氨酰胺代谢的主要途径为：①谷氨酰胺脱氨生成谷氨酸；②谷氨酸生成 α-酮戊二酸，这可以通过转氨酶和谷氨酸脱氢酶两种途径；③α-酮戊二酸进入三羧酸循环循环，完全氧化为 COB_{2B}；④α-酮戊二酸进入三羧酸循环，部分氧化最终生成丙氨酸、天冬氨酸和乳酸等（图 4.7.17）。

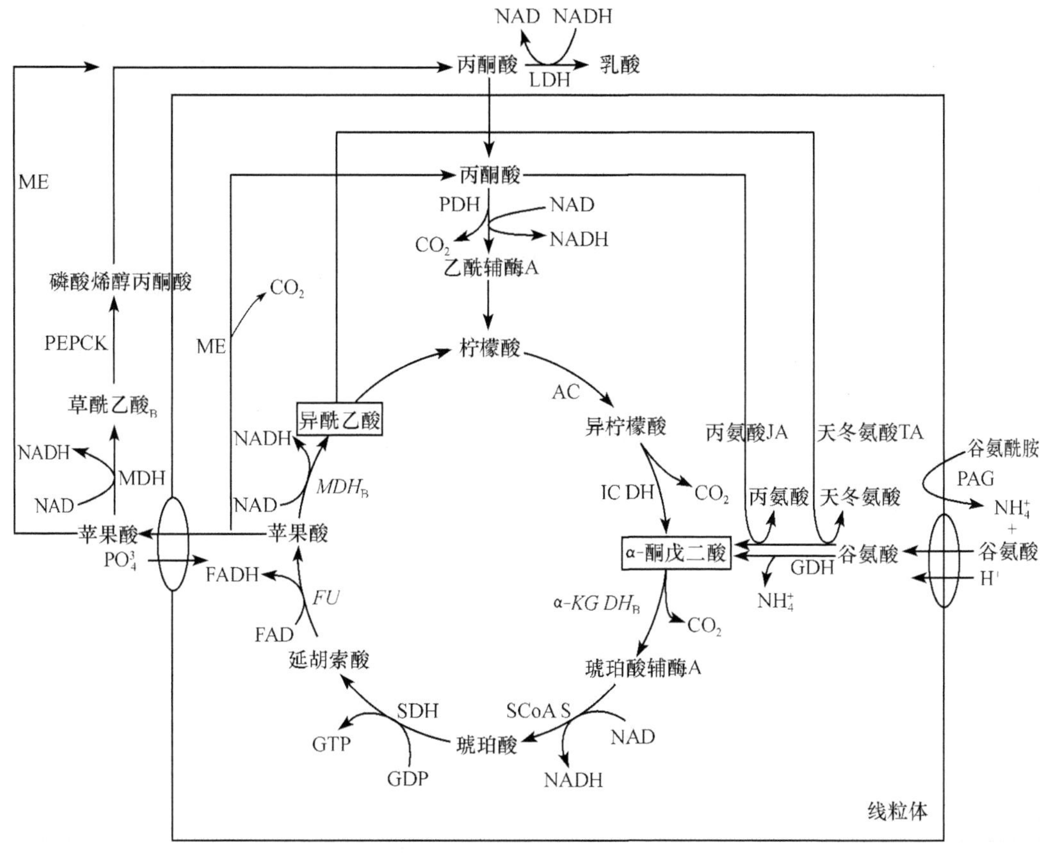

图 4.7.17 谷氨酰胺代谢涉及的主要途径

AC. 顺乌头酸酶;FU. 延胡索酸酶;GDH. 谷氨酸脱氢酶;IC DH. 异柠檬酸脱氢酶;α-KG DH. α-酮戊二酸脱氢酶;LDH. 乳酸脱氢酶;MDH. 苹果酸脱氢酶;ME. 苹果酸酶;PAG. 谷氨酰胺磷酸激化酶;PDH. 丙酮酸脱氢酶;PEPCK. 磷酸烯醇丙酮酸羧激酶;ScoA S. 琥珀酰乙酰辅酶 A 合成酶;SDH. 琥珀酸脱氢酶

1) 谷氨酰胺转运

在 37℃培养条件下,谷氨酰胺以 0.2～0.6mmol/L/d 的速度自发地降解,生成吡咯烷羧酸和铵离子。其余的谷氨酰胺通过细胞膜上各种不同的氨基酸转运系统进入细胞中,这些转运系统不仅转运谷氨酰胺而且还转运其他的氨基酸。由于谷氨酰胺在哺乳动物细胞代谢中的重要作用,不同的转运体已被鉴定,但它们的转运机制和组织特异性调节仍需进一步的研究。这些转运体分为两大类:Na^+ 依赖性和 Na^+ 非依赖性。第一类利用 Na^+/K^+-ATP 酶维持的 Na^+ 电化学梯度,逆浓度梯度协同转运谷氨酰胺和 Na^+。已经鉴定的 Na^+ 依赖性转运体包括 ACS(或 B^0)、$B^{0,+}$、y^+L、A 和 N 系统。第二类不依赖于 Na^+ 的浓度梯度选择性通过细胞膜转运氨基酸。已经鉴定的 Na^+ 非依赖性转运体包括 L、$b^{0,+}$ 和 n 系统。要强调的是,谷氨酰胺是细胞内谷氨酸和天冬氨酸的重要来源,但是这些带电荷的氨基酸以限制细胞生长的转运速度被转运到细胞中。在增殖细胞中,专门负责谷氨酸和天冬氨酸转运的 X_{Ag^-} 系统活性很低。然而,转运谷氨酰胺的 A 系统活性很高。因此,在快速增殖的细胞中,谷氨酰胺的转运和细胞内部进一步生成是细胞获得谷氨酸和天冬氨酸的主要方式。

另一个转运机制发生在线粒体,因为大多数谷氨酰胺在线粒体中代谢。虽然谷氨酰胺进入线粒体的转运机制至今仍没有得到很好阐明,但现已明确这一机制并不是限制谷氨酰胺代谢速率的关键步骤。同样,目前也不清楚谷氨酰胺代谢第一个酶-磷酸激活的谷氨酰胺酶(PAG)的明确位置,据推测可能位于线粒体内膜或其基质。一部分谷氨酸来源的谷氨酰胺可能被运送出线粒体,其余的则可能被线粒体直接利用,直接进入 TCA 循环或进行转氨基(transamination,TA)反应。由谷氨酰胺经脱酰胺作用转变而来的谷氨酸首先被释放出线粒体,其后或在胞质直接被利用或返回至线粒体中。这可通过两条不同的转运系统实现:谷氨酸-天冬氨酸交换体和质子共转运系统。前个转运系统直接与线粒体天冬氨酸 TA 途径中天冬氨酸的生成相关,否则将会导致细胞线粒体中天冬氨酸的缺失。

2) 谷氨酰胺代谢

谷氨酰胺代谢的第一步是在线粒体膜上经 PAG 催化生成谷氨酸。除了通过 TCA 循环为细胞提供能量前体之外,谷氨酰胺和谷氨酸是细胞代谢中的两种重要的前体物质。首先,提供氮源,作为嘧啶、嘌呤、氨基糖、NAD 和天冬酰胺合成的前体,其次作为脯氨酸和鸟氨酸合成的前体。谷氨酰胺经 PAG 的脱酰胺作用及随后谷氨酸的脱酰胺作用一共产生两个铵离子(NH_4^+)。从谷氨酸开始可以通过两条途径,即谷氨酸脱氢酶(GDH)或 TA。

通过 GDH 途径,谷氨酸脱氨为 α-酮戊二酸,以游离 NH_4^+ 的方式释放出谷氨酰胺上的第二个铵基基团;接着 α-酮戊二酸进入 TCA 循环,产生后续的代谢中间产物。在这里要强调一下谷氨酰胺代谢生成草酰乙酸的作用,因为连接丙酮酸和草酰乙酸的代谢途径,即通过丙酮酸羧化酶反应对 TCA 循环的多个替补反应在很多哺乳动物细胞系中表现的不活跃。谷氨酰胺经 GDH 途径代谢后一般进入三个不同的通路:首先,在线粒体苹果酸酶(malic enzyme,ME)催化下完全氧化成 CO_2,这在产能方面可能是最为有效的,因为 1 分子谷氨酰胺可以产生多达 27 个分子的 ATP。此外,以下两条通路也是最常发生的。在大多数工业化生产细胞系中,由于谷氨酰胺的快速消耗导致 TCA 过剩,因而苹果酸被转移出线粒体外,进一步变为丙酮酸。这条途径称为苹果酸旁路,联系着 TCA 循环中的四碳化合物与糖酵解中的三碳化合物,已通过直接或间接实验在大多数常用细胞系中,如杂交瘤细胞,CHO 或 BHK 中都得到证实。通常,苹果酸旁路可在胞质中分别通过苹果酸脱氢酶(malate dehydrogenase,MDH)和 PEPCK 催化途径、或 ME 催化两条通路实现。

在谷氨酰胺代谢的 TA 途径中,谷氨酸也变为 α-酮戊二酸,但释放出的 NH_4^+ 按化学剂量比被转移到草酰乙酸形成天冬氨酸(天冬氨酸 TA 途径),或被转移到丙酮酸形成丙氨酸(丙氨酸 TA 途径),其具体反应为:$Glu+Oxal \longrightarrow Asp+\alpha\text{-}KG$,$Glu+Pyr \longrightarrow Ala+\alpha\text{-}KG$。由于在 TA 反应中的草酰乙酸或丙酮酸是谷氨酸经 TCA 循环产生,TA 途径呈现为环状循环。此外,TA 途径可被细胞用于平衡因谷氨酰胺快速消耗而产生的过量 NH_4^+。除此之外,丙氨酸和天冬氨酸也是重要的生物合成前体,尤其是对于嘌呤、嘧啶和天冬酰胺的生物合成。TA 途径发生的两个可能位置包括胞质和线粒体,但目前没有确切的结论。对天冬氨酸而言,线粒体 TA 被认为是主要途径,天冬氨酸 TA 途径利用谷氨酸-天冬氨酸穿梭机制使其成为谷氨酸进入线粒体的唯一方式,因为线粒体中其他途径均消耗天冬氨酸。对于丙氨酸而言,胞质 TA 被认为是其生成途径,这需要线粒体膜上 α-酮戊二酸/苹果酸交换系统的存在,该系统在平衡胞质和线粒体反应中起重要作用。在这个交换载体上,TA 反应产生的 α-酮戊二酸进入线粒体中参与 TCA,同时,作为交换,苹果酸被运出线粒体。在胞质中,苹果酸可以被大多数细胞都有的 ME 催化为丙酮酸。尽管与线粒体相比，胞质中的丙氨酸 TA 活性更高，但这似乎与一个事实相矛盾，那就是 ME 依赖于 $NADP^+$，因而苹果酸旁路应被限制在线粒体中。所以，苹果酸旁路中酶活中心的具体位置仍需要阐明。此外，也存在第二种可能性，即线粒体也可以生成丙氨酸，这已在不同的细胞系实验中被证实，前提是当有可被利用的丙酮酸存在时。脂类合成与线粒体丙氨酸的产生存在相关性。在快速生长的细胞中，胞质中需要乙酰辅酶 A 用于合成胆固醇和脂肪酸。而作为 TCA 循环中间产物的柠檬酸，通过柠檬酸/苹果酸交换体运送出线粒体外，在胞质中变为乙酰辅酶 A 用于脂类和草酰乙酸合成，然后进一步变为苹果酸。苹果酸通过柠檬酸/苹果酸交换体重新进入到线粒体中，在 ME 的催化下变为丙酮酸，进一步通过转氨基作用接受谷氨酸的氨变为丙氨酸。在这种情况下，谷氨酸或通过线粒体内产生或通过质子共转运系统进入线粒体。应该提到，在任何情况下细胞代谢所需的部分乙酰辅酶 A 也可由葡萄糖代谢提供。这两条途径在细胞中可以同时发生。最近，通过核素标记测定和质量守恒已经发现，ME 同时通过苹果酸旁路或丙酮酸/苹果酸穿梭参与线粒体外苹果酸产生，并用于脂类合成。

正如所观察到的，谷氨酰胺代谢可转变为成许多不同途径，并与线粒体通路共用大量的中间代谢产物和转运系统。从能量产生的观点来看，GDH 途径比 TA 更为有效，尤其在细胞谷氨酰胺代谢必须加速的情况下，如在葡萄糖缺失时，更倾向于这条途径。同样，谷氨酰胺和葡萄糖的代谢互相联系。由于细胞代谢的灵活性，不同的细胞系会通过 GDH，丙氨酸 TA 或天冬氨酸 TA 途径来调整它们的代谢速率，但这取决于特定的培养条件。

3）工程细胞中异常的谷氨酰胺酵解

与葡萄糖相似，大多数哺乳动物细胞系也高速消耗谷氨酰胺，因此，培养基中谷氨酰胺浓度总是过量的。众所周知，这将导致谷氨酰胺低效的利用，以及 NH_4^+ 的累积。类似于批式培养，在杂交瘤细胞连续培养中，逐步或脉冲提高谷氨酰胺浓度均导致其消耗量的增加。Vriezen 等用两种不同的细胞系杂交瘤细胞和骨髓瘤细胞进行了一系列连续培养实验，实验中以 0.03/h 的稀释率维持谷氨酰胺的浓度范围为 0.5～4mmol/L。在限制条件下，流加培养基谷氨酰胺浓度在 2mmol/L 左右时，细胞培养上清中检测不到残留的谷氨酰胺，谷氨酰胺比消耗速率为 20nmol/(10^{-6}个细胞 · h)；进一步增加流加培养基谷氨酰胺浓度至 4mmol/L 时，细胞密度没有进一步的提高，但其消耗速率值增加到 36nmol/(10^{-6}个细胞 · h)，并伴随 NH_4^+ 生成速率的增加。相反，在 Sanfeliu 等用杂交瘤细胞进行的一系列连续培养中，当逐步降低流加培养基谷氨酰胺浓度从 5mmol/L 至 0.75mmol/L 时，细胞密度基本保持不变，谷氨酰胺比消耗速率逐渐降低，NH_4^+ 产生降低 4 倍。据 Sanfeliu 等研究，杂交瘤细胞谷氨酰胺的最低需求为 30.72nmol/(10^{-6}个细胞 · h)。例如，在杂交瘤细胞中空纤维反应器连续培养中，当谷氨酰胺浓度从 2.4mmol/L 降到 1.2mmol/L 时，谷氨酰胺比消耗速率急剧降低；在此条件下，中空纤维反应器出口谷氨酰胺浓度为 0.08mmol/L，并且不限制细胞的能量代谢。Cruz 等在连续培养 BHK 细胞时也发现了相似的模式：当流加谷氨酰胺浓度从 0.52mmol/L 降至 0.14mmol/L 时，谷氨酰胺比消耗速率从 33nmol/(10^{-6}个细胞 · h)降低至 16.8nmol/(10^{-6}个细胞 · h)。与葡萄糖代谢不同，NH_4^+ 对谷氨酰胺的得率系数不随谷氨酰胺浓度的降低而降低。但由于谷氨酰胺总消耗下降，培养基 NH_4^+ 的积累还是会随着谷氨酰胺浓度的下降而下降。这表明，低谷氨酰胺浓度下，更多谷氨酰胺经过 GDH 途径生成 α-酮戊二酸，从而提高了谷氨酰胺的利用率。由此可见，在体外细胞培养中，谷氨酰胺浓度并非越高越有利，存在一个不影响细胞生长和能量需求的最适浓度。

需要注意的是，在重组 CHO 细胞培养中，谷氨酰胺对细胞生长是不可缺少的，而对细胞活性的维持则并非必需。这与葡萄糖代谢不同，重组 CHO 细胞的死亡与葡萄糖的耗尽密切相关。然而，在杂交瘤细胞培养过程中，发现细胞生长对谷氨酰胺有依赖性，谷氨酰胺浓度为零时，细胞快速死亡。有一些细胞，如人二倍体细胞经过适应后，能在不含谷氨酰胺的培养基中生长，但细胞株之间的适应速率存在较大的差异。重组 CHO 细胞能在无谷氨酰胺的培养基中生长，但生长速率减慢。细胞生长是否依赖于谷氨酰胺的关键在于细胞是否含有内源的谷氨酰胺合成酶，即是否具有将谷氨酸转化生成谷氨酰胺的能力。另外，谷氨酸的运输速率及谷氨酰胺的生成速率限制是导致细胞在无谷氨酰胺培养基中生长速率减慢的主要原因。

4）主要代谢终产物氨及其影响

在细胞培养中，谷氨酰胺不稳定，容易降解；同时，细胞会过量的利用谷氨酰胺，导致氨的积累。因此，谷氨酰胺参与能量代谢时的脱氨反应和谷氨酰胺的自然降解是大多数氨产生的来源。同代谢副产物乳酸一样，培养上清中氨累积产生的 NH_4^+ 也是有害的，其对细胞生长的直接抑制作用比乳酸更大。NH_4^+ 对细胞的毒性作用主要表现在以下方面：①干扰了正常的电化学梯度；②抑制酶反应（主要抑制 GDH 活性，阻止谷氨酸转化为 α-酮戊二酸）；③改变细胞内 pH，改变质子浓度梯度和细胞的内吞、胞吐作用；④增加了细胞的维持能消耗。⑤改变产物糖基化形式。

研究发现，NH_4^+ 在很低浓度就影响细胞代谢，一般在 2～4mmol/L，这在培养系统中很容易达到。通常，研究人员通过在不同细胞系的批式培养中加入初始浓度的铵离子，研究其对细胞生长的负面影响。有趣的是，当 CHO 细胞在连续稳态培养中增加铵离子浓度至很高时，并没有发现毒性作用；在杂交瘤细胞培养中也观察到了相同的趋势，这些细胞可以适应并在前人报道的毒性浓度下生长。对于这些结果一个可能的解释是：NH_3/NH_4^+ 平衡中产生的 NH_4^+ 效应、细胞膜对不同离子的转运能力（氨通过扩散转运比带电荷的 NH_4^+ 快，因为 NH_4^+ 需通过质膜上的离子泵转运），以及细胞内外的 pH 改变等因素使得细胞能够适应在高浓度 NH_4^+ 条件下生长。突然提高胞外 NH_4^+ 浓度产生的影响首先是细胞内 pH 升高，接着胞浆酸化，达到更低的 pH。在某些情况下，当细胞适应高 NH_4^+ 浓度时，谷氨酰胺进入 GDH 途径增加，增加最终丙氨酸的输出，减少自身代谢产生的自由 NH_4^+。实际上，外部加入 NH_4^+ 比细胞缓慢代谢产生的 NH_4^+ 累积对细胞造成的影响更大。对于后者，细胞有时间调整离子转运，细胞内 pH 不会突然变化，因而直到 NH_4^+ 累积达到很高浓度才会产生毒性影响。研究证实，浆膜转运系统的活化以及伴随 NH_4^+ 转运的增加，与葡萄糖和谷氨酰胺消耗速率的增加和能量需求的增加相一致。高浓度 NH_4^+ 对细胞的毒性表现为：增加细胞内 UDP-GlcNAc 和 UDP-GalNAc 水平，并达到引起细胞毒性的水平。

关于培养基中 NH_4^+ 对表达产物的影响，应该考虑两个方面：数量和质量。关于数量，NH_4^+ 对产物比生成速率的影响呈细胞依赖性：一些作者报道高浓度 NH_4^+ 引起产物比生成速率降低，而另一些作者观察到产物比生成速率升高，还有其他作者报道没有影响。然而，在产物质量，即当检测 NH_4^+ 对产物糖基化的作用时，多数作者的报道是一致的。

最后，应该考虑到，虽然我们对于乳酸和 NH_4^+ 潜在的毒性作用给予了很大的关注，但是其他物质如丙氨酸也可由于细胞代谢活性的改变而累积，对细胞的行为造成负面的影响。

4.7.2.3 工程细胞体外培养中的氨基酸代谢

体外培养的动物细胞需要各种氨基酸以供细胞生长增殖需要。研究证实，氨基酸必须以平衡的方式和适宜的需求量添加到培养基中，方可保证细胞的代谢功能，因为这些氨基酸中任何一种的缺失都会引发细胞死亡。

和原核细胞不同，动物细胞的营养需求氨基酸被分为必需和非必需氨基酸两大类。非必需氨基酸包括丙氨酸、天冬酰胺、天冬氨酸、半胱氨酸、谷氨酸、谷氨酰胺、甘氨酸、脯氨酸、丝氨酸和酪氨酸。其中，谷氨酰胺作为细胞中主要碳源和能源物质而需要很大的量，通常过量添加到培养基中。必需氨基酸有精氨酸、组氨酸、异亮氨酸、亮氨酸、赖氨酸、甲硫氨酸、苯丙氨酸、苏氨酸、色氨酸和缬氨酸。通常，非必需氨基酸半胱氨酸和酪氨酸可由必需氨基酸甲硫氨酸和苯丙氨酸合成。然而，这些氨基酸的量必须恰好平衡。如果培养基中有足够的半胱氨酸和酪氨酸，细胞对甲硫氨酸和苯丙氨酸的需求就会大大降低；相反，如果甲硫氨酸和苯丙氨酸数量有限，半胱氨酸和酪氨酸就会成为培养基中必需的物质成分。此外，如果在培养基中添加与必需氨基酸碳骨架对应的 α-酮酸，细胞中的转氨酶就会把这些酮酸变为相应的氨基酸以满足细胞的基本需要。

在氨基酸进入细胞的转运方面，主要是通过细胞膜上特异性的、能量依赖的和底物交互特异性的被动转运体转运完成。很多 Na^+ 依赖的具有氨基酸交互特异性的转运系统已被报道。在这些转运系统中，Na^+ 和高浓度的氨基酸沿浓度梯度同向运输到细胞内部。此外，ATP-依赖的 Na^+/K^+ 泵以胞外 K^+ 交换细胞内累积的 Na^+，以降低细胞内的 Na^+ 的水平，从而维持细胞外高浓度的 Na^+，保证 Na^+/K^+ 泵的活性并驱动氨基酸的转运过程。

在体外培养细胞中，氨基酸分解代谢的主要途径是脱氨基或转氨基生成相应的 α-酮酸、氨或另一种氨基酸。氨基酸在脱氨基后生成的酮酸可进一步氧化分解生成 CO_2 和 H_2O，并提供能量；也可经一定的代谢反应转变生成糖或脂在体内储存。总体而言，大多数氨基酸总是开始于脱氨作用，而后才是对应酮酸的代谢。20 种不同氨基酸沿着中间代谢产物减少的方向不断分解，最终这些分子的碳骨架进入 TCA 循环，如图 4.7.18 所示。与此同时，不同氨基酸分子的氨基在转氨酶催化作用下被释放。这组酶具有底物特异性，由磷酸吡哆醛作为辅基。代谢中释放 NH_4^+ 的受体总是 α-酮戊二酸，使不同的氨基基团最终均变为 L-谷氨酸。反过来，L-谷氨酸被细胞用于不同的生物合成途径，如蛋白质合成、激素代谢、细胞生长的调节、代谢能量的产生、嘌呤和嘧啶的合成、氮元素代谢和尿素的生物合成。或者，当过量生成时，L-谷氨酸将转变为含氮化合物被释放到培养基中，如丙氨酸和天冬氨酸。

虽然对于特定的细胞系而言氨基酸消耗有所不同，但都表现出共同的趋势。因此，氨基酸依据其大多数情况在细胞内的去向被划分为三类。

(1) 快速消耗氨基酸：缬氨酸，异亮氨酸，亮氨酸，赖氨酸和半胱氨酸。其中，半胱氨酸是消耗最快的。半胱氨酸以二硫键桥结合多肽链，对于蛋白质的构象及其生物学活性具有重要意义。在各种不同细胞系和培养基中，研究人员均报道了这种支链氨基酸的快速消耗。各种氨基酸的消耗程度不仅随细胞种类的不同而变化，也随着细胞生长速率的变化而变化。Ozturk 等在杂交瘤细胞 167.4G 5.3 培养过程中发现，细胞比生长速率增加时，细胞对大部分氨基酸的摄取速率增加一倍，而对天冬酰胺、谷氨酸、组氨酸、酪氨酸和半胱氨酸等的吸收速率几乎不发生变化。

(2) 基本保持不变或消耗很少的氨基酸：苏氨酸，精氨酸，苯丙氨酸，丝氨酸，组氨酸，甲硫氨酸和甘氨酸。

(3) 在不同培养条件和细胞生理状态下细胞生成并释放的氨基酸：丙氨酸，脯氨酸，天冬酰胺和谷氨酸。①丙氨酸：几乎在所有的细胞培养过程中，丙氨酸的浓度总是增加的，其直接的来源是氨基酸尤其是谷氨酰胺的代谢中由丙酮酸和谷氨酸经 TA 反应转变而来。因此，细胞培养

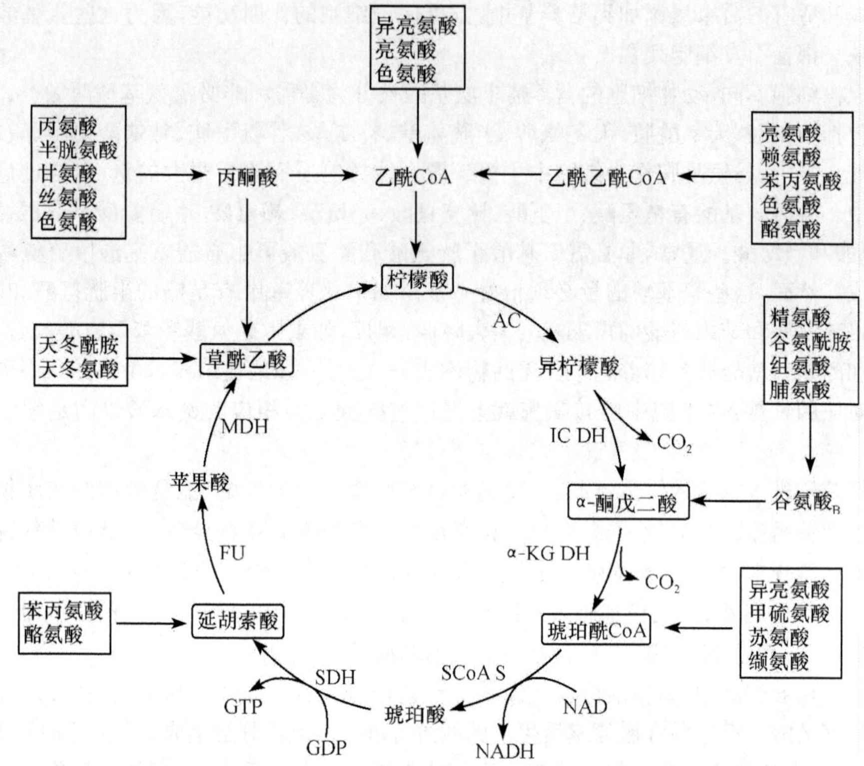

图 4.7.18　主要氨基酸复合物代谢和细胞中心代谢的相互作用

AC. 顺乌头酸酶；FU. 延胡索酸酶；IC DH. 异柠檬酸脱氢酶；α-KG DH. α-酮戊二酸脱氢酶；MDH. 苹果酸脱氢酶；SCoA S. 琥珀酰乙酰辅酶 A 合成酶；SDH. 琥珀酸脱氢酶

中当谷氨酰胺大量消耗时，丙氨酸生成量相应增加；据测谷氨酰胺消耗的 40％转变为丙氨酸终产物。目前尚未发现丙氨酸对细胞生长有抑制作用，相反将氨转移给丙酮酸可降低培养环境中的游离氨浓度，有利于细胞的生长。②脯氨酸：由培养基中累积的过量谷氨酸转变而来的。③天冬酰胺：天冬酰胺由天冬氨酸的酰胺化产生，而天冬氨酸又由谷氨酸和草酰乙酸的 TA 反应生成。④谷氨酸：谷氨酸的累积主要来自两个方面，一是，谷氨酰胺的转氨或脱氨反应生成谷氨酸；二是，培养基中的氨浓度累积较高时与三羧酸循环中的 α-酮戊二酸反应生成谷氨酸。当细胞停止生长后，可观察到培养基中谷氨酸的累积，且细胞内累积的谷氨酸不能通过其他的代谢反应来消除。另外，甘氨酸也常常是细胞培养过程中累积的氨基酸，是其他氨基酸参与能量代谢时的转氨或脱氨反应的产物。

4.7.2.4　葡萄糖和谷氨酰胺代谢的相互调节

在此之前，我们描述了葡萄糖和谷氨酰胺的代谢特征，重点强调了二者明显异常的摄取速率，尤其当其浓度在非限制性浓度之上时，摄入速率远高于维持细胞功能所需的物质摄取速率。除此之外，体外培养细胞的代谢行为还应该包括葡萄糖和谷氨酰胺代谢的相互调节以及与其他氨基酸代谢的关系，还应包括细胞内能量产生，氧化还原平衡等。显然，葡萄糖和谷氨酰胺代谢的相互调节作用很大程度上取决于葡萄糖和谷氨酰胺的相对浓度（前提是培养环境中没有其他营养物质和生理条件的限制），而且对于特定的细胞系来说也是不同的。

迄今,已经有许多文献报道了葡萄糖和谷氨酰胺能量代谢的互动调节作用,下面分别从葡萄糖或谷氨酰胺浓度的改变对二者消耗及其副产物生成等方面进行阐述。

1) 葡萄糖浓度改变对谷氨酰胺代谢的影响

对于葡萄糖而言,当其浓度在最低非限制浓度为 0.5～1mmol/L 之上时,随着葡萄糖浓度的增加,葡萄糖摄取及消耗速率增加,直到达到最大饱和值;与此同时,伴随乳酸/葡萄糖得率的增加,这个值一般为 1～2mmol/L 或者更高,原因是谷氨酰胺也产生乳酸;此外,还伴随由于低氧代谢产生的特异性氧消耗速率降低。而关于不同葡萄糖摄取速率对于谷氨酰胺代谢的影响方面,Sanfeliu 在实验中发现:当葡萄糖和谷氨酰胺浓度均高于其限定值时,即流加培养中维持谷氨酰胺在非限制浓度 0.75mmol/L,当葡萄糖浓度在 1.5～25mmol/L 的范围内连续变动时,葡萄糖比消耗速率的变化对谷氨酰胺比消耗速率和 NH_4^+ 的生成影响不大。同样,杂交瘤细胞连续培养的葡萄糖脉冲流加实验中,Miller 发现糖酵解途径对于葡萄糖浓度的增加反应快速,体现为葡萄糖比消耗速率增加 100%～200%,乳酸生成增加和氧消耗的下降;尽管观察到少量 NH_4^+ 和丙氨酸的产生,但在整个葡萄糖浓度限制的流加培养过程中谷氨酰胺的消耗基本没有改变,导致葡萄糖浓度逐步增加后细胞生物合成活性增加,细胞数量增长。

另外,当谷氨酰胺充足而葡萄糖限制时,细胞调整自身代谢,表现为降低葡萄糖来源的能量生成和生物合成,增加谷氨酰胺的消耗,伴随 NH_4^+ 分泌量和氧消耗量的增加。此外,也发现谷氨酰胺的代谢以牺牲 TA 途径为代价更多地进入 GDH 途径,因而效率更高,葡萄糖消耗产生乳酸的比率更低。该趋势在杂交瘤细胞不同条件的连续培养,如谷氨酰胺限制(参考实验条件)、低葡萄糖和低氧培养中得到证实:葡萄糖浓度较低时,葡萄糖比消耗速率从 138nmol/(10^{-6}细胞 · h)降到 18nmol/(10^{-6}细胞 · h),谷氨酰胺比消耗速率从 20.8nmol/(10^{-6}细胞 · h)增加到 41.4nmol/(10^{-6}细胞 · h);与之相对应,乳酸生成速率从 163nmol/(10^{-6}细胞 · h)降到 10nmol/(10^{-6}细胞 · h),NH_4^+ 生成速率从 6.31nmol/(10^{-6}细胞 · h)增加到 33.9nmol/(10^{-6}细胞 · h),丙氨酸生成速率从 3.1nmol/(10^{-6}细胞 · h)降到 0.4nmol/(10^{-6}细胞 · h)。此外,葡萄糖和谷氨酰胺比消耗速率的比率从参考值 6.64 降到 0.43,表明杂交瘤细胞调整自身代谢以适应新的环境条件;乳酸对葡萄糖的得率也从 1.18mol/mol 降到 0.57mol/mol,提示只有少量消耗的葡萄糖生成了乳酸。最后,一些氨基酸(天冬氨酸、谷氨酸、甘氨酸和苏氨酸)不仅没有消耗反而生成,也证明了细胞代谢的改变。有趣的是,当测定参与不同代谢途径的酶活性时,酶的表达水平在所研究的各种培养条件下并未发生明显的变化,由此说明细胞通过改变酶活性而不是显著提高酶的表达量来实现其自身代谢途径的调节。相似趋势也在其他杂交瘤细胞系、骨髓瘤细胞系和 BHK 细胞系的研究中得到证实。在葡萄糖限制的杂交瘤细胞培养中,当逐步增加流加培养液中葡萄糖浓度时,Miller 发现谷氨酰胺消耗和 NH_4^+ 生成降低,同时乳酸对葡萄糖的得率增加,氧消耗量降低。

可见,葡萄糖浓度对谷氨酰胺代谢起调节作用,增加葡萄糖浓度可以减少谷氨酰胺的吸收与消耗;反之,降低葡萄糖浓度则会刺激谷氨酰胺的吸收与消耗。研究表明,谷氨酰胺代谢的关键酶是谷氨酰胺酶,它是一个磷酸激活酶。当葡萄糖浓度增高时,通过糖酵解生成的 ATP 增多,胞内磷元素水平降低,从而谷氨酰胺酶活性降低,谷氨酰胺代谢也随之降低。

2) 谷氨酰胺浓度改变对葡萄糖代谢的影响

对于谷氨酰胺而言,当其浓度处于非限制浓度即高于谷氨酰胺 K_M(0.09～0.15mmol/L)

时，改变培养基谷氨酰胺浓度和比消耗速率，葡萄糖消耗不变。相反，当谷氨酰胺成为限制性基质时，谷氨酰胺和葡萄糖的消耗趋势相同，即在谷氨酰胺浓度增高时同时升高，反之亦然。这个结果已被多个实验同时证实，当流加培养中运用谷氨酰胺浓度限制的流加策略时，维持低水平的谷氨酰胺浓度，谷氨酰胺消耗速率降低，同时也发现葡萄糖消耗速率的降低。谷氨酰胺浓度增加时会增高磷酸果糖激酶和己糖激酶的活性，从而增加葡萄糖消耗。但在非常低的谷氨酰胺浓度时（低于 0.1mmol/L），降低谷氨酰胺浓度会增加葡萄糖比消耗速率。在鼠杂交瘤培养中，谷氨酰胺浓度从 6mmol/L 降低到 0.1mmol/L 时，葡萄糖比消耗速率也随之降低。但当谷氨酰胺浓度进一步从 0.1mmol/L 降低到 0mmol/L 时，葡萄糖比消耗速率却增加。与上述结果相反，Ljunggren 在进行另一株杂交瘤细胞的以谷氨酰胺为限制性基质的分批补料培养时，发现降低谷氨酰胺浓度对葡萄糖代谢几乎没有影响。可见，谷氨酰胺对葡萄糖代谢的影响非常复杂，并且随细胞株不同而不同。

研究证实，谷氨酰胺浓度从限制性到非限制性的转变可能导致其不同的代谢动力学模式。Miller 在逐步改变流加培养基谷氨酰胺浓度的实验中发现：谷氨酰胺浓度由 0mmol/L 增加到 0.9mmol/L 时，葡萄糖比消耗速率、谷氨酰胺比消耗速率和氧气比消耗速率均增加；但谷氨酰胺浓度由 0.2mmol/L 增加到 3mmol/L 时，达到最终稳定态时葡萄糖比消耗速率降低而谷氨酰胺比消耗速率升高。同样，非稳态条件下也得出相似的结果：当谷氨酰胺浓度明显限制细胞代谢时，细胞对谷氨酰胺增加的迅速反应是急剧提高谷氨酰胺和葡萄糖的比消耗速率；但是，在氨酰胺处于非限制性浓度时，增加谷氨酰胺浓度导致谷氨酰胺比消耗速率明显提高，而葡萄糖比消耗速率保持恒定。与此类似，Mancuso 和 Sharfstein 通过标记葡萄糖进行动力学研究也发现：观察到的效应取决于谷氨酰胺浓度改变的速率，以及浓度改变引起细胞代谢干扰的强度。当谷氨酰胺浓度从 0.67mmol/L 短暂地显著降低到≈0mmol/L 后，谷氨酰胺比消耗速率大大降低，葡萄糖比消耗速率增加了 55%；相反，谷氨酰胺浓度从 0.3mmol/L 慢慢降低到 0.08mmol/L（该浓度水平似乎是非限制性的），谷氨酰胺消耗速率显著下降，但葡萄糖比消耗速率几乎不变。

综上所述，以上葡萄糖和谷氨酰胺的互补消耗以及动力学特征的研究可得出一个结论：细胞会随培养条件的改变进行自身代谢的调整，在当前培养条件出现干扰或发生改变时细胞代谢即会发生相应改变。这一特点在批式或流加培养中尤为突出，此时细胞随时处于不同的葡萄糖和谷氨酰胺浓度，造成葡萄糖/谷氨酰胺比率和消耗速率动态变化。不仅如此，不同研究人员在连续培养实验中观察到的稳态多样性现象也是非常有趣的，后者是因细胞对动态变化的前一培养条件的不同反应所致。Europa 分别在批式或流加培养之后进行了杂交瘤细胞系的连续培养。他们发现，与批式培养条件相比，细胞进行自身代谢调整使之更为有效，体现为流加培养中糖酵解和谷氨酰胺酵解速率降低，NH_4^+ 和乳酸分泌降低。而且，在连续培养中细胞一直保持这种代谢模式。相比批式-连续培养模式，流加-连续培养模式下细胞密度更高[(6.4∶1.9)×10^6 个细胞/mL]，单抗浓度也提高了大约 5 倍。Follstad 在杂交瘤细胞系连续培养中也报道了相似的结果。在实验中他们以两种不同的方式从起始批式培养转到连续培养（$D=0.04h^{-1}$），即直接改变至所需的稀释速率和逐渐增加稀释速率直到达到目标值。第二种策略细胞数量提高了两倍，代谢流分析表明这种情况下更为有效。Altamirano 在 CHO 细胞恒定稀释率的连续培养中，通过改变流加培养基中葡萄糖浓度过程也发现了这个现象。在流加培养基葡萄糖浓度同样为 4.8mmol/L 的条件下，他们获得了两种不同的代谢稳态，细胞密度分别为 1.5×10^6 个/mL 和 2.43×10^6 个/mL，显然，第二个稳态在代谢上更为有效。而这两种稳态的唯一差别是：第一个稳态出现在批式培养起始阶段，而第二种稳态则是从 4.8mmol/L 逐渐降低葡萄糖浓度到

1.8mmol/L 后出现，因而更为有效。这表明，在第二种情况下，细胞发展了一种更为有效的代谢模式，这种代谢模式也可在流加培养基葡萄糖浓度回到 4.8mmol/L 的过程中维持，使得细胞在相同的流加条件下达到更高的密度。

在这里，要补充的一点是，虽然高浓度葡萄糖和谷氨酰胺对细胞生长代谢与产物合成不利，但并非二者浓度越低越好，因而这二者缺乏时也对细胞的生长和生存产生重要的影响。对于 CHO 工程细胞而言，要保证细胞的正常生长，葡萄糖的浓度就要保持在 6mmol/L 以上；没有足够的葡萄糖，CHO 细胞既不能生长，也不能维持。谷氨酰胺是另外一种关键营养物质，要保证细胞的正常生长，其浓度就要保持在 0.26mmol/L 以上；没有足够的谷氨酰胺，杂交瘤细胞迅速发生死亡；CHO 细胞虽然可以维持，但是不能生长。

4.7.2.5 体外培养工程细胞能量产生的途径

就目前常用的培养基中，葡萄糖主要通过糖酵解途径为细胞提供能量，谷氨酰胺大部分通过不完全氧化途径，另一小部分通过完全氧化途径为细胞提供能量。两者对细胞提供能量的比例到底以谷氨酰胺为主还是以葡萄糖为主取决于细胞株的特性和培养环境。对于 HeLa 细胞，如果培养基中含有葡萄糖，则 70%的能量来源于谷氨酰胺代谢。对于人成纤维细胞和中国仓鼠细胞，谷氨酰胺仅提供 40%的能量。

4.7.3 工程细胞产物合成特征

细胞分泌活动是非常重要的生命现象，整个过程涉及三种不同的细胞器和细胞结构：内质网、高尔基体、细胞质膜。这三部分相当于三道关卡，严格地控制着产品的质量。这三个部分的职能又是不同的，内质网相当于生产基地，高尔基体相当于产品的精加工和质量检测分配部门，而细胞质膜相当于海关。

图 4.7.19 中显示了由 ER 合成的蛋白质经分泌小泡通过高尔基体复合物运向各目的地，包

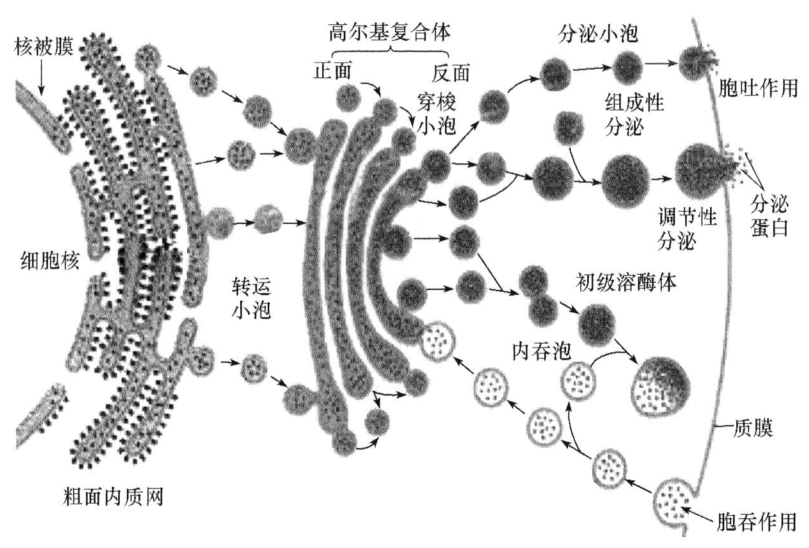

图 4.7.19 细胞的分泌与内吞作用

[医学教育网(www.med66.com)，2010-4-6]

括溶酶体。蛋白质分泌途径采用胞吐作用的方式：①核糖体合成的蛋白质与粗面内质网的外表面结合，并在内质网腔中糖基化；②从内质网形成的转运小泡携带新合成并经糖基化的蛋白质到达顺面高尔基体；③通过膜融合，蛋白质进入高尔基体，并在高尔基体中进一步加工后通过穿梭小泡转运到反面高尔基体，浓缩后出芽形成分泌小泡；④分泌小泡移向质膜，或通过组成型或通过调节型释放小泡内容物，将合成的蛋白质释放至细胞外。与胞吐作用相对应，内吞作用是从细胞外摄取蛋白质或其他物质的过程，形成的内吞泡与反面高尔基体融合。

4.7.3.1 蛋白质分泌机制

对于一个蛋白分泌产率较高的生产细胞而言，其所分泌的目标蛋白往往占据了该宿主细胞合成总蛋白相当大的一部分比例，该细胞蛋白加工能力的大部分都贡献给了所分泌的目标蛋白。在一个专业的分泌细胞内，所合成细胞蛋白的约 30%通过内质网加工为细胞器、细胞膜蛋白或分泌出去。因此，尽管有少数一些蛋白质在翻译后被易位至内质网，但绝大多数蛋白质包括典型的重组 DNA 编码的蛋白质分子，均被易位到邻近的蛋白质分子。在翻译后，这些易位至邻近蛋白质分子的蛋白质被信号肽识别颗粒(signal recognition particle，SRP)识别，进而终止了胞浆内尚未完成的翻译过程，并将这些被合成的蛋白质分子转移停放在内质网膜的相应受体上，阻滞了胞浆内蛋白质分子链的延长。此时，如内质网环境不适宜，这些蛋白质则保留着非折叠状态。

邻近的多肽链转移至内质网的转位子(translocon)上，翻译延伸过程重新开始，并允许多肽链经过转位子进入内质网腔。一旦多肽链易位至内质网腔，多肽链立即开始折叠；与此同时，位于延伸多肽链上的信号肽被切除。据估计，内质网腔内蛋白质浓度高达 100mg/mL，如此高的浓度以至于蛋白质出现聚集，凝固。伴侣分子是内质网腔的主要成分，在足够细胞能量(ATP)保证下，伴侣分子发挥作用预防蛋白质的聚集，辅助它们正确折叠。实际上，内质网腔伴侣分子的重要成员，BiP(也称 GRP78)，也是转位子复合物的成分之一。此外，内质网腔伴侣分子还有钙联接蛋白(calnexin)、钙网组蛋白(calreticulin)和蛋白质二硫键异构酶(protein disulfide isomerase，PDI)。

完成折叠的蛋白质分子以膜囊泡包埋的方式被内质网分泌出去。在这里，囊泡融合、分裂和运输是从内质网到不同细胞器进行分子转移的主要方式。囊泡内分泌性蛋白(质)逗留于正面膜囊。正面膜囊与反面膜囊共同由排列在中间膜囊反面的小管和囊泡组成。中间膜囊一般有 3～7 层折叠的囊腔组成，是糖蛋白糖苷链延伸的位点。据估计，高尔基体酶大部分是膜蛋白组成的，含有 100～200 糖基转移酶，以及各种核糖(糖基转移酶前体或底物)。高尔基体本身是动态的，存在逆向转运以实现自身蛋白和膜的再循环利用。在高尔基体反面膜囊，分泌蛋白被包装入高尔基体的囊泡，并沿着微管运输网络与膜融合，随后被分泌出去。

通常，在蛋白质分子翻译后被加工分泌出去需要一定的时间。以 350 个氨基酸为蛋白质分子的平均长度来计算，翻译过程只需几秒钟。然而，将合成的蛋白质分泌出去则需要 30min 甚至几个小时，依蛋白质的特性不同而不同。α1-蛋白酶抑制剂是分泌速度最快的一个蛋白，其半衰期只有 28min，相反转铁蛋白则需要较长的时间进行分泌，用时大约 2h。此外，即使是同一个蛋白质，对于不同的细胞而言其分泌时间并不一致，有时长，有时短。

4.7.3.2 非折叠蛋白反应与休眠 B 淋巴细胞向浆细胞的转化

具有不同蛋白质表达产率的细胞，其达到高产率经历的限速步骤不同。蛋白质分泌过程的不同组成阶段，从转录到产物分泌，均有可能成为提高分泌速率的限速步骤。目前，尚不清楚在产物形成阶段，哪个步骤、哪个蛋白质加工组件是限速的；也不清楚蛋白质产率的增加是蛋白质分泌能力的增加，还是现有分泌能力的扩展。对于宿主细胞在扩增外源基因或过表达编码蛋白时，其蛋白质分泌方式是否发生转变也不甚明了。然而，在利用生产细胞进行生产，并急剧增加蛋白质分泌的能力之时，必须弄清楚体内专业分泌细胞的功能调节机制，因为蛋白质分泌能力的提高将对工程细胞获得较高产量有着重要的应用价值。

ER 蛋白质加工能力是有限的。突然增加翻译速率，以及突然易位蛋白质分子至内质网会使细胞的蛋白质加工能力超负荷，导致内质网错误折叠蛋白积聚，出现蛋白质合成机制的崩溃，即内质网应激(endocytoplasmic reticulum stress，ERS)。内质网应激是由于未折叠或错误折叠的蛋白质累积导致了内质网结构和功能的失衡引起的。此时，细胞启动复杂的协调反应，即降低翻译速率，以减轻蛋白质加工的负荷；同时，加强侣伴蛋白合成和蛋白质折叠能力，增加非折叠蛋白降解。通常情况下，这一系列反应能成功恢复内质网的内环境平衡。不过，在多细胞动物，持久或强烈内质网应激也会引发程序性细胞死亡或凋亡。

ERS 既要增加内质网的折叠能力又要处理损伤的蛋白质，并且通过降低在内质网里面的蛋白质的数量来减轻细胞器的负担。因此，这些效应主要通过三条通路来完成。

(1) 一种高度保守的未折叠蛋白反应(unfolded protein response，UPR)，它依靠上调内质网伴侣蛋白和其他分泌器官的成分来增强内质网的多肽折叠能力和加工能力；UPR 的特点是：翻译起始速率低，特异性分子伴侣如 GRP78 和 GRP94 表达增加，内质网体积扩大。

(2) 蛋白酶体依赖的内质网相关性降解(ERAD)可以将过多的蛋白质从内质网中移除。

(3) 调节蛋白质翻译速率，减少进入内质网的蛋白质总量。

这三条通路几乎是同时进行并交叉的，而没有时间上的承接。UPR 的最初目的是适应环境的改变，恢复内质网正常功能。参与这种适应的机制包括：蛋白折叠相关基因的表达上调，促进错误折叠蛋白的内质网相关性降解。最初几个小时内 mRNA 的翻译受抑制，直到编码 UPR 相关蛋白的 mRNA 转录出来。若适应阶段未能恢复正常的内质网功能，则启动以 NF-κB 激活为标志的警戒信号。NF-κB 的下游基因产物介导宿主的主动防御——此通路又称为内质网过载反应(EOR)。过强或长期的 ERS 诱导细胞凋亡发生。

在内质网膜上有 3 个蛋白质可作为内质网应激的信号分子：IRE1(肌醇必需元件 1)，PERK(PKR，RNA 活化的蛋白激酶样内质网驻留激酶 RNA-activated protein kinase-like ER resident kinase)和 ATF6(转录激活因子，activating transcription factor 6)。这 3 个内质网应激信号分子均有结合蛋白(binding protein，BiP)在内质网腔的结合位点，并与 BiP 形成复合物。BiP 也可结合在非折叠蛋白的疏水位点，在内质网应激时以及非折叠蛋白累积时。

在体内，B 细胞分化为具有专业分泌功能的浆细胞的过程即是非分泌细胞转变为蛋白质分泌器的最为成功的典型例子。对这一细胞转化现象及其调节机制的理解，将对揭示高产工程细胞如何增加蛋白质的分泌机制，并将其应用于生产实践提供重要线索。静息 B 细胞胞质成分很少，几乎没有内质网。一旦受到抗原刺激，B 细胞就可转化为浆细胞，分泌成千上万的抗体分子。在这个转化过程中，伴随有免疫球蛋白基因转录和翻译的显著增加。同时也伴有一系列细胞内事件，导致细胞内结构改变，建立起非常发达、高效的分泌机制，此时细胞体积也显著增大以适应分泌能力的增加。van Anken 等对脂多糖(lipopolysaccharides，LPS)活化后 B 淋巴瘤细胞转变为分泌 IgM 的浆细胞转化过程进行了蛋白组学调查。结果发现，B 细胞分化过程中，功能相关的蛋白质成簇出现。活化早期，线粒体和胞浆伴侣分子共同表达上调，3 天后代谢相关酶类水平达到峰值。内质网的扩张性表型为内质网蛋白丰度增加，如催化二硫键形成的 PDI 以及 B 细胞分化的4个氧化还原酶水平增高。许多胞浆和线粒体内还原-氧化平衡酶也表达上调了。在内质网扩张的同时,高尔基体的体积也增大了。内质网扩张的第一阶段机制绕过了经典的UPR,而是由有丝分裂原、抗原刺激引起,如B细胞分化中关建的调节蛋白——B淋巴细胞诱导成熟蛋白1(Blimp-1)。受Blimp-1调节的基因包括:促生长和增殖基因,如*c-myc*、*CDK2*、*E2F-1*,促使成熟B细胞发挥功能和活化的基因,如*PAX5*、*MHC-II*、*CD69*。内质网扩张2天后IgM亚单位合成增加,随后细胞内IgM亚单位聚集。

小结

细胞凋亡对生物技术制药无疑产生了重大的影响。目前,研究人员正在结合传统的细胞工程实践和细胞分子生物学检测两种手段对凋亡细胞表型及其调控机制进行研究,目的是为研究提高重组蛋白产量和质量提供新的起点。

预防凋亡的首要措施是建立起一种快速可靠的凋亡鉴定方法。对于专业受训人员而言,我们认为荧光显微镜检测是一种简单、可信、重复性好的方法。然而,正如上面所提及的,这一方法具有主观性,受检样本数量有限,不能对细胞内生化状态作出评价。在此,我们推荐流式细胞仪检测方法,它是一种实用性更强的检测工具,因为它是客观的,没有视觉观察的偏倚,并且可以逐个分析上千个细胞样品。然而,必须强调的是,细胞形态学分析仍是凋亡检测的金标准。因为凋亡发生过程中的形态学改变是特异的,当细胞死亡方式难以确定时可以此作为判定的决定因素。事实上,通过FC分析的任何参数都可通过其他的检测方法如细胞计数的方法进行验证,因此非常有必要联合应用多种检测方法同时证明凋亡而不是仅仅依靠细胞活性的分析,这样才能得到更为可信的结论。

当前,细胞内pHi检测似乎是成功预测凋亡发生最为切实可行的办法。如果在工程上采用pHi分析可促进培养基的改进、优化,从而提高目标蛋白的产率。培养基验证的最佳方法是通过FC分析凋亡情况来评价培养基对细胞活性状态的影响。与细胞系的遗传修饰相比而言,培养基优化可能是提高目标产品产率最简单可行的策略。

尽管FC功能非常强大,但现有仪器体积巨大,价格昂贵(至少$110 000,具有细胞分选功能的FC价格更高),需要配备专业操作人员。新近研发的Guava Personnel Cell AnalyzerTM (Hayward,California)则是一个体积较小、界面更为友好的台式FC。这些以及类似的仪器无疑使得细胞的检测更加简化,不仅能进行常规的而且能进行更高一级的细胞功能与形态检测,为上游的细胞构建筛选,同时为大规模生物反应器培养的操作实践提供有效的监测与控制手段。

哺乳动物细胞的代谢行为既非常复杂又异常灵活。对其行为的理解将对工业化生产中细胞代谢途径的调控修饰和重新设计优化、进而提高培养过程的产量和产能奠定坚实的基础。前面提到,体外培养的工程细胞其代谢行为呈现出高度的异常和不规律,尤其是对代谢中主要成分的摄取速率比细胞实际需要的要高得多。这个现象严重限制了培养的效率,加之细胞培养过程中会同时遇到多个有害因素的限制。因此,在了解细胞代谢行为与特征的基础上,可以运用不同的方法,通常是以下几种的方式联合来提高培养效率,如代谢工程、培养基重新设计和平衡,基于细胞代谢需求的生物过程设计的优化,这将在后面的章节详细介绍。

宿主细胞或生产细胞的一个特点是大多追求超高的蛋白分泌能力。然而,蛋白质的合成与分泌过程是多个蛋白质加工因子精细平衡的结局。从UPR机制到B细胞发育为浆细胞,我们可以推断:从最初的基因转染的宿主细胞转化为高产的工程细胞,这一机制扩大或提高了蛋白质的分泌能力，至少在 CHO、BHK 和其他非分泌细胞的异源蛋白表达是这样的。事实上，B 细胞分化中分泌机制的扩大发生在抗体分泌之前。目前还不清楚：为满足膜质或细胞器的能量代谢需求，是否表达重组蛋白的高产工程细胞具有高速率的能量代谢。例如，活跃的线粒体功能？高水平的代谢酶类？脂代谢酶类？

（李 玲）

思考题

1. 试述工程细胞的生长增殖与凋亡特征。
2. 体外培养中如何检测细胞凋亡现象？如何及时预防细胞凋亡的发生？
3. 试述工程细胞的营养代谢特征。

参考文献

肖献忠. 2008. 细胞凋亡. 见：病理生理学. 北京：高等教育出版社

Al-Rubeai M. 1999. Monitoring of growth and productivity of animal cells by flow cytometry. *In*: Jenkins N. Animal Cell Biotechnology. Methods in Biotechnology, Vol 8. Human Press: 145-153

Al-Rubeai M, Emery A N, Chalder S. 1991. Flow cytometric study of cultured mammalian cells. J. Biotechnol., 19: 67-82

Andrews N C, Erdjument-Bromage H, Davidson M B, et al. 1993. Erythroid transcription factor NF-E2 is a haematopoietic-specific basic-leucine zipper protein. Nature, 362(6422), 722-728

Xu C, Bailly-Maitre B, Reed J C. 2005. Endoplasmic reticulum stress: cell life and death decisions. The Journal of Clinical Investigation. 115: 2656-2664

Godia F, Cairo J J. Metabolic engineering of animal cells. Bioprocess and Biosystems Engineering, 2002(24): 289-298

Harding H P, Zeng H, Zhang Y, et al. 2001. Diabetes mellitus and exocrine pancreatic dysfunction in perk/mice reveals a role for translational control in secretory cell survival. Mol. Cell, 7(6), 1153-1163

Hayes J D, Chanas S A, Henderson C J, et al. 2000. The Nrf2 transcription factor contributes both to the basal expression of glutathione S-transferases in mouse liver and to their induction by the chemopreventive synthetic antioxidants, butylated hydroxyanisole and ethoxyquin. Biochem. Soc. Trans., 28(2), 33-41

Ishaque A, Al-Rubeai M. 1998. Use of intracellular pH and annexin V flow cytometric assays to monitor apoptosis and its suppression by bcl-2 over-expression in hybridoma cell culture. J. Immunological Methods, 221: 43-57

Ishaque A, Al-Rubeai M. 2005. Monitoring of Apoptosis. Cell Engineering, 4: 281-306, DOI: 10.1007/1-4020-2217-4_11

Kaufman R J. 1999. Stress signaling from the lumen of the endoplasmic reticulum: coordination of gene transcriptional and translational controls. Genes Dev. 13: 1211-1233

Kaufman R J. 2002. Orchestrating the unfolded protein response in health and disease. J Clin Invest. ,110:1389-1398. doi:10. 1172/JCI200216886

Kaufman R J. 2004. Regulation of mRNA translation by protein folding in the endoplasmic reticulum. Trends Biochem. Sci,29:152-158

Lee K, Tirasophon W, Shen X H, et al. 2002. IRE1-mediated unconventional mRNA splicing and S2P-mediated ATF6 cleavage merge to regulate XBP1 in signaling the unfolded protein response. Genes Dev. 16:452-466

Lippincott-Schwartz J, Roberts T H, Hirschberg K. 2000. Secretory protein trafficking and organelle dynamics in living cells. Ann. Rev. of cell and dev. Biol. ,16:557-589

Boyce M, Yuan J. 2006. Cellular response to endoplasmic reticulum stress: a matter of life or death. Cell Death and Differentiation. 13:363-373

Arden N, Betenbaugh M J. 2006. Regulating apoptosis in mammalian cell cultures. Cytotechnology. 50:77-92

Rabouille C, Hui N, Hunte F, et al. 1995. Mapping the distribution of Golgi enzymes involved in the construction of complex oligosaccharides J Cell Sci 108(Pt 4):1617

Rao R V, Bredesen D E. 2004. Misfolded proteins, endoplasmic reticulum stress and neurodegeneration. Curr. Opin. Cell Biol. 16:653-662

Oyadomari S, Mori M. 2004. Roles of CHOP/GADD153 in endoplasmic reticulum stress. Cell Death and Differentiation. 11:381-389

Sara B. Cullinan, J. Alan Diehl. 2006. Coordination of ER and oxidative stress signaling: The PERK/Nrf2 signaling pathway. IJBCB. 38:317-332

Schroder M and Kaufman R J. 2005. The Mammalian unfolded protein response. Annu. Rev. Biochem. 74:739-789

Schroder M, and Kaufman R J. 2005. E R stress and the unfolded protein response. Mutat. Res. 569:29-63

Shaffer A L, Lin K I, Kuo T C, et al. 2002. Blimp-1 orchestrates plasma cell differentiation by extinguishing the mature B cell gene expression program. Immunity. Jul;17(1):51-62

Shen X, Zhang K, Kaufman R J. 2004. The unfolded protein response: a stress signaling pathway of the endoplasmic reticulum [review]. J Chem Neuroanat, 28:79-92

Thomas W K, Wakabayashi N, Biswal S. 2007. Cell Survival Responses to Environmental Stresses via the Keap1-Nrf2-ARE Pathway. Annu Rev Pharmacol Toxicol, 47:89-116

Vives J, uanola S, Cairo J J, et al. 2003. Metabolic engineering of apoptosis in cultured animal cells: implicactions for the biotechnology industry. Metabolic Engineering, (5):124-132

Ye J, et al. 2000. ER stress induces cleavage of membrane-bound ATF6 by the same proteases that process SREBPs. Mol. Cell. 6:1355-1364

Yeo K T, Parent J B, Yeo T K, Olden K. 1985. Riability in transport rates of secretory glycoproteins through the endoplasmic reticulum and Golgi in human hepatoma cells. J Biol Chem. 260 (13):7896-902

Yoshida H, Matsui T, Yamamoto A, et al. 2001. XBP1 mRNA is induced by ATF6 and spliced by IRE1 in response to ER stress to produce a highly active transcription factor. Cell. 107:881-891

4.8 工程细胞高密度培养工艺与目标产品

工程细胞高密度培养(high density engineering cell culture)工艺是融合细胞生物学理论和生化工程技术、按人们的意愿有目的地设计和控制细胞体外培养的环境条件，以达到细胞大量增殖、细胞表达产品生产过程优化目的的综合性工艺技术。工程细胞高密度培养工艺不仅代表着目前细胞培养技术在生物技术产业化应用的主线，也在很大程度上代表着细胞培养技术的发展现状和趋势。广义的工程细胞高密度培养，至少涵盖工程动物细胞高密度培养和工程植物细胞的高密度培养。鉴于工程动物细胞的高密度培养在生物、医学诸多学科领域的研究、特别是生物医药产业的应用具有工程植物细胞高密度培养难于比拟的重要性，同时也是便于叙述，本节所介绍的工程细胞高密度培养工艺只涉及工程动物细胞的高密度培养。

此外，工程细胞高密度培养还是一个有前提的相对的定义。其前提是，工程细胞的培养是在适度规模、甚至是大规模生物反应器中进行的。定义中的“高密度”是相对于采用常规细胞培养技术所达到的细胞密度而言的，其量化指标还将随科学技术的进步而变化。目前，尽管对定义中的“高密度”尚无完全明确一致的界定，文献资料中通常把工程细胞的培养密度达到 5×10^6 个细胞/mL 以上认定为“高密度”。

4.8.1 工程细胞培养方式

工程细胞培养方式如依据细胞在生物反应器中生长形式的不同，可分为悬浮培养(suspension culture)、贴壁培养(anchoraged-dependent culture)、固定化培养(immobilization culture)三种主要方式；如果依据所使用的生物反应器类型以及细胞的固定化方式的不同，可分为静止培养、旋转培养、搅拌培养、微载体培养、微囊培养、中空纤维培养、固定床和流化床培养等；如果按操作方式的不同，工程细胞的培养方式可分为分批培养(batch culture)、流加培养(fed-batch culture)、半连续培养(semi-continuous culture)、连续培养(semi-continuous culture)和灌注培养(perfusion culture)。由于操作方式的不同对工程细胞的生长代谢、培养环境乃至高密度培养工艺有着决定性的影响，最能体现工程细胞高密度培养工艺的基本特征，本节将按操作方式的不同介绍工程细胞的培养方式(图 4.8.1)。

(1) 分批培养。分批培养是指将细胞和培养液一次性转入生物反应器内进行培养，在培养过程中其体积不变，不添加其他成分，待细胞增长和产物形成积累到适当的时间，一次性收获细胞、产物、培养液的操作方式。

(2) 流加培养。流加培养是指先将一定量的细胞和培养液装入生物反应器内进行培养，在培养过程中根据细胞对营养物质的不断消耗和需求，流加浓缩的营养物或培养液直至达到生物反应器设定的工作体积，从而使细胞持续生长、产物浓度不断提高的操作方式。

(3) 半连续培养。半连续培养是指在分批培养的基础上，定期收获部分细胞和培养液，重新补充新的培养液后按分批培养操作继续培养的操作方式。

(4) 连续培养。连续培养是指在培养过程中，在不断向生物反应器加入新鲜培养液的同时，按相同的流量将培养液和细胞连续不断地取出，从而使细胞培养环境处于一种相对恒定状态的操作方式。

(5) 灌注培养。灌注培养是指在连续培养过程中，通过特定的细胞截流方式，如沉降、离心、膜分离等，使细胞不被取出，或极少部分被取出，而实现培养液连续更换的操作方式。

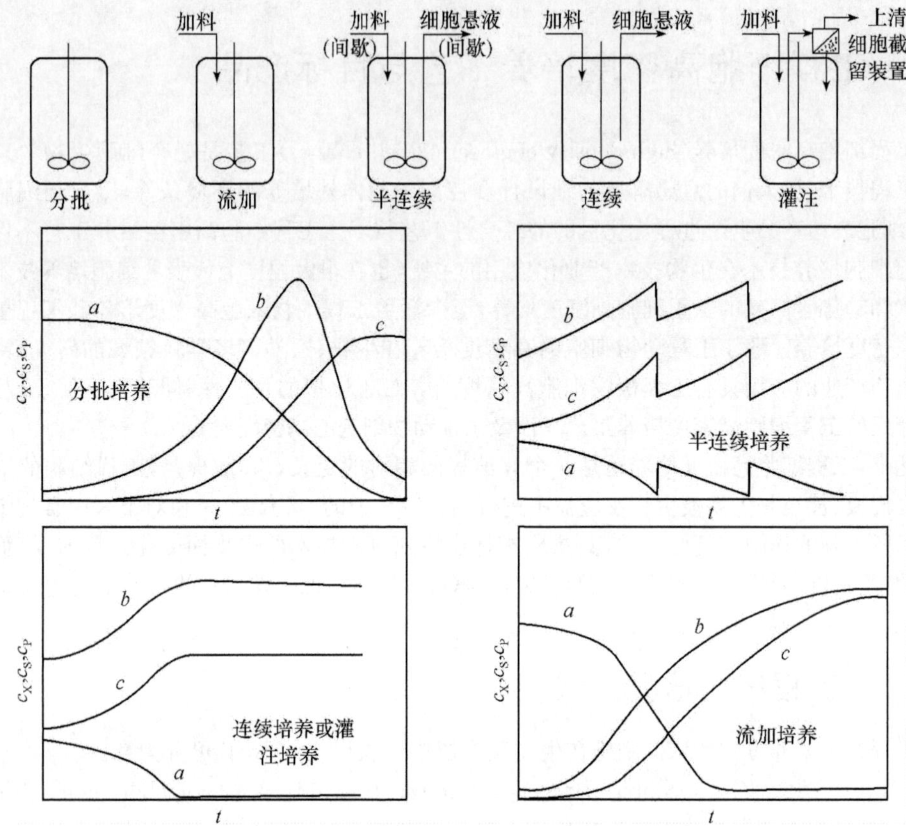

图 4.8.1 不同细胞培养操作方式下的细胞生长、营养物消耗和产物形成

C_x. 活细胞密度;C_s. 底物浓度;C_p. 营养物浓度。a. 营养物浓度曲线;b. 活细胞密度曲线;c. 产物浓度曲线

4.8.1.1 分批培养

分批操作是动物细胞规模培养发展进程中较早采用的方式,也是其他操作方式的基础。对于分批操作,细胞所处的环境时刻都在发生变化,不能使细胞自始至终处于最优化的条件。

工程细胞分批培养方式具有如下特点。①操作简单、培养周期短、染菌和细胞突变的风险小。反应器系统属于封闭式,培养过程中与外部环境没有物料交换,除了控制温度、pH 和通气外,不进行其他任何控制,因而操作简单,容易掌握。②直观的反映细胞生长代谢的过程。由于培养期间细胞的生长代谢是在一个相对固定的营养环境,不添加任何营养成分,因此可直观的反应细胞生长代谢的过程,是动物细胞培养工艺参数或“小试”研究的常用手段。③可直接放大。由于培养过程工艺简单,对设备和控制的要求较低,设备的通用性强,反应器参数的放大原理和过程控制,比其他培养系统易于理解和掌握,在工业化生产中分批式操作是传统而常用的方法,其工业反应器规模可达 20 000L(图 4.8.1)。

在分批培养过程中,细胞的生长可分为延滞期(lag phase)、对数生长期(logarithmic phase)、平稳期(transient phase)和衰退期(decline phase)4 个阶段(图 4.8.2)。

分批培养过程中的延滞期,是指细胞接种后到细胞分裂繁殖所需的时间,延滞期的长短根据种子细胞本身生长性能和培养环境条件的不同而各异。一般认为,细胞延滞期是细胞分裂繁殖前的准备时期,种子细胞需要适应新的培养环境,又要积累细胞繁殖所必需的一些活性物质。

因此，种子细胞最好选用生长旺盛并处于对数生长期的细胞，并应保持一定的细胞密度。细胞经历延滞期后，便开始迅速增长，进入对数生长期，在此期细胞随时间呈指数函数形式增长。

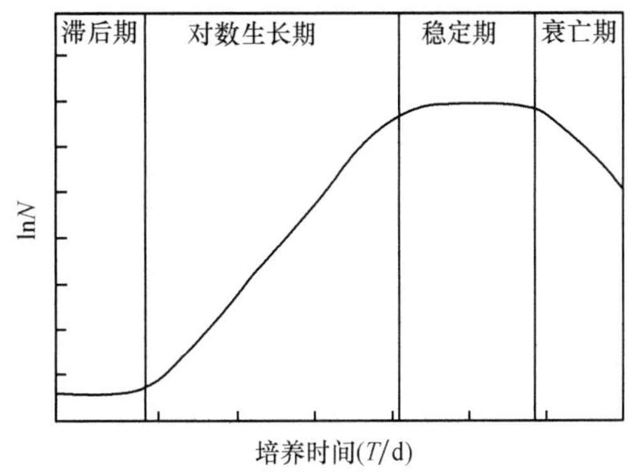

图 4.8.2 分批式培养中的动物细胞生长曲线

细胞通过对数生长期的迅速生长后，由于营养物质消耗、代谢毒副产物的累积，细胞生长环境条件不断变差，细胞生长减缓，逐渐进入平稳期。在经过平稳期后，由于细胞生长所需营养物的缺乏和环境条件的恶化，细胞进入衰退期进而死亡。在整个分批培养周期中细胞表达产物不断分泌积累，没有培养物的交换或流出。因此，收获细胞产物通常是在细胞进入衰退期前或已经进入衰退期后进行。

在工程细胞分批培养过程中，与细胞的生长代谢相关的主要参数有限制性营养物质浓度及其比消耗速率、细胞密度及其比生长速率、产物浓度、抑制物浓度及其比生成速率等。根据比速率的定义，分批式培养的状态方程可表示为

细胞生长速率
$$\mu X = \frac{dX}{dt} \tag{4.8.1}$$

底物消耗速率
$$-q_S X = \frac{dS}{dt} \tag{4.8.2}$$

产物生成速率
$$q_P X = \frac{dP}{dt} \tag{4.8.3}$$

式中，μ 为比生长速率；X 为细胞密度；S 为底物浓度；q_S 为比消耗速率；P 为产物浓度；q_P 为比生成速率。

4.8.1.2 流加培养

流加培养是当前工程细胞培养的主流工艺，也是近年来动物细胞大规模培养研究的热点。其中的关键技术环节在于基础培养基和流加营养液的优化、限制性营养成分和抑制物浓度的监测、流加方案的优化。实施流加的总体原则是维持相对稳定的细胞生长培养环境，既不因营养成分过剩而造成营养利用效率下降、产生大量的代谢副产物，也不至因营养成分的缺乏导致细胞生长抑制或死亡。

流加培养的控制可分为开环系统控制流加(亦称为无反馈控制流加)和闭环系统控制流加(亦称有反馈控制流加)两种方式。在开环系统控制中，流加营养液根据预先确定的最佳流加方案补加，如在依据细胞生长代谢和产物生成动力学建立的数学模型指导下流加。闭环系统控制流加是在一定的时间内，连续或间断地测定培养系统中限制性营养物的浓度，并据此确定流加速度和流加液中营养物质的浓度等。由于流加培养的反应体积不断变化，培养过程中的各参数变化可描述为

$$\frac{d(VX)}{dt} = \mu \cdot VX \tag{4.8.4}$$

$$\frac{d(VS)}{DT} = F(t) \times S_{in} - \frac{1}{Y_{X/S}} \times \frac{D(VX)}{dt} - mVX \tag{4.8.5}$$

$$\frac{d(VP)}{dt} = q_p \cdot VX \tag{4.8.6}$$

$$\frac{dV}{dt} = F(t) \tag{4.8.7}$$

式中，V 为培养液体积；$F(t)$为流加培养液的流速；S_{in} 为流加培养液的营养物浓度；$Y_{X/S}$ 为基于一定营养物的细胞产率；m 为维持常数。

流加培养工艺的主要特点是在培养过程中，能够调节培养环境中营养物质的浓度。流加培养一方面可以避免某种营养成分的浓度过高时影响细胞的生长代谢以及目标产物的生成；另一方面还能防止某些限制性营养成分在培养过程中被耗竭而影响细胞的生长代谢。这一特点使流加培养在保留分批培养操作简单、可靠特点的同时，显著地提高了工程细胞的培养效率。鉴于流加培养作为当前动物细胞表达产品规模化生产的主流工程细胞培养工艺的重要性，本节将在工程细胞培养工艺——流加培养部分再作详细的介绍。

4.8.1.3　半连续培养

半连续培养又称为重复分批培养(repeated batch culture)或换液培养。半连续培养通常在细胞对数生长的中后期、营养物质限制或代谢副产物抑制出现之前，从生物反应器中取出部分培养物，再补充新鲜培养液到原有体积，使反应器内培养液的总体积不变。剩余的培养物可作为种子继续培养，从而可维持反复培养，而无需反应器的清洗、消毒等一系列复杂的操作。这样，细胞又可以在较为适宜的环境中生长，从而得到较高的细胞密度和(或)产物浓度。

半连续培养的优点是操作简便，生产效率高，可长时期进行生产，反复收获产品，可使细胞密度和产品产量一直保持在较高的水平(图 4.8.3)。

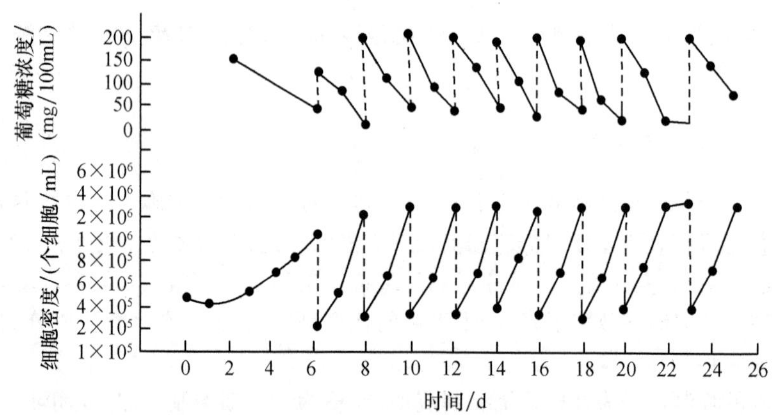

图 4.8.3　半连续式培养 HeLa 细胞的生长曲线

在半连续培养过程中，如反应器的培养液体积为 V，换液量为 V'，替换率 $D'=V'/V$。对于悬浮培养，D'与比生长速率μ'有如下的关系

$$\mu' = \frac{1}{t}\ln\frac{X_t}{X_0} \tag{4.8.8}$$

$$D' = \frac{V'}{V} = 1 - e^{-\mu' t} \tag{4.8.9}$$

式中，X_t 和 X_0 分别为时间 t 和 $t=0$ 时的细胞密度。

4.8.1.4 连续培养

连续培养的最大特点是细胞所处的环境条件如营养物质浓度、产物浓度和 pH 可保持相对恒定，在稳定状态下生长的细胞可有效地延长分批培养中的对数生长期。在稳定状态下，细胞浓度以及细胞比生长速率可维持不变。细胞很少受到培养环境变化带来的生理影响，特别是生物反应器的主要营养物质葡萄糖和谷氨酰胺，维持在一个较低的水平，从而使他们的利用效率提高，有害产物的积累减少。然而在高的稀释率下，虽然死细胞和细胞碎片及时清除，细胞活性高而最终细胞密度得到提高。但细胞和产物也在不断稀释，培养体系中的营养物质利用率、细胞增长速率和产物生产速率会有所降低。

4.8.1.5 灌注培养

灌注培养可以看做是一种特殊的连续培养，是在连续流加新鲜培养液的同时，采用细胞截流装置，将细胞截流或回输至生物反应器内(图 4.8.4)。通过细胞截流装置和培养环境的不断更新，可维持较高的细胞密度和单位体积产率，同时可提供较恒定的培养环境。

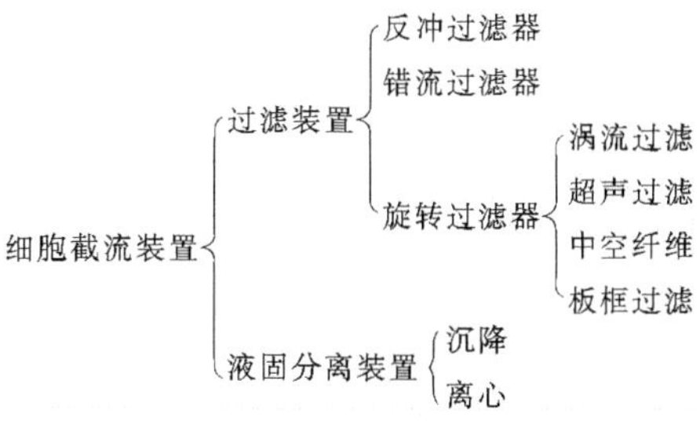

图 4.8.4 常用的细胞截流装置

灌注培养所采用的灌注系统可以是开放的单循环系统，也可以是封闭的再循环系统。灌注培养动力学可以分为两个阶段，即生长阶段和定态阶段。在定态阶段，细胞生长和死亡相平衡，细胞密度保持相对恒定，产物表达和营养水平保持恒定。

对于开放的单循环灌注系统，灌注培养过程中的各参数变化可描述为

$$V=\frac{\mathrm{d}S}{\mathrm{d}t}=F(S_F-S)-\frac{\mu XV}{Y_{X/S}} \tag{4.8.10}$$

$$V=\frac{\mathrm{d}X}{\mathrm{d}t}=\mu XV-FX_F \tag{4.8.11}$$

$$V=\frac{\mathrm{d}P}{\mathrm{d}t}=q_P XV-FP \tag{4.8.12}$$

式中，S 为营养物浓度；S_F 为灌注液中营养物浓度；X 为反应器中细胞密度；X_F 为流出液中细胞密度(对于理想细胞截流系统而言，流出液中不含细胞；$X_F=0$)；P 为反应器中产物浓度；F 为灌注速率；V 为反应器培养体积。

灌注培养的主要优点是：①连续灌注系统可使细胞处于有害代谢废物浓度积累较低、营养物质相对充足的稳定环境中。②细胞截流系统可使细胞保留在生物反应器内，维持较高的细胞密度，一般可达 10^7～10^8 个细胞/mL。③反应速率容易控制，培养周期较长，可提高生产率。④目标产物在生物反应器内停留时间短，有利于保持产品的活性。这些优点使灌注培养成为近年来备受关注的生物技术药物生产的工程细胞高密度培养方式。

4.8.2 工程细胞培养基

培养基(medium)是影响体外培养细胞生长、代谢、增殖和分化等生命活动的最直接、最重要的环境因素。包括细胞生长、代谢、增殖和分化在内的体外培养细胞生命活动都是在培养基中进行的。培养基除直接供给细胞生长代谢和增殖所需的营养成分和能源物质外，也在很大程度

上构成影响细胞生理活动的渗透压和 pH(氢离子浓度和缓冲系统)环境因素。此外,其他影响细胞生长代谢的环境因素,如温度、气体浓度、流体黏度和表面张力以及流体动力等均须借助于培养基才得以发挥作用。因此,在细胞培养技术的发展进程中,培养基的发展一直占据着重要的地位。根据培养基的来源及其成分的明确程度,动物细胞培养基划分为天然培养基(natural medium)、合成培养基(synthetic medium)和无血清培养基(serum-free medium)。

4.8.2.1　天然培养基

天然培养基是指来自动物体液或组织分离提取液的一类培养基,如血浆、血清、淋巴液、鸡胚浸出液、蛋白水解物等。天然培养基的特点是含有丰富的营养物质及各种细胞生长因子、激素类物质,渗透压、pH 等也与体内环境相似。在组织培养技术建立的早期,体外培养细胞都是利用天然培养基。由于天然培养基的组成成分不明确、制备过程复杂、批次间质量差异大,易对培养细胞造成不确定的生理效应,难于满足动物细胞表达产品的生产规程和质量控制的要求。因此,天然培养基已被合成培养基所替代。考虑到在实际工作中,天然培养基中的动物血清往往被用作合成培养基的添加成分,因而有必要在此将其作为天然培养基的代表加以介绍。

在动物细胞培养中,常用的血清是牛血清、马血清和人血清。最常用的是牛血清。牛血清是细胞培养中用量最大的天然培养基,选择用牛血清培养细胞的原因是其来源充足、制备技术成熟,经过长时间的应用,人们对其有比较深入的理解。牛血清分为小牛血清、新牛血清、胎牛血清。胎牛血清应取自剖宫产的胎牛;新牛血清取自出生 24h 之内的新生牛;小牛血清取自出生 10～30 天的小牛。显然,胎牛血清是品质最高的,因为胎牛还未接触外界,血清中所含的抗体、补体等对细胞有害的成分最少。牛血清对绝大多数哺乳动物细胞都是适合的,但并不排除在培养某种细胞时使用其他动物血清更合适。

血清是由血浆去除纤维蛋白而形成的一种成分极其复杂的混合物,其组成成分虽大部分已知,但还有一部分尚不清楚,且血清组成及含量常随供血动物的性别、年龄、生理条件和营养条件不同而异。血清中含有各种血浆蛋白、多肽、脂肪、碳水化合物、生长因子、激素、无机物等,这些物质对促进细胞生长或抑制细胞生长的效应是达到生理平衡的。血清对体外培养细胞的主要作用包括:①提供氨基酸、维生素、无机物、脂类物质、核酸衍生物等细胞生长代谢所需的基本营养物质;②提供胰岛素、肾上腺皮质激素(氢化可的松、地塞米松)、类固醇激素(雌二醇、睾酮、孕酮)等激素和成纤维细胞生长因子、表皮生长因子、血小板生长因子等各种生长因子;③提供运输和储存具有重要功能的低分子质量物质的结合蛋白,如白蛋白携带维生素、脂肪以及激素等,转铁蛋白携带铁;④提供黏附和伸展因子使细胞黏附于适宜的表面;⑤对培养中的细胞起到某些保护作用。某些细胞,如内皮细胞、骨髓样细胞可以释放蛋白酶,血清中含有抗蛋白酶成分,起到中和作用。因为胰蛋白酶已经被广泛用于贴壁细胞的消化传代,因此,血清也被有目的地用来终止胰蛋白酶的消化作用。血清蛋白形成了培养基的黏度,可以保护细胞免受机械损伤,特别是在悬浮培养搅拌时,黏度起到重要作用。血清还含有一些微量元素和离子如 SeO_3 和硒等,他们在细胞的代谢解毒中起重要作用。

尽管商业化的合成培养基大都是按需要添加血清设计的,血清在现阶段仍被作为细胞培养最重要的添加剂,但使用血清的缺点越来越引起重视。细胞培养中使用血清的主要缺点有:①血清的成分可能有几百种之多,目前对其确切的成分、含量及其作用机制仍不清楚,尤其是对其中一些多肽类生长因子、激素和脂类等尚未充分认识,这给研究工作带来许多困难;②血清都是批量生产,动物个体不同,血清产地、批号不同,造成不同批次生产血清的质量差异甚大,要保证每批血清的相似性极为困难，从而使实验和生产的标准化和连续性受到限制；③血清含有一些对细胞产生毒性的物质，如多胺氧化酶，能与来自高度繁殖细胞的多胺反应(如精胺、亚精胺)，形成有细胞毒性作用的聚精胺。补体、抗体、细菌毒素等都会影响细胞生长，甚至造成细胞死亡；④存在于血清来源动物或血清制备过程中可能带入支原体、病毒，增加了细胞培养过程和细胞表达产物安全性的不确定因素；⑤对通过细胞培养生产动物细胞表达产品的过程，血清的使用增加了目的产物分离纯化和质量控制的难度、甚至是难以逾越的障碍；⑥高质量血清，如胎牛血清，供应不足、价格昂贵是构成动物细胞表达产品生产成本的主要部分。

血清质量高低取决于两方面因素：一是取材对象，二是制备过程。用于取材的动物应是健康无病且在指定的出生天数之内。制备过程应严格按照操作规程执行，制备出的血清要经过严格的质量鉴定。WHO公布的《用动物细胞体外培养生产生物制品规程》中对牛血清的主要要求包括：①牛血清必须来自有文件证明无牛海绵状脑病的牛群或国家，并应具备适当的监测系统；②证明所用牛血清中不含针对拟生产疫苗病毒的抑制物；③血清要通过滤膜过滤除菌，保证无细菌、霉菌、支原体和病毒的污染；④具有支持体外培养细胞增殖的作用。我国在2000年版《中国生物制品主要原辅料质控标准》中对牛血清的质量提出比较严格的标准。牛血清的质量控制至少包括蛋白质含量、细菌、真菌、支原体、牛病毒、大肠杆菌噬菌体、细菌内毒素和细胞增殖等项目的检测。

4.8.2.2　合成培养基

合成培养基是根据已知细胞所需物质的种类和数量，同时模拟细胞体内生存的渗透压和氢离子浓度环境而严格配制而成的。早期的合成培养基，除含葡萄糖和无机离子外，仅含几种氨基酸、2～3种维生素。随着培养基成分配方的不断改进，到1950年Morgan等研制的199培养基问世，培养基的组成成分已有69种之多，几乎包括了所有的氨基酸、维生素和一些核酸衍生物、脂类和无机盐(有关合成培养基的主要成分详见4.2节相关内容)。合成培养基有固定的组成成分，利于实验和生产条件的标准化控制。合成培养基的发展和应用极大地促进了细胞培养技术的发展并成为迄今仍被普遍使用的培养基。所有合成培养基都有一些共同的成分，在组成上大同小异，主要差异体现在基本成分量的不同和一些特殊成分的存在与否。合成培养基的使用特点是，一般仅能短期维持细胞的生存，需补充血清后才能支持体外培养细胞的生长增殖。

不同的动物细胞对营养物质虽有共同的需求，但又随细胞种类的不同而有所别。相应地合成培养基的种类也很多，针对不同细胞类型的商品化合成培养基已多达数十种。其中，有的合成培养基，如RPMI 1640的设计初衷虽是针对淋巴细胞体外培养的，但却有较广的细胞适用性，适用于很多细胞的体外培养。不过在实际应用中，还是应该根据培养细胞的不同和细胞培养的目的对培养基进行选择，除考虑培养细胞的特殊生理需要和参考有关文献资料外，更重要的是把培养细胞在培养基中的生长代谢和增殖分化等生命活动的考察作为评价依据。对于以动物细胞表达产品生产为目的的工程细胞培养而言，合成培养基的选择还应对其成本及其使用中对诸如血清等化学成分不明确的添加物的依赖程度给予充分考虑。表4.8.1及表4.8.2所列是哺乳动物细胞培养常用的合成培养基的组成。其中，表4.8.1所列合成培养基的组成相对简单、对添加血清的依赖性较大；表4.8.2所列合成培养基的组成较复杂、对血清的依赖性低，可用做无血清培养基的基础配方。

表 4.8.1　动物细胞培养常用合成培养基的组成

组　分	浓度/(mmol/L)			
	BME	GMEM	DMEM	RPMI(1640)
无机盐				
氯化钙($CaCl_2$)	1.8	4.5	1.8	
四水硝酸钙[$Ca(NO_3)_2 \cdot 4H_2O$]				0.424
五水硫酸铜($CuSO_4 \cdot 5H_2O$)				
3-9 水硝酸铁[$Fe(NO_3) \cdot 3\text{-}9H_2O$]		0.25	0.25	
七水硫酸铁($FeSO_4 \cdot 7H_2O$)				
氯化钾(KCl)	5.3	37.33	5.3	5.3
硝酸钾(KNO_3)				
无水氯化镁($MgCl_2$ anhydrous)	0.5	11.26		
硫酸镁($MgSO_4$)	0.81		0.813	0.407
无水硫酸镁($MgSO_4$ anhydrous)		11.31		
氯化钠(NaCl)	117	110	110.34	103.44
碳酸氢钠($NaHCO_3$)	26.2	4.17	44.1	23.8
一水磷酸氢二钠($Na_2HPO_4 \cdot H_2O$)				5.63
一水磷酸氢二钠($Na_2HPO_4 \cdot H_2O$)	1.01	7.43	0.906	
能量代谢				
D-葡萄糖	5.55	3.88	25	11.1
蔗糖		78		
D-果糖		2.22		
富马酸		0.474		
α-酮戊二酸		2.53		
苹果酸		5		
琥珀酸		0.508		
氨基酸				
β-丙氨酸		2.2		
L-丙氨酸		2.5		
L-精氨酸盐酸盐	0.1	3.3	0.398	1.1
L-天冬酰胺		2.65		0.379
L-天冬氨酸		2.63		0.15
L-胱氨酸盐酸	5.0×10^{-2}	9.2×10^{-2}	0.2	0.206
L-谷氨酸		4.08		0.136
L-谷氨酰胺		4.11	4	2.05
甘氨酸		8.67	0.399	0.133
L-组氨酸	5.2×10^{-2}	16.2	0.2	9.7×10^{-2}
L-羟脯氨酸				0.153
L-异亮氨酸	0.198	0.382	0.802	0.382
L-亮氨酸	0.198	0.573	0.802	0.382

4.8.2.3　无血清培养基

由于血清成分复杂、存在许多不确定因素，有时可能会干扰实验结果，影响细胞功能的表达。1976 年 Hayashi 和 Sato 首次报道在合成培养基中加入激素后能支持体外培养细胞的生长，

表 4.8.2 动物细胞培养常用合成培养基的组成

组分	浓度/(mmol/L)							
	CMRL (1066)	DMEM/F12	F12 (Ham's)	IMDM	MCDB 153	MCDB 131	Media 199	Waymouth's MB 752/1
无机盐								
氯化钙($CaCl_2$)	1.8	1.05	0.299	1.49	0.03	1.6	1.8	0.816
四水硝酸钙[$Ca(NO_3)_2 \cdot 4H_2O$]		1.20×10^{-7}						
五水硫酸铜($CuSO_4 \cdot 5H_2O$)		7.80×10^{-9}	1.0×10^{-5}		1.1×10^{-5}	5.0×10^{6}		
九水硝酸铁[$Fe(NO_3)_3 \cdot 9H_2O$]		1.2×10^{-4}					1.7×10^{-3}	
七水硫酸铁($FeSO_4 \cdot 7H_2O$)		1.5×10^{-3}	0.003		5.0×10^{-3}	1.0×10^{-3}		
氯化钾(KCl)	5.3	4.16	2.98	4.44	1.5	3.97	5.33	2
硝酸钾(KNO_3)				7.5×10^{-4}				
氯化镁($MgCl_2$)					0.6			1.18
无水氯化镁($MgCl_2$ anhydrous)			0.6					
硫酸镁($MgSO_4$)	0.814	0.407				10.02	0.397	0.813
无水硫酸镁($MgSO_4$,anhydrous)				0.814				
一水硫酸锰($MnSO_4 \cdot H_2O$)					1.0×10^{-6}	1.0×10^{-6}		
四水钼酸铵[$(NH_4)6Mn_7O_{24} \cdot 4H_2O$]					1.0×10^{-6}	3.0×10^{-6}		
六水氯化镍($NiCl_2 \cdot 6H_2O$)					5.0×10^{-7}	3.0×10^{-7}		
氯化钠(NaCl)	116	120.61	131	77.59	120	110.86	81.89	1.0×10^{-4}
碳酸氢钠($NaHCO_3$)	26.2	29	14	36	14	14	14.9	26.7
九水硅酸钠($Na_2SiO_3 \cdot 9H_2O$)					5.0×10^{-4}	1.0×10^{-2}		
一水磷酸氢二钠($Na_2HPO_4 \cdot H_2O$)		0.5	1		2			2.11
一水磷酸二氢钠($NaH_2PO_4 \cdot H_2O$)	1.01	0.453		0.906		0.5	1.01	0.46
氯化亚锡($SnCl_2$)					5.0×10^{-7}			
五水亚硒酸钠($Na_2SeO_3 \cdot 5H_2O$)				6.5×10^{-5}				
亚硒酸(H_2SeO_3)					3.0×10^{-5}	3.0×10^{-5}		
偏钒酸铵($NaVO_3$)					5.0×10^{-6}	5.0×10^{-6}		
L-半胱氨酸		0.1						0.504
一水 L-半胱氨酸盐	1.48	0.1	0.2		0.24	0.2	6.0×10^{-4}	6.3×10^{-2}
L-谷氨酸	0.51	0.05	0.1	0.51	0.1	0.03	0.454	1.02
L-谷氨酰胺		2.5	1	4	6		0.685	2.4

续表

组分	浓度/(mmol/L)							
	CMRL (1066)	DMEM/ F12	F12 (Ham's)	IMDM	MCDB 153	MCDB 131	Media 199	Waymouth's MB 752/1
甘氨酸	0.667	0.25	0.1	0.399	0.1	0.03	0.667	0.667
L-组氨酸盐酸盐 hydrochloride H_2O	9.5×10^{-2}	0.15	10.0×10^{-2}	0.2		0.2	0.104	0.826
L-组氨酸					0.08			
L-羟脯氨酸	7.6×10^{-2}						0.763	
L-异亮氨酸	0.153	0.416	3.0×10^{-2}	0.802	1.5×10^{-2}	0.504	0.305	0.191
L-亮氨酸	0.458	0.451	0.1	0.802	0.5	1	0.458	0.382
L-赖氨酸盐	0.383	0.499	0.199	0.798	0.1	0.995	0.383	1.31
L-蛋氨酸	0.101	0.116	3.0×10^{-2}	0.201	3.0×10^{-2}	0.1	0.1	0.336
L-苯丙氨酸	0.152	0.215	3.0×10^{-2}	0.4	3.0×10^{-2}	0.2	0.152	0.303
L-脯氨酸	0.348	0.15	0.3	0.348	0.3	0.1	0.348	0.435
L-丝氨酸	0.238	0.25	0.1	0.4	0.6	0.305	0.238	
L-苏氨酸	0.252	0.449	0.1	0.078	0.1	0.101	0.252	0.63
L-色氨酸	0.049	0.0442	1.0×10^{-2}	0.078	1.5×10^{-2}	2.0×10^{-2}	0.049	0.196
L-酪氨酸盐酸二钠盐	0.26	0.214	3.0×10^{-2}	0.462	1.5×10^{-2}	0.1	0.221	0.221
L-缬氨酸	0.214	0.452	0.1	0.803	0.3	0.103	0.214	0.566
维生素								
抗坏血酸	0.284						2.0×10^{-4}	9.9×10^{-2}
α-生育酚磷酸盐							1.4×10^{-5}	
生物素	4.1×10^{-5}	1.4×10^{-5}	3.0×10^{-5}	5.3×10^{-5}	6.0×10^{-5}	3.0×10^{-5}	4.1×10^{-5}	8.2×10^{-5}
骨化醇(维生素 D2)							2.5×10^{-4}	
D-泛酸钙	2.1×10^{-5}	4.6×10^{-3}	1.0×10^{-3}	8.3×10^{-3}		2.5×10^{-2}	2.1×10^{-5}	2.0×10^{-3}
氯化胆碱	3.5×10^{-3}	6.4×10^{-2}	10.0×10^{-2}	2.9×10^{-2}	0.1	0.1	3.5×10^{-3}	1.79
叶酸	2.3×10^{-5}	6.0×10^{-3}	2.9×10^{-3}	9.1×10^{-3}	1.8×10^{-3}	1.0×10^{-3}	2.0×10^{-4}	1.1×10^{-3}
I-肌醇	2.0×10^{-4}	7.0×10^{-2}	0.1	4.0×10^{-2}	0.1	4.0×10^{-2}	2.8×10^{-4}	5.5×10^{-3}
甲萘醌(维生素 K3)							5.8×10^{-4}	
烟酸(尼克酸)	2.0×10^{-4}						2.0×10^{-4}	
烟酰胺	2.0×10^{-3}	1.7×10^{-2}	3.0×10^{-4}	3.3×10^{-2}		5.0×10^{-2}	2.0×10^{-4}	8.1×10^{-3}

续表

组　分	浓度/(mmol/L)							
	CMRL (1066)	DMEM/F12	F12 (Ham's)	IMDM	MCDB 153	MCDB 131	Media 199	Waymouth's MB 752/1
对氨基苯甲酸	3.0×10^{-4}						3.0×10^{-4}	
泛酸盐					1.0×10^{-3}			
盐酸吡哆醛	1.0×10^{-4}			2.0×10^{-2}			1.0×10^{-4}	
盐酸吡多辛 hydrochloride	1.2×10^{-4}	9.7×10^{-3}	3.0×10^{-4}		3.0×10^{-4}	1.0×10^{-2}	1.0×10^{-4}	4.8×10^{-3}
核黄素	2.7×10^{-5}	6.0×10^{-4}	1.0×10^{-4}	1.1×10^{-3}	1.0×10^{-4}	1.0×10^{-5}	2.7×10^{-5}	2.6×10^{-3}
盐酸硫胺	3.0×10^{-5}	6.4×10^{-3}	1.0×10^{-3}	1.2×10^{-2}	1.0×10^{-3}	1.0×10^{-2}	3.0×10^{-5}	3.0×10^{-2}
维生素 B_{12}		5.0×10^{-4}	1.0×10^{-3}	9.6×10^{-6}	3.0×10^{-4}	1.0×10^{-5}	3.1×10^{-4}	1.0×10^{-4}
维生素 A(醋酸)							3.1×10^{-4}	
脂类及其衍生物								
胆固醇	5.2×10^{-4}						5.2×10^{-4}	
I-肌醇	2.0×10^{-4}							
亚油酸		1.5×10^{-4}	3.0×10^{-4}					
硫辛酸		5.1×10^{-4}	9.7×10^{-4}		1.0×10^{-3}	1.0×10^{-5}		
乙醇胺					0.1			
前列腺素 E1					2.5×10^{-5}			
其他化合物								
表皮生长因子/(ng/mL)					25			
腐胺		5.0×10^{-4}	1.0×10^{-3}		1.0×10^{-3}	1.0×10^{-6}		
谷胱甘肽(减少)	3.3×10^{-2}						1.0×10^{-4}	4.9×10^{-2}
氢化可的松					1.4×10^{-4}			
D-葡萄糖醛酸钠	1.8×10^{-2}							
辅羧酶	2.1×10^{-3}							
辅酶 A	3.3×10^{-3}							
吐温 80/(mg/L)	5.0						20	
胰岛素/(μg/mL)					5.0			
透析胎牛血清/(μg/mL)					1.0			
缓冲液/指示剂								
HEPES				25	28			
酚红	5.0×10^{-2}	2.0×10^{-2}	3.0×10^{-3}	3.5×10^{-2}	3.3×10^{-2}	3.1×10^{-2}	5.0×10^{-2}	2.5×10^{-2}

由此揭开了动物细胞无血清培养基(serum-free medium)研究和应用的序幕。20 世纪 80 年代后期,在动物细胞表达产品生产过程优化和产品安全性要求的驱动下,无血清培养基的研究和应用发展迅猛。顾名思义,无血清培养基泛指无需依赖血清的添加就能支持体外培养细胞生长、代谢和(或)增殖、分化的合成培养基。早在 50 年代,一些细胞生物学家就开始了动物细胞无血清培养基设计的尝试。近年来,随着人们对体外培养细胞代谢和生理学了解的不断深入、调控细胞生长代谢和分化的细胞因子种类及来源的丰富,商品化的无血清培养基无论在数量上和质量上都有明显的提高,无血清培养基已在生命科学的诸多研究领域和生物技术药物的规模化生产得到广泛应用。目前,无血清培养基的研究向两个方向发展:一是培养基中不含任何动物来源的添加组分;二是培养基中不含复杂的、不确定的添加组分。根据培养基组成成分的确定程度及其中是否含有蛋白质成分,可将无血清培养基划分为无血清培养基、无动物来源成分培养基(animal derived component-free medium)、无蛋白培养基(protein-free medium)、化学成分明确的培养基(chemically defined medium)4 类。

无血清培养基:培养基中常含有重要的血清蛋白,如牛血清白蛋白、转铁蛋白、胰岛素等生物大分子物质以及从血清中提取的去除蛋白质的混合脂类以及水解蛋白等。其特点是培养基中的蛋白质含量较高,添加物的化学成分不明确,其中含有大量的动物来源蛋白。

无动物来源成分培养基:基于生产重组药物的安全考虑,用重组蛋白和(或)用植物、海洋生物组织的水解物替代动物来源成分用作培养基添加物,以保障细胞在体外生长及增殖的需要。

无蛋白质培养基:培养基中不含蛋白质成分,但其中仍添加来源于植物、酵母的低分子质量水解物,同时为了保证培养效果,往往培养基中还添加了类固醇激素和脂类前体物质,其组成更接近于化学成分明确的培养基。

化学成分明确培养基:此类培养基的所有组成成分都是完全明确可控的,可以保证培养基批次间的一致性,是目前最安全、最为理想的培养基。其中,有的化学成分明确培养基中含有组分明确的重组蛋白,称为化学成分明确的无血清培养基(chemically defined serum-free medium);有的化学成分明确培养基中完全不含蛋白质,称为化学成分明确的无蛋白质培养基(chemically defined protein-free medium)。

1) 无血清培养基的设计方法

动物细胞无血清培养基的设计是细胞工程领域的一项重要研究课题。无血清培养基的设计一般是在合成培养基的基础上,通过对合成培养基的组成成分的优化,筛选并确定具有促进细胞生长、维持细胞存活、提高细胞表达产品生产效率作用的添加物。无血清培养基的设计的技术核心仍是筛选和确定具有促进细胞生长、维持细胞存活、提高目的基因表达作用的血清替代物。无血清培养基的设计所涉及的方法和技术主要包括培养过程分析、分子生物学技术和统计学实验设计。

(1) 培养过程分析。虽然细胞生长代谢对营养物质的需求和激素/生长因子调节的有关基础研究为无血清培养基的设计提供最基本的理论依据,但培养过程分析方法仍是无血清培养基设计的最基本方法。细胞培养过程中细胞增殖或者目的产物表达效率不仅在细胞自身的生长特征上表现出来也可以间接地由培养环境中生物分子的消耗或者积累变化来体现。因此,培养过程分析可以实时或即时提供反映体外培养细胞生理状态变化的直接或者间接参数,为设计或调整培养基组成成分提供信息。目前,培养过程分析方法能够实现包括葡萄糖、氨基酸、微量元素、维生素、脂肪酸、无机离子、乳酸、氨等生化变量的定量分析,以及细胞密度、细胞活力、细胞凋亡、细胞体积和细胞表达产物等生物变量的定量分析。

(2) 分子生物学技术。基因组学技术和蛋白质组学技术是近几年来用于细胞培养研究的新工具，在分子水平对细胞培养过程认识的深入，可以更准确地预测和判断体外培养细胞的生长和代谢状态。其中，常用的基因组学技术有基因芯片技术和定量 PCR 技术；蛋白质组学技术有抗体芯片和双向凝胶电泳分离技术。应用这些技术手段，可以在 mRNA 和蛋白质水平上观察细胞培养过程的变化，分析影响细胞生长代谢的分子机制、预测细胞培养过程中生物反应的变化。另外，通过抗体芯片遴选参与细胞培养调控过程的细胞表面的受体分布、黏附分子及信号通路相关生物分子，可以相应地确定在培养基中添加配体或其他的生物分子来调控细胞增殖、凋亡、分化、黏附和外源基因表达。分子生物学技术方法在动物细胞培养基优化设计的应用，不仅为有针对性和预见性的无血清培养基组分筛选提供了理论指导，也为无血清培养基组分筛选提供了高通量和精确灵敏的高效技术手段。目前，基因组学技术和蛋白质组学技术已成为国外大型培养基商业开发机构和生产商进行无血清培养基优化设计的主要技术手段。

(3) 统计学实验设计。统计学实验设计是微生物发酵和过程优化广泛运用的方法，也是动物细胞无血清培养基优化设计的重要方法。统计学实验设计强调在培养基的设计、优化和数据结果分析方面运用统计学工具，准确地控制和估计误差的大小，使多种因素包括在尽可能少的实验中，在对各因素不同水平的生物效应进行考察的同时，还能对各因素不同水平的交互作用进行考察，大大地提高实验效率和实验结果的可信度。无血清培养基设计中最常用的统计学实验设计有 Plackett-Burman 实验设计和 Box-Behnken 响应面设计。Plackett-Burman 实验设计法是一种两水平的多因素实验设计方法，通过 N 次实验即可对多达(N-1)个变量的效应进行分析，确定其对实验效应的重要性，筛选出对细胞生长代谢有影响作用的培养基成分。Box-Behnken 响应面设计法是一种多因素、多水平的实验设计方法，用来进一步考察相关变量之间的交互作用以及确定有关因素的最佳水平。Plackett-Burman 实验设计和 Box-Behnken 响应面设计、数据处理及模型建立均可采用 Design-Expert 软件进行。

2) 无血清培养基的常用添加成分

如前所述，无血清培养基设计的核心是筛选和确定具有促进细胞生长、维持细胞存活、提高目的基因表达作用的血清替代物。因此，有必要对无血清培养基的常用添加成分加以介绍。

A. 生长因子

生长因子(growth factor)是指能够与特异的、高亲和的细胞膜受体结合，调节细胞生长代谢及细胞功能表达等多效应的多肽类物质。存在于体液和血小板及各种成体与胚胎组织细胞培养中的生长因子主要属于自分泌(autocrine)和旁分泌(paracrine)，对不同种类细胞具有一定的专一性，通常培养细胞的生长需要多种生长因子顺序的协调作用。这些生长因子包括：成纤维生长因子(fibroblast growth factor，FGF：aFGF 和 bFGF)，胰岛素和胰岛素类生长因子(insulin-like growth factor，IGF)，表皮生长因子(epithelial growth factor，EGF)，神经生长因子(nerve growth factor，NGF)，血小板生长因子(platelet-derived factor，PDGF)，转化生长因子(transforming growth factor，TGF：TGFα 和 TGFβ)。这些生长因子在无血清培养基中的有效浓度一般为 1～10ng/mL。

(1) 成纤维生长因子。FGF 具有调节多种体外培养细胞增殖、迁移以及分化的功能，它以酸性 FGF(aFGF，pI5.6)和碱性 FGF(bFGF，pI>9.0)两种形式存在。由于 FGF 和肝素钠之间存在较强的亲和结合能力，FGF 又被称为肝素钠结合生长因子。

(2) 酸性 FGF。aFGF 与碱性 bFGF 具有 55%的同源性。由于 FGF 自身的不稳定性及容易被蛋白水解酶所破坏，在靶细胞表面缺少硫酸肝素或者缺少游离肝素钠时，FGF 不能够发挥它的生物学活性。因此 FGF 通常和肝素钠一起使用，某些情况下也可以选择合成右旋糖酐类来代替肝素钠。

(3) 碱性 FGF。bFGF 既是自分泌(对自身起作用)又是旁分泌生长因子(对周围细胞起刺激作用)。大多数细胞自身能够分泌 bFGF，bFGF 受体也普遍存在于大多数动物细胞的膜表面。bFGF 通过蛋白激酶 C 的激活作用刺激种类型细胞的生长增殖。bFGF 对于中胚层来源细胞及一些转化细胞系的培养是一种有效的促细胞分裂素，并且能刺激脂肪细胞和卵巢细胞的分化，诱导胞外基质蛋白(如Ⅳ型胶原)的合成。

(4) 表皮生长因子。EGF 具有促进多种类型细胞(原代细胞、间质细胞、表皮细胞和神经胶原细胞)分裂的作用。转化细胞系往往获得无需借助 EGF 刺激的分裂能力。EGF 的活性和其跨膜酪氨酸激酶活性相关，酪氨酸激酶在细胞信号传导中起着非常重要的作用。EGF 的作用包括诱导基因表达、改变离子流以及促进细胞有丝分裂等。EGF 的促有丝分裂作用是通过和其他生长因子，如 IGF-1 和 TGF 的协同而起作用的。

(5) 神经生长因子。NGF 是中枢神经及周围神经系统中多种细胞生长和分化所必需的特定分子。NGF 本身不具有促进细胞分裂作用，但是它能够诱导交感神经元及 PC12 嗜铬细胞瘤细胞的分化、维持细胞的存活。NGF 的大部分生物学作用是通过酪氨酸激酶受体 TrkA 的激活而发挥的，TrkA 激活所产生的信号随后传递给神经分化过程中的其相关他信使。

(6) 转化生长因子。TGFα 与 EGF 有 30%的同源性，和 EGF 有等效的 EGF 受体结合能力，其生物效应也与 EGF 相似，具有诱发表皮细胞癌变的作用。在 TGFα 存在的情况下，通常培养基中不需要添加 EGF。TGFα 天然存在于中胚肾、成人大脑、脑垂体、皮肤以及胚胎中。TGFα 的合成过程是先合成与膜结合的大分子前体，再经蛋白酶降解为具有活性的成熟肽。

哺乳动物体内存在着三种 TGF β(β1、β2、β3)亚型，它们在生长发育及调节中起着关键性的作用。不同物种之间的 TGFβ 有 98%的同源性。成人、猪、鸡、猿猴、牛中的 TGFβ1 都是相同的，鼠类 TGFβ1 也只存在 1 个氨基酸的不同。大多数细胞具有分泌 TGFβ 的能力，所分泌的 TGFβ 通常以非活化的形式存在，在发挥生物学活性之前必须先被激活。TGFβ 需要在酸性环境中或在某些活化剂，如纤溶酶或血小板反应蛋白的存在下才能被激活。

TGFβ 在细胞增殖和分化中的作用被激发或抑制取决于很多因素，这其中包括细胞类型、生长条件、细胞分化程度以及其他生长因子的存在与否。TGFβ 和 TGFα 或 EGF 联合应用能够促进间质细胞系(成纤维细胞)在软琼脂上的生长。相反，TGFβ 在单层细胞培养中抑制许多细胞系的生长，这取决于受其刺激后细胞分泌胞外基质蛋白(胶原、纤维连接蛋白、葡萄糖胺聚糖)和蛋白酶抑制因子的能力。TGFβ 抑制单层表皮细胞、内皮细胞(为 bFGF 所拮抗)、干细胞及淋巴细胞的生长。

(7) 胰岛素和胰岛素类生长因子。胰岛素是细胞生长的重要生长因子，能够刺激细胞对葡萄糖的利用及 RNA、蛋白质和磷脂的合成。胰岛素在 37℃不稳定，特别是在半胱氨酸含量高的培养基中，每小时有 90%以上的胰岛素被降解。胰岛素受体是一种二聚体，具有酪氨酸激酶活性，其生物学活性的发挥有赖于培养基中有足够的锌离子存在。胰岛素与 IGF-1 受体的亲和力较低，在无血清培养基中通常需要加入相对较高浓度的胰岛素才能表现出促有丝分裂效应。此外，加入到大多数无血清培养基中的胰岛素能够发挥促进能量代谢和合成代谢(如葡萄糖的摄取与氧化、糖原的合成、氨基酸的转运)的作用。

IGF 和胰岛素是具有同源性，其活性受血液中的 IGF 结合蛋白家族调节。IGF 结合蛋白在不同组织中起到延长并调节 IGF 活性的作用。IGF 对细胞代谢的许多作用和胰岛素相同，但又较之作用更强。此外，IGF 较胰岛素有更强的促细胞分裂活性，与 FGF、EGF 及 PDGF 之间存在协同效应。

尽管 IGF-1 的组织分泌量较低，但其对许多间质细胞起作用。其主要生物学作用是通过具有酪氨酸激酶活性的特异性 IGF-1 受体的介导而发挥的。该受体同样也可以和 IGF-2 结合及与胰岛素少量结合。

IGF-2 由某些特定组织，如胚肝、肌肉、皮肤及成人大脑产生。IGF-2 和胰岛素受体的结合力较低，具有类胰岛素活性，但作用比 IGF-1 弱。IGF-2 受体不具有酪氨酸激酶活性，与胰岛素及 IGF-1 的结合力较低。

(8) 血小板衍生生长因子。PDGF 是成纤维细胞、平滑肌细胞及其他细胞的促有丝分裂素。PDGF 含有两种结构相似的多肽链(A 和 B)，分别形成同型二聚体和异形二聚体。PDGF-BB 的三维结构与具有同源氨基酸序列的 NGF、TGFβ 和血管内皮生长因子(vascular endothelial growth factor，VEGF)等生长因子相似。

PDGF 通过与酪氨酸激酶受体蛋白中结构相似的 2 个结合位点(α 和 β)的结合来促进反应的发生。在某些细胞系中，PDGF 与酪氨酸激酶受体蛋白的结合产生促进有丝分裂、趋化性、肌动蛋白重生以及抑制细胞凋亡的效应。

在血清中，两种结构形式的 PDGF 都能和 α2-巨球蛋白结合。PDGF 和 EGF 及 IGF-1 一起能够刺激普通 Balb/C 3T3 成纤维细胞增殖，PDGF 只对具有酪氨酸激酶活性的特异性 PDGF 受体的间质细胞及神经外胚层细胞有作用。

(9) 白细胞介素-6。白细胞介素-6(interleukon-6，IL-6)是一种具有调节免疫系统及造血系统的细胞因子。由于 IL-6 和许多细胞因子，如白细胞介素-11、白血病抑制因子、制瘤素、神经营养因子以及心肌营养因子等共用一个相同的信号转导受体 gp130，因而它们之间的许多生物学功能是相同的。IL-6 不能直接激活膜受体形式的酪氨酸激酶，但能激活其他存在于细胞质中的游离酪氨酸激酶，继而修饰转录因子。

巨噬细胞、成纤维细胞、T-细胞、内皮细胞等多种类型的细胞都能够产生 IL-6。IL-6 对某些细胞起着刺激增殖及促有丝分裂的作用。用 IL-6 处理 PC 12 细胞系会导致细胞分化，并且在无血清存在的条件下保护细胞，避免细胞死亡。IL-6 对于干细胞及杂交瘤等细胞起着促有丝分裂的作用。同样，IL-6 能够刺激 B 细胞在体外增殖。IL-6 和其他生长因子，如 EGF、FGF、NGF 一起使用能够表现出生物作用的协同增强效应。

IL-6 并非对所有的细胞均表现为促增殖效应。有些杂交瘤细胞经过 IL-6 处理过之后，表现为抗体产量的增加。因此，IL-6 和其他白细胞介素联用可以增加抗体的产量。此外，IL-6 还可用于取代有限稀释法细胞克隆和细胞融合处理后杂交瘤细胞培养中的饲养层细胞。

B. 载体蛋白

动物细胞对许多物质的摄取需要借助蛋白质的作用，特别是一些难溶于水的离子或脂类物质常需要特定的蛋白质作为载体。这些载体蛋白有时能与过量的离子螯合，起到脱毒作用。转铁蛋白和血清白蛋白是其中最重要和最常用的载体蛋白。

(1) 牛血清白蛋白。牛血清白蛋白(bovine serum albumin，BSA)存在于外周血中，并在细胞培养起着重要的作用。由于脂类，如亚油酸和油酸不能溶解于水溶液中，BSA 主要是作为脂类载体使用的。另外，BSA 对培养基中的其他成分，如各种金属(Fe、Cu 和 Ni)也具有高亲和力。

它也可以作为毒性代谢产物,如氧自由基和胆红素的保护剂。BSA 是氧化氮的转运蛋白,对于神经传递十分重要。BSA 作为脂类载体的作用可以用其他非动物来源的脂类载体(如环状糊精)所替代。

(2) 转铁蛋白。转铁蛋白是一种血清糖蛋白,能够结合铁、与铁向细胞的传递密切相关。转铁蛋白的功能是溶解铁离子,抑制游离铁离子的毒性,并且使铁离子更容易转运至细胞中。铁的吸收是以铁-转铁蛋白合复合物的形式,并以受体介导的细胞内吞作用进入细胞中。转铁蛋白在无血清培养基中是一种重要的生长刺激蛋白,转铁蛋白的缺乏常会造成大多数杂交瘤细胞的生长抑制、甚至死亡。添加螯合剂(如柠檬酸)能够部分替代转铁蛋白运送铁的功能。

C. 脂类

脂类是细胞内的一类多种功能物质。它们作为细胞膜的结构成分、感受外源信号,也是能量代谢的能源物质。血清中含有丰富的脂类成分,但合成培养基中一般不含脂类成分。某些添加入无血清培养基中的脂类,能够促进细胞增殖。

血清中包含的脂类主要包括脂肪酸、磷脂、卵磷脂及胆固醇等。磷脂不仅是细胞膜的主要组成成分,而且在调节细胞生长的信号传导中起着非常重要的作用。存在于细胞外的磷脂酸以及溶血磷脂酸能够促进一些贴壁细胞(如 MDCK、大鼠表皮细胞和肾细胞系)的生长。卵磷脂、磷脂酰乙醇胺、磷脂酰肌醇等脂类能够在无血清培养基中刺激人二倍体成纤维细胞的生长。乙醇胺是一些杂交瘤细胞系的促生长剂,经常被添加入无血清培养基中。胆固醇能够刺激大部分哺乳动物细胞的生长。其他一些特殊脂肪酸,如油酸和亚油酸在杂交瘤细胞的无血清培养基中,既能够促进杂交瘤细胞的生长,也能够增加抗体的产量。

D. ECM 蛋白

许多蛋白对于保证贴壁依赖生长细胞黏附于适宜的细胞生长表面有着重要的作用。黏附蛋白,也称胞外基质(extracellular matrix,ECM)蛋白存在于血清中,亦为细胞所分泌。无血清培养基中常用的 ECM 蛋白有纤粘连蛋白和层黏连蛋白。

(1) 纤黏连蛋白。纤黏连蛋白(fibronectin)是存在于细胞膜表面的高分子质量糖蛋白。在细胞培养中,纤黏连蛋白对于细胞黏附是非常重要的。由于细胞自身能够合成纤黏连蛋白,因而培养基中的添加量依细胞类型的不同而不同。转化细胞丧失了产生纤黏连蛋白的能力,这也部分解释了转化细胞丧失黏附依赖性的原因。在无血清培养基中,纤黏连蛋白具有提高细胞的黏附力及活力的作用。纤黏连蛋白在促进有丝分裂中也起着重要的作用,并且能够促进细胞分裂周期。

(2) 层黏连蛋白。层黏连蛋白(laminin)是另一种 ECM 蛋白。它和纤黏连蛋白的结构相似,在分化组织中其作用较纤黏连蛋白突出,是基底膜的主要成分。层黏连蛋白可以用作纤黏连蛋白的替代物添加到无血清培养基中。它在调节神经细胞迁移中起着重要的作用并能刺激体外培养细胞,尤其神经细胞的生长。层黏连蛋白与多聚赖氨酸联合使用,具有引导无血清培养条件下的神经元附着和轴突生长的作用。

E. 微量元素

许多微量元素在体外培养细胞的生长和代谢中有着重要作用。亚硒酸钠中的硒作为一种微量元素,是谷胱甘肽过氧化物酶的辅助因子,具有抗氧化能力,从而有助于细胞在无血清培养基中的生长和活力维持。除了硒外,在无血清培养基中,添加适量的铬、镍、钴、铜、钼、锰、硅、锡、钒、锌、锗等微量元素也有利于促进或维持细胞的正常生长和代谢。

3) 无血清培养基的应用和发展现状

随着动物细胞无血清培养基研究应用的发展,无血清培养基的优点已普遍地为人们所认识。从动物细胞表达产品生产的工艺角度来讲，无血清培养基可避免由血清批次间的质量差异造成的生产不稳定性、消除血清蛋白组分对重组蛋白纯化的不利影响、简化产品质量控制项目，从而提高细胞表达产品的生产稳定性和质量可靠性。同时，无血清培养基更便于可通过对培养基成分的优化，使不同的细胞能各自在最有利细胞生长增殖或最有利于目的产物表达的环境中持续高密度培养，进而提高细胞培养效率和细胞表达产物的生产效率。从细胞表达产品的安全性考虑，无血清培养基的应用可消除动物源性病原微生物，如引起牛海绵状脑炎(bovine spongiform encephalopathy)的朊病毒污染产品的可能。

与添加血清的合成培养基相比，现阶段的无血清培养基几乎无一例外地存在细胞适用谱系窄的缺陷，往往一种培养基只适用于一种细胞类型甚至某一特定的细胞系。同时，与化学合成培养基形成鲜明对照的是，商品化无血清培养基大多以液体的形式提供、价格昂贵、培养基的成分配方秘而不宣。这在很大程度上限制了无血清培养基在大规模细胞培养中的实际应用。针对这一现状，国外的生物制药企业大都通过由企业的研发部门结合特定细胞系和生产工艺设计出无血清培养基的组成配方，再委托培养基生产商生产的方式，来降低无血清培养基的使用成本。国内的研发机构和生产企业则采用自行确定培养基组成配方、以商品化合成培养基为基础培养基自行配制的更为经济的方式。除了显而易见的经济效益外，自行设计的、有针对性的无血清培养基组成配方可能更适于细胞的生长和产物表达。这一可能性的实现程度取决于无血清培养基的研发能力。

生产重组蛋白的工程细胞系一般都是在含血清的贴壁培养或静置培养条件下构建的。细胞从含血清的培养基转入无血清培养基中悬浮培养，其生长环境和生长方式均发生改变。这种改变往往显著地影响着细胞的生理状况，对细胞的生长和代谢造成不利影响。由此产生一个值得注意的问题：培养细胞从含血清培养基转入无血清培养基必然有一个适应期。适应期的长短与工程细胞系体外培养的生物学性状和无血清培养基的质量密切相关。

此外，尽管从文献报道中能够获得部分有借鉴意义的血清替代物的资料，如胰岛素、表皮生长因子刺激细胞生长的作用，白蛋白和转铁蛋白携带、运送离子和生物活性物质的功能等。但这些成分大多属动物来源的蛋白质或多肽，一些具有类似功能作用的非多肽类物质及植物来源的提取物则因其商业价值而未予公开。因此，无血清培养基设计的技术核心仍是筛选和确定具有促进细胞生长、维持细胞存活、提高目的基因表达作用的血清替代物。随着高通量筛选技术的发展和应用，将显著地提升无血清培养基设计的工作效能和无血清培养基的质量。

在现阶段，动物细胞无血清培养在许多研究领域和应用领域中已显示了传统含血清培养基所不可比拟的优点。随着人们对体外培养细胞代谢和生理学了解的不断深入、调控细胞生长代谢和分化的细胞因子种类及来源的丰富、无血清培养基优化设计技术手段的丰富和发展，必将推动化学成分明确的无血清培养基和(或)无蛋白质培养基品种的不断丰富、质量的全面提升，使动物细胞的有血清培养成为细胞培养技术发展进程中的历史。

4.8.3 工程细胞代谢与控制

工程细胞代谢调控的目的是降低培养过程中代谢副产物的积累，优化细胞的生长环境，提高目标产物的产量和质量。工程细胞代谢调控的主要方式有三种。其一是培养基的优化，通过优化细胞外营养物的浓度控制来调节细胞内的代谢途径和通量；其二是环境因素的优化，主要通过对如温度、pH、溶解氧浓度、渗透压等参数的控制来调节细胞的代谢状态；其三是建立在基因工程技术基础上的代谢工程，通过人为干预原有的代谢途径或引入新的代谢途径，达到调节细胞代谢的目的。鉴于后两种细胞代谢调控方式在本节的工程细胞培养过程控制及本章第6节工程细胞的增殖及代谢工程中已有阐述，在此不再赘述。

4.8.3.1 培养基的优化

通过培养基的优化调节细胞代谢、减少代谢副产物的积累主要有两种方法。一种方法是降低葡萄糖和谷氨酰胺在培养基中的浓度，调节细胞葡萄糖和谷氨酰胺的代谢通量，从而降低乳酸和氨的积累。该方法已广泛应用于工程细胞的高密度培养，并取得很好的效果。另一种方法是利用代谢速率较慢的营养物，如利用果糖、半乳糖等代替葡萄糖可明显的降低乳酸的生成，利用谷氨酸、α-酮戊二酸代替谷氨酰胺明显减少了培养过程中氨的累积。但也应注意到营养物的替代具有细胞株的特异性，并且会在一定的程度上影响细胞的生长速率。在实际应用中，将上述两种方法交并使用，能起到更为有效的细胞代谢控制效果。

由于葡萄糖和谷氨酰胺是细胞赖以生长的能源物质和主要的碳源和氮源，在最初的培养条件优化中，人们采用适当提高二者浓度的方法使细胞密度和细胞产率相应提高，但最终导致产生大量的氨和乳酸。补充培养基刺激细胞增殖未必能增加细胞的产率，相反在细胞生长停滞或缓慢时，大部分细胞都不再增殖而转为生产蛋白质，抗体和外源目的蛋白产量最高。因此，工程细胞培养工艺的优化研究应尽可能地消除和减轻细胞环境压力对细胞的影响，在提供足够营养保证细胞存活与维持细胞有效生产外源目的蛋白之间寻求平衡。

大多数动物细胞的连续培养采用葡萄糖为限制性营养物，葡萄糖的限制性浓度随细胞的不同变化很大，有的维持在1g/L左右，有的维持在0.5g/L左右，有的甚至维持在0.05g/L的浓度水平。采用葡萄糖作为限制性基质的主要原因是：①葡萄糖的代谢过程相对简单也较清楚；②葡萄糖是细胞培养基中组分浓度最高的营养物，也是消耗最快的营养物，在杂交瘤细胞的培养过程中，葡萄糖的比消耗速率是谷氨酰胺比消耗速率的20多倍；③葡萄糖的分析方法较简单，可及时方便地获取反应器中葡萄糖浓度，为稀释速率的调节提供依据；④低浓度葡萄糖可减少废产物生成，有利于细胞培养。一般情况下，选用何种营养物质作为细胞连续培养或灌注培养的限制性基质应根据细胞株的代谢特性而定的。

谷氨酰胺和丙氨酸形成的二肽也可以代替谷氨酰胺。在细胞培养过程中，细胞释放肽酶到培养基中，谷氨酰胺-丙氨酸二肽在该酶的作用下分解成谷氨酰胺和丙氨酸。在此过程中，谷氨酰胺的释放是连续缓慢的，相当于对培养基中的谷氨酰胺的浓度做动态的调节。目前已有一些商业化的细胞培养基已采用谷氨酰胺-丙氨酸二肽代替谷氨酰胺。

4.8.3.2 葡萄糖代谢和谷氨酰胺代谢的相互影响

葡萄糖和谷氨酰胺作为细胞生长代谢的主要能源和碳源物质，也是工程细胞培养中消耗量最大、被研究最多的营养物质。在体外培养细胞的能量代谢中，到底是以谷氨酰胺还是以葡萄糖为主取决于培养细胞自身的特性和培养环境。因此，必须对葡萄糖和谷氨酰胺的代谢特点有深入的了解。

葡萄糖为细胞生长代谢提供碳源和生物合成前体，被用来合成核苷、葡萄糖胺-6-磷酸酯以及甘油醛-3-磷酸酯等物质。葡萄糖可通过磷酸戊糖途径合成核糖，也可在细胞质内通过糖酵解途径生成丙酮酸，然后根据不同的生理条件进入不同的代谢途径，生成不同数量的ATP。从葡萄糖出发，其主要代谢途径可分为：①不完全氧化生成乳酸，1mol葡萄糖产生2mol ATP和2mol乳酸；②进入三羧酸循环完全氧化生成CO_2和水，1mol葡萄糖产生36mol ATP的能量；③通过磷酸戊糖途径，参与核酸的合成代谢(图 7-5)。研究发现，在批次培养的动物细胞代谢过程中，绝大部分葡萄糖(>70%)进行不完全氧化生成乳酸，而且产生 ATP 的效率比完全氧化低得多。另外，转化细胞的线粒体己糖激酶活性高，且不受葡萄糖的反馈调节，高水平的葡萄糖浓度会强化糖酵解途径。在体外培养中，葡萄糖被细胞利用的方式受制于胞外葡萄糖的相对浓度，增加葡萄糖的浓度，其转化为乳酸的得率增加，进入磷酸戊糖途径的比例减少，同时也引起细胞摄氧率的降低。细胞代谢过程的生化反应动力学表明，细胞对葡萄糖的吸收主要受扩散作用控制，细胞膜上的浓度梯度是吸收葡萄糖的推动力，但当葡萄糖浓度较低时则由钠离子推动的高亲和性转运过程摄取葡萄糖。

谷氨酰胺参与不同的代谢途径，其产生的能量也不同：①完全氧化生成 CO_2。1mol 谷氨酰胺产生 27mol ATP 和 2mol 氨；②不完全氧化生成天冬氨酸或丙氨酸。1mol 谷氨酰胺产生 9mol ATP 和 1mol 氨；③不完全氧化生成乳酸。1mol 谷氨酰胺产生 9mol ATP 和 2mol 氨(图 4.8.5)。培养液中谷氨酰胺的自然分解及其能量代谢，都会产生大量的氨，对动物细胞有较强的毒害作用。在体外培养中，谷氨酰胺被细胞利用的方式受制于胞外谷氨酰胺浓度。增加谷氨酰胺的浓度，会导致谷氨酰胺的氧化率或进入三羧酸循环的代谢中间物的产率增加。当谷氨酰胺浓度为 0.5～2.0mmol/L 时，会对细胞的生长产生限制，同时氨和丙氨酸的比生成速率都将降低。

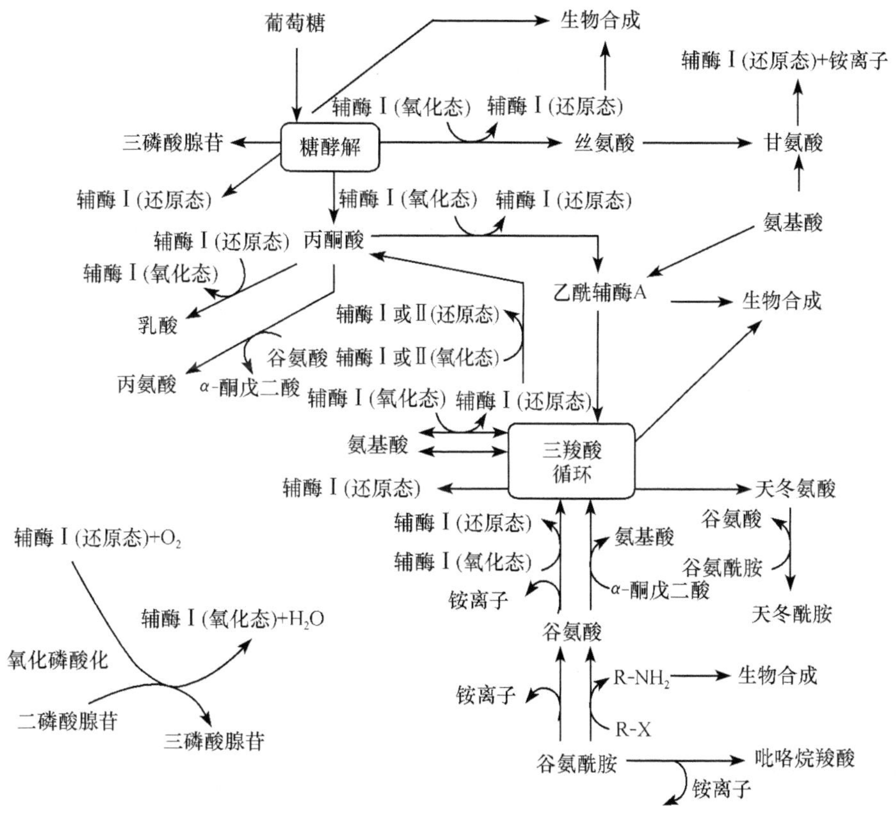

图 4.8.5 葡萄糖和谷氨酰胺代谢

许多研究结果表明，细胞生长在低葡萄糖浓度下有利于提高葡萄糖能量代谢的效率，相应地谷氨酰胺的利用效率也将大大增加。在高葡萄糖浓度下，大部分葡萄糖(60%～90%)转化为乳酸。在极低葡萄糖浓度(如 40μmol/L)时,部分葡萄糖进入磷酸戊糖途径,其他葡萄糖经糖酵解途径转变成丙酮酸后进入三羧酸循环,几乎不产生乳酸。当葡萄糖浓度低于 1.2mmol/L 时,随着葡萄糖浓度的增加,谷氨酰胺的比消耗率降低,胞内 ATP 浓度增加;当葡萄糖浓度高于 1.2mmol/L 时,葡萄糖浓度的变化对谷氨酰胺代谢和胞内 ATP 水平没有明显的影响。这表明当葡萄糖成为细胞生长的限制因素时,细胞能够通过增加谷氨酰胺的利用来弥补能量供应的不足。

在培养基中加入适当的核苷,即使没有葡萄糖,谷氨酰胺可为 HeLa 细胞生长提供近 98%的能源。这表明葡萄糖的能量代谢过程对某些细胞的体外培养并不是至关重要的,葡萄糖对细胞生长的生物学意义主要体现在通过 HMP 途径参与细胞的生物合成。细胞通过谷氨酰胺的能量代谢过程能够获得生长所需的能量。与葡萄糖对谷氨酰胺代谢的影响不同,在谷氨酰胺浓度小于 1.2mmol/L 时,谷氨酰胺浓度的增加对葡萄糖的利用有促进作用。当谷氨酰胺浓度大于 1.2mmol/L 时,进一步增加谷氨酰胺浓度对葡萄糖的利用没有影响。

4.8.4 工程细胞培养工艺——流加培养

流加培养(fed-batch culture)是在批式操作的基础上,采取只补充营养物质而不放出培养液的方法,悬浮培养细胞或以悬浮微载体培养贴壁细胞。细胞初始接种的培养液体积一般为终体积的 1/3~1/2,在培养过程中根据细胞对营养物质的不断消耗和需求,流加浓缩的营养物或培养液,从而使细胞持续生长至较高的密度,目标产品达到较高的水平。整个培养过程没有流出或回收,通常在细胞进入衰亡期或衰亡期后进行终止,回收整个反应体系,分离细胞和细胞碎片,浓缩、纯化目标蛋白。

流加培养在哺乳动物细胞工业生产培养过程中,是一种简便且易于放大的细胞培养工艺。它可以在生产过程中获得较高的细胞密度、产物浓度和产量。这种工艺操作简便、具有足够的灵活性,且对现有设备的改动要求很低。不过,这种策略对营养成分的补加策略有相当强的依赖性,需要防止养分耗竭及副产物的积累,并且对关键的营养及生化指标如渗透压和二氧化碳等浓度需要控制在合适的水平,以促进细胞生长,降低细胞死亡,以利于产品的表达。

流加培养的操作,可以被视为一个简单变化的批式操作。细胞首先是在一段时间内批式培养。此后,集中解决单一或多种营养成分耗竭问题,以提供养分,同时尽量降低体积增量或稀释率。总之该培养方式的效率取决于高效的营养物质流加策略。一般采取的方法是用无盐浓缩培养基进行流加,以防止养分耗竭,同时维持渗透压、二氧化碳和其他副产物的浓度等生化指标在合适的水平,以促进细胞的生长或尽量减少细胞死亡及产品的表达。为了实现这一目标,需要制定和实施一个涉及设计流加成分和控制流加速率的有效流加策略。通常基于化学计量学来设计浓缩无盐培养基的组成,通过分析、了解细胞的营养需求和代谢,计算流加速率,然后控制关键工艺参数,如细胞浓度和营养物质消耗,最终达到较高的培养效率。

此外,流加培养可以非常有效地控制细胞代谢所涉及的主要碳源和能源来源,如葡萄糖和谷氨酰胺,可控制在较低的水平。由此,乳酸和氨等副产物减少,营养物质利用效率很高,最终可以使细胞在较高密度下延长培养周期,以增加目标产物的产量。

在对流加培养模式的建立与优化过程中,细胞的营养需求和代谢是设计营养物质流加的主要参考依据。

4.8.4.1 流加培养的主要特点

(1) 流加培养根据细胞生长速率、营养物消耗和代谢产物抑制情况,流加浓缩的营养培养液，流加的速率通常与消耗的速率相同，根据测得的底物浓度控制相应的流加过程，以保证合理的培养环境与较低的代谢产物抑制水平。

(2) 培养过程以低稀释率流加，细胞在培养系统中停留时间较长，总细胞密度较高，产物浓度较高。

(3) 流加培养过程须掌握细胞生长动力学，能量代谢动力学，研究细胞环境变化时的瞬间行为。流加培养工艺中，细胞培养液的设计，培养条件与环境优化，是整个培养工艺中的主要内容。

(4) 在工业化生产，悬浮流加培养工艺参数的放大原理和过程控制，比较其他培养系统较易理解和掌握，可采用工艺参数直接放大。

流加培养工艺是当前动物细胞培养工艺中占有主流优势的培养工艺，也是近年来动物细胞大规模培养研究的热点。其中的关键技术，是基础培养液和流加浓缩的营养培养液。通常进行流加的时间多在指数生长后期，细胞在进入衰退期之前，添加高浓度的营养物质。可以添加一次，也可添加多次，为了追求更高的细胞密度，往往需要添加一次以上，直至细胞密度不再提高；可进行脉冲式添加，也可以降低速率缓慢地进行添加。但为了尽可能的维持相对稳定的营养物质环境，后者采用较多，添加的成分比较多，凡是促细胞生长的物质均可以添加。流加的总体原则是维持细胞生长相对稳定的培养环境，营养成分既不过剩而产生大量的代谢副产物，造成营养利用效率下降而成为无效的利用，也不因缺乏而导致细胞生长抑制或死亡。流加培养杂交瘤细胞的生长与抗体分泌曲线如图 4.8.6 所示。

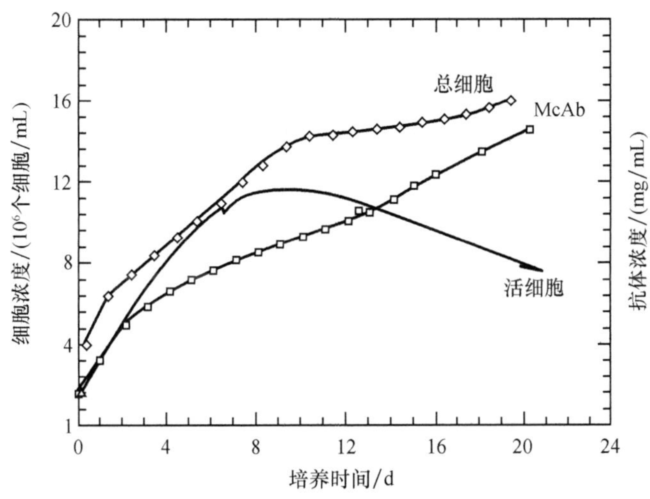

图 4.8.6 流加培养杂交瘤细胞的生长与抗体分泌

4.8.4.2 流加工艺中的主要营养成分

哺乳动物细胞培养需要一个复杂的环境，典型的细胞培养基组成包括葡萄糖、氨基酸、维生素、无机盐、缓冲液和其他各种组分，某些培养基还含有生长因子。这些组分，如无机盐，通常很丰富，而另一些可能会限制细胞的生长。培养基中的大部分成分都会消耗，而其他的，如微量金属元素，则消耗很少。了解各种组分构成，有助于成功研制无血清培养基中的血清替代物。糖代谢、氨基酸、维生素和磷酸盐等相关组分的研究是相关流加策略研究的重点。

A. 葡萄糖

葡萄糖在哺乳动物细胞代谢中发挥着重要的作用，它在细胞内的主要代谢途径参见本书第4.2节相关章节。

环境对葡萄糖代谢的影响较大，如温度、pH及葡萄糖浓度。葡萄糖的消耗及乳酸产生在较低温度下会骤减，如杂交瘤及CHO等。pH对葡萄糖代谢影响已被广泛的研究，较高的pH通常导致高糖消耗和乳酸增多。而作为最重要的影响因素，葡萄糖的消耗速率主要取决于它的浓度。研究表明，当培养液中的葡萄糖浓度降低到5mmol/L以下时，细胞的生长速率基本不受影响，但乳酸的产量却大幅度的下降。由于不同的细胞系的差异性，需要对某一具体的细胞系进行针对性的研究，具体方法是在不同葡萄糖浓度下测定细胞的生长速率，以确定一个细胞生长速率基本不受影响的最低葡萄糖浓度。

B. 谷氨酰胺

在细胞代谢中谷氨酰胺是一个独特的氨基酸，因此被分开讨论，它在细胞内的代谢途径同样参见本书4.2节相关章节。

和其他氨基酸一样，谷氨酰胺被分解为多肽，进入蛋白质的合成。谷氨酰胺代谢与降解后的主要副产物是氨，而在哺乳动物细胞培养中，氨积累是有毒性的。氨在人体血液中通常是保持低于0.05mmol/L的水平，而在动物工程细胞培养中则常常高于10mmol/L。同时，氨浓度对细胞的生长抑制还会受到细胞株和培养条件的影响。此外，氨还会影响蛋白质糖基化模式。研究表明，在pH关联下，CHO细胞培养氨的浓度为3～9mmol/L，会抑制*N*连接的糖基化，而类似的抑制效应如*O*连接的糖基化在CHO细胞中同样存在。

减少氨的积累是实现高细胞浓度，延长的培养周期并增加产品浓度和产量的成功策略之一。而另一项策略是以热稳定性更优的谷氨酰胺二肽取代谷氨酰胺，其降解率将显著降低。对于氨的产生和积累，还有一种解决方案就是在动物工程细胞中外源性表达谷氨酰胺合成酶(GS)，这种GS工程细胞允许谷氨酰胺由谷氨酸和氨合成，因而在培养过程中不需要外源性谷氨酰胺的加入，从而明显地降低了氨的生成。

C. 氨基酸

所有动物细胞都需要以下12种基本氨基酸：精氨酸、胱氨酸、异亮氨酸、亮氨酸、赖氨酸、甲硫氨酸、苯丙氨酸、苏氨酸、色氨酸、组氨酸、酪氨酸和缬氨酸。这些氨基酸都是细胞用于合成蛋白质的原料。氨基酸在培养过程中的代谢已被广泛研究。大多数必需氨基酸的消耗与蛋白质的生成都具有一定的相关关系。这表明必需氨基酸，主要作用是提供蛋白质合成的前体物质。而缬氨酸、异亮氨酸、亮氨酸的消耗速率受其在培养中的浓度影响较大，据推测，其消耗主要来自于三羧酸循环供能和脂质合成。不过，依靠氨基酸代谢供能的办法是不可取的，因为这样会产生大量的有毒副产物——氨。在杂交瘤细胞流加培养中，如果氨基酸浓度保持在低水平上，通过化学计量计算使得氨基酸消耗与蛋白质和核酸的合成相关联，则会提高氨基酸的生物合成利用率。

在进行浓缩添加时，不溶性氨基酸，如胱氨酸、酪氨酸和色氨酸只在中性pH部分溶解，可采用泥浆的形式进行脉冲式添加；其他的可溶性氨基酸，以溶液的形式用蠕动泵进行缓慢连续流加。

D. 维生素

细胞也需要维生素，如生物素、叶酸、烟酰胺、泛酸、吡哆醇、核黄素、硫胺素及维生素B_{12}等。这些维生素，在很多常用限定培养液中已成为固定组成成分。B族维生素大多是细胞内各种酶的辅酶或辅基的重要组成部分，在细胞生长代谢中具有非常重要的作用；维生素C也是不可缺少的，尤其对具有胶原合成能力的细胞更为重要。同时，维生素也是合成NAD、NADH、NADP及NADPH的重要底物，而核黄素为FAD和$FADH_2$提供前体。磷酸吡哆醛参与许多关键的代谢反应，如转氨基反应、非必需氨基酸的合成和氨基酸的脱羧。

因为维生素含量很低，所以缺乏有效的分析方法对它们的促细胞生长作用进行量化，故而维生素在培养基中的含量通常依靠经验添加。有研究发现，在连续杂交瘤细胞培养中，一次性添加维生素B_1和B_{12}可以改善细胞生长和抗体生产。但维生素C易氧化，不很稳定，应当注意在长期培养中维持其持久效应。

E. 磷酸盐

磷酸盐是培养过程中必不可少的成分，因为它是合成核酸和磷脂的主要原料之一。许多研究报道，在流加培养后期及时地补充磷酸盐，可以有效地延长细胞培养时间。

4.8.4.3　培养基设计和流加解决方案

培养基设计和流加解决方案主要是基于化学计量分析，需要了解细胞的营养需求和代谢。为了避免大量渗透压增加和生物反应器稀释，目前主要采用浓缩无盐培养基流加的办法。

将培养细胞的生物反应器系统作为一个黑盒，可以使用一个简单的方程式描述细胞培养过程：消耗的物质总和等于细胞生长，产物和副产物的总和。化学计量系数，定义为消耗量或产物的形成量相对于细胞产生量的比例，可以计算出从测量的净消耗的营养物质和净积累的细胞及蛋白质产物。

$$A_1[\text{Glucose}] + A_2[\text{Glutamine}] + \cdots + A_i[\text{amino acid}] + \cdots$$
$$= [\text{cell}] + B_1[\text{lactate}] + B_2[\text{ammonium}] + \cdots$$

使用化学计量学对培养基中的某些成分进行特定的流加，通过上述方程衡算其消耗及补加量，这种方法已成功地应用于许多动物工程细胞的培养。

化学计量系数衡算下，培养的条件不同，葡萄糖和谷氨酰胺消耗率和利用程度差别很大。这是因为有很多替代性的途径来达到同样的代谢功能。例如，ATP可以由葡萄糖通过三羧酸循环完成氧化成CO_2和H_2O来产生，也可以通过糖酵解途径部分氧化成乳酸来产生。然而，这两个替代途径效率却完全不同。确切的细胞机制控制每个代谢途径在哺乳动物细胞培养中尚未充分理解，但当有过度大量养分存在时，营养物利用效率下降是常见的现象。

表4.8.3显示了化学计量系数来衡算杂交瘤细胞培养过程：2L生物反应器批式培养，方瓶流加培养，和2L生物反应器流加培养。在批式培养中，营养物浓度高，特别是在早期阶段的培养。在2L流加培养中，营养物浓度保持在低水平，整个培养过程不断添加优化后的流加培养基。两个方瓶的流加培养过程中，营养物是分批加入，因此营养物的浓度是维持低于批式培养但高于2L生物反应器流加培养。在不同情况下进行化学计量系数的衡算，结果不同，特别是葡萄糖、谷氨酰胺、丙氨酸、乳酸和氨。

如表4.8.3所示，在流加培养中控制葡萄糖、谷氨酰胺与氨基酸的浓度范围，可以改善其利用效率。文献报道，通过控制营养环境，以达到最高的营养物利用效率和最低的副产物的积累，保持营养浓度在低但足够的水平，以支持一个适当的细胞生长率。这显然是一个挑战，同时控制30多种营养物的浓度(糖、氨基酸、维生素、磷酸盐等)在较低水平，对所有的养分使用这个反馈控制策略是不实际的。不过，随着更多化学计量系数能够被准确测量，这个问题可以在今后逐步加以解决。

表 4.8.3　不同培养条件下杂交瘤细胞培养的化学计量学系数

组　分	单　位	批　次	FB1[a]	FB2[a]	FB3[a]
Glc	pmol/cell	6.9	3.7	3.7	2.2
Gln	pmol/cell	1.4	0.86	1.0	0.72
Ile	pmol/cell	0.16	0.08	0.09	0.10
Leu	pmol/cell	0.18	0.13	0.16	0.19
Lys	pmol/cell	0.11	0.15	0.15	0.14
Met	pmol/cell	0.04	0.04	0.04	0.05
Phe	pmol/cell	0.06	0.05	0.06	0.06
Thr＋Arg	pmol/cell	0.18	0.23	0.20	0.20
Tyr	pmol/cell	0.05	0.05	0.06	0.05
Val＋Trp	pmol/cell	0.14	0.11	0.15	0.15
Ala	pmol/cell	−0.59	−0.30	−0.20	−0.17
Asn	pmol/cell	0.02	0.06	−0.01	0.09
Asp	pmol/cell	0.03	0.18	0.07	0.13
Glu	pmol/cell	−0.17	−0.04	0.00	−0.08
Gly	pmol/cell	−0.01	0.13	0.04	0.13
Pro	pmol/cell	0.00	0.00	0.00	0.00
Ser	pmol/cell	0.04	0.08	0.06	0.03
产物					
细胞	cell/cell	1	1	1	1
抗体	pg/cell	18	20	40	39
乳酸	pmol/cell	11	3.6	3.4	0.40
胺	pmol/cell	0.79	0.46	0.43	0.22

a. FB1、FB2 均为方瓶流加培养；FB3 为生物反应器流加培养。

例如，在一个简单的化学反应 A＋B＋2C ══ D＋E 中，在同一个反应器中，可通过控制一个单一的参数同时保持其浓度不变，如通过补加 A、B、C 比例（1∶1∶2）混合液的速率控制。流加速率可以通过在线测控单一反应物或生成物，或计算已知的反应动力学。同样，如果化学计量学系数可以确定，营养环境的控制就可以转换为一种单一营养物的流加。很明显，化学计量系数并不是固定的，由于多种替代谢通路，所以涉及复杂的细胞代谢反应网络，因此，有没有明确的解决办法。这是类似一个多个副反应和副产物的复杂的化学过程。

理论上，对于某一特定工程细胞系，存在着一套最低的营养物和副产物的化学计量系数。在理想的条件下，养分利用效率达到其最大值和副产物的形成率达到最低。这些最低的化学计量系数可确定从物质和能量平衡条件下最重要的代谢途径进行估计。这个理想的系统可以被归纳为以下几点。

（1）葡萄糖只进行必需的消耗：供能，减少发电，碳水化合物和脂质的合成和核苷酸合成。

（2）谷氨酰胺只进行必需的消耗：蛋白质和核苷酸的合成。

（3）能源生产是来自完全氧化葡萄糖的三羧酸循环过程。

（4）能耗是由戊糖循环以满足脂质合成需求，没有额外的能耗产生。

（5）没有乳酸产生。

（6）没有非必需氨基酸的合成。

(7) 氨基酸(除谷氨酰胺)都用于蛋白质的合成。

根据上述条件,20 种氨基酸和葡萄糖的基础化学计量系数可以通过流加培养的哺乳动物细胞中的细胞的组成和能源需求计算出。举例来说,结合已知的氨基酸合成蛋白质过程和单细胞对细胞蛋白的需求,可以计算出产生一个细胞所需要的氨基酸,与除谷氨酰胺外所需的核苷酸的合成。据文献报道,一些维生素的系数是一个常数并且有一定的消耗速率。

在现实中,任何时候营养物的利用效率都不可能是理论最大值(基础化学计量系数),尤其是葡萄糖和谷氨酰胺。甚至当葡萄糖和谷氨酰胺是控制在非常低的浓度水平,乳酸、氨和非必需氨基酸的产生仍不能完全消除。因此,理想模型中乳酸,非必需氨基酸和氨的产生是必要的。放宽理想条件才能使计算更趋于现实,特别是葡萄糖和谷氨酰胺。

但过度或不足的放宽条件,可能导致降低工艺性能,如减少养分利用效率,增加了副产物的形成,降低细胞生长率和产率。在实际应用中要达到最有效的养分利用效率,需要根据生产条件逐步优化。

A. 细胞组分的计算

细胞组分中需要计算化学计量系数的是葡萄糖和氨基酸。但是,准确衡量细胞成分是一项琐碎的任务。在不同细胞系中,各种高分子成分百分比(细胞干重的基础上)如表 4.8.4 所示。

表 4.8.4　烘干细胞组成　　(单位:%)

高分子	杂交瘤	293 5-19s 细胞	293 细胞	*E. coli*(大肠杆菌)
蛋白质	72.9	64.1	73.0	70
脂质	13.5	24.7	10.0	10
碳水化合物	3.5	N/A	N/A	5
DNA	1.4	4.0	N/A	5
RNA	3.8	N/A	N/A	10

如表 4.8.5 所示,不同细胞蛋白间的氨基酸组成并无明显差异。这可能是因为细胞蛋白质在物种间大致相同。这些数据表明,培养过程中可以使用一个通用的氨基酸配比。在特异的蛋白的产率是高达 50pg/(细胞 · d)的情况下,一定蛋白产物可以代表总的细胞蛋白百分比,但个别蛋白质氨基酸序列可以不同于平均细胞蛋白质。在这种情况下,氨基酸组成蛋白质的产物是需要得到准确的结果。

表 4.8.5　不同细胞蛋白质的氨基酸物质的量百分比组成　　(单位:%)

氨基酸	207 Protein average[a]	Hybridoma[b]	293[c]	*E. coli*[d]
Ala	9.0	8.3	5.5	9.6
Arg	4.7	5.9	8.4	5.5
Asn	4.4	4.4	4.5	4.5
Asp	5.5	4.7	4.9	4.5
Cys	2.8	2.8	3.1	1.7
Glu	6.2	6.2	7.5	4.9
Gln	3.9	5.0	6.8	4.9
Gly	7.5	8.5	4.8	4.9
His	2.1	2.2	3.0	1.8
Ile	4.6	4.2	3.3	5.4

续表

氨基酸	207 Protein average[a]	Hybridoma[b]	293[c]	*E. coli*[d]
Leu	7.5	8.1	7.9	8.4
Lys	7.0	6.8	10	6.4
Met	1.7	2.2	0.06	2.9
Phe	3.5	3.2	3.9	3.5
Pro	4.6	5.3	4.8	4.1
Ser	7.1	6.9	5.1	4.0
Thr	6.0	5.7	5.9	4.7
Trp	1.1	1.1	1.1	1.1
Tyr	3.5	2.6	5.0	2.6
Val	6.9	6.0	4.5	7.9

a. 平均细胞蛋白；b. 杂交瘤细胞；c. 293 细胞；d. 大肠杆菌。

B. 维生素，金属离子和磷酸盐的化学计量学系数

需要计量的化学计量系数包括维生素，金属离子和磷酸盐，葡萄糖和氨基酸。哺乳动物细胞中含有维生素、金属离子，其中磷以磷酸盐形式大量消耗。维生素的化学计量系数可从批次培养衡算消耗率。化学计量系数的金属离子可以通过细胞的金属含量测出。由于大部分的无机盐在培养基中过剩，用来保持生理渗透压和提供适当的跨膜的差异，而铁和一些微量金属元素并无计算需要。磷酸盐是细胞一个主要组成部分，在典型培养基中磷酸盐浓度为 0.5～1mmol/L，这对于一个批式培养达到最高的细胞密度是很充足的。细胞物质合成对磷酸盐的需求关键在于细胞系。

4.8.4.4 流加策略的优化

如果流加策略设计是基于细胞营养需求和代谢的化学计量学分析，那么控制流加速率就成为该工艺成功与否的关键。流加及反馈控制的概念，通常被用于动态调整流加速率，消耗的某种营养物质可以通过直接测量或在线—离线检测获得数据。先进控制理念，如自适应控制策略通过使用数学模型、专业系统和人工神经网络，已广泛应用于实时故障诊断，估算不可测量参数，在线预测和状态估计等微生物发酵过程中的相关方面。尽管其中的培养基成分衡算和细胞代谢网络相对比较复杂它们还是有可能应用在哺乳动物细胞培养工艺中。

流加培养，根据流加控制方式的不同分为两种流加方式：无反馈控制流加和有反馈控制流加。无反馈控制流加是在培养开始时投入一定量的基础培养液，培养到一定时期，开始连续补加浓缩营养物质，直到培养液体积达到生物反应器的最大操作容积，停止补加，最后将细胞培养液一次全部放出。有反馈控制流加是在一定的时间内，连续或间断地测定培养系统中限制性营养物的浓度，在此基础上分析控制流加速度和流加液中营养物质的浓度等。由于流加式培养的反应体积不断变化，培养过程中的各参数变化可写为

$$\frac{\mathrm{d}(VX)}{\mathrm{d}t} = \mu \cdot VX \tag{4.8.13}$$

$$\frac{\mathrm{d}(VS)}{DT} = F(t) \cdot S_{\mathrm{in}} - \frac{1}{Y_{X/S}} \cdot \frac{D(VX)}{\mathrm{d}t} - mVX \tag{4.8.14}$$

$$\frac{\mathrm{d}(VP)}{\mathrm{d}t} = q_{\mathrm{p}} \cdot VX \tag{4.8.15}$$

$$\frac{\mathrm{d}V}{\mathrm{d}t} = F(t) \tag{4.8.16}$$

式中，V 为培养液体积；$F(t)$为添加液的流速；S_{in}为流进的营养物浓度；$Y_{X/S}$为基于一定营养物的细胞产率；m 为维持常数。

A. 基于直接参数检测的流加速率控制

对葡萄糖或谷氨酰胺等限制性底物的在线测量可以实现的情况下，流加速率的调节可以基于营养物质的消耗量进行实时调整。在流加杂交瘤细胞培养过程中，有文献报道通过控制流加浓缩培养基控制葡萄糖和谷氨酰胺的浓度在相对较低的水平，以减少生产抑制代谢产物如乳酸和氨。通过这个策略比批式培养中达到了更高的细胞密度。葡萄糖和谷氨酰胺的浓度使用在线高效液相色谱法测定以进行反馈控制。这种做法也可以用于控制多组分化学计量平衡的流加控制。通过检测对各组分进行流加控制以使得各组分在一个相对理想的浓度水平。

B. 基于间接参数测量的流加速率控制

当限制性底物浓度不能直接测量，首先应该确定关联的参数及耗竭的营养物质。举例来说，通过建立一个关于碱消耗与 pH 的控制、乳酸产生量与葡萄糖消耗量及营养物质添加量之间的关系，就可以推算出 pH 控制中碱的消耗量。同样，可以使用细胞浓度及 OUR 检测值关联营养物质的消耗。通过测量活细胞密度，我们可以通过 IVC(活细胞密度积分)来计算比生长速率、比消耗速率或细胞产率，并进行流加量的预估。某种营养物溶液的流加体积可以通过式(4.8.17)进行计算。

$$V_i = \frac{q_i V_c}{C_i}\int_{t_n}^{t_{n+1}} X_v \mathrm{d}t \tag{4.8.17}$$

式中，V_i 是 t_n 时间段内 i 浓缩液流加体积；q_i 是 i 浓缩液比消耗速率；C_i 是浓缩液浓度；V_c 是 n 时刻培养体积；X_v 是活细胞密度。为判断在 t_{n+1} 时刻流加时的细胞密度，我们在细胞生长阶段引入细胞比生长速率 $\mu(h^{-1})$这个参数，见式(4.8.18)

$$(X_v)_{n+1} = (X_v)_n \exp[\mu(t_{n+1} - t_n)] \tag{4.8.18}$$

在平衡期和死亡期，活细胞密度同样可以被假定在 t_n 与 t_{n+1} 时间段内。如果比 OUR 与比底物消耗包括氨基酸消耗速率之间存在着可确定的关联，化学计量流加策略可以根据 OUR 测量值应用于在线补加。营养物质可以通过下面的式(4.8.19)在线补加。

$$V_{AAfeed(n)} = \frac{V_c \times OUR \times \Delta t}{\alpha C_{feed}} \tag{4.8.19}$$

式中，在 t_n 时刻氨基酸流加体积为 V_{AA}；V_c 是培养体积；Δt 是 OUR 测量时间间隔；C_{feed}是主要营养物质浓度；α 是化学计量学常数(mmol O_2/mmol 底物浓度)。

4.8.4.5 流加培养实例

杂交瘤细胞 H18 的无血清流加培养工艺。

1）培养用液的配制

(1) 培养液成分。①杂交瘤细胞无血清培养液：HyQ-CCM1，不含葡萄糖和谷氨酰胺(HyClone 公司，Cat No：SH30058.03)。②碳酸氢钠，分析纯化(国产)。③L-谷氨酰胺(HyClone 公司)。④葡萄糖(HyClone 公司)。⑤0.1% Pluronic F68(Sigma 公司)。⑥氨基酸(Sigma 公司)。

(2) 基础培养液配制。称取 HyQ-CCM1 干粉培养液 142g，倒入 10L 纯水(18MΩ)中，缓慢搅拌至溶解，加入一定量的葡萄糖，L-谷氨酰胺，碳酸氢钠 12g，Pluronic F68 10g，搅拌定溶至 10L；用 0.22μm 的微孔滤膜过滤除菌，做无菌试验；保存：4℃冰箱、避光保存，有效期 2 周。

(3) 浓缩营养液配制。称取细胞生长需求的亮氨酸、甲硫氨酸、异亮氨酸、颉氨酸等氨基酸，葡萄糖、L-谷氨酰胺，溶解于基础的 HyQ-CCM1 无血清培养液 1000mL；用 0.22μm 的微孔滤膜过滤除菌，做无菌试验；4℃冰箱、避光保存，有效期 2 周。

2）种子细胞库

（1）原始细胞库。用于保存细胞建株时的原始细胞株和不同培养形式驯化的细胞株。种子细胞需建立相关细胞背景资料及核准的标准方法。原始细胞库只作为种子细胞保存，一般情况不取出，以防生产细胞库细胞发生问题或其他不可挽救的问题时备用。每一株至少保存 3～5 支，以及它们的亚克隆 5～10 支。

（2）主细胞库。由原始细胞库筛选获得的亚克隆细胞株，作为主细胞库。用于扩大培养种子细胞，传代次数 8～10 代，冻存细胞密度$(2\sim5)\times10^6$个细胞/mL，液氮低温保存，每批细胞管数为 10～20 支。

（3）工作细胞库。经检定合格后的主细胞库细胞，按生产条件传代培养，培养传代次数 8～10 代，冻存的细胞作为生产用细胞库，即工作细胞库。每一批工作细胞株，其细胞冻存管数为 30～50 支，每次扩大培养时取生产细胞管一支复苏、扩增及生产，不再回冻。

（4）种子细胞的冻存。收集细胞对数生长期的杂交瘤细胞，离心 800～1000r/min，5～10min，弃去上清，滴入细胞冻存液，轻轻吹散细胞团，$(5\sim10)\times10^6$个细胞/mL 冻存管，置－20℃，1～2h，转入－70℃冰箱过夜，次日放入液氮罐冻存。

含血清冻存液：CCM1 培养液中含 10％胎牛血清（FBS）和 10％ DMSO。

无血清冻存液：CCM1 无血清培养液中含 2.25g/L 牛血清白蛋白（BSA）和 10％ DMSO。

（5）种子细胞的复苏。从生产细胞库取出 HAb18 杂交瘤细胞（细胞株经检定合格），置 37℃水浴中迅速溶化，移入 37℃预热的 CCM1 培养液中，1000r/min 离心 8min，弃上清，细胞沉淀加入含 1％胎牛血清的 CCM1 培养液，置 5％ CO_2，37℃孵箱培养，每天观察细胞生长状态，2～3 天后更换完全无血清的 CCM1 培养液扩增培养。

3）细胞库的质检（表 4.8.6）

（1）无菌试验。从主细胞库及工作细胞库取出 20mL 细胞培养上清液，检查细菌、真菌，检查方法参照《生物制品无菌试验规程》进行。

（2）支原体检查。按《生物制品无菌试验规程》进行。采用 DNA 荧光染色法或 PCR 法，需要设阴性和阳性对照。

（3）外源病毒因子检查。参见《人用单抗制品生产及检定考虑要点》进行。

（4）抗体分泌稳定性试验。细胞库细胞复苏后，连续传代 3 个月，克隆化检查，抗体分泌阳性率为 90％～100％，抗体特异性检查与原代细胞分泌抗体无明显差异。

（5）细胞核性的分析。检查细胞分裂中期染色体，应符合杂交瘤细胞特征。

表 4.8.6 各级细胞库细胞系的质量鉴定（＋为需检定项目）

实验名称	原始细胞库	主细胞库	生产细胞库
无菌试验	＋	＋	＋
支原体检查	＋	＋	＋
外源病毒	＋	－	＋
种属特异性病毒*	＋	－	－
染色体检查	＋	＋	＋

*人用鼠源性单抗制品检查啮齿类、灵长类或人的病毒，如流行性出血热病毒、淋巴细胞脉络丛脑膜炎病毒和 3 型呼肠病毒。

4）杂交瘤细胞无血清悬浮培养与放大

（1）搅拌瓶悬浮培养

① HAb18 杂交瘤细胞从种子细胞库复苏后，用含 1% 胎牛血清的无血清培养基方瓶培养；

② 杂交瘤细胞传代 4 次或 5 次，活性大于 90%，更换为无血清培养基培养；

③ 当细胞生长处于对数生长期，计数细胞密度为 2×10^5～3×10^5 个细胞/mL，活性大于 90%时，接种 1L 悬浮培养搅拌瓶(super spinner)无血清培养；

④ 1L 的悬浮培养搅拌瓶放置 37℃、5% CO_2 孵箱磁力搅拌培养，转速 50r/min，无气泡供气连续培养，每天半量换液。

（2）细胞发酵罐培养

① 细胞发酵罐安装、校准和灭菌消毒完成后放置于操作台，连接搅拌电机、pH 电极导线、溶氧电极导线、测温探头、碱液瓶、收液瓶、补加培养液瓶、取样管和细胞接种管等，检查无误后，开机；

② 将罐内的去离子水吸出，加入 1/3 罐体积的无血清基础培养基，将温度、搅拌速度、pH、溶氧等各项参数按具体要求设置，开机运行 24～48h，观察有无异常、有无污染情况；

③ 接种细胞：将 1L 悬浮搅拌培养的种子细胞，接种到 5L 细胞反应器，接种细胞密度应大于 2×10^5～5×10^5 个细胞/mL，细胞活性大于 90%，接种时边接种边搅拌，使细胞均匀混合；

④ 培养条件：温度 37℃，pH 7.2～7.4，溶氧 60%～80%，搅拌速率 35～45r/min；

⑤ 培养过程监测参数：每 12h 取样测定死、活细胞密度、细胞比生长速率、葡萄糖浓度、谷胺酰氨浓度；每 24～48h 测定乳酸和氨的浓度；每天留样测定细胞分泌抗体量；培养过程即时监测细胞氧气摄入率(q_{OUR})；

⑥ 根据细胞生长、代谢和溶氧等参数变化，调整流加浓缩营养液的量、搅拌速度。当细胞由对数生长期进入平稳期时开始流加浓缩的无血清培养基；当葡萄糖浓度低于 0.5mmol/L 时，添加浓缩的葡萄糖溶液；当细胞发酵罐内谷氨酰胺浓度低于 0.3mmol/L 时，添加浓缩的 L-谷氨酰胺溶液；

⑦ 培养过程细胞由对数生长期进入平稳期，总细胞数逐渐增加，活细胞数维持一段时间后逐渐降低，其细胞分泌产物浓度逐渐升高，当活细胞密度低于总细胞密度 50%时停止培养。

（3）细胞发酵罐培养的放大

① 细胞发酵罐的放大按细胞反应体积 8～10 倍进行；

② 细胞培养放大接种密度应大于 2×10^5～5×10^5 个细胞/mL，细胞活性大于 90%；

③ 细胞发酵罐气体通气量的放大以保持容量传递系数(K_La)不变为原则，对氧气通气量进行调整；

④ 细胞反应体积放大倍数，与单位体积抗体生产量的放大倍数基本相等。

（4）培养过程的检定

① 无菌试验。查方法参照《生物制品无菌试验规程》进行，应无菌生长。

② 细胞密度及活性检测。用台盼蓝染色法进行，活细胞数>90%，培养过程活细胞密度增长率应大于 50%。

③ 细胞生长状态检测。绘制生长曲线——细胞计数法，静止培养的杂交瘤细胞其比生长速率为 0.023～0.035h^{-1}，群体倍增时间为 13～18h。

④ 细胞比抗体分泌速率检测。对单位细胞在单位时间内抗体的分泌量计算，抗体比分泌率

应大于 0.4 个细胞/h。

⑤ 葡萄糖检测。细胞发酵过程每 12h 检测一次,葡萄糖浓度应大于 0.5g/L(1mmol/L)。

⑥ 谷氨酰胺浓度检测。细胞发酵过程每 12h 检测一次,其浓度应大于 0.2mmol/L。

⑦ 乳酸浓度检测。采用乳酸脱氢酶法进行,细胞发酵过程每 24h 检测一次,乳酸浓度应为小于 15mmol/L。

⑧ 氨离子浓度检测。细胞发酵过程每 24h 检测一次,其浓度应小于 1.5mmol/L。

4.8.5 工程细胞高密度培养工艺优化

任何一个动物细胞表达的生物产品,都必须经历一个从建立生产用的工程细胞系到建立和完善生产工艺的过程。完成细胞系的建立和优化后,产品开发的首要任务就是以最快的速度建立一个基本(并不要求是最优)的细胞培养工艺,目的是尽快获得足够的产品用于完成临床前的动物试验。此时,需要确定的培养参数包括选择一种合适的培养液,选择培养方式如悬浮培养还是贴壁培养,确定细胞培养操作模式,如批次、流加、连续或灌流等,选择培养的容器、温度及时间,细胞接种浓度和工艺参数控制方式等。对一些常用的工程细胞系,如中国仓鼠卵巢细胞(Chinese hamster ovary,CHO)。最初获得的细胞系通常都需要贴壁培养,培养液中必须加入一定量(通常为 5%～10%)的牛血清,如胎牛血清。所选用的培养容器通常是 T-型瓶(T-flask),转瓶(roller bottle),细胞培养工厂(如 Nunc Cell Factory)等。培养温度通常为 35～37℃,高于此温度会造成细胞生长的停滞和细胞死亡,低于此温度通常会降低细胞生长的速度和影响产品的表达水平。动物细胞培养通常在中性的 pH(7.0～7.3)条件下进行,偏离这一最佳的 pH 范围通常会对细胞生长、新陈代谢和产物表达产生严重影响。

利用基本的生产工艺制备出一定量的产品就可以满足临床前的需求,当产品顺利进入临床后,生产工艺的开发研究开始进入一个新的阶段,所需要投入的人力和财力都是十分惊人的。在发达国家,一个新生物产品的工艺开发费用可能会高达数千万美元,甚至上亿美元。此时,工艺开发的目的有几个主要方面。其一是要确定所有重要的工艺参数对产品产量和质量的影响;其二是要通过大量的实验数据确定一个最佳的工艺条件,在保证产品质量的前提下,使产品的产量达到最高,从而最大限度地降低生产成本和生产规模,减低生产车间的建造成本;其三是要实现生产工艺的稳定性和可重复性。通常这一阶段的工艺开发从产品进入临床Ⅰ期开始到临床Ⅱ期结束,可能历时 2～3 年。动物细胞培养主要用于蛋白质和病毒两大类生物制品的生产。病毒的生产工艺和优化方法比蛋白质更复杂,所使用的策略也不同,下面以悬浮培养为例介绍蛋白质生产工艺的优化策略。

4.8.5.1 影响蛋白质产量的关键参数

在悬浮培养中,蛋白质浓度(P)是需要优化的关键参数。这是因为它不仅直接关系到产量而且直接影响下游纯化的成本。在批次培养中,由于细胞在生长过程中不断分泌出蛋白质产品,其浓度会随着细胞数目的增加而逐渐增加,所以它是一个时间函数。单位时间内生物反应器中目标蛋白质浓度的增加(d_P,g/mL/h)与活细胞浓度(X_v,细胞/mL)、产品产率(q_p)、时间成正比,即 $dP = X_v q_p dt$。其中,q_p 为单位时间单位细胞合成的蛋白质(g/细胞/h)。从时间 0 到时间 t 积分可得到:$P(t) = P(0) + q_p \int_0^t [X_v] dt$。其中 $P(0)$为培养初始时($t=0$)培养液中的目标蛋白初始浓度。从此方程式中可以看出,提高目标蛋白浓度的方法有 3 种:一是提高目标蛋白产率(q_p);二是提高活细胞的浓度(X_v);三是延长细胞培养时间。

蛋白质产率受多种因素的影响,其中最直接的因素是所选用工程细胞系的表达载体结构和目标蛋白质基因的拷贝数,可以通过筛选高表达的亚克隆等方法提高蛋白质产率。影响蛋白质产率的因素还包括细胞的生长环境,生长速率(μ)等。所以对有些细胞系,蛋白质产率 q_p 不随培养时间的变化是常数。而对另一些细胞系,蛋白质产率 q_p 随培养时间的变化是时间函数,不是常数。

对某一给定的工程细胞系,其蛋白质产率是一定的,因而提高蛋白质浓度的关键在于提高细胞浓度和延长培养时间。假定 q_p 是一个常数(即它不随时间变化),这种方程式也可以简化为 $P(t)=P(0)+q_p\int_0^t[X_v]dt$。其中,$\int_0^t[X_v]dt$ 为图 4.8.7 中活细胞浓度随时间曲线下的阴影部分的面积。很显然,由于细胞浓度的指数增长,$\int_0^t[X_v]dt$ 随时间增长很快,即抗体浓度 $P(t)$随时间增长很快。由此可见,提高细胞浓度和延长培养时间是提高蛋白质浓度的关键。

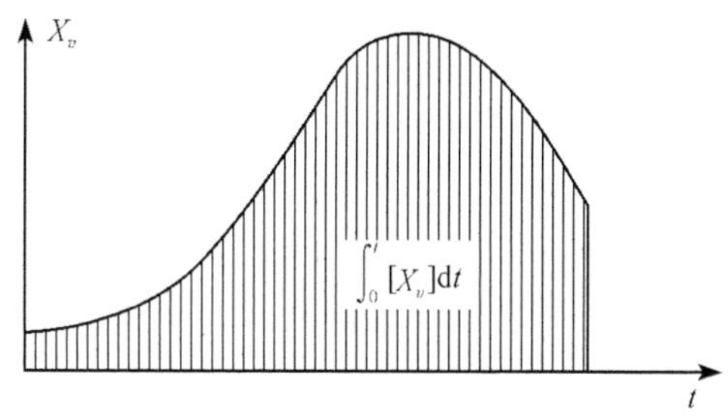

图 4.8.7 细胞浓度随培养时间增长的示意图

4.8.5.2 决定细胞密度的关键参数

细胞生长过程中需要进行成百上千的生物化学合成反应。细胞在分裂过程中,必须将细胞的所有组成部分增加一倍,如细胞内的所有结构蛋白质,各种蛋白酶、脂类、碳水化合物和 DNA 等。合成这些生物大分子的所有原料均取自于细胞生长的环境,即细胞培养液中。在细胞生长中需要十几种氨基酸,十种维生素,多种无机盐和碳水化合物等营养物质,这些物质在细胞培养液中均存在一定的量(见商业培养液,如 DMEM 的组成配方),可以使细胞浓度达到一定的水平。在批次培养中(batch culture),细胞生长几天后通常会达到一个细胞浓度最高点,此后细胞生长速率变慢或完成停止,细胞开始死亡,活细胞浓度开始降低,死细胞浓度开始增高。造成这一现象的原因多种多样,会因培养条件、方法和细胞系等因素的不同而不同。

1) 营养物质的耗尽

动物细胞的生长需要数十种不同的营养物质,同时合成细胞需要消耗这些营养物质。这些营养物质的消耗速率会随着细胞浓度的增加而增加,当细胞浓度达到一定水平时,培养液中的某一个或某些关键营养物质可能已经耗尽或降到最低的水平。此时,细胞的新陈代谢速率会停止,细胞浓度不再增加,随之而来的是细胞死亡。这些关键营养物质可能是培养液中的溶氧、葡萄糖、氨基酸和维生素等。由于细胞的新陈代谢不同,培养液的组成配方也各不相同。有时是由于葡萄糖耗尽造成细胞生长的停止和死亡,而有时可能是某种氨基酸的耗尽造成的。在培养过程中向生物反应器中加入浓缩的营养物质通常可以延缓细胞的死亡和培养时间,使细胞浓度达到一个新的高度。此时,再添加营养物质仍无法阻止细胞的死亡,可能是因为所加的营养物质缺少了某个或某些关键组分(因为细胞生长需要的营养物质十分复杂,目前还不能完全确定),也可能是细胞生长的环境恶化等因素造成细胞死亡。

2) 有毒废物的积累

A. 乳酸

动物细胞在生长过程中会产生 3 种主要的新陈代谢副产物:乳酸(lactate)、氨和 CO_2。乳酸主要来自葡萄糖代谢，但也有部分来自其他氨基酸的代谢，如谷氨酰胺等。在大多数细胞培养中，葡萄糖的主要代谢产物不是CO_2和水，而是乳酸。葡萄糖是细胞合成DNA和RNA分子中的五碳糖(pentose)、多聚糖等碳水化合物(carbohydrate)、脂类化合物(lipid)等细胞构成组分的主要原料，葡萄糖代谢也是细胞获取能量(ATP)的重要途径。在有氧的条件下，葡萄糖在人体内的代谢是在更有效的TCA循环中进行的，此时葡萄糖得到完全降解，变成CO_2和水，同时合成大量的ATP。只有在剧烈运动时，由于缺氧，肌肉细胞会临时性的利用葡萄糖变成乳酸的低效代谢途径来获得ATP应急，此时一个葡萄糖分子可以转化成2个乳酸分子和2个ATP分子。在大多数细胞培养中，即使是在氧气供应充分的条件下，细胞仍会产生大量的乳酸副产物，具体原因目前还没有十分明确的解释，可能的原因包括如下几个方面：①培养液中的葡萄糖浓度高达25mmol/L，比人体内的正常葡萄糖浓度高很多倍，从而导致葡萄糖代谢的失控和低效率的浪费；②体外培养的细胞大多数为快速增长的细胞，所需要的能量代谢速度比正常人体快很多；③体外培养的细胞大多数为肿瘤细胞，其新陈代谢途径和正常的人体细胞不同。

乳酸的产量会随细胞系和培养条件的不同而不同。通常，所产生的乳酸和所消耗的葡萄糖的物质的量比为1～2，个别细胞系可能会低到0.5。由于常用的商业培养液中含有20～25mmol/L的葡萄糖，而大多数情况下，葡萄糖在培养末期已经基本耗尽，此时的乳酸可能会高达20～40mmol/L。在流加培养中，由于在培养过程中添加了葡萄糖和其他营养物质，细胞所消耗的葡萄糖浓度会更高，由此而产生的乳酸浓度有时会高达80～100mmol/L。

细胞产生的乳酸除了导致葡萄糖的低效率消耗外，还有更为严重的后果。葡萄糖是一个中性分子，而乳酸是酸性的，乳酸的产生会使培养液的pH降低。另外，由于1个葡萄糖分子可以变成2个乳酸分子，这会导致培养液中的渗透压(osmolarity)增高。细胞需要在一个比较窄的pH范围内生长，通常为7.0～7.4，超出这一最佳范围会导致细胞生长的停滞、细胞新陈代谢的变化，甚至细胞死亡等严重后果。所以，在大多数情况下，细胞培养环境中的pH是严格控制的，所采用的方法是加入浓度为0.5～1mol/L的碱性溶液，如NaOH、$NaHCO_3$等，由于所加入的碱性溶液的渗透压高达1000mOsm/kg H_2O，比细胞生长所要求的渗透压(270～330mOsm/kg H_2O)要高几倍，加入这些高浓度的碱性溶液会导致培养液中的渗透压超出理想的渗透压范围，导致细胞死亡。

除以上所述的毒副作用外，乳酸积累本身也会对细胞的新陈代谢产生影响。实验表明，在其他条件(如pH、渗透压)被控制在理想范围时，高浓度的乳酸也会抑制细胞的生长，可能是由于高浓度的乳酸对葡萄糖代谢的抑制作用。因此，降低乳酸副产物的产生和提高葡萄糖的代谢效率是工艺优化中的重要环节。

B. 氨

在细胞培养中，氨的主要来源是氨基酸的代谢，其中最主要的是谷氨酰胺(glutamine)。研究表明，有高达80%的氨来自于谷氨酰胺的代谢，其中来自谷氨酰胺的酰基，30%来自谷氨酰胺的氨基。谷氨酰胺是细胞培养中的关键营养物质，它在细胞的新陈代谢中起着十分重要的作用，它不仅是合成核酸(DNA和RNA)分子的关键原料，也是合成一些氨基酸的原料，它还可用于能量代谢。有研究证明，在葡萄糖浓度偏低时，有些细胞可以从谷氨酰胺代谢中获取高达50%以上的能量需求。由于谷氨酰胺中有一个氨基和一个酰基，而通常只有其中一个被直接利用，另一个则被转化成氨，成为细胞培养中的另一个主要副产物。

氨的产量也受很多环境因素的影响，包括培养温度、pH和谷氨酰胺浓度等。不同的细胞系也有差异，有些细胞系的氨产量高，而有些却较低。在细胞培养中，氨产量和谷氨酰胺消耗量的物质的量比通常为0.5～1.5，商业培养液中通常加入2～6mmol/L的谷氨酰胺，在细胞生长曲线的末期，氨浓度通常为2～4mmol/L，有时也会高达5～6mmol/L，流加工艺中有时还会更高。

人体代谢中也会产生氨，但人体内的氨浓度是由肾脏严格控制的，血液中的氨浓度必须严格控制在0.05mmol/L以下，当肾功能出现损坏，不能将氨转化为尿液排出体外时，就会出现中毒现象。在体外培养的细胞没有尿循环代谢，不能将氨转化为尿，所以氨会在培养液中积累。有些体外培养的细胞对氨的积累相对不敏感，而有些却很敏感。有关氨对细胞培养的毒性研究已有大量的文献报道。氨的积累不仅能抑制细胞的生长速率，导致细胞死亡，还会对蛋白产物的糖基化等产生影响。氨的积累通常是在流加培养中导致细胞浓度无法进一步提高的主要因素之一。

C. CO_2

这是在细胞培养中一个通常不被人们重视的副产物，它是能量代谢中的副产物。CO_2 极易溶于水，在水中的溶解平衡是

$$CO_2(气) \rightleftharpoons CO_2(液) + H_2O \rightleftharpoons H_2CO_3 \rightleftharpoons H^+ + HCO_3^- \rightleftharpoons 2H^+ + CO_3^{2-}$$

溶解于水中的 CO_2 与水分子反应，形成碳酸，碳酸首先离解成一个氢离子和碳酸氢根，碳酸氢根继续离解成碳酸根。由于 HCO_3^- 是弱碱，CO_2 又是细胞代谢中的产物，因而 HCO_3^-/CO_2 系统常被用于细胞培养液中的pH缓冲剂，也正因为这样，CO_2 的积累导致的严重问题很少被意识到。

很显然，细胞新陈代谢中产生的 CO_2 可以使反应向生成 H^+ 和 CO_3^{2-} 的方向进行，从而使培养液的pH降低。为了使pH保持不变，通常要加入 $NaHCO_3$ 或 Na_2CO_3 来中和 CO_2 的积累所产生的 H^+。可见，在细胞生长过程中，培养液中的 HCO_3^- 浓度会逐步增加。在普通的批次培养过程中，细胞浓度相对较低，所产生的 CO_2 浓度不高，CO_2 的积累通常不会对细胞生长造成影响。但细胞浓度达到一定值时，CO_2 积累就可能会变成一个需要非常重视的问题。因为当 HCO_3^- 的浓度达到一定值时，细胞的新陈代谢和生长会受到严重的影响。研究表明，CO_2 的积累可以改变蛋白质的糖基化(如糖链结构等)。

3) 物理条件的恶化

细胞生长的环境可以分为化学环境和物理环境，化学环境包括各种营养物质的浓度和新陈代谢产物的浓度，而物理环境则包括细胞生长的温度、pH、渗透压、剪切力等。通常，细胞生长的温度是严格控制的。在大多数情况下，pH也是严格控制在一个理想的范围内，但由于副产物的产生，以及加入高浓度的碱性溶液来控制pH等因素，渗透压通常会有不同程度的增高，在高浓度细胞培养中，渗透压的增加尤其突出，有时会高达400mOsm/kg H_2O 以上，使细胞浓度的进一步增加变得不可能。所以，减少或避免渗透压的增高是优化细胞培养工艺的一个重要方面。

4.8.5.3 细胞培养工艺优化策略

1) 提高蛋白表达水平

蛋白质产品在宿主细胞内的表达水平是一个十分重要的工艺参数，它直接影响产品的浓度和产量。宿主细胞内的蛋白质表达水平一方面取决于基因方面的特征，如蛋白质表达载体的结构、基因拷贝数目以及外来基因在宿主细胞内的稳定性；另一方面则取决于细胞生长的环境因素，如细胞的生长速度、培养液的渗透压、细胞培养温度等。优化蛋白质表达载体结构，可以直接提高蛋白质的产量。这部分的工作通常是在产品的早期研究阶段完成的。在不改变表达载

体结构的前提下,仍然可以通过增加目标蛋白基因的拷贝数目和优化细胞培养环境来提高蛋白质的表达水平。

增加目标蛋白基因拷贝数目的主要方法,是通过逐步增加选择药物的浓度。目标蛋白的表达载体中通常含有一个抗选择药物的基因,宿主细胞内含有的表达载体的拷贝数和该细胞能够承受的选择药物浓度有直接的关系,即拷贝数越高的细胞抗药性越强。在培养过程中会出现基因变异,个别细胞会丢失表达载体,而个别细胞的表达载体数目会增加。如果在培养过程中逐步增加选择药物的浓度,表达载体数目减少和不增加的细胞就会死亡或生长速率降低,而表达载体数目增加的细胞的生长速率则会保持不变,从而有选择地获得表达载体数目增加的细胞。采用以上方法,单抗的表达水平可以从优化前的 10pg/(细胞 · d)提高到 50pg/(细胞 · d),抗体基因的拷贝数目也相应从原来的 1 个提高到 5 个。

含高目标基因拷贝数目的细胞系的稳定性也是一个十分重要的问题。一些 CHO 和 GS-NSO 细胞系在无(或低)选择性压力条件下不稳定:蛋白质表达水平下降、细胞内目标产品的基因拷贝丢失。在实际大规模(1000L 以上)GMP 生产中,使用高浓度的选择药物十分昂贵,又增加了下游纯化的难度,因而获得基因稳定的高表达水平的细胞系至关重要。外来基因在细胞染色体上的插入位置直接影响该基因的表达水平和基因稳定性,获得稳定表达水平的方法是优化细胞生长抑制剂浓度的梯增速度和步骤。这一技术目前还不成熟,因而并未得到实际运用,还需进一步的研究完善工作。

提高蛋白表达水平的另一个方法是优化细胞生长环境,包括温度、pH、渗透压和一些可以刺激细胞蛋白表达的化学添加剂。通过改善细胞培养的化学环境,CHO 细胞的抗体表达水平可以从 21pg/(细胞 · d)提高到 35pg/(细胞 · d)。

2) 细胞新陈代谢的控制

提高蛋白质产量的关键技术中包括提高活细胞浓度和延长培养时间,这就需要在培养过程中避免导致细胞死亡的有毒废物的积累和营养物质的耗尽。本节主要介绍通过控制细胞的新陈代谢来降低有毒废物的积累,达到延长细胞培养时间,获得高细胞浓度的目的。

(1) 降低乳酸产量的策略。乳酸的主要来源是葡萄糖的代谢,有一种假设认为细胞培养中高乳酸产量的原因是由于葡萄糖的浓度过高,细胞吸入大量的葡萄糖后使其代谢速率加快,导致葡萄糖的中间代谢产物丙酮酸盐(pyruvate)过剩,从而引起高乳酸产量。细胞生长动力学表明,1～5mmol/L 的葡萄糖浓度就足以维持正常的细胞生长速率。可见,从维持细胞生长速率的角度来看,普通商业培养液中含有的葡萄糖浓度(20～25mmol/L)是过高的。研究表明,当培养液中的葡萄糖浓度降低到 5mmol/L 以下时,细胞的生长速率基本不受影响,但乳酸的产量却大幅度的下降。由于不同的细胞系的差异性,需要对某一具体的细胞系进行针对性的研究,具体方法是在不同葡萄糖浓度下测定细胞的生长速率,以确定一个细胞生长速率基本不受影响的最低葡萄糖浓度。

乳酸的产量还受培养环境的影响,其中包括培养温度和 pH。高 pH 的培养环境会使乳酸的产量升高,可能是细胞所采取的降低 pH 的一种应对手段。在维持细胞生长速率基本不受影响的前提下,将细胞培养 pH 控制在一个最低的水平将有利于减少乳酸的积累。

(2) 降低氨产量的策略。氨的主要来源是谷氨酰胺的代谢,因而要降低氨产量也必须从谷氨酰胺的代谢着手。与乳酸类似,氨产量的高低在很大程度上取决于培养环境中谷氨酰胺的浓度。一方面,谷氨酰胺的热稳定性差,其降解速率与谷氨酰胺浓度成正比(一级反应),谷氨酰胺降解时会产生氨。据估计，采用含有 4mmol/L 谷氨酰胺浓度的普通商业培养液即可在批次培养中，谷氨酰胺降解所产生的氨约占 20%。另一方面，当谷氨酰胺浓度达到 0.5～1mmol/L 时，大多数细胞的生长速率已经达到最大值，但谷氨酰胺的消耗速率将随浓度的增加而继续增高。可见，将谷氨酰胺控制在一个较低值即可使细胞的生长不受影响，同时又可降低谷氨酰胺的消耗，达到降低氨产量的目的。

3）流加工艺的优化

如果从细胞生长动力学和控制有毒废物产生速率的角度看，细胞生长所需要的关键营养物质浓度必须控制在一个较低的水平。可是细胞的生长需要消耗营养物质，一旦某一关键营养物质被耗尽，就会导致细胞的死亡。解决这一矛盾的方法是在培养的过程中向细胞培养反应器中不断补料，这样的培养工艺就即为流加工艺(fed-batch culture)。

流加工艺的本来定义是在批次培养的末期添加营养物质，避免出现关键营养物质被耗尽的局面，从而达到延长培养时间，提高细胞浓度的目的。采用这种简单的流加工艺固然可以避免营养物质被耗尽，蛋白质产量可以得到一定程度的提高，但由于没有解决有毒废物产量过高的问题，细胞最终会因培养环境的恶化而死亡。

一种优化的流加培养工艺是通过控制细胞生长的营养环境来达到以下两个目的：①通过加料，使细胞生长的营养环境保持基本稳定，避免营养物质的耗尽；②将关键营养物质(如葡萄糖和谷氨酰胺等)的浓度控制在较低的水平，降低有毒废物的产生速率。要实现以上两个目的绝非易事，一方面是因为细胞生长的营养环境十分复杂，其中包括数十种营养组分，如何确定含有数十种组分的加料物流的组成配方是一个需要解决的关键技术难题。另一方面是因为需要将培养中的营养物质浓度控制在较低水平，对加料速率的误差的承受力很低。如果加料快了，就会导致营养物质的迅速积累。反之，就会导致营养物质的快速耗尽而致细胞死亡。我们曾用化学计量法确定细胞生长对每种关键营养物质所需要的最低需求量，并利用这一化学计量模型来对细胞生长的营养环境进行控制，现已取得突破性的进展。

4）灌流生物反应器优化

高密度灌流生物反应器的设计和操作同批式及流加培养并没有显著的差异。略有不同的是灌流生物反应器具有更为紧凑的尺寸及与生物反应器相连的截流装置。1000L 的灌流生物反应器的生产效率可以达到并超过一个 10 000L 的流加培养的生物反应器。

(1) 灌流生物反应器的细胞截流装置。细胞截流设备是反应器设计和优化的关键。截流设备应当健全，可靠且易于放大。毫无疑问，由于截流设备所导致的操作的复杂性使得业界对于灌流细胞培养的应用存在着一定的质疑。系统设计，操作并且放大需要内部的专业知识和技能。目前已有多种细胞截流技术可用于工业规模。这些技术易于获得同时伴随着其他一些额外的发展及微小的调整，这些系统用于某些特定的用途。虽然目前的系统能够进一步发展以达到更高的灌流速率，但在细胞截流领域新技术也可能出现。即使这些发展有一定的时间过程，他们仍对灌流生物反应器的发展产生重大影响。

(2) 通气。灌流生物反应器的特殊的结构使得培养过程中的通气、传质及过程控制备受考验。喷射通气可以提供足够的氧气。不过，喷射所带来的起泡和细胞裂解方面的问题，还需要通过通气环设计及通气策略来解决。通气也可以作为一个从生物反应器内移出二氧化碳的手段。正如文献中说的那样积累的 CO_2 在底物中的传质系数是一个问题。

这个问题需要加以解决,特别是在大型生物反应器。此外,除了增加补碱量外,二氧化碳的积累也可以影响细胞的生长,生产和产品质量。

(3) 混合和均质化。混合是灌流生物反应器高密度培养中存在的一个问题。在温和的搅拌条件下混合时间在细胞培养反应器可以高达好几分钟。更高的细胞密度使得黏度增高,从而降低混合效率。低的混合效率生物反应器可导致 pH 和溶氧的剧烈变化。在生物反应器中的混合可以使细胞悬浮,气泡分散并快速混匀碱液。在低的混合条件下,碱液补加后如果不能及时混匀,可能会导致局部细胞裂解并对培养产生负面影响。碱液加入后混匀时间过长后,局部 pH 会急剧升高。低的混合效率同样会导致培养细胞不均一并影响到过程控制。根据混合和涡流分布,细胞聚集为不同的尺寸。聚集会导致细胞团在低搅拌区的沉积。

(4) 过程控制。批式或流加培养的过程中操作可以低度自动化,而高层次的过程控制是灌流生物反应器理想的控制方式。灌流生物反应器更加动态:①操作期间细胞密度在一个非常宽的范围内变化;②同时高的细胞密度导致了高的代谢状态。生物反应器需要严密监测并进行必要及时的调整。正如以前所说,几个在线监测与实时控制策略已应用于灌流生物反应器。所以系统需要高度自动化和复杂的执行战略。

(5) 灌流生物反应器的可放大性。虽然灌流生物反应器相对于批式及流加培养更加难于设计与操作,但它的放大是相当简单的。成功放大灌流培养工艺主要归功于细胞截流制度和控制策略的使用。一些细胞截流系统,如旋转过滤器难以大规模使用。在另一方面,倾斜沉降系统容易进行几何相似性放大。一个可靠的控制策略,如 cspr 控制,确保细胞的环境在不同的规模相似以此确保其规模放大的可能性。

(6) 灌流培养新方向:富集。灌流生物反应器的性能直接关系培养过程中细胞密度的高低。培养基营养成分的组成或培养基的深度,就是其中决定所能得到的最大细胞数目的关键变量。其他变量包括培养基换液速率。目前大部分培养基配方可以支持约 1×10^7 个细胞/mL(以细胞产量对不同养分需求的基础上计算得出)处于生长状态并进行每天 1 体积的换液。如果同样培养基用于灌流,需要进行 10 体积每天的灌流,才可以保持保持细胞密度处于 1×10^8 个细胞/mL。如此大量的换液或灌流速率,可以显著影响灌流进程。首先,在如此高的灌流速率下细胞截流系统应仍旧发挥应有的作用。其次,培养基的利用率及成本成为主要问题。最后,产品在生物反应器中将被稀释。高速率的换液导致的产品浓度的稀释已成为灌流培养主要缺点。关于这些问题的相关策略已被制定出来。

一个简单的最大限度利用培养基的方法是维持生物反应器在较低的灌流速率。如果在低灌流速率细胞密度可以维持且产品稳定,同时细胞生产状态没有影响,那么生物反应器可以维持在较低的灌流速率。这一结果使得生物反应器可以达到更高的产品浓度而不影响整体生产力。

一种更有效的提高培养基利用率和提高产品浓度解决方案,是研发特异性的浓缩或强化培养基用于灌流培养。在 20 世纪 90 年代初研究者使用 2 倍或 3 倍的浓缩培养基进行灌流培养。当培养基浓缩并控制在最优渗透压时,培养中需要的灌流速率可以降低若干倍。利用富集培养基灌流的策略已被证明是成功的。细胞代谢相关知识的积累和多年来培养基组分的经验使得增强性培养基得到进一步发展。富集培养基的进步类似于流加进程的发展。如果对细胞代谢和营养需求进行分析,某些组分可以添加到培养基中使其获得更高的细胞密度。除了流加这些组分到生物反应器内,它们也可以添加到培养基中作为灌流生物反应器富集培养基。

灌流生物反应器应用富集培养基。转换富集培养基可以使得细胞密度快速增长。

图 4.8.8 介绍了利用富集培养基进行 CHO 细胞灌流培养生产单克隆抗体的过程。灌流生

物反应器开始使用基础培养基(培养基-1)达到细胞密度约 1.5×10⁷ 个细胞/mL。在第 17 天改换培养基-2(富集培养基),并且在第 30 天向培养基-2 中添加强化培养基(EM)。通过这个过程,活细胞密度达到 3.5×10^7 个细胞/mL。在生物反应器中细胞活性维持在 50%以上。

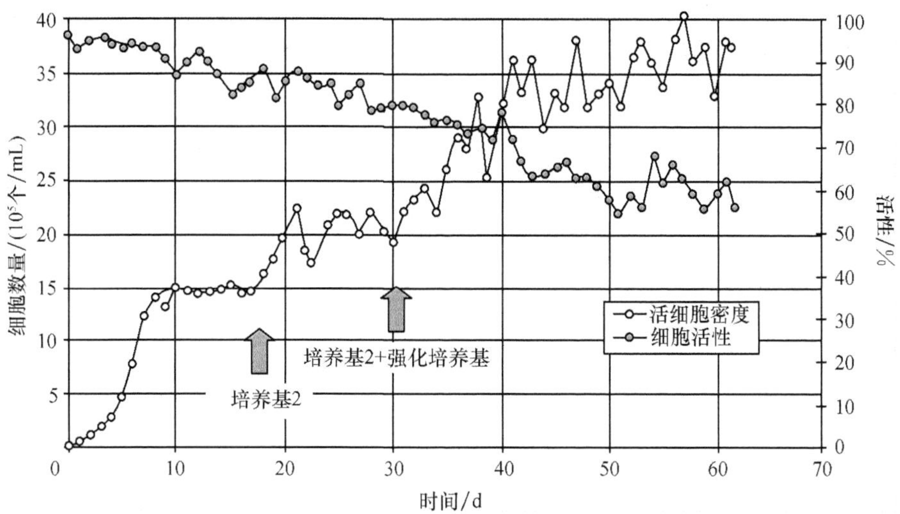

图 4.8.8 灌流生物反应器应用富集培养基。转换富集培养基可以使得细胞密度快速增长

图 4.8.9 总结了同一培养过程的代谢和产品浓度的数据。在富集培养基条件下产品浓度增加了 100%达到 750mg/L。图 4.8.9 的数据显示了一个有趣的现象,在基础培养基(培养基-1)中葡萄糖的消耗和乳酸的增加量相当一致。这个代谢曲线是典型的 CHO 细胞培养代谢曲线。之后转换到富集培养基后,可以观察到乳酸浓度显著下降。事实上,乳酸浓度在转换到富集培养基后达到了零。这些数据表明,葡萄糖在富集培养基中的利用率相当高。这些结果表明,富集培养基有很大的潜力。这些发现也与流加培养策略相吻合。了解细胞代谢并制定富集培养基策略开启了灌流生物反应器培养的新领域。

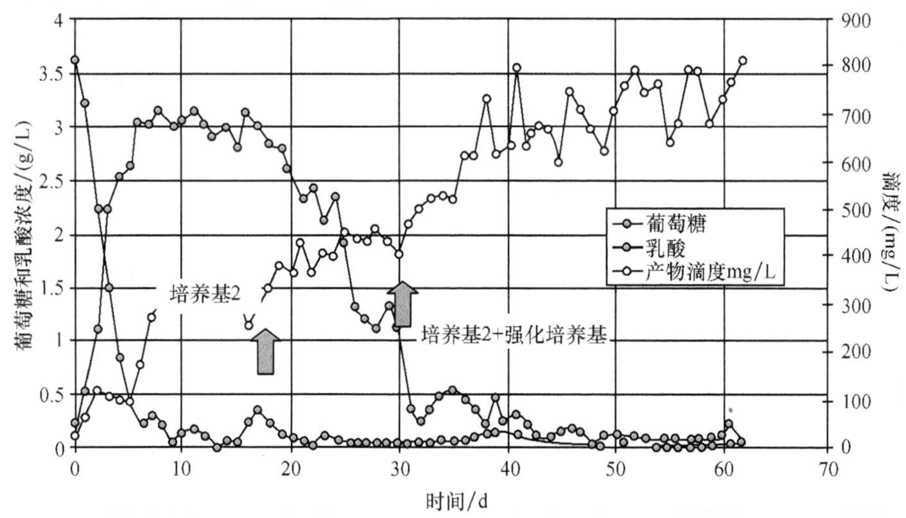

图 4.8.9 应用富集培养基进行灌流培养。应用富集培养基后产物浓度增加至 750mg/L。培养基转换后代谢随之转换,乳酸浓度降至零,葡萄糖利用率显著提高

4.8.6 工程细胞培养过程的监测与控制

在细胞培养的过程中，随着细胞的增殖、底物的消耗及产物的生成，整个培养系统的状态一直在产生变化。而各种状态变量都有其限制范围，当超出其界限值时，就会对培养过程产生不利的影响及降低培养效率。因此，在动物细胞的培养工艺中，利用过程监测与控制技术，使培养系统保持在最佳的状态是整个工艺中重要的一环。

过程监测是指应用各种检测技术，对培养过程中状态变量的变化进行追踪的行为。当这些变量与预测值或与预期变化方式相偏离时，通过过程监测的手段，可及早发现并开始利用已设定的模型计算如何改变培养状态以及时补偿这种偏离。而过程控制则利用过程监测所提供的信息，按照既定方案进行调整，以使培养过程向更好的方向发展。由于生物培养过程中许多关键变量的值不能够直接在线测得，因此，过程监测的基本任务之一，就是利用直接测得的变量值去估算间接变量的值。

4.8.6.1 在线测量

在大规模动物细胞培养中，由于大量细胞的代谢，细胞培养环境迅速改变，故在线过程监控是重要的。离线取样测定特别是产物浓度测定，往往需要一天的时间。因此，这种测定结果，不能用来及时指导生物反应器有关参数的控制和细胞培养环境的优化。而且频繁取样容易造成污染，增加费用。因此，在线测定生物反应器中的培养条件，代谢产物和目的产物浓度等大量数据，并对测定结果进行分析处理，及时对培养系统进行反馈控制，是成功进行大规模动物细胞培养的需要。

在培养过程中，在线测量的主要参数包括温度、pH、pO_2、搅拌速率、补料速率、罐压以及排出气体中 O_2 和 CO_2 的分压等。因此，在工业上应用生物反应器进行动物细胞培养时，这些参数都是在线测量的对象。温度与 pH 这两个参数对于细胞而言是最基本的影响因素，而在控制时往往与其他参数相独立。

1）温度的测量

通常在生物反应器内部的单一位置，采用热敏电阻检测器（如 Pt100 热电阻）进行。pH 则多用复合式玻璃电极测量。Clark 复膜氧电极则是溶解氧浓度最常用的检测元件。所有此类检测元件都已成为生物反应器的标准配置。

2）搅拌转速的检测

一般是通过应用磁感应式、光感应式或测速发电机来实现的。磁感应式和光感应式检测器是通过计测脉冲数来测量转速的。安装在搅拌轴或电机轴上的切片切割磁场或光束而产生脉冲电讯号，则脉冲频率就反映了搅拌转速的大小。而测速发电机是安装在搅拌轴或电机轴上的小型发电机，它的输出电压和转速间有良好的线性关系。

3）补料速率

直接影响培养液中营养物质的浓度值多由输送液体所用泵的单位流量与输送时间计算，而泵的单位流量需在培养开始前用补料管道进行实际校准。如果不断对补料瓶内的剩余体积进行监测，则可以得到足够精确的补料数据来计算其他参数。

4）通气流量测定

根据作用原理，流量计可分成体积流量型和质量流量型两种。体积流量型是根据流体动能的转换，以及流体流动类型的改变而设计的测量装置。它会引起流体能量的不同程度的损失，而且测量值受到温度和压力变化的影响。其主要形式有同心孔板压差式流量计和转子流量计。质量流量型是根据流体的固有性质，如质量、导电性、电磁感应性、离子化、热传导性能等进行设计的流量计。利用热传导性能对空气进行测量时没有能量损失，也不受温度和压力的影响。在对尾气中 O_2 与 CO_2 浓度的测量上可以利用质谱仪进行，但实际生产与实验中常用 O_2 的顺磁性和 CO_2 的红外吸收特性进行测定。

4.8.6.2 状态估计

过程变量估计问题大致可以分为状态估计和参数估计两种。所谓状态变量即是指表示系统动态过程的状态所需的一组最少数目的变量，它是描述过程内在本质的，不一定是物理上可测的变量；而参数一般即指数学模型方程中待定的未知系数。状态和参数的基本区别在于前者随时间变化，而后者随时间保持不变或缓慢变化。

对细胞培养过程所处的状态进行分析时，最直接的方法就是通过在线测量获得数据，再将其代入已有的过程模型中，从而得到关键状态变量（如细胞密度、代谢速率、产物浓度等）的估计值。细胞在培养过程中，对环境的微小变化也是极为敏感的，因此，状态估计所用的模型参数也处于不断变化之中。故而状态估计的问题就在于如何从一个运行中的培养系统内不断获得必需状态参数的修正值，从而利用在线测得的直接数据正确地分析培养过程所处的状态。

用于状态估计的技术按照其性质及在实践中的应用可分为多种类型。例如，对系统本身及检测数据时产生的随机干扰噪声采用的滤波技术，及针对动态系统特性发展出的“推广卡尔曼滤波”技术；应用非线性动态系统模型以直接检测数据推算不能够直接检测变量的技术；应用状态观测器以动力学模型推测不能够直接检测变量的技术；应用连续参数估算器不断调整过程模型中的参数以适应实际观测数据，从而对状态作出估计的技术等。

4.8.7 过程控制的基本类型

控制系统在对培养参数进行调整时采用的模式有开环（open-loop）控制系统与闭环（close-loop）控制系统等。

4.8.7.1 开环控制系统

若系统的控制器与被控对象之间只有顺向作用，没有反向作用即系统的输出量对控制作用没有影响，则称为开环控制系统。以细胞培养过程为例，这种控制模式的中心思想是在维持常规参数（温度、搅拌、DO、pH 等）稳定的同时，通过已建立的数学模型预测某一时间点细胞的生长代谢状态，估算氨基酸代谢通路和流量以及 ATP 的消耗，并以此作为培养液补加策略及成分调整的依据，在细胞状态发生改变之前作出调整。在这方面，关于杂交瘤生长和单抗生成的多种数学模型已经建立。系统化、结构化的补料策略也有了相当的发展，但由于这种模式要求对细胞生长和代谢的每一个细节都很清楚，在目前对生物体复杂的内在机制认识不足的情况下，理论预测与培养实践仍有很大差距，这使得理论模型应用于实际生产受到了很大限制。

开环控制非常容易操作，但是需要了解过程的基本知识。闭环控制需要对过程频繁的监测。$x(t)$表示过程输入;$G(s)$表示过程;$y(t)$表示过程输出;$B(s)$表示控制系统。

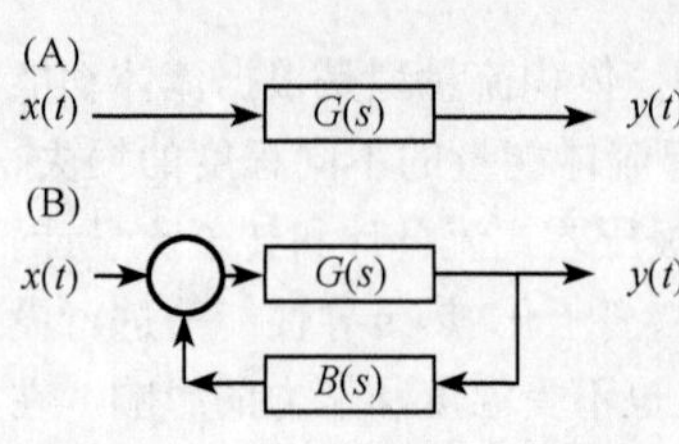

图 4.8.10 控制模式示意图
(A) 开环控制;(B) 闭环控制

对于很多生物过程,实施正确的开环控制显然很难,需要一个精确的过程模型或操作过程的实际经验。开环控制有时称为预编程序控制,因为决定过程的改变提前于过程的发生。为了使这种方式很好的操作,过程必须要高度的特征化并且从一步到下一步必须保持相对稳定。开环控制易于实施并且通常应用于实验室条件下,但是,对于大多数工业生产规模过程控制来说是不实用的。闭环控制根据传感器对过程监测反馈对一个或更多的过程参数进行修改。这些过程的示意图见图 4.8.10。

4.8.7.2 闭环控制系统

系统的输出量或状态变量对控制作用有直接影响的系统称为闭环控制系统。闭环模式相对于开环模式主要的区别是,不需要建立模型去预测细胞和微环境的变化,而是通过在线(on-line)和(或)离线(off-line)检测手段获得状态数据。由人工或控制软件根据当前值的变化即时调整培养设定参数,使培养系统始终处于最佳状态。这种模式是在细胞状态发生改变之后作出调整,也称为反馈控制模式。细胞培养过程中温度、pH 及溶解氧浓度等基本变量的控制都是采用闭环模式进行的。同时由于控制的目的是减小实测值与设定值间的差距,因而属于负反馈控制。

针对动物细胞培养,当前研究的方向有利用摄氧速率(OUR)与底物消耗速率、副产物生成速率等参数,综合估算的结果反馈调整营养物的流加及培养液的灌流;利用葡萄糖和谷氨酰胺等物质的消耗速率及预先设定的浓度变化点来反馈调整营养物流加速率;利用培养过程中各种相关物质浓度间的比值设计出“软探针”,并以此反馈控制培养过程。

4.8.7.3 比例微分积分控制模式

在培养实践中,一些状态变量如温度,只需要控制在 37℃或其他固定的点上就可以满足要求,则其控制采用“三点控制模式”即 PID(proportional integral derivative)控制模型即可。具体控制过程是首先以设定点为基准设置上、下限,当温度高于(低于)设定上限时启动(关闭)冷却系统,当温度低于(高于)设定下限时启动(关闭)加热系统,如此使温度保持恒定。但在对更多的状态变量(如 pH 和补料速率等)进行闭环控制时采用这种简单的方法会导致状态变量不断地围绕设定值波动,对细胞的生长与代谢产生不良影响。

在利用闭环模式对培养系统进行控制时,为有效而稳定地减小实测值与设定值间的偏差而免去人为的干预,自动控制理论中一种状态校正模式——PID 控制模式便得到了广泛的应用。它的微分方程表达式为

$$u(t) = K_P e(t) + K_I \int_0^t e(t)\mathrm{d}t + K_D \frac{\mathrm{d}e(t)}{\mathrm{d}t} \tag{4.8.20}$$

式中,$u(t)$为输出值或设定值;$e(t)$为输入值或实测值与设定值间的偏差;而式中的设计参数分别为比例增益 K_P、积分增益 K_I 和微分增益 K_D。

利用这种控制模式可以使系统在受干扰而发生波动时尽快进入稳定状态,使细胞所受影响减到最低。

具体的控制过程如图 4.8.11 所示,状态变量在 PID 模式控制下随时间进行而趋于稳定。

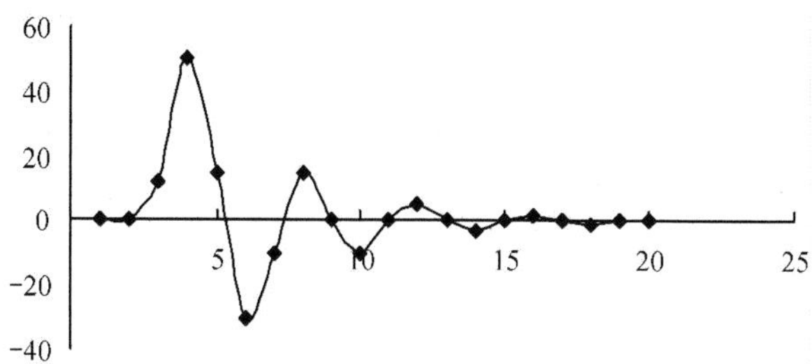

图 4.8.11 PID模型控制下状态变量趋势

4.8.7.4 培养过程中重要参数的检测方法

1）测定细胞浓度的常用方法

离线测定干细胞的重量，是微生物培养普遍采用的测量方法，但对于动物工程细胞培养而言，由于其相对较低的细胞密度，干重法测量不够准确，所以离线染料拒染计数活死细胞的方法已广泛使用。

在线测定细胞密度也是发展方向之一，各种方法包括间接测定的基础代谢活力，原位的光密度(OD)电极和显微镜系统已被大量使用。而OD电极，仅能反映当时的总细胞密度，而原位显微镜图像分析，可以获得细胞数量、细胞大小、细胞形态等多项数据。还可以通过采用测量间接参数，如营养消耗和代谢产物的产生，以确定细胞浓度，但并不精确并可能导致较大的误差。

OD测量是一种直接，简单的方法。其原理为：应用不同的光源激发光传输产生散射，波长对应相对浊度的数值。同时通过离线测定，建立培养浊度与细胞总数的对应关系，最终实现在线测定。这种方法的缺点是不能区分死活细胞并获取微观信息，如细胞大小和细胞形态。然而，在高密度培养的后期，死细胞的比例逐渐上升，其数值已不能忽略。所以，一些OD电极已成功地将细胞总密度和与细胞生长率相关的特定代谢活动相结合，如OUR。这样，流加速率也可以在OD测量的基础上进行反馈流加和连续灌注培养。

与此对应，OD电极的弊端是可以利用在位显微镜克服的，这是一种直接安装在生物反应器上的设备。通过实时的图像，监测软件可以分析细胞数量、细胞大小和细胞形态。不良细胞可以通过细胞亮度或台盼蓝染色或由细胞尺寸判断。

2）营养物质和代谢产物的浓度测定

在线测量营养和代谢产物的浓度，理想条件下可以直接反馈控制的实测参数。但由于缺乏在线的传感器，这些参数是外部的生物反应器分析仪如高压液相色谱法(HPLC)和传感器偶合流动注射分析(FIA)测量的。

这些在线分析设备，一般是不需要膜过滤，可安装在原地或远程提供1～2mL样品进入外部分析仪。这类装置一般用来测量小分子质量的营养和代谢产物如葡萄糖、乳酸和氨基酸。使用原地或远程膜装置测量大分子质量化合物，如重组蛋白质可能存在潜在的运行上的问题。长期使用，可能阻塞膜而大分子质量的化合物可能无法完全通过这些膜装置从而导致误差。原位取样装置可以避免这些问题，但原位装置最大的问题是污染风险而导致的培养失败。而远程装置需要一个泵，以维持样品以高速通过滤膜。而细胞可能因此受到过多的机械剪切和其他因素的影响而改变其代谢特性。FIA 系统目前已被广泛报道应用于在线分析低相对分子质量化合物的浓度，如葡萄糖、乳酸、谷氨酰胺与磷酸盐。在 FIA 系统中，样本在外部分析后，结果通过探测器反馈，用于流加培养控制其他参数。一个典型的 FIA 输出存在一个峰值，峰高和峰面积可表征浓度。FIA 系统组成大致为：①取样检测转换阀；②多线路蠕动泵模块；③检测数量样本或标准(20～50mL)液量的载体；④检测器及记录装置。1h 内可检测多达 120 个样本，每 30s 进行取样。此外，FIA 需要进一步完善在线标定，内标设定等问题以改进其可靠性和提高自动化程度。

3）细胞代谢参数的测定

代谢活动可以通过细胞密度、营养和代谢物曲线确定。它们还可以推断、确定其他工艺参数，如 pH 的控制、OUR、CO_2 等。此外，pH 的控制，可以与乳酸产生量关联，也可以与葡萄糖消耗关联。对此，我们能够以不同的方式进行控制。

例如，通过分析排气气体组成可以建立气液相平衡关联，可用于估计 OUR 和 CER。但因为大量气体滞留在顶部空间而且培养中使用碳酸氢盐缓冲及较低的氧消耗率，导致较大的测量误差。这些问题可以通过通入富氧气体来解决。由碳酸氢钠释放的 CO_2，可以通过模型衡算计算碳酸氢盐的 CO_2 释放量来减低误差。同时，对在线气体分析以可以使用红外 CO_2 和 O_2 的分析仪或质谱仪进行测定。

此外，还有几种简单而可靠的在线气体分析技术被应用于在线 OUR 的检测上。DO 浓度曲线是通过改变设定点动态创建的。通过通入氧气或提高搅拌，提升 DO 浓度至高水平，随后，中断氧气供应并在反应器上液面不断通入氮气。溶解氧浓度的下降量等于氮气流通带走及发酵液中的消耗量的和。DO 下降值与时间的曲线可以用来计算 OUR。这种方法允许在较低的细胞密度下准确测定 OUR，并可以根据需要提高测量频率。

4）灌流生物反应器离线和在线监测

在灌流生物反应器培养过程中，物理参数(如 pH、溶解氧、温度)通常为在线监测并进行实时控制。而细胞密度、活性、代谢物浓度以及产品浓度通常是采样离线检测。

对在线监测灌流培养而言，主要参数包括细胞密度、氧消耗率、代谢物的浓度、产品浓度。这些测量数据可用于判断细胞活跃程度，包括细胞生长率、细胞比生长和比生产速率。此外，通过测量可以对灌流生物反应器进行实时控制。

(1) 通过调整动态灌流速率操作灌流生物反应器

流速率和细胞密度也是需要监测的重要参数。通常情况下，灌流生物反应器开始于批式培养阶段并且无营养物质添加。在此期间，可以达到 $1\times10^6\sim2\times10^6$ 个细胞/mL 的细胞密度。然后开始进行灌流操作并连续回收和补加。该灌流速率通常是手动设置且与回收速率相同。可以通过控制进液泵速对培养体积进行控制以维持衡定。间歇的通过给定高度的液位电极进行回收也是控制培养体积的一种方式。在生物反应器培养过程中灌流速率必须进行调整，以保证为细胞提供足够的营养。伴随细胞密度增加，灌流速率也必须增加。动态调整灌流速率使细胞生长和生产处于富养状态。有几种方法用来调整灌流速率，下面进行具体说明。

(2) 以细胞密度为基准的灌流速率控制

细胞密度是用于灌流速率的调整重要参数。根据细胞密度监测情况，灌流速率可以实时或间歇调整。若干用于实时细胞密度监测的电极已经被开发出来。有些细胞密度电极是稳定可靠的，可用于自动化灌流速率控制。这些细胞密度电极也用于细胞密度的控制。

(3) 以氧气消耗为基准的灌流速率控制

氧气的消耗或氧气的需求可以成为估计生物反应器内细胞密度的一个指标。他们可以用来调整灌流速率。氧气消耗速率可以通过许多技术手段获得。大部分技术是连续在线测量的。灌流速率可以根据氧气消耗率成比例调整。使用氧消耗速率对灌流速率进行控制已成功应用在实验室和中试规模的生物反应器。如果氧的消耗速率很难获得,通气速率也可以用来作为衡量细胞密度的一个指标。因此,灌流速率调节也可以基于氧气通气速率。

(4) 以代谢产物为基准的灌流速率控制

在线或离线测量的代谢物可以通过系统中的物料平衡计算细胞代谢速率。代谢速率可以用来调整灌流速率。有学者描述了一种通过简单的补料反馈算法方法计算并动态调整该灌流速率控制糖和乳酸浓度的方法。通过应用底物产物平衡公式,设定灌流生物反应器内稳态质量平衡方程为

$$D \cdot (S_0 - S) = q_s \cdot X_v$$

$$D \cdot (P - P_0) = q_P \cdot X_v$$

式中,C 为稀释率;X_v 为活细胞密度;S、P 为底物和产品浓度;S_0 和 P_0 分别为它们的起始浓度;q_s 和 q_p 为底物利用速率和产物合成速率。将以单个细胞作为计算单位的细胞特异性灌流速率(CSPR)定义为 CSPR$=D/X_v$,变换质量平衡方程为

$$S = (S_0 - q_s)/\text{CSPR}$$

$$P = P_0 + q_P/\text{CSPR}$$

因此,如果 CSPR 作为一个常数,并且细胞活力不随时间和细胞密度改变,那么 CSPR 可以用于高密度生物反应器培养基组分恒定的操作控制,从而优化连续生产。

以 CSPR 模式控制的灌流生物反应器已成功放大应用于中试规模。高度自动化的生物反应器控制系统使用光学密度电极监测细胞密度,实时测量氧消耗速率并结合测量对活细胞密度和细胞活力进行预估。然后,系统控制细胞密度和灌流率于一个设定值。CSPR 控制的生物反应器,可以进行反馈自动控制,使细胞培养在连续稳定的环境下进行。

5) 在线测量进行细胞代谢参数的估算

在线测量可以提供很多关于培养中细胞状态与产物生成的有价值的信息。

(1) 氧摄取速率

氧摄取速率(OUR)是一种灵敏的细胞活性指示剂或称为"软探针",而且在某些情况下对活细胞的密度增长有很好的相关性。培养过程中,正确判定细胞生长状态非常重要,而活细胞密度,以及细胞在 S 期的比例对细胞对数生长末期的判定并不是很可靠的指标。然而,在线测量的 OUR 和离线测量的细胞内核酸比例(U-比例)对细胞生长速率十分敏感,能确保在很短的时间内决定对数生长末期。

生物反应器中的氧通过氧摄取速率(OUR)和氧传递速率(OTR)达到质量平衡。这可以写成氧传递到培养基中与培养基中氧消耗所达到的一个平衡

$$\frac{dC}{dt} = K_L a(C^* - C) - \text{OUR} \cdot X$$

式中,$K_L a$ 为传质系数;C 为溶液中氧浓度;C^* 为氧平衡浓度(氧饱和);X 为细胞密度(个细胞/L)。OUR 的单位通常为 mmol/L/h。而氧传递速率为

$$\text{OTR} = K_L a(C^* - C)$$

三种最常用的测量培养基中氧传递的方法包括不同的操作或不同的质量平衡界面。不同的方法所测得OUR的精确度以及所需的分析设备不同。注意，结合pH控制，对DO进行适当的控制，避免CO_2的积累和培养基中其他易挥发组分的流失。

(2) 静态方法

$$\ln\left(1-\frac{C}{C^*}\right)=-K_La\cdot t$$

在静态方法中，氧消耗假设是在无细胞（或死细胞）的情况下，而可以忽略不计的，这就简化了传质过程。氧气从生物反应器中释放出来，然后又被通气补充。这种方法也叫静态气体释放。具体来说，就是在将需培养的细胞接种到生物反应器，并达到一定密度后，采用代谢阻断作用或毒素如叠氮钠。通过通入氮气，氧气从顶部空间排出。通气速率和搅拌速率都保持在原有水平。氧浓度能增加到饱和氧浓度（C^*）水平。溶解（DO）氧浓度随时间的变化可以描述为：

其中$\ln(1-C/C^*)$曲线对时间的变化趋势的斜率为$-K_La$。测量过程中必须保证氧气不被耗竭，否则将使K_La的测量值偏低。静态方法提供了一个相对简单，快速地进行培养基中氧传递潜能的方法。

(3) 动态方法

在动态方法，或称动态气体排出方法中，细胞培养系统中的通气会有短暂的停止，而不稳定的状态将由于氧气作用而达到平衡。而保证氧浓度不低于对细胞生长造成影响的浓度是至关重要的。通常，这个浓度被定为C_{crit}，即适当的氧浓度使细胞生长速率不低于最大生长速率的99%。

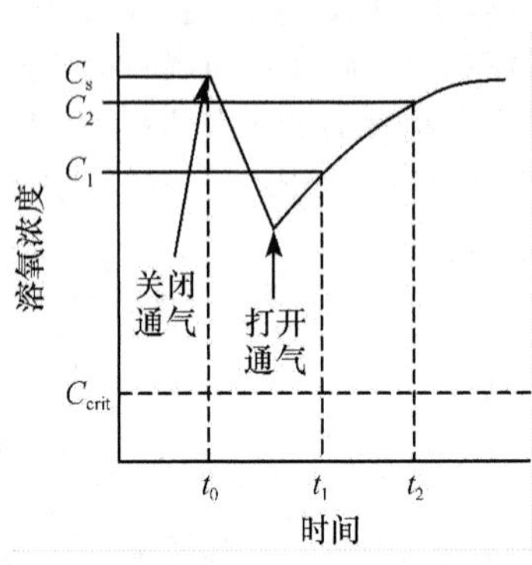

图 4.8.12　动态测量方法简图

起初，生物反应器内的细胞处在一个健康、有活力的培养状态。在某一个时间点t_0，通气被停止，而氧浓度由于细胞的消耗而降低。较短的一段时图 4.8.12 氧传递测量的动态方法。间（在氧浓度达到C_{crit}之前较多）之后，通气被恢复。使C不达到C_{crit}是十分重要的，这样，氧摄取速率只与氧浓度有关。而溶解（DO）氧浓度将稳定的增加，直到达到稳定的水平（C_s）。在达到稳定状态之前，溶解氧（DO）浓度和时间都被记录两次（C_1和t_1；C_2和t_2）。首先应该分析的是时间相关的稳定和不稳定状态的氧传质平衡。我们需要同时表达OUR和OTR（图 4.8.12）。

稳定状态的OUR测量可以表示为

$$\mathrm{OUR}\times X=K_La(C^*-C_s)$$

其中C_s反应稳定状态的溶解氧（DO）浓度。式中的K_La可以分解为

$$\frac{dc}{dt}K_La(C_s-C)$$

如果为一个常数，我们可以对上述关系进行积分，并假设$t=t_1$时$C=C_1$，$t=t_2$时$C=C_2$，我们得到

$$K_La=\frac{\ln\left(\dfrac{C_s-C_1}{C_s-C_2}\right)}{t_2-t_1}$$

然后，OUR可以通过氧传递系数、细胞密度、氧溶解度以及稳定状态氧浓度计算得到。动

态方法由于不需要明显的改变生物反应器的控制，因此得到广泛的应用。测量中可能由于 DO 电极反应较慢，或培养的动物细胞氧摄取速率较低而出现误差。测量时间应该在细胞倍增时间内，因而可以避免因为细胞密度改变引起的误差。Singh 描述了一种从 DO 电极动态反应进行的氧摄取速率测量的，一种较为复杂的方法。对于杂交瘤细胞，在无血清培养基中，对数生长期的 OUR 为 0.15mmol/LO_2/10^9 个细胞/mL。

(4) 氧平衡方法

生物反应器中进行氧传递测量的第三种方法，是一种基于气-液传质的测量方法。这种方法需要测量补入和排出生物反应器的气体中的氧浓度。一个质量平衡的稳定状态将得到氧传递进培养基的速率

$$N_A = \frac{1}{RV}\left[\left(\frac{F_g P_A}{T}\right)_{in} - \left(\frac{F_g P_A}{T}\right)_{out}\right]$$

式中，N_A 为传质进培养基的速率；R 为气体常数；V 为液态培养基的体积；F_g 为气体体积流速；T 为温度；P_A 为气相中的氧分压；而“in”和“out”表示生物反应器的气体进或气体出。

通过这种方法获得准确测量的主要困难是，进入或排出生物反应器的气体中的氧分压只存在很小的差别，而这个差别需要被很精确的测量。生物反应器必须控制在一个稳定的状态。这种方法的优点是传质特点能通过简单的测量得到，而不需要影响生物反应器的控制。注意，培养基中氧浓度(C_s)同样也需要测量，从而可由以下式决定传质系数

$$K_L a = \frac{N_A}{(C^* - C_s)}$$

适当的混匀甚至氧在培养基中的分布都需要对 C_s 进行精确的测量，然后对 $K_L a$ 进行可靠的测量。可以通过在生物反应器中的溶解氧(DO)浓度进行多重位置的测量，确保 C_s 的精确值。生物反应器中好的混匀是必需的。

(5) 亚硫酸盐氧化法

这种方法是基于亚硫酸盐在催化剂如二价阳离子的氧化作用。与氧传递相比，这是一个相对较快的反应，因此，该反应受 OTR 的限制。未反应的亚硫酸盐从生物反应器中取出，用滴定反应进行定量。与其他方法相比，亚硫酸盐氧化法得到更高的 $K_L a$ 值，而且该值还受 pH 和控制条件以一种很难描述的方式影响。正是因为这个原因，这种方法使用不是很广泛。

OUR 的测量可能是十分困难的，主要是由于非常低的消耗速率[约 2×10^{13} mol/(个细胞·h)]，细胞对 DO 浓度的敏感性，提供可变氧含量而不对细胞造成损伤的挑战。出现的这些问题已经通过使用气体可渗透性膜对培养环境提供足够的氧传递得到解决，而且还避免了由于产生气泡而造成的剪切力增加。而不幸的是，这种方法不适合进行规模放大。氧的质量平衡被用于 OUR 的测量。对于 CHO 细胞，批次和连续培养过程中的 OUR 值分别为 2.85×10^{-13} molO_2/(个细胞·h)和 2.54×10^{-13} molO_2/(个细胞·h)。OUR 的改变可以用于培养行为的跟踪，包括对数生长期的结束。

采用流加培养进行 HEK-293 代谢行为的研究。采用 FIA 生物传感系统对葡萄糖每 30mmol/L 进行一次测量，并通过以最低过程模型为基础的适当的非线性控制，将葡萄糖浓度维持在 1mmol/L。维持葡萄糖在一个很低的浓度，从而降低了糖酵解的比例，明显降低了乳酸的生成。

在一个起始葡萄糖浓度为 21mmol/L 的培养中对葡萄糖和谷氨酰胺的摄取速率，乳酸和氨的生成速率进行了比较。通过葡萄糖摄取和乳酸生成速率的明显降低可以判断代谢已由第

一相转移到第二相，而最大生长速率没变。具体的呼吸作用在前面两相中没变，这说明氧化通路的能力没有改变。在第三相中细胞生长速率变得很慢，这很可能是由于受到谷氨酰胺的限制。

一套基于液相中氧平衡的，用于 OUR 测量的方法已被开发。气体可渗透性膜能为培养系统提供足够的氧，而避免由于鼓泡产生的泡沫和剪切力的问题。这套系统能得到已知的，恒定的 K_La 值，而且该值能达到 400h。在 CHO 细胞的批次，连续培养中，测量的 OUR 值分别为 2.85×10^{-13} $molO_2$/(个细胞·h)和 2.54×10^{-13} $molO_2$/(个细胞·h)。

(6) 代谢速率的在线估算

从葡萄糖生成乳酸(Lac/Glc)和谷氨酰胺生成氨(Amm/Gln)的化学计量速率经常被用于监测培养的细胞的状态和生产率。有学者还评估了几种其他化学计量速率：所有氨基酸消耗对氨的生成速率(NH_4^+/TAA)；所有氨基酸与谷氨酰胺的消耗速率比(TAA/Gln)；必需氨基酸与谷氨酰胺的消耗比(EAA/Gln)；谷氨酰胺与葡萄糖消耗比(Gln/Glc)以及氧对葡萄糖的消耗(OUR/Gln)。几种常用的动物工程细胞系(杂交瘤，BHK 和 CHO)的化学计量速率的变化表现出相同的模式。在连续培养中，Lac/Glc 和 Gln/Glc 主要由残留的葡萄糖浓度决定，而 TAA/Gln 和 EAA/Gln 与残留的谷氨酰胺浓度间存在良好的相关性。氨的生成不仅受残留的谷氨酰胺浓度的影响，还受其他氨基酸浓度的影响，特别是在残留谷氨酰胺浓度较低时。而 NH_4^+/TAA 是一种更好的用于描述氨生成的参数。因此，这些化学计量比值可以作为那些难于直接测量的营养物浓度的预测和最后控制。

代谢流分析是一种解释代谢参数与细胞状态间关系的有用的分析手段。物质平衡能提供主要代谢流的评估依据，支持对所有代谢产物摄取和生成速率的测量。但在实际生产中，许多无血清培养基中都包含一定数量的酵母提取物、植物或动物组织水解成分等可代谢的成分，而这些成分是难于监测和定量的。对处于稳态的 CHO 细胞培养，只有当氨基酸完全是从已知的蛋白中降解出来，才能获得相对准确的代谢通量分析结果。

4.8.8 细胞环境在线检测的应用

为了达到细胞培养满意的效果，需要将操作条件维持在特定的设定点上。由于不可预测的过程干扰，过程参数如泵速的变化、温度波动或细胞生长率的改变常常会在培养过程中发生变化。在一些培养实例中，这些波动可以通过操作经验或过程数学模型的建立来预测与调整。而仪器设备的正确使用则需要一个过程控制算法来决定对过程偏差的必要响应。

保持细胞生产周期延长的一个理想的方法，是往生物反应器中添加细胞需要的营养物质。缓慢流加葡萄糖、谷氨酰胺和氨基酸的浓缩液的方法，已被证明可以将标准批式条件下的产物浓度提高 2～4 倍。流加培养基的成分应该根据细胞的化学计量的需求，由对过程中培养基的分析结果来决定。这些策略都依赖于在线检测的广泛应用，以便于所添加的培养基符合当前细胞的需求。

近些年来，生物反应器的控制已成为研究中的一个活跃方面吸引了更多学者的关注。这是由于相关领域的最新进展可以利用来克服生物反应器控制本身固有的困难。起初对操作参数如温度、pH 和 DO 浓度进行常规的调节控制，生物反应器控制的研究经历了显著的变化，包括基于神经网络的控制策略。

有效的控制需要检测系统和控制系统的响应时间小于生物系统的变化时间。在大多数情况下，物理参数的控制主要是指培养基中热和氧气的质量传递。这些可以通过改变提供到搅拌桨的动力、搅拌桨设计和生物反应器大小和几何形状来控制。对于大多数动物细胞培养，细胞的倍增时间一般为16～24h，细胞对过程改变的反应要比微生物的培养要低得多。当开发一个监测和控制方案时，也需要考虑传感器本身的响应时间。

一个典型的监测和控制方案应包括以下步骤。

(1) 观察或检测一个或多个过程变量。

(2) 将所观察的变量和要求设定点进行比较。

(3) 决定采取什么动作过程。

(4) 执行决定。

开发一个生物过程监测和控制方案包括以下几个重要因素。

(1) 在过程中的一个变量的影响程度与系统大小相关。

(2) 许多影响培养过程的过程参数，其传感器的技术目前还不成熟或还不能在线检测。

(3) 一些变量仅能单向调整。例如，我们可以轻易地提高生物反应器中葡萄糖的浓度，但是只有靠稀释整个培养物或等待细胞消耗才能降低葡萄糖的浓度。

(4) 许多过程参数的变化对于科学研究来说可能是重要的，但对实际生产几乎没有影响。

(5) 高度的均一性可以在小规模实验室生物反应器中达到，但在大的生产罐体中通常不能再现。

生物反应器的控制方案通常根据以下两种方式之一进行制订。第一种方式主要依赖于能够准确表达细胞营养需求的生物模型。文献表明根据代谢模型维持葡萄糖和谷氨酰胺浓度相对于批式培养而言提高了抗体产量近10倍。这种方式受限于缺乏准确描述细胞生长和代谢动力学模型。第二种方式主要依靠频繁测量生长培养基的成分，用来调整加入代谢物到生物反应器中以减小废物的产生。这种方式主要受限于能对多种物质进行定量快速测量方案的实现。在很多情况下，控制方案的实施比手工控制的难度更大。

目前，生物过程监测和控制系统的研发已成为一个热点领域。和传统技术一样，一些新的方法也越来越多地被应用于生物过程控制。这些新策略包括专家系统、遗传算法及随机优化法等。

小结

过程监测和控制的发展大大有利于细胞培养技术运用于高价值产品的生产。光谱学方法提供了细胞环境和细胞生理学非侵袭性的信息，可能对过程的发展产生重大的影响。除了near-field扫描光学显微镜外，IR光谱学和拉曼光谱学方法有可能提供亚细胞信息，这些信息对于生物过程开发来说具有极大的用途。单个细胞在生物反应器中面对的力和化学成分的变化也将可能成为将来监测和控制方法的对象。虽然过去5～10年已经开发了很多新技术，但是将它们整合入已存在的过程进程缓慢。在不久的将来的发展可能是在创新设计的基础上进一步发展，从整个过程细胞水平上进行细胞环境的监测。

（米　力　冯　强　唐　浩　王　彬）

思考题

1. 简述影响蛋白质产量及细胞生长密度的关键参数。
2. 规模化培养中工艺优化的策略包括哪些方面？

3. 简要说明规模化动物细胞培养工艺放大的几个关键参数及其方法。
4. 概述细胞大规模培养过程中过程监控的意义及主要方式。

参考文献

陈志南. 2005. 细胞工程. 北京:科学出版社

张元兴,易小萍,张立,等. 2007. 动物细胞培养工程. 北京:化学工业出版社

Arden N, Betenbaugh M J. 2006. Regulating apoptosis in mammalian cells cultures. Cytotechnology, 50:77-92

Browne S, Al-Rubeai M. 2007. Selection methods for high-producing mammalian cell lines. Trends in Biotechnol, 25(9):425-432

Bulter M. 2005. Animal cell cultures: recent achievements and perspectives in the production of biopharmaceuticals. Appl Microbiol Biotechnol, 68:283-291

Chu L L, Robinson D K. 2001. Industrial choices for protein production by large-scale cell culture, Cur Opi Biotechnol, 12:180-187

Crea F, Sarti D, Falcian F, et al. 2006. Over-expression of hTFRT in CHO K1 results in decreased apoptosis and reduced serum dependency. J Biotechnol, 121:109-123

Davis J M. 2002. Basic Cell Culture. 2nd ed. Oxford: Oxford University Press

Dingermann T. 2008. Recombinant therapeutic proteins: production platforms and challenges. Biotechnol J, 3:90-97

Griffin T J, Seth G, Xie H W, et al. 2007. Advancing mammalian cell culture engineering using genome-scale technologies. Trends in Biotechnol, 25:401-408

Hanania E G, Fieck A, Stevens J, et al. 2005. Automated in situ measurement of cell-specific antibody secretion and laser-mediated purification for rapid cloning of highly-secreting producers. Biotechnol Bioeng, 91(7):872-876

Hu W S, Aunins J G. 1997. Large-scale mammalian cell culture. Cur Opi Biotechnol, 8:148-153

Ikura K, Nagao M, Masuda S, et al. 1999. Animal Cell Technology: Challenges for the 21st Century. Kluwer Academic Publishing, 8:148-153

Koller A R, Hanania E G, Stevens J, et al. 2004. High-throughput laser-mediated in situ cell purification with high purity and yield. Cytometry, 61A:153-161

Liu C H, Chang T Y. 2006. Rational development of serum-free medium for Chinese hamster ovary cells. Process Biochem, 41:2314-2319

4.9　工程细胞表达产品的分离纯化

4.9.1　工程细胞表达产品回收与纯化

工程细胞表达产品一般是由动物腹水、工程菌发酵、杂交瘤或动物细胞在动物体内、发酵罐或生物反应器中产生的。因此,这种生物大分子都需要经过各种方法的提取和分离纯化,从上述复杂的混合体系中去除各种杂质,得到所需的目标产物。

工程细胞表达产品的分离纯化是目标产物获得的关键环节之一,它直接关系到目标产品的质量和进一步应用的安全性、可靠性以及工业化生产的成本和经济效益。那么,如何确定工程

细胞表达产品的最佳纯化方案？由于工程细胞表达产品产生的来源及其各自理化性质的差异，决定了其纯化工艺路线的特殊性。一般而言，工程细胞表达产品的纯化需要多个步骤，所采用的技术工艺依赖于工程细胞表达产品产生的生产体系、蛋白质的类型、所要求处理的量以及应用的目的的纯度要求等。

4.9.1.1 工程细胞表达产品纯化的策略

1）目标和研究对象

工程细胞表达产品的特定要求变化很大，工业上用的许多酶其实并不很纯，但是，只要它们能够胜任工作，也就足够了。加工用酶（如 α-淀粉酶、蛋白酶和脂肪酶）被成吨地生产，主要以细菌培养物分泌产物的形式来生产。为了尽可能地降低成本，这些酶只经过了有限的纯化工艺。而在另一种极端的情况下，用于研究和分析的酶产品则需要进行高度的纯化，以保证污染物的活性不会干扰酶的目的用途，任何熟悉分子生物学用酶的人都知道，微量的 DNA 酶或 RNA 酶污染可能会造成精心设计的实验全盘皆输。

1960 年和 1970 年可以被视为蛋白质和酶的研究顶峰。工程细胞表达产品所用的大多数方法都是在那个时期建立的，至少其原理是在那时建立的。较近代的进展主要是仪器装备方面，用来优化每种方法学的应用。分子生物学的快速发展刺激了仪器装备的进展，因为基因产物的分离通常要早于基因的分离。一方面由于使用微量的蛋白质就足以对这些产物进行定性分析（如部分测序），所以对大规模甚至中等规模蛋白质生产方法的需求下降，这样，设计专门用于处理毫克至微克范围蛋白质量的现代设备得到了极速的发展；而另一方面，使用 X 射线晶体学和核磁共振的结构研究需要几百克的纯蛋白质，因而在实验室研究中仍需要大规模的设备和方法。

所研究的蛋白质性质也发生了很大的变化，尽管酶曾经是最热的研究对象，但现在已被一些非酶类的蛋白质（如生长因子、激素受体、病毒抗原和膜转运蛋白）所超越。这些蛋白质中，有许多在天然材料中的含量极微量，其纯化会成为一项主要的工作。在过去曾经进行了巨大的努力，使用了千克量的起始原料（如人体器官），而最后只得到了几微克的纯产物。而现在更通常的做法是使用遗传学的方法：在蛋白质被纯化之前甚至在被正确鉴定之前克隆基因，然后在适当的宿主细胞培养物或生物中表达，表达水平会比原始材料高几个数量级，这样会使得纯化工作相对简单。预先知道一些蛋白质的物理特性会很有用，有助于建立适当的纯化方案，从重组材料中纯化蛋白质。另外，现在制备融合蛋白的方法很多，可通过亲和技术纯化，而不必知道目的蛋白的任何性质，而且也有方法对表达产物进行修饰，以进一步简化纯化步骤。

在选用工程细胞表达产品的方法时，必须首先考虑使用这种方法的理由。因为根据不同的要求，方法的变化很大。一个极端的例子是：如果某种蛋白质只有一种独一无二的纯化方法，在资金充足、设备良好的实验室里，可使用这种方法获得少量的产物用于测序，以便能够进行基因分离。在这种情况下，设备和试剂的费用不是问题，产物的总体回收率低也可以被接受，只要产物足够纯就可以了。另一个极端的例子是：当某种蛋白质需要连续大量的进行商品化生产时，则需要考虑的主要问题是工艺的高回收率和经济性。

蛋白质定性可能会包括结构、功能和遗传学的信息，要进行这样的研究很可能会需要至少克级量的纯蛋白质。理想的纯化应当步骤少、每步的回收率高，然而，如果每步的回收率差（$<50\%$），应当有一些指标来表明是什么原因导致了活性的损失，是因为追求纯度而丢弃在其他组分中了，还是活性真的损失了。如果是后一种情况，终产物的活性会低于总活性，尽管用标

准分析会显示很好的同质性。在每一步的回收率和纯化效果之间的选择会是一个问题，取层析峰的一个窄截取(cut)峰会得到很纯的组分，但是在另一方面也损失了大量的较低纯度的活性成分，在做这样的抉择时，必须要遵循这样的准则：如果产量不重要，那么为了纯度而选择低产量就合乎逻辑。

2）工程细胞表达产品的原料

对于从事工程细胞表达产品的许多人来说，原料是无法选择的，他们正在研究某一特定的生物组织或器官，目的是从这种原料中纯化某种蛋白质，但是仍然可以找到一些稍简单的方法。例如，如果很难得到大量的原料，最好先用易得原料的物种进行试验，典型的例子是：当所研究的物种是人时，由于实际情况和道德的原因而不容易得到组织样品。在这种情况下，通常到容易得到哺乳动物组织的地方(如屠宰场)，使用牛、羊或猪的替代原料进行试验，一旦设计一种从替代原料中纯化蛋白质的方案，那么要研制一种从人原料中纯化蛋白质的方案就会容易得多——使用完全相同的方法就会取得满意的效果。在大约 1 亿年(这是将大多数高等哺乳动物分类在一起的一个时间范围)间分化的物种之间，蛋白质含量的差异十分微小，这样，来源于不同动物的蛋白质用各种分级分离的方法分离时，其分离行为很可能相似，如用猪的组织设计出的一种方法很可能只需要进行很小的修改就可以用在人的组织上。

另外主要关注蛋白质(特别是酶)的功能。在整个进化过程中，通常情况下，哪些功能和作用是十分保守的？在这种情况下，对可能的原料来源进行初步的筛选，最好也对文献进行初步的筛选，然后再确定适合于研究目的的原料。应当考虑的问题如下所述。①终产物需要具有的功能。例如，可能需要酶具有低 K_m 值，那么只选择具有最高活性的材料可能会不足以满足要求。②生产或得到这种原料是否方便；致病性或可提取性(extractability)方面是否存在问题。③蛋白质的量是否会随着生长条件或生长期的变化而变化；如果放置时间过长，原料中的蛋白质是否会变质。显然我们需要一种单位体积能够稳定地生产最高量目的蛋白的原料，以便能够研制一种好的纯化方法。④原料的储存条件。要考虑到无论什么时候要尝试一种纯化方法时，并不一定都能够马上得到新鲜的原料，这一点很重要。

以上是在开始一个工程细胞表达产品项目时针对常见情况需要考虑的问题，然而，将基因在宿主生物或培养细胞内表达，以重组产物的形式来纯化蛋白质，这些技术变得越来越常见。当然，这需要能够得到编码目的蛋白的基因。在 20 世纪 80 年代以前，通常用根据氨基酸序列信息合成的寡核苷酸杂交来获得这样的材料，这至少还需要进行一次工程细胞表达产品。使用遗传学技术能够分离许多编码未知的蛋白质基因，尽管可能从未对这些蛋白质进行过直接研究，但是随着人类基因组计划的完成和相关 DNA 测序技术的进步，可以得到许多已知和未知的蛋白质基因，而且能够以重组的形式表达，无需要再从宿主物种中进行纯化，因而出现了一些工程细胞表达产品的全新考虑因素，包括对基因结构进行修饰的可能性(修饰不仅是为了提高表达水平、改变蛋白质产物本身以增强其目的功能，而且对纯化的帮助也同样重要)。可以在细菌、酵母、昆虫细胞和动物培养物中表达重组蛋白。

3）蛋白质的检测和分析

在工程细胞表达产品过程中，需要进行两种测量，最好对每个组分都进行测量。必须测量总蛋白质和目的蛋白的量(通常是测量生物学活性)。大多数常用分析方法的详细情况见第三章。没有一种确定蛋白质是否存在的方法，就不可能分离蛋白质，因此，必须要有一种分析方法

(定量的或至少半定量的)来确定哪种组分中含有大多数的目的蛋白。

有的分析方法方便、快捷(如酶活性的即时分光光度法测量),有的则是既耗时又繁琐的生物学分析。后者可能需要几天才能出结果,而且这种情况很棘手,因为当知道了蛋白质在哪个组分时,蛋白质可能由于降解或失活已经丢失,而且,这种丢失直到下一步完成并对其产物进行分析后才能清楚。因此,任何快速的分析方法都具有优势,尽管往往由于加快了分析速度而降低了准确性。

测量总蛋白质很有用,因为这可以表明每一步的纯化程度,但除非下一步特别依赖于有多少蛋白质存在,否则总蛋白质测量也并不是十分重要,可以留出一个小样品,当纯化完成后再进行测量。然而,知道最终产物(假设是纯样品)中有多少蛋白质则十分重要,因为据此可以计算比活(考虑到回收率),这意味着要保留尽可能多的目的蛋白,而最后总蛋白质的量则越少越好。

4) 蛋白质产物的定性

一旦得到了一种纯的蛋白质,就可以用于某个特定的目的,如酶分析(如葡萄糖氧化酶和乳酸脱氢酶)或用做治疗剂(如胰岛素和生长激素)。然而,当一种蛋白质被首次分离到时,通常要在结构和功能方面对其进行定性。在一个新蛋白质定性的过程中,通常希望得到一些特征,这些特征包括用 SDS 聚丙烯酰胺凝胶电泳和凝胶过滤确定分子质量,或至少是亚基的大小,也可以展现光谱特性[如紫外光谱(色氨酸和酪氨酸的含量)]、圆二色谱(CD)(二级结构)和带辅基蛋白质的特性(如定量和光谱)。应当确定糖蛋白上的糖类的数量和性质。此外,如果这个基因是首次被报道,则应当给出一些氨基末端序列的分析,如果有可能,也应当给出相似序列的数据库搜索结果。应当表明功能性蛋白质具有适当的功能,对于酶最好表明详细的动力学特性。最后,可以确定蛋白质的整体三维结构,这需要蛋白质的晶体,任何成功的结晶尝试都应当报道。

5) 工程细胞表达产品实验室

对工程细胞表达产品实验室的要求不能准确地进行阐述,因为这在很大程度上取决于所要分离蛋白质的类型和量。综合来考虑,应当有一套处理亚微克(submicrogram)量的设备,另外还需要有一套处理几克(multigram)量的设备。

假若一个实验室不需要处理极大量的蛋白质,并且不处理各种类型和来源的蛋白质,则只需要一些基本的设备。要得到起始材料并对其进行提取,需要匀浆设备和离心机来除去不溶性的残留物。当从组织或细胞的粗提物开始进行分级分离时,需要不易被颗粒阻塞的设备和材料。第一步所用的吸附剂和类似的材料要相对便宜,以便在使用几次后,由于不易处理的杂质残留而使其效率下降,可以将其废弃。同时也应当考虑到在开始的步骤要比后续的步骤处理的量大一些,这样,试剂的费用会是一个主要的考虑因素,在一步或两步后,样品应当足够清洁,以便能够使用高效设备。

高效液相色谱(HPLC)是一个具有不同含义的术语。有时专指反相色谱;有时包括所有的层析。一种设计专门用于蛋白质的高效系统——快速蛋白质液相层析(FPLC)使用标准的蛋白质层析,如离子交换、疏水相互作用和凝胶过滤。根据 FPLC 的设计,能够放大到较大的设备上,所以可以很快地将实验室的方法转化到大规模的生产上。使用 FPLC 分离蛋白质时,蛋白质能够保持其天然活性构象,而使用反相 HPLC 时,在吸附和洗脱期间,常常至少会引起蛋白质的瞬时变性。反相 HPLC 具有强大的解析能力，但它最适合于肽和分子质量小于约 30kDa 的蛋白质。使用较老类型低压吸附剂的层析有时被称为“低效”或“开放柱”层析，这些说法未必准确，需要简单的组分收集器或监测设备，这种设备主要用于较大规模的操作（几十毫克和更大量的蛋白质），可能在纯化方案的早期（使用 HPLC 以前）使用。

各种各样的层析柱，包括含有专门填料的预装柱和自行装填的空柱，其规格和类型取决于操作的规模。必须具备几种阴离子交换柱（不同的规格）、一两种阳离子交换柱和凝胶过滤填料，以及一系列的其他填料，如疏水相互作用材料、染料填料、羟基磷灰石填料、色谱聚焦填料和专用的亲和填料。

装备良好的工程细胞表达产品实验室还应当有制备电泳和等点聚焦设备，当其他技术不能有效地分离蛋白质时，这些设备偶尔还可以使用。

除了在实际分离过程中所用的设备以外，还需要各种其他设备，特别是当需要快速更换缓冲液，简便浓缩蛋白质时，这些操作需要如透析膜、超滤器和各种规格的凝胶排阻柱之类的器材。

最后，需要对制备物进行检测和分析的设备。在生物化学实验室中，大多数这样的设备是最基本的配置，包括分光光度计、闪烁计数仪、分析用凝胶仪和毛细管电泳仪，免疫印迹材料和免疫化学试剂。

4.9.1.2 工程细胞表达产品纯化的过程

目前，工程细胞表达产品的回收与纯化工艺可以分为：①feed preparation——杂交瘤细胞、工程细胞大规模培养液或工程菌发酵液的固液分离；②capture——目标产物分离和捕获；③intermediate purification——目标产物中间纯化；④polishing—最终产品加工等步骤，如图 4.9.1 所示。一般将前两步称为初级分离，而后两步称为精细纯化。

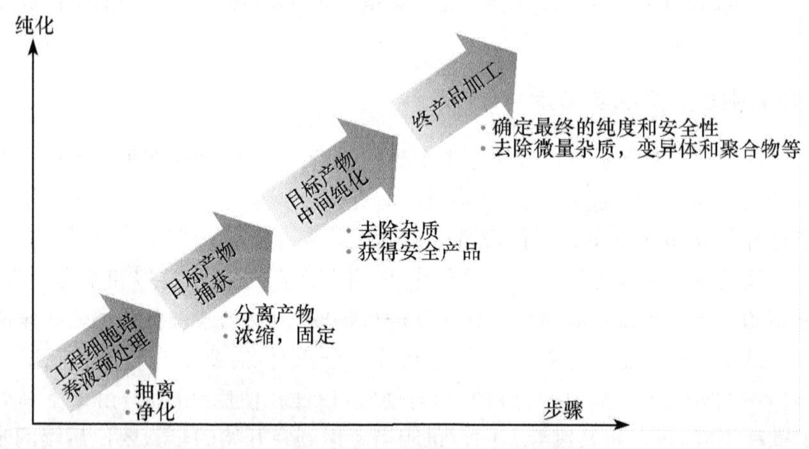

图 4.9.1 工程细胞表达产品的回收与纯化工艺

1）工程细胞表达产品的初级分离

大多数商业生产的重组产品是分泌型蛋白，而且工程细胞表达产品相对培养液而言，其含量是微小的，所以把细胞及其碎片从目的蛋白中去除是必要的。初级分离常采用离心、过滤、沉淀、吸附、色谱等方法，将工程细胞表达产品与细胞、菌体等有形成分，以及与目标产物在理化性质有较大差异的物质除去，并使含有目标产物的液体在体积上得到富集和浓缩，以利于下一步精细分离效率的提高。

A. 离心分离

离心(centrifuge)是生物大分子分离中固相-液相分离最常用的方法。其基本原理是利用固体和液体之间的密度差,在离心力场的连续作用下将二者分离。从生物大分子工程应用来看,杂交瘤细胞、工程细胞、工程菌体等有形成分与液体环境相比,或是生物大分子条件沉淀物与上清液相比,其密度均比存在于相应环境中的液相密度大,因而可采用离心沉淀的方法进行分离。离心沉降方法在工程细胞表达产品初级分离中的主要应用是对培养液、发酵液中细胞、菌体等成分和上清液的分离;化学溶剂沉淀后蛋白质沉淀部分和上清液的分离。所采用的离心分离方式均为液-固分离的差速沉淀离心,所用的机型有连续流离心机和冷冻大容量离心机。

连续流离心机与普通沉降离心机的差别在于其转头的形式。一般常用的连续流离心机转头有管式离心转头和碟式离心转头两种。

(1) 管式离心转头。其原理是,细胞培养液等混合物,以一定的速度自下而上由泵传进转头,经过离心力场,使有形成分在离心力作用下被“甩”在转头壁上沉积下来,液态部分则从转头上方流出,从而达到固液分离的目的(图 4.9.2)。

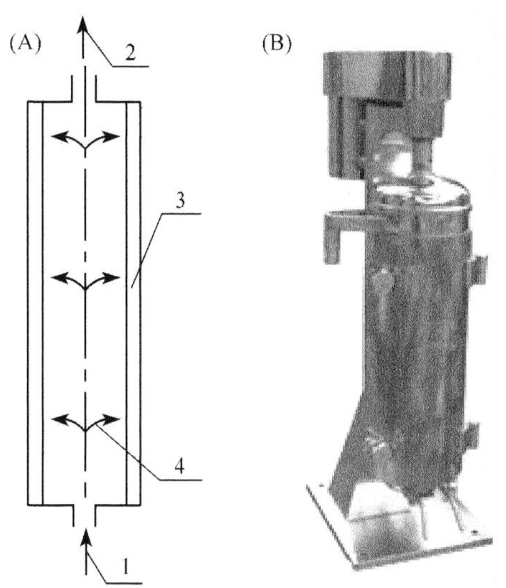

图 4.9.2 管式连续流离心机

(A) 结构组成和转子示意图;(B) 实物图

1. 料液;2. 分离液;3. 滤饼层;4. 分离物料

(2) 碟式离心机转头。转头内设有多层碟片,每片之间的距离只有 0.3mm 左右。细胞培养液等混合物可由轴中心孔连续加入,细胞等固形物在离心力的作用下,沿最下层的通道积累在离心转头最大半径处,液体部分则沿碟片中的间隙向上不断流出转头,沉降一段时间后,打开最大断径处的沉淀物排出口,以排出固形物(图 4.9.3)。

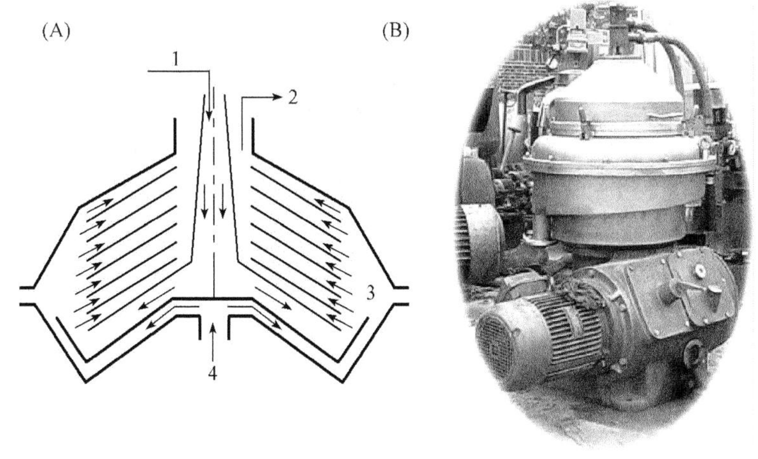

图 4.9.3 碟式连续流离心机

(A) 转子示意图;(B) 实物图

1. 料液;2. 分离液;3. 碟片;4. 操作水

B. 膜过滤分离

膜过滤(filtration)分离是一种以膜为介质的分离方法，一般根据所用膜的性质分为微滤(microfiltration)、超滤(ultrafiltration)、反渗透(reverse osmosis)和透析(dialysis)等。膜分离的共同特点是:处理效率高，工艺易于放大;可在室温或低温下操作，以减少目标产物的活性损失，有较宽范围的选择性，可达到一定程度的纯化目的，样品回收容易，回收率较高等。

(1) 微滤。微滤(microfiltration)的分离原理是筛分原理。微滤膜可以分离和截留的分子粒度为0.02～10μm。常用的微滤膜由乙酸纤维制成，其孔径在0.02～0.65μm，工作压力0.1～0.5MPa，应用于细胞培养液中的液固分离时，有形成分被截面在微滤膜上，其他分子小于微孔孔径的物质可穿过膜滤出。

(2) 超滤。超滤(ultrafiltration)的分离原理也可基本理解为筛分原理，其他因素如粒子的电荷特性与荷电膜相互作用等可影响分离的效率。超滤可处理的分子相对分子质量从3×10^2～1×10^6，超滤膜的孔径为1～20nm。截留分子质量是超滤应用中最重要的分离技术指标。由于超滤膜在成形过程中的不均质性，孔径大小有一定的分布范围，一般将截留分子质量定义为截留率在90%点所对应的分子质量，也有将截留分子质量定义为截留率在95%所对应的分子质量。

超滤的工作压力一般在0.2～1.0MPa，在工程细胞下游分离中的应用，既可用于细胞等有形成分和含有目标产物的液体成分的初级分离，又可用于去除细胞、工程菌等有形成分之后的液相混合物中含有生物大分子成分部分与其他分子质量较小的物质之间的组分分离。例如，可选用截留分子质量小于单克隆抗体的超滤膜，将含单克隆抗体组分截留在膜上，而将小分子物质滤过，达到浓缩和部分纯化的目的。

(3) 微滤和超滤设备，一般实验室规模的微滤或超滤，从结构上都是滤膜装在滤器中，从过滤的流向上，可分为垂直流过滤和切向流过滤。

① 垂直流过滤。在与膜面垂直方向将待处理液体以一定的压力通过滤膜。

深层过滤是除细胞过程中常用的垂直流过滤方法，各向异性膜比各向同性膜拥有较多的负荷载量，许多滤膜厂家采用各项异性膜再加一层各向同性膜的组合方式，以保证除菌过滤质量，它不是能绝对去除颗粒的。比较其他澄清方法，深层过滤只适用于目的蛋白是胞外表达的，且它必须能透过膜，因为细胞不能重新收集。

深层过滤系统一般由一系列孔径逐渐减少的滤芯构成，以便保护下游滤器。由于它不是绝对除菌的，需要加一个0.22μm或0.1μm绝对除菌级的滤器，为每个工艺选择合适的滤器类型及组合是具有挑战性的，含有硅藻土的深层滤器是带正电荷的，所以深层过滤机理包括筛分机理和吸附机理，过滤过程中必须考虑到细胞、杂质、甚至目的蛋白等可能吸附在膜堆上，滤器大小的选择必须采用最大体积、最大压力、最大混浊度。小规模实验表明CHO细胞表达的IgG抗体在深层过滤过程中含量和质量无变化。当然，在生产规模中，必须考虑料液的损失和产物浓度的下降以及残留体积的影响，在大于1000L的规模中，产率一般要达到95%。

和离心、切向流过滤相比，深层过滤有以下优点:操作简单、成本较低、验证容易、速度快、效率高。但是，当处理1000～3000L甚至更大规模时，一次性使用的深层滤器成本成了制约因素，这种规模下，切向流和离心技术更具可行性。

② 切向流过滤。切向流形式的过滤器的原理是:液体流动方向与膜平行，可形容为待处理的液体从膜上滑过，压力方向仍与膜垂直，这样沉积在膜表面的有形成分或被截留的大分子，会被不断流过的液体“冲刷”起来，而不会堵塞滤膜上的孔径。超滤的分离膜元件的形式有中空纤

维膜组件和 Millipore 膜盒组件形式。

膜是生物工艺中不可或缺的部分。切向流工艺中，料液的循环流动方向与膜是相切的，以便减少膜的堵塞与污染。过滤时通常在较低压力下拥有较大的膜通量，不断浓缩的杂质始终无法透过膜，实际应用中多采用 0.2μm 孔径的滤膜以便下游层析纯化不再需要移除杂质。

切向流装置有多种结构，如中空纤维、螺旋式、板框式、圆筒式、毛细式等，其中中空纤维最为常用。Robervan Reis 报道有用于处理 12 500L 发酵液的中空纤维系统，其进样速度可达 33 000L/h，滤过速度可达 4800L/h。随着过滤的进行，发酵液会逐渐浓缩，产生由细胞及其碎片组成的淤渣，之后用适当缓冲液对细胞浓缩液进行洗滤可提高产品回收率。理论上采用浓缩液两倍体积的缓冲液进行洗滤，产品回收率可达 99%，细胞回收率可达 100%。

另外，切向流过滤还存在一些缺点，如耗时较长，对滤流速和剪切率有严格控制，此外还需增加清洗成本。如何改进这些不足，目前有许多研究在进行。

C. 吸附技术

(1) 膜直接吸附法(membrane adsorption)。微滤膜常用作固液分离的介质，如果将微滤膜进行处理，使其与离子交换基团或亲和配基相偶联，制成可用于直接吸附(adsorption)目标产物的专用膜。用带有吸附基团的膜处理细胞培养液等悬浮液体，其中的目标产物就会被吸附在滤膜上，过滤液和截留液中基本上均不含有目标产物。过滤完成后，用洗脱剂将膜上吸附的目标产物洗脱下来，这样可达到对目标产物的初步富集和纯化。目前该方法的存在的问题是专用膜污染堵塞和吸附容量有限。

(2) 溶剂沉淀方法。溶剂沉淀(precipitation)方法所处理的对象，不是直接的细胞培养液，而是经过离心或过滤分离后含有目标产物的混合液。溶剂沉淀分离的目的是从含大量杂质的混合物中，尽可能地将目标产物进行浓缩和富集，将与目标产物在理化性质上差异较大的杂质尽可能地去除。根据所用的沉淀试剂可分为：硫酸铵法、辛酸法、辛酸-硫酸铵二步法、利凡诺法和聚乙二醇法等。该类方法可应用于动物腹水、杂交瘤细胞培养液等较小规模的单克隆抗体的浓缩和纯化。

综上所述，从离心、过滤、吸附等方面讲述了已商业化的细胞分离技术，这些技术均在工程细胞表达产品的分离纯化中有不同程度的应用，各种方法有其各自的特点和应用领域。各种技术都有其优缺点，选择何种技术首先取决于样品理化性质，如培养液体积、细胞密度、澄清等级要求。此外还需考虑经济成本，如设备预算、时间花费、人员投入。最后还需考虑是否有利于规模再扩大，能否方便应用于其他产品等。

4.9.1.3 工程细胞表达产品的色谱法分离纯化

沉淀方法在工程细胞表达产品，如单克隆抗体的分离纯化中扮演着很重要的角色，因其条件简单、操作方便、所用试剂廉价等特点，具有一定的应用优势。但这些方法的应用从可适用对象、纯化产物的纯度、可处理样品能力等方面尚存在一定的限度，目标产品的纯度不很高等。所以要获得高纯度(>95%)、大批量、并能满足不同生产来源、不同类型的工程细胞表达产品纯化要求，并能够满足从实验室到临床应用，特别是作为体内药物应用，液相色谱纯化方法应是首选方法，或作为最终产品的纯化方法。

色谱法(chromatography)是一种分离分析的技术。其分离原理是根据被分离混合物中的各种不同组分之间理化性质的差异，而在两相(流动相和固定相)中的分配不同而进行分离分析。色谱法按照流动相的性质可以分为气相色谱法(gas chromatography)和液相色谱法(liquid chromatography)。气相色谱法主要用于容易气化的有机分子的分离分析;而液相色谱法主要应用于可以溶解在溶剂中的分子,特别是生物活性分子的分离分析。

液相色谱法采用液体作为流动相,固定相(分离介质)装填在色谱柱中,依照固定相的性质和分离原理可以分为:离子交换色谱、凝胶过滤色谱、疏水性相互作用色谱、反相色谱和亲和色谱等。

随着液相色谱分离技术的不断发展,液相色谱法在生物大分子的分离纯化中的应用也向深度和广度发展。其中包括对现有液相色谱方法的改进,新的色谱方法的发明,特别是高效液相色谱方法的发展等,已为工程细胞的分离纯化提供了实用和可靠的方法学支持。液相色谱纯化具有活性损失小、纯度高、周期短等优点。下面就色谱方法的原理及其在工程细胞表达产品分离纯化中的应用介绍如下。

1) 离子交换色谱法

A. 离子交换色谱的分离原理

分离原理:离子交换色谱法(ion exchange chromatography)的分离原理是,带电荷的溶质分子可与带有相反电荷的固定化的离子交换基团之间发生可逆的相互作用,其过程如下式所示

$$A^{+} + B^{+}X^{-} \rightleftharpoons B^{+} + A^{+}X^{-}$$

式中,X^{-} 为固定化的离子交换基团;B^{+} 为与其配对的相反电荷离子;A^{+} 是在一定的条件下可与 B^{+} 进行交换的离子化的待分离物质。上式的正相反应为吸附过程;反向反应为解吸附过程,通过这两个过程使待分离物质依据离子化程度的大小而分离开。

离子交换色谱的实验操作步骤可分为起始平衡、样品吸附、解吸附和再生等步骤(图 4.9.4)。

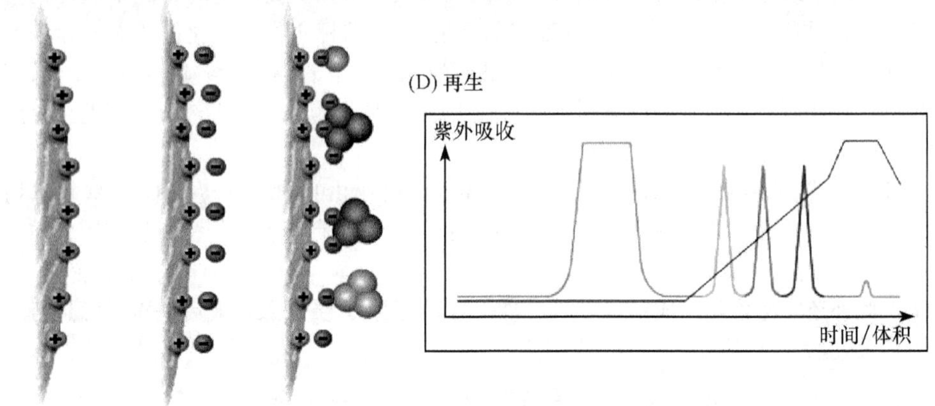

图 4.9.4　离子交换色谱示意图

生物大分子蛋白质由两性物质氨基酸组成,因此蛋白质也是两性物质,在一定的 pH 的缓冲液中可电离为离子。一般以蛋白质的等电点 pI 作为离子交换色谱实验条件选择的依据。蛋白质在高于其等电点的 pH 环境下以酸式解离为主,呈阴离子状态,带有负电荷,可与阴离子交换剂结合。相对应地在低于其等电点的 pH 环境下以碱式解离为主,呈阳离子状态,带有正电荷,可与阳离子交换剂结合。被分离物质的离子化程度是通过色谱流动相的 pH 选用而控制的。离子交换色谱可以将具有很小电荷差异的蛋白质进行分离,甚至只有一个电荷氨基酸差异的蛋白质也能分离。

在分离过程中,实验设计即可选择将目标产物结合在离子交换柱上,而让大部分杂质不与

离子交换柱结合。也可选择将目标产物呈“穿过态”,不与离子交换柱结合,而将其他的杂质结合在柱上。这两种方法对于工程细胞表达产品的纯化均可选用,一般而言,单克隆抗体的等电点 pI 为 6～9,因此对于同一种生物大分子的纯化,从分离原理上,阴、阳离子交换色谱均可采用。但通常不论何种方法,应先将待纯化的生物大分子结合在离子交换色谱柱上,然后再进行洗脱分离。因为这样做可以在很大程度上对纯化生物大分子做到富集浓缩,并分离。

B. 离子交换色谱法的分类

离子交换色谱通常根据离子交换固定相的性质分为阴离子交换色谱(anion exchange chromatography)和阳离子交换色谱(cation exchange chromatography)两大类。

阴离子交换色谱固定相的离子交换基团解离后带有正电荷,可以与被分离样品中的阴离子化物质相结合;阳离子交换色谱固定相的离子交换基团解离后带有负电荷,可以与被分离样品中的阳离子化物质相结合。常用的离子交换基团有二乙基氨基乙基(DEAE—)、羧甲基(CM—)等(表 4.9.1)。

表 4.9.1 离子交换色谱中的离子交换基团

离子交换剂	功能基团
	阴离子交换官能团
二乙基氨基乙基(DEAE)	$—OCH_2CH_2NH+(CH_2CH_2)_2$
季氨乙基(QAE)	$—OCH_2CH_2N+(C_2H_5)_2CH_2CH(OH)CH_3$
季氨基(Q)	$—CH_2N+(CH_3)_3$
	阳离子交换官能团
羧甲基(CM)	$—OCH_2COO—$
磺丙基(SP)	$—CH_2CH_2CH_2SO_3—$
甲磺基(S)	$—CH_2SO_3—$

离子交换剂所连接的基质,可分为低压色谱填料和高效液相色谱填料。低压色谱填料常用纤维素(cellulose)、交联葡聚糖(sephadex)、交联琼脂糖(sepharose)等。高效液相色谱填料一般采用合成树脂为基质,如 TSK DEAE-5PW 等。此外,把离子交换基团固定在滤膜上,制成的离子交换膜也是一种新的色谱固定相。

根据所采用的固定相不同,离子交换色谱柱可有低压色谱用玻璃柱和塑料柱、高压色谱用不锈钢柱、膜色谱用离子交换膜包等形式。

近年来,一些生物技术公司提供了多种新的分离纯化用介质,如 GE Healthcare 公司的新型离子交换剂 Sepharose Fast Flow、超高载量粗提凝胶 Sepharose XL 以及快速处理巨量样品的 Sepharose Big Beads 系列等新型介质。在此基础上发展的适用于各种不同应用需要的柱子形式,都为工程细胞表达产品的分离纯化提供了多种选择(表 4.9.2)。

表 4.9.2 常用的离子交换色谱填料

产 品	包 装	每毫升载量	颗粒大小/μm	特性/应用	pH 稳定性 工作(清洗)	耐压/MPa	最高流速/(cm/h)
Q Sepharose H. P.	75mL 1L 5L	70mg BSA	34	经济的精细纯化	2～12 (2～12)	0.5	150
SP Sepharose H. P.	75mL 1L 5L	55mg 核糖核酸酶	34	同上	4～13 (3～14)	0.5	150

续表

产　品	包　装	每毫升载量	颗粒大小/μm	特性/应用	pH 稳定性工作(清洗)	耐压/MPa	最高流速/(cm/h)
lon Exchange Selec Kit Sepharose				适合下游纯化工作,经济方便			
Q Sepharose F. F.	25mL 300mL 5L 10L	120mg HSA	90	快速、高产量纯化	2～12 (1～14)	0.3	750
SP Sepharose F. F.	25mL 300mL 5L 10L	70mg 核糖核酸酶	90	同上	4～13 (3～14)	0.3	750
S Sepharose F. F.	5L 10L		90	同上	4～13 (3～14)	0.3	400～700
DEAE Sepharose F. F.	25mL 500mL 10L	110mg HSA	90	同上	2～13 (1～14)	0.3	750
CM Sepharose F. F.	25mL 500mL 10L	50mg 核糖核酸酶	90	同上	4～13 (2～14)	0.3	750
Anx Sepharose 4 FF Anx Sepharose 4 FF	500mL 5L		90	同上	3～13 (2～14)	0.3	300～500
ANX Sepharose 4 F. F(high Sub)	25mL 500mL 5L 10L	43mg BSA	90	同上	3～10 (2～14)	0.3	300～500
Q Sepharose 4 FF Q Sepharose 4 Fast Flow	500mL 5L		90	同上	2～12 (1～14)	0.3	750
Capto MMC	25mL 500mL	0.07～0.09mmol H^+/mL medium	75	耐受高盐	2～14 (2～12)		1000
Capto Q	25mL 500mL	0.16～0.22mmol Cl^-/mL medium	90	耐受高盐	2～14 (2～12)		1200
Capto adhere	25mL 100mL 1L	0.09～0.12mmol Cl^-/mL medium	75	多位点,用作抗体穿透,一步吸附HCP,DNA 等杂质	3～12 (2～14)	0.3	600
Macrocap SP	25mL 100mL 1L	0.13mmol H^+/mL medium	50	纯化 PEG 蛋白	4～11 (2～13)		120

抗体纯化应用中,对于样品量较小的情况下,如少量腹水、杂交瘤培养液、噬菌体抗体、工程菌重组抗体等,既可选用低压色谱法,也可采用高效液相色谱法分离纯化,因为一般的高效液相色谱一次可处理的样品量较少,但分离效果好。对于由生物反应器或发酵罐大规模生产的工程细胞表达产品,在下游分离纯化工作时,大多应采用低压或中压液相色谱方法和纯化仪器系统分离纯化。

C. 离子交换色谱的应用

知识拓展框

离子交换色谱应用非常广泛，并且就在我们身边，尤其是生命之源——水的方方面面。如：城市饮用自来水制备、城市污水处理、游泳池水处理、医药专用纯水制备、饮用纯净水制造等方面都会使用离子交换色谱。

抗体分离纯化是离子交换色谱中应用最广泛的领域之一。据不完全统计，在液相色谱法纯化单克隆抗体的应用中，离子交换色谱单独使用或与其他色谱方法联合使用，占现有色谱方法的70%。对于某些类型或亚类的单克隆抗体仅用一步离子交换色谱纯化，即可达到较高的纯度，而且分离条件温和，抗体活性回收率高。

a. 阴离子交换色谱

免疫球蛋白的pI为6～9，在偏碱性(pH8.0～8.5)的缓冲液中蛋白质表面带有部分负电荷，因此可用阴离子交换色谱进行分离。单独使用阴离子交换色谱一步纯化，或在纯化前，先采用不同饱和度的$(NH_4)_2SO_4$沉淀处理后，再进行阴离子交换色谱分离，可使IgG各亚类单克隆抗体的纯化达到更高的纯度。用常压阴离子填料柱Mono-Q HR 5/5柱(GE Healthcare)，可纯化小鼠腹水IgG类单克隆抗体，其分离条件为A液：0.02mol/L Tris-HCl，pH8.0；B液：0.2mol/L Tris-HCl其中含有1.5mol/L NaCl，pH8.0，上样量0.5～25mg 50%饱和度$(NH_4)_2SO_4$处理后的腹水蛋白，产率可达90%。也可用Mono-Q柱大量纯化无血清培养上清液中大鼠和小鼠的单克隆抗体，洗脱时采用提高离子强度，同时降低pH的双梯度洗脱方式。每天可处理1L培养上清液。

高效液相色谱用阴离子交换剂TSK-gel DEAE Toyopearl与染料Cibacron Blue F3Ga结合的固定相适用于小鼠IgG1、IgG2a和IgG2b的纯化。用TSK DEAE-SPW柱纯化小鼠腹水TLISAL IgG1单克隆抗体，纯度可达90%以上，各项免疫学活性实验均获得满意结果。应用分析型TSK DEAE-5PW柱还可进行实验室规模的单克隆抗体制备，其方法是用杂交瘤腹水经50%饱和度$(NH_4)_2SO_4$盐析后，每次进样量20mg总蛋白，一个周期仅为60min。

$F(ab')_2$的色谱纯化可采用阴离子交换色谱法，分离介质可选DEAE为交换功能团的各种填料装柱，其平衡液A液为10mmol/L，pH7.5的磷酸盐缓冲液；B液为A液中含有0.5mol/L的NaCl，色谱洗脱条件为样品上样后0～10min用A液洗脱，$F(ab')_2$片段在此条件下从柱子中流出，10～15min用B液清洗再生柱子，15～20min重新用A液平衡后，可进行新的纯化。Protein-pak-DEAE-SPW柱也可于IgG类单克隆抗体的一步法纯化。

阴离子交换色谱除单独使用外，还可与其他多种色谱法联合应用。IgM类单克隆抗体可采用Mono-Q柱作为第一步纯化，其纯度可达50%，主要杂质是大分子质量蛋白质，如α-2巨球蛋白等。用Mono-Q柱作为IgM类单克隆抗体第一步纯化的另一优点是：有抗体活性的部分可以浓缩富集的形式获得，有利于提高得率，并用于下一步纯化。弱阴离子交换柱Protein-pak-DEAE-5PW也可用作IgM类单克隆抗体的第一步分离。实验结果表明，在与分离IgG类抗体相似的洗脱条件下，第一步IgM的回收率可达89.2%。

细胞培养液中用于临床治疗的鼠抗人T细胞受体的IgG1小鼠单克隆抗体，用Q-Sepharose Fast Flow作为Protein-A Sepharose亲和色谱纯化后，第二步大量纯化制备方法，所得样品中无牛IgG、血清蛋白、Protein-A及DNA的污染。在透析或过滤预处理后，将浓缩的培养上清液用

QAE Zataprep Disk 膜吸附型阴离子交换色谱法分离,阶段提高盐浓度梯度方法洗脱,大量制备可用于治疗的高纯度单克隆抗体。

b. 阳离子交换色谱

低压阳离子交换色谱,在大规模纯化杂交瘤细胞培养上清液中的单克隆抗体上应用较多。CM-Cellulose F F 在大量纯化人抗 HIV-病毒转运蛋白 gp41 的单克隆抗体,一个纯化周期可处理 50L 杂交瘤细胞培养上清液,达到克级纯化水平。

强阳离子交换填料 S-Sepharose F F 也可用于含血清的大量杂交瘤细胞培养上清中单克隆抗体的第一步纯化,现已用此法纯化 11 种不同的小鼠单克隆抗体。有关研究结果表明,对于等电点 pI>7.2 的抗体,应以阳离子交换色谱为首选方法。

c. 阴阳离子混合色谱

阴阳离子混合色谱柱是上层装填阴离子交换剂 DEAE-52、下层装填阳离子交换剂 CM-Sephadex G-50 的混合离子交换柱。该方法比先用 DEAE 阴离子交换剂,再用 CM 阳离子交换剂两步纯化更为方便,并且价廉,易于推广。用此柱纯化的两种抗结肠癌的小鼠单克隆抗体在活性和纯度上均比较理想。

综上所述,离子交换色谱分离纯化方法,是工程细胞表达产品分离纯化常用、主要而有效的方法之一。如何采用离子交换色谱的不同色谱分离形式,如低压或中压液相色谱、高效液相色谱、膜色谱等,应根据所处理的样品要求而定。

2) 凝胶过滤色谱

凝胶过滤色谱(gel filtration chromatography)又称为分子筛色谱(molecular sieve chromatography)、体积排阻色谱(size exclusive chromatography)、空间排阻色谱(space exclusive chromatography)等。该技术是在 20 世纪 60 年代发展起来的一种快速、简便、有效的化学分析和分离纯化方法,目前已在生物化学、分子生物学,以及生物工程研究和生产领域中的生物大分子的分离纯化中得到广泛的应用。

A. 凝胶过滤色谱的分离原理

凝胶过滤色谱的色谱固定相是凝胶。凝胶是一种电中性的、具有三维空间多孔网状结构的物质,并且具有一定的机械强度和圆球形颗粒形状。每一个凝胶颗粒如同一个分子水平的筛子,比凝胶网孔小的分子可以进入网孔中,比凝胶网孔大的分子则被排阻在凝胶颗粒之外。这种分子水平的筛分作用,被称作分子筛效应,分子筛色谱由此得名。而且,这种色谱分离过程好像过滤一样,又称为凝胶过滤色谱。

a. 胶色谱的分离原理

凝胶色谱的分离原理是分子筛效应或称空间排阻效应。当含有目标产物的具有不同大小的分子的混合物加到凝胶色谱柱上,并随选定的流动相在色谱柱中流动。在流动过程中,分子筛效应自始至终发挥作用:分子体积大的物质,不能进入凝胶颗粒的网孔中,只能在颗粒之间的间隙运动,即被排斥在凝胶颗粒的网孔之外,受到的阻滞作用小。因此,随着流动相移动的流程变短和流速的加快,其在色谱柱中的保留时间缩短,则先流出色谱柱。而分子体积小的物质,可以进入凝胶颗粒的网孔中,然后再扩散出来,进入凝胶颗粒的间隙,受到的阻滞作用大,随流动相移动的路程延长,流速变慢,在色谱柱中的保留时间也随之延长,因而后流出色谱柱。介于大分子和小分子二者之间的分子,由于凝胶颗粒的孔径有一定的分布范围,这些中等分子可进入部分孔径大于其体积的凝胶网孔中,受到部分排阻。因此,色谱保留时间在大分子和小分子之间(图 4.9.5)。

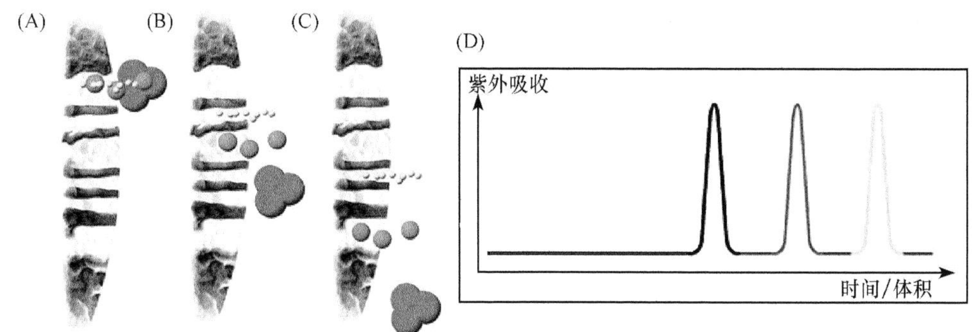

图 4.9.5 凝胶过滤色谱示意图

凝胶过滤色谱分离所依据的是不同分子的体积大小，由于蛋白质分子多为球形，一般也以蛋白质分子的分子质量作为分子大小的表征参数。但从根本上讲，蛋白质分子的体积大小与分子有一定的相关关系，但并不是完全等同的概念。因为，即使相同分子质量的分子，由于其空间构型不同，则具有不同大小的体积。

b. 凝胶过滤色谱的特点

(1) 凝胶过滤色谱的分离条件温和，所采用的流动相多为中性缓冲液，因而分离过程中对蛋白质的活性无明显影响，且可保持高的活性回收率。

(2) 凝胶过滤色谱实验条件简单、操作过程简便。

(3) 有多种不同性质和不同的分离范围的凝胶可供选择，可分离的蛋白质分子质量范围广。

(4) 可分离物质的体积，即每批上样量有一定的限制，一般为柱体积的 5%～10%。这是因为在凝胶过滤色谱分离过程中，被分离样品在柱中不断扩散而被稀释，最终收集到的各分离组分的体积较大。因此，凝胶过滤色谱在生物大分子分离纯化中，主要用于处理较小的样品体积，一般采用凝胶过滤色谱分离的样品应以高浓度上样为宜。

B. 凝胶过滤色谱的分类

常用的凝胶一般可根据凝胶的化学组成和性质分为交联葡聚糖凝胶、聚丙烯酰胺凝胶、交联琼脂糖凝胶、混合型凝胶等不同类型。

a. 交联葡聚糖凝胶

交联葡聚糖凝胶是 1959 年由 Porath 和 Flodin 首先报道的。因具有良好的化学稳定性，成为凝胶过滤色谱中最常用的色谱固定相。葡聚糖凝胶是一种化学性质稳定的物质，不溶于水、弱酸、碱和盐溶液，以及一般的有机溶剂。GE Healthcare 公司的商品名为 Sephadex。交联葡聚糖凝胶的基本合成单元是葡聚糖(dextran)，以 3-氯-1，2-环氧氯丙烷为交联剂，将链状的葡聚糖连接成具有三维空间网状结构的高分子聚合物。其网孔的大小，可通过调节交联剂与葡聚糖的合成配比来控制，其交联度越大，孔径越小；交联度越小，孔径越大。Sephadex 的有关技术参数见表 4.9.3。Sephadex 呈干粉状，具有很强的吸水性，吸水性主要取决于网孔的大小。不同型号的 Sephadex 凝胶以 G 表示，其含义为每克干胶吸水量的 10 倍。

表 4.9.3　Sephadex 系列凝胶型号及主要性能

产　品	包　装	分离范围（球蛋白）	颗粒大小/μm	特性/应用	pH 稳定性工作(清洗)	最高流速/(cm/h)
Sephadex G-15	100g 500g 5kg	100～1 500(肽)	干粉 40～120	实验室中的缓冲液交换、脱盐，去除酶的小分子，分离分子质量接近的小分子、肽等	2～13 (2～13)	—
Sephadex G-25 Coarse	100g 500g 5kg	1 000～5 000(肽)	干粉 100～300	工业脱盐及交换缓冲液	2～13 (2～13)	—
Sephadex G-25 Medium	25g 100g 500g 5kg	1 000～5 000	干粉 50～150	同上	2～13 (2～13)	150
Sephadex G-25 Fine	100g 500g 5kg	1 000～5 000	干粉 20～80	同上	2～13 (2～13)	60
Sephadex G-25 Superfine	100g 500g 5kg	1 000～5 000	干粉 20～50	同上	2～13 (2～13)	20
Sephadex G-50 Coarse	100g 500g 5kg	1 000～30 000	干粉 100～300	肽类分离、脱盐，清洗生物提取液，分子质量测定	2～10 (2～13)	—
Sephadex G-50 Medium	100g 500g 5kg	1 000～30 000	干粉 50～150	同上	2～10 (2～13)	—
Sephadex G-50 Fine	100g 500g 5kg	1 000～30 000	干粉 20～80	同上	2～10 (2～13)	60
Sephadex G-50 Superfine	100g 5kg	1 000～30 000	干粉 20～50	同上	2～10 (2～13)	—
Sephadex G-75	100g 500g 5kg	3 000～80 000	干粉 40～120	蛋白质的纯化和分离，分子质量的测定，平衡常数的测定	2～10 (2～13)	77
Sephadex G-75 Superfine	100g 5kg	2 000～70 000	干粉 20～50	同上(需要较高分辨率)	2～10 (2～13)	18
Sephadex G-100	100g 500g 5kg 1.5kg	2 000～12×10^4	干粉 40～120	同上	2～10 (2～13)	50
Sephadex G-100 Superfine	100g	2 000～9×10^4	干粉 20～50	同上(需要较高分辨率)	2～10 (2～13)	12

b. 聚丙烯酰胺凝胶

聚丙烯酰胺凝胶也是一种人工合成的凝胶，Bio-Rad 公司的商品名为 Bio-Gel-P，为颗粒状干粉，吸水后溶胀成凝胶。聚丙烯酰胺凝胶是由单体丙烯酰胺和交联剂甲叉双丙烯酰胺通过自由基引发聚合形成聚丙烯酰胺，经处理得到颗粒状的凝胶。

c. 交联琼脂糖凝胶

GE Healthcare 公司的 Sepharose 系列是目前大分子分离介质中型号最多、应用最广的家族。其中，Sepharose 系列是非交联结构，不能高压灭菌；Sepharose CL 和 Superose 系列是共价交联结构，大大提高了介质的热稳定性，可在 120℃高压灭菌。其中 Superose 系列是高速的高效凝胶过滤介质，可用于制备级的分离纯化。Sepharose 系列凝胶型号及主要性能见表 4.9.4。

表 4.9.4 Sepharose 系列凝胶型号及主要性能

产 品	包 装	分离范围（球蛋白）	颗粒大小/μm	特性/应用	pH 稳定性 工作（清洗）	耐压/MPa	最高流速/(cm/h)
Sepharose 6 Fast Flow	1L 10L	10 000～4×10^5	45～165	巨大分子如 DNA 质粒，病毒	2～12 (2～14)	0.1	300
Sepharose 4 Fast Flow	1L 10L	60 000～20×10^5	45～165	巨大分子如重组乙型肝炎表面抗原、病毒	2～12 (2～14)	0.1	250
Sepharose 2B	1L 10L	70 000～40×10^5	60～200	蛋白质、大分子复合物、病毒、不对称分子如核酸和多糖（蛋白多糖）的分离、分子质量的测定	4～9 (3～11)	0.004	10
Sepharose 4B	1L 10L	60 000～20×10^5	45～165	蛋白质、多糖、肽类，分子质量的测定	4～9 (3～11)	0.008	11.5
Sepharose 6B	1L 10L	10 000～4×10^5	45～165	同上	4～9 (3～11)	0.02	14
Sepharose CL-2B	1L 10L	70 000～40×10^5	60～200	蛋白质、大分子复合物、病毒核酸、蛋白多糖、分子质量的测量，特别是不能溶解/凝集于水溶液的分子	3～13 (2～14)	0.05	15
Sepharose CL-4B	1L 10L	60 000～20×10^5	45～165	大蛋白质、肽类、多糖，特别是不能溶解/凝集于水溶液的分子及分子的测定	3～13 (2～14)	0.012	26
Sepharose CL-6B	1L 10L	10 000～4×10^5	45～65	蛋白质、肽类、多糖，特别是不能溶解/凝集于水溶液的分子及分子的测定	3～13 (2～14)	0.02	30

d. 混合型凝胶

(1) Sephacryl 系列凝胶。GE Healthcare 公司的 Sephacryl 系列凝胶是由烯丙基葡聚糖与甲叉双丙烯酰胺经共价交联而成的刚性微球体。Sephacryl 系列凝胶型号及主要性能见表 4.9.5。

表 4.9.5 Sephacryl 系列凝胶型号及主要性能

产 品	包 装	分离范围（球蛋白）	颗粒大小/μm	特性/应用	pH 稳定性 工作（清洗）	耐压/MPa	最高流速/(cm/h)
Sephacryl S-100HR	750mL 10L 150mL	1 000～100 000	25～75	肽类、激素、小蛋白质	3～11 (2～13)	0.2	60

续表

产　品	包　装	分离范围（球蛋白）	颗粒大小/μm	特性/应用	pH稳定性工作（清洗）	耐压/MPa	最高流速/(cm/h)
Sephacryl S-200HR	750mL 10L 150mL	5 000～250 000	25～75	蛋白质，如血清蛋白、白蛋白、血液抗体、单抗(IgG/MAB)	3～11 (2～13)	0.2	60
Sephacryl S-300HR	750mL 10L 150mL	10 000～1.5×10^6	25～75	蛋白质，如膜蛋白和血清蛋白、血液抗体、单抗(IgG/MAB)	3～11 (2～13)	0.2	60
Sephacryl S-400HR	750mL 10L 150mL	20 000～8×10^6	25～75	多糖、具延伸结构的大分子，如蛋白多糖、脂质体、＜25 000bp DNA限制片段	3～11 (2～13)	0.2	60
Sephacryl S-500HR	750mL 10L 150mL	葡聚糖 40 000～2×10^7	25～75	＜25 000bp DNA限制片段	3～11 (2～13)	0.2	50
Sephacryl S-1000SF	750mL 10L	葡聚糖 5×10^5～1×10^8	40～105	巨大多糖分子、蛋白多糖；小颗粒分子，如膜结合囊(直径＜300～400nm)或病毒	3～11 (2～13)	未经测试	40

(2) Superdex系列凝胶。GE Healthcare公司的Superdex系列凝胶，是将葡聚糖以共价连接到高度交联的琼脂糖珠体上形成的复合型凝胶。琼脂糖的高度交联骨架为珠体提供了较高的物理化学稳定性，而葡聚糖为介质提供了优良的选择性。Superdex系列凝胶型号及主要性能见表4.9.6。

表4.9.6 Superdex系列凝胶型号及主要性能

产　品	包　装	分离范围（球蛋白）	颗粒大小/μm	特性/应用	pH稳定性工作（清洗）	耐压/MPa	最高流速/(cm/h)
Superdex 30 prep grade	25mL 150mL 1L 5L	＜10 000	22～44	重组蛋白肽类、多糖、小蛋白等	3～12 (1～14)	0.3	90
Superdex 75 prep grade	25mL 150mL 1L 5L	3 000～70 000	22～44	重组蛋白、细胞色素	3～12 (1～14)	0.3	90
Superdex 200 prep grade	25mL 150mL 1L 5L	10 000～600 000	22～44	单抗、大蛋白	3～12 (1～14)	0.3	90

C. 凝胶过滤色谱在工程细胞表达产品分离中的应用

凝胶过滤色谱在实际应用中，对于分子质量接近的蛋白质分离能力较弱，一般很少用它单独一步法纯化抗体。但它可作为纯化分离的一个步骤，尤其是应用于IgM类单克隆抗体的纯化。

高效凝胶过滤色谱柱 Proteik-pak 300SW 柱，可用于进一步纯化经高效阴离子交换色谱柱 Protein-pak DEAE-5PW 分离得到的有抗体活性的部分，纯化 IgM 得率为 7.6%。利用阴离子交换色谱 Mono-Q 柱纯化 IgM 时也需用凝胶过滤色谱 Superose-6 柱作进一步纯化，两步纯化后的抗体，经 SDS-PAGE 检测纯度可达 90%以上。

值得一提的是，以上利用 Superose-6 柱的凝胶过滤色谱，在洗脱方式上采用了“非正常”的方式，即先用低浓度盐缓冲液进行柱平衡，如 0.005mol/L L-His pH6.0 或 0.5mol/L 磷酸盐缓冲液 pH8.0，上样后，用含高浓度盐的缓冲液洗脱。在此条件下，IgM 峰的色谱保留时间比正常洗脱方式(即采用与平衡缓冲液相同的液体洗脱)延长，这样有利于减少高分子质量杂蛋白的污染。此外，在 IgM 类单克隆抗体的纯化时，如果其他方法不理想，可用凝胶过滤色谱 Superose-6 柱两步法纯化。第一步用“非正常”的洗脱条件，含 IgM 部分在高盐浓度下获得，有利于增加回收率及去除大分子质量杂蛋白。第二步用正常的平衡洗脱条件，可去除低分子质量杂蛋白，结果可获得 90%的纯度。常压混合型凝胶固定相 Sephacryl S-300 一步法纯化 IgM 单克隆抗体时，回收率为 57%～80%，但纯度仅为 42%～50%。

3) 亲和色谱

以上介绍的 3 种色谱分离方法，其分离所依靠的是任何蛋白质均具有的性质，是分离纯化各种蛋白质所通用的色谱方法。亲和色谱(affinity chromatography)与其他色谱方法所不同的是起分离作用的是蛋白质分子与特殊配基之间的特异性结合。严格地讲，其他色谱方法可称为化学性分离方法，而亲和色谱是专一性的有生物学选择性的分离纯化方法。尽管在实际分离过程中也存在一定程度的非特异性吸附，会导致分离所得产物的纯度不能满足要求，但并不影响该方法作为生物选择性分离的广泛应用。

A. 亲和色谱的分离原理

(1) 亲和色谱的分离原理。生物分子中存在许多可以相互特异性可逆结合的物质，如抗原和抗体、酶和底物、激素和受体等。生物分子之间的这种特异性的结合能力称为亲和力，依据生物分子亲和力而建立的色谱分离方法，则为亲和色谱。如图 4.9.6 用于抗体分离纯化的亲和色谱可分为，抗原固定化作为亲和配基的抗原和抗体免疫亲和色谱，以及将与免疫球蛋白的部分

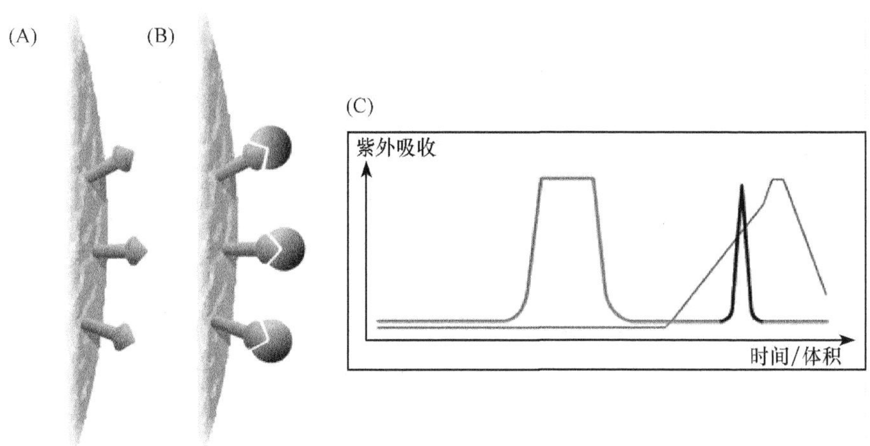

图 4.9.6 亲和色谱分离示意图

结构具有亲和力的蛋白质作为配基,制成的亲和色谱固定相。前者具有高度的专一性;后者可适用于某一类的抗体的纯化。本节就后一类亲和色谱方法做一简单介绍。

(2) 常用的亲和色谱填料。最常用于免疫球蛋白分离纯化亲和色谱配基有 Protein A 和 Protein G 两种蛋白质配基,见表 4.9.7。

表 4.9.7　抗体分离纯化常用亲和色谱填料

产品	包装	每毫升配体含量	颗粒大小/μm	每毫升结合量	应用	pH 稳定性工作(清洗)	最快流速/(cm/h)
Mabselect	25mL 200mL 1L	6mg 重组蛋白 A	40～130	50mg 人类 IgG	目前单抗载量最高,基团脱落最少,最专一的单抗亲和介质,稳定性最好	3～10 (2～12)	建议流速 500
rProtein A Sepharose 4 Fast Flow	5mL 25mL 200mL 1L	6mg 重组蛋白 A	60～165	50mg 人类 IgG; 30mg 小鼠 IgG	同上	3～10 (2～11)	建议流速 300
nProtein A Sepharose 4 Fast Flow	5mL 25mL 200mL 1L	6mg 蛋白 A	45～165	35mg 人 IgG	抗体纯化,无任何动物衍生组分	3～9 (2～10)	>1300
Protein A Sepharose CL-4B	1.5g 60g 25mL 500mL	2～3mg 蛋白 A	45～165	16～25mg 人类 IgG; 2mg 小鼠 IgG	纯化体液或细胞培养液中的免疫球蛋白	3～9 (2～10)	150
Protein A Sepharose 6MB	10mL	1～1.5mg 蛋白 A	250～350	4.5～9mg IgG	可在不影响细胞存活率下分离被挂上 IgG 的细胞	3～9 (2～10)	450
rmpProtein A Sepharose 4 Fast Flow	5mL 25mL 200mL 1L	6mg 重组蛋白 A	60～165	35mg 人类 IgG	低脱落、一步高纯度纯化单抗和多抗	3～10 (2～11)	300
Protein G Sepharose 4 Fast Flow	5mL 25mL 500mL	2mg 蛋白 G	45～165	24mg 人类 IgG; 17mg 天竺鼠 IgG; 19mg 山羊 IgG; 23mg 牛 IgG; 7mg 大鼠 IgG; 10mg 小鼠 IgG		3～9 (2～9)	>1300
MabSelect SuRe	25mL 200mL 1L	6mg 重组蛋白 A	85	每毫升胶动态载量大于 30mg 人 IgG	能耐受 0.1～0.5mol/L NaOH 进行 CIP,非常适合在位清洗要求严格的生产,同时降低清洗成本	3～12 (2～12)	100～500
MabSelect Xtra	25mL 200mL 1L	大于 6mg 重组蛋白 A	75	每毫升胶动态载量约 40mg 人 IgG	超高载量非常适合大规模生产以降低柱床体积和溶剂消耗,有效降低生产成本	3～12 (2～12)	100～300

B. 亲和色谱的分类及应用

a. Protein A 亲和色谱

Protein A 是从葡萄球菌(*Staphylococcus aurens*)培养基中提取的一种蛋白质，是细胞壁外蛋白，它可与免疫球蛋白 IgG 的 Fc 段特异性结合。

Protein A 既可与人的 IgG 中 IgG1、IgG2 和 IgG4 亚类结合，也可与多种哺乳动物的 IgG 结合。Protein A 还可与人初乳中的 IgA、人黑素瘤的 IgA2 和某些人源单克隆 IgM，以及正常的和巨球蛋白血症血清中的 IgM 结合。

除用分离提取的 Protein A 作为配基结合在各种软凝胶上用于抗体的纯化外，近来采用基因工程技术生产的重组 Protein A(rProtein A)也已作为亲和配基被广泛使用，而且其纯化效果比前者高 5 倍以上。

近年来采用预装好的高结合容量的 Protein A-Sepharose-CL-6B 在封闭的 Biopilot System 中试纯化系统中，大量纯化培养液中的小鼠 IgG1 单克隆抗体，并用于临床治疗。高效蛋白 A 亲和色谱 Selectispher 10 protein A 柱，是一种将 Protein A 结合在通用型 HPLC 基质上的固定相，已用于分离纯化小鼠腹水或细胞培养液中 IgG 各亚类的单克隆抗体。一般认为 Protein A 与个别 IgG1 及 IgM 的亲和力较差，然而当升高 pH 或提高离子强度时，Protein A 与 IgG1 的结合会明显增加。结合的缓冲液为 0.05mol/L Gly pH9.0，洗脱缓冲液为 0.05mol/L Gly，pH2.3。在低 pH 下，活性损失约 40%，要避免活性损失可减少在低 pH 缓冲液中的暴露时间，或改用柠檬酸洗脱，其活性可达原活性的 90%。Selectispher-10 Protein A 柱可至少使用 100 次而无明显的柱效下降。用 Protein A 柱及一种专利配方的缓冲液在 pH3.0 下洗脱，成功地纯化了 IgM 类单克隆抗体，其产率高于 80%。用 Protein A 柱纯化临床治疗用的单克隆抗体，最关键的是产物中不能有 Protein A 的污染。去除这种污染的办法是，采用 DEAE-Sepharose 柱或 Sephadex G-50 柱作为第二步纯化，则可去除泄漏和残留的 Protein A。

b. Protein G 亲和色谱

Protein G 是一种从链球菌(*Streptococcus*)中提取的细胞壁蛋白。它也可与 IgG 类单克隆抗体或多克隆抗体的 Fc 段结合，用作纯化单克隆抗体的亲和色谱配基。

Protein G 与 Protein A 一样可与 IgG 分子的 Fc 段结合，但 Protein G 亲和色谱可与多种 IgG 亚类结合的广泛，且应用的 pH 范围广。Protein G 可与所有人和鼠的 IgG 结合，克服了 Protein A 亲和色谱在纯化时与鼠源的 IgG1 亚类和人的 IgG3 亚类结合力较弱，纯化效果差等弊端，扩大了应用的范围。

除采用提取的 Protein G 作为亲和配基外，新的 Protein G 亲和配基是用基因重组技术，经大肠杆菌 *E. coli*. 发酵生产的重组链球菌蛋白。这种重组的 Protein G(rProtein G)分子的特点是:①分子中可与白蛋白结合的区域，从基因水平上予以去除，因此避免了分离过程中的结合；②每个 rProtein G 分子中有两个 IgG 结合位点。因此，rProtein G 可增加对 IgG 分子的吸附容量，并提高纯化产物的纯度。

由于 Protein G 亲和色谱的诸多优点，有人认为，该方法应作为 IgG 类单克隆抗体纯化的首选方法。

高效色谱固定相 SelectiSpher-10 Protein G 在相对较低的离子强度(0.1mol/L)和中性 pH 条件下，对大鼠和小鼠不同亚类单克隆抗体的纯化，纯度高于 90%，特异性活性回收率为 80%～100%，比 Protein A 柱在洗脱条件及活性回收率上都有明显的优越性。采用常压色谱固定相 Protein G Sepharose F F，对抗人 HIV-1 单克隆抗体的纯化，结果也令人满意，其洗脱条件是采用酸性(pH3.0)洗脱流动相。

c. Protein A/G 亲和色谱

Protein A 和 Protein G 除单独作为亲和色谱固定相配基，用于纯化单克隆抗体以外，近年来，有报道采用基因工程方法，将 Protein A 和 Protein G 分子中与 IgG 分子的 Fc 段结合域的基因融合，产生的融合蛋白，称 Protein A/G，其抗体结合的广泛性强于它的任一个母体分子。克服了 Protein A 和 Protein G 在结合免疫球蛋白的类别、亚类、种属来源等方面有一定的交叉，显著地提高了结合的特异性。在融合过程中，Protein G 分子中的白蛋白结合域被删除，因而降低了非特异性吸附。Protein A/G 以分泌型表达于枯草杆菌中，含 442 氨基酸，其中 43 个赖氨酸，pI 4.2。pH5～8 时，Protein A/G 的免疫球蛋白结合活性与 pH 无关。Protein A/G 将 Protein A 和 Protein G 的优点集于一身，将其固定化制成的亲和色谱固定相，几乎可以应用于所有种属 IgG 的纯化。

d. 金属螯合亲和色谱

金属螯合亲和色谱(metal chelate affinity chromatography)，是通过螯合固定的金属离子与蛋白质或多肽的亲和作用，而将具有不同亲和力的蛋白质分离的一种亲和色谱方法。在中性 pH 条件下，蛋白质中的一些氨基酸，如组氨酸、半胱氨酸和色氨酸等，可与螯合的金属离子形成复合物。金属螯配体，如亚胺双乙酸等，连接在 Sepharose 或 Superose 等凝胶基质上。

在实验时，先用含有二价金属阳离子，如 Zn^{2+}、Cu^{2+}、Cd^{2+}、Hg^{2+}、Co^{2+}、Ni^{2+} 或 Fe^{2+} 等的溶液处理金属螯合介质后，金属离子与亚胺双乙酸形成螯合物，其中的金属离子再与蛋白质表面的组氨酸、半胱氨酸和色氨酸等残基发生亲和结合。

常用的螯合亲和介质有螯合 Sepharose F F 填料、螯合 Superose 和 HiTrap 螯合色谱柱。常用的螯合亲和介质见表 4.9.8。

表 4.9.8 常用的螯合亲和介质

产 品	包 装	目标配体	颗粒大小/μm	每毫升结合量	应 用	pH 稳定性工作(清洗)	最快流速/(cm/h)
IMAC Sepharose 6 Fast Flow	25mL 100mL 1L		90	15μmol Ni^{2+}/Zn^{2+} 25μmol Cu^{2+}	可与金属作用的蛋白、肽类、核苷酸等	3～12 (2～14)	600
IMAC Sepharose High Performance	25mL 100mL		34	15μmol Ni^{2+}/Zn^{2+} 25μmol Cu^{2+}	同上	3～12 (2～14)	150
Chelating Sepharose Fast Flow	50mL 500mL 5L	亚氨双乙酸 iminodiacetic acid	45～165	24～30μmol Zn^{2+}	同上	3～13 (2～14)	370
Ni Sepharose HP	25mL 100mL	同上	34	—15μmol Ni^{2+} >40mg His 蛋白	同上，Ni^{2+} 与基质结合牢固	3～12 (2～14)	<150
Ni Sepharose 6FF	25mL 100mL 500mL			—15μmol Ni^{2+}/ml 胶	适合大规模 His 重组蛋白纯化	2～14 (3～12)	<150

在金属螯合亲和色谱法实验中，最重要的是选择能与目标蛋白质特异结合的螯合离子。目前，对于待分离的生物大分子，尚不能知道其对哪些金属离子有特异性的结合力，只能根据文献资料，或预实验来定。常用的金属离子为 Zn^{2+} 和 Cu^{2+}，其中 Zn^{2+} 的结合能力较弱，而 Cu^{2+} 的结合力较强。其他的二价金属离子，如 Ni^{2+}、Co^{2+} 和 Ca^{2+} 等也有应用。

4) 疏水性相互作用色谱

在抗体等大分子蛋白质分离纯化时,所依据的蛋白质的性质除分子大小(分子质量)、电荷特性(等电点)之外,还可利用蛋白质表面的疏水性差异。根据蛋白质表面疏水性的分布与疏水性的强弱,可把蛋白质的分离和分析的色谱方法称为疏水性相互作用色谱(hydrophobic interaction chromatography)。疏水性互作用色谱也可应用于工程细胞表达产品的纯化。

A. 疏水性相互作用色谱的分离原理

(1) 疏水性相互作用色谱的分离原理:蛋白质分子中的疏水区域主要由疏水性氨基酸,如酪氨酸、亮氨酸、异亮氨酸、缬氨酸、苯丙氨酸等非极性的侧链集中在一起,而形成在蛋白质的表面。不同的蛋白质分子由于其一级结构的氨基酸组成不同,以及空间构型和构象的不同,因而具有不同的疏水表面区域,即具有不同的疏水性。疏水性相互作用色谱分离的原理,是采用在不带电荷的载体上,通过化学反应偶联上疏水性的功能基团作为色谱分离的固定相,利用固定相疏水基团与被分离蛋白质疏水区之间的相互作用的差异,达到分离的目的。

(2) 疏水性相互作用色谱的特点:疏水性相互作用色谱又称为盐析色谱(salting-out),这是由于疏水性相互作用色谱中,样品是在相对高盐离子浓度的流动相条件下加入到色谱柱上的,这一过程与蛋白质盐析相同而得名。常规的疏水性相互作用色谱使用较高盐浓度的中性盐平衡色谱柱,然后加入被分离的混合物。为使所要分离的物质吸附在固定相上,一般在样品混合液中也加入较高的盐离子,如 4mol/L NaCl 或 25%饱和度的$(NH_4)_2SO_4$。

为有效地对吸附在固定相上的物质进行分离,疏水性相互作用色谱所采用的洗脱方式有以下 4 种:①降低洗脱液盐离子强度的梯度洗脱方法,即降低洗脱液的极性;②加入乙二醇非极性物质,同样也可降低洗脱液的极性,促进已吸附蛋白的解离;③使用含有去垢剂的洗脱液;④提高洗脱液的 pH 等。

疏水性相互作用色谱实验中最常用的洗脱方法是前两种方法,或是两种方法的混合使用,即在洗脱液中同时降低硫酸铵的离子强度,并提高乙二醇的浓度。

采用疏水性相互作用色谱分离经过盐析处理的单克隆抗体样品,无需除盐步骤,即可将样品直接加入到疏水色谱柱上,进行色谱分离。

B. 疏水性相互作用色谱的分类

一般采用琼脂糖或交联琼脂糖作为基质,中压或高压固定相一般采用聚苯乙烯和二乙烯苯的聚合物或硅胶作为固定相基质,表面键合上丁基(C4)、辛基(C8)或苯基等疏水性基团。常用疏水色谱介质见表 4.9.9。

表 4.9.9 常用疏水色谱介质

产品	包装	每毫升载量	颗粒大小/μm	每毫升结合量	特性/应用	pH 稳定性工作(清洗)	最快流速/(cm/h)
(一) 预处理及中度纯化介质							
Butyl Sepharose 4 Fast Flow	25mL 200mL 500mL 5L	50μmol 正丁烷基 n-Butyl	45~165	7mg IgG 26mg HSA	疏水性最弱,适合含脂族(aliphatic)配体的生物分子	3~13 (2~14)	600
Butyl Sepharose 4FF high sub	5L	正丁烷基	45~165		同上	3~13 (2~14)	600

续表

产　品	包　装	每毫升载量	颗粒大小/μm	每毫升结合量	特性/应用	pH稳定性工作(清洗)	最快流速/(cm/h)
Octyl Sepharose 4 Fast Flow	25mL 200mL 1L 5L	50μmole 正辛烷基 *n*-Octyl	45～165	26mg IgG 7mg HSA	疏水性中等，适合各种蛋白的分离和纯化	3～13 (2～14)	600
Phenyl Sepharose 6 Fast Flow(low sub)	25mL 200mL 1L 5L	20μmole 苯基 Phenyl	45～165	10mg IgG 24mg HSA	适合含芳香族(aromatic)配体的蛋白，特别是单抗	3～13 (2～14)	600
Phenyl Sepharose 6 Fast Flow(high sub)	25mL 200mL 1L 5L	40μmole 苯基 Phenyl	45～165	30mg IgG 36mg HSA	疏水性最强，载量高，适合含芳香族(aromatic)配体的生物分子的预处理	3～13 (2～14)	600
Phenyl Sepharose Big Beads	1L		100～300		同上	3～14 (2～14)	1800
Butyl-S Sepharose 6 Fast Flow	25mL 200mL 1L 5L	8.9～11.3μmole	90		疏水性最弱的疏水填料	3～13 (2～14)	600
(二) 中度分离及最终纯化介质							
Phenyl Sepharose High Performance	75mL 1L 5L	25μmol 苯基 Phenyl	24～44	20mg IgG 24mg HSA	以高分辨率纯化难以分离的重组蛋白天然形式和修饰变种及各种单抗	3～12 (2～14)	150
Butyl Sepharose HP	1L	正丁烷基	24～44		高分辨率	3～12 (2～14)	
(三) 经典疏水层析介质							
Butyl Sepharose 4B	50mL 500mL 5L	6～14μmol 正丁烷基	45～165	视不同样品而定	大分子，复合分离原理包括疏水性及离子性分离		50
Octyl Sepharose CL-4B	200mL 50mL 10L	40μmole 正辛烷基 *n*-Octyl	45～165	15～20mg HSA	纯化疏水性较弱的蛋白或膜蛋白，因其经去污剂处理后仍有强疏水性	3～12 (2～14)	50
Phenyl Sepharose CL-4B	200mL 50mL 10L	40μmole 苯基 Phenyl	45～165	15～20mg HSA	疏水性较Octyl弱，适用于分离和纯化对疏水性尚未了解的蛋白质	3～12 (2～14)	50

C. 疏水性相互作用色谱的应用

由于疏水性相互作用色谱具有分离效率高、活性回收率高等优点，故对于p*I*低于7.2的IgG类单克隆抗体，以疏水性相互作用色谱为首选的分离纯化方法。

用常压疏水色谱固定相Alkyl Superose进行IgG类单克隆抗体分离的结果表明，有免疫学活性部分的产率高于80%。用同样固定相，而流动相为0%～100%B线性梯度洗脱，其中A液为0.03mol/L Tris-HCl含1.0mol/L Na_2SO_4 pH 7.5；B液为0.03mol/L Tris-HCl含5%异丙醇，进样量 0.3～2.5mg 蛋白质，实验回收率为 75%。但此种纯化品中仍有一些与 IgG 分子结构高度相似的多肽存在。疏水色谱还可用于抗体片段的分离纯化。此外，疏水性相互作用色谱还可与离子交换色谱联合使用，作为不经$(NH_4)_2SO_4$ 处理的腹水直接用离子交换色谱分离后的进一步纯化，即可避免某些经$(NH_4)_2SO_4$ 处理单克隆抗体的部分失活，又可得到较高的纯度。

5）羟基磷灰石吸附色谱

羟基磷灰石是一种无机盐类，具有一定的晶体结构和形状。自然界中有天然形式的羟基磷灰石存在，由于其良好的生物相容性，在骨科和口腔科等临床上也有应用。羟基磷灰石应用于蛋白质的分离纯化始于 1956 年，经过几十年的发展和改进，特别是在改性羟基磷灰石色谱(hydroxyapatite chromatography)填料研究方面的发展，使得这种色谱方法在分离纯化抗体中有了更广泛的应用。羟基磷灰石在工程细胞表达产品的纯化中也有应用的报道。

A. 羟基磷灰石吸附色谱原理

羟基磷灰石色谱属于吸附色谱的范畴。吸附色谱法是采用吸附剂作为固定相，当混合物随流动相流过固定相表面时，利用吸附剂对不同物质的吸附力的差异性，使混合物中的不同组分分离的色谱方法。吸附色谱法是色谱技术中应用最早的方法，其特点是，实验装置简单，操作简便，主要用于分子质量较小物质的分离。

羟基磷灰石色谱分离蛋白质的原理，是根据羟基磷灰石中存在有两种不同的吸附点。羟基磷灰石晶体中的 Ca^{2+}，可与蛋白质中的羧基吸附，类似于阴离子交换剂的作用。其晶体中的 PO_4^{3-}，可与蛋白质中的氨基相吸附，类似于阳离子交换剂的作用。因此，在羟基磷灰石色谱分离中，酸性蛋白质的色谱行为与阴离子交换色谱法类似。其洗脱流动相多采用磷酸盐缓冲液，利用磷酸盐中的磷酸根离子的竞争作用将吸附的蛋白质解离。而碱性蛋白质的色谱行为与阳离子交换色谱法类似，洗脱流动相多采用 NaCl、KCl、$CaCl_2$ 等溶液，通过阳离子的竞争作用将吸附的蛋白质解离下来。

B. 羟基磷灰石吸附色谱的分类

国内外有关羟基磷灰石的生产厂家及商品名称见表 4.9.10。

表 4.9.10 羟基磷灰石的生产厂家及商品名

厂　家	名称、牌号、性状
BioRad	Bio-Gel HT
	Bio-Gel HTP
	DNA-Grade Bio-Gel HTp
Sigma	Type Ⅰ Tiselius 型，片状
	Type Ⅲ Tiselius 型，片状
HA-Ultrogel	与 agarose 交联成球，60～180μm
Tech. Devp. Testing center	KOBECERAM，球形
Mitsui Toatsu Chemicals	六角棒形
	HASI 式 Tiselius 型，片状
	方砖形
Central Glass	土豆块
	Rose des sakles
中国科学院生物化学与细胞生物学研究所	Tiselius 型，片状

续表

厂 家	名称、牌号、性状
中国科学院生物物理研究所	Tiselius 型，片状
中国科学院化工冶金研究所	复合球，~5μm、10~20μm、>40μm
	均相球，10~20μm、30~60μm
Fluka	High Resolution，片状
	Macrosorb C，250~700μm，颗粒

C. 羟基磷灰石色谱在抗体分离中的应用

文献报道认为，羟基磷灰石色谱是与阴离子交换色谱和 Protein A 亲和色谱并存的 3 种抗体分离的主要方法。这 3 种方法各有其特点和应用对象。羟基磷灰石色谱的特点是能纯化 IgM 类抗体，分离条件温和，对于抗体活性的保存有利。而且，其对单克隆抗体的纯化已达制备级或工业规模，Bio-Rad 公司已有专门用于单克隆抗体纯化的设备 Maps 出售，所采用的色谱柱是 Tiselius 型羟基磷灰石。

以往羟基磷灰石色谱对单克隆抗体 IgG 类及 IgM 类纯化的报道较多，但只能得到相对较纯的产物，主要污染为白蛋白和转铁蛋白，且批间重复性差，给每次色谱峰的鉴别带来许多困难。用 Bio-Rad 高效羟基磷灰石 HPHT 分析柱及制备柱，纯化 IgG1 和 IgG2 亚类单克隆抗体的纯度与活性均较高，且无明显宿主细胞多克隆抗体活性峰。用国产羟基磷灰石纯化 IgG1 亚类的抗促卵泡激素单克隆抗体的纯度>90%，活性回收率约 75%。

6）亲硫吸附色谱

A. 亲硫吸附色谱的原理

1985 年 Porath 等首次报道了亲硫吸附色谱（thiophilic adsorption chromatography）方法，其分离原理是利用固定相表面含硫功能团与蛋白质中的含硫原子部分相互作用的特性。

亲硫吸附色谱具有容量大，约 20mg Ig/mL 固定相，适用于各种不同类型的含有巯基的蛋白质分子的纯化。该方法对稀样品具有富集作用，纯度可与免疫吸附色谱相比。

B. 亲硫吸附色谱在抗体分离中的应用

亲硫吸附色谱除用于一般蛋白的分级分离以外，在单克隆抗体的纯化中也得到了应用。其在 IgG 类的单克隆抗体纯化回收率高于 90%，但 IgM 类单克隆抗体的纯化回收率相对较低。色谱分离条件是在高盐浓度（0.5mol/L K_2SO_4）下使样品吸附在柱上，然后在低盐浓度及接近中性的 pH 下获得纯化样品。一种硅胶为基质的高效亲硫吸附剂柱，纯化大鼠和小鼠的不同亚类单克隆抗体，纯化时间仅为 10min，且易做到工艺放大，达到制备水平。小鼠的 IgM 与亲硫吸附固定相的吸附较弱，在流出的穿过峰中有丢失。每克固定相的容量约 20mg 蛋白质，柱稳定性好，不同样品 300 次操作后柱效无明显改变。

该方法可以有效和廉价地替代 Protein A 和 Protein G 亲和色谱，成为抗体纯化的一种通用方法。目前，商品化的以 TSK gel Toyopearl H W 65F 高效凝胶为基质制备的亲硫吸附固定相，用于纯化 IgM 和 IgG 各亚类的单克隆抗体，获得满意的结果。亲硫吸附色谱特别适用于 IgG2b 亚类的单克隆抗体的纯化，且方法简便，快速，价廉，产品纯度高。

4.9.1.4 不同产品的纯化方法

1）可溶性重组蛋白

用重组方式表达的蛋白质可能会是：①在细胞质中，可溶；②包涵体形式，不可溶；③从细胞中分泌到培养基中;④分泌到周质间隙(如在革兰氏阴性菌);⑤与细胞器或膜组分相关的。另外,这些蛋白质可能会以如下方式被表达:⑥正常的、成熟的、天然状态的蛋白质;⑦含有天然的前导肽,这种肽会被正常地加工处理;⑧与一种肽融合表达,这种肽对于蛋白质来说是非天然的;⑨缺乏糖基化或其他翻译后修饰,或未正确折叠。第①~⑤种可能性会影响得到纯化起始材料所用的提取方法,第⑥~⑨种情况会影响纯化所用的方法。

纯化可溶性重组蛋白的图解如图 4.9.7 所示。第一阶段是得到含有目的蛋白的澄清溶液,无用的杂蛋白质越少越好。对于可溶性的细胞质蛋白质,在第①种情况,通常不能够有效地除去可溶性的无用杂蛋白,但是,在第②~⑤种情况,表达的蛋白质与细胞质间隔开来,这样便可以在开始阶段就进行分离。

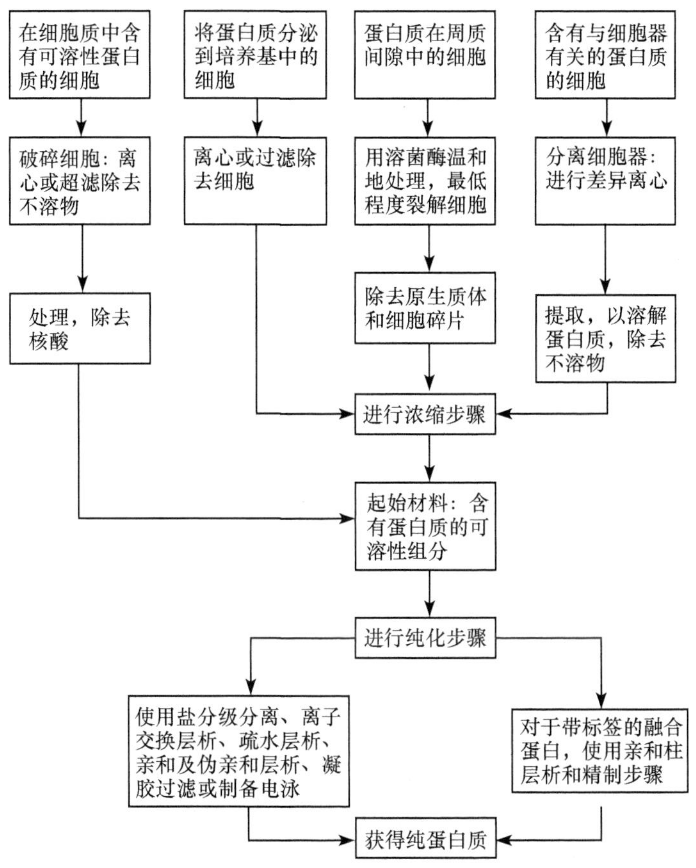

图 4.9.7 可溶性重组蛋白的纯化图解

在开始纯化之前,可能会需要一步浓缩步骤,特别是如果蛋白质是被分泌到培养基中,通常情况下使用超滤,特别是当提取物中含有阻塞超滤膜的颗粒时。

在细胞的细胞质内重组表达之后通过细胞破碎进行提取,会导致大量的核酸与蛋白质溶解在一起。有许多处理方法能够除去核酸,用链霉素沉淀核糖体材料,阳离子聚合物[如鱼精蛋白和聚乙烯亚胺(polyethylenimine)]能够与核酸形成不溶性的复合物(在低离子强度下)。此外,加入少量的 DNA 酶可以降低 DNA 引起的黏度。这种蛋白质可以被分泌或定位在周质内、膜组分内,或在大多数情况下在细胞质内。第一步是得到含有可溶性目的蛋白的提取物,之后,可以进行常规的纯化步骤,或用亲和方法纯化带有标签的融合蛋白。

2）不可溶性重组蛋白

已发现在细菌(主要是大肠杆菌)中表达的许多蛋白质不能够正确地折叠,结果出现聚集,在细胞的细胞质内形成大的、不可溶的包涵体,尽管这会增加得到满意量的活性天然产物的困难,但也大大简化了纯化的起始阶段。

不可溶性重组蛋白质的纯化图解如图 4.9.8 所示。细胞破碎后,通过差异离心能得到纯度相当好的包涵体,然而,这时必须将其溶解,通过促进正确的折叠,产生有活性的蛋白质。通常用盐酸胍和(或)尿素来溶解包涵体,并加入巯基化合物(如巯基乙醇或谷胱甘肽),破坏已经形成的二硫键,并防止重新形成二硫键,为使蛋白质正确地折叠,可能需要往溶液中加入许多成分,并慢慢去除去污剂,后者可以通过简单地稀释或透析来进行。在低蛋白质浓度时折叠进行得很好,所以稀释可能就足够了。如果天然蛋白质不含二硫键,创造氧化还原的条件是很重要的,以便巯基化合物的氧化作用能够适度地(但不要过度)进行,通常联合使用还原型谷胱甘肽和氧化型谷胱甘肽。此外,已发现在很多情况下,酶蛋白质二硫键异构酶的作用(通过交换反应可以形成和破坏二硫键)是有益的,如果天然蛋白质是来自于细胞内的蛋白质,它可能就不含二硫键,但是,它会含有半胱氨酸,所以应当保持完全的还原条件。

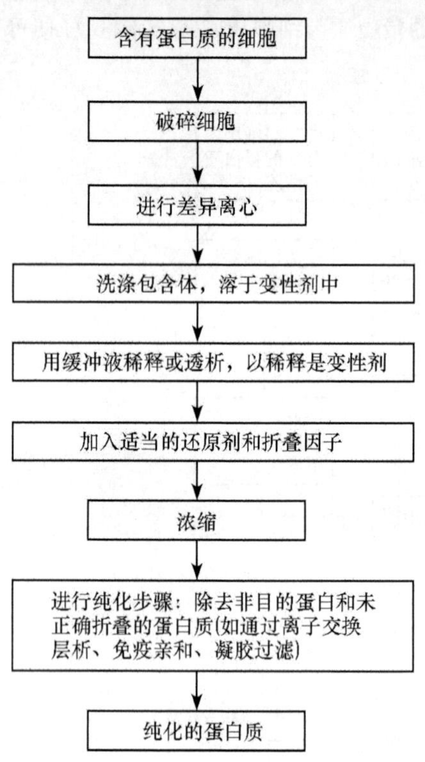

图 4.9.8　在宿主细胞的细胞质中以包涵体形式生产的不可溶性重组蛋白的纯化图解

如果没有其他细胞内成分的帮助,并非所有的蛋白质都能够折叠。分子伴侣(chaperonin)是使变性蛋白质重新折叠的蛋白质,如在热激过程中形成的那些蛋白质。研究最多的是大肠杆菌分子伴侣 GroEL 和 GorES,许多蛋白质的复性都需要这两种分子伴侣和 ATP。脯氨酸残基能够接受蛋白质的两种异构构象,有助于蛋白质的折叠。目前,还不能大规模使用分子伴侣,一方面是因为分子伴侣的成本高;另一方面是因为这些分子伴侣只有在体外很低的蛋白质浓度时才有好的效果。

一旦蛋白质折叠了,即可以进行纯化,纯化时要除去少量的仍未正确折叠的蛋白质以及任何其他与原始包涵体一起被捕捉的宿主蛋白质。前一种情况可能会很困难,因为未正确折叠的蛋白质与正确折叠的蛋白质具有相似的大小和电荷。但是,层析技术可以利用折叠构象产生的很细微的差异,在理想的情况下,可以使用特异性地抗未正确折叠类型或抗正确折叠类型蛋白质的抗体的免疫亲和技术将混合物分开。必须将细胞破碎开,然后通过差异离心分离不可溶的包涵体,使用变性溶剂来溶解,当除去变性剂后,溶解的蛋白质发生复性,还需要进一步的精制步骤来除去少量的污染蛋白质和未正确折叠的蛋白质。

3）可溶性非重组蛋白

可溶性蛋白的来源很多,不可能对得到起始提取物(从中能够分离到目的蛋白)所用的方法给出一个完整的概述。这些来源可以被分类为微生物、植物或动物,如图 4.9.9 所示。但是,应当根据起始提取物的获得方法将这些来源依次细分类。特别是细胞外蛋白质和细胞内蛋白质之间有区别。对于细胞内蛋白质,需要将细胞破碎,使蛋白质释放出来;对于细胞外蛋白质,如果能够直接得到细胞外液,则不会污染细胞内蛋白质。细胞外来源包括微生物培养基、植物和动物组织培养基、毒液、乳、血液和脑脊液。可溶性蛋白也会出现在细胞器(如线粒体)内,分离这些蛋白质时,最好先分离细胞器,然后再将细胞器破碎,释放出蛋白质。

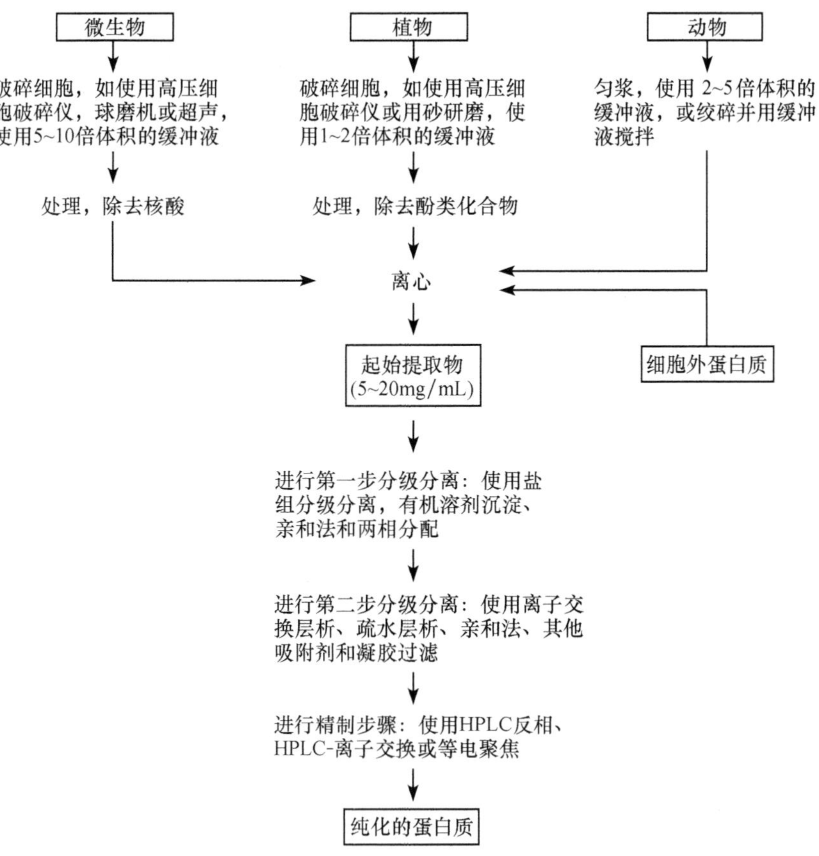

图 4.9.9 存在于天然宿主细胞中的可溶性蛋白质的纯化图解

必须将细胞破碎,以释放出蛋白质,通常每克细胞加入 2～10mL 适当的缓冲液,在除去不溶性材料后,处理通常需要几步,按正确的顺序使用各种标准的分级分离方法。要生产高纯度蛋白质,可能会需要最后的精制步骤,以除去最终的微量污染物。

起始提取物通常含有 5～20mg/mL 蛋白质,尽管也能够处理更低的浓度,特别是小规模操作时,要达到这个水平,在开始纯化之前可能会需要一步浓缩的步骤。然而,每一种规则都有例外,对于浓度很高的蛋白质也能够进行处理,如使用两相分配(two phase partitioning)大规模分离蛋白质时,处理的体积成为主要的问题,所以使样品浓度最大化会成为一个重要的目标。起始提取物应当澄清,通常是通过离心来使其澄清,在大规模操作时,超滤法正得到越来越广泛的使用。为了得到适于标准分级分离方法的提取物,可能需要对某些提取物进行预处理,以除去过量的核酸、酚类化合物的脂类。分级分离步骤可以分为三步:第一步初级分离、第二步分级分离和第三步精制。第二步处理(处理大量的不全是蛋白质的提取物)可能会包含那些容易污染并且不能够多次使用的材料,这样,首选的方法无需使用,如在 HPLC 中所用的昂贵试剂或吸附剂。如果不是高程度的纯化,传统的盐分级分离和较少使用的有机溶剂分级分离就能够达到理想水平的浓缩,并除去大量不需要的非蛋白质材料。另外,第一步也可以使用高选择性的亲和方法,但是只有在亲和材料的制造成本便宜和(或)提取物是简单澄清的溶液时才能使用,对于混浊的全细胞匀浆物则不可使用。

第二步处理实现主要的纯化,在不同情况下可能会需要两步甚至更多的步骤。主要的方法有离子交换和疏水相互作用层析、凝胶过滤和亲和技术。最后,可能还需要通过精制除去极微量的污染物,这要使用高分辨率的方法,如反相 HPLC 和等电聚焦(IEF)。由于每种蛋白质都有其独特的特性,对于所使用的方法也无法一概而论。

4) 膜相关的和不可溶性重组蛋白

在生理上不可溶的蛋白质,在提取和除去可溶性的蛋白质以后,也能得到纯化,从而在提取这一步就得到实质性的纯化(图 4.9.10)。要进行一次纯化,几乎总是要得到可溶性的目的蛋白,这通常需要加入溶解剂(如去污剂)。某些蛋白质即使是经过了去污剂处理也不可溶,那么

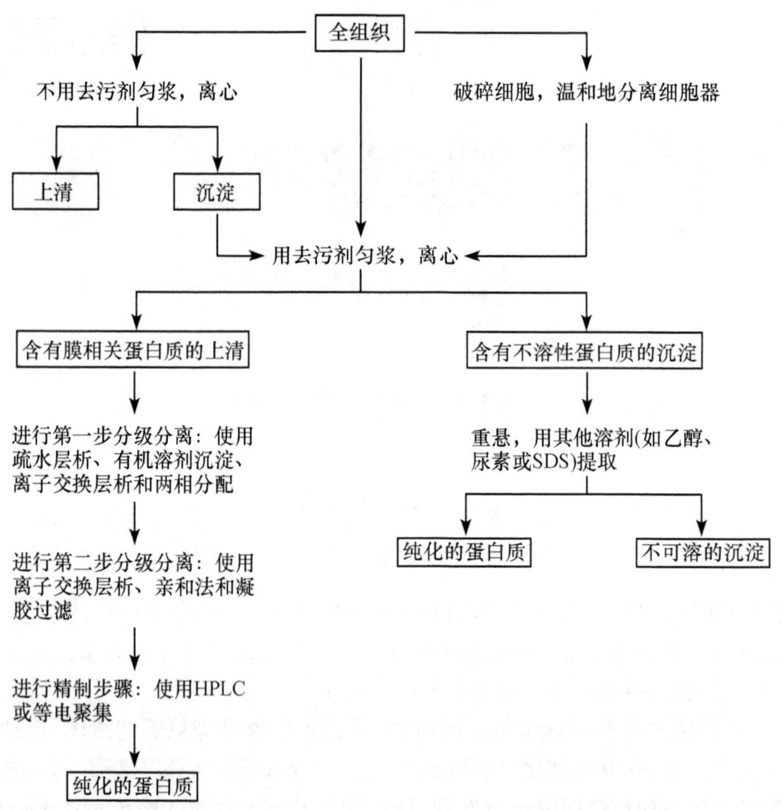

图 4.9.10　与膜相关的和溶解性差的蛋白质(非重组的)的纯化图解。通过分离含有目的蛋白的细胞器,可以实现第一步的纯化。通常用非离子型去污剂来溶解膜蛋白,尽管松散解离的蛋白质也可以在高 pH、含 EDTA(或使用少量的有机溶剂,如正丁醇)的条件下不用去污剂来提取,如果自始至终都需要有去污剂来维持蛋白质的完整性,则需要对常规的分级分离方法进行一些修改

可以通过除去可溶性蛋白质来得到实质性的纯化。在组织破碎过程中，一些与膜相关的蛋白质会变得部分可溶，而在特定组分中的回收率会很低。在这种情况下，最好通过在匀浆缓冲液中加入去污剂来溶解全组织。使用去污剂来提取不可溶性的蛋白质需要区别对待，一些蛋白质在低去污剂浓度下就可以释放出来，而另一些则需要将膜组分完全溶解。合适的去污剂包括非离子型（如 Triton）和弱酸型（如胆酸衍生物），像硫酸酯（如 SDS）一类的强酸性去污剂通常会引起变性。

将蛋白质吸附到柱（使用特殊的吸附去污剂的介质）上，然后用不含去污剂的缓冲液洗脱，或者甚至通过用不容易混合的有机溶剂（在这种溶剂内，去污剂能被分开）提取，可以将去污剂除去。另外，许多膜蛋白在所有情况下都需要有去污剂的存在，以保持溶解和天然构象，这包括大多数的构成整体所必需的膜蛋白（如细胞色素 P450）、穿膜受体和转运蛋白。最敏感的蛋白质需要天然脂类的一个特定组合（除了去污剂以外）来维持其完整性。纯化方法包括用于可溶性工程细胞表达产品的大多数方法，但是，如果自始至终需要去污剂的话，有些方法建议不要使用。例如，硫酸铵沉淀通常会引起去污剂-蛋白质复合物从溶液中析出来，在离心时漂浮在上面，而不是沉在底下，这可能会有用，但当重新溶解时，这种“漂浮物”的去污剂含量会较高。疏水层析可能会很有用，因为膜蛋白本来就是疏水的。

可以通过变性（使用如 SDS 和盐酸胍之类的化合物）溶解在正常去污剂中完全不可溶的内在膜蛋白（integral membrane protein）。一些交联的蛋白质（如弹性蛋白）的共价键不被破坏就不会溶解。

4.9.1.5 目标产品的储存、制剂冷冻干燥

1）目标产品的储存

生物大分子的稳定性与保存方法有很大的关系。干燥的制品一般比较稳定，在低温情况下其活性可在数日甚至数年无明显变化，储藏要求简单，只要将干燥的样品置于干燥器内（内装有干燥剂）密封，保持 0～4℃冰箱即可，液态储藏时应注意以下几点。

（1）样品不能太稀，必须浓缩到一定浓度才能封装储藏，样品太稀易使生物大分子变性。

（2）一般需加入防腐剂和稳定剂，常用的防腐剂有甲苯、苯甲酸、氯仿、百里酚等。蛋白质和酶常用的稳定剂有硫酸铵糊、蔗糖、甘油等，如酶也可加入底物和辅酶以提高其稳定性。此外，钙、锌、硼酸等溶液对某些酶也有一定保护作用。核酸大分子一般保存在氯化钠或柠檬酸钠的标准缓冲液中。

（3）储藏温度要求低，大多数在 0℃左右冰箱保存，有的则要求更低，应视不同物质而定。

除上所述，每一类生物大分子都有其最适合的保存条件。利用过饱和硫酸铵溶液使生物大分子生发可逆性变性，产生沉淀，使其暂时失活，以减少有关的反应而保存生物大分子。就一般情况而言，生物大分子的纯度越高，保存期越短；生物大分子的浓度越大，保存期越长。同时，反复冻融对生物大分子活性有很大影响。具体到某种生物大分子的保存时，应在实际工作中多做对照实验，以确定针对这种生物大分子的最佳保存条件。

2）制剂

制剂（formulation）是指根据药典、制剂规范或处方手册等收载的比较稳定的处方制成的药物制品。制剂是在原料药的基础上，为了更好地发挥药物的治疗作用，根据药物的药理学作用原理和给药途径，将其制成的最终使用形式的药物。制剂通常以剂型方式分类。药物的剂型种

类繁多,分类方法目前有以下 4 种。

A. 按形态分类

液体剂型(如芳香水剂、溶液剂、注射剂等);固体型(如散剂、丸剂、片剂等);半固体剂型(如软膏剂、糊剂、栓剂等);气体剂型(如气雾剂、吸入剂等)。

B. 按剂型内在的分散特性分类

(1) 真溶液类剂型:如水剂、糖浆剂、溶液剂、酊剂、甘油剂等。

(2) 胶体溶液类型:如乳剂、涂膜剂等。

(3) 乳浊液类型:如乳剂、部分搽剂等。

(4) 混悬液类剂型:如栓剂、洗剂、混悬剂等。

(5) 气体分散体剂型:如气雾剂等。

(6) 固体分散体剂型:如散剂、丸剂和片剂等。

C. 按给药途径和方法分类

(1) 经胃肠道给药的有:溶液剂、糖浆剂、乳剂、混悬剂、散剂、冲剂、片剂、丸剂、胶囊剂等,以直肠给药的有灌肠剂、栓剂等。

(2) 不以胃肠给药的有以下几种。①注射给药的有注射剂,包括静脉注射、皮下注射、皮内注射及空位注射几种剂型。②呼吸道给药的有吸入剂和气雾剂等。后者系将药物溶液分装于特殊的容器中,使其喷洒成极微小的雾状粒子,由呼吸道吸入而作用患部的一种剂型。目前有常用的治哮喘的异丙肾上腺素气雾剂等。③皮肤给药的有外用溶液剂、外用混悬制剂、外用乳浊液型药剂以及膏药、硬膏剂、软膏剂、糊剂等。④黏膜给药的有滴眼剂、滴鼻剂、含漱剂、舌下片剂、体剂、膜剂等。这种分类法与临床使用紧密结合,并能反映给药途径与方法对于剂型制备的特殊要求,但其缺点是一种制剂,由于给药途径或方法的不同可能多次出现,如生理氯化钠的溶液,可以注射剂、滴眼剂、漱口剂、灌肠剂等许多剂型中出现。同时这种分类法亦不能反映剂型内在结构的特性。

D. 按制法分类

例如,浸出制剂(包括酊剂、流浸膏与浸膏剂等)是将用浸出的方法制备的制剂分归纳为一类。无菌制剂是用灭菌方法或无菌操作方法制备的制剂,如注射剂、滴液剂等。

工程细胞的目标产品作为药品应用,其化学本质大多为蛋白质、多肽。无论是抗体药物,还是基因工程药物,经过分离纯化所获得的纯品产物,作为药物而言,只能称为是原料药。原料药与各种辅料经过加工,形成的制剂才能作为最终的药物产品。

工程细胞类药物产品的制剂形式多为粉针注射剂,也有水溶液注射剂、气雾剂、滴眼剂、滴鼻剂等。作为有效成分为蛋白质等生物大分子的药物,最常见的是将原料药与各种赋形剂混合后经过冷冻干燥制成冷冻干燥的粉针注射剂。

3) 目标产品的浓缩

生物大分子在制备过程中由于层析纯化而样品变得很稀,为了保存和鉴定的目的,往往需要进行浓缩。常用的浓缩方法有以下几种。

(1) 减压加温蒸发浓缩。通过降低液面压力使液体沸点降低,减压的真空度越高,液体沸点降得越低,蒸发越快,此法适用于一些不耐热的生物大分子的浓缩。

(2) 空气流动蒸发浓缩。空气的流动可使液体加速蒸发,铺成薄层的溶液,表面不断通过空气流;或将生物大分子溶液装入透析袋内置于冷室,用电扇对准吹风,使透过膜外的溶剂不断蒸发,而达到浓缩目的,此法浓缩速度慢,不适于大量溶液的浓缩。

(3) 冰冻法。生物大分子在低温结成冰,盐类及生物大分子不进入冰内而留在液相中,操作时先将待浓缩的溶液冷却使之变成固体,然后缓慢地融解,利用溶剂与溶质融点介点的差别而达到除去大部分溶剂的目的。例如,蛋白质和酶的盐溶液用此法浓缩时,不含蛋白质和酶的纯冰结晶浮于液面,蛋白质和酶则集中于下层溶液中,移去上层冰块,可得蛋白质和酶的浓缩液。

(4) 吸收法。通过吸收剂直接收除去溶液中溶液分子使之浓缩。所用的吸收剂必须与溶液不起化学反应,对生物大分子不吸附,易与溶液分开。常用的吸收剂有聚乙二醇、聚乙烯吡咯酮、蔗糖和凝胶等。使用聚乙二醇吸收剂时,先将生物大分子溶液装入半透膜的袋里,外加聚乙二醇覆盖置于4℃下,袋内溶剂渗出即被聚乙二醇迅速吸去,聚乙二醇被水饱和后要更换新的直至达到所需要的体积。

(5) 超滤法。超滤法是使用一种特别的薄膜对溶液中各种溶质分子进行选择性过滤的方法,液体在一定压力下(氮气压或真空泵压)通过膜时,溶剂和小分子透过,大分子受阻保留,这是近年来发展起来的新方法,最适于生物大分子尤其是蛋白质和酶的浓缩或脱盐,并具有成本低、操作方便、条件温和、能较好地保持生物大分子的活性、回收率高等优点。应用超滤法关键在于膜的选择,不同类型和规格的膜,水的流速,分子质量截止值(大体上能被膜保留分子最小分子质量值)等参数均不同,必须根据工作需要来选用。另外,超滤装置形式、溶质成分及性质、溶液浓度等都对超滤效果的一定影响。用上面的超滤膜制成空心的纤维管,将很多根这样的管拢成一束,管的两端与低离子强度的缓冲液相连,使缓冲液不断地在管中流动。然后将纤维管浸入待透析的蛋白质溶液中。当缓冲液流过纤维管时,小分子很易透过膜而扩散,大分子则不能。这就是纤维过滤透析法,由于透析面积增大,因而使透析时间缩短为原来的1/10。

4) 目标产品的冷冻干燥保存

生物大分子制备得到产品,为防止变质,易于保存,常需要干燥处理,最常用的方法是冷冻干燥和真空干燥。真空干燥适用于不耐高温,易于氧化物质的干燥和保存,此法干燥后的产品具有疏松、溶解度好、保持天然结构等优点,适用于各类生物大分子的干燥保存。

A. 冷冻干燥的原理

冷冻干燥(lyophilization 或 freeze-drying)技术是生物大分子保存最常用的方法之一,简称冻干。其基本原理就是通过低温、低蒸气压的环境使凝结成固体的生物大分子溶液中的水分直接升华,从而得到冻干的生物大分子。其保存期一般都能达到2年以上。

要从溶液中除去水分,常用的方法是在常温或高温下蒸发。但这种处理会加速生物大分子的变性,并改变其在干燥后的溶解性能,故不能使用。要想在干燥过程中最大限度地减少化学反应,唯一的办法是使溶液在低温下干燥。然而温度的降低不但会使水溶液冻结成固态,还将使水的蒸气压力降低,难以挥发,这就需要大大地降低气压来使结成冰的水直接升华成为水蒸气,随后使其附着于一个温度更低的金属表面上,再凝结成冰。这可使活性物质中的固态水分不断升华,不断凝结在冷凝器上,直至干燥的过程,此过程称为冷冻干燥。实验证明,0℃冰的蒸气压是4mmHg①,若气压降至0.1mmHg或0.05mmHg,冰将能很快地蒸发。

B. 冷冻干燥对生物大分子保存的优越性

(1) 减少在干燥过程中由于浓缩可能引起的化学变化。冷冻虽然可以使溶质浓缩,从而促

① 1mmHg=133.322Pa。

进了某些化学变化,但低温却降低了许多化学反应的速度,并使脱水能在较稳定的条件下进行。而最重要的是生物大分子一旦干燥后,其降解速度变得很慢,可明显增加其稳定性。故冷冻干燥很适合于产业化大量制备的生物大分子的长期保存。

(2) 保持干燥后的生物大分子有良好的溶解度。在冻干后的固体生物大分子中存有许多空洞,表面积很大,遇水很易溶解。

(3) 其保存条件一般在10℃以下避光或干燥处亦可,且便于运输和储存。

(4) 凡冻干后的生物大分子一般都明确定量,其浓度则可根据实验需要加入定量液体而得到。

然而,生物大分子在冷冻和干燥的过程中,也会受到一定的冲击,造成损伤,甚至导致溶解度下降和效价降低等不利影响。

C. 冷冻干燥对生物大分子蛋白质破坏的主要原因

(1) 水结晶时可改变其作为溶剂的状态和结构,并可破坏蛋白质的水化膜,使蛋白质产生分子聚合现象。

(2) 冻干可破坏蛋白质的疏水键,但这种损坏往往是可逆的,葡萄糖和蔗糖具有一定的保护作用。

D. 冷冻干燥的过程

冻干的过程大致分为冷冻、第一次干燥和第二次干燥三个步骤。

(1) 冷冻过程。是指通过适当的速度使生物大分子溶液的温度下降到该溶液的最低共融点以下,使溶液完全成为固体,进入下一步干燥程序。但溶液温度不应低于最低共融点太多,以免降低水分升华速度。

(2) 第一次干燥过程。其主要目的是除去大量的游离水以及部分中间型的结合水。在蛋白质溶液中,水以下列 3 种状态存在。①非结合水或称游离水、任意水;②中间型结合水:通过氢键与蛋白质中的羟基或酰胺基相结合的水;③结构型结合水:与蛋白质中的羰基或氨基等离子基相结合的水。

在实际操作中,压力一般要下降至 0.5~0.1mmHg,因为水的蒸气压约为 4mmHg,气压必须要大大地低于此值才可能使冰较快地升华。

在这一程序中,加热速度要严格控制,使加热与水分蒸发所吸收的热量取得平衡,并避免在任何条件下冻干物质的温度高于共融点。否则在溶解时产生气泡,造成变性,甚至引起分子结构的变化。

第一次干燥后,残余水分含量可能低至 1%。但由于最后加温温度的高低、冷凝管表面温度的高低以及冻干物质的吸水性不同,残余水分的含量有时高至 4%。如果生物大分子是作为治疗用药,则国家药品生物制品检定所的检定标准是最高 3%,此时需要第二次干燥。

(3) 第二次干燥过程。许多生物大分子在 4%以上的残余水分下不稳定,且不符合国家标准,需进行第二次干燥。第二次干燥的目的,主要是除去残余的中间型结合水,但需注意勿使结构型结合水除去。否则将使蛋白质中的亲水性基因暴露于空气(尤其是在氧气中)中,产生氧化作用。此外,亦会破坏蛋白质的三级结构和四级结构,使生物大分子变性而失活。对于不同的生物大分子,应通过试验求出其最适的残余水分含量范围,以便在生产中加以控制。冻干完毕后的制剂应及时真空封口或充氮气至常压后封口。

综上所述,一个良好的生物大分子冷冻干燥工艺应包括下列各点:①冷冻温度需低于被冻干生物大分子的共融点,但不要过低;②一般应进行速冻;③第一次干燥时冷凝器的温度应尽可能地低，争取一次干燥使被冻干物质的残余水分在3.0%以下；④气压应控制在50～100μmHg，以加速冰的升华；⑤加热时速度要严加控制，使冰吸热的速度与加热速度取得平衡；⑥第二次干燥时应避免将结构水除去，保持一定的残余水分。不同生物大分子的最佳残余水分含量不同，应根据冻干生物大分子的热稳定性确定；⑦干燥完毕后应及时封口，封口前可抽真空或充氮，避免干燥物质暴露于氧气中。某些型号的冷冻干燥机，其搁板有升降设施。瓶装的制品干燥完毕后可在箱体内将瓶塞盖严，使制品不再接触外界空气。

小结

本节主要介绍了工程细胞表达产品分离纯化的概念和主要技术方法。工程细胞表达产品分离纯化是目标产物获得关键环节之一，它直接关系到目标产品的质量和进一步使用的安全性、可靠性和工业化生产的成本和经济效益。确立高效的、最佳的工程细胞表达产品分离纯化方案至关重要，本节对于概念和技术的阐述仅仅是描述性的介绍，实践中通过以上理论将会积累更多的经验，因此本节的将在应用中得到进一步的升华。

（唐　浩）

思考题

1. 工程细胞表达产品制备中采用的分离纯化方法可分几大类？请举出每类方法中常用的技术，并简述其原理。
2. 液相色谱方法是工程细胞表达产品纯化中最主要的技术，请以单克隆抗体纯化为例，说出几种常用液相色谱技术的方法。

参考文献

陈志南，刘民培. 2002. 抗体分子与肿瘤. 北京：人民军医出版社

陈志南. 2005. 细胞工程. 北京：科学出版社

丁锡申. 1992. 基因工程药物质量控制. 生物工程进展，增刊：66-79

董志伟，王琰. 1997. 抗体工程. 北京：北京医科大学中国协和医科大学联合出版社

郭立安. 1993. 高效液相色谱法纯化蛋白质理论与技术. 西安：陕西科学技术出版社

郭尧君. 1999. 蛋白质电泳实验技术. 北京：科学出版社

黄建生，郭明秋. 1997. 基因工程细胞表达产品. 广州：华南理工大学出版社

刘国诠. 1993. 生物工程下游技术—细胞培养、分离纯化、分析检测. 北京：化学工业出版社

马歇克 D R，门永 J T，布格斯 R R，等. 1999. 工程细胞表达产品与鉴定实验指南. 北京：科学出版社

梅乐和，姚善泾，林东强. 1999. 生化生产工艺学. 北京：科学出版社

沈关心，周汝麟. 1998. 现代免疫学实验技术. 武汉：湖北科学技术出版社

师治贤，王俊德. 1996. 抗体的液相色谱分离和制备. 北京：科学出版社

苏拨贤. 1998. 生物化学制备技术. 北京：科学出版社

孙志贤. 1995. 现代生物化学理论与研究技术. 北京：军事医学科学出版社

王俊德，商振华，郁蕴璐. 1992. 高效液相色谱法. 北京：中国石化出版社

夏其昌. 1997. 蛋白质化学研究技术进展. 北京:科学出版社

严希康. 1996. 生化分离技术. 上海:华东理工大学出版社

周同惠. 1994. 生物医药色谱新进展. 西安:西北大学出版社

GE Healthcare 公司. 2007. 凝胶选择指南

Bleha M, Skvor J, Bostik T. 1998. Effect of salt concentration gradient on separation of different types of specific immunoglobulins by ion-exchange chromatography on DEAE cellulose. J Chromatogr B Biomed Sci Appl, 706(1): 157-166

Fahrner R L, Blank G S, Zapata G A. 1999. Expanded bed protein A affinity chromatography of a recombinant humanized monoclonal antibody: process development, operation, and comparison with a packed bed method. J Biotechnol, 75(2-3): 273-280

Fahrner R L, Whitney D H, Vanderlaan M. 1999. Performance comparison of protein A affinity-chromatography sorbents for purifying recombinant monoclonal antibodies. Biotechnol Appl Biochem, 30(2): 121-128

Fang Y, Dumont L, Larsen B. 1998. Real-time isoform analysis by two-dimensional chromatography of a monoclonal antibody during bioreactor fermentations. J Chromatogr A, 816(1): 39-47

Graf H, Rabaud J N, Egly J M. 1994. Ion exchange resins for the purification of monoclonal antibodies from animal cell culture. Bioseparation, 4(1): 7-20

Grandics P. 1994. Monoclonal antibody purification guide: Part1. Am Biotechnol Lab, 12(6): 58-62

Grandics P. 1994. Monoclonal antibody purification guide: Part2. Am Biotechnol Lab, 12(7): 12-14

Guo W, Shang Z H, Yu Y, et al. 1994. A new matrix for affinity chromatography and its application in the separation of a human monoclonal antibody. Biomed Chromatogr, 8(3): 142-144

Guse A H, Milton A D, Schulze-Koops H, et al. 1994. Purification and analytical characterization of an anti-CD4 monoclonal antibody for human therapy. J Chromatogr A, 661(1-2): 13-23

Hriger D N. 1993. 高效毛细管电泳导论. HEWLETT-PACKARD 公司

Hutchens T W, Porath J. 1986. Thiophilic adsorption of immunoglobulins—analysis of conditions optimal for selective immobilization and purification. Anal. Biochem. , 159: 217-226

Janson J C, Ryden L. 1998. Protein purification. 2nd ed. Hoboken: A John Wiley & Sons, INC. , Publication

Porath J, Maisano F, Belew M. 1985. Thiophilicadsorption—a new method for protein fractionation. FEBS letter, 185(2): 306-310

Zeng Q S, Takeyama H, Kanda S, et al. 1994. Serum preparation and methods for the large-scale production of IgG monoclonal antibody. Hum Antibodies Hybridomas, 5(1-2): 75-80

Zhang J, Zhou H, Ji Z, et al. 1998. Monoclonal antibody production with on-line harvesting and process monitoring. J Chromatogr B Biomed Sci Appl, 707(1-2): 257-265

Zou H, Zhang Y, Lu P, et al. 1996. Perfusion immunoaffinity chromatography and its application in analysis and purification of biomolecules. Biomed Chromatogr, 10(3): 122-126

4.10 工程细胞表达产品的质量控制

目标产品的质量控制主要包括，其生产各个环节的生产条件、工艺路线、原材料、中间体、半成品和成品质量的全面验证、分析、检测及管理。例如,生物大分子生产的洁净实验室(车间)和仪器设备的验证,杂交瘤或其他工程细胞的构建及质量检定,工程细胞的大规模培养和目标产品的分离纯化的工艺,各种培养基、分离纯化介质的选用和质量保证,目标产品半成品和成品的质量分析和各种指标的检定等,均属于目标产品的质量控制范畴,即对目标产品生产的全过程的全面质量管理。通过质量控制,使得工程细胞表达产品的最终产品的质量得到保证。

下面以人用工程细胞表达最终产品的质量控制为例,从技术方法以及国家食品与药品管理局(SFDA)要求等方面,作一介绍。

工程细胞表达产品质量控制的核心技术是蛋白质化学检测分析方法,以及目标产物相关的生物活性测定方法。因为无论是原核细胞、真核细胞基因工程表达生物大分子,还是杂交瘤细胞大规模培养所产生的单克隆抗体,其化学本质均是蛋白质。因此,用于工程细胞表达产品质量控制的主要方法也是蛋白质分析和测定的有关技术。其中不同的是尚需用免疫学的有关分析技术对这些生物大分子的生物学活性进行测定。

知识拓展框

《药品生产质量管理规范》(Good Manufacture Practice,GMP)是药品生产和质量管理的基本准则,适用于药品制剂生产的全过程和原料药生产中影响成品质量的关键工序。大力推行药品 GMP,是为了最大限度地避免药品生产过程中的污染和交叉污染,降低各种差错的发生,是提高药品质量的重要措施。

国家药品监督管理局自 1998 年 8 月 19 日成立以来,十分重视药品 GMP 的修订工作,先后召开多次座谈会,听取各方面的意见,特别是药品 GMP 的实施主体——药品生产企业的意见,组织有关专家开展修订工作。目前,《药品生产质量管理规范》(1998 年修订)已由国家药品监督管理局第 9 号局长令发布,并于 1999 年 8 月 1 日起施行。历经 5 年修订、两次公开征求意见的《药品生产质量管理规范(2010 年修订)》于 2011 年 3 月 1 日起施行。

以下重点介绍工程细胞表达产品质量控制中的蛋白质检测分析方法,其内容包括纯度分析、含量测定、分子质量测定、生物大分子的稳定性实验、安全性评价以及生物大分子的生物活性测定等。

4.10.1 工程细胞表达产品的物化指标测定

4.10.1.1 工程细胞表达产品的纯度测定

无论是由杂交瘤细胞生产,还是由宿主菌表达的基因目标产品,其纯度(purity)是重要的质控指标之一,也是衡量各种分离纯化工艺优劣的指标之一。由于目标产品的应用目的不同,纯度指标的要求也不一样。作为治疗新药用的单克隆抗体纯度标准是>95%。如果进行生物大分子结构分析,或是进行氨基酸序列的测定,对其纯度的要求则更高。

蛋白质的纯度指标是指在待测样品中目的蛋白所占的质量百分比。纯度指标的关键在于待检样品中是否存在其他的杂蛋白污染物,一般不包括盐,缓冲液离子等无机小分子在内。蛋白质纯度一般以百分比来表示,但是这一数据是通过何种算法、何种仪器测得的,均与其结果的可比性有关。

常用于蛋白质纯度测定的方法有聚丙烯酰胺凝胶电泳(polyacrylamide gel electrophoresis,

PAGE)、十二烷基磺酸钠-聚丙烯酰胺凝胶电泳(sodium dodecyl sulphate-polyacrylamide gel electrophoresis,SDS-PAGE)、等电聚焦(isoelectrofocusing,IEF)电泳、高效毛细管电泳(HPCE,high performance capillary electrophoresis)、高效液相色谱(high performance liquid chromatography,HPLC)和质谱等仪器分析方法。此外,还可采用化学分析方法,如蛋白质末端分析法(N端的Edman降解法,C端的羧肽酶降解法),观察末端降解产物的均一性,来鉴定所分析物的纯度。

我国药品监督管理技术部门对于生物大分子类大分子的纯度分析要求以电泳、高效凝胶过滤色谱和离子交换色谱作为鉴定的标准方法。下面介绍几种常用的测定方法。

1) 聚丙烯酰胺凝胶电泳

在目标产品中全生物大分子的纯度分析中,由于生物大分子分子质量较大,故可选用此电泳技术,以便保持生物大分子的结构不被破坏。用聚丙烯酰胺凝胶电泳方法测定蛋白质的纯度,因其简便易行、结果可靠等优点,而成为蛋白质分析中最常用的方法之一。对人用单克隆抗体纯度的要求是,采用还原和非还原条件下的SDS-PAGE测定生物大分子纯度,扫描后计算出免疫球蛋白含量应达到95%以上,二聚体含量<10%。

聚丙烯酰胺凝胶电泳(PAGE)的分离作用有两个方面,一是蛋白质在缓冲液中解离后的电荷密度,二是蛋白质分子的大小和形状。此种电泳的形式有水平电泳、垂直电泳和圆盘电泳。纯度分析中常用的聚丙烯酰胺凝胶电泳的形式是垂直电泳。

聚丙烯酰胺首次用于电泳的分离介质是在1959年。1965年,在与电泳有关的基础研究获得进展后,聚丙烯酰胺凝胶电泳已成为蛋白质化学分析实验中最常用的分离介质,广泛用于电泳、等电聚焦和双向电泳等分析方法中。

聚丙烯酰胺凝胶(polyactylamide gel,PAG)是由丙烯酰胺和交联试剂N,N'-甲叉双丙烯酰胺在引发剂和加速剂的作用下,聚合而成的具有三维网状结构的凝胶。其化学稳定性好、重复性好、具有一定的机械强度,并有高的透明度。此聚合过程是由四甲基乙二胺(tetramethylethylenediamine,TEMED)和过硫酸铵(ammonium persulfate,AP)激发的。被激活的单体和未被激活的单体开始了多聚链的延伸,正在延伸的多聚链也可以随机地接上双丙烯酰胺,使多聚链交叉互联成为网状立体结构,最终多聚链聚合成凝胶状。

值得注意的是,丙烯酰胺属中等毒类,对眼睛和皮肤有一定的刺激作用,可经皮肤、呼吸道和消化道吸收,在体内有蓄积作用,主要影响神经系统,急性中毒十分罕见。密切大量接触可出现亚急性中毒,中毒者表现为嗜睡、小脑功能障碍以及感觉运动型多发性周围神经病。长期低浓度接触可引起慢性中毒,中毒者出现头痛、头晕、疲劳、嗜睡、手指刺痛、麻木感,还可伴有两手掌发红、脱屑,手掌、足心多汗,进一步发展可出现四肢无力、肌肉疼痛以及小脑功能障碍等。

丙烯酰胺慢性毒性作用最引人关注的是它的致癌性。丙烯酰胺具有致突变作用,可引起哺乳动物体细胞和生殖细胞的基因突变和染色体异常。动物试验研究发现,丙烯酰胺可致大鼠多种器官肿瘤,如乳腺、甲状腺、睾丸、肾上腺、中枢神经、口腔、子宫、脑下垂体肿瘤等。但目前还没有充足的人群流行病学证据表明,食物摄入丙烯酰胺与人类某种肿瘤的发生有明显相关性。国际癌症研究机构(IARC)对其致癌性进行了评价,将丙烯酰胺列为2类致癌物(2A),即人类可能致癌物。其主要依据为,丙烯酰胺在动物和人体均可代谢转化为致癌活性代谢产物环氧丙酰胺。

因此,电泳操作过程中应加强个人防护,如戴口罩、手套,穿防护服和鞋等,以防止丙烯酰胺进入体内。

聚丙烯酰胺凝胶电泳(PAGE)分为常规聚丙烯酰胺凝胶电泳(conventional PAGE)和 SDS-PAGE 两种。

(1) 常规聚丙烯酰胺凝胶电泳,又称为天然状态生物大分子聚丙烯酰胺凝胶电泳(native PAGE)。其实验是在恒定的非解离的缓冲系统中进行。电泳过程中可以保持蛋白质的天然构象不被破坏,保持蛋白质的生物活性不损失。该方法可测得蛋白质天然状态下的分子质量。

(2) SDS-PAGE 可对蛋白质的组分进行分离,并可精确测得蛋白质的分子质量,常用的方法为 SDS-PAGE 不连续系统。

该方法是在 20 世纪 60 年代发明的。在样品介质和聚丙烯酰胺凝胶中加入离子型去垢剂和强还原剂后,蛋白质被解离为各亚基,各亚基表面均带有几乎相同的电荷。因此,各亚基的电泳迁移率主要取决于亚基分子质量的大小,而与电荷因素无关。图 4.10.1 为常用 SDS-PAGE 电泳系统。

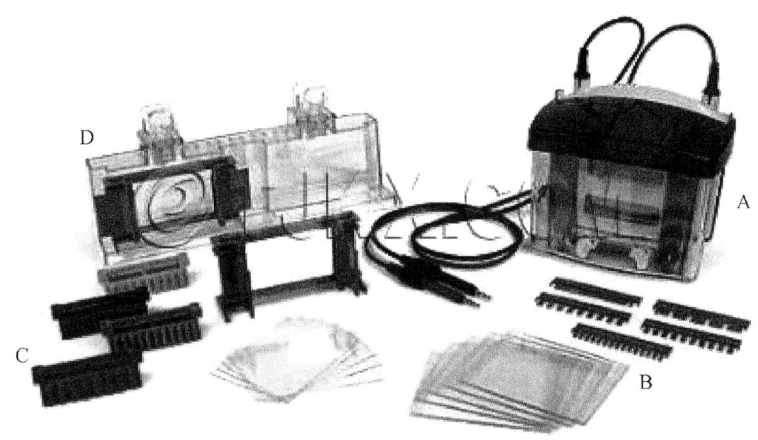

图 4.10.1 SDS-PAGE 电泳系统

A. 电泳缓冲液槽;B. 凝胶玻板;C. 上样引导槽;D. 凝胶支架

SDS 是一种阴离子去垢剂,在蛋白质和多肽的电泳中,作为变性剂和助溶剂使用。其作用是断裂分子内和分子间的氢键,使分子去折叠失去高级结构。强还原剂,包括 β-巯基乙醇(β-ME)和二硫苏糖醇(DTT)则能使半胱氨酸残基之间的二硫键断裂。

SDS-PAGE 中有两种样品处理方法:一种是还原 SDS 处理,即采用还原剂 DTT 或 β-ME,将蛋白质完全去折叠,分子内和分子间的氢键、二硫键、疏水键等全部被破坏。电泳分离中只有分子的大小在起作用。另一种是非还原的 SDS 处理,在处理样品时,只加入 1%的 SDS,并不加入还原试剂,此种情况的二硫键不被破坏。这种处理只用做蛋白质纯度分析,而不能用做分子质量测定。

在目标产品的纯度分析中,对于全生物大分子可采用非解离的 SDS-PAGE,即在样品处理时只需加入 1% SDS 煮沸 3min,而不加入还原试剂。因此,生物大分子中的二硫键不被破坏,生物大分子蛋白没有完全去折叠,其高级结构得以保存,以便于纯度的分析。

2) 等电聚焦电泳

等电聚焦电泳(isoelectrofocusing,IEF)是20世纪60年代建立和发展起来的蛋白质电泳分析技术,是电泳技术中具有最高分离能力的分析技术。其基本原理是利用蛋白质分子的两性电离特性,即不同的蛋白质具有不同的等电点(pI),蛋白质在pH高于或低于其pI的环境中都以带电荷的离子状态存在。在一个连续而稳定的具有pH梯度场的凝胶中,如有电场存在,带电荷的离子化蛋白质将会运动,直到达到pH=pI的环境中,蛋白质所带的净电荷为零时,停止泳动。因此,等电聚焦是在具有pH梯度场的凝胶中特殊的电泳分析方法。

蛋白质的pI仅取决于组成蛋白质的氨基酸组成,是蛋白质特有的理化参数。不同的单克隆抗体具有不同的pI。人的不同类型的免疫球蛋白的pI范围很宽,为pI 4.7～9.5;小鼠的免疫球蛋白的等电点范围为pI 4.0～8.5。

等电聚焦根据分离凝胶中pH梯度建立的方法不同,分为载体两性电解质pH梯度等电聚焦和固相pH梯度等电聚焦两种。前者是在凝胶中加入载体两性电解质,在电场的作用下通过缓冲离子建立pH梯度。后者是在凝胶聚合过程中形成pH梯度。固相pH梯度是目前分辨率最高的电泳方法,分辨率可达0.001pH单位。载体两性电解质pH梯度等电聚焦的应用比固相pH梯度等电聚焦应用广泛。

常用的载体两性电解质:①LKB公司生产的Ampholine。它是由多种脂肪族的多氨基多羧基的异构体和同系物组成,具有连续改变的氨基与羧基比,通过调节二者的比例,可以得到不同pH的载体两性电解质。市售的Ampholine有10种规格,其中1种宽pH为3.5～10,其余9种窄范围的。②其他载体两性电解质产品,如德国Serva公司生产的Servalyte系列,瑞典Pharmacia公司生产的Pharmalyte系列。我国军事医学科学院放射医学研究所和上海丽珠生化试剂公司也生产载体两性电解质。

固相pH梯度等电聚焦是20世纪80年代发展的新型等电聚焦技术。该方法是在凝胶聚合过程中形成pH梯度,因而这种梯度是固定的,不会随环境中电场等因素的变化而变化。Immobiline是LKB公司生产的固相pH梯度介质,其化学性质为具有弱酸性和弱碱性的丙烯酰胺的衍生物。它们在聚合特性上与丙烯酰胺和甲叉双丙烯酰胺相类似,Immobiline可在凝胶聚合过程中通过共价键结合到聚丙烯酰胺凝胶介质中,即使加上电场,pH梯度也是固定不变的。

等电聚焦不仅可以分析生物大分子等蛋白质的纯度,而且可以同时测定pI分布范围。在理论上,一种蛋白质只具有一种pI,并在等电聚焦电泳结果中只出现一条区带。但是在实际应用中,常会出现多条区带,这可能是由于空间构象不同而引起的。目前,中国药品生物制品检定所关于蛋白质药物的等电聚焦结果的要求是,三批中试样品检定结果应一致,并与理论值相符。

3) 高效毛细管电泳

毛细管电泳是分析化学、生物化学、药物化学、食品化学、环境化学及医学和法医学中一种十分重要的分离分析方法,具有广阔的发展前景。

20世纪80年代末发展起来的高效毛细管电泳(high performance capillary electrophoresis,HPCE),是将电泳方法的高分离能力,与高效液相色谱法的仪器构成原理和数据处理方法相结合的仪器分析方法。普通电泳分离的原理是利用电场中的溶质所具有的不同的迁移率。在高效毛细管电泳中,电泳过程是在毛细管中进行,毛细管的内径一般为25～75μm,管内通常只充有缓冲液。

HPCE的主要特点和分析优势有:①其分离过程中,即使在高电场(100~500V/cm,实际工作电压10~30kV)条件下,也不会产生大量的热量;②高效毛细管电泳的分离效率可达10^5~10^6理论塔板数;③分析时间短;④所需样品少(1~10μL);⑤自动化程度高,全部分离及数据处理均由计算机控制完成,确保良好的重现性。

因此,一般也把HPCE看做是仪器化的电泳,通过利用毛细管代替平板凝胶使得分离效率显著提高。此外,高效毛细管电泳具有多种分离机制,不像在普通电泳中的分离机制只是限于分子大小,并只能用在大分子的分离中。此外,它还可以用于分析多种有机化合物。

高效毛细管电泳同高效液相色谱一样具有多种分离模式,各种分离模式的分离机制各不相同。基本的分离模式有:毛细管区带电泳、胶束电动色谱、毛细管凝胶电泳、毛细管等电聚焦和毛细管等速电泳等。其中的高效毛细管电泳中的毛细管区带电泳、毛细管凝胶电泳和毛细管等电聚焦等几种分离模式可应用于生物大分子的纯度分析。

4) 高效液相色谱法(high performance liquid chromatography,HPLC)

在蛋白质纯度分析中,高效液相色谱法的常用模式有高效凝胶过滤色谱法、离子交换色谱法和反相色谱法3种。高效液相色谱法是用高压输液泵将具有不同极性的单一溶剂或不同比例的混合溶剂、缓冲液等流动相泵入装有固定相的色谱柱,经进样阀注入供试品,由流动相带入柱内,在柱内各成分被分离后,依次进入检测器,色谱信号由记录仪或积分仪记录。

A. 高效液相色谱法概述

a. 对仪器的一般要求

所用的仪器为高效液相色谱仪。色谱柱的填料和流动相的组分应按各品种项下的规定。常用的色谱柱填料有硅胶和化学键合硅胶。后者以十八烷基硅烷键合硅胶最为常用,辛基键合硅胶次之,氰基或氨基键合硅胶也有使用;离子交换填料,用于离子交换色谱;凝胶或玻璃微球等,用于分子排阻色谱等。注样量一般为数微升。除另有规定外,柱温为室温,检测器为紫外吸收检测器。

在用紫外吸收检测器时,所用流动相应符合紫外分光光度法对溶剂的要求。正文中各品种项下规定的条件除固定相种类、流动相组分、检测器类型不得任意改变外,其余如色谱柱内径、长度、固定相牌号、载体粒度、流动相流速、混合流动相各组分的比例、柱温、进样量、检测器的灵敏度等,均可适当改变,以适应具体品种并达到系统适用性试验的要求。一般色谱图约于20min内记录完毕。

b. 系统适用性试验

按各品种项下要求对仪器进行适用性试验,即用规定的对照品对仪器进行试验和调整,应达到规定的要求,或规定分析状态下色谱柱的最小理论板数、分离度和拖尾因子。

① 色谱柱的理论板数(n)。在选定的条件下,注入供试品溶液或各品种项下规定的内标物质溶液,记录色谱图,量出供试品主成分或内标物质峰的保留时间t_R(以分钟或长度计,下同,但应取相同单位)和半高峰宽($W_{h/2}$),按$n=5.54(t_R/W_{h/2})$。

如果测得理论板数低于各品种项下规定的最小理论板数,应改变色谱柱的某些条件(如柱长、载体性能、色谱柱充填的优劣等),使理论板数达到要求。

② 分离度。定量分析时,为便于准确测量,要求定量峰与其他峰或内标峰之间有较好的分离度。除另外有规定外,分离度应大于1.5。

③ 拖尾因子。为保证测量精度,特别当采用峰高法测量时,应检查待测峰的拖尾因子(T)

是否符合各品种项下的规定，或不同浓度进样的校正因子误差是否符合要求。拖尾因子计算公式为

$$W_{0.05h}T = 2d_1$$

式中，$W_{0.05h}$ 为 0.05 峰高处的峰宽；d_1 为峰最大值至峰前沿之间的距离。除另有规定外，T 应为 0.95～1.05。

也可按各品种校正因子测定项下，配制相当于 80%、100%和 120%的对照品溶液，加入规定量的内标溶液，配成三种不同浓度的溶液，分别注样 3 次，计算平均校正因子，其相对标准偏差应不大于 2.0%。

c. 测定法

定量测定时，可根据样品的具体情况采用峰面积法或峰高法。但用归一法或内标法测定杂质总量时，须采用峰面积法。

① 面积归一化法。测定供试品(或经衍生化处理的供试品)中各杂质及杂质的总量限度采用不加校正因子的峰面积归一法。计算各杂质峰面积及其总和，并求出占总峰面积的百分率。但溶剂峰不计算在内。色谱图的记录时间应根据各品种所含杂质的保留时间决定，除另有规定外，可为该品种项下主成分保留时间的倍数。

② 主成分自身对照法。当杂质峰面积与成分峰面积相差悬殊时，采用主成分自身对照法。在测定前，先按各品种项下规定的杂质限度，将供试品稀释成一定浓度的溶液作为对照溶液，进样，调节检测器的灵敏度或进样量，使对照溶液中的主成分色谱峰面积满足准确测量要求。然后取供试品溶液，进样，记录时间，除另有规定外，应为主成分保留时间的倍数。根据测得的供试品溶液的各杂质峰面积及其总和并和对照溶液主成分的峰面积比较，计算杂质限度。

③ 内标法测定供试品中杂质的总量限度。采用不加校正因子的峰面积法。取供试品，按各品种项下规定的方法配制不含内标物质的供试品溶液，注入仪器，记录色谱图Ⅰ；再配制含有内标物质的供试品溶液，在同样的条件下注样，记录色谱图Ⅱ。记录的时间除另有规定外，应为该品种项下规定的内标峰保留时间的倍数，色谱图上内标峰高应为记录仪满标度的 30%以上，否则应调整注样量或检测器灵敏度。

如果色谱图Ⅰ中没有与色谱图Ⅱ上内标峰保留时间相同的杂质峰，则色谱图Ⅱ中各杂质峰面积之和应小于内标物质峰面积(溶剂峰不计在内)。如果色谱图Ⅰ中有与色谱图Ⅱ上内标物质峰保留时间相同的杂质峰，应将色谱图Ⅱ上的内标物质峰面积减去色谱图Ⅰ中此杂质峰面积，即为内标物质峰的校正面积；色谱图Ⅱ中各杂质峰总面积加色谱图Ⅰ中此杂峰面积，即为各杂质峰的校正总面积，各杂质峰的校正总面积应小于内标物质峰的校正面积。

④ 内标法加校正因子测定供试品中某个杂质或主成分含量。按各品种项下的规定，精密称(量)取对照品和内标物质，分别配成溶液，精密量取各溶液，配成校正因子测定用的对照溶液，取一定量注入仪器，记录色谱图，测量对照品和内标物质的峰面积或峰高，按下式计算校正因子

$$A_s/m_s \text{ 校正因子}(f) = A_r/m_r$$

式中，A_s 为内标物质的峰面积或峰高；A_r 为对照品的峰面积或峰高；m_s 为加入内标物质的量；m_r 为加入对照品的量。

再取各品种项下含有内标物质的供试品溶液，注入仪器，记录色谱图，测量供试品(或其杂质)峰和内标物质的峰面积或峰高，按下式计算含量

$$A_x \text{ 含量}(m_x) = f \times A_s/m_s$$

式中，A_x 为供试品(或其杂质)的峰面积或峰高；m_x 为供试品(或其杂质)的量；f、A_s 和 m_s 的意

义同上。

当配制校正因子测定用的对照溶液和含有内标物质的供试品溶液使用同一份内标物质溶液时，则配制内标物质溶液不必精密称(量)取。

⑤ 外标法测定供试品中某个杂质或主成分含量。按各品种项下的规定，精密称(量)取对照品和供试品，配制成溶液，分别精密取一定量，注入仪器，记录色谱图，测量对照品和供试品待测成分的峰面积(或峰高)，按下式计算含量：

$$A_x \text{ 含量}(m_x) = m_r \times A_r$$

式中各符号意义同上。由于微量注射器不易精确控制进样量，当采用外标法测定供试品中某杂质或主成分含量时，以定量环进样为好。

5) 凝胶过滤色谱

凝胶过滤色谱法采用温和的缓冲体系作为色谱分析过程的流动相。因此，该方法可以保持蛋白质的高级结构状态，所得结果是天然条件下蛋白质的纯度。目标产品或片段大的生物大分子，由于分子质量较大，故采用的色谱方法应以凝胶过滤色谱法为主。

凝胶色谱法可以将生物大分子样品中的免疫球蛋白单体和多聚体分离，“人用鼠源性单克隆抗体制造及检定规程”中规定，用高效凝胶过滤色谱测得的多聚体含量应低于总量的10%。

常用的高效凝胶过滤色谱柱有TOYO SODA公司的TSK G3000SW(7.5mm×300mm)，对于球型蛋白质的分离范围5～300kDa；DuPont公司的Zorbax GF 250(4.6mm×250mm)，对于球型蛋白质的分离范围10～250kDa。

6) 离子交换色谱

离子交换色谱在目标产品的质量控制中也有应用，在“人用鼠源性单克隆抗体制造及检定规程”中，有关HPLC方法测定生物大分子纯度规定，采用高效离子交换色谱法测得的纯度应>95%。常用的以聚合物为基质的高效离子交换色谱柱有：Beckman公司或Toyo Soda公司的阴离子型交换柱TSK DEAE-5PW(7.5mm×75mm)，阳离子型交换柱TSK CM-5PW(7.5mm×75mm)。

7) 反相色谱

反相色谱是高效液相色谱法各种分离模式中应用最广的模式。该方法的分离基本原理是蛋白质或多肽与固定相之间的疏水性相互结合。其固定相是通过化学键，连接在硅胶等载体上的疏水性的直链烷基，利用不同蛋白质中含有的疏水性氨基酸形成疏水性的强弱不同，而将不同的蛋白质进行分析。

在反相色谱中，由于分析过程中采用的是有机溶剂作为流动相的主要成分，如乙腈和甲醇等有机溶剂。为了获得高的分辨率，在流动相中常加入三氟乙酸等强有机酸及各种离子。因此，该分离模式在蛋白质分析中的应用受到限制。一般认为，反相色谱在相对分子质量低于30 000的小分子蛋白质和多肽的分离和分析中效果好。但也有研究表明，相对分子质量以30 000为限也并不是绝对的。相对分子质量高于30 000的蛋白质，只要在所采用的流动相中不变性失活，同样也可采用该方法进行分离纯化和分析鉴定。而相对分子质量低于30 000的蛋白质或多肽分子，在反相色谱分析条件下易变性失活，或由于其氨基酸组成中的疏水性氨基酸比例超出一定的范围，则可使蛋白质与固定相的作用过强，从而无法从固定相上解离下来。这些情况下的样品，均不能采用反相色谱法进行纯度分析。

因此,在目标产品的分析中,反相色谱可适于基因工程表达的小分子生物大分子的分析。

8) 目标产品中残留 DNA 含量检测

目标产品中残留 DNA 含量的测定,一般是在半成品和成品中残留的腹水或杂交瘤细胞中宿主的 DNA。由于 DNA 的残留可能会对人体产生不良影响,应对其含量进行控制,以保证对人体的安全。

待检样品中的残留 DNA 的检测方法,一般采用 DNA 分子杂交法。

首先,提取待检样品中的 DNA,然后用骨髓瘤细胞制备的 DNA 探针与待检样品进行杂交。以不同含量的骨髓瘤细胞 DNA 作为工作标准,测定每一样品剂量中的残余 DNA 含量。根据《人用单克隆抗体质量控制技术指导原则》(发布日期 2003 年 3 月 20 日;发布部门为国家食品药品监督管理局),每一剂量中的残余 DNA 含量不得超过 100pg。

9) 几种纯度测定方法比较

在实际的指标测定中,一般应根据应用的目的和要求时选择两种或两种以上的分析方法进行,而且所选择的两种分析方法应是两种不同分离机制的方法,且应与分离纯化时精细分离所采用的分离模式联系起来考虑。例如,单克隆抗体纯化时,选用阴离子交换色谱法,并收集单一的单克隆抗体色谱峰所对应的纯化组分样品,在随后对纯化样品进行纯度分析时,就不应再选择高效离子交换色谱法,而应选用凝胶过滤色谱或是凝胶电泳方法。因为,选用两种相同分离模式的分离和分析方法,发现样品中杂质的可能性会降低。各种纯度分析方法有其特点和应用范围,见表 4.10.1。

表 4.10.1 蛋白质纯度分析方法的比较

	HPLC	SDS-PAGE 和 IEF	CE
分离机制	极性-非极性分配、分子大小、离子交换	电荷、等电点、分子大小	电荷等
分析所需时间	10~120min	几小时	10~30min
分辨力	好	好	好
样品体积	10~50μL	1~50μL	1~50μL
灵敏度范围	ng~μg	ng~μg	pg
定量准确性	+	±	+
检出方式	紫外等	染色、银染、放射自显影	同 HPLC
仪器价格	中-高	中-低	中-高
日常消耗	低	高	低
自动化	√	有限	√
人力操作	低	高	低
收集样品	√	√	较困难

4.10.1.2 目标产品的含量测定

细胞工程目标产品的化学本质是蛋白质。因此,测定蛋白质含量的方法从原理上均可用于生物大分子的定量。蛋白质含量测定的方法很多,原理各异,对于不同来源、不同性质的蛋白质的应用范围也不同。因此,每一种方法均有其应用范围,结果也是相对的,选用何种方法,应根据所测生物大分子的性质、应用目的,以及实验室所拥有实验条件等因素而定。按照国家"人用鼠源性单克隆抗体制造及检定规程",对于半成品应采用 Lowry 法或其他适宜的方法;而成品蛋白质含量的测定只能用 Lowry 法，其含量应为标示值的 90%～110%。

测定溶液中蛋白质含量最经典的方法是克氏定氮法，其原理是每一种蛋白质的氮元素含量是基本恒定的，占总质量的 1/6.25 左右。该方法虽具普适性，但需有一套专用的玻璃装置，且操作繁琐。故目前已很少使用，而较广泛使用的是光吸收法和染料显色法。

1）紫外吸光度值法

A. 280nm 吸光度值法

蛋白质中的芳香族氨基酸、络氨酸和色氨酸等，含有苯环或共价双键，因而在紫外波长 280nm 处有最大的吸收峰，所以用此波长的吸光度值可进行蛋白质定量。但是，由于每种蛋白质中的这几种芳香氨基酸的含量占总氨基酸的比例是不同的，因而用它测定时的误差各不相同。但该方法测定速度快，耗费样品量极少，因而应用较广。在测定时，通常的浓度为 1mg 蛋白质/mL 溶液的 A_{280} 为 1.0 作为标准值。该方法适用于一般的半定量或实验过程中的大概计值。

B. 280nm 和 260nm 吸光度差值法

本方法适用于各类蛋白质，适用蛋白质浓度范围为 0.1～1.0mg/mL。其原理是：蛋白质分子中所含的酪氨酸和色氨酸残基使蛋白质在 280nm 下具有最大吸收值。这是因为两种氨基酸残基的苯环中含有共轭双键，在一定的浓度范围内蛋白质溶液的 280nm 光吸收值与其浓度成正比，因而可用作定量测定。但不同蛋白质中酪氨酸和色氨酸含量不同所处的微环境也不同，因而不同的蛋白质溶液在 280nm 的光吸收值也不同，但区别不十分明显。据统计浓度为 1mg/mL 的 1800 种蛋白质溶液在 280nm 处的光吸收值在 0.3～3.0，平均为 1.25±0.51。核酸核苷酸碱基等物质在紫外区也有强吸收，且这些物质在生物材料中含量丰富，常与蛋白质类相互干扰，但二者的紫外吸收特性不一样。核酸类物质在 260nm 的光吸收比 280nm 更强，而蛋白质正相反，因而可利用 280nm 和 260nm 的吸收差来计算蛋白质浓度。紫外吸收法操作简便、快捷、不消耗样品、低浓度的盐类不干扰测定，在生化研究中应用广泛，尤其是适合于柱层析分离中蛋白质洗脱情况的检测，但也有相当的物质对紫外法有干扰，如核酸等。

该法所需试剂为：①标准蛋白溶液——牛血清白蛋白溶液用 9mg/mL 的 NaCl 配制成浓度为 1mg/mL 的溶液；②待测蛋白溶液——蛋白质浓度控制在 1.5～2.5mg/mL。方法是直接取蛋白质样品选用 1cm 光径的石英比色杯以相应的溶剂作空白对照分别于 260nm 和 280nm 的光吸收值。依据下述经验公式即可求出待测蛋白质样品的浓度

$$\text{蛋白质浓度(mg/mL)} = 1.45A_{280} - 0.74A_{260}$$

式中，1.45 和 0.74 是经验值系数(假设 1mg/mL 蛋白质溶液的 $A_{280}=1.0$)。

C. 215nm 和 225nm 吸光度差值法

本方法适用于各类蛋白质适用蛋白质浓度为 20～100g/mL。蛋白质的肽链在 200～250nm 波长的紫外光吸收，用 215nm 和 225nm 吸光度差值法与单一波长测定相比，可以减少非蛋白质成分引起的误差。对稀溶液中蛋白质浓度测定的经验公式是

蛋白质浓度(mg/mL) $= 0.144 \times (A_{215} - A_{225})$，测定蛋白质浓度范围为 20 ～ 100mg 蛋白质 /mL。

由于该方法灵敏度高，受干扰的因素较多，0.1mg/L 的氢氧化钠、乙酸和柠檬酸等在波长 215nm 处有强的吸收。对于这类物质测定的浓度应小于 5mmol/L。或者用一已知浓度的蛋白质，建立一系列不同浓度的溶液，分别读其 A_{215} 和 A_{225}，然后以吸收差($\Delta=A_{215}-A_{225}$)为纵坐标，蛋白质浓度为横坐标，制作标准曲线。同样未知样品在测得吸收值以后，可直接从标准曲线上查得其浓度。本法灵敏度高，且无蛋白质特异性，NaCl、硫酸铵、0.1mol/L 磷酸、硼酸和 Tris 等

均无显著干扰，但 0.1mol/L NaOH、0.1mol/L 乙酸、琥珀酸、柠檬酸、邻苯二甲酸、巴比妥等在 215nm 的光吸收较大，必须降低其浓度在 5mmol/L 以下才无显著影响。

a. 考马斯亮蓝 G-250 法

考马斯亮蓝 G-250 是可与蛋白质结合的一种染料。通常在酸性溶液中配制其母液(储存液)，颜色为棕红色，一般以稀释后的工作液与待测样品反应，染料分子与蛋白质通过疏水键结合，变为蓝色，在波长 595nm 处有最大的吸收值。该方法反应快，操作简便，耗费样品少，但不同蛋白质之间差异较大，标准曲线线性相关性一般较差，测定范围为 0.01～1.0mg 蛋白质/mL。

该方法与吸光值法不同的是，测定时要用标准蛋白质制定标准工作曲线。最常用的标准蛋白质是牛血清蛋白。

此外，由于染料与蛋白质的结合为疏水作用。因此，显色后的稳定性较差，应尽快比色，比色时所用的比色杯不可选用石英杯。由于考马斯蓝染色能力极强，当石英杯染色后难以清洗，一般选用玻璃比色杯或塑料比色杯。

b. 福林-酚试剂法(Lowry 法)

该方法是双缩脲法的发展。蛋白质在碱性溶液中可与铜离子形成铜-蛋白质复合物，该复合物以及酪氨酸和色氨酸残基可以还原磷钼酸—磷钨酸试剂(福林试剂)，产生深蓝色。该方法比双缩脲法灵敏度高，但实验过程较长。在进行测定时，加福林试剂要特别小心，因为该试剂仅在酸性条件下稳定。但上述还原反应只是在 pH10 的情况下发生，因此在将福林试剂加到碱性的铜离子与蛋白质溶液中时，必须立刻混匀，以便在福林试剂被破坏之前，还原反应就能发生。该法可用 750nm 比色测定，范围为 0.03～0.3mg 蛋白质/mL；或 500nm 比色测定，范围为 0.05～0.5mg 蛋白质/mL。该法的标准曲线线性较差，样品浓度需按标准曲线校正。

(1) 溶液配制。①标准蛋白质溶液，牛血清白蛋白 0.3～0.5mg/mL。②福林-酚试剂，包括试剂 A 和试剂 B。

• 试剂 A 由下述 3 种溶液配制：首先，称取 20g 无水碳酸钠、4g 氢氧化钠溶解于 1L 水中；其次，称取 0.2g 硫酸铜溶于 20mL 水；最后，称取 0.4g 酒石酸钾钠溶于 20mL 水。在测定的当天将这三种溶液按 100∶1∶1 的体积比混合，即为福林-酚试剂 A，混合放 30min 后使用，混合液只能当天用当天配制。三种溶液分开时，可长期保存。

• 试剂 B(福林试剂)：试剂 B 为市售品。自己配制时，在 2L 的磨口回流装置内加入 100g 钨酸钠($Na_2WO_4 \cdot 2H_2O$)，25g 钼酸钠($Na_2MoO_4 \cdot 2H_2O$)，700mL 蒸馏水，再加 50mL 85%磷酸及 100mL 浓盐酸，充分混匀后，以文火回流 10h，再加入 150g 硫酸锂(Li_2SO_4)，50mL 蒸馏水及数滴液体溴，然后开口继续沸腾 15min，以便驱除过量的溴，冷却后定容到 1L，过滤，溶液呈黄绿色，置于棕色试剂瓶中在冰箱内可长期保存备用。使用时将购买的或自制的试剂 B 用标准氢氧化钠溶液滴定，以酚酞为指示剂，而后用水适量稀释(约 2.3 倍)，使酸度最后为 1mol/L。

(2) 标准曲线制作。在试管中分别加入 0、0.025mL、0.05mL、0.075mL、0.1mL、0.15mL、0.20mL、0.25mL、0.30mL、0.35mL、0.40mL、0.45mL 和 0.50mL 标准蛋白质溶液，用水补足到 0.50mL，加 2.5mL 当天配制的试剂 A，混匀后在室温(20～25℃)放 10min，再加入 0.25mL 试剂 B，立即混匀，室温放 30min，然后在 500nm 或 750nm 比色测定，作标准曲线。该法显色受时间与温度影响较大，要注意控制在同一条件下进行。0.2mg 牛血清白蛋白/mL 溶液的 A_{500} 约为 0.33，A_{750} 约为 0.56。

c. 微量凯氏定氮法

本方法适用于各类蛋白质，可以测定范围为 0.2～2.0mg 的氮。生物材料中含有许多含氮有机物，如蛋白质、核酸、氨基酸等，故含氮量的测定在生化研究中十分重要。知道了含氮量就可推知蛋白质量，还可以据 N/P 值的高低检验核酸纯度。有机物与浓硫酸共热，有机氮转变为无机氮氨，氨与硫酸作用成硫酸铵，后者与强碱作用释放出氨，借蒸汽将氨蒸至酸液中，根据此过量酸液被中和的程度，即可计算出样品的含氮量。以甘氨酸为例，反应式如下：

$$NH_2CH_2COOH + 3H_2SO_4 \longrightarrow 2CO_2 + 3SO_2 + 4H_2O + NH_3$$

$$2NH_3 + H_2SO_4 \longrightarrow (NH_4)_2SO_4$$

$$(NH_4)_2SO_4 + 2NaOH \longrightarrow NH_4OH + Na_2SO_4$$

$$NH_4OH \longrightarrow NH_2 + H_2O$$

$$NH_3 + HCl \longrightarrow NH_4Cl$$

中和程度用滴定法来判断，分回滴法和直接法两种。回滴法用过量的标准酸吸收氨其剩余的酸可用标准 NaOH 滴定。由盐酸量减去滴定所耗 NaOH 的量即为被吸收的氨之量。此法采用甲基红作指示剂。直接法用硼酸作为氨的吸收溶液，结果使溶液中[H^+]降低，混合指示剂(pH4.3～5.0)，由黑紫色变为绿色，再用标准酸来滴定，使硼酸恢复到原来的氢离子浓度为止，指示剂出现淡紫色为终点，此时所耗的盐酸量即为氨的量。

依据下述计算公式即可求出氨的量

$$样品含氮量 = \frac{(A - B) \times M \times 14.008}{C} \text{mg/mL}$$

式中，A 为滴定样品用去的 HCl 溶液毫升数；B 为滴定空白用去的 HCl 溶液毫升数；C 相当于未稀释样品的毫升数；M 为盐酸浓度；14.008 为氮的相对原子质量。

d. 蛋白质含量测定方法比较

综上所述，测定蛋白质含量的方法有很多，原则上均可用于目标产品的含量测定。但各种方法又均有其应用的范围和局限性，应用于目标产品或其他产品的测定时，既要考虑到目标产品作为临床应用的可能性，还要参照新药研究的有关要求，以及药品监督管理部门的具体要求进行。

国家药品监督管理局《新生物制品审批办法》(1999)中对于纯度分析方法的要求是，采用福林-酚试剂法(Lowry 法)或其他适宜的方法进行。表 4.10.2 比较了多种蛋白质浓度测定方法。

表 4.10.2 目标产品蛋白质浓度测定方法的比较

方 法	测定范围/(μg/mL)	需要样品体积/mL	需要样品量/μg	不同蛋白质之间差异	仪器设备及其他
A_{280}	100～1 000	3	300～3 000	大	紫外分光光度计，测 A_{280}，样品可回收
$A_{215\sim225}$	20～100	3	60～300	小	紫外分光光度计，测 A_{215}，A_{225}样品可回收
双缩脲	1 000～10 000	0.6	600～6 000	小	可见分光光度计，测 A_{540}
微量双缩脲	100～2 000	1.5	150～3 000	小	紫外分光光度计，测 A_{310}、A_{330}
福林-酚	30～500	0.5	15～250	大	可见分光光度计，测 A_{50}、A_{750}
考马斯亮蓝 R-250	100～1 000	小于 0.06	6～60	小	可见分光光度计，测 A_{590}，需过滤，色转移
考马斯亮蓝 G-250	10～1 000	0.06 或 0.3	3～60	大	可见分光光度计，测 A_{595}，需过滤，色转移
克氏定氮			大于 300	小	微量克氏定氮仪全套

4.10.1.3 目标产品的分子质量测定

蛋白质分子质量的测定方法有超速离心法、光散射法、凝胶过滤色谱、聚丙烯酰胺凝胶电泳和SDS-聚丙烯酰胺凝胶电泳等。由于前两种方法所需仪器昂贵，且测定中所消耗的样品量较多，目前已很少应用。现已被国家药品监督管理局认可，并在新药送检样品测定中采用的最主要方法是高效凝胶过滤色谱、聚丙烯酰胺凝胶电泳和SDS-聚丙烯酰胺凝胶电泳。此外，近年来高效毛细管电泳和质谱也应用于蛋白质的分子质量测定。

目标产品的分子质量测定的实验与纯度分析实验有时可同时一次完成，即同一次实验，可同时分析样品的纯度并测定样品的分子质量。

1）高效凝胶过滤色谱

高效凝胶过滤色谱的分离原理是分子筛效应，它是蛋白质分子质量测定中常用的技术之一。

在凝胶过滤色谱法中，常压凝胶过滤色谱介质，如Sephadex系列等，已在蛋白质分子质量测定中应用50余年。但是由于常压凝胶过滤色谱分析时间长、需用样品量相对较大、凝胶是软基质，重现性差等问题，现仅在实验室的部分工作中采用。在目标产品等应用性蛋白质的分析测定工作中，应采用硬胶基质的高效凝胶过滤色谱介质。

常用的高效凝胶过滤色谱柱有Waters公司I-60、I-125、I-250；Beckman公司或Toyo Soda公司的TSK 2000SW、TSK 3000SW和TSK 4000SW等。不同型号的色谱柱可用于不同分子质量的蛋白质的测定。具体可根据所测定蛋白质的分子质量大小进行选择。IgG类单克隆抗体的相对分子质量为146 000～170 000，一般选用Waters公司I-125；Beckman公司或Toyo Soda公司的TSK TSK 3000SW为好。

由于采用高效介质，不仅解决了重现性、小样品量等问题，而且可以在高效液相色谱仪上自动完成，每次测定可在1h内完成。

高效凝胶色谱法测定蛋白质分子质量的原理是，在一定的蛋白质分子质量范围内，蛋白质分子质量的对数值(lgMr)与蛋白质的色谱保留时间(t_R)呈线性负相关，即分子质量对数值越大，保留时间越短；分子质量对数值越小，保留时间越长。其具体测定过程是，在相同的实验条件下，选用5种以上的已知分子质量的标准蛋白质，分别进行色谱实验，测得每种蛋白质相对应的色谱保留时间t_R；然后，以lgMr和t_R进行线性相关分析，得到标准工作曲线；最后，将待测蛋白质进行色谱分析，得到其t_R，再从标准工作曲线中计算出待测蛋白质的分子质量。

2）聚丙烯酰胺凝胶电泳

聚丙烯酰胺凝胶电泳对蛋白质的分离，是根据蛋白质分子的大小、形状和电荷进行的，3种因素共同影响分离的结果。如果能排除电荷的影响，就可以根据蛋白质分子在聚丙烯酰胺凝胶中的迁移率和分子质量之间的关系测定工作曲线。排除电荷的影响方法，一种是将带有大量电荷的物质，如SDS结合到蛋白质上，使所有待测蛋白质无电荷差异，这种方法即SDS-聚丙烯酰胺凝胶电泳。在常规聚丙烯酰胺凝胶电泳所用的方法是数学方法。该方法是通过测量蛋白质在不同浓度凝胶中的相对迁移率来排除电荷的影响。具体做法是，选用数个标准分子质量蛋白质与待测蛋白质在7种以上不同浓度($T\%$:2～14)的凝胶中进行聚丙烯酰胺凝胶电泳，对于每种蛋白质可以凝胶浓度$T\%$为自变量，相对迁移率的对数$\lg R_f$为因变量进行线性回归，得到一条直线方程，方程的斜率为 K；然后在以标准蛋白质的分子质量为自变量，相对应的 K 值为因变量，进行线性回归得到蛋白质测定的标准工作曲线方程。最后，用待测蛋白质的 K 值从标准方程中计算得到待测蛋白质的分子质量(表 4.10.3)。

表 4.10.3　聚丙烯酰胺凝胶浓度与蛋白质分子质量的关系

凝胶浓度 $T\%(C=2.6\%)$	分子质量/kDa	凝胶浓度 $T\%(C=5\%)$	分子质量/kDa
5	30～200	5	60～700
10	15～100	10	22～280
15	10～50	15	10～200
20	2～15	20	5～150

由于该方法分析过程较为复杂，分子质量测定中所用的电泳方法以 SDS-PAGE 为主。

3) SDS-聚丙烯酰胺凝胶电泳

SDS-聚丙烯酰胺凝胶电泳与其他蛋白质分子质量测定技术相比，具有简单、经济、快速、高分辨率等优点，是目前公认的用于蛋白质亚基分子质量测定最好的方法之一。因此，该方法与高效凝胶过滤色谱法是目前最常用的蛋白质分子质量测定方法。

与常规聚丙烯酰胺凝胶电泳相比，SDS-聚丙烯酰胺凝胶电泳由于在样品中加入了 SDS 和还原剂，蛋白质被解离为各亚基，各亚基表面均带有几乎相同的电荷。因此，各亚基的电泳迁移率主要取决于亚基分子质量的大小，而与电荷因素无关。

SDS-聚丙烯酰胺凝胶电泳测定蛋白质分子质量的原理与常规聚丙烯酰胺凝胶电泳也有所不同。由于蛋白质均结合了大量的 SDS，克服了各自蛋白质原有的电荷影响。因此，在任何浓度的凝胶电泳实验中，蛋白质的相对迁移率 R_f 和分子质量对数 lgMr 之间有线性相关关系。一般认为蛋白质分子质量为 20～60kDa 线性关系良好，在 15kDa 以下和 70kDa 以上线性关系偏差较大。

在用 SDS-聚丙烯酰胺凝胶电泳测定蛋白质分子质量时，选用的标准蛋白质的结构应尽可能与待测蛋白质相似。一般应选用 5～7 种标准蛋白质，这些标准蛋白质的分子质量范围，应包含待测蛋白质的分子质量。实际应用中的标准蛋白质多为球形蛋白。

用 SDS-聚丙烯酰胺凝胶电泳在测定 IgG 类生物大分子时，测得的是轻、重两条链各自的分子质量。

4) 其他方法

(1) 高效毛细管电泳：在高效毛细管电泳中，包括毛细管区带电泳和毛细管凝胶电泳两种模式。此法对蛋白质分子质量的测定的样品量仅为纳克(ng)级。

(2) 质谱法：近年来，高分辨力的磁质谱可精确测定相对分子质量小于 2000 以下的蛋白质，电喷雾质谱可以用于测定 10～200kDa 的蛋白质。

4.10.2　目标产品的生物学活性测定

目标产品的生物学活性测定，主要是测定生物大分子的免疫活性。生物大分子免疫活性的检测方法，常用的有酶免疫技术、放射免疫技术和荧光免疫技术等。用作目标产品的质量控制指标测定时，所选用的活性测定方法应遵循稳定性、重现性好，并根据所测定生物大分子的性质进行选择。

免疫活性指标不仅是每批样品必测的主要技术指标，而且是作为新药临床前研究中，稳定性实验中需多次测定的重要的指标之一。

4.10.2.1　ELISA

ELISA是酶联免疫吸附剂测定(enzyme-linked immunosorbent assay)的简称。近三十几年来，免疫学分析方法发展很快，特别是在使用标记了的抗原和抗体的分析技术以后，使原来许多经典的分析方法在敏感性和特异性方面都不能相比。继20世纪50年代的免疫荧光(IFA)和60年代的放射免疫(RIA)分析技术之后，1971年Engvall和Perlmann发表了酶联免疫吸附剂测定用于IgG定量测定的文章，使得1966年开始用于抗原定位的酶标抗体技术发展成液体标本中微量物质的测定方法，建立了用酶来标记抗原或抗体的分析技术。由于酶的高效生物催化作用，一个酶分子在数分钟内可以催化几十几百个底物分子发生反应，产生了放大作用，使得原来极其微乎其微的抗原或抗体在数分钟后就可被识别出来。

ELISA试验是一种敏感性高，特异性强，重复性好的实验诊断方法。将抗原、抗体免疫反应的特异性和酶的高效催化作用原理有机地结合起来，可敏感地检测体液中微量的特异性抗体或抗原。此项技术自20世纪70年代初问世以来，发展十分迅速，由于其试剂稳定、易保存，操作简便，结果判断较客观等因素，目前已被广泛用于生物学和医学科学的许多领域。

ELISA是以免疫学反应为基础，将抗原、抗体的特异性反应与酶对底物的高效催化作用相结合起来的一种敏感性很高的试验技术。

ELISA基础是抗原或抗体的固相化及抗原或抗体的酶标记，基本原理有三条：

① 抗原或抗体能以物理性地吸附于固相载体表面，可能是蛋白和聚苯乙烯表面间的疏水性部分相互吸附，并保持其免疫学活性；

② 抗原或抗体可通过共价键与酶连接形成酶结合物，而此种酶结合物仍能保持其免疫学和酶学活性；

③ 酶结合物与相应抗原或抗体结合后，可根据加入底物的颜色反应来判定是否有免疫反应的存在，而且颜色反应的深浅是与标本中相应抗原或抗体的量成正比例的，因此，可以按底物显色的程度显示试验结果。

由于抗原、抗体的反应在一种固相载体——聚苯乙烯微量滴定板的孔中进行，每加入一种试剂孵育后，可通过洗涤除去多余的游离反应物，从而保证试验结果的特异性与稳定性。在测定时，把受检标本(测定其中的抗体或抗原)和酶标抗原或抗体按不同的步骤与固相载体表面的抗原或抗体起反应。用洗涤的方法使固相载体上形成的抗原抗体复合物与其他物质分开，最后结合在固相载体上的酶量与标本中受检物质的量成一定的比例。加入酶反应的底物后，底物被酶催化变为有色产物，产物的量与标本中受检物质的量直接相关，故可根据颜色反应的深浅进行定性或定量分析。由于酶的催化频率很高，故可极大地放大反应效果，从而使测定方法达到很高的敏感度。

4.10.2.2　免疫荧光细胞化学技术

免疫荧光细胞化学技术是根据抗原抗体反应的原理，先将已知的抗原或抗体标记上荧光素，再用这种荧光抗体(或抗原)作为探针检查细胞或组织内的相应抗原(或抗体)。利用荧光显微镜观察标本时，荧光素受激发光的照射而发出明亮的荧光(黄绿色或橘红色)，可以看见荧光所在的细胞或组织，从而确定抗原或抗体的性质、定位，以及利用定量技术测定含量。

用荧光抗体示踪或检查相应抗原的方法称荧光抗体法；用已知的荧光抗原标记物示踪或检查相应抗体的方法称荧光抗原法。免疫荧光细胞化学分直接方法、间接方法和补体法。

1）直接方法(direct method)

(1) 检查抗原方法。用已知特异性抗体与荧光素结合，制成特异性荧光抗体。直接用于细胞或组织抗原的检查，这是最简便、快速的方法，此法特异性强，常用于肾穿刺和病原体检查，其缺点是一种荧光抗体只能检查一种抗原，敏感性较差。

(2) 检查抗体方法。将抗原标记上荧光素，用此荧光抗原与细胞或组织内相应抗体反应，而将抗体在原位检测出来。

2）间接方法(indirect method，又称 sandwich method)

(1) 检查抗体方法。此法是先用特异性抗原与细胞或组织内抗体反应，再用此抗原的特异性荧光抗体与结合在细胞内抗体上的抗原相结合，抗原夹在细胞抗体与荧光抗体之间，故称夹心法。

用已知抗原细胞或组织标本的切片，加上待检血清，如果其中含有切片中某种抗原的抗体，抗体结合在抗原上，再用间接荧光抗体(抗种属特异性 IgG 荧光抗体)与结合在抗原上的抗体反应，在荧光显微镜下可见抗原抗体反应部位呈现明亮的特异性荧光。此法是检验血清中自身抗体和多种病原体抗体的重要手段。

(2) 检查抗原法。此法是直接法的重要改进，先用特异性抗体与细胞标本反应，随后用缓冲液洗去未与抗原结合的抗体，再用间接荧光抗体与结合在抗原上的抗体结合，形成抗原-抗体-荧光抗体的复合物。同直接法相比荧光亮度可增强 3 倍或 4 倍。此法除灵敏性高外，它只需要制备一个种属的间接荧光抗体，可以适用于多种第一抗体的标记显示，这是现在最广泛应用的技术。

3）补体法

(1) 直接检查组织内免疫复合物方法。用抗补体 C3 等荧光抗体直接作用组织切片，与其中结合在抗原抗体复合物上的补体反应，而形成抗原-抗体-补体复合物-抗补体荧光抗体复合物，在荧光显微镜下呈现阳性荧光的部位就是免疫复合物上补体存在处，此法常用于肾穿刺组织活检诊断等。

(2) 间接检查组织内抗原方法。常将新鲜补体与第一抗体混合同时加在抗原标本切片上，经 37℃孵育后，如发生抗原抗体反应，补体就结合在此复合物上，再用抗补体荧光抗体与结合的补体反应，形成抗原-抗体-补体-荧光抗体的复合物，此法优点是只需一种荧光抗体可适用于各种不同种属来源的第一抗体的检查。

4）双重免疫荧光细胞化学标记方法

在同一细胞组织标本上需要同时检查两种抗原时要进行双重荧光染色，一般均采用直接法。将两种荧光抗体(如抗 A 和抗 B)以适当比例混合，加在标本上孵育后，按直接法洗去未结合的荧光抗体，如抗 A 抗体用异硫氰酸荧光素标记，发黄绿色荧光；抗 B 抗体用 TMRITC 或 RB200 标记，发红色荧光，可以明确显示两种抗原的定位。

4.10.3 目标产品的安全性评价

4.10.3.1 安全性评价的目的

新药毒理学研究的目的是确保临床用药安全。为达到此目的，一般将毒理学研究分为：急性毒性试验、长期毒性试验、特殊毒性试验(包括致突变、生殖毒性和致癌试验)。

(1) 找出毒性剂量。不仅要测出急性毒性的 LD_{50}，了解该受试药物中单次给药的毒性剂量，以及连续长期给药产生毒性的剂量。

(2) 确定安全剂量范围。明确单次或多次给药在多大剂量范围内不仅有效，而且不会产生毒副反应，即该受试药物的安全性范围是多大。

(3) 发现毒性反应。通过动物的毒性反应症状为临床用药的安全性监控提供依据，预防毒副反应的发生，及时采取补救措施。

(4) 毒性靶器官的寻找。毒性学研究的重要内容之一就是找到毒性作用的靶器官，这不仅可对药物毒性防治提供依据，还有可能为开发新药提供线索。

(5) 毒性的可逆与否。对动物出现的毒性反应，必须搞清能否恢复。一般来讲，可逆性的毒副反应不影响新药审批，如有不可逆性损伤，则一般不能批准用于临床。

(6) 补救措施。对于毒性作用强而猛、安全范围小的药物，应研究解毒措施，如对心脏和呼吸系统的毒性，必须有相应的补救措施。此外对于注射剂型，特别是静脉注射剂，因其作用更快，更应引起注意。

4.10.3.2 目标产品新药安全性评价的要求

目标产品作为新药用于临床，无论是以单纯的单克隆抗体或是基因目标产品形式，或是在生物大分子基础上交联各种药物，如放射性核素、毒素等制成的导向药物，一般均是国家Ⅰ类新药，其审评要求进行安全性评价。

国家食品药品监督管理局《人用单克隆抗体质量控制技术指导原则》(发布日期 2003 年 3 月 20 日)已对人用单克隆抗体的毒性试验有了明确的规定。

对于未偶联生物大分子，且无合适的动物模型或无携带相关抗原的动物，且与人体组织交叉反应性试验明显阴性，则毒理学试验不是必须的。对单克隆抗体来说，一般不要求进行常规诱变性评估。对育龄妇女反复或长期使用的产品，则应用适当的动物模型进行反复深入研究，包括致畸胎试验。

对于放射性核素的免疫结合物的安全评价应参照以下条例规定：①动物生物分布的资料可被用于对初始人用剂量的评估；②如可能，表达靶抗原的动物模型更有可能发现抗原“减少”或带有在生物分布和(或)毒性方面表现意外抗原的组织；③异源移植模型可以组织定位和抗原非特异放射性免疫结合物分布问题，但对确定一般组织交叉反应范围没有帮助；④应研究适宜的动物数量以用一个可接受的变异系数(通常小于 20%)对放射性剂量进行评估；⑤对于使用放射性总量的新陈代谢和测定从早到晚清除期时间点的适当数值应有完整计算；⑥放射性免疫结合物应通过在血清或血浆中孵育检测体外稳定性。应建立方法来评估游离表位、偶联单克隆抗体、标记的非单克隆抗体三种中每成分存在的放射性百分比。

在单克隆抗体与放射性核素偶联物作为治疗药物的安全性评价时，要求做急性毒性试验。其方法是：用磷酸盐缓冲液配制三批的偶联药物，使比活度分别为 62.9MBq/2.5mg/mL、107.3MBq/2.0mg/mL 和 74MBq/2.5mg/mL。选用二级昆明种小鼠为实验用动物，分为实验组和对照组,每组 5 只小鼠。实验组每日腹腔注射药 0.5mL,对照组每日腹腔注射生理盐水 0.5mL。给药后每日称量各组小鼠的总体重,观察小鼠的一般临床表现,连续 7 天。只要在 7 天内小鼠行为无异常变化,无一死亡,体重均有所增加,则可认为急性毒性试验合格。

4.10.3.3 目标产品新药安全性评价的方法

对单克隆抗体临床前安全性评价毒理学试验一般要求进行以下实验。

1)安全试验

(1)豚鼠试验。用体重 300～400g 健康豚鼠 2 只,每只腹腔注射检品 5mL,注射后 0.5h 内动物不应有明显的异常反应,观察 7 天,动物均健存,每只体重增加者判为合格。

(2)小白鼠试验。用体重 18～20g 小白鼠 10 只,每只腹腔注射送检品 0.5mL,注射后 0.5h 内动物不应有明显的异常反应,连续观察 7 天,动物均健存,每只体重增加者判为合格。

2)异常毒性试验

每批成品都应进行异常毒性试验。其方法是选用 5 只体重 17～22g 小鼠和 2 只体重 250～350g 的豚鼠,每只小鼠腹腔注射 1 个成人用剂量,但体积不超过 1mL;每只豚鼠注射剂量不超 5mL。动物至少存活 7 天以上,应无任何异常中毒反应。

4.10.3.4 目标产品新药安全性评价的机遇与挑战

近年来随着我国经济的高速发展,制药工业也有明显的进步,尤其是在国家大力倡导技术创新的大环境下,很多药物研究与开发公司均投入了大量的人力和物力,致力于开发和研究具有自主知识产权的新的药物,其中包括:Me too 类、Me better 类和完全创新的药物。在某些领域,尤其是在与国外差距比较小的生物技术类药物方面,国内已经取得了明显的成绩,不断有新的药物被推向临床研究。在此过程中,新药从筛选、临床前动物实验到人体临床研究的漫长过程中,临床前的安全性评价在新药的开发中起到了非常关键的作用。这个起步较早,却发展缓慢的学科,迎来了快速发展的机遇,同时也面临着巨大的挑战。国内药物研发技术和资金的大量投入,大量新药的出现,为非临床安全性评价提供了技术需求,国家有关部门,国家科技部对科研单位在新技术新方法研究方面的大力支持,促进了非临床安全性评价技术平台的建立和完善,培养了一批年轻的药物安全评价的技术人员。国家食品药品监督管理部门对药品非临床研究质量管理规范坚持不懈地推进,以及对药物研究中相关技术指导原则的修订也极大地推动了药物安全评价领域的发展和成熟。

在学科快速发展的同时,也存在多方面的挑战。尽管在全国范围内 SFDA 已经检查通过 25 家 GLP 实验室,但整体规模仍然有限,全部技术人员还不足 2000 人,技术人员还非常年轻,无论是 GLP 管理还是专业技术方法均需要不断地积累经验。在国家层面上尚没有建立完善的开展学术交流和技术人员专业技术评定的体系,如毒性病理、SD、QAU 人员资格认定委员会。专业技术与国际同行也存在不小的差距,如毒代动力学和安全药理方法方面。此外,实验动物质量的不稳定和符合技术要求的动物饲养和实验的附属产品,如饲料、垫料和水,甚至灌胃器械、给药胶囊、动物标记产品等的匮乏,也构成了目前药物非临床安全性评价专业发展的明显障碍。

总之,机遇和挑战并存,药物毒理和安全评价专业迎来了快速发展的黄金季节,确信未来的 5～10 年我国该领域将完成其国际化的历程,并为国家的新药研发提供强有力的支持。

4.10.4 目标产品的稳定性

目标产品纯化后无论是作为试剂用于实验室研究，还是作为药物应用于临床前研究或临床研究，都要求以一定的形式保证样品的稳定性，即样品在一定的储存条件下，能够满足不同应用需要的最长保存时间。它反映药物样品在一定时间内的质量和变化情况。

在新药评价中，药物稳定性研究是药学评价部分所要求的。纯化后的目标产品是作为原料药进行考察的。作为蛋白质药物，其稳定性检查主要是通过考察温度对生物大分子的影响，考察的项目有：纯度分析，主要分析储存期间生物大分子是否分解、聚合等；活性分析，主要分析储存期内生物大分子分子活性变化。

(1) 纯度分析。一般采用高效凝胶过滤色谱（HPGFC）或 SDS-聚丙烯酰胺凝胶（SDS-PAGE）在试验设定的时间点采样分析样品，计算样品的纯度，检查在保存期内的变化情况。

(2) 活性分析。选用与目标产品活性鉴定时所用的同一方法在稳定性实验所设计的时间点，分别测定保存一定时间后生物大分子的活性变化。

在新药评价中，对生物大分子稳定性的试验要求是，观察生物大分子在几种不同的保存条件下，最长的稳定时间。半成品单克隆抗体配制成一定浓度后，分装于多个容器中，成品一般为分装后的冻干品，数量要大于全部试验中各时间点取样量的总和。分装后，分别测定生物大分子的浓度和活性，其余样品分别存放在 37℃、室温 22～25℃、4℃和－20℃ 4 种不同的温度下，取样的间隔时间分别为 2 天、4 天、2 周和 2 月；于这些时间点上分别测定纯度和活性的变化。例如，抗人肝癌单克隆抗体 HAb18，浓度为 10mg/mL 的样品，在上述条件下，稳定的时间分别为 7 天、20 天、4 个月和 1 年。

小结

本节以人用工程细胞表达最终产品质量控制为例从技术以及国家相关法律法规的角度进行了简要阐述。工程细胞表达最终产品质量控制包括的方面很多，除了以上的介绍还包括生产的各个环节，每一个环节都有可能影响到产品质量。同时国家的法律法规对于不同产品的要求也不同，在考虑技术问题的同时一定要考虑相关法规的要求，充分理解法规，将两者有机的结合，才能保证最终产品的质量。

（屈 颖 王 彬）

思考题

1. 工程细胞表达产品的质量控制最主要应从哪几个方面进行？
2. 简要说明工程细胞表达产品纯度和含量两项技术指标测定常用的方法。

参考文献

陈志南，刘民培. 2002. 抗体分子与肿瘤. 北京：人民军医出版社

陈志南. 2005. 细胞工程. 北京：科学出版社

黄建生，郭明秋. 1997. 基因工程细胞表达产品. 广州：华南理工大学出版社

刘国诠. 1993. 生物工程下游技术——细胞培养、分离纯化、分析检测. 北京：化学工业出版社

马歇克 D R,门永 J T,布格斯 R R,等. 1999. 工程细胞表达产品与鉴定实验指南. 北京:科学出版社

梅乐和,姚善泾,林东强. 2007. 生化生产工艺学. 第 2 版. 北京:科学出版社

师治贤,王俊德. 1996. 抗体的液相色谱分离和制备. 北京:科学出版社

苏拔贤. 1998. 生物化学制备技术. 北京:科学出版社

孙志贤. 1995. 现代生物化学理论与研究技术. 北京:军事医学科学出版社

夏其昌. 1997. 蛋白质化学研究技术进展. 北京:科学出版社

Godfrey M A, Kwasowski P, Clift R, et al. 1993. Assessment of the suitability of commercially available SpA affinity solid phases for the purification of murine monoclonal antibodies at process scale. J Immunol Methods, 160(1):97-105

Kreutz F T, Wishart D S, Suresh M R. 1998. Efficient bispecific monoclonal antibody purification using gradient thiophilic affinity chromatography. J Chromatogr B Biomed Sci Appl, 714(2):161-170

Litzen A, Walter J K, Krischollek H, et al. 1993. Separation and quantitation of monoclonal antibody aggregates by asymmetrical flow field-flow fractionation and comparison to gel permeation chromatography. Anal Biochem, 212(2):469-480

Tornoe I, Titlestad I L, Kejling K, et al. 1997. Pilot scale purification of human monoclonal IgM (COU-1) for clinical trials. J Immunol Methods, 205(1):11-17

4.11 干细胞工程

4.11.1 干细胞概念与分类

4.11.1.1 干细胞的概念及特征

干细胞(stem cell,SC)是一类具有自我复制、更新和多向分化潜能的原始细胞。在细胞分化的过程中,细胞往往由于高度分化而完全失去了再分裂的能力,最终衰老死亡。机体在发展的同时,保留了一部分未分化的原始细胞,称为干细胞。当机体有需要,如组织受到外伤、老化、疾病等的损伤时,这些细胞就增殖分化,通过分裂而产生分化细胞。干细胞有以下特点:

① 干细胞本身不是终末分化细胞;

② 干细胞能无限增殖分裂;

③ 干细胞可连续分裂几代,也可在较长时间内处于静止状态;

④ 干细胞分裂产生的子细胞有两种命运:或仍作为干细胞存在,或不可逆转地向终末细胞分化;

⑤ 干细胞的可塑性:主要是指成体干细胞的可塑性。人们把成体干细胞具有分化为其他类型组织细胞能力的这种现象称为干细胞的可塑性(plasticity)、转分化(transdifferentiation)或转决定(transdetermination)。

4.11.1.2 干细胞的分类

根据发育潜能,干细胞可分为全能干细胞(totipotent stem cell)、多能干细胞(pluripotent stem cell)和专能干细胞(unipotent stem cell)。

全能干细胞指的是单个细胞具有分化为机体所有类型细胞，并最终形成完整个体的分化潜能，它具有与早期胚胎细胞相似的形态特征和很强的分化能力。胚胎干细胞就属于此类，精子和卵子结合后形成受精卵，这个受精卵就是一个最初始的全能干细胞。受精卵继续分化，在前几个分化过程中，可以分化出许多全能干细胞。而在一些生物中，细胞可以通过去分化而重新获得全能干细胞的特性，如植物的愈伤组织就可通过培养发育为完整植株。

全能干细胞在进一步的分化中，形成各种多能干细胞。这些多能干细胞具有分化出多种细胞组织的潜能，但却失去了发育成完整个体的能力。骨髓多能造血干细胞是典型的例子，在未进行人为诱导的情况下，它可分化出至少 12 种血细胞，但不能分化出造血系统以外的其他细胞。

专能干细胞则是由多能干细胞进一步分化而成的。专能干细胞只能向一种类型或密切相关的两种类型的细胞分化，如上皮组织基底层的干细胞、肌肉中的成肌细胞。

根据所处的发育阶段，则可分为胚胎干细胞(embryonic stem cell，ES)，如胚胎生殖细胞(原始生殖细胞)和成体干细胞(somatic stem cell)，如造血干细胞、骨髓间充质干细胞、神经干细胞、肝干细胞、肌肉干细胞、皮肤表皮干细胞、肠上皮干细胞、视网膜干细胞、胰腺干细胞、牙髓干细胞等。

近年来，随着人们对肿瘤细胞研究的不断深入，又提出了“肿瘤干细胞”(cancer stem cell，CSC)学说，认为肿瘤细胞具有异质性，在肿瘤组织中存在数量极少的瘤细胞，在肿瘤的发生、发展中充当着干细胞的角色，具有无限增殖的潜能，在肿瘤的发生和生长中起着决定性作用。而其余大多数细胞为肿瘤干细胞的分化细胞，不具有成瘤能力，经过短暂的分化，最终死亡，并认为正常干细胞是肿瘤干细胞形成的靶细胞。

4.11.2　胚胎干细胞建系与定向分化

胚胎干细胞是从早期胚胎的内细胞团(inner cell mass，ICM)或原始生殖细胞(primordial germ cell，PGC)分离出来的多潜能细胞系，具有与早期胚胎 ICM 相似的生物学特性。胚胎干细胞具有全能性，在体外能够保持正常二倍体核型和未分化状态，并且有多方向分化潜能。在适当条件下，ES 细胞可被诱导分化为多种细胞、组织，也可以与受体胚胎嵌合形成嵌合体。研究和利用 ES 细胞是当前生物工程领域的核心问题之一。

ES 细胞的研究可追溯到 20 世纪 50 年代，由于畸胎瘤干细胞(EC 细胞)的发现开始了 ES 细胞的生物学研究历程。而早在 1970 年 Martin Evans 已从小鼠中分离出胚胎干细胞并在体外进行培养。而在一些生物中，细胞可以通过去分化而重新获得全能干细胞的特性，如植物的愈伤组织就可通过培养发育为完整植株。

4.11.2.1　胚胎干细胞的分离及鉴定

1) 胚胎干细胞的分离

分离培养胚胎干细胞的前提条件是选择具有发育全能性或多能性的细胞，建立分化抑制培养体系，以保持其全能性(或多能性)和有效增殖(图 4.11.1)。同时，对所得胚胎干细胞的鉴定和保存等问题也是胚胎干细胞研究的重要内容。

A. 采胚时间

不同动物甚至同种动物不同品系间的胚胎，在发育速度等方面存在着许多差异。因而，不同动物分离 ES 细胞需使用不同发育阶段的胚胎。

从以往的研究来看，各种动物的最佳时间是：小鼠取3.5天囊胚；猪取9～10天囊胚；羊取7～8天囊胚；牛取6～7天桑葚胚或早期囊胚；人取7～10天的囊胚。同时，对所取的早期胚胎细胞采取不同的处理方式，可获得不同的分离效果。

B. 胚胎处理方法

目前，常用的处理方法有以下几种。

(1) 延缓胚胎着床：在胚胎早期（小鼠为受精后2.5天），切除卵巢，并加以激素处理，影响子宫内环境和胚胎正常发育而使其着床延迟。目的是增加内细胞团(ICM)的细胞数。也有研究称，热休克处理可阻滞胚胎分化，增加ICM的细胞数，但此法只在小鼠上有报道。具体方法是，将所收集的2个细胞至桑葚胚期的胚胎在体外37℃培养2h后，置于41℃持续培养1～2h，然后用于ES细胞的分离培养。

(2) 分离ICM：即通过免疫外科手术法、组织培养法或机械剥离法，剔除滋养层细胞，获取具有全能性的ICM。主要是为了避免滋养层细胞对ICM的竞争性抑制和诱导分化的作用。其中免疫外科手术法较为通用。具体过程为：用酸性台氏液处理完整胚胎，去除透明带，用Hank's液冲洗后，裸胚与稀释后的抗体培养30min，用豚鼠血清与裸胚进行补体反应溶解滋养层细胞，去除死去的滋养层细胞，即得到ICM。也可以通过胰酶或透明质酸酶等处理或机械切割的方式脱去透明带得到桑葚胚或囊胚。

(3) 离散卵裂球：将桑葚胚或囊胚ICM，经胰酶消化并辅以机械手法，离散成卵裂球，再将卵裂球接种培养。

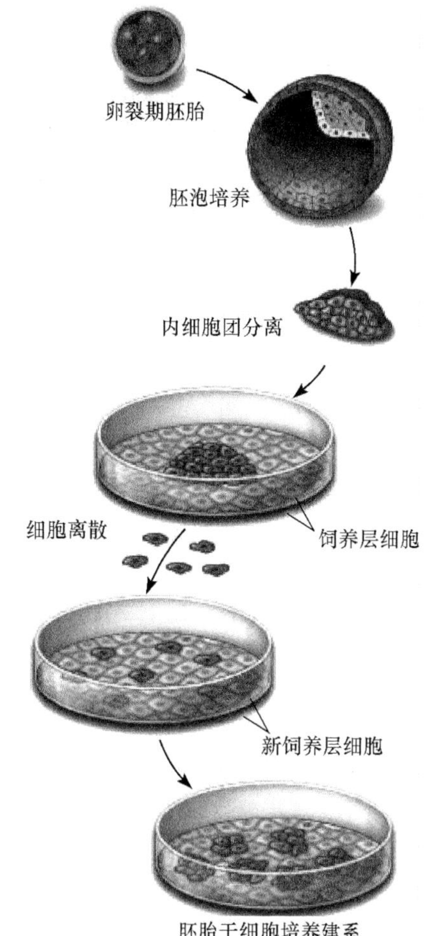

图4.11.1 胚胎干细胞培养流程
(修改自 www.news-medical.net)

C. 分化抑制物的选择

目前常用的分化抑制物有3种：饲养层(feeder layer)、条件培养基(conditioned medium, CM)和分化抑制因子(differentiation inhibitory activity, DIA)。

(1) 饲养层为基础的培养体系。饲养层细胞作为胚胎、ES细胞黏附的基质，促进ES细胞增殖并抑制分化，为ES细胞提供生长环境和信号。饲养层是用特定的细胞（如成纤维细胞、输卵管上皮细胞、子宫上皮细胞等）经丝裂霉素C阻断有丝分裂后制成的细胞单层。常用饲养层细胞有：STO（一种成系的小鼠胎儿成纤维细胞）、PMEF（原代小鼠胎儿成纤维细胞）和HEF(homeologous embryonic fibroblast，同源胎儿成纤维细胞)。饲养层在ES细胞的分离过程中起到促进全能性（或多能性）细胞的增殖和抑制其分化的作用。

促增殖作用主要是由于饲养层细胞能分泌成纤维细胞生长因子(fibroblast growth factor, FGF)等促有丝分裂因子，同时贴壁过程相当于胚胎在体内的附植过程，是ICM快速增殖的启动信号。分化抑制作用则是由于饲养层细胞能分泌白血病抑制因子(leukemia inhibitory factor, LIF)等细胞分化抑制因子。

(2) 无饲养层为基础的培养体系。①条件培养基。使用条件培养基可以消除饲养层细胞的干扰,免受致癌剂丝裂霉素 C 的影响,且操作上也相对简便。常见的用于制备条件培养基的细胞有 BRL、HBC(人膀胱癌细胞株 5637)、PSA-1(小鼠 EC 细胞)、PC10-6R(LIF 转染的 COS 细胞)和 T3 细胞(小鼠 EC 细胞)。T3 细胞的培养上清中富含 TGF-β(转化生长因子),而其他细胞的培养上清中均含有 LIF。但是,单独应用条件培养基只能在短期传代中维持 ES 细胞的全能性和正常核型。②外源分化抑制因子。ES 细胞的分化抑制是多种因子共同作用的结果。其中起主导作用,使用最广泛的是白血病抑制因子(LIF/DIA)。LIF 是一种因能诱导小鼠白血病细胞分化而得名的细胞因子,具有广泛的生物学活性。LIF 的使用质量浓度一般为 10~20ng/mL,但是 LIF 对 ES 细胞的分化抑制作用存在物种差异,根据实际情况可有所调整。③利用转基因技术构建转基因的小鼠 ES 细胞系。Yamane 等于 2005 年报道表达抗凋亡蛋白 Bcl-2 的转基因小鼠 ES 细胞,在 LIF 存在的情况下,不需要血清和饲养层也能增殖并保持其固有特性。为促进 ES 细胞贴壁,常用 0.1%明胶或Ⅳ胶原包被培养皿,有人也用多聚氨酸、纤连蛋白等。

D. 培养基

ES 细胞分离培养的最终目的是获取大量全能性(或多能性)的细胞。这就涉及能保证全能细胞有效生长、增殖的培养基(包括基础培养基和添加物)的设计与筛选。培养 ES 细胞常用的基础培养基有 DMEM、TCM-199 和 F-12,它们均属于合成培养基。基础培养基的选用可根据实验动物种类和各实验室条件而定。基础培养基只能满足细胞培养的基本生长要求,要保证 ES 细胞的有效生长和增殖就必须添加其他成分。添加物的选择除 LIF 等分化抑制因子外,常用的添加物有血清、β-巯基乙醇、非必需氨基酸、核苷酸、亚硒酸钠、丙酮酸钠、柠檬酸钠和各种生长因子等。

(1) 血清。血清属于天然培养基,除了供给细胞营养外,还能促进细胞 DNA 的合成,对细胞的增殖有很大的促进作用。在一定范围内,提高培养基中血清的浓度,细胞的最大密度也随之增加。ES 细胞培养中,一般加 10%小牛血清和 10%胎牛血清,也有人只加 15%胎牛血清或小牛血清。

(2) 生长因子。ES 细胞的培养中常用的外源性生长因子是表皮生长因子(epidermal growth factor,EGF)和胰岛素样生长因子-1(insulin like growth factor 1,IGF-1)。

EGF 是一种广谱促分裂剂,能促进细胞 DNA 的合成和 mRNA 的转录,并使细胞 S 期提前,从而缩短细胞周期,对 ES 细胞的增殖有促进作用。IGF-1 可以增强胚胎细胞中 DNA 和蛋白质的合成,促进细胞分裂,增加胚胎细胞数,对滋养层和 ICM 的增殖均有促进作用,能有效提高 ES 细胞的分离。胰岛素与 IGF-1 在结构和功能上均相近,因此在 ES 细胞培养中二者可以相互替代。此外,干细胞因子(SCF)作为干细胞生长的调控因子,能诱导干细胞进入细胞周期,提高转基因效率,对于细胞有显著的促分裂作用。而且,SCF 和 LIF 均能通过抑制程序性细胞死亡而促进原生殖细胞的生存。这些都显示 SCF 在 ES 细胞的克隆中具有巨大的应用潜力。

(3) 其他添加物。非必需氨基酸、柠檬酸钠、丙酮酸钠、核苷酸、谷氨酰胺等主要作为蛋白质的合成材料并为其提供能量。β-巯基乙醇是一种强还原剂,能使血清中的含硫化合物还原成谷胱甘肽,防止过氧化物对培养细胞的损害。同时,具有促进 DNA 合成、诱导细胞增殖和促进胚胎贴壁的作用。

E. 胚胎干细胞的分离方法

目前 ES 细胞的分离从所培养的全能(或多能)细胞的类型上可分为早期胚胎培养法和原生殖细胞培养法。

(1) 早期胚胎培养法。首先应根据动物种类确定培养基(基础培养基和添加物)以及采胚时间和胚胎处理方法，然后将胚胎（或ICM、分裂球）接种于饲养层上。一般提前1天准备好饲养层，用时先换液，待ICM充分增殖且未出现分化时，挑取并经胰酶消化后离散，再接种到新的饲养层上。此时，一般多出现4种集落：上皮样细胞集落、成纤维细胞集落、滋养层细胞集落和ES细胞集落。待ES细胞充分增殖后，挑取、再消化离散并接种到新的饲养层，经过几次传代筛选后就可得到一定量较纯的ES细胞。然后经消化离散、接种即可得到大量纯化的ES细胞，再经继代增殖后即可建系。

(2) 原生殖细胞培养法。根据不同物种，采集胎儿的特定组织，经消化离心等过程制备含PGC的悬浮液并接种于新制备的饲养层上。PGC有相互聚集的趋势，在成纤维饲养层上，呈集落状生长，形态似小鼠ES集落。待其充分增殖后，挑取、消化离散并接种于新的饲养层上经反复筛选后即可获得ES细胞，进而建系。

另外，有人将ICM进行体外悬浮培养，虽然对这种培养增殖的ICM细胞是否为ES细胞尚无定论，但这无疑给ES细胞的分离克隆提供了一个新的思路。

2) 胚胎干细胞鉴定

A. 形态学特征

ES细胞在饲养层上，体积小而紧密地聚集在一起，形成鸟巢状，无极化(图4.11.2)。ES细胞核仁大、核质比高，这些特性与细胞的增殖有关。

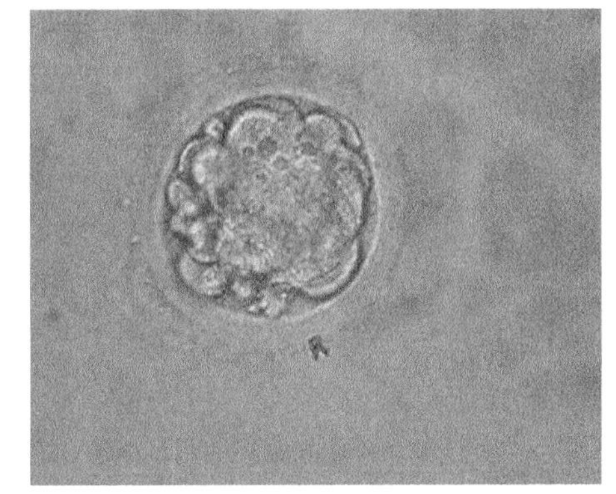

图4.11.2　人胚胎干细胞

可用不同的细胞标记来比较未分化的ES细胞的特征，这些标记物一般类似于细胞骨架和(糖)蛋白，并可通过免疫细胞化学技术来显示。标记物也可最终被它们的酶活性显示。有几种未分化的ES细胞标准阳性标记物，是属于小鼠胚泡内细胞团细胞表面的非特异性碱性磷酸酶。

B. 细胞周期性

选择ES细胞是为了进行增殖或分化，所以了解其周期特征是非常重要的。ES细胞有一个较短的细胞周期和一个特别短暂的G_1期。增殖期的ES细胞可表达低水平的细胞周期蛋白E/CDK2复合物以及P21和P27CDK抑制剂。

C. 基因表达

正在增殖的ES细胞可能会表达所有细胞周期有关的持家基因，也可表达允许分化而避免产生周期性的受体因子。

D. 核型分析

正常的二倍体核型特征是ES细胞全能性(或多能性)的基础。通过核型分析可以检测所得ES细胞的染色体是否正常。

E. 分化潜能的检测

这是目前鉴定全能(或多能性)细胞比较特异和有效的方法，包括分化实验和嵌合体制备。

(1) 体外分化实验：将ES细胞消化离散制成悬液(10^6个/mL)培养在铺有明胶的培养皿中(一般用4孔板)，常规培养，观察所得ES细胞的分化潜能。

(2) 体内分化实验：将ES细胞离散制成悬液，以适当剂量(小鼠1只)注射到同源动物的皮下，经过一段时间即可形成混合组织瘤，手术取瘤，常规方法制组织切片、染色并观察分化结果。分化潜能高的细胞肿瘤形成迅速，分化细胞类型多，且干细胞巢丰富。

(3) 嵌合体实验：通过聚合法或显微注射法，使ES细胞与宿主胚胎细胞共同发育并产生个体，然后，通过检测ES细胞在嵌合体中的表达，确定其全能性或多能性。常用于检测ES细胞在嵌合体中表达程度的遗传标记是皮毛色泽和磷酸葡萄糖异构酶(GPI)。

皮毛嵌合容易判定，但无法确定其他组织器官的嵌合情况。GPI同工酶主要催化6-磷酸葡萄糖和6-磷酸果糖的互变反应，广泛存在于动物体内的所有组织细胞内，通过电泳分析同工酶带谱，即可确定ES细胞在各组织器官(包括生殖腺)中的嵌合情况(如果ES细胞在该组织内嵌合就有两条GP1同工酶带)。但如果要确定ES细胞是否参与配子的形成，则要通过特定的基因标记对其子代进行检测。

F. 特异性染色

比较通用的是碱性磷酸酶(alkalinephosphatase，AKP)染色和胚胎阶段特异性抗原(stage-specific embryonic antigen，SSEA)免疫荧光标记。ES细胞和早期胚胎细胞等未分化的细胞表面含有丰富的AKP和SSEA-4，用特异性染色或免疫荧光标记，即可进行检测。

4.11.2.2 胚胎干细胞定向分化

已经建系的胚胎干细胞的分化机制容易被启动，所以体外培养条件要求极为严格。胚胎干细胞在有饲养层细胞(如鼠胚的成纤维细胞或STO细胞株)或者白血病抑制因子(LIF)等分化抑制因子存在的条件下，能够保持其未分化的状态。

当胚胎干细胞的体外培养条件有些许变化时，胚胎干细胞就会产生分化，如去除LIF等抑制因子或添加某些诱导分化因子，或将胚胎干细胞消化成细胞悬液，使其摆脱饲养层细胞，在无黏附性的悬浮培养液中生长，或者使用“悬滴法”培养，使用半固体培养基(如甲基纤维素)培养等，胚胎干细胞就会形成“类胚体”(embryonic body)。通过对类胚体进一步的诱导培养，可以分化为不同的细胞。

1) 定向分化细胞类型

目前大部分胚胎干细胞诱导分化的实验都集中在小鼠实验中，小鼠胚胎干细胞在体外分化的细胞类型或结构主要有下列几种。

A. 造血细胞

1985年，Doetschman等在ES细胞的胚体中发现有类似胚胎发育中卵黄囊血岛样的结构，此后相继有ES细胞体外分化产生了红细胞、髓细胞和淋巴细胞等一系列造血系统细胞的报道。利用骨髓基质细胞或其条件培养液，可以诱导ES细胞在体外分化为造血干细胞。这一重要进展为分析ES细胞分化为造血干细胞的早期决定与分化机制的过程，为临床上移植或输血应用的血源找到了一个新的突破。

B. 血管内皮细胞

在体胚胎卵黄囊血岛内，前成红细胞的产生总是伴随着内皮细胞的出现，因而普遍认为它们来源于共同的祖细胞。同样ES细胞体外分化时，拟胚体的血岛样结构中红细胞集落周围也有内皮细胞出现。ES细胞衍生的拟胚体分化的管状结构是由内皮细胞排列组成的，管道内还含有一些造血细胞，类似胚胎发育中的早期血管发生。近年来，利用具有过度表达转化生长因子-β的ES细胞，在含维甲酸(RA)的培养液中经悬滴培养先形成拟胚体，再继续贴壁培养，发现拟胚体周围呈辐射状长出许多由内皮细胞排列而成的血管样结构。

C. 神经细胞

单层培养 ES 细胞的诱导分化实验中，在 RA 与双丁酰基环腺磷酸(dBcAMP)共同作用下，90%～95%的分化细胞为神经胶质细胞。ES 细胞拟胚体在含 RA 的培养液中继续培养，进一步使拟胚体贴壁培养，则可高效重复地分化出神经细胞，不仅表达专一性的神经微丝和微管蛋白，还有钠、钾、钙等离子通道的特征。分化的神经细胞还表达神经递质 GABA、受体 NMDA 等不同物质，甚至在体外诱导分化的早期拟胚体中检测到神经元和神经胶质细胞的共同前体细胞的专一性标志巢蛋白。

D. 心肌细胞和其他肌肉细胞

悬浮或悬滴培养的 ES 拟胚体在 RA 诱导下贴壁生长数天，常出现某些分化细胞集落具有节律性自发收缩现象，显然是肌细胞。电镜观察证实，收缩的细胞内存在着肌原纤维、肌小节等典型心肌细胞特有的结构。ES 细胞拟胚体贴壁培养 1～2 周后一般都能出现肌肉细胞，继续培养则融合成肌管，显示出骨骼肌发育的典型特征。分化的肌细胞常表达成熟肌细胞专一的钙通道和烟碱受体，甲亚砜诱导 ES 细胞拟胚体可形成心肌、平滑肌和骨骼肌等多种类型肌细胞，用肌肉专一性的调节因子 *MyoD* 基因转染 ES 细胞并结合诱导剂二甲亚砜(DMSO)诱导处理，则主要分化为骨骼肌，没有心肌和平滑肌类型细胞出现，且骨骼肌常融合形成肌管，具有收缩功能。

E. 脂肪细胞

ES 细胞分化成脂肪细胞已有报道。ES 细胞或 ES 细胞通过悬滴培养法形成的拟胚体被转移到铺有琼脂的培养皿中，每天更换含有 DMSO 的培养液，悬浮培养 3 天后，拟胚体移入事先用明胶(gelatin)包被的培养皿中进一步贴壁培养，这时培养液中添加胰岛素、三碘氯氟酸和胎牛血清，10～15 天后大部分拟胚体分化为脂肪细胞。

2) 胚胎干细胞的诱导分化方法

ES 细胞的诱导分化是目前研究的热点，人们通过许多不同的途径来实现这个目的，目前主要方法为：外源性生长因子诱导分化、转基因诱导分化以及通过将 ES 细胞与其他细胞共培养的方式诱导分化等。

A. 细胞生长因子诱导 ES 细胞分化

目前在发育学方面研究比较深入的诱导因子主要有：维甲酸(retinoic acid，RA)、骨形态发生蛋白(bone morphogenetic protein，BMP)、成纤维细胞生长因子(fibroblast growth factor，FGF)等。

a. RA 诱导 ES 细胞分化

RA 是维生素 A 的衍生物，在脊椎动物中具有广泛生物学活性，可以影响脊椎动物的发育和许多类型细胞的分化。RA 包括两种同分异构体：全反式 RA 和 9-顺式 RA。RA 的细胞内信号转导通过两类核受体：RAR(retinoic acid receptor)和 RXR(retinoid X receptor)来实现。RAR 和 RXR 都可以形成同源二聚体并与细胞核内靶基因的反应元件(RAR response element，RARE；RXR response element，RXRE)结合，进一步激活靶基因转录。此外，RXR 还可以和 RAR 形成异源二聚体，而且这种异源性嵌合体与 RARE 结合能更加有效地激活靶基因转录。RA 的靶基因包括早期反应基因和晚期反应基因。

RA 不但可以通过经典的信号转导途径诱导 ES 细胞分化，还可以抑制 LIF 信号促进 ES 细胞分化。Schuldiner 等于 2001 年证实，用高浓度 RA 诱导人 ES 细胞产生的神经细胞比未用 RA

处理的增加 22%。目前 RA 诱导 ES 细胞分化产生神经细胞的机制仍未阐明。有证据提示，其机制可能与 FGF 信号有关。对 RA 诱导 ES 细胞分化的信号转导机制的阐明将会使我们更清楚地了解各种细胞因子、信号途径之间的相互联系，对转基因诱导分化研究有重要的指导意义。

b. BMP 诱导 ES 细胞分化

BMP 是转化生长因子-β1（transforming growth factor-β1，TGF-β1）超家族成员，通过调节多种基因活性，对中胚层形成、左右对称、神经系统发生、体节和骨骼发育、肢体形成及肾、胃肠、肺、牙齿的发育等产生影响。BMP 信号作用于跨膜丝/苏氨酸激酶受体（Ⅰ型和Ⅱ型受体），形成两种受体的异源二聚体。Ⅱ型受体可以磷酸化Ⅰ型受体，进一步使 Smad 蛋白磷酸化。Smad 蛋白在将 BMP 信号由细胞膜传递至细胞核的过程中起关键作用。磷酸化的受体调节型 Smad（receptor-regulated Smad，R-Smad）从膜受体上脱离，结合共同型 Smad（common smad，C-Smad）后进入细胞核。在核内，Smad 异源二聚体在其他 DNA 结合蛋白的参与下作用于特异的靶基因，发挥转录调节作用。在体内，BMP 可以诱导心脏转录因子、锌指转录因子 GATA 家族、心脏特异性蛋白，如心室肌球蛋白重链异位表达。此外，BMP 还通过 MAPKK 途径诱导 ES 细胞向心脏的分化，在这一通路中 MAPKK 激酶 TAK1 起到关键作用，但其具体机制尚未阐明。BMP 家族中，BMP-2 和 BMP-4 在诱导 ES 细胞分化中发挥着重要作用。Kramer 等于 2000 年研究发现，BMP-2 以时间依赖的方式增加胚胎体向软骨细胞分化。

Pera 等于 2004 年证明，BMP-2 诱导的内源性信号抑制 ES 细胞向神经细胞分化，但利用 BMP-2 的拮抗剂 Noggin 可以诱导 ES 细胞分化产生神经细胞。与 BMP-2 不同，BMP-4 主要诱导 ES 细胞向造血系统分化。

Chadwick 等于 2003 年证明了 BMP-4 与造血细胞因子结合可以促进人 ES 细胞向造血系统分化。Li 等 2001 年发表文章称，将 BMP-4 加入猴 ES 细胞培养体系中，分化产生的造血前体细胞集落增加了 17 倍。Xu 等 2002 年发表于 Nature 子刊的实验显示，BMP-4 还可以诱导人 ES 细胞分化成为滋养层细胞。

Xu 等于 2011 年证明，BMP4 与 Activin、FGF 通路可协同促进 ES 细胞向内胚层及胰脏分化。Talavera-Adame 等于 2011 年证明，内皮细胞通过 BMP 通路促进 ES 细胞向胰岛细胞分化。

c. FGF 诱导 ES 细胞分化

FGF-2 是纤维母细胞生长因子家族成员，通过细胞表面的 FGF 受体（FGF receptor，FGFR）增强其内在的酪氨酸激酶活性，最终激活不同的信号通路，调节机体的生长和发育。FGF-2 诱导的信号转导是正常细胞生长分化所必需的，参与血管新生、胚胎发育、骨骼形成等生理过程。实验表明 FGF-2 处理 ES 细胞，促进 ES 细胞向心肌细胞分化。有人比较了表达 FGFR-1 阳性和 FGFR-1 阴性的 ES 细胞分化产生心肌细胞的能力，结果显示来自 FGFR-1 阳性 ES 细胞的胚胎体，有 90%细胞分化为心肌细胞，而来自 FGFR-1 阴性 ES 细胞的胚胎体，仅 10%左右细胞分化为心肌细胞。由此可见，FGFR-1 对于体外诱导 ES 细胞分化为心肌细胞是必需的，FGF/FGFR 信号途径在体外心脏发育中发挥重要作用。此外，有研究表明 FGF-2 在某些情况下也可以诱导 ES 细胞向神经系统分化。在无血清培养基中加入 FGF-2 已经被用来诱导富集 nestin 阳性的神经前体细胞和神经元。FGF-3 在原肠胚阶段的胚胎中表达，FGF-3 信号途径可以促进神经系统的发育。因此，利用 FGF-3 也可以诱导 ES 细胞向神经细胞特异分化。对于 FGF 信号途径的研究还有待于进一步深入，这对于诱导 ES 细胞神经特异性分化有重要意义。

d. 其他细胞/生长因子或化合物

除以上几种主要的诱导因子之外，其他一些细胞/生长因子或化合物也能诱导 ES 细胞分化,如造血生长因子(hemopoietic growth factor,HGF)可以增加 ES 细胞向中胚层分化,最终产生心肌细胞、造血细胞等。用 activin A 处理分化 5 日的胚胎体,在最终的分化产物中出现大量肌细胞。研究显示 TGF-β 可以调节 ES 细胞向心肌分化。TGF-β 通过结合其受体能诱导 GATA 等心脏特异性转录因子表达,且诱导产生的心肌细胞能表达心脏特异性蛋白和离子通道。DMSO 作为细胞保护剂,也可以促进 ES 细胞向胚胎心脏细胞分化。

另外有报道指出,多种细胞因子共同作用促进 ES 细胞特异性分化的效率更高。但在应用这种策略时必须明确几种细胞因子的诱导分化方向是一致的。

细胞因子诱导分化的方法虽然操作简便,但其诱导产生的成熟细胞数量较少,而且纯度较低,不利于细胞移植治疗。

B. 转基因方法诱导 ES 细胞分化

受生长因子诱导 ES 细胞分化的启发,人们开始尝试利用转基因方法达到诱导 ES 细胞定向分化,而且越来越多的研究表明转基因方法具有更大的应用前景。

这种方法主要是利用基因转染技术使某个促分化基因在 ES 细胞中过表达,从而调节 ES 细胞的分化。转基因方法诱导 ES 细胞分化已经取得了较好的效果。研究表明,胰岛素生长因子Ⅱ(insulin growth factor,IGF Ⅱ)通过改变肌发生相关基因促进鼠 ES 细胞肌分化时发现,与未过表达 *IGF* 基因的 ES 细胞对比,过表达 *IGF* 基因的 ES 细胞,在早期阶段有高水平的骨骼肌特异基因表达。

在生长因子诱导 ES 细胞分化过程中,细胞内的信号转导通路发挥着具体的诱导作用,所以目前细胞内的信号转导成分被视为诱导分化研究的焦点。通过将某些信号转导成分的基因转入 ES 细胞中,可以有效地诱导 ES 细胞特异分化。例如,*Wnt* 基因参与 BMP 的细胞内信号转导过程,当 ES 细胞过表达 *Wnt3* 容易分化形成胚胎体,并进一步向造血分化。此外,用 *Wnt3* 转染 COS7 细胞,收集其上清液培养胚胎体可以明显促进 ES 向造血分化,说明在体外模型中能增强造血发生。

在寻找可以诱导 ES 细胞定向分化的基因时,人们常常把目光放在与胚胎发育相关的基因上。事实证明,其中的许多基因都具有诱导 ES 细胞定向分化的潜能。例如,POU 转录因子家族可以激活神经细胞特异基因,从而促进神经突起生长和建立新突触联系。

C. 细胞共培养的方法诱导 ES 细胞分化

ES 细胞生长的微环境对 ES 细胞分化有很大的影响。为了使 ES 细胞维持不分化状态,人们选择在鼠胚胎成纤维细胞制作的饲养层上培养 ES 细胞,并在培养基中添加抑制因子。实验证明,人 ES 细胞与鼠骨髓细胞系 S17 或卵黄囊内皮细胞系 C166 共培养,可以促进人 ES 细胞向造血前体细胞分化。而将人的 ES 细胞与鼠血管内胚层样细胞(END-2)共培养,可诱导产生具有正常功能的心肌细胞。

以上三种诱导方法并不是孤立的,它们可以有机地结合起来,并且有着广阔的应用前景。但目前尚未广泛开展,获得最佳的诱导方案是首要解决的问题。

4.11.3 成体干细胞建系与定向分化

成年动物的许多组织和器官,如表皮和造血系统具有修复和再生的能力。成体干细胞在其中起着关键的作用。在特定条件下,成体干细胞或者产生新的干细胞,或者按一定的程序分化,形成新的功能细胞,从而使组织和器官保持生长和衰退的动态平衡。过去认为成体干细胞主要包括上皮干细胞和造血干细胞。最近研究表明,以往认为不能再生的神经组织仍然包含神经干细胞,说明成体干细胞普遍存在,问题是如何寻找和分离各种组织特异性干细胞。成体干细胞经常位于特定的微环境中，微环境中的间质细胞能够产生一系列生长因子或配体，与干细胞相互作用，控制干细胞的更新和分化。

在干细胞研究领域，由于对胚胎干细胞的研究涉及伦理等问题，而成体干细胞取材方便、来源广、具有自我复制、多向分化及跨系或跨胚层发育的可塑性，此外还有分化潜能相对局限而更容易定向诱导，更易于用于临床等优势，因而近年来备受关注。

4.11.3.1　成体干细胞分离与鉴定

1）成体干细胞分离方法概述

现常用于成体干细胞分离的方法主要有：密度梯度离心法、酶消化法、免疫磁珠分选法和流式细胞分离法。

A. 密度梯度离心

不同稀释浓度的特殊溶液，在密度上存在差异。因此，将浓度不同的溶液依次加入容器，形成密度梯度。再将要分离的细胞悬液叠加到溶液界面，采用不同离心速度，即可使要收集的细胞分布于特定的密度层，再经收集，洗涤，就可达到分离提取的目的。密度梯度离心易污染，不同干细胞分离纯度不一。

B. 酶消化法

将获取的小块组织，用特定的酶消化、洗涤后，获得目的细胞。这种方法分离出的细胞较复杂，纯度不高。

C. 流式细胞分离法(FCM)

将样品与荧光素标记的特异标志抗体结合，制备成一定浓度的细胞悬液，放入流式细胞仪样品管中，细胞在气体的压力下进入流动室。在流动室鞘液的压力下，细胞排成单列从流动室的喷嘴高速喷出。这样形成的液柱与入射激光束垂直相交，相交点为测量区。通过测量区的细胞被激光照射后产生光散射并发出荧光，穿过滤光片，被光电管接收并转变为电信号，被计算机处理、储存，通过自动分选从而将阳性表达细胞和非阳性表达细胞分离。该法灵敏度高、特异性强，但设备要求高、成本高。

D. 免疫磁珠分选法(MACS)

将吸附有特定抗体的磁珠与样品混匀，样品的特定抗原即会与抗体发生特异性结合而被吸附于磁珠上，在磁场的作用下，吸附了样品中带有特定抗原成分的磁珠就会向磁极方向移动并聚集在容器内壁，从而达到收集目的。免疫磁珠分选法省时，简便，分离纯度好，分离容量大，无需特殊设备，但可能影响细胞活力。

2）多种成体干细胞的分离鉴定

A. 造血干细胞

多能造血干细胞是血液中多种细胞，如红细胞、中性粒细胞、淋巴细胞、嗜酸型粒细胞和嗜碱性粒细胞的更新来源。

因细胞表面 CD34 抗原是目前公认的一个造血干细胞标志，所以利用免疫磁珠或流式细胞分离 $CD34^+$ 细胞亚群即可得到较纯的造血干细胞。也可使用密度梯度离心法，将 percoll 液按密度从大到小移入离心管，再将骨髓单细胞悬液注入底部，离心后收集中间层细胞。

B. 神经干细胞

神经干细胞(neural stem cell，NSC)是指分布于神经系统的具有自我更新和分化潜能的细胞群。它可以分化特定细胞参与正常死亡细胞的更新或神经系统的损伤修复。它的出现为曾认为不可治愈的神经系统疾病的治疗提供了新的途径。

从神经系统的发育来看，在胚胎脑中存在着向神经元和神经胶质细胞定向分化的前体细胞。胚胎神经系统发育的高峰时期，神经干细胞的数量较多，并处于未分化状态，免疫原性较低，有很强的增殖能力。大鼠选择孕 10～14 天胚胎大鼠脑皮质，若分离人神经干细胞，则选择 7～12 周流产胎儿的大脑皮质中获取神经干细胞进行原代和传代培养。

bFGF 能维持干细胞的长期增殖分裂，EGF 对干细胞早期存活起主要作用，两者合用对加快干细胞增殖分裂具有协同作用。B27 是一种丰富的抗氧化、无血清培养基添加成分，能促进原代培养的神经干细胞的分裂增殖。实验中常利用这几种细胞因子联合作用，添加到培养基中，筛选神经干细胞。

巢蛋白 nestin 是一种仅存在于神经上皮干细胞的中间丝蛋白，它的表达起始于神经板的形成，在神经迁移及神经分化开始后逐渐消失，是目前鉴定神经干细胞最常用的指标之一。因此，在神经干细胞分化前作巢蛋白免疫荧光实验，可证实其干细胞属性。

C. 骨髓间充质干细胞

骨髓间充质干细胞(MSC)存在于多种组织，主要包括骨髓、脂肪组织、骨骼肌、肝脏、脐血及外周血等。骨髓是最常用的 MSC 体外分离培养的组织来源，脐血及外周血仅含有少量的 MSC，而且这种结果还存在着争论。

目前常用的方法有全骨髓分离培养及密度梯度离心分离法。全骨髓分离培养是利用 MSC 的黏附特性，通过换液、去除造血细胞等非贴壁细胞，再经过反复传代而获得 MSC，但这种方法分离 MSC 的效率不高，而且大多数为基质细胞群体；密度梯度离心分离法更为常用。

间质干细胞的鉴定方面，目前尚未找到 MSC 的特异标志分子。MSC 的表面既有自身抗原特征，又具有内皮细胞、上皮细胞和肌肉细胞的表面抗原特征。因此，MSC 的鉴定主要鉴于以下几个方面：①MSC 的体外生长形态特性；②MSC 的主要细胞表面标志，如 SH2(CD105)、SH3(CD166)、SH4(CD73)、CD44、CD29 和 STRO-1 呈阳性，而 CD14、CD34、CD45 及 HLA-DR 呈阴性；③MSC 的多向分化潜能，即在一定条件下可体外诱导分化为多种非造血组织，如成骨细胞、成软骨细胞、脂肪细胞、成肌细胞、成腱细胞和神经元样细胞等；④MSC 的细胞化学特性，如 PAS、Ot-NAE 呈阳性、SB、POX、ACP 呈阴性。

D. 肝干细胞

目前，肝干细胞主要来源于胚胎肝脏。因缺乏特异标志物，分离鉴定工作困难。

20 世纪 80 年代中期，在大鼠实验性肝癌组织中发现具有向肝细胞和胆管上皮细胞双向分化的卵圆细胞，这类细胞被认为是肝脏干细胞或肝前体细胞，它既能表达肝细胞的标志物如 AFP、白蛋白，又能表达胆管上皮的标志物如角蛋白 CK7、CK19 等。人肝组织是否存在具有双向分化潜能的肝干细胞，至今报道不多。已经在肝硬化、肝母细胞瘤及肝细胞肝癌患者的肝脏中发现一类表现出肝卵圆细胞形态学和免疫表型特点的小上皮细胞，提示人类肝组织中同样可能存在肝干细胞或肝前体细胞。

E. 胰腺干细胞

目前的分离培养方法，主要有酶消化法、悬浮培养法和气液界面培养法等。其中酶消化法获取的细胞比其他的方法要多，而且对细胞的破坏较小。胰腺导管干细胞的分离多采用 Ricordi 等报道的 Ficoll 梯度离心法，在顶层和中间层则积聚大量的导管上皮细胞，取之培养。对胰腺干细胞的鉴定主要集中在 Notch 信号系统、神经巢细胞 nestin、神经元素 3(Ngn3)、细胞角蛋白

K20、胰腺标志产物PDX-1和*kit*基因等方面。

F. 前列腺干细胞

前列腺干细胞标志物特异性不高，分离方法复杂，且培养困难，因而目前研究较少。有研究结果提出，前列腺干细胞可能位于前列腺基底细胞层。主要方法：经酶消化法得到单细胞悬液，离心后取沉淀。再经Percoll密度梯度离心，即可分离得到纯度很高的前列腺上皮细胞。利用基底细胞可特异性表达整合素$\alpha 2\beta 1$和$\alpha 1\beta 2$，可快速黏附胶原Ⅰ的特性，用胶原预处理培养皿后，移入$CD44^+$上皮细胞，清洗并收集黏附的细胞培养。

G. 表皮干细胞

采用胰酶与EDTA混合消化液，消化剪成小块的幼儿包皮或头皮，收集、离心、洗涤后接种在已包被好胶原Ⅳ的培养皿中，保留黏附的细胞继续培养，使用低钙高糖DMEM培养基并补充EGF等。也有采用3T3细胞作为表皮干细胞培养的滋养层。表皮干细胞特异性的标志物，目前还存在争议，有报道认为是整合素$\alpha 6$、CD71、角蛋白K19和K5。

4.11.3.2 成体干细胞定向分化

成体干细胞即处于干细胞状态的成体细胞，它不仅来源于成年动物，还包括未成年动物的组织干细胞。

传统的观念认为，成体干细胞是存在于成体组织的、具有不断增殖、自我更新和组织特异性定向分化潜能的一类特殊的细胞群体。例如，造血干细胞，在体内能定向分化成多种血细胞。但后来许多实验证明成体干细胞并不像人们想象的那样安分守己。1999年以来，国内外的多个研究小组均证实，来自成年动物和人的骨髓、肌肉、中枢神经系统、脐带血、脂肪和胎盘等组织的成体干细胞具有分化方向上的可塑性，即来源于同一组织的部分成体干细胞(其分化方向尚未完全确定，部分性能类似胚胎干细胞)可在特定的体内外环境或细胞因子等因素作用下，被定向诱导分化为骨、软骨、肌肉、神经、肝脏、脂肪、心肌、胰岛、视网膜等细胞类型。Goodell等从成年小鼠的肌肉中分离出肌肉干细胞，并把它们移植到被放射线破坏了造血系统的受体小鼠体内，结果发现移植的肌肉干细胞分化成了多种血细胞。另外，骨髓基质干细胞可以分化为肝脏细胞、肌肉细胞和神经细胞等多种细胞。这表明成体干细胞在不同细胞因子组合、微环境基质细胞支持及细胞基因修饰等策略的诱导下可分化为不同胚层的干细胞，并进一步分化为各种组织细胞。细胞的分化状态不再是一成不变的，而是取决于由调节因子介导的分化和去分化两种力量的动态平衡。成体干细胞这种跨谱系分化的现象具有相当的普遍性。

这种多向分化潜能，能够维持机体功能的稳定，发挥生理性的细胞更新和修复组织损伤作用。这不仅从理论上改写了“组织特异性干细胞只能定向分化”的经典概念，而且为许多疾病的细胞学治疗提供了新的思路和前景，为组织缺损、功能障碍、遗传缺陷等的细胞替代治疗和组织工程提供了全新的细胞来源和技术方法。

1) 成体干细胞定向分化方法

成体干细胞向多种功能细胞的诱导分化方法分体外及体内诱导两种。

A. 体外诱导

常通过向体外培养的成体干细胞中加入诱导因子，达到体外诱导的目的。诱导因子包括能影响细胞分化的各种物质，如血清、糖分、维生素以及各种蛋白因子等。一种干细胞的诱导往往需要多种诱导因子的共同作用，而每种干细胞的诱导因子又各不相同。例如，通过对哺乳动物大脑发育过程中基因表达的研究，明确了神经元或胶质细胞生成依赖因子，包括成纤维细胞生长因子 2(FGF2)、表皮生长因子(EGF)、sonic hedgehog 蛋白(shh)、成纤维细胞生长因子 8(FGF8)和骨形成蛋白 4(BMP4)，在组织培养中，这些因子的有效组合被用来对神经干细胞进行扩增和诱导分化。

肝细胞生长因子(HGF)在胚肝发育成熟过程中发挥着重要作用，并能促进未活化的肝细胞分化，对多种表达肝细胞生长因子受体的细胞都具有促有丝分裂作用和促形态发生作用。HGF 因在体内的作用，现已成为体外诱导各种干细胞向肝细胞分化的研究中应用最多且效果比较肯定的一个生长因子。因此，常联合 HGF 与多种细胞因子，完成各种干细胞向肝细胞的诱导分化，如诱导人成体脐血干细胞向肝细胞分化，就可使用 HGF、SCF 和 LIF 3 种因子的联合诱导的方法。干细胞因子(SCF)与一些可溶性细胞因子共同作用而促进体内造血干细胞增殖。白血病抑制因子(LIF)是一类高度糖基化的多肽细胞因子，是淋巴细胞或造血细胞产生的对细胞生长和分化起调节作用的一种多功能细胞因子，对细胞的生长、增殖及分化等有广泛的作用，具有抑制胚胎干细胞的分化、维持胚胎干细胞的增殖等多种潜能性。这样，就可在保证脐血干细胞保持有效增殖能力的前提下，对细胞进行定向分化。

但是，到目前为止，仅有少数干细胞的诱导因子被发现和应用，要想在体外控制成体干细胞的分化方向，还有待于对干细胞理论的深入研究。

B. 体内诱导

大多数成体干细胞的横向分化潜能是通过体内实验发现的。生物体提供了复杂微妙的微环境，可以借助生物体本身来完成多种干细胞的诱导分化。

体内实验的关键是寻找有效的遗传标记和建立合适的动物模型。应用较广的遗传标记有绿色荧光蛋白(GFP)、*LacZ* 基因和 Y 染色体。基因打靶等分子生物学技术通过敲除特定的功能基因形成各种遗传缺陷的动物模型，如杜氏肌营养不良模型 mdx 小鼠和致死遗传性酪氨酸血症 I 型肝病模型 FAH/小鼠等。从带有遗传标记的供体小鼠身上提取出成体干细胞后移植到无此标记的受体小鼠体内，通过跟踪这些带有遗传标记的细胞在受体内的分布和变化，可明确成体干细胞的分化方向。

虽然由于生物体的复杂性，我们在理论上无法彻底弄清哪些因素在体内起诱导作用，但是在应用上，一个有效的体内诱导方法仍然能帮助我们治疗疾病。

2) 细胞分化状态的检测指标

目前对细胞分化状态改变的检测指标主要有三个：形态变化、特异基因表达和生理功能分析。

A. 形态变化

对于有特殊形态的终末细胞，如神经元和肌细胞，分化状态的改变伴随着明显的形态变化。例如，诱导人脐血成体干细胞体外向肝细胞分化，诱导后细胞呈上皮样细胞，细胞出现明显的改变，即细胞变大、变圆，核浆比降低，且双核细胞数增多，呈现成熟肝细胞表现，与正常肝细胞相似，贴壁的细胞呈卵圆形或梭形，与未诱导细胞有很大的不同。但这只是最初步、最直观的一个指标，要确定是否真的发生分化必须寻找其他更加可靠的证据。

B. 特异基因表达

细胞分化本质的变化即是否表达了组织特异的蛋白。例如，白蛋白(albumin，Alb)是一种胞浆蛋白，是最常见的肝细胞功能的一个检测标志，在体内它主要由肝细胞分泌，其他组织也可分泌，但是极少，不易用免疫细胞化学法检测到。Alb 是反映胎肝细胞和成熟肝细胞活性和功能的良好的指标之一，肝细胞的成熟会使 Alb 合成增多，而细胞的活力下降会使 Alb 合成减少。细胞角质蛋白 18(cytokeratin 18,CK18)是一种角蛋白，是肝细胞相对特异性的，在肝前体细胞不表达，当肝细胞趋于成熟或已成熟时表达。

甲胎蛋白(AFP)是一种胞质蛋白，由肝前体细胞分泌。随着细胞逐渐成熟而消失，成熟肝细胞不表达 AFP。因此，诱导人脐血成体干细胞体外向肝细胞的分化时，可以通过反转录聚合酶链反应(reverse transcription polymerase chain reaction,RT-PCR)、免疫组织化学和免疫荧光分析检测白蛋白，人肝细胞型细胞角蛋白和甲胎蛋白(alpha-fetoprotein,AFP)的基因和蛋白表达，以此判断干细胞是否向肝细胞转化。

C. 生理功能分析

2000 年，Ramiya 等分离出小鼠的胰岛干细胞，移植到Ⅰ型糖尿病小鼠体内后，不但检测到了胰岛素基因的表达，产生的胰岛素还能释放入血液并使受体血糖降低为正常水平。这说明胰岛干细胞在体内分化成为有功能的细胞。从临床治疗的角度来看，生理功能的实现是比特异基因表达更具实践意义的一个指标。

4.11.4 肿瘤干细胞

肿瘤的发生，是由于遗传和(或)环境因素所导致的基因突变的累积，而同时随着机体的衰老，DNA 修复功能与免疫监视逐渐减退，最终组织细胞恶变为肿瘤细胞并形成肿瘤组织。以前的研究认为，所有或绝大多数肿瘤细胞都参与肿瘤的形成与发展，换句话说，参与肿瘤形成的细胞是随机的。

20 世纪 60～70 年代，一些研究发现在肿瘤组织内只有极少数的特定细胞群体参与肿瘤的形成，相较于其他肿瘤细胞，这些特定的细胞群具有极强的成瘤能力，并逐步分化为其他肿瘤细胞，这就是肿瘤干细胞的理论。不难看出，按照肿瘤干细胞的理论，参与肿瘤形成的细胞并非随机的，而是先决的。肿瘤干细胞理论对于肿瘤诊断与治疗的重要性不言而喻。如果肿瘤的发生与形成依赖于其中少量的肿瘤干细胞，那么以之为靶细胞，研究其生物学特性与分子标志，无疑对肿瘤的治疗具有重大意义。

肿瘤干细胞的研究，就是试图用干细胞的理论，来探索、阐释肿瘤发生、发展以及临床治疗的相关问题。肿瘤干细胞学说认为，肿瘤干细胞是存在于肿瘤组织中一小部分具有干细胞特性的细胞群体，它是肿瘤不断生长和扩大的源泉，只有杀死所有的肿瘤干细胞才能最终治愈肿瘤。

肿瘤干细胞与正常的干细胞具有很多相似性，主要表现在：

(1) 肿瘤干细胞与正常干细胞都具有无限增殖的特点，干细胞的增殖具有自稳定性，其数目保持恒定，而肿瘤干细胞无自稳定性；

(2) 具有与干细胞相似的信号通路调节生长机制，如 Notch、shh 和 Wnt 信号途径在调节干细胞自我更新中起重要作用，其调节失调将导致肿瘤的发生；

(3) 肿瘤干细胞具有分化能力。与造血干细胞相似，肿瘤干细胞可分为长期增生细胞、短期增生细胞和分化细胞，在同一肿瘤组织中含有分化程度不同的肿瘤细胞，具有不同的表型；

(4) 肿瘤干细胞起源于正常干细胞，正常干细胞可突变为肿瘤干细胞。

应用肿瘤干细胞的理论，肿瘤复发以及肿瘤侵袭转移和肿瘤细胞的异质性等现象都可以得到很好的解释。肿瘤干细胞理论为肿瘤研究提供了新的方向，随着对肿瘤干细胞生物学特性的深入研究，进而找到能特异性杀死肿瘤干细胞的方法，也许最终可以根治肿瘤。

4.11.4.1 肿瘤干细胞的研究进展

1）肿瘤干细胞概念的提出

在肿瘤的发生过程中，需要经常更新的细胞的发育调节机制出现异常是关键的环节，如皮肤、肠道与血液，这些组织内的细胞需要不断更新，从而需要有持续的分化成熟细胞的供给。而这些频繁更新的多细胞组织也是肿瘤的高发区，这似乎表明这两者之间存在某种联系。事实上，肿瘤干细胞理论认为，肿瘤发生需要多次遗传突变的累积，普通体细胞增殖能力有限，不太可能累计足够的突变。干细胞则不然，它始终能稳定增殖，且有足够长的寿命从而使突变累积成为可能。

早在20世纪60年代，Bruce等就已发现鼠白血病细胞的一小部分亚群和正常造血干细胞及祖细胞一样，在体内外均能形成克隆。随后Park等发现从大鼠腹水中获取的白血病细胞中能够形成克隆的肿瘤细胞只占1/1000～1/100。而且输入体内的白血病细胞也仅有1%～4%的细胞能形成脾克隆。Park据此提出：形成克隆的白血病细胞即白血病干细胞（leukemic stem cell，LSC）。70年代，Hamburger等对来自肺癌、卵巢癌、神经母细胞瘤的肿瘤细胞进行体外培养，发现也仅有1/5000～1/1000的肿瘤细胞能形成克隆。这几个早期实验都表明，仅有极少数肿瘤细胞，而不是全部肿瘤细胞，具有致瘤性。这些形成克隆的少数肿瘤细胞即被认为是肿瘤干细胞（tumor stem cell，TSC）、癌干细胞（cancer stem cell，CSC）或肿瘤起始细胞（tumor initiating cell，TIC）。这一全新概念的提出，引发了众多学者的兴趣。

2）血液肿瘤干细胞

虽然Bruce、Park等早已提出了白血病干细胞的概念，但由于当时实验技术有限，未能对其进行分离纯化。这一概念也一直未被人们广泛接受。1997年，Bonnet等在研究人类急性髓系白血病（human acute myeloid leukemia，AML）时，用实验证实了大多数白血病细胞不能持续增殖，只有少数LSC能形成集落，并将其成功分离出来。人类急性髓性白血病干细胞约占全部AML细胞的0.2%～1%，表达$CD34^{+}CD38^{-}$，而其他表型的白血病细胞形成克隆的能力很弱。$CD34^{+}CD38^{-}$细胞群移植到糖尿病重症联合免疫缺陷小鼠（NOD/SCID小鼠）之后，能形成类似于人类急性髓系白血病的肿瘤细胞。至此，LSC的存在被人们所公认。

3）实体瘤干细胞

早在20世纪70年代，就有许多研究发现实体肿瘤细胞具有异质性，大部分肿瘤细胞不能形成克隆，而只有部分细胞具有克隆形成能力。Hamburger等发现，在人肺癌、卵巢癌、神经母细胞瘤等肿瘤细胞的体外培养实验中，仅有0.1%的细胞可形成克隆，这与LSC特性相似。

首先证实实体瘤中TSC存在的是在2003年，Clarker等将人乳腺癌组织制成单细胞悬液，用流式细胞仪筛选出表达CD44、乳腺/卵巢癌特异性标志（B38-1）和上皮细胞特异性抗原（ESA）细胞，然后将其接种至NOD/SCID小鼠，结果成功长出肿瘤，从而从乳癌中分离出了乳腺癌干细胞。继而Ai-Hajj等将表型为Lin-ESA+B38、$CD44^{+}CD24^{-}$/low的人乳腺癌组织的细胞接种到NOD/SCID小鼠的乳腺脂肪组织中，仅接种100个细胞即可成瘤。而且经小鼠体内传代，其自我更新和成瘤能力不变，每代均可重新形成含干细胞和非干细胞表型的异质性细胞群体。而Lin-ESA-$CD44^{+}CD24^{-}$/low细胞则无致瘤能力。此研究表明，乳腺癌细胞是功能上不均一的成分，仅有乳腺癌干细胞（breast cancer initiating cell）能在移植后重建乳腺癌细胞模型。

2003 年，Singh 等从多种脑肿瘤中分离出肿瘤源性细胞（包括星型细胞瘤、恶性成神经管细胞瘤、胶质母细胞瘤等）。这些细胞具有神经干细胞分子标志 CD 和巢蛋白（nestin），在体外培养可分化形成细胞表型与原位肿瘤类型相同的肿瘤细胞。

2004 年，Galli 等将这类细胞注射入小鼠颅内，在活体内产生了与原肿瘤类似的肿瘤，进一步从体内研究证实了脑肿瘤干细胞（brain tumor stem cell，BTSC）的存在。

2004 年，Houghton 等在小鼠胃的炎症组织中发现有骨髓干细胞的迁移，这些骨髓干细胞经突变形成胃肿瘤。2006 年，O'Brien 等分离出表达 $CD133^+$ 的人结肠癌干细胞，通过 NOD/SCID 小鼠肾被囊接种证实了结肠癌干细胞具有自我更新和分化重建成结肠癌异质性细胞群体的能力。

2005 年，Kim 等从支气管肺泡导管连接处分离出一群细胞表面标志为 Sca-1+CD45-Pecam-$CD34^+$ 的细胞，并将其命名为支气管肺泡干细胞（bronchoalveolar stem cell，BASC）。BASC 在正常情况下处于静止状态，当体内支气管和肺泡损伤时发生增殖，并且有明显的自我更新特性和能够分化成其他类型的肺上皮细胞。在 *K-ras* 基因突变活化的终末支气管和肺泡上皮的不典型增生或腺瘤中，可以观察到 BASC 数量明显增加，提示 BASC 可能是肺腺癌的起源细胞。

2005 年，Collins 等从人前列腺癌组织中分离出前列腺癌干细胞，这些细胞在前列腺肿瘤组织中约占 0.1%，能够分化成多种细胞类型，表达雄激素受体和前列腺酸性磷酸酶，有高度的增殖潜能。

2007 年，Ma 等发现，肝癌细胞中 $CD133^+$ 的亚群具有干细胞特征，体内成瘤能力更强，并拥有分化为其他谱系的潜能。2010 年，Zhu 等发现，$CD133^+$ $CD44^+$ 的肝癌细胞比单纯的 $CD133^+$ 细胞致瘤性更强。

迄今为止已报道发现有 CSC（包括干细胞样细胞、肿瘤起始细胞等）存在的肿瘤有：各种类型的慢性和急性髓系白血病、一些急性淋巴细胞白血病、乳腺癌、脑肿瘤、室管膜瘤、皮肤癌、前列腺癌、视网膜母细胞瘤、胰腺癌、肝母细胞瘤、胃癌、结肠癌、肺癌、鼻咽癌、肝细胞肝癌等。

4.11.4.2 肿瘤干细胞理论的质疑之声

肿瘤干细胞理论的形成主要来自于肿瘤细胞移植动物实验。许多移植实验表明只有当注射肿瘤细胞数大于 10^6 时才能在局部形成肿瘤，由此产生了两种肿瘤形成学说，即 Stochastic 与 Hierarchy 学说。这两个学说分别解释了为何不是每个肿瘤细胞都能再接种形成移植瘤。

Stochastic 学说认为所有肿瘤细胞是功能同质的，每个肿瘤细胞都有再形成肿瘤的能力。但其进入细胞周期增生分裂是由一些低概率的随机事件控制，因而要阐明肿瘤的生物学特性必须研究全部肿瘤细胞。而 Hierarchy 学说认为肿瘤细胞在功能上存在很大的异质性，只有极小部分肿瘤起源细胞（tumor-initiating cell，T-IC）才有成瘤能力且成瘤率较高。这种 T-IC 即为肿瘤干细胞，与其他肿瘤细胞不同，具有自我更新和分化能力。

肿瘤干细胞的相关研究成果丰硕，但质疑之声同样存在。据 *Cancer Cell* 杂志 2007 年 3 月 13 日报道，Dana-Farber 癌症研究所最新的研究对“肿瘤干细胞”假说提出了质疑。文章报道，科学家已经从一个乳腺癌组织标本中分离出两个遗传背景不同的细胞群，这两类细胞（干细胞样祖细胞和癌细胞），或许还有其他的，都与乳腺癌的癌变过程有关。研究者对这两类细胞进行基因扫描分析后，发现所谓的“肿瘤干细胞”与正常的干细胞很似，是由一个激活的分子通路诱导产生的。同年，Priscilla N. Kelly 等将人 AML 细胞植入亚死性照射的 NOD/SCID 小鼠，实验结果表明超过 10%的肿瘤细胞均具有显著的致瘤性。这一实验结果与先前的研究结果明显不同

(一般认为白血病干细胞的比例在1%以下)。Priscilla N. Kelly 等认为对于肿瘤细胞的异种移植,肿瘤的生长取决于肿瘤细胞与其生长的微环境之间的相互作用,而这种相互作用有赖于可溶性或是膜结合因子。显然,有许多鼠源的因子无法与人相应受体结合,反之亦然。因此,他认为之所以只有极少数肿瘤细胞具有成瘤性,至少部分是因为只有极少数的人细胞能适应小鼠体内的微环境并能稳定增殖。这一研究结果引起了多方的关注与争议,因为肿瘤干细胞理论所赖以建立的基础就在于肿瘤细胞成瘤能力的显著异质性,抽掉了这块基石,肿瘤干细胞的概念体系就摇摇欲坠了。在 2007 年 4 月的 *Science* 上,针对 Priscilla N. Kelly 的研究结果,James A. Kennedy 等提出了不同的看法。他们认为,先前大量的实验结果,包括 Kennedy 自己的研究,无论同种或异种移植,都表明在血液肿瘤细胞内部存在白血病干细胞,并且的比例在不同肿瘤中差异极大,范围是0.001%~1%。这种比例上的差异可能是由于肿瘤干细胞在肿瘤内的比例不同所造成的。近年来,通过克制白血病干细胞来治疗白血病也成了国际学者关注的重点。美国、意大利、日本联合科研团队发现,As_2O_3 可通过降低 PML 基因水平杀伤白血病干细胞。

上述关于血液肿瘤干细胞的争论,其重要意义并不仅仅在于白血病干细胞的比例,还在于如何看待肿瘤干细胞这个概念,如何看待肿瘤干细胞与正常组织干细胞之间的关系。如果认为肿瘤干细胞来源于正常组织干细胞,并且呈现组织干细胞的功能特征,那么可以推论肿瘤组织内应存在极少量的肿瘤干细胞,并且肿瘤组织由肿瘤干细胞分化而来,如此则肿瘤内部必然存在由干细胞分化而形成的有序的差异性。美国癌症研究协会召集干细胞领域的专家讨论关于肿瘤干细胞的问题。与会者认为:所谓“肿瘤干细胞”,并非指肿瘤干细胞起源于正常组织干细胞,而是指向这样一个内涵——在肿瘤内存在这样一种细胞,它具有肿瘤形成能力,并且表现出干细胞的某些功能特征,如自我更新的能力。此外,这一理论的基础还在于在肿瘤细胞的异质性中,这种细胞位于一个“塔尖”的位置,它能进一步“分化”形成其他肿瘤细胞,而分化后的其他肿瘤细胞则失去了肿瘤干细胞的那些“干细胞”功能。由于这样一个并不那么规范的分化谱系,形成了肿瘤内部的异质性。

肿瘤干细胞理论让肿瘤的治疗看到不同的道路和希望。近年来的研究成果不断为这种希望提供佐证与信心,而可以预想到的是,争议也将持续存在。

4.11.4.3 肿瘤干细胞分离鉴定

1) 肿瘤干细胞分离方法

A. 根据特异的细胞表面标志鉴定肿瘤干细胞

干细胞的研究中,一般从细胞表面标志、分化潜能等方面对干细胞进行鉴定。干细胞研究的发展很大程度上依赖细胞表面分化抗原的研究进展。因此,肿瘤干细胞分离鉴定的最权威的方法就是确定肿瘤干细胞表面特异性标志,并根据这些标志分离出肿瘤干细胞。

一般原则为结合谱系标志、正常干细胞的特异标志和正常组织特异性标志等综合评价。很多学者认为,结合阳性标志和阴性标志可以更有效地分离干细胞。目前,已经鉴定出了多种肿瘤的肿瘤干细胞。

一般程序是:原代培养肿瘤干细胞,然后采用流式细胞仪分选或免疫磁珠法按细胞表面特异性标志分离肿瘤干细胞样细胞,再鉴定其增殖、分化和自我更新能力,最后将细胞移植入 NOD/SCID 小鼠,进行成瘤实验,鉴定细胞的成瘤能力。这种方法系统、全面、可信度高,但困难在于,如何科学地确立鉴定肿瘤干细胞的细胞表面特异性标志。

(1) 急性髓性白血病。1994 年,Lapidot 等将急性髓性白血病细胞植入 SCID 小鼠,发现有些细胞会回到骨髓，在体内细胞因子作用下可大量增殖，并扩散至全身，产生与原始肿瘤相似形态的白血病细胞。经细胞表面标志鉴定发现，这些细胞为 $CD34^{+}CD38^{-}$，其他的，如 $CD34^{+}CD38^{+}$ 和 $CD34^{-}$ 细胞都不能使 SCID 小鼠产生大量能形成克隆的始祖细胞。随后 Bonnet 等证实能在有严重联合免疫缺陷的非肥胖型糖尿病(NOD/SCID)小鼠中促发人急性髓性白血病的细胞具有分化和增殖能力，有类似于白血病干细胞那样的自我更新潜能，这些细胞被称为 SCID 白血病促发细胞(SL-IC)，它们的细胞表面标志均为 $CD34^{+}CD38^{-}$。而近年来，科学家们又有了新的发现。2010 年，Vyas 等发现，$CD34^{+}$ 群体共存着两种白血病干细胞亚群，从而证明白血病干细胞并不是均一的，其来源可能比人们想象的更为复杂。

(2) 乳腺癌。2003 年，Ai-Hajj 等将乳腺癌标本或从胸腔积液中收集的癌细胞植入 NOD/SCID 小鼠，选取 CD44(一种与透明质酸结合的黏附分子)和 CD24(一种与 P-selectin 结合的黏附分子)作为分离乳腺癌肿瘤干细胞的表面标志，发现 100 个表型为 $CD44^{-}CD24^{+}/lowLineag^{-}$ 的乳腺癌细胞即能在 NOD/SCID 小鼠中形成肿瘤，而 10 个其他细胞表型的细胞却不能形成肿瘤。2007 年，Ginestier 等发现了一个检测乳腺癌干细胞的新标志物：乙醛脱氢酶(ALDH1)，仅 500 个 ALDH1 阳性细胞即可成瘤。

(3) 脑肿瘤。2003 年，Singh 等分析了多种病理类型的脑肿瘤，包括毛发细胞型星型细胞瘤、成髓细胞瘤、室管膜瘤、神经节神经胶质瘤等，对培养出的细胞进行了自我更新、增殖和分化能力分析，并用流式细胞仪进一步分离出 $CD133^{+}$ 细胞。CD133 是一种相对分子质量为 120 000 的跨膜细胞表面蛋白，起初被认为是一种造血干细胞标志，最近发现 CD133 也是正常人类神经干细胞的标志。文献认为 CD133 细胞就是脑肿瘤干细胞，并提出了 3 点理由：①可产生类似神经球的细胞球；②可自我更新及增殖；③这些细胞可分化出与原发患者一致的细胞表型。

2010 年，Radovanovic 等根据神经胶质瘤干细胞天然的自身荧光和细胞形状，分离出了癌干细胞，为传统的分离方法提供了新的补充。

(4) 前列腺癌。2005 年，Collins 等采用分离正常人前列腺上皮干细胞的细胞表面标志，从前列腺癌细胞中分离出了细胞表型为 $CD44^{+}/\alpha2\beta1^{hi}/CD\ 133^{+}$ 的细胞群。α2β1 是人前列腺的主要整联蛋白之一，其与Ⅰ、Ⅳ型胶原及层黏连蛋白 1 结合，并只在前列腺基底细胞中表达。CD133 功能未知，常被用来分离造血干细胞，也是中枢神经系统干细胞群的细胞表面标志。成长的上皮细胞也表达 CD133，并在分化后表达迅速下调。文献认为 $CD44^{+}/\alpha2\beta1hi/CD\ 133^{+}$ 细胞群是前列腺癌干细胞，因为这群细胞数量少，约占总细胞的 0.1%，且具有分化增殖和自我更新能力。2010 年，Kong 等发现，具有上皮间质转化(EMT)表型的前列腺癌细胞表现出干细胞样细胞的特征，包括集落形成能力增强、小鼠体内成瘤性增强等。EMT 的标志物也可以作为前列腺癌干细胞分离的标志。

(5) 恶性黑素瘤。2005 年，Fang 等用培养人胚胎干细胞的培养基培养原代恶性黑素瘤细胞，发现约 20% 的细胞长成一种无黏着力的细胞球，而在标准培养基中，所有细胞都呈单层贴壁生长。在合适的培养条件下，恶性黑素瘤细胞球能够分化成多种细胞系，如黑素细胞系、脂肪细胞系、骨细胞系、软骨细胞系，这正是神经嵴干细胞可塑性的表现。小鼠移植实验显示，恶性黑素瘤球状细胞有较强的致瘤性，在恶性黑素瘤细胞系中鉴定出相似的多能球状细胞，这种具有多能干细胞性质的细胞存在于 CD20 的恶性黑素瘤细胞中。

(6) 肺腺癌。2005 年，Kim 等在小鼠的细支气管肺泡连接处分离出细胞表面标志为 $Sca\text{-}1^{+}D45^{-}Pecam^{-}CD34^{+}$ 的细胞，命名为细支气管肺泡干细胞(bronchoalveolar stem cell, BASC)。这种细胞能抵抗细支气管和肺泡损伤，并在上皮细胞更新时增殖，具有自我更新能力。

原发性肺腺癌小鼠模型中可以检测到 BASC 增殖。这些结果提示 BASC 维持细支气管 Clara 细胞和肺泡细胞的生长，其突变后导致肺腺癌的发生。2009 年，Tirino 等对 89 例非小细胞肺癌患者的活体肿瘤组织进行研究，发现有 72%表达 CD133，$CD133^+$ 细胞在其后的实验中表现了更强的成瘤能力。

(7) 结直肠癌。2007 年，Ricci-Vitiani 等认为 $CD133^+$ 细胞是结直肠癌干细胞，这类细胞占细胞总数的 2.5%，接种到 NOD/SCID 小鼠后可形成原发肿瘤样肿瘤，体外培养时，在无血清的培养基中可长期维持细胞球状态。也有人发现上皮细胞黏附分子(epithelial cell adhesion molecule，EpCAM)、CD44 和 CD166 可以作为鉴定结直肠癌干细胞的细胞表面标志。2010 年，Wong 等发现，27 名大肠癌患者中，5 人在手术后复发并出现肝脏转移，他们的体内全部检测出 $CD26^+$ 的癌干细胞。而另外 19 名没有 $CD26^+$ 细胞的患者，则全部没有出现转移。这表明 CD26 可作为结直肠癌转移肿瘤干细胞的标志物。

B. 采用染料 Hoechst 33342 分选肿瘤干细胞

Hoechst 33342 是一种可以穿透细胞膜的蓝色荧光染料，常用于细胞凋亡检测，也用于普通的细胞核染色或常规 DNA 染色，细胞染色后用荧光显微镜或流式细胞仪检测。采用 Hoechst 33342 染料来分选肿瘤干细胞的一般程序是：制备细胞悬液，然后加入染料，利用流式细胞仪检测。这种方法简单实用，但需要带有紫外光发射器的流式细胞仪，其价格仪昂贵且成本很高。此外，这种方法虽然能有效地得到有祖细胞功能的细胞群体，但由于制备和纯化方法不同而差异很大，得到的所谓 SP 细胞并不等同于干细胞。

在干细胞领域，Hoechst 33342 最早被用于造血干细胞的分离鉴定。研究者用 Hoechst 33342 对骨髓细胞染色后发现有一小部分细胞染色很浅，进一步实验发现这群细胞表达造血干细胞的表面标志 $Scal^+$ lin neg/low，这一细胞群被称为边缘细胞(side population，SP)。Goodell 等已经证实，SP 细胞外排 Hoechst 染料是由于膜表面有外排泵多耐药转运子 1(multidrug resistance transporter 1，MDR1)。MDR1 属于跨膜蛋白 ATP 结合盒(ATP-binding cassette，ABC)家族，其鼠同源体是 Mdrla/b。此外，还有其他的蛋白可能涉及 SP 细胞对 Hoechst 染料的外排作用，如乳腺癌抵抗蛋白(breast cancer resistance protein，BCRP)也参与此过程。BCRP 的人同源体是 ABCG2(ATP-binding cassette，subfamily G，member 2)。目前已经从许多人和动物模型的正常组织包括乳腺、肺、肌肉、心脏、肝、脑和皮肤中分离出了 SP 细胞，这些细胞富含干细胞活性细胞。

Hoechst 33342 分离 SP 细胞除了应用于正常细胞外，还被应用于多种肿瘤组织和肿瘤细胞系。研究者从多种细胞系中分离得到了 SP 细胞，包括大鼠神经胶质瘤 C6 细胞系、人成神经细胞瘤 SK-N-SH 细胞、IMR-32、JF 细胞系、人视网膜细胞瘤 WERI-Rb27 细胞系和多种人胃肠癌细胞系。最近，研究者对 4 种肝细胞癌细胞系进行了 SP 分析，从 Huh7 和 PLC/PRF/5 细胞系中分离到了 SP 细胞，而 HepG2 和 Huh6 细胞系中没有分离到。另外，有研究者从 6 种肺腺癌细胞系(H460、H23、H441、HTB-58、A549 和 H2170)和肺腺癌组织中分离到了 SP 细胞。最近有文献报道，从良性和恶性前列腺上皮组织、人乳腺癌细胞系 Cal-51、间充质细胞肿瘤组织(包括良性和高度恶性的肉瘤)中检测到了 SP 细胞，且 SP 细胞占的百分比与细胞恶性程度成正相关。

C. 采用 BrdU 法鉴定肿瘤干细胞

BrdU 法检测 LRC 应用于鉴定肿瘤干细胞及其干细胞龛的位置。

溴脱氧尿嘧啶核苷(bromodeoxyuridine，BrdU)是 DNA 前体胸腺嘧啶核苷类似物，通过竞争掺入 S 期细胞单链 DNA 核苷酸序列替代胸腺嘧啶。BrdU 经活体注射或细胞培养加入后，利用抗 Brdu 单克隆抗体免疫细胞化学染色，显示增殖细胞。如果细胞迅速分裂，BrdU 则被稀释而检测不到；如果细胞分裂缓慢，则可以被检测到。因此，BrdU 常被用来鉴定体干细胞及其在干细胞龛中的位置，这种细胞被称为标记阻滞细胞(label-retaining cell，LRC)。到目前为止，已经在包括乳腺、皮肤、肾脏、前列腺、子宫和胰腺中检测到了 LRC。

BrdU 法在肿瘤组织中鉴定肿瘤干细胞也得到了应用。这种方法一般应用于活体组织中检测肿瘤干细胞，不能分离出来做进一步的研究。而另一些新的假说，如利用干细胞抗凋亡特性、悬浮生长和耐药特性来鉴定肿瘤干细胞，还需要更多地研究来证实和完善。

D. 分离肿瘤干细胞的其他方法

(1) 抗凋亡分选假说。已经有实验证实，干细胞能通过一些复杂的机制来抵抗凋亡在诱导凋亡的条件下，普通肿瘤细胞最终会发生凋亡，而肿瘤干细胞的比例增加。此时以合适的培养基防止肿瘤干细胞分化，然后用蛋白芯片或其他方法检测存活细胞的表面标志，这些标志可能就是肿瘤干细胞的表面标志。

(2) 悬浮培养分选假说。以不含血清培养基培养细胞，得到悬浮生长的含肿瘤干细胞的细胞球，然后用化疗药物进一步去除非肿瘤干细胞。

这些新的假说，为分离鉴定肿瘤干细胞提供了新思路和新策略，但还需要更多地研究来证实和完善。

2) 肿瘤干细胞的鉴定

分离出来的细胞均需通过鉴定，确定是否为我们研究所需的肿瘤干细胞。TSC 的鉴定包括体内和体外实验两个方面。最终目的是鉴定其增殖、分化、自我更新和成瘤能力。

A. 体外实验

体外实验一般包括：细胞球培养法、MTT 实验、细胞周期检测和克隆形成实验。

研究发现，脑肿瘤、乳腺癌和前列腺癌等实体瘤组织中，肿瘤干细胞在含生长因子的 SFM(无血清维持干细胞未分化状态，添加的生长因子则能促进 TSC 的增殖)中能快速增殖形成细胞球，且将细胞球打散、重悬制成单细胞悬液，能够连续传代形成细胞球，此培养特性反映了细胞的自我更新能力和无限增殖能力。细胞球在不同诱导条件下可分化为不同细胞，反映 TSC 的多向分化潜能。

MTT 实验：即将细胞接种于 96 孔板，分别于接种后和各时段用 MTT 法检测。同时设只加培养液，不加细胞的空白组用于调零。于 490nm 处在分光光度计上测各组细胞 OD 值，取均值并绘制生长曲线。这种方法是为了检测细胞增殖活性。

细胞周期检测实验中，用流式细胞仪测定 DNA 相对含量，确定细胞周期各时相所占百分比。如果分离出细胞群的 S 期/($S+G_2M$)期比例大于另一部分细胞群，则说明这部分细胞具有较强的增殖能力。

克隆形成实验可反映 TSC 的自我更新能力和无限增殖特性，并且间接反映细胞的致瘤能力，而其他肿瘤细胞不具有形成克隆或连续形成克隆的能力。

B. 体内实验

体外实验虽可一定程度上反映 TSC 的生物学功能，但最终需通过动物体内实验以确定其致瘤能力。NOD/SCID 是目前最为理想的研究 TSC 致瘤能力的动物模型。动物实验的一般方法是将分离纯化的细胞异种移植到具有免疫缺陷的小鼠身上，观察能否形成肿瘤以及肿瘤体积大小和形成所需时间，从而判断致瘤能力的大小。并且分离纯化细胞的子代也应进行体内成瘤试验,以证实其克隆子代是否保持母代特性。

4.11.5 干细胞的研究与应用

干细胞是人体及各种组织细胞的最初来源,具有高度自我复制能力、高度增殖和多向分化潜能、可植入性和重建能力等特征,即这些细胞可以通过细胞分裂维持自身细胞群的大小,同时又可以进一步分化成各种不同的组织细胞,从而构成机体各种复杂的组织器官。

有证据显示,损伤的机体能发出特异的信号,将干细胞招募到受损部位并发挥修复功能。它给我们的提示是:干细胞定位到靶组织后,在体内微环境的作用下,能定向分化成所需的组织细胞类型;或者可通过模拟体内环境,在体外实现干细胞的定向诱导分化。这为干细胞治疗疾病提供了一个理论基础。随着干细胞研究和克隆技术的发展,人们逐步发现,干细胞本身所具有的特性使人类有可能在体外培养某些干细胞,并将它们定向诱导分化为所需的各种组织细胞,以供临床所需。以此为目的的干细胞研究几乎涉及人体所有的重要组织和器官,也涉及人类面临的大多数医学难题,如心血管疾病、糖尿病等的治疗。

4.11.5.1 胚胎干细胞的研究与应用

胚胎干细胞是指从桑葚胚或附植前囊胚内细胞团分离的多潜能细胞,它具有体外培养无限增殖、自我更新和多向分化的特性。无论在体外还是体内环境,ES 细胞都能被诱导分化为机体几乎所有的细胞类型。自 1981 年 Evans 和 Kaufman 首次成功分离小鼠 ES 细胞,国内外研究人员已在仓鼠、大鼠、兔、猪、牛、绵羊、山羊、水貂、恒河猴、美洲长尾猴以及人类都分离获得了 ES 细胞,而且已经证明小鼠 ES 细胞可以分化为心肌细胞、造血细胞、卵黄囊细胞、骨髓细胞、平滑肌细胞、脂肪细胞、软骨细胞、成骨细胞、内皮细胞、黑色素细胞、神经细胞、神经胶质细胞、少突胶质细胞、淋巴细胞、胰岛细胞、滋养层细胞等。人类 ES 细胞也可以分化为滋养层细胞、神经细胞、神经胶质细胞、造血细胞、心肌细胞等。ES 细胞不仅可以作为体外研究细胞分化和发育调控机制的模型,而且还可以作为一种载体,将通过同源重组产生的基因组的定点突变导入个体,更重要的是,ES 细胞将会给人类移植医学带来一场革命。

1) 生产克隆动物

ES 细胞从理论上讲可以无限传代和增殖而不失去其正常的二倍体基因型和表现型,以其作为核供体进行核移植后,在短期内可获得大量基因型和表现型完全相同的个体,ES 细胞与胚胎进行嵌合克隆动物,可解决哺乳动物远缘杂交的困难问题,生产珍贵的动物新种。亦可使用该项技术进行异种动物克隆,对于保护珍稀野生动物有着重要意义。

2) 生产转基因动物

用 ES 细胞生产转基因动物,可打破物种的界限,突破亲缘关系的限制,加快动物群体遗传变异程度,可以进行定向变异和育种。利用同源重组技术对 ES 细胞进行遗传操作,通过细胞核移植生产遗传修饰性动物,有可能创造新的物种。利用 ES 细胞技术,可在细胞水平上对胚胎进行早期选择,这样可以提高选样的准确性,缩短育种时间。

3) 用于细胞治疗和器官组织移植

胚胎干细胞最诱人的前景和用途是生产组织和细胞,用于“细胞疗法”,为细胞移植提供无免疫原性的材料。任何涉及丧失正常细胞的疾病，都可以通过移植由胚胎干细胞分化而来的特异组织细胞来治疗（图 4.11.3）。例如，用神经细胞治疗神经退行性疾病（帕金森病、亨廷顿舞蹈症、阿尔茨海默病等），用胰岛细胞治疗糖尿病，用心肌细胞修复坏死的心肌等。

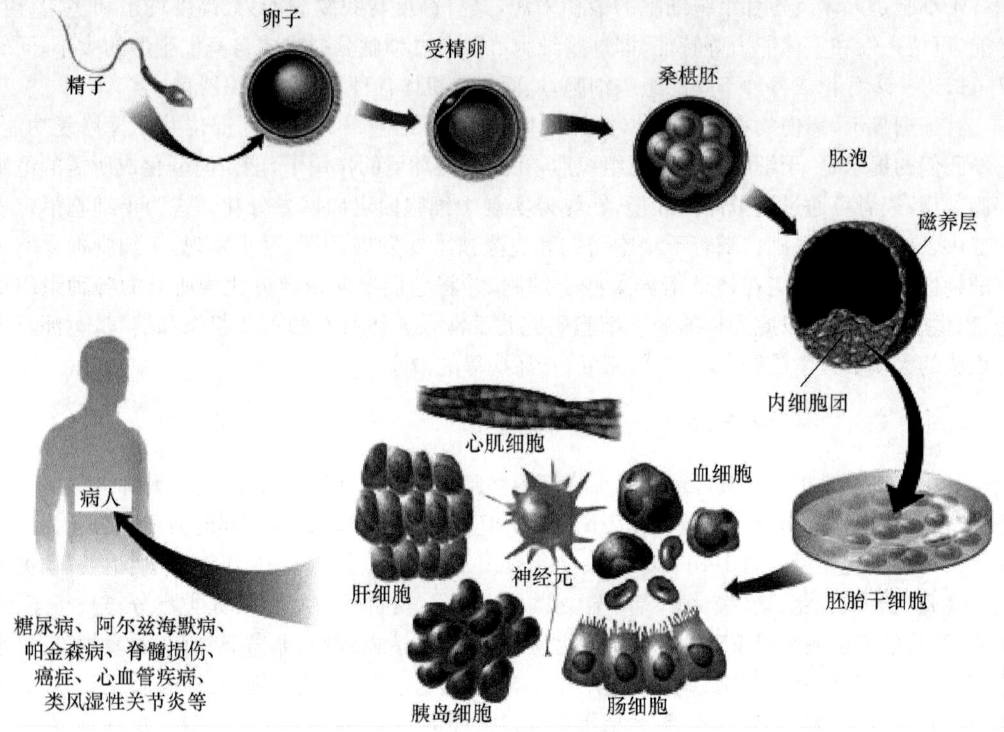

图 4.11.3　胚胎干细胞疗法

（修改自 www.stemcellsforhope.com）

胚胎干细胞还是基因治疗最理想的靶细胞，ES 细胞经遗传操作后仍能稳定地在体外增殖传代。以 ES 细胞为载体，经体外定向改造，使基因的整合数目、位点、表达程度和插入基因的稳定性及筛选工作等都在细胞水平上进行，容易获得稳定、满意的转基因 ES 细胞系，为克服目前基因治疗中导入基因的整合和表达难以控制，以及用作基因操作的细胞在体外不易稳定地被转染和增殖传代开辟了新的途径。

干细胞技术的最理想阶段是希望在体外进行“器官克隆”以供患者移植。如果这一设想能够实现，将是人类医学中一项划时代的成就，它将使器官培养工业化，解决供体器官来源不足的问题，使器官供应专一化，提供患者特异性器官。人体中的任何器官和组织一旦出现问题，可像更换损坏的零件一样随意更换和修理。

但是对于胚胎干细胞的伦理学争议，是阻碍干细胞研究的一个重要因素。很多社会伦理学家及宗教界人士出于保护生命的目的强烈反对人类从事胚胎干细胞的研究，争议核心在于如何界定生命。科学界的人士很多倾向于认为早期的胚胎不具备神经系统，不会对疼痛作出反应，因此，不主张给予胎儿以完全的人权。宗教界人士往往认为只要精子进入卵细胞以后，一个新的生命就已经诞生了。因此，生命的生存权利应该得到完全的保护。生命科学的研究是永无止境的，可以肯定的是人们今天对于生命和生命现象的研究还十分肤浅。因此，对于关系人类前途的一些重大项目采取一种谨慎的态度是明智的。

4.11.5.2 成体干细胞的研究与应用

成体干细胞是存在于儿童和成人组织中的具有多向分化潜能的一类细胞，目前在几乎所有成年组织中均有发现。成体干细胞改变了干细胞传统的理念。

传统观点认为，胚胎干细胞具有分化的全能性，即能分化为起源于3个胚层的所有细胞类型的能力；而成体干细胞只具有分化为一种谱系中的各种细胞类型的能力，即分化的多能性。但近年来的一些实验证据显示，成体干细胞不仅能分化为特定谱系中的细胞类型，还具有分化成为在发育上无关的其他谱系细胞类型的能力，称为“可塑性”或“横向分化”，提示成体干细胞具有比人们以前想象的更大的分化潜能，在组织损伤修复中可能发挥重要作用。胚胎干细胞虽然具有分化的全能性，但由于存在伦理学、免疫排斥以及潜在的致瘤性等问题限制了它在临床上的应用。相比之下，成体干细胞具有许多胚胎干细胞所不具备的优点：①来源丰富，取材相对容易；②可实现个体化治疗，规避免疫排斥；③避免了伦理方面和胚胎细胞来源不足等问题。因此，应用成体干细胞治疗难治性疾病已成为当今研究的热点。

自体骨髓干细胞移植治疗缺血性心脏病和心肌梗死安全而有效，自体骨骼肌来源的干细胞心肌内注射治疗心肌梗死也有较好疗效。外伤引起的中枢神经系统损伤采用间充质干细胞(MSC)移植治疗，术后症状均有改善。对于眼表面疾病患者来说，自体角膜缘干细胞移植是简单而有效的重建角膜表面和明显提高有效视力的治疗方法。来源于骨髓的成骨祖细胞，在体外生物陶瓷支架上生长扩增后移植于骨损伤部位能显著提高大段骨损伤的治疗效果。有证据显示皮肤和人吸脂术后的脂肪组织内有类似于MSC的多功能干细胞，具有临床应用的良好前景(图4.11.4)。

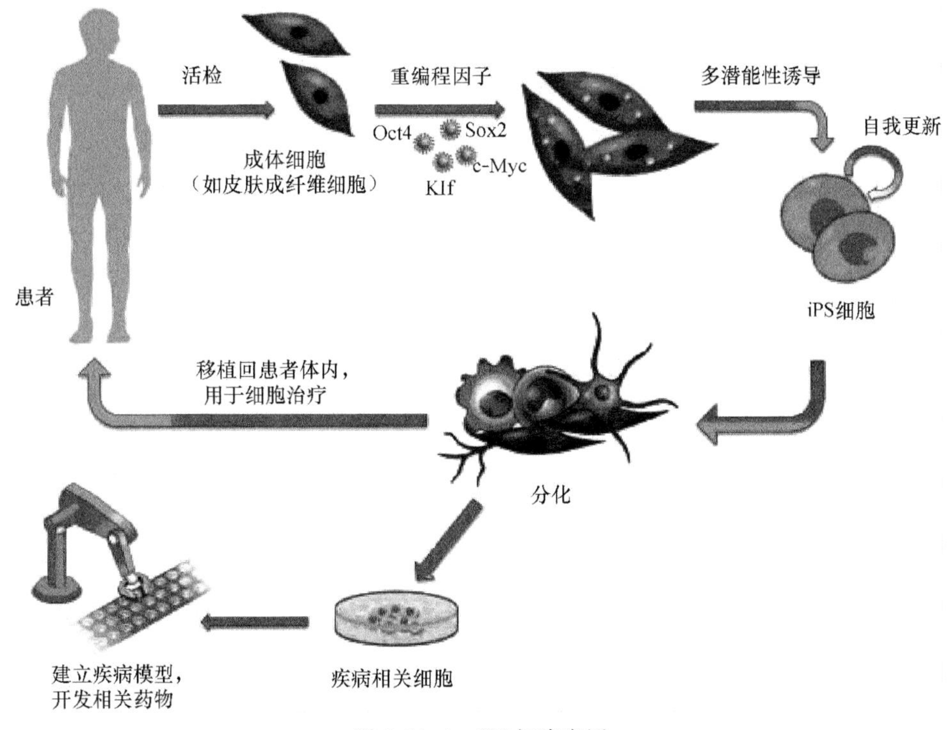

图4.11.4 iPS细胞应用
(修改自 www.accessscience.com)

干细胞研究的一个热点是，人们试图将人体正常的体细胞直接转化为诱导多能性干细胞(induced pluripotent stem cell，iPS)，而这种体细胞具有类似胚胎干细胞(ES)的功能。2006 年 3 月，日本京都大学的 Shinya Yamanaka 发表的一项研究成果，首次对这一技术路线给出了肯定的答案。Yamanaka 发现，通过向小鼠皮肤成纤维细胞转染 4 种转录因子 *Oct4*、*Sox2*、*Klf4* 和 *c-Myc*，能够将小鼠体细胞转化为类胚胎干细胞，iPS 具有发育成任何组织或器官的潜力。他们这一研究随后在不同人供体的成人皮肤成纤维细胞和另外两种人成纤维细胞群(来自润滑组织和新生儿包皮)得以成功实现。Takahashi 等对人 iPS 细胞进行了一系列测定，以便与人 ES 细胞比较。这些测定包括形态研究、表面标记表达、表观遗传状态、体外胚状体的形成、直接分化成神经细胞和跳动左心室肌细胞(根据人 ES 细胞分化的方法)以及在体内畸胎瘤的形成。基因芯片技术分析揭示了人 iPS 细胞和人 ES 细胞的整个基因表达谱极为相似。重要的是，基因组 DNA 分析和短串联重复分析证实，独立的人 iPS 克隆的遗传来源是其亲本成纤维细胞。

iPS 细胞的发现被《自然》和《科学》杂志分别评为 2007 年第一大和第二大科学进展，其应用也备受关注。2009 年，美国 Mayo Clinic 的研究团队报道，他们把 Oct4、Sox2、c-Myc 和 Klf 这 4 种转录因子基因导入小鼠胚胎的纤维细胞，产生 iPS 细胞后，再诱导 iPS 向心肌细胞定向分行，在治疗心肌梗死的动物模型上有显著疗效。日本的一个研究小组于 2011 年开发出了利用 iPS 细胞高效培养心肌细胞的方法，环孢素 A 在这个高效诱导过程中发挥了重要作用。

科学家们不仅可将健康细胞改造成 iPS，也能将病变细胞改造成 iPS。哈佛大学和哥伦比亚大学的 Eggan 研究组首次在临床上将一位 82 岁的肌肉缩性(脊髓)侧索硬化(amyotrophic lateral sclerosis，ALS)女性患者的皮肤细胞通过干细胞操作技术生成具有分化为神经元潜能的 iPS，这将为患者使用自体 iPS，减少免疫排斥反应提供了干细胞治疗新策略。

小结

近年来干细胞移植治疗心肌损伤、脑损伤和肝硬化等疾病已经成为研究热点，其成果令人鼓舞。胚胎干细胞(ES 细胞)虽然具有无可非议的多向分化潜能，但如何使移植 ES 细胞在增殖能力、无致瘤性和分化潜能之间保持微妙的平衡，以及如何处理医学伦理、移植物排斥等问题都没有得到很好的解决。成体干细胞是一类具有自我更新能力和多向分化潜能的细胞，其“可塑性”的特性在组织和器官损伤修复的临床应用中发挥了重要作用。

(吴　佼　边惠洁)

思考题

1. 什么是干细胞，干细胞的特性有哪些？
2. 胚胎干细胞有哪几种获得途径？
3. 什么是成体干细胞，其研究有何意义？

参考文献

裴雪涛. 2001. 干细胞研究现状与展望. 高技术通讯，11：93-95
裴雪涛. 2002. 干细胞技术. 北京：化学工业出版社
裴雪涛. 2003. 干细胞生物学. 北京：科学出版社

裴雪涛. 2004. 成体干细胞分化的可塑性及其在组织工程中的应用. 中国修复重建外科杂志, 18: 81

Ai-Hajj M, Wicha M S, Benito Hemandez A, et al. 2003. Prospective identification of tumorigenic breast cancer cells. Proc Nati Acad Sci USA, 100(f7): 3983, 3988

Anderson D J, Gage F H, Weissnam I L. 2001. Can stem cells cross lineage boundaries? Nat Med, 7: 393-395

Clément V, Marino D, Cudalbu C, et al. 2010. Marker-independent identification of glioma-initiating cells. Nat Methods, 7: 224-228

Collins A T, Berry P A, Hyde C, et al. 2005. Prospective identification of tumorigenic prostate cancer stem cells. Cancer Research, 65(23): 10946-10951

Fang D, Nguyen T K, Leishear K, et al. 2005. A tumorigenic subpopulation with stem cell properties in melanomas. Cancer Research, 65(20): 9328-9337

Fujiwara M, Yan P, Otsuji TG, et al. 2011. Induction and enhancement of cardiac cell differentiation from mouse and human induced pluripotent stem cells with cyclosporin-A. PLoS One, 6: e16734

Kim C F, Jackson E L, Woolfenden A E, et al. 2005. Identification of bronchoalveolar stem cells in normal lung and lung cancer. Cell, 121(6): 823-835

Kong D, Banerjee S, Ahmad A, et al. 2010. Epithelial to mesenchymal transition is mechanistically linked with stem cell signatures in prostate cancer cells. PLoS One, 5: e12445

Kramer J, Hegert C, Guan K M, et al. 2000. Embryonic stem cell derived chondrogenic differentiation in vitro activation by BMP-2 and BMP-4. Mech. Dev, 92(2): 193-205

Lapidot T, Sirard C, Vormoor J, et al. 1994. A cell initiating human a2 cute myeloid leukemia after transplantation into SCID mice. Nature, 367: 645-648

Li F, Lu S J, Vida L, et al. Bone morphogenetic protein 4 induces efficient hematopoietic differentiation of rhesus monkey embryonic stem cells in vitro. Blood, 2001, 98(2): 335-342

Ma S, Chan K W, Hu L, et al. 2007. Identification and characterization of tumorigenic liver cancer stem/progenitor cells. Gastroenterology, 132: 2542-2556

Pang R, Law W L, Chu AC, et al. 2010. A subpopulation of $CD26^+$ cancer stem cells with metastatic capacity in human colorectal cancer, Cell Stem Cell, 6: 603-615

Pera M F, Andrade J, Houssami S, Reubinoff B E, Trounson A, Stanley E G, Ward-van Oostwaard D, Mummery C. 2004. Regulation of human embryonic stem cell differentiation by BMP-2 and its antagonist noggin. J Cell Sci, 117: 1269-1280

Reya T, Morrison S J, Clarke M F, et al. 2001. Stem cells, cancer and cancer stem cells. Nature, 414(6859): 105-111

Ricci-Vitiani L, Lombardi D G, Pilozzi E, et al. 2007. Identification and expansion of human colon-cancer-initiating cells. Nature, 445: 111-115

Schuldiner M, Eiges P, Eden A, et al. 2001. Induced neuronal differentiation of human embryonic stem cells. Brain Res, 913: 201-205

Singh S K, Clarke I D, Terasaki M, et al. 2003. Identification of a cancer stem cell in human brain tumors. Cancer Res, 63(18): 5821-5828

Takahashi K, Tanabe K, Ohnuki M, et al. 2007. Induction of pluripotent stem cells from adult human fibroblasts by defined factors. Cell, 131(5): 861-872

Talavera-Adame D, Wu G, He Y, et al. 2011. Endothelial cells in co-culture enhance embryonic stem cell differentiation to pancreatic progenitors and insulin-producing cells through BMP signaling. Stem Cell Rev, 7: 532-543

Tirino V, Camerlingo R, Franco R, et al. 2009. The role of CD133 in the identification and characterisation of tumour-initiating cells in non-small-cell lung cancer. Eur J Cardiothorac Surg, 36: 446-453

Xu X, Browning VL, Odorico JS. 2011. Activin, BMP and FGF pathways cooperate to promote endoderm and pancreatic lineage cell differentiation from human embryonic stem cells. Mech Dev, 128: 412-427

Yamane T, Dylla S J, Muijtjens M, et al. 2005. Enforced Bcl-2 expression overrides serum and feeder cell requirements for mouse embryonic stem cell self-renewal. Proc Natl Acad Sci U S A, 102(9): 3312-3317

Zhu Z, Hao X, Yan M, et al. 2010. Cancer stem/progenitor cells are highly enriched in $CD133^+$ $CD44^+$ population in hepatocellular carcinoma. Int J Cancer, 126: 2067-2078

4.12 基于工程细胞的研究及应用

4.12.1 工程细胞的实验室研究及应用

无论是通过细胞融合、核质移植、染色体或基因移植以及组织和细胞培养等方法，还是通过基因重组的途径将遗传物质转移到受体细胞中所获得的工程细胞，不仅对于生产蛋白质、绘制基因图谱、认识蛋白质功能、研究肿瘤发生机制以及植物育种等有重要的作用，而且对于人们认识生命，改造自然都有巨大的作用和意义。因此，为了进一步深入认识工程细胞自身的生长代谢特性，提高培养细胞活性和单位细胞的产率，延长培养周期，对细胞自身的遗传特性进行功利性修饰之后，还应该在实验室水平上系统的研究工程细胞的特性，如对工程细胞的黏附，细胞分泌，物质运输等分子机制研究；此外，通过建立细胞-细胞共培养系统，细胞-细胞外基质的模型系统也可进一步深入研究并认识工程细胞；利用荧光蛋白质工程转染筛选的细胞株，也可进行药物筛选等方面的工作。本节将对工程细胞的实验室研究以及应用给予简要的介绍。

4.12.2 细胞黏附，细胞分泌，物质运输等分子机制研究

4.12.2.1 细胞黏附

CHO细胞是实验研究和生物技术药物制备最为常用的工程细胞。通常，CHO细胞为贴壁依赖性生长，在适应驯化后也可呈悬浮生长。但悬浮培养条件下，CHO细胞较驯化前常可发生不同程度地黏附聚集，同时细胞增殖与活性下降。用于工业生物制药的工程细胞在体外培养时，多数呈贴壁生长或兼性贴壁生长；当其在无血清、无蛋白培养液中生长时，由于缺乏血清中的各种黏附贴壁因子，如纤黏连蛋白(fibronectin)、层黏连蛋白(laminin)、胶原(collegen)、玻璃黏连蛋白(vitronectin)，细胞往往以悬浮形式生长。细胞黏附的最初概念来源于肿瘤细胞，即当原发部位肿瘤转变为浸润性肿瘤时，肿瘤细胞必须黏附并穿透基底膜进入其下的间质。一方面，

肿瘤细胞必须先从其原来黏附的原发灶细胞外基质脱离后才能转移,另一方面,又必须借助黏附才能移动。而肿瘤细胞正是在这种连续的黏附、解黏附的过程中发生移动,故浸润转移的过程首先就是一个黏附和解黏附的过程,同时还是一个基质降解与细胞移动的过程。对于工程细胞黏附功能的深入研究对理解工程细胞的特性和应用具有重要的意义。

1) 黏附与细胞黏附分子

黏附分子作为一类由细胞产生的、介导细胞与细胞、细胞与细胞外基质间相互接触与结合的一类分子的总称。按照其结构特点常将黏附分子分为以下 6 类:①整合素家族(integrin family);②免疫球蛋白超家族(immunoglobulin superfamily,IgSF);③选择素家族(selectin family);④黏蛋白样血管地址素(mucin-like vascular addressin);⑤钙离子依赖的细胞黏附分子家族(Ca^{2+}-dependent cell adhesion molecule family),又称钙黏蛋白(cadherin)家族;⑥其他一些未归类的黏附分子。

已有大量证据表明,黏附分子的异常表达与许多肿瘤的侵袭转移密切相关。也有一些证据显示,黏附分子还与肿瘤的发生有关。例如,E-钙黏蛋白(E-cadherin)就被证明是一个抑癌基因,E-钙黏蛋白的表达降低或丧失是许多人体肿瘤细胞的普遍特征,包括乳腺癌、大肠癌、结肠癌、胃癌、肺癌、食道癌、前列腺癌、胰腺癌、膀胱癌、肾癌等,而在小叶性乳腺癌、卵巢癌、子宫内膜癌中均发现有 E-钙黏蛋白基因突变。E-cadherin 分子也广泛表达于上皮细胞中,具有介导同源细胞黏附、调节细胞迁移及形态发生、维持细胞极性的功能,E-钙黏蛋白的表达下调和失活能引起癌细胞的去分化与侵袭转移性增强,并被认为与肿瘤的浸润转移密切相关。通过应用免疫组化、原位杂交等方法检测 E-钙黏蛋白蛋白和 mRNA 在各种工程细胞或组织的表达情况证实,则能为判断工程细胞的黏附潜能提供直接或间接的依据。

A. 整合素

整合素家族的黏附分子均是由 α、β 两条链以非共价键方式结合而成的异二聚体分子(heterodimer)。目前已鉴定出的 α 亚基有 14 种亚型,β 亚基有 8 种亚型,α 亚基和 β 亚基通过非随机组合可形成 20 多种整合素。而细胞外基质中的许多胶原蛋白、层黏连蛋白、纤黏连蛋白以及血管细胞黏附分子(vascular cell adhesion molecule,VACM)等却充当着这些不同整合素分子的配体,例如,纤黏连蛋白就是 VLA-5 等整合素的配体。许多实验也证实,肿瘤细胞中整合素的表达与正常细胞不同:在肿瘤细胞中,与稳定细胞黏附和组织形成有关的整合素亚类表达减少或消失,而参与细胞移动的整合素亚类的表达却保持不变或上升。例如,在乳腺癌中,整合素 α2β1、α5β1、α6β4 的表达均显著下降就成为乳腺癌转移的重要动因。

B. 选择素

选择素家族的黏附分子均为 I 型膜分子,由 L(白细胞)、P(血小板)、E(血管内皮)选择素三个成员构成。选择素可通过介导癌细胞、血细胞、血管内皮细胞之间的异种细胞黏附,引起癌细胞沿着血管内皮细胞滚动,并与肿瘤转移的器官选择性有关。

C. 免疫球蛋白超家族

免疫球蛋白超家族的分子种类至少有数百种,分布亦十分广泛,仅在白细胞分化抗原中,属免疫球蛋白超家族的分子就占到 1/3。免疫球蛋白超家族主要包括淋巴细胞受体、MHC 及其相关分子、免疫球蛋白 FC 受体、某些细胞因子受体、多种黏附分子、分化抗原以及一些与神经系统功能相关的黏附分子。就属于黏附分子的免疫球蛋白超家族而言,其主要包括细胞间黏附分子(intercellular adhesion molecule,ICAM)(包括 ICAM-1、ICAM-2、ICAM-3,主要与整合素 β2 组合)、α4β1 和 α4β7 识别的免疫球蛋白超家族分子(如血管黏附分子-1,vascular cell adhesion molecule-1,VACM-1)、同型黏附的免疫球蛋白超家族分子(又包括血小板内皮细胞黏附分子 PECAM-1、神经细胞黏附分子 NCAM、CD171、癌胚抗原 CEA)等。HAb18G 是用肝癌单克隆抗体 HAb18 筛选人肝癌 cDNA 文库获得的一个新的肿瘤相关抗原,高表达于人肝癌组织和一些癌细胞表面。其核酸序列与 EMMPRIN(基质金属蛋白酶诱导因子)等 CD147 家族成员高度同源,为单次跨膜的糖蛋白,同属免疫球超家族。近 10 年来研究发现,HAb18G/CD147 分子在多种肿瘤细胞表面显著高表达,其通过刺激周围成纤维细胞产生多种 MMP(基质金属蛋白酶)降解细胞外基质,促进肿瘤细胞的浸润和转移。目前研究显示,该分子可能会引起工程细胞抗"失巢"凋亡,因而对该分子功能的研究成为肿瘤浸润与转移领域的一个新热点。

D. 黏蛋白样血管地址素

黏蛋白样血管地址素包括 CD34、GlyCAM-1、MadCAM-1 等,它们均可和 L 选择素结合,介导白细胞与内皮细胞的相互作用。CD34 主要表达于多能造血干细胞、定向组细胞、骨髓基质细胞、血管内皮细胞,部分急性非淋巴细胞白血病(NALL)细胞、急性 B 淋巴细胞白血病(ALL)以及血管来源的肿瘤细胞也表达 CD34。在肿瘤组织中,CD34 的表达常与肿瘤内部的血管增生和血管网密度呈正相关,CD34 的表达越高,肿瘤的生长、转移能力就越旺盛。

E. 其他黏附分子

一些尚未归类的黏附分子,如 CD44、肿瘤坏死因子超家族(TNFSF)、肿瘤坏死因子受体超家族(TNFRSF)、血小板膜糖蛋白等。以 CD44 为例,通常情况下,CD44 主要介导白细胞黏附到内皮细胞、基质细胞和细胞外基质上,系淋巴细胞归巢受体。近年来也发现,在许多恶性肿瘤细胞中 CD44 的表达增强,增强了原发肿瘤和转移肿瘤的生长。但当用抗 CD44 抗体阻断 CD44 的生物学作用后,却可以显著抑制肿瘤细胞的移动能力和浸润细胞外基质及基底膜的能力。

在进行工程细胞的培养过程中,有报道显示细胞与细胞黏附实验中发现添加肝素钠可以明显改善悬浮培养时细胞黏附聚集现象,细胞由成团生长转变为单个悬浮生长。同时在肝素钠对细胞生长影响的实验中发现,添加肝素钠后 CHO 细胞数目尤其是活细胞数增加,细胞活性提高;进一步的流式细胞仪(FACS)检测显示,肝素钠处理组凋亡细胞百分比较未处理组下降。与苏拉明降低 CHO 培养中的细胞黏附聚集,保护细胞防止早期凋亡发生的作用相比,肝素钠不仅可降低早期凋亡细胞数,而且可降低晚期凋亡细胞数。可见,肝素在 CHO 工程细胞悬浮培养中的成功应用源于其解除细胞黏附聚集和促进细胞存活增殖的双重作用。初步的研究显示,肝素抗细胞黏附作用可能与 CHO 细胞表达的内源性细胞间黏附分子 E-cadherin 有关。因 E-cadherin 分子的磷酸化状态对于维持其膜定位及功能至关重要,如 E-cadherin 分子去磷酸化时,其分布从细胞膜移位至胞质,不形成黏着连接,因而失去细胞间黏附成为单个悬浮细胞。在此过程中蛋白激酶 CK-2 是促进 E-cadherin 分子磷酸化的关键酶,肝素钠作为特异性的 CK-2 抑制剂导致 E-cadherin 分子去磷酸化,使其活性下降而产生抗黏附作用,但其确切的分子机制仍需进一步深入研究。

为了研究工程细胞的黏附,可用倒置显微镜检测观察细胞黏附聚集情况变化;测细胞黏附的方法主要有细胞计数法、蛋白染料法,荧光素标记法和同位素标记法。有报道显示用同位素标记法测定细胞黏附情况,无论选用 ^{51}Cr 释放实验及 ^{3}H-TdR 掺入法,其敏感性和稳定性均较好,且干扰因素少,而 ^{3}H-TdR 掺入法的敏感性和稳定性较 ^{51}Cr 释放法稍好些。最后可进行工程细胞上特定黏附分子,如 E-cadherin 表达的情况,即收集细胞,分别采用 RT-PCR、Western Blot 和 FACS 进行黏附分子 E-cadherin 在 mRNA、蛋白质和细胞水平表达的检测;最后,可以考察不同因素作用工程细胞后，特定黏附分子的变化情况，从而获得工程细胞较为全面的黏附分子表达情况。

2）细胞分泌

细胞分泌是指动物细胞和植物细胞将在粗面内质网上合成而又非内质网组成部分的蛋白和脂会通过小泡运输的方式，经过高尔基体的进一步加工和分选运送到细胞内相应结构、细胞质膜以及细胞外的过程。细胞分泌活动涉及一系列复杂的分子活动和信号转导过程，它是许多重要生命活动如神经递质的释放、内分泌激素分泌、蛋白质转运等的基础。故而有关细胞分泌活动的研究近年在国际上形成一个新的热点。细胞分泌活动涉及一系列复杂的分子活动和信号转导过程，随着新技术尤其是细胞分泌检测技术的不断出现，这一过程正在被逐步揭示出来。研究工程细胞的分泌行为对于改进工程的性能，提高工程细胞的蛋白或目标产物的表达量具有重要的意义。

细胞分泌活动是非常重要的生命现象，整个过程涉及三种不同的细胞器和细胞结构（图 4.12.1）。

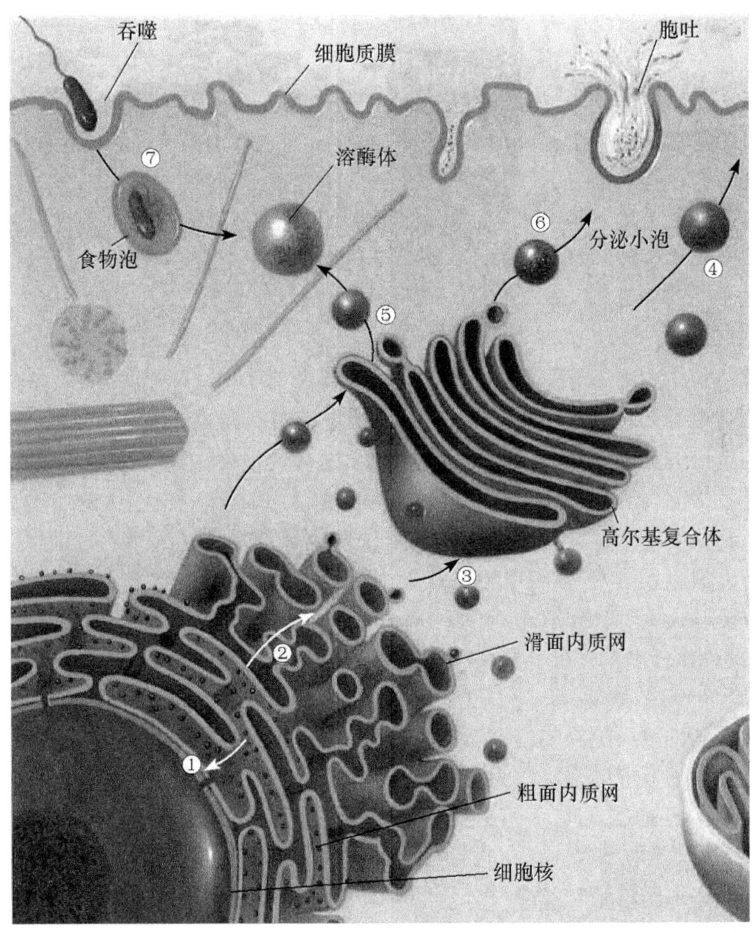

图 4.12.1　细胞分泌活动示意图

图 4.12.1 中显示了由 ER 合成的蛋白质经分泌小泡通过高尔基体复合物运向各目的地，包

括溶酶体。分泌泡分泌途径:①核糖体合成的蛋白质与粗面内质网外表面的结合,并在 ER 腔中糖基化;②从内质网形成的小泡携带新合成并经糖基化的蛋白到达顺面高尔基体;③通过膜融合,蛋白质进入高尔基体,并在高尔基体中进一步加工后通过小泡转运到反面高尔基体,经浓缩并经出芽形成④分泌小泡或⑤溶酶体小泡;⑥内吞作用从细胞外摄取蛋白质或其他物质。

内质网、高尔基体、细胞质膜,这三部分相当于三道关卡,严格地控制着产品的质量。这三个部分的职能又是不同的,内质网相当于“生产基地”,高尔基体相当于产品的“精加工和质量检测分配部门”,而细胞质膜相当于“海关”。

A. 单细胞分泌实时测量的新方法

细胞分泌活动的传统研究方法主要采用 ELISA、RIA、FACS 等阶段性定量测定或冰冻蚀刻电镜技术、普通光学显微镜技术等形态学研究方法,都属于非现场静态研究,并且是大量细胞共同测定。近年来,各种实时监测技术的发展极大地促进了人们对细胞分泌机制的了解。目前常用的三种细胞分泌实时检测技术的原理、主要包括膜电容测量、电化学测量和细胞分泌的光学测量。

a. 膜电容测量

近 10 余年来,膜电容检测技术在研究细胞胞吐和胞饮机制方面得到了越来越广泛的应用。细胞分泌的最后一步是囊泡膜与胞质膜融合的过程,当分泌发生时细胞膜的表面积会增加,而细胞膜的电容大小正比于细胞膜的表面积(约 $1\mu F/cm^2$),因而细胞膜电容的增加就代表细胞分泌量。这一方法为研究单个小囊泡的分泌活动如膜融合孔开闭动力学、膜融合事件的分子调控等提供了强有力的工具。由于胞吐后囊泡膜的回收会导致膜电容的减少,因而膜电容检测技术也能提供囊泡胞饮过程的信息。

膜电容测量技术可用于神经细胞、内分泌细胞、工程细胞等大多数细胞的分泌测量,而且测量精度和时间分辨率都较高,但该方法不能排除胞吞对胞吐检测的影响,并且对试验条件如封接电阻(R_m)、串联电阻(R_s)的要求很高。

b. 电化学测量

用电化学技术监测细胞分泌的原理是:在电极尖端表面施加一定的电压,容易氧化的化学信使物质就会在电极尖端释放出电子而发生氧化,电极可获得电子并产生一定的电流。微电极的电流大小与电极尖端面积和实验类型有关,一般在 pA 到 nA 范围,通常采用膜片钳放大器等低噪声仪器进行检测。对单个分泌电流峰积分可估算出每个囊泡中包含的递质分子数,即量子包装的大小。电化学技术监测分泌的最大优点是时间分辨率高(ms 级),能监测单个囊泡的释放以及囊泡中的递质含量,且较膜电容测量更为直观;其次具有一定的细胞空间分辨率,可用于测定细胞释放热区(hot spot);另外,该方法对细胞无损伤,可进行长时间监测。但是电极只能检测到少部分信息物质(10%左右),而且对于那些不能被氧化的物质的释放不能直接检测。

c. 细胞分泌的光学测量

用普通光学显微镜只能检测巨大囊泡的分泌过程,而新的荧光染料的开发和显微成像技术的发展使实时监测小囊泡的分泌成为可能。FM1-43 和 FM4-64 等是有效的研究分泌活动的选择性膜表面荧光标记物,它们在水相中没有荧光,当它们插入脂质膜后则显示较强的荧光,囊泡膜胞吐后会使细胞表面荧光增加,而胞吞回收的囊泡因吞进细胞周围的染料而被荧光标记,这样便能够实时观察细胞的胞吐及胞吞过程。本方法的缺点是背景荧光较大,FM 染料目前尚不能用于脑片等组织切片的分泌研究。另一种方法是通过基因转染方法将荧光基因,如绿色荧光蛋白 *GFP* 基因转入靶细胞中并选择性地在囊泡中表达,然后用激光扫描共聚焦荧光显微镜等检测囊泡的运动过程。例如,将 *GFP* 基因与囊泡特异的前胰岛素基因整合后转入胰岛 INS-1β-

细胞中进行表达，然后用荧光成像技术实时研究活分泌囊泡的转移、锚定和胞吐过程。此外还有免疫荧光标记法：多巴胺 β 羟化酶（DBH）在嗜铬细胞分泌囊泡中是一种主要的膜蛋白，由于它在胞吐中会出现在细胞膜的表面，随着它与胞外液中荧光标记的 DBH 抗体的结合，就能观察到胞吐位点在细胞膜上的分布以及囊泡膜的回收过程。

d. 胞内信号分子光解方法

细胞分泌活动受很多因素的调控，采用信使物质瞬时释放的方法，可以定量研究各因素对分泌的影响。神经递质的分泌与细胞钙离子浓度紧密偶联（与钙离子浓度的 3～4 次方成正相关）。Ca^{2+} 螯合物 DM-nitrophen 和 Nitrophenyl eGTA 可用于快速而均匀地提升细胞内钙离子浓度，将这些物质与 Ca^{2+} 染料通过膜片钳电极或孵育的方法导入细胞内，然后经高能量的紫外光激发，便能产生一个迅速的、阶跃性的钙升高，并且整个细胞钙浓度都会均一地升高。这克服了单纯电刺激引起的离子通道附近产生不同的钙微区的缺点。DM-nitrophen 在光解前对 Ca^{2+} 有很高的亲和力，对静息的细胞钙缓冲几乎没有影响，是研究细胞钙缓冲和钙稳态系统的非常理想的材料。通过控制激发紫外光的强度，可以用来进行细胞内钙离子浓度滴定，也可用于钙结合力测定以及其他许多钙依赖的细胞功能活动。

在真核细胞中，分泌型的脂和蛋白质从高尔基体反面的网络结构（trans-Golgi network；TGN）逐步移向质膜，该过程受到了载体囊泡（carrier vesicle）网络结构的严格控制。这种囊泡是如何形成的，现在还没有清晰的答案。但是，Pfizenmaier 等加深了我们对其的认识：蛋白激酶 D（protein kinase D；PKD）和磷脂酰肌醇（phosphatidylinositol，PI）4-激酶Ⅲβ（PI4KⅢβ）相互作用，并促进该过程的发生。人体内有三种蛋白激酶 D 同工型，PKD1～3。已经知道的至少有两个，PKD1 和 PKD2，在 TGN 膜形成载体囊泡中起重要作用；具体过程仍然不知。磷酸化的膜成分 PI(4)P（该过程由 PI4K 酶催化生成）也被认为调节着这个过程。Pfizenmaier 等（2005）研究了在从 TGN 到质膜的囊泡运输中，PKD 蛋白和 PI4K 之间的相互关联情况。在哺乳细胞中有很多的 PI4K 酶，PI4KⅢ是一种与酵母的 PI4K 酶——Pik1 同源的蛋白激酶。Pik1 在酵母的"高尔基体-细胞表面"运输通路中起作用，研究显示三种 PKD 同工型和 PI4KⅢβ 共定位于（colocalize）高尔基体复合物中；体外的实验表明，PKD 同工型（尤其是 PKD1 和 PKD2）可以促使 PI4KⅢ磷酸化。PKD1 和 PKD2 可以识别 PI4KⅢβ 的磷酸化位点 Ser294，该位点在酵母 Pik1 具有保守性。通过使用抗磷酸化位点的抗体，Pfizenmaier 证实了 PKD 介导的 PI4KⅢβ 磷酸化过程在体内也同样发生。磷酸化位点的突变（S294A）使得 PI4KⅢβ 的脂激酶活性降低了 60%。另外，与激酶失活的 PKD 突变体的显性失活效应（dominant-negative effect）相统一的，过量表达激酶死亡 PKD1（kinase-dead PKD1）降低了 PI4KⅢβ 的脂激酶活性（lipid-kinase activity）。同时，突变也降低了荧光标记的分泌型蛋白质从 TGN 到细胞表面的运输效率。

另外，PI4KⅢ的过量表达增加了标记蛋白到达细胞表面的数量。总结起来，这些结果表明蛋白激酶和脂激酶对于分泌型蛋白运输过程都非常重要。所以，PKD 在 TGN 的功能就像是"瓶颈"一样进行调控：通过促使参与载体囊泡形成的蛋白质磷酸化，来控制分泌型分子的运输。PI4KⅢβ 是这些底物中的一员，通过 PKD 介导的磷酸化增强了它的脂激酶活性。这个过程进而增加了 TGN 膜中的 PI(4)P 数量。因为 PI(4)P 数量和膜结合的 ADP-核糖基化因子（ADP-ribosylation factor；ARF），被认为是介导载体囊泡形成的重要成员。接下来，对于研究者们的挑战将会是阐明载体囊泡形成的精确机制。

B. 免疫细胞分泌的分子机制

Ca^{2+} 作为细胞内较早激活的一个重要的第二信使已被接受，但其后续信号过程尚不清楚。

T 细胞的 Ca^{2+} 信号可分成两相:快速的 Ca^{2+} 峰和随后的 Ca^{2+} 平台,前者由细胞内钙库的释放引起,后者则由 CRAC 引发的持续跨膜 Ca^{2+} 内流引起。单细胞上的钙信号可表现为反复的钙振荡,这可能是一种通过频率编码来传递信息的方式。钙信号的频率特性可通过几种非线性反馈系统来调控,如 PKC 介导的 CD3γ 亚基的磷酸化负反馈(可反馈抑制 TCR/CD3 的功能)、Ca^{2+} 信号放大正反馈(内质网 Ca^{2+} 的释放和同时发生的 CRAC 以及 PLC 的进一步激活)、Ca^{2+} 离子的自身负反馈。关于 G 蛋白是否介导"TCR/CD3-PI 水解-Ca^{2+} 动员"信号通路,尚是一个悬而未决的问题,一些间接证据表明 T 细胞的激活需要 G 蛋白的参与,TCR/CD3 可能在结构上形成 G 蛋白偶联受体。联合应用膜片钳技术、单细胞荧光测量以及报告基因(如 GFP、rFP)等研究方法,有望阐明免疫细胞的信号转导、淋巴因子的分泌机制和其他相关的细胞功能。

C. *免疫细胞分泌抗体或细胞因子的研究*

经过适当处理,免疫细胞可应用膜片钳测量细胞膜电容。膜电容正比于细胞膜表面积。当分泌小泡与细胞膜融合并胞吐时,便伴有膜电容的增加。人的中性粒白细胞是成功应用 whole-cell 和 on-cell 膜片钳法进行研究的少数免疫细胞之一。通过膜片钳电极向细胞内导入 GTPγS,可引起膜电容从静息时的 3pF 增加到 8~9pF。有趣的是虽然 GTPγS 导入可引起暂时的 Ca^{2+} 浓度升高和膜电容的增加,但当加入高浓度的 Ca^{2+} 缓冲物质将钙升高阻断后,膜电容的升高依然存在而不受 Ca^{2+} 离子的影响,表明 GTPγS 引起的分泌不需要 Ca^{2+} 离子的参与,属于 Ca^{2+} 非依赖性分泌,这与经典的 Ca^{2+} 依赖性分泌明显不同。进一步研究 Ca^{2+} 和 GTPγS 的促分泌效率的差别和他们分别在什么情况下起作用将是一个重要课题。当向细胞导入高浓度 Ca^{2+} 时,分泌过程呈现 2 种不同的动力学成分,第一相只需要 1~10μmol/L 的 Ca^{2+},而第二相则需要 100~300μmol/L 的 Ca^{2+} 浓度,他们分别对应免疫细胞内不同性质的囊泡,即不同的 Ca^{2+} 浓度控制不同的囊泡分泌,以适应不同的细胞功能。

Lollike 等(1998)应用细胞黏附式膜片钳技术在中性粒白细胞研究了免疫细胞脱颗粒的动力学,包括单个囊泡融合的动力学特性,用这种方法,他们可以分辨出 1fF 的阶梯状电容变化(对应单个囊泡分泌事件)。在形成封接后,他观察到一种自发的阶梯状膜电容降低,代表直径 60~165nm 的囊泡小泡的内吞。当用 Ionomycin 刺激后,可观察到 0.1~5fF 大小不等的阶梯状电容升高,代表了白细胞不同类型囊泡的分泌。免疫细胞融合孔也存在闪烁开闭(flicker)的现象,这表明小囊泡的胞吐是可逆的。在融合孔闪烁过程中,其电导通常<1ns,并且在开和关两种状态的大小是一致的,这表明中性粒细胞的融合孔在低电导时不存在细胞膜脂质的流动;这与肥大细胞上的研究结果不同,后者闪烁更快,融合孔打开值较关闭时的值小,存在细胞膜脂质不断转移到囊泡的现象。Lollike 还发现一种假闪烁(pseudoflikers)现象:单个囊泡融合后会观察到一种渐进性的膜电容下降,其原因尚不清楚,可能是几个直径<60nm 的小囊泡的快速融合的结果,也可能是电极内的小部分膜片逐渐贴到电极壁上所致。关于膜融合孔调控的分子机制研究还刚刚起步。马的嗜酸性粒细胞含有巨大囊泡,它的融合孔的扩大可由 Ca^{2+} 和 PKC 通过不同的机制进行调节;粒细胞的融合孔似乎在开放状态下也受到蛋白质的调控,而中性粒细胞的融合孔的调控机制尚是空白。与融合孔的研究相比,对膜分裂孔(fission pore)的研究非常有限,因为胞饮囊泡通常非常小,不能被全细胞膜电容记录所分辨,而细胞黏附式膜电容记录可分辨出单个囊泡的胞饮,Lollike 已经分辨出直径 300~700nm 的小囊泡分裂孔。该研究的进一步深入,有望揭开囊泡融合晚期分子活动的神秘面纱,这不但对细胞免疫学而且对神经科学和内分泌学都意义深远。受整体细胞行为学观察技术限制,许多免疫细胞还不易用膜电容记录。但较新的微碳纤电极(CFE)技术可能弥补此缺憾。这种电化学方法灵敏度极高,

可检测到单个小泡分泌。

D. 免疫细胞分泌功能的调控

免疫系统是生物体的防御系统，免疫细胞抗体和细胞因子的分泌受到细胞内信号分子和细胞周围微环境的精确调控。对肥大细胞的研究表明，PKC活性是调控肥大细胞脱颗粒的重要因素。肥大细胞激活后，细胞内多个信号转导通路被激活，导致炎症前细胞因子立即释放和其他细胞因子的延迟性释放。这一过程除需要激活酪氨酸激酶(tyrosine kinase)外，还需要PKC的激活来使丝氨酸和苏氨酸磷酸化。对于PKCβ缺陷的小鼠，IL-6的分泌反应消失或减弱，而IL-3引发的肥大细胞增殖反应和凋亡率不受影响。Cho等用BLT酯酶分析(BLT esterase assay)在NK细胞的研究表明：细胞黏附分子ICAM-1能够抑制IL-12引发的NK细胞的脱颗粒和细胞毒性作用，人ICAM-1抗体R6.5mAb能阻断这一作用；fluo-3AM荧光测量的结果表明上述过程为Ca^{2+}依赖性分泌，ICAM-1能抑制NK细胞的Ca^{2+}离子内流。MHC-I类抗原NK细胞受体可抑制NK细胞的脱颗粒和自然杀伤作用，但是尚不清楚是哪种特异性受体介导了这种作用，以及这些受体是否影响细胞因子分泌等NK细胞的其他功能。Ly-49A受体能调控NK细胞的囊泡胞吐和细胞因子的分泌，在NK细胞介导的细胞毒性作用过程中，作为MHC-I分子的一个抑制性受体而存在，而且仅通过由Ly-49A介导的信号转导过程就足以产生抑制效应。

20世纪90年代分泌机制的研究获得了突破性的进展，发现细胞分泌的关键蛋白质复合体SNARE是导致包括神经元、内分泌细胞和免疫细胞在内的各种细胞分泌发生的共同分子机制。

在可兴奋性的神经和内分泌细胞上，分泌活动对Ca^{2+}浓度呈3～4次方的依赖性，因此稍微提高膜融合分子与Ca^{2+}的亲和力即有可能触发分泌。细胞可能通过不同种类囊泡的空间定位差异来实现特异的调控，也可能通过囊泡对钙离子的敏感性或其分泌动力学特性的不同来调控不同分泌活动。小囊泡由于其Ca^{2+}阈值高和分泌速率快，瞬间升高的Ca^{2+}信号更能有效地触发其分泌；而大囊泡的分泌则更依赖于缓慢的阈值较低的Ca^{2+}信号。区分不同囊泡动力学特性和Ca^{2+}依赖性有助于了解不同分泌囊泡的分泌调控机制。当然细胞也可能通过不依赖Ca^{2+}信号的其他信号系统来直接调控不同的分泌，例如，PKC的激活可触发分泌，G蛋白偶联的受体latrophilin也可在无明显Ca^{2+}信号升高的情况下触发分泌。许多免疫细胞如T细胞、B细胞、肥大细胞、巨噬细胞等受到刺激后可以立即脱颗粒，释放其炎症因子，这一过程涉及的分子众多，其分泌调控的复杂性不亚于神经细胞。

最近，Paumet等在RBL-2H3肥大细胞株上对细胞胞吐的SNARE分子机制进行了研究，发现了几种SNARE蛋白质复合体的异构体表达，其中一种23kDa的SNAP(SNAP-23)对SNARE的形成非常重要。在syntaxin家族中，syntaxin4能够与SNAP-23以及其他的VAMP蛋白质分子，但不能与破伤风毒素不敏感的VAMP(TI-VAMP)结合。Syntaxin 4的高表达能抑制FcepsilonRI依赖的分泌活动，而syntaxin 2和syntaxin 3均无此作用。细胞内膜结构上存在4种VAMP蛋白：VAMP2、cellubrevin、tI-VAMP和VAMP8，其中以VAMP8对细胞胞吐活动最为重要。这一研究首次表明，非神经元性的VAMP8异构体(最早在早期内体上发现)参与分泌囊泡的调控。Chen等对血小板分泌的分子机制进行了研究，揭示了SNAP-23在Ca^{2+}引发的致密颗粒释放中的作用。血小板含有几种t-SNARE，如syntaxin2、syntaxin 4、syntaxin 7以及SNAP-23等，Ca^{2+}引发的分泌可以被重组的α-SNAP加强而被抗NSF抗体所抑制；sNAP-23抗体或者抑制性C端SNAP-23肽(inhibitory C-terminal SNAP-23 peptide)都可以导致致密颗粒的胞吐。在抗syntaxin抗体中，只有syntaxin 2抗体可以抑制致密囊泡的释放，免疫沉淀印迹的结果证明在体内2个syntaxin 2和SNAP-23结合形成一个复合体。上述结果表明，sNAP、NSF以及特异性 t-SNARE 都参与了致密囊泡脱颗粒过程。

磷酸酶分子 SHP2 对于病原体诱导免疫细胞产生干扰素的调控作用，因此，该实验室又进一步探讨了 SHP1 与 SHP2 的关系，发现 SHP2 能够负向调节 SHP1 对于干扰素产生的增强效应，此交叉调控现象的发现以及相关的分子机制研究为免疫细胞产生干扰素的信号转导调控网络增添了更加全面的认识。该结果对于机体免疫系统的免疫识别机制以及免疫细胞功能调控的研究提出了新的方向，也为防御病毒感染和治疗自身免疫性疾病如关节炎的新药设计，提供了新的靶标和思路。

E. 细胞增殖速率与细胞分泌

采用工程细胞进行生物制品生产的进程中，在大规模培养的初期，目的蛋白的表达和细胞的增殖速率呈正相关；但当反应器中的细胞密度到达一定时，细胞的大量增殖会导致营养和氧的大量消耗以及乳酸、氨等有毒代谢产物的大量积累，细胞逐渐凋亡，产物分泌量下降。尤其对于杂交瘤细胞而言，抗体分泌的高峰时期出现在细胞活性较低的衰退期甚至死亡期。因此，为了维持甚至提高细胞的产物分泌量，维持或提高活细胞密度，必须加快补充营养物质和去除代谢废物，否则细胞活力下降以及产物产量降低会使生产过程提前终止。大量的营养物质补充，需要大量的培养液，这使得生产成本增加，同时使下游纯化变得复杂和困难。因此，从生产的角度来看，理想的生产过程必须同时维持细胞的活性状态以及产物蛋白的表达，即首先使细胞快速增殖到高密度，在细胞凋亡发生之前，表达一些细胞周期静止的相关基因，控制细胞增殖速率并诱导其进入一个增殖静止期，即产物形成期。此时细胞将获得的代谢能量从由用于细胞增殖转为用于产物分泌，细胞维持在活性相对较低的存活状态。通过控制细胞增殖速率，产物分泌量得以大大提高。

在早期的杂交瘤细胞培养中，人们主要通过限制必需营养成分或在培养中加入 DNA 合成抑制剂胸腺嘧啶脱氧核苷、羟基脲、TGF-β 或基因组毒性物质阿霉素而实现细胞增殖抑制；但这种方法干扰细胞的正常代谢，影响细胞活力，无法长期培养细胞。1993 年，Jenkis 等建立了温控型生长抑制表达系统，当温度升至 39℃时细胞生长抑制，外源蛋白表达量提高。但长时间暴露于较高温度下，细胞活力下降，不适合长期的生产过程。

随着对细胞周期调节机制的研究深入，近年来许多研究人员将细胞周期调控基因应用于规模化培养的细胞增殖控制。细胞周期控制是细胞受到一定的刺激，应激等条件下细胞对生长、分化和凋亡进行调节应答的重要机制。简单的细胞周期控制模式如图 4.12.2 所示。细胞周期主要分为 4 期：S 期、G_1 期、G_2 期和 M 期。细胞按着 G_1 期→S 期→G_2 期→M 期的顺序进行增殖周期运行，并有 3 个控制点分别位于 G_1 期→S 期之间，也称限制点；进入 S 期时和离开 S 期时。其中最主要的控制点在 G_1 期→S 期之间。该检查点有一系列基因精确地调控着，从而为在

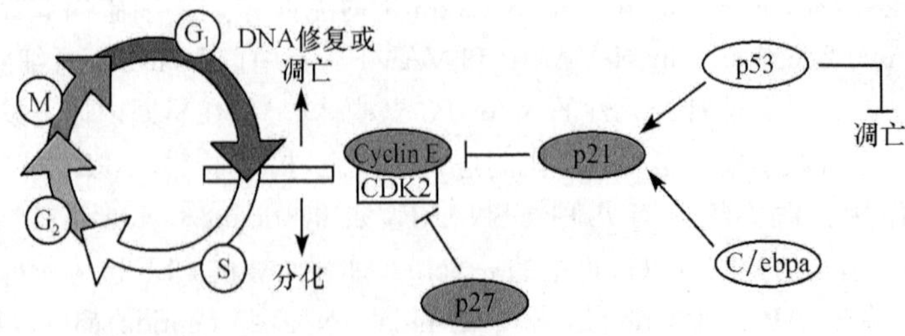

图 4.12.2　细胞增殖周期调控的分子机制

基因水平控制细胞地增殖提供了可能。这些调节物质是一些周期素依赖性激酶(cyclin dependent kinase,CDK),如 CDK2-cyclin E 复合物,当其结合细胞周期素后发挥作用。在 G_1 期→S 期控制点同时有许多周期素依赖性激酶抑制剂(cyclin-dependent kinase inhibitor,CDI)拮抗 CDK 细胞周期调节作用,如 p21 家族、p27 和 p57。

转录活化因子 *IRF-1* 是第一个用于代谢工程的细胞增殖控制基因,构建成 *IRF-1* 诱扑细胞,使细胞增殖受控而产物分泌增加。在 CHO 细胞中分别表达 3 种细胞周期 G_1/S 抑制蛋白,即 p21、p27 和 p53-175p,通过抑制 cyclin E/CDK2 复合物的磷酸化活性,阻止细胞进入 S 期。其中,*p21* 基因和 CCAAT/增强子结合蛋白 α 共表达,转染后细胞获得了生长抑制,其生长静止可持续几周之久,报告蛋白 SEAP 的单位产量增加 10～15 倍;*p27* 转染后的细胞生长静止但并不发生凋亡,产物表达量增加 15 倍。而 *p53-175p* 是 *p53* 的突变体,与野生型 *p53* 不同,它仅抑制细胞增殖,不促使细胞凋亡。另在 CHO 细胞中导入 p27-bcl-x_L 编码区三顺反子结构,重组蛋白产率可增加 30 倍。

从生产的角度来看,理想的生产过程必须同时维持细胞的活性状态以及产物蛋白的表达,即首先使细胞快速增殖到高密度,在细胞凋亡发生之前,表达一些细胞周期静止的相关基因,控制细胞增殖速率并诱导其进入一个增殖静止期,即产物形成期。此时细胞将获得的代谢能量从由用于细胞增殖转为用于产物分泌,细胞维持在活性相对较低的存活状态。通过控制细胞增殖速率,产物分泌量得以大大提高。

3) 物质运输分子机制

物质运输一方面可维持细胞的容积、形态、渗透压、电解质的浓度,为细胞的生理活动提供适宜的环境,同时也从环境摄取营养物质,向环境排出代谢废物。小分子物质和离子的过膜转运,主要包括被动运输(passive transport)指通过简单扩散或协助扩散实现物质从浓度高处经质膜向浓度低处运输的方式。运输速率依赖于膜两侧被运送物质的浓度差及其分子大小、电荷性质等。该途径包括简单扩散(simple diffusion)和协助扩散(facilitated diffusion),不需要细胞代谢供应能量。主动运输(active transport),是物质运输的主要方式。包括由 ATP 直接提供能量和间接提供能量两种运输方式。以钠钾泵,又称 Na^+-K^+ ATPase 为例,它是广泛存在于动物细胞膜上的离子运载体,为蛋白二聚体。其功能是保持细胞内高钾低钠,细胞外高钠低钾的浓度梯度,转运过程消耗 ATP。钠钾泵有两种构型:EI 型:亲钠排钾;脱磷酸的形式 EⅡ 型:亲钾排钠。磷酸化的形式两种构型发生一次互变,转运出 3 个 Na^+,输入 2 个 K^+,消耗 1 分子 ATP。

对于大分子物质的过膜转运,主要有胞吞与胞吐作用,是细胞膜将外来物包起来送入细胞或者把细胞产物包起来送出细胞。前者称胞吞作用,后者称胞吐作用,总称吞排作用(cytosis)。根据内吞的物质性质,将其分为:吞噬作用(phagocytosis)吞噬泡,内吞较大固体物质,如颗粒白细胞、巨噬细胞。胞饮作用(pinocytosis)胞饮泡,内吞液体或极小颗粒,白细胞、肾细胞、小肠上皮细胞、植物根细胞。这样的物质运输方式称膜泡运输(transport by vesicle formation),又称批量运输(bulk transport)。大分子物质及颗粒物质常以此方式进出细胞。胞吐作用(exocytosis)又称外卸,某些代谢废物及细胞分泌物形成小泡从细胞内部移至细胞表面,与质膜融合后将物质排出,如小肠上皮的杯状细胞向肠腔中分泌黏液,经溶酶体消化处理后的残渣排向细胞外等过程。此外还有受体介导的胞吞作用(receptor-mediated endocytosis),即某些大分子的内吞往往首先同质膜上的受体结合,然后质膜内陷形成衣被小窝,继之形成衣被小泡,这种内吞方式称受体介导的胞吞作用。需说明的是,膜泡运输时由于质膜内陷或外凸也需消耗能量,故可看做是一种主动运输方式。

总体来讲,对于蛋白质的分选运输途径来讲,主要有三类。①门控运输(gated transport),如核孔可以选择性的主动运输大分子物质和RNP复合体,并且允许小分子物质自由进出细胞核。②跨膜运输(transmembrane transport):蛋白质通过跨膜通道进入目的地。例如,细胞质中合成的蛋白质在信号序列的引导下,通过线粒体上的转位因子,以解折叠的线性分子进入线粒体。③膜泡运输(vesicular transport):蛋白质被选择性地包装成运输小泡,定向转运到靶细胞器。例如,内质网向高尔基体的物质运输、高尔基体分泌形成溶酶体、细胞摄入某些营养物质或激素,都属于这种运输方式。这几种运输机制都涉及信号序列的引导和靶细胞器上受体蛋白的识别。

由于任何东西都是依靠运输从细胞内部运送到细胞外部,或者从外部运送到内部,Segev等发现这些协调工作是由一组特殊的蛋白质来完成的。分子开关Ypt控制细胞膜上的小囊在细胞器之间的进出。通过催化蛋白的结合控制开关。一种称为TRAPP的催化蛋白结合两个Ypt开关来快速的开关细胞中心的高尔基体。最新研究显示微管组织中心(microtubule organizing center,MTOC)是真核细胞中的重要细胞器,它负责指导细胞内微管的组装及定向,从而在细胞分裂、细胞内物质运输、细胞形态维持等方面起重要作用。另外,脂筏,又称糖基磷脂酰肌醇脂微区(GPI lipid microdomain)这一广泛存在于粒细胞、淋巴细胞、上皮细胞、内皮细胞及成纤维细胞等质膜上的具有特殊结构与功能的局限性结构域,可以募集和排斥一些信号蛋白分子在脂筏中的分布,主要包括GPI锚定蛋白、双脂酰化修饰蛋白、胆固醇偶连蛋白及跨膜蛋白,从而参与了机体内物质的跨细胞运输,胞外毒素、细菌,病毒的内吞及胆固醇的运送等多项生理活动。

总之,建立在工程细胞基础上的分子机制研究,一方面是对改造细胞的再次认识,另一方面也为提高工程细胞性能方面奠定基础。此外,工程细胞提供了稳定的模型,这对细胞整体研究的认识,对于农业医药食品等行业发展具有巨大的潜力和广阔的应用前景,开展此领域研究具有重大的理论和实际意义。

4.12.3 细胞-细胞共培养体系的建立

体外进行多种细胞共培养体系的建立,为不同种类细胞间相互作用的研究提供了有效的途径。异种细胞之间的信号传递和相互作用在组织形成和正常生理功能中有重要作用。细胞共培养(co-culture)分为接触式和非接触式。非接触式共培养就是指用膜把两种细胞隔开,但是细胞分泌的物质能够相互接触,在分析组分细胞时可以直接收集细胞。接触式共培养就是把两种细胞混合在一起培养,这种与非接触式比较来说,除了可以跟分泌物质互相作用之外,细胞间也有接触,更加逼真的反映细胞间相互作用,但是接触式的缺点就是细胞分选是难点,必须找到不同细胞的特征性标记。非接触培养的,可以用一种细胞(组织)的条件培养液(包含有这种细胞分泌的细胞因子)来和另一细胞共培养。共培养中不仅仅是细胞因子起作用的。例如,心肌细胞和骨髓间质干细胞共培养体系中有心肌细胞对邻近骨髓间质干细胞的电刺激和牵拉作用。

一般来讲,接触性培养,两种细胞要是贴壁性能不一样,用简单的方法都能检测培养效果。如果贴壁性能差不多,对于细胞可用形态学方法检测,双标免疫组化或原位杂交可以很清楚地看到两种细胞间关系,若能配合一些细胞因子的监测,就更能反映培养效果。如果是悬浮细胞,可用流式观察。对于非接触作用,可以采用用Transwell系统,即一部分细胞在网篮内,一部分在板孔内,网篮的底部是有直径0.3～80μm(可选)筛孔的聚碳酯膜,作用细胞养在网篮内,不能通过微孔,但其分泌的因子可以通过微孔扩散到聚碳酯膜下面,作用于靶细胞,试验结束后,去掉网篮,直接观察板孔内的靶细胞就可以了。有报道显示基质细胞MBA-1细胞与破骨前体细胞 RAW264.7 共培养,结果显示共培养体系中的 RAW264.7 细胞,第 9 天可见较多 TRAP 阳性单核细胞,出现 TRAP 阳性多核破骨样细胞。共培养 14 天后,已分化成熟的破骨细胞,能形成骨吸收陷窝。可见 MBA-1 细胞与破骨前体细胞 RAW264.7 分层共培养可形成成熟的、有骨吸收功能的多核破骨细胞,且这种破骨细胞中不混杂基质细胞。

以研究与恶性黑色素瘤细胞进行非接触式共培养的间充质干细胞表型变化为例,来看用 Transwell 进行非接触式共培养的步骤:

(1) 选取 MSC 细胞和恶性黑色素瘤细胞 B16 细胞,进行细胞计数,配制成浓度为 3.0×10^4 个/mL 的 MSC 预培养工作液和浓度为 7.5×10^4 个/mL 的 B16 预培养工作液。

(2) 将 1mL MSC 预培养工作液加入对应的 Transwell 预培养孔中。

(3) 将 0.1mL B16 预培养工作液加入 Transwell 中的共培养插件中,再将 0.6mL 培养基,沿侧壁缓缓注入下层小室,样品编号,预培养 24h。

(4) 取出 Transwell 培养板,将各孔及共培养插件中原有的培养液吸去,向 MSC 预培养孔中加入 0.6mL 培养基(10%胎牛血清+约 90%α-MEM+2%双抗),将装载有 B16 细胞的共培养插件一一对应放入 MSC 预培养孔中,向每个共培养插件中缓缓加入 0.1mL 10%血清的培养基,完成 Transwell 非接触式共培养体系的装配。放入恒温孵育箱中,72h 非接触式共培养,定期观察细胞生长情况。

(5) 非接触式共培养 72h 后,吸净 Transwell 中的培养基,去除各孔中的共培养插件,PBS 清洗 2 次,向各孔中加入 4%的多聚甲醛,固定 30min,做好标记,放入−20℃保存,作为留取的非接触式共培养组 MSC 细胞免疫组织化学检测样本。

(6) 对于 MSC 细胞对照性单独培养实验,可选取 MSC 细胞,细胞计数为 3.0×10^4 个/mL 的对照培养 MSC 工作液。将 1mL 单独对照培养 MSC 工作液加入相应的 Transwell 预培养孔中,预培养 24h 后,取出将 Transwell 培养板,将各孔及共培养插件中原有的培养液吸去,向各孔中加入 1mL 培养基。放入恒温孵育箱中培养,72h 单独对照培养,定期观察细胞生长情况。

(7) 非接触式共培养实验中 MSC 表面分子标记物的免疫组织化学检测,可观察共培养和单独对照培养组中小鼠骨髓间充质干细胞的 CD34 和Ⅷ因子指标免疫组织化学检测。实验数据以每种指标的平均阳性细胞数和平均阳性率表示。

总之,通过细胞-细胞共培养体系的建立,不仅能更好地模拟细胞生长的微环境,体现细胞和细胞间的相互作用过程,同时也为药物筛选和工程细胞本身的研究奠定基础。

4.12.4 细胞-细胞外基质的模型系统

细胞外基质(extracellular matrix,ECM)是机体发育过程中由细胞分泌到细胞外间隙的各种生物大分子,组装构成的结构精细的网络,分布于细胞和组织之间,细胞周围或形成上皮细胞的基膜,将细胞与细胞或细胞与基膜相互联系,构成组织与器官,使其连成有机整体(图 4.12.3)。细胞外基质不同于以共价键形式结合于膜脂、膜蛋白上的多糖链细胞被。其主要是通过与细胞膜中的整联蛋白结合而构成细胞间相互联系的结构网络。它分布于细胞外空间,由细胞分泌的蛋白和多糖所构成的网络结构。主要功能构成支持细胞的框架,负责组织的构建;对细胞形态、生长、分裂、分化和凋亡起重要的调控作用。因此,研究工程细胞与细胞外基质的关系,对于工程细胞以及以其为基础的研究具有重要的意义。

细胞外基质主要是由胶原、蛋白聚糖等组成。胶原是细胞外最重要的水不溶性纤维蛋白,动物体内含量最多的蛋白,是构成细胞外基质的骨架,给细胞提供抗张力和弹性,并在细胞的迁

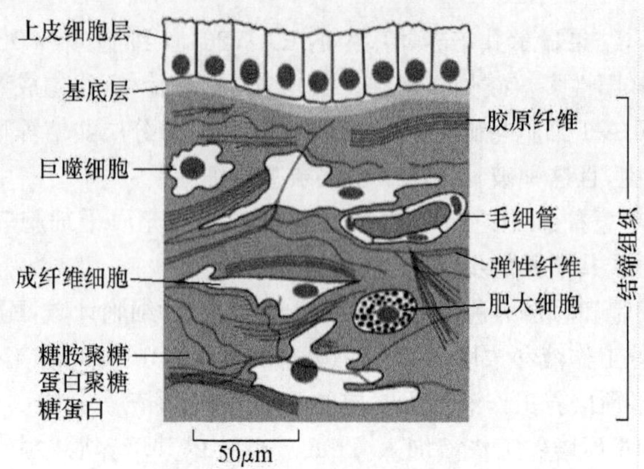

图 4.12.3　细胞外基质结构示意图

移和发育中起作用。蛋白聚糖是由氨基聚糖(glycosaminoglycan)以共价的形式与线性多肽连接而成的多糖和蛋白质复合物,它们能够形成水性的胶状物;细胞外基质的物理性质主要受细胞外基质中蛋白聚糖所携带的多糖基团的影响,蛋白聚糖是由 GAG 以共价的形式同线性多肽连接而成的多糖和蛋白质复合物。虽然细胞是所有细胞外基质产生的最终来源,不同细胞的性质及功能状态决定其细胞外基质的差异性,但是细胞外基质对细胞的生长、分裂、分化和凋亡等都有重要的作用。

工程细胞与其细胞外微环境(主要包括间质细胞、细胞外基质蛋白、可溶性细胞因子以及生长因子等)相互作用密切相关。细胞培养系统主要由细胞和培养支持物组成。传统的二维(two-dimensional,2D)细胞培养系统因很少引入细胞外基质而不能提供一个很好的细胞生长微环境支持细胞-间质的相互作用,进而对研究工程细胞的黏附、分泌以及运输等方面的分子作用机制方面更好地进行研究。因此,运用再造细胞外基质(如 collagen I、Matrigel 等)的三维细胞培养模型(three-dimensional,3D)在体外构建与体内相近的细胞发育结构系统,能更好模拟细胞生长的微环境,如细胞在三维支架上生长、分化所需最优化的细胞饲养密度、培养基的条件、生长因子的参与和其他培养条件参数等,体现工程细胞和间质细胞间的相互作用过程。

3D 培养也是一种接触式共培养,是采用胶原性固相基质来做共培养,因为模拟了机体内 ECM 的环境,所以更加逼真。但是涉及的问题就是分选细胞时需要使胶液化。Wu 等(2009)显示,3D 培养条件下,ECM 在 HCC 细胞的表型形成中起到了重要的作用。该条件可以促进人 SMMC-7721 肝癌细胞中 HAb18G/CD147 高表达进而上调 MMP 分泌活化,同时伴随 E-cadherin、paxillin 和 FAK 的表达上调以及 F-actin 的重排,进而增强了肝癌细胞黏附、侵袭和转移的潜能。组织工程中往往用前体细胞作为种子细胞或性能良好的工程的细胞,因而培养环境可在诱导前体细胞生长和分化两方面起到重要作用。在二维培养的牛的软骨细胞中,若培养基中含有 5ng/mL 成纤维细胞生长因子 FGF-2,实验组的细胞数量和细胞分泌物比对照组高数倍,而且低表达纤维类分子,同时经过处理的此类细胞在三维生物可吸收支架上对骨形成蛋白 BMP-2 的反应性增强。Wu 等(2009)的结果也显示在复合三维支架上培养牛的软骨细胞比在二维支架上培养更有利,在细胞的数量、结构、功能等方面三维培养都优于二维培养。构建合理的细胞-细胞外基质的模型,对于细胞更好的生长与分化,了解细胞生长过程中的代谢、迁移有重要作用。Mizuno 等在 2002 年将牛的关节软骨细胞在有培养基灌注的三维培养系统培养 15d,通过检测Ⅱ型胶原、硫酸黏多糖(S-GAG)和相关基因的表达,与无灌注的对照组比较,显示灌注的条件对细胞软骨三维生长有重要意义。

这里以 HCC 细胞为例子,说明细胞 3D 培养模型建立过程:首先,无菌分装的 Matrigel 胶(BD 公司)于实验前 8~12h 置于冰上溶解,待 Matrigel 胶完全融化后备用。将 96 孔细胞培养板和移液器枪头于实验前 1h 置于冰上冷却备用。消化 2D 培养条件下的人 SMMC-7721 肝癌细胞,用培养基重悬计数 2×10^4 个细胞/mL。

(1) 把 Matrigel 胶和上述细胞悬液按 3∶1、2∶1 以及 1∶2 比例混合后,分别滴加于 96 孔细胞培养板,200μl/孔。置于 37℃、5%CO_2、饱和湿度的细胞培养箱培养。

(2) 把完全融解的 Matrigel 胶按 35μL/孔滴加到 96 孔板内,待 Matrigel 胶完全覆盖 96 孔板底时置于 37℃细胞培养箱 30~45min。待 Matrigel 胶重新凝固后,把上述细胞悬液滴加到 96 孔板内凝固的 Matrigel 胶上,200μL/孔。置于 37℃、5%CO_2、饱和湿度的细胞培养箱培养。

(3) 细胞计数后离心去培养基,直接用融化的 Matrigel 胶重悬 HCC 细胞,终浓度同样为 2×10^4 个细胞/mL。按 35μL/孔加入 96 孔培养板,37℃细胞培养箱孵育 45min 后,于凝固的 Matrigel 胶上滴加含 10%新生牛血清、1%氨苄青霉素/链霉素和 2%谷氨酰胺的完全 RPMI 1640 细胞培养基(200μL/孔)。置于 37℃、5%CO_2、饱和湿度的细胞培养箱培养。

(4) 对照组:2D 常规细胞培养。把上述细胞悬液按 200μL/孔直接滴加到 96 孔板中进行 2D 培养,与上述三种不同条件下的 3D 培养进行细胞形态对照。

连续培养 8 天,每两天于倒置显微镜下进行细胞形态学的观察,并拍摄照片。

4.12.5 基质金属蛋白酶与细胞外基质重建

细胞外基质的降解与重塑是肿瘤侵袭和血管生成的基本条件。蛋白水解酶中与肿瘤侵袭转移关系最为密切的首推基质金属蛋白酶。基质金属蛋白酶属于内肽酶,几乎对所有的细胞外基质都能水解。根据结构域及降解底物的不同可将 MMP 分为四大类:胶原酶、明胶酶、基质溶解素、模型金属蛋白酶。这一多基因金属蛋白酶的家族均具有以下共同特点:①每一种 MMP 至少可降解基质的一种成分;②在正常生理状态下的 pH 时具有活性;③锌离子为酶活性所必需的辅助因子;④可被金属螯合剂和基质金属蛋白酶组织抑制剂(TIMP)所抑制;⑤先是以酶原形式分泌,随后通过水解去除氨基末端而激活,在细胞内外或细胞表面发挥蛋白溶解作用。

大量研究表明,恶性肿瘤中 MMP 的高表达可以引起肿瘤邻近组织的重建和肿瘤内部血管的形成。更重要的是 MMP 能够通过降解基底膜和细胞外基质,促进肿瘤细胞侵袭和转移。

关于 MMP 与肿瘤血管生成的关系,目前认为,MMP 至少通过两个途径来参与并促进血管生成:①降解细胞外基质为新生血管的生长提供空间,同时可把储存在基质中与血管生成有关的因子释放出来,使其能发挥作用;②可促进合成和释放许多调节血管生长的因子,如 VEGF、FGF、TGF、TNF-α、EGF 等。有研究就发现,随着肿瘤组织中 MMP 表达的增强,新生的血管的数量和密度也会相应增加,但当加入 MMP 抑制剂后肿瘤组织中新生血管就会显著减少。Ⅰ型胶原是细胞外基质的重要成分,而 MMP1 基质胶原酶降解的主要底物即为Ⅰ型胶原,已有实验证实 MMP1 在新生血管的启动上有重要作用,而 MMP2 被证实是软骨肉瘤组织中的血管新生的开关。

MMP 对肿瘤的浸润和转移同样起着极其重要的作用,MMP 的表达与肿瘤细胞的浸润转移成正相关。其中最重要的 MMP 分子主要有 MMP2、MMP3、MMP7、MMP9、MMP14 等。这些 MMP 可能是通过以下几种机制促进肿瘤侵袭性生长的:①MMP 的作用使肿瘤细胞周围的物理屏障遭到破坏;②MMP 可重塑细胞黏附力以便肿瘤细胞向周围生长;③MMP 作用于基质成分后,激发出其他一些潜在的生物活性,参与肿瘤的免疫过程;④通过对细胞外基质的改建,促进肿瘤血管的形成。MMP14 可裂解 CD44,使其细胞外区暴露,促进 MMP9 与 CD44 的结合并定位于细胞表面。而 MMP9 只有与 CD44 结合于细胞表面才能发挥其促进浸润作用。此外研究还发现,MMP 还参与了转移过程的晚期事件,如肿瘤细胞进入血管并存活。有实验发现,MMP9 可促进肿瘤组织进入血管或淋巴管,而不明显促进其穿出血管或淋巴管。

总之,细胞的生长、分裂、分化和凋亡等功能不仅涉及细胞-细胞相互作用,同时也涉及细胞与周围细胞外基质(ECM)的相互作用(细胞-基质相互作用)。细胞与细胞外基质有密切关系,离体培养细胞对 ECM 仍有依存性。建立适应性良好的细胞-ECM 模型(如上皮细胞对胶原)不仅能诱导细胞特性的表达,同时对研究细胞黏附、分化、生长和增殖等都有重要作用。

知 识 拓 展 框

绿色荧光蛋白(green fluorescent protein,简称 GFP),这种蛋白质最早是由下村修等在 1962 年在一种学名 Aequorea victoria 的水母中发现。其基因所产生的蛋白质,在蓝色波长范围的光线激发下,会发出绿色荧光。

在细胞生物学与分子生物学领域中,绿色荧光蛋白基因常被用作为一个报道基因(reporter gene)。一些经修饰过的类型可作为生物探针,绿色荧光蛋白基因也可以克隆到脊椎动物(如兔子)上进行表现,并拿来印证某种假设的实验方法。

4.12.6 绿色荧光蛋白转染表达

对早期对来自水母(*Aequorea victoria*)的绿色荧光蛋白(green fluorescence protein,GFP)的研究表明:这种蛋白质在接受紫外或蓝光辐射时引发生物发光反应(bioluminescence reaction)并辐射出绿光,其吸收峰为 $\lambda_{max}=395nm$ 和 $\lambda_{min}=470nm$,发射峰为 $\lambda=509nm$。野生型 GFP 为 238 个氨基酸构成的 27 000 单体蛋白,含有环化三肽构成的发光色基,本身就是一个生物发光系统,其发光过程不同于其他生物发光组织,是不需荧光素酶参与的。

荧光蛋白在工程细胞研究方面的应用主要包括:①可以稳定转染工程细胞;②用不同颜色荧光蛋白标记工程细胞,如用绿色荧光蛋白标记细胞核,用红色的标记细胞质,这样就能方便研究细胞质-细胞核动力学;③研究工程细胞分裂的单细胞成像;④在小鼠模型中,通过荧光蛋白观测候选药物的功效可以帮助实时筛选抗癌药物;⑤可用于“分子成像”如癌症转移或药物灵敏性。在细胞生物学与分子生物学领域中,绿色荧光蛋白基因常被作为一个报道基因(reporter gene)。一些经修饰过的形式可作为生物探针,绿色荧光蛋白基因也可以转移到脊椎动物。例如,在兔子上进行表现,并拿来印证某种假设的实验方法。应用荧光活体成像仪即可对肿瘤治疗的疗效进行直观的评价,而不需将动物处死进行肿瘤大小、肿瘤的测量。

4.12.6.1 GFP 在研究基因表达方面的应用

GFP 在各种异源细胞中表达后均可检测到荧光的发射,且对寄主细胞不存在毒性。有实验表明,GFP 在哺乳动物细胞(CHO)内的长期(30 周)表达对细胞的生长发育没有产生不利影响,这表明,它不但可以作为一个瞬时表达用的标记物,而且也完全可以用于长久的高水平表达的标记物。生产转基因动物的常用方法是微注射法,但其效率非常低。采用 GFP 作为报道基因能有效和方便地在桑葚期及胚泡阶段检测到 GFP 的表达,从而有效地建立起转基因动物的筛选系统,Takada 的实验还表明不但 GFP 本身对胚的发育无害,同时每天用 470～490nm 光检查对胚的发育亦没有影响。为了检验 GFP 作为外源蛋白生产时的报告物的可行性,Cha 等将 GFP 和人白细胞介素(IL-2)在昆虫幼体中的表达特性进行了比较,认为二者在 Trichoplusiani 幼虫中的表达特性是类似的,这可为目标产物的表达生产提供一个模式系统(如收获时间、温度、湿度等条件的控制)。

利用 GFP 也可方便地进行转基因(transgene)的分子生物学研究。在用 wt *GFP* 转化拟南芥时,*GFP* 编码序列内的一段 DNA 被宿主细胞当做自身的内含子而被切除,因而表达的 GFP 蛋白也就成了无功能的蛋白,通过对 wt *GFP* 进行修改后,它可以在拟南芥完成表达具功能的 GFP 蛋白。虽然 GFP 在多种异源细胞中都可以表达,但在许多植物和一些丝状真菌中表达不出有功能的 GFP,或仅能观察到 GFP 的瞬间表达,而观察不到绿色荧光的稳定表达,关于这方面的原因还有待于进一步的探讨。

将 GFP 置于含有顺式作用元件的多种序列或启动子序列的控制下,将这些不同的基因组合转化细胞,通过分析其荧光表达的强度,即可判断该顺式作用元件的不同功能区作用或启动子的强弱和启动方式(组成型、组织特异型或时空型等)。用这一方法较之 Gus 或 Cat 的优越性在于它不需固定材料和进行前处理,同一细胞可以在不同的条件下反复进行观察。根据目前在各种生物中以各种来源启动子的 GFP 表达情况来看,GFP 的表达本身是可以不受时空、组织及种属特异性等条件的限制。

4.12.6.2 GFP 在基因产物及基因定位研究中的应用

GFP 在接上各种细胞内定位序列(localization sequence)后,在活体中可直接观察各种亚细胞结构及其生活状态,GFP 可定位到细胞核、线粒体、内织网、质膜及核膜孔等。各种基因突变体的产生(蛋白质变小,光强增加)也使得定位在很小区域内的 GFP 能很灵敏的检测到。同样的,利用 GFP 可以在各种亚细胞结构中表达的特性可以研究某些序列的定位特性及分析定位序列的结构特征等,如 Kohler 等将酵母细胞色素氧化酶Ⅳ亚基(coxⅣ)的过渡肽(transit peptide)序列接上 GFP,在植物线粒体中获得了 GFP 的表达,由此证明 coxⅣ在植物中具有线粒体定位序列的功能。由于 GFP 分子相对较小(2619kDa),且它具有可以与很多蛋白融合表达而不影响各自性质的特性,因而利用标准亚克隆技术即可将感兴趣的基因与 *GFP* 融合,然后将其转入感兴趣的生物体内进行瞬间或稳定表达,这样可很方便地进行活体定位观察、蛋白质定位、细胞间的物质运输及运输的动力学研究等。

为了探索 Bcl-2 家族成员在活细胞中的定位,Wolter 等将 GFP 和 Bax、Bcl-2、Bcl-XL 融合后在 COS-7 和 L929 中表达。结果表明,GFP-Bcl-2 和 GFP-Bcl-XL 定位在线粒体内,具点状分布,而 GFP-Bax 则分散分布在整个细胞质中,然而在诱导细胞凋亡的过程中,GFP-Bax 部分地定位到线粒体内而变成点状分布。如果将 GFP-Bax 羧基端的疏水基团去除,在细胞凋亡过程中就不会发生 GFP-Bax 的这种重新分布和细胞死亡的加速。由此证明了 Bax 在细胞中的这种重新定位对加速细胞死亡是重要的。

癌细胞中致癌基因的扩增常常是由双微染色体(DM)介导的,然而由于 DM 比正常染色体小很多,要在活细胞中直接观察 DM 一直是不可能的,因而也就很难开展关于控制 DM 分离机制的研究。Kanda 等将人组蛋白 *H2B* 基因与 *GFP* 基因融合后转染人 HeLa 细胞,H2B-GFP 融合蛋白掺入到核小体而并不影响细胞周期的进程,利用共焦显微镜,在活细胞中可以获得有丝分裂染色体和间期染色质的高分辨率图像,在间期染色质中可观察到各种各样的染色质浓缩状态;使用这种融合蛋白,能够在活的癌细胞中直接观察到 DM,在分裂后期,DM 常常是簇生的,并能在分离的子细胞间形成染色体桥。由于胞质分裂使 DM 桥割开,从而导致 DM 不均等分配到子细胞中。细胞的胞外分泌在基因工程研究中占有重要地位,GFP 与分泌蛋白 Chromogranin B 相连后转染细胞,可动态观察该分泌蛋白分泌到胞外的过程。

具活性的内皮 NO 合成酶(eNOS)在正常情况下是位于内皮细胞的高尔基复合体和细胞膜穴样内陷中,由于突变所引起的 eNOS 错误定位使 NO 的生产减少,Liu 等(1997)构建了一个 eNOS-GFP 嵌合体,证明 eNOS 氨基端的前 35 个氨基酸对于将 GFP 定位到高尔基体上是充分有效的。虽然大部分实验表明 GFP 对细胞,包括各种亚细胞结构是没有毒性的,但亦有实验表明含 GFP 的融合蛋白对细胞核有一定的毒副作用。

GFP 除了用在标记活细胞中的蛋白质外,也可用于标记 DNA,Robinett 等利用细菌 lac 阻遏蛋白(lacI)能与它的目标 DNA(lac 操纵子,lacO)紧密和特异结合,用 GFP 与 lacI 构建了一融合载体可产生 lacI-GFP,他们将 256 个定向重复的 lacO 序列插入到 CHO 细胞和酵母细胞的基因组中,然后在活细胞中可直接观察 lacI-GFP 与 la2cO 的共定位地点,利用这种技术已成功地在哺乳动物细胞、酵母及细菌中活体标记了 DNA 序列和导致了细菌有丝分裂器的发现,它的进一步应用可能涉及染色质的结构、功能及遗传分析,染色体的动力学及核的建成等。将 *GFP*(不带启动子)转入受体细胞中,可在不同发育时期和不同组织器官中检测报告基因的表达情况,从而反映出该转基因整合位点附近的基因的相应表达特性,可用来分离发育相关基因。

4.12.6.3 在研究病原物与宿主相互关系中的应用

关于病毒感染的检查及定位的研究目前主要采用的方法有组织印迹法(tissue printing)、放射性标记的核酸探针法及 Gus 等报告基因引入病毒基因组作为报告物等,但这些方法都必须在分析前对组织进行处理,这样就阻止了感染的继续进行。GFP 的出现可有效地克服这一弊端,从而建立起一种非破坏性的检测方法(non-destructive assay technique),用它来跟踪病原物对宿主的感染途径,研究病原物与宿主的相互关系,药物的作用情况等。将 GFP 与 TMV 的移动蛋白 MP 融合,可用来跟踪 MP 在亚细胞间的移动、监测 MP 分子与宿主蛋白的关系及分离与之相互作用的成分等。Verver 等(1998)用 GFP 取代虹豆花叶病毒 RNA-2 的方法充分证明了 CP 和 MP 对病毒的细胞间移动是绝对必需的。Casper 等(1996)将 GFP cDNA 插入烟草花叶病毒(TMV)的基因组 cDNA 克隆中,将离体产生的可感染 RNA 转录本与烟草叶片共培养,1～2 天后用长波紫外光源照射即可观察到明亮的绿色荧光区域,在局部组织(感染的叶片)和系统组织(贯穿整个植株)中都可以观察到病毒的感染和 *GFP* 基因的表达,在系统感染中病毒以二种方式移动:慢速的——伴随有病毒复制和 GFP 表达的细胞到细胞间的扩散,快速的——以维管束传送的无 GFP 表达方式。Page 等(1997)通过构建一能表达 GFP 的 HIV-1 重组原病毒,通过 GFP 的表达可以同时进行病毒感染和细胞表面 CD4 水平的定量分析。Jons 等将 *GFP* 基因与假狂犬病毒(*PrV*)重组后感染人细胞后可用于监测病毒复制和传播的情况。

4.12.6.4 绿色荧光蛋白转染方法

以编码 GFP 的真核表达质粒转入哺乳动物细胞 HCC 中,来看绿色荧光蛋白转染工程细胞的步骤:

(1) 细胞培养及转染细胞培养液为 RPMI 1640(GIBCO/BRL),添加 15%胎牛血清(FCS,GIBCO/BRL)、2mmol/L 谷氨酰胺(glutamine)、25mmol/L HEPES、100U/mL 青霉素和 100mg/L

链霉素。

(2) 进行转染时，将 30%～50%汇聚的肿瘤细胞与 Lipofectin2000 Reagent(Life Technologies Inc.)和足量质粒载体的悬浮液共培养 6h。

(3) 补充适量新鲜培养液。转染 48h 后用 0.125% Trypsin 收集细胞，以 1∶15 比例在选择性培养基(含 200～800mg/L G418，GIBCO/BRL)进行选择培养，得到 GFP 阳性细胞株。

(4) 筛选稳定高表达的细胞株用 0.125% Trypsin 收获上述阳性细胞株。利用有限稀释法将细胞培养于 24 孔培养板，早期培养阶段于倒置荧光镜(Leitz)下观测 GFP 表达情况，随时除去不表达或表达强度较低的细胞(株)，保留高效表达、阳性率接近 100%的细胞株。

4.12.7 药物筛选

药物筛选是现代药物开发流程中检验和获取具有特定生理活性化合物的一个步骤，系指通过规范化的实验手段从大量化合物或者新化合物中选择对某一特定作用靶点具有较高活性的化合物的过程。药物筛选的过程从本质上讲就是对化合物进行药理活性实验的过程。筛选模型就是在药物筛选实验中所应用的药理实验模型，在传统药理实验中常见的动物实验在药物筛选中较少应用，根据实验模型的不同，药物筛选可以分为生化水平的筛选和细胞水平的筛选。生化水平的药物筛选操作相对简单，成本较低，但是由于药物在体内的作用并不仅仅取决于其与靶酶的作用程度，吸收、分布、代谢、排泄均会对药物的作用产生极大的影响，仅细胞膜就能够阻挡许多候选化合物成为药物的道路，因而生化水平的药物筛选不确定因素更多，误筛率更高。细胞水平的药物筛选模型更接近生理条件，筛选的准确率更高，但是需要建立稳定的细胞模型，从而进行细胞水平的大规模药物筛选。

高通量药物筛选是以药物发现的基本规律为基础，应用药理学、生物化学、分子生物学及工程细胞生物学、组合化学等多个学科知识的一种药物筛选体系。高通量药物筛选模型主要建立在分子和细胞水平，筛选的靶点包括受体、酶、离子通道等。高通量药物筛选的基本模式是以单一的筛选模型对大量样品的生物活性进行评价，从中发现针对某一靶点具有活性的样品。由于高通量筛选在创新先导物的发现过程中具有高效、快速、微量等特点，目前，却已经在全世界新药研究机构、大型医药公司创新药物发现过程中广泛应用。一个高通量药物筛选体系包括微量和半微量的药理实验模型、样品库管理系统、自动化的实验操作系统、高灵敏度检测系统以及数据采集和处理系统，这些系统的运行保证了筛选体系能够并行操作搜索大量候选化合物。

高内涵药物筛选的概念早在 1997 年就有人提出，认为高内涵药物筛选是解决药物发现过程中出现瓶颈问题的一条新途径。高内涵药物筛选实际上就是相对于高通量药物筛选结果单一，而其筛选结果多样化的一种筛选技术手段。高内涵药物筛选模型主要建立在细胞水平，通过观察样品对固定或动态细胞的形态、生长、分化、迁移、凋亡、代谢及信号转导等多个功能的作用，涉及的靶点包括细胞的膜受体、胞内成分、细胞器等，从多个角度分析样品的作用，最终确定样品的活性和可能的毒性。

4.12.7.1 药物筛选技术和方法

细胞水平上的药物筛选，主要依赖仪器设备多通道检测技术的提高。最近逐渐认识到，用工程细胞进行药物筛选实际上是样品制备、自动化分析设备、数据处理软件、配套检测试剂、信息学等多方面技术整合的结果，特别是电子荧光显微镜和荧光试剂等方法起到重要作用。与传统的细胞成像系统相比，高内涵药物筛选使用的细胞成像系统要求完全自动化，能够适应固定细胞或细胞动态过程中多靶点成像分析。第一台高内涵药物筛选设备是由 Cellomics 公司生产，该设备拥有全区域发光的白色光源带、多道滤光片和一个 CCD(charge coupled devices)照相机。与荧光显微镜相配套在高内涵药物筛选中的常用试剂为荧光蛋白，对固定细胞或活细胞的动态分析都显示出高度特异性和敏感性，也正是荧光蛋白生物传感器的应用才使荧光成像显微镜在高内涵药物筛选中广泛应用。

4.12.7.2　细胞毒药物筛选方法

细胞毒性检测一直是药物发现过程中的重要部分，细胞模型在高通量筛选中应用最广泛的是观察样品的细胞毒性，其中对肿瘤细胞株的毒性作用可用来筛选抗肿瘤药物。以前几乎所有针对细胞增殖的高通量检测方法都是基于酶活性或细胞蛋白量等单一指标的生化反应，如 SRB 法、MTT 法、5-溴脱氧尿嘧啶(BrdU)参入法、3H 参入法等。最常用的方法是 MTT 法，原理是活细胞内线粒体脱氢酶能将氮唑化物(MTT)由黄色还原为蓝色的甲臜(formazan)，后者溶于有机溶剂，甲臜产量与活细胞数成正比，最终通过检测活细胞内的线粒体酶活性来间接反映细胞的生长情况。但细胞增殖的生物学反应非常复杂，包括几条通路的活化，如受体刺激后信号转导、蛋白激酶激活、受体底物磷酸化、DNA 合成增加等都可促使细胞增殖。传统的比色法不足以反映样品产生细胞毒时的作用机理，细胞毒产生的机理包括两个，一个是直接损害细胞 DNA，如博来霉素；另一个是抑制微管聚合，如秋水仙碱。为了更深入地了解样品对细胞生长的影响机制，Vogt A 等(2004)采用三重荧光标记法 Hoechst 3334(EX350/EM461)标记细胞核呈蓝色，MitoTracker(EX556/EM573)标记细胞质中的线粒体呈红色，微管免疫印迹荧光反应二抗标记物 AlexaFluor488(EX494/EM519)呈绿色，样品与标记好的细胞作用结束后，由 ArrayScanII 高内涵药物筛选记数仪(一种全自动荧光显微镜)直接对细胞进行成像分析，每孔可同时得到三个图像的筛选结果，蓝色荧光变化与细胞数目、核形态相关，红色荧光变化与线粒体聚集相关，通过结果可以直接分析样品的细胞毒性作用机理是损害了细胞核 DNA 还是抑制了微管聚集，结果显示用该模型得到的微管调节药物与其他报道一致，筛选效果良好。

此外，用高通量药物筛选计数仪检测人正常表皮成纤维细胞(NHDF)再生，检测内容包括 Ki267、BrdU、Phospho2Rb、组蛋白 H3 等指标。Ki267 抗原一般在细胞循环过程中的细胞核上高度表达，被认为是增殖的标志之一。组蛋白 H3 磷酸化是细胞周期 M 相特征化生物标记物。BrdU 与胸腺嘧啶结构相似，在 DNA 合成过程中能与胸腺嘧啶一样参入其中，可反映细胞核增殖。pRb 蛋白是一种抑制肿瘤生长的蛋白，在细胞循环过程和凋亡中起重要调节作用，pRb 磷酸化也被认为是细胞增殖的一个标志。用相应单克隆抗体和荧光标记二抗，结果显示这种高通量筛选同 ELISA 和流式细胞仪信号一致，获得的数据可靠，并具有高重复性。

4.12.7.3　细胞水平药物体外筛方法比较

比色分析法：MTT 法是目前各实验室最常用的体外抗肿瘤药物筛选法。根据活的增殖细胞能代谢 MTT 使其开环，形成一种蓝紫色的化合物甲臜，沉积于细胞内或细胞周围，形成的甲臜的量与细胞增殖程度成正比例关系，而建立的光密度比色分析法。该法具有不涉及使用放射性元素，所用试剂少，仪器简单，耗时少，出结果快，结果与同位素掺入法一致等优点，适用于大量抗癌药物的筛选，抗癌作用机理的探讨研究以及指导临床合理用药。但细胞数量、MTT 浓度、残留培养液均可影响实验结果。

SBR 法：SBR 是一种蛋白质结合染料，可与生物大分子中的碱性氨基酸结合，其颜色变化与活细胞蛋白成正比。SBR法用TCA固定后可随时用SBR染色做蛋白测定，而且SBR用Tris溶解后也可稳定较长时期。特别适用于大规模筛选药物。SBR法仅限贴壁细胞，染色步骤多，操作繁琐，易造成人为误差。

H3-TdR掺入法：该法能客观反映多种化疗药物或药物组合对肿瘤细胞生长的不同抑制效果，无须复杂的仪器设备，操作过程简单。但由于使用的H3-TdR带有放射性，不如其他试剂安全，另外其反映的是细胞内DNA的合成状态，因而有些条件下(如静止期细胞)也不能准确的代表细胞计数。

CCK-8：其基本原理为：该试剂中含有WST-8，它在电子载体PMS的作用下被细胞线粒体中的细胞脱氢酶还原为具有高度水溶性的黄色甲臜物，可用于进行简便而准确的细胞增殖和毒性分析。灵敏度高于其他四唑盐。使用只需一步即可得到结果，无须调配，无须放射性核素和有机溶剂，结果准确。

酸性磷酸酶法(APA)：酸性磷酸酶法的原理是活细胞内的酸性磷酸酶在酸性环境下可以分解磷酸酶底物硝基苯磷酸盐，其产物为淡黄色，可用酶标仪在405nm检测。适用于体外筛选对肿瘤细胞敏感的化疗药物。具有快速、准确性高的特点。

ATP生物发光法：ATP生物发光法基本原理是：ATP是一切活细胞代谢的基本能量来源，细胞死亡后，在酶的作用下ATP迅速分解，所以通过检测细胞中ATP的含量，可以准确反映样本中活细胞的数量。ATP生物发光法是通过将荧光素+荧光素酶复合物与ATP作用，发生生化反应而发出荧光。其灵敏度非常高，检测范围广。

组织块培养-MTT终点染色-计算机图像分析：该法采用组织块培养，不同于以单细胞培养为特征的体外药物敏感性试验方法。即将肿瘤标本切成直径较小组织块放于滤纸上。1天后测每孔瘤块体积。加药物培养6天后，加MTT再培养6h，测定瘤块被甲臜染的面积，然后计算生存指数。该法保持实体瘤的组织结构，有利细胞存活，且简便，成功率较高。

细胞计数法：该法是最直接最能真实反映细胞增殖水平的简单方法，如美蓝法是利用活细胞的脱氢酶提供氢离子，使美蓝还原为无色的甲烯白。死亡细胞则无法使甲烯蓝还原，因而被染成蓝色。计数用药后的死亡细胞数能反映药物的抑瘤作用。但此法受人为因素影响较大，且样本较多时工作量巨大。

4.12.7.4 工程细胞药物筛选

G蛋白偶联受体(G protein coupled receptor，GPCR)是最大的细胞表面受体家族，是小分子调节剂治疗干预的丰富靶点来源。研究表明用荧光生物传感器，如荧光染色、蛋白标记等方法对G蛋白偶联受体活化或调节剂进行高通量药物筛选，可平行得到GPCR自己或和它相连的第二个蛋白质在细胞的位置、数目等多种信息数据。前面提到的绿色荧光蛋白(green fluorescent protein，GFP)则被用来进行标记后的药物筛选。由于绿色荧光蛋白可与GPCR的C末端结合，使用流式等系统扫描药物干预细胞后的每一个孔可进行细胞群成像及单个细胞分析。不同荧光通道用来分析给药前后蛋白移位、蛋白浓度、特殊特性等变化检测GPCR活化状态。pH敏感花青苷(cyanine dye)染色法也是一种重要的方法。由于CypHer-5是一个对pH敏感性花青苷衍生体，强烈的荧光只有在酸性环境(pH约6.1)中才被检测到。GPCR细胞外的氨基末端表位决定簇可与标记CypHer-5的表位决定簇抗体结合，抗体GPCR复合物所在的细胞培养液pH7.4，染色发出微弱的荧光不能被观察到。只有当GPCR内化，配体激活GPCR后pH降低，染色团才能发荧光。该方法在高通量药物筛选中具有重要应用前途。

此外,用工程细胞筛选在凋亡、雌激素受体等方面的研究。有研究表明多元极化荧光检测可以显著提高单孔筛选的信息量,如甾体激素受体调节剂选择性的筛选,利用不同荧光探针和TAMRA标记的追踪物可以识别选择性作用雌激素受体或孕酮受体的配体。例如,寻找并筛选促进肿瘤细胞凋亡的抗肿瘤药,将HeLa细胞和淋巴瘤细胞U937在细胞毒药物作用下,培养一定时间后,加入DNA结合染料Hoechst 33342,荧光连接探针结合活化caspases和氨甲基X-rosamine来检测线粒体膜电位(MMP),使用ArrayScan仪器获取每孔一定细胞数的荧光成像,结果显示caspase23活化呈时间和浓度依赖性,线粒体膜电位降低,核分裂浓缩增加,因而这个方法可用来筛选新的凋亡诱导剂。也有报道直接在细胞水平上筛选双特异性磷酸酶(DSPases)抑制剂。

先进的高通量的筛选方法,如光学测定技术;用非核素标记测定法,如用分光光度检测法筛选蛋白酪氨酸激酶抑制剂、组织纤溶酶原激活剂等;放射性检测技术,特别是亲和闪烁(SPA)检测方法,使在96孔板上进行的样本量实验得到发展。该方法灵敏度高,特异性强,促进了高通量药物筛选的实现,但存在环境污染问题。荧光检测技术,采用荧光检测法FLIPR,可在短时间内同时测定荧光的强度和变化,对测定细胞内钙离子流及测定细胞内pH和细胞内钠离子流等,是非常理想的一种高效检测方法;此外还有多功能微板检测系统等。

4.12.7.5 干细胞与药物筛选

人们已经能够成功诱导和调控体外培养的胚胎干细胞正常的分化,这不仅对体外研究人胚胎的发生发育,非正常发育(通过改变细胞系的靶基因),新人类基因的发现提供材料,同时也对组织移植、细胞治疗/基因治疗和药物筛选提供了良好的细胞源,这种研究不会引起与胚胎实验相关的伦理问题。胚胎干细胞提供了新药的药理、药效、毒理及药代等研究的细胞水平的研究手段,大大减少了药物实验所需动物的数量。上述实验使用的细胞系或来自其他种属的细胞系,很多时候并不能真正代表正常的人体细胞对药物的反应。胚胎干细胞还可用来研究人类疾病的发生机制和发展过程,以便找到有效和持久的治疗方法。由我国浙江大学开展的"药物介导胚胎干细胞体外定向分化的干预效应研究"在2002年就首次报道了。通过生物因子的作用和药物的诱导,目前已成功地将胚胎干细胞体外定向分化成搏动的心肌细胞,并在此基础上首次利用胚胎干细胞成功地构建了新药筛选模型。他们已在实验室中先后两次成功地培养出了总共30个自主跳动的单一心肌细胞团,分化成功率已高达80%。实验室观察表明,这些细胞团均具有正常心肌细胞的自律性、应激性和兴奋性。在成功分化出心肌细胞的基础上,人们开始探索定向分化单一的神经细胞和胰岛细胞的工作。这些成果的重大意义在于:单一细胞的形成过程重现了胚胎细胞发育过程的全部生物信息,反映人类疾病的发生机制和发展过程,并提供了药物作用的重要靶点,从而在世界上首次利用胚胎干细胞成功地创建了一个新药的筛选模型。该筛选模型可在基因层面上对新药的疗效、作用机理和安全性进行快速安全的鉴定,并对于发现和研制治疗新药具有积极意义。

总之,用已建立的良好性能的工程细胞进行药物大规模筛选,不仅可降低筛选成本,节省时间,同时降低筛选劳动强度。为降低筛选成本,可同时进行筛选混合样品、多靶点多指标平行检测等。就筛选体积方面,目前高通量筛选规模已非常可观,许多筛选在384或1536孔板上进行。混合样品虽然能有效地减少检测次数,但初筛后筛选结果的处理分析工作量增大,因而其使用也受到限制。多指标多靶点高内涵药物筛选则在一次筛选后获得样品对多个靶点的作用信息,筛选体积不必太低,检测指标的试剂互不影响,因此,多指标同时评价的高内涵药物筛选不仅是先导物发现效率提高的一个新方法，而且也是未来药物筛选成本节省的方法之一。例如：流式细胞仪进行高通量筛选，一次可从2000个化合物中筛选出15个具有增强抗肿瘤活性的化合物。

但是，对单个细胞的药物筛选技术目前尚处于发展阶段，还有大量需要解决的技术难题，如常用的荧光蛋白灵敏度尚需提高，GFP和它的衍生物是天然荧光蛋白，没有酶的信号放大作用，一个分子的GFP只能产生一个光子，相对酶来说敏感性有待提高。许多荧光标示物对活细胞来说是器质性染色，染料浓度必须非常谨慎加入，确保细胞在孵育过程中保持活性，最大程度降低潜在的毒性反应。此外，单细胞能否较好地反映出药物的作用效果等都是值得考虑的问题。但随着工程细胞的不断发展和完善，新的筛选技术的完善，在细胞水平上进行药物筛选将会显示更多的优势，从而显著提高发现先导化合物的速率，加快新药开发速度和提高药物筛选质量。

小结

本节主要介绍了工程细胞的实验室研究及应用进展情况。工程细胞的建立和发展，不仅对生产蛋白质、绘制基因图谱、认识蛋白功能、研究肿瘤发生机制以及植物育种等领域有重要的作用，而且对人们认识生命、改造自然都有巨大的作用和意义。通过对细胞的黏附、细胞分泌、物质运输等分子机制的深入研究，人们不断地了解工程细胞自身的生长代谢特性，提高培养细胞活性和单位细胞的目标产率。依靠细胞-细胞共培养系统、细胞-细胞外基质的模型系统以及荧光蛋白工程转染筛选的细胞株的建立，更加完善了工程细胞药物筛选模型和系统。通过几个方面的介绍，可以看出工程细胞在实际应用中的广泛性和深入性。随着生物技术发展的深入，工程细胞及其表达产品的研究和应用将越来越重要和广泛。

（杨向民）

思考题

1. 简述细胞-细胞共培养系统建立和应用？
2. 如何建立细胞-细胞外基质的3D模型？
3. 荧光蛋白工程细胞转染的应用？
4. 细胞水平药物体外筛选有哪些常用的方法？

参考文献

陈志南，刘民培. 2002. 抗体分子与肿瘤. 北京：人民军医出版社

陈志南. 2005. 细胞工程. 北京：科学出版社

冯伯森，王秋雨，胡玉兴. 2000. 动物细胞工程原理与实践. 北京：科学出版社

胡显文，陈惠鹏，汤仲明，等. 2004. 生物制药的现状和未来(一)：历史与现实市场. 中国生物工程杂志

李志勇. 2003. 细胞工程. 北京：科学出版社

刘凌云，薛绍白，柳惠图. 2002. 细胞生物学. 北京：高等教育出版社

王镜岩，朱圣庚，徐长法. 2006. 生物化学. 北京：高等教育出版社

王立夫，Garen A. 2005. 遗传工程细胞在小鼠体内长期产生和递送抗肿瘤重组蛋白. 中国癌症杂志，15(4)：351-356

熊重兰,卢柏松,黄培堂,等. 2000. 人红细胞生成素(EPO)工程细胞建立及特性分析. 生物工程进展,30(3):72-75

Casper S J, Holt C A. 1996. Expression of the green fluorescent protein-encoding gene from a tobacco mosaic virus-based vector. Gene, 173 (1 Spec No):69-73

Hausser A, Susanne M, Gisela L, et al. 2005. Protein kinase D regulates vesicular transport by phosphorylation and activation of phosphatidylinositol-4 kinase III β at the Golgi complex. Nat Cell Biol. , 7(9):880-886

Hu Z, Garen A. 2000. Intratumoral injection of adenoviral vectors encoding tumor-targeted immunoconjugates for cancer immunotherapy. Proc Natl Acad Sci USA. , 97(16):9221-9225

Liu J W, Hughes T, Sessa W. 1997. The first 35 amino acids and fatty acylation sites determine the molecular targeting of endothelial nitric oxide synthase into the golgi region of cells: a green fluorescent protein study. J Cell Biol. , 137(7):1525-1535

Lollike K, Borregaard N, Lindau M. 1998. Capacitance flickers and pseudoflickers of small granules, measured in the cell-attached configuration. Biophys J. , 75(1):53-59

Maniatis T, Fritsch E F, Sambrook J. 1982. Molecular Cloning: A Laboratory Manual. New York: Cold Spring Harbor laboratory

Mizuno S, Tateishi T, Ushida T, et al. 2002. Hydrostatic fluid pressure enhances matrix synthesis and accumulation by bovine chondrocytes in three-dimensional culture. J Cell Physiol. , 193: 319-327

Page K A, Liegler T, Feinberg M B. 1997. Use of a green fluorescent protein as a marker for human immunodeficiency virus type 1 infection. AIDS Res Hum Retroviruses. , 13(13):1077-1081

Paumet F, Le Mao J, Martin S, et al. 2000. Soluble NSF attachment protein receptors (SNAREs) in RBL-2H3 mast cells: functional role of syntaxin 4 in exocytosis and identification of a vesicle-associated membrane protein 8-containing secretory compartment. J Immunol. , 164(11): 5850-5857

Taniguchil F, Haradal T, Naral M, et al. 2004. Coculture with a human granulosa cell line enhanced the development of murine preimplantation embryos via SCF/c-Kit system. J Assist Reprod Ged, 21(6):223-228

Verver J, Wellink J, Van Lent J, et al. 1998. Studies on the movement of cowpea mosaic virus using the jellyfish green fluorescent protein. Virology, 242(1):22-27

Vogt A, Kalb E N, Lazo J S. 2004. A scalable high content cytotoxicity assay insensitive to changes in mitochondrial metabolic activity. Oncol Res, 14(6):305-314

Wu Y M, Tang J, Zhao P, et al. 2009. Morphological changes and molecular expressions of hepatocellular carcinoma cells in three-dimensional culture model. Exp Mol Pathol. , 87(2):133-140

4.13 工程细胞工业化放大及应用

4.13.1 工程细胞表达重组蛋白药物及其应用

重组蛋白质是指利用 DNA 重组技术,建立特定的工程细胞来生产的蛋白质。最早的一批生物制药公司主要就是利用基因工程的技术来获得蛋白质，我们称为“采用基因工程的加工技术来生产蛋白质”。

一般来讲，重组蛋白药物安全性显著高于小分子药物。虽然生产条件苛刻，服用程序复杂且价格昂贵，但对某些疾病具有不可替代的治疗作用，因而具有较高的批准率。同时，重组蛋白药物的临床试验期要短于小分子药物，专利保护相对延长，给了制药公司更长的独家盈利时间。这些特点成为重组蛋白药物研发的重要动力。基因工程重组蛋白药物是新药开发的重要发展方向之一。

未来中国生物制药领域仍将以重组蛋白为主流，这与世界生物制药领域的发展趋势吻合。中国重组蛋白药物仍将以跟踪型研发、改进型研发为主，在研发品种选择上，“重磅炸弹”产品仍将是主要的研究起点，这并不完全归因于国内生物制药企业“一哄而上”，从世界范围来看，对现有“重磅炸弹”蛋白药品进行改造是一大发展趋势。

值得注意的方面是生产能力的提高。不仅在中国，世界范围内生物制药行业生产能力不足已经成为重组药物发展的瓶颈。生产能力不足导致生产成本提高，在一定程度上限制了产业化，换个角度说，在生产能力方面具有优势就是壁垒。

1977 年，Hirose 和 Itakura 已用基因工程方法表达人脑激素-生长抑素，这是首次用动物细胞作为宿主细胞的基因工程方法生产具有药用价值的蛋白质，标志着动物细胞工程产品开始走向实用阶段。

已经批准上市的重组蛋白质药物主要包括六大类：细胞因子类、激素类、治疗心血管及血液病的活性蛋白类、治疗和营养神经的活性蛋白类、可溶性细胞因子受体类及导向毒素类。而按蛋白质结构又可分为 3 类：①与人的多肽和蛋白质完全相同；②与人的多肽和蛋白质密切相关、但在氨基酸序列或翻译后修饰上有一定的差异，生物活性或免疫原性有所改变；③与人的多肽和蛋白质较少相关或完全无关，如一些具有调节活性，但和已知的人的多肽和蛋白质无同源性的多肽和蛋白质、双功能融合蛋白、经蛋白质工程改造和模拟的活性蛋白等。

我国已批准上市的重组蛋白质药物已有数十种，多采用原核细胞和酵母细胞表达，仅有少数是利用哺乳动物细胞生产重组蛋白质药物，这一生产方式目前仍多处于研究阶段。

4.13.1.1 重组蛋白药物生产原理

重组蛋白质是指利用 DNA 重组技术，结合细胞培养等技术生产的蛋白质。绝大部分重组蛋白药物是人体蛋白或其突变体，主要作用机理为弥补某些体内功能蛋白的缺陷或增加人体内蛋白功能。重组蛋白生产过程包括：鉴定具有药物作用活性的目的蛋白，分离或合成编码该蛋白的基因，然后将其插入合适的载体，转入宿主细胞，构建能高效表达蛋白的菌种库或细胞库，最后扩大规模应用到发酵罐或生物反应器进行大量的目的蛋白药物生产。

重组药物的表达系统分为原核生物和真核生物表达系统。原核生物主要是大肠杆菌表达系统，真核生物表达系统主要有酵母菌、哺乳动物细胞、昆虫细胞和植物细胞等表达系统。采用原核表达系统一般适合分子质量小的蛋白质，而采用哺乳动物细胞表达蛋白与天然蛋白在结构和功能上较为一致且后期纯化工艺成熟，因此从 2000 年以后，哺乳动物细胞表达系统更受重视。目前美国在研药物中 70%是由以中国仓鼠卵巢细胞(CHO)为主的哺乳动物细胞表达的。

最早的一批生物制药公司主要就是利用基因工程的技术来获得蛋白质。由于科学家对部分蛋白如胰岛素、人体生长激素、EPO、tPA、第Ⅷ因子等的加工过程以及可能存在的疗效了解较多，这类蛋白也就成了第一批生物技术公司开发的重点。

4.13.1.2 重组蛋白药物市场

基因工程重组蛋白药物是新药开发的重要发展方向。2007年,生物药的总销售额为940亿美元,如今已发展成为一个6000亿美元的制药产业。重组治疗性蛋白(不包括抗体)2009年总计销售额为610亿美元,单克隆抗体2009年销量增长380亿美元,达到990亿美元。在最为著名的重磅炸弹级产品中,治疗癌症的单抗占据了主要位置:Rutuxan、Herceptin、Avastin、Erbitux、Vectibix,此外还有靶点为TNF的Enbrel、Remicade、Humira和Cimzia。这两组产品2009年的销售额都达到了180亿美元。分开来看,四年半中欧盟批准了49个生物药。包括14个生物仿制药,8个reformulated或metoo产品,还有5个先前被美国批准的产品;所以实际上只有22个新生物实体。虽然欧盟监管系统对全新药物的上市要求作出了明确规定,四年半间仍有120个这样的产品获准上市,所以新生物实体只占总数的18%(与2003~2006年的数据22%相比,下降了)。四年半间,美国批准了21个新生物实体的上市要求。同期共有99个全新药物上市,新生物实体所占比例为21%(与2003~2006年的数据24%相比,也下降了)。同期美国批准了11个reformulated或metoo生物药上市,使得市场中类似药物达到了32个。

4.13.1.3 重组蛋白药物发展方向

重组蛋白药物未来发展方向包括生产载体优化、产能提高、蛋白质的基因工程改造和翻译后修饰,以及给药途径的优化。在研发模式上,这类药物的研发方向分为三大类:跟踪型研发、改进型研发、原创型研发。跟踪型研发可以是完全模仿或新适应证的筛选;改进型研发可以通过重组融合、重组改构、化学修饰等途径使现有产品在安全性(副作用更小)、有效性、长效性(半衰期延长,减小剂量和使用次数)等方面优于原有制品;原创型研发则是建立在新基因和新分子作用机制的基础之上。

未来若干年内,中国生物制药领域仍将以重组蛋白为主流,这与世界生物制药领域的发展趋势吻合。中国重组蛋白药物仍将以跟踪型研发、改进型研发为主,在研发品种选择上,"重磅炸弹"产品仍将是主要的研究起点,这并不完全归因于国内生物制药企业"一哄而上",从世界范围来看,对现有"重磅炸弹"蛋白药品进行改造是一大发展趋势,如Amgen的"五朵金花"之一Aranesp实际就是Epogen的长效品种。

4.13.1.4 工程细胞生产重组蛋白药物——α-干扰素

干扰素是一种细胞因子,它是机体感染病毒时,宿主细胞通过抗病毒应答反应,而产生的一组结构类似、功能相近的低分子糖蛋白。英文名称为interferon,简称IFN。干扰素是1957年英国科学家发现的。他们把灭活的流感病毒作用于小鸡细胞,结果发现这些细胞产生了一种可溶性物质,这种物质能抑制流感病毒,并且能干扰其他病毒的繁殖,因此,他们将这种物质称为"干扰素"。以后科学家们进一步发现,机体对入侵的异种核酸(包括病毒)都产生干扰素以进行防御。当机体细胞受到病毒感染时,机体细胞产生干扰素,干扰病毒复制,它是机体抗病毒感染的防御系统。

干扰素有多种亚型,其中最大的一类亚型是α-干扰素。α-干扰素具有三大功能:抗病毒作用、抗肿瘤作用和免疫调节作用。①抗病毒作用:这是干扰素最重要的也是应用最广的作用。干扰素是通过抑制病毒复制和调节机体免疫功能,从而发挥抗病毒作用。大量的基础和临床研究已证实,α-干扰素具有强有力的抗病毒复制作用,是迄今为止治疗慢性乙肝的首选抗病毒药物，是治疗丙肝的唯一有效抗病毒药物。并且对其他多种病毒感染也有效。②抗肿瘤作用：α-干扰素是临床上应用最广的治疗肿瘤的细胞因子。它通过直接抗肿瘤细胞增殖和调节机体免疫功能发挥抗肿瘤作用。③免疫调节作用：α-干扰素通过调节机体的免疫功能，从而间接地发挥抗病毒作用和抗肿瘤作用。

以往所用的干扰素是采用特定的诱生剂诱导人白细胞，经提取后制成，此为血源性干扰素。血源性干扰素容易被全血中的病毒污染，从而威胁使用者的健康；并且血源性干扰素提取纯度低，比活性低，生产成本高。这些都严重地影响了干扰素在临床上的使用价值。

随着生物技术的发展，通过先进的基因工程重组技术，可以在人体外大规模生产人干扰素，这就是基因工程干扰素。基因工程α-干扰素系从人细胞中克隆出α-干扰素基因，将此基因与大肠杆菌表达载体连接物构成重组表达质粒，然后转化到大肠杆菌中，从而获得高效表达人α-干扰素蛋白的工程菌。工程菌经发酵后可收集到大量菌体，将菌体破裂，用先进的生物工程手段将α-干扰素蛋白从菌体中分离、纯化，即得到高纯度的人基因工程α-干扰素。基因工程α-干扰素与血源性干扰素相比，具有没有污染、安全性高、纯度高、比活性高、成本低、疗效确切等优点。

基因工程α-干扰素的出现，是干扰素研究工作的一项重大突破，它使得α-干扰素能进入大规模的产业化生产，人们能获得大量活性高、疗效好的α-干扰素，从而使α-干扰素能够广泛应用于临床，造福于人类。

我国市场销售的基因工程α-干扰素根据其来源和分子结构的不同，有α-1b、α-2a、α-2b三种亚型，其中α-2a、α-2b型为进口产品或国内仿制产品，而α-1b型干扰素系采用中国健康人白细胞来源的干扰素基因克隆和表达的基因工程干扰素。中国预防医学科学院病毒学研究所多年的研究表明，中国人白细胞在受到病毒攻击后，产生的多种干扰素中以α-1b型干扰素为主。因此，基因工程α-1b型干扰素与国内外同类产品相比，具有疗效显著(显效率与国外产品相同)、副作用较同类产品低、不易产生中和抗体等优点，更适合中国人使用。

4.13.1.5 工程细胞生产重组蛋白药物——胰岛素

1) 胰岛素的研究历史

胰岛素是由加拿大科学家Banting和Best在1921年发现的，这一发现使得糖尿病的治疗成为可能，这是人类历史上最伟大的医学发现之一，该研究也因此于1923年获得了诺贝尔生理学或医学奖，同时也开创了蛋白质治疗的新理念。之后，诺贝尔奖又先后3次授予了与胰岛素有关的科研工作。我国科学家于1965年首次人工合成胰岛素而举世瞩目，在这之后，国内在胰岛素研究领域获得院士称号的约有10人。

早期的胰岛素是从猪、牛或羊的胰脏提取的粗产品，直到1936年才由Scott利用重结晶法在锌离子的存在下得到了纯化的胰岛素晶体，这也为以后长效胰岛素制剂的发展奠定了基础。1960年，色谱技术的出现使得在胰岛素纯化方面出现了历史性突破，使高纯度的单一胰岛素分子的制备成为可能。20世纪70年代末，丹麦Novo公司生产的半合成胰岛素曾大量投放市场，但基因工程技术的突破很快就使得重组人胰岛素取代了半合成产品并广泛应用于临床，主要产品有美国Eli公司的优泌林系列和丹麦的Novo公司的诺和灵系列。

Eli Lilly公司于1982年首先利用重组DNA技术合成人胰岛素，这是最早的一批重组蛋白药物之一。现代基因工程技术的发展可以根据设计来改造胰岛素肽链的个别氨基酸或序列使其产生需要的某种功能，如增加作用时间、提高稳定性等。

基因工程生产人胰岛素的工业化要求相当高。其一,胰岛素是一个比较复杂的小分子,生产过程复杂,现在上市的基因工程胰岛素有大肠杆菌表达与酵母表达两种,这两种方法都需要将表达的前体进行酶切,以及高效液相色谱纯化,生产成本和复杂程度远高于像干扰素等普通的基因工程产品。其二,该药使用剂量大,大约是干扰素临床使用剂量的300倍。其三,从动物胰脏提取的胰岛素上市已有90年的历史,基因工程产品也已经问世30多年,由于长期的技术和价格竞争,胰岛素已经成为国际上最便宜、用量最大的基因工程药品。这使得该产品的工业化生产要达到规模大、成本低、工艺非常成熟才能实现盈利。

2) 糖尿病、患病人数及增长趋势

美国糖尿病协会工作组1995年推荐的糖尿病定义为:糖尿病是指由于胰岛素分泌、胰岛素作用或两者兼有的缺陷而造成的代谢性疾病。糖尿病的慢性高血糖与多个脏器(特别是视网膜、肾脏、神经微血管病变)的长期损害、功能异常和衰竭有关,另外心血管疾病的发病风险也增高。以前曾按发病机制不同而分为Ⅰ型糖尿病和Ⅱ型糖尿病。因糖尿病发病机制尚不清楚,因此世界卫生组织糖尿病研究小组于1985年废止了这种分类名称。但由于这种分类法已被广泛应用,为了避免混乱,可将其视为胰岛素依赖型和非胰岛素依赖型糖尿病的同义语。

当前糖尿病的发展突飞猛进,目前我国糖尿病的患病率已达9.7%,患病人数超过9200万,患病前期人数高达1.48亿以上,每天新增糖尿病例约3000人。调查中发现,糖尿病的未诊断率为60%,有近80%的受访者血糖控制不达标,并且因糖尿病并发的心血管疾病致命率约80%左右。国际糖尿病联盟(IDF)最新预测世界糖尿病患病人群在2030年将直逼5亿,而我国糖尿病防治形势严峻。糖尿病超高的致残致命率使之成为全球共同关注的重大疾病之一,世界卫生组织更是将其称为“21世纪的灾难”,因此2011联合国糖尿病日发出应对糖尿病,立即行动的口号。据WHO预测,到2025年全球糖尿病人总数将上升为3亿,在发达国家和发展中国家增加的幅度也会明显不同,欧美国家为45%,而发展中国家可达到200%。1995年,发展中国家糖尿病患者占全世界的60%,预计到2025年将占80%。新增加的糖尿病患者将主要集中在中国、印度次大陆及非洲等发展中国家。

2006年中国居民营养与健康状况调查结果显示:我国18岁及以上居民糖尿病患病率为2.6%,估计全国糖尿病患者达到2000多万,城市患病率明显高于农村。与1996年糖尿病抽样调查资料相比,大城市20岁以上糖尿病患病率由4.6%上升到6.4%、中小城市由3.4%上升到3.9%。

3) 全球和中国市场

据Research and Markets公司公布《2011年前糖尿病市场前景》的报告显示,2005年全球糖尿病市场规模达到186亿美元,较2004年增长11.5%。2001~2006年平均增长率约16%。其中美国本土市场约占全球糖尿病用药49.6%的比例。

据IMS统计,2005年全球糖尿病市场规模达到186亿美元,较2004年的166亿美元,增长了11.5%;2006年为212亿美元,增长了14.0%;2007年,抗糖尿病药物的市场规模为241亿美元,增长了13.7%,在全球药品市场中排第5位。预计其未来将以15%~20%的速度增长。越来越多的新药和不断增多的糖尿病患者将继续推动本类药物销售额的增长。2008年,世界糖尿病药物市场迎来一个高速增长年。据来自国外的最新报道,2008年,全球糖尿病市场总销售额高达240亿美元。在排名前10位的降糖药中,有5支是重组DNA胰岛素制剂,所有胰岛素制

剂的销售额合计达125亿美元，约占世界糖尿病药物市场的52%。

在我国，Ⅰ型糖尿病患者大约占患者总人数的1%～2%，其他均为Ⅱ型糖尿病患者，并且在Ⅱ型患者中，每年有5%～10%转为Ⅰ型。目前国内糖尿病用药市场在80亿～90亿的规模，其中西药大约占到85%的份额，胰岛素及其类似物大约占到西药30%以上的比例，即胰岛素用药市场为20亿～30亿的销售规模，并以30%的速度增长，其中最受市场欢迎的是短效和中效胰岛素。

4.13.1.6 工程细胞生产重组蛋白药物——凝血因子Ⅶ(FⅦ)

血友病是一种缺少凝血因子或凝血因子含量过低的疾病，为性染色体隐性遗传病。临床上表现为自发性或轻微外伤后流血不止，导致生命危险。根据其凝血因子缺乏的不同分为：①A(甲)型血友病：缺乏第八凝血因子(FⅧ)；②B(乙)型血友病：缺乏第九凝血因子(FⅨ)；③C(丙)型血友病：缺乏第十一凝血因子(FⅪ)。在总人口数中，平均一万人就有一位血友病患者，其中A型占80%～85%，B型占15%～20%。约1/3的病例找不到家族史，是基因突变所造成，另外尚有后天性血友病患者。

血友病的治疗方法主要有补充凝血因子(FⅧ或FⅨ)或输血等，约10%的患者因产生不明原因的排斥反应，而无法接受这种治疗。FⅦ在外源性凝血途径中有重要作用，血管壁损伤时，血液中的FⅦa含量升高而促发一系列凝血反应，达到止血效果。但传统的血源性FⅦa因含量低并有传播病毒的危险，这就迫使人们转向基因重组产品。自从Hagen于1986年获得FⅦ的cDNA克隆后，1996年，丹麦的Novo Nordisk公司已研制成功FⅦa制剂(商品名为Novo Seven)，在欧洲上市，用于治疗对FⅧ和FⅨ产生抑制物的病人严重出血状况。1999年，Novo Seven被美国FDA批准为血友病治疗新药。从发展趋势看，重组FⅦa将成为凝血因子领域中继FⅧ和FⅨ之后又一市场前景良好的基因工程药物。

Novo Seven的活性成分为利用基因工程方法制造的重组FⅦa，可避免血友病患者的排斥反应，直接针对破损的血管壁进行凝血反应。它和伤口处的组织因子(TF)结合，活化FⅨ和FⅩ达到形成纤维蛋白和止血的目的。它的特点在于，使用足够的剂量时可克服组织因子途径抑制物(TFPI)的作用，和组织因子结合后起作用，或不需组织因子参与而单独在活化的血小板表面直接活化FⅨ和FⅩ。以上作用均不需FⅧ和FⅨ的参与就可达到止血的目的。

人FⅦ基因位于13号染色体上，含有8个内含子。FⅦ由肝实质细胞分泌，是一种由406个氨基酸组成的维生素K依赖型血浆糖蛋白，分子质量为50kDa，活化前以单一多肽链形式存在，含有1个富含谷氨酸羧基化的氨基端结构域，两个类似表皮生长因子EGF结构域，1条连接短肽和1个C端丝氨酸蛋白酶结构域。Novo Seven的FⅦ生产过程如下。

(1) 含人FⅦ基因的金黄地鼠肾脏(BHK)细胞株的获得。首先从人的肝细胞基因库中克隆出FⅦ基因，然后转染BHK细胞，经筛选获得含有FⅦ基因，分泌单链FⅦ的细胞株。

(2) FⅦ的表达。为了确保表达产物与最原始的转化细胞的表达产物相同，必须取单一的“种子”细胞上罐发酵。经过一系列的增殖步骤，收集发酵液进行纯化。

(3) FⅦ的纯化及活化。整个纯化过程包括4个层析步骤。首先进行离子交换层析，然后用0.1% Triton X-100处理样品30min以上，使病毒灭活。最后通过免疫层析和两次离子交换层析，FⅦ可被活化，得到高纯度的FⅦa。在离子交换层析过程中，FⅦ在Arg152处的肽键被特异性裂解，即形成具有活性的重组双链FⅦa。重组双链FⅦa的结构和性质与天然FⅦa的相同，由20kDa的轻链(N端)和30kDa的重链(C端)组成，它们之间通过单二硫键相连，其中重链具有丝氨酸蛋白酶活性。

4.13.1.7　工程细胞生产重组蛋白药物——新型红细胞生成刺激蛋白(NESP)

肾性贫血是慢性肾衰患者的主要症状，一般为正常红细胞正常血红蛋白型贫血，且会随着肾功能的恶化而不断加剧。由于肾脏疾病致肾功能损害，肾脏产生的促红细胞生成因子和红细胞生成素减少，使骨髓生成和成熟红细胞发生这一关键环节受到抑制，这是肾性贫血最重要的原因。同时慢性肾功能衰竭后期即尿毒症时，大量有害物质蓄积体内，抑制骨髓造血功能，加速红细胞破坏，影响红细胞寿命而致贫血。该病已成为降低生活质量的主要因素之一，且严重威胁到人类生存。因此，国际上一直致力于开发治疗该病的有效药物。

促红细胞生成素(EPO)对肾性贫血具有很好的疗效。肾性贫血患者通常靠血液透析和连续输血维持生命，但输血使患者面临病毒感染和血过量的危险，而 EPO 可促进红细胞生成，使血红蛋白含量增加，从而减少患者的输血量，最后不再需要输血。但 EPO 的血浆半衰期较短，为了维持所需的血红蛋白含量和血细胞比容，需要反复频繁注射，这不仅增加治疗成本，而且还增加患者的痛苦，降低患者的依从性。对 EPO 进行改造以开发出长效药物是解决这一问题的有效途径。2001 年通过 FDA 批准的，由美国 Amgen 公司开发成功的新型红细胞生成刺激蛋白(NESP，又称 darbepoetin alfa，商品名为 AranespTM)即为此类药物。NESP 和活化的受体结合与天然 EPO 的一致，其作用机制也相同，注射 NESP 2～6 周可观察到血红蛋白含量增加。

1984 年，以人肾癌细胞的 EPO mRNA 为模板经反转录合成 cDNA，首次在大肠杆菌中克隆了 EPO cDNA。1985 年，Lin 等用几种合成的寡核苷酸探针的混合物直接从以噬菌体载体 Charon 4A 构建的人胎肝基因组文库中克隆了 EPO 基因的全序列，并在 CHO 细胞中获得高效表达。人 EPO 基因位于人染色体 7q11—22 上，由 5 个外显子和 4 个内含子组成。人的成熟 EPO 是由 165 个氨基酸组成的高糖基化蛋白质，有 3 个 *N*-糖基化位点(24 位、38 位和 83 位天冬酰胺，糖链的末端是唾液酸)和 1 个 *O*-糖基化位点(126 位丝氨酸)。去唾液酸或去糖基化不影响 EPO 的体外生物学活性，但却缩短其体内半衰期，使其完全丧失了在体内的活性，说明糖基化对其生物活性至关重要，只有在真核细胞中表达的 EPO 才具体内生物活性。而唾液酸的含量也与 EPO 在体内的生物活性有关。Amgen 公司在保留 EPO 原有的 3 个 *N*-糖链和尽可能不影响其高级结构的基础上，通过突变，引入了另两个 *N*-糖基化位点，使 *N*-糖基数提高到 5 个(图 4.13.1)，这一变异体即为 NESP。与 EPO 相比，NESP 的血浆清除率降低了，其体内半衰期从 8.5h 提高到 21h。延长 NESP 在血浆中的停留时间，致使其促进红细胞生成的时间增加，从而可减少其使用频率，成为当年唯一一种经美国 FDA 批准的每周或每两周注射 1 次的促红细胞生成剂。

图 4.13.1　EPO 改构为 NESP 示意图

4.13.1.8　工程细胞生产重组蛋白药物的新趋势

从生物学的观点来看，生物机体对能量的利用和转化的效率是当今世界上任何机械装置所望尘莫及的。因此，通过转基因动物来生产重组蛋白药物是迄今为止人们所能想象得出的最为有效、最为先进的系统。也是目前研究的热点。

转基因动物是一种个体表达反应系统，代表了当今时代药物生产的最新成就，也是最复杂、最具有广阔前景的生物反应系统。就通过转基因动物家畜来生产基因药物而言，最理想的表达场所是乳腺。因为乳腺是一个外泌器官，乳汁不进入体内循环，不会影响到转基因动物本身的生理代谢反应。从转基因动物的乳汁中获取的基因产物，不但产量高、易提纯，而且表达的蛋白经过充分的修饰加工，具有稳定的生物活性，因而又称为“动物乳腺生物反应器”。所以用转基因牛、羊等家畜的乳腺表达人类所需蛋白基因，就相当于建一座大型制药厂，这种药物工厂显然具有投资少、效益高、无公害等优点。

转基因动物的乳腺可以源源不断地提供目的基因的产生（重组药物蛋白质），不但产量高，而且表达的产物已经过充分修饰和加工，具有稳定的生物活性。作为生物反应器的转基因运动又可无限繁殖，故具有成本低、周期短和效益好的优点。一些由转基因家畜乳汁中分离的药物蛋白正用于临床试验。

我国的转基因动物的研究领域，已获得了转基因小鼠、转基因兔、转基因鱼、转基因猪、转基因羊和转基因牛。20 世纪 90 年代，国家“863”高技术计划已将转基因羊——乳腺生物反应器的研究列为重大项目。

虽然通过转基因动物（家畜）——乳腺生物反应器生产的药物或珍贵蛋白尚未形成产业，但据国外经济学家预测，在不久的将来，转基因运动生产的药品就会鼎足于世界市场。那时，单是药物的年销售额就超过 250 亿美元（还不包括营养蛋白和其他产品），从而使转基因动物（家畜）——乳腺生物反应器产业成为最具有高额利润的新型工业。

转基因动物是指通过实验方法，人工地把人们想要研究的动物或人类基因，或者是有经济价值的药物蛋白质基因，通常称为外源基因，导入动物的受精卵（或早期胚胎细胞），使之与动物本身的基因组整合在一起，这样外源基因能随细胞的分裂而增殖，并能稳定地遗传给下一代的一类动物。

制备转基因动物是项复杂的工作。在转基因动物研制中，外源基因与动物本身的基因组整合率低，其表达往往不理想，外源基因应有的性质得不到充分表现或不表现，如牛、羊和猪的整合率一般为 1%左右。这种情况的原因可能是多方面的，首先是目的基因的问题，不同的外源基因表达水平不相同，因每个个体而异；其次是外源基因表达载体内部各个部分的组合和连接是否合理等；还有一点更重要，就是外源基因到达动物基因组内整合的位置是否合理。科学家还弄不清楚整合在哪个位置表达高，哪个位置表达低，人们还无法控制外源基因整合的位置，而只能是随机整合。因此，整合率低也就在所难免。

尽管转基因动物还有一些技术亟待解决，但是转基因动物研究所取得的巨大进展，特别是它在各个领域中的广泛应用，已经对生物医学、畜牧业和药物产业产生了深刻影响。

4.13.2 工程细胞表达疫苗及其应用

自 1796 年英国医生 Jenner 进行第一次疫苗接种实验，法国科学家 Pasteru 发明了人用狂犬病疫苗以来，人类使用的疫苗已多达几十种，主要是减毒活疫苗、灭活疫苗和提取病原体的某些成分制成的亚单位疫苗，这些被称为传统疫苗。近 30 年来，随着分子生物学、分子免疫学等学科的发展，又出现了多种新型疫苗，主要包括基因工程亚单位疫苗、载体疫苗、遗传重组疫苗、合成肽疫苗和核酸疫苗等。

基因工程疫苗是指使用基因重组技术克隆并表达保护性抗原基因，利用表达的抗原产物或重组体本身制成的疫苗，主要包括基因工程亚单位疫苗、载体疫苗、核酸疫苗等。用基因工程手段表达的病原体某些成分如保护性抗原经纯化后制成的疫苗，就是基因工程亚单位疫苗；载体疫苗是指利用微生物做载体，将保护性抗原基因重组到微生物体中，获得能表达抗原的重组微生物作为疫苗，多为活疫苗；直接使用能够表达抗原的基因本身作为疫苗则被称为核酸疫苗。

用于基因工程疫苗生产的宿主有多种，各有其优缺点（表 4.13.1）。其中昆虫细胞、哺乳动物细胞的培养均与细胞工程有关。昆虫细胞多使用杆状病毒（*baculovirus*）表达系统，所用细胞为 Sf 系列，如 Sf9 和 Sf21，而用于基因工程研究的动物细胞可分为 3 种：①原代细胞，如鸡胚成纤维细胞；②组织来源培养的细胞株；③稳定的细胞系，如 CHO 细胞，另外还有幼仓鼠肾细胞（baby hamster kidney cell，BHK）等。最具代表性的是 CHO 细胞，目前用 CHO 细胞表达的乙型肝炎疫苗已被批准生产。

表 4.13.1 用于基因工程疫苗生产的宿主及其特点

宿 主	优 点	缺 点	主要代表
细菌	基因组成清楚，有许多有关的基因工程技术；表达产量高，成本低	无翻译后修饰	大肠杆菌 *E. coli*
酵母	基因组成清楚，有多种有关的基因工程技术；成本低；具有翻译后修饰，更接近于高级真核生物	其糖基化特点不同于动物细胞	*S. cerevisiae*，*Pichia pastoris*
昆虫细胞	使用杆状病毒和质粒表达系统，比动物细胞表达成本低；有大规模培养的可能性	病毒感染可能会损伤昆虫细胞而导致低产量；其糖基化特点不同于动物细胞	*Spodoptera frugiperda*
动物细胞	具有翻译后修饰如糖基化，磷酸化和脂肪酸链的添加；可迅速获得瞬时表达；稳定的细胞系可有高产量	成本高，操作复杂	CHO 细胞
转基因植物	生产成本低，具有翻译后修饰；可作为口服疫苗	研究成本高，剂量不确定	马铃薯
转基因动物	乳腺表达系统，每日均可容易地获得蛋白，具有翻译后修饰	研究费时，费用高，对于疫苗生产可能成本过高	

（1）基因工程亚单位疫苗（genetic engineering subunit vaccine）。基因工程亚单位疫苗是用 DNA 重组技术，将编码病原微生物保护性抗原的基因导入受体菌（如大肠杆菌）或细胞，使其在受体细胞中高效表达，分泌保护性抗原肽链。提取保护性抗原肽链，加入佐剂即制成基因工程亚单位疫苗。首次报道成功的是口蹄疫基因工程疫苗，此外还有预防仔猪和犊牛下痢的大肠杆菌菌毛基因工程疫苗。

（2）合成肽疫苗（synthetic peptide vaccine）。合成肽疫苗是用化学合成法人工合成病原微生物的保护性多肽并将其连接到大分子载体上，再加入佐剂制成的疫苗。最早报道成功的是口蹄疫疫苗（1982 年）。合成肽疫苗的优点是可在同一载体上连接多种保护性肽链或多个血清型的保护性抗原肽链，这样只要一次免疫就可预防几种传染病或几个血清性型。目前研制成功的合成肽疫苗还不多，但越来越受到人们的重视，相信该类疫苗在未来的生产实践中能发挥重要的作用。

（3）抗独特型抗体疫苗（antiidiotype antibody vaccine）。抗独特型抗体疫苗是免疫调节网络学说发展到新阶段的产物。网络学说认为，生物体对抗原的免疫答应是通过独特型（ID）与抗独特型（Anti-Id）之间的反应而调节的。独特型是指与某一抗原免疫应答有关的，能与抗原发生特异性反应的一组细胞（T、B 细胞克隆）及其因子（T 细胞因子和抗体）所具有的抗原特异性，在正常情况下，机体的 ID 处于极低水平，当机体受到抗原刺激时，T、B 淋巴细胞增殖、抗体水平升高，相应的 ID 水平也升高，继而刺激 Anti-Id（Ab2）的产生，Anti-Id 的产生又可刺激 Anti-anti-Id（Ab）的产生。如此循环下去,构成对原始应答的复杂免疫调节网络。当抗原与 Ab1 结合后,可以阻碍 Ab2 与 Ab1 上的 Id 结合,因而说明 Ab2 能识别 Ab1 的抗原结合部位。Ab2β 模拟抗原,可刺激机体产生与 Ab1 具有同等免疫效应的 Ab3 由此制成的疫苗称为抗独特型疫苗或内影像疫苗。抗独特型疫苗不仅能诱导体液免疫,亦能诱导细胞免疫,并不受 MHC 的限制,而且具有广谱性,即对易发生抗原性漂变的病原能提供良好的保护力。单抗技术以及"独特型网络"的发现意味着 Ig 可被用作"替代"抗原。对糖类和脂类抗原来说,这一方法可以制造一个"蛋白质拷贝",而蛋白质作为疫苗具有某些优点。

(4) 基因工程活疫苗(genetic engineering live vaccine)。基因工程活疫苗包括基因缺失疫苗和活载体疫苗二类。①基因缺失疫苗(gene defect vaccine)是用基因工程技术将强毒株毒力相关基因切除构建的活疫苗,该苗安全性好、不易返祖;其免疫接种与强毒感染相似,机体可对病毒的多种抗原产生免疫应答;免疫力坚强,免疫期长,尤其是适于局部接种,诱导产生黏膜免疫力,因而是较理想的疫苗。目前已有多种基因缺失疫苗问世。例如,霍乱弧菌 A 亚基基因中切除 94%的 *A1* 基因,保留 *A2* 和全部 *B* 基因,再与野生菌株同源重组筛选出基因缺失变异株,获得无毒的活菌苗;将大肠杆菌 LT 基因的 A 亚基基因切除,将 B 亚基基因克隆到带有黏着菌毛(K88、K99、987P 等)大肠杆菌中,制成不产生肠毒素的活菌苗。另外,将某些疱疹病毒的 *Tk* 基因切除,其毒力下降,而且不影响病毒复制并有良好的免疫原性,成为良好的基因缺失苗。②活载体疫苗(live vector vaccine)是用基因工程技术将保护性抗原基因(目的基因)转移到载体中使之表达的活疫苗。目前有多种理想的病毒载体,如痘病毒、腺病毒和疱疹病毒等都可以用于活载体疫苗的制备。痘病毒的 *TK* 基因可插入大量的外源基因,大约能容纳 25kb,而多数的基因都在 2kb 左右,因此可在 *TK* 基因中插入多种病原的保护性抗原基因。制成多价苗或联苗,一次注射可产生针对多种病原的免疫力。国外已研制出以腺病毒为载体的乙肝疫苗、以疱疹病毒为载体的新城疫疫苗等。活载体疫苗具有传统疫苗的许多优点,而且又为多价苗和联苗的生产开辟了新路,是当今与未来疫苗研制与开发的主要方向之一。

(5) DNA 疫苗(DNA vaccine)。这是一种最新的分子水平的生物技术疫苗,应用基因工程技术把编码保护性抗原的基因与能在真核细胞中表达的载体 DNA 重组,这种目的基因与表达载体的重组 DNA 可直接注射(接种)到动物(如小鼠)体内,目的基因可在动物体内表达,刺激机体产生体液免疫和细胞免疫。

(6) 转基因植物疫苗(transgenic plant vaccine)。该苗用转基因方法将编码有效免疫原的基因导入可食用植物细胞的基因中,免疫原即可在植物的可食用部分稳定的表达和积累,人类和动物通过摄食达到免疫接种的目的。常用的植物有番茄、马铃薯、香蕉等,如用马铃薯表达乙型肝炎病毒表面抗原已在动物试验中获得成功。这类疫苗尚在初期研制阶段,它具有口服、易被儿童接受等优点。

4.13.3 工程细胞表达抗体及其应用

抗体药物已成为当今生物技术药物的支柱产业,根据 2006 年抗体药物产业统计数据显示,经 FDA 批准 26 个体内用抗体药物中,治疗剂 21 个。其临床适应证:肿瘤 14 个(53.8%),自身免疫病 5 个(19.2%),器官移植 3 个(11.5%),感染性疾病 2 个(7.7%),心血管疾病 1 个(3.8%),其他疾病 1 个(3.8%)。按照抗体进入临床应用的类型分析:鼠源 30.8%,嵌合抗体 23.1%,人源化 42.3%,全人抗体 3.8%。

抗体药物呈现出增长势头,从 2006 年 1 月到 2010 年 6 月,欧洲和美国批准上市的 58 个生物药中包括:30 个激素、生长因子、调节分子,13 个单抗类产品,4 个血液相关蛋白,2 个亚单位疫苗,9 个其他类产品(包括融合蛋白和治疗用酶)。平均一年批准约 13 个产品上市表明该领域是充满生机的。进一步分析,这其中 40%(25 个)是全新生物药分子;抗体药物具有巨大的经济和社会价值。巨大的需求市场是抗体超过了几乎所有的商业市场调查报告和销售预测。同时抗体工程产品集成了 20 世纪 50 年代以来生命科学发展最前沿的成果和生物工程最关键的技术,是生物制药实现产业化的重要标志。

目前,抗体药物已进入基因工程抗体时代,在全球已报道的多种抗体中,基因工程抗体有 1000 多种。抗体工程产品的快速发展,对于人类重大疾病,尤其是心脑肺血管疾病、恶性肿瘤、自身免疫病的诊断、预防与治疗提供了新方法、新途径。可以预见基因工程抗体在生命科学领域将发挥越来越重要的作用。

4.13.3.1　诊断及研究用单抗

早期利用杂交瘤技术制备的鼠源性单抗,主要应用于抗原的检测、疾病的诊断与基础研究,通常是通过酶联免疫吸附实验或印迹杂交的方法来进行,标记手段十分多样,包括传统的辣根过氧化物酶、碱性磷酸酶、放射性核素以及目前流行的荧光标记、胶体金和化学发光物质标记法。大量针对不同疾病(包括感染性疾病、肿瘤、急慢性中毒以及传染病)的单抗被美国 FDA 通过,并开发成使用方便的诊断试剂盒走向临床,其特点均为快速、方便与灵敏。特别是近年来将流式细胞技术与荧光抗体技术相结合筛选肿瘤细胞的表面标志物,对肿瘤的早期诊断有十分重大的意义。

4.13.3.2　治疗型单抗

1986 年,美国 FDA 通过了第一个鼠源性单抗药物 Orthoclone OKT3,一种抗 CD3 单抗,用于器官移植后免疫排斥反应的治疗。但由于鼠源性单抗对于人体是一种异种蛋白,反复使用后会引发免疫反应产生抗抗体,称为人抗鼠抗体(human anti-mouse antibody,HAMA)反应,降低了治疗效果,并有较强的副作用,因而限制了它的应用。截至 2009 年,FDA 批准的上市抗体药物中,鼠源性抗体仍占到了 30.8%。随着分子生物学的迅猛发展,应用基因重组技术对抗体进行改造成为可能。

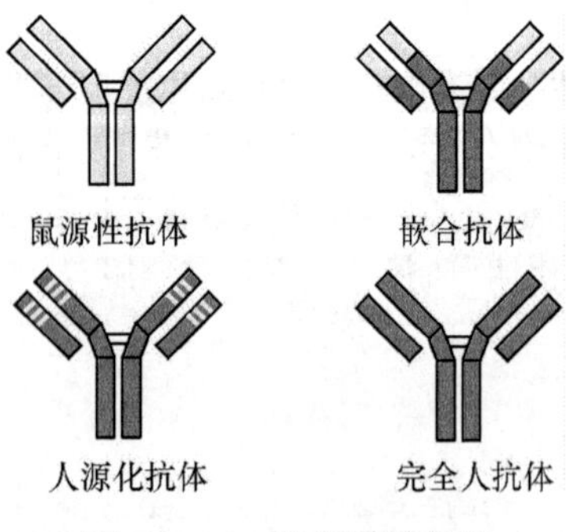

图 4.13.2　从鼠源性单抗到全人单抗

天然抗体为一种异源多聚体,主要由重链与轻链组成,抗体的功能区包括可变区与恒定区。可变区是抗原抗体的结合部位,决定了抗体的特异性,失去可变区的抗体便不能称之为抗体。恒定区中的 Fc 段与抗体的免疫效应有关,并可增加抗体的稳定性,延长其半衰期,但同时 HAMA 反应也主要是由鼠源性单抗的 Fc 段产生的。利用基因工程技术对鼠源性单抗进行改造,产生了一系列新型单抗(图 4.13.2):①人鼠嵌合抗体:将鼠源性单抗的可变区 Fv 与人抗体的恒定区 Fc 段相连,可以大幅度减小 HAMA 反应;②人源化鼠抗体:将鼠源性单抗的高可变区移植到人抗体的骨架上,可以进一步减少 HAMA 反应;③全人抗体:是指完全人单抗,上述两种抗体的抗原特异性普遍较低,因此,全人单抗的制备成为另一研究热点,常见方法有人-人杂交瘤技术、转基因技术与抗体库筛选技术。虽然人-人杂交瘤技术可行性较差,但仍有一定的可能,利用转基因技术剔除小鼠的免疫球蛋白基因,代之以人的基因,其前景诱人，但难度很大。根据分子进化理论，模拟体内抗体的形成途径，体外构建并筛选抗体库显得较为可行。

治疗型单抗在结构上也多种多样，考虑到完整的抗体分子质量过大，只能用于血液系统肿瘤的治疗，如Rituxan，对于实体瘤的效果较差。因此，许多基因工程抗体只是天然抗体的重链与轻链可变区，但组成形式有多种。此类抗体的特点是，分子质量小，组织穿透力强，而且对于天然抗体难以进入的表位亦有结合作用。此外，将多个可变区组合在一起，形成3价与4价体，不但可以增加抗体的稳定性，还可以提高抗体的效价。

基因工程单抗另一重要特点是，可以通过偶联各种效应分子构成所谓生物导弹，以此来增加抗体的治疗作用。军事用的导弹主要由制导系统与战斗系统组成，前者负责对锁定目标进行靶向，后者则主要对目标进行打击。生物导弹的制导系统就是抗体分子本身，战斗系统就是偶联在抗体上的毒素、酶、放射性核素、病毒、短肽或化学药物，在肿瘤的治疗中具有广泛的作用。

因为单抗在治疗疾病方面的巨大作用及其潜在的丰厚的商业利润，欧美与日本出现了一批专门从事抗体药物开发的生物技术公司，其中不乏业绩突出的佼佼者。Protein Design Labs Inc.(PDL)在人源化单抗方面是一只领头羊。该公司运用其独有的专利技术可以大幅度提高抗体的人源化水平，并获得良好的抗原结合能力，最大程度的减小免疫原性。2003年，该公司同时有5种治疗性单抗获准临床实验，其Nasdaq市场的股票价格曾在1999年11月到2000年2月的短短3个月中迅速飙升500%。正因为其骄人的业绩，诸如SmithKline Beecham和Hoffmann-La Roche等世界制药行业的老牌劲旅以及Fujisawa与Celltech Chiroscience plc等新贵纷纷与其合作，联手开发多种新型治疗型单抗。Genentech是单抗药业中另一个炙手可热的公司，作为生物技术药物公司的开山鼻祖，Genentech在单抗方面的成绩毫不逊色，1998年和1999年，FDA批准的两个单抗药物Rituxan(与IDEC Pharmaceuticals及Roche联合开发)以及Herceptin令业界惊叹不已，Rituxan是第一个针对肿瘤的治疗型单抗，2001年的销售额达到8.2亿美金，Herceptin的销售额也突破了3.4亿美金。1999年，Genentech的战略部署开始向抗体转移，提出了以抗体药物为核心的"5×5goals"。Abgenix与Medarex公司分别用转基因技术制造出了全新的全人单抗，该技术无与伦比的竞争优势使得这两个公司成为业界其他合作者竞相追逐的目标。特别是人类基因组计划完成之后，大量药物靶点将被发现，全人单抗的前景令人垂涎，Curagen、Human GenomeSciences、Eos Biotechnology、Elan Corp. 等基因组技术公司纷纷与Abgenix与Medarex结成行业联盟，Medarex的股票价格也大幅度攀升，创造了3个月上升1350%的奇迹。

1) Herceptin(贺赛汀)

1998年，FDA批准了美国Genentech生物技术公司的抗癌新药Herceptin的临床使用，主要运用于乳腺癌的治疗。乳腺癌在美国的发病率很高，根据NCI(National Cancer Institute)的统计，1990年与1995年的发病率分别高达每十万人中114.5与100.5，病死人数为26人与31.5人，1998年的新增病例为178 700人，43 500人死亡。据估计，未来几年内，每年将有80 000名妇女发展成转移性与难治性乳腺癌。传统治疗方法为放疗与化疗，但容易复发，易产生耐药性。

Herceptin是一种针对HER-2/neu原癌基因产物的人/鼠嵌合单抗，能特异地作用于HER-2受体过度表达的乳腺癌细胞。1998年被美国FDA批准上市，无论单药还是与化疗药物合用治疗HER-2/neu过度表达的乳腺癌均取得了明显疗效。作用机制包括介导对过度表达HER-2/neu肿瘤细胞的CDC、ADCC等机制来抑制肿瘤生长；抑制HER-2/neu蛋白与RTK超家族的其他成员发生交联形成异质二聚体，减弱细胞生长信号的传递；介导 HER-2/neu 受体的内吞降解以减少其细胞表面密度，抑制肿瘤的进一步生长；通过诱导 P27kipi 和 RB 相关蛋白 p130，大量减少 S 期细胞数目；下调细胞表面的 HER-2/neu 蛋白；减少血管内皮生长因子的产生。

人类表皮生长因子受体 2(human epidermal growth factor receptor2，HER2)是表皮生长因子受体家族的成员之一，由 *HER2/neu* 原癌基因编码，分子质量为 185kDa，对细胞周期的调控、细胞迁移与分化具有重要的作用。免疫组织化学的结果表明，HER2 在 20%～30%的乳腺癌细胞表面高表达，而正常细胞没有表达。FISH 结果表明，肿瘤细胞染色体上有大量 HER2/neu 原癌基因扩增的现象。细胞生物学的研究结果表明，HER2 为一种跨膜蛋白，胞内部分为酪氨酸激酶，过量表达会组成型地活化下游的信号传导系统，是促进肿瘤增殖的重要原因。HER2 与多种肿瘤的形成有关，其中与乳腺癌和胃腺癌的关系最为密切。

有许多临床试验报道了采用 Herceptin 和化疗药包括 paclitaxel、Gemcitabine、NVB、CBP 和 DDP 等用于治疗乳腺癌之外的其他恶性肿瘤，如肺癌、膀胱癌和食道癌等，初步结果均显示联合用药安全可靠。

2）碘^{131}I 标记美妥昔单抗

科技部国家“创新药物和中药现代化”重大科技专项“碘^{131}I 美妥昔单抗注射液研究”课题，在中国人民解放军第四军医大学、成都华神集团股份有限公司经过艰苦的努力下，取得重大技术突破，于 2005 年 4 月 20 日获得国家食品药品监督管理局颁发的新药证书，目前已上市 6 年，取得了广泛的赞誉与口碑。

该药物的主要特点是作用机理明确(具有定向到肝癌部位的靶向作用及靶抗原的封闭作用)、抗体基因、靶分子清楚，生产工艺先进，拥有 4 项国家授权发明专利，3 项 PCT 国际专利进入美国、欧洲、日本等地实质审查阶段。这是全球第一个用于治疗原发性肝癌的单抗药物，也是我国第一个具有自主知识产权的肿瘤靶向抗体类药物，该药的研制成功，对于发展我国特色的抗体药物产业具有重要意义。

美妥昔单抗是以肝癌细胞表面抗原 CD147 分子为靶点，用胃蛋白酶水解靶点的鼠源单抗分子 HAb18，收集其 $F(ab')_2$ 片段(切掉 Fc 段是为了避免 HAMA 反应)，用核素^{131}I 进行标记，随后进行相关纯化处理和安全检测得到的制剂。

CD147 分子是肿瘤特异性膜蛋白，功能为金属蛋白酶信号传导通路的膜表面信号受体，在配体刺激后能形成信号传导，表达金属蛋白酶，高效提高了肿瘤的流动迁移性。单抗 HAb18 以 CD147 的细胞膜外区域为抗原决定簇靶点，从接种的鼠体内分析得到。对 CD147 有极高的亲和力和特异性。单抗分子偶联同位素后，可以在肿瘤聚集区域富集，通过局部的高强度射线杀伤肿瘤细胞。同时 HAb18 竞争结合 CD147 分子膜表面区域与配体分子相互作用的结构域，从而阻断了这个信号传导通路，抑制了金属蛋白酶的表达和肿瘤细胞的迁移，大大减少了肿瘤细胞对机体的不良影响，延长了患者生命。

^{131}I 是一种核素，它对细胞有很强的杀伤力，一般可以穿越 50 个细胞，包括癌细胞和健康细胞；而抗体对肝癌细胞有亲和力，可把^{131}I 带至肝癌细胞，在尽量减少对健康细胞伤害的前提下杀灭癌细胞。这个过程就是肿瘤靶向治疗，俗称“生物导弹”。

2001 年，第四军医大学与华神集团签署合同，转让了第四军医大学的“碘^{131}I 美妥昔单抗注射液”项目。该药已申请 PCT 国际专利 3 项，国家发明专利 12 项，授权国家发明专利 4 项，美妥昔单抗是全球第一个专门用于治疗原发性肝癌的单抗导向同位素药物，也是我国具有自主知识产权的抗体类药物。

与传统的手术治疗相比，注射美妥昔单抗只需在患者股动脉上打开一个米粒大小的创口；与介入化疗相比，注射美妥昔单抗后引起的呕吐、脱发等副作用较小。临床试验表明，该药一周期临床有效率为16%，临床控制率为80%，两周期临床有效率为27%，临床控制率为86%；中晚期肝癌患者两年生存率为42%，32个月的生存率为31%。

3）Cetuximab(Erbitux)

大肠直肠癌是大多数已开发国家的主要健康问题之一。近年来，中国人由于饮食习惯的西化，高脂低纤的精致食物的摄取量大大增加，大肠直肠癌也成为影响国人健康的重要问题之一。据世界肿瘤流行病学调查统计，大肠癌在北美、西欧、澳大利亚、新西兰等地的发病率最高，日本、智利、非洲等地则低。在我国国内，发病患者以40～50岁为多，年龄组中位数为45岁左右，40岁以下者全部病例的1/3左右，30岁以下者占10%左右。高发国家大肠癌高发年龄为60～70岁，30岁以下者占6%左右。我国大肠癌好发年龄比国外提早10～15岁，30岁以下者占11%～13%，这是我国大肠癌的一个主要特点。

早期大肠癌之治疗以手术切除为主，于侵犯程度较深者(肿瘤已吃穿肠壁肌肉层或浆膜层)，或已产生局部淋巴腺转移者，在手术后还必须接受为期半年的辅助性化学治疗，以增加治愈率。肝脏以及肺脏是大肠癌最容易产生远端转移的部位，大肠癌一旦发生远端转移则预后不佳，即使接受包括5-FU、oxaliplatin，以及irinotecan等药物的复合式化学治疗，绝大多数的病患仍会在一两年内死亡，其五年存活率不到10%。因此，深入了解大肠癌发生转移的机转，并设法加以阻断，是极为重要的议题，也是目前医界积极研究的方向之一，而标靶治疗(target therapy)正是目前医药界最热门的研究重点。

除了血管内皮生长因子(VEGF)阻断剂Avastin之外，转移性大肠癌的治疗又多了一项新武器—IMC-C225(Cetuximab，商标名Erbitux)，它是一种上皮生长因子接受器(epidermal growth factor receptor；EGFR)的阻断剂。研究显示，76%的大肠癌细胞膜上的表皮细胞生长引起接受器(EGFR)呈阳性。EGFR本身是位于细胞膜表面的一种蛋白质，属于酪胺酸激酶(receptor tyrosine kinase)家族的一员，可以将细胞外导致癌细胞生长、繁殖，以及抗凋亡的讯号传递到细胞内，而Cetuximab是一种单株抗体，可以专一性地阻断EGFR。由于大肠癌细胞会制造上皮生长因子EGF以刺激癌细胞生长，因而使用Cetuximab这种单株抗体将EGFR加以阻断，可抑制大肠癌细胞的生长，并增强大肠癌细胞对化学治疗药物的敏感性。

据刊登在新英格兰医学期刊的一篇研究显示，将Cetuximab与irinotecan化学药物合并使用，对于irinotecan治疗无效的转移性大肠癌，会比单独使用Cetuximab更为有效。该研究由伦敦皇家马斯登医院康宁汉教授(David Cunningham)所领导，共有329位病患在接受含有irinotecan的治疗后，于最近3个月其疾病仍处于恶化的状况；其中218位接受cetuximab以及与试验前相同剂量的irinotecan合并疗法，另外111位患者接受cetuximab单独治疗。结果发现，对于irinotecan治疗无效的大肠癌病患而言，不论是单独使用cetuximab或是与irinotecan合并使用，在临床上都有显著的疗效。在cetuximab以及irinotecan合并疗法组，反应率比单独使用cetuximab高(22.9% vs. 10.8%；$P=0.007$)。合并治疗组平均肿瘤恶化的时间也较长(4.1个月比1.5个月；$P<0.001$)；接受合并疗法的病患，平均存活时间为8.6个月，接受单独疗法的病患，存活时间则为6.9个月($P=0.48$)。Cetuximab的副作用轻微，最常见的副作用是痤疮般的皮肤疹。毒性在合并治疗组是比较常见，但其严重度及发生率和单独使用irinotecan相似。

Cetuximab 的建议给药方式为每周一次静脉注射，第一次注射剂量为 400mg/m²，之后为每周 250mg/m²，于注射前宜投与类固醇以及抗组织胺类药物，以预防过敏反应。Cetuximab 是单株抗体第一次获准用在转移性大肠癌的治疗上。该药通常只用在对化学治疗已经有抗药性的转移性大肠癌病人身上，虽然该药目前并不能完全至于转移性大肠癌，不过对全身性化学治疗的传统方式，却是一项革命性的发展，也是医学界对抗癌症的一大进步。

4）Bevacizumab（Avastin）

Bevacizumab 为新型的抗血管内皮生长因子受体的人源化单克隆抗体，FDA 于 2004 年 2 月 26 日批准该药上市，与伊利替康＋5-FU＋CF（IFL）方案联合，作为转移性结直肠癌的一线治疗方案。

它结合血管内皮生长因子（VEGF）配合基直接阻止了通过 VEGF 受体 1 和 VEGF 受体 2 的血管内皮生长因子（VEGP）信号。在第三阶段的试验中，与接受安慰剂加上标准方法的患者相比较，接受 bevacizumab 加上辉瑞公司的 rinotecan（Camptosar）、5-氟尿嘧啶和亚叶酸标准治疗的转移性结肠直肠癌患者的平均存活期得到了延长。

除了用于治疗直肠癌，临床上正在对 Bevacizumab 治疗其他癌症，包括肾脏细胞癌、前列腺癌、非何杰金淋巴瘤等许多其他肿瘤的疗效进行研究。另外两种新制剂，oxaliplatin 和 cetuximab（Erbituix®）近来也在随机临床试验中显示出对晚期及转移性直肠癌患者具有临床益处。比较这两种制剂和 bevacizumab 在不同的联合用药形式中发挥作用的新的临床试验目前正在计划或进行中。Bevacizumab 试验中，800 名未按受过治疗的转移性直肠癌患者随机被分为两组，一组接受 IFL 疗法＋bevacizumab 治疗，另一组接受 IFL 疗法＋安慰剂治疗。IFL 治疗方案由依立替康，5-FU 和甲酰四氢叶酸三种药物组成。

结果显示，bevacizumab 治疗组的患者，平均存活期为 20.3 个月；平均 10.6 月病情未有进展；45％的用药患者肿瘤大小至少缩小一半。比较而言，安慰剂组患者只有平均 15.6 个月的存活期；平均 6.2 个月病情未有进展，35％的用药患者肿瘤大小缩小。负责这项临床试验的 Duke 大学医学中心的医学博士 HerbertHurwitz 说，这是目前为止第一次对一种抗血管生成物质进行治疗人体肿瘤的Ⅲ期临床试验，这些试验结果在临床上非常有意义。试验中，两组的不良反应具有可比性，只是 bevacizumab 组患者出现高血压的频率要高些，但这可通过药物进行有效的治疗，试验中也报告了关于 Bevacizumab 另一种可能的不良反应，即虽然罕见但却有致命危险的肠穿孔并发症。

这些试验结果只适用于那些从未接受过治疗的转移性直肠癌患者，Bevacizumab 对其他类型患者的影响目前尚在探讨中。Bevacizumab 也是正在研究中的一种药物，目前只能用于临床试验中。其他临床试验显示，另一种不同的疗法（oxaliplatin＋fluorouracil＋leucovorin）与 IFL 比较，在患者的生存期方面也能有类似的改善效果。这种治疗方案目前正被作为治疗直肠癌患者的标准疗法在临床上应用。

Bevacizumab 用于眼科最早报道的是全身用药治疗渗出性年龄相关性黄斑变性（age-relatedmacular degeneration，AMD），用药后最佳矫正视力（best corrected visual acuity，BCVA）显著提高，中央视网膜厚度（central foveal thickness，CFT）降低，新生血管处渗漏减少。但是，以往报道 bevacizumab 全身应用可有危及生命的不良事件发生，因而人们一直寻找降低其潜在危险的方法。2005 年 7 月，Rosenfeld 在美国视网膜专科年会上首先提出 bevacizumab 玻璃体腔内注射治疗 AMD 继发的脉络膜新生血管（choroidal neovascul arization，CNV）和中央静脉阻塞（central retinal vein occlusion,CRVO)有效,引起人们的广泛关注。

4.13.4 工程细胞的发展前景

生物制品行业是高技术含量的朝阳行业。现代生物技术的高速发展,人类基因组、后基因组的研究进展,为新生物制品的开发打开了广阔的发展空间。

4.13.4.1 行业现状

我国生物技术药物的研究和开发起步较晚,直到20世纪70年代初才开始将DNA重组技术应用到医学上,但在国家产业政策(特别是国家"863"高技术计划)的大力支持下,使这一领域发展迅速,逐步缩短了与先进国家的差距,产品从无到有,基本上做到了国外有的我们也有,现有多种基因工程药物和疫苗批准上市,另有十几种基因工程药物正在进行临床验证,还在研制中的约有数十种。国产基因工程药物的不断开发生产和上市,打破了国外生物制品长期垄断中国临床用药的局面。国产干扰素的销售市场已经超过了进口产品。我国首创的一种新型重组人γ-干扰素并已具备向国外转让技术和承包工程的能力,新一代干扰素正在研制之中。

从1998年开始,全球生物制药产业销售额连续保持15%~33%的增长速度。据IMS Health统计,到2007年年底,全球生物制药销售额达到750亿美元,其增长速度远高于传统制药业的增长速度。FrostampSullivan的报告指出,全球生物制药产业规模到2010年有望达到982亿美元。我国生物制药产业起步于20世纪80年代,被列为我国重点支持的发展领域,已经成为制药行业乃至整个国民经济增长中新的亮点。在国家的支持和市场的推动下,我国生物制药产业规模保持较快增长,技术成果产业化进展加快,涌现出一批快速发展的企业,全国生物制药产业初具规模。截至2008年,我国生物制药产业占全国医药产业的比重已经超过9,在我国医药产业体系中的地位越来越突出。2009年,我国生物制药行业继续保持较高增长速度。国家统计局数据显示,2009年1~6月,全国累计实现生物制药行业工业销售产值383.59亿元,同比增长23.1%。

随着国产生物药品的陆续上市,国内生物制药企业不仅在基础设备,特别在上游、中试方面与国外差距缩小,涌现出大批技术实力较强的企业。我国对药品生产企业实施GMP管理,已经有正式生产文号的企业,正在按国际接轨要求准备GMP认证,通过GMP认证的企业在软件和硬件方面又上了一个台阶,不仅有利于产品的销售,而且有利于产品开拓国际市场。全国约有80多家基因工程产品开发研究单位。通过从上游、中试、正试生产过程的大量实践中,积累丰富的经验,培养和锻炼一大批从事生物技术的骨干,为我国21世纪生物技术领域发展,参与国际竞争打下了良好基础。

国内市场上国产生物药品主要是基因乙肝疫苗、干扰素、白细胞介素-2、G-CSF(增白细胞)、重组链激酶、重组表皮生长因子等15种基因工程药物。T-PA(组织溶纤原激活剂)、白细胞介素-3、重组人胰岛素、尿激酶等十几种多肽药品还进行临床Ⅰ、Ⅱ期试验,单克隆抗体研制已由实验进入临床,B型血友病基因治疗已初步获得临床疗效,遗传病的基因诊断技术达到国际先进水平。重组凝乳酶等40多种基因工程新药正在进行开发研究。从上述数据可以看出,我国生物医药行业的市场潜力诱人,市场扩容速度较快,发展前景十分广阔。

我国生物医药产业虽然发展较快,但也存在着严重的问题,突出的问题表现在研制开发力量薄弱,技术水平落后;项目重复建设现象严重;企业规模小,设备落后等几个方面。由于我国生物医药科研资金投入严重不足(1998年整个行业投资才40多亿元,仅相当于美国生物医药公司开发一种新药的投入),实验室装备落后,直接制约了科研机构开发新药的能力。同时生产厂家只想坐享其成,不重视研究开发的投入,不重视培养新药的自主开发能力。目前国内基因工程药物大多数是仿制而来,国外研制一个新药需要5~8年,平均花费3亿美元,而我国仿制一个新药只需几百万元人民币,5年左右;再加上生物药品的附加值相当高,如PCR诊断试剂成本仅十几元,但市场上却卖到一百多元,因此许多企业(包括非制药类企业)纷纷上马生物医药项目,造成了同一种产品多家生产的重复现象。比如干扰素,生产企业20多家。EPO有10多家,白介素10家左右,盲目的重复生产将有可能导致恶性竞争。我国生物技术制药公司虽然已有200多家,但真正取得基因工程药物生产文号的不足30家。1998年只有两家公司的年销售额超过1亿元,销售过千万的厂商仅有10多家,其余各公司的销售额在几百万元至一千万元不等,各种干扰素加起来的销售额不过5亿元左右。全国生产基因工程药物的公司总销售额不及美国或日本一家中等公司的年产值。企业规模过小,无法形成规模经济参与国际竞争。

4.13.4.2　我国生物医药产业发展方向

鉴于我国生物医药目前发展的现状和国情,我国必须紧密跟踪国外生物医药开发研制的最新动向,紧密围绕生物技术新兴产业的建立和传统产业的改造来发展我国的生物技术药品,特别是要加强那些我国具有科技优势和资源优势项目的研究,增强技术革新创新和产品创新的能力,逐步形成我国在生物医药领域的优势技术和优势产品。具体来说,今后我国生物医药的发展应围绕以下几个方面重点展开:

(1) 中草药及其有效生物活性成分的发酵生产。中草药经发酵、酶化后,其有效成分能被充分分离、提取,使其更具有生物活性,并含有大量的活性酶,服用后能被人体组织细胞迅速吸收,达到祛病、健体、双向免疫调节的功能,更好地发挥中草药这一天然药物的药效作用。因此,应用现代生物技术大规模工业化提取中草药的有效生物活性成分,发展具有中国特色的生物技术医药工业前景广阔。

(2) 改造抗生素工艺技术。在目前各类药物中,抗生素用量最大,应研究采用基因工程与细胞工程技术和传统生产技术相结合的方法,选育优良菌种,研究并尽快使用大规模生产技术——表霉素酰化酶固定技术工艺生产半合成表霉素。加快应用现代生产技术生产高效低毒的广谱抗生素。

(3) 大力开发疫苗与酶诊断试剂。这方面我国已有一定基础,开发重点是乙肝基因疫苗与单克隆抗体诊断试剂。

(4) 开发活性蛋白与多肽类药物。这方面的开发重点是干扰素、生活激素与T-PA等。

(5) 开发靶向药物,以开发肿瘤药物为重点。目前治疗肿瘤药物确实存在一个所谓"敌我不分"的问题。在杀死癌细胞的同时,也杀死正常细胞。导向治疗就是针对这个问题提出来。所谓导向治疗就是利用抗体寻找靶标,如导弹的导航器,把药物准确引入病灶,而不伤及其他组织和细胞。轻骑海药开发研制的抗肿瘤药物"紫杉醇"注射液就属于该类药物。它已于1998年7月正式投放市场。

(6) 发展氨基酸工业和开发甾体激素。应用微生物转化法与酶固定化技术发展氨基酸工业和开发甾体激素,并对现在传统生产工艺进行改造。

(7) 人源化的单克隆抗体的研究开发。抗体可以对抗各种病原体,亦可作为导向器,但目前的单克隆抗体,多为鼠源抗体,注入人体后会产生抗体(抗抗体)或激发免疫反应。目前国外已研究噬菌体抗体技术,嵌合抗体技术,基因工程抗体技术以解决人源化抗体问题。

(8) 血液替代品的研究与开发。血液制品是采用大批混合的人体血浆制成的，由于人血难免被各种病原体所污染，如艾滋病病毒及乙肝病毒等，通过输血而使患者感染艾滋病或乙型肝炎的案例时有发生，因此利用基因工程开发血液替代品引人注目。上海海济生物工程有限公司日前开发研3制成功的基因工程血清白蛋白，给患者带来福音。

(9) 人体基因组的研究。人体疾病的发生不外是两方面的原因，一是外界病原体的侵入，二是生理功能的失调。能否抵抗病原体，人体是否具有个稳定的良好的生理状态都与基因调节有关，对人体基因的研究，必将发现新的致病或抗病基因，基因的密码是可以人工建成的，某些基因产物就可以开发为一种药物。人类只有一个基因组，有2万～3万个基因。人类基因组计划是美国科学家于1985年率先提出的，旨在阐明人类基因组30亿个碱基对的序列，发现所有人类基因并搞清其在染色体上的位置，破译人类全部遗传信息，使人类第一次在分子水平上全面地认识自我。此计划于1990年正式启动，这一价值30亿美元的计划的目标是，为30亿个碱基对构成的人类基因组精确测序，从而最终弄清楚每种基因制造的蛋白质及其作用。对人体基因组的研究将促进许多新药的开发。

小结

通过工程细胞的工业化放大，使得工程细胞表达制备重组蛋白药物和疫苗广泛地应用于临床，这不仅为疾病的预防和治疗带来了可能，更为生物医药的发展提供了巨大的平台和无尽的资源。通过40余年的努力，重组蛋白药物无论在生产载体、生产产量及质控稳定性以及重组蛋白自身的改进和修饰，包括最终的产品稳定性和安全性方面得到了很大的提高。

目前抗体药物已经成为了生物技术药物的支柱产业，而治疗性抗体则是其中最为重要的生物技术产品，是生命科学发展的最前沿和生物工程最关键的技术。抗体药物生产对于人类的重大疾病，如心脑肺血管疾病、恶性肿瘤、自身免疫疾病等的诊断、预防和治疗提供了新方法、新途径。

我国生物医药产业发展较快，但总体上生物制药企业无论在基础设施，还是生物药物的上游、中试均于国外有一定的差距，鉴于我国生物医药发展的现状，我国必须紧跟国外生物医药开发的新动向，围绕生物技术新兴产业和传统产业的改造来发展我国的生物技术药品，加强具有科技优势和资源优势的项目，增强技术革新和产品创新，逐步形成我国在生物医药领域的优势技术和优势产品。

总之，生物工程产品发展前景发展无限，目前已经成为投资热点，也将成为未来的生物医药支柱产业。可以预见工程细胞的工业化放大和完善必将会为推动生物技术药物的发展起到越来越重要的作用，同时也将在生命科学领域中发挥越来越重要的作用。

（杨向民　王　彬）

思考题

1. 简述重组蛋白药物的生产原理和过程。
2. 胰岛素的生产历史以及我们国家在制备人工胰岛素方面的贡献。
3. 基因工程疫苗的生产宿主及其特点。
4. 结合治疗性抗体的发展历程，谈谈工程重组蛋白的未来发展趋势。

参考文献

冯柏森. 2000. 动物细胞工程原理与实践. 北京:科学出版社

陆维忠,郑企成. 2003. 植物细胞工程与分子育种技术研究. 北京:中国农业科学技术出版社

魏苹,杜劭君,崔春萍. 2007. 新的肝细胞生长因子 HPPCn 的表达、纯化及体外活性检测. 中国生物工程杂志,27(10):6-11

施明,郭宁. 2005. 通过改造工程细胞提高重组蛋白类药物产量的研究进展. 中国药理学与毒理学杂志,19(2):151-155

宋思扬,楼士林. 1999. 生物技术概论. 北京:科学出版社

Cunningham D, Humblet Y, Siena S, et al. 2004. Cetuximab monotherapy and cetuximab plus irinotecan in irinotecan-refractory metastatic colorectal cancer. N Engl J Med. 22;351(4):337-345

Decker E L, Reski R. 2007. Moss bioreactors producing improved biopharmaceuticals. Curr Opin Biotechnol, 18(5):393-398

De Jesus M, Wurm F M. 2011. Manufacturing recombinant proteins in kg-ton quantities using animal cells in bioreactors. Eur J Pharm Biopharm

Pham P L, Kamen A, Durocher Y. 2006. Large-scale transfection of mammalian cells for the fast production of recombinant protein. Mol Biotechnol, 34(2):225-237

Wang D, Liu W, Han B, et al. 2005. The bioreactor: a powerful tool for large-scale culture of animal cells. Curr Pharm Biotechnol, 6(5):39

附录一　汉英名词对照

3-氨基苯甲酰胺，3-aminobenzomide，3-AB
3-磷酸羟基丙酮酸，3-phosphohydroxypyruvate
3-磷酸丝氨酸，3-phosphoserine
3-羟邻氨苯丙酸-3，4-加双氧酶，3-hydroxyanthranilate-3，4-dioxygenase
3-羟邻氨苯甲酸，3-hydroxyanthranilate 4-carboxy-amide ribotide，FAICAR
5-氨基咪唑-4-(*N*-琥珀酰胺)核苷酸，5-aminoimidazole-4-(*N*-succinylocarboxamide)ribotide，SACAIR
5-氨基咪唑-4-甲酰胺核苷酸，5-aminoimidazole-4-carboxamide ribonucleotide
5-氨基咪唑核苷酸，5-aminoimidazole ribotide，AIR
5-谷氨酸半醛，glutamate 5-semialdehyde
5-甲酰胺基咪唑-4-甲酰胺核苷酸，5-formaminoimidazole-carboxamide ribonucleotide
5-磷酸核糖-α-焦磷酸，5-phosphoribosyl α-pyrophosphate PRPP
α-同型核蛋白，α-synuclein
ABC 乳腺癌抵抗蛋白，breast cancer resistance protein，BCRP
ABC 转运器，ABC transporter
ADP-核糖基化因子，ADP-ribosylation factor；ARF
AIR 羧化酶，AIR carboxylase
ATP 结合盒，ATP-binding cassette
ATP 结合转运蛋白 G 超家族成员 2，ATP-binding cassette subfamily G member 2
Bax 蛋白，bcl-2-asslciated protein X
Bcl-2 同源结构域，Bcl-2 homology domain 3，BH3
BLT 酯酶分析，BLT esterase assay
Cajal 小 RNA，small Cajal bodies，scaRNA
cAMP 门控阳离子通道，cAMP-gated cation channel
CDK 活化激酶，CDK-activating kinase，CAK
CDK 激酶抑制物，CDK inhibitor，CKI
cDNA 反转录，reverse transcription
CHIP28，channel-forming integral membrane protein
COPⅠ衣被小泡，COPⅠcoated vesicle
CTP 合成酶，CTP synthetase
DNA 损伤检验点，DNA damage checkpoint
DNA 疫苗，DNA vaccine domain，FADD
D 环，displacement loop
EB 病毒，Epstein-Barr virus
E-钙黏蛋白，E-cadherin
F_1 因子抑制蛋白，F_1 inhibitor protein factor，CPSF
Fas 相关死亡结构域蛋白，Fas-associated protein with death
Fas 相关死亡结构域蛋白，Fas-associated death domain
Fas 样抑制蛋白因子，Fas-like inhibitor protein，FLIP
GTP 酶激活蛋白，GTPase activating protein，GAP
G 蛋白调节剂，regulator of G protein signaling，RGS
G 蛋白偶联受体，G protein coupled receptor，GPCR
G 蛋白偶联型受体，Gprotein-linked receptor
Hayflick 界限，Hyflick limitation
HECT 结构域，homologous to E6-AP C terminus，HECT
jun N 端激酶，jun N-terminal kinase，JNK
mRNA 剪接，mRNA splicing
NADH 脱氧酶，NADH dehydrogenase
NLS 特异性结合蛋白，NLS binding protein，NBP
N-甲酰犬尿氨酸，*N*-Formylkynurenine
N-羟乙酰神经氨酸，*N*-acetylglucosamine，GlcNAc
OMP 脱羧酶，omp decarboxylase，OSCP
O-乙酰丝氨酸，*O*-acetyl serine
P1 克隆系统，P1 clone system
PAP 法，peroxidase anti-peroxidase method
Rb 基因，即视网膜母细胞瘤基因，retinoblastoma gene
RNA 活化的蛋白激酶样内质网驻留激酶，RNA-activated protein kinase-like ER
R 点，restriction point
SCF 蛋白复合体，skpl-cullin-F-box protein，SCF
SM 整合蛋白，integral protein
SP6 RNA 多聚酶启动子，sp6 RNA polymerase promoter
S-腺苷甲硫氨酸，*S*-adenosylmethionine，SAM
S-腺苷同型半胱氨酸，*S*-adenosyl homocystine，SAH
TdT 介导的 dUTP 缺口末端标记法，TdT-mediated dUTP-biotin nick end-labeling，TUNEL
X 盒结合蛋白-1，X-box binding protein，XBP-1
Y 染色体性别决定区，sex determining region of Y-chromosome
Y 染色体性别决定区基因，sex-determining region Y，SRY

α-辅肌动蛋白，α-actinin
β-5-磷酸核糖胺，β-5-phosphoribosylamine PRA
β-氨基异丁酸，β-aminoisobutyrate
β-半乳糖苷酶，β-galactosidase，BG
β-丙氨酸，β-alanine
β-连环蛋白，β-catenin
γ-TuRC 微丝，microfilament，MF
γ-干扰素，γ-interferon
γ-微管蛋白环形复合体，γ-tubulin ring complex

A

阿尔茨海默病，Alzheimer's disease，AD
癌基因，V-oncogene，V-onc
氨基甲酰磷酸，carbamoyl phosphate
氨基甲酰磷酸合成酶Ⅱ，carbamoyl phosphate synthetase Ⅱ，CPS-Ⅱ
氨基甲酰天冬氨酸，carbamoyl aspartate
氨基聚糖，glycosaminoglycan，GAG
氨基咪唑甲酰胺核苷酸，aminoimidazole carboxamide ribonucleotide，AICAR
氨基糖苷磷酸转移酶，amino glycoside phosphotransferase，APH
氨甲蝶呤，methotrexate，MTX

B

白化病，albinism
白细胞介素，interleukin，IL
白血病干细胞，leukemic stem cell，LSC
白血病抑制因子，leukemia inhibitory factor，LIF
半必需氨基酸，semiessential amino acid
半胱氨酸天冬氨酸蛋白酶，cysteine aspartic specific protease，caspase
半胱天冬酶前体分子，procaspase
半连续培养，semi-continuous culture
半桥粒，hemidesmosome
孢子减数分裂，sporic meiosis
胞间连丝，plasmodesma
胞嘧啶，cytosine
胞吐作用，exocytosis
胞外信号调节激酶，extracellular signal regulated kinase，ERK
胞饮小体，pinosome
胞饮作用，pinocytosis
胞质杂种，cybrid
饱和突变，saturation mutagenesis
保守性寻靶，conservative targeting
保守序列区段，conserved sequence block
报告基因，reporter gene
倍增时间，doubling time
苯丙氨酸羟化酶，phenylalanine hyolroxylase
崩溃酶，driselase
比例积分微分，proportional integral derivative，PID
比生长速率，specific growth rate
必需氨基酸，essential amino acid
必需脂肪酸，essential fatty acid
闭合的启动子复合物，closed promoter complex
边缘细胞，side population，SP
编码阻遏蛋白，repressor
鞭毛，flagella
扁平囊泡，cisternae
变动性，alterability
标记亲和素-生物素，labeled avidin-biotin，LAB
标记阻滞细胞，label-retaining cell，LRC
标准染色体，normalized chromosome
表皮生长因子，epidermal growth factor，EGF
别嘌呤醇，allopurinol
冰冻保护剂，cryoprotective agent，CPA
丙氨菌素，alanosine
丙酮酸，pyruvate
病毒体，virion
波形蛋白，vimentin
玻璃化，vitrification
补救(合成)途径，salvage pathway
不对称细胞分裂，asymmetric cell division
布朗棘轮模型，Brownian Rachet model

C

重克隆，recloning
重组节，recombination nodule
重组酶介导盒交换，recombinase-mediated cassetes exchange，RMCE
重组胚，reconstituted embryo
采卵，ovum pick-up，OPV
残余颗粒，remnant
残余小体，residual body
操纵子学说，operon theory
草酰乙酸，oxaloacetate
侧生组分，lateral element
层黏连蛋白，laminin，LN
差速离心，differential centrifugation
长春花碱，vinblastin，VBL
常染色体，autosome

常染色质,euchromatin
常染色质区,euchromatin region
超倍体,hyperploid
超低温保存,cryopreservation
超滤,ultrafiltration
超螺线体,super-solenoid
超敏感位点,hypersensitive site,HS
超数排卵,multiple ovulation
超数排卵胚胎移植,multiple ovulation and embryo transfer,MOET
超数染色体,supernumerary chromosome
超顺磁性氧化铁,superparamagnetic iron oxide,SPIO
巢蛋白,nestin
潮霉素 B 磷酸转移酶,hygromycin B phosphotransferase,HPH
沉默子,silencer
成虫盘,imaginal disc
成核,nucleation
成熟促进因子,maturation promoting factor,MPF
成熟分裂,maturation division
成熟面,mature face
成体干细胞,somatic stem cell
成纤维细胞,fibroblast,fb
成纤维细胞生长因子,fibroblast growth factor,FGF
成形蛋白,profilin
程序性细胞死亡,programmed cell death,PCD
初级溶酶体,primary lysosome
初始减数分裂,initial meiosis
初始自体吞噬泡,initial autophagic vacuole,AVi
初缢痕,primary constriction
串话,cross-talk
次黄嘌呤核苷酸,inosine monophosphate IMP
次黄嘌呤鸟嘌呤磷酸核糖基转移酶,hypoxanthine guanine phosphoribosyl transferase HGPRT
次级溶酶体,secondary lysosome
次缢痕,secondary constriction
刺激剂,elicitor
从头合成途径,denovo synthesis
粗面内质网,rough endoplasmic reticulum,RER
粗线期,pachytene
促分裂素原活化蛋白激酶,mitogen-activated protein kinases,MAPK
促进扩散,facilitatied diffusion
催化报告分子沉积,catalyzed reporter deposition,CARD
催化信号放大系统,catalyzed signal amplification system,CSA
错误成灾学说,error catastrophe theory

D

大囊泡,vacuole
代谢工程,metabolic engineering
带型,band type
单纯疱疹病毒胸苷激酶,herpes simplex virus thymidine kinase,HSV-TK
单丹黄酰尸胺,monodansyl cadaverine,MDC
单克隆抗体,monoclonal antibody
单链结合蛋白,single stranded DNA-binding protein,SSB
单体,monosomic
胆固醇及其酯,cholesterol and cholesterol ester
胆固醇酯转移蛋白,cholesteryl ester transfer protein
胆碱,choline
弹性蛋白,elastin
蛋白病,proteinopathy
蛋白二硫键异构酶,protein disulfide isomerase,PDI
蛋白激酶 A,protein kinase A,PKA
蛋白激酶 C,protein kinase C,PKC
蛋白激酶 D,protein kinase D;PKD
蛋白聚糖,proteoglycan
蛋白酶体,proteasome
蛋白原,proprotein
蛋白质分选,protein sorting
蛋白质二硫键异构酶,protein disulfide isomerase,PDI
蛋白质校正谱图分析法,protein correlation profiling,PCP
蛋白质质量控制,protein quality control
导肽,leading peptide
导向序列,leading sequence
倒置相差显微镜技术,inverted phase contrast microscope
灯刷染色体,lampbrush chromosome
等电聚焦,isoelectrofocusing,IEF
等密度沉降分离法,isopycnic sedimentation
低密度脂蛋白,low density lipoprotein,LDL
地高辛,digoxin
第二个线粒体来源的半胱天冬酶激活蛋白,the second mitochodria-derived activator of caspase,Smac
第二信使,secondary messenger
第一信使,primary messenger
点状接触,focal contact
电化学质子梯度,electrochemical proton gradient
电紧张突触,electrotonic synapse

电融合，electrofusion
电泳，electrophoresis
电位门通道，voltage gated channel
电诱导细胞融合简称电融合，electrical mediated cell fusion or
电子传递链，electron transport chain
电子显微镜技术，electron microscope
凋亡蛋白酶激活因子 1，apoptosis protease activating factor-1，Apaf-1
凋亡蛋白抑制因子，inhibitor of apoptosis protein，IAP
凋亡特定蛋白，apoptosis-specific protein，ASP
凋亡小体，apoptotic body
凋亡样坏死，apoptotic necrosis
凋亡抑制蛋白，inhibitors of apoptosis protein，IAP
凋亡诱导因子，apoptosis inducing factor，AIF
调节基因，regulatory gene
顶体，acrosome
定位序列，localization sequence
动力蛋白，dynein
动粒，kinetochore
动粒结构域，kinetochore domain
动粒微管，kinetochore microtubule
动态不稳定，dynamic instability
端化，terminalization
端粒，telomere
端粒酶假说，telomerase theory
短杆菌肽，agramicidin
断裂刺激因子，cleavage stimulation factor，CstF
断裂与多聚腺苷酸化特异性因子，cleavage and polyadenylation specificity
堆积，piled up
对称融合，symmetric fusion
对数生长期，exponential phase
多巴胺，dopamine
多巴胺 β-氧化酶，dopamine β-oxidase
多倍体，polyploid
多催化活性蛋白酶复合物，multicatalytic proteinase complex，MCP
多发性结肠腺瘤，adenomatous polyposis coli，APC
多级螺旋模型，multiple coiling model
多焦点多光子显微镜，multifocal multiphoton microscope
多聚腺苷酸化，polyadenylation
多聚腺苷酸结合蛋白，polyA tail-binding protein，PABP
多耐药转运子 1，multidrug resistance transporter 1，MDR1
多能干细胞，pluripotent stem cell
多泡体，multivesicular body
多顺反子，polycistronic transcription
多肽链，polypeptide chain
多线染色体，polytene chromosome
多形瘤病毒，polyoma virus
多药耐药蛋白，multidrug resistance protein，MDR

E

恶性疾病相关 DNA 结合蛋白，malignant disease-associated DNA-binding
儿茶酚胺，catecholamine
二倍体，diploid
二价体，bivalent
二聚化，dimerization
二抗，secondary antibody
二磷酸核苷酸激酶，nucleoside diphosphate kinase
二磷酸腺苷，adenosine 5′-diphosphate ADP
二氢乳清酸，dihydroortate
二氢乳清酸还原酶，dihydroorotate dehydrogenase
二氢乳清酸酶，dihydroortase
二氢叶酸还原酶，dihydrofolate reductase，dhfr
二型 RNA 聚合酶，RNA polymerase II

F

发夹，hairpin
翻译后转运，post-translational translocation
翻转酶，flippase
反面，trans face
反面高尔基复合体网络，trans Golgi network，TGN
反渗透，reverse osmosis
反向协同，antiport
反向协同转运体，antiporter
反转录病毒，retrovirus
反转录聚合酶链反应，reverse transcription-polymerase chain reaction，RT-PCR
反转录酶，reverse transcriptase
泛醌，ubiquinone，UQ
泛素，ubiquitin
泛素蛋白酶体途径，ubiquitin-proteasome pathway，UPP
泛素化，ubiquitination
泛素活化酶，ubiquitin-activating enzyme，E1
泛素结合酶，ubiquitin-conjugating enzyme，E2
泛素连接酶，ubiquitin-ligase，E3
泛素羧基末端水解酶 L1，ubiquitin C terminal hydrolase L1，UCH-L1
泛素载体蛋白，ubiquitin-carrier protein

泛性染色质开放元件,ubiquitous chromatin opening element,UCOE
方瓶,T-flask
纺锤丝纤维束,spindle fiber bundle,SF
纺锤小球,spindle spherule
非保守性寻靶,nonconservative targeting
非必需氨基酸,nonesscential amino acids
非破坏性的检测方法,non-destructive assay technique
非贴壁依赖型细胞,anchorage-independent cell
非同源染色体,non-homologous chro-mosome
非氧化脱氨基作用,nonoxidative deamination
非整倍体性,aneuploidy
非酯化脂肪酸,nonesterified fatty acid
非组蛋白,non-histone chromosomal protein,NHCP
肥大细胞,mast cell,MC
分辨率,resolution,R
分化抑制因子,differentiation inhibitory activity,DIA
分化诱导,differentiation induction
分解代谢,catabolism
分离因子,detachment factor
分裂孔,fission pore
分泌泡,secreting vacuole
分批培养,batch culture
分选受体,sorting receptor
分子伴侣,molecular chaperone
分子伴侣介导的自体吞噬,chaperon mediated autophagy
分子筛色谱,molecular sieve chromatography
酚藏花红,phenosafranine
封闭连接,occluding junction
封闭小带,zonula occludens
封端蛋白,capping protein
冯维尔布莱德因子,Von Willebrand factor
佛波醇酯,phorbol ester
辐条,spoke
辅酶 Q,coenzyme Q,CoQ
辅阻遏物,corepressor
负调控,negative regulation
附加体,episome
复制子,replicon

G

钙蛋白酶,calpain
盖复合物,lid complex
钙黄绿素,acetoxymethyl ester,AM
钙调素,calmodulin,CaM
钙调素依赖性激酶,CaM-kinase
钙结合死亡相关蛋白,calcium-binding death-related protein
钙离子起始信号,calcium signaling
钙离子依赖的细胞黏附分子家族,Ca^{2+}-dependent cell adhesion molecule family
钙联接蛋白,calnexin
钙网蛋白,calreticulin
钙黏蛋白,cadherin
干细胞,stem cell,SC
干细胞因子,stem cell factor,SCF
甘氨酸合成酶,glycine synthetase
甘氨酰胺核苷酸,glycinamide ribotide,GAR
甘氨酰胺核苷酸合成酶,glycinamide ribotide synthetase
甘氨酰胺甲酰转移酶,glycinamide ribonucleotide transformylase
甘露碱型,mannopine
甘油磷脂,phosphoglyceride
杆状病毒,baculovirus
肝生长因子,liver growth factor
高尔基复合体,Golgi complex
高尔基器,Golgi apparatus
高分辨显带,high resolution banding
高密度脂蛋白,high density lipoprotein,HDL
高效毛细管电泳,high performance capillary electrophoresis,HPCE
高效凝胶过滤色谱,high performance gel filtration chromatography,HPGFC
高效液相色谱,high performance liquid chromatography,HPLC
睾丸决定因子,testis determining factor,TDF
根癌农杆菌,*Agrobacterium tumefaciens*
工程细胞系,engineered cell line,ECL
工作细胞库,working cell bank,WCB
供体,donor
共翻译转运,co-translational translocation
共济失调性毛细血管扩张症,ataxia telangiectasia,ATM
共济失调症 Rad3 相关蛋白,ATM-Rad3-Related,ATR
共价闭合环状 DNA,covalently closed circular DNA,cccDNA
共聚焦激光扫描显微镜技术,confocal laser scanning microscope,CLSM
共同型 Smad,common smad,C-Smad
谷氨酸脱氢酶,glutamate dehydrogonase
谷氨酰胺合成酶,glutamine synthetase,GS
谷丙转氨酸,glutamic oxaloacetic trans aminase,GOT
谷草转氨酸,glutamic pyruvic transaminase,GPT

骨生长因子，skeletal growth factor
骨形态发生蛋白，bone morphogenetic protein，BMP
固定化培养，immobilization culture
寡霉素敏感的蛋白质，oligomycin sensitivity conferring protein，OSCP
持家基因，house-keeping gene
灌注培养，perfusion culture
光学显微镜技术，light microscopy
胱硫醚合成酶，cystathionine synthase
鬼笔环肽，phalloidin
滚瓶，roller-bottle
过滤，filtration
过滤截留，filtration retainment
过氧化物酶体，peroxisome

H

含铁小体，siderosome
合成代谢，anabolism
合成肽疫苗，synthetic peptide vaccin
合轴望远目镜，centring telescope
合子减数分裂，zygotic meiosis
河豚毒素，Tetrodotoxin，TTX
核不均一性核糖核酸，heterogeneous nuclear RNA，hnRNA
核定位信号，nuclear location signal，NLS
核苷，nucleoside
核苷磷酸化酶，nucleoside phosphorylase
核苷酶，nucleosidase
核苷酸酶，nucleotidase
核苷一磷酸激酶，nucleoside monophosphate kinase
核骨架结合序列，matrin association region，MAR
核孔复合体，nuclear pore complex
核内小 RNA，small nuclear RNA
核仁骨架，nucleolar skeleton
核仁基质，nucleolar matrix
核仁空隙，nucleolar interstice
核仁内染色质，intranucleolar chromatin
核仁染色体，nucleolar chromosome
核仁小 RNA，small nucleolar RNA，snoRNA
核仁周边染色质，perinucleolar chromatin
核仁周期，nucleolar cycle
核仁组织者区，nucleolus organizer region，NOR
核糖，ribose
核糖核蛋白，ribonucleoprotein，RNP
核糖核苷酸，ribonucleotide
核糖核苷酸还原酶，ribonucleotide reductase
核糖体结合蛋白，ribophorin
核糖体循环，ribosome cycle
核外输信号，nuclear exporting signal，NES
核纤层，nuclear lamina
核纤层蛋白，lamin
核小体，nucleosome
核心蛋白质，coreprotein
核心颗粒，core particle，CP
核心酶，core enzyme
核型，karyotype
核周池，perinuclear cistern
亨廷顿蛋白，Huntingtin，Htt
亨廷顿舞蹈病，Huntington's disease，HD
横向分化，transdifferentiation
猴病毒 40 增强子/早期启动子，SV40 enhancer/early promoter
后期，anaphase
后期促进复合物，anaphase-promoting complex，APC
呼吸链，respiratory chain
互补 DNA，complementary DNA
花生四烯酸，arachidonate
花束期，bouquet stage
滑面内质网，smooth endoplasmic reticulum，SER
化学成分明确的培养液，chemical-defined medium
化学成分明确的无蛋白培养基，chemically defined protein-free medium
化学成分明确的无血清培养基，chemically defined serum-free medium
化学渗透假说，chemiosmotic coupling hypothesis
化学突触，chemical synapse
踝蛋白，talin
环胞素 A，cyclosporin A
环核苷酸门通道，cyclic nucleotide-gated ion channel
环加氧酶，cyclooxygenase
环腺苷酸磷酸二酯酶，cAMP phosphodiesterase
环指结构域，Ring finger domain
环状光阑，anular diaphragm
缓激肽，bradykinin
黄瓜碱型，cucumopine
黄嘌呤核苷酸，xanthosine monophosphate，XMP
黄嘌呤-鸟嘌呤磷酸核糖转移酶，hypoxanthine-guanine phosphoribosyl
黄嘌呤氧化酶，xanthine oxidase
黄素单核苷酸，flavin mononucleotide，FMN
黄素蛋白，flavoprotein
黄素腺嘌呤二核苷酸，flavin adenine dinucleotide，FAD

汇合,confluence
混合蛋白酶体,hybrid proteasome
混合微团,mixed micelle
活体动物体内光学成像,optical *in vivo* imaging
活性硫酸根 γ-谷氨酰基循环,γ-glutamyl cycle
活载体疫苗,live vector vaccine

J

甲硫氨酸循环,methionine cycle
机械门通道,mechanosensitive channel
机械信号转导,mechanotransduction
肌动蛋白纤维,actin filament
肌酐 3′-磷酸腺苷-5′-磷酸硫酸,3′-phosphoadenosine 5′-phosphosulfate,PAPS
肌联蛋白,connectin
肌球蛋白,myosin
肌酸,creatine
肌酸酐,creatinine
肌酸激酶,creatine phosphokinase,CPK
肌萎缩性脊髓侧索硬化症,amyotrophic lateral sclerosis,ALS
肌质网,sarcoplasmic reticulum
基底复合物,base complex
基粒,elementary particle
基膜,basal lamina
基因表达,gene expression
基因差异表达,differential gene expression
基因打靶,gene targeting
基因带,genophore
基因工程活疫苗,genetic engineering live vaccine
基因工程亚单位疫苗,genetic engineering subunit vaccine
基因敲除,gene knockout
基因缺失疫苗,gene defect vaccine
基因顺序表达,sequential gene expression
基因线,genonema
基因组,genome
基因组原位杂交,genome *in situ* hybridization,GISH
基因座控制区,locus control region,LCR
基质,matrix
基质导向序列,matrix-targeting sequence
基质腔,matrix space
激活蛋白,activating protein
激活丝裂原活化蛋白激酶,mitogen-activated protein kinase
激酶级联,kinase cascade
激素敏感脂肪酶,hormone sensitive lipase,HSL
级联反应,cascade
极低密度脂蛋白,very low density lipoprotein,VLDL
极微管,polar microtubule
集落形成,colony formation
己糖单磷酸旁路,hexose monophosphate shut,HMS
嵴间腔,intercristae space
甲基化,methylation
甲基陷阱学说,methyl-trap hypothesis
甲基营养型酵母,methylotrophic yeast
甲基转移酶,methyl transferase
甲酰甘氨脒核苷酸,formyl glycinamidine ribotide,FGAM
甲酰甘氨酰胺核苷酸,formyl glycinamide ribotide,FGAR
甲酰天冬氨酸,carbamoyl aspartate
假闪烁,pseudoflikers
间壁连接,septate junction
间充质干细胞,mesenchymal stem cell,MSC
间接分裂,indirect division
间隙连接,gap junction
兼性贴壁细胞,anchorage-compatible cell
兼性异染色质,facultative heterochromatin
减数分裂,meiosis
剪接体,spliceosome
剪切力,shear force
检验点,checkpoint
检验点激酶 1,checkpoint kinase 1,Chk1
简并性,degenerate
简单扩散,simple diffusion
碱基,base
碱性磷酸酶,alkaline phosphatase,AP
降解盒,destruction box
降解物激活蛋白,catabolite activator protein,CAP
降解自体吞噬泡,degrading autophagic vacuoles,AVd
交叉,chiasma
交联葡聚糖,sephadex
交联琼脂糖,sepharose
胶原,collagen
胶原酶,collagenase
角蛋白,keratin
角蛋白丝,keratin filament
角足复合体基因,antennapedia complex,Antp
搅拌罐,stirred tank
酵母人工染色体,yeast artificial chromosome,YAC
接触区结合蛋白,attachment region binding protein,

ARBP
接触抑制现象,contact inhibition
接头分子,adaptor molecule
节间肌肉,intersegmental muscle,ISM
结蛋白丝,desmin filament
结构异染色质,constitutive heterochromatin
结合变构机制,binding-change mechanism
结合变构模型,binding-change model
结合蛋白,binding protein,Bip
截断蛋白,severin
金精三羧酸,aurin tricarboxylic acid,ATA
巨蛋白因子,macropain
巨噬细胞,macrophage,MP
巨细胞病毒早期增强子/启动子,CMV Enhance/promoter
巨型染色体,giant chromosome
巨型线粒体,megamitochondria
巨型自体吞噬,macroautophagy
聚丙二醇,polyoxypropylene,POP
聚丙烯酰胺凝胶电泳,polyacrylamide gel electrophoresis,PAGE
聚集体,aggrosome
聚甲溴化物,polybrene
聚腺苷二磷酸-核糖多聚酶,poly-ADP-ribose polymerase,PARP
聚氧乙醇,polyoxyethylene,POE
聚乙二醇,polyethylene glycol,PEG
均等分裂,equational division

K

卡尔科弗卢尔荧光增白剂,Calcofluor white,CFW
可读框,open reading frame,ORF
开环 DNA,open circular DNA,ocDNA
抗雌激素,antiestrogen,AE
抗独特型抗体疫苗,antiidiotype antibody vaccine
抗坏血酸,ascorbic acid
抗凝血酶Ⅲ,human antithrombin Ⅲ
抗生物素,antibiotin
抗脂解激素,antilipolytic hormones
颗粒成分,granular component,GC
可动离子载体,mobile ion carrier
可塑性,plasticity
可转化人工染色体,transformation competent artificial
克-杰氏综合征,Creutzfeldt-Jacobdisease,CJD
克隆动物,cloning animal
克隆培养,clonal culture
空间排阻色谱,space exclusive chromatography
孔蛋白,porin
跨膜蛋白,transmembrane proteins
跨膜运输,transmembrane transport
醌类,quinones

L

辣根过氧化物酶,horseradish peroxidase,HRP
老年医学,gerontology
酪氨酸激酶,tyrosine kinase
酪氨酸激酶连接的受体,tyrosine kinase associated receptor
酪氨酸羟化酶,tyrosine hydroxylase
酪胺信号放大,tyramine signal amplification system,TSA
类凋亡,paraptosi
类核体,nucleoid
类晶体,crystalloid
类胚体,embryonic body
类脂,lipid
冷冻干燥,lyophilization(freeze-drying)
离心,centrifuge
离心技术,centrifugation
离心截留,centrifuge retainment
离子交换色谱法,ion exchange chromatography
离子霉素,ionomycin
离子通道型受体,ion-channel-linked receptor
离子选择性,ionic selectivity
离子载体,ionophore
连环蛋白,catenin
连接子,connexon
连锁的对环,catenated pair of rings
连续培养,semi-continuous culture
连续细胞核移植,serial nuclear transplantation
连续细胞系,continuous cell line,CCL
联会复合体,synaptonemal complex,SC
链霉菌,*Streptomyces lividans*
链亲和素-生物素标记法,labeled streptavidin biotin method,LSAB
淋巴细胞,lymphocyte,Lym
磷酸核糖酰胺转移酶,amidophosphoribosyl transterase
磷酸化,phosphorylation
磷酸酶,phosphatase
磷酸戊糖焦磷酸激酶,ribose phosphate pyrophosphohinase
磷酸戊糖旁路,pentose phosphate pathway,PPP

磷脂,phospholipid
磷脂酸,phosphatidic acid
磷脂酰胆碱(卵磷脂),phosphatidyl choline,PC
磷脂酰肌醇,phosphatidylinositol,PI
磷脂酰丝氨酸,phosphatidylserine,PS
磷脂酰乙醇胺(脑磷脂),phosphatidyl ethanolamine,PE
铃蟾肽,bombesin
流动镶嵌模型,fluid mosaic model
流加培养,fed-batch culture
流式细胞术,flow cytometry
流式细胞仪,flow cytometer,FCM
硫解,thiolysis
硫酸乙酰肝素蛋白聚糖,heparan sulfate proteoglycan
硫氧化还原蛋白,thioredoxin
硫氧化还原蛋白还原酶,thioredoxin reductase
六倍体,hexaploid
绿色荧光蛋白,green fluorescent protein,GFP
路易小体,Lewy body
卵巢生长因子,ovarian growth factor
卵磷脂胆固醇脂酰转移酶,lecithin cholesterol transferase,LCAT
罗丹明,rhodamine
螺线体,solenoid

M

马达蛋白,motor protein
脉络膜新生血管,choroidal neovascularization,CNV
毛缘蛋白,fimbrin
锚蛋白,ankyrin
锚定连接,anchoring junction
酶联免疫吸附测定,enzyme-linked immunosorbent assay,ELISA
酶偶联的受体,enzyme-linked receptor
门控运输,gated transport
门通道,gated channel
弥散性,diffusion
密度梯度离心,density gradient centrifugation
密度抑制现象,density inhibition
免疫磁珠分选法,magnetic activated cell sorting,MACS
免疫蛋白酶体,immunoproteasome
免疫球蛋白超家族,immunoglobulin superfamily,IgSF
免疫细胞化学技术,immunocytochemistry,ICC
免疫组织化学技术,immunohistochemistry,IHC
膜间腔,intermembrane lumen
膜间隙导向序列,intermembrane-space-targeting sequence
膜流,membrane flow
膜囊,saccule
膜泡运输,vesicular transport
膜直接吸附法,membrane adsorption
末期,telophase
末期促进复合体,anaphase promoting complex,APC

N

内板,inner plate
内部核糖体进入位点,internal ribosome entry site,IRES
内部着丝粒蛋白,inner centromere protein,INCENP
内分泌,endocrine
内功素,entactin
内共生假说,endosymbiontic hypothesis
内膜,inner membrane
内膜系统,endomembrane system
内皮细胞生长因子,endothelial cell growth factor
内室,inner chamber
内输蛋白,importin
内吞作用,endocytosis
内稳态,homeostasis
内细胞团,inner cell mass,ICM
内质网,endoplasmic reticulum,ER
内质网相关性降解,ER-associated degradation,ERAD
内质网应激,endocytoplasmic reticulum stress,ERS
内质网素,endoplasmin
内质网驻留蛋白激酶,ER-resident protein kinase
钠钙交换器,Na^{+}-Ca^{2+} exchanger
脑肿瘤干细胞,brain tumor stem cell,BTSC
拟核,nucleoid
拟南芥,*Arabidopsis thaliana*
反转录聚合酶链反应,reverse transcription polymerase chain
酿酒酵母,*Saccharomyces cerevisiae*
鸟氨酸-δ-氨基转移酶,ornithine δ-amino-transferase
鸟嘌呤,guanine
尿嘧啶,uracil
尿酸,uric acid
尿酸氧化酶,urate oxidase
柠檬酸(三羧酸)循环,citric acid cycle
柠檬酸-丙酮酸循环,citrate pyruvate cycle
柠檬酸裂解酶,citrate lyase
凝胶过滤色谱,gel filtration chromatography
凝溶胶蛋白,gelsolin
凝线期,synizesis
牛脑的海绵状病变,bovine spongiform encephalopathy,

BSE
牛血清白蛋白,bovine serum albumin,BSA
扭转蛋白 A,torsin A
纽蛋白,vinculin
农杆碱型,agropine
浓缩泡,condensing vacuole

O

偶联因子 1,coupling factor 1
偶线期,zygotene

P

帕金森病,Parkinson's disease,PD
旁分泌,paracrine
疱疹样病毒,herpeslike virus
胚胞破裂,germinal vesicle breakdown,GVBD
胚胎干细胞,embryonic stem cell,ESC
胚胎工程,embryo engineering
胚胎阶段特异性抗原,stage-specific embryonic antigen, SSEA
胚胎冷冻保存,cryopreservation of embryo
胚胎生物工程,embryo bio-engineering
胚胎生殖细胞,Embryonic germ cell,EG
胚胎性别鉴定,embryo sexing
胚胎移植,embryo transfer,ET
配体门通道,ligand gated channel
配子减数分裂,gametic meiosis
硼替佐米,Bortezomib
批量运输,bulk transport
片珠蛋白,plakoslobin
片足,lamellipodia
嘌呤核苷磷酸化酶,purine nucleoside phosphorylase, PNP
嘌呤核苷酸循环,purine nucleotide cycle
平稳期,transient phase
苹果酸脱氢酶,malic dehydrogenase,MD
葡萄糖-6-磷酸酶,glucose-6-phosphatase
葡萄糖调节蛋白 94,glucose regulated protein 94,GRP94
葡萄糖氧化酶,glucose oxidase,GOD
破坏盒,destructive box

Q

启动子,promoter,P
起始分子,initiator
起始码,initiation codon
起始因子,initiation factor,IF
气升式细胞培养生物反应器,airlift bioreactor
气相色谱法,gas chromatography
器官发生,organogenesis
前减数分裂间期,premeiotic interphase
前减数分裂期,premeiosis
前期,prophase
前体蛋白,precursor protein
前体蛋白结合因子,presequence-binding factor,PBF
前细胞胀亡受体诱导膜损伤基因,pro-oncosis receptor inducing membrane injury,porimin
桥粒,desmosome
桥粒斑蛋白,desmoplakin
桥式亲和素-生物素,bridged avidin biotin,BRAB
鞘磷脂,sphingomyelin
鞘磷脂酶,sphingomyelinase
鞘糖脂,glycosphingolipid
亲和色谱,affinity chromatography
亲和素,avidin
亲和素-生物素-过氧化物酶复合物,avidin-biotin peroxidase complex method
亲环素 D,cyclophilin D
亲硫吸附色谱,thiophilic adsorption chromatography
亲脂性二烷基碳菁类染料,dialkylcarbocyanines,Dia
亲脂性荧光弱碱,fluorescent lipophilic weak base
侵袭伪足,invadopodia
禽类肉瘤病毒,avian sarcoma virus,ASV
氢化可的松,hydrocortisone
轻链启动子,light-strand promoter,LSP
轻链起始复制点,origin of light-strand replication,OL
驱动蛋白,kinesin
去甲肾上腺素,norepinephrine
全能干细胞,totipotent stem cell,TSC
犬尿氨酸酶,kynureninase
犬尿氨酸羟化酶,kynurenine-3-monoxygenase
缺体,nullisome
群体培养,mass culture

R

染色单体,chromatid
染色单体连接蛋白,chromatid linking protein,CLP
染色体超前凝聚,premature chromosome condensation, PCG
染色体工程,chromosome engineering
染色体微切割,chromosome micro-dissection
染色体原位杂交,chromosome in *situ* hybridization, CISH

染色体支架-放射环模型，scaffold-radial loop structure model
染色线，chromonemata
染色质线，chromatin fiber
热激蛋白 70，heat shock protein70，hsp70
人工染色体，artificial chromosome
人工种子，artificial seeds
人抗鼠抗体，human anti-mouse antibody，HAMA
人类表皮生长因子受体 2，human epidermal growth factor receptor2，Her2
人类急性髓系白血病，human acute myeloid leukemia，AML
人乳头瘤病毒，human papilloma virus，HPV
绒毛蛋白，villin
溶菌酶，lysozyme，LZM
溶酶体，lysosome
溶酶体途径，lysosome pathway
溶血磷脂酸，lysophosphatidic acid，LPA
融合蛋白，fusion protein
肉毒碱，carnitine
肉毒碱脂酰转移酶，carnitine acyl transferase
乳糜微粒，chylomicrons
乳清酸，orotate
乳清酸核苷酸，orotidine-5′-monophosphate，OMP
乳酸，lactate
乳腺癌干细胞，breast cancer initiating cell
朊病毒，prion
软骨生长因子，cartilage derived growth factor

S

三聚体 GTP 结合调节蛋白，trimeric GTP-binding regulatory protein
三磷酸腺苷，adenosine 5′-triphosphate ATP
三羧酸循环，tricarboxylic acid cycle；TCA cycle
三体，trisomic
三维细胞培养，three-dimensional cellculture，TDCC
三维组织样生长，3-dimension tissue-like growth
扫描电镜，scanning electron microscope，SEM
扫描隧道显微镜，scanning tunneling microscope，STM
色氨酸-2，3-加双氧酶，tryptophan-2，3-dioxygenase
色谱法，chromatography
上皮生长因子受体，epidermal growth factor receptor，EGFR
上皮细胞黏附分子，epithelial cell adhesion molecule，EpCAM
奢侈基因，luxury gene
神经干细胞，neural stem cell，NSC
神经生长因子，nerve growth factor，NGF
神经丝蛋白，neurofilament protein
肾上腺素，epinephrine
肾素，renine
生产用细胞库，manufacturer's working cell bank，MWCK
生长因子，growth factor
生存素，surviving
生理保护机制，biological protection mechanism
生物发光反应，bioluminescence reaction
生物芽体，bioblast
十二烷基磺酸钠聚丙烯酰胺凝胶电泳，sodium dodecyl sulfate polyacrylamide gel electrophoresis，SDS-PAGE
实验细胞学，experimental cytology
收缩环，contractile ring
受激发射损耗，stimulated emission depletion，STED
受体(与供体对应)，recipient
受体(与配体对应)，receptor
受体调节型 Smad，receptor-regulated Smad，R-Smad
受体介导的胞吞作用，receptor-mediated endocytosis
受体酪氨酸蛋白激酶，protein tyrosine kinase，PTK
受体酪氨酸激酶，receptor protein tyrosine kinase，RPTK
受体酪氨酸磷脂酶，receptor tyrosine phosphatase
受体鸟苷酸环化酶，receptor guanylate cyclase
受体丝氨酸/苏氨酸激酶，receptor serine/threonine kinase
疏水性相互作用色谱，hydrophobic interaction chromatography
输入受体，import receptor
衰退期，decline phase
衰亡期，declining phase
双单体，double monosomic
双链 RNA，double strand RNA，dsRNA
双磷脂酰甘油(心磷脂)，diphosphatidyl glycerols，DPG
双腔中空纤维反应器，dual hollow fiber bioreactor
双色分光，dichroic beam splitter
双线期，diplotene
双元细菌人工染色体，binary-BAC system，BIBAC
水通道蛋白，aquaporin，AQP
树突状细胞，dendritic cell，DC
顺式作用元件，cis-acting element
丝氨酸羟甲酰转移酶，serine hydroxy methyltransferese
丝聚合蛋白，filaggrin
丝裂原活化的蛋白激酶，mitogen-activated protein kinase，MAPK

丝切蛋白，cofilin
死亡结构域，death domain，DD
死亡受体，death receptor，DR
死亡效应结构域，death effect domain，DED
四倍体，tetraploid
四分体，tetrad
四氢叶酸，tetrahydrofolic acid，FH4
四乙基罗丹明，tetraethylrodamine
饲养层，feeder layer
苏木精，hematoxylin
酸性角蛋白，acidic keratin
随机涨落，stochastic fluctuation
随体，satellite
随体 DNA，satellite DNA
髓样结构，myelin figure
损伤条件，damage condition
羧基-SNARF-1-AM，carbo-seminaphthorhodfluor-1-AM
羧基氨基咪唑核苷酸，carboxyamino imidazole ribotide，CAIR
缩醛磷脂，plasmalogen

T

踏车现象，treadmilling
糖萼，glycocalyx
糖基化，glycosylation
糖基化修饰，glycosylation
糖基磷脂酰肌醇脂微区，glycosyl phosphatidylinositol lipid
糖基转移酶，glycosyl transferase
糖酵解，glycolysis
糖磷脂酰肌醇，glycophosphatidylinositol，GPI
糖异生，gluconeogenesis
糖原，glycogen
糖原分解，glycogenolysis
糖原合成酶激酶-3β，glycogen synthease kinase-3β，GSK-3β
糖原磷酸化酶，glycogen phosphorylase
糖脂，glycolipid
逃逸蛋白，escaped protein
特化染色体，specialized chromosome
体积排阻色谱，size exclusive chromatography
体外受精，in vitro fertilization，IVF
体细胞杂交，somatic hybridization
天冬氨酸氨基甲酰转移酶，aspartate transcarbamoylase，ATCase
天冬氨酸特异性半胱氨酸蛋白酶，cysteinyl aspartate-specific protease，caspase
天冬酰胺合成酶，asparagine synthetase
填充床反应器系统，packed-bed bioreactor
条件培养基，conditioned medium，CM
调节颗粒，regulatory particle，RP
贴壁培养，anchoraged-dependent culture
贴壁依赖型，anchorage-dependent
贴壁依赖型细胞，anchorage-dependent cell
贴壁依赖性，anchorage dependence
铁硫蛋白，iron-sulfur protein，Fe/S protein
铁-硫中心，iron-sulfur center
停止转运序列，stop-transfer sequence
通道蛋白，channel protein
通道离子载体，channel former
通气搅拌生物反应器，aeration stirred bioreactor
通透酶，permease
通透性转换，permeability transition，PT
通透性转运孔，permeability transition pore
通信连接，communicating junction
同步化，synchronization
同核体，homokaryon
同期发情，oestrus synchronization
同向协同，symport
同型半胱氨酸，homocystine，hCys
同型分裂，homotypic division
同源盒，homeobox
同源盒基因，homeobox gene
同源染色体，homologous chromosome
同源异型基因，homeotic gene
同源异型突变，homeotic mutation
同源重组，homologus recombination
透明质酸，hyaluronic acid，HA
透射电镜，transmission electron microscope，TEM
透析，dialysis
突变的单链环 DNA，mutant single-stranded DNA
突触后膜，postsynaptic membrane
突触间隙，synaptic cleft
突触结合蛋白-1，synaptotagmin-1
突触前膜，presynaptic membrane
突触小泡，synaptic vesicle
突触小体，synaptic knob
吞噬体，phagosome
吞噬作用，phagocytosis
脱毒，virus elimination
脱分化，dedifferentiation
脱落凋亡，anoikis

脱氢,dehydrogenation
脱氧胞嘧啶脱氨酶,deoxycytidine deaminase
脱氧核糖,deoxyribose
脱氧核糖核苷酸,deoxyribonucleotide
拓扑异构酶,topoisomerase

W

外板,out plate
外膜,out membrane
外排作用,exocytosis
外室,out chamber
外输蛋白,exportin
外置式错流过滤器,cross flow filtration,CFF
外周蛋白,peripheral protein
网蛋白,plectin
网格蛋白,clathrin
网格蛋白衣被小泡,clathrin-coated vesicle
网格蛋白衣被小窝,clathrin coated pit
网质蛋白,reticulo-plasmin
微带,miniband
微繁,micropropagation
微管,microtubule,MT
微管蛋白,tubulin
微管结合蛋白,microtubule binding protein,MBP
微管相关蛋白,microtubule associated protein,MAP
微管组织中心,microtubule organization center,MTOC
微滤,microfiltration
微切割,microdissection
微区,microdomain
微绒毛,microvilli
微体,microbody
微小 RNA,miRNA
微小原生质体,miniprotoplast
微型自体吞噬,microautophagy
微载体,microcarrier
维甲酸,retinoic acid,RA
维甲酸 X 受体,retinoid X receptor,RXR
维甲酸受体,retinoic acid receptor,RAR
未折叠蛋白反应,unfolded protein reaction,UPR
位置效应,position effect
位置效应花斑,position effect variegation,PEV
位置信息,positional information
稳定期,steady phase
乌本苷,ouabain
无蛋白培养基,protein-free medium
无动物来源成分培养基,animal derived component-free medium
无泡搅拌反应器,bubble-free stirred bioreactor
无丝分裂,amitosis
无细胞系统,cell-free system
无限/连续细胞株,infinite/continuous cell train
无血清培养基,serum-free medium
戊糖,pentose
物理保护机制,physical protection mechanism

X

细胞癌基因,cellular oncogene,C-onc
细胞表面受体,cell surface receptor
细胞增殖,cell proliferation
细胞电泳,cell electrophoresis
细胞凋亡,apoptosis
细胞毒性 T 淋巴细胞,cytotoxic T lymphocyte,CTL
细胞分化,cell differentiation
细胞分裂周期基因,cell division cycle gene,cdc
细胞骨架,cytoskeleton
细胞核基质结合区,matrix attachment region MAR
细胞核移植,nuclear transplantation,NT
细胞化学,cytochemistry
细胞决定,cell determination
细胞连接,cell junction
细胞膜,cell membrane
细胞内受体,intracellular receptor
细胞培养技术,cell culture
细胞融合,cell fusion
细胞色素,cytochrome
细胞色素 c 氧化酶,cytochrome c oxidase
细胞生理学,cytophysiology
细胞识别,cell recognition
细胞世系,lineage of cell
细胞衰老,cellular aging
细胞外被,cell coat
细胞外基质,extracellular matrix,ECM
细胞系,cell line
细胞学说,cell theory
细胞遗传学,cytogenetics
细胞因子,cytokine
细胞杂交,cell hybridization
细胞增多症,cytosis
细胞增殖周期,cell division cycle
细胞黏附,cell adhesion
细胞黏附分子,cell adhesion molecule,CAM
细胞周期蛋白,cyclin

细胞周期蛋白依赖性蛋白激酶 1, cyclin-dependent kinase 1, CDK1
细胞周期蛋白依赖性激酶, cyclin-dependent kinase, CDK
细胞周期时间, time of cycle, Tc
细胞株, cell strain
细菌人工染色体, bacteria artificial chromosome, BAC
细丝蛋白, filamin
细线期, leptotene
纤毛, cilia
纤维冠, fibrous corona
纤维素, cellulose
纤维中心, fibrillar center, FC
纤黏连蛋白, fibronectin, FN
显微电影摄影术, microcinematogrgphy
显性失活效应, dominant-negative effect
线粒体, mitochondrion
线粒体输入刺激因子, mitochondrial import stimulatory factor, MSF
线粒体损伤学说, mitochondrial damage theory
线状 DNA, linear DNA
限制性片段长度多态性, restriction fragment length polymorphism, RFLP
腺病毒, adenovirus
腺苷三磷酸结合区转运蛋白 G 超家族成员 2, ATP-binding cassette superfamily G member2, ABCG2
腺苷酸代琥珀酸, adenylosuccinate
腺苷酸环化酶, adenylyl cyclase
腺苷酸激酶, adenylate kinase
腺苷酸脱氨酶, adenylate deaminase
腺苷脱氨酶, adenosine deaminase, ADA
腺嘌呤, adenine
腺嘌呤磷酸核糖转移酶, adenine phosphoribosyl transterase, APRT
显微镜, microscopy
相差显微镜, phase contrast microscope
相关蛋白, associated protein
相位板, phase plate
消化泡, digestive vacuole
小肠磷酸二酯酶, phosphodiesterase
小囊泡, vesicle
效应分子, effector
协同运输, cotransport
协助扩散, facilitated diffusion
缬氨霉素, valinomycin
心房排钠肽, atrial natriuretic peptide, ANP
心磷脂, cadiolipin
新生多肽相关复合物, nascent-associated complex, NAC
新型红细胞生成刺激蛋白, novel erythropoiesis stimulating protein, NESP
信号斑, signal patch
信号密码, signal codon
信号识别颗粒, signal recognition particle, SRP
信号肽, signal peptide
信号肽假说, signal hypothesis
信号肽酶, signal peptidase
信号转导途径, signal transduction pathway
信号转导网络, signal transduction network
形成面, forming face
性染色体, sex chromosome
胸腺嘧啶, thymine
胸腺嘧啶合成酶, thymidylate synthetase, TS
雄性特异性弱组织相容性抗原, male specific minor histocompatibility-Y
秀丽隐杆线虫, *Caenorhabditis elegans*
溴化乙锭, ethidium bromide, EB
溴脱氧尿嘧啶核苷, bromodeoxyuridine, BrdU
悬浮培养, suspension culture
悬浮生长型, anchorage-independent
选择素家族, selectin family
血小板活化因子, platelet activating factor, PAF
血小板源生长因子, platelet derived growth factor, PDGF
亚倍体, hypoploid
亚硫酸还原酶, sulfite reductase
亚线粒体颗粒, submitochondrial particles
亚原生质体, subprotoplast

Y

烟酰胺腺嘌呤二核苷酸, nicotinamide adenine dinucleotide, NAD
延长因子, elongation factor, EF
延滞期, lag phase
眼源性生长因子, eye-derived growth factor
阳离子交换色谱, cation exchange chromatography
氧化还原电位, oxidation-reduction potential, ORP
氧化磷酸化, oxidative phosphorylation
氧化脱氨基作用, oxidative deamination
液相色谱法, liquid chromatography
一抗, primary antibody
一氧化氮合酶, nitric oxide synthase, NOS
伊凡蓝, Evans blue
伊红, eosin

衣被蛋白，coatomer protein，COP
衣被小泡，coated vesicle
胰岛素样生长因子-1，insulin like growth factor 1，IGF-1
胰核酸酶，pancreatic nucleases
移位，translocation
遗传程序论，genetic program theory
遗传修饰植物，genetically modified plant，GMP
乙醇胺，ethanolamine
乙肝表面抗原，hepatitis B surface antigen
乙肝病毒，hepatitis B virus
乙醛酸循环体，gloxysome
乙酰辅酶 A 羧化酶，acetyl CoA carboxylase
异二聚体，heterodimer
异固缩，heteropycnosis
异核体，heterokaryon
异硫氰酸荧光素，fluorescein isothiocyanate，FITC
异染色质，heterochromatin
异染色质区，heterochromatin region
异嗜性溶酶体，heterophagolysosome
异体吞噬，heterophagy
异型分裂，heterotypic division
异养生物，heterotroph
异质群的，heterogeneous
抑素，chalone
阴离子交换色谱，anion exchange chromatography
引导序列肽，leading sequences peptide
引物，primer
应力纤维，stress fiber
荧光黄，flurescein
荧光激活细胞分选仪，fluorescence activated cell sorter，FACS
荧光寿命成像显微镜，fluorescence lifetime imaging microscope
荧光素酶，luciferase
荧光素双乙酸酯，fluorescein diacetate，FDA
荧光显微镜技术，fluorescent microscope
荧光原位杂交，fluorescence in situ hybridization，FISH
游离脂肪酸，free fatty acid，FFA
有缺陷的核糖体产物，defective ribosomal product，DRiP
有丝分裂，mitosis
有丝分裂器，mitotic apparatus
有丝分裂因子，mitotic factor，MF
有丝分裂原，mitogen
有丝分裂阻滞缺陷蛋白 2，mitotic arrest deficient protein 2，Mad2
有限细胞系，limited cell line，LCL
有限细胞株，finite cell strain
有氧氧化，aerobic oxidation
诱导多能性干细胞，induced pluripotent stem cell，iPS
原癌基因，proto-oncogene
原肠形成，gastrulation
原结构域，prodomain
原生质体，protoplast
原始生殖细胞，primordial germ cell，PGC
原位杂交，in situ hybridization
原纤维，protofilament
原子力显微镜技术，atomic force microscopy，AFM
猿猴病毒 40，simian virus，SV40

Z

杂交瘤技术，hybridoma technique
杂交瘤细胞，hybridoma cell
载体，carrier
载体蛋白，carrier protein
载体囊泡，carrier vesicle
载脂蛋白，apoprotein，apo
早熟凝集染色体，prematurely condensed chromosome，PCC
早熟染色体凝集，premature chromosome condensation
造血生长因子，hemopoietic growth factor，HGF
增强子，enhancer
增殖刺激素，multiplication stimulating activity
增殖细胞核抗原，proliferating cell nuclear antigen，PCNA
黏蛋白样血管地址素，mucin-like vascular addressins
黏合斑，adhesion plaque
黏合带，adhesion belt
黏着斑，focal adhesion
黏着斑蛋白，vinculin
黏着斑激酶，focal adhesion kinase，FAK
张力蛋白，tensin
胀亡，oncosis
胀亡前诱导膜损伤受体，pro-oncosis recepter inducing membrane injury
真核启动因子，eukaryotic initiation factor，eIF
整倍体，euploid
整合素(整联蛋白)，integrin
整合素家族，integrin family
整合素相连激酶，integrin linked kinase，ILK
整体性，holism
支架蛋白，scaffolding protein
支链氨基酸，branched amino acid，BCAA

支气管肺泡干细胞,bronchoalveolar stem cell,BASC
脂蛋白脂肪酶,lipoprotein lipase,LPL
脂筏,lipid raft
脂褐素,lipofuscin
脂激酶活性,lipid-kinase activity
脂解激素,lipolytic hormone
脂锚定蛋白,lipid-anchored protein
直接分裂,direct division
植冰,seeding
植物细胞工程,plant cell engineering
指状伪足,filopodia
制剂,preparation
质粒,plasmid
质膜,plasma membrane
质膜体,mesosome
致密纤维成分,dense fibrillar component,DFC
致密小体,dense body
滞后期,lag phase
滞留信号肽,retention signal peptide
中间间隙,middle space
中间减数分裂,intermediate meiosis
中间密度脂蛋白,intermediate density lipoprotein,IDL
中间区,intermediate space
中间纤维,intermediate filament,IF
中间纤维结合蛋白,intermediate filament associated protein,IFAP
中间自体吞噬泡,intermediate autophagic vacuoles,AVi/d
中空纤维反应器,hollow fiber bioreactor
中期,metaphase
中性/碱性角蛋白,neural or basic keratin
中性粒细胞,neutrophils
中央静脉阻塞,central retinal vein occlusion,CRVO
中央视网膜厚度,central foveal thickness,CFT
中央组分,central element
终变期,diakinesis
终端减数分裂,terminal meiosis
终止码,termination codon
终止因子或释放因子,release factor,RF
肿瘤干细胞,cancer stem cell,CSC
肿瘤坏死因子,tumor necrosis factor,TNF
肿瘤坏死因子受体,tumor necrosis factor receptor,TNFR
肿瘤坏死因子诱导的凋亡相关配体,TNF related apoptosis inducing ligand,TRAIL
肿瘤活化因子受体活化因子-2,TNFR activation factor-2,TRAF-2
肿瘤起源细胞,tumor-initiating cell,T-IC
肿瘤相关抗原,tumor-associated antigen
肿胀样坏死,oncotic necrosis
重氮丝氨酸,azaserine
重力沉降截留,settlement retainment
重链启动子,heavy-strand promoter,HSP
重链起始复制点,origin of heavy-strand replication,OH
重组酶介导盒交换,recombinase-mediated cassetes exchange,RMCE
周围染色质,peripheral chromatin
轴向旋转式过滤器,axial rotating filtration,ARF
皱褶,ruffle
主细胞库,master cell bank,MCB
主要组织相容性复合体,major histocompatibility complex,MHC
主缢痕,primary contraction
驻留蛋白,retention protein
专能干细胞,unipotent stem cell
转氨基作用,transamination
转氨酶,aminotransferase
转化,transformation
转化生长因子-β,transforming growth factor-β1,TGF-β
转化受体系统,transformation receptor system
转基因动物,transfergene animal
转基因植物,transgenic plant
转基因植物疫苗,transgenic plant vaccine
转决定,transdetermination
转录,transcription
转录后基因沉默,post-transcriptional gene silencing
转录后加工,post-transcriptional processing
活化转录因子 6,activating transcription factor 6,ATF6
转录因子,transcription factor
转瓶,spinner-bottle
转位接触点,translocation contact site
转位因子 ,translocator
转位子,translocon
转亚氨基反应,transimination(trans schiffigation)
转运器,transporter
桩蛋白,paxillin
着丝粒,centromere
着丝粒-动粒复合体,centromere-kinetochore complex
自分泌,autocrine
自溶作用,autolysis
自嗜性溶酶体,autophagolysosome
自噬,autophagy

自噬泡,autophagic vacuole,AV
自噬体,autophagosome
自噬特异性基因,autophagy specific gene,ATG
自吞噬体,autophagosome
自养生物,autotroph
自由基学说,free radical theory
自由扩散,free diffusing
阻遏物基因,inhibitor gene,I
组合式基因调控,combinational gene regulation
组织工程,tissue engineering
组织相容性 Y 抗原,H-Y antigen
组织特异性基因,tissue specific gene
最佳矫正视力,best corrected visual acuity,BCVA

附录二　英汉名词对照

3-aminobenzomide,3-AB,3-氨基苯甲酰胺
3-dimension tissue-like growth,三维组织样生长
3-hydroxyanthranilate,3-羟邻氨苯甲酸
3-hydroxyanthranilate-3,4-dioxygenase,3-羟邻氨苯丙酸-3,4-加双氧酶
3′-phosphoadenosine 5′-phosphosulfate,PAPS,肌酐 3′-磷酸腺苷-5′-磷酸硫酸
3-phosphohydroxypyruvate,3-磷酸羟基丙酮酸
3-phosphoserine,3-磷酸丝氨酸
4-aminoimidazole-4-*N*-succinylocarboxamide,4-氨基咪唑-4-*N*-琥珀酰胺核苷酸
5-aminoimidazole ribotide,AIR,5-氨基咪唑核苷酸
5-aminoimidazole-4-carboxamide ribotide,AICAR ,5-氨基咪唑-4-甲酰胺核苷酸
5-formaminoimidazole-4carboxyamideribotide,FAICAR,5-甲酰胺基咪唑-4-甲酰胺核苷酸
5-phosphoribosyl-α-pyrophosphate PRPP,5-磷酸核糖-α-焦磷酸

A

α-synuclein,α-同型核蛋白
ABC transporter,ABC 转运器
acetyl CoA carboxylase,乙酰 CoA 羧化酶
acidic keratin,酸性角蛋白
acrosome,顶体
actin filament,肌动蛋白纤维
activating protein,激活蛋白
activating transcription factor 6,ATF6,转录激活因子 6
cyclosporin A,环胞素 A
adaptor molecule,接头分子
adenine phosphoribosyl transferase,APRT,腺嘌呤磷酸核糖转移酶
adenine,腺嘌呤
adenomatous polyposis coli,APC,多发性结肠腺瘤
adenosine deaminase,ADA,腺苷脱氨酶
adenosine-5′-diphosphate,ADP,二磷酸腺苷
adenosine-5′-triphosphate,ATP,三磷酸腺苷
adenylate deaminase,腺苷酸脱氨酶
adenylate kinase,腺苷酸激酶
adenylosuccinate,腺苷酸代琥珀酸
adenylyl cyclase,腺苷酸环化酶
adhesion belt,黏合带
adhesion plaque,黏合斑
adenovirus,腺病毒
ADP-ribosylation factor,ARF,ADP-核糖基化因子
aeration stirred bioreactor,通气搅拌生物反应器
aerobic oxidation,有氧氧化
affinity chromatography,亲和色谱
aggrosome,聚集体
aging,细胞衰老
Agrobacterium tumefaciens,根癌农杆菌
agropine,农杆碱型
AIR carboxylase,AIR 羧化酶
airlift bioreactor,气升式细胞培养生物反应器
alanosine,丙氨菌素
albinism,白化病
alkaline phosphatase,AP,碱性磷酸酶
allopurinol,别嘌呤醇
alterability,变动性
Alzheimer's disease,AD,阿尔茨海默病
amidophosphoribosyl transferase,磷酸核糖酰胺转移酶
aminotransferase,转氨酶
amitosis,无丝分裂
AMP deaminase,腺苷酸脱氨酸
amyotrophic lateral sclerosis,ALS,肌萎缩性脊髓侧索硬化症
anabolism,合成代谢
anaphase-promoting complex,APC,后期促进复合物
anaphase,后期
anchorage dependence,贴壁依赖性
anchorage-dependent,贴壁依赖型
anchorage-compatible cell,兼性贴壁细胞
anchoraged-dependent culture,贴壁培养
anchorage-dependent cell,贴壁依赖型细胞
anchorage-independent cell,非贴壁依赖型细胞
anchorage-independent,悬浮生长型
anchoring junction,锚定连接
aneuploidy,非整倍体性
animal derived component-free medium,无动物来源成分培养基

anion exchange chromatography,阴离子交换色谱
ankyrin,锚蛋白
anoikis,脱落凋亡(失巢凋亡)
antennapedia complex,Antp,角足复合体基因
antibiotin,抗生物素
antiestrogen,AE,抗雌激素
antiidiotype antibody vaccine,抗独特型抗体疫苗
antilipolytic hormone,抗脂解激素
antiporter,反向协同运输体系
antiport,反向协同
anular diaphragm,环状光阑
aminoglycoside phosphotransferase,APH,氨基糖苷磷酸转移酶
apoptosis,细胞凋亡
apoprotein,apo,载脂蛋白
apoptosis inducing factor,AIF,凋亡诱导因子
apoptosis protease activating factor-1,Apaf-1 凋亡蛋白酶激活因子
apoptosis-specific protein,ASP,凋亡特定蛋白
apoptotic body,凋亡小体
apoptotic necrosis,凋亡样坏死
aquaporin,AQP,水通道蛋白
arachidonate,花生四烯酸
artificial chromosome,人工染色体
artificial seed,人工种子
ascorbic acid,抗坏血酸
asparagine synthetase,天冬酰胺合成酶
aspartate transcarbamylase,ATCase,天冬氨酸氨基甲酰转移酶
asymmetric cell division,不对称细胞分裂
ataxia telangiectasia and Rad3 related ATR,共济失调毛细血管扩张症 Rad3 相关蛋白激酶
atomic force microscopy,AFM,原子力显微镜技术
ATP-binding cassette subfamily G member 2,ABCG2,ATP 结合转运蛋白 G 超家族成员 2
bromodeoxyuridine,BrdU2,溴脱氧尿嘧啶核苷
ATP-binding cassette,ATP 结合盒
atrial natriuretic peptide,ANP 心房排钠肽
attachment region binding protein,ARBP,接触区结合蛋白
aurin tricarboxylic acid,ATA,金精三羧酸
autocrine,自分泌
autolysis,自溶作用
autophagic vacuole,自噬泡
autophagolysosome,自嗜性溶酶体
autophagosome,自噬体
autophagy,自噬
autophagy,自体吞噬
autophagy-specific gene,ATG,自噬特异性基因
autosome,常染色体
autotroph,自养生物
avian sarcoma virus,ASV,猿猴肉瘤病毒
avidin-biotin peroxidase complex method,亲和素-生物素-过氧化物酶复合物
avidin,亲和素
axial rotating filtration,ARF,轴向旋转式过滤器
azaserine,重氮丝氨酸

B

bacteria artificial chromosome,BAC,细菌人工染色体
baculovirus,杆状病毒
band type,带型
basal lamina,基膜
base,碱基
batch culture,分批培养
Bcl-2 homology domain 3 BH3,Bcl-2 同源结构域 3
bcl-2 associated protein X,Bax,Bcl-2 相关蛋白 X
best corrected visual acuity,BCVA,最佳矫正视力
binary-BAC system,BIBAC,双元细菌人工染色体
binding protein,Bip,结合蛋白
binding protein XBP-1X 盒,结合蛋白-1X-box
binding-change mechanism,结合变构机制
binding-change model ,结合变构模型
bioblast,生物芽体
biological protection mechanism,生理保护机制
bioluminescence reaction,生物发光反应
bivalent,二价体
BLT esterase assay,BLT 酯酶分析
bombesin,铃蟾肽
bone morphogenetic protein,BMP,骨形态发生蛋白
Bonezomib,硼替佐米
bouquet stage,花束期
bovine spongiform encephalopathy,BSE,牛脑的海绵状病变
bovine serum albumin,BSA,牛血清白蛋白
bradykinin,缓激肽
brain tumor stem cell,BTSC,脑肿瘤干细胞
branched amino acid,BCAA,支链氨基酸
breast cancer initiating cell,乳腺癌干细胞
breast cancer resistance protein,BCRPABC,乳腺癌抵抗蛋白
bridged avidin biotin,BRAB,桥式亲和素-生物素

bronchoalveolar stem cell,BASC,支气管肺泡干细胞
Brownian rachet model,布朗棘轮模型
bubble-free stirred bioreactor,无泡搅拌反应器
bulk transport,批量运输

C

Ca^{2+}-dependent cell adhesion molecule family,钙离子依赖的细胞黏附分子家族
cadherin,钙黏蛋白
cadiolipin,心磷脂
Caenorhabditis elegans,秀丽隐杆线虫
calcium signaling,钙离子起始信号
calcium-binding death-related protein,钙结合死亡相关蛋白
calcofluor white,CFW,荧光增白剂
calmodulin,CaM,钙调素
calnexin,钙联接蛋白
calpain,钙蛋白酶
calreticulin,钙网蛋白
CaM-kinase,钙调素依赖性激酶
cAMP phosphodiesterase,环腺苷酸磷酸二酯酶
cAMP-gated cation channel,cAMP 门控阳离子通道
cancer stem cell,CSC,肿瘤干细胞
capping protein,封端蛋白
carbamoyl aspartate,甲酰天冬氨酸
carbamoyl phosphate synthetase Ⅱ,CPS－Ⅱ,氨基甲酰磷酸合成酶Ⅱ
carbamoyl phosphate,氨基甲酰磷酸
carbo-seminaphthorhodfluor-1-acetoxymethylester,羧基-SNARF-1-AM
carboxyamino imidazole ribotide,CAIR,羧基氨基咪唑核苷酸
carnitine acyl transferase,肉毒碱脂酰转移酶
carnitine,肉毒碱
carrier protein,载体蛋白
carrier vesicle,载体囊泡
carrier,载体
cartilage derived growth factor,软骨生长因子
catabolism,分解代谢
catabolite activator protein,CAP,降解物激活蛋白
catalyzed reporter deposition,CARD,催化报告分子沉积
catalyzed signal amplification system,CSA,催化信号放大系统
catecholamine,儿茶酚胺
catenated pair of rings,连锁的对环
catenin,连环蛋白
cation exchange chromatography,阳离子交换色谱
CDK inhibitor,CKICDK,激酶抑制物
CDK-activating kinase,CAK,CDK 活化激酶
cell adhesion molecule,CAM,细胞黏附分子
cell adhesion,细胞黏附
cell coat,细胞外被
cell culture,细胞培养技术
cell determination,细胞决定
cell differentiation,细胞分化
cell division cycle gene,cdc,细胞分裂周期基因
cell division cycle,细胞增殖周期
cell electrophoresis,细胞电泳
cell fusion,细胞融合
cell hybridization,细胞杂交
cell junction,细胞连接
cell line,细胞系
cell membrane,细胞膜
cell proliferation,细胞的增殖
cell recognition,细胞识别
cell strain,细胞株
cell surface receptor,细胞表面受体
cell theory,细胞学说
cell-free system,无细胞系统
cellular oncogene,C-onc,细胞癌基因
cellulose,纤维素
central element,中央组分
central foveal thickness,CFT,中央视网膜厚度
central retinal vein occlusion,CRVO,中央静脉阻塞
centrifugation,离心
centrifuge retainment,离心截留
centring telescope,合轴望远目镜
centromere-kinetochore complex,着丝粒-动粒复合体
centromere,着丝粒
chalone,抑素
channel former,通道离子载体
channel protein,通道蛋白
channel-forming integral membrane protein,CHIP28,通道形成整合膜蛋白
chaperon mediated autophagy,分子伴侣介导的自体吞噬
checkpoint,检验点
chemical synapse,化学突触
chemical defined medium,化学成分明确的培养液
chemically defined protein-free medium,化学成分明确的无蛋白培养基
chemically defined serum-free medium,化学成分明确的无血清培养基

chemiosmotic coupling hypothesis,化学渗透假说
chiasma,交叉
checkpoint kinase 1,Chk1,检验点激酶 1
cholesterol and cholesterol ester,胆固醇及其酯
cholesteryl ester transfer protein,胆固醇酯转移蛋白
choline,胆碱
choroidal neovascularization,CNV,脉络膜新生血管
chromatid linking protein,CLP,染色单体连接蛋白
chromatid,染色单体
chromatin fiber,染色质线
chromatography,色谱法
chromonemata,染色线
chromosome engineering,染色体工程
chromosome in site hybridization, CISH,染色体原位杂交
chromosome micro-dissection,染色体微切割
chylomicron,乳糜微粒
cilia,纤毛
cis face,顺面
cis-acting element,顺式作用元件
cisternae,扁平囊泡
citrate lyase,柠檬酸裂解酶
citrate pyruvate cycle,柠檬酸-丙酮酸循环
citric acid cycle,柠檬酸循环
clathrin coated pit,衣被小窝
clathrin-coated vesicle,网格蛋白衣被小泡
clathrin,网格蛋白
cleavage and polyadenylation specificity factor,CPSF,断裂与多聚腺苷酸化特异性因子
cleavage stimulation factor,CstF,断裂刺激因子
clonal culture,克隆培养
cloning animal,克隆动物
closed promoter complex,闭合的启动子复合物
CMV enhance/promoter,巨细胞病毒早期增强子/启动子
coat protein Ⅱ,COPⅡ,衣被蛋白 COPⅡ
coated vesicle,衣被小泡
coatomer protein,COP,衣被蛋白
coenzyme Q,CoQ,辅酶 Q
cofilin,丝切蛋白
collagenase,胶原酶
collagen,胶原
colony formation,集落形成
combinational gene regulation,组合式基因调控
common Smad,C-Smad,共同型 Smad
communicating junction,通讯连接
condensing vacuole,浓缩泡
conditioned medium,CM,条件培养基
confluence,汇合
confocal laser scanning microscope,CLSM,共聚焦激光扫描显微镜技术
connectin,肌联蛋白
connexon,连接子
conservative targeting,保守性寻靶
conserved sequence block,保守序列区段
constitutive heterochromatin,结构异染色质
contact inhibition,接触抑制现象
continuous cell line,CCL,连续细胞系
continuous cell strain,连续细胞株
contractile ring,收缩环
COPⅠcoated vesicle,COPⅠ衣被小泡
core enzyme,核心酶
core particle,CP,核心复合物
corepressor,辅阻遏物
coreprotein,核心蛋白质
co-translational translocation,共翻译转运
cotransport,协同运输
coupling factor 1,偶联因子 1
creatine phosphokinase,CPK,肌酸激酶
creatine,肌酸
creatinine,肌酸酐
Creutzfeldt-Jacob disease,CJD,克-杰氏综合征
cross flow filtration,CFF,外置式错流过滤器
cross-talk,串话
cryonreservation of embryo,胚胎冷冻保存
cryopprotective agent,CPA,冰冻保护剂
cryopreservation,超低温保存
crystalloid,类晶体
CTP synthetase,CTP 合成酶
cucumopine,黄瓜碱型
cybrid,胞质杂种
cyclic nucleotide-gated ion channel,环核苷酸门通道
cyclin-dependent kinase,CDK,细胞周期蛋白依赖性激酶
cyclin,细胞周期蛋白
cyclooxygenase,环加氧酶
cyclophilin D,亲环素 D
cystathiorine synthase,胱硫醚合成酶
cysteinyl aspartate-specific protease, caspase,天冬氨酸特异性半胱氨酸蛋白酶
cytochemistry,细胞化学
cytochrome c oxidase,细胞色素 c 氧化酶
cytochrome,细胞色素

cytogenetics,细胞遗传学
cytokine,细胞因子
cytophysiology,细胞生理学
cytosine,胞嘧啶
cytosis,吞排作用
cytoskeleton,细胞骨架
cytotoxic T lymphocyte,CTL,细胞毒性 T 淋巴细胞

D

damage condition,损伤条件
death domain,DD,死亡结构域
death effect domain,DED,死亡效应结构域
death receptor,DR,死亡受体
decline phase,衰退期
dedifferentiation,脱分化
defective ribosomal product,DriP,有缺陷的核糖体产物
degenerate,简并性
degrading autophagic vacuoles,AVd,降解自体吞噬泡
dehydrogenation,脱氢
denovo synthesis,从头合成途径
dense body,致密小体
dense fibrillar component,DFC,致密纤维成分
density gradient centrifugation,密度梯度离心
density inhibition,密度抑制现象
deoxycytidine deaminase,脱氧胞嘧啶脱氨酶
deoxyribonucleotide,脱氧核糖核苷酸
deoxyribose,脱氧核糖
desmin filament,结蛋白丝
desmoplakin,桥粒斑蛋白
desmosome,桥粒
destruction box,破坏盒
detachment factor,分离因子
dihydrofolate reductase,dhfr,二氢叶酸还原酶
diakinesis,终变期
dialkylcarbocyanines,Dia,亲脂性二烷基碳菁类染料
dialysis,透析
dichroic beam splitter,双色分光
differential centrifugation,差速离心
differential gene expression,基因差异表达
differentiation induction,分化诱导
differentiation inhibitory activity,分化抑制活性
diffusion,弥散性
digestive vacuole,消化泡
digoxin,地高辛
dihydroorotate dehydrogenase,二氢乳清酸还原酶
dihydroortate,二氢乳清酸
dihydroorotase,二氢乳清酸酶
dimerization,二聚化
diploid,二倍体
diplotene,双线期
direct division,直接分裂
displacement loop,D 环
DNA damage checkpoint,DNA 损伤检验点
DNA vaccine,DNA 疫苗
complementary DNA,互补 DNA
covalently closed circular DNA,cccDNA,共价闭合环状 DNA
dominant-negative effect,显性失活效应
donor,供体
dopamine β-oxidase,多巴胺 β-氧化酶
dopamine,多巴胺
double monosomic,双单体
double strand RNA,dsRNA,双链 RNA
doubling time,倍增时间
diphosphatid-ylglycerol,DPG,双磷脂酰甘油(心磷脂)
driselase,崩溃酶
dual hollow fiber bioreactor,双腔中空纤维反应器
dynamic instability,动态不稳定
dynein,动力蛋白

E

E-cadherin,E-钙黏蛋白(素)
effector,效应分子
eIF eukaryotic initiation factor,真核细胞起始因子
elastin,弹性蛋白
electrical mediated cell fusion,电诱导细胞融合
electrofusion,电融合
electrochemical proton gradient,电化学质子梯度
electron microscope,电子显微镜技术
electron transport chain,电子传递链
electrotonic synapse,电紧张突触
elementary particle,基粒
elongation factor,EF,延长因子
elicitor,刺激剂
embryo bio-engineering,胚胎生物工程
embryo engineering,胚胎工程
embryo sexing,胚胎性别鉴定
embryo transfer,ET,胚胎移植
embryonic body,类胚体
embryonic germ cell,EG,胚胎生殖细胞
embryonic stem cell,ES,胚胎干细胞
endocrine,内分泌

endocytoplasmic reticulum stress, ERS, 内质网应激
endocytosis, 内吞作用
endomembrane system, 内膜系统
endoplasmic reticulum, ER, 内质网
endoplasmin, 内质蛋白(内质网素)
endosymbiontic hypothesis, 内共生假说
endothelial cell growth factor, 内皮细胞生长因子
engineered cell line, ECL, 工程细胞系
enhancer, 增强子
entactin, 内功素
enzyme-linked immunosorbent assay, ELISA, 酶联免疫吸附测定
enzyme-linked receptor, 酶偶联受体
eosin, 伊红
epidermal growth factor receptor, EGFR, 上皮生长因子受体
epidermal growth factor, EGF, 表皮生长因子
epinephrine, 肾上腺素
episome, 附加体
epithelial cell adhesion molecule, EpCAM, 上皮细胞黏附分子
Epstein-Barr virus, EB 病毒
equational division, 均等分裂
ER-associated degradation, ERAD, 内质网相关性降解
error catastrophe theory, 错误成灾学说
escaped protein, 逃逸蛋白
essential amino acid, 必需氨基酸
essential fatty acid, 必需脂肪酸
ethanolamine, 乙醇胺
ethidium bromide, EB, 溴化乙锭
euchromatin region, 常染色质区
euchromatin, 常染色质
euploid, 整倍体
Evans blue, 伊凡蓝
exocytosis, 外排作用
exocytosis, 胞吐作用
experimental cytology, 实验细胞学
exponential phase, 对数生长期
exportin, 外输蛋白
extracellular matrix, ECM, 细胞外基质
extracellular signal regulated kinase, ERK, 胞外信号调节激酶
eye-derived growth factor, 眼源性生长因子

F

facilitatied diffusion, 促进扩散
facultative heterochromatin, 兼性异染色质
Fas-like inhibitor protein, FLIP, Fas 样抑制因子蛋白
Fas-associated death domain containing protein, FADD, Fas 相关死亡结构域蛋白
fed-batch culture, 流加培养
feeder layer, 饲养层
fibrillar center, FC, 纤维中心
fibroblast growth factor, FGF, 成纤维细胞生长因子
fibroblast, fb, 成纤维细胞
fibronectin, FN, 纤黏连蛋白
fibrous corona, 纤维冠
filaggrin, 丝聚合蛋白
filamin, 细丝蛋白
filopodia, 指状伪足
filtration retainment, 过滤截留
fimbrin, 毛缘蛋白
finite cell strain, 有限细胞株
fission pore, 分裂孔
flagella, 鞭毛
flavin adenine dinucleotide, FAD, 黄素腺嘌呤二核苷酸
flavin mononucleotide, FMN, 黄素单核苷酸
flavoprotein, 黄素蛋白
flippase, 翻转酶
flow cytometer, FCM, 流式细胞仪
flow cytometry, 流式细胞术
fluid mosaic model, 流动镶嵌模型
fluorescein isothiocyanate, FITC, 异硫氰酸荧光素
fluorescein diacetate, FDA, 荧光素双乙酸酯
fluorescence activated cell sorter, FACS, 荧光激活细胞分选仪
fluorescence *in situ* hybridization, FISH, 荧光原位杂交
fluorescence lifetime imaging microscope, 荧光寿命成像显微镜
fluorescent lipophilic weak base, 亲脂性荧光弱碱
fluorescent microscope, 荧光显微镜技术
flurescein, 荧光黄
focal adhesion kinase, FAK, 黏着斑激酶
focal adhesion, 黏着斑
focal contact, 点状接触
forming face, 形成面
formylgly cinamide ribotide, FGAR, 甲酰甘氨酰胺核苷酸
free diffusing, 自由扩散
free fatty acid, FFA, 游离脂肪酸
free radical theory, 自由基学说
fusion protein, 融合蛋白

G

G protein coupled receptor,GPCR,蛋白偶联受体
gametic meiosis,配子减数分裂
GTPase activating protein,GAP,GTP 酶激活蛋白
gap junction,间隙连接
GAR transformylase,GAR 甲酰转移酶
gas chromatography,气相色谱法
gastrulation,原肠形成
gated channel,门通道
gated transport,门控运输
gel filtration chromatography,凝胶过滤色谱
gelsolin,凝溶胶蛋白
gene defect vaccine,基因缺失疫苗
gene expression,基因表达
gene knockout,基因敲除
gene targeting,基因打靶
genetic engineering live vaccine,基因工程活疫苗
genetic engineering subunit vaccine,基因工程亚单位疫苗
genetic program theory,遗传程序学说
genetically modified plant,GMP,遗传修饰植物
genome *in situ* hybridization,GISH,基因组原位杂交
genome,基因组
genonema,基因线
genophore,基因带
germinal vesicle breakdown,GVBD,胚泡破裂
gerontology,老年医学
giant chromosome,巨型染色体
gloxysome,乙醛酸循环体
gluconeogenesis,糖异生
glucose oxidase,GOD,葡萄糖氧化酶
glucose regulated protein 94,GRP94,葡萄糖调节蛋白 94
glucose-6-phosphatase,葡萄糖-6-磷酸酶
glutamate 5-semialdehyde,5-谷氨酸半醛
glutamate dehydrogonase,谷氨酸脱氢酶
glutamic oxaloacetic trans aminase,GOT,谷丙转氨酸
glutamic pyruvic transaminase,GPT,谷草转氨酸
glutamine synthetase,GS,谷氨酰胺合成酶
glycinamide ribotide synthetase,甘氨酰胺核苷酸合成酶
glycinamide ribotide,GAR,甘氨酰胺核苷酸
glycine synthase,甘氨酸合成酶
glycocalyx,糖萼
glycogen phosphorylase,糖原磷酸化酶
glycogen synthease kinase-3β,GSK-3β,糖原合成酶激酶-3β
glycogenolysis,糖原分解
glycogen,糖原
glycolipid,糖脂
glycolysis,糖酵解
glycophosphatidylinositol,GPI,糖磷脂酰肌醇
glycosaminoglycan,GAG,氨基聚糖
glycosphingolipid,鞘糖脂
glycosyl phosphatidylinositol lipid microdomain,糖基磷脂酰肌醇脂微区
glycosyl transferase,糖基转移酶
glycosylation,糖基化
Golgi apparatus,高尔基器
Golgi complex,高尔基复合体
G-protein-linked receptor,G 蛋白偶联型受体
gramicidin,短杆菌肽
granular component,GC,颗粒成分
green-fluorescent protein,GFP,绿色荧光蛋白
growth factor,生长因子
guanine,鸟嘌呤

H

hairpin,发夹
heat shock protein,hsp70,热激蛋白 70
heavy-strand promoter,hsp,重链启动子
hematoxylin,苏木精
hemidesmosome,半桥粒
hemopoietic growth factor,HGF,造血生长因子
heparan sulfate proteoglycan,硫酸乙酰肝素蛋白聚糖
hepatitis B surface antigen,乙肝表面抗原
hepatitis B virus,乙肝病毒
herpeslike virus,疱疹样病毒
heterochromatin region,异染色质区
heterochromatin,异染色质
heterogeneous,异质群的
heterokaryon,异核体
heterophagolysosome,异嗜性溶酶体
heterophagy,异体吞噬
heteropyenosis,异固缩
heterotroph,异养生物
heterotypic division,异型分裂
hetrodimer,异二聚体
hexaploid,六倍体
hexose monophosphate shut,HMS,己糖单磷酸旁路
hypoxanthine-guanine phosphoribosyl transferase, HG-PRT,次黄嘌呤鸟嘌呤磷酸核糖基转移酶
high performance capillary electrophoresis, HPCE 高效

毛细管电泳
high performance gel filtration chromatography, HPGFC,高效凝胶过滤色谱
high performance liquid chromatography, HPLC,高效液相色谱
high resolution banding,高分辨显带
high density lipoprotein, HDL,高密度脂蛋白
heterogeneous nuclear RNA, hnRNA,核不均一性核糖核酸
holism,整体性
hollow fiber bioreactor,中空纤维反应器
homeobox gene,同源盒基因
homeobox,同源盒
homeostasis,内稳态
homeotic gene,同源异型基因
homeotic mutation,同源异型突变
homocystine, hCys,同型半胱氨酸
homokaryon,同核体
homologous chromosome,同源染色体
homologus recombination,同源重组
homologous to E6-AP C terminus, HECT, HECT 结构域
homotypic division,同型分裂
hormone sensitive lipase, HSL,激素敏感脂肪酶
horseradish peroxidase, HRP,辣根过氧化物酶
house-keeping gene,管家基因
hygromycin B phosphotransferase, HPT,潮霉素 B 磷酸转移酶
human acute myeloid leukemia, AML,人类急性髓系白血病
human anti-mouse antibody, HAMA,人抗鼠抗体
human antithrombin Ⅲ,人抗凝血酶Ⅲ
human epidermal growth factor receptor2, Her2,人类表皮生长因子受体
human papilloma virus, HPV,人乳头瘤病毒
Huntington's disease, HD,亨廷顿舞蹈病
hyaluronic acid, HA,透明质酸
hybrid proteasome,混合蛋白酶体
hybridoma cell,杂交瘤细胞
hybridoma technique,杂交瘤技术
hydrocortisone,氢化可的松
hydrophobic interaction chromatography,疏水性相互作用色谱
Hyflick limitation, Hayflick 界限
hyperploid,超倍体
hypersensitive site, HS,超敏感位点
hypoploid,亚倍体

I

imaginal disc,成虫盘
immobilization culture,固定化培养
immunocytochemistry, ICC,免疫细胞化学技术
immunoglobulin superfamily, IgSF,免疫球蛋白超家族
immunohistochemistry, IHC,免疫组织化学技术
immunoproteasome,免疫蛋白酶体
import receptor,输入受体
importin,内输蛋白
in situ hybridization,原位杂交
in vitro fertilization, IVF,体外受精
indirect division,间接分裂
induced pluripotent stem cell, iPS,诱导多能性干细胞
infinite/continuous cells train,无限/连续细胞株
inhibitor gene,阻遏物基因
inhibitors of apoptosis proteins, IAP,凋亡抑制蛋白
initial autophagic vacuoles, Avi,初始自体吞噬泡
initial meiosis,初始减数分裂
initiation codon,起始码
initiation factor, IF,起始因子
initiator,起始分子
inner cell mass, ICM,内细胞团
inner centromere protein, INCENP,内部着丝粒蛋白
inner chamber,内室
inner membrane,内膜
inner plate,内板
inosine monophosphate IMP,肌酐一磷酸
insulin like growth factor 1, IGF-1,胰岛素样生长因子-1
integral protein,整合蛋白
integrin family,整合素家族
integrin linked kinase, ILK,整合素相连激酶
integrin,整合素
intercristae space,嵴间腔
interleukin, IL,白细胞介素
intermediate autophagic vacuoles, AVi/d,中间自体吞噬泡
intermediate density lipoprotein, IDL,中间密度脂蛋白
intermediate filament associated protein, IFAP 中间纤维相关蛋白
intermediate filament, IF,中间纤维
intermediate meiosis,中间减数分裂
intermediate space,中间区
intermembrane lumen,膜间腔
intermembrane-space-targeting sequence,膜间隙导向

序列
internal ribosome entry site, IRES, 内部核糖体进入位点
intersegmental muscles, ISMs, 节间肌肉
intracellular receptor, 细胞内受体
intranucleolar chromatin, 核仁内染色质
invadopodia, 侵袭伪足
inverted phase contrast microscope, 倒置相差显微镜技术
ion exchange chromatography, 离子交换色谱法
ion-channel-linked receptor, 离子通道型受体
ionic selectivity, 离子选择性
ionomycin, 离子霉素
ionophore, 离子载体
iron-sulfur center, 铁-硫中心
iron-sulfur proteins, Fe/S protein, 铁硫蛋白
isoelectrofocusing, IEF, 等电聚焦
isopycnic sedimentation, 等密度沉降分离法

J

jun N-terminal kinase, JNK, jun N 端激酶

K

karyotype, 核型
keratin filaments, 角蛋白丝
keratin, 角蛋白
kinase cascade, 激酶级联
kinesin, 驱动蛋白
kinetochore domain, 动粒结构域
kinetochore microtubule, 动粒微管
kinetochore, 动粒
kynureninase, 犬尿氨酸酶
kynurenine-3-monoxygenase, 犬尿氨酸羟化酶

L

labeled avidin-biotin, LAB, 标记亲和素-生物素
label-retaining cell, LRC, 标记阻滞细胞
labeled streptavidin biotin method, LSAB, 链亲和素-生物素标记法
lactate, 乳酸
Lactacystin, 乳泡素
lag phase, 延滞期(滞后期)
laminin, LN, 层黏连蛋白
lamin, 核纤层蛋白
lamellipodia, 片足
lampbrush chromosome, 灯刷染色体
lateral element, 侧生组分
leading peptide, 导肽
leading sequences peptide, 引导序列肽
leading sequence, 导向序列
lecithin cholesterol transferase, LCAT, 卵磷脂胆固醇脂酰转移酶
leptotene, 细线期
leukemia inhibitory factor, LIF, 白血病抑制因子
leukemic stem cell, LSC, 白血病干细胞
Lewy body, 路易小体
ligand gated channel, 配体门通道
light microscopy, 光学显微镜技术
light-strand promoter, LSP, 轻链启动子
limited cell line, LCL, 有限细胞系
lineage of cell, 细胞世系
linear DNA, 线状 DNA
lipid raft, 脂筏
lipid-anchored protein, 脂锚定蛋白
lipid-kinase activity, 脂激酶活性
lipid, 类脂
lipofuscin, 脂褐素
lipolytic hormone, 脂解激素
lipoprotein lipase, LPL, 脂蛋白脂肪酶
liquid chromatography, 液相色谱法
live vector vaccine, 活载体疫苗
liver growth factor, 肝生长因子
localization sequence, 定位序列
locus control region, LCR, 基因座控制区
logarithmic phase, 对数生长期
low density lipoprotein, LDL, 低密度脂蛋白
luciferase, 荧光素酶
luxury gene, 奢侈基因
lymphocyte, Lym, 淋巴细胞
lyophilization(freeze-drying), 冷冻干燥
lysophosphatidic acid, LPA, 溶血磷脂酸
lysosome, 溶酶体
lysosome pathway, 溶酶体途径
lysozyme, LZM, 溶菌酶

M

macroautophagy, 巨型自体吞噬
macropain, 巨蛋白因子
macrophage, MP, 巨噬细胞
Mad2 malignant disease-associated DNA-binding protein 2, 恶性疾病相关 DNA 结合蛋白 2
magnetic activated cell sorting, MACS, 免疫磁珠分选法
major histocompatibility complex, MHC, 主要组织相容

性复合体
male specific minor histocompatibility-Y antigen, H-Y, 雄性特异性弱组织相容性抗原
malic dehydrogenase, MD, 苹果酸脱氢酶
mannopine, 甘露碱型
manufacturer' s working cell bank, MWCK, 生产用细胞库
MAPK, Mitogen-activated protein kinases, 丝裂原活化的蛋白激酶
mass culture, 群体培养
mast cells, MC, 肥大细胞
master cell bank, MCB, 主细胞库
matrin association region, MAR, 核骨架结合序列
matrix attachment region, MAR, 细胞核基质结合区
matrix space, 基质腔
matrix-targeting sequence, 基质导向序列
matrix, 基质
maturation division, 成熟分裂
maturation promoting factor, MPF, 成熟促进因子
mature face, 成熟面
mechanosensitive channel, 机械门通道
mechanotransduction, 机械信号转导
megamitochondria, 巨型线粒体
meiosis, 减数分裂
membrane adsorption, 膜直接吸附法
membrane flow, 膜流
mesenchymal stem cell, MSC, 间充质干细胞
mesosome, 质膜体
metabolic engineering, 代谢工程
metaphase, 中期
methionine cycle, 甲硫氨酸循环
methotrexate, MTX, 氨甲蝶呤
methyl transferase, 甲基转移酶
methylation, 甲基化
methylotrophic yeast, 甲基营养型酵母
methyl-trap hypothesis, 甲基陷阱学说
microautophagy, 微型自体吞噬
microbody, 微体
microcarrier, 微载体
microcinematogrgphy, 显微电影摄影术
microdissection, 微切割
microfilement, MF, 微丝
microfiltration, 微滤
micropropagation, 微繁
microtubule associated protein, MAP, 微管相关蛋白
microtubule binding protein, MBP, 微管结合蛋白
microtubule organization center, MTOC, 微管组织中心
microtubule, MT, 微管
microvilli, 微绒毛
middle space, 中间间隙
miniband, 微带
miniprotoplast, 微小原生质体
miRNA, 微小 RNA
mitochondrial import stimulatory factor, MSF, 线粒体输入刺激因子
mitochondrion, 线粒体
mitochondrial damage theory, 线粒体损伤学说
mitogen-activated protein kinase, MAPK, 丝裂原激活蛋白激酶
mitogen, 有丝分裂原
mitosis, 有丝分裂
mitotic apparatus, 有丝分裂器
mitotic factor, MF, 有丝分裂因子
mixed micelles, 混合微团
mobile ion carrier, 可动离子载体
molecular chaperone, 分子伴侣
molecular sieve chromatography, 分子筛色谱
monoclonal antibody, 单克隆抗体
monodansyl cadaverine, MDC, 单丹黄酰尸胺
monosomic, 单体
motor protein, 马达蛋白
mRNA splicing, mRNA 剪接
mucin-like vascular addressin, 黏蛋白样血管地址素
multicatalytic proteinase complex, MCP, 多催化活性蛋白酶复合物
multidrug resistance protein, MDR, 多药耐药蛋白
multidrug resistance transporter 1, MDR1, 多耐药转运子 1
multifocal multiphoton microscope, 多焦点多光子显微镜
multiple coiling model, 多级螺旋模型
multiple ovulation and embryo transfer, MOET, 超数排卵胚胎移植
multiple ovulation, 超数排卵
multiplication stimulating activity, 增殖刺激素
multivesicular body, 多泡体
mutant ssDNA, 突变的单链环
myelin figure, 髓样结构
myosin, 肌球蛋白

N

Na^+-Ca^{2+} exchanger, 钠钙交换器
N-acetylglucosamine, GlcNAc, *N*-羟乙酰神经氨酸

NADH dehydrogenase,NADH 脱氧酶
nascent-associated complex,NAC,新生多肽相关复合物
negative regulation,负调控
nerve growth factor,NGF,神经生长因子
nestin,巢蛋白
neural or basic keratin,中性/碱性角蛋白
neural stem cell,NSC,神经干细胞
neurofilament protein,神经丝蛋白
neutrophil,中性粒细胞
N-formylkynurenine,*N*-甲酰犬尿氨酸
nicotinamide adenine dinucleotide,NAD,烟酰胺腺嘌呤二核苷酸
nitric oxide synthase,NOS,一氧化氮合酶
NLS binding protein,NBP,NLS 特异性结合蛋白
non-destructive assay technique,非破坏性的检测方法
nonconservative targeting,非保守性寻靶
nonessential amino acid,非必需氨基酸
nonesterified fatty acid,非酯化脂肪酸
non-histone chromosomal protein,NHCP,非组蛋白
non-homologous chro-mosome ,非同源染色体
non oxidative deamination,非氧化脱氨基作用
norepinephrine,去甲肾上腺素
novel erythropoiesis stimulating protein,NESP,新型红细胞生成刺激蛋白
nuclear exporting signal,NES,核外输信号
nuclear lamina,核纤层
nuclear location signal,NLS,核定位信号
nuclear pore complex,核孔复合体
nuclear transplantation or nuclear transfer,NT,细胞核移植(转移)
nucleation,成核
nucleoid,拟核
nucleolar chromosome,核仁染色体
nucleolar cycle,核仁周期
nucleolar interstice,核仁空隙
nucleolar matrix,核仁基质
nucleolar skeleton,核仁骨架
nucleolus organizer region,NOR,核仁组织者区
nucleoside diphosphafe kinase,二磷酸核苷酸激酶
nucleosidase,核苷酶
nucleoside monophosphate kinase,核苷一磷酸激酶
nucleoside phosphorylase,核苷磷酸化酶
nucleoside,核苷
nucleosome,核小体
nucleotidase,核苷酸酶
nullisomic,缺体

O

O-acetyl serine,*O*-乙酰丝氨酸
occluding junction,封闭连接
oestrus synchronization,同期发情
oligomycin sensitivity conferring protein,OSCP,寡霉素敏感的蛋白质
omp decarboxylase OMP,脱羧酶
oncosis,胀亡
oncotic necrosis,肿胀样坏死
open circular DNA,ocDNA,开环 DNA
open reading frame,ORF,可读框
operon theory,操纵子学说
optical *in vivo* imaging,活体动物体内光学成像
organogenesis,器官发生
origin of heavy-strand replication,OH,重链起始复制点
origin of light-strand replication,OL,轻链起始复制点
ornithine δ-amino-transferase,鸟氨酸-δ-氨基转移酶
orotate,乳清酸
orotidine-5′-monophosphate,OMP,乳清酸核苷酸
ouabain,乌本苷
out chamber,外室
out membrane,外膜
out plate,外板
ovarian growth factor,卵巢生长因子
ovum pick-up,OPV,采卵
oxaloacetate,草酰乙酸
oxidation-reduction potential,ORP,氧化还原电位
oxidative Deamination,氧化脱氨基作用
oxidative phosphorylation,氧化磷酸化

P

P1 clone system,噬菌体 P1 克隆
pachytene,粗线期
packed-bed bioreactor,填充床反应器系统
pancreatic nucleases,胰核酸酶
paracrine,旁分泌
paraptosis,类凋亡
Parkinson’s disease,PD,帕金森病
paxillin,桩蛋白
pentose phosphate pathway,PPP,磷酸戊糖旁路
pentose phosphate pathway,磷酸戊糖途径
pentose,戊糖
perfusion culture,灌注培养
perinuclear cistern,核周池
perinucleolar chromatin,核仁周边染色质

peripheral chromatin，周围染色质
peripheral protein，外周蛋白
permeability transition pore，通透性转运孔
permease，通透酶
peroxidase anti-peroxidase method，PAP 法
peroxisome，过氧化物酶体
phagocytosis，吞噬作用
phagosome，吞噬体
phalloidin，鬼笔环肽
phase contrast microscope，相差显微镜
phase plate，相位板
phenosafranine，酚藏花红
phenylalanine hyolroxylase，苯丙氨酸羟化酶
phorbol ester，佛波醇酯
phosphatases，磷酸酶
phosphatidic acid，磷脂酸
phosphatidyl choline，PC，磷脂酰胆碱(卵磷脂)
phosphatidyl ethanolamine，PE，磷脂酰乙醇胺(脑磷脂)
phosphatidyl inositol，PI，磷脂酰肌醇
phosphatidylserine，PS，磷脂酰丝氨酸
phosphodiesterase，磷酸二酯酶
phosphoglyceride，甘油磷脂
phospholipid，磷脂
phosphorylation，磷酸化
physical protection mechanism，物理保护机制
piled up，堆积
pinocytosis，胞饮作用
pinosome，胞饮小体
plakoslobin，片珠蛋白
plant cell engineering，植物细胞工程
plasma membrane，质膜
plasmalogen，缩醛磷脂
plasmid，质粒
plasmodesma，胞间连丝
plasticity，可塑性
platelet derived growth factor，PDGF，血小板源生长因子
platelet activating factor，PAF，血小板活化因子
platelet-derived growth factor，PDGF，血小板衍生生长因子
plectin，网蛋白
pluripotent stem cell，多能干细胞
polar microtubule，极微管
polyA+ tail-binding protein，PABP，多聚腺苷酸结合蛋白
polyacrylamide gel electrophoresis，PAGE，聚丙烯酰胺凝胶电泳
polyadenylation，多聚腺苷酸化
poly-ADP-ribose polymerase，PARP，聚腺苷二磷酸-核糖多聚酶
polybrene，聚甲溴化物
polycistronic transcription，多顺反子
polyethylene glycol，PEG，聚乙二醇
polyoma virus，多形瘤病毒
polyoxyethylene，POE，聚氧乙醇
polyoxypropylene，POP，聚丙二醇
polypeptide chain，多肽链
polyploid，多倍体
polytene chromosome，多线染色体
porimin，胀亡受体
porin，孔蛋白
position effect variegation，PEV，位置效应花斑
position effect，位置效应
positional information，位置信息
post transcriptional gene silencing，转录后基因沉默
postsynaptic membrane，突触后膜
post-transcriptional processing，转录后加工
post-translational translocation，翻译后转运
precursor protein，前体蛋白
prematurely condensed chromosome，PCC，早熟凝集染色体
premeiosis，前减数分裂期
premeiotic interphase，前减数分裂间期
preparation，制剂
presequence-binding factor，PBF，前体蛋白结合因子
presynaptic membrane，突触前膜
primary antibody，一抗
primary constriction，初缢痕
primary contraction，主缢痕
primary lysosome，初级溶酶体
primary messenger，第一信使
primer，引物
primordial germ cell，PGC，原始生殖细胞
prion，朊病毒
procaspase，半胱天冬酶前体分子
prodomain，原结构域
profilin，成形蛋白
programmed cell death，PCD，程序性细胞死亡
proliferating cell nuclear antigen，PCNA，增殖细胞核抗原
promoter，P，启动子
pro-oncosis recepter inducing membrane injury，胀亡前

诱导膜损伤受体
prophase,前期
proportional integral derivative,PID,比例积分微分
proprotein,蛋白原
proteasome,蛋白酶体
protein correlation profiling, PCP,蛋白质校正谱图分析法
protein disulfide isomerase,PDI,蛋白二硫键异构酶
protein-free medium,无蛋白培养基
protein kinase A,PKA,蛋白激酶 A
protein kinase C,PKC,蛋白激酶 C
protein kinase D,PKD,蛋白激酶 D
proteinopathy,蛋白病
protein quality control,蛋白质质量控制
protein sorting,蛋白质分选
protein tyrosine kinase,PTK,受体酪氨酸蛋白激酶
proteoglycan,蛋白聚糖
protofilament,原纤维
proto-oncogene,原癌基因
protoplast,原生质体
pseudofliker,假闪烁
purine nucleoside phosphorylase, PNP,嘌呤核苷磷酸化酶
purine nucleotide cycle,嘌呤核苷酸循环
pyruvate,丙酮酸

Q

quinones,醌类

R

receptor guanylate cyclase,受体鸟苷酸环化酶
receptor protein tyrosine kinase,RPTK,受体酪氨酸激酶
receptor serine/threonine kinase,受体丝氨酸/苏氨酸激酶
receptor tyrosine phosphatase,受体酪氨酸磷脂酶
receptor-mediated endocytosis,受体介导的胞吞作用
receptor,受体(对应于配体)
receptor-regulated Smad,R-Smad,受体调节型 Smad
recipient,受体(对应于供体)
recloning,重克隆
recombinase-mediated cassetes exchange,RMCE,重组酶介导盒交换
recombination nodule,重组节
reconstituted embryo,重组胚
regulatory gene,调节基因
regulatory particle,RP,调节颗粒
release factor,RF,终止因子或释放因子
remnant,残余颗粒
renine,肾素
replicon,复制子
reporter gene,报告基因
repressor,编码阻遏蛋白
residual body,残余小体
resolution,R,分辨率
respiratory chain,呼吸链
restriction fragment length polymorphism, RFLP,限制性片段长度多态性
restriction point,R 点
retention protein,驻留蛋白
retention signal peptide,滞留信号肽
reticulo-plasmin,网质蛋白
retinoblastoma gene,Rb gene,视网膜母细胞瘤基因
retinoic acid receptor,RAR,维甲酸受体
retinoic acid,RA,维甲酸
retinoid X receptor,RXR,维甲酸 X 受体
retrovirus,反转录病毒
reverse osmosis,反渗透
reverse transcriptase,反转录酶
reverse transcription polymerase chain reaction, RT-PCR,反转录聚合酶链反应
reverse transcription,反转录
regulator of G protein signaling, RGS, G 蛋白信号调节剂
Rhodamine,罗丹明
ribonucleoprotein,RNP,核糖核蛋白
ribonucleotide reductase,核糖核苷酸还原酶
ribonucleotide,核糖核苷酸
ribophorin,核糖体结合蛋白
ribose phosphate pyrophosphokinase,磷酸戊糖焦磷酸激酶
ribose,核糖
ribosome cycle,核糖体循环
RNA polymerase II,二型 RNA 聚合酶
RNA-activated protein kinase-like ER resident kinase RNA,活化的蛋白激酶样内质网驻留激酶
ring finger domain,环指结构域
roller-bottle,滚瓶
rough endoplasmic reticulum,RER,粗面内质网
ruffle,皱褶

S

Saccharomyces cerevisiae,酿酒酵母

saccules,膜囊
S-adenosyl methiomine,SAM,*S*-腺苷甲硫氨酸
S-adenosyl homocystine,SAHS,腺苷同型半胱氨酸
S-adenosylmethionine,*S*-腺苷甲硫氨酸(活性甲硫氨酸)
salvage pathway,重新利用(补救合成)途径
sarcoplasmic reticulum,肌质网
satellite DNA,随体 DNA
satellite,随体
saturation mutagenesis,饱和突变
scaffolding protein,支架蛋白
scaffold-radial loop structure model,染色体支架——放射环模型
scanning electron microscope,SEM,扫描电镜
scanning tunneling microscope,STM,扫描隧道显微镜
small Cajal body-specific RNA,scaRNA,Cajal 小 RNA
stem cell factor,SCF
secondary antibody,二抗
secondary constriction,次缢痕
secondary lysosome,次级溶酶体
secondary messenger,第二信使
secreting vacuole,分泌泡
seeding,植冰
selectin family,选择素家族
semi-continuous culture,半连续培养
semi-essential amino acid,半必需氨基酸
sephadex,交联葡聚糖
sepharose,交联琼脂糖
septate junction,间壁连接
sequential gene expression,基因顺序表达
serial nuclear transplantation,连续细胞核移植
serine hydroxy methyltransferese,丝氨酸羟甲酰转移酶
serum-free medium,无血清培养基
severin,截断蛋白
settlement retainment,重力沉降截留
sex chromosome,性染色体
sex determining region of Y-chromosome,SRYY,染色体性别决定区
shear force,剪切力
side population,SP,边缘细胞
siderosome,含铁小体
signal codon,信号密码
signal hypothesis,信号肽假说
signal patch,信号斑
signal peptidase,信号肽酶
signal peptide,信号肽
signal recognition particle,SRP,信号识别颗粒
signal transduction network,信号转导网络
signal transduction pathway,信号转导途径
silencer,沉默子
simple diffusion,简单扩散
single stranded DNA-binding protein, SSB,单链结合蛋白
size exclusive chromatography,体积排阻色谱
skeletal growth factor,骨生长因子
skp1-cullin-F-box protein,SCF,SCF 复合体
second mitochondrial-derived activator of caspase,Smac,第二种线粒体源半胱天冬酶激活蛋白
small nuclear RNA,核内小 RNA
smooth endoplasmic reticulum,SER,滑面内质网
snoRNA,核仁小 RNA
snRNA,核内小 RNA
sodium dodecyl sulphate-polyacrylamide gel electrophoresis,SDS-PAGE,十二烷基磺酸钠-聚丙烯酰胺凝胶电泳
solenoid,螺线体
somatic hybridization,体细胞杂交
somatic stem cell,成体干细胞
sorting receptor,分选受体
sp6 RNA polymerase promoter,SP6 RNA 多聚酶启动子
space exclusive chromatography,空间排阻色谱
specialized chromosome,特化染色体
specific growth rate,比生长速率
sphingomyelin,鞘磷脂
sphingomyelinase,鞘磷脂酶
spindle assemble checkpoint,纺锤体组装检验点
spindle fiber bundle,SF,纺锤丝纤维束
spindle spherule,纺锤小球
spinner-bottle,转瓶
spliceosome,剪接体
spoke,辐条
sporic meiosis,孢子减数分裂
stage-specific embryonic antigen,SSEA,胚胎阶段特异性抗原
steady phase,稳定期
stem cell,SC,干细胞
stimulated emission depletion fluorescence microscopy,STED,受激发射损耗荧光显微镜
stirred tank,搅拌罐
stochastic fluctuation,随机涨落
stop-transfer sequence,停止转运序列
Streptomyces lividans,链霉菌
stress fiber,应力纤维

submitochondrial particles,亚线粒体颗粒
submitochondrial vesicle,亚线粒体小泡
subprotoplast,亚原生质体
sulfite reductase,亚硫酸还原酶
supernumerary chromosome,超数染色体
superparamagnetic iron oxide,SPIO,超顺磁性氧化铁
super-solenoid,超螺线体
surviving,生存素
suspension culture,悬浮培养
SV40,猿猴病毒 40
SV40 enhancer/early promoter,猴病毒 40 增强子/早期启动子
symmetric fusion,对称融合
symport,同向协同
synaptic cleft,突触间隙
synaptic knob,突触小体
synaptic vesicle,突触小泡
synaptonemal complex,SC,联会复合体
synaptotagmin-1,突触结合蛋白-1
synchronization,同步化
synizesis,凝线期
synthetic peptide vaccine,合成肽疫苗

T

talin,踝蛋白
telomere,端粒
telomerase theory,端粒酶假说
telophase,末期
tensin,张力蛋白
terminal deoxynucleotidyl transferase-mediated dUTP nick-end labeling,TdT 介导的 dUTP 缺口末端标记法
terminal meiosis,终端减数分裂
terminalization,端化
termination codon,终止码
testis determining factor,TDF,睾丸决定因子
tetrad,四分体
tetraethylrodamine,四乙基罗丹明
tetrahydrofolic acid,FH4,四氢叶酸
tetraploid,四倍体
tetrodotoxin,TTX,河豚毒素
T-flask,方瓶
thiolysis,硫解
thiophilic adsorption chromatography,亲硫吸附色谱
thioredoxin reductase,硫氧化还原蛋白还原酶
thioredoxin,硫氧化还原蛋白
three-dimensional cellculture,TDCC,三维细胞培养
thymidylate synthetase,TS,胸腺嘧啶合成酶
thymine,胸腺嘧啶
time of cycle,Tc,细胞周期时间
tissue engineering,组织工程
tissue specific gene,组织特异性基因
herpes simplex virus thymidine kinase gene,HSV-TK,单纯疱疹病毒胸苷激酶基因
topoisomerase,拓扑异构酶
torsin-A,扭转蛋白-A
totipotent stem cell,TSC,全能干细胞
trans face,反面
trans Golgi network,TGN,反面高尔基复合体网络
transamination,转氨基作用
transcription factor,转录因子
transcription,转录
transdetermination,转决定
transdifferentiation,横向分化
transfergene animal,转基因动物
transformation competent artificial chromosome,TAC,可转化人工染色体
transformation receptor system,转化受体系统
transformation,转化
transgenic plant vaccine,转基因植物疫苗
transgenic plant,转基因植物
transient phase,平稳期
transimination(trans schiffigation),转亚氨基反应
translocation contact site,转位接触点
translocation,移位
translocator,转位因子
translocon,转位子
transmembrane protein,跨膜蛋白
transmembrane transport,跨膜运输
transmission electron microscope,TEM,透射电镜
transporter,转运器
treadmilling,踏车现象
tricarboxylic acid cycle;TCA cycle,三羧酸循环
trimeric GTP-binding regulatory protein,三聚体 GTP 结合调节蛋白
trisomic,三体
tryptophan-2,3-dioxygenase,色氨酸-2,3-加双氧酶
tubulin,微管蛋白
tumor necrosis factor,TNF,肿瘤坏死因子
tumor necrosis factor receptor,TNFR,肿瘤坏死因子受体
TNF receptor activation factor-2,TRAF2,肿瘤坏死因子受体活化因子-2

tumor necrosis factor related apoptosis inducing ligand, Apo2L/TRA IL,肿瘤坏死因子诱导的凋亡相关配体
tumor-associated antigen,肿瘤相关抗原
tumor-initiating cell,T-IC,肿瘤起源细胞
tyramine signal amplification system,TSA,酪胺信号放大系统
tyrosine hydroxylase,酪氨酸羟化酶
tyrosine kinase associated receptor,酪氨酸激酶连接的受体
tyrosine kinase,酪氨酸激酶

U

ubiquinone,UQ,泛醌
ubiquitin,泛素
ubiquitin activating enzyme,E1,泛素活化酶
ubiquitin C terminal hydrolase-L1,UCH-L1,泛素羧基端水解酶 L1
ubiquitin-carrier protein,泛素载体蛋白
ubiquitin conjugating enzyme,E2,泛素结合酶
ubiquitin ligase,E3,泛素连接酶
ubiquitin proteasome pathway,UPP,泛素蛋白酶体途径
ubiquitination,泛素化
ubiquitous chromatin opening element,UCOE,泛性染色质开放元件
ultrafiltration,超滤
unfolded protein reaction,UPR,未折叠蛋白反应
unipotent stem cell,专能干细胞
uracil,尿嘧啶
urate oxidase,尿酸氧化酶
uric acid,尿酸

V

vacuole,大囊泡
valinomycin,缬氨霉素
very low density lipoprotein,VLDL,极低密度脂蛋白
vesicle,小囊泡
vesicular transport,膜泡运输
villin,绒毛蛋白
vimentin,波形蛋白
vinblastin,VBL,长春花碱
vinculin,黏着斑蛋白
virion,病毒体
virus elimination,脱毒
vitrification,玻璃化
voltage gated channel,电位门通道
Von Willebrand factor,冯维尔布莱德因子
V-oncogene,V-onc,病毒癌基因

W

working cell bank,WCB,工作细胞库

X

xanthine oxidase,黄嘌呤氧化酶
xanthosine monophosphate,XMP,黄嘌呤核苷酸

Y

yeast artificial chromosome,YAC,酵母人工染色体

Z

zonula occluden,封闭小带
zygotene,偶线期
zygotic meiosis,合子减数分裂
α-actinin,α-辅肌动蛋白
β-5-phosphoribosylamine PRA,β-5-磷酸核糖胺
β-alanine,β-丙氨酸
β-aminoisobutyrate,β-氨基异丁酸
β catenin,β 连环蛋白
β-galactosidase,BG,β-半乳糖苷酶
γ-glutamyl cycle,γ-谷氨酰基循环
γ-interferon,γ-干扰素
γ-tubulin ring complex,γ-TuRC,γ-微管蛋白环形复合体